Mille ans de LITTÉRATURE française

Claude Bouthier
Christophe Desaintghislain
Christian Morisset
Patrick Wald Lasowski

Nathan

Les auteurs tiennent à remercier :

Evelyne Pouzalgues pour ses précieux conseils
Françoise Toulze pour son regard éclairé sur la partie Antiquité
Alexandre Wald Lasowski pour ses recherches sur l'Europe
Francesca Roy, Yves Godin, Malthilde Sénéchal pour leurs relectures

À l'édition : Christine Asin - Evelyn Audureau - Valérie Delchambre - Catherine Lainé - Marie Lucas - Philippe Lheureux - Dany Mourain - Pascal Megret - Jean Pencrach - Laurence Vacher - Élisabeth et Christian Maréchal

Toute l'équipe de Nathan Technique et les équipes commerciales.

Enfin, tous ceux, proches ou lointains, qui ont soutenu et accompagné ce projet.

ISBN 2-09-179062-1

Mille ans de littérature française

Mille ans de littérature française est un vaste panorama des écrivains et des plus beaux textes de la littérature française. Ouvrage de référence, chronologique, il restitue l'histoire de chaque œuvre, il explique chaque mouvement culturel, il définit chaque genre littéraire. Livre de plaisir, il propose un parcours à travers les textes les plus célèbres et d'autres textes moins connus.

L'histoire de la France

Siècle après siècle, le livre explique les grands événements, les régimes, les guerres qui ont marqué l'histoire de la France. Le lecteur comprend ainsi, à travers l'enchaînement chronologique des siècles, dans quel contexte la littérature se développe : l'influence du pouvoir politique, les transformations de la société, l'importance des découvertes scientifiques et techniques, le rayonnement des lettres et des arts. Chaque présentation s'achève sur une œuvre picturale majeure qui traduit la sensibilité du siècle.

La vie des grands écrivains

Chaque auteur est présenté avec son portrait et une fiche d'identité. Un texte biographique raconte son milieu familial, son enfance, les conditions dans lesquelles est née sa vocation, les grands moments qui ont marqué son existence. On suit ainsi le cheminement d'une vie à travers ses rencontres, ses amours, ses amitiés. On assiste au développement d'une œuvre et au travail de l'écrivain.

Les plus beaux textes de la littérature

La présentation chronologique des plus beaux textes, siècle après siècle, permet de comprendre le développement de la littérature. Le lecteur peut ainsi lire, relire ou découvrir les œuvres fondatrices qui appartiennent au patrimoine de la culture universelle : la poésie de Ronsard, le théâtre de Molière, les romans de Balzac… Chaque fois, une synthèse explicative ajoute au bonheur de la lecture, le plaisir de comprendre ce qui fait l'originalité d'un style, l'importance et l'influence d'une œuvre.

Les événements qui ont marqué l'histoire de la littérature

De grands événements ont marqué l'histoire de la littérature et restent, aujourd'hui encore, des références fondamentales : l'affaire Calas, la bataille d'*Hernani*, le procès des *Fleurs du Mal*... Le lecteur découvre les acteurs et les conséquences de l'événement. Il mesure les enjeux de ces conflits et de ces ruptures, qui ont bouleversé toute une époque.

Les grands mouvements littéraires et culturels

Chaque siècle est dominé par un ou plusieurs mouvements littéraires et culturels : le baroque, le classicisme, le romantisme, le réalisme, le surréalisme… L'ouvrage apporte la définition et les caractéristiques de chaque mouvement, développe son histoire, souligne son influence et son retentissement. Le lecteur connaît ainsi les hommes et les oeuvres qui ont illustré le siècle en littérature, en peinture, en musique, en architecture.

La littérature européenne

Chaque chapitre met en correspondance la littérature française avec la littérature européenne. Il situe dans leur siècle Dante, Shakespeare, Cervantès, Goethe, Pouchkine, Andersen, Soljenitsyne… Les échanges et les influences réciproques entre les écrivains dessinent le contexte européen dans lequel se développe la littérature française.

La définition de chaque genre littéraire

À la fin de chaque siècle, une page définit chaque genre au moment de son apparition : le roman, le théâtre, la poésie, la chanson, la chronique, le pamphlet, le roman populaire, le roman policier, la science-fiction, le livre pour enfants, la bande dessinée. L'histoire du genre permet de mesurer son dynamisme, de comprendre son évolution à travers ses plus grands auteurs et ses plus grandes œuvres.

Le dictionnaire des écrivains

Un dictionnaire des écrivains complète cet ouvrage et montre ainsi l'ampleur et la diversité de la littérature française. Il rassemble 151 auteurs. Chaque rubrique présente sa biographie et précise pour chacun sa vie, ses œuvres principales et son influence.

Sommaire

–58 à –51 Guerre des Gaules : Jules César et Vercingétorix.

52-51 Les Romains conquièrent Lutèce.

451 Défaite d'Attila face aux Romains.

463 Début de la dynastie mérovingienne.

476 Fin de l'Empire romain d'Occident.

498 Baptême de Clovis.

De 750 (avant J.-C.) à 500 (après J.-C.) 12

800 Charlemagne est couronné empereur.

987 Avènement de Hugues Capet.

1095 1re croisade : Jérusalem.

1180-1223 Règne de Philippe Auguste.

1226-1270 Règne de Saint-Louis.

1285-1314 Règne de Philippe le Bel.

1337 Début de la guerre de Cent Ans.

1360-1380 Règne de Charles V.

1380-1422 Règne de Charles VI.

1429-1431 Épopée de Jeanne d'Arc.

1461-1463 Règne de Louis XI.

500-1500 38

1498 Règne de Louis XII.
1515-1547 Règne de François Ier.
1520 Guerres contre Charles Quint.
1547-1559 Règne de Henri II.
1559-1580 Règne de François II.
1560-1574 Règne de Charles IX.
1572 Saint-Barthélemy.
1574-1589 Règne de Henri III.
1589-1610 Règne de Henri IV.
1598 Édit de Nantes.

1500-1600

1610-1617 Régence de Marie de Médicis.
1617-1643 Règne de Louis XIII.
1618 Début de la guerre de Trente Ans.
1624 Richelieu ministre.
1635 Fondation de l'Académie française.
1642 Mort de Richelieu.
1643-1661 Mazarin ministre.

1600-1650

1643-1661 Régence d'Anne d'Autriche.
1648 La Fronde.
1661-1715 Règne de Louis XIV.
1662-1683 Colbert ministre.
1667 Rattachement de la Flandre à la France.
1668 Paix d'Aix-La-Chapelle.
1672 Guerre de Hollande.
1678 Paix de Nimègue (fin de la guerre de Hollande).
1682 La Cour s'installe à Versailles.
1683 Mort de Colbert.
1685 Révocation de l'Édit de Nantes.

1715 Mort de Louis XIV.
1715-1723 La Régence.
1723-1774 Règne de Louis XV.
1735 Paix de Vienne.
1744-1758 Guerre coloniale avec l'Angleterre.
1748 Traité d'Aix-La-Chapelle. Fouilles de Pompéi.

1766-1769 Voyage de Bougainville.

1774-1793 Règne de Louis XVI.

1785-1788 Expédition de La Pérouse.

1789 Révolution française.

1792 Valmy – Jemmapes.

1795 Installation du Directoire.

1799 Bonaparte (18 Brumaire).

1804-1914 Ier Empire : Napoléon Ier.

1804 Code Civil.

1812 Campagne de Russie.

1814 Campagne de France.

1814-1830 Restauration.

1815 Les Cent Jours – Waterloo.

1815-1824 Règne de Louis XVIII.

1824-1830 Règne de Charles X.

1830 Révolution de Juillet.

1830-1848 Règne de Louis-Philippe. Monarchie de Juillet.

1830 Début de la conquête de l'Algérie.

1840-1848 Gouvernement de Guizot.

1848 Révolution de Février.

1848-1851 IIe République.

1851 Coup d'État du 2 décembre.

1852-1870 IIe Empire : Napoléon III.

1854-1855 Guerre de Crimée.

1859 Guerre d'Italie.

1861-1867 Guerre du Mexique.

1870 Guerre franco-allemande – Sedan.

1870-1940 IIIe République.

1871 Commune de Paris (mars-mai).

1880-1882 Jules Ferry, et les lois scolaires.

1883 Expansion coloniale française (Afrique, Asie).

1885 Travaux de Pasteur sur la rage.

1889 Exposition universelle de Paris (tour Eiffel).

1896-1899 Affaire Dreyfus.

1900 Exposition universelle, à Paris.

1903 Les frères Wright : 1er vol en aéroplane.

1905 Séparation des Églises et de l'État.

Travaux de Einstein et de Langevin (sur l'énergie, la relativité restreinte).

1914 Première Guerre mondiale.

1916 Batailles de la Marne (Joffre) et de Verdun (Pétain).

1918 Armistice.

1936-1939 Guerre civile d'Espagne.

Front populaire en France et accords de Matignon.

1938 Anschluss. Entrevue de Munich.

1939-1945 Seconde Guerre mondiale.

1945 Hiroshima

1946-1958 IVe République.

1946 Début de la guerre d'Indochine.

1948 Invention du transistor.

Depuis 1950 548

1954 Début de la guerre d'Algérie.

1957 Traité de Rome (création de la CEE).

1958-1969 De Gaulle président.

1958 Constitution de la Ve République.

1962 Fin de la guerre d'Algérie.

1968 Mouvement de Mai.

1969 Les Américains Armstrong et Aldrin marchent sur la Lune.

1969-1974 Pompidou président.

1974-1981 Giscard d'Estaing président.

La majorité à 18 ans.

1981-1995 Mitterrand président.

1989 Chute du mur de Berlin.

1991 Effondrement de l'Union soviétique.

Guerre du Golfe.

1992 Ouverture du réseau Internet aux particuliers.

1995 Chirac président.

1999 L'euro : monnaie européenne.

2001 Attentats aux États-Unis.

2002 Chirac président (2e mandat).

Les Noces de Mars et de Vénus, fresque de la maison de Marcus Lucretius Frontone, à Pompéi. Ier siècle après J.-C.

750 avant J.-C.
500 après J.-C.

Les origines de la littérature

De 750 (avant J.-C.) à 500 (après J.-C.)

Les origines de la littérature

C'est dans l'Antiquité que se situe l'origine de la littérature. Cette période s'étend sur douze siècles où s'épanouissent la civilisation grecque, puis la civilisation romaine. Mais ces siècles ont vu fleurir bien d'autres sociétés qui ont profondément influencé la Grèce et Rome : cultures phénicienne, égyptienne, orientale, étrusque, carthaginoise.

1. L'histoire et la société — Des cités grecques à l'Empire romain.

D'une longue série de guerres contre les Perses émerge la cité d'Athènes, qui s'impose au Ve siècle avant J.-C., le grand siècle athénien, sous le gouvernement de Périclès. C'est là que naît la démocratie, dans laquelle tous les citoyens, riches et pauvres, participent à la vie politique.

Périclès dirige Athènes de 463 à 429 avant J.-C.

Scène de vote sur une pièce romaine en argent.

Plus à l'ouest, en 509 avant J.-C., Rome instaure une République qui conquiert l'ensemble du monde connu. Transformée en Empire en 31 avant J.-C., Rome maintient sa domination jusqu'en 476 après J.-C. En Grèce, comme à Rome, tout homme libre, qu'il soit riche ou pauvre, a le statut de citoyen, ayant des droits et des devoirs vis-à-vis de l'État. L'esclave, qui joue un rôle essentiel dans l'économie antique, est considéré comme un outil qu'on vend et qu'on achète.

Un citoyen romain dicte son testament à un esclave portant une tablette.

2. Les sciences et les arts — L'harmonie du monde

Cadran solaire athénien

La plupart des philosophies antiques conçoivent l'univers comme divin, clos et immortel. C'est un monde de figures et de mouvements parfaits dont la Terre immobile occupe le centre et dont le moteur est un dieu assimilé à la raison. L'homme, mesure de toutes choses, lui-même structuré à l'image du cosmos, construit le bonheur par la soumission à la raison, à l'équilibre et à l'harmonie. Cet univers, beau et parfait, fournit les principes de l'harmonie qui domine dans l'art. Seuls les philosophes antiques se réclamant d'Épicure rejettent en partie cette conception. Ils affirment le caractère mortel de l'âme et du monde.

L'Acropole d'Athènes.

Masque de théâtre grec.

L'Aurige de Delphes. Statue en bronze. Vers 477 avant J.-C.

3. Les lettres et le livre — Un patrimoine inestimable

Dans l'Antiquité, le livre est un objet précieux, rare et fragile. D'abord fabriqué en toile ou avec l'écorce des arbres (*liber* signifie « écorce »), le livre se présente comme un rouleau (*volumen*) fait de papyrus. Vers le Iᵉʳ siècle avant J.-C., on utilise à Rome le parchemin inventé à Pergame en Grèce : des peaux lissées et reliées comme un cahier (appelé *codex*). La reproduction d'un livre exige des heures de travail de copie. Un nombre immense d'œuvres a été perdu : on connaît, par exemple, cent quarante-quatre auteurs latins et leurs textes (même incomplets) et sept cents noms d'écrivains dont il ne nous reste plus la moindre ligne. Mais les œuvres connues suffisent cependant, depuis des siècles, à inspirer écrivains, penseurs et artistes.

Sacrifice à Apollon sur un vase en terre cuite. Vers 430 av. J.-C.

Portrait d'une jeune fille écrivant

(Iᵉʳ siècle après J.-C.) Fresque provenant de la maison du banquet à Pompéi

Une incroyable quantité de fresques a été retrouvée dans les ruines de Pompéi, cette petite ville de province détruite par l'éruption du Vésuve le 24 août 79. Grâce à ces villas merveilleusement décorées, on peut imaginer la place de la peinture dans l'Italie antique. Il ne nous reste aucun nom de tous ces artistes, sans doute grecs pour la plupart, qui maîtrisaient la technique délicate de la fresque : peindre à l'eau sur un enduit de mortier frais.

Un détail concret donne vie à l'image : la jeune femme tient ces petites tablettes de bois garnies de cire, reliées par un cordon, sur laquelle on écrit avec le stylet terminé par une spatule qui permet de corriger ou d'effacer.

À partir de la verticale dessinée par le stylet se déploie tout un jeu de courbes qui souligne l'élégance du modèle : boucles s'échappant d'une fine résille, anneaux d'or perçant les oreilles, plissé souple des étoffes, délicat fuselage des doigts.

Le souci de la ressemblance individuelle caractérise la peinture romaine. Le dessin des lèvres où flotte comme l'ombre d'un sourire, la gravité du regard perdu dans les songes, la main suspendue qui s'apprête à écrire donnent à ce portrait une mystérieuse présence.

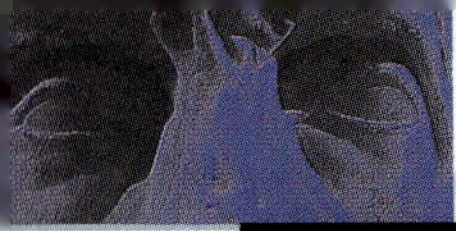

HOMÈRE

Naissance : **au IXe ou VIIIe siècle avant J.-C.**
Décès : **au VIIIe siècle avant J.-C.**
Lieux : **la Grèce, la Crète, l'Asie Mineure**
Profession : **poète**

Homère est le nom d'un poète auquel la tradition, dès les premiers temps de la Grèce, a attribué la création de l'*Iliade* et de l'*Odyssée*. Il aurait vécu vers le VIIIe siècle avant J.-C. et serait originaire d'Asie Mineure, mais plusieurs villes se disputent sa naissance. Aède, c'est-à-dire conteur et chanteur professionnel, le poète va d'un pays à l'autre, anime les banquets et les fêtes. On le suppose aveugle comme l'aède qui parle à la première personne dans l'*Odyssée*. La cohérence, l'unité, la richesse des vingt-quatre mille vers des deux récits héroïques de l'*Iliade* et de l'*Odyssée* imposent d'imaginer un poète de génie, capable de rassembler toute la matière épique de récits antérieurs. Pendant deux siècles, les récits sont enrichis par des improvisateurs, qu'on appellera les Homérides, descendants d'Homère. Pisistrate, tyran d'Athènes qui fonde la première bibliothèque publique, est à l'origine d'une nouvelle édition d'Homère, établie par de grands savants. Le texte que nous lisons aujourd'hui a été définitivement fixé au IIIe siècle avant J.-C.

Ses œuvres principales

- on attribue à Homère deux épopées, l'*Iliade* et l'*Odyssée*, et des odes ou hymnes à divers dieux et déesses (dont un à Apollon)

L'ŒUVRE D'HOMÈRE

L'*Iliade*, une épopée guerrière

L'*Iliade* évoque les héros grecs, les Achéens, partis à la conquête de l'opulente ville de Troie, aussi nommée Ilion. Ces héros se disputent Hélène, épouse du Grec Ménélas, enlevée par le beau Troyen Pâris. Le poète célèbre les héros des deux camps : hors du commun mais saisissants de vérité, émouvants dans leurs souffrances, magnifiques dans leurs exploits, comiques parfois dans leurs ruses ou leurs incohérences. Mais bientôt, ils sombrent dans le carnage et l'ivresse insensée de la mort. Dans le ciel se mêlent les fumées des tombeaux ennemis. Le poème, qui exalte l'héroïsme, en montre aussi la tragique tristesse.

L'*Odyssée*, le chant du difficile retour

Ce poème chante les aventures et les épreuves qui marquent le retour dans sa patrie, après la guerre, d'Ulysse (Odusseus), le plus rusé des chefs grecs. Achille, Agamemnon, Ajax sont morts. Ulysse est encore vivant mais il n'est plus personne : inconnu, étranger dans toutes les terres et îles où il aborde. L'*Odyssée* affirme la nécessaire liaison entre l'identité et l'appartenance à une patrie : Ulysse retrouve, à Ithaque, son nom, son pouvoir, sa famille (son épouse, son fils et son père). Il peut instaurer la paix avec les familles des prétendants de sa femme qu'il a massacrés, reconquérir son statut. « Heureux qui comme Ulysse » peut retrouver sa place et vivre avec les siens « le reste de son âge ».

La première œuvre littéraire

Les poèmes d'Homère ont joué un rôle considérable. Les pédagogues les faisaient apprendre à leurs élèves dès leur plus jeune âge. Les poètes les imitaient, les transposaient, les philosophes les critiquaient mais tous s'y référaient. Son œuvre est un inépuisable réservoir de récits, d'images, de situations, de formules qui permet à chacun de réfléchir au courage, à la violence, à l'amour, à la présence des dieux, au sens que chaque mortel tente de donner à son existence. L'œuvre forge les plus grands mythes grecs qui seront sans cesse réécrits. Des siècles nous séparent de ces héros et pourtant, à peine a-t-on lu quelques vers, on est touché par la fraîcheur intacte de ces chants.

Vers 750 avant J.-C.

L'Iliade

Pour venger la mort de son ami Patrocle, tué par le prince troyen Hector, Achille, le plus vaillant et le plus redoutable des Grecs, accepte de retourner au combat. Hector, refusant de se replier derrière les remparts, affronte Achille en combat singulier. Leur lutte prend racine dans une haine personnelle, qui rend plus pathétique la haine que se vouent leurs deux peuples.

Comme l'étoile qui s'avance, entourée des autres étoiles, au plein cœur de la nuit, comme l'Étoile du soir, la plus belle qui ait sa place au firmament, ainsi luit la pique acérée qu'Achille brandit dans sa droite, méditant la perte du divin Hector et cherchant des yeux, sur sa belle chair, où elle offrira le moins de résistance. Tout le reste de son corps est protégé par ses armes de bronze, les belles armes dont il a dépouillé le puissant Patrocle[1] après l'avoir tué. Un seul point se laisse voir, celui où la clavicule sépare l'épaule du cou, de la gorge. C'est là que la vie se laisse détruire au plus vite, c'est là que le divin Achille pousse sa javeline contre Hector en pleine ardeur. La pointe va tout droit à travers le cou délicat. La lourde pique de bronze ne perce pas cependant la trachée : il peut ainsi répondre et dire quelques mots. Et cependant qu'il s'écroule dans la poussière, le divin Achille triomphe :

« Hector, tu croyais peut-être, quand tu dépouillais Patrocle, qu'il ne t'en coûterait rien ; tu n'avais cure de moi : j'étais si loin ! Pauvre sot !... Mais, à l'écart, près des nefs creuses, un défenseur – bien plus brave – était resté en arrière : moi, moi qui viens de te rompre les genoux, et les chiens, les oiseaux te mettront en pièces outrageusement, tandis qu'à lui les Achéens[2] rendront les honneurs funèbres. »

D'une voix défaillante, Hector au casque étincelant répond :

« Je t'en supplie, par ta vie, par tes genoux, par tes parents, ne laisse pas les chiens me dévorer près des nefs achéennes ; accepte bronze et or à ta suffisance ; accepte les présents que t'offriront mon père et ma digne mère ; rends-leur mon corps à ramener chez moi, afin que les Troyens et femmes des Troyens au mort que je serai donnent sa part de feu. »

Achille aux pieds rapides vers lui lève un œil sombre et dit :

« Non, chien, ne me supplie ni par mes genoux ni par mes parents. Aussi vrai que je voudrais voir ma colère et mon cœur m'induire à couper ton corps pour le dévorer tout cru, après ce que tu m'as fait, nul n'écartera les chiens de ta tête, quand même on m'amènerait, on me pèserait ici dix ou vingt fois ta rançon, en m'en promettant davantage encore ; non, quand bien même Priam le Dardanide[3] ferait dans la balance mettre ton pesant d'or ; non, quoi qu'on fasse, ta digne mère ne te placera pas sur un lit funèbre, pour pleurer celui qu'elle a mis au monde, et les chiens, les oiseaux te dévoreront tout entier. »

Homère, *Iliade*, vers 750 avant J.-C., traduction par P. Mazon, Éd. Les Belles Lettres.

1. Patrocle : compagnon d'armes d'Achille. **2. Achéens** : les Grecs. **3. Priam le Dardanide** : le roi de Troie, descendant de Dardanos, le fondateur de Troie ; père d'Hector.

Les premiers héros épiques

Action épique par excellence, le combat singulier est l'épreuve suprême où les héros montrent leur courage en risquant leur vie. Homère exalte la grandeur des héros, mais montre aussi leur faiblesse. On entend la douleur d'Achille qui a perdu Patrocle. On voit la frayeur d'Hector qui roule dans la poussière. La description de l'endroit où va s'enfoncer la pique d'Achille fait voir la fragilité d'un corps promis à la mort.

Liée au thème du courage, cette précision dans la description des corps se retrouve dans les scènes de combat de la littérature épique, comme dans leur parodie par Rabelais ou par Giono. Mais surtout, le combat réunit les ennemis qui affrontent la mort. Cette fraternité héroïque annonce le théâtre de Corneille, les grands poèmes épiques de *La Légende des siècles* de Victor Hugo.

Vers 700 avant J.-C.

L'Odyssée

Après la prise de la ville de Troie, Ulysse erre pendant dix ans sur la mer Méditerranée : il échappe au Cyclope, à Circé, aux sirènes, séjourne chez les morts. Enfin, il parvient à regagner son île d'Ithaque. Déguisé en mendiant, il se fait reconnaître de son porcher et de son fils Télémaque. Ayant tué les prétendants qui veulent épouser sa femme Pénélope, il l'informe de son retour. Pénélope reste prudemment incrédule. Quand, finalement, on lui fait rencontrer Ulysse, elle réclame de le retrouver seul à seule. Alors, Ulysse retire ses haillons, se lave. La déesse Athéna intervient pour lui attribuer la beauté d'un dieu.

Pénéloppe songeuse devant Ulysse en haillons. Bas-relief de l'île grecque de Melos.

Ulysse au grand cœur était entré chez lui ; le baignant, le frottant d'huile, son intendante Eurynomé l'avait revêtu d'une robe et d'une belle écharpe ; sur sa tête, Athéna[1] répandait la beauté ; on voit l'artiste habile, instruit par Héphaestos[2] et Pallas Athéna[1] de toutes leurs recettes, nieller[3], or sur argent, un chef-d'œuvre de grâce : c'est ainsi qu'Athéna, sur sa tête et son buste, faisait couler la grâce ; sortant de la baignoire, il rentra tout pareil d'allure aux Immortels.

En face de sa femme, il reprit le fauteuil qu'il venait de quitter et lui tint ce discours :

ULYSSE. – Malheureuse ! jamais, en une faible femme, les dieux, les habitants des manoirs de l'Olympe[4], n'ont mis un cœur plus sec... C'est bien !... Nourrice, à toi de me dresser un lit ; j'irai dormir tout seul ; car, en place de cœur, elle n'a que du fer.

La plus sage des femmes, Pénélope, reprit :

PÉNÉLOPE. – Non ! malheureux ! je n'ai ni mépris ni dédain ; je reprends tout mon calme et reconnais en toi celui qui, loin d'Ithaque, partit un jour sur son navire aux longues rames. Obéis, Euryclée[5] ! et va dans notre chambre aux solides murailles nous préparer le lit que ses mains avaient fait ; dresse les bois du cadre et mets-y le coucher, les feutres, les toisons, avec les draps moirés !

C'était là sa façon d'éprouver son époux. Mais Ulysse indigné méconnut le dessein de sa fidèle épouse :

ULYSSE. – Ô femme, as-tu bien dit ce mot qui me torture ?... Qui donc a déplacé mon lit ? le plus habile n'aurait pas réussi sans le secours d'un dieu qui, rien qu'à le vouloir, l'aurait changé de place. Mais il n'est homme en vie, fût-il plein de jeunesse, qui l'eût roulé sans peine. La façon de ce lit, c'était mon grand secret ! C'est moi seul, qui l'avais fabriqué sans un aide. Au milieu de l'enceinte, un rejet d'olivier éployait son feuillage ; il était vigoureux et son gros fût avait l'épaisseur d'un pilier : je construisis, autour, en blocs appareillés, les murs de notre chambre ; je la couvris d'un toit et, quand je l'eus munie d'une porte aux panneaux de bois plein, sans fissure, c'est alors seulement que, de cet olivier coupant la frondaison, je donnai tous mes soins à équarrir le fût jusques à la racine, puis, l'ayant bien poli et dressé au cordeau, je le pris pour montant où cheviller le reste ; à ce premier montant, j'appuyai tout le lit dont j'achevais le cadre ; quand je l'eus incrusté d'or, d'argent et d'ivoire, j'y tendis des courroies d'un cuir rouge éclatant... Voilà notre secret !... la preuve te suffit ?... Je voudrais donc savoir, femme, si notre lit est toujours en sa place ou si, pour le tirer ailleurs, on a coupé le tronc de l'olivier.

Il disait : Pénélope sentait se dérober ses genoux et son cœur ; elle avait reconnu les signes évidents que lui donnait Ulysse ; pleurant et s'élançant vers lui et lui jetant les bras autour du cou et le baisant au front, son Ulysse, elle dit :

PÉNÉLOPE. – Ulysse, excuse-moi !... toujours je t'ai connu le plus sage des hommes ! Nous comblant de chagrins, les dieux n'ont pas voulu nous laisser l'un à l'autre à jouir du bel âge et parvenir ensemble au seuil de la vieillesse !... Mais aujourd'hui, pardonne et sois sans amertume si, du premier abord, je ne t'ai pas fêté ! Dans le fond de mon cœur, veillait toujours la crainte qu'un homme ne me vînt abuser par ses contes ; il est tant de méchants qui ne songent qu'aux ruses ! Ah ! la fille de Zeus, Hélène l'Argienne[6], n'eût pas donné son lit à l'homme de là-bas, si elle eût soupçonné que les fils d'Achaïe[7], comme d'autres Arès[8], s'en iraient la reprendre, la rendre à son foyer, au pays de ses pères ; mais un dieu la poussa vers cette œuvre de honte ! son cœur auparavant n'avait pas résolu cette faute maudite, qui fut, pour nous aussi, cause de tant de maux ! Mais tu m'as convaincue ! la preuve est sans réplique ! tel est bien notre lit ! en dehors de nous deux, il n'est à le connaître que la seule Aktoris, celle des chambrières, que, pour venir ici, mon père me donna. C'est elle qui gardait l'entrée de notre chambre aux épaisses murailles... Tu vois : mon cœur se rend, quelque cruel qu'il soit !

Mais Ulysse, à ces mots, pris d'un plus vif besoin de sangloter, pleurait. Il tenait dans ses bras la femme de son cœur, sa fidèle compagne !

Elle est douce, la terre, aux vœux des naufragés, dont Poseidon[9] en mer, sous l'assaut de la vague et du vent, a brisé le solide navire : ils sont là, quelques-uns qui, nageant vers la terre, émergent de l'écume ; tout leur corps est plaqué de salure marine ; bonheur ! ils prennent pied ! ils ont fui le désastre !... La vue de son époux lui semblait aussi douce : ses bras blancs ne pouvaient s'arracher à ce cou.

Homère, *Odyssée*, vers 700 avant J.-C., traduction par V. Bérard, Éd. Armand Colin.

Ulysse, attaché au mât de son navire résiste au chant des sirènes, (détail d'une mosaïque romaine).

■ 1. **Athéna**, surnommée aussi Pallas, déesse grecque qui personnifie l'intelligence, protège Ulysse.
■ 2. **Héphaestos**: chez les Grecs, dieu du Feu et des Forgerons. ■ 3. **nieller** : incruster d'émail noir.
■ 4. **Olympe** : pour les Grecs, lieu de séjour des dieux.
■ 5. **Euryclée** : servante d'Ulysse et de Pénélope.
■ 6. **Hélène l'Argienne** : Hélène, fille de Zeus et de Léda. Le Troyen Pâris, en l'enlevant à son mari Ménélas d'Argos, provoque la guerre de Troie. ■ 7. **Achaïe**: région de Grèce où se sont établis les Achéens, les Grecs.
■ 8. **Arès**: dieu grec de la Guerre, aimé d'Aphrodite.
■ 9. **Poséidon** : dieu grec de la Mer.

Une des premières scènes d'amour conjugal

Homère ne chante pas seulement la gloire des héros. Dans l'*Iliade*, il évoque l'amour qui unit Andromaque à son mari Hector. Dans l'*Odyssée*, Pénélope donne l'exemple d'une fidélité exemplaire. Dans la célèbre scène où Ulysse est enfin reconnu par Pénélope, on voit que les deux époux rusent avant de tomber dans les bras l'un de l'autre. Ulysse demande à dormir seul puisque son épouse se montre insensible à sa présence. Pénélope, piquée au vif, imagine un stratagème : l'évocation du lit construit par Ulysse qu'elle aurait fait déplacer, alors qu'il est indéplaçable. C'est ainsi que les deux époux, vieillis de vingt ans, peuvent enfin se reconnaître.

Si le personnage d'Andromaque a inspiré Racine, Pénélope a inspiré plus de peintres que d'écrivains. Mais c'est l'humanité des personnages, à la fois admirables et familiers, ce fameux « sourire sous les larmes » qu'on retrouvera dans d'autres œuvres, dans les siècles suivants. Le souvenir de Pénélope n'éclaire-t-il pas les épouses que sont, dans d'autres contextes, les personnages de Corneille: Sabine, fidèle épouse d'Horace, et Pauline, fidèle épouse de Polyeucte ?

750 avant J.-C.

Homère et l'invention de l'épopée

On ignore dans quelles conditions sont apparus et comment se sont transmis les premiers chants qui sont à l'origine des grandes œuvres qu'on a attribuées dès l'Antiquité à Homère. Mais ces œuvres, l'*Iliade* comme l'*Odyssée*, apparaissent comme les premiers et les plus beaux exemples d'épopée, récit en vers d'aventures mettant en scène des dieux et des héros et exaltant les valeurs héroïques.

Chronologie de la naissance de l'épopée

Du XIIe au VIIIe siècle avant J.-C.	diffusion orale de chants glorifiant des guerriers
Vers 750 avant J.-C.	Homère écrit l'*Iliade* (vingt-quatre chants contant la colère d'Achille)
Vers 700 avant J.-C.	Homère écrit l'*Odyssée* (vingt-quatre chants racontant le retour d'Ulysse)
Vers 550 avant J.-C.	le tyran Pisistrate fait éditer les deux poèmes attribués à Homère
Vers 250 avant J.-C.	le grammairien Aristarque établit les textes actuels de ces deux œuvres

De la récitation à l'écriture

Dès le Xe siècle avant Jésus-Christ, des aèdes, ou poètes et conteurs professionnels, sillonnent les cours des rois pour y réciter, en s'accompagnant de la lyre, l'histoire des héros et des dieux. Formés par une longue tradition, rompus aux règles de la versification, ils ajoutent sans cesse de nouveaux épisodes, improvisent, transposent. Pour faciliter la mémorisation de milliers de vers, ils recourent aux vers réguliers, aux expressions stéréotypées. Ils savent soutenir l'attention d'un public distrait qui les écoute tout en mangeant ou en faisant la fête. De ce caractère oral découlent les traits les plus caractéristiques du style épique : symétries et parallélismes, hyperboles et comparaisons rituelles dites « homériques ».

Le héros épique doit parfois affronter des monstres chimériques, comme cette créature à la fois femme et dragon.

L'exaltation des prouesses du héros

Le poème épique suscite l'admiration en évoquant les prouesses des héros. Le héros est un être plus fort, plus puissant, plus courageux et plus vertueux que l'homme ordinaire. Parfois même, c'est un demi-dieu, né d'un être mortel et d'un dieu ou d'une déesse. Célébrant des héros doués de vertus hors du commun, l'épopée permet ainsi aux membres de la communauté de se réconcilier autour de valeurs ressenties comme admirables et essentielles. L'éclat du héros séduit une société aristocratique qui présente comme les meilleurs ceux qui ont le pouvoir : les guerriers. Ainsi, en présentant Achille comme le meilleur des Achéens, on exalte le courage et la force tandis qu'en préférant Ulysse, on admire l'intelligence et la ruse.

Achille tue la reine des Amazones qui s'était portée au secours des Troyens. Amphore, 53 avant J.-C.

Le cyclope qu'affronte Ulysse.

Le poète et la gloire

L'*Iliade* et l'*Odyssée* se sont peu à peu substituées aux multiples épopées qui se propageaient oralement. Homère remplit ainsi parfaitement le rôle de l'aède inspiré par les Muses, filles de Mémoire. C'est lui qui, par la force de son chant, par la magie de son œuvre, fait la gloire des héros dont les exploits, sans lui, sombreraient dans l'oubli. En chantant les exploits d'Achille et les prouesses d'Ulysse, il crée ce renom qui leur permet de traverser les siècles. Le héros sait qu'il a besoin du poète pour atteindre la gloire, pour survivre à sa mort. De même, les poèmes d'Homère rendent célèbres ces innombrables traditions orales dont ils se nourrissent. C'est pourquoi les épopées homériques apparaissent comme les premières œuvres de notre littérature.

Les enfants d'Homère

En évoquant ces héros et ces dieux qui étaient à l'origine de leur cité et de leur histoire, les poèmes d'Homère donnaient à chacun un moyen de se situer dans le monde et de trouver des explications à sa destinée. Les épopées se sont multipliées. Apollonios de Rhodes évoque, dans *Les Argonautiques*, la conquête de la Toison d'or. Virgile, dans l'*Énéide*, fait d'Énée le fondateur de Rome. Lucrèce célèbre le philosophe matérialiste Épicure dans une sorte d'épopée métaphysique, *De la Nature*. *Les Métamorphoses*, où Ovide rassemble les mythes créés par la Grèce, serviront de référence à tout le Moyen Âge et à la Renaissance. Si divers que soient ces poètes, ils sont tous des enfants d'Homère.

Le poète Virgile inspiré par les muses Clio et Melpomène.

La mort du héros Méléagre, un des Argonautes.

Au cours d'un des combats racontés dans l'*Iliade*, le prince troyen Enée est blessé. Il est soigné grâce à la protection de sa mère, la déesse Aphrodite.

Le prestige de l'épopée

La force des poèmes homériques a contribué à faire de l'épopée le plus prestigieux des genres littéraires. Après les chansons de gestes du Moyen Âge, Ronsard, Voltaire ont tenté, sans convaincre, d'en composer. Seuls sans doute, Agrippa d'Aubigné, dans *Les Tragiques*, et Victor Hugo, dans *La Légende des siècles*, ont su retrouver la grandeur de l'épopée. Mais les traits de la vision épique se retrouvent dispersés dans d'autres genres, d'autres arts. Dans les romans de Balzac, de Zola, de Malraux, dans les tableaux de Delacroix, au cinéma, l'exaltation de personnages ou la célébration de valeurs politiques ou morales suscitent cette admiration qui est au cœur de la poésie épique.

SOPHOCLE

Naissance : **vers 495 avant J.-C., à Colone, près d'Athènes**
Décès : **vers 406 avant J.-C., à Athènes**
Lieux : **Colone, Athènes**
Professions : **auteur dramatique, homme politique**

Né dans la petite ville de Colone, célèbre centre religieux proche d'Athènes, Sophocle a vécu la victoire d'Athènes sur les Perses. Il connaît les débuts et l'apogée du siècle de Périclès, la grande période du classicisme grec, dont il est l'un des créateurs les plus puissants. Les cent vingt-trois pièces qu'il présente aux concours dramatiques sont toutes couronnées, il triomphe même du grand Eschyle. Avec Sophocle, la tragédie s'oriente vers le drame de l'individu aux prises avec des forces contraires. L'action est simple, marquée de peu de péripéties, construite sur le refus absolu du spectaculaire et du pathétique. Sa vie personnelle, image même du bonheur et de l'équilibre, est entièrement consacrée au théâtre : sa dernière pièce, *Œdipe à Colone*, est posthume.

Ses œuvres principales

- des tragédies : ses cent vingt tragédies qu'il a composées, sept seulement nous sont parvenues : *Ajax, Antigone, Électre, Œdipe roi, Les Trachiniennes, Philoctète, Œdipe à Colone*

442 avant J.-C.

Antigone

Après la mort d'Étéocle et de Polynice, les deux fils d'Œdipe qui viennent de s'entretuer en se disputant le pouvoir, Créon règne sur Thèbes. Il a accordé les honneurs funèbres à Étéocle mais interdit, sous peine de mort, de donner une sépulture à Polynice, qui a combattu contre sa patrie. Antigone refuse que le cadavre de son frère soit livré aux oiseaux de proie et elle accomplit le devoir sacré qui peut seul permettre à l'âme de Polynice d'accéder au royaume des morts. Dans ce passage, face à Créon, Antigone revendique son geste et affronte la mort promise par la loi qui vient d'être promulguée. Créon, tyran bafoué, lui annonce le châtiment qui l'attend.

CRÉON

Connaissais-tu la défense que j'avais fait proclamer ?

ANTIGONE

Oui, je la connaissais : pouvais-je l'ignorer ? Elle était des plus claires.

CRÉON

Ainsi tu as osé passer outre à ma loi ?

ANTIGONE

Oui, car ce n'est pas Zeus qui l'avait proclamée ! ce n'est pas la Justice, assise aux côtés des dieux infernaux ; non, ce ne sont pas là les lois qu'ils ont jamais fixées aux hommes, et je ne pensais pas que tes défenses à toi fussent assez puissantes pour permettre à un mortel de passer outre à d'autres lois, aux lois non écrites, inébranlables, des dieux ! Elles ne datent, celles-là, ni d'aujourd'hui ni d'hier, et nul ne sait le jour où elles ont paru. Ces lois-là, pouvais-je donc, par crainte de qui que ce fût, m'exposer à leur vengeance chez les dieux ? Que je dusse mourir, ne le savais-je pas ? et cela, quand bien même tu n'aurais rien défendu. Mais mourir avant l'heure, je le dis bien haut, pour moi,

Masque tragique, en bronze. Musée archéologique du Pirée.

c'est tout profit : lorsqu'on vit comme moi, au milieu de malheurs sans nombre, comment ne pas trouver de profit à mourir ? Subir la mort, pour moi n'est pas une souffrance. C'en eût été une, au contraire, si j'avais toléré que le corps d'un fils de ma mère n'eût pas, après sa mort, obtenu un tombeau. De cela, oui, j'eusse souffert ; de ceci je ne souffre pas. Je te parais sans doute agir comme une folle. Mais le fou pourrait bien être celui qui me traite de folle.

LE CORYPHÉE[1]

Ah ! qu'elle est bien sa fille ! la fille intraitable d'un père intraitable. Elle n'a jamais appris à céder aux coups du sort.

CRÉON

Oui, mais sache bien, toi, que ces volontés si dures sont celles justement qui sont aussi le plus vite brisées. Il en est pour elles comme pour le fer, qui, longuement passé au feu, cuit et recuit, se fend et éclate encore plus aisément. Ne voit-on pas un simple bout de frein se rendre maître d'un cheval emporté ? Non, on n'a pas le droit de faire le fier, lorsque l'on est aux mains des autres. Cette fille a déjà montré son insolence en passant outre à des lois établies ; et, le crime une fois commis, c'est une insolence nouvelle que de s'en vanter et de ricaner. Désormais, ce n'est plus moi, mais c'est elle qui est l'homme, si elle doit s'assurer impunément un tel triomphe. Eh bien ! non. Qu'elle soit née de ma sœur, qu'elle soit encore plus proche de moi que tous ceux qui peuvent ici se réclamer du Zeus de notre maison, il n'importe : ni elle ni sa sœur n'échapperont à une mort infâme. Oui, celle-là aussi, je l'accuse d'avoir été sa complice pour ensevelir le mort. *(À ses esclaves.)* Appelez-la moi. Je l'ai vue dans la maison tout à l'heure, effarée, ne se dominant plus. C'est la règle : ils sont toujours les premiers à dénoncer leur fourberie, ceux qui manœuvrent sournoisement dans l'ombre. *(Se retournant vers Antigone.)* Ce qui ne veut pas dire que j'aie moins d'horreur pour le criminel saisi sur le fait qui prétend se parer encore de son crime.

ANTIGONE

Tu me tiens dans tes mains : veux-tu plus que ma mort ?

CRÉON

Nullement : avec elle, j'ai tout ce que je veux.

ANTIGONE

Alors pourquoi tarder ? Pas un mot de toi qui me plaise, et j'espère qu'aucun ne me plaira jamais. Et, de même, ceux dont j'use, ne sont-ils pas faits pour te déplaire ? Pouvais-je cependant gagner plus noble gloire que celle d'avoir mis mon frère au tombeau ? Et c'est bien ce à quoi tous ceux que tu vois là applaudiraient aussi, si la peur ne devait leur fermer la bouche. Mais c'est – entre beaucoup d'autres – l'avantage de la tyrannie qu'elle a le droit de dire et faire absolument ce qu'elle veut.

Sophocle, *Antigone*, 442 avant J.-C., traduction par P. Mazon, Éd. Les Belles Lettres.

1. le Coryphée : celui qui dirige le chœur.

La lucidité tragique d'Antigone

Créon est un homme désarmé par la puissance d'une femme qui ose le braver, « se vanter et ricaner ». Cette fierté et cette insolence le rendent « fou ». Que peut-il contre Antigone ? En revendiquant lucidement la mort, elle affaiblit le pouvoir : elle résiste, elle impose d'autres valeurs qui rendent dérisoires les ordres de Créon. Ce débat sur la nature du pouvoir politique, qui passionnait les citoyens athéniens, demeure toujours aussi vif. Au XXe siècle, la figure altière d'Antigone a inspiré des créateurs aussi différents que Cocteau, Anouilh ou Brecht.

ARISTOPHANE

Naissance : **vers 450 avant J.-C., à Athènes**
Décès : **vers 380 avant J.-C., à Athènes**
Lieu : **Athènes**
Profession : **auteur de comédies**

Né à Athènes, vingt ans environ après Socrate, Aristophane se lance, dès 427, dans une carrière théâtrale. S'il sait amuser le public par les plus grossières bouffonneries, il se montre fier d'avoir porté les questions politiques et morales sur la scène comique. Il dénonce avec courage les dérives de la démocratie athénienne : le démagogue Cléon, irrité d'être ridiculisé, le traduit devant les tribunaux, mais le poète comique est acquitté. Aristophane se bat contre les démagogues, dénonce les partisans de la guerre dans *Les Acharniens, La Paix, Lysistrata*. Socrate, dans la pièce *Les Nuées*, et le grand auteur de tragédies Euripide subissent aussi ses virulentes attaques. De la quarantaine de comédies qu'il fit représenter, onze seulement nous sont parvenues ; les œuvres de ceux qui furent ses rivaux ont toutes disparu.

Ses œuvres principales

- des comédies, dont : *Les Acharniens* (– 425), *Les Cavaliers* (– 424), *Les Nuées* (– 423), *La Paix* (–421), *Lysistrata* (–411), *Les Oiseaux* (–414), *Les Grenouilles* (–405), *L'Assemblée des Femmes* (–392), *La Fortune* (–392)

421 avant J.-C.

La Paix

Lavendange, un vigneron grec, monté sur un ignoble bousier, s'envole vers l'Olympe pour ramener la paix sur terre. En appelant les Grecs à l'union, il parvient à libérer la paix enfermée dans une caverne par Polémos, le dieu de la Guerre. Alors que Lavendange et son serviteur rentrent à la maison, le Chœur dirigé par le coryphée donne libre cours à la joie de la paix retrouvée.

LE CHŒUR

Quelle joie ! ô quelle joie d'être délivré du casque, du fromage et des oignons[1] ! Batailler ne me plaît guère – mais sécher force bouteilles avec quelques vrais amis, des copains, au coin du feu où je fais flamber mon bois (le plus sec, celui des souches arrachées pendant l'été) en rôtissant les pois chiches, en faisant griller les faînes[2], non sans baiser la soubrette quand ma femme prend son bain !

LE CORYPHÉE

Car rien n'est plus agréable que de voir, une fois les semailles faites, le Ciel les arroser de fine pluie, et d'avoir un voisin qui vous dise : « Dis-moi, quel est l'emploi du temps pour l'heure, Comarchidès ? Moi, ce qui me dirait, c'est de boire un bon coup, puisque le Ciel travaille gentiment pour nous » – « Eh bien, fais griller les gesses, ma femme : trois mesures ! mélanges-y les grains de blé ; et des figues, fais-en voir un peu ! Et Manès, que Syra aille le héler ! Il faut qu'il quitte son champ : il n'y a vraiment pas moyen d'ébourgeonner la vigne aujourd'hui, ni de piocher la boue dans le champ, détrempé comme il est. » – « Et, de chez moi, qu'on apporte la grive et les deux pinsons. Il y avait aussi un peu de lait clairet dans la resserre, et quatre quartiers de lièvre (à moins que la belette n'en ait emporté hier au soir : ça faisait du raffut là-dedans, un drôle de tohu-bohu !). Apporte-nous en trois, petit[3], et donnes-en un au père. Demande à Eschinadès des branches de myrte avec leurs baies, et en passant, par la même occasion, qu'on hèle Charinadès, qu'il vienne avec nous boire un coup, puisque le ciel nous est prospère et rend service à nos labours. »

LE CHŒUR

À la maison des cigales, lorsque vibre, assourdissante, leur musique enchanteresse, quel plaisir de surveiller mes vignes – du plant des Îles –: mûrissent-elles déjà ? (car le cépage est précoce) ; et mes figues, de les voir gonfler ! et, une fois mûres, je les mange et je m'en gave, en chantant : « Saison chérie ! » et je me fais des coulis en broyant de l'ail sauvage. Et voilà comme j'engraisse en ces semaines d'été !

LE CORYPHÉE, *enchaînant*

... bien plus qu'à reluquer un maudit chef d'escadron avec un triple panache, et une cape d'un rouge perçant ; oui, il prétend que c'est de la teinture de Perse... Mais si jamais il lui faut aller au combat avec sa cape, alors c'est bien lui qui la trempe d'une méchiante teinture, kaki-caca ! Sur ce, il est le premier à détaler, en secouant ses panaches, miroitant des sabots et des ailes comme un hippocoq[4] ! Et moi, je reste posté aux premières loges ! Et une fois chez eux, ils vous en font, ça n'est pas tolérable ! ils inscrivent des noms sur la liste, ils en biffent d'autres, ils la brouillent sens dessus dessous, deux fois, trois fois : « Demain, départ en campagne. » Le type n'avait pas acheté de provisions : il ne savait pas qu'il allait partir ; et puis, quillé[5] devant le panneau d'affichage, il s'est vu manqué, lui ! Éperdu du désastre, il court partout, l'œil à la vinaigrette ! Voilà ce qu'ils nous font, à nous les paysans ! Aux gens de la ville, ils n'en font pas tant, ces grands déserteurs devant l'Éternel – et devant les hommes !

Aristophane, *La Paix*, 421 avant J.-C., traduction par V.-H. Debidour, Éd. Gallimard.

■ **1. fromage et oignons** : nourriture du soldat. ■ **2. faînes** : fruits du hêtre qui, comme les pois chiches, les gesses ou les figues sèches se croquaient en buvant. ■ **3. petit** : désigne l'esclave auquel le voisin s'adresse. ■ **4. hippocoq** : cheval ayant des pattes et des ailes de coq. ■ **5. quillé** : planté devant la liste des citoyens qui doivent partir à la guerre.

Le maître de la comédie

À des années-lumière de la poésie tragique dont il critique l'emphase, Aristophane chante le bonheur des petites gens avec humour, réalisme et une énergie pleine de fraîcheur. Poésie éminemment politique puisqu'elle oppose à la cité en guerre, où règnent l'injuste favoritisme et les arrogants officiers, la vraie communauté humaine : voisins, femmes, vieillards, esclaves, tous sont ensemble pour croquer les pois chiches en regardant la pluie.

On retrouve dans Rabelais, lui aussi défenseur de la paix, cette saveur familière. Mais Aristophane sert aussi de référence à Racine, qui trouve que le comique grec « a eu raison de pousser les choses au-delà du vraisemblable » et qui ajoute qu'on peut faire confiance au goût des Athéniens : « Ils étaient bien sûrs quand ils avaient ri d'une chose, qu'ils n'avaient pas ri d'une sottise. »

LUCRÈCE

Nom et prénom : **Lucretius Carus, Titus**
Naissance : **vers 98 avant J.-C., à Rome**
Décès : **vers 55 avant J.-C., à Rome**
Lieux : **Rome, la Grèce**
Professions : **poète et philosophe**

Sans doute de famille noble, Lucrèce n'a pourtant jamais entrepris de carrière politique. On ne connaît de lui que son œuvre, le *De natura rerum*, « De la nature », dédié à son ami Memmius, grand personnage cultivé, inconnu par ailleurs. Le projet de Lucrèce est grandiose : rendre accessible en latin la philosophie du Grec Épicure, elle-même inspirée de celle de Démocrite. Dans une période de grave crise politique et morale, Lucrèce veut aider ses contemporains en les invitant à renoncer aux passions destructrices, aux peurs irrationnelles qui empêchent d'atteindre à la paix de l'âme. Il aurait composé son œuvre dans des intervalles de lucidité et se serait donné la mort.

Ses œuvres principales

- un poème : *De la nature*, en six livres

Vers 55 avant J.-C.

De la nature

Écrite en vers, *De la nature* est une épopée de la connaissance dont le héros est Épicure, philosophe grec, qui le premier a expliqué la nature matérielle et mortelle de l'âme et du monde. Tout ce qui existe est une combinaison d'éléments indivisibles et éternels : les atomes. Les dieux n'interviennent ni dans la création ni dans la destruction des choses. Cette épopée est la lutte victorieuse contre deux monstres qui oppriment la vie humaine : la peur des dieux et celle de la mort, engendrées par l'ignorance. En libérant l'homme des passions et des superstitions, Épicure ouvre aux mortels la voie du bonheur.

LIVRE I

INVOCATION À VÉNUS

Mère des fils d'Énée, joie des hommes et des dieux, bienfaisante Vénus, c'est par toi que, sous les astres glissant dans le ciel, se peuplent les mers chargées de navires et les terres couvertes de moissons ; c'est par toi que les êtres de toute espèce sont conçus, naissent et voient la lumière du soleil ; c'est toi, déesse, qui, par ta seule approche, fais fuir les vents et les nuages du ciel ; c'est pour toi que la terre richement ornée enfante les douces fleurs, pour toi que sourit la surface de la mer et que, dans le ciel apaisé, se répand une lumière éclatante. Dès que reparaît la beauté des jours printaniers, dès que le souffle fécond du zéphyre[1] reprend sa liberté et sa force, aussitôt les oiseaux du ciel te célèbrent, déesse, célèbrent ta venue, sentant dans leur cœur ta puissance. Alors les bêtes sauvages bondissent dans les grasses prairies et traversent les fleuves impétueux : chacune, captivée par ta grâce, te suit amoureusement partout où tu la mènes. Enfin dans les mers, sur les monts, dans les rivières torrentielles, dans les retraites feuillues des oiseaux, dans les plaines verdoyantes, tu jettes au cœur de tous les animaux le riant amour, pour que dans leur passion ils propagent leurs espèces respectives. Puisque seule tu gouvernes la nature, que sans toi rien ne vient à la divine lumière du jour, rien ne naît de doux ni d'aimable, c'est toi que je veux pour compagne en écrivant ces vers que je compose sur la nature, pour mon cher Memmius ; toujours en toutes choses, tu l'as orné des dons les plus brillants.

LIVRE II

Il est doux, quand la mer est furieuse, quand les vents soulèvent les flots, d'être à terre et de contempler le grand péril que courent les autres, non pas qu'il y ait un plaisir bien charmant à voir souffrir quelqu'un, mais parce que l'on aime à se rendre compte des maux qu'on évite soi-même. Il est doux aussi de regarder les grandes batailles qui se déroulent dans la plaine, sans avoir part au danger. Mais rien n'est plus doux que d'être bien établi dans les asiles qu'a élevés la sereine doctrine des sages. De là, on peut voir à ses pieds les profanes qui errent çà et là, cherchant au hasard la vraie route de la vie, luttant d'intelligence, rivalisant de noblesse, s'efforçant nuit et jour par un travail acharné de parvenir au sommet et de s'emparer du pouvoir.

Pauvres esprits humains ! cœurs aveugles ! dans quelles ténèbres, dans quels périls on passe ce peu de temps qu'est la vie ! Faut-il donc ne pas voir que les cris de la nature ne réclament que ceci : pas de douleur pour le corps, et pour l'âme, des impressions agréables, sans soucis et sans craintes. Or le corps a besoin de fort peu de choses pour être débarrassé de douleur, et même pour trouver sous ses pas de nombreuses jouissances. La nature n'exige par elle-même rien de bien raffiné : point de statues dorées dans les palais pour tenir dans leurs mains des torches allumées qui éclairent les festins nocturnes ; point de maison où brille l'éclat de l'or et de l'argent ; point de salles lambrissées et dorées où retentisse le son de la cithare ; mais, couché dans l'intimité sur l'herbe tendre, le long d'un ruisseau, à l'ombre d'un arbre élevé, on n'a pas besoin de grands frais pour se recréer et se soigner, surtout quand le temps est souriant, et que la belle saison parsème de fleurs les prairies verdoyantes.

Lucrèce, *De la nature*, vers 55 avant J.-C., traduction par R. Pichon, Éd. Hachette.

1. zéphyre : vent d'Ouest.

La sagesse de la paix

L'hymne à Vénus célèbre la force qui pousse les êtres à s'unir alors que la guerre les divise. Lucrèce définit ensuite la vraie nature de cette paix heureuse. Elle vient d'abord de l'indifférence envers les richesses et le pouvoir. Surtout, elle s'atteint par la connaissance. L'homme, apprenant qu'il est mortel, que rien ne survit après la mort, pas même l'âme, connaîtra la tranquillité en écartant la souffrance physique, la peur de la mort et la crainte des dieux. Épicure nommait « ataraxie », littéralement « absence de trouble », cette paix délicieuse. Parce qu'il formule cette sagesse matérialiste, Lucrèce nourrit les méditations des écrivains libertins, comme Molière, qui le traduit, ou Cyrano de Bergerac. Au XXe siècle, le poète Francis Ponge salue la force provocatrice de ce chef-d'œuvre de la poésie.

VIRGILE

Nom et prénom : **Vergilius Maro, Publius**
Naissance : **en 70 avant J.-C., près de Mantoue**
Décès : **en 19 avant J.-C., à Brindes**
Lieux : **Mantoue, Crémone, Milan, Rome, Brindes**
Profession : **poète**

D'origine modeste, le jeune Virgile reçoit une formation traditionnelle en rhétorique et en philosophie. Encouragé par Pollion, ami des lettres et fondateur de la première bibliothèque à Rome, puis par Mécène, sorte de ministre de la Culture d'Auguste, il s'essaie à la poésie. Il devient célèbre grâce aux *Bucoliques*, poème pastoral bientôt suivi par les *Géorgiques*, un grand poème sur l'agriculture, censé accompagner la politique de retour à la terre de l'empereur. En 29, il entreprend une vaste épopée historique sur les origines troyennes de Rome, *L'Énéide*. Il meurt à cinquante et un ans avant d'avoir pu mettre la dernière main à ce nouveau chef-d'œuvre impatiemment attendu : il avait demandé que son manuscrit fût brûlé mais, heureusement, L'empereur fit préserver son œuvre.

Ses œuvres principales

- des poèmes :
les *Bucoliques*, poème pastoral en dix chants ;
les *Géorgiques*, poème didactique en quatre chants ;
L'Énéide, poème épique en douze chants

19 avant J.-C.

L'Énéide

***L'Énéide* raconte les aventures d'Énée, prince troyen, depuis son départ de Troie en flammes, après la victoire des Grecs. Énée est investi d'une mission divine, celle d'emporter les « Pénates » de sa patrie pour fonder ailleurs une nouvelle Troie, cité promise à la domination du monde. Accueilli à Carthage par la puissante reine Didon, il tombe amoureux. Mais Jupiter lui rappelle sa mission : fonder ailleurs une nouvelle Troie. Énée obéit à son destin et abandonne Didon, sans explication. Ivre de douleur en voyant s'éloigner les vaisseaux troyens, Didon se donne la mort.**

Elle dit et son âme flottante et bouleversée cherche à en finir le plus vite avec l'odieuse lumière. Alors elle s'adresse brièvement à Barcé, la nourrice de Sychée[1], car la cendre funèbre de la sienne était restée dans la vieille patrie : « Chère nourrice, va chercher ma sœur Anna[2] : dis-lui qu'elle se hâte de verser sur elle l'eau lustrale et qu'elle amène les victimes avec les offrandes expiatoires qui me sont prescrites. Qu'elle vienne ; et toi-même ceins ton front d'une pieuse bandelette. Je veux achever le sacrifice à Jupiter Stygien[3], dont j'ai commencé les apprêts selon les rites, et mettre un terme à mes chagrins en livrant aux flammes le bûcher du Dardanien[4]. » À ces mots, la nourrice s'empresse ; et elle hâtait son pas de vieille femme.

Aussitôt, frémissante, farouche de sa terrible résolution, Didon, des lueurs sanglantes dans les yeux, les joues tremblantes et marbrées, pâle de sa mort prochaine, se précipite à l'intérieur de son palais, gravit d'un élan désespéré les hauts degrés du bûcher et tire l'épée du Dardanien. Ah, ce n'était pas pour cet usage qu'il lui en avait fait présent !

Elle a regardé les vêtements d'Ilion[5] et la couche si familière ; elle a donné un instant aux larmes et au rêve ; puis elle s'est jetée sur le lit et elle prononce ces dernières paroles : « Vêtements qui me furent chers tant que les destins et la divinité le permirent, recevez mon âme et libérez-moi de mes souffrances. J'ai fini de vivre ; j'ai accompli la route que m'avait tracée la fortune. C'est une grande ombre qui maintenant va descendre sous la terre. J'ai fondé une ville magnifique ; j'ai vu mes remparts ; j'ai vengé mon mari et puni le crime de mon frère. Heureuse, hélas, trop heureuse si seulement les vaisseaux dardaniens n'avaient jamais touché nos rivages ! » Elle dit, et collant ses lèvres sur le lit : « Je mourrai sans vengeance ; mais mourons. Il m'est doux d'aller ainsi, oui même ainsi, chez les Ombres. Que de la haute mer le cruel Dardanien repaisse ses yeux des flammes de mon bûcher et qu'il emporte avec lui le mauvais présage de ma mort. »

Elle parlait encore que ses femmes voient l'infortunée s'affaisser sous le fer mortel et le sang écumer sur l'épée et ses mains en être éclaboussées. Un cri monte sous les voûtes du palais ; et la Renommée[6] fait la bacchante[7] dans la ville frappée de terreur. Toutes les maisons retentissent de lamentations, de gémissements et du hurlement des femmes. L'air résonne de clameurs aussi lugubres que si tout Carthage ou l'antique ville de Tyr s'écroulait sous l'irruption des ennemis et que si les flammes furieuses déferlaient sur les toits des hommes et des dieux.

Virgile, *L'Énéide*, 19 avant J.-C., traduction par A. Bellessort, Éd. Les Belles Lettres.

■ 1. **Sychée** : premier époux de Didon, tué par son frère Pygmalion. ■ 2. **Anna** : Didon cherche à éloigner sa nourrice et à retarder la venue de sa sœur Anna (elle doit préparer un sacrifice de purification « eau lustrale »), afin d'avoir le temps de se donner la mort. ■ 3. **Jupiter Stygien** : le Jupiter du Styx désigne Pluton, le dieu des Enfers. ■ 4. **Dardanien** : Énée descendant de Dardanos, fondateur de Troie. Didon a placé sur un bûcher les souvenirs d'Énée : le lit de leurs amours, ses vêtements, son épée et son image.
■ 5. **Ilion** : Troie. ■ 6. **Renommée** : La rumeur de la terrible nouvelle. ■ 7. **bacchante** : prêtresse de Bacchus, prise de folie ; la métaphore suggère comment la terrible nouvelle se répand.

La reine abandonnée

La reine de Carthage est consciente de la portée fatale de son geste : sa mort volontaire annonce la guerre qui opposera Rome à Carthage, cette ville puissante qui faisait obstacle à la domination romaine sur la Méditerranée. Telle est la signification historique et épique de l'épisode. Mais la postérité retient surtout l'image de la reine dont Virgile montre l'égarement. Blessée dans son orgueil, elle revendique la mort, seule issue à la souffrance de l'abandon et du mépris. Devenue figure mythique, Didon a inspiré de nombreuses œuvres du Moyen Âge, comme le *Roman d'Énéas* ou le *Roman de la Rose*. Elle apparaît dans « l'Enfer » de *La Divine Comédie* de Dante et dans *Les Triomphes* de Pétrarque. Au XXe siècle, Senghor, dans *Carthage*, donne sa version de la légende. Son souvenir est sensible dans les héroïnes de Racine, Hermione et Bérénice, autres princesses, autres femmes abandonnées.

HORACE

Nom et prénom : **Horatius Flaccus, Quintus**
Naissance : **en 65 avant J.-C., à Venouse, dans le sud de l'Italie**
Décès : **en 8 avant J.-C., en Sabine, dans le centre de l'Italie**
Lieux : **Venouse, Rome, Athènes**
Profession : **poète**

Le père d'Horace, esclave affranchi, mais assez riche (il était receveur des enchères), lui donne une bonne éducation à Rome puis à Athènes. Le jeune homme fait une courte carrière militaire, mais, à son retour de campagne, il se retrouve ruiné. À la mort de son père, il est présenté par Virgile à Mécène, qui lui offre une propriété en Sabine, dans le centre de l'Italie, et le présente à Octave, futur empereur. Il se rallie au nouveau régime et célèbre la paix et la politique d'Auguste. Il consacre la fin de sa vie à la poésie, renonçant à toute fonction officielle. Après avoir écrit des *Satires*, en 41, il se consacre à la poésie lyrique, *Épodes*, *Odes* et *Épîtres,* dans lesquelles il traite de sujets moraux, politiques et littéraires, sur un ton léger et parfois élevé. Il se retire en Sabine à la fin de sa vie et meurt en sage.

Ses œuvres principales

- des poésies, dont : *Épodes, Satires, Odes et Épodes, Épîtres*

30-20 avant J.-C.

Odes

L'ode est un poème destiné à être chanté, qui exprime un état d'âme mélancolique ou gai, amer ou exalté. Horace exhorte les destinataires de ces chants à une sagesse mesurée, prônant l'*aurea mediocritas*, le sens précieux de la mesure, qui suppose lucidité et finesse.

Ne recherche point, toi, – il est sacrilège de le savoir, – quelle fin, Leuconoé, les dieux ont marquée pour moi, marquée pour toi, et n'interroge pas les calculs babyloniens[1]. Comme il vaut mieux subir tout ce qui pourra être ! Que Jupiter t'accorde plus d'un hiver, ou que celui-ci soit le dernier, qui, maintenant, brise la mer tyrrhénienne contre l'obstacle des falaises rongées, sois sage, filtre tes vins, et, puisque nous durons peu, retranche les longs espoirs. Pendant que nous parlons, voilà que le temps jaloux a fui : cueille le jour, sans te fier le moins du monde au lendemain.

Odes, I, XI.

Souviens-toi de conserver ton âme égale dans les aspérités du sort et non moins éloignée, dans la prospérité, d'une joie insolente, ô Dellius[2], toi qui dois mourir, que tu aies toujours vécu dans la tristesse ou que, les jours de fête, couché à l'écart sur le gazon, tu aies fait ton bonheur d'un Falerne[3] de marque réservée.

À quelle fin le pin immense et le blanc peuplier aiment-ils à associer l'ombre hospitalière de leurs branches ? pourquoi l'onde fugitive bondit-elle avec effort dans le lit sinueux du ruisseau ?

Là, commande qu'on apporte les vins, les parfums, les fleurs trop brèves de l'aimable rosier, tant que le permettent ta condition, ton âge et les fils noirs des trois sœurs[4].

Tu quitteras les pacages réunis par tes achats, et ta maison, et ta villa que baigne le Tibre jaune, tu les quitteras, et, des richesses accumulées si haut, un héritier sera le maître.

Qu'on soit riche et remontant à l'antique Inachus[5], ou bien pauvre et d'origine infime, nulle différence pour qui n'a qu'un délai sous le ciel, victime promise à l'impitoyable Orcus[6].

Tous, nous sommes poussés au même lieu ; pour tous, notre lot est agité dans l'urne, il en sortira ou plus tôt ou plus tard et nous fera monter dans la barque[7] pour l'éternel exil.

Odes, II, III.

La bonne direction dans la vie, Licinius[8], c'est de ne pas pousser toujours vers la haute mer, c'est aussi de n'aller point, dans une horreur prudente des tempêtes, serrer de trop près le rivage peu sûr.

Quiconque élit la médiocrité toute d'or[9] a la sécurité, qui le garde des laideurs sordides d'un toit délabré, la modération, qui le garde d'un palais sujet à l'envie.

Les vents agitent plus fréquemment le pin immense, les tours élevées croulent d'une chute plus pesante, les éclairs frappent le sommet des monts.

Il espère dans l'adversité, dans la prospérité il redoute le sort contraire, le cœur bien préparé. Jupiter ramène les difformes hivers, c'est lui aussi qui les chasse. Si le présent est mauvais, il n'est pas dit que l'avenir le sera. Parfois Apollon réveille sur la cithare sa Muse silencieuse, et il ne tend pas toujours son arc.

Dans les moments difficiles, montre-toi courageux et fort : mais tu auras aussi la sagesse de réduire tes voiles trop gonflées par un vent favorable.

Horace, *Odes et Épodes*, II, X, 30-20 avant J.-C., traduction par F. Villeneuve, Éd. Les Belles Lettres.

« Pendant que nous parlons, voilà que le temps jaloux a fui : cueille le jour, sans te fier le moins du monde au lendemain. »

1. calculs babyloniens : calculs des astrologues. **2. Dellius** : destinataire de cette ode. **3. Falerne** : nom d'un vin célèbre. **4. les trois sœurs** : les Parques, divinités qui filent, dévident et coupent le fil de la vie humaine. **5. Inachus** : métaphore pour désigner un noble ; Inachus était le premier roi d'Argos. **6. Orcus** : nom populaire donné par les Romains au dieu de la Mort. **7. la barque** : celle du passeur des Enfers, Charon. **8. Licinius** : destinataire de cette ode. **9. médiocrité toute d'or** : modération, sens de la mesure aussi précieux que l'or.

L'art du carpe diem

La formule d'Horace, *carpe diem*, littéralement « cueille le jour », est devenue une expression courante. Le poète, sensible à la brièveté de l'existence humaine, appelle à savourer l'instant présent : il faut refuser l'espoir du futur et se garder de toute démesure. Horace oublie le matérialisme révolutionnaire de Démocrite, d'Épicure et de Lucrèce, mais c'est lui qui est à l'origine de la tradition qui associe l'épicurisme à la recherche des plaisirs et des douceurs de la vie. Ce thème du *carpe diem* a inspiré les plus célèbres poèmes de Ronsard, comme « Mignonne, allons voir… » ou « Je vous envoie un bouquet… », mais il est aussi au cœur des réflexions de Montaigne. Appel au plaisir ou mélancolie devant la fuite du temps, on le retrouve aujourd'hui dans les poèmes de Prévert et de Queneau.

OVIDE

Nom et prénom : **Ovidius Naso, Publius**
Naissance : **en 43 avant J.-C., à Sulmona, dans les Abruzzes**
Décès : **en 17 après J.-C., à Tomes**
Lieux : **Sulmona, Rome, Tomes (Pont-Euxin)**
Profession : **poète**

D'origine modeste, Ovide étudie l'éloquence mais renonce très vite à une carrière d'avocat pour se consacrer à la fois à son œuvre de poète et à la vie mondaine. Ses premières œuvres sont des élégies amoureuses où l'érudition mythologique se mêle à des frivolités audacieuses. Ce sont *Les Amours*, *Les Héroïdes* et *L'Art d'aimer*. Vers quarante ans, il se consacre à une immense œuvre épique, *Les Métamorphoses*, recueil de deux cent trente et un récits mythologiques depuis les origines du monde jusqu'à l'apothéose de Jules César. Puis, brusquement et pour des raisons restées obscures, il est exilé par l'empereur Auguste sur les bords de la mer Noire. Deux grands poèmes, *Les Tristes* et *Les Pontiques*, expriment sa souffrance et sa révolte. Malgré ses suppliques, il mourra dans ce lieu lointain et hostile.

Ses œuvres principales

- des poèmes amoureux : *Les Amours, Les Héroïdes, L'Art d'aimer, Les Remèdes à l'amour, Les Cosmétiques*
- des poèmes épiques et didactiques : *Les Métamorphoses* (quinze chants), *Les Fastes* (six chants)
- des poèmes élégiaques : *Les Tristes* (cinq livres), *Les Pontiques (quatre livres)*

Vers 2 avant J.-C.

Les Métamorphoses

Le poète mythique Orphée vient de perdre son épouse Eurydice, mortellement piquée par un serpent le jour de leurs noces. Utilisant la puissance magique de son chant, il réussit à franchir le seuil des Enfers et adresse sa supplique aux dieux souterrains.

« Par ces lieux pleins d'épouvante, par cet immense Chaos, par ce vaste et silencieux royaume, je vous en conjure, défaites la trame, trop tôt terminée, du destin d'Eurydice. Il n'est rien qui ne vous soit dû ; après une courte halte, un peu plus tard, un peu plus tôt, nous nous hâtons vers le même séjour. C'est ici que nous tendons tous ; ici est notre dernière demeure ; c'est vous qui régnez le plus longtemps sur le genre humain. Elle aussi, quand, mûre pour la tombe, elle aura accompli une existence d'une juste mesure, elle sera soumise à vos lois ; je ne demande pas un don, mais un usufruit. Si les destins me refusent cette faveur pour mon épouse, je suis résolu à ne point revenir sur mes pas ; réjouissez-vous de nous voir succomber tous les deux. »

Tandis qu'il exhalait ces plaintes, qu'il accompagnait en faisant vibrer les cordes, les ombres exsangues[1] pleuraient ; Tantale[2] cessa de poursuivre l'eau fugitive ; la roue d'Ixion[3] s'arrêta ; les oiseaux oublièrent de déchirer le foie de leur victime[4] ; les petites-filles de Bélus[5] laissèrent là leurs urnes et toi, Sisyphe[6], tu t'assis sur ton rocher. Alors pour la première fois des larmes mouillèrent dit-on, les joues des Euménides[7], vaincues par ces accents ; ni l'épouse du souverain, ni le dieu qui gouverne les enfers ne peuvent résister à une telle prière ; ils appellent Eurydice ; elle était là, parmi les ombres récemment arrivées ; elle s'avance, d'un pas que ralentissait sa blessure. Orphée du Rhodope[8] obtient qu'elle lui soit rendue, à la condition qu'il ne jettera pas les yeux derrière lui, avant d'être sorti des vallées de l'Averne[9] ; sinon, la faveur sera sans effet. Ils prennent, au milieu d'un profond silence, un sentier en pente, escarpé, obscur, enveloppé d'un épais brouillard. Ils n'étaient pas loin d'atteindre la surface de la terre, ils touchaient au bord, lorsque, craignant qu'Eurydice ne lui échappe et impatient de la voir, son amoureux époux tourne les yeux et aussitôt elle est entraînée en arrière ; elle tend les bras, elle cherche son étreinte et veut l'étreindre elle-même ; l'infortunée ne saisit que l'air impalpable. En mourant pour la seconde fois elle ne se plaint pas de son époux ; (de quoi en effet se plaindrait-elle sinon d'être aimée ?) elle lui adresse un adieu suprême, qui déjà ne peut qu'à peine parvenir jusqu'à ses oreilles et elle retombe à l'abîme d'où elle sortait.

En voyant la mort lui ravir pour la seconde fois son épouse, Orphée resta saisi comme celui qui vit avec effroi les trois têtes du chien des Enfers[10], dont celle du milieu portait des chaînes.

Ovide, *Les Métamorphoses*, vers 2 avant J.-C., traduction par G. Lafaye, Éd. Les Belles Lettres.

Orphée jouant de la lyre.
Musée archéologique de Naples.

▪ **1. les ombres exsangues** : les ombres pâles des morts. ▪ **2. Tantale** : ayant offensé les dieux, il fut condamné à voir reculer sans cesse l'eau et les fruits qu'il voulait saisir. ▪ **3. Ixion** : il fut condamné à tourner sans cesse sur une roue enflammée. ▪ **4. le foie de leur victime** : Tityos ou Prométhée furent condamnés tous deux à avoir le foie dévoré par deux vautours. ▪ **5. les petites-filles de Bélus** : les cinquante Danaïdes condamnées à remplir d'eau un tonneau sans fond. ▪ **6. Sisyphe** : roi cruel condamné à rouler en haut d'une pente une pierre qui retombe sans cesse. ▪ **7. les Euménides** : les bienveillantes, nom donné par antiphrase aux Érinyes, ou Furies chargées de poursuivre les criminels. ▪ **8. Rhodope** : mont de Thrace, terre d'origine d'Orphée. ▪ **9. l'Averne** : entrée mythique des Enfers, pour les Romains. ▪ **10. le chien des Enfers** : Cerbère, chien à triple gueule qui flatte ceux qui entrent aux Enfers mais dévore ceux qui tentent d'en sortir.

Le mythe d'Orphée et d'Eurydice

Le mythe d'Orphée, l'un des mythes les plus célèbres de l'Antiquité, réunit deux thèmes fascinants. Orphée est d'abord l'amoureux qui va jusqu'aux Enfers réclamer « une existence d'une juste mesure » pour celle qu'il aime. C'est par amour pour Eurydice qu'il se retourne et la regarde, provoquant son retour à la mort. Cette histoire d'un amour absolu inspire *Le Mari le plus sûr* de Lope de Vega, *Le Divin Orphée* de Calderon ; ce thème est abordé de façon comique dans *Orphée aux enfers* d'Offenbach ou désenchantée dans l'*Eurydice* de Jean Anouilh.

Le mythe d'Orphée célèbre aussi la puissance du chant poétique qui réussit à séduire les forces infernales, à repousser la mort elle-même. C'est la puissance mystérieuse de l'écriture qu'évoquent Nerval, Rilke ou Cocteau quand ils reprennent dans leurs textes la figure d'Orphée.

SÉNÈQUE

Nom et prénom : **Annaeus Seneca, Lucius**
Naissance : **vers 1 après J.-C., à Cordoue**
Décès : **en 65 après J.-C., à Rome**
Lieux : **Cordoue, la Corse, Rome**
Professions : **orateur, précepteur, ministre, philosophe, tragédien**

Fils de Sénèque le Rhéteur, le jeune Sénèque fait de solides études à Rome, où il entend les cours de célèbres philosophes stoïciens et pythagoriciens. Après avoir fait l'expérience d'une vie sobre et ascétique, il retrouve la bonne société et les milieux littéraires. En 41, il est, pour d'obscurs motifs, exilé en Corse. En 49, Agrippine, nouvelle épouse de l'empereur Claude, le rappelle. Elle lui confie l'éducation de son fils, le futur empereur Néron. Des années plus tard, Sénèque assistera, impuissant, parfois complice, aux crimes de son « élève » : c'est lui qui écrit la lettre par laquelle Néron se justifie du meurtre de sa mère ! Tout en menant une vie luxueuse, il prône la morale ascétique des stoïciens. Compromis dans la conjuration de Pison hostile à Néron, il est contraint au suicide.

Ses œuvres principales

- des traités philosophiques, dont : *De la colère, De la clémence, De la vie heureuse, De la tranquillité de l'âme, De la providence*
- des *Consolations* (*à Marcia, à Helvia, à Polybe*)
- une œuvre scientifique : *Recherches sur la Nature*
- des tragédies, dont : *Hercule furieux, Médée, Phèdre, Œdipe*
- des lettres : *Lettres à Lucilius*

64 avant J.-C.

Lettres à Lucilius

Les cent vingt-quatre « lettres morales » ont été écrites entre 63 et 64, pour le jeune Lucilius, gouverneur en Sicile, cultivé et séduit par la philosophie épicurienne. Sénèque entreprend de le « convertir » au stoïcisme. Partant d'expériences vécues, de situations réelles, il mène pas à pas le lecteur à la découverte de la plus haute sagesse, la « vertu », par laquelle l'âme victorieuse prend le pas sur le corps, c'est-à-dire sur les passions.

Pour subvenir à la nature, la nature suffit. Or, le luxe est entré en conflit avec la nature, le luxe qui chaque jour s'aiguillonne lui-même, grandit dans la suite incessante des siècles et fait de l'intelligence une auxiliaire de nos vices. Il s'est porté d'abord vers le superflu, puis vers le pernicieux, pour livrer finalement l'âme au corps et la vouer au service de ses vils appétits. Toutes ces industries, qui entretiennent dans la cité une circulation intensive ou le bruit, travaillent pour le compte du corps. Tout ce que jadis on lui fournissait comme à un esclave, à présent on le lui apprête comme à un roi. Voilà pourquoi vous rencontrez ici des ateliers de tissage, ici d'autres de métallurgie, ici des distilleries de parfums, ici des écoles techniques de danses voluptueuses, de chants voluptueux aux modulations efféminées : tant nous sommes loin de cette modération naturelle, qui borne le désir à s'outiller du nécessaire. Maintenant, c'est se classer parmi les rustres et les misérables, que de vouloir simplement ce qui suffit.

Lettres à Lucilius, lettre 90 (extrait).

Ne remettons rien au futur. Réglons nos comptes avec la vie jour par jour. Le vice principal de la vie, c'est qu'elle n'a jamais rien d'achevé, c'est qu'au jour le jour l'on en renvoie une partie à plus tard. Celui qui a su chaque jour mettre à sa vie la dernière main n'a pas besoin du temps. Or, de ce besoin naît, avec la peur de l'avenir, cette soif d'avenir qui ronge l'âme. Condition singulièrement misérable, que de se demander au sujet de ce qui vient, où cela doit aboutir. « Que durera, quel sera le reste de mon existence ? » Voilà ce que suppute la pensée, dans le réseau d'inconsistantes terreurs où elle s'agite. Quel moyen aurons-nous d'échapper à ce roulis vertigineux ? un seul : ne pas laisser son existence pointer de l'avant, la ramener sur elle-même. Si l'on dépend de l'avenir, c'est faute de savoir exploiter le présent. Lorsque j'ai satisfait, au contraire, à tout ce que je me devais ; lorsque ma pensée bien assise connaît qu'entre un jour et un siècle il n'y a nulle différence, elle contemple de haut la série entière des jours et des événements à venir et ne fait que se rire, dans ses méditations, de la chaîne des temps. En effet, en quoi des hasards mobiles et variables pourront-ils déconcerter un homme qui demeure stable en face de l'instabilité ?

Ainsi, donc, mon cher Lucilius, hâte-toi de vivre et compte chaque journée pour une vie distincte. L'homme qui s'est donné cette armature, celui qui a vécu chaque jour sa vie complète, possède la sécurité ; mais qui a l'espoir comme raison de vivre voit le présent lui échapper d'heure en heure. Alors entre en lui, avec l'appétit de la durée, ce sentiment si misérable qui rend toutes choses si misérables : la peur de la mort.

Sénèque, *Lettres à Lucilius*, lettre 101 (extrait), 64 avant J.-C., traduction par H. Noblot, Éd. Les Belles Lettres.

Conversation entre philosophes. Mosaïque de Pompéi.

La sagesse stoïcienne

Pour les Épicuriens, l'univers est matériel et mortel, infini et voué au hasard, indifférent aux dieux. Les stoïciens, eux, construisent un monde éternel et divin, unique, clos et fini, harmonieux et rationnel, régi par les astres, c'est-à-dire les dieux. Vivre selon la nature ne consiste pas à s'abandonner à ses instincts, mais à vivre selon la raison qui organise l'univers. Pour cela, on peut et on doit se rendre indifférent à tout ce qui affecte la sensibilité.

Cette morale exigeante séduit un temps Montaigne, qui cherche à vaincre sa hantise de la mort. Elle est au cœur du héros cornélien qui doit trouver en lui-même l'énergie nécessaire pour affronter le malheur et l'infortune. Le stoïcisme revit dans les époques de trouble, avec Vigny au XIXe siècle ou Montherlant au XXe.

SAINT AUGUSTIN

Nom et prénom : **Aurelius, Augustinus**
Naissance : **en 354, à Thagaste, en Afrique romaine**
Décès : **le 28 août 430, à Hippone (actuellement Annaba)**
Lieux : **Carthage, Rome, Milan, Hippone**
Professions : **professeur de rhétorique, évêque d'Hippone**

Fils d'un père païen et d'une mère chrétienne, Monique, le jeune Augustin étudie en Afrique, où il goûte à tous les plaisirs de la vie. Il enseigne la rhétorique à Carthage, à Rome, à Milan. C'est là que la prédication de l'évêque saint Ambroise le conduit à se convertir. Élu prêtre d'Hippone en Afrique, il en devient l'évêque en 396. Pendant trente-quatre ans, Augustin mène une vie d'une rigueur monacale : il se dépense sans compter pour administrer son diocèse, réformer son clergé, lutter contre les hérésies. Quand des agresseurs venus du Nord, les Vandales, assiègent sa ville, il refuse de la quitter, soutenant les assiégés, soignant les blessés jusqu'à son dernier souffle.

Ses œuvres principales

- des sermons et des lettres (il nous en reste sept cents)
- une autobiographie spirituelle : *Les Confessions* (vers 400)
- Une somme philosophique et théologique : *La Cité de Dieu* (413 -426)

Vers 400

Les Confessions

Dans *Les Confessions*, saint Augustin se propose de raconter comment il a été amené à se convertir au christianisme. Le récit évoque son enfance turbulente, sa jeunesse passionnée et s'arrête à la mort de sa mère sainte Monique. En évoquant ses faiblesses et ses erreurs, il proclame aussi sa confiance en la grâce divine. « Les treize livres de mes *Confessions*, écrit-il, louent le Dieu juste et bon de mes maux et de mes biens, ils élèvent vers Dieu l'intelligence et le cœur de l'homme. »

AUGUSTIN S'ACCUSE D'UN LARCIN

Certes votre loi, Seigneur, condamne le larcin, une loi gravée dans le cœur des hommes, et que leur iniquité même n'abolit pas. Quel voleur accepte qu'on le vole ? Le riche n'admet pas l'excuse de l'indigence. Eh bien ! moi, j'ai voulu voler, et j'ai volé sans que la misère m'y poussât, rien que par insuffisance et mépris du sentiment de justice, par excès d'iniquité. Car j'ai volé ce que je possédais en abondance et de meilleure sorte. Ce n'est pas de l'objet convoité par mon vol que je voulais jouir, mais du vol même et du péché.

Il y avait dans le voisinage de notre vigne un poirier chargé de fruits qui n'avaient rien de tentant, ni la beauté ni la saveur. En pleine nuit (selon notre exécrable habitude nous avions prolongé jusque-là nos jeux sur les places), nous nous en allâmes, une bande de mauvais garçons, secouer cet arbre et en emporter les fruits. Nous en fîmes un énorme butin, non pour nous en régaler, mais pour le jeter aux porcs. Sans doute nous en mangeâmes un peu, mais notre seul plaisir fut d'avoir commis un acte défendu.

Voilà mon cœur, ô Dieu, voilà mon cœur dont vous avez eu pitié au fond de l'abîme. Qu'il vous dise maintenant, ce cœur que voilà, ce qu'il cherchait dans cet abîme, pour faire le mal sans raison, sans autre raison de le faire que sa malice même. Malice honteuse, et je l'ai aimée ; j'ai aimé ma propre perte ; j'ai aimé ma chute ; non l'objet qui me faisait choir, mais ma chute même, je l'ai aimée. Ô laideur de l'âme qui abandonnait votre soutien pour sa ruine, et ne convoitait dans l'infamie que l'infamie elle-même.

Les Confessions, livre II, chapitre V.

QU'EST-CE QUE DIEU ?

Mais qu'est-ce que j'aime, en vous aimant ? Ce n'est pas la beauté des corps, ni leur éclat qui passe, ni la clarté du jour qu'aiment tant ces pauvres yeux, ni les douces mélodies des cantilènes variées, ni l'odeur suave des fleurs, des parfums et des aromates, ni la manne, ni le miel, ni les membres, délices des enlacements de la chair. Non ce n'est pas cela que j'aime, quand j'aime mon Dieu. Pourtant j'aime une clarté, une voix, un parfum, une nourriture, un enlacement quand j'aime mon Dieu : c'est la clarté, la voix, le parfum, l'enlacement de « l'homme intérieur » que je porte en moi, là où brille pour mon âme une clarté que ne borne aucun espace, où chantent des mélodies que le temps n'emporte pas, où embaument des parfums que ne dissipent pas le vent, où la table a des saveurs que n'émousse pas la voracité, et l'amour des enlacements que ne dénoue aucune satiété ; voilà ce que j'aime en aimant mon Dieu !

Qu'est-ce donc que ce Dieu ? J'ai interrogé la terre et elle m'a dit : « Je ne suis point Dieu. » Tout ce qui s'y rencontre m'a fait le même aveu. J'ai interrogé la mer et ses abîmes, les êtres vivants qui s'y meuvent et ils m'on répondu : « Nous ne sommes pas ton Dieu ; cherche au-dessus de nous. » J'ai interrogé les vents qui soufflent, et le nom de l'air avec ses habitants m'a dit : « Anaximène[1] se trompe et je ne suis point Dieu. » J'ai interrogé le ciel, le soleil, la lune et les étoiles : « Nous ne sommes pas davantage le Dieu que tu cherches », m'ont-ils déclaré. Et j'ai dit à tous les êtres qui assaillent les portes de mes sens : « Entretenez-moi de mon Dieu, puisque vous ne l'êtes point, dites-moi quelque chose de lui. » Ils m'ont crié d'une voix éclatante : « C'est Lui qui nous a créés. » Pour les interroger je n'avais qu'à les contempler, et leur réponse, c'était leur beauté.

Saint Augustin, *Les Confessions*, livre II, chapitre V, vers 400,
traduction par J. Trabucco, Éd. Garnier-Flammarion).

■ **1. Anaximène :** philosophe grec du VIe siècle avant J.-C., qui faisait de l'air le principe de toutes choses.

Saint Augustin et la littérature française

En écrivant *Les Confessions*, où il raconte les menus événements de sa vie, où il met à jour ses faiblesses, pour montrer la misère de l'homme sans Dieu, saint Augustin a ouvert la voie à l'écriture autobiographique. Rousseau reprendra d'ailleurs le titre même de son œuvre : *Confessions*. Mais c'est surtout par sa façon de comprendre la nature humaine que saint Augustin a marqué la littérature française. Pour lui, l'être humain est trop faible pour atteindre par lui-même le bien et la vérité. Corrompu depuis le péché d'Adam, il ne peut rien sans la grâce bienveillante de Dieu. Au-delà des querelles religieuses que provoqua le mouvement janséniste, cet antihumanisme colore tout le classicisme français : il est au cœur de l'univers tragique de Racine, des comédies de Molière, des fables de La Fontaine, des maximes de La Rochefoucauld. Il inspire Rousseau et Chateaubriand. Au XXe siècle, on le retrouve dans les romans de Mauriac, mais aussi, par le biais de Pascal, dans ceux de Giono.

Loyset Liedet, miniature extraite des *Chroniques de Froissard* : Charles IV le Bel accueille à Paris sa sœur Isabelle, reine d'Angleterre, 1325.

500
1500

Le monde médiéval

500 1500 Le monde médiéval

Couvrant une période de dix siècles, le Moyen Âge s'étend de la chute de l'Empire romain jusqu'à la Renaissance. Il voit l'installation progressive du pouvoir royal et la mise en place des trois ordres qui fondent le monde médiéval : la noblesse, le clergé et le tiers état.

1. L'histoire et la société — La féodalité

Le siège de Paris par Jeanne d'Arc, septembre 1429.

Le Moyen Âge est marqué par de nombreuses guerres. Aux huit croisades qui ont pour but de délivrer le tombeau du Christ à Jérusalem, de 1096 à 1270, succède une « guerre de Cent Ans » entre la France et l'Angleterre, de 1337 à 1453. Les populations connaissent alors l'insécurité et la misère, la peste et la famine.

Le pouvoir royal, s'appuyant sur la puissance de l'Église, construit l'unité du royaume, grâce au système féodal qui établit les relations et les liens entre le seigneur et ses vassaux.

L'embarquement de saint Louis pour la croisade, 1410.

La justice du seigneur.

La société se divise alors entre les chevaliers qui combattent, les clercs qui prient, les bourgeois et les paysans qui travaillent.

Vitrail de la cathédrale de Reims.

2. Les sciences et les arts — Le temps des cathédrales

L'animation d'une rue marchande au Moyen Âge.

Le XIIIe siècle marque l'apogée du monde médiéval. La prospérité se fonde sur les progrès de l'agriculture, le dynamisme des grandes foires et le développement des échanges commerciaux.

Les cours des rois et des princes rassemblent les artistes. L'art roman, puis l'art gothique sont mis au service de la religion, et les cathédrales, ornées de vitraux, de sculptures et de peintures, frappent les esprits par leur beauté rayonnante.

Tailleurs de pierres et maçons au travail, XIIIe siècle.

3. Les lettres et le livre — Du parchemin au livre imprimé

Chantée par les troubadours et les trouvères, de château en château, la littérature du Moyen Âge est essentiellement orale. Les écrits religieux, les textes de l'Antiquité, les romans de chevalerie sont reproduits à la main par des copistes, sur des parchemins richement enluminés. À partir du IXe siècle, à la langue latine succède progressivement l'utilisation du français. En 1440, l'invention de l'imprimerie bouleverse la culture et la diffusion du livre.

Alain Chartier (1385-1435), *L'Atelier du copiste.*

Les Très Riches Heures de Jean de France, duc de Berry

« Le mois de janvier », les frères Limbourg (entre 1413 et 1416)

Simple lettrine colorée en début de paragraphe, ornementation plus élaborée avec des personnages ou, comme ici, véritable tableau miniature, de nombreux manuscrits du Moyen Âge comportent des enluminures. Au début du XIe siècle, les frères Limbourg excellent dans cet art. Ils utilisent toutes les ressources d'un bleu intense élaboré à partir de la précieuse pierre lapis-lazuli. (Enluminure, 21 x 21 cm, musée Condé à Chantilly.)

Le livre d'Heures est un ouvrage de dévotions privées. En récitant les prières, en admirant les enluminures, le duc de Berry rend gloire à Dieu.

L'art médiéval est le plus souvent anonyme. Les frères Limbourg sont trois, il est impossible de distinguer ce que chacun a apporté.

Isolé, le duc, sur un fond d'or, accueille des invités. Des tapisseries évoquent la guerre de Troie. Elles composent la construction en abyme d'un tableau dans le tableau.

TUROLD

Auteur : **Turold, ou Turoldus, dont on ne sait pas s'il est l'auteur ou le copiste, ou même l'un des troubadours qui a interprété le poème**
Naissance : **inconnue**
Décès : **inconnu**
Apparition de l'œuvre : **vers 1100, dans les pays de langue d'oïl**

On n'est pas certain que Turoldus, c'est-à-dire Turold ou Théroulde, dont le nom figure au dernier vers du poème, soit vraiment l'auteur de *La Chanson de Roland*. Celle-ci a certainement été précédée de nombreux récits contribuant à répandre la légende de l'empereur Charlemagne. *La Chanson de Roland* est la plus ancienne et la plus illustre des chansons de geste. Elle raconte les guerres menées en Espagne par Charlemagne au VIIIe siècle. Son épisode le plus célèbre, la bataille de Roncevaux, transforme une simple défaite des armées de l'empereur, le 15 août 778, en un moment épique.

La chanson de geste exalte ainsi les valeurs de la chevalerie et de la chrétienté en lutte contre les Sarrasins. Ce sont les « jongleurs » qui, de ville en ville, de château en château, récitent le poème en s'accompagnant de la vielle, lui ajoutant à chaque fois de nouveaux vers improvisés. Le texte lui-même a pu être écrit par plusieurs auteurs rassemblant des « chansons » plus courtes en un seul long poème.

VERS 1100

La Chanson de Roland

Trois siècles après les campagnes militaires de Charlemagne, l'épopée de *La Chanson de Roland* fait le récit exalté des victoires de l'empereur. Mais le moment le plus intense du poème rapporte la trahison de Ganelon qui conduit à la défaite sanglante de Roncevaux : Roland souffle en vain dans son cor pour prévenir l'empereur et l'appeler à son secours.

Li quens Rollant ad la buche sanglente.
De sun cervel rumput en est li temples.
L'olifan sunet a dulor e a peine.
Karles l'oït e ses Franceis l'entendent.
Ço dist li reis : « Cel corn ad lunge aleine ! »

Le comte Roland a la bouche en sang.
De son cerveau la tempe est rompue.
Il sonne l'olifant[1] avec douleur et peine.
Charles l'entend et les Français l'écoutent.
Le roi dit : « Ce cor a longue haleine ! »

Le duc Naimes répond : « Un baron[2] y met toute sa peine.
Il livre bataille, c'est ma conviction.
Celui-là l'a trahi qui vous demande de ne rien faire.
Armez-vous, lancez votre cri de guerre.
Et secourez votre noble maison[3].
Vous entendez bien que Roland se lamente. »

L'empereur a fait sonner ses cors.
Les Français mettent pied à terre et s'arment
De cuirasses, de casques, d'épées ornées d'or.
Ils ont de beaux boucliers, des épieux grands et forts
Et des étendards blancs, vermeils et bleus.
Sur les destriers montent tous les barons de l'armée.
Ils piquent fort des éperons tant que durent les cols.
Il n'en est pas un qui ne dise à l'autre :
« Si nous voyions Roland avant qu'il ne fût mort,
Avec lui nous donnerions de grands coups. »
Mais à quoi bon ? Ils ont en effet trop tardé.

La mort de Roland. Miniature extraite du *Recueil des chroniques* du poète Guillaume Crétin (1460-1525).

C'est l'après-midi d'un jour éclatant.
Au soleil brillent les armures,
Les cuirasses et les casques flamboient,
Et les boucliers ornés de fleurs,
Et les épieux, et les étendards dorés.
L'empereur chevauche furieusement,
Et les Français chagrins et courroucés[4].
Il n'en est pas un qui ne pleure amèrement,
Pour Roland ils sont tout angoissés.
Le roi fait prendre le comte Ganelon
Et le remet aux cuisiniers de sa maison.
Il appelle leur premier chef, Begon :
« Garde-le-moi bien comme le félon qu'il est !
Tous mes proches, il les a trahis. »

La Chanson de Roland, attribuée au clerc **Turold**,
vers 1100, trad. par J. Dufournet, Éd. Flammarion.

■ **1. olifant** : cor d'ivoire que portent les chevaliers. ■ **2. baron** : grand seigneur. ■ **3. maison** : ensemble des personnes au service de l'empereur. ■ **4. courroucés** : en colère.

Le récit des exploits de Charlemagne

La Chanson de Roland raconte les exploits de l'empereur Charlemagne et de ses chevaliers, qui luttent en Espagne contre les Maures. L'un de ses épisodes les plus célèbres met en scène la bataille de Roncevaux, où les troupes du roi Marsile, conseillé par le traître Ganelon, écrasent l'arrière-garde des Francs, dirigée par Roland. Lorsque ce dernier accepte enfin de sonner du cor, il est trop tard : Charlemagne découvre Olivier, l'archevêque Turpin, Roland et ses preux chevaliers morts au combat. Le vieil empereur les venge à travers une bataille sanglante. Cependant, il lui faut encore affronter en duel l'émir de Babylone, Baligant : celui-ci est tué, les Francs entrent dans Saragosse, le roi Marsile meurt de dépit. La chanson s'achève tandis que Charlemagne est averti par un ange que de nouveaux combats se préparent.

GUILLAUME D'AQUITAINE

Nom : **Guillaume IX d'Aquitaine**
Naissance : **le 22 octobre 1071**
Décès : **en 1127**
Lieux : **Toulouse, Poitiers, Jérusalem, Grenade**
Situation familiale : **marié à Ermengarde d'Anjou, puis à la duchesse Philippa, fille de Guillaume IV de Toulouse**
Profession : **grand seigneur du royaume et troubadour**
Amitiés : **ses compagnons de combat, avec lesquels il part en croisade à Jérusalem ou combat les Sarrasins en Espagne**

Neuvième duc d'Aquitaine, Guillaume est l'un des plus grands seigneurs du royaume : il possède un domaine plus étendu que celui du roi de France. En 1101, il s'engage pour la croisade avec une armée de trente mille hommes. L'expédition est un désastre. De retour à Poitiers en 1102, Guillaume mène la lutte contre ses vassaux en révolte. Il part de nouveau en guerre en Espagne, au secours du roi d'Aragon.

Autour de lui, le duc d'Aquitaine réunit une cour princière, qui rivalise avec l'influence de l'Église, et il désespère sa femme par ses conquêtes féminines. Il apparaît ainsi à ses contemporains comme un prince brouillon et cynique, comme un grand seigneur débauché. Cependant, esprit riche et paradoxal, le duc d'Aquitaine est le premier troubadour, le premier poète qui chante l'amour en français. C'est en effet à Guillaume IX que la courtoisie doit sa conception de l'amour et de la femme, qui influencera toute la culture européenne.

Ses œuvres principales

- onze pièces de vers, rassemblées dans *Les Chansons de Guillaume IX, duc d'Aquitaine,* en 1927

VERS 1100

Poésies

Grand seigneur, comte de Poitiers et duc d'Aquitaine, Guillaume IX est aussi le premier troubadour connu. Il exprime dans ses poèmes l'idéal de la courtoisie et la délicatesse du *fin'amor*, c'est-à-dire l'amour pur et raffiné, porté à son plus haut degré de perfection.

AB LA DOLCHOR DEL TEMPS NOVEL

Ab la dolchor del temps novel
Foillo li bosc, et li aucel
Chanton chascus en lor lati
Segon lo vers del novel chan;
Adonc esta ben c'om s'aisi
D'acho don hom a plus talan.

À la douceur de la saison nouvelle,
Feuillent[1] les bois, et les oiseaux
Chantent chacun dans son jargon
Sur les couplets du nouveau chant;
Il est donc bien qu'on se procure
Ce dont l'homme a le plus envie.

Miniature du Moyen Âge illustrant le sentiment amoureux.

De là d'où vient tout mon bonheur,
Je ne vois messager ni lettre :
Mon cœur n'en dort et n'en rit pas,
Et je n'ose avancer d'un pas
Jusqu'à bien savoir si la fin
Est ainsi que je le demande.

Notre amour se comporte ainsi
Que la branche de l'aubépine
Dressée sur l'arbre, tremblante,
La nuit, à la pluie et au gel,
Jusqu'au matin où le soleil s'épand
Sur la feuille verte au rameau.

Je me rappelle encore un matin,
Où nous arrêtâmes la guerre ;
Elle me fit un don si grand,
Son amour entier, son anneau :
Dieu me laisse encore vivre tant
Que j'aie mes mains sous son manteau !

Miniature de 1275, illustrant l'idéal courtois.

Ai-je souci que leur jargon
Me coupe de mon Bon Voisin[2] ?
Je sais comment vont les paroles,
Le bref discours qui se propage.
Certains autres se vantent d'amour ?
Nous, nous avons pièce et couteau[3].

Guillaume IX d'Aquitaine,
Ab la dolchor del temps novel...,
vers 1100, trad. par G. Gros, Éd. Gallimard.

1. feuillent : se garnissent de feuilles. **2. mon Bon Voisin** : image qui désigne la dame aimée. **3. pièce et couteau** : ce qu'il faut pour manger.

Le premier troubadour

Le troubadour est « celui qui trouve » (*trobar* en langue d'oc), qui invente un nouveau langage, une poésie nouvelle. Onze chansons de Guillaume IX ont été conservées. Six sont des poèmes gaillards, qui rappellent la nature violente de celui qui garde la réputation d'un grand séducteur : « Le comte de Poitiers fut un des plus courtois du monde et des plus grands tricheurs de dames. Bon chevalier d'armes et généreux dans les affaires d'amour, il sut bien rimer et chanter. Et il alla longtemps par le monde pour tromper les dames. » C'est ainsi que la « vida », la biographie placée sur certains des manuscrits des œuvres des troubadours, nous présente Guillaume IX. Quatre autres poèmes expriment une respectueuse adoration pour la femme aimée. Le onzième est un adieu au monde. Poète courtois, Guillaume IX compose ainsi vers et mélodies à la gloire de la dame vénérée, étonnant le lecteur par la ferveur et la délicatesse de ses sentiments amoureux.

La courtoisie

Le mot « courtoisie »

La littérature courtoise tire son nom des cours princières ou seigneuriales où elle apparaît d'abord. L'univers de la Cour détermine une esthétique et une morale profanes, distinctes de celle de l'Église. Le mot « courtois » s'oppose à tout ce qui est « vilain », c'est-à-dire propre aux paysans, à ceux qui ne sont pas nobles. La courtoisie désigne ainsi un ensemble de valeurs aristocratiques qui engagent la soumission du chevalier au service de sa dame.

Dans le sud de la France, à la fin du XIe siècle, des poètes inventent un art nouveau, la poésie courtoise, qui développe un idéal de vie et d'amour propre à la société médiévale. À travers les troubadours, auxquels succèdent les trouvères dans le nord de la France, ce mouvement littéraire et culturel se propage en Europe jusqu'à la fin du XIIIe siècle.

Les chevaliers qui s'affrontent défendent les couleurs de leur dame. Enluminure du XIIIe siècle.

L'HISTOIRE DU MOUVEMENT

La littérature courtoise désigne d'abord la poésie lyrique qui apparaît à la fin du XIe siècle dans le contexte aristocratique de la cour de Guillaume IX, le premier troubadour. En quelques années, les troubadours se multiplient dans toutes les cours méridionales. Puis ce sont les trouvères qui les imitent dans la France du Nord, en Artois, en Picardie ou en Champagne, au milieu du XIIe siècle. Troubadours et trouvères sont des grands seigneurs, comme Guillaume IX ou Thibaud de Champagne, mais aussi des hommes d'origine modeste, comme Adam de la Halle.

Après la poésie, les romans de chevalerie développent à leur tour l'idéal courtois. Pour les chevaliers de la Table ronde, dans les romans de Chrétien de Troyes, la quête d'aventures prend le visage de la femme aimée dont il faut gagner les faveurs à travers des prouesses héroïques. Le chevalier lui voue un amour secret et défend ses couleurs dans les tournois. Au-delà du monde médiéval, l'idéal courtois exercera une influence considérable dans la littérature romanesque.

L'amant utilise symboliquement une arbalète pour envoyer un message d'amour à sa dame. Miniature de 1315.

LES PRINCIPES DU MOUVEMENT

Guilhem de Montanhagol, troubadour toulousain, au début du XIIIe siècle.

L'intensité des sentiments

La littérature courtoise exalte le sentiment amoureux. Elle exprime les rêves et les désirs sensuels des amants, comme leurs tourments et leurs angoisses.

Le lyrisme de l'expression

La poésie courtoise, chantée et accompagnée de musique, demande au poète d'exprimer sa passion. Les romans de chevalerie, écrits en vers, conduisent le héros à déclarer son amour à sa dame.

Le raffinement de l'écriture

La littérature courtoise développe un langage recherché, fondé sur une versification complexe et raffinée. Le poète joue des antithèses, des paradoxes et des oxymores, qui expriment la tension de l'amour et le déchirement du désir.

LES THÈMES ESSENTIELS DU MOUVEMENT

La belle dame

La « dame » est la suzeraine, au sens féodal du terme, c'est-à-dire qu'elle est d'un rang supérieur à son amant, à qui elle impose des épreuves. Elle incarne la beauté, la puissance et l'autorité. Elle est inaccessible car elle est mariée, mais exige fidélité et soumission.

L'amant courtois

Alors que le « vilain » est jaloux, avide et grossier, l'amant courtois connaît les usages du monde, se conduit avec distinction, montre courage et bravoure à la chasse et à la guerre, manifeste un esprit vif et raffiné.

Le *fin'amor*

Le *fin'amor* est l'amour parfait, lorsqu'il atteint son plus haut degré de perfection. Il suppose le dévouement absolu et le secret de la part de celui qui aime, sans la certitude d'une récompense que la dame est toujours libre de refuser.

La nature, magnifique ou hostile

La littérature courtoise célèbre le renouveau du printemps et la beauté d'une nature resplendissante. Mais, en hiver, la nature peut être aussi rude et grossière, hostile aux amants.

Miniature pour *Le Roman de la Rose*, le chef-d'œuvre de la littérature courtoise.

Le troubadour, la musique et la danse

La plus grande partie de la littérature médiévale est indissociable de la musique et souvent de la danse. Les chansons de geste sont psalmodiées par des « jongleurs », qui accompagnent leur longue récitation, proche d'une mélopée, des sons de la vielle, un instrument à cordes très populaire au Moyen Âge. Avec la poésie lyrique courtoise, on demande aux troubadours d'être à la fois poètes et musiciens, de « *trobar bos motz et gais sons* », c'est-à-dire de composer de belles paroles et de jolies mélodies. La *canso*, le grand chant du poète, s'élève dans la grande salle du château seigneurial, portée par la voix qui s'accompagne de la harpe ou de la cithare. La mélodie de la musique met ainsi en valeur le rythme et les sonorités du vers.

Les grandes œuvres de la courtoisie

- Guillaume IX, *Chansons*, vers 1100
- Chrétien de Troyes, *Érec et Énide*, vers 1170
- Béroul, *Tristan et Yseut*, vers 1160
- Guillaume de Lorris, *Le Roman de la Rose*, 1230
- Jean de Meung, *Le Roman de la Rose*, 1270-1275
- Guillaume de Machaut, *Le Livre du Voir-Dit*, 1364
- Charles d'Orléans, *Ballades et Rondeaux*, 1450-1465
- François Villon, *Le Testament*, 1461

CHRÉTIEN DE TROYES

Nom : **Chrétien**
Naissance : **inconnue**
Décès : **vers 1190**
Lieux : **Troyes, à la cour du comte de Champagne, puis à la cour du comte de Flandres**
Situation familiale : **inconnue**
Profession : **clerc**
Amitiés : **protection de Marie de Champagne, puis de Philippe d'Alsace**

Nous connaissons peu de choses de la vie de Chrétien de Troyes, comme de celle de beaucoup d'auteurs du Moyen Âge. Il entre dans la vie littéraire vers 1158 par des traductions du poète latin Ovide et des poèmes lyriques, avant de se consacrer au roman. L'écrivain se nomme lui-même « Chrétien de Troyes » dans son œuvre.

Le romancier était clerc, attaché à la cour de Marie de Champagne, qui joue un rôle essentiel dans la diffusion de l'esprit courtois. Placée au carrefour d'importantes routes commerciales, connue pour ses foires, Troyes est alors le symbole de la renaissance culturelle que connaît la France. Amateurs des arts, le comte et la comtesse de Champagne favorisent l'épanouissement d'une culture aristocratique. Marie de Champagne commande ainsi à Chrétien *Le Chevalier à la charrette*, qui lui est dédié, mais aussi des adaptations d'Ovide et des chansons courtoises. En 1182, le romancier entre au service du comte Philippe de Flandres et lui dédie son dernier roman, *Perceval ou le Conte du Graal*, qu'il laisse inachevé.

Ses œuvres principales

- des romans : *Érec et Énide* (vers 1170), *Cligès* (vers 1176), *Yvain ou le Chevalier au lion* (vers 1180), *Lancelot ou le Chevalier à la charrette* (vers 1180), *Perceval ou le Conte du Graal* (vers 1185)
- des adaptations d'Ovide, dont : *Philomena* (vers 1160-70)
- des chansons courtoises

VERS 1180

Yvain ou le Chevalier au lion

Devant la cour du roi Arthur, le chevalier Calogrenant raconte son échec dans une aventure merveilleuse. Yvain décide alors de la tenter à son tour. Armé de pied en cap, il s'engage dans la forêt de Brocéliande et rencontre un « vilain », c'est-à-dire un paysan, avec qui il engage un dialogue.

« Et tu me redevroies dire
quiex hom tu es, et que tu quiers.
– Je sui, fet il, uns chevaliers
qui quier ce que trover ne puis ;
assez ai quis, et rien ne truis.

« Mais toi, à ton tour, dis-moi donc quelle espèce d'homme tu es et ce que tu cherches.

– Je suis, comme tu vois, un chevalier qui cherche sans pouvoir trouver ; ma quête a été longue et elle est restée vaine.

– Et que voudrais-tu trouver ?

– L'aventure, pour éprouver ma vaillance et mon courage. Je te demande donc et te prie instamment de m'indiquer, si tu en connais, quelque aventure et quelque prodige.

– Pour cela, dit-il, il faudra t'en passer : je ne connais rien en fait d'aventure, et jamais je n'en ai entendu parler. Mais si tu voulais aller près d'ici jusqu'à une fontaine, tu n'en reviendrais pas sans peine, à moins de lui rendre son dû. À deux pas tu trouveras tout de suite un sentier qui t'y mènera. Va tout droit devant toi, si tu ne veux pas gaspiller tes pas, car tu pourrais vite t'égarer : il ne manque pas d'autres chemins. Tu verras la fontaine qui bouillonne, bien qu'elle soit plus froide que le marbre, et l'ombrage du plus bel arbre que jamais Nature ait pu créer. En tout temps persiste son feuillage car nul hiver ne l'en peut priver. Il y pend un bassin de fer, au bout d'une chaîne si longue qu'elle descend jusque dans la fontaine. Près de la fontaine tu trouveras un bloc de pierre, de quel aspect tu le verras ; je ne saurais te le décrire, car jamais je n'en vis de tel ; et, de l'autre côté, une chapelle, petite mais très belle. Si avec le bassin tu veux prendre de l'eau et la répandre sur la pierre, alors tu verras une telle tempête que dans ce bois ne restera nulle bête, chevreuil ni cerf, ni daim ni sanglier, même les oiseaux s'en échapperont ; car tu verras tomber la foudre, les arbres se briser, la pluie s'abattre, mêlée de tonnerre et d'éclairs, avec une telle violence que, si tu peux y échapper sans grand dommage ni sans peine, tu auras meilleure chance que nul chevalier qui y soit jamais allé. »

Je quittai le vilain dès qu'il m'eut indiqué le chemin. Peut-être était-il tierce[1] passée et l'on pouvait approcher de midi lorsque j'aperçus l'arbre et la fontaine. Je sais bien, quant à l'arbre, que c'était le plus beau pin qui jamais eût grandi sur terre. À mon avis, jamais il n'eût plu assez fort pour qu'une seule goutte d'eau le traversât, mais dessus glissait la pluie tout entière. À l'arbre je vis pendre le bassin : il était de l'or le plus fin qui ait encore jamais été à vendre en nulle foire. Quant à la fontaine, vous pouvez m'en croire, elle bouillonnait comme de l'eau chaude. La pierre était d'une seule émeraude, évidée comme un vase, soutenue par quatre rubis plus flamboyants et plus vermeils que n'est le matin au soleil quand il paraît à l'orient ; sur ma conscience, je ne vous mens pas d'un seul mot.

Je décidai de voir le prodige de la tempête et de l'orage et je fis là une folie : j'y aurais renoncé volontiers, si j'avais pu, dès l'instant même où, avec l'eau du bassin, j'eus arrosé la pierre creusée. Mais j'en versai trop, je le crains ; car alors je vis dans le ciel de telles déchirures que de plus de quatorze points les éclairs me frappaient les yeux et les nuées[2], tout pêle-mêle, jetaient pluie, neige et grêle. La tempête était si terrible et si violente que cent fois je crus être tué par la foudre qui tombait autour de moi et par les arbres qui se brisaient.

Chrétien de Troyes, *Yvain ou le Chevalier au lion*,
vers 1180, trad. en prose de C. Buridant et J. Trotin.

1. **tierce** : neuf heures du matin. 2. **les nuées** : les nuages.

Chrétien de Troyes, le premier romancier

On considère Chrétien de Troyes comme le premier romancier de la littérature française. Il n'a cependant pas inventé le genre romanesque, puisque existent avant lui plusieurs « romans », inspirés de l'Antiquité grecque d'une part, et de la légende du roi Arthur de l'autre. Mais en reprenant les légendes celtiques des chevaliers de la Table ronde, Chrétien les transpose dans la société courtoise de son temps, avec ses fêtes et ses tournois. Écrits en vers, entre 1170 et 1185, ses cinq romans, *Érec et Énide*, *Cligès*, *Lancelot*, *Yvain*, *Perceval*, racontent les aventures d'un chevalier errant en quête d'aventures. Quittant le monde de la Cour, le chevalier entre dans un univers inconnu, étrange et menaçant. Les épreuves qu'il traverse sont alors l'occasion de se connaître lui-même, de découvrir l'amour, de donner un sens à sa vie. En développant ainsi la psychologie de ses personnages, Chrétien de Troyes crée le premier roman.

XIIIe siècle

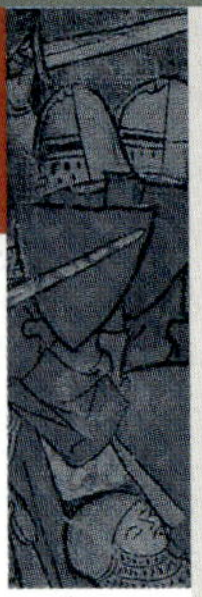

La naissance du roman

C'est au début du XIIIe siècle qu'apparaît le premier roman en prose, mettant en scène les aventures de Lancelot du lac. Amour, aventures, rebondissements, le genre romanesque peut désormais se développer, jusqu'à s'imposer au XIXe siècle comme le genre dominant de la littérature française.

Chronologie de la naissance du roman

VIIIe siècle	les évêques, réunis au concile de Tours, demandent aux prêtres de prononcer leurs sermons dans la langue du peuple, la langue romane, plutôt qu'en latin
14 février 842	rédaction en langue romane du *Serment de Strasbourg* entre Charles le Chauve et Louis le Germanique, petits-fils de Charlemagne
1040	le poème de la *Vie de saint Alexis*, considéré comme la première œuvre littéraire française, est rédigé en langue romane
1155	Robert Wace écrit en vers le *Roman de Brut*, d'inspiration celtique, qui met en scène la cour du roi Arthur
Vers 1180	Chrétien de Troyes écrit, en octosyllabes, *Lancelot ou le Chevalier à la charrette*
1220-1230	rédaction du cycle de *Lancelot*, premier grand roman écrit en prose, qui comporte plus de trois mille pages

L'enluminure du *Roman de Tristan*, au XVe siècle, montre l'auteur, à gauche, composant son récit. À droite, ses personnages : Tristan, Galahaad et Lancelot.

Écrire en latin ou français ?

Tout au long du Moyen Âge, le latin est la langue de l'Église et des clercs. Cependant, parallèlement au latin, une nouvelle langue s'impose. C'est ainsi que le premier texte connu écrit en roman apparaît au IXe siècle. En effet, le *Serment de Strasbourg*, qui scelle une alliance entre les petits-fils de Charlemagne, n'est pas rédigé en latin *(lingua latina)*, mais dans la langue vulgaire des pays du Nord, issue du latin parlé par les soldats et les commerçants romains : la *lingua romana*. Désormais, des sermons, des actes officiels, des chansons de geste, des vies de saints seront écrits en roman pour leur permettre d'être compris du plus grand nombre.

Les débuts du genre romanesque

Le mot *roman* désigne peu à peu un récit d'imagination en vers, écrit en langue romane. C'est ainsi qu'à partir du XIIe siècle, les premiers romans français adaptent des œuvres de l'Antiquité, comme le *Roman d'Alexandre*, qui raconte la vie de l'empereur Alexandre en vers de douze syllabes, qu'on appelle depuis des « alexandrins ». Ces romans réduisent l'importance de la mythologie pour faire appel au merveilleux et donner une place considérable à l'amour. À la même époque,

Lancelot du lac, chevalier de la Table ronde, prête serment.

cependant, des romanciers s'inspirent des légendes celtiques qui mettent en scène le roi Arthur et les chevaliers de la Table ronde, comme le *Roman de Brut* de Robert Wace. Très vite, le monde des chevaliers devient le cadre privilégié des romans médiévaux.

Miniature du XIIIe siècle illustrant le roman de Chrétien de Troyes, *Yvain ou le Chevalier au lion.*

Un romancier de génie : Chrétien de Troyes

Les cinq romans de Chrétien de Troyes, tous écrits en octosyllabes, donnent à l'amour et à l'aventure une place privilégiée. Ces romans racontent le destin d'un personnage engagé dans une aventure unique à travers laquelle il découvre sa personnalité, tout en affrontant le monde et les autres. Roman d'initiation, roman d'aventures, roman d'amour : Chrétien de Troyes s'impose comme le véritable inventeur du genre romanesque. Il donne une dimension psychologique à ses personnages, souvent confrontés à des situations réalistes, à travers lesquelles le romancier dresse un tableau de son époque.

La mort du roi Arthur, le héros légendaire du roman médiéval.

Le premier roman en prose

L'influence de Chrétien de Troyes est considérable. C'est ainsi qu'au début du XIIIe siècle, des auteurs anonymes poursuivent le conte du Graal, que Chrétien avait laissé inachevé. On y retrouve les personnages de la cour du roi Arthur, et particulièrement Lancelot, à qui un cycle romanesque est consacré. Mais ces œuvres sont à présent écrites en prose, ce qui convient mieux au récit et à la narration. Les caractéristiques du roman sont désormais réunies : une œuvre de fiction en prose qui raconte les aventures d'un personnage hors du commun, dans lequel les sentiments, et en particulier l'amour, jouent un rôle considérable. Le roman moderne est né.

Le dynamisme du genre romanesque

Le roman de chevalerie triomphe à partir du XIIe siècle. On considère alors comme « romanesques » les récits qui mêlent l'aventure et le sentiment amoureux. Jusqu'au XVIIe siècle, le roman historique, le roman précieux et le roman d'analyse font écho à cette conception, tandis que de nombreux auteurs, de François Rabelais à Charles Sorel, développent une représentation réaliste du monde. Le roman se renouvelle sans cesse. Au XVIIIe siècle, le roman picaresque, l'autobiographie imaginaire, le roman par lettres, le conte philosophique, le roman exotique témoignent de son succès toujours croissant. Le XIXe siècle voit le triomphe du genre romanesque, qui croise tous les registres, prend toutes les formes et gagne de plus en plus de lecteurs. Au XXe siècle, explorant les rapports de l'homme avec le monde, s'adaptant à l'évolution des mentalités, il est considéré comme le genre littéraire dominant.

COMPRENDRE L'ESSENTIEL

1. **Quelles sont les raisons qui ont conduit au passage du latin au français ?**
2. **Quelles sont les deux sources d'inspiration des premiers romans ?**
3. **Pourquoi peut-on dire de Chrétien de Troyes qu'il invente un genre nouveau ?**
4. **Quels sont les traits caractéristiques du genre romanesque, fixés au XIIIe siècle ?**

SAINT-CLOUD

Auteurs : **Pierre de Saint-Cloud, Richard de Lison, suivis d'une vingtaine d'auteurs anonymes**

Composition de l'œuvre : **entre 1175 et 1250**

Origine de l'œuvre : ***Ysengrimus*, texte écrit en latin en 1152**

Dans l'Europe médiévale, les récits qui mettent en scène le monde des animaux connaissent un grand succès. Leur univers représente celui des humains, dont ils donnent une image satirique et burlesque. Le soir, à la veillée, le ménestrel raconte ainsi les aventures d'un rusé goupil, appelé Renart. C'est Pierre de Saint-Cloud qui, s'inspirant d'un poème écrit en latin en 1152, *Ysengrimus*, rédige en langue romane les premiers exploits de Renart vers 1175. Le succès du *Roman de Renart* est tel que le mot « goupil » est peu à peu abandonné au profit de « renard » pour désigner l'animal lui-même. Aussitôt, de nombreux auteurs, continuateurs ou imitateurs, poursuivent le roman, en créant de nouvelles aventures à Renart et à sa femme Ermeline, au loup Ysengrin, à Brun l'ours, à Noble le lion, à Tibert le chat ou à Grimbert le blaireau.

Les œuvres principales

- vingt-sept « branches » (ou récits en vers), comptant au total près de trente mille octosyllabes, conservées sous forme de recueils à partir du XIIIe siècle

VERS 1175

Le Roman de Renart

Les aventures de Renart sont autant de ruses, de fourberies et de querelles. Mais c'est aussi la société médiévale qui apparaît dans le récit, l'univers des villages et des paysans, dont le temps est rythmé par le retour des saisons et des fêtes. On retrouve ainsi les gestes de la vie quotidienne, les préoccupations de la chasse, de la pêche et des moissons.

Ce fu un pou devant Noël
Que l'en mettoit bacons en sel
Li ciex fu clers et estelez
Et li viviers fu si gelez
Ou Ysengrin devoit peschier,
Qu'en poïst par desus treschier…

C'était un peu avant Noël à l'époque où l'on sale les jambons. Le ciel était clair et étoilé. L'étang où Ysengrin devait pêcher était si gelé qu'on aurait pu y danser la farandole.

Il n'y avait qu'un trou que les paysans avaient fait pour y mener chaque soir leur bétail se changer les idées et boire. Ils y avaient laissé un seau. Renart courut jusque-là ventre à terre et se retourna vers son compère[1] :

« Seigneur, dit-il, approchez-vous. C'est ici que se trouve la foule des poissons, et l'instrument avec lequel nous pêchons anguilles, barbeaux et autres beaux poissons.

– Frère Renart, dit Ysengrin, prenez-le donc par un bout et attachez-le-moi solidement à la queue. »

Le manuscrit richement enluminé du *Roman de Renart*.

Renart prend le seau qu'il lui attache à la queue du mieux qu'il peut.

« Frère, dit-il, vous devez maintenant rester bien sage, sans bouger, pour que les poissons viennent. »

Là-dessus, il s'est élancé près d'un buisson, le museau entre les pattes, de façon à surveiller le loup. Voici Ysengrin sur la glace et le seau dans l'eau, rempli de glaçons à ras bord. L'eau commence à geler, à emprisonner le seau fixé à la queue ; bientôt il déborde de glaçons. La queue est gelée dans l'eau, puis scellée à la glace. Ysengrin, dans l'espoir de se soulever et de tirer le seau vers lui, s'y essaie à plusieurs reprises. Désemparé, inquiet, il se décide à appeler Renart, d'autant qu'il ne peut plus échapper aux regards : l'aube blanchissait déjà l'horizon.

Renart relève la tête, ouvre les yeux, regarde autour de lui :

« Frère, dit-il, laissez donc votre ouvrage. Partons, mon très cher ami. Nous avons pris beaucoup de poissons. »

Et Ysengrin lui crie :

« Renart, il y en a trop. J'en ai pris plus que je ne saurais le dire. »

Renart se mit à rire et lui dit carrément :

« On perd tout à vouloir tout gagner. »

Pierre de Saint-Cloud, *Le Roman de Renart*, vers 1175,
traduction en prose de J. Dufournet, Éd. Flammarion.

1. compère : complice, compagnon.

Une tradition universelle : la mise en scène des animaux

Le lecteur découvre dans *Le Roman de Renart* les multiples ruses, fourberies et trahisons de Renart. Ses plus célèbres épisodes racontent la façon dont le goupil se joue du loup Ysengrin, vole son fromage à Thiécelin le corbeau, défie l'autorité de Noble le lion, dévore les poules des moines et des paysans, conduit Brun l'ours, pris au piège de sa gourmandise, à être rompu de coups, ou encore dérobe des anguilles aux marchands de poissons. Les histoires de Renart appartiennent à une tradition universelle qui met en scène des animaux, comme chez les fabulistes grecs et latins, mais aussi dans les contes des civilisations indienne ou arabe. Les auteurs s'amusent à représenter des animaux vivant à l'image des hommes : ils leur attribuent des qualités ou des défauts, et des fonctions inspirées par leurs traits caractéristiques. La transposition dans le monde animal favorise la critique sociale et la satire des mœurs. Ces récits touchent un vaste public qui retrouve dans le texte son univers familier et peut rire aux dépens des puissants.

BÉROUL

Auteur : **Béroul**

Composition de l'œuvre : **vers 1160**

Origine de l'œuvre : **légende celtique**

L'amour fatal de Tristan et Yseut prend naissance dans les légendes celtiques. Dès le IXe siècle, les conteurs irlandais racontent à un public fasciné l'histoire du philtre d'amour qui enchaîne les amants l'un à l'autre. Les ménestrels répandent à leur tour ce récit, qui hante l'imagination des poètes. Tristan est le chevalier « triste » conduit par le destin. C'est ainsi qu'un conteur d'origine normande, Béroul, écrit l'histoire de Tristan et Yseut vers 1160. Il ne reste que des fragments de son texte, environ quatre mille cinq cents vers. Mais on retrouve dans l'Europe entière – en Espagne, en Italie, en Angleterre, en Allemagne ou en Norvège – d'autres fragments de récits reprenant la légende. Thomas d'Angleterre écrit un *Tristan*, également en vers, à la même époque que Béroul. Le XIIIe siècle voit se multiplier les épisodes secondaires du récit, dans de nouvelles versions de la légende. Un premier *Tristan* en prose apparaît ainsi en 1230.

Les œuvres principales

- *Tristan*, roman en vers de Béroul (vers 1160)
- *Tristan*, roman en vers de Thomas d'Angleterre (vers 1170)
- *Le Roman de Tristan*, roman en prose (1230-1235)
- *Le Roman de Tristan et Yseut*, version établie par Joseph Bédier, en 1900

VERS 1160

Tristan et Yseut

Recherchés par le roi Marc et ses chevaliers, Tristan et Yseut ont trouvé refuge dans la forêt du Morois. Ils y vivent misérablement de la chasse, obligés de changer de refuge chaque jour. Ils font la rencontre de l'ermite Ogrin, à qui ils exposent les souffrances qu'ils endurent.

En l'ermitage frere Ogrin
Vindrent un jour, par aventure.
Aspre vie meinent et dure :
Tant s'entrainent de bone amor
L'un por l'autre ne sent dolor.
Li hermite Tristan connut,
Sor sa potence apoié fu ;
Aresne le, oiez conment...

Un jour, ils arrivent par hasard à l'ermitage[1] de frère Ogrin. La vie qu'ils mènent est dure et pénible mais leur amour mutuel fait que, grâce à l'autre, aucun des deux ne souffre. L'ermite, appuyé sur son bâton, reconnut Tristan ; il l'interpelle, écoutez comment :

« Sire Tristan, toute la Cornouaille[2] s'est engagée solennellement. Celui qui vous livrera au roi recevra sans faute cent marcs[3] de récompense. Tous les barons de ce pays ont donc juré au roi, la main dans celle de Marc, de vous livrer à lui, mort ou vif. »

Ogrin ajoute avec bonté : « Par ma foi, Tristan, Dieu pardonne les péchés de celui qui se repent, à condition qu'il ait la foi et qu'il se confesse. »

Tristan lui dit : « Par ma foi, seigneur, elle m'aime en toute bonne foi mais vous ne comprenez pas pourquoi. Si elle m'aime, c'est la potion qui en est la cause. Je ne peux pas me séparer d'elle, ni elle de moi, je dois vous l'avouer. »

Ogrin lui dit : « Comment peut-on sauver un homme mort ? Il est bien mort celui qui persiste dans le péché ; s'il ne se repent pas lui-même, personne ne peut faire remise à un pécheur de sa pénitence[4] ; accomplis ta pénitence ! »

L'ermite Ogrin prolonge son sermon et leur conseille de se repentir. Il leur cite à plusieurs reprises le témoignage de l'Écriture[5]. Avec insistance, il leur rappelle l'obligation de se séparer. Il dit à Tristan d'une voix émue :

« Que vas-tu faire ? Réfléchis !

– Sire, j'aime Yseut éperdument, au point d'en perdre le sommeil. Ma décision est irrévocable : j'aime mieux vivre comme un mendiant avec elle, me nourrir d'herbes et de glands, plutôt que de posséder le royaume d'Otran[6]. Ne me demandez pas de la quitter car, vraiment, c'est impossible. »

Au pied de l'ermite, Yseut éclate en sanglots. À plusieurs reprises, son visage change de couleur. Elle l'implore d'avoir pitié d'elle :

« Sire, par le Dieu tout-puissant, il ne m'aime et je ne l'aime qu'à cause d'un breuvage que j'ai bu et qu'il a bu. Voilà notre péché ! C'est pour cela que le roi nous a chassés. »

L'ermite lui répond aussitôt :

« À Dieu vat ! Que Dieu qui créa le monde vous accorde un repentir bien sincère ! »

Béroul, *Tristan et Yseut*, vers 1160, traduction en prose de Ph. Walter.

▪ 1. **ermitage** : lieu écarté et solitaire où vit un ermite. ▪ 2. **la Cornouaille** : région à la pointe sud-ouest de l'Angleterre. ▪ 3. **marc** : monnaie du royaume. ▪ 4. **pénitence** : repentir. ▪ 5. **l'Écriture** : la Bible, constituée par l'Ancien et le Nouveau Testament. ▪ 6. **Otran** : roi légendaire de Nîmes ; le royaume d'Otran représentait la richesse.

Miniature du XIIIe siècle illustrant l'épisode où Tristan et Yseut boivent le philtre qui les rend éperdument amoureux l'un de l'autre.

L'un des plus célèbres romans du Moyen Âge

Les différentes versions des aventures de Tristan constituent l'un des « romans » les plus célèbres du Moyen Âge. Le mot « roman » désigne alors un récit d'imagination écrit dans la langue romane et non plus en latin. Après avoir vaincu le géant Morholt, Tristan est chargé de ramener la belle Yseut la Blonde auprès du roi Marc qui doit l'épouser. Mais il boit avec la jeune fille le philtre d'amour prévu pour les futurs époux. Dès lors, les deux jeunes gens sont liés par une passion absolue, que rien ne peut empêcher. Dénoncés, poursuivis, ils sont contraints de fuir dans la forêt. Le récit s'achève avec la mort des deux amants, réunis à jamais : de leur tombe naissent deux arbres dont les branches s'entrelacent inextricablement.

L'amour de Tristan et Yseut inspire peintres et musiciens. Des enluminures sur les parchemins, des tapisseries et des tableaux rappellent les moments les plus marquants de l'histoire tragique des deux amants. L'action du philtre d'amour qu'ils partagent symbolise la passion de ceux que rien ni personne ne pourra désormais séparer.

LORRIS-MEUNG

Auteurs : **Guillaume de Lorris, Jean de Meung**
Composition de l'œuvre : **vers 1230-1235, puis 1270-1275**

Le premier auteur du *Roman de la Rose* naît dans la ville de Lorris, non loin de Montargis. Guillaume est vraisemblablement un jeune clerc qui fréquente les cours seigneuriales où se développe la poésie courtoise. C'est à l'âge de vingt-cinq ans qu'il aurait entrepris ce poème, dédié à son amie, qui, sous forme allégorique, raconte le combat mené par Amour contre Danger et Jalousie. Cependant, le récit s'interrompt au bout de quatre mille vers.

Quarante ans plus tard, Jean Chopinel, né à Meung-sur-Loire, reprend le « roman » abandonné et y ajoute dix-huit mille vers. Jean de Meung, clerc célèbre dans l'université de Paris, se fera connaître également comme traducteur d'œuvres latines et auteur satirique. Il introduit dans le texte, à l'opposé de l'idéal courtois, de nombreuses réflexions grivoises à l'encontre de l'amour et des femmes. *Le Roman de la Rose* connaît un succès prodigieux. Le Moyen Âge en laisse plus de deux cent cinquante manuscrits et l'influence de l'œuvre, à la fois lyrique et satirique, est considérable.

Les œuvres principales

- *Le Roman de la Rose*, de Guillaume de Lorris (vers 1230-1235)
- *Le Roman de la Rose*, continué par Jean de Meung (1270-1275)
- *Le Roman de la Rose*, mis en prose par Jean Molinet (vers 1500)

1230-1235

Le Roman de la Rose

Aux premiers vers de son poème, Guillaume de Lorris évoque le rêve à travers lequel s'exprime son amour pour son amie. Ainsi commence *Le Roman de la Rose* et la quête amoureuse du narrateur qui quitte la ville pour rencontrer, au bord d'une rivière, le verger sur lequel règne Amour.

Au vuintieme an de mon aage,
Ou point qu'Amors prent le peage
Des joenes genz, couchier m'aloie
Une nuit si com je soloie,
Et me dormois mout forment.

L'année de mes vingt ans, à ce moment où Amour fait payer le péage aux jeunes gens, j'étais allé me coucher une nuit, comme d'habitude, et je dormais d'un sommeil profond.

C'est alors que je fis en dormant un beau rêve qui me plut bien. Or, dans ce rêve, il n'y eut rien qui ne fût arrivé tout à fait de la même manière que le rêve le décrivait. Je veux maintenant mettre en vers ce rêve, pour stimuler nos cœurs, car c'est Amour qui m'en prie et me le commande. Et si quelqu'un – homme ou femme – demande quel titre je veux donner à l'œuvre que je commence : je réponds que c'est le roman de la rose, qui contient tout l'art d'aimer. Le sujet en est bon et neuf. Puisse Dieu accorder qu'il soit bien accueilli par celle pour qui je l'ai entrepris ! C'est celle qui a tant de prix et qui est à ce point digne d'être aimée, qu'on doit l'appeler « rose ».

Je rêvais que c'était en mai – cela se passait il y a bien cinq ans ou plus –, mon songe me plaçait au mois de mai, au temps des amours, plein de joie, au temps où toute chose se réjouit, car on ne voit buisson ou haie qui au mois de mai ne se veuille parer et se couvrir de feuilles nouvelles. Les bois, qui sont secs tant que dure l'hiver, retrouvent leur verdure. La terre elle-même est tout orgueilleuse, parce que la rosée la mouille et elle oublie l'indigence[1] qu'elle a connue tout l'hiver. C'est alors que la terre se fait si fière qu'elle veut avoir une nouvelle robe et elle s'en fait faire une si gracieuse que, de couleurs, il y en a des centaines : des herbes et des fleurs, blanches et bleues, et de bien d'autres couleurs variées, voilà la robe que je décris, et qui fait que la terre a plus haute opinion d'elle-même. Les oiseaux, qui se sont tus aussi longtemps qu'ils ont subi le froid et le mauvais temps d'hiver, sont en mai avec le temps serein, si contents qu'ils manifestent par leur chant toute la joie qui remplit leur cœur et les force à chanter. C'est alors que le rossignol redouble ses efforts pour chanter et mener grand tapage. C'est alors que le perroquet et l'alouette se divertissent et prennent leur plaisir. C'est alors que les jeunes gens, parce que la saison est belle et douce, doivent s'appliquer à se montrer gais et amoureux. Il a le cœur bien dur, celui qui n'aime pas en mai, quand il entend dans la ramure les oiseaux pousser leur doux chant plaintif.

Une nuit, je rêvai que j'étais en cette saison délicieuse où tout être s'agite sous le coup de l'amour. Je voyais dans mon sommeil que la matinée était avancée. Aussitôt je me levai de mon lit, me chaussai et me lavai les mains. Ensuite je tirai une aiguille d'argent[2] d'un étui joli et de bon goût, et commençai à l'enfiler. L'envie me vint de sortir de la ville pour entendre la musique des oiseaux qui chantaient parmi les buissons en cette nouvelle saison. En faisant des fronces[3] à mes manches, je partis tout seul en flânant et en écoutant les petits oiseaux qui prenaient grand plaisir à chanter et jamais ne se reposaient.

Enjoué, gai et plein de joie, je me dirigeai vers une rivière que j'entendis clapoter par là : je n'aurais pu trouver d'endroit plus propice pour m'ébattre que les bords de cette rivière.

Guillaume de Lorris, *Le Roman de la Rose*, vers 1230-1235,
traduction d'A. Strubel.

▪ 1. **indigence** : pauvreté. ▪ 2. **aiguille d'argent** : bijou, parure vestimentaire. ▪ 3. **fronces** : plis.

L'art d'aimer au Moyen Âge

Dans *Le Roman de la Rose*, Guillaume de Lorris met en scène Amour, entouré de ses barons, Franchise, Honneur, Beauté, Jeunesse, qui affrontent ses ennemis. Il évoque aussi Danger, Peur, Honte, pour délivrer Bel-Accueil, enfermée par Jalousie dans un château. L'allégorie, qui consiste à représenter une notion abstraite par une personne, permet de décrire de manière vivante les sentiments rencontrés par le narrateur dans sa quête amoureuse.

La puissance du récit de Guillaume de Lorris réside dans l'exposition des principes de l'amour courtois. Les succès et les échecs du héros sont ceux d'un homme épris, dont le cœur est enfermé dans la « prison d'Amour », tandis que sa dame est retenue prisonnière dans le château de Jalousie. Il s'agit pour lui de vaincre les obstacles pour accomplir enfin sa quête de la femme aimée.

Le Roman de la Rose contribue, à partir du XIIIe siècle, à fixer le rituel de la séduction amoureuse dans l'imaginaire du Moyen Âge.

LES FABLIAUX DU MOYEN ÂGE

Auteurs : **anonymes**

On ignore qui est l'auteur du fabliau *Le Prudhomme qui sauva son compère.* Le texte fait partie des cent cinquante fabliaux dont on a conservé le manuscrit. Écrits entre 1160 et 1340, les fabliaux sont de petits récits burlesques dont la plupart des auteurs sont demeurés anonymes. Presque tous sont des «jongleurs» de profession allant de ville en ville, ou des ménestrels attachés au service d'une famille noble qu'ils doivent divertir. Quelques fabliaux cependant sont l'œuvre de poètes connus, comme Rutebeuf ou Jean Bodel. Ils s'adressent à des publics très variés : grands seigneurs écoutant les jongleurs dans la salle de fête du château, bourgeois réunis autour d'un banquet ou badauds circulant au milieu des tréteaux de la foire.

Les œuvres principales

- *Estula*, sans date ni nom d'auteur
- *Le Dit des Perdrix*, sans date ni nom d'auteur
- *Le prêtre qui mangea des mûres*, de Garin (XIIIe siècle)
- *Le Testament de l'âne*, de Rutebeuf (XIIIe siècle)
- *Brunain, la vache aux prêtres*, de Jean Bodel (fin du XIIIe siècle)

XIIIe SIÈCLE

Le Prudhomme qui sauva son compère

Proche de la vie quotidienne au Moyen Âge, le fabliau s'inspire de situations familières. Il peut ainsi, comme dans *Le Prudhomme qui sauva son compère*, faire la parodie d'une séance du tribunal, en mettant en scène des plaideurs qui s'affrontent sous les regards de juges indécis.

Un jour un pêcheur s'en allait en mer pour tendre ses filets. Regardant devant lui il vit un homme près de se noyer. Il était vaillant et agile ; il bondit, saisit un grappin et le lance, mais par malchance il frappe l'autre en plein visage et lui plante un crochet dans l'œil. Il le tire dans son bateau, cesse de tendre ses filets, regagne la terre aussitôt, le fait porter dans sa maison, de son mieux le sert et le soigne jusqu'à ce qu'il soit rétabli.

Plus tard, l'autre de s'aviser que perdre un œil est un grand dommage. « Ce vilain m'a éborgné et ne m'a pas dédommagé. Je vais contre lui porter plainte : il en aura mal et ennui. » Il s'en va donc se plaindre au maire qui lui fixe un jour pour l'affaire.

Les deux parties, ce jour venu, comparaissent devant les juges. Celui qu'on avait éborgné parla le premier, c'était juste.

« Seigneurs, dit-il, je porte plainte contre cet homme qui naguère me harponnant de son grappin m'a crevé l'œil : je suis lésé. Je veux qu'on m'en fasse justice ; c'est là tout ce que je demande et n'ai rien à dire de plus. »

L'autre répond sans plus attendre :

« Seigneurs, je lui ai crevé l'œil et je ne puis le contester ; mais je voudrais que vous sachiez comment la chose s'est passée : voyez si vous m'en donnez tort. Il était en danger de mort, allait se noyer dans la mer ; mais ne voulant pas qu'il périsse, vite, je lui portais secours. Je l'ai frappé de mon grappin, mais cela, c'était pour son bien : ainsi je lui sauvai la vie. Je ne sais que vous dire encore ; mais, pour Dieu, faites-moi justice. »

Les juges demeuraient perplexes, hésitant à trancher l'affaire, quand un bouffon[2] qui était là leur dit : « Pourquoi hésitez-vous ? Celui qui parla le premier, qu'on le remette dans la mer, là où le grappin l'a frappé et s'il arrive à s'en tirer, l'autre devra l'indemniser. C'est une sentence équitable. »

Le docteur de la loi.
Détail du tableau de Jérôme Bosch,
Le Portement de croix, XVe siècle.

Alors, tous à la fois s'écrient : « Bien dit ! La cause est entendue. » Et le jugement fut rendu. Quant au plaignant, ayant appris qu'il serait remis dans la mer pour grelotter dans l'eau glacée, il estima qu'il ne saurait l'accepter pour tout l'or du monde. Aussi retira-t-il sa plainte ; et même beaucoup le blâmèrent.

Aussi, je vous le dis tout franc : rendre service à un perfide, c'est là vraiment perdre son temps. Sauvez du gibet un larron[3] qui vient de commettre un méfait, jamais il ne vous aimera et bien plus, il vous haïra. Jamais méchant ne saura gré à celui qui l'a obligé : il s'en moque, oublie aussitôt et serait même disposé à lui nuire et à le léser s'il avait un jour le dessus.

Anonyme, *Le Prudhomme qui sauva son compère*, XIIIe siècle,
traduction en prose de G. Rouger, Éd. Gallimard.

---

1. prudhomme : homme sage, avisé. **2. bouffon** : homme moqueur, insolent. **3. larron** : voleur, brigand.

Les fabliaux du Moyen Âge

« Conte à rire » en vers, le fabliau est un texte narratif bref, écrit en octosyllabes à rimes plates, qui raconte une histoire plaisante ou burlesque. Des personnages types peuplent l'univers des fabliaux. On y retrouve le paysan avare et sa femme rusée, le prêtre gourmand ou le moine paillard, le clerc habile à tromper, le naïf sans cesse berné…

À l'opposé de la littérature courtoise, le fabliau multiplie les traits satiriques et les références à la vie quotidienne du Moyen Âge. C'est ainsi que l'argent, la maladie, la sexualité, la nourriture y tiennent une place considérable. Chargé de faire rire, il n'hésite pas devant la grossièreté du langage et des situations, dressant le portrait caricatural de la société de son temps.

Mais le fabliau est aussi un apologue qui tire de l'histoire une moralité à la manière des fables d'Ésope, le poète latin.

RUTEBEUF

Nom : **son nom exact n'est pas parvenu jusqu'à nous ; on le connaît seulement sous le surnom de Rutebeuf (« rude bœuf »)**
Naissance : **date inconnue ; il est vraisemblablement né en Champagne**
Décès : **après 1285**
Lieu : **Paris**
Profession : **ménestrel qui déclame ses textes**

La vie de Rutebeuf s'étend des années 1230 à 1285, sans aucune certitude. D'origine champenoise, installé à Paris, ce jeune ménestrel chante l'épopée des chansons de geste en s'accompagnant d'un instrument de musique, dans les salles des châteaux. Très vite, il écrit ses propres poèmes, signés Rutebeuf, qu'il traduit lui-même par « rude bœuf ». Il y évoque les misères du temps, la pauvreté, le froid et la faim avec un lyrisme sincère qui annonce la poésie de François Villon.

La Complainte Rutebeuf exprime l'angoisse de l'homme médiéval, les rigueurs de l'hiver, la crainte de la mort. Mais Rutebeuf dit la consolation qu'il trouve dans la poésie. Il met également son art au service des débats qui secouent la capitale. Des écrits satiriques et polémiques dénoncent l'hypocrisie des ordres mendiants ou le rôle du pape. La scène du théâtre l'inspire aussi : il écrit *Le Miracle de Théophile.* Cette pièce, considérée comme son chef-d'œuvre, explore l'une des légendes les plus célèbres du monde médiéval.

Ses œuvres principales

- des œuvres polémiques, dont : *Discorde de l'Université et des Jacobins* (1254)
- des poèmes lyriques, dont : *Poèmes de l'Infortune* (1262)
- une pièce de théâtre : *Le Miracle de Théophile* (vers 1260)
- des fabliaux, dont : *Le Testament de l'âne*

VERS 1260

Le Miracle de Théophile

Investi d'une haute dignité dans l'Église, Théophile en est privé par l'arrivée d'un nouvel évêque. Il invoque alors le diable pour obtenir de lui réparation et conclut un pacte avec lui en échange de la richesse et de la puissance. *Le Miracle de Théophile* annonce ainsi le mythe de Faust que développeront les écrivains romantiques.

Va Theophiles au Deable, si a trop grant paor et li Deable li dist :

Venez avant, passez grant pas ;
Gardez que ne resamblez pas
Vilain qui va a offerande.
Que vous veut ne que vous demande
Vostre sires ? Il est molt fiers !

Ici Théophile se rend chez le diable. Il a une peur atroce. Le diable lui dit :
Avancez, dépêchez-vous ; gardez-vous de faire comme le vilain qui porte une offrande. Que vous veut et que vous réclame votre maître ? Il est bien cruel !

THÉOPHILE. – C'est vrai, sire. Il était chancelier[1], et voici qu'il prétend me réduire à mendier mon pain. Je viens donc vous prier et vous supplier de m'aider en cette nécessité.

LE DIABLE. – Tu m'en fais la prière ?

THÉOPHILE. – Oui.

LE DIABLE. – Joins donc tes mains, et deviens mon vassal : je t'aiderai plus que de raison.

THÉOPHILE. – Voici, je vous prête hommage, à condition d'obtenir réparation dorénavant, cher seigneur.

LE DIABLE. – Je te promets en retour de te faire plus grand seigneur que jamais on ne te vit. Et puisque les choses vont ainsi, sache bien qu'il me faut de toi une lettre scellée, explicite et sans ambiguïté, car maintes personnes m'ont trompé, faute d'avoir exigé une lettre ; c'est pourquoi je veux qu'elle soit explicite.

THÉOPHILE. – La voici : je l'ai écrite.

Théophile donne alors la lettre au diable, et celui-ci lui commande d'agir ainsi :

Théophile, mon très cher ami, puisque tu t'es remis entre mes mains, je te dirai ce que tu feras. Jamais homme pauvre tu n'aimeras ; si un pauvre homme en détresse te prie, détourne l'oreille, passe ton chemin. Si quelqu'un s'humilie devant toi, réponds-lui avec orgueil et cruauté. Si un pauvre frappe à ta porte, garde-toi qu'il emporte une aumône. Douceur, humilité, pitié et charité et amitié, la pratique du jeûne, la pénitence me font grand mal à la panse. Faire l'aumône et prier Dieu peuvent aussi me causer un grand courroux[2]. Si l'on aime Dieu et vit chastement, j'ai l'impression qu'un serpent, qu'une vipère me dévore le cœur au ventre. Lorsqu'on se rend à l'Hôtel-Dieu[3] pour visiter quelque malade, j'ai alors au cœur si peu de vie qu'il me semble perdre le sentiment : qui fait le bien me met à la torture. Va-t'en, tu seras sénéchal[4]. Laisse le bien pour faire le mal. Ne rends jamais de jugements équitables, car ce serait là une grande folie, et contraire à mes intérêts.

THÉOPHILE. – Je ferai ce que je dois faire. Il est bien juste que j'agisse selon votre plaisir, car ainsi entrerai-je en grâce.

Rutebeuf, *Le Miracle de Théophile*, vers 1260,
traduction par J. Dufournet, Éd. Garnier-Flammarion.

---

1. chancelier : chef suprême de la justice du royaume. **2. courroux** : colère. **3. l'Hôtel-Dieu** : l'hôpital.
4. sénéchal : important dignitaire à la cour du roi.

Les miracles et les mystères

Le théâtre médiéval naît vers 950 dans l'abbaye de Fleury, lorsque trois moines se déguisent pour mettre en scène la visite des apôtres au tombeau du Christ. Dès lors, les drames liturgiques se multiplient : le « miracle » raconte la manière dont un pécheur est sauvé du diable par l'intervention de la Vierge ou d'un saint. Rutebeuf écrit ainsi *Le Miracle de Théophile*, inspiré des *Miracles de Notre Dame*, de Gautier de Coinci.

Au XIVe siècle apparaissent les premiers mystères. Organisé sur la place centrale de la cité, le « mystère » raconte l'histoire biblique sous la forme d'un spectacle gigantesque pouvant durer plusieurs jours, qui utilise de vastes décors, de nombreux accessoires et de très nombreux acteurs. Le thème le plus célèbre est celui de la passion du Christ : le *Mystère de la résurrection de notre seigneur Jésus-Christ*, représenté durant trois journées à Angers en 1456, compte vingt mille vers et cinq cents personnages.

D'ORLÉANS

Nom et prénom : **d'Orléans, Charles**
Naissance : **le 24 novembre 1394, à Paris**
Décès : **le 5 janvier 1465, à Amboise**
Lieux : **Paris, Angleterre (prisonnier de 1415 à 1440), Blois**
Situation familiale : **marié trois fois, veuf deux fois ; quatre enfants dont le futur roi Louis XII**

Petit-fils de roi, Charles d'Orléans passe son enfance au centre des luttes qui opposent les ducs d'Orléans aux ducs de Bourgogne, en pleine guerre de Cent Ans. Il a treize ans quand son père est assassiné. Sa mère meurt l'année suivante. Ayant perdu sa première femme, Charles se remarie avec la fille du comte d'Armagnac. Réputé pour sa bravoure, il mène à seize ans la vie pleine de dangers des champs de bataille.

En 1415, il est fait prisonnier par les Anglais à la bataille d'Azincourt. Sa détention dure vingt-cinq ans et c'est alors que Charles d'Orléans se réfugie dans l'écriture. Libéré en 1440 contre une énorme rançon, il épouse la très jeune Marie de Clèves, âgée de quatorze ans, qui lui donne plusieurs enfants, dont le futur roi de France, Louis XII. Dans son château de Blois, il reçoit les écrivains de son temps, comme François Villon, qui participent à des concours de ballades. Il rassemble ses poèmes dans un volume avant de mourir, en 1465.

Ses œuvres principales

- cent deux ballades, cent quatre-vingt-une chansons, sept complaintes, quatre cents rondeaux

1450

Ballades et Rondeaux

Poète d'inspiration courtoise, Charles d'Orléans compose essentiellement des rondeaux et des ballades. Il y exprime la douleur de la captivité, la mélancolie du temps qui passe et la nostalgie du pays natal.

LE TEMPS A LAISSÉ SON MANTEAU...

Le temps a laissi son manteau
De vent, de froidure et de pluye,
Et s'est vestu de broderye,
De soleil luyant, cler et beau.

Le temps a laissé son manteau
De vent, de froidure et de pluie,
Et s'est vêtu de broderie,
De soleil luisant, clair et beau.

Il n'y a bête, ni oiseau
Qu'en son jargon[1] ne chante ou crie :
Le temps a laissé son manteau
De vent, de froidure et de pluie.

Rivière, fontaine et ruisseau
Portent, en livrée[2] jolie,
Gouttes d'argent d'orfèvrerie,
Chacun s'habille de nouveau
Le temps a laissé son manteau.

1. **jargon** : langage. 2. **livrée** : habit.

EN REGARDANT VERS LE PAÏS DE FRANCE

En regardant vers le païs de France,	En regardant vers le pays de France,
Un jour m'avint, a Dovre sur la mer,	Un jour m'advint, à Douvres sur la mer,
Qu'il me souvint de la doulce plaisance	Qu'il me souvint du doux plaisir
Que souloye oudit pays trouver.	Que je trouvais dans ce pays.
Si commençay de cuer a souspirer,	Ainsi mon cœur se mit à soupirer,
Combien certes que grant bien me faisoit	Encore que cela me fît grand bien
De voir France que mon cueur amer doit.	De voir la France que mon cœur doit aimer.

Je m'avisai que c'était par ignorance
Que je gardais de tels soupirs au fond du cœur,
Vu que je vois que commence la voie de la paix
Qui peut donner tous les biens.
Alors je changeai en réconfort mon souci.
Et mon cœur cependant ne se lassait pas
De voir la France que mon cœur doit aimer.

La Tour de Londres dans laquelle Charles d'Orléans est, pendant vingt-cinq ans, retenu prisonnier. Miniature du XVe siècle.

Je chargeai alors sur la nef[3] d'Espérance
Tous mes souhaits en les priant d'aller
Au-delà de la mer, sans retard,
Et de me recommander à la France.
Que Dieu nous donne bonne paix sans tarder !
Qu'il en soit ainsi, et j'aurai le loisir
De voir la France que mon cœur doit aimer.

La Paix est un trésor qu'on ne peut trop louer.
Je hais la Guerre, je ne dois point l'estimer ;
À tort ou à raison, Elle m'a longtemps empêché
De voir la France que mon cœur doit aimer !

Charles d'Orléans, *Ballades et Rondeaux*,
ballade LXXVI, vers 1450-1465, orthographe modernisée.

3. **nef** : navire.

La poésie de l'exil

« Je suis celui au cœur vêtu de noir », écrit Charles d'Orléans. Très vite marqué dans sa jeunesse par la violence, les deuils et le chagrin, il trouve refuge dans la poésie. C'est au cours de son exil en Angleterre qu'il écrit ses ballades. Il y exprime l'amour courtois pour sa dame, la nostalgie du doux « pays de France » et l'amertume d'apprendre la mort de ceux dont il est séparé. À son retour en France, dans son château de Blois, Charles d'Orléans aime se retirer dans la solitude. Les formes poétiques qu'il utilise sont le rondeau et la ballade. Le rondeau comporte deux strophes de quatre vers (quatrains) et une strophe de cinq vers (quintil). Les vers sont composés de huit (octosyllabes) ou dix syllabes (décasyllabes). Les deux premiers vers du poème sont repris sous forme de refrain, à la fin de la deuxième et de la troisième strophe. La ballade est composée de trois strophes suivies d'un *envoi* en forme de quatrain ou de quintil, qui s'adresse au destinataire du poème. Les vers sont également des octosyllabes ou des décasyllabes. Le dernier vers de chaque strophe constitue le refrain du poème.

Les rondeaux, ballades, chansons et complaintes de Charles d'Orléans sont l'expression mélancolique d'un moi inquiet qui fait de lui, avec François Villon, le plus grand poète du Moyen Âge.

LA FARCE MÉDIÉVALE

Auteurs : **anonymes**

Le théâtre du Moyen Âge connaît une grande diversité d'œuvres comiques : monologues satiriques, sermons parodiques, moralités burlesques, soties où les acteurs portent le costume des « sots », c'est-à-dire des fous. Mais ce sont surtout les farces qui forment le genre le plus populaire. À l'origine, la farce est un intermède comique, inséré au milieu d'une représentation sérieuse, un mystère religieux par exemple, qui est ainsi « farci ». Mais elle devient un genre à part entière, égayant le public de la bourgeoisie et du peuple, sur les tréteaux des foires. *La Farce de Maître Pathelin,* écrite entre 1460 et 1465 par un auteur dont l'identité est restée inconnue, est la pièce comique la plus célèbre du Moyen Âge. Elle sera souvent reprise et imitée, comme dans *Le Nouveau Pathelin* ou dans *Le Testament de Pathelin*.

Les œuvres principales

- *La Farce de Maître Pathelin* (vers 1460)
- *La Farce nouvelle très bonne et fort joyeuse du cuvier* (seconde moitié du XVe siècle)
- *La Farce du meunier de qui le diable emporte l'âme en enfer,* d'André de la Vigne (1496)
- *La Farce nouvelle de Colin fils de Thevot le maire* (1542)

VERS 1460

La Farce de Maître Pathelin

Avocat habile à tromper, maître Pathelin obtient à crédit une belle pièce d'étoffe d'un marchand nommé Guillaume, qu'il n'entend pas payer. De retour chez lui, il raconte à son épouse Guillemette le tour qu'il vient de commettre et convient avec elle d'une ruse nouvelle.

GUILLEMETTE *Comment l'a il voulu prester,* *Luy qui est ung homs si rebelle ?*	GUILLEMETTE Comment a-t-il consenti à la donner à crédit, lui qui est un homme si intraitable ?
PATHELIN *Par saincte Marie la belle,* *Je l'ay armé et blasonné* *Si qu'il le m'a presque donné.*	PATHELIN Par sainte Marie la belle, je lui ai mis une telle couche de flatterie qu'il me l'a presque donnée.

PATHELIN. – Je lui disais que son défunt père était un homme si remarquable... : « Ha, lui dis-je, mon ami, que vous êtes de bonne famille ! Vous êtes, dis-je, de la famille la plus honorable de la région. » Mais je prends Dieu à témoin qu'il est issu de la plus intraitable engeance, de la plus fieffée race de coquins qui soit, je crois, dans ce royaume. « Ha, dis-je, mon ami Guillaume, que vous ressemblez bien de visage comme du reste à votre bon père ! » Dieu sait ce que j'ai imaginé, et, de temps à autre, j'y glissais quelques mots sur ses étoffes. « Et puis, lui dis-je, sainte Marie ! Avec quelle gentillesse il faisait crédit de sa marchandise, avec quelle simplicité ! C'est vous, lui dis-je, tout craché ! » Pourtant on aurait pu arracher les dents du vieux sapajou, son défunt père, et de son macaque de fils, avant qu'ils vous prêtent…

Faisant claquer son ongle contre ses dents.

… ça ou qu'ils sortent une parole aimable. Mais au bout du compte, je l'ai tant pressé de paroles qu'il m'en a donné six aunes[1] à crédit.

GUILLEMETTE. – Qui, bien sûr, ne seront jamais payées ?

PATHELIN. – C'est bien ce qu'il faut comprendre. Payer ? Qu'il s'adresse au diable !

GUILLEMETTE. – Vous me rappelez la fable du corbeau[2] qui était perché sur une croix de cinq à six toises de haut[3] ; il tenait un fromage dans son bec. Arrivait là un renard qui vit le fromage et qui pensa en lui-même : « Comment l'aurai-je ? » Le corbeau dans sa bêtise, en entendant ainsi vanter son chant, ouvrit le bec pour chanter ; son fromage tombe à terre ; et maître Renard d'y planter les dents et de l'emporter. Il en est allé de même, j'en suis sûr, pour cette étoffe : vous l'avez piégé par la flatterie et vous l'avez attrapé à force de belles paroles, comme Renard pour le fromage. Vous l'avez pris par vos grimaces.

PATHELIN. – Il doit venir manger de l'oie. Alors voici ce qu'il nous faudra faire. Je suis certain qu'il va venir brailler[4] pour avoir promptement son argent. J'ai pensé à un bon tour : il faut que je me couche sur mon lit comme si j'étais malade. Et quand il viendra, vous direz : « Ha, parlez bas ! » Et vous gémirez en faisant triste visage. « Hélas, ferez-vous, il est malade depuis six ou huit semaines. » Et s'il vous dit : « Ce sont des balivernes, il vient de me quitter à l'instant ! », « Hélas ! ferez-vous, ce n'est pas le moment de plaisanter ! », et vous le laisserez dégoiser[5], car il n'obtiendra rien d'autre.

GUILLEMETTE. – Par l'âme que je porte en moi, je jouerai très bien mon rôle. Mais si vous êtes repris et que justice remette la main sur vous, je crains qu'il ne vous en cuise deux fois plus que la dernière fois.

PATHELIN. – Allons, taisez-vous, je sais bien ce que je fais. Il faut faire ce que je dis.

Anonyme, *La Farce de Maître Pathelin*, vers 1460, traduction en prose de M. Rousse, Éd. Gallimard.

■ **1. six aunes** : l'aune est une ancienne unité de mesure valant 1,18 m. ■ **2. la fable du corbeau** : fable du poète latin Phèdre. ■ **3. cinq à six toises de haut** : la toise est une ancienne unité de mesure valant 1,94 m. ■ **4. brailler** : crier haut et fort. ■ **5. dégoiser** : parler abondamment.

Gravure sur bois du XVe siècle pour illustrer *La Farce de Maître Pathelin*.

La farce et la tradition burlesque

Présente dans toute l'Europe médiévale, la farce met en scène un certain nombre de personnages stéréotypés confrontés à des situations familières, à travers lesquelles domine le désir de tromper l'autre. Le mot « farce » lui-même peut être dérivé du verbe « farcer », c'est-à-dire tromper. Bons tours joués aux dépens des marchands, moqueries à l'égard des bourgeois, satires des moines et des nonnes, le comique de la farce repose sur des situations fondées sur un quiproquo, sur des gestes souvent violents, sur des pitreries verbales et des jeux de mots grossiers. Ses personnages se retrouveront dans la *commedia dell'arte* italienne, dans la comédie de caractère chez Molière, mais aussi dans le théâtre de boulevard de Labiche ou Feydeau, ou au cinéma, à travers le burlesque d'un Charlie Chaplin ou de Laurel et Hardy.

VILLON

Nom et prénom : **de Montcorbier, François**
Pseudonyme : **Villon (nom de son père adoptif)**
Naissance : **en 1431 ou 1432, à Paris**
Décès : **date inconnue, après 1463**
Lieux : **Paris jusqu'en 1455 ; vie errante entre 1455 et 1461 ; revient à Paris en 1461 ; condamné à mort, il est finalement banni de la ville en 1463 ; aucune trace de lui à partir de cette date**
Professions : **clerc, « voleur »**
Amitiés : **Colin de Cayeux et Régnier de Montigny, deux membres du gang de malfaiteurs « les Coquillards »**

Orphelin de père, François de Montcorbier est recueilli, à l'âge de huit ans, par Guillaume de Villon, chanoine d'une église de Paris. Grâce à son « plus que père », dont il prend le nom, le jeune Villon poursuit des études au Quartier latin, dont il connaît les moindres ruelles. Il est reçu bachelier en 1449, puis licencié et maître ès arts de l'université de Paris en 1452.

Il semble alors destiné à une carrière de clerc. Mais le 5 juin 1455, Villon tue un prêtre au cours d'une bagarre. Il doit fuir et revient à Paris après avoir obtenu la levée des poursuites. La nuit de Noël 1456, il vole cinq cents écus d'or, en compagnie de quatre complices. De nouveau, il quitte Paris pour quatre années d'errance. On le trouve ainsi en compagnie des Coquillards, une bande de malfaiteurs, ou au château de Blois auprès du duc d'Orléans, ou encore en prison, à Meung-sur-Loire, pendant l'été 1461.

De retour à Paris l'année suivante, Villon est de nouveau emprisonné à la suite d'une rixe au cours de laquelle un notaire est blessé. Condamné à « être pendu et étranglé », le poète fait appel et, en janvier 1463, sa peine est commuée en bannissement de dix ans. Villon quitte une dernière fois Paris, sans que l'on sache ce qu'il est devenu.

Ses œuvres principales

- deux longs poèmes : *Le Lais* (1456), *Le Testament* (1461)
- des poésies diverses, dont : *Épître à mes amis*, *Ballade des pendus* (vers 1462)

L'ŒUVRE DE FRANÇOIS VILLON

La poésie satirique : *Le Legs*

Long poème de trois cent vingt octosyllabes, répartis en quarante strophes de huit vers, *Le Lais*, c'est-à-dire *Le Legs*, est une œuvre satirique écrite vraisemblablement dans la nuit du 25 décembre 1456. Dans ce *Petit Testament*, Villon annonce son intention de quitter Paris et lègue ironiquement ses « biens », des mèches de cheveux, de vieux souliers, une coquille d'œuf, à ses amis et connaissances, aux mendiants et aux religieuses.

La poésie lyrique : *Le Testament*

Composé d'un long poème, dans lequel sont insérés des ballades et des rondeaux, *Le Testament* est écrit par Villon après son emprisonnement à Meung-sur-Loire, en 1461. La première partie exprime avec émotion son angoisse devant la mort. Il développe dans les ballades la mélancolie du temps qui passe et des amours enfuies. La seconde partie reprend le principe du legs, mais en l'amplifiant, à travers des dispositions conformes à celles d'un véritable testament.

La poésie tragique : *Ballade des pendus*

Parmi les autres poésies de l'œuvre de Villon, l'*Épitaphe Villon*, généralement appelée *Ballade des pendus*, apparaît comme le chef-d'œuvre du poète. En 1463, alors qu'il est condamné à la pendaison, Villon fait parler ceux qui ont été exécutés et qui expriment leurs regrets en demandant pitié à Dieu. La description saisissante des cadavres livrés aux corbeaux suscite la profonde compassion du lecteur.

1461

Le Testament

La mélancolie et l'angoisse de la mort se retrouvent dans la plupart des poèmes qui composent *Le Testament.* De nombreuses ballades y expriment le sentiment de la fuite du temps. C'est ainsi que « La Ballade des dames du temps jadis » évoque les femmes célèbres pour leur beauté, pour leur puissance ou pour leurs amours, chastes ou sensuelles, heureuses ou tragiques, dont Villon rappelle le souvenir avec émotion.

Dictes moy ou, n'en quel pays,
Est Flora la belle Rommaine ;
Archipiades, ne Thaïs,
Qui fut sa cousine germaine,
Echo, parlant quant bruyt on maine
Dessus riviere ou sus estan,
Qui beaulté ot trop plus qu'humaine.
Mais ou sont les neiges d'antan ?

Dites-moi où, en quel pays,
Est Flora la belle Romaine ;
Archipiade, ou bien Thaïs,
Qui fut sa cousine germaine ;
Écho[1], parlant quand bruit on mène
Sur la rivière ou sur l'étang,
Qui eut beauté trop[2] plus qu'humaine ?
Mais où sont les neiges d'antan ?

Où est la très sage Héloïse,
Pour qui fut châtré et puis moine
Pierre Abélard à Saint-Denis ?
Pour son amour eut cet essoine[3].
Semblablement, où est la reine[4]
Qui commanda que Buridan
Fût jeté en un sac en Seine ?
Mais où sont les neiges d'antan ?

La reine Blanche comme un lys,
Qui chantait à voix de sirène,
Berthe au grand pied, Béatrice, Alice ;
Harembourges, qui tint le Maine,
Et Jeanne, la bonne Lorraine,
Qu'Anglais brûlèrent à Rouen ;
Où sont-elles, Vierge souveraine ?...
Mais où sont les neiges d'antan ?

Prince, n'enquérez de semaine
Où elles sont, ni de cet an,
Qu'à ce refrain ne vous ramène[5] :
Mais où sont les neiges d'antan ?

François Villon, *Le Testament*, 1461, orthographe modernisée.

▪ **1. Écho** : la nymphe Écho, aimée d'Apollon. ▪ **2. trop** : beaucoup.
▪ **3. essoine** : épreuve, outrage.
▪ **4. la reine** : Marguerite de Bourgogne, qui fit assassiner son amant.
▪ **5. ramène** : ne demandez pas, ni cette semaine ni cette année, où elles sont, sans qu'à ce refrain je ne vous ramène.

Le premier poète moderne

À la charnière du Moyen Âge et de la Renaissance, François Villon apparaît comme le premier poète moderne. En effet, s'il perpétue la tradition de la poésie médiévale à travers les formes fixes de la ballade et du rondeau, du legs et du testament, Villon crée une œuvre personnelle qui annonce les thèmes de la poésie moderne. Inspiré par sa propre expérience de mauvais garçon qui fréquente les brigands et les filles de joie, plusieurs fois emprisonné puis condamné à mort, Villon exprime la dimension tragique de la condition humaine. Son œuvre explore la fuite du temps et la hantise de la mort à travers des registres variés, qui mêlent le comique et le tragique, le réalisme macabre et le lyrisme pathétique.

VERS 1462

Ballade des pendus

L'*Épitaphe Villon*, plus connue sous le titre de *Ballade des pendus*, a probablement été écrite au moment où Villon lui-même était condamné à mort. Avec émotion, le poète cherche à inspirer la compassion du lecteur dans un registre pathétique qui souligne les remords et la souffrance des suppliciés.

Frères humains qui apres nous vivez,
N'ayez les cuers contre nous endurcis,
Car, se pitie de nous povres avez,
Dieu en aura plus tost de vous mercis.
Vous nous voiez cy attachez cinq, six :
Quant de la chair, que trop avons nourrie,
Elle est pieça devoree et pourrie,
Et nous, les os, devenons cendre et pouldre.
De notre mal personne ne s'en rie;
Mais priez Dieu que tous nous veuille absoudre!

Frères humains qui après nous vivez,
N'ayez les cœurs contre nous endurcis,
Car, si pitié de nous pauvres avez,
Dieu en aura plus tôt de vous mercis[1].
Vous nous voyez ici pendus cinq, six :
Quant à la chair, que trop avons nourrie,
Elle est à présent dévorée et pourrie,
Et nous, les os, devenons cendre et poudre.
Que de notre mal personne ne rie;
Mais priez Dieu que tous nous veuille absoudre!

Si, frères, vous clamons[2], pas n'en devez
Avoir dédain, quoique fûmes occis[3]
Par justice. Toutefois, vous savez
Que tous hommes n'ont pas bon sens rassis[4];
Excusez-nous, puisque nous sommes transsis[5],
Envers le fils de la Vierge Marie,
Que sa grâce ne soit pour nous tarie,
Nous préservant de l'infernale foudre.
Nous sommes morts, âme ne nous harie[6];
Mais priez Dieu que tous nous veuille absoudre!

La pluie nous a lessivés et lavés,
Et le soleil desséchés et noircis;
Pies, corbeaux, nous ont les yeux creusés,
Et arraché la barbe et les sourcils.
Jamais nul temps nous ne sommes assis;

■ **1. mercis** : pitié. ■ **2. clamons** : implorons, supplions. ■ **3. occis** : tués, mis à mort. ■ **4. n'ont pas bon sens rassis** : ne sont pas tous raisonnables. ■ **5. transsis** : morts, trépassés. ■ **6. âme ne nous harie** : que personne ne nous insulte, ne nous tourmente. ■ **7. souldre** : qu'avec lui nous n'ayons rien à faire ni comptes à rendre.

Ici, et là, comme le vent varie,
À son plaisir sans cesse nous charrie,
Plus becquetés d'oiseaux que dés à coudre.
Ne soyez donc de notre confrérie;
Mais priez Dieu que tous nous veuille absoudre!

Prince Jésus, qui sur tous a maîtrise,
Garde qu'Enfer n'ait sur nous seigneurie :
À lui n'ayons que faire ni que souldre[7].
Hommes, ici n'a point de moquerie;
Mais priez Dieu que tous nous veuille absoudre!

François Villon, *Ballade des pendus*, vers 1462,
orthographe modernisée.

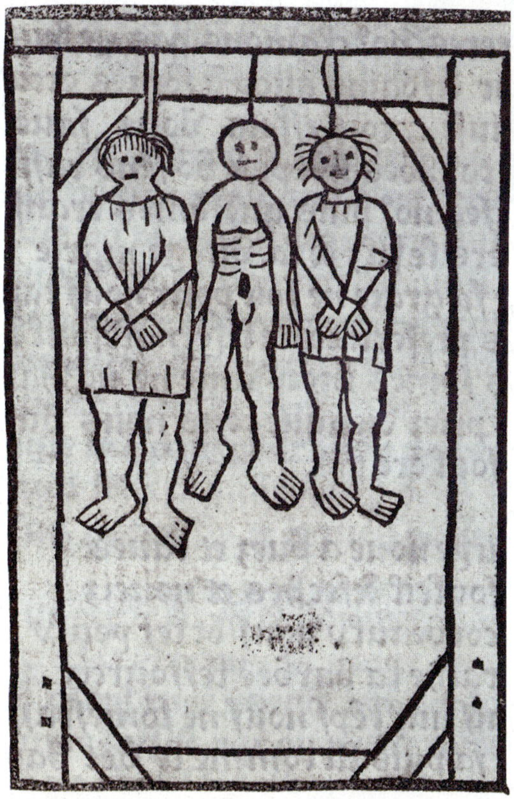

Gravure illustrant le poème de Villon, dans une édition de la fin du XVe siècle.

L'émotion devant la mort

La *Ballade des pendus* est également connue sous le nom d'*Épitaphe Villon*, qui est l'abrégé du titre donné par Clément Marot dans son édition de 1553 : *L'Épitaphe en forme de ballade que fit Villon pour lui et pour ses compagnons, s'attendant à être pendu avec eux.* En effet, la tradition veut que le poème ait été écrit dans la prison du Châtelet en décembre 1462 ou en janvier 1463, alors que François Villon vient d'être condamné à mort pour avoir participé à une violente bagarre.

En faisant parler les cadavres des condamnés, Villon suscite immédiatement une intense émotion chez le lecteur. Il rappelle à tous les hommes qu'ils sont mortels et que la mort réunit les larrons comme les honnêtes gens. La vision réaliste des cadavres que le vent balance à son gré, que les oiseaux dévorent, que la décomposition ronge, interpelle la conscience. Les sentiments chrétiens, la compassion, le pardon, mais aussi la crainte de l'enfer ajoutent également une dimension pathétique au repentir de ceux qui, condamnés par les hommes, espèrent échapper à la damnation éternelle, à de nouveaux supplices.

LA LITTÉRATURE EN EUROPE

500 1500

Dans l'Europe entière, les légendes et les traditions païennes propres à chaque culture fusionnent avec la religion chrétienne, qui étend son influence et son rayonnement. Une littérature originale émerge ainsi progressivement, dans des langues nationales, où se retrouve l'empreinte du monde féodal et de la chevalerie.

Siegfried, le héros des *Nibelungen*.

L'Allemagne

Vers 1200, la chanson des *Nibelungen* constitue le socle d'un grand nombre de mythes des peuples germaniques. Cette épopée héroïque fait le récit des exploits de Siegfried et de Brunehilde, exaltant les vertus des guerriers dans un monde de feu où les dieux, les monstres et les géants se déchaînent.

On retrouve également cette dimension épique de l'aventure dans les romans qui mettent en scène le roi Arthur et sa cour, comme *La Couronne d'Henrich* von dem Türlin. Au milieu du XIVe siècle cependant, le Flamand Jan van Ruysbroek écrit ses *Noces spirituelles*, une œuvre mystique dont le rayonnement s'étend en Europe du Nord.

La Grande-Bretagne

Dans la seconde moitié du XIVe siècle, le grand poète Geoffrey Chaucer compose les *Contes de Cantorbéry*, qui mettent en scène un groupe de pèlerins s'acheminant vers le tombeau de saint Thomas Becket.

À la même époque, William Langland écrit *Pierre le Laboureur*, inspiré de vieilles légendes saxonnes, qui exprime l'état misérable du peuple opprimé et persécuté.

Les Contes de Cantorbéry (1387-1400)

Les *Contes* racontent l'histoire de vingt-neuf pèlerins, plus le poète lui-même, qui se retrouvent dans une auberge sur la route de Cantorbéry. Chevaliers, bourgeois, gens d'église, clercs, riches et pauvres, puissants seigneurs et humbles artisans se joignent pour poursuivre leur chemin en se racontant des histoires. À travers ses personnages et leurs récits, Geoffrey Chaucer compose une fresque vivante et chaleureuse de la société de son temps, avec un sens de l'observation exceptionnel, auquel se mêlent l'esprit satirique et une profonde humanité. Poète admiré de son temps, c'est à ses *Canterbury Tales* que Chaucer doit sa renommée.

Les pèlerins, miniature du Moyen Âge.

L'Espagne

Les traditions orales et les premières épopées dressent la figure de héros prestigieux, comme le Cid Campeador, le seigneur des batailles. Mais l'influence de la spiritualité chrétienne s'exprime profondément dans la littérature espagnole dès la fin du XIIIe siècle. C'est ainsi que Ramón Lull rédige en arabe et en catalan une œuvre considérable où se mêlent traités théologiques, romans et poésie mystique. La même inspiration se retrouve dans de nombreux chants lyriques et religieux portugais.

Ramón Lull, surnommé « le bienheureux » enseignant l'analogie entre la passion du Christ et l'alchimie

La Divine Comédie (1307-1321)

Dante conçoit la *Comédie*, que ses lecteurs appellent immédiatement *La Divine Comédie*, comme une véritable somme poétique, morale, politique, historique et scientifique, qui représente la totalité du monde. L'ouvrage raconte la visite, par le poète lui-même, de l'enfer, du purgatoire et du paradis pour rappeler ses devoirs à l'humanité corrompue. Des neuf cercles de l'Enfer, dont elle donne une image saisissante, aux neuf ciels du Paradis, *La Divine Comédie* rivalise ainsi avec la Bible, et s'impose dans la littérature italienne comme le livre par excellence, « le livre de l'origine ».

L'Italie

Écrite en italien au début du XIVe siècle, l'œuvre de Dante Alighieri, *La Divine Comédie* domine toute la littérature européenne et constitue une source inépuisable d'inspiration poétique. Deux écrivains majeurs exercent à leur tour une immense influence : Francesco Pétrarque, dont la poésie annonce avec éclat la Renaissance, et Giovanni Boccace, avec le *Décaméron*.

Portrait de Dante (1265-1321).

Le *Décaméron* (1349-1351)

Le *Décaméron* est un ensemble de récits. Fuyant la peste qui ravage la ville de Florence, sept dames et trois jeunes hommes se réfugient à la campagne où, pendant dix jours, ils se racontent « cent nouvelles, ou fables, ou paraboles, ou histoires, comme il vous plaira de les appeler ». Le thème principal de ces récits est l'amour, sous toutes ses formes : l'amour conjugal, l'amour adultère, sensuel ou idyllique, heureux ou malheureux. Virtuosité du conteur, justesse de la satire : dans un monde où Dieu n'intervient plus, Boccace prend la défense de la nature et condamne avec humour la jalousie, l'hypocrisie ou l'avarice.

La peinture et la musique

Peinture

- Giotto, La chapelle des Scrovegni, à Padoue, 1303-1306 (Italie)
- Duccio, *Maestà*, Sienne, 1311 (Italie)
- Piero della Francesca, *La Légende de la croix*, à Arezzo, 1459 (Italie)
- Jan Van Eyck, *L'Agneau mystique*, à Gand, 1432 (Flandres)
- Fra Angelico, *La Déposition*, vers 1440 (Italie)
- Cosmè Tura, *Saint Georges et le dragon*, 1469 (Italie)
- Hugo van der Goes, *L'Adoration des bergers*, 1477 (Flandres)
- Sandro Botticelli, *La Naissance de Vénus*, vers 1486 (Italie)

Musique

- Francesco Landini, *Madrigaux*, vers 1370 (Italie)
- John Dunstable, *Messe Da gaudorium praemia*, 1431 (Angleterre)
- Guillaume Dufay, *La Messe de l'homme armé*, vers 1455 (Flandres)

La chronique et le récit de l'Histoire

Le terme « chronique » est construit à partir du mot grec chronos, *qui signifie « le temps ». Il est utilisé au Moyen Âge pour désigner les œuvres qui font le récit des événements historiques dont on veut conserver la mémoire. Les chroniques constituent ainsi pour le lecteur moderne une source exceptionnelle de documents et de réflexions sur l'Histoire. C'est seulement à partir du XIXe siècle que l'Histoire devient une science à part entière. Cependant, on retrouve dans les mémoires la même volonté d'apporter un éclairage particulier sur les événements qui ont marqué une époque.*

Au Moyen Âge : les chroniqueurs

La chronique est très répandue au Moyen Âge. Elle consiste à relater l'histoire des nations, le règne des rois et des grands seigneurs, le déroulement des guerres et des croisades. Les *Grandes Chroniques de France* sont ainsi rédigées par des clercs à l'abbaye de Saint-Denis, considérée comme la « gardienne de l'Histoire ».

Au début du XIIIe siècle, le chevalier de Villehardouin fait, dans *La Conquête de Constantinople*, l'histoire des croisades, en s'appuyant à la fois sur ses propres souvenirs et sur les nombreuses archives qu'il a pu consulter. Défendant les vertus de la chevalerie, Villehardouin voit dans l'Histoire la réalisation d'une volonté divine.

De même, contemporain des faits qu'il raconte, témoin des événements, Froissart fait, dans ses *Chroniques* (1370-1400), le récit de la guerre de Cent Ans. Il y garde la mémoire des faits héroïques et des grandes batailles.

À son tour, entre 1489 et 1498, Philippe de Commynes compose des *Mémoires* qui apportent un témoignage capital sur l'histoire des rois Louis XI et Charles VIII.

Les *Chroniques de Froissart* racontent la guerre de Cent Ans. La miniature montre le soulèvement des paysans (les Jacques) contre les nobles. Ils sont écrasés et jetés dans la Marne à Meaux par Gaston de Foix en 1358.

■ Du XVe au XVIIIe siècle : les mémoires aristocratiques et la vie de Cour

De la fin du XVe siècle à la fin du XVIIIe, les mémoires se multiplient dans les milieux aristocratiques. Les grands du royaume rédigent leurs souvenirs de manière à inscrire leur nom dans l'Histoire, en rappelant la part que leurs lignées y ont prise. Sur le modèle de Commynes, nombreux sont ceux qui rapportent les événements dont ils ont été témoins, divulguant anecdotes et secrets de la cour des rois de France.

Cependant, on trouve aussi les mémoires de ceux qui, acteurs de l'Histoire, parfois tombés en disgrâce, prennent la plume pour justifier leurs actions. C'est le cas des *Mémoires* de La Rochefoucauld (1662) ou du cardinal de Retz, qui expliquent leur rôle dans la Fronde contre le roi Louis XIV. Enfin, le duc de Saint-Simon laisse un monument exceptionnel avec ses *Mémoires*, écrits de 1739 à 1750 : élevé à la cour de Louis XIV, fidèle ami du Régent, témoin du début du règne de Louis XV, il peint une étonnante galerie de portraits des principaux acteurs de son temps.

Les académiciens rassemblés autour des textes du grand historien Jules Michelet. Assis, autour de Victor Cousin debout, de gauche à droite : François Guizot (1787-1874), Jules Michelet (1798-1874), Ernest Renan (1823-1892).

■ Depuis le XVIIIe siècle : les mémoires modernes et le récit de l'Histoire

Voltaire rassemble une documentation considérable et multiplie les recherches auprès des témoins pour écrire *Le Siècle de Louis XIV*, conçu en 1732 et publié en 1751. Il ne s'agit plus de raconter la vie d'un roi, de centrer l'histoire sur une personne, mais de faire l'histoire d'une nation, en substituant à l'intérêt porté aux batailles l'histoire des mœurs et des progrès de l'esprit humain, en soulignant l'importance des arts et des techniques.

Au XIXe siècle, sous l'influence du positivisme, l'Histoire se constitue en discipline autonome et devient une science. À la suite de Michelet, des historiens comme Taine ou Renan prennent progressivement en charge le récit et l'explication de l'Histoire. La littérature, qui s'est toujours nourrie de l'Histoire, devient pour eux un objet d'étude qui contribue à reconstituer la mémoire du passé.

Cependant, les mémoires, les chroniques, les témoignages (carnets, souvenirs…) demeurent au XXe siècle plus vivants que jamais. Le général de Gaulle retrouve ainsi la veine des grands mémorialistes acteurs de l'Histoire, à travers ses *Mémoires de guerre* (1954-1959) : il y expose le rôle qu'il a joué au cours de la Seconde Guerre mondiale, décrit l'organisation de la Résistance, fait le portrait des grandes figures qu'il a croisées, raconte le débarquement et la libération de Paris, évoque les heures glorieuses de la France qui a recouvré sa liberté.

Aujourd'hui, le genre des mémoires se diversifie en s'ouvrant au plus grand nombre. Il s'impose comme l'un des genres littéraires les plus prolifiques, permettant à chacun de rapporter ses souvenirs et d'entretenir, à travers sa propre histoire, la mémoire collective d'une région, d'un métier ou d'une famille.

DIX GRANDES ŒUVRES

- Geoffroy de Villehardouin, *La Conquête de Constantinople* (vers 1210)
- Jean Froissart, *Chroniques* (1370-1400)
- Philippe de Commynes, *Mémoires* (1489-1498)
- Saint-Simon, *Mémoires* (1739 à 1750)
- Voltaire, *Le Siècle de Louis XIV* (1751)
- François Guizot, *Essais sur l'histoire de France* (1823)
- Jules Michelet, *Histoire de France* (1833-1867)
- Ernest Renan, *Vie de Jésus* (1863)
- Charles de Gaulle, *Mémoires de guerre* (1954-1959)
- Emmanuel Le Roy Ladurie, *Montaillou, village occitan de 1294 à 1324* (1975)

Anonyme, *Bal à la cour des Valois*, XVIe siècle. Peinture à l'huile, 163 x 194 cm. Musée des Beaux-Arts de Rennes.

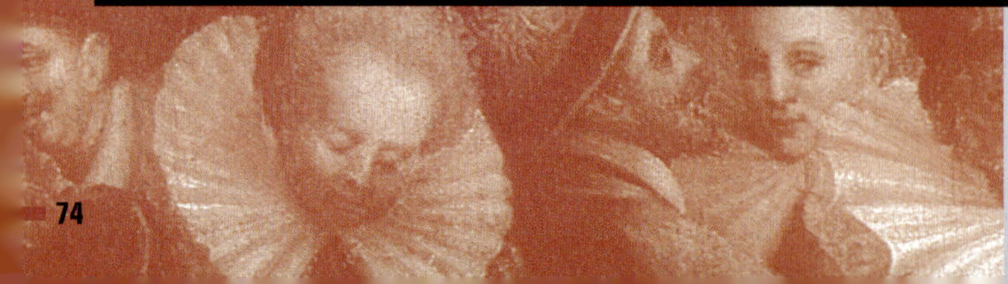

1500
1600

Le temps de la Renaissance

1500 1600
Le temps de la Renaissance

De 1450 à 1550 naît le monde moderne. Espagnols, Portugais, Français découvrent de nouveaux continents; l'héritage antique est réévalué; la diffusion des livres imprimés change le rapport à l'autorité ; les sciences et les techniques évoluent : l'homme se voit d'un œil neuf; il sent qu'il peut construire un monde plus humain. Mais cette transformation qui mène du monde féodal aux Temps modernes n'a pu se faire sans de violentes convulsions.

1. L'histoire Un royaume en crise

Le roi François Ier peint par le Titien.

La Ligue, qui rassemble les forces catholiques, réclame un roi catholique.

Dans les premières années de son règne, François Ier apparaît comme un prince moderne qui soutient les idées nouvelles. Il protège les catholiques, dont les évangélistes qui veulent réformer les pratiques religieuses. Mais lorsqu'en 1534, des écrits hostiles à la cérémonie de la messe sont placardés sur sa porte, il décide de pourchasser ces réformés, les futurs protestants, qui, par leur audace, deviennent dangereux pour le pouvoir. Le fossé se creuse alors entre catholiques et protestants et, à partir de 1562, éclatent des guerres civiles meurtrières. La nuit de la Saint-Barthélemy, du 23 au 24 août 1572, les chefs protestants sont massacrés en plein Paris. La paix ne revient qu'en 1598 : Henri IV proclame l'édit de Nantes, qui accorde aux protestants sécurité et liberté de culte.

Le massacre des protestants réunis à Paris, pendant la nuit de la Saint-Barthélemy, le 24 août 1572.

Le roi Henri IV, par l'édit de Nantes, met un terme aux guerres de religion.

2. La société L'aggravation des inégalités

L'aristocratie reste la classe dominante. Elle subit certes de nombreuses transformations. Les vieilles familles s'appauvrissent tandis que les milieux d'affaires, les bourgeois entreprenants font des fortunes, mais le signe de la réussite reste l'ennoblissement. Les nouveaux nobles, plus âpres au gain, sont plus durs avec les paysans dont la situation empire. D'une façon générale, l'écart se creuse entre les riches, luxueusement vêtus, grassement nourris, qui font la fête entre eux dans leurs élégants palais, et les pauvres, sous-alimentés, qui sont de plus en plus tenus à l'écart. Le raffinement de la culture humaniste a pu ainsi contribuer à marginaliser les milieux populaires.

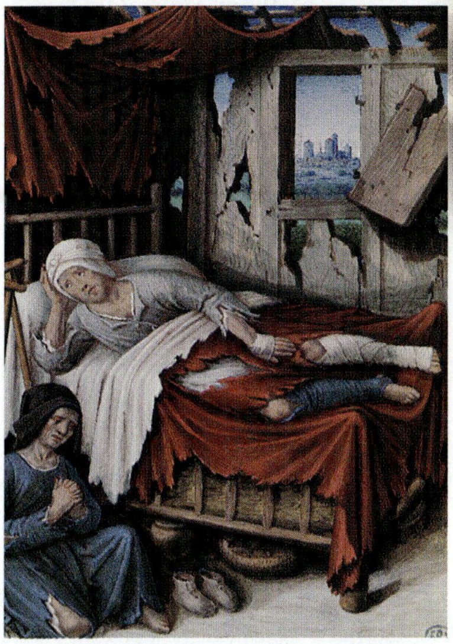

La grande misère des plus démunis côtoie la richesse et le luxe de certains nobles et de quelques bourgeois.

Paul Vos, *Le Percepteur* (détail), 1543.

3. Les sciences Des avancées décisives

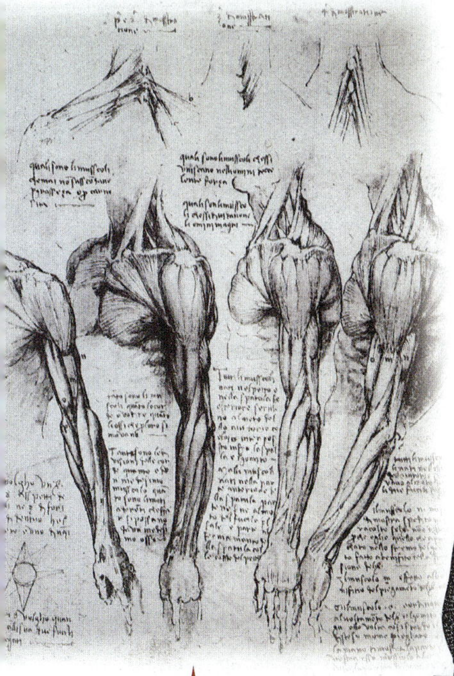

Dessin d'anatomie : les muscles, dessin de Léonard de Vinci.

Les savants de la Renaissance ont souvent du mal à se distinguer des alchimistes et le retour à l'Antiquité a pu parfois freiner le renouvellement des recherches. On continue à prêter aux astres des sentiments humains. Mais les foyers humanistes, à Padoue, à Bologne, à Bâle, à Lyon, ont permis des avancées considérables en chirurgie, en cartographie, en astronomie.

Cet instrument permet de trouver la longitude par l'observation des mouvements de la Lune.

En 1543, Copernic s'appuie sur les mathématiques pour affirmer que la Terre tourne autour du Soleil. Hypothèse bouleversante qui ne sera pleinement développée qu'au siècle suivant.

L'astronome polonais Copernic attend trente ans pour publier son traité, qui démontre que la Terre n'occupe pas le centre de l'univers.

4. Les lettres L'écrivain humaniste

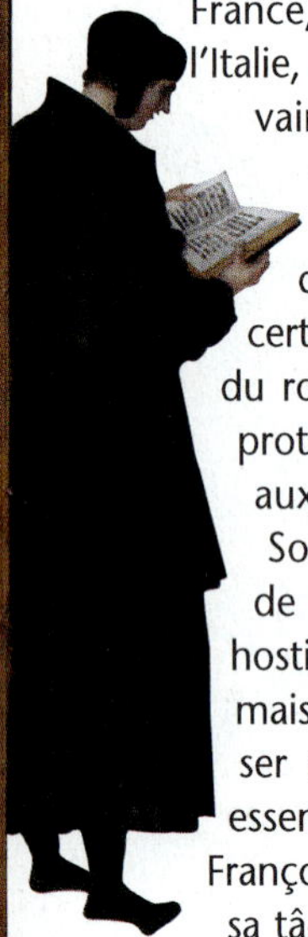

Peu à peu apparaît en France, longtemps après l'Italie, la figure de l'écrivain humaniste qui défend une nouvelle conception de l'homme. Il a certes besoin de l'appui du roi ou d'un puissant protecteur pour résister aux attaques de la Sorbonne, la faculté de théologie de Paris hostile aux nouveautés, mais il réussit à s'imposer comme une figure essentielle du royaume. François Ier l'aide à remplir sa tâche d'éducateur de la noblesse.

Un auteur présente solennellement son livre à François Ier.

En 1530, le roi fonde le Collège des lecteurs royaux, où l'on enseigne librement le latin, le grec et l'hébreu. Grâce aux livres, les œuvres d'Érasme, de Thomas More, de Rabelais circulent dans toute l'Europe, y semant les germes de l'esprit nouveau.

Pantagruel
ΑΓΑΘΗ ΤΥΧΗ
Les horribles faictz et prouesses espouentables de Pantagruel: Roy des Dipsodes/cõposez par M. Alcofribas abstracteur de quinte essence.
M.D.xxxv.
On les vend a Lyon/en la maison qui fut du feu Prince/par Pierre de Saincte Lucie. pres nostre dame de Confort.

Page de titre de l'édition de *Pantagruel* de Rabelais, en 1535.

5. L'édition Le succès du livre imprimé

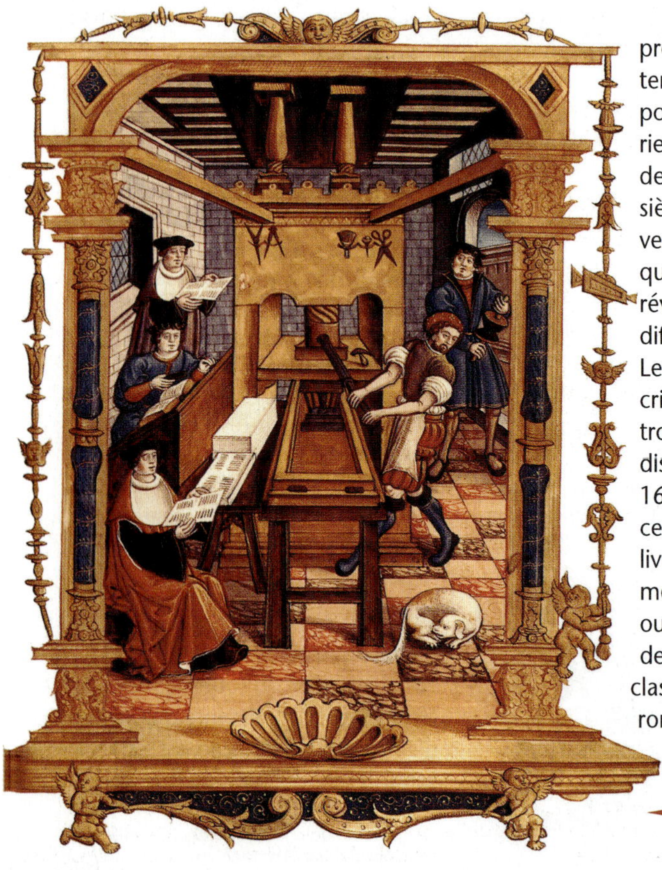

Une imprimerie au XVIe siècle.

Combinée aux progrès de la papeterie, la mise au point de l'imprimerie dans les ateliers de Gutenberg, au siècle précédent, vers 1450, a provoqué une véritable révolution dans la diffusion de textes. Les copies manuscrites, trop chères, trop rares, ont vite disparu. De 1500 à 1600, plus de deux cents millions de livres ont été imprimés. D'abord des ouvrages pieux, puis de plus en plus de classiques grecs et romains dans des éditions de plus en plus rigoureuses. Ensuite, les livres en langue vulgaire (français, italien, etc.) répandent les idées nouvelles et contribuent au développement des littératures nationales. Le livre, ainsi accessible à tous, donne l'envie de savoir et de réfléchir par soi-même.

COMMENTARIORVM LINGVAE LATINAE TOMVS PRIMVS.
STEPHANO DOLETO GALLO AVRELIO AVTORE.
LVGDVNI APVD SEB. GRYPHIVM, 1536.
Cum privilegio ad quadriennium.

Page de titre de *Commentaires* d'auteurs de l'Antiquité, écrit en latin, publié à Lyon en 1536.

6. Les arts La Renaissance française

Ébloui par les chefs-d'œuvre italiens, François Ier fait venir des artistes italiens prestigieux – Léonard de Vinci, Benvenuto Cellini, le Rosso – et de nombreux artisans travaillent sur les chantiers français. Mais les châteaux royaux à Chambord, à Chenonceaux, à Azay-le-Rideau, le Louvre reconstruit par Pierre Lescot sont des créations originales idéalement accordées au paysage et aux traditions françaises. Jean et François Clouet multiplient les portraits à deux ou trois crayons (noir, sanguine, craie) tandis que les peintres de l'école de Fontainebleau s'appuient sur le répertoire mythologique pour célébrer le corps féminin.

Le château de Chambord, construit pendant le règne de François Ier, un des chefs-d'œuvre de la Renaissance.

Femme à sa toilette

École de Fontainebleau (1550-1570)

À partir des années 1530, François Ier fait venir des artistes italiens pour décorer sa nouvelle résidence de Fontainebleau. Autour de Rosso Fiorentino, puis du Primatice se regroupent de nombreux peintres, sculpteurs, graveurs... venant de toute l'Europe pour servir la cour du roi de France. Comme ici, de nombreuses œuvres de l'école de Fontainebleau sont d'une attribution difficile. (Peinture à l'huile, 117 x 87,6 cm, musée de Worcester, États-Unis.)

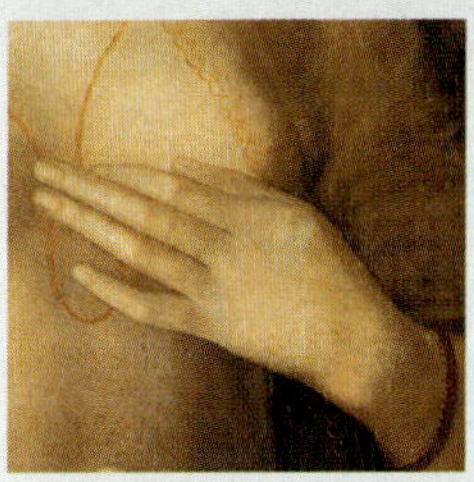

La scène représente une dame à sa toilette et reprend l'un des motifs favoris des artistes de Fontainebleau : une femme nue vue à mi-corps, que l'on retrouve également dans de multiples *Dames au bain*.

Inspiré par le maniérisme italien qui s'oppose à l'idéal classique, l'artiste joue sur la juxtaposition des plans avec la vision de la servante penchée sur une malle à vêtements ou le reflet dans le miroir.

Inventée par des peintres flamands du début du XVe siècle, la peinture à l'huile permet de travailler les effets de matière et de luminosité. L'artiste démontre ici une grande maîtrise dans la représentation des transparences. En une subtile correspondance, le raffinement des bijoux, des tissus et des fleurs renvoie à l'élégance du geste de la dame. La blancheur accentuée de la peau qui ressort sur un fond sombre exprime une sensualité à la fois délicate et lumineuse. Par ailleurs, la forme « serpentine » des statuettes qui soutiennent le miroir est un élément typique du maniérisme.

MAROT

Nom et prénom : **Marot, Clément**
Naissance : **fin de l'année 1496, à Cahors**
Décès : **septembre 1544, à Turin**
Lieux : **Paris, Ferrare, Venise, Turin**
Situation familiale : **marié ; un fils et une fille**
Professions : **clerc de chancellerie, secrétaire et poète de divers grands personnages, valet de chambre du roi**
Amitiés : **Lion Jamet, Anne d'Alençon, Marguerite de Navarre, Renée de Ferrare**

Élevé par un père lui-même poète, Clément Marot est rapidement introduit à la Cour, où, valet de chambre de Marguerite d'Angoulême, la future reine de Navarre, il plaît par d'amusants poèmes de circonstances, des requêtes pleines d'humour et de virtuosité. En 1526, il est emprisonné au Châtelet pour avoir mangé du lard en carême. Libéré, il est remis en prison, cette fois pour avoir aidé un prisonnier à s'échapper. Son *Épître au roi pour le délivrer de prison* lui permet de retrouver la liberté et de devenir valet de chambre de François Ier. Mais, proche des évangélistes soupçonnés d'être partisans de Luther, il est imprudent et de nouveau menacé. En 1535, il doit s'exiler en Navarre, puis à Ferrare et à Venise. Admis à rentrer en France après avoir abjuré son luthérianisme en 1536, il triomphe à la Cour par des œuvres variées, des épîtres, des élégies, des coqs-à-l'âne, des traductions qui montrent la diversité de ses talents. Inquiété une fois encore, il se réfugie en 1542 à Genève puis à Turin, où il meurt sans avoir pu revenir en France.

Ses œuvres principales

- des poèmes principalement recueillis dans *L'Adolescence clémentine* (1532), *L'Enfer* (1539)
- des traductions de la Bible : *Les Psaumes* (1540, 1543)

1532

L'Adolescence clémentine

La forme contraignante du rondeau permet à Marot d'évoquer avec le sourire des événements pénibles : son séjour en prison pour « luthérianisme », les dettes qu'il a du mal à rembourser.

RONDEAU PARFAIT
À SES AMIS APRÈS SA DÉLIVRANCE

En liberté maintenant me promène,
Mais en prison pourtant je fus cloué :
Voilà comment Fortune[1] me démène[2].
C'est bien, et mal. Dieu soit de tout loué.

Les Envieux ont dit que de Noé[3]
N'en sortirais : que la Mort les emmène !
Malgré leurs dents le nœud est dénoué.
En liberté maintenant me promène.

Pourtant, si j'ai fâché la Cour romaine,
Entre méchants ne fus oncq[4] alloué[5].
Des bien famés[6] j'ai hanté[7] le domaine ;
Mais en prison pourtant je fus cloué.

Car aussitôt que fus désavoué
De celle-là qui me fut tant humaine,
Bientôt après à saint Pris[8] fus voué :
Voilà comment Fortune me démène.

J'eus à Paris prison fort inhumaine,
À Chartres fus doucement encloué ;
Maintenant vais où mon plaisir me mène.
C'est bien, et mal. Dieu soit de tout loué.

Au fort[9], Amis, c'est à vous bien joué,
Quand votre main hors du parc me ramène.
Écrit et fait d'un cœur bien enjoué,
Le premier jour de la verte Semaine[10],
En liberté.

L'Adolescence clémentine, rondeau LXVII, 1532.

À UN CRÉANCIER

Un bien petit[11] de près me venez prendre,
Pour vous payer : et si[12] devez entendre
Que je n'eus onc[13] Anglais[14] de votre taille.
Car à tous coups vous criez : « baille, baille[15] »,
Et n'ai de quoi contre vous me défendre.

Sur moi ne faut telle rigueur étendre,
Car de pécune[16] un peu ma bourse est tendre[17],
Et toutefois j'en ai, vaille que vaille,
Un bien petit.

Mais à vous voir (ou l'on me puisse pendre[18])
Il semble avis qu'on ne vous veuille rendre
Ce qu'on vous doit : beau sire, ne vous chaille[19].
Quand je serai plus garni de cliquaille[20],
Vous en aurez : mais il vous faut attendre
Un bien petit.

Clément Marot,
L'Adolescence clémentine, rondeau II, 1532.

▪ **1. Fortune** : déesse qui préside aux hasards de la vie. ▪ **2. démène** : traite. ▪ **3. de Noé** : avant Noël. ▪ **4. oncq** : jamais. ▪ **5. alloué** : admis, accordé. ▪ **6. bien famés** : qui ont bonne réputation. ▪ **7. hanté** : fréquenté. ▪ **8. saint Pris** : jeu de mots sur saint Prix, martyr, patron des prisonniers. ▪ **9. au fort** : après tout. ▪ **10. verte Semaine** : première semaine de mai. ▪ **11. un bien petit** : un tout petit peu. ▪ **12. et si** : et pourtant. ▪ **13. onc** : jamais. ▪ **14. Anglais** : créancier. ▪ **15. baille, baille** : donne, donne (jeu de mots sur *bye bye*). ▪ **16. pécune** : argent. ▪ **17. tendre** : peu fournie. ▪ **18. l'on me puisse pendre** : qu'on me pende (si j'ai tort). ▪ **19. ne vous chaille** : que cela ne vous inquiète pas. ▪ **20. cliquaille** : menue monnaie.

Marot et l'humour en poésie

Sans renier l'héritage des grands poètes du Moyen Âge qui lui font aimer les jeux sur les mots, les rimes équivoques, les ballades, Marot a su faire de la poésie l'occasion d'une expression personnelle. Amateur de formes brèves, jouant des mots de tous les jours, il fait de chaque incident de sa vie, comme la maladie, l'emprisonnement, l'exil, l'amour, le prétexte d'une lettre, d'un appel, d'une plainte, d'un remerciement. Chaque poème devient ainsi une action où il engage une part de sa vie et une confidence où il se montre à la fois désinvolte et inquiet. De là cette impression d'élégance et de naturel qui séduira les poètes classiques.

RABELAIS

Nom et prénom : **Rabelais, François**
Naissance : **en 1483 ou en 1494, à la Devinière, près de Chinon**
Décès : **en avril 1553, à Paris**
Lieux : **Chinon, Lyon, Rome, Paris**
Situation familiale : **deux enfants naturels**
Profession : **médecin**
Amitiés : **Guillaume Budé, Marguerite de Navarre, les Du Bellay**

On ne sait à quel âge François Rabelais, sans doute fils d'un avocat, est entré chez les Franciscains, moines mendiants proches des milieux populaires, facilement irrespectueux. Ils ne semblent pas favorables à l'humanisme, mais Rabelais connaît le grec et correspond avec le grand humaniste Guillaume Budé.

En 1524, se passionnant pour la médecine, il quitte les Franciscains, à qui cette spécialité était interdite, pour les Bénédictins. Après des études à Montpellier, il est nommé médecin en 1532 à Lyon. La même année, il publie *Pantagruel*, qu'il prolonge par *Gargantua* en 1534. Ces ouvrages sont condamnés par la Sorbonne mais Rabelais est protégé par de puissants personnages, Jean Du Bellay, évêque de Paris puis cardinal, et son frère Guillaume, gouverneur du Piémont. À plusieurs reprises, en 1532, en 1536, en 1547, Rabelais séjourne à Rome. Médecin personnel et sans doute secrétaire du cardinal, il participe de près aux intrigues diplomatiques où se joue le sort de l'Europe.

En 1546, le roi François Ier autorise la parution du *Tiers Livre* mais la faculté catholique de la Sorbonne condamne immédiatement ce nouvel épisode des aventures de Pantagruel. Si Rabelais est amené par prudence à se réfugier à Metz, il continue à écrire et, fort de l'appui du roi dont il défend la politique, il publie en 1548 une première version du *Quart Livre*, dont l'édition définitive paraît en 1552. De nouveau condamné par la Sorbonne, Rabelais est aussi devenu la cible du protestant Calvin. C'est en fidèle chrétien qu'il meurt avant d'avoir pu achever le *Cinquième Livre*, qui ne paraît qu'en 1562.

Ses œuvres principales

- *Pantagruel* (1532)
- *Gargantua* (1534)
- *Tiers Livre* (1546)
- *Quart Livre* (1552)
- *Cinquième Livre* (1562), ouvrage posthume attribué à Rabelais

Gravure illustrant *Les Songes drolatiques de Pantragruel*, 1565.

L'ŒUVRE DE RABELAIS

Rabelais a publié des ouvrages érudits, des traductions de médecins grecs, des récits mais c'est le cycle romanesque de Pantagruel qui le révèle comme un écrivain hors pair.

Pantagruel et la parodie de la littérature épique

Inspiré par de populaires histoires de géants, Rabelais s'amuse à évoquer la jeunesse de Pantagruel, qui fait le tour des plus célèbres universités avant d'atteindre Paris, où il rencontre Panurge, un farceur capable de tout dont il fait son ami. L'essentiel est ce climat de carnaval où tous les thèmes sérieux se retrouvent mis à distance : l'homme et ses langages, ses savoirs, son corps sont présentés dans tous leurs états; tous les tabous semblent levés le temps d'une fête qui s'adresse à tous les publics.

Gargantua et le manifeste de l'humanisme

Rabelais profite du succès de *Pantagruel* pour évoquer le père de celui-ci, le géant Gargantua. Les épisodes attendus – naissance, enfance, éducation, exploits du héros – sont couronnés par la splendide fiction de l'abbaye de Thélème. De façon plus systématique que dans *Pantagruel*, Rabelais semble défendre les positions des humanistes évangélistes mais le rire ne perd pas ses droits : l'école parfaite, la guerre juste, le couvent de la liberté sont présentés avec humour. Aucun idéal n'est à prendre absolument au sérieux.

Portrait de Rabelais, exécuté au XVIIe siècle.

Le *Tiers Livre* et l'enquête parodique

Panurge hésite à se marier. Il consulte un poète, un précepteur, un médecin, un théologien, un juge, un muet sans parvenir à une réponse décisive. Le livre s'achève par l'éloge du pantégruélion, plante merveilleuse qui donne « certaine gaieté d'esprit confite en mépris des choses fortuites ». Ces dialogues pleins de verve invitent à écouter les autres pour fuir l'égoïsme et à rire de ce que nous croyons savoir.

Le *Quart Livre* et le voyage initiatique

Pantagruel et ses amis embarquent en quête du « mot de la Bouteille ». Cette croisière les conduira, après une terrible tempête, chez les Papefigues (les protestants) et les Papimanes (les catholiques). Ils pourront enfin saluer Messer Gaster (l'estomac, notre maître à tous). Au cours de cette longue errance menée par un écrivain au faîte de son art, le rire se fait plus noir, l'ironie plus amère. Les contours compliqués de la bêtise humaine, sa sournoise violence, son increvable résistance rendent difficile un rire pourtant de plus en plus nécessaire.

Le *Cinquième Livre*

Ce dernier épisode, publié longtemps après la mort de Rabelais, permet à Pantagruel et ses amis de connaître enfin l'oracle de la Dive Bouteille : c'est *Trinc*, qui signifie « buvez ». Si dans le vin « est vérité cachée », c'est à chacun de trouver cette vérité : « Soyez vous-mêmes interprètes de votre entreprise. »

La chambre de François Rabelais à Chinon.

LE RIRE DE RABELAIS

Le roman de Rabelais a suscité des interprétations contradictoires : est-ce l'ouvrage d'un farceur, d'un incroyant, d'un chrétien fervent, d'un philosophe obscur ? Sans doute est-il tout cela à la fois, mais l'essentiel n'est-il pas d'être emporté par la force d'un rire qui nous fait voir notre bêtise ? Avec une verve étourdissante qui brasse tous les langages, les plus savants comme les plus orduriers, qui joue avec les sens, la saveur, les sonorités des mots, Rabelais se moque de nos certitudes et laisse chacun libre d'y trouver, comme il veut, son bonheur. Il combat ceux qu'il appelle des « agélastes », des gens qui ne rient pas, qui ne savent qu'aboyer, qui croient détenir la vérité et sèment la mort sans sourciller. Aussi le rire de Rabelais est-il un signe de joie, un appel à vivre : rire fraternel qui donne l'envie non « de prendre et de recevoir mais de distribuer et de donner ».

Une scène burlesque et familière, comme on en trouve dans l'œuvre de Rabelais : Pierre Bruegel le Jeune, *L'Arracheur de dents*, (détail), XVIe siècle.

1532

Pantagruel

DE L'ENFANCE DE PANTAGRUEL

Le jeune Pantagruel dans son berceau, entouré du troupeau de vaches qui lui fournit son lait. Gravure de Gustave Doré.

Le premier récit publié par Rabelais, intitulé *Les horribles et épouvantables faits et prouesses du très renommé Pantagruel, roi des Dipsodes, fils du grand géant Gargantua*, s'ouvre par la naissance du héros lors d'une terrible sécheresse : son nom signifie « tout altéré » selon l'explication de fantaisie donnée par Rabelais. Dès son enfance, il surpasse Hercule par des prouesses « bien épouvantables ».

Je ne dirai pas ici comment à chacun de ses repas il engloutissait le lait de quatre mille six cents vaches, et comment, pour lui faire un poêlon[1] destiné à cuire sa bouillie, on occupa tous les poêliers de Saumur en Anjou, de Villedieu en Normandie, de Bramont en Lorraine, ni comment on lui donnait cette bouillie dans une grande auge[2] qui est encore à présent à Bourges, près du palais ; mais ses dents s'étaient déjà tellement développées et fortifiées qu'il brisa un grand morceau de l'auge, comme cela est très nettement visible.

Un beau jour, vers le matin, où l'on voulait lui faire téter une de ses vaches (car en fait de nourrices il n'en eut jamais d'autres, comme le dit l'histoire), il se libéra un bras des liens qui l'attachaient au berceau, vous prend la vache par-dessous le jarret, lui mangea les deux tétines et la moitié du ventre, avec le foie et les rognons, et il l'aurait toute dévorée, n'eût été qu'elle poussait d'horribles cris, comme si les loups la tenaient aux jambes ; ces cris firent accourir les gens qui ôtèrent la vache à Pantagruel ; mais ils eurent beau faire, le jarret lui resta entre les mains, et il le mangeait très bien, comme vous feriez d'une saucisse ; et quand on voulut lui ôter l'os, il l'avala promptement aussi vite qu'un cormoran[3] avalerait un petit poisson ; et après il commença à dire : « Bon ! bon ! bon ! », car il ne savait pas encore bien parler, voulant faire comprendre qu'il avait trouvé cela fort bon, et qu'il ne demandait qu'à recommencer. Voyant cela, ceux qui le servaient le lièrent avec de gros câbles, comme ceux que l'on fabrique à Tain pour transporter le sel à Lyon, ou comme ceux de la grande nef *Françoise* qui est au port du Havre en Normandie.

Mais, un jour qu'un grand ours, que nourrissait son père, s'échappa et venait lui lécher le visage, car les nourrices ne lui avaient pas torché bien à fond les babines, il se défit de ces câbles aussi facilement que Samson[4] parmi les Philistins, et vous prit Messire de l'Ours, vous le mit en pièces comme un poulet, et s'en fit un bon régal pour ce repas.

DES MŒURS ET MANIÈRES DE PANURGE

Le géant Pantagruel, après des études à Orléans, décide de voir la grande université de Paris. Il suit les conseils de son père Gargantua, qui l'incite à s'instruire le mieux qu'il peut, et donne vite des preuves de sa prodigieuse perspicacité. C'est alors qu'il rencontre par hasard Panurge, qui parle treize langues différentes auxquelles il ne comprend rien. Immédiatement séduit, Pantagruel fait de Panurge son ami. Est-ce parce que Panurge, dont le nom signifie « bon à tout », a plus d'un tour dans son sac ?

Panurge était de taille moyenne, ni trop grand, ni trop petit, et il avait le nez un peu aquilin, fait en manche de rasoir ; il était alors âgé de trente-cinq ans environ, fin à dorer comme une dague de plomb, bien plaisant de sa personne, si ce n'est qu'il était un peu vagabond, et sujet de nature à une maladie qu'on appelait en ce temps-là :

Manque d'argent, c'est douleur extrême[5] ;

toutefois, il avait soixante-trois manières d'en trouver toujours selon son besoin, parmi lesquelles la plus honorable et la plus commune était le larcin commis furtivement : malfaiteur, filou, buveur, batteur de pavé, voleur, s'il en était à Paris ; au demeurant, le meilleur fils du monde et il machinait toujours quelque chose contre les sergents et contre le guet.

Tantôt, il rassemblait trois ou quatre bons rustres, et les faisait boire comme des templiers sur le soir ; ensuite il les emmenait en bas de Sainte-Geneviève ou près du collège de Navarre, et, à l'heure où le guet montait par là, ce qu'il savait en mettant son épée sur le pavé, et son oreille dessus – lorsqu'il entendait son épée branler, c'était le signe infaillible que le guet était près –, à cette heure-là donc, lui et ses compagnons prenaient un tombereau, et ils lui donnaient le branle, en le poussant de toutes leurs forces dans la pente : et ainsi ils renversaient les pauvres soldats du guet par terre, comme des porcs, puis ils s'enfuyaient de l'autre côté, car en moins de deux jours il connut toutes les rues, ruelles et raccourcis de Paris, comme son *Je crois en Dieu*.

Tantôt il répandait, en quelque endroit bien situé, par où le guet devait passer, une traînée de poudre de canon, et, à l'heure où les soldats du guet passaient, il y mettait le feu, puis s'amusait à voir la bonne grâce qu'ils avaient en fuyant, pensant que le feu Saint-Antoine[6] les tenait aux jambes.

Et, en ce qui concerne les pauvres maîtres ès arts, il les persécutait plus que tous les autres ; quand il en rencontrait un dans la rue, il ne manquait jamais de lui jouer un mauvais tour : soit en mettant un étron dans son chaperon à bourrelet, soit en lui attachant de petites queues de renard ou des oreilles de lièvres par-derrière, ou quelque autre méchanceté.

François Rabelais, *Les horribles et espovantables faictz et prouesses du très renommé Pantagruel, Roy des Dipsodes, fils du grant géant Gargantua*, 1532, traduction de G. Demerson, Éd. du Seuil.

■ **1. poêlon** : épaisse casserole en terre. ■ **2. auge** : mangeoire en pierre. ■ **3. cormoran** : oiseau au plumage sombre, très bon plongeur. ■ **4. Samson** : personnage biblique célèbre pour sa longue chevelure qui lui donnait sa force, trahi par Dalila. ■ **5. Manque d'argent, c'est douleur extrême** : le manque d'argent est pénible mais aussi, sans argent pour se soigner, la syphilis est douloureuse. ■ **6. le feu Saint-Antoine** : maladie de peau qui démange.

Le petit géant et le grand farceur

Les exploits du tout jeune Pantagruel, comme ceux de Panurge, frappent par cette « exagération » qu'on rencontre, selon Hugo, « chez les souverains génies ». Joli bébé qui vous dévore une vache toute crue, charmant jeune homme qui concocte des farces pleines de goût ! Ces mises en scène donnent la première place à ce qui est corporel ou ordurier : voracité du nourrisson, méchanceté du farceur. On y retrouve le goût de la farce étudiante mais aussi cette violence propre aux fêtes carnavalesques où l'ordre courant se voit renversé : c'est contre les agents du guet et les représentants du savoir que Panurge se déchaîne.

Mais cette violence n'est pas seulement destructrice : elle est mouvement, affirmation d'une vitalité débordante et débridée. L'envie de manger qui pousse le gros bébé à mordre à pleines dents rejoint l'envie de rire qui anime ce grand paillard de Panurge. Les premiers mots de Pantagruel, bouche toujours grande ouverte, approuvent et en redemandent. Pantagruel et Panurge disent oui à la vie. L'énergie qui les anime, dans sa démesure bon enfant, provoque l'explosion du rire.

1534

Gargantua

Gargantua, publié en 1534, raconte la vie du père de Pantagruel. Un épisode central de ce roman évoque le problème de la guerre. En parodiant les romans de chevalerie, Rabelais dénonce, comme tous les humanistes, les guerres de conquête. Sous un prétexte dérisoire, Picrochole a envahi les terres du pacifique Grandgousier, le père de Gargantua. Après avoir ravagé le village de Seuillé, les pillards dévastent les vignes de l'abbaye : les moines sont terrorisés.

COMMENT UN MOINE DE SEUILLÉ SAUVA LE CLOS DE L'ABBAYE DU SAC DES ENNEMIS

Les pauvres diables de moines ne savaient auquel de leurs saints se vouer. À tout hasard, ils firent sonner *au chapitre les capitulants*[1]. Ils décrétèrent alors qu'ils feraient une belle procession, à grand renfort de beaux psaumes et de litanies *contre les embûches de l'ennemi*, avec de beaux répons[2] *pour la paix*.

Il y avait alors à l'abbaye un moine cloîtré nommé Frère Jean des Entommeures, jeune, fier, pimpant, joyeux, pas manchot, hardi, courageux, décidé, haut, maigre, bien fendu de gueule, bien servi en nez, beau débiteur d'heures, beau débrideur[3] de messes, beau décrotteur de vigiles[4] et pour tout dire, en un mot, un vrai moine s'il en fut depuis que le monde moinant moina de moinerie ; par ailleurs, clerc[5] jusqu'aux dents en matière de bréviaire.

En entendant le bruit que faisaient les ennemis dans le clos de leur vigne, il sortit pour voir ce qu'ils faisaient. En s'apercevant qu'ils vendangeaient le clos sur lequel reposait leur boisson pour toute l'année, il s'en retourne dans le chœur de l'église où se trouvaient les autres moines, tous pétrifiés comme fondeurs de cloches, et voyant qu'ils chantaient :

« Ini - nim - pe - ne - ne - ne - ne - ne - ne - tum - ne - num - num - ini - i - mi - i - mi - co - o - ne - no - o - o - ne - no - ne - no - no - no - rum - ne - num - num…[6]

– C'est bien chien chanté, dit-il, vertu Dieu, que ne chantez-vous :

Adieu paniers, vendanges sont faites ?

Je me donne au diable s'ils ne sont pas dans notre clos à couper si bien ceps et raisins que, par le corps Dieu, il n'y aura rien à grappiller pendant quatre ans. Ventre saint Jacques, que boirons-nous pendant ce temps-là, nous autres pauvres diables ? Seigneur Dieu, donnez-nous notre vin quotidien ! »

Alors le prieur claustral[7] dit :

« Que fait cet ivrogne ici ? Qu'on me le mène au cachot. Troubler ainsi le service divin !

– Oui mais le service du vin, dit le moine, faisons en sorte qu'il ne soit pas troublé ; car vous-même, Monsieur le Prieur, aimez à en boire, et du meilleur. C'est ce que fait tout homme de bien. Jamais un homme noble ne hait le bon vin : c'est un précepte monacal. Quant à ces répons que vous chantez ici, pardieu, ils ne sont pas de saison.

« Pourquoi nos heures sont-elles courtes en période de moisson et de vendanges, et longues pendant l'Avent[8] et tout l'hiver ? Feu Frère Macé Pelosse, de bonne mémoire, vrai zélateur[9] de notre religion (ou je me donne au diable), m'a dit, je m'en souviens, que c'était afin qu'en cette saison nous fassions bien rentrer la vendange pour faire le vin, et puissions le humer en hiver.

« Messieurs, écoutez, vous autres qui aimez le vin. Par le corps Dieu, suivez-moi ! Et bon sang, que saint Antoine me grille si ceux qui n'auront pas secouru la vigne goûtent au vin ! Ventre Dieu, les biens de l'Église ! Ah ! Non, non, diable ! Saint Thomas l'Anglais[10] a bien voulu mourir pour eux. Si je mourais à la tâche, ne serais-je pas saint pareillement ? Pourtant je n'y mourrai pas ; ce sont les autres que je vais expédier. »

Ce disant, il mit bas son grand habit et se saisit du bâton de la croix, qui était en cœur de cormier[11], aussi long qu'une lance, remplissant bien la main et quelque peu semé de fleurs de lys, presque toutes effacées. Il sortit de la sorte, dans son beau sarrau, avec son bâton de croix, mit son froc en écharpe et frappa brutalement sur les ennemis qui vendangeaient à travers le clos, sans ordre, sans enseigne, sans trompette ni tambour : en effet, les porte-drapeau et les porte-enseigne avaient laissé leurs drapeaux et leurs enseignes le long des murs, les tambours avaient défoncé leurs caisses d'un côté pour les emplir de raisins, les trompettes étaient chargés de pampres[12], chacun faisait relâche. Il les cogna donc si vertement, sans crier gare, qu'il les culbutait comme des porcs, en frappant à tort et à travers, comme les anciens escrimeurs.

Aux uns, il écrabouillait la cervelle, à d'autres, il brisait bras et jambes, à d'autres, il démettait les vertèbres du cou, à d'autres, il disloquait les reins, effondrait le nez, pochait les yeux, fendait les mâchoires, enfonçait les dents dans la gueule, défonçait les omoplates, meurtrissait les jambes, déboîtait les fémurs, émiettait les os des membres.

Si l'un d'eux cherchait à se cacher au plus épais des ceps, il lui froissait toute l'arête du dos et lui cassait les reins comme à un chien.

Si un autre voulait se sauver en fuyant, il lui faisait voler la tête en morceaux en le frappant à la suture occipito-pariétale.

Si un autre montait à un arbre, croyant y être en sécurité, avec son bâton, il l'empalait par le fondement.

Si quelque ancienne connaissance lui criait :

« Ah ! Frère Jean, mon ami, Frère Jean, je me rends !

– Tu y es bien forcé, disait-il, mais tu rendras en même temps ton âme à tous les diables ! »

Et sans attendre, il lui assenait une volée de coups. Et si quelqu'un se trouvait suffisamment épris de témérité pour vouloir lui résister en face, c'est alors qu'il montrait la force de ses muscles, car il lui transperçait la poitrine à travers le médiastin[13] et le cœur. À d'autres, qu'il frappait au défaut des côtes, il retournait l'estomac et ils en mouraient sur-le-champ. À d'autres, il crevait si violemment le nombril, qu'il leur en faisait sortir les tripes.

François Rabelais, *Gargantua*, 1534,
traduction de G. Demerson, Éd. du Seuil.

■ **1. capitulants** : ceux qui prennent des décisions. ■ **2. répons** : paroles tirées de la Bible. ■ **3. débrideur** : lecteur rapide. ■ **4. vigiles** : prières des veilles de fêtes religieuses. ■ **5. clerc** : savant. ■ **6. Le chant, ou la psalmodie, déforme les paroles** : « ne craignez pas l'attaque des ennemis ». ■ **7. prieur claustral** : moine responsable. ■ **8. Avent** : période qui précède Noël. ■ **9. zélateur** : ardent défenseur. ■ **10. Saint Thomas Becket** : archevêque de Canterbury, assassiné dans son église. ■ **11. cormier** : bois très dur. ■ **12. pampres** : raisins. ■ **13. médiastin** : membrane qui sépare la poitrine.

Le combattant de la paix

Dans cette page célèbre par sa verve étourdissante, Rabelais oppose l'attitude des moines apeurés à celle de Frère Jean qui veut combattre les agresseurs. La question de la participation des prêtres à une guerre même juste est l'objet de débats tout au long du Moyen Âge. Au XVIe siècle, Érasme a consacré à ce problème des pages essentielles. Et Rabelais fait de Grandgousier, le père de Gargantua, le modèle du roi pacifiste qui met tout en œuvre pour écarter la guerre. Mais peut-on se laisser agresser sans se défendre ? Frère Jean interrompt les prières des moines. Son intervention paraît d'autant plus sacrilège que Frère Jean raille la prière qu'ils psalmodient et réplique au supérieur avec désinvolture. Il donne surtout une belle leçon d'énergie et de lucidité.

Pour attaquer ceux qui attaquent, Frère Jean se met à l'aise, met bas son grand habit et surtout se saisit du bâton de la croix. L'objet sacré a été choisi pour son efficacité : en cœur de cormier, bien dur, parfaitement maniable, il va permettre d'« écrabouiller » méchamment les assaillants. Rien ne compte ici que l'urgence de la situation et les significations symboliques du bâton de croix, où les fleurs de lys sont presque effacées, sont oubliées : le premier devoir est de sauver la vie (et la vigne) et pour les symboles, on verra plus tard.

1552

Quart Livre

Le *Quart Livre* raconte le long voyage de Pantagruel et de ses amis partis consulter l'oracle de la Dive Bouteille. Ils ont visité les îles les plus surprenantes. Mais voilà qu'entre l'île des Tohu-bohu et l'île des Macréons se déchaîne une terrible tempête. Les deux amis de Pantagruel, Panurge et Frère Jean, ne vont pas avoir les mêmes réactions devant l'adversité.

COMMENT PANTAGRUEL ÉCHAPPA À UNE VIOLENTE TEMPÊTE EN MER

Aussitôt la mer commença à s'enfler et à s'agiter en profondeur ; de fortes vagues se mirent à battre les flancs de nos vaisseaux ; le mistral, accompagné d'un ouragan effréné de grains noirs, de tourbillons terribles, de bourrasques mortelles, se mit à siffler à travers les vergues de nos navires ; le ciel se mit à tonner, gronder, se zébrer d'éclairs, pleuvoir et grêler ; l'air perdit sa transparence, devint opaque, ténébreux et sombre, si bien que la lumière ne provenait que de la foudre, des éclairs et des déchirements des nuées en flammes ; les vents violents, bourrasques, tourbillons et météores brûlants jetèrent des flammes tout autour de nous : foudres, éclairs blancs, éclairs en zigzag et autres projections du ciel ; tous nos repères astraux étaient cachés et troubles ; des tourbillons effrayants suspendaient les hautes vagues du courant. Soyez sûrs que nous croyions revivre le chaos de la mythologie, où feu, air, mer, terre, tous les éléments, étaient en une confusion rebelle.

Panurge, après avoir bien rassasié les poissons mâche-merde du contenu de son estomac, resta accroupi sur le tillac, tout affligé, tout chagriné et à demi mort ; il invoqua tous les bons saints et saintes à son aide, promit de se confesser en temps et lieu, puis se mit à crier ces paroles :

« Majordome, hé mon ami, mon père, mon oncle, apportez un peu de salé : bientôt nous allons trop boire à ce que je vois. *Peu manger, bien boire* sera désormais ma devise. Plût à Dieu et à la Vierge bénie, digne et sainte, que je fusse maintenant, je veux dire à cette heure même, en terre ferme, bien à mon aise.

Oh, que ceux qui plantent des choux sont trois ou quatre fois plus heureux que nous ! Ô Parques[1], que ne m'avez-vous destiné à être planteur de choux ! Oh qu'en petit nombre sont ceux à qui Jupiter a accordé une telle faveur, en les destinant à planter des choux ! En effet, ils ont toujours un pied en terre et l'autre n'en est pas loin. Disserte sur le bonheur et le souverain bien qui voudra ; mais je décrète à l'instant que celui qui plante des choux est un homme fort heureux, à plus juste raison que Pyrrhon[2] qui, se trouvant face au même danger que nous, et voyant sur le rivage un porc qui mangeait de l'orge répandue à terre, le déclara fort heureux pour deux motifs : à savoir qu'il avait de l'orge à foison, et qu'en outre il se trouvait en terre ferme.

Ha ! comme séjour digne d'un dieu et d'un seigneur, il n'est que le plancher des vaches. Cette vague nous emportera, Dieu sauveur ! Oh, mes amis, un peu de vinaigre. Je sue à force de râler de peur. Hélas, les drisses sont rompues, l'amarre de proue est en pièces, les anneaux éclatent, le gouvernail du haut de hune plonge en mer, la carène est au soleil, nos câbles sont presque tous rompus. Hélas, où sont nos voiles ? Tout est capoutte par Gott. Notre voile de mât de misaine est à vau-l'eau. Hélas, à qui appartiendra cette épave ? Mes amis, portez-moi ici, par-derrière une de ces rambardes. Amis, votre cordage pour haler est tombé. Hélas ! Ne lâchez pas l'organeau, ni le cordage. J'entends grincer les gonds du gouvernail. Sont-ils cassés ? Mon Dieu, sauvons le câble du canon ; ne vous souciez pas de la drisse. Bebebe, bous, bous, bous ! Regardez à l'aiguille de votre boussole, de grâce, maître Astrophile[3], d'où nous vient cette tempête. Par ma foi, j'ai une belle peur. Bou, bou, bou, bous, bous. C'en est fait de moi. »

LE COMPORTEMENT DE PANURGE ET DE FRÈRE JEAN DURANT LA TEMPÊTE

– Viens par ici, possédé du diable, dit Frère Jean, viens donc nous aider par ici, au nom d'un régiment de diables, viens !... Viendra-t-il ?

– Ne jurons point à cette heure, mon père, mon ami, dit Panurge. Vous jurerez demain tant que vous voudrez. Holà, holà, hélas ! Notre navire prend l'eau. Je me noie, hélas, hélas ! Be be be be be bous, bous, bous, bous. Maintenant nous voilà au fond. Hélas ! Hélas ! Je donne dix-huit cent mille écus de rente à qui me ramènera en terre ferme, tout foireux et tout chiasseux comme je suis, si jamais il est possible de trouver un homme dans ma patrie de merde. *Je me confesse*. Hélas ! un petit mot de testament, ou de codicille au moins.

– Mille diables, dit Frère Jean, accablent le corps de ce cocu. Vertu Dieu ! tu parles de testament à cette heure où nous sommes en danger, et où il faut nous évertuer plus que jamais. Viendras-tu, hé Diable ? Compagnon[4], mon mignon, oh le gentil argousin ! là-bas ! Gymnaste[5], viens ici sur le pilier, à la poupe. Ce coup-ci, par la vertu Dieu, nous sommes expédiés. Maintenant voilà notre fanal éteint. Il s'en va à tous les diables.

– Hélas, hélas ! dit Panurge, hélas ! Bou, bou, bou, bous. Hélas, hélas ! Était-ce ici que nous étions destinés à périr ? Holà, braves gens, je me noie, je meurs ! *Tout est fini*. C'en est fait de moi !

– Magna, gna, gna, dit Frère Jean. Fi ! qu'il est laid, ce pleurnicheur de merde. Mousse, hé, par tous les diables, reste dans la pompe.

François Rabelais, *Quart Livre*, 1552,
traduction de G. Demerson, Éd. du Seuil.

« ... des tourbillons effrayants suspendaient les hautes vagues du courant. » Gravure de Gustave Doré.

■ **1. Parques** : déesses qui tissent notre destinée. ■ **2. Pyrrhon** : philosophe grec adepte du scepticisme. ■ **3. Astrophile** : nom du pilote, ami des astres. ■ **4. Compagnon** : nom donné ici à un garde des galères, aussi nommé argousin. ■ **5. Gymnaste** : nom d'un compagnon de Gargantua.

La leçon d'une tempête

Une sorte de contrepoint s'établit entre les cris de désespoir de Panurge et les appels à l'action de Frère Jean. Panurge n'en appelle aux autres que pour les prendre à témoin de son propre malheur. Frère Jean, lui, ne pense qu'à agir et à encourager ses compagnons. Inutile « à cette heure où nous sommes en danger » de penser au futur, à son testament ou à sa confession ; seul compte le présent auquel on doit consacrer toute son énergie. On reconnaît bien là le vaillant moine qui sauva la vigne de son monastère.

En opposant l'attitude du « pleurnicheur de merde » à l'énergie de Frère Jean et de ses compagnons, Rabelais donne à réfléchir : même dans les situations les plus désespérées, il ne faut pas céder au désespoir mais agir, réagir, en se montrant solidaire de ses compagnons qu'on aide et qui vous aident. Dans le verbe « s'évertuer » qu'utilise Frère Jean, il y a le mot « vertu ».

DU BELLAY

Nom et prénom : **Du Bellay, Joachim**
Naissance : **en 1522, à Liré, en Anjou**
Décès : **le 1er janvier 1560, à Paris**
Lieux : **Liré, Paris, Rome**
Profession : **intendant à Rome**
Amitiés : **Ronsard, les poètes de la Pléiade**

Joachim Du Bellay, orphelin élevé dans la solitude, passe son enfance au château de la Tourmelière, dans la douce campagne angevine. Il se sent attiré par les lettres. Sa famille comprend des personnages illustres : l'un de ses oncles est gouverneur du Piémont, un autre lieutenant général de Normandie, un autre encore, Jean, est cardinal. Pendant ses études de droit à Poitiers, Du Bellay se passionne pour la littérature antique et suit à Paris, au collège de Coqueret, avec le jeune Ronsard, l'enseignement du grand helléniste Jean Dorat. En 1549, il publie un manifeste retentissant, *Défense et Illustration de la langue française,* et un recueil de poèmes, *L'Olive*. En 1553, il part pour Rome à la suite du cardinal Jean Du Bellay. Mais Rome, où intriguent tous les diplomates de l'Europe, le déçoit et son métier l'ennuie. Lassitude, désespoir : cette désillusion nourrit les deux recueils publiés à son retour en France en 1558, *Les Antiquités de Rome* et *Les Regrets*. Affaibli par la maladie, atteint de surdité, contrarié par des problèmes financiers, il meurt alors qu'il n'a que trente-sept ans.

Ses œuvres principales

- un manifeste : *Défense et Illustration de la langue française* (1549)
- des recueils de poèmes, dont : *L'Olive* (1549), *Les Antiquités de Rome* (1558), *Les Regrets* (1558)
- des traductions, dont celle du chant IV de *L'Énéide* de Virgile (1552)

1558

Les Antiquités de Rome

Tous les sonnets recueillis dans *Les Antiquités de Rome* évoquent la grandeur disparue de la capitale de l'Empire romain. En regardant ces glorieux monuments envahis par les herbes, le poète médite sur la vanité de la gloire et la puissance du temps.

« COMME ON PASSE EN ÉTÉ... »

Comme on passe en été le torrent sans danger,
Qui soulait[1] en hiver être roi de la plaine
Et ravir[2] par les champs, d'une fuite hautaine,
L'espoir du laboureur et l'espoir du berger ;

Comme on voit les couards animaux outrager
Le courageux lion gisant dessus l'arène[3],
Ensanglanter leurs dents et d'une audace vaine
Provoquer l'ennemi qui ne se peut venger ;

Et comme devant Troie on vit des Grecs encor
Braver[4] les moins vaillants autour du corps d'Hector :
Ainsi ceux qui jadis soulaient à tête basse,

Du triomphe[5] romain la gloire accompagner,
Sur ces poudreux tombeaux exercent leur audace,
Et osent les vaincus les vainqueurs dédaigner.

Les Antiquités de Rome,
sonnet XV, 1558.

« COMME LE CHAMP SEMÉ... »

Comme le champ semé en verdure foisonne,
De verdure se hausse en tuyau[6] verdissant,
Du tuyau se hérisse en épi florissant,
D'épi jaunit en grain, que le chaud assaisonne[7] :

Et comme en la saison le rustique[8] moissonne
Les ondoyants cheveux du sillon blondissant,
Les met d'ordre en javelle[9], et du blé jaunissant
Sur le champ dépouillé mille gerbes façonne :

Ainsi de peu à peu crût l'empire romain,
Tant qu'il[10] fut dépouillé par la barbare main,
Qui ne laissa de lui que ces marques antiques

Que chacun va pillant : comme on voit le glaneur[11]
Cheminant pas à pas recueillir les reliques[12]
De ce qui va tombant après le moissonneur.

Joachim Du Bellay, *Les Antiquités de Rome*, sonnet XXX, 1558.

■ **1. soulait** : avait coutume. ■ **2. ravir** : enlever de force. ■ **3. arène** : sable. ■ **4. braver** : faire les braves. ■ **5. triomphe** : cérémonie où les vaincus enchaînés accompagnaient le vainqueur. ■ **6. tuyau** : tige. ■ **7. assaisonne** : mûrit. ■ **8. le rustique** : le paysan. ■ **9. en javelle** : le blé moissonné est mis en tas. ■ **10. tant que** : jusqu'à ce que. ■ **11. glaneur** : ramasseur d'épis laissés par les moissonneurs. ■ **12. les reliques** : ce qui reste.

Les Antiquités de Rome : une méditation lyrique

Le titre complet de ce recueil, publié en 1558, est *Premier Livre des Antiquités de Rome contenant une générale description de sa grandeur et comme une déploration de sa ruine. Plus un songe ou une vision sur le même sujet.* S'inspirant de Virgile, d'Horace, de Lucain, dans ses trente-deux sonnets auxquels s'ajoutent les quinze du *Songe*, Du Bellay oppose la grandeur passée de Rome à sa ruine présente. S'il reconnaît parfois qu'elle est en train de renaître et « se rebâtit de tant d'œuvres divines », les métamorphoses de la ville éternelle (mise à sac en 1527 mais en pleine reconstruction) sont pour lui l'occasion d'une méditation sur la puissance destructrice du temps. Seul le poète, par son chant, peut arracher la ville aux griffes de ce maître cruel.

Les deux sonnets permettent d'approcher ce que les poètes de la Pléiade entendaient et célébraient par le mot « lyrisme ». Le lyrisme s'oppose à l'expression prosaïque simplement descriptive. C'est par le jeu d'images saisissantes que la grandeur de Rome est évoquée. Ces associations ne décrivent pas Rome mais montrent, par des rapprochements avec le monde naturel, animal, historique, humain, la grandeur unique de la civilisation romaine. L'émotion qui anime ces poèmes invite à méditer sur la place de l'être humain dans le temps et dans l'Histoire.

1558

Les Regrets

Découvrant la Rome des empereurs et des papes dont tous les humanistes ont rêvé, Du Bellay se sent amèrement déçu, voire désespéré : seul, loin des siens, il fait l'expérience de l'exil. La poésie devient alors le refuge secret où il peut faire chanter sa douleur.

« JE NE VEUX POINT FOUILLER... »

Je ne veux point fouiller au sein de la nature,
Je ne veux point chercher l'esprit de l'univers,
Je ne veux point sonder les abîmes ouverts,
Ni dessiner du ciel la belle architecture.

Je ne peins mes tableaux de si riches peintures,
Et si hauts arguments[1] ne recherche à mes vers :
Mais suivant de ce lieu les accidents divers,
Soit de bien, soit de mal, j'écris à l'aventure.

Je me plains à mes vers, si j'ai quelque regret ;
Je me ris avec eux, je leur dis mon secret,
Comme étant de mon cœur les plus sûrs secrétaires[2].

Aussi ne veux-je tant les peigner et friser,
Et de plus braves[3] noms ne les veux déguiser
Que de papiers journaux ou bien de commentaires.

Les Regrets, sonnet I, 1558.

« FRANCE, MÈRE DES ARTS... »

France, mère des arts, des armes et des lois,
Tu m'as nourri longtemps du lait de ta mamelle :
Ores[4], comme un agneau qui sa nourrice appelle,
Je remplis de ton nom les antres et les bois.

Si tu m'as pour enfant avoué[5] quelquefois[6],
Que ne me réponds-tu maintenant, ô cruelle ?
France, France, réponds à ma triste querelle[7].
Mais nul, sinon Écho[8], ne répond à ma voix.

Entre les loups cruels, j'erre parmi la plaine ;
Je sens venir l'hiver, de qui la froide haleine
D'une tremblante horreur fait hérisser ma peau.

Las ! Tes autres agneaux n'ont faute[9] de pâture,
Ils ne craignent le loup, le vent, ni la froidure :
Si[10] ne suis-je pourtant le pire du troupeau.

Les Regrets, sonnet IX, 1558.

■ 1. **arguments** : sujets, thèmes.
■ 2. **secrétaires** : chargés du courrier, confidents. ■ 3. **braves** : ambitieux, nobles. ■ 4. **ores** : maintenant.
■ 5. **avoué** : reconnu.
■ 6. **quelquefois** : autrefois.
■ 7. **querelle** : plainte. ■ 8. **Écho** : nymphe rejetée par Narcisse.
■ 9. **n'ont faute** : ne manquent pas.
■ 10. **si** : cependant.

« CEPENDANT QUE MAGNY... »

Cependant que Magny[11] suit son grand Avanson,
Panjas[12] son cardinal, et moi le mien encore,
Et que l'espoir flatteur[13], qui nos beaux ans dévore,
Appâte nos désirs d'un friand hameçon,

Tu[14] courtises les rois, et d'un plus heureux son
Chantant l'heur de Henri[15], qui son siècle décore,
Tu t'honores toi-même, et celui qui honore
L'honneur que tu lui fais par ta docte chanson.

Las ! et nous cependant nous consumons notre âge
Sur le bord inconnu d'un étrange[16] rivage,
Où le malheur nous fait ces tristes vers chanter,

Comme on voit quelquefois, quand la mort les appelle,
Arrangés flanc à flanc parmi l'herbe nouvelle,
Bien loin sur un étang trois cygnes lamenter.

Les Regrets, sonnet XVI, 1558.

« HEUREUX QUI, COMME ULYSSE... »

Heureux qui, comme Ulysse, a fait un beau[17] voyage,
Ou comme cestui-là qui conquit la Toison[18],
Et puis est retourné, plein d'usage et raison,
Vivre entre ses parents le reste de son âge !

Quand reverrai-je, hélas ! de mon petit village
Fumer la cheminée, et en quelle saison
Reverrai-je le clos[19] de ma pauvre maison,
Qui m'est une province[20], et beaucoup davantage ?

Plus me plaît le séjour qu'ont bâti mes aïeux
Que des palais romains les fronts audacieux ;
Plus que le marbre dur me plaît l'ardoise fine,

Plus mon Loire gaulois que le Tibre latin,
Plus mon petit Liré[21] que le mont Palatin[22],
Et plus que l'air marin la douceur angevine.

Joachim Du Bellay, *Les Regrets*, sonnet XXXI, 1558.

■ **11. Magny** : poète, secrétaire de l'ambassadeur de France, le cardinal d'Avanson. ■ **12. Panjas** : poète, secrétaire d'un autre cardinal. ■ **13. flatteur** : trompeur. ■ **14. Tu** : Ronsard. ■ **15. Henri** : Henri II. ■ **16. étrange** : étranger. ■ **17. beau** : héroïque. ■ **18. Toison** : la Toison d'or conquise par Jason, héros antique. ■ **19. clos** : enclos, jardin. ■ **20. province** : royaume. ■ **21. Liré** : village natal du poète. ■ **22. Palatin** : colline qui domine Rome où vivaient les empereurs.

Les Regrets et la puissance de la mélancolie

Publié au retour de Rome où Du Bellay avait séjourné de 1553 à 1557, ce recueil de cent quatre-vingt-onze sonnets en alexandrins se présente comme le journal intime du poète, qui semble alors renoncer aux ambitions de la Pléiade qu'il avait défendues dans son célèbre pamphlet *Défense et Illustration de la langue française*.

Loin de « chercher l'esprit de l'univers », la poésie devient ce lieu solitaire où le poète inscrit ses tourments les plus secrets. L'existence est saisie dans la déception du présent qui le conduit parfois jusqu'aux sarcasmes de la satire. La mélancolie, du reste, vécue dans l'épreuve de la douleur, est, pour les artistes de la Renaissance, le signe d'élection du créateur. L'apparente modestie du poète exilé ne doit pas nous cacher la haute conscience qu'il avait des pouvoirs de son art.

1549

Du Bellay et le manifeste de la nouvelle poésie française

Lorsqu'en 1549 paraît à Paris *Défense et Illustration de la langue française*, le scandale est immédiat. On comprend pourquoi : un jeune homme inconnu de vingt-sept ans, Joachim Du Bellay, sur un ton péremptoire, condamne d'un coup toute la poésie française et appelle de ses vœux la naissance d'un véritable poète auquel il donne des conseils. Ce bref pamphlet, enthousiaste et insolent, impose une nouvelle conception de la poésie : il marque une date dans l'histoire de notre littérature.

Chronologie de la dispute

1548	dans son *Art poétique français,* Thomas Sébillet fait l'éloge de Marot
20 mars 1549	Du Bellay réplique en publiant *Défense et Illustration de la langue française* et son premier recueil de poésies, *L'Olive*
Janvier 1550	le jeune Ronsard entre à son tour dans la querelle avec la parution des *Odes,* précédées d'un provocant « Avis au lecteur »
1550	le manifeste de Du Bellay déclenche les attaques virulentes des écrivains Barthélemy Aneau et Guillaume des Autels

Le portrait de Joachim Du Bellay.

Le déclenchement de la dispute

Du Bellay vit depuis deux ans à Paris au collège de Coqueret. Avec Ronsard, qui a alors vingt-cinq ans, et Baïf, âgé de quinze ans, il étudie avec passion les poètes antiques : Pindare, Horace, Virgile, et les Italiens : Dante, Pétrarque, l'Arioste. Or, en 1548, dans l'*Art poétique français pour l'instruction des jeunes studieux et encore peu avancés en la poésie française*, Thomas Sébillet propose un modèle des poètes français et fait l'éloge du « divin Marot ». Du Bellay, pour qui Marot n'a rien de « divin », décide de répliquer. Il rédige alors *Défense et Illustration de la langue française*.

La publication d'un manifeste

Pour Du Bellay, la langue française n'a rien en soi d'inférieur ; elle peut devenir aussi illustre que le grec et le latin. Pour l'embellir, il ne faut pas se contenter de traduire, mais il faut imiter les meilleurs écrivains de l'Antiquité en « les dévorant et après les avoir bien digérés, les convertissant en sang et nourriture ». Cette imitation doit être intelligente, profonde, personnelle, inventive : « autrement son imitation ressemblerait [à] celle du singe ».

Clément Marot, au centre de la dispute.

Les critiques des poètes

Du Bellay condamne toute la poésie française qui l'a précédé : les poètes français ne sont pour lui que des versificateurs qui jouent avec les mots. Le vrai poète n'a rien d'un « rimeur », il est inspiré par les dieux. Son chant donne une autre dimension à l'existence humaine. Comme ils sont froids, comme ils

Le collège de Coqueret, au cœur du Quartier latin. Plan du XVIe siècle.

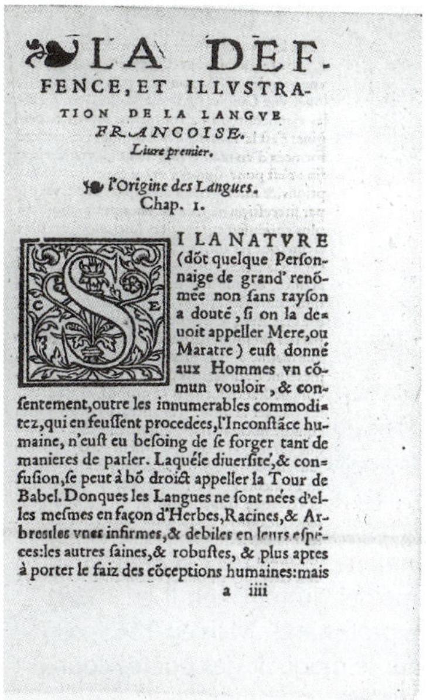
LA DEFFENCE, ET ILLVSTRATION DE LA LANGVE FRANCOISE.
Liure premier.

l'Origine des Langues. Chap. I.

SI LA NATVRE (dōt quelque Personnaige de grand' renōmée non sans rayson a douté, si on la deuoit appeller Mere, ou Maratre) eust donné aux Hommes vn cōmun vouloir, & consentement, outre les innumerables commoditez, qui en feussent procedées, l'Inconstāce humaine, n'eust eu besoing de se forger tant de manieres de parler. Laquéle diuersité, & confusion, se peut à bō droict appeller la Tour de Babel. Donques les Langues ne sont nées d'elles mesmes en façon d'Herbes, Racines, & Arbres: les vnes infirmes, & debiles en leurs espéces: les autres saines, & robustes, & plus aptes à porter le faiz des cōceptions humaines: mais

a iiii

sont plats, ces poètes mondains qui plaisent aux courtisans ! Travailleur acharné qui connaît tous les langages en fréquentant savants, techniciens, artisans, le poète doit se sacrifier, « être comme mort en soi-même » pour atteindre cette gloire par laquelle les poètes « se font compagnons des Dieux ».

L'ampleur de la polémique

Un pamphlet si provocant ne reste pas sans réponses. La réplique la plus vive vient de Barthélemy Aneau, professeur, homme de théâtre, poète, traducteur. Il fait l'éloge des poètes français dénigrés par Du Bellay : Chartier, Villon, Marot. Les poètes français ne sont-ils pas préférables aux « grecaniseurs, latiniseurs et italianiseurs en français » ? Il reproche à Du Bellay de se couper de « la communauté des hommes », « d'étranger la poésie » en la réservant aux seuls initiés. Du Bellay réplique en raillant « les écrits d'un petit magister, d'un conard, d'un badault ».

Jean Daurat, poète, professeur de Ronsard et de Du Bellay.

La naissance de la Pléiade

Le manifeste *Défense et Illustration de la langue française* marque la naissance d'un mouvement poétique essentiel dont Ronsard devient la figure de proue : la Pléiade. En rivalisant avec les grands poètes de l'Antiquité grecque et latine, ces jeunes artistes donnent un nouveau souffle à la poésie française. Leur théorie de l'imitation va influencer la littérature française jusqu'au XVIIIe siècle. Du Bellay comme Ronsard montrent la grandeur du poète : il n'est pas seulement un versificateur mais un savant inspiré, un messager des dieux, un visionnaire qui fait la gloire de son pays. Une telle ambition se retrouvera, plus tard, chez les poètes romantiques et surréalistes.

Virgile, Homère et Dante, les modèles dont s'inspire la Pléiade. Fresque de Raphaël (détail) XVIe siècle.

Les reproches de Du Bellay

1. Les poètes français sont prisonniers de formes poétiques héritées du Moyen Âge.
2. Ils ne sont que des versificateurs qui jouent avec les mots.
3. Ils manquent d'envergure et sont inconnus à l'étranger.

COMPRENDRE L'ESSENTIEL

1. **Peut-on dire que les poètes du collège de Coqueret sont des humanistes ? Pourquoi ?**
2. **Quelle différence voyez-vous entre traduction et imitation ?**
3. **Qu'est-ce qu'un poète pour Du Bellay ?**

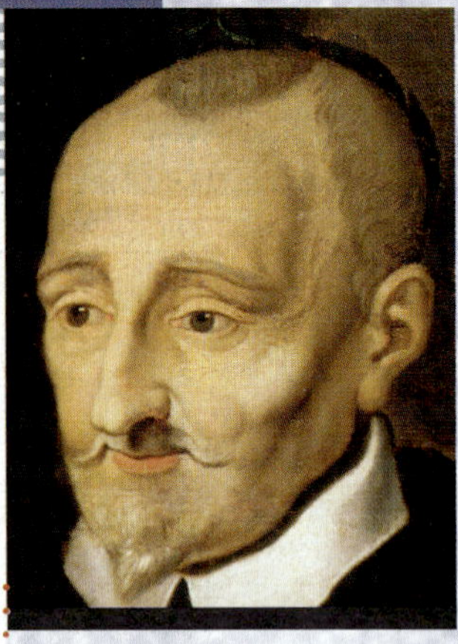

RONSARD

Nom et prénom : **de Ronsard, Pierre**
Naissance : **le 1er septembre 1524, au manoir de la Possonnière**
Décès : **la nuit du 27 décembre 1585, à Saint-Cosme-lez-Tours**
Lieux : **le Vendômois, Paris**
Profession : **aumônier ordinaire du roi**
Amitiés : **Du Bellay et les jeunes poètes de la Pléiade, Étienne Jodelle**

Ayant suivi à la Cour son père, gentilhomme humaniste ami des arts et de la poésie, le jeune Ronsard se prépare à une carrière brillante : il a fière allure et partage les jeux du futur roi Henri II. Mais en 1540, une grave maladie le force à renoncer aux armes. Il est désormais frappé de surdité partielle. Pendant plusieurs années, au collège de Coqueret, il étudie avec passion le grec et le latin. Consacrée dès lors à la poésie, sa vie, qu'il partage entre la Cour et la campagne, est rythmée par ses œuvres d'une étonnante diversité : *Odes* (1550), *Amours* (1552, 1555, 1578), *Hymnes* (1555, 1556). Personnage en vue, aumônier du roi Henri II en 1558, Ronsard n'hésite pas à prendre parti : dans ses *Discours* en 1562, il attaque les protestants. Mais en 1565, ses *Élégies, Mascarades et Bergeries* donnent un tour nouveau à son œuvre. Lui qui se moquait des poètes courtisans devient le poète préféré de Charles IX. La mort le surprend alors que, délaissé par Henri III, il prépare la septième édition de ses œuvres.

Ses œuvres principales

- de nombreux recueils de poèmes, dont : *Odes* (1550), *Amours* (1552-1578), *Hymnes* (1555-1556), *Continuation des Amours* (1555), *Discours des misères de ce temps* (1563), *Élégies, Mascarades et Bergeries* (1565), *La Franciade* (1572), *Second Livre des Amours* (1578), *Sonnets pour Hélène* (1578)

L'ŒUVRE DE RONSARD

Les *Odes* et le registre lyrique

Dans ses cinq livres d'*Odes*, publiés en 1550 et en 1552, Ronsard veut rivaliser avec les formes les plus hautes du lyrisme grec. Il célèbre le roi, les grands du royaume, les poètes. Par la splendeur des images, la richesse des références mythologiques, l'ampleur des rythmes, le langage poétique écarte les platitudes de la prose pour se rapprocher de la musique et de la danse.

Les *Amours* et le lyrisme amoureux

Adressés tour à tour à Cassandre, Marie, Sinope, Hélène, inspirés d'amours peut-être réelles, ces poèmes destinés à être chantés évoquent, à la façon du grand poète italien Pétrarque, les mille douleurs de l'amoureux.

Les *Hymnes* et la poésie philosophique

Dans ces compositions ambitieuses, publiées en 1555 et 1556, qui parfois dépassent sept cents vers, le poète aborde les sujets les plus graves : l'éternité, les astres, la philosophie, la justice, la mort. Les mythes antiques, des passages épiques, l'élan des alexandrins donnent couleur et vie à ces puissantes méditations.

Les *Discours* et le registre polémique

Dans les *Discours*, Ronsard, profondément attaché au catholicisme et à la monarchie, s'élève en 1562 contre les protestants qui menacent la paix du royaume. La puissance des images, la liberté de la composition font de ces discours militants de véritables poèmes.

LA PUISSANCE DE LA POÉSIE

Pour Ronsard, la poésie n'a rien à voir avec les récits versifiés d'un Marot. « Le style prosaïque, dit-il, est ennemi de la splendeur des vers. » Le vrai poète s'empare de tous les moments de l'existence pour en faire sentir le caractère sacré. Il n'y a pas de véritable inspiration sans cet enthousiasme où la parole humaine, par le jeu des rythmes, des images, des sonorités, des mythes, devient musique. Même dans ses méditations les plus mélancoliques, même dans ses *Derniers Vers* arrachés à la mort, le poète fait entendre l'amour de la vie.

1550

Odes

C'est dans la troisième édition des quatre premiers livres des *Odes* qu'apparaît ce poème devenu justement célèbre. Ronsard donne vie à un thème qui inspirera Lamartine et Hugo : alors que la nature se renouvelle sans cesse, l'homme se sent inéluctablement vieillir mais cette conscience douloureuse donne tout son prix à l'amour qui le lie à Cassandre.

Quand je suis vingt ou trente mois
Sans retourner en Vendômois,
Plein de pensées vagabondes,
Plein d'un remords et d'un souci,
Aux rochers je me plains ainsi,
Aux bois, aux antres et aux ondes :

« Rochers, bien que soyez âgés
De trois mille ans, vous ne changez
Jamais ni d'état ni de forme :
Mais toujours ma jeunesse fuit,
Et la vieillesse qui me suit
De jeune en vieillard me transforme.

« Bois, bien que perdiez tous les ans
En hiver vos cheveux mouvants,
L'an d'après qui se renouvelle
Renouvelle aussi votre chef[1] :
Mais le mien ne peut derechef
Ravoir sa perruque[2] nouvelle.

« Antres, je me suis vu chez vous
Avoir jadis verts[3] les genoux,
Le corps habile, et la main bonne :
Mais ores[4] j'ai le corps plus dur,
Et les genoux, que n'est le mur
Qui froidement vous environne.

« Ondes, sans fin vous promenez,
Et vous menez et ramenez
Vos flots d'un cours qui ne séjourne :
Et moi, sans faire long séjour,
Je m'en vais de nuit et de jour
Au lieu d'où plus on ne retourne. »

Si est-ce que[5] je ne voudrois
Avoir été ni roc ni bois,
Antre ni onde pour défendre
Mon corps contre l'âge emplumé[6],
Car ainsi dur je n'eusse aimé
Toi qui m'as fait vieillir, Cassandre.

Pierre de Ronsard, *Odes*, 1550
(poème publié dans la troisième édition de 1555).

▪ **1. chef** : tête. ▪ **2. perruque** : chevelure naturelle. ▪ **3. verts** : souples, jeunes. ▪ **4. ores** : maintenant. ▪ **5. si est-ce que** : et pourtant. ▪ **6. emplumé** : qui a des ailes.

Un chef-d'œuvre de composition

Pour la troisième édition des *Odes*, Ronsard a profondément corrigé ses œuvres en cherchant la clarté, la sobriété, la logique. C'est aussi la simplicité qui donne toute sa dynamique à la composition de cette ode. La première strophe se termine par les quatre mots qui annoncent les quatre strophes centrales : « rochers », « bois », « antres », « ondes ». Chacune de ces strophes, lancée par le mot mis en apostrophe, est articulée à partir de « mais » ou « et » qui oppose la nature à l'être humain. Dans la dernière strophe, la reprise de ces quatre mots prépare la surprise de la chute. Chaque fois varié, le même mouvement anime l'ensemble jusqu'au retournement final. On comprend que ce poème soit considéré comme « un chef-d'œuvre de composition ».

1552-1578

Amours

Le jeune Ronsard s'est moqué en 1550 de ceux qui n'appréciaient que les petits poèmes d'amour. Mais dès 1552, il publie cent quatre-vingts sonnets consacrés à un thème qu'il célèbrera tout au long de sa vie. Ce sont ces poèmes adressés à Cassandre, à Marie, à Hélène qui ouvrent la dernière édition de ses œuvres.

« CIEL, AIR ET VENTS, PLAINS ET MONTS DÉCOUVERTS... »

Ciel, air et vents, plains[1] et monts découverts,
Tertres vineux[2] et forêts verdoyantes,
Rivages tors et sources ondoyantes,
Taillis rasés, et vous, bocages verts ;

Antres moussus à demi-front ouverts,
Prés, boutons, fleurs et herbes rousoyantes[3]
Vallons bossus et plages[4] blondoyantes,
Gastine, Loir, et vous, mes tristes vers.

Puis qu'au partir[5], rongé de soin[6] et d'ire,
À ce bel œil adieu je n'ai su dire,
Qui près et loin me détient en émoi,

Je vous suppli, ciel, air, vents, monts et plaines,
Taillis, forêts, rivages et fontaines,
Antres, prés, fleurs, dites-le-lui pour moi.

Premier Livre des Amours, LXVI, 1552.

« MIGNONNE, ALLONS VOIR SI LA ROSE... »

Mignonne, allons voir si la rose
Qui ce matin avait déclose[7]
Sa robe de pourpre au soleil,
A point perdu cette vêprée[8]
Les plis de sa robe pourprée,
Et son teint au vôtre pareil.

Las ! voyez comme en peu d'espace,
Mignonne, elle a dessus la place,
Las, las, ses beautés laissé choir !
Ô vraiment marâtre Nature,
Puisqu'une telle fleur ne dure
Que du matin jusques au soir !

Donc, si vous me croyez, Mignonne,
Tandis que votre âge fleuronne
En sa plus verte nouveauté,
Cueillez, cueillez votre jeunesse :
Comme à cette fleur, la vieillesse
Fera ternir votre beauté.

Odes, I, XVII, 1555.

Détail d'une enluminure des *Grandes Heures d'Anne de Bretagne* réalisée en 1503.

« COMME ON VOIT SUR LA BRANCHE... »

Comme on voit sur la branche au mois de Mai la rose
En sa belle jeunesse, en sa première fleur,
Rendre le ciel jaloux de sa vive couleur,
Quand l'aube de ses pleurs au point du jour l'arrose :

La grâce dans sa feuille, et l'amour se repose,
Embaumant les jardins et les arbres d'odeur :
Mais battue ou de pluie, ou d'excessive ardeur[9],
Languissante elle meurt feuille à feuille déclose.

Ainsi en ta première et jeune nouveauté,
Quand la terre et le ciel honoraient ta beauté,
La Parque[10] t'a tuée, et cendre tu reposes.

Pour obsèques[11] reçois mes larmes et mes pleurs,
Ce vase plein de lait, ce panier plein de fleurs[12],
Afin que vif et mort, ton corps ne soit que roses.

« Sur la mort de Marie », *Second Livre des Amours*, IV, 1578.

« QUAND VOUS SEREZ BIEN VIEILLE... »

Quand vous serez bien vieille, au soir à la chandelle,
Assise auprès du feu, dévidant[13] et filant,
Direz, chantant mes vers, en vous émerveillant :
« Ronsard me célébrait du temps que j'étais belle. »

Lors, vous n'aurez servante oyant telle nouvelle,
Déjà sous le labeur à demi sommeillant,
Qui au bruit de Ronsard ne s'aille réveillant,
Bénissant votre nom de louange immortelle.

Je serai sous la terre, et fantôme sans os
Par les ombres myrteux[14] je prendrai mon repos.
Vous serez au foyer une vieille accroupie,

Regrettant mon amour et votre fier[15] dédain.
Vivez, si m'en croyez, n'attendez à demain :
Cueillez dès aujourd'hui les roses de la vie.

Pierre de Ronsard, *Sonnets pour Hélène*, II, XLIII, 1578.

■ **1. plains** : plaines. ■ **2. vineux** : riches en vignobles. ■ **3. rousoyantes** : couvertes de rosée. ■ **4. plages** : plaines. ■ **5. au partir** : au départ ■ **6. soin** : souci. ■ **7. déclose** : ouverte. ■ **8. vêprée** : soirée. ■ **9. ardeur** : chaleur. ■ **10. Parque** : déesse de la Mort. ■ **11. obsèques** : offrandes mortuaires, hommage à un mort. ■ **12. lait, fleurs** : offrandes antiques. ■ **13. dévidant** : mettant le fil en écheveau. ■ **14. ombres myrteux** : à l'ombre des myrtes, arbres des amoureux. ■ **15. fier** : farouche.

Les amours de Ronsard

On a longtemps cherché qui se cachait sous ces beaux noms qu'invoque Ronsard : Cassandre, Marie, Sinope, Isabeau, Genièvre, Astrée, Hélène. On a trouvé Cassandre Salviati, Hélène de Surgères. Mais Cassandre est tantôt brune, tantôt blonde. Le même prénom peut désigner deux femmes, deux mondes : Marie Dupin, paysanne d'Anjou, ou Marie de Clèves, maîtresse d'Henri III. Sinope n'est-il pas un autre nom pour Cassandre ? Un même poème peut glisser d'un recueil à l'autre et parfois le poète prête sa voix à d'autres amoureux. Ce sont surtout des mots qui se prêtent à l'invention poétique. Si Marie est l'anagramme d'aimer, les noms de Cassandre et d'Hélène sont tout parfumés des souvenirs d'Homère. Les vraies amours du poète ne sont-elles pas les poèmes qu'il écrit ?

1563

Discours des misères de ce temps

Dans la plus longue pièce des *Discours*, Ronsard répond aux accusations que deux ministres de la Réforme avaient formulées contre lui. On l'avait accusé d'athéisme et de mener une vie lascive, « en délices, en jeux, en vices excessive ». Après avoir proclamé la force de sa foi en Dieu, il montre la simplicité de ses mœurs en racontant comment il vit au jour le jour.

M'éveillant au matin, devant que faire rien,
J'invoque l'Éternel, le père de tout bien,
Le priant humblement de me donner sa grâce,
Et que le jour naissant sans l'offenser se passe ;
Qu'il chasse toute secte[1] et toute erreur de moi,
Qu'il me veuille garder en ma première foi,
Sans entreprendre rien qui blesse ma province,
Très humble observateur des lois et de mon Prince.
Après je sors du lit, et, quand je suis vêtu,
Je me range[2] à l'étude et apprends la vertu,
Composant et lisant, suivant ma destinée,
Qui s'est dès mon enfance aux Muses enclinée ;
Quatre ou cinq heures seul je m'arrête enfermé ;
Puis, sentant mon esprit de trop lire assommé,
J'abandonne le livre, et m'en vais à l'église ;
Au retour, pour plaisir, une heure je devise,
De là je viens dîner, faisant sobre repas,
Je rends grâces à Dieu ; au reste je m'ébats.

Car, si l'après-dînée est plaisante et sereine,
Je m'en vais promener, tantôt parmi la plaine,
Tantôt en un village, et tantôt en un bois,
Et tantôt par les lieux solitaires et cois[3]
J'aime fort les jardins qui sentent le sauvage.
J'aime le flot de l'eau qui gazouille au rivage.
Là, devisant sur l'herbe avec un mien ami,
Je me suis par les fleurs bien souvent endormi
À l'ombrage d'un saule ; ou, lisant dans un livre,
J'ai cherché le moyen de me faire revivre,
Tout pur d'ambition et des soucis cuisants,
Misérables bourreaux d'un tas de médisants
Qui font, comme ravis[4], les prophètes en France,
Pipant[5] les grands seigneurs d'une belle apparence.

Mais quand le ciel est triste et tout noir d'épaisseur,
Et qu'il ne fait aux champs ni plaisant ni bien seur[6],
Je cherche compagnie, ou je joue à la prime[7],
Je voltige, ou je saute, ou je lutte, ou j'escrime,
Je dis le mot pour rire, et à la vérité,
Je ne loge chez moi trop de sévérité.

Puis, quand la nuit brunette a rangé les étoiles,
Encourtinant le ciel et la terre de voiles,
Sans souci je me couche ; et là, levant les yeux
Et la bouche et le cœur vers la voûte des cieux,
Je fais mon oraison, priant la bonté haute
De vouloir pardonner doucement à ma faute.

Pierre de Ronsard, « Réponse de Pierre de Ronsard aux injures et calomnies de je ne sais quels prédicantereaux et ministreaux de Genève », v. 478-521, 1563, *Discours*.

▪ **1. secte** : hérésie. ▪ **2. me range** : me mets à. ▪ **3. cois** : paisibles, silencieux. ▪ **4. ravis** : inspirés. ▪ **5. pipant** : trompant. ▪ **6. seur** : sûr. ▪ **7. prime** : jeu de cartes.

Le souffle du bonheur

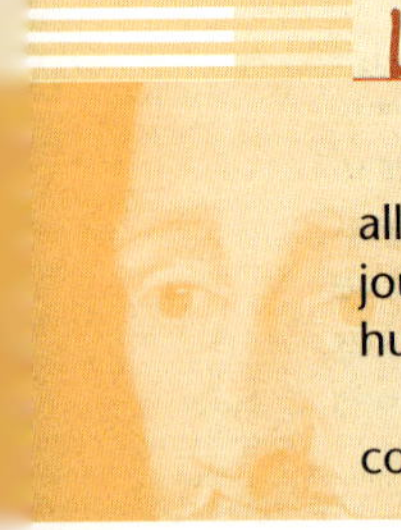

En racontant une journée de sa vie, avec cet allant, cette énergie à laquelle on le reconnaît toujours, Ronsard se montre pleinement fidèle à l'idéal humaniste du début du siècle.

Refusant à la fois les bassesses trompeuses des courtisans et les tristes rigueurs des calvinistes, il sait étudier et prier mais aussi jouer et s'amuser. L'épicurisme qui le pousse à savourer chaque moment de la journée est en accord avec sa foi chrétienne qui lui montre la bonté du Créateur. Cette foi qui lui inspire une confiance profonde en la nature humaine lui fait respirer le bonheur.

1565

Élégies

Ronsard a consacré plusieurs poèmes à la reine Marie Stuart, célèbre pour sa beauté et son esprit. Dans cette élégie, il évoque le moment où la jeune reine, qui vient de perdre son mari François II, se voit contrainte de quitter la France pour rejoindre l'Écosse, où l'attend un destin tragique.

Marie Stuart, portrait anonyme du XVIe siècle.

Un crêpe[1] long, subtil[2] et délié,
Pli contre pli, retors et replié,
Habit de deuil[3], vous sert de couverture
Depuis le chef[4] jusques à la ceinture,
Qui s'enfle ainsi qu'une voile quand le vent
Souffle la barque et la cingle en avant.

De tel habit vous étiez accoustrée[5]
Partant, hélas ! de la belle contrée
Dont aviez eu le Sceptre dans la main,
Lorsque pensive, et baignant votre sein
Du beau cristal de vos larmes roulées,
Triste marchiez par les longues allées
Du grand jardin de ce royal château
Qui prend son nom[6] de la source d'une eau.

Tous les chemins blanchissaient sous vos toiles,
Ainsi qu'on voit blanchir les rondes voiles,
Et se courber bouffantes sur la mer,
Quand les forçats ont cessé de ramer ;
Et la galère, au gré du vent poussée,
Flot dessus flot s'en va toute élancée
Sillonnant l'eau, et faisant d'un grand bruit
Pirouetter la vague qui la suit.

Pierre de Ronsard, « Élégies » (extrait), *Œuvres*, 1565.

▪ 1. **crèpe** : étoffe de soie claire portée pour le deuil. ▪ 2. **subtil** : léger, fragile. ▪ 3. **deuil** : le deuil des reines de France était en blanc. ▪ 4. **chef** : tête. ▪ 5. **accoustrée** : vêtue, parée. ▪ 6. **nom** : Fontainebleau condense « Fontaine belle eau ».

Le réseau des images

Un réseau continu de correspondances accorde les larmes de la reine à ses voiles de deuil puis aux voiles du bateau, elles-mêmes liées aux vagues mouvantes de la mer. La blancheur renforce les correspondances entre le vêtement de deuil, les voiles du bateau, les vagues. L'image est presque entièrement silencieuse : silence de la tristesse, silence de la méditation de celle qui marche, « pensive », dans les allées du jardin, silence des marins qui ont cessé de ramer. Seul alors domine le bruit du vent qui « souffle la barque et la cingle en avant », pousse la galère et fait « grand bruit ». Ce bruit, lié à la violence des verbes « souffler », « cingler », « pousser », se charge de suggérer la violence de la séparation, l'arrachement à ses amis, le départ vers la contrée lointaine qui sonne comme un exil.

LABÉ

Nom et prénom : **Labé, Louise**
Naissance : **vers 1524, à Lyon**
Décès : **en janvier ou février 1566, à Lyon**
Lieu : **Lyon**
Situation familiale : **épouse d'Ennemond Perrin, artisan cordier**
Amitiés : **Clémence de Bourges, Pernette du Guillet, Olivier de Magny qui était poète et compagnon de Du Bellay à Rome, Thomas Fortin**

Fille d'un riche fabricant de cordes, Louise Labé apprend la broderie, la musique, l'italien, le latin, l'équitation, l'escrime. Surnommée « la belle cordière », car son mari est artisan cordier, cette femme élégante et cultivée ose écrire et publier ses œuvres qui paraissent, en 1555, chez un célèbre éditeur de Lyon. Les femmes, confie-t-elle, qui ont la chance d'être instruites doivent chercher la gloire par leurs écrits et non par les « chaînes, anneaux et somptueux habits ». Cette publication a un grand retentissement dans les milieux cultivés de Lyon. Souvent décriée, parfois brutalement calomniée par ceux qui voient dans ses poèmes le reflet d'une réalité vécue, Louise Labé est admirée par de nombreux poètes qui lui rendent hommage à la fin de son livre. Après le décès de son mari et celui du poète Olivier de Magny, pour qui elle avait éprouvé une grande passion, elle se retire. La belle cordière n'a pas cinquante ans quand elle meurt, veuve et sans enfants, dans la ville où elle était née.

Ses œuvres principales

- *Débat de Folie et d'Amour*, dialogue en prose
- trois élégies
- vingt-quatre sonnets

1555

Œuvres

Dans ce poème, Louise Labé confie que l'amour, découvert à seize ans, a changé le cours de sa vie. C'est cette puissance de l'amour qu'elle exalte dans tous ses écrits.

« Ô BEAUX YEUX BRUNS... »

Ô beaux yeux bruns, ô regards détournés,
Ô chauds soupirs, ô larmes épandues,
Ô noires nuits vainement attendues,
Ô jours luisants vainement retournés,

Ô tristes pleins[1], ô désirs obstinés,
Ô temps perdu, ô peines dépendues[2],
Ô mille morts en mille rets[3] tendues,
Ô pires maux contre moi destinés,

Ô ris, ô front, cheveux, bras, mains et doigts,
Ô luth plaintif, viole, archet et voix :
Tant de flambeaux pour ardre[4] une femelle !

De toi me plains, que tant de feux portant,
En tant d'endroits d'iceux[5] mon cœur tâtant[6],
N'en est sur toi volé quelque étincelle.

Œuvres, sonnet II, 1555.

« CLAIRE VÉNUS... »

Claire Vénus[7], qui erres par les Cieux,
Entends ma voix qui en plaints[8] chantera,
Tant que ta face au haut du ciel luira,
Son long travail[9] et souci ennuyeux.

Mon œil veillant s'attendrira bien mieux,
Et plus de pleurs te voyant jettera.
Mieux mon lit mol de larmes baignera,
De ses travaux voyant témoins tes yeux.

Donc des humains sont les lassés esprits
De doux repos et de sommeil épris.
J'endure mal tant que le Soleil luit :

Et quand je suis quasi toute cassée,
Et que me suis mise en mon lit lassée,
Crier me faut mon mal toute la nuit.

Œuvres, sonnet V, 1555.

« JE VIS, JE MEURS... »

Je vis, je meurs : je me brûle et me noie.
J'ai chaud extrême en endurant froidure :
La vie m'est et trop molle et trop dure.
J'ai grands ennuis entremêlés de joie.

Tout à un coup je ris et je larmoie,
Et en plaisir maint grief[10] tourment j'endure :
Mon bien s'en va, et à jamais il dure :
Tout en un coup je sèche et je verdoie.

Ainsi Amour inconstamment me mène :
Et quand je pense avoir plus de douleur,
Sans y penser je me trouve hors de peine.

Puis quand je crois ma joie être certaine,
Et être au haut de mon désiré heur[11],
Il me remet en mon premier malheur.

Louise Labé, *Œuvres*, sonnet, 1555.

▪ **1. pleins** : plaintes, gémissements.
▪ **2. dépendues** : dépensées. ▪ **3. rets** : pièges.
▪ **4. ardre** : brûler. ▪ **5. d'iceux** : de ses feux.
▪ **6. tâtant** : brûlant mon cœur en tant d'endroits.
▪ **7. Vénus** : planète qui porte le nom de la déesse de l'Amour. ▪ **8. plaints** : plaintes. ▪ **9. travail** : torture, tourment. ▪ **10. grief** : grave, pénible (une syllabe en poésie). ▪ **11. heur** : bonheur.

Louise Labé et le lyrisme amoureux

Si le long dialogue que l'on découvre dans *Débat de Folie et d'Amour* propose de nombreuses pages d'une prose savoureuse et amusante, ce sont vingt-quatre sonnets de décasyllabes, trois sont cités sur cette double page, qui ont rendu célèbre « la nymphe ardente du Rhône ». S'inspirant des poètes italiens, elle a donné un accent singulier à l'évocation du thème amoureux.

Chaque sonnet, animé d'un seul mouvement, a l'intensité d'un aveu, d'un appel, d'un cri. On dirait que la poésie est l'expression directe de la passion dont elle semble avoir vécu tous les vertiges : attente, bonheur fou, angoisse mortelle, soif du corps, élan de l'âme. Ce bref recueil fait entendre « le cri du sentiment » propre à la poésie lyrique.

MOUVEMENT LITTÉRAIRE ET CULTUREL

L'humanisme

On désigne par humanisme le puissant mouvement intellectuel et littéraire qui se répand au XVIe siècle à travers toute l'Europe. Remettant en cause les conceptions morales, politiques et religieuses du Moyen Âge, l'humanisme affirme sa confiance dans les possibilités de l'être humain.

Illustration du livre de Guillaume Budé, *De l'institution du prince*, qui témoigne de l'importance de la formation du prince par les lettres.

L'HISTOIRE DU MOUVEMENT

La redécouverte de l'Antiquité

Dès la fin du XVIe siècle, influencés par leurs contacts avec l'Italie, quelques professeurs ou hommes d'Église, juristes, savants, diplomates veulent revenir au grec ancien et au latin classique que l'Église avait déformés. On donne des éditions rigoureuses des auteurs antiques, on admire leur art du discours, on étudie leur philosophie.

Le temps des victoires

Menée par des savants passionnés, comme Guillaume Budé, Lefèvre d'Étaples, Érasme, l'étude des textes antiques conduit à de nouvelles conceptions politiques, morales, religieuses. Des cercles de plus en plus étendus sont sensibles à ces idées nouvelles qui suscitent la résistance acharnée des théologiens catholiques de la Sorbonne. En 1530, la fondation du Collège des lecteurs royaux, l'actuel Collège de France, est une victoire considérable pour les humanistes.

Le grand humaniste Érasme peint par Hans Holbein le jeune.

La crise religieuse

Mais les querelles religieuses qui déchirent l'Europe compromettent le développement de l'humanisme. La faculté catholique de la Sorbonne combat toutes les idées nouvelles tandis que les protestants condamnent les œuvres de Rabelais et d'Érasme. L'affaire des tracts protestants placardés sur la porte du roi provoque dès 1534 un durcissement du pouvoir : certains écrivains doivent s'exiler ; d'autres périssent sur le bûcher. Le rêve d'un homme nouveau a laissé la place aux violences des guerres de religion.

Le mot « humanisme »

Au XVIe siècle, un humaniste est un lettré qui a une connaissance approfondie des textes antiques, grecs et latins. On distinguait en effet les « lettres humaines », ou humanités, étude des textes profanes de l'Antiquité, et les « lettres divines », étude des textes sacrés de la Bible. C'est seulement au XIXe siècle qu'on appelle humanisme le mouvement animé au XVIe par les humanistes. Le mot désigne aussi aujourd'hui toute philosophie qui affirme la primauté de l'homme.

LES PRINCIPES DU MOUVEMENT

Le retour aux textes antiques

L'humaniste veut avoir un accès personnel aux textes antiques. Ainsi les textes sont établis en confrontant les meilleurs manuscrits puis édités pour être compris. Ces études doivent permettre de confronter des points de vue pour mieux comprendre son temps.

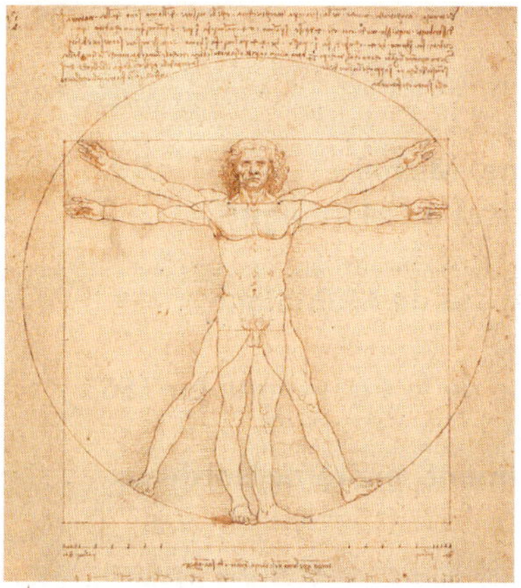

Les proportions idéales du corps humain, selon un dessin de Léonard de Vinci.

Un mouvement européen

L'humanisme se moque des frontières qui divisent l'Europe : il se veut universel. Le Hollandais Érasme correspond avec le poète italien Bembo, avec l'érudit français Budé, avec l'Anglais Thomas More : il « désire être citoyen du monde ». Si l'usage du latin facilite d'abord les échanges, bien vite des traductions, des dictionnaires permettent la diffusion des textes et des idées. Les livres imprimés à Venise sont réclamés à Anvers. Une véritable ferveur réunit les cercles cultivés des grandes villes européennes. Les humanistes voudraient fonder sur cette sagesse antique, qui annonce le christianisme, un univers réconcilié qui permettrait de faire progresser la sagesse des hommes.

Le goût du savoir

L'humaniste est curieux de tout : sciences naturelles, droit, histoire, littérature. Ce savoir qui se veut encyclopédique fonde un véritable art de vivre : à ce lecteur rigoureux et passionné, rien d'humain n'est étranger.

La volonté de convaincre

L'humaniste pense qu'il faut lutter contre l'ignorance. Il cherche à être clair et compréhensible : des dictionnaires, des répertoires, des index se multiplient pour permettre à chaque lecteur de lire efficacement.

LES THÈMES DE L'HUMANISME

La confiance en l'homme

La morale humaniste se fonde sur l'acceptation de la nature humaine. En développant ses qualités intellectuelles et morales, l'homme peut connaître le bonheur d'une existence libre.

La réflexion politique

Condamnant le tyran qui se lance dans des guerres de conquête, les humanistes invitent les princes à la sagesse : le prince idéal agit selon la raison pour maintenir son peuple dans la paix.

La ferveur de la foi

L'humaniste est souvent proche de l'évangélisme : se moquant des superstitions, du culte abusif des saints, des rites sans signification, il veut accéder au texte de l'Évangile et célébrer personnellement le Créateur de l'univers.

La Chute d'Icare de Pierre Bruegel, peinture à l'huile, milieu du XVIe siècle.

Les grandes œuvres de l'humanisme

Littérature

- Érasme, *Éloge de la folie*, 1511 ; *Adages*, 1500
- Thomas More, *Utopie*, 1516
- Rabelais, *Gargantua*, 1534
- Montaigne, *Essais*, 1580
- Ronsard, *Odes*, 1550-1552
- Du Bellay, *Les Antiquités de Rome* ; *Les Regrets*, 1558
- Jodelle, *Cléopâtre captive*, tragédie, 1553

Peinture

- Léonard de Vinci, *La Joconde*, 1503-1505
- Raphaël, *L'École d'Athènes*, 1509-1510
- Michel-Ange, la chapelle Sixtine, 1512
- Le Rosso, galerie François Ier à Fontainebleau, 1534-1536
- Le Primatice, décoration du château de Fontainebleau, 1531

Sculpture

- Michel-Ange, *David*, 1501-1504
- Jean Goujon, la Fontaine des Innocents, 1549

Architecture

- Pierre Lescot, aile sud-ouest de la Cour carrée du Louvre, 1546-1556
- Philibert de l'Orme, château d'Anet, 1545-1555

MONTAIGNE

Nom et prénom : **Eyquem de Montaigne, Michel**
Naissance : **le 28 février 1533, au château de Montaigne, dans le Périgord**
Décès : **le 13 septembre 1592, au château de Montaigne**
Lieux : **Bordeaux, Paris, Rome**
Situation familiale : **marié avec Françoise de la Chassaigne en 1565 ; des enfants, qui meurent en bas âge**
Professions : **juriste, conseiller au Parlement, maire de Bordeaux**
Amitié : **Étienne de La Boétie**

Après une enfance heureuse et de solides études humanistes, Michel Eyquem, seigneur de Montaigne, entame une carrière de juriste. À vingt-cinq ans, il se lie d'amitié avec Étienne de La Boétie, juriste, philosophe et poète, dont la mort prématurée le laisse inconsolable. Devenu riche par son mariage en 1565 et par la mort de son père en 1568, Montaigne décide de renoncer à ses fonctions au Parlement de Bordeaux et de se retirer dans le château familial. Il a trente-huit ans. Il accumule librement notes et remarques qu'il regroupe dans deux livres d'*Essais* qui paraissent en 1580. Pour soigner de douloureux maux de reins et pour le bonheur de voir du pays, il entreprend alors un long voyage à travers l'Allemagne, la Suisse, l'Italie. C'est à Rome qu'il apprend qu'il est élu maire de Bordeaux. Il remplit pendant quatre ans cette charge difficile. En effet, sa région subit la guerre civile puis une épidémie de peste en 1585. Il affiche un soutien sans faille à la personne des rois Henri III, puis Henri IV. En 1588, les *Essais* s'augmentent d'un troisième livre et de quelque six cents additions. Retiré dans son château, il consacre ses cinq dernières années à l'enrichissement de son livre.

Son œuvre principale

- les *Essais* ; les deux premiers livres paraissent en 1580, le troisième en 1588.

L'ŒUVRE DE MONTAIGNE

Les *Essais*, un nouveau genre littéraire

Le mot « essai » signifie expérience, mais également tentative ou ébauche. Les *Essais* sont donc des expériences personnelles rassemblées dans un livre. Ce genre libre convient idéalement à celui qui ne croit pas aux vérités établies. Montaigne y aborde n'importe quel sujet sans avoir à dire le dernier mot : hors des chemins battus, allant de deux à deux cents pages, les *Essais* de Montaigne procèdent « par sauts et par gambades », au bon plaisir de leur auteur. Jamais achevé, l'essai permet toutes les reprises, que Montaigne ne cesse de multiplier.

Les *Essais* et l'écriture autobiographique

Dès la première page des *Essais*, Montaigne avertit son lecteur qu'il veut seulement qu'on le « voie de la façon la plus simple, naturelle et ordinaire ». Il ne raconte pas l'histoire de sa vie mais analyse ce qu'il pense, ce qu'il ressent, ce qui l'irrite, ce qui fait son bonheur : « Je me suis peint en moi de couleurs plus nettes que les miennes premières. » Sans dessein préconçu, se dessine l'autoportrait d'un homme singulier. Or, plus il se découvre singulier, plus il reconnaît en lui la marque de « l'humaine condition » : son livre devient un miroir où chacun peut se découvrir.

LE GOÛT DU BONHEUR

Montaigne sent avec acuité l'instabilité de notre univers, la diversité des croyances, des coutumes, des pensées. « La peste de l'homme, écrit-il, c'est l'opinion de savoir. » Mais cette lucidité est le premier pas vers une sagesse qu'il faut inventer. Si la vérité échappe à toute prise, du moins peut-on en retrouver le mouvement dans la recherche de ce qu'il y a en soi de plus singulier. Cette prise de conscience qui se nourrit de la confrontation avec les autres et avec soi apprend à aimer la vie. Savoir savourer chaque minute, par la conscience aiguë qu'on sait en prendre, c'est savoir vivre. C'est à ce bonheur que Montaigne invite chacun de ses lecteurs.

Essais

DE L'INSTITUTION DES ENFANTS

Dans l'un des essais les plus longs du premier livre, Montaigne s'intéresse, comme tous les humanistes, comme Rabelais et Érasme, à la relation qui se tisse entre le maître et l'élève.

On ne cesse de criailler à nos oreilles, comme qui verserait dans un entonnoir, et notre charge[1], ce n'est que redire ce qu'on nous a dit. Je voudrais qu'il[2] corrigeât cette partie[3], et que, de belle arrivée[4], selon la portée de l'âme qu'il a en main, il commençât à la mettre sur la montre[5], lui faisant goûter les choses, les choisir, les discerner d'elle-même : quelquefois lui ouvrant le chemin, quelquefois le lui laissant ouvrir. Je ne veux pas qu'il invente et parle seul, je veux qu'il écoute son disciple parler à son tour. Socrate et, depuis, Archésilas[6] faisaient premièrement parler leurs disciples et puis ils parlaient à eux. « L'autorité de ceux qui enseignent nuit souvent à ceux qui veulent apprendre[7]. »

Il est bon qu'il le fasse trotter devant lui pour juger de son train[8], et juger jusques à quel point il se doit ravaler[9] pour s'accommoder à sa force. À faute de cette proportion nous gâtons tout : et de la savoir choisir et s'y conduire bien mesurément, c'est l'une des plus ardues besognes que je sache : et est l'effet d'une haute âme et bien forte, savoir condescendre à ses allures puériles et les guider. Je marche sûr et plus ferme à mont qu'à val[10].

Ceux qui, comme porte notre usage, entreprennent d'une même leçon et pareille mesure de conduite régenter plusieurs esprits de si diverses mesures et formes, ce n'est pas merveille si, en tout un peuple d'enfants, ils en rencontrent à peine deux ou trois qui rapportent quelque juste fruit de leur discipline.

« De l'institution des enfants », *Essais*, I, chapitre XXVI, 1580.

Détail d'une miniature des *Heures de Marie Chantault.*

■ **1. notre charge** : notre rôle, à nous élèves. ■ **2. il** : le maître. ■ **3. cette partie** : cette attitude. ■ **4. de belle arrivée** : dès l'abord. ■ **5. sur la montre** : sur la piste pour un galop d'essai. ■ **6. Archésilas** : philosophe grec comme Socrate. ■ 7. Phrase de Cicéron. ■ **8. train** : allure. ■ **9. ravaler** : se rabaisser. ■ **10. à mont qu'à val** : en montant qu'en descendant.

DES CANNIBALES

Montaigne a lu les récits des voyageurs qui sont allés au Brésil. En cherchant le contact direct avec des témoins oculaires, il en arrive à remettre en cause notre idée de la barbarie : « chacun appelle barbarie ce qui n'est pas de son usage ».

Ils dirent qu'ils trouvaient en premier lieu fort étrange que tant de grands hommes, portant barbe, forts et armés, qui étaient autour du Roi (il est vraisemblable qu'ils parlaient des Suisses de sa garde), se soumissent à obéir à un enfant[11], et qu'on ne choisissait plutôt quelqu'un d'entre eux pour commander ; secondement (ils ont une façon de leur langage telle qu'ils nomment les hommes moitié les uns des autres) qu'ils avaient aperçu qu'il y avait parmi nous des hommes pleins et gorgés de toutes sortes de commodités, et que leurs moitiés étaient mendiants à leurs portes, décharnés de faim et de pauvreté ; et trouvaient étrange comme ces moitiés ici nécessiteuses pouvaient souffrir une telle injustice, qu'ils ne prissent les autres à la gorge, ou missent le feu à leurs maisons.

Je parlai à l'un d'eux fort longtemps ; mais j'avais un truchement[12] qui me suivait si mal et qui était si empêché à recevoir mes imaginations par sa bêtise, que je n'en pus tirer guère de plaisir. Sur ce que je lui demandai quel fruit il recevait de la supériorité qu'il avait parmi les siens (car c'était un capitaine, et nos matelots le nommaient Roi), il me dit que c'était marcher le premier à la guerre ; de combien d'hommes il était suivi, il me montra un espace de lieu, pour signifier que c'était autant qu'il en pourrait en un tel espace, ce pouvait être quatre ou cinq mille homme ; si, hors de la guerre, toute son autorité était expirée, il dit qu'il lui en restait cela que, quand il visitait les villages qui dépendaient de lui, on lui dressait des sentiers au travers des haies de leurs bois, par où il pût passer bien à l'aise.

Tout cela ne va pas trop mal : mais quoi, ils ne portent point de hauts de chausses[13] !

« Des cannibales », *Essais*, livre I, chapitre XXXI, 1580.

■ **11. un enfant** : Charles IX a douze ans.
■ **12. truchement** : interprète.
■ **13. hauts de chausses** : pantalon qui s'arrête au genou.

DE LA VANITÉ

Dans ce long essai, Montaigne donne un exemple de sa liberté qui lui permet d'aller d'une idée à l'autre sans suivre un ordre rigoureux. Sa façon de composer ressemble à sa façon de voyager : sans chemin préconçu pour être prêt à toutes les découvertes.

Moi, qui le plus souvent voyage pour mon plaisir, ne me guide pas si mal. S'il fait laid à droite, je prends à gauche ; si je me trouve mal propre à monter à cheval, je m'arrête. En faisant ainsi, je ne vois à la vérité rien qui ne soit aussi plaisant et commode que ma maison. Il est vrai que j'en trouve la superfluité toujours superflue, et marque de l'empêchement[14] en la délicatesse[15] même et en l'abondance. Ai-je laissé quelque chose à voir derrière moi ? J'y retourne ; c'est toujours mon chemin. Je ne trace aucune ligne certaine, ni droite, ni courbe. Ne trouvé-je point où je vais, ce qu'on m'avait dit ? Comme il advient souvent que les jugements d'autrui ne s'accordent pas aux miens, et les ai trouvés plus souvent faux, je ne plains pas ma peine ; j'ai appris que ce qu'on disait n'y est point.

J'ai la complexion du corps libre[16] et le goût commun[17], autant qu'homme du monde. La diversité des façons d'une nation à autre ne me touche que par le plaisir de la variété. Chaque usage a sa raison. Soient des assiettes d'étain, de bois, de terre, bouilli ou rôti, beurre ou huile de noix ou d'olive, chaud ou froid, tout m'est un, et si un que, vieillissant, j'accuse[18] cette généreuse faculté, et aurai besoin que la délicatesse et le choix arrêtât l'indiscrétion[19] de mon appétit et parfois soulageât mon estomac. Quand j'ai été ailleurs qu'en France et que, pour me faire courtoisie, on m'a demandé si je voulais être servi à la française, je m'en suis moqué et me suis toujours jeté aux tables les plus épaisses[20] d'étrangers.

J'ai honte de voir nos hommes énivrés de cette sotte humeur de s'effaroucher des formes contraires aux leurs : il leur semble être hors de leur élément quand ils sont hors de leur village. Où qu'ils aillent, ils se tiennent à leurs façons, et abominent les étrangères. Retrouvent-ils un compatriote en Hongrie, ils festoient cette aventure : les voilà à se rallier et à se recoudre ensemble, à condamner tant de mœurs barbares qu'ils voient. Pourquoi non barbares, puisqu'elles ne sont françaises ? Encore sont-ce les plus habiles[21] qui les ont reconnues, pour en médire. La plupart ne prennent l'aller que pour le venir[22]. Ils voyagent couverts et resserrés d'une prudence taciturne et incommunicable, se défendant de la contagion d'un air inconnu.

« De la vanité », *Essais*, III, chapitre IX, 1588.

Détail d'une illustration du XVIe siècle.

■ **14. empêchement** : gêne. ■ **15. délicatesse** : raffinement. ■ **16. libre** : qui s'adapte à tout. ■ **17. commun** : qui accepte tout. ■ **18. j'accuse** : je me plains de. ■ **19. indiscrétion** : manque de modération. ■ **20. épaisses** : remplies. ■ **21. habiles** : intelligents. ■ **22. le venir** : le retour.

DE L'EXPÉRIENCE

Dans le dernier chapitre du dernier livre des *Essais*, Montaigne montre les limites de la raison humaine ; il faut apprendre à s'étudier soi-même pour mieux connaître les autres grâce à l'expérience. S'appuyant sur la diététique et la médecine, il construit peu à peu un art de vivre singulier, qui nous invite à être heureux.

Quand je danse, je danse; quand je dors, je dors; voire et[23] quand je me promène solitairement en un beau verger, si mes pensées se sont entretenues des occurrences étrangères[24] quelque partie du temps, quelque autre partie je les ramène à la promenade, au verger, à la douceur de cette solitude, et à moi. Nature a maternellement observé cela, que les actions qu'elle nous a enjointes pour notre besoin nous fussent aussi voluptueuses; et nous y convie, non seulement par la raison, mais aussi par l'appétit[25]: c'est injustice de corrompre ses règles.

Quand je vois et César et Alexandre[26], au plus épais de sa grande besogne, jouir si pleinement des plaisirs naturels et par conséquent nécessaires et justes, je ne dis pas que ce soit relâcher son âme, je dis que c'est la roidir, soumettant par vigueur de courage à l'usage de la vie ordinaire ces violentes occupations et laborieuses pensées. Sages, s'ils eussent cru que c'était là leur ordinaire vacation[27]; celle-ci[28], l'extraordinaire. Nous sommes de grands fous! «Il a passé sa vie en oisiveté», disons-nous; «Je n'ai rien fait d'aujourd'hui.» Quoi! avez-vous pas vécu? C'est non seulement la fondamentale, mais la plus illustre[29] de vos occupations. «Si on m'eût mis au propre des grands maniements[30], j'eusse montré ce que je savais faire.» Avez-vous su méditer et manier votre vie? vous avez fait la plus grande besogne de toutes. Pour se montrer et exploiter[31], Nature n'a que faire de fortune ; elle se montre également en tous étages, et derrière, comme sans rideau. Avez-vous su composer vos mœurs ? vous avez bien plus fait que celui qui a composé des livres. Avez-vous su prendre du repos ? vous avez plus fait que celui qui a pris des empires et des villes.

Notre grand et glorieux chef-d'œuvre, c'est vivre à propos.

Michel de Montaigne, «De l'expérience», *Essais*, III, chapitre XIII, 1588.

▪ 23. **voire et** : et aussi. ▪ 24. **occurrences étrangères** : des réflexions sans rapport avec la promenade. ▪ 25. **appétit** : désir. ▪ 26. **César et Alexandre** : célèbres conquérants de l'Antiquité. ▪ 27. **vacation** : occupation. ▪ 28. **celle-ci** : leur gloire. ▪ 29. **illustre** : glorieuse. ▪ 30. **maniements** : responsabilités. ▪ 31. **exploiter** : porter ses fruits.

L'exceptionnelle curiosité de Montaigne

Si, en 1571, Montaigne renonce à sa profession pour s'enfermer dans la bibliothèque de son château, il ne se contente pas de ses livres qu'il aime tant. Ses réflexions sur l'éducation se nourrissent de ses souvenirs de collégien ; pour parler des cannibales, il a reçu dans son château un voyageur qui connaissait les coutumes des indigènes du Brésil et il est allé interroger en personne les trois «cannibales» de passage à Rouen. Dès qu'il peut, il voyage, cherchant partout à découvrir ce qu'il ne connaît pas. Dans les anecdotes qu'il lit, comme dans les rencontres qu'il fait, il se montre curieux du moindre détail parce que chaque détail est comme un éclat de vérité qui remet en cause les certitudes courantes.

Qu'il aborde l'éducation, les voyages, la justice, la torture, ceux qu'on appelle «barbares», il est à l'affût des faits qui lui donnent un point de vue singulier, à l'écart des chemins battus où abondent formules toutes faites et préjugés. Cette curiosité insatiable qui lui permet de ne pas se payer de mots est ainsi l'une des formes de sa liberté d'esprit, si rare et si précieuse hier comme aujourd'hui.

D'AUBIGNÉ

Nom et prénom : **d'Aubigné, Agrippa**
Naissance : **le 8 février 1552, à Pons, en Saintonge**
Décès : **le 9 mai 1630, à Genève**
Lieux : **Paris, Talcy, Casteljaloux, Maillezais en Vendée**
Situation familiale : **marié avec Suzanne de Lezay, en 1583**
Profession : **homme de guerre**
Amitié : **Henri de Navarre**

Agrippa d'Aubigné perd sa mère en venant au monde. Élevé par son père dans les principes de la religion réformée, il reçoit une éducation exemplaire qui fait de lui une sorte d'enfant prodige. Mais il a juré à son père de venger les protestants suppliciés à Amboise et se jette dans la guerre au côté d'Henri de Navarre, le futur Henri IV. En 1572, absent de Paris lors de la Saint-Barthélémy, il est attaqué sur une route de Beauce. Croyant mourir, il se réfugie dans la famille de Diane Salviati qui lui inspire des sonnets et des odes.

C'est en 1577, gravement blessé dans une embuscade à Talcy, qu'il décide de faire entendre la vérité que lui dicte sa foi : il entreprend *Les Tragiques* où il dénonce les injustices des catholiques et redonne courage aux protestants. Indigné par l'abjuration d'Henri IV en 1593, il se retire sur ses terres. Il ne publie son chef-d'œuvre *Les Tragiques* qu'en 1616, sans nom d'auteur. Combattant vainement Louis XIII, il doit s'exiler à Genève, où il meurt, après être entré en conflit avec son fils, converti au catholicisme.

Ses œuvres principales

- un recueil de sonnets et de stances : *Le Printemps* (poèmes d'amour qu'il ne publie pas)
- une œuvre poétique découpée en sept livres : *Les Tragiques* (publication clandestine en 1616)
- un ouvrage d'histoire : *Histoire universelle* (1619-1621)

1616

Les Tragiques

Dans *Les Tragiques*, le poète dénonce les malheurs subis par les siens. Il évoque ainsi le 1er mars 1562, où le duc de Guise massacra à Vassy des protestants réunis pour prier. Mais le poète chante aussi le jugement dernier où Dieu renversera ce monde pour rendre justice aux martyrs.

LES FERS

On voit au bout d'un rang une troupe fidèle
Qui oppose à la peur la piété, le zèle,
Qui, au nez de Satan[1], voulant louer son Dieu
Sacrifie en chantant sa vie, au triste lieu
Où la bande meurtrière[2] arrive impitoyable,
Farouche de regards et d'armes effroyable,
Déchire le troupeau qui, humble, ne défend
Sa vie que de cris : l'un perce, l'autre fend
L'estomac et le cœur et les mains et les têtes,
Qui n'ont fer que le pleur ni boucliers que requêtes ;
Les autres de flambeaux embrasent en cent lieux
Le temple, à celle fin[3] que les aveugles feux
Ne sentent la pitié des faces gémissantes
Qui troublent, sans changer[4], les âmes pâlissantes.
Là même on voit flotter un fleuve dont le flanc
Du chrétien est la source et le flot est le sang.
Un cardinal[5] sanglant, les trompettes, les prêtres,
Aux places de Vassi et au haut des fenêtres,
Attisent leur ouvrage, et meurtriers de la voix
Guettent les échappés pour les montrer aux doigts[6].

« Les Fers », *Les Tragiques*, V, 1616.

JUGEMENT

Mais quoi ! c'est trop chanté, il faut tourner les yeux
Éblouis de rayons dans le chemin des cieux.
C'est fait, Dieu vient régner[7], de toute prophétie
Se voit la période[8] à ce point accomplie.
La terre ouvre son sein, du ventre des tombeaux
Naissent des enterrés les visages nouveaux :
Du pré, du bois, du champ, presque de toutes places
Sortent les corps nouveaux et les nouvelles faces.
Ici les fondements des châteaux rehaussés[9]
Par les ressuscitants promptement sont percés ;
Ici un arbre sent des bras de sa racine
Grouiller un chef[10] vivant, sortir une poitrine ;
Là l'eau trouble bouillonne, et puis s'éparpillant
Sent en soi des cheveux et un chef s'éveillant.
Comme un nageur venant du profond de son plonge[11],
Tous sortent de la mort comme l'on sort d'un songe.
Les corps par les tyrans autrefois déchirés
Se sont en un moment en leurs corps asserrés[12],
Bien qu'un bras ait vogué par la mer écumeuse
De l'Afrique brûlée en Thulé[13] froiduleuse.
Les cendres des brûlés volent de toutes parts ;
Les brins[14] plus tôt unis qu'ils ne furent épars
Viennent à leur poteau[15], en cette heureuse place,
Riants au ciel riant d'une agréable audace.

Agrippa d'Aubigné, « Jugement » (extrait),
Les Tragiques, VII, 1616.

■ **1. au nez de Satan** : dans une grange proche de l'église où le duc de Guise avait entendu la messe. ■ **2. bande meurtrière** : soldats catholiques. ■ **3. à celle fin** : pour que, afin que. ■ **4. sans changer** : sans modifier leur foi. ■ **5. cardinal** : Louis de Lorraine, frère du duc de Guise, aurait assisté au massacre. ■ **6. aux doigts** : du doigt. ■ **7. Dieu vient régner** : le Christ remet le monde à Dieu le Père. ■ **8. période** : quand toute prophétie se réalise. ■ **9. rehaussés** : élevés. ■ **10. chef** : tête. ■ **11. son plonge** : sa plongée. ■ **12. asserrés** : resserrés, réunis. ■ **13. Thulé** : île à demi légendaire située au nord de l'Écosse. ■ **14. brins** : particules de cendre. ■ **15. poteau** : là où on les a brûlés.

La fureur de l'indignation

Les Tragiques est un ouvrage unique sans précédent, qui sombre dans l'oubli peu après sa publication.

Dans cette œuvre, le poète s'engage de toutes ses forces pour servir la cause des protestants. Il se déchaîne contre les princes et les juges catholiques qui ont plongé le royaume dans la misère. Il rappelle le martyre des protestants et évoque les batailles où il a combattu. Mais ces guerres sont lues comme l'affrontement entre le Bien et le Mal qui se développe à travers toute l'histoire de l'humanité.

C'est dans sa foi nourrie de la lecture de la Bible, dans la souffrance des siens, dans son indignation, que le poète puise cette énergie qui donne à la satire sa dimension profondément épique.

LA LITTÉRATURE EN EUROPE

1500 1600

Introduite en Italie dès le début du XVe siècle, la révolution humaniste se répand dans toute l'Europe du XVIe siècle. Elle est à l'origine d'une renaissance des littératures européennes. Le modèle antique, évidemment déterminant en Italie, fascine les écrivains anglais comme il a touché les Français.

L'Espagne

Dans un style d'une grande simplicité, sainte Thérèse d'Avila, la réformatrice du Carmel, éclaire une expérience singulière : l'amour de Dieu. *Le Château intérieur*, paru en 1577, évoque les sept chambres où l'âme doit séjourner avant de parvenir à s'unir à Dieu. Saint Jean de la Croix, collaborateur de Thérèse d'Avila, écrit en prison son grand poème mystique, Le *Cantique spirituel*, et publie sept ans plus tard, en 1587, *La Vive Flamme d'amour*. Écriture rigoureuse qui reste brûlante, alors que le bel Amadis, héros du célèbre roman de Montalvo, a sombré dans l'oubli.

Sainte Thérèse d'Avila. Gouache du XVIe siècle.

L'Amadis de Gaule (1508)

Ordóñez de Montalvo fait paraître en Espagne, en 1508, *L'Amadis de Gaule*. Le roman de chevalerie raconte, au cours d'épisodes innombrables et fabuleux, les amours d'Amadis et d'Oriane, fille du roi de Bretagne. Comment ne pas aimer l'aimable Amadis, cet amant fidèle et respectueux de sa dame ? L'ouvrage connaît un immense succès en Italie, où il est traduit dès 1512. Le succès est aussi vif en France : *L'Amadis de Gaule* devient, sous Henri IV, la « Bible du roi » !

EL RAMO QVE DE LOS QVATRO LIBROS DE AMADIS DE GAVLA SALE.
LLAMADO LAS SERGAS DEL MVY Esforçado Cauallero Esplandian hijo del excelente Rey Amadis Gaula.
AORA NVEVAMENTE ENMENDADAS en esta impression, de muchos errores que en las impressiones passadas auia.
CON LICENCIA.
Impresso en Alcala de Henares, por los herederos de Iuan Gracian que sea en gloria, Año M.D.LXXXVIII.
A costa de Iuan de Sarria mercader de libros.

La page de garde de la première édition de *L'Amadis de Gaule*.

Illustration de la première édition de *La Reine des fées* de Edmund Spenser.

La Grande-Bretagne

Au début du siècle Thomas More publie l'*Utopie*, roman politique et social qui décrit le fonctionnement idéal d'une communauté. Plus tard, l'esprit de la Renaissance s'exprime avec une fantaisie brillante dans le chef-d'œuvre d'Edmund Spenser, *La Reine des fées* : chacun des six chants qui composent cette création inachevée célèbre le triomphe d'une vertu : Sainteté, Tempérance, Chasteté, Amitié, Justice, Courtoisie. Sir Philip Sydney compose des poèmes raffinés, comme son *Arcadia*, publiée en 1590, ou *Astrophel et Stella*, qui s'inspire des poètes italiens Sannazar et Pétrarque.

Sous le règne de la reine Élisabeth Ire, le théâtre anglais connaît un essor remarquable. Les théâtres permanents se multiplient : Londres en compte huit à la fin du siècle. Le théâtre attire tous les publics et, de 1580 à 1640, on aurait joué plus de deux mille pièces !

L'île d'Utopie du roman de Thomas More (1516).

L'Italie

Dans *Roland furieux*, paru en 1516 et 1532, le poète Ludovico Ariosto (l'Arioste) combine récits populaires et souvenirs érudits d'Homère, de Virgile et d'Ovide : il évoque le paladin Roland, amoureux de la païenne Angélique, qui perd l'esprit quand il découvre qu'elle lui préfère un simple soldat sarrasin, Médor. Le poème raconte aussi l'amour et le mariage de la vierge guerrière Bradamante avec le héros sarrasin Roger. Ces aventures extraordinaires, grâce à la verve d'un écrivain qui sait sourire de ses inventions, passionnent toute l'Europe.

Torquato Tasso (le Tasse), dans les vingt chants de sa *Jérusalem délivrée*, publiée malgré lui en 1581, cherche à retrouver la majesté et l'unité de l'*Iliade* et de l'*Énéide*. S'il chante la prise de Jérusalem par les croisés, ce sont surtout les amours de Renaud et de la belle enchanteresse Armide, ceux de Tancrède et de la guerrière Clorinde qui font battre le cœur des lecteurs.

Montaigne rendant visite à Torquato Tasso dans sa prison.

Le grand peintre vénitien Tiepolo s'inspire au XVIIIe siècle des épisodes de *Jérusalem délivrée* pour décorer la villa Valmarana à Vicence.

Érasme de Rotterdam, le prince de l'humanisme européen

Pour Didier Érasme, l'Europe n'est pas un vain mot : après des études en Italie puis à Paris, il séjourne en Angleterre, passe trois ans à Rome et à Venise, se fixe à Bâle et meurt à Fribourg. C'est à son ami l'humaniste anglais Thomas More qu'Érasme de Rotterdam dédie son *Éloge de la folie*. Rédigée en latin, publiée à Paris en 1511, cette satire brillante donne la parole à la Folie pour mieux dénoncer l'arrogance des hommes toujours prêts à céder à la violence du fanatisme. On retrouve dans cette œuvre l'humour de cet écrivain qui s'est battu constamment pour sauver la paix civile et religieuse dans toute l'Europe.

Le sourire d'Érasme vu par Dürer, le grand artiste allemand.

Thomas More, ami d'Érasme, auteur de la célèbre *Utopie* publiée en 1516.

La peinture et la musique

Peinture

— Jérôme Bosch, *Le Jardin des délices*, vers 1501 (Pays-Bas)
— Léonard de Vinci, *La Joconde*, vers 1505 (Italie)
— Albrecht Dürer, *Eve*, 1507 (Allemagne)
— Raphaël, *L'École d'Athènes*, 1511 (Italie)
— Michel-Ange, La voûte de la Chapelle Sixtine, 1512 (Italie)
— Titien, *L'Amour sacré et l'amour profane*, 1512 (Italie)
— Tintoret, *Suzanne et les vieillards*, 1560 (Italie)
— Pieter Bruegel, *Les Chasseurs de neige*, 1565 (Flandres)
— Greco, *L'Enterrement du comte d'Orgaz*, 1588 (Espagne)

Musique

— Jacopo Peri, *Dafné*, 1597 (Italie)
— Roland de Lassus, *Lamentations du prophète Jérémie*, 1585 (Flandres)
— William Byrd, *Songs of Sundrie Natures*, 1589

La poésie

Le mot « poésie » vient du verbe grec poiein, *qui signifie « fabriquer, produire, créer » et aussi « causer, agir ». La poésie crée de nouveaux rapports entre les mots et, ce faisant, elle crée de nouveaux rapports entre les mots et les choses. Ainsi, le mot « poésie » désigne d'abord l'art de faire des vers, d'agencer le discours selon certaines règles. Au XVIe siècle, il prend le sens d'inspiration, de sentiment poétique, qui fait voir autrement le monde qui nous entoure. Depuis le XIXe siècle, il désigne aussi tout ce qui, dans un être, un paysage, une situation, provoque l'émotion poétique. Facile ou savante, toujours fragile, de plus en plus négligée voire méprisée, la création poétique reste essentielle : elle est au cœur de toute création littéraire.*

Lithographie du peintre Georges Braque (1882-1963) pour illustrer une poésie de René Char (1907-1988).

Du Xe au XVe siècle : les troubadours et les rhétoriqueurs

Il faut attendre la fin du XIe siècle pour qu'un public oisif et cultivé accueille des jongleurs et des ménestrels, qui vont de château en château chanter les exploits des chevaliers. Au XIIe siècle, les troubadours, dans le Midi, puis les trouvères, dans le Nord, chantent les joies et les douleurs de l'amour. Apparaît ensuite une poésie plus réaliste avec Rutebeuf et plus satirique avec *Le Roman de Renart*. *Le Roman de la Rose*, chef-d'œuvre de la poésie allégorique, est une somme de courtoisie et de philosophie. Ainsi, se forgent les principaux vers français : l'octosyllabe – le plus fréquent –, le décasyllabe, l'alexandrin – qui tire son nom du « Roman d'Alexandre », poème du XIIe siècle. Aux XIVe et XVe siècles, marqués par de graves crises économiques et politiques, on s'intéresse aux techniques d'expression. Si Villon bouleverse par la force tragique de son *Testament*, les grands rhétoriqueurs, comme Jean Molinet, font surtout preuve de virtuosité.

Au XVIe siècle : les ambitions de la Pléiade

Au milieu du siècle, les jeunes poètes Du Bellay et Ronsard refusent l'héritage médiéval, même quand il prend la forme plus moderne que lui donne Clément Marot. Humanistes, ils veulent renouveler la poésie française en s'imprégnant des œuvres de l'Antiquité grecque et romaine : ils veulent rivaliser avec les œuvres de la Renaissance italienne. La poésie est exaltation, inspiration et le poète, par un labeur incessant qui enrichit la langue, se fait le messager des dieux. Ils mettent à la mode l'ode et surtout le sonnet, introduit en France par Marot, et font de l'alexandrin le principal vers de la poésie française. Les poètes de la Pléiade, dont Ronsard, Du Bellay, Jodelle, Baïf, se sont battus pour que la poésie soit considérée comme un art essentiel qui fait sentir le souffle de la Beauté.

Peinture du Titien (1490-1576), *L'Amour sacré et l'Amour profane.*

Au XVIIe siècle : le baroque et le classicisme

Après les violences des guerres de religion, les ambitions humanistes sont oubliées. Les poètes qu'on appellera « baroques », comme Saint-Amant ou Théophile de Viau, se veulent modernes et rejettent l'héritage antique. S'abandonnant à leur inspiration, ils aiment la souplesse de l'ode ou de l'élégie. Malherbe veut plus de rigueur : il fixe les règles de la versification classique, traque les cacophonies, les chevilles, les rimes faciles, condamne l'enjambement. Cette liberté et cette rigueur se combinent dans les *Fables* de La Fontaine. Miracle de culture, creuset où se fondent les traditions antiques et médiévales, exemple d'une versification qui sait varier les rythmes, alliant le sens de l'ornement à la rigueur de l'élégance, d'une lucidité aiguë mais d'un humour indulgent, les fables sont le refuge imprévu de la poésie, et pour longtemps.

Au XIXe siècle : le romantisme et le symbolisme

En 1820, dans les *Méditations poétiques*, Lamartine réveille la poésie endormie par les discours des philosophes des Lumières. La poésie romantique fait vibrer « les fibres mêmes du cœur de l'homme ». Pour Hugo, elle doit aussi « marcher devant les peuples comme une lumière ». Cette double conception de la poésie est condamnée par les tenants de l'art pour l'art, les parnassiens Gautier et Leconte de Lisle. Pour eux, le poète, voué à la seule beauté, cisèle des poèmes impersonnels. Baudelaire ne se contente pas de cette perfection formelle ; il cherche à établir des réseaux de correspondances entre les phénomènes matériels et spirituels qui font « entrevoir les splendeurs situées derrière le tombeau ». Pour Rimbaud, la poésie doit provoquer de véritables illuminations. Avec Mallarmé, le réel n'est pas décrit mais suggéré par des symboles savamment orchestrés. Le vers traditionnel, assoupli par les romantiques, est peu à peu abandonné : Rimbaud écrit les premiers poèmes en prose et Mallarmé, dans *Un coup de dés*, bouleverse la typographie. Les symbolistes, qui se réclament de Baudelaire, de Rimbaud, de Mallarmé, prônent le vers libre pour créer un univers mystérieux et musical.

Au XXe siècle : le surréalisme et l'Oulipo

Né des horreurs de la Première Guerre mondiale, le surréalisme affirme la nécessité absolue de la révolte. Pour libérer les forces créatrices, il faut combattre les fausses valeurs, morales, religieuses, d'un monde corrompu. Le surréalisme a une influence considérable sur la poésie du siècle. À quelques exceptions près, Paul Claudel, Paul Valéry, tous les grands poètes du XXe siècle ont été touchés par le surréalisme, qui a donné à l'image une place essentielle dans le processus poétique : Breton, Aragon, Éluard, Desnos, Queneau, Michaux, Char, Ponge. Pendant la Seconde Guerre mondiale, les poètes ont donné leur voix, parfois au risque de leur vie, pour soutenir la Résistance. La nécessité de la poésie a alors paru évidente. Si la poésie contemporaine est d'une étonnante diversité, du moins peut-on y distinguer deux grandes tendances : ceux qui, avec Queneau, Perec, Roubaud, fondent l'Oulipo et font du langage l'objet de recherches expérimentales, et ceux qui, comme Bonnefoy ou Jaccottet, créent un univers singulier à partir de leur lecture de Baudelaire et de Mallarmé.

DIX GRANDS RECUEILS

- François Villon, *Le Testament* (1461-1462)
- Pierre de Ronsard, *Amours* (1552-1578)
- Joachim Du Bellay, *Les Regrets* (1558)
- Jean de La Fontaine, *Fables* (1668, 1678, 1693)
- Victor Hugo, *Les Contemplations* (1856)
- Charles Baudelaire, *Les Fleurs du mal* (1857)
- Arthur Rimbaud, *Illuminations* (1886)
- Stéphane Mallarmé, *Poésies* (1887)
- Guillaume Apollinaire, *Alcools* (1913)
- Francis Ponge, *Le Grand Recueil* (1961)

Louis Le Nain, *La Tabagie,* dit aussi *Le Corps de garde*, 1643. Huile sur toile, 117 x 137 cm. Musée du Louvre, Paris.

1600
1650

Le temps des frondes

LA LITTÉRATURE ET SES CONTEXTES

1600 1650

Le temps des frondes

La proclamation de l'édit de Nantes en 1598 autorise les protestants à pratiquer librement leur culte. Elle met fin à des guerres civiles cruelles et dévastatrices. Ce retour à la paix, certes fragile, permet un véritable renouveau dans le domaine des arts et des lettres. C'est un moment de liberté pour des créateurs originaux, parfois désordonnés, longtemps méconnus mais toujours attachants, qu'on appelle aujourd'hui baroques.

1. L'histoire Les résistances à la monarchie

Assassinat du roi Henri IV, à Paris, le 14 mai 1610.

Un épisode de la Fronde, représenté par un tableau anonyme du XVIIe siècle.

En 1610, l'assassinat du roi Henri IV montre la fragilité de la paix que la France redécouvre après des années de guerres civiles. Il faut toute l'énergie du Premier ministre Richelieu, toute l'habileté de son successeur Mazarin pour maintenir un ordre d'autant plus contesté qu'il affirme partout sa présence. En 1648 éclatent plusieurs révoltes, les frondes, qui forcent le jeune Dauphin, le futur Louis XIV, à fuir Paris. Mais la bourgeoisie et les grands seigneurs n'arrivent pas à s'unir : le pouvoir royal s'impose alors comme seul capable d'éloigner le spectre de l'anarchie.

L'entrée triomphale de Louis XIII, lors de la prise de La Rochelle, en 1628.

Portrait de Louis XIV, à l'âge de 10 ans, réalisé par Henri Testelin en 1648.

2. La société La recherche d'un ordre

Portrait de mère Angélique Arnauld, par Philippe de Champaigne, 1654.

Saint François, par Zurbaran.

Dès le début du siècle, on assiste à une éclatante renaissance catholique : de nouveaux ordres se créent ; les ouvrages religieux se multiplient ; le clergé, mieux formé, influence tous les milieux. La noblesse d'épée, souvent brutale, toujours prête au duel ou à la rébellion, est sévèrement combattue par Richelieu, qui interdit les duels, fait décapiter les insoumis, rase les châteaux forts. La noblesse de robe, comme une grande partie de la bourgeoisie, s'enrichit et aspire à la paix civile. Mais les classes populaires, exploitées par les gens de guerre, écrasées par les impôts, épuisées par les famines et les épidémies, en sont réduites à des révoltes sauvagement réprimées.

Fileuses de laine. Peinture flamande du XVIIe siècle.

3. Les sciences La naissance de la science moderne

Riche de travaux décisifs, cette période voit naître la science moderne. En s'emparant du télescope pour observer le ciel, Galilée bouleverse notre conception de la science et de la nature. L'univers ordonné, clos, incorruptible conçu par Aristote laisse place à un monde ouvert sur l'infini. Surtout, dans ses *Discours* rédigés après sa condamnation par l'Église de Rome, Galilée étudie le mouvement en accordant une théorie mathématique et des mesures expérimentales précises. Descartes, Pascal, Gassendi pensent comme Galilée que les mathématiques permettent de connaître objectivement la nature. Voilà les savants lancés à l'assaut de l'univers.

René Descartes, le philosophe, renouvelle complètement la manière d'analyser les phénomènes.

La machine à calculer inventée par Blaise Pascal en 1642.

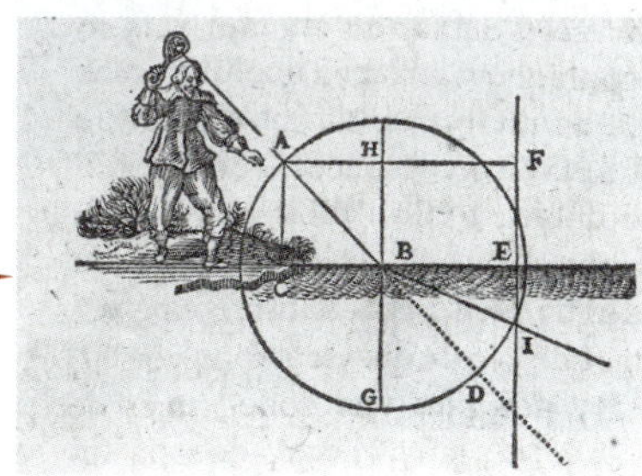

Illustration du *Discours de la méthode* de Descartes, 1637.

Le procès de Galilée confronté aux juges de l'Inquisition, en 1633.

Les lunettes astronomiques mises au point par Galilée.

4. Les lettres De l'indépendance au goût des règles

Écartant l'héritage des poètes humanistes qui s'imposent par l'étendue de leurs connaissances, les poètes, les dramaturges, les romanciers revendiquent hautement leur originalité. Dans les salons aristocratiques qu'ils fréquentent, comme celui de Madame de Rambouillet, on apprécie aussi la liberté de ton : on y parle amour, poésie, beau langage sans le moindre pédantisme. Tous ces créateurs originaux résistent aux exigences des partisans du poète Malherbe, aux règles théâtrales qu'élaborent les critiques. Mais la recherche de normes qui légitimeraient l'œuvre d'art se fait de plus en plus insistante. En 1634, Richelieu crée l'Académie française, qui a pour mission de « nettoyer la langue », et la querelle du *Cid* en 1637 met un frein aux libertés du théâtre baroque.

Décret royal signé par Louis XIII, qui fonde l'Académie française.

L'Académie française, créée en 1635.

5. L'édition La renaissance des librairies

Épuisée pendant les guerres de religion, l'édition française renaît rapidement de ses cendres. La plupart des livres publiés sont des ouvrages religieux : savantes recherches théologiques que les Jésuites répandent contre les protestants, missels, bréviaires. Mais peu à peu, les ouvrages savants en latin réservés aux spécialistes se font rares tandis que se multiplient les petits livres de piété et de dévotion dans la langue du pays. Se développe aussi toute une série d'ouvrages brefs ou « moyen court » qui intéressent le public aux controverses politiques ou religieuses. L'édition française manifeste pendant la Fronde une grande liberté qui inquiète le pouvoir.

Le Colporteur de livres. Peinture à l'huile de l'École française, XVIIe siècle.

Cavalier français lisant, de profil. Dessin à la plume du XVIIe siècle.

6. Les arts La diversité du baroque

La vie des arts est d'une grande diversité. Les hôtels particuliers jouent sur les contrastes de la brique, de la pierre et de l'ardoise des toits ; on s'inspire parfois, à l'italienne, d'éléments antiques : à la Sorbonne, au palais du Luxembourg, à l'église du Val-de-Grâce. L'influence de l'Italie se fait sentir aussi en peinture : les envolées lyriques de Rubens, les peintures claires de Simon Vouet, les ténébreuses compositions de Valentin. À l'écart de Rome et de la Cour, les frères Le Nain, Georges de La Tour donnent eux aussi tout leur éclat à la peinture française.

La place Royale, à Paris, en 1655.

Marthe reprochant sa vanité à Marie-Madeleine

Simon Vouet (1621)

Artiste précoce, Simon Vouet s'est d'abord imposé à Rome puis a été rappelé à Paris par Louis XIII en 1627. D'une prodigieuse inventivité, il a fait souffler l'esprit baroque sur la peinture, les tapisseries, la décoration. Il interprète un thème tiré de la Bible qui a aussi inspiré les grands peintres baroques, l'Italien Caravage et le Flamand Rubens. (Huile sur toile, 110 x 140 cm, Musée des Beaux-arts, Vienne.)

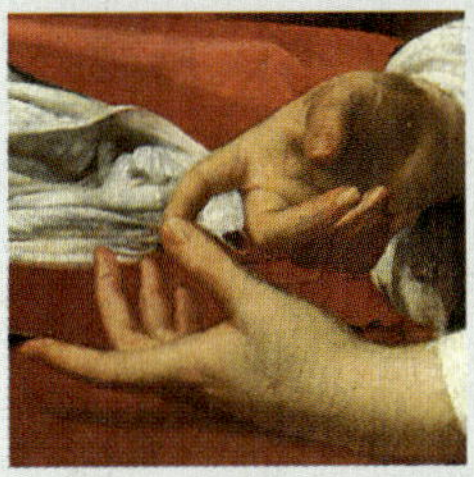

Marthe compte sur les doigts de sa main les griefs qu'elle adresse à Marie-Madeleine. La scène s'organise autour de ce dialogue qui invite à la conversation. Le visage de Marthe est tendu vers son interlocutrice qui, légèrement en surplomb, semble marquer un mouvement de recul.

La discrétion de Marthe s'oppose au luxe tapageur de Marie-Madeleine : la lourdeur moirée des étoffes, les perles dans ses cheveux, les boucles d'oreilles, les colliers, une fiole de parfum, l'élégant décolleté composent le portrait moral d'une femme séduite par les apparences.

L'éclairage théâtral qui fait jaillir les visages de l'ombre, le jeu des diagonales et des courbes attirent l'attention vers le mouvement mystérieux d'une conversion : Marthe réussira-t-elle à tourner Marie-Madeleine vers la foi chrétienne ?

MALHERBE

Nom et prénom : **de Malherbe, François**
Naissance : **en 1555, à Caen**
Décès : **le 6 octobre 1628, à Paris**
Lieux : **Caen, Aix-en-Provence, Paris**
Situation familiale : **marié en 1581 ; quatre enfants, dont trois morts en bas âge**
Professions : **des charges diverses auprès de diplomates, de juristes ; écuyer du roi**
Amitiés : **des humanistes comme le cardinal Du Perron, des disciples comme le poète Racan, le juriste érudit Fabri de Peiresc, la princesse de Conti**

De bonne noblesse normande, fils aîné d'un magistrat, Malherbe reçoit une éducation approfondie dans les universités protestantes de Bâle et de Heidelberg mais il refuse la carrière paternelle et devient secrétaire du gouverneur de Provence. Sa notoriété de poète s'impose lentement et il doit attendre 1605 pour que le roi Henri IV le récompense d'un poste d'écuyer. Devenu favori de la régente Marie de Médicis, il fréquente l'élégant salon de Madame de Rambouillet et célèbre dans ses vers les grands événements de la Cour. Mais, dès 1615, il s'en éloigne. C'est en vain qu'il demandera au roi Louis XIII de punir les meurtriers de son fils Marc-Antoine, tué lors d'un duel en 1627. Dans son modeste appartement parisien, il expose à quelques disciples passionnés sa conception de la poésie : il exige la clarté et chasse pédantisme, archaïsme, virtuosité gratuite. Mourant, il aurait reproché à son hôtesse d'employer un mot incorrect : « Il voulait, dit son disciple Racan, jusques à la mort maintenir la pureté de la langue française. »

Ses œuvres principales

- des poèmes (divers recueils collectifs jusqu'au recueil de ses plus beaux vers en 1627)
- des traductions de Tite-Live (1616, 1621)
- des lettres (recueils en 1618, 1627)

1607

Consolation à Monsieur Du Périer sur la mort de sa fille

En s'adressant à son ami Du Périer, qui vient de perdre en 1598 une petite fille de cinq ans, Malherbe, qui a perdu lui-même deux garçons en bas âge, s'inspire du philosophe stoïcien Sénèque. La mort doit être acceptée car elle est le destin de tout être vivant, quelle que soit sa puissance. C'est la loi de ce « monde » et cette loi contre laquelle on ne peut rien est d'origine divine.

Ta douleur, Du Périer, sera donc éternelle,
Et les tristes discours
Que te met en l'esprit l'amitié paternelle
L'augmenteront toujours ?

Le malheur de ta fille au tombeau descendue
Par un commun trépas,
Est-ce quelque dédale[1], où ta raison perdue
Ne se retrouve pas ?

Je sais de quels appas[2] son enfance était pleine,
Et n'ai pas entrepris,
Injurieux[3] ami, de soulager ta peine
Avecque son mépris[4].

Mais elle était du monde, où les plus belles choses
Ont le pire destin,
Et, rose, elle a vécu ce que vivent les roses,
L'espace d'un matin.

Puis quand ainsi serait, que selon ta prière,
Elle aurait obtenu
D'avoir en cheveux blancs terminé sa carrière[5],
Qu'en fût-il advenu ?

Penses-tu que, plus vieille, en la maison céleste
Elle eût eu plus d'accueil ?
Ou qu'elle eût moins senti la poussière funeste
Et les vers du cercueil ?

Non, non, mon Du Périer, aussitôt que la Parque[6]
Ôte l'âme du corps
L'âge s'évanouit au deçà de la barque[7],
Et ne suit point les morts.
[…]
La mort a des rigueurs à nulle autre pareille ;
On a beau la prier,
La cruelle qu'elle est se bouche les oreilles
Et nous laisse crier.

Le pauvre en sa cabane, où le chaume le couvre,
Est sujet à ses lois ;
Et la garde qui veille aux barrières du Louvre
N'en défend point nos rois.

De murmurer contre elle et perdre patience
Il est mal à propos ;
Vouloir ce que Dieu veut est la seule science
Qui nous mette en repos.

François de Malherbe,
Consolation à Monsieur Du Périer, 1607.

L'enfant mort.
Peinture à l'huile du XVIIe siècle.

■ **1. dédale** : labyrinthe. ■ **2. appas** : charmes. ■ **3. injurieux** : comme un ami qui insulterait ta douleur. ■ **4. avecque son mépris** : en méprisant son chagrin. ■ **5. carrière** : le cours de la vie. ■ **6. Parque** : divinité qui décide, en coupant le fil de la vie, de notre mort. ■ **7. barque** : la barque de Charon qui transportait les morts dans l'Au-delà.

L'art et le renouvellement du discours poétique

Refusant la tradition poétique de l'humanisme, Malherbe condamne les images difficiles, le symbolisme complexe, les recherches lexicales. À ses yeux, la poésie ne s'adresse pas aux spécialistes, savants, érudits, juristes, mais aux gens de la Cour. Discours logique, respectant l'usage courant de la langue, réglé par une versification rigoureuse, le texte poétique célèbre dans des formules mémorables les grands événements de l'actualité, les lieux communs de la sagesse antique ou chrétienne.

La célébrité des vers 15 et 16 (« Et, rose… ») tient à la simplicité harmonieuse de la formule qui rend frappante une image plutôt banale. Le mot « rose », au singulier à l'initiale et au pluriel en finale, encadre les formes contrastées du même verbe. C'est par ce travail rigoureux que le poète, « arrangeur de syllabes », traversera les siècles : « Ce que Malherbe écrit dure éternellement », affirme-t-il fièrement à ceux qui se moquent de la minceur de son œuvre.

URFÉ

Nom et prénom : **d'Urfé, Honoré**
Naissance : **le 10 février 1567, à Marseille**
Décès : **le 1er juin 1625, à Villefranche-sur-Mer**
Lieux : **le Forez, la Provence, Tournon, la Savoie, le Jura, Paris, Turin**
Situation familiale : **marié en 1600 ; séparation à l'amiable (vers 1613)**
Professions : **guerrier, diplomate, écrivain**
Amitiés : **Malherbe, François de Sales, Marguerite de Valois**

Issu d'une famille d'humanistes, diplomates et hommes politiques, le jeune Honoré d'Urfé, après de solides études au collège jésuite de Tournon, combat dans les armées catholiques et se retrouve plusieurs fois arrêté. Mais ce guerrier est aussi philosophe : c'est en prison qu'il commence les *Épîtres morales* inspirées de Sénèque et de Platon. En 1600, il épouse sa belle-sœur récemment séparée de son mari. Il se rapproche alors de la cour d'Henri IV, est nommé gentilhomme ordinaire du roi et connaît une existence plus paisible.

En 1607 paraît la première partie de son œuvre majeure, *L'Astrée,* commencée une quinzaine d'années plus tôt. Le succès est immédiat mais l'œuvre, complétée en 1610, 1619 et 1624, reste inachevée : le marquis d'Urfé, qui a repris du service dans la guerre franco-espagnole, tombe malade au cours des combats et meurt en 1625.

Ses œuvres principales

- un poème pastoral : *Sireine* (1604)
- des textes religieux : *Épîtres morales* (1598)
- un roman : *L'Astrée* (1607, 1610, 1619, 1624)

1610

L'Astrée

Au Ve siècle, la région du Forez échappe aux guerres qui déchirent la Gaule. Astrée, abusée par Sémire, croit à tort que Céladon lui est infidèle et le chasse. Désespéré, Céladon se jette dans le Lignon. Alors qu'on le croit mort, la princesse Galathée le recueille et le retient dans son château pour l'épouser. Céladon parvient à fuir. Retiré dans la forêt, il élève un temple dédié à Astrée. Il espère toujours mais Astrée le croit mort. Dans l'épisode qui suit, Céladon, condamné par Astrée, vit caché dans les bois. C'est par hasard qu'il découvre Astrée qui s'est endormie dans la forêt où elle s'est perdue avec ses amis.

Le soleil ne paraissait point encore, lorsque de fortune[1] il adressa ses pas du côté où était cette troupe. Et parce qu'il s'en allait tout en ses pensées, sans prendre garde à ce qui lui était autour, jamais homme ne fut plus étonné[2] que lui, quand tout à coup il aperçut Astrée. Elle avait un mouchoir dessus les yeux qui lui cachait une partie du visage, un bras sous la tête, et l'autre étendu le long de la cuisse, et le cotillon[3], un peu retroussé par mégarde, ne cachait pas entièrement la beauté de la jambe. Et d'autant que son corps de jupe[4] la serrait un peu, elle s'était délacée, et n'avait rien sur le sein qu'un mouchoir de reseuil[5] au travers duquel la blancheur de sa gorge paraissait merveilleusement. Du bras qu'elle avait sous la tête, on voyait la main avalée jusque sous le coude, permettant ainsi la vue d'un bras blanc et potelé, dont les veines, pour la délicatesse de la peau, par leur couleur bleue, découvraient leurs divers passages. Et quoique de cette main elle tînt sa coiffure qui la nuit s'était détachée, si est-ce que[6] pour la serrer[7] trop négligemment, une partie de ses cheveux était éparse sur sa joue, et l'autre prise à quelques ronces qui étaient voisines.

Ô quelle vue fut celle-ci pour Céladon ! Il fut tellement surpris qu'il demeura immobile sans pouls, et sans haleine, et n'y avait en lui autre signe de vie que le battement du cœur et la vue qui semblait être attachée sur ce beau visage. Mais il lui advint lors comme à ces personnes qui ont longuement demeuré dans des profondes ténèbres, et qui sont tout à coup portées aux plus clairs rayons du soleil ; car tout ainsi qu'elles demeurent éblouies par trop de clarté, de même pour avoir trop de contentements il n'en pouvait jouir d'un seul, les ayant eus tout à coup, et venant de quitter l'obscurité de ses déplaisirs.

Quelque temps après, ayant repris un peu plus de force, il commença de considérer ce qu'il voyait, tantôt regardant ce visage aimé, tantôt le sein de qui les trésors ne lui avaient jamais été découverts, et sans se pouvoir saouler de considérer toutes ces beautés, il eût voulu, comme un nouvel Argus[8], avoir tout le corps couvert d'yeux. Mais lorsqu'il était en cette agréable contemplation, voilà sa pensée qui lui trouble toute sa joie. Retire-toi, lui disait-elle, retire-toi, infortuné berger, de ce lieu bienheureux, et qu'il ne soit point davantage profané par tes yeux. As-tu déjà mis en oubli la défense qui t'a été faite ? Ne sais-tu qu'il ne t'est pas permis de te présenter devant ses yeux ? Et peux-tu mettre en oubli ce commandement, ou si tu t'en souviens, y peux-tu contrevenir[9] ? Il se retira les bras croisés et les yeux tendus au ciel après ces paroles, comme si c'eussent été des chaînes qui le retirassent avec violence de ce lieu ; mais certes ses pensées et ses pas faisaient bien un différent chemin, car plus l'un l'éloignait d'Astrée, et plus l'autre l'en approchait.

Enfin l'ayant perdue de vue, il demeura si troublé qu'il fut contraint de s'arrêter tout court. De m'en aller, disait-il, je ne puis ; de m'y en retourner, je n'oserais ; de demeurer ici, je me travaille[10] en vain : à quoi nous résoudrons-nous donc ? À recevoir, disait-il après, la faveur que le Ciel nous a faite sans la lui avoir demandée. Mais comment contreviendrons-nous au commandement de celle à qui nous n'avons jamais désobéi ? Mais, se répondait-il, ne contrevenant point à ce qu'elle m'a commandé, n'est-ce pas faute[11] d'amour, si par crainte je me prive de sa vue ? Or elle ne m'a pas commandé de ne la voir point, car dès lors je me fusse privé de mes yeux, mais seulement que je ne me fisse point voir à elle. Mais comment me verra-t-elle en dormant ? Prenons donc Amour pour guide, et sous sa conduite, allons l'adorer en elle, comme au lieu où il est en sa plus grande gloire.

Honoré d'Urfé, *L'Astrée*, seconde partie, 1610.

▪ **1. de fortune** : par hasard. ▪ **2. étonné** : stupéfait. ▪ **3. cotillon** : jupon. ▪ **4. corps de jupe** : corsage. ▪ **5. reseuil** : dentelle. ▪ **6. si est-ce que** : pourtant. ▪ **7. pour la serrer** : parce qu'elle la serrait. ▪ **8. Argus** : prince aux cent yeux dont cinquante restent ouverts quand il dort. ▪ **9. contrevenir** : désobéir. ▪ **10. travaille** : tourmente. ▪ **11. faute** : manque.

L'Astrée, le premier roman-fleuve

Ce roman-fleuve de cinq mille pages met en scène des bergers dans le Forez au ve siècle de notre ère. Ces bergers sont des nobles qui ont renoncé à toute ambition sociale pour se consacrer à la recherche de l'amour vrai. À partir des amours contrariées d'Astrée et de Céladon, fil directeur constamment interrompu, se tissent de multiples épisodes qui déploient avec une élégance raffinée les mille possibilités du genre romanesque : dialogues, récits, lettres, portraits, paysages. Des phrases sinueuses cernent les replis du cœur humain. Ainsi, ce passage réunit une description très suggestive du corps d'Astrée exposé à la vue de Céladon et une méditation qui montre le déchirement de l'amoureux. Chaque pièce de vêtement, en ne cachant que partiellement telle ou telle partie du corps, en suggère la beauté interdite ; la peau elle-même révèle les veines qui montrent « par leur couleur bleue » le passage du sang ; fascinant vertige qui fait, on le comprend, défaillir Céladon. Le discours intérieur montre le héros déchiré entre sa fidélité à l'être aimé et le désir qui le pousse à le contempler. Il doit justifier son désir : en retournant vers elle, c'est à l'amour qu'il se soumet.

MOUVEMENT LITTÉRAIRE ET CULTUREL

Le baroque

Le mouvement baroque se répand dans toute l'Europe de la fin du XVIe siècle au début du XVIIe. Refusant de se plier à une doctrine, l'artiste baroque revendique son indépendance, se livre aux élans de son imagination, adore étonner par sa virtuosité.

Le mot « baroque »

Au XVIIe siècle, le mot « baroque » appartient au lexique des joailliers et « ne se dit que des perles qui ne sont pas parfaitement rondes » (Furetière). Sans doute influencé par un mot du latin médiéval qui désignait des raisonnements illogiques, « baroque » a longtemps qualifié tout ce qui est d'une « bizarrerie choquante » (Littré). C'est seulement à la fin du XIXe siècle que le mot a été utilisé en histoire de l'art : architecture, peinture, puis musique, littérature. Il désigne toutes les formes d'art apparues en Europe à la fin des guerres de religion.

L'œuvre de Rubens exprime toute la virtuosité et la fougue de l'art baroque. *Chasse au tigre et au léopard*, Pierre Paul Rubens, 1615.

Pierre Corneille lisant une de ses pièces dans un salon du XVIIe siècle.

HISTOIRE DU MOUVEMENT

Un monde en crise

Le mouvement baroque se développe dans un univers déchiré par les guerres civiles et religieuses qui ont mis fin aux rêves des humanistes. Cet univers instable sécrète une anxiété diffuse qui nourrit les créations baroques.

Les créateurs solitaires

Les écrivains baroques sont trop indépendants pour former un mouvement : il n'est pas question pour eux d'obéir à une doctrine ou à un chef d'école. Opposés aux conceptions rigoureuses de Malherbe, ils se rencontrent dans les salons, dans les cabarets, parfois à la Cour. Dès 1620, Théophile de Viau est célèbre ; Saint-Amant sera admis à l'Académie française. Au théâtre, *Pyrame et Thisbé* de Théophile de Viau, la *Marianne* de Tristan l'Hermite, *Clitandre* de Corneille obtiennent de véritables triomphes. Le genre romanesque offre une liberté dont ils profitent : *L'Astrée* d'Honoré d'Urfé, *Francion* de Charles Sorel, *Le Page disgracié* de Tristan l'Hermite ouvrent des voies nouvelles.

Poète et romancier, Tristan l'Hermite est également l'auteur d'une tragédie, *Marianne*, en 1636, dont le succès rivalise avec *Le Cid* de Corneille.

Le coup d'arrêt

Le mouvement s'affaiblit dès les années 1640. La recherche de règles imposées par Malherbe et les critiques vont démoder rapidement le goût de la démesure et de l'imagination. En 1623, l'emprisonnement de Théophile de Viau met un coup d'arrêt au libertinage de ces esprits hostiles à tous les dogmes.

LES PRINCIPES DU MOUVEMENT

La modernité

Refusant la tradition humaniste fondée sur l'étude et l'imitation des « anciens auteurs », l'écrivain baroque valorise l'originalité : il se veut moderne.

La liberté

Aux constructions rigoureusement réglées, le poète baroque préfère l'improvisation. Ce désordre lui paraît plus exaltant qu'un ordre qu'il trouve froid.

La virtuosité

L'artiste baroque multiplie les hyperboles outrées, les métaphores recherchées, les antithèses hardies. Plus la figure est recherchée, plus elle frappe l'esprit : l'usage de la pointe étonne la raison, crée la surprise, chasse la banalité.

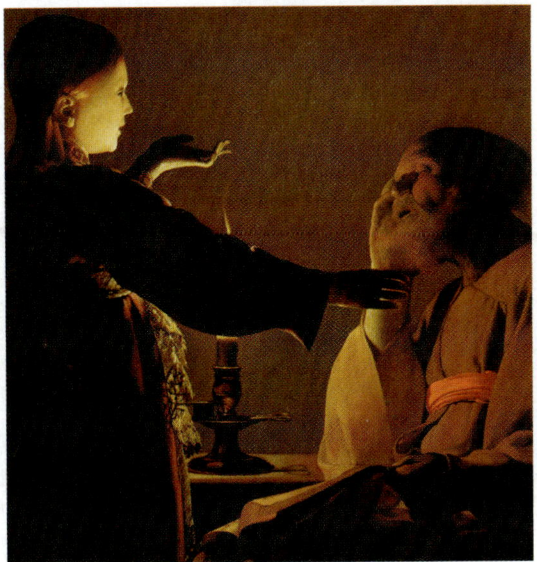

Georges de La Tour, peintre de la nuit et de la lumière. *Apparition de l'ange à saint Joseph*, 1635-1640.

L'influence de l'art baroque s'exprime encore aujourd'hui. Création du couturier Christian Lacroix. Automne 1996.

LES PRINCIPAUX THÈMES DU MOUVEMENT

L'univers en mouvement

Des transformations incessantes modifient les apparences. Entre l'extase et l'effroi, le baroque est fasciné par la puissance du devenir.

La solitude

Dans la solitude, le poète existe enfin pour lui-même. Loin de la Cour et de ses contraintes, le poète se sent lié aux forces qui animent l'univers.

Les éclats de la beauté

Dans un monde où les masques et les miroirs troublent les certitudes, les sensations sont exaltées par des métaphores qui en révèlent la beauté.

À travers la mise en scène spectaculaire de l'extase de sainte Thérèse, Lorenzo Bernini, dit le Bernin, s'impose comme l'un des maîtres du mouvement baroque. *Extase de sainte Thérèse*, 1652.

Les grandes œuvres du baroque

Littérature

- Théophile de Viau, *Œuvres*, 1621
- Charles Sorel, *Francion*, 1623
- Corneille, *Clitandre*, 1632 ; *L'Illusion comique*, 1635

Peinture

- Le Caravage, *La Mort de la vierge*, 1606
- Rubens, *Histoire de Marie de Médicis*, 1625
- Georges de La Tour, *Le Tricheur à l'as de carreau*, vers 1638

Architecture

- Le Bernin, la place Saint-Pierre, à Rome, 1656
- Borromini, l'église Sant'Ivo della Sapienza, 1642-1661
- Lemercier, la chapelle de la Sorbonne, 1635
- Le dôme des Invalides, à Paris, 1679-1691

VIAU

Nom et prénom : **de Viau, Théophile**
Souvent appelé : **Théophile**
Naissance : **en 1590, à Clairac, en Agenais**
Décès : **le 25 septembre 1626, à Paris**
Lieux : **le Languedoc, la Hollande, l'Angleterre, Paris**
Situation familiale : **célibataire**
Profession : **au service du comte de Candale puis du duc de Luynes**
Amitiés : **le duc Liancourt, le poète Des Barreaux**

Théophile de Viau, fils d'un noble lettré, a fréquenté divers collèges protestants, visité de nombreux pays avant d'être présenté à la Cour où l'on apprécie son « esprit hardi », sa verve audacieuse. Cette audace et la vie joyeuse qu'il mène en compagnie de poètes amis de tous les plaisirs lui valent un premier exil sur l'ordre de Louis XIII. Mais il retrouve vite la faveur du roi, combat dans ses armées et se voit partout bien reçu. Ses vers, parus d'abord dans des recueils collectifs, ont en 1621 l'honneur d'une édition séparée. La même année, sa tragédie *Pyrame et Thisbé* remporte un éclatant succès. Il est alors le plus célèbre des poètes anticonformistes qu'on appelle libertins ou épicuriens.

Mais en 1622, les Jésuites Garasse et Voisin l'accusent d'impiété et de débauche : « apprenti d'athéisme », « moucheron de taverne », « évadé de Sodome » ! Le poète libertin est condamné à être brûlé vif. Arrêté le 17 septembre 1623, jeté dans le cachot de Ravaillac, harcelé par des juges hostiles, il n'est libéré que le 1er septembre 1625. Il meurt un an plus tard, épuisé par ces épreuves.

Ses œuvres principales

- divers recueils de poèmes, dont : *Œuvres* (1621)
- un *Traité de l'immoralité de l'âme adapté de Platon* (1621)
- une tragédie : *Pyrame et Thisbé* (1621)

1621

Œuvres

Théophile de Viau revendique pour sa poésie la pleine liberté de l'inspiration ; il laisse libre cours aux humeurs les plus changeantes. Tantôt l'univers s'assombrit et le poème s'ouvre sur d'inquiétantes énigmes ; tantôt Théophile se livre ébloui à la contemplation d'une femme endormie.

ODE

Un corbeau devant moi croasse,
Une ombre offusque[1] mes regards,
Deux belettes et deux renards
Traversent l'endroit où je passe,
Les pieds faillent à[2] mon cheval,
Mon laquais tombe du haut mal[3],
J'entends craqueter le tonnerre,
Un esprit se présente à moi,
J'ois[4] Charon[5] qui m'appelle à soi,
Je vois le centre de la terre.

Ce ruisseau remonte en sa source,
Un bœuf gravit sur[6] un clocher,
Le sang coule de ce rocher,
Un aspic[7] s'accouple d'une ourse,
Sur le haut d'une vieille tour
Un serpent déchire un vautour,
Le feu brûle dedans la glace,
Le Soleil est devenu noir,
Je vois la Lune qui va choir,
Cet arbre est sorti de sa place.

« Ode », *Œuvres*, 1621.

STANCES

Quand tu me vois baiser tes bras
Que tu poses nus sur tes draps
Bien plus blancs que le linge même :
Quand tu sens ma brûlante main
Se promener dessus ton sein,
Tu sens bien, Cloris, que je t'aime.

Comme un dévot devers les cieux,
Mes yeux tournés devers tes yeux,
À genoux auprès de ta couche,
Pressé de mille ardents désirs,
Je laisse sans ouvrir ma bouche
Avec toi dormir mes plaisirs.

Le sommeil aise de t'avoir
Empêche tes yeux de me voir,
Et te retient dans son empire
Avec si peu de liberté,
Que ton esprit tout arrêté
Ne murmure ni ne respire.

La rose en rendant son odeur,
Le Soleil donnant son ardeur,
Diane et le char qui la traîne,
Une Naïade dedans l'eau,
Et les Grâces dans un tableau,
Font plus de bruit que ton haleine.

Là je soupire auprès de toi,
Et considérant comme quoi
Ton œil si doucement repose,
Je m'écrie : Ô ciel ! peux-tu bien
Tirer d'une si belle chose,
Un si cruel mal que le mien ?

Théophile de Viau, « Stances »,
Œuvres, 1621.

Vénus endormie surprise par l'Amour.
Peinture à l'huile d'Eustache Le Sueur (1616-1655).

■ **1. offusque** : met un voile sur. ■ **2. faillent à** : manquent à, se dérobent sous. ■ **3. haut mal** : épilepsie. ■ **4. j'ois** : j'entends. ■ **5. Charon** : dans la mythologie antique, le batelier qui fait franchir aux morts le fleuve des Enfers. ■ **6. gravit sur** : escalade. ■ **7. aspic** : serpent venimeux, emblème au Moyen Âge de l'incrédulité.

La sensibilité baroque

Pour Théophile de Viau, le vrai poète ne se soucie ni des auteurs antiques ni des contemporains, il veut écrire à sa guise, librement. Dans la solitude de la retraite, à l'écart des contraintes sociales mais proche des forces naturelles, le poète se livre aux mouvements d'une inspiration vagabonde. Bouleversé par la beauté du monde, troublé par sa fragilité, comme on le voit dans son « Ode », toujours à vif, il laisse le champ libre à ses élans les plus singuliers. C'est parce qu'il est indifférent aux règles et aux modèles qu'il peut exprimer ce qu'il ressent, rêvant d'« inventer quelque nouveau langage » pour rester au plus près des sensations, des émotions qui inspirent son œuvre. Il n'hésite pas alors devant les expressions risquées : à genoux auprès de Cloris endormie, il ose se comparer à un dévot à genoux sur son prie-dieu, les yeux tournés vers la divinité qu'il contemple. Hyperbole plaisante ou provocation sacrilège ?

SOREL

Nom et prénom : **Sorel, Charles**
Naissance : **en 1599 ou 1602, à Paris**
Décès : **le 7 mars 1674, à Paris**
Lieu : **Paris**
Situation familiale : **célibataire**
Professions : **écrivain, historiographe du roi**
Amitiés : **Théophile de Viau, Saint-Amant, Guy Patin, l'abbé Michel de Marolles**

Fils d'un procureur parisien, Charles Sorel, qui prétend descendre d'Agnès Sorel, la belle maîtresse de Charles VII, écrit très tôt des nouvelles et des romans. Ami de poètes libertins comme Théophile de Viau et Saint-Amant, il exprime des idées audacieuses dans les premiers livres de l'*Histoire comique de Francion,* qui paraissent en 1623. Le livre, qui est perçu comme immoral, fait scandale. Mais l'arrestation de Viau le force à la prudence et il élimine les pages les plus provocantes dans les éditions qui suivent. Après l'échec de *Polyandre,* où il projette de peindre la société de son temps, il renonce au roman et se consacre à des études variées car il s'intéresse à tout : histoire, sciences, morale, littérature, bibliographie. Taciturne, parfois sombre, extrêmement sensible, Charles Sorel est un homme discret. La plupart de ses nombreux ouvrages sont publiés sans son nom d'auteur. Esprit indépendant, à l'écart des modes et du succès, il est privé de sa pension d'historiographe du roi, puis ruiné par la suppression des rentes de l'Hôtel de Ville. Il est recueilli par un neveu. Là, il travaille toujours à la « connaissance des bons livres ». Il meurt dans la gêne.

Ses œuvres principales

- des romans, dont : *Histoire comique de Francion* (1623), *Le Berger extravagant* (1627), *Polyandre* (1648)
- des ouvrages historiques, dont : *Histoire de la monarchie française* (1629), *Histoire de Louis XIII* (1646)
- des ouvrages de critique, dont : *La Bibliothèque française* (1664), *De la connaissance des bons livres* (1671)

1623

Histoire comique de Francion

Francion, gentilhomme breton, raconte sa vie à Raymond : son enfance, sa vie remuante de collégien. Il s'interrompt en voyant le portrait de Nays dont il tombe amoureux. Puis il évoque sa vie de bohème, ses premiers succès littéraires, son maître Clérante. Au cours d'une nuit très libertine chez Raymond, il retrouve Laurette, la comble et s'en déprend : il ne pense plus qu'à la belle Nays. Dans sa version de 1623, le roman de Sorel multiplie les audaces. Ici, une entremetteuse, Perrette, meurt dans les bras de la prostituée qu'elle a instruite. Là, Francion a été invité à une fête que son ami Raymond donne dans son château.

Pour ne vous point mentir, il n'y avait aucun scrupule en elle, ni aucune superstition ; elle vivait si rondement que (si ce que l'on dit de l'autre monde est vrai) les autres âmes jouent maintenant à la boule de la sienne. Elle ne savait non plus ce que[1] c'est des cas de conscience qu'un Topinambou[2], parce qu'elle disait que si l'on lui en avait appris autrefois quelque peu, elle l'avait oublié, comme une chose qui ne sert qu'à troubler le repos. Souvent elle m'avait dit que les biens de la terre sont si communs, qu'ils ne doivent être non plus à une personne qu'à l'autre, et que c'est très sagement fait que de les ravir subitement quand l'on peut de la main d'autrui ; « car, disait-elle, je suis venue toute nue en ce monde et nue je m'en retournerai. Les biens que j'ai pris d'autrui, je ne les emporterai point, que l'on aille les chercher où ils sont et que l'on les prenne, je n'en ai plus que faire. Hé quoi, si j'étais punie après ma mort pour avoir commis ce que l'on

« Le Goût, l'Ouïe, le Toucher », Jean Brueghel, XVIe siècle.

appelle larcin, n'aurais-je pas raison de dire à quiconque m'en parlerait que ç'aurait été une injustice de m'avoir mise au monde pour y vivre, sans me permettre de prendre les choses dont l'on y vit ? »

Après m'avoir tenu de pareils discours, elle expira et je la fis enterrer sans aucune pompe comme elle me l'avait recommandé, parce qu'elle savait qu'il n'est rien de plus inutile.

....

Hô bien, dit Raymond, chacun est libre ici, suivez la volupté qui vous est la plus agréable. Alors il vint des musiciens qui chantèrent beaucoup d'airs joignant le son de leurs luths et de leurs violes à celui de leurs voix. Ah ! dit Francion, ayant la tête penchée dessus le sein de Laurette, après la vue d'une beauté, il n'y a point de plaisir qui m'enchante comme fait celui de la musique. Mon cœur bondit à chaque accent, je ne suis plus à moi-même. Ces tremblements[3] de voix font trembler mignardement[4] mon âme : mais ce n'est pas une merveille, car mon naturel n'a de l'inclination qu'au mouvement, je suis toujours dans une douce agitation. Mon esprit et mon corps tremblent toujours à petites secousses, l'on en a vu tantôt une preuve, car à peine ai-je pu tenir tantôt mon verre dedans ma main, tant j'avais de tremblement en tout mon bras ; aussi je ne touche ce beau sein qu'en tremblant, mon souverain plaisir c'est de frétiller[5], je suis tout divin, je veux être toujours en mouvement[6] comme le ciel. Ayant dit ces paroles, il prit le luth, d'un des musiciens, et les dames l'ayant prié de montrer ce qu'il savait, il commença de le toucher et chanta cet air en même temps :

Apprenez, mes belles âmes,
À mépriser tous les blâmes
De ces hommes hébétés,
Ennemis des voluptés.

Charles Sorel, *Histoire comique de Francion*, deuxième et septième livres, 1623.

■ **1. non plus ce que** : pas plus ce que. ■ **2. Topinambou** : peuple du Brésil. ■ **3. tremblement** : en musique, mouvement précipité des sons. ■ **4. mignardement** : délicatement. ■ **5. frétiller** : remuer sans cesse, comme un enfant. ■ **6. mouvement** : les libertins s'inspiraient d'Aristote qui avait dit, dans un tout autre contexte, que la vie consiste dans le mouvement.

Le roman de l'audace

Œuvre audacieuse qui se souvient des romans latins et des romans picaresques, le roman de Sorel lance un aventurier, Francion, dans une série d'aventures qui lui permettent de traverser des milieux très différents dont le romancier se moque : les nobles sont lâches, les juges avares, les bourgeois ridicules et les femmes frivoles.

La vivacité de la narration, la précision des descriptions, l'audace des dialogues donnent beaucoup de force à cette démystification radicale qui bouscule toutes les normes sociales, morales, religieuses. La voleuse prostituée comme le chanteur amoureux invitent à participer, par tous les plaisirs, au mouvement qui définit la vie de l'univers. Les trilles du chanteur vibrent comme la main du buveur, de l'amoureux ou du voleur.

Les certitudes morales sont comme tournées en dérision. Cet athéisme refuse tout cas de conscience, prône le vol comme une nécessité sociale et fait de toutes les ivresses, musicales, amoureuses, le sens de l'existence. Il faudra attendre Cyrano de Bergerac pour retrouver de telles audaces. Après la répression exercée contre les auteurs libertins, le roman ne reparaîtra que dans des éditions édulcorées.

SAINT-AMANT

Nom et prénom : **Girard de Saint-Amant, Antoine**
Naissance : **le 30 septembre 1594, à Quevilly, près de Rouen**
Décès : **le 29 décembre 1661, à Paris**
Lieux : **Rouen, Paris, voyages en Amérique, au Sénégal, en Espagne, en Italie, en Angleterre**
Situation familiale : **célibataire**
Professions : **soldat, marin, voyageur, poète**
Amitiés : **Théophile de Viau, Mainard, Sorel**

Fils d'un marin de Rouen qui avait fait fortune, ce robuste Normand fait très jeune de grands voyages «tant en l'Europe qu'en l'Afrique et qu'en Amérique ». Attaché à de puissants protecteurs, il connaît Rome, Londres, les Antilles, la Pologne, la cour de Suède. Il se vante d'ignorer le grec et le latin mais parle l'anglais, l'italien, l'espagnol. Connu pour son ode «La Solitude» dès 1619, il voit ses vers régulièrement publiés. Saint-Amand, qui reconnaît aimer «la débauche» en compagnie de «goinfres», est alors lié aux poètes épicuriens comme Théophile de Viau. Amateur de tableaux, curieux de sciences – il rend visite à Galilée à Florence –, remarquable joueur de luth, académicien dès 1634, il fréquente les salons les plus élégants de Paris où il s'installe en 1651. Soucieux de construire une grande œuvre répondant à l'esthétique du baroque, il rédige les douze parties de « Moïse sauvé ». Mais son poème, terminé en 1653, est un échec : cette ultime tentative de lyrisme «héroïque» paraît alors vaine et maladroite.

Ses œuvres principales

- des poèmes et des caprices poétiques, dont : « Le Melon » (1627), « La solitude » (1629), « Rome ridicule » (1633), « Moïse sauvé » (1653)
- une œuvre théorique : *Le Passage de Gibraltar* (1640)

1629

Œuvres

Le thème de l'homme seul face à la nature, ou à son destin, passait pour libertin au début du XVIIe siècle. Cette situation se retrouve dans l'ode sur «La Solitude», qui rendit Saint-Amant célèbre, et dans le sonnet qui évoque les assemblées de fumeurs souvent peintes par les artistes flamands.

LA SOLITUDE

Que c'est une chose agréable
D'être sur le bord de la mer,
Quand elle vient à se calmer
Après quelque orage effroyable !
Et que les chevelus Tritons[1],
Hauts, sur les vagues secouées,
Frappent les airs d'étranges tons
Avec leurs trompes enrouées,
Dont l'éclat rend respectueux
Les vents les plus impétueux.

Tantôt l'onde, brouillant l'arène[2],
Murmure et frémit de courroux[3],
Se roulant dessus les cailloux
Qu'elle apporte et qu'elle r'entraîne.
Tantôt, elle étale en ses bords,
Que l'ire[3] de Neptune[4] outrage,
Des gens noyés, des monstres morts,
Des vaisseaux brisés du naufrage,
Des diamants, de l'ambre gris,
Et mille autres choses de prix.

Tantôt la plus claire du monde,
Elle semble un miroir flottant,
Et nous représente à l'instant
Encore d'autres cieux sous l'onde.
Le soleil s'y fait si bien voir,
Y contemplant son beau visage,
Qu'on est quelque temps à savoir
Si c'est lui-même ou son image,
Et d'abord il semble à nos yeux
Qu'il s'est laissé tomber des cieux.

« La Solitude » (extrait),
Œuvres, 1629.

Le Fumeur, peinture de Joos van Craesboeck (1605-1662).

LE FUMEUR

Assis sur un fagot, une pipe à la main,
Tristement accoudé contre une cheminée,
Les yeux fixés vers terre, et l'âme mutinée[5],
Je songe aux cruautés de mon sort inhumain.

L'espoir qui me remet[6] du jour au lendemain,
Essaie à gagner temps sur ma peine obstinée,
Et, me venant promettre une autre destinée,
Me fait monter plus haut qu'un empereur romain.

Mais à peine cette herbe[7] est-elle mise en cendre,
Qu'en mon premier état il me convient descendre
Et passer mes ennuis à redire souvent :

Non, je ne trouve point beaucoup de différence
De prendre du tabac à[8] vivre d'espérance,
Car l'un n'est que fumée, et l'autre n'est que vent.

Antoine de Saint-Amant, « Le Fumeur », *Œuvres*, 1629.

▪ 1. **Triton** : demi-dieu marin dont la trompette portait sur la mer les ordres de Neptune. ▪ 2. **arène** : sable menu et mouvant. ▪ 3. **courroux, ire** : colère. ▪ 4. **Neptune** : le dieu de la Mer. ▪ 5. **mutinée** : révoltée. ▪ 6. **remet** : renvoie. ▪ 7. **herbe** : tabac. ▪ 8. **de... à** : entre... et.

L'originalité de Saint-Amant

Saint-Amant ne se soucie pas des auteurs anciens et recherche avant tout l'originalité. Un tableau d'un peintre mineur, dit-il, sera toujours « beaucoup plus prisé que n'est la meilleure copie de Michel-Ange ». Il cherche cette originalité dans la variété des thèmes : paysages merveilleux, visions fantastiques, éloge du melon ou du fromage. Dans « La Solitude », la force de la vie se manifeste dans le mouvement des vagues, dans les rumeurs de la tempête, dans l'éclat du soleil, et dans le sonnet « Le Fumeur », les volutes du tabac deviennent des signes où peut se lire une destinée.

Cet univers instable, où le flux et le reflux amènent des horreurs ou des trésors, où le soleil semble tombé des cieux, est caractéristique de l'univers des poètes baroques : l'instabilité de l'univers y est source d'effroi et d'émerveillement. Cette originalité s'affiche aussi dans la richesse de la langue. Mêlant les registres et les rythmes, le poète veut avoir « les coudées franches avec le langage ». Résolument moderne, sa poésie crée un univers inédit, singulier, qui frappe par la fraîcheur des notations, la force des émotions et une combinaison singulière d'humour et de sensualité.

VOITURE

Nom et prénom : **Voiture, Vincent**
Naissance : **baptisé le 24 février 1597, à Amiens**
Décès : **le 26 mai 1648, à Paris**
Lieux : **Amiens, Orléans, Paris**
Situation familiale : **célibataire ; au moins un enfant qu'il a reconnu**
Professions : **au service du frère du roi, agent diplomatique**
Amitiés : **Mme de Saintot, Mme de Rambouillet, Mme de Combalet (nièce de Richelieu), Angélique Paulet, Gaston d'Orléans, Vaugelas**

Fils d'un marchand de vin fournisseur attitré de la Cour, Vincent Voiture, après de sérieuses études, se lance dans le monde où il réussit rapidement : il mène la vie galante des jeunes nobles; il sera maître d'hôtel de Madame en 1634 et du roi Louis XIII en 1639. Surtout, Voiture devient dès 1625 une figure essentielle de l'hôtel de Rambouillet où se réunissent gens du monde et écrivains: fuyant l'affectation et la pédanterie, on veut s'amuser, on veut rire. Voiture, petit mais élégant, désinvolte, spirituel, devient vite le roi de ces divertissements. Frileux, ne buvant que de l'eau et se gavant de confitures, il se dit toujours prêt à «aimer en cinq ou six lieux à la fois». Nommé – malgré lui, dit-on – à l'Académie française en 1634, il se veut avant tout homme du monde. Lorsqu'il meurt, victime de la goutte et du paludisme «entre les bras de ses sultanes», il n'a rien publié. L'essentiel de son œuvre ne sera publié qu'après sa mort.

Ses œuvres principales

- des lettres et des poèmes, mais ses *Œuvres* (incomplètes) ne furent publiées qu'en 1650

1639

Recueil de divers rondeaux

Amateur de «vers en vieux langage», Voiture, pour s'amuser, remet à la mode le rondeau que Du Bellay avait sévèrement condamné. Ce «genre d'écrire qui est propre à la raillerie» fit aussitôt fureur et, en 1639, parut un recueil de cent soixante-dix-neuf rondeaux dont vingt-six étaient de Voiture.

Pour vos beaux yeux auteurs de mon trépas,
Hier au Ciel se firent maints combats,
L'Amour[1] ayant dit tout haut à sa mère,
Qu'ils surpassaient en douceur et lumière
Ceux de là-haut, comme ceux d'ici-bas.

Mars[2] avoua qu'ils avaient plus d'appas,
Saturne[3] même alors hâtant le pas,
Vint l'approuver, et parut moins sévère
Pour vos beaux yeux.

La belle Iris[4], et la fière Pallas[5],
Quoi qu'on en dît, n'y consentirent pas,
Vénus pensa s'étrangler de colère,
Tout est brouillé dans la dixième Sphère[6],
Et tout le Ciel est rempli de débats
Pour vos beaux yeux.

Recueil de divers rondeaux, 1639.

Ou vous savez tromper bien finement,
Ou vous m'aimez assez fidèlement,
Lequel des deux je ne le saurais dire,
Mais cependant je pleure et je soupire,
Et ne reçois aucun soulagement.

Pour votre amour j'ai quitté franchement
Ce que j'avais acquis bien sûrement;
Car on m'aimait, et j'avais quelque empire
Où vous savez.

Je n'attends pas tout le contentement
Qu'on peut donner aux peines d'un Amant,
Et qui pourrait me tirer de martyre,
À si grand bien mon courage n'aspire;
Mais laissez-moi vous toucher seulement
Où vous savez.

Recueil de divers rondeaux, 1639.

Dedans ces prés herbus et spacieux,
Où mille fleurs semblent sourire aux cieux,
Je viens blessé d'une atteinte mortelle,
Pour soulager le mal qui me martelle,
Et divertir mon esprit par mes yeux.

Mais contre moi mon cœur séditieux[7]
Me donne plus de pensers soucieux
Que l'on ne voit de brins d'herbe nouvelle
Dedans ces prés.

De ces tapis le pourpre[8] précieux,
De ces ruisseaux le bruit délicieux,
De ces vallons la grâce naturelle,
Blesse mes sens, me gêne et me bourelle[9],
Ne voyant pas ce que j'aime le mieux
Dedans ces prés.

Vincent Voiture, *Recueil de divers rondeaux*, 1639.

■ **1. Amour** : Éros ou Cupidon, fils de Vénus. ■ **2. Mars** : dieu de la Guerre, amoureux de Vénus. ■ **3. Saturne** : dieu représenté en vieillard souvent mélancolique. ■ **4. Iris** : messagère d'Héra, personnifie l'arc-en-ciel. ■ **5. Pallas** : autre nom d'Athéna, fille de Zeus. ■ **6. dixième Sphère** : pour Voiture, le séjour des dieux. ■ **7. séditieux** : révolté. ■ **8. pourpre** : rouge foncé. ■ **9. bourelle** : tourmente.

Le maître de l'élégant badinage

Pour Voiture, fin connaisseur de Marot et de la poésie italienne et espagnole, le poète n'a d'autre ambition que d'amuser par le tour qu'il donne à ce qu'il dit. Le poète suggère, effleure et fait naître l'émotion ou le sourire par la pointe finale, qui fait du lecteur un complice. Qu'il s'amuse d'un soulier noir et bleu, d'un éventuel désir, d'un souvenir furtif, il préfère l'allusion parfois osée mais jamais choquante à l'expression directe des sentiments. Voiture fait de la poésie un jeu spirituel, d'une gaieté désinvolte, qui séduit par son élégance et son humour.

Le poète s'amuse des moindres circonstances de la vie mondaine. Ainsi, il consacre des stances à « sa maîtresse rencontrée en habit de garçon un soir de Carnaval » ou à « la louange du soulier d'une dame » ou encore à une « Dame dont la jupe fut retroussée en versant dans un carrosse, à la campagne ». S'inspirer d'incidents aussi anodins permet au poète d'éviter tout sérieux.

CORNEILLE

Nom et prénom : **Corneille, Pierre**
Naissance : **le 6 juin 1606, à Rouen**
Décès : **le 1er octobre 1684, à Paris**
Lieux : **Rouen et ses environs, Paris**
Situation familiale : **marié en 1641 ; six enfants**
Professions : **avocat du roi (administration royale), dramaturge**
Amitiés : **son jeune frère Thomas, Saint-Évremond, Fontenelle**

Après de brillantes études chez les Jésuites de Rouen, Corneille acquiert deux offices d'avocat mais il ne plaidera jamais. Dès 1629, il confie à une troupe de théâtre, de passage à Rouen, le manuscrit d'une comédie, *Mélite*, qui remporte un vif succès, à Paris. Dès lors, il se consacre au théâtre, passe de la comédie à la tragédie et s'impose rapidement comme un auteur essentiel. Il est accueilli dans le groupe de cinq auteurs que Richelieu réunit autour de lui pour promouvoir un théâtre de qualité. Le triomphe sans précédent du *Cid* provoque une célèbre querelle qui conduit Corneille à composer des tragédies parfaitement régulières : *Horace, Cinna, Polyeucte.* Il met ainsi en scène des textes sur l'héroïsme qui répondent au goût du temps. Il entre en 1647, à l'Académie française. Après l'échec de *Pertharite,* il se consacre à un travail critique considérable : il corrige et commente toutes ses œuvres. Mais le public se tourne de plus en plus vers ses jeunes rivaux, Molière et Racine. En juillet 1675, le roi lui retire même sa pension, qui ne lui sera rendue que dans les dernières années de sa vie.

Ses œuvres principales

- des comédies, dont : *Mélite* (1629), *L'Illusion comique* (1636), *Le Menteur* (1643)
- des tragi-comédies, dont : *Clitandre* (1632), *Le Cid* (1637)
- des tragédies, dont : *Horace* (1640), *Cinna* (1642), *Polyeucte* (1643), *Rodogune* (1644), *Sertorius* (1662), *Othon* (1664)
- des études sur le théâtre, dont trois *Discours sur le poème dramatique* (1660)

L'ŒUVRE DE CORNEILLE

Les comédies

Dans ses comédies, *Mélite* (1629), *La Veuve* (1633), *La Place royale* (1634), *L'Illusion comique* (1636), *Le Menteur* (1643), Corneille sait faire parler ses personnages avec élégance et humour. Ce style naturel faisait, dit-il, « une peinture de la conversation des honnêtes gens ». Corneille renouvelle ainsi la comédie, réduite jusqu'à lui aux bouffonneries les plus grossières.

Les tragédies politiques

Fondées sur des récits historiques, *Horace* (1640), *Cinna* (1642), *Polyeucte* (1643) révèlent les tensions qui déchirent les sociétés et les êtres humains : la guerre, la paix, le pouvoir, la place de la religion. Mettant en scène des héros qui cherchent à surmonter des conflits déchirants, ces œuvres suscitent un nouveau ressort théâtral : l'admiration.

Les tragédies romanesques

Dans *Rodogune* (1644), *Nicomède* (1651), *Sertorius* (1662), Corneille se plaît à évoquer des situations extraordinaires qui rappellent le climat des romans d'aventure de l'époque. Il crée librement des personnages d'exception qui se moquent des lois communes. C'est le déploiement de cette énergie qui fait trembler et rêver le public.

LA GRANDEUR HÉROÏQUE

Dans cette première moitié de siècle, l'héroïsme était à la mode et le public retrouvait dans les héros de Corneille les valeurs qui l'exaltaient, le goût du risque, les passions folles, le sens de l'honneur, la force de la volonté. La vertu héroïque n'est pas un devoir auquel il faut se soumettre, c'est l'énergie qu'il faut déployer pour être pleinement soi-même, pour « remplir son nom », pour conquérir la gloire. La haute idée que le héros a de lui-même montre sa grandeur et l'appelle à se dépasser, à surmonter les pires épreuves, à faire éclater sa valeur. Si périlleuse que soit la prouesse, le héros connaît alors la joie d'être admirable.

1632

Clitandre

Dans sa deuxième pièce, *Clitandre*, Corneille multiplie les actions les plus spectaculaires. Ainsi, pour échapper à Pymante qui voulait l'embrasser malgré elle, Dorise enfonce une aiguille à cheveux dans l'œil de son agresseur.

PYMANTE
Ah que viens-tu de faire !

DORISE, *sortie de la caverne.*
De tirer[1] mon honneur des efforts d'un corsaire[2].

PYMANTE, *ramassant son épée.*
Barbare, je t'aurai.

DORISE, *se cachant.*
Fuyons, il va sortir.
Qu'à propos ce buisson s'offre à me garantir.

PYMANTE, *sorti.*
Ne crois pas m'échapper ; quoi que ta ruse fasse,
J'ai ta mort en ma main.

DORISE, *cachée.*
Dieux ! le voilà qui passe.

PYMANTE, *passe de l'autre côté du théâtre.*
Tigresse.

DORISE, *revenant sur le théâtre.*
Il est passé, je suis hors de danger,
Ainsi dorénavant mon sort puisse changer,
Ainsi dorénavant le Ciel plus favorable
Me prête en ces malheurs une main secourable.
Cependant pour loyer de sa lubricité,
Son œil m'a répondu de ma pudicité,
Et dedans son cristal mon aiguille enfoncée,
Attirant ses deux mains m'a désembarrassée[3].

Pierre Corneille, *Clitandre,* acte IV, scène 1, 1632.

■ 1. **tirer** : sauver. ■ 2. **corsaire** : pirate. ■ 3. **désembarrassée** : délivrée.

La beauté théâtrale de la violence

Une jeune fille sort de la caverne d'où jaillit Pymante, l'œil en sang ; vite, elle se cache derrière un buisson pendant que l'homme aveuglé traverse en vain la scène : voilà du mouvement, voilà du sang, voilà le théâtre nouveau qui se moque des bienséances. Dans la Préface de *Clitandre*, Corneille se flatte d'avoir « mis les accidents mêmes sur la scène » au lieu des « longs et ennuyeux récits ». Quel plaisir de voir Dorise, « cette courageuse fille », restée seule en scène, sans hésitation ni remords, tout heureuse d'avoir crevé l'œil de Pymante ! Elle annonce Chimène, Camille, toutes ces jeunes femmes pleines d'énergie que Corneille nous fait admirer.

1637

Le Cid

La pièce se déroule en Castille au moment de la Reconquête espagnole contre les Maures. Le comte de Gormas, furieux contre don Diègue, nommé précepteur du Dauphin, lui donne un soufflet. Don Diègue demande à son fils Rodrigue de le venger. Or, Rodrigue devait épouser Chimène, la fille du comte. Le comte refusant de s'excuser, Rodrigue le provoque en duel.

DON RODRIGUE
À moi, Comte, deux mots.

LE COMTE
Parle.

DON RODRIGUE
Ôte-moi d'un doute.
Connais-tu bien don Diègue ?

LE COMTE
Oui.

DON RODRIGUE
Parlons bas, écoute.
Sais-tu que ce vieillard fut la même vertu[1],
La vaillance et l'honneur de son temps ? le sais-tu ?

LE COMTE
Peut-être.

DON RODRIGUE
Cette ardeur que dans les yeux je porte,
Sais-tu que c'est son sang ? le sais-tu ?

LE COMTE
Que m'importe ?

DON RODRIGUE
À quatre pas d'ici je te le fais savoir.

LE COMTE
Jeune présomptueux.

DON RODRIGUE
Parle sans t'émouvoir.
Je suis jeune, il est vrai mais aux âmes bien nées
La valeur n'attend point le nombre des années.

LE COMTE
Mais t'attaquer à moi ! qui t'a rendu si vain[2],
Toi qu'on n'a jamais vu les armes à la main ?

DON RODRIGUE
Mes pareils à deux fois ne se font point connaître,
Et pour leurs coups d'essai veulent des coups de maître.

LE COMTE
Sais-tu bien qui je suis ?

DON RODRIGUE
Oui, tout autre que moi
Au seul bruit de ton nom pourrait trembler d'effroi.

« As-tu peur de mourir ?... » Samuel Labarthe interprétant Rodrigue dans une mise en scène de Gérard Desarthe.

Mille et mille lauriers dont ta tête est couverte
Semblent porter écrit le destin de ma perte.
J'attaque en téméraire un bras toujours vainqueur,
Mais j'aurai trop de force ayant assez de cœur[3],
À qui venge son père il n'est rien impossible :
Ton bras est invaincu, mais non pas invincible.

LE COMTE

Ce grand cœur qui paraît aux discours que tu tiens,
Par tes yeux chaque jour se découvrait aux miens,
Et croyant voir en toi l'honneur de la Castille,
Mon âme avec plaisir te destinait ma fille.
Je sais ta passion, et suis ravi[4] de voir
Que tous ses mouvements cèdent à ton devoir,
Qu'ils n'ont point affaibli cette ardeur magnanime[5],
Que ta haute vertu répond à mon estime,
Et que voulant pour gendre un chevalier[6] parfait,
Je ne me trompais point au choix que j'avais fait.
Mais je sens que pour toi ma pitié s'intéresse[7],
J'admire ton courage et je plains ta jeunesse.
Ne cherche point à faire un coup d'essai fatal,
Dispense ma valeur d'un combat inégal,
Trop peu d'honneur pour moi suivrait cette victoire :
À vaincre sans péril, on triomphe sans gloire,
On te croirait toujours abattu sans effort,
Et j'aurais seulement le regret de ta mort.

DON RODRIGUE

D'une indigne pitié ton audace est suivie :
Qui m'ose ôter l'honneur craint de m'ôter la vie ?

LE COMTE

Retire-toi d'ici.

DON RODRIGUE

Marchons sans discourir.

LE COMTE

Es-tu si las de vivre ?

DON RODRIGUE

As-tu peur de mourir ?

LE COMTE

Viens, tu fais ton devoir, et le fils dégénère[8]
Qui survit un moment à l'honneur de son père.

Pierre Corneille, *Le Cid*, acte II, scène 2, 1637.

■ **1. la même vertu** : la vertu même. ■ **2. vain** : ridiculement orgueilleux. ■ **3. cœur** : courage. ■ **4. ravi** : émerveillé, transporté d'admiration (sens fort). ■ **5. magnanime** : clément et généreux. ■ **6. chevalier** : gentilhomme. ■ **7. s'intéresse** : prend parti, s'émeut. ■ **8. dégénère** : devient indigne.

Le défi héroïque

Le jeune Rodrigue bondit sur scène, comme un fauve, nerveux, impatient d'affronter le redoutable père de Chimène. Il lui faut d'abord provoquer le comte, qui reste taciturne. La réponse de Rodrigue est merveilleuse d'aplomb, de cran, d'ironie : « Parle sans t'émouvoir. » Rodrigue attribue au comte son propre trouble et s'en libère par cette belle insolence. Mais les deux personnages, qui vont bientôt s'affronter dans un duel à mort, ne cessent de s'admirer. Ils célèbrent les mêmes valeurs : le courage, le goût de la gloire, l'honneur du clan.

1637

Corneille et la querelle du *Cid*

La querelle qui oppose pendant toute l'année 1637 les partisans et les adversaires du *Cid* de Corneille passionne l'opinion, divise le monde littéraire et suscite l'intervention du pouvoir politique. Elle témoigne de la vivacité du débat critique et du renouveau de la vie théâtrale en France. Baptême du feu de la jeune Académie française, la querelle eut un retentissement considérable sur l'évolution du théâtre français.

Chronologie de la querelle

Janvier 1637 la tragi-comédie *Le Cid* triomphe au théâtre du Marais

Février 1637 dans *L'Excuse à Ariste,* Corneille déclare : « Je ne dois qu'à moi seul toute ma renommée. »

Mars 1637 un libelle, attribué à Mairet, accuse Corneille de plagiat

Avril 1637 dans ses *Observations sur le Cid,* Scudéry dénonce les faiblesses de l'œuvre

Mai 1637 dans une *Lettre apologétique,* Corneille refuse de répondre aux *Observations* de Scudéry : le triomphe du *Cid* est à lui seul un argument

16 juin 1637 l'Académie française, à la demande de Scudéry, soutenu par le cardinal de Richelieu, nomme trois commissaires « pour examiner *Le Cid* et les *Observations* »

Octobre 1637 Richelieu ordonne qu'on arrête une querelle devenue pénible

Décembre 1637 *Les Sentiments de l'Académie française sur la tragi-comédie du Cid* donnent en deux cents pages un point de vue nuancé plutôt favorable à Scudéry

Dès la première de la pièce, le public assiste en foule aux représentations du *Cid* au théâtre du Marais. Dessin à la plume d'une salle de spectacle au XVIIe siècle par Alexandre Bosse.

Le triomphe du *Cid*

En janvier 1637, *Le Cid*, la nouvelle tragi-comédie du jeune Corneille, fait courir tout Paris ; le théâtre du Marais ne désemplit pas et, certains soirs, les nobles doivent se contenter des niches habituellement réservées aux domestiques. Inspirée d'un récit historique, la tragédie avait de quoi séduire un public passionné d'amour et d'héroïsme. Pour venger l'honneur de son père don Diègue, Rodrigue tue en duel le père de celle qu'il aime, le comte don Gormas. Chimène doit alors réclamer la mort du jeune homme dont elle est toujours amoureuse. Bientôt, on en récite par cœur des tirades entières.

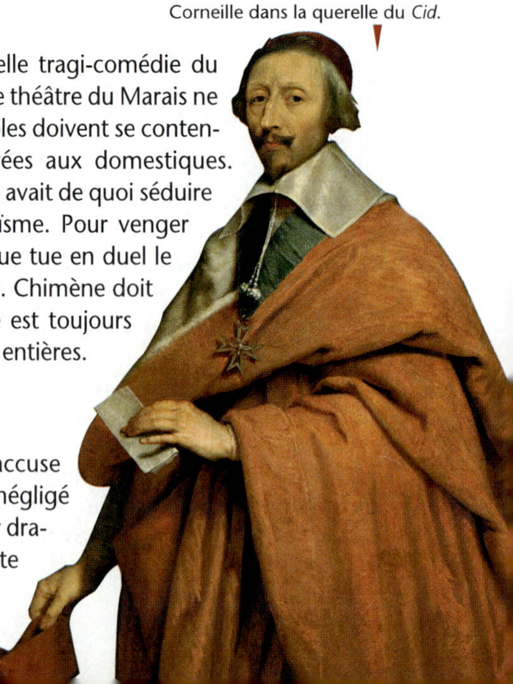

Le cardinal de Richelieu intervient contre Corneille dans la querelle du *Cid*.

La querelle des pamphlets

Un tel succès irrite critiques et écrivains. On accuse Corneille d'avoir plagié un auteur espagnol et d'avoir négligé l'unité de lieu et l'unité de temps. Pour Scudéry, auteur dramatique d'une certaine renommée, Corneille ne respecte ni la vraisemblance ni les bienséances. « Il n'est point vraisemblable, écrit Scudéry, qu'une fille d'honneur épouse le meurtrier de son père. » Le critique condamne cette « fille dénaturée », « cette impudique », « ce monstre » qui dit à Rodrigue « cent choses dignes d'une prostituée ». L'écrivain de théâtre, « pour instruire en divertissant », ne doit montrer sur scène que des personnages crédibles et exemplaires.

LES SENTIMENS
DE
L'ACADEMIE
FRANÇOISE
SVR
LA TRAGI-COMEDIE
DV CID.

A PARIS,
IEAN CAMVSAT ruë sainct
Iacques, à la Toyson d'Or.

M. DC. XXXVIII.
Auec Priuilege du Roy.

▲ La tragédie du *Cid* déchaîne la critique des censeurs de l'Académie française. Illustration du XIXe siècle pour la pièce de Corneille.

■ L'intervention de l'Académie française

Corneille refuse de répondre à ces rivaux envieux qu'il défie de faire mieux. Afin de mettre un terme à un conflit qui s'envenime, le Premier ministre, le cardinal de Richelieu, impose alors à l'Académie française de prendre officiellement parti. Le Premier ministre saisit ainsi l'occasion de donner une leçon à un auteur qu'il juge trop indépendant : *Le Cid* ne fait-il pas l'éloge du duel que Richelieu vient de mettre hors la loi ? Il interviendra personnellement dans la rédaction du rapport qui affirme que le sujet du *Cid* n'est « pas bon, qu'il pèche dans son dénouement, qu'il est chargé d'épisodes inutiles, que la bienséance y manque en beaucoup de lieux ».

■ La réplique de Corneille

Corneille, blessé par ce verdict, se tait pendant trois ans. Mais il reviendra sur ces critiques en 1648 puis en 1660, longtemps après la mort de Richelieu. Pour répondre à l'accusation de plagiat, il publie les vers de Guilhem de Castro dont il s'est inspiré. S'il reconnaît n'avoir pas respecté les unités de temps et de lieu, il souligne qu'Aristote n'avait jamais fixé de telles règles. Puis il prend la défense de Chimène en citant les historiens qui ont fait son éloge. Pour lui, c'est une héroïne moderne et touchante. Mais la réponse est tardive : la querelle du *Cid* a annoncé la victoire du théâtre régulier. Avec *Horace*, en 1640, Corneille crée une tragédie parfaitement classique.

La victoire du théâtre classique

L'Académie française s'est imposée comme une autorité légitime qui, tout en surveillant la création littéraire, contribue à la valoriser.
La querelle annonce la victoire du théâtre régulier : le respect de la vraisemblance et des bienséances qui assurent la valeur esthétique et morale du théâtre s'impose à tout écrivain qui veut obtenir l'assentiment de la critique et du public.

Les reproches de Scudéry

Scudéry présente ainsi sa critique :
« Je prétends donc prouver contre cette pièce du *Cid* :
Que le sujet n'en vaut rien du tout,
Qu'il choque les principales règles du Poème dramatique,
Qu'il manque de jugement en sa conduite,
Qu'il a beaucoup de méchants vers,
Que presque tout ce qu'il a de beautés sont dérobées,
Et qu'ainsi l'estime qu'on en fait est injuste. »

Georges de Scudéry, l'un des plus farouches opposants de Corneille dans la querelle du *Cid*.

COMPRENDRE L'ESSENTIEL

1. **Comment s'explique le triomphe du *Cid* ?**
2. **Quels sont les reproches adressés par Scudéry à Corneille ?**
3. **Pour quelles raisons Richelieu est-il intervenu dans la querelle ?**
4. **Comment s'explique le silence de Corneille ?**

1640

Horace

Pour éviter une guerre fratricide, Rome et Albe décident de choisir trois soldats chargés de représenter leur cité. Les trois Curiace, d'Albe, combattront les trois Horace, de Rome. Hélas, la sœur des Curiace a épousé Horace et Camille, la sœur d'Horace, est fiancée à un Curiace.

CURIACE

Que désormais le Ciel, les Enfers et la Terre
Unissent leurs fureurs à nous faire la guerre,
Que les hommes, les Dieux, les Démons et le Sort
Préparent contre nous un général effort ;
Je mets à[1] faire pis en l'état où nous sommes
Le Sort, et les Démons, et les Dieux, et les hommes,
Ce qu'ils ont de cruel, et d'horrible et d'affreux,
L'est bien moins que l'honneur qu'on nous fait à tous deux.

HORACE

Le Sort qui de l'honneur nous ouvre la barrière
Offre à notre constance[2] une illustre matière[3].
Il épuise sa force à former un malheur,
Pour mieux se mesurer avec notre valeur,
Et comme il voit en nous des âmes peu communes,
Hors de l'ordre commun il nous fait des fortunes[4].
Combattre un ennemi pour le salut de tous,
Et contre un inconnu s'exposer seul aux coups,
D'une simple vertu c'est l'effet ordinaire,
Mille déjà l'ont fait, mille pourraient le faire.
Mourir pour le pays est un si digne sort,
Qu'on briguerait[5] en foule une si belle mort.
Mais vouloir au Public[6] immoler ce qu'on aime,
S'attacher au combat contre un autre soi-même,
Attaquer un parti qui prend pour défenseur
Le frère d'une femme et l'Amant[7] d'une sœur,
Et, rompant tous ces nœuds[8] s'armer pour la Patrie
Contre un sang qu'on voudrait racheter de sa vie,
Une telle vertu n'appartenait qu'à nous,
L'éclat de son grand nom[9] lui fait peu de jaloux,
Et peu d'hommes au cœur l'ont assez imprimée,
Pour oser aspirer à tant de Renommée.

Pierre Corneille, *Horace,* acte II, scène 3, 1640.

▪ 1. **mets à** : mets au défi de. ▪ 2. **constance** : fermeté, courage inébranlable. ▪ 3. **illustre matière** : occasion de gloire. ▪ 4. **fortunes** : destinées. ▪ 5. **briguerait** : rechercherait, désirerait. ▪ 6. **public** : bien public, patrie. ▪ 7. **amant** : fiancé. ▪ 8. **nœuds** : alliances, liens familiaux ou affectifs. ▪ 9. **grand nom** : renommée d'un tel « exploit ».

1642

Cinna

Dans sa tragédie en cinq actes *Cinna,* Corneille raconte un épisode de la vie de l'empereur romain Auguste. Il vient d'apprendre qu'Émilie et Cinna, qu'il avait couverts de bienfaits, préparent sa mort. Désespéré par une telle trahison, l'empereur songe d'abord à se tuer, puis à se venger.

AUGUSTE

En est-ce assez, ô Ciel ! et le Sort, pour me nuire,
A-t-il quelqu'un des miens qu'il veuille encor séduire[1] ?
Qu'il joigne à ses efforts le secours des Enfers.
Je suis maître de moi comme de l'Univers.
Je le suis, je veux l'être. Ô Siècles, ô Mémoire[2],
Conservez à jamais ma dernière victoire,
Je triomphe aujourd'hui du plus juste courroux
De qui le souvenir puisse aller jusqu'à vous.
Soyons amis, Cinna, c'est moi qui t'en convie :
Comme à mon ennemi je t'ai donné la vie,
Et malgré la fureur de ton lâche destin[3],
Je te la donne encor comme à mon assassin.
Commençons un combat qui montre par l'issue
Qui l'aura mieux de nous, ou donnée, ou reçue.
Tu trahis mes bienfaits, je les veux redoubler,
Je t'en avais comblé, je t'en veux accabler.
Avec cette beauté[4] que je t'avais donnée,
Reçois le Consulat pour la prochaine année.
Aime Cinna, ma fille, en cet illustre rang,
Préfères-en la pourpre[5] à celle de mon sang,
Apprends sur mon exemple à vaincre ta colère,
Te rendant un époux, je te rends plus qu'un père[6].

ÉMILIE

Et je me rends, Seigneur, à ces hautes bontés ;
Je recouvre la vue auprès de leurs clartés.

Pierre Corneille, *Cinna*, acte V, scène 3, 1642.

■ **1. séduire** : détourner du droit chemin. ■ **2. mémoire** : renommée. ■ **3. destin** : projet, dessein (« destiner » au XVIIe siècle veut dire « projeter »). ■ **4. cette beauté** : Émilie. ■ **5. pourpre** : la toge des consuls était bordée de rouge. ■ **6. je te rends plus qu'un père** : avant d'être empereur, Auguste avait fait tuer le père d'Émilie.

L'énergie héroïque

Pour surmonter l'épreuve qui lui est imposée, le héros déploie une énergie passionnée. C'est par un mouvement de volonté extraordinaire que l'empereur, dans *Cinna*, transforme sa solitude en pure affirmation de soi. Le héros retourne le cours des événements et fait du « plus juste courroux » jamais éprouvé dans le passé l'occasion d'un triomphe présent qui marquera les temps futurs.

La clémence d'Auguste est l'impulsion d'un cœur généreux, une invention soudaine, une illumination qui transforme la relation avec les autres : en esquivant le mépris comme la pitié, elle redonne vie aux valeurs chevaleresques.

CYRANO DE BERGERAC

Nom et prénoms : **Cyrano de Bergerac, Hector Savinien**
Naissance : **1619, à Paris**
Décès : **le 28 juillet 1655, à Sannois**
Lieu : **Paris**
Situation familiale : **célibataire**
Professions : **cadet de Gascogne, poète, homme de lettres**
Amitiés : **Dassoucy, Scarron, Tristan l'Hermite, Chapelle**

Savinien Cyrano tire son nom de Bergerac d'une petite terre que son grand-père, marchand parisien, avait acquise dans la vallée de Chevreuse. Après des études à Paris, il se fait engager dans les cadets de Gascogne en 1638. Escrimeur redouté, ce « démon de la bravoure », selon ses amis, est blessé à Arras en 1640 et doit renoncer à la gloire des armes. Il fréquente alors les gens de lettres et entre en contact avec le philosophe Gassendi. Célèbre pour ses polémiques littéraires et l'audace de sa pensée, il écrit des lettres, une comédie, *Le Pédant joué*, des poésies et une tragédie, *La Mort d'Agrippine*, jouée en 1653. Blessé à la tête, il ne se remet pas de sa blessure et meurt avant d'avoir pu achever son œuvre la plus originale : *L'Autre Monde*.

Ses œuvres principales

- des romans, dont : *L'Autre Monde* ou *Les États et Empires de la Lune* (1657, édition postume)
- des pièces de théâtre, dont : *Le Pédant joué* (1647) *La Mort d'Agrippine* (1653)

1657

Les États et Empires de la Lune

Dans *Les États et Empires de la Lune*, le narrateur réussit à atteindre la Lune qu'il prend pour le paradis terrestre. Mais les habitants mettent en cage cet être inférieur, sorte de singe ou de perroquet. Défendu par un démon bienveillant, il est seulement condamné, comme Galilée, à renier publiquement toutes ses déclarations. Des discussions abordent alors le rapport de Dieu à ses créatures, l'origine du monde, la question des sens et de l'immortalité de l'âme. Puis le narrateur est brusquement ramené sur la Terre. Ayant d'abord atterri au Canada, il y discute de la place du Soleil dans l'univers. Son interlocuteur lui demande pourquoi on a tant de mal à admettre que la Terre n'est pas le centre du monde.

– Monsieur, lui répondis-je, la plupart des hommes, qui ne jugent que par les sens, se sont laissé persuader à[1] leurs yeux ; et de même que celui dont le vaisseau vogue terre à terre, croit demeurer immobile, et que le rivage chemine, ainsi les hommes tournant avec la terre autour du ciel, ont cru que c'était le ciel lui-même qui tournait autour d'eux. Ajoutez à cela l'orgueil insupportable des humains, qui se persuadent que la nature n'a été faite que pour eux ; comme s'il était vraisemblable que le soleil, un grand corps quatre cent trente-quatre fois plus vaste que la terre, n'eût été allumé que pour mûrir ses nèfles, et pommer ses choux. Quant à moi, bien loin de consentir à leur insolence, je crois que les planètes sont des mondes autour du soleil, et que les étoiles fixes[2] sont aussi des soleils qui ont des planètes autour d'eux, c'est-à-dire des mondes que nous ne voyons pas d'ici à cause de leur petitesse, et parce que leur lumière empruntée ne saurait venir jusqu'à nous. Car comment, en bonne foi, s'imaginer que ces globes si spacieux ne soient que de grandes campagnes désertes, et que le nôtre, à cause que nous y rampons, pour une douzaine de glorieux coquins, ait été bâti pour commander à tous ? Quoi ! parce que le soleil compasse[3] nos jours et nos années, est-ce à dire pour cela qu'il n'ait été construit qu'afin que nous ne frappions pas de la tête contre les murs ? Non, non, si ce Dieu visible éclaire l'homme, c'est par accident, comme le flambeau du roi éclaire par accident au crocheteur[4] qui passe par la rue.

– Mais, me dit-il, si comme vous assurez, les étoiles fixes sont autant de soleils, on pourrait conclure de là que le monde serait infini, puisqu'il est vraisemblable que les peuples de ce monde qui sont autour d'une étoile fixe que vous prenez pour un soleil, découvrent encore au-dessus d'eux d'autres étoiles fixes que nous ne saurions apercevoir d'ici, et qu'il en va éternellement[5] de cette sorte.

– N'en doutez point, lui répliquai-je.

Cyrano de Bergerac *L'Autre Monde* ou *Les États et Empires de la Lune,* 1657 (éd. posth.).

Illustration pour *Les États et Empires de la Lune*, 1709.

■ 1. **à** : par. ■ 2. **étoiles fixes** : pour les Anciens, les étoiles sont attachées sur la sphère qui englobe l'univers. ■ 3. **compasse** : mesure avec précision. ■ 4. **crocheteur** : porteur qui se servait de crochets. ■ 5. **éternellement** : le mot s'oppose au dogme chrétien de la création et de la fin du monde.

Cyrano et la science de son temps

Lorsqu'il fait parler ses personnages, Cyrano s'inspire des travaux scientifiques qui bouleversent l'idée qu'on se faisait de l'univers.

Au XVIIe siècle, on croyait que la Terre était le centre du monde à quelques milliers de kilomètres de la voûte céleste où étaient accrochées des étoiles fixes. Or, les travaux de Copernic, les ouvrages de Giordano Bruno, les recherches de Galilée et de Kepler révèlent que la Terre tourne autour du Soleil dans un univers qui est ouvert sur l'infini ; d'autres mondes existent, sans doute habités par d'autres êtres.

Cyrano sait que ces idées nouvelles sont dangereuses : en 1600, Bruno, auteur de *De l'infini de l'univers et des mondes*, est brûlé vif à Rome ; en 1619, Vanini, qui niait l'immortalité de l'âme, est cruellement exécuté à Toulouse ; en 1633, Galilée doit renier publiquement ses découvertes et est emprisonné à soixante-dix ans. Cyrano, dont la pièce *La Mort d'Agrippine* a été interdite, n'hésite cependant pas à exposer leurs idées dans son roman.

LA LITTÉRATURE EN EUROPE

1600 1650

Un nouvel équilibre se met lentement en place : tandis que l'Espagne perd de sa puissance, l'Angleterre et les Pays-Bas affichent de nouvelles ambitions. Si le renouveau de l'Église catholique s'affirme dans le flamboiement de l'art baroque, des savants de génie, comme Galilée, changent notre vision du monde. À l'orée du siècle, presque contemporains de Montaigne, Cervantès et Shakespeare ouvrent les portes du monde moderne.

L'Espagne

Publié en 1605, traduit en français dès 1614, puis doublé d'une seconde partie en 1615, le chef-d'œuvre de Cervantès, *L'Ingénieux Hidalgo Don Quichotte de la Manche*, a connu un succès immédiat.

Miguel de Cervantès (1547-1615).

Don Quichotte de la Manche (1614)

Don Quichotte, gentilhomme sans fortune, se passionne pour les romans de chevalerie, comme *L'Amadis de Gaule*. Abusé par ces lectures, le malheureux ne parvient plus à distinguer la réalité de ses rêves. Riant du romanesque dont il montre aussi la grandeur, le roman de Cervantès exprime une inquiétude toujours actuelle : ce « fameux Don Quichotte, miroir et lumière de toute la chevalerie errante » n'est-il pas le miroir, admirable et dérisoire, de l'humanité ?

Don Quichotte, le chevalier à la triste figure, voudrait transformer le monde pour y faire régner des valeurs idéales. Son écuyer Sancho Pança l'accompagne, prudent, d'un réalisme avisé mais égoïste. Ils incarnent deux tendances opposées de l'esprit humain.

Deux maîtres en poésie s'imposent et s'opposent. Luis de Gongora, dans *Les Solitudes*, publiées, en 1613 multiplie des métaphores recherchées, des symboles surprenants et n'hésite pas à être obscur. Il donne son nom au goût de la poésie hermétique : le « gongorisme ». Son rival, Francisco de Quevedo, raille cet hermétisme, qu'il appelle le « jargongora ». Dans de vigoureuses satires publiées en 1631, il se moque des nobles comme des roturiers, des marchands comme des politiciens.

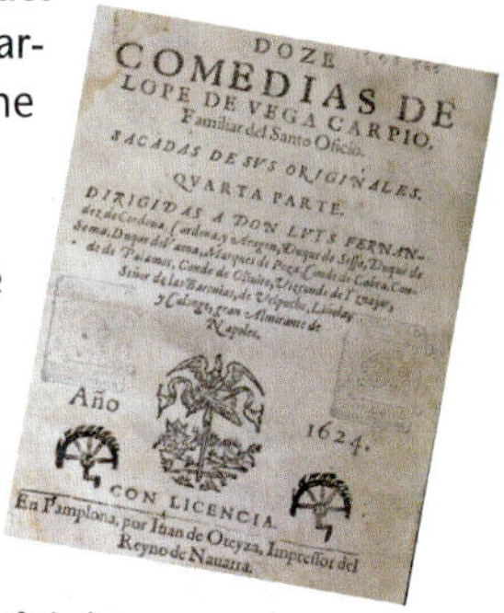

Le théâtre espagnol brille alors de tous ses feux. Lope de Vega aurait composé huit cents pièces : parfois improvisées en vingt-quatre heures, elles regorgent d'invention et de vie. *Le Séducteur de Séville*, de Tirso de Molina, lance la sulfureuse figure de Don Juan à travers le monde. Les œuvres de Calderón semblent les plus accomplies : drame comme *Le plus grand monstre est la jalousie*, comédie comme *Le Secret de Polichinelle*, œuvres religieuses et poétiques comme *La Dévotion de la Croix* en 1634 et *La vie est un songe* en 1635. Les écrivains français, qui lisaient couramment l'espagnol, comme Pierre et Thomas Corneille, Quinault, Scarron, s'en sont souvent inspirés.

Pedro Calderón (1600-1681).

La Grande-Bretagne

Le théâtre de Shakespeare triomphe. Il aborde tous les genres, tous les registres et touche tous les publics : comédie comme *Le Songe d'une nuit d'été* en 1600, drame historique comme *Henry V* en 1599, tragédie comme *Hamlet* en 1602, *Othello* en 1604, *Le Roi Lear* en 1607. Ce théâtre, « plein de bruit et de fureur », qui montre le mal à l'œuvre dans le monde, fait surgir des personnages fascinants : la douloureuse perplexité d'Hamlet, la douce Ophélie glissant dans la mort, Lady Macbeth lavant vainement ses mains pleines de sang, le roi Lear portant le cadavre de sa fille Cordélia sont des moments de théâtre inoubliables qui justifient la formule de Hugo évoquant Shakespeare : « le semeur d'éblouissements ».

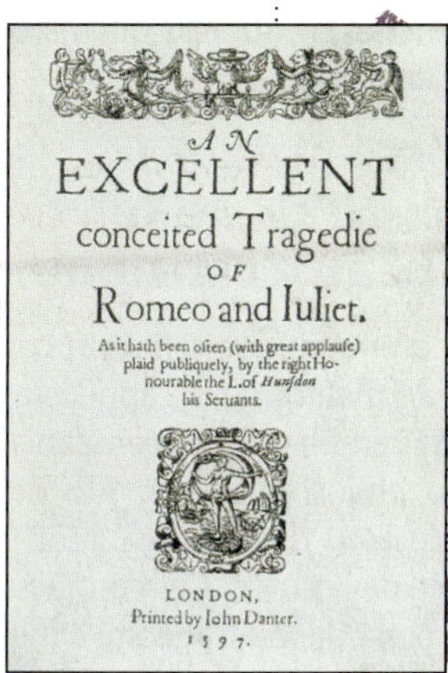
AN
EXCELLENT
conceited Tragedie
OF
Romeo and Iuliet.
As it hath been often (with great applause) plaid publiquely, by the right Honourable the L. of Hunsdon his Seruants.
LONDON,
Printed by Iohn Danter.
1597.

Le théâtre du Globe, sur la rive de la Tamise. Le célèbre théâtre de Shakespeare a été construit en 1599. Les œuvres se jouaient sur un plateau nu, sans le moindre décor : le texte dit par les acteurs devait éveiller l'imagination du public.

Mr. WILLIAM
SHAKESPEARES
COMEDIES,
HISTORIES, &
TRAGEDIES.
Publifhed according to the True Originall Copies.
LONDON
Printed by Isaac Iaggard, and Ed. Blount. 1623.

Shakespeare et la tardive reconnaissance française

Mêlant tous les tons et tous les styles, se moquant du vraisemblable et des bienséances, ignorant superbement la *Poétique* d'Aristote, le théâtre de Shakespeare a été très difficilement compris en France. Voltaire, en 1735, admire son génie mais regrette ses grossièretés. Ce sont les romantiques, Stendhal, Hugo, qui ont senti la force de son art. Aujourd'hui, traduit par nos plus grands poètes comme Jules Supervielle ou Yves Bonnefoy, transposé par Eugène Ionesco, son génie singulier s'impose à tous.

La peinture et la musique

Peinture

— Caravage, *La Résurrection de Lazare*, 1608 (Italie)
— Rubens, *Le Silène ivre*, 1618 (Flandres)
— Van Dyck, *Portrait de Pierre Stevens*, 1627 (Flandres)
— Velasquez, *La Reddition de Breda*, 1635 (Espagne)
— Rembrandt, *La Ronde de nuit*, 1642 (Pays-Bas)

Musique

— Monteverdi, *Orfeo*, 1607 (Italie)
— Dowland, *Lacrymae*, 1605 (Grande-Bretagne)
— Frescobaldi, *Fiori musicali*, 1635 (Italie)

Le théâtre

Au Moyen Âge : les mystères et les farces

Au XIVe siècle apparaissent les mystères. La scène se déploie sur plusieurs centaines de mètres, représentant ici le paradis, là l'enfer, au centre un château, une prison, Jérusalem. Aux associations d'acteurs se mêlent les gens du lieu dans leurs plus beaux atours. Vers 1450, il faut trois jours pour jouer les trente-cinq mille vers du *Mystère de la Passion* d'Arnoul Gréban. Ces spectacles grandioses sont entremêlés de scènes comiques. Les plaisanteries sont parfois si grossières qu'en 1548, on interdit aux confréries de la Passion de représenter des pièces sacrées. Issu de traditions de baladins itinérants, le théâtre comique est très varié, allant de la sotie à la farce : *La Farce de Maître Pathelin*, vers 1460, fait encore rire aujourd'hui.

Du XVIe au XVIIe siècle : la tentative humaniste

Les écrivains humanistes ont voulu renouveler le théâtre français en s'inspirant du modèle antique. Pour la comédie, ils relisent les Latins Plaute et Térence : Étienne Jodelle écrit *Eugène* en 1552, Jacques Grévin *Les Ébahis* en 1560, Odet de Turnèbe *Les Contents* en 1584. La littérature antique inspire aussi des tragédies. Le poète Étienne Jodelle s'illustre avec les tragédies *Cléopâtre captive* (1553), puis *Didon sacrifiant* (1564) ; Robert Garnier publie *Hippolyte* en 1573, *La Troade* en 1579. La tragédie humaniste cherche à émouvoir non par le développement de l'action mais par l'intensité de situations pathétiques. Plus poétiques que théâtrales, ces amples déplorations ne sont plus guère jouées de nos jours.

Au début du XVIIe siècle : la tentation baroque

Après les guerres de religion, le théâtre revient peu à peu à la mode, mais l'humanisme est en crise. On néglige les Anciens, on s'inspire des romans, des Italiens, des Espagnols; on se veut moderne. La tragi-comédie s'impose alors comme un genre neuf qui multiplie les épisodes extraordinaires, les rebondissements spectaculaires, les situations romanesques. *Pyrame et Thisbé* de Théophile de Viau (1621) ou la *Marianne* de Tristan l'Hermite (1636) obtiennent de véritables succès. Mais rien n'égale la réussite du jeune Corneille avec *Clitandre* (1632), *L'Illusion comique* (1636), *Le Cid* (1637). Cependant, le triomphe du *Cid* déclenche une querelle qui marque la fin de la tentative baroque en France.

À partir de 1630 : le théâtre classique

Fruit d'une longue réflexion critique et de l'évolution du goût, le théâtre qu'on appellera « classique » doit respecter vraisemblance et bienséances. Présentées comme tirées du philosophe grec Aristote, les trois unités de temps, de lieu, d'action assurent la vraisemblance et la cohérence de l'œuvre. Ces contraintes rigoureuses forcent la pièce, comédie ou tragédie, à mettre en scène une crise intense et révélatrice. Ce sont les tragédies de Corneille, de Racine, les comédies de Molière qui ont fait la gloire de ce théâtre qui sera imité par Crébillon, Voltaire, Chénier pendant tout le siècle suivant. Mais le public aime aussi les pièces à machines, les opéras à grand spectacle, comme ceux que mettent au point Quinault et Lully.

Au XVIIIe siècle : la remise en cause du classicisme

Malgré le succès des tragédies de Voltaire, le théâtre classique apparaît de plus en plus comme démodé. Diderot prône le drame bourgeois. Alors que la tragédie traite des grands intérêts d'État et met en scène des rois et des princesses, Diderot veut un théâtre qui s'intéresse aux drames familiaux, au problème de la vertu dans la vie quotidienne. Il veut remplacer les longs discours par une gestuelle expressive qui frappe comme un tableau. Sedaine, avec *Le Philosophe sans le savoir* (1765), Mercier, avec *La Brouette du vinaigrier* (1775), donnent des drames bourgeois réussis. En 1784, Beaumarchais, dans *Le Mariage de Figaro*, invite, avec une gaieté provocante, à ce bonheur vertueux dont Diderot rêvait.

Au XIXe siècle : le drame romantique

Avec la bataille d'*Hernani* le 25 février 1830, Hugo fait triompher, difficilement, le drame romantique sur une scène française. Au nom de la liberté de l'art, les unités de temps et de lieu sont balayées ; pour rendre le réel dans sa complexité, on mélange le grotesque et le sublime. Les drames de Hugo, comme *Ruy Blas* (1838), de Vigny, avec *Chatterton* (1835), de Dumas, comme *Kean* (1836), veu-

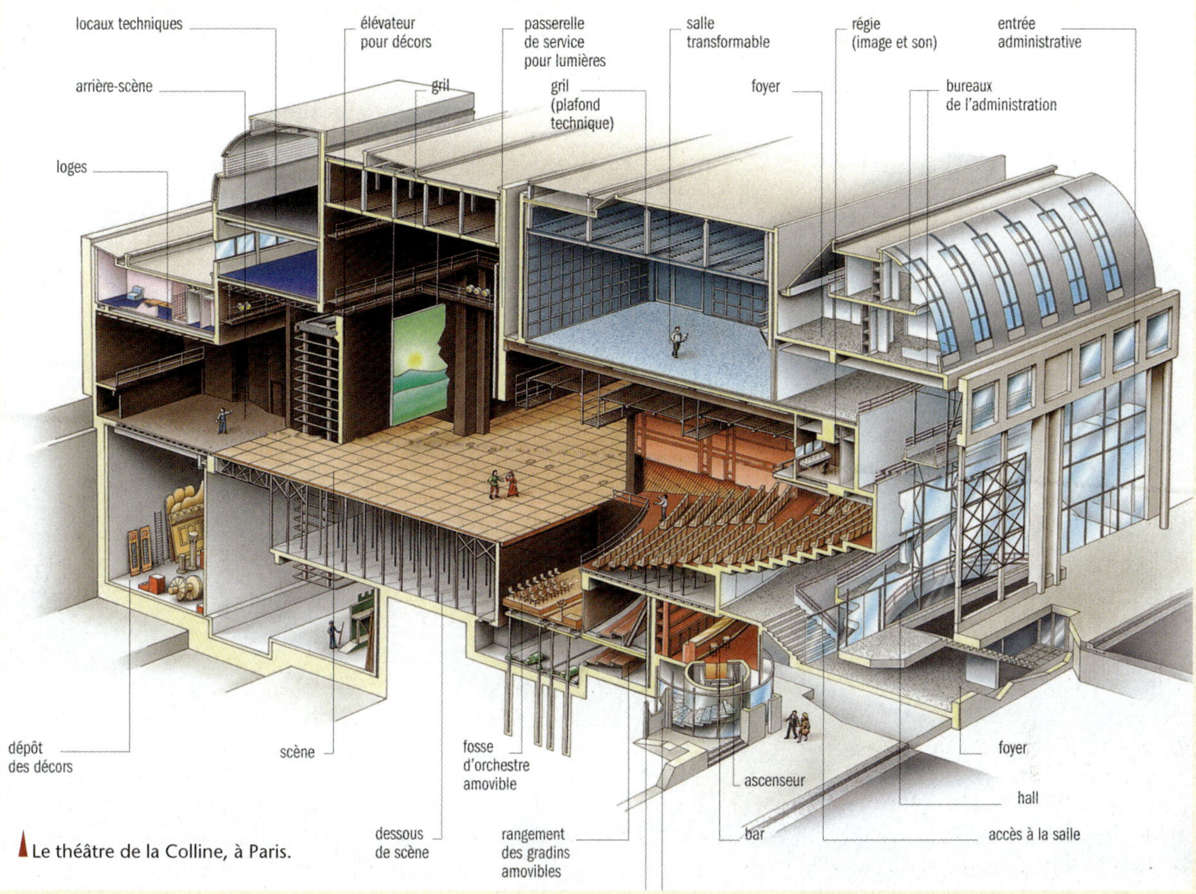

Le théâtre de la Colline, à Paris.

lent éclairer la dimension historique, sociale et spirituelle de l'être humain. L'échec des *Burgraves* de Hugo, en 1843, annonce un retour au classicisme. Seul Musset, qui ne se souciait plus de représentation, a réussi, avec *Les Caprices de Marianne* (1833) et *Lorenzaccio* (1834), un théâtre vraiment neuf qui parle encore à tous.

À la fin du XIXe siècle : le drame symboliste

Dans la seconde moitié du siècle, l'essor des villes et de la prospérité favorise la multiplication des spectacles. On s'amuse aux vaudevilles de Labiche et de Feydeau, aux opérettes d'Offenbach ; on s'émeut des pièces à thèse de Dumas fils ou d'Émile Augier. Antoine renouvelle l'art de la mise en scène mais reste prisonnier du naturalisme inspiré de Zola. Hostile à tout réalisme, Lugné-Poe fonde le théâtre de l'Œuvre, qui devient le haut lieu du drame symboliste, un monde de rêve qui parle à l'esprit. Il crée, en 1892, *Pelléas et Mélisande* de Maeterlinck et, en 1896, *Ubu roi* d'Alfred Jarry, qui fait scandale en bouleversant le langage de la comédie. Les chefs-d'œuvre de Paul Claudel montrent la fertilité de ces conceptions.

Au XXe siècle : le retour du tragique

Les violents événements qui déchirent l'Europe provoquent un retour du tragique qui se manifeste de deux façons. Dans la première moitié du siècle, Cocteau dans *La Machine infernale* (1934) Giraudoux avec *Électre* (1937), Sartre avec *Les Mouches* (1943), Anouilh avec *Antigone* (1944) s'inspirent des mythes grecs pour faire du théâtre le lieu d'une interrogation politique, morale, philosophique. À partir de 1950, avec *La Cantatrice chauve*, anti-pièce de Ionesco, *En attendant Godot* de Beckett, *La Comédie du langage* de Tardieu, c'est le langage humain qui est pris à partie, nous réduisant à la solitude et au dérisoire. Cette critique du discours conduit à donner une nouvelle énergie aux gestes, aux corps, aux décors.

DIX GRANDES ŒUVRES

- Pierre Corneille, *Le Cid* (1637)
- Molière, *Le Malade imaginaire* (1673)
- Jean Racine, *Phèdre* (1677)
- Marivaux, *Le Jeu de l'amour et du hasard* (1730)
- Beaumarchais, *Le Mariage de Figaro* (1784)
- Alfred de Musset, *Lorenzaccio* (1834)
- Jean Anouilh, *Antigone* (1944)
- Samuel Beckett, *En attendant Godot* (1952)
- Eugène Ionesco, *Le Roi se meurt* (1962)
- Bernard-Marie Koltès, *Combat de nègre et de chiens* (1983)

Charles Le Brun, *Entrée d'Alexandre dans Babylone ou le Triomphe d'Alexandre*, 1665. Huile sur toile, 4,50 x 7,07 m. Musée du Louvre, Paris.

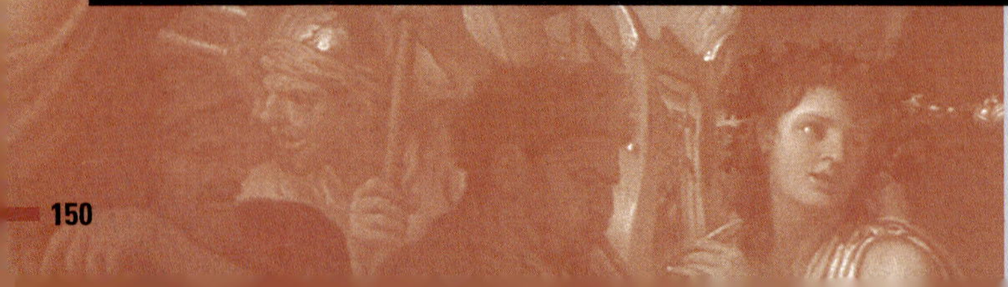

1650
1700

L'âge classique

1650 1700
L'âge classique

Après les troubles de la Fronde, le règne de Louis XIV ouvre pour le pays une période de stabilité exceptionnelle. Soucieux de sa gloire, le roi encourage les arts et les lettres. Dans tous les genres, dans tous les arts, on assiste alors à une floraison d'œuvres inoubliables.

1. L'histoire La monarchie de droit divin

Louis XIV, le Roi Soleil, dont le règne s'étend de 1661 à 1715. Portrait par Charles Le Brun (détail), 1662.

Louis XIV dans la tranchée, au siège de Tournai, en 1667.

À partir de 1661, Louis XIV dirige seul le royaume en s'appuyant sur une administration centralisée qui impose partout sa loi. Tout en développant le commerce et l'industrie, le roi lance le pays dans des guerres de conquêtes qu'il voudrait rentables et glorieuses mais qui se révèlent meurtrières et ruineuses. Le roi veut aussi imposer un ordre unique dans le domaine religieux : il résiste au pouvoir du pape, pourchasse les jansénistes et persécute les protestants. Toutes ces violences assombrissent les dernières années du règne.

Nicolas Fouquet, intendant de Louis XIV, qui le fait enfermer, jaloux du faste de son ministre.

Les compagnies de dragons envoyées par Louis XIV pour contraindre les protestants à se convertir.

Louis XIV reçoit les membres du Parlement, à qui il impose sa volonté.

L'abbaye de Port-Royal, refuge des jansénistes, que Louis XIV fait raser.

2. La société La Cour, la ville et la campagne

Écartée des responsabilités politiques, la noblesse doit se plier aux règles de l'étiquette : pour plaire au pouvoir, il faut adopter la posture du courtisan. Mais elle est comblée d'honneurs et de privilèges, s'illustre et meurt sur les champs de bataille, met à la mode l'air de la Cour. En ville, les résistances à ce monde brillant et soumis restent vives. La rigueur des jansénistes influence en profondeur la noblesse de robe et la bourgeoisie cultivée. Les paysans, grâce aux écoles de campagne, sont de plus en plus nombreux à pouvoir signer et même à pouvoir lire, mais les inégalités restent sensibles : il y a loin du riche fermier au journalier qui vit dans la misère !

Les poissonnières et les blanchisseuses se retrouvent sur les quais de la Seine à Paris.

Louis XIV au milieu des jardins de Versailles en 1688.

Dîner du roi, entouré de sa Cour, à l'hôtel de ville de Paris.

Un crieur des rues au XVIIe siècle.

3. Les sciences Des avancées décisives

Sur le modèle des académies savantes qui existaient à Londres, à Florence, à Rome, Colbert fonde en 1666 l'Académie royale des sciences, qui jouera un rôle décisif dans le développement de l'esprit scientifique en France. À l'époque, les universités répètent les dogmes anciens et tournent le dos aux nouveautés qui agitent le monde des savants. Et quels savants ! Huygens (1629-1695), physicien, astronome et mathématicien, étudie la force centrifuge, invente une théorie ondulatoire de la lumière et fonde l'horlogerie moderne. Leibniz (1646-1716), savant et philosophe, invente, entre autres, le calcul infinitésimal et met au point le concept d'énergie cinétique. Newton (1642-1727), incomparable génie, inventeur de la méthode expérimentale et de la physique mathématique, met au point le principe de la gravitation universelle.

Wilhelm Gottfried Leibniz, mathématicien et philosophe.

La pendule de Huygens, auteur du premier grand traité de dynamique.

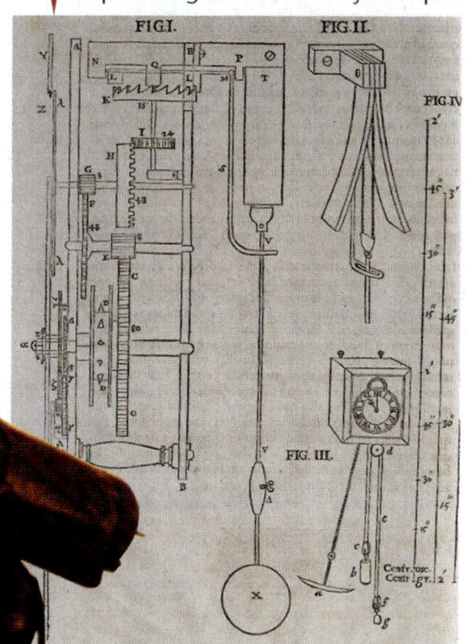

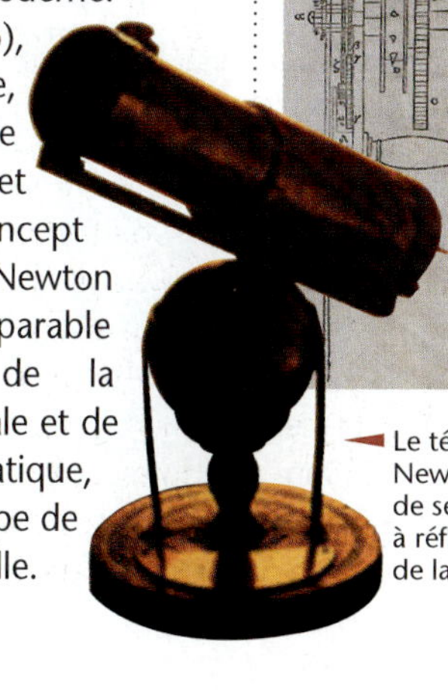

Le télescope d'Isaac Newton. Newton permet à l'astronomie de se développer grâce au télescope à réflexion et à l'analyse spectrale de la lumière.

4. Les lettres La difficile naissance de l'écrivain

Jean Racine, peint par François de Troy.

En se regroupant dans des académies, en fréquentant les salons du grand monde et parfois la Cour, les écrivains connaissent de plus en plus souvent reconnaissance et autorité. Le pouvoir royal se substitue aux mécènes privés et contribue, par des pensions, des récompenses honorifiques, à légitimer leur fonction : s'il les surveille, il reconnaît leur rôle. La figure de l'homme de lettres au savoir encyclopédique s'efface devant l'écrivain dont on admire la créativité proprement littéraire : c'est à lui de former l'esprit et le goût du public, d'accroître le prestige du royaume par des œuvres de qualité.

Le Malade imaginaire, représenté à Versailles, en 1674.

Dessin de costume pour un personnage de *Proserpine*, opéra de Quinault et de Lully.

Portrait de Jean Chapelain, poète, membre de l'Académie française, où il contribua à fixer les principes de la doctrine classique.

5. L'édition Les lectures surveillées

Jean-Baptiste Colbert, tout-puissant ministre de Louis XIV, qui contrôle imprimeurs et libraires.

Accentuant les efforts de Richelieu, le jeune Louis XIV place l'édition sous haute surveillance. Son Premier ministre Colbert organise la propagande royale, pensionne les écrivains qui sont invités à faire l'éloge du roi, développe les académies qui légitiment et normalisent. Le nombre des imprimeries autorisées est réduit de moitié et les éditeurs soumis au pouvoir se voient accorder des monopoles exorbitants. Ceux de Paris publient des livres autorisés, soignés et chers, tandis que les éditeurs de province survivent en publiant des contrefaçons de mauvaise qualité. Les livres interdits arrivent par Rouen de Hollande, où ils font la fortune des éditeurs étrangers.

TRAITTE DE LA CULTURE DES FORESTS

IL y a long-temps qu'on se plaint que les fustaies se ruinent ; qu'elles s'aneantissent par tout ; que dans peu elles seront reduittes en taillis ; et qu'incessamment nous manquerons

L'imprimerie au travail.

6. Les arts La grandeur et l'harmonie

Très sensible aux images qui diffusent sa gloire, Louis XIV joue un rôle essentiel dans le développement des académies de peinture, de sculpture et d'architecture où s'enseignent, sous la ferme direction du peintre Le Brun, « les règles les plus justes et les plus correctes » des beaux-arts. Lulli crée l'opéra français en équilibrant la part du récit et celle du chant. Le château de Versailles exprime avec éclat le goût du temps pour la grandeur et le luxe. D'élégants effets de symétrie allègent les cinq cent quatre-vingts mètres de façade qui donnent sur les jardins dessinés par Le Nôtre. La puissante harmonie de l'ensemble fait de Versailles une réalisation exemplaire du classicisme français.

Volets de la chambre de Louis XIV au château de Versailles. Seconde moitié du XVIIe siècle.

L'Été
Nicolas Poussin (1664)

Le tableau L'Été *appartient à une série de quatre toiles représentant les saisons que Poussin acheva un an avant sa mort. On y retrouve ce qui fait de Poussin le plus illustre représentant du classicisme en peinture : clarté de la composition, accord savoureux des formes et des couleurs, richesses du récit. Comme l'écrivain classique, le peintre cherche à plaire et à instruire. (1,18 m x 1,60 m, Paris, Musée du Louvre.)*

Poussin s'inspire de la Bible : le riche propriétaire Booz ordonne au serviteur de laisser Ruth, une étrangère, ramasser les épis tombés des gerbes. L'image de la moisson se lie ainsi à ce hasard providentiel qui sauve Ruth de la misère. Célébrant l'accord du ciel et de la terre, *L'Été* invite à croire aux promesses de l'avenir.

Une ligne cerne chaque feuille : chaque forme est ainsi autonome et intégrée à l'ensemble. Si les verticales rythment le tableau, les horizontales font passer progressivement du premier plan aux perspectives plus éloignées. Ces lignes précises et claires construisent un espace apaisé, d'une puissante harmonie.

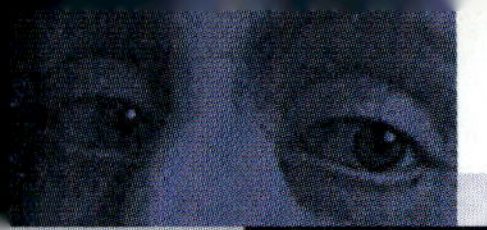

PASCAL

Nom et prénom : **Pascal, Blaise**
Naissance : **le 19 juin 1623, à Clermont-Ferrand**
Décès : **le 19 août 1662, à Paris**
Lieux : **Clermont-Ferrand, Paris, Rouen**
Situation familiale : **célibataire**
Profession : **rentier**
Amitiés : **des savants, des mondains, les solitaires de Port-Royal**

Tout enfant, Blaise Pascal surprend son entourage par sa précocité. « Il voulait, écrit sa sœur Gilberte, savoir la raison de toutes choses. » Pour aider son père, chargé de la recette des impôts à Rouen, il met au point la première machine à calculer. En 1648, il conduit une série d'expériences qui établissent l'existence du vide et la pression de l'air. Par ses recherches sur les mises des joueurs, il annonce le calcul des probabilités. C'est lui encore qui conçoit l'organisation des transports en commun de la capitale. Cet infatigable chercheur correspond avec la reine Christine de Suède, fréquente les cercles mondains, médite les *Essais* de Montaigne. Mais Pascal se détourne de ce monde qu'il méprise et s'engage de plus en plus auprès de ses amis de Port-Royal, les jansénistes, qui défendent une vision rigoureuse de la vie chrétienne.

Lorsque ces derniers sont accusés d'hérésie par la Sorbonne, il prend leur défense en rédigeant, de 1656 à 1657, les *Provinciales*. Le succès de ces textes clandestins suscite les foudres de la censure et Pascal doit changer plusieurs fois de nom et de domicile pour échapper à la police. Sans renoncer à ses travaux scientifiques, il se consacre ensuite à la rédaction d'une « Apologie de la religion chrétienne ». De santé fragile depuis toujours, gravement malade, sa mort précoce, à trente-neuf ans, l'empêche de terminer l'œuvre entreprise.

Ses œuvres principales

- des ouvrages scientifiques, dont : *Traité des coniques* (1640), *Expériences nouvelles touchant le vide* (1647)
- des ouvrages de polémique, dont les *Provinciales* (1656-1657)
- une série de réflexions philosophiques publiées en 1669 après sa mort sous le titre de *Pensées*

L'ŒUVRE DE PASCAL

Les *Provinciales* et l'art de la polémique

Dans ces dix-huit lettres qu'un provincial est censé adresser à l'un de ses amis, Pascal use d'un langage simple, direct, et réussit à passionner le public pour de difficiles questions de doctrine religieuse.

Les *Pensées* et l'art de persuader

Dans cette œuvre dont il ne reste que des fragments, Pascal se proposait de faire l'apologie de la religion chrétienne. Il veut montrer aux indifférents la vérité du christianisme. Mais comment faire voir une vérité que l'autre ne voit pas, qu'il n'a pas envie de voir ? Il ne suffit pas de convaincre sa raison par des arguments, il faut frapper son imagination, atteindre sa sensibilité, remuer sa volonté. Pour persuader le lecteur indifférent, Pascal déploie toutes les ressources d'une véritable éloquence. C'est par l'intensité toujours intacte de son style que les *Pensées* touchent le lecteur d'aujourd'hui, qu'il soit croyant ou incroyant.

UNE ANALYSE RADICALE DE LA CONDITION HUMAINE

Pascal montre la misère de l'homme sans Dieu. L'être humain, abusé par les puissances trompeuses, l'imagination, la coutume, l'amour-propre, est incapable par lui-même d'atteindre la vérité et le bonheur. Toutes les occupations sociales ne sont que des divertissements, des illusions qui nous permettent d'échapper à l'angoisse d'être mortel. Mais ne voir que la misère humaine serait méconnaître ce qui fait la grandeur spécifique de l'être humain : sa conscience en fait un être à part dans l'univers. Pour Pascal, seule la religion chrétienne permet de comprendre la nature essentiellement contradictoire de la créature humaine, mystérieuse combinaison de chair et d'esprit, de grandeur et de misère.

Pensées

IMAGINATION

Dans la première section des *Pensées*, Pascal veut montrer la misère de l'homme sans Dieu. C'est avec une sorte d'ironie rageuse qu'il dénonce la faiblesse de la raison humaine.

Qui dispense la réputation, qui donne le respect et la vénération aux personnes, aux ouvrages, aux lois, aux grands, sinon cette faculté imaginante ? Toutes les richesses de la terre sont insuffisantes sans son consentement. Ne diriez-vous pas que ce magistrat dont la vieillesse vénérable impose le respect à tout un peuple se gouverne par une raison pure et sublime, et qu'il juge des choses par leur nature sans s'arrêter à ces vaines circonstances qui ne blessent que l'imagination des faibles ? Voyez-le entrer dans un sermon, où il apporte un zèle tout dévot, renforçant la solidité de sa raison par l'ardeur de sa charité ; le voilà prêt à l'ouïr avec un respect exemplaire. Que le prédicateur vienne à paraître, si la nature lui a donné une voix enrouée et un tour de visage bizarre, que son barbier l'ait mal rasé, si le hasard l'a encore barbouillé de surcroît, quelques grandes vérités qu'il annonce, je parie la perte de la gravité de notre sénateur !

Le plus grand philosophe du monde sur une planche plus large qu'il ne faut, s'il y a au-dessous un précipice, quoique sa raison le convainque de sa sûreté, son imagination prévaudra. Plusieurs n'en sauraient soutenir la pensée sans pâlir et suer.

Je ne veux pas rapporter tous ses effets ; qui ne sait que la vue des chats, des rats, l'écrasement d'un charbon, etc. emportent la raison hors des gonds ? Le ton de voix impose aux plus sages et change un discours et un poème de force.

L'affection ou la haine changent la justice de face, et combien un avocat bien payé par avance trouve-t-il plus juste la cause qu'il plaide ! Combien son geste hardi la fait-il paraître meilleure aux juges dupés par cette apparence ! Plaisante raison qu'un vent manie et à tous sens !

Qui voudra connaître à plein la vanité de l'homme n'a qu'à considérer les causes et les effets de l'amour. La cause en est un *je ne sais quoi* (Corneille). Et les effets en sont effroyables. Ce *je ne sais quoi*, si peu de chose qu'on ne peut le reconnaître, remue toute la terre, les princes, les armées, le monde entier.

Le nez de Cléopâtre, s'il eût été plus court, toute la face de la terre aurait changé.

DIVERTISSEMENT

Dans ce fragment, Pascal montre que l'être humain est incapable de regarder sa vérité en face. Il redonne toute sa force au sens étymologique du verbe « divertir » : se détourner, se séparer.

Tel homme passe sa vie sans ennui en jouant tous les jours peu de chose. Donnez-lui tous les matins l'argent qu'il peut gagner chaque jour, à la charge[1] qu'il ne joue point, vous le rendez malheureux. On dira peut-être que c'est qu'il recherche l'amusement du jeu et non pas le gain. Faites-le donc jouer pour rien, il ne s'y échauffera pas et s'y ennuiera. Ce n'est donc pas l'amusement seul qu'il recherche. Un amusement languissant et sans passion l'ennuiera. Il faut qu'il s'y échauffe, et qu'il se pipe[2] lui-même en s'imaginant qu'il serait heureux de gagner ce qu'il ne voudrait pas qu'on lui donnât à condition de ne point jouer, afin qu'il se forme un sujet de passion et qu'il excite sur cela son désir, sa colère, sa crainte pour cet objet qu'il s'est formé comme les enfants qui s'effraient du visage qu'ils ont barbouillé.

D'où vient que cet homme qui a perdu depuis peu de mois son fils unique et qui accablé de procès et de querelles était ce matin si troublé, n'y pense plus maintenant ? Ne vous en étonnez pas, il est tout occupé à voir par où passera ce sanglier que ses chiens poursuivent avec tant d'ardeur depuis six heures. Il n'en faut pas davantage. L'homme, quelque plein de tristesse qu'il soit, si on peut gagner sur lui de le faire entrer en quelque divertissement le voilà heureux pendant ce temps-là, et l'homme quelque heureux qu'il soit s'il n'est diverti et occupé par quelque passion ou quelque amusement, qui empêche l'ennui de se répandre, sera bientôt chagrin et malheureux. Sans divertissement il n'y a point de joie ; avec le divertissement il n'y a point de tristesse. Et c'est aussi ce qui forme le bonheur des personnes de grande condition qu'ils ont un nombre de personnes qui les divertissent et qu'ils ont le pouvoir de se maintenir en cet état.

ROSEAU PENSANT

D'où vient la grandeur propre à l'être humain ? Qu'est-ce qui le différencie des animaux, des végétaux, des autres organismes présents dans l'univers ? C'est à cette question que répondent ces célèbres fragments où Pascal montre que la misère de l'homme est inséparable de sa grandeur.

– L'homme n'est qu'un roseau, le plus faible de la nature, mais c'est un roseau pensant. Il ne faut pas que l'univers entier s'arme pour l'écraser ; une vapeur, une goutte d'eau suffit pour le tuer. Mais quand[3] l'univers l'écraserait, l'homme serait encore[4] plus noble que ce qui le tue, puisqu'il sait qu'il meurt et l'avantage[5] que l'univers a sur lui. L'univers n'en sait rien.

Toute notre dignité consiste donc en la pensée. C'est de là qu'il nous faut relever et non de l'espace et de la durée, que nous ne saurions remplir. Travaillons donc à bien penser : voilà le principe de la morale[6].

– Le silence éternel de ces espaces infinis m'effraie.

– Roseau pensant.

Ce n'est point de l'espace que je dois chercher ma dignité, mais c'est du règlement de ma pensée. Je n'aurai pas davantage en possédant des terres. Par l'espace l'univers me comprend et m'engloutit comme un point : par la pensée je le comprends.

– Grandeur de l'homme.

Nous avons une si grande idée de l'âme de l'homme que nous ne pouvons souffrir d'en être méprisés et de n'être pas dans l'estime d'une âme. Et toute la félicité des hommes consiste dans cette estime.

Qu'est-ce que qui sent du plaisir en nous ? Est-ce la main, est-ce le bras, est-ce la chair, est-ce le sang ? On verra qu'il faut que ce soit quelque chose d'immatériel.

La grandeur de l'homme est grande en ce qu'il se connaît misérable.

Un arbre ne se connaît pas misérable.

C'est donc être misérable que de se connaître misérable, mais c'est être grand que de connaître qu'on est misérable.

■ **1. à la charge** : à la condition. ■ **2. se pipe** : se trompe. ■ **3. quand** : même si. ■ **4. encore** : même dans ce cas. ■ **5. avantage** : complément de « sait ». ■ **6. morale** : ce qui règle notre façon de vivre, d'agir.

Vanité du XVIIe siècle, peinture à l'huile.

INFINI RIEN

Tel est le titre du fragment célèbre connu sous le nom du « Pari ». Il ne s'agit pas d'un argument mais d'un développement qui doit pousser l'incroyant ou le tiède qui hésite à prendre parti. Puisque l'existence de Dieu est aussi indémontrable que son inexistence, alors il faut parier.

Examinons donc ce point et disons : Dieu est, ou il n'est pas. Mais de quel côté pencherons-nous ? La raison n'y peut rien déterminer. Il y a un chaos infini qui nous sépare. Il se joue un jeu à l'extrémité de cette distance infinie, où il arrivera croix ou pile[7] : que gagerez-vous[8] ? Par raison vous ne pouvez faire ni l'un ni l'autre ; par raison vous ne pouvez défendre nul des deux.

Ne blâmez donc pas de fausseté ceux qui ont pris un choix, car vous n'en savez rien ! – Non, mais je les blâmerai d'avoir fait, non ce choix, mais un choix. Car encore que celui qui prend croix et l'autre soient en pareille faute, ils sont tous deux en faute. Le juste est de ne point parier.

– Oui, mais il faut parier. Cela n'est pas volontaire, vous êtes embarqué. Lequel prendrez-vous donc ? Voyons, puisqu'il faut choisir, voyons ce qui vous intéresse le moins[9]. Vous avez deux choses à perdre, le vrai et le bien, et deux choses à engager : votre raison et votre volonté, votre connaissance et votre béatitude ; et votre nature a deux choses à fuir : l'erreur et la misère. Votre raison n'est pas plus blessée, puisqu'il faut nécessairement choisir, en choisissant l'un que l'autre. Voilà un point vidé. Mais votre béatitude ? Pesons le gain et la perte, en prenant croix que Dieu est. Estimons ces deux cas : si vous gagnez, vous gagnez tout, et si vous perdez, vous ne perdez rien. Gagez donc qu'il est, sans hésiter ! Cela est admirable. – Oui, il faut gager. Mais je gage peut-être trop. – Voyons, puisqu'il y a pareil hasard de gain et de perte, si vous n'aviez qu'à gagner deux vies pour une, vous pourriez encore gager, mais s'il y en avait trois à gagner, il faudrait jouer (puisque vous êtes dans la nécessité de jouer), et vous seriez imprudent, lorsque vous êtes forcé à jouer, de ne pas hasarder votre vie pour en gagner trois à un jeu où il y a pareil hasard de perte et de gain. Mais il y a une éternité de vie et de bonheur.

Blaise Pascal, *Pensées*, écrites avant 1658, première édition posthume, 1669.

- **7. croix ou pile** : face ou pile.
- **8. gager** : parier.
- **9. intéresse le moins** : ce qui compromet le moins votre intérêt.

Le cœur et la raison

Pour convaincre l'incroyant de la vérité de la religion chrétienne, Pascal analyse la condition humaine sans se référer à l'existence de Dieu. Il est inutile d'avoir la foi pour constater la fragilité de la raison humaine abusée par l'imagination, la coutume, l'amour-propre. Il est inutile d'avoir la foi pour constater que l'homme est capable de penser. La seule raison nous montre que l'être humain est à la fois corps et esprit, misère et grandeur. Or, la doctrine chrétienne du péché originel éclaire la double nature de l'homme. Pascal montre ainsi au libertin que « la religion n'est point contraire à la raison », que la religion est « vénérable parce qu'elle a bien connu l'homme ». Mais la raison est incapable de prouver l'existence ou l'inexistence de Dieu.

Pour atteindre à la vérité et au vrai bonheur, il faut donc un mouvement d'une autre nature ; la seule raison n'y suffit pas : « C'est le cœur qui sent Dieu : voilà ce que c'est que la foi. Dieu sensible au cœur, non à la raison. Le cœur a ses raisons que la raison ne connaît point. »

MOLIÈRE

Nom et prénom : **Poquelin, Jean-Baptiste**
Pseudonyme : **Molière (il n'a jamais expliqué ce choix)**
Naissance : **baptisé le 15 janvier 1622, à Paris**
Décès : **le 17 février 1673, à Paris**
Lieux : **Paris, Bordeaux, Lyon, Rouen**
Situation familiale : **marié le 20 février 1662 à Armande Béjart**
Professions : **comédien, directeur de troupe**
Amitiés : **des philosophes libertins, La Fontaine, Boileau**

Le jeune Poquelin, fils aîné d'une famille aisée de la bourgeoisie parisienne, renonce à faire carrière dans le droit et se lance à vingt ans, sous le nom de Molière, dans l'aventureuse carrière théâtrale. En juin 1643, il fonde l'Illustre-Théâtre, qui fait faillite deux ans plus tard. Il quitte alors la capitale pour une tournée en province qui dure douze ans. De retour à Paris en 1658, il se distingue par le naturel de son jeu : « Jamais personne, dit-on, ne sut démonter si bien son visage. » Mais c'est par son talent d'écrivain qu'il va plaire à la Cour comme au public parisien. Avec *Les Précieuses ridicules*, en 1659, il met les procédés de la farce au service d'une satire sociale et renouvelle ainsi la comédie.

En 1662, l'éclatant succès de son premier chef-d'œuvre, *L'École des femmes*, suscite la jalousie des rivaux et la colère des dévots. Malgré le soutien discret mais actif du roi, il se heurte à l'hostilité du parti religieux qui réussit à faire interdire *Tartuffe* en 1664 puis *Dom Juan* en 1665. Molière, malade, se voit même forcé de fermer son théâtre en 1666. De là sans doute, l'amertume douloureuse qui transparaît dans son nouveau chef-d'œuvre, *Le Misanthrope*. En 1669, une troisième version de *Tartuffe* enfin autorisée obtient un succès triomphal, mais ces luttes ont épuisé Molière, qui évitera désormais les sujets trop brûlants. Il ne cesse cependant de recréer de nouveaux personnages : Harpagon, George Dandin, Amphitryon. Il retrouve, en 1671, avec *Les Fourberies de Scapin*, les bonheurs de la farce, et cherche à combiner les plaisirs de la comédie, de la musique et de la danse avec *Le Bourgeois gentilhomme* (1670) et *Le Malade imaginaire* (1673).

Le 17 février 1673, Molière ne se sent pas bien mais il joue pour ne pas priver de leur salaire « cinquante pauvres ouvriers qui n'ont que leur journée pour vivre ». Une crise mortelle l'interrompt. Le roi lui-même doit intervenir pour que les prêtres de sa paroisse veuillent bien, de nuit, l'enterrer.

Ses œuvres principales

- des comédies en vers, dont : *L'École des femmes* (1662), *Tartuffe* (1664, publication en 1669), *Le Misanthrope* (1666), *Les Femmes savantes* (1672)
- des comédies en prose, dont : *Dom Juan* (1665), *George Dandin* et *L'Avare* (1668)
- des comédies-ballets, dont : *Le Bourgeois gentilhomme* (1670), *Le Malade imaginaire* (1673)

L'ŒUVRE DE MOLIÈRE

Les comédies en prose

Les comédies en prose sont d'une grande variété : inspirées de l'actualité comme *Les Précieuses ridicules* (1659), de la tradition latine comme *L'Avare* (1668), des contes de Boccace comme *George Dandin* (1668), de la comédie italienne comme *Les Fourberies de Scapin* (1671), elles multiplient les situations embarrassantes, les effets de répétition, les quiproquos, les gestuelles propres au répertoire de la farce. Molière déploie sa verve en toute liberté pour dénoncer des attitudes ridicules, des prétentions déplacées. Avec Scapin, le valet qui a plus d'un tour dans son sac, il laisse le rire se déployer sans chercher à instruire.

Les grandes comédies

Les grandes comédies en cinq actes et en vers obéissent aux règles du théâtre classique. Mettant en scène des personnages de la haute bourgeoisie dans *L'École des femmes* (1662), *Tartuffe* (1664) et *Les Femmes savantes* (1672), ou de l'aristocratie dans *Le Misanthrope* (1666), elles frappent par leur complexité. L'aveuglement d'Orgon, de Bélise, d'Arnolphe les rend pathétiques et les excès d'Alceste montrent sa grandeur. Le rire se nuance en sourire : il ne se contente pas d'exclure, il comprend.

Molière interprétant le rôle de Mascarille dans *Les Précieuses ridicules*, en 1659.

Dom Juan

Dom Juan apparaît comme une pièce unique. Rapidement improvisée pour remplacer *Tartuffe*, interdit, la pièce n'obéit à aucune règle et brosse le portrait du libertin en mêlant les registres tragique, fantastique et comique. Mais le comique, incarné par Sganarelle que jouait Molière, y montre sa puissance subversive. Sganarelle, par ses lâchetés, ses sottises et ses contradictions, ridiculise les valeurs morales et religieuses couramment admises. C'est lui, beaucoup plus que Dom Juan, qui sème le désordre et le doute : c'est lui que visèrent les censeurs. On comprend que de telles audaces restèrent sans lendemain.

Les comédies-ballets

Les comédies-ballets, comme *Le Bourgeois gentilhomme* (1670), *Le Malade imaginaire* (1673), cherchent à combiner la peinture des caractères, l'analyse d'un milieu et la fantaisie due à la musique et à la danse. Des cérémonies burlesques viennent satisfaire les lubies du bourgeois gentilhomme qui devient mamamouchi et du malade imaginaire qui devient médecin. Musiques et danses donnent une sorte d'ivresse à la représentation de ces délires.

LA FORCE DU RIRE

Avant Molière, et malgré quelques réussites de Corneille, la comédie en langue française se limitait au souvenir des farces médiévales, à des imitations du théâtre espagnol, à des comédies sentimentales. Sans renoncer en rien aux traditions de la farce, Molière crée des œuvres qui donnent au rire la profondeur de l'émotion tragique. Bossuet, l'homme d'Église, comme Rousseau, le philosophe, ont accusé Molière d'être immoral. L'un dénonce ses audaces de libre penseur, l'autre lui reproche son conformisme conservateur. On oublie alors que Molière n'est ni prêtre ni philosophe, mais homme de théâtre. Il cherche à faire rire en montrant sur scène la façon dont vivent les êtres humains, leurs passions, leurs amours, leurs ambitions, leurs peurs, leurs aveuglements. Molière s'efface devant ses personnages et laisse au spectateur la liberté de choisir de qui ou de quoi il rit. Parce qu'il donne du plaisir, parce qu'il fait voir d'un autre œil le monde où nous vivons, parce qu'il ne respecte aucun dogme, le théâtre de Molière est un instrument de liberté. C'est parce qu'il fait toujours rire que Molière, à sa façon, reste toujours subversif.

Armande Béjart, dans le rôle de Madelon, donne la réplique à Molière.

La scène du théâtre du Palais-Royal au temps de Molière. Dessin de Charles Antoine Coypel.

1662

L'École des femmes

Pour s'assurer la fidélité de sa future femme, Arnolphe recueille une jeune fille et l'élève à l'écart de tout et de tous. Malgré ces précautions, la jeune Agnès tombe amoureuse du jeune Horace. Arnolphe, furieux de voir ses projets déjoués, menace puis s'attendrit.

AGNÈS

Du meilleur de mon cœur je voudrais vous complaire :
Que me coûterait-il, si je le pouvais faire ?

ARNOLPHE

Mon pauvre petit bec[1], tu le peux, si tu veux.
(Il fait un soupir.)
Écoute seulement ce soupir amoureux,
Vois ce regard mourant, contemple ma personne,
Et quitte ce morveux et l'amour qu'il te donne.
C'est quelque sort qu'il faut qu'il ait jeté sur toi,
Et tu seras cent fois plus heureuse avec moi.
Ta forte passion est d'être brave[2] et leste[3] :
Tu le seras toujours, va, je te le proteste[4],
Sans cesse, nuit et jour, je te caresserai,
Je te bouchonnerai[5], baiserai, mangerai ;
Tout comme tu voudras, tu pourras te conduire :
Je ne m'explique point, et cela, c'est tout dire.
(À part.)
Jusqu'où la passion peut-elle faire aller !
Enfin, à mon amour rien ne peut s'égaler :
Quelle preuve veux-tu que je t'en donne, ingrate ?
Me veux-tu voir pleurer ? Veux-tu que je me batte ?
Veux-tu que je m'arrache un côté de cheveux ?
Veux-tu que je me tue ? Oui, dis si tu le veux :
Je suis tout prêt, cruelle, à te prouver ma flamme.

AGNÈS

Tenez, tous vos discours ne me touchent point l'âme :
Horace avec deux mots en ferait plus que vous.

Molière, *L'École des femmes*, acte V, scène 4, 1662.

■ 1. **petit bec** : petite bouche, joli minois. ■ 2. **brave** : bien vêtue.
■ 3. **leste** : élégante, séduisante. ■ 4. **proteste** : promets solennellement.
■ 5. **bouchonnerai** : cajolerai.

L'amoureux ridicule

On a, à l'époque, critiqué Molière en affirmant qu'Arnolphe a « quelque chose de trop comique et de trop outré lorsqu'il explique à Agnès la violence de son amour avec ces roulements d'yeux extravagants, ces soupirs ridicules, et ces larmes niaises qui font rire tout le monde ». En effet, pour convaincre Agnès de l'aimer, Arnolphe parle, pleure, soupire, fait des promesses, s'arrache les cheveux, dit qu'il veut se tuer. Pour plaire, il n'a pas peur du ridicule mais tous ces efforts sont inutiles : « Horace avec deux mots en ferait plus que vous. » À quoi servent preuves et discours quand il s'agit de plaire et d'être désiré ? Arnolphe est forcément ridicule, déplacé, poignant. La douleur de n'être pas aimé se dit ici par ces grimaces qui font rire. Le rire aussi prend au cœur.

1664

Tartuffe

Orgon, riche bourgeois parisien, prend Tartuffe pour un saint, tandis que toute la famille se moque de cet hypocrite qui fait semblant d'être un croyant sincère pour en tirer profit. Pendant deux actes, tout le monde ne parle que de Tartuffe. Au troisième acte, il apparaît enfin.

TARTUFFE, *apercevant Dorine.*
Laurent, serrez[1] ma haire[2] avec ma discipline[3]
Et priez que toujours le Ciel vous illumine.
Si l'on vient pour me voir, je vais aux prisonniers
Des aumônes que j'ai partager les deniers.

DORINE
Que d'affectation et de forfanterie[4] !

TARTUFFE
Que voulez-vous ?

DORINE
Vous dire...

TARTUFFE. *Il tire un mouchoir de sa poche.*
Ah ! mon Dieu, je vous prie,
Avant que de parler prenez-moi ce mouchoir.

DORINE
Comment ?

TARTUFFE
Couvrez ce sein que je ne saurais voir :
Par de pareils objets[5] les âmes sont blessées,
Et cela fait venir de coupables pensées.

DORINE
Vous êtes donc bien tendre à la tentation,
Et la chair sur vos sens fait grande impression ?
Certes je ne sais pas quelle chaleur vous monte :
Mais à vous convoiter, moi, je ne suis point si prompte,
Et je vous verrais nu du haut jusques en bas,
Que toute votre peau ne me tenterait pas.

TARTUFFE
Mettez dans vos discours un peu de modestie[6],
Ou je vais sur le champ vous quitter la partie[7].

Molière, *Tartuffe ou l'Imposteur*, acte III, scène 2, 1664 (publié en 1669).

▪ 1. **serrez** : rangez. ▪ 2. **haire** : vêtement de crin piquant porté à même la peau pour faire pénitence.
▪ 3. **discipline** : petit fouet en crin ou en métal pour humilier le corps.
▪ 4. **forfanterie** : imposture, scélératesse.
▪ 5. **objets** : visions, ce qui frappe la vue.
▪ 6. **modestie** : pudeur, décence.
▪ 7. **quitter la partie** : s'en aller.

Une entrée inoubliable

Longuement attendue, l'entrée en scène de Tartuffe fait rire en quelques répliques qui démasquent le personnage. En parfait comédien, Tartuffe surveille ses gestes, ses regards, ses propos. Il joue la comédie de la dévotion ; ainsi fait-il semblant de découvrir la présence de Dorine. Ses regards d'abord voilés deviennent plus vifs lorsqu'il voit le sein qu'il ne « saurait voir » et qui lui a pourtant, si vite, sauté aux yeux. Face à lui, voici Dorine : la servante au grand cœur démonte en deux mots les simagrées de l'hypocrite. Surtout, elle accuse le censeur effarouché d'être obsédé par cette tentation qu'il soupçonne partout. Touché, Tartuffe se fait plus sec et l'on sent, malgré l'onctuosité doucereuse dont il nappe ses discours, que le personnage est redoutable.

1665

Dom Juan

Dom Juan, le personnage de Molière, n'est pas seulement un séducteur qui considère la fidélité conjugale comme un préjugé ridicule; c'est aussi un libertin, un esprit fort qui se moque de la religion. Égaré dans une forêt avec son valet Sganarelle, Dom Juan demande son chemin à un pauvre. Il a soudain envie de provoquer cet homme qui vit loin du monde pour prier Dieu. Pour un louis d'or, commettrait-il un péché mortel?

Marcel Maréchal et Pierre Arditi interprètent *Dom Juan* de Molière, en 1989.

DOM JUAN. – Mais tout en raisonnant, je crois que nous sommes égarés. Appelle un peu cet homme que voilà là-bas, pour lui demander le chemin.

SGANARELLE. – Holà, ho, l'homme! ho, mon compère! ho, l'ami! un petit mot s'il vous plaît. Enseignez-nous un peu le chemin qui mène à la ville.

LE PAUVRE. – Vous n'avez qu'à suivre cette route, Messieurs, et détourner à main droite quand vous serez au bout de la forêt ; mais je vous donne avis que vous devez vous tenir sur vos gardes, et que, depuis quelque temps, il y a des voleurs ici autour.

DOM JUAN. – Je te suis bien obligé[1], mon ami, et je te rends grâce de tout mon cœur.

LE PAUVRE. – Si vous vouliez, Monsieur, me secourir de quelque aumône?

DOM JUAN. – Ah! ah! ton avis est intéressé, à ce que je vois.

LE PAUVRE. – Je suis un pauvre homme, Monsieur, retiré tout seul dans ce bois depuis dix ans, et je ne manquerai pas de prier le Ciel qu'il vous donne toute sorte de biens.

DOM JUAN. – Eh! prie-le qu'il te donne un habit, sans te mettre en peine des affaires des autres.

SGANARELLE. – Vous ne connaissez pas Monsieur, bon homme: il ne croit qu'en deux et deux sont quatre, et en quatre et quatre sont huit.

DOM JUAN. – Quelle est ton occupation parmi ces arbres?

LE PAUVRE. – De prier le Ciel tout le jour pour la prospérité des gens de bien qui me donnent quelque chose.

DOM JUAN. – Il ne se peut donc pas que tu ne sois bien à ton aise?

LE PAUVRE. – Hélas! Monsieur, je suis dans la plus grande nécessité[2] du monde.

DOM JUAN. – Tu te moques : un homme qui prie le Ciel tout le jour, ne peut pas manquer d'être bien dans ses affaires.

LE PAUVRE. – Je vous assure, Monsieur, que le plus souvent je n'ai pas un morceau de pain à mettre sous les dents.

DOM JUAN. – Voilà qui est étrange, et tu es bien mal reconnu[3] de tes soins. Ah! ah! je m'en vais te donner un louis d'or tout à l'heure[4], pourvu que tu veuilles jurer[5].

LE PAUVRE. – Ah! Monsieur, voudriez-vous que je commisse un tel péché?

DOM JUAN. – Tu n'as qu'à voir si tu veux gagner un louis d'or ou non : en voici un que je te donne, si tu jures. Tiens, il faut jurer.

LE PAUVRE. – Monsieur!

DOM JUAN. – À moins de cela, tu ne l'auras pas.

SGANARELLE. – Va, va, jure un peu, il n'y a pas de mal.

DOM JUAN. – Prends, le voilà ; prends, te dis-je ; mais jure donc.

LE PAUVRE. – Non, Monsieur, j'aime mieux mourir de faim.

DOM JUAN. – Va, va, je te le donne pour l'amour de l'humanité. Mais que vois-je là ? Un homme attaqué par trois autres ? La partie est trop inégale, et je ne dois pas souffrir cette lâcheté. *(Il court au lieu du combat.)*

SGANARELLE, *seul.* – Mon maître est un vrai enragé d'aller se présenter à un péril qui ne le cherche pas ; mais, ma foi ! le secours a servi, et les deux ont fait fuir les trois.

Molière, *Dom Juan*, acte III, scènes 1, 2 et 3, 1665.

■ **1. je te suis bien obligé** : je te remercie. ■ **2. nécessité** : très grande pauvreté, indigence. ■ **3. reconnu** : récompensé. ■ **4. tout à l'heure** : immédiatement. ■ **5. jurer** : parler de façon impie contre Dieu ou les saints.

Dom Juan et Sganarelle, maître et valet, s'affrontent tout au long de la pièce.

Un héros scandaleux

Dès la seconde représentation de *Dom Juan*, la scène du Pauvre a été interdite. Le héros de la pièce s'y montrait trop provocant pour le parti dévot. Scandaleux, ce grand seigneur qui ose demander au Pauvre un véritable sacrilège, car jurer était considéré comme un crime d'une extrême gravité. Scandaleux, ce grand seigneur qui dénonce l'aumône comme un marché de dupe bon pour des idiots. Sganarelle, qui pousse le Pauvre à la tentation avec cette expression « jure un peu », est encore plus scandaleux. Certes, Sganarelle sert de faire-valoir à la grandeur du Pauvre qui résiste fièrement à la tentation. Certes, Dom Juan ne donne le louis d'or que par dépit d'avoir échoué. Mais Molière lui a-t-il donné tort ?

Si Dom Juan est un rationaliste, comme le rappelle Sganarelle, n'essaie-t-il pas de libérer le Pauvre des préjugés qui l'aveuglent ? En remplaçant l'expression « Pour l'amour de Dieu » par « l'amour de l'humanité », Dom Juan cache-t-il son échec ou annonce-t-il les Lumières ? Or, Molière lui donne l'occasion de mettre à l'épreuve sa formule : alors que Sganarelle court se cacher, Dom Juan vole au secours d'un inconnu attaqué par trois autres. L'amour de l'humanité n'est donc pas un vain mot !

1666

Le Misanthrope

Alceste, le misanthrope, homme sincère et entier, ne supporte plus les relations mondaines où l'on se fait des sourires sans raisons véritables. Dès la première scène, il l'explique à son ami Philinte.

PHILINTE
Vous voulez un grand mal à la nature humaine !

ALCESTE
Oui, j'ai conçu pour elle une effroyable haine.

PHILINTE
Tous les pauvres mortels, sans nulle exception,
Seront enveloppés dans cette aversion ?
Encore en est-il bien, dans le siècle où nous sommes...

ALCESTE
Non : elle est générale, et je hais tous les hommes :
Les uns, parce qu'ils sont méchants et malfaisants,
Et les autres, pour être aux méchants complaisants,
Et n'avoir pas pour eux ces haines vigoureuses
Que doit donner le vice aux âmes vertueuses.
De cette complaisance on voit l'injuste excès
Pour le franc scélérat avec qui j'ai procès :
Au travers de son masque on voit à plein le traître ;
Partout il est connu pour tout ce qu'il peut être ;
Et ses roulements d'yeux et son ton radouci
N'imposent qu'à des gens qui ne sont point d'ici.
On sait que ce pied-plat[1], digne qu'on le confonde,
Par de sales emplois s'est poussé dans le monde,
Et que par eux son sort de splendeur revêtu
Fait gronder le mérite et rougir la vertu.
Quelques titres honteux qu'en tous lieux on lui donne
Son misérable honneur ne voit pour lui personne ;
Nommez-le fourbe, infâme et scélérat maudit,
Tout le monde en convient, et nul n'y contredit.
Cependant sa grimace est partout bienvenue :
On l'accueille, on lui rit, partout il s'insinue ;
Et s'il est, par la brigue[2], un rang à disputer,
Sur le plus honnête homme on le voit l'emporter.
Têtebleu ! ce me sont de mortelles blessures,
De voir qu'avec le vice on garde des mesures ;
Et parfois il me prend des mouvements soudains
De fuir dans un désert[3] l'approche des humains.

Molière, *Le Misanthrope*, acte I, scène 1, 1666.

■ **1. pied-plat** : terme injurieux : les rustres n'avaient pas de souliers à hauts talons comme les habitants des villes.
■ **2. par la brigue** : par les intrigues.
■ **3. désert** : retraite, château en province, où Alceste compte renoncer à toute vie sociale.

L'homme révolté

Caractère entier, sûr de sa vertu, de son bon droit, Alceste fait de tous les autres des ennemis du bien. Mais sa révolte est fondée sur une analyse rigoureuse du fonctionnement de la société : les fourbes ne pourraient pas prospérer sans la complicité des autres, de ceux qui, par intérêt ou par paresse, laissent faire l'intrigue et le favoritisme. Alceste, accablé par de dangereuses calomnies, perdra son procès, victime de la corruption des juges.

1668

L'Avare

S'inspirant d'une comédie latine, Molière montre dans *L'Avare* la folie d'un personnage obsédé par l'argent. Dès qu'il le peut, Harpagon se précipite dans son jardin pour vérifier que les dix mille écus qu'il y a enterrés y sont toujours. Mais voilà qu'il arrive en hurlant : on lui a volé son trésor !

HARPAGON. *(Il crie au voleur dès le jardin, et vient sans chapeau.)* – Au voleur ! au voleur ! à l'assassin ! au meurtrier ! Justice, juste ciel ! Je suis perdu, je suis assassiné ! On m'a coupé la gorge, on m'a dérobé mon argent ! Qui peut-ce être ? Qu'est-il devenu ? Où est-il ? Où se cache-t-il ? Que ferai-je pour le trouver ? Où courir ? Où ne pas courir ? N'est-il point là ? N'est-il point ici ? Qui est-ce ? Arrête ? *(Il se prend lui-même le bras.)* Rends moi mon argent, coquin !… Ah ! c'est moi. Mon esprit est troublé, et j'ignore où je suis, qui je suis, et ce que je fais. Hélas ! mon pauvre argent, mon pauvre argent, mon cher ami, on m'a privé de toi ! Et, puisque tu m'es enlevé, j'ai perdu mon support[1], ma consolation, ma joie ; tout est fini pour moi, et je n'ai plus que faire au monde ! Sans toi, il m'est impossible de vivre. C'en est fait, je n'en puis plus, je me meurs, je suis mort, je suis enterré ! N'y a-t-il personne qui veuille me ressusciter en me rendant mon cher argent, ou en m'apprenant qui l'a pris ? Euh ! que dites-vous ? Ce n'est personne. Il faut, qui que ce soit qui ait fait le coup, qu'avec beaucoup de soin on ait épié l'heure ; et l'on a choisi justement le temps que je parlais à mon traître de fils. Sortons. Je veux aller quérir[2] la justice et faire donner la question[3] à toute ma maison : à servantes, à valets, à fils, à fille, et à moi aussi. Que de gens assemblés ! Je ne jette mes regards sur personne qui ne me donne des soupçons, et tout me semble mon voleur. Eh ! de quoi est-ce qu'on parle là ? De celui qui m'a dérobé ? Quel bruit fait-on là haut ? Est-ce mon voleur qui y est ? De grâce, si l'on sait des nouvelles de mon voleur, je supplie que l'on m'en dise. N'est-il point caché là parmi vous ? Ils me regardent tous, et se mettent à rire. Vous verrez qu'ils ont part, sans doute, au vol que l'on m'a fait. Allons, vite, des commissaires, des archers, des prévôts[4], des juges, des gênes[5], des potences et des bourreaux ! Je veux faire pendre tout le monde ; et si je ne retrouve mon argent, je me pendrai moi-même après !

Molière, *L'Avare*, acte IV, scène 7, 1668.

■ **1. support** : soutien. ■ **2. quérir** : chercher. ■ **3. faire donner la question** : torturer pour obtenir des aveux. ■ **4. prévôts** : juges subalternes. ■ **5. gênes** : instruments de torture.

Charles Dullin dans le rôle d'Harpagon au théâtre de l'Atelier, 1943.

La solitude du fou

Molière montre Harpagon en pleine crise de folie : obsédé par son voleur, il saisit son propre bras ; obsédé par son argent, il lui parle comme à un être aimé. Il veut se faire donner la torture « à moi aussi » puis, voulant faire pendre tout le monde, il annonce lui-même sa propre mort. Après une série d'appels au secours lancés à son voleur, à lui-même, et enfin à son argent, le personnage franchit la ligne invisible qui sépare la scène de la salle, la fiction de la réalité, et s'en prend aux spectateurs qu'il supplie, menace : « Ils me regardent tous et se mettent à rire. »

1670

Le Bourgeois gentilhomme

Le héros de cette comédie-ballet est monsieur Jourdain, un bourgeois entiché de noblesse. Dans ce passage, tout fier d'avoir pris des leçons de danse, d'escrime et de philosophie, il explique à sa femme et à sa servante ce qu'il vient d'apprendre.

MONSIEUR JOURDAIN. – Assurément. Vous parlez toutes deux comme des bêtes, et j'ai honte de votre ignorance. Par exemple, savez-vous, vous, ce que c'est que vous dites à cette heure ?

MADAME JOURDAIN. – Oui, je sais que ce que je dis est fort bien dit, et que vous devriez songer à vivre d'autre sorte.

MONSIEUR JOURDAIN. – Je ne parle pas de cela. Je vous demande ce que c'est que les paroles que vous dites ici ?

MADAME JOURDAIN. – Ce sont des paroles bien sensées, et votre conduite ne l'est guère.

MONSIEUR JOURDAIN. – Je ne parle pas de cela, vous dis-je. Je vous demande : ce que je parle avec vous, ce que je vous dis à cette heure, qu'est-ce que c'est ?

MADAME JOURDAIN. – Des chansons.

MONSIEUR JOURDAIN. – Hé non ! ce n'est pas cela. Ce que nous disons tous deux, le langage que nous parlons à cette heure ?

MADAME JOURDAIN. – Hé bien ?

MONSIEUR JOURDAIN. – Comment est-ce que cela s'appelle ?

MADAME JOURDAIN. – Cela s'appelle comme on veut l'appeler.

MONSIEUR JOURDAIN. – C'est de la prose, ignorante.

MADAME JOURDAIN. – De la prose ?

MONSIEUR JOURDAIN. – Oui, de la prose. Tout ce qui est prose n'est point vers ; et tout ce qui n'est point vers n'est point prose. Heu, voilà ce que c'est d'étudier. Et toi, sais-tu bien comme il faut faire pour dire un U ?

NICOLE. – Comment ?

MONSIEUR JOURDAIN. – Oui. Qu'est-ce que tu fais quand tu dis un U ?

NICOLE. – Quoi ?

MONSIEUR JOURDAIN. – Dis un peu, U, pour voir ?

NICOLE. – Hé bien, U.

MONSIEUR JOURDAIN. – Qu'est-ce que tu fais ?

NICOLE. – Je dis U.

MONSIEUR JOURDAIN. – Oui ; mais quand tu dis U, qu'est-ce que tu fais ?

NICOLE. – Je fais ce que vous me dites.

MONSIEUR JOURDAIN. – Ô l'étrange chose que d'avoir affaire à des bêtes ! Tu allonges les lèvres en dehors et approches la mâchoire d'en haut de celle d'en bas : U, vois-tu ? U. Je fais la moue : U.

NICOLE. – Oui, cela est biau.

MADAME JOURDAIN. – Voilà qui est admirable.

Molière, *Le Bourgeois gentilhomme*, acte II, scène 3, 1670.

Le bourgeois ébloui

Jourdain respire le bonheur d'avoir appris quelque chose. Ce savoir, dérisoire certes, lui donne une autre image de lui-même. Ébloui par ce qu'il vient d'apprendre, il veut éblouir femme et servante, s'empresse de les interroger et savoure leur ignorance qu'il dénonce à hauts cris. Son enthousiasme grandit devant leur incompréhension éberluée. Elles sont, comme lui, intimidées par un discours qui ne leur est pas coutumier. Molière ne se moque pas de leur ignorance ; il ne se moque pas d'un bourgeois qui voudrait acquérir l'instruction qui lui manque. Molière fait rire en mettant à jour toutes les valeurs que nous attachons aux apparences du savoir qui nous permettent de nous distinguer des autres.

1673

Le Malade imaginaire

**Argan, riche bourgeois parisien, se croit gravement malade.
Au début du troisième acte, sa servante Toinette, déguisée en médecin, donne une consultation au malade imaginaire.**

TOINETTE. – Donnez-moi votre pouls. Allons donc, que l'on batte comme il faut. Ahy, je vous ferai bien aller comme vous devez. Hoy, ce pouls-là fait l'impertinent ; je vois bien que vous ne me connaissez pas encore. Qui est votre médecin ?

ARGAN. – Monsieur Purgon.

TOINETTE. – Cet homme-là n'est pas écrit sur mes tablettes entre les grands médecins. De quoi dit-il que vous êtes malade ?

ARGAN. – Il dit que c'est du foie, et d'autres disent que c'est de la rate.

TOINETTE. – Ce sont tous des ignorants : c'est du poumon que vous êtes malade.

ARGAN. – Du poumon ?

TOINETTE. – Oui. Que sentez-vous ?

ARGAN. – Je sens de temps en temps des douleurs de tête.

TOINETTE. – Justement, le poumon.

ARGAN. – Il me semble parfois que j'ai un voile devant les yeux.

TOINETTE. – Le poumon.

ARGAN. – J'ai quelquefois des maux de cœur.

TOINETTE. – Le poumon.

ARGAN. – Je sens parfois des lassitudes par tous les membres.

TOINETTE. – Le poumon.

ARGAN. – Et quelquefois il me prend des douleurs dans le ventre, comme si c'était des coliques.

TOINETTE. – Le poumon. Vous avez appétit à ce que vous mangez ?

ARGAN. – Oui, Monsieur.

TOINETTE. – Le poumon. Vous aimez à boire un peu de vin ?

ARGAN. – Oui, Monsieur.

TOINETTE. – Le poumon. Il vous prend un petit sommeil après le repas et vous êtes bien aise de dormir ?

ARGAN. – Oui, Monsieur.

TOINETTE. – Le poumon, le poumon, vous dis-je.

Molière, *Le Malade imaginaire*,
acte III, scène 10, 1673.

Le comique de répétition

Arrivé au faîte de son art, Molière joue des procédés les plus simples comme le comique de répétition. Le rire naît du retour de la même formule qui est à la fois attendue et surprenante. Chaque symptôme d'Argan semble justifier le même diagnostic : « le poumon ». Ce que le diagnostic a d'arbitraire et de péremptoire est accentué par son retour mécanique et l'on sent l'inquiétude du malade qui attend le verdict d'où dépend, croit-il, sa santé. Mais le comique est ici redoublé car Toinette joue le rôle du médecin et cette comédie dans la comédie fait d'Argan la dupe de Toinette. Mais Argan lui-même ne joue-t-il pas la comédie de la maladie ? Metteur en scène attaché à ses comédiens, Molière les dirige avec un soin méticuleux : « chaque acteur sait combien il doit faire de pas, et toutes ses œillades sont comptées », écrit un témoin.

LA FONTAINE

Nom et prénom : **La Fontaine, Jean**

Naissance : **le 7 juillet 1621, à Château-Thierry, en Champagne**

Décès : **le 13 avril 1695, à Paris, chez ses amis les Hervart**

Lieux : **Champagne, Paris**

Situation familiale : **marié en 1647, puis séparé en 1659**

Professions : **maître des eaux et forêts, homme de lettres**

Amitiés : **Fouquet, Charles Perrault, Jean Racine, Ninon de Lenclos**

C'est à Château-Thierry où il est né que s'écoule la jeunesse de La Fontaine. Longues chevauchées dans les forêts, dont son père à la charge, lectures heureuses, amours insouciantes : le temps passe et le jeune homme, tenté tour à tour par les ordres puis par le droit, hésite à trouver sa voie. Son mariage à vingt-six ans, la naissance d'un fils, sa charge de maître des eaux et forêts ne parviennent pas à fixer ce caractère inquiet : seule la littérature l'intéresse vraiment. Introduit auprès de Fouquet, surintendant des Finances, rival de Colbert, il rencontre Molière, Racine, Mme de Sévigné. Quand Fouquet est brutalement arrêté par le jeune Louis XIV, il ose prendre sa défense.

Il a plus de quarante ans lorsque paraissent ses premiers *Contes et Nouvelles en vers* qui lui assurent la réputation d'un auteur libertin et élégant. Ses *Fables*, recueillies en 1668 puis en 1678, obtiennent un succès immédiat. Aimant la diversité, il publie en 1671 et 1673 des poésies chrétiennes et en 1674 de *Nouveaux Contes*, trop osés pour la police, qui les saisit un an plus tard. Toujours trop indépendant, proche à la fois des libertins et des jansénistes, le poète est écarté des faveurs de la Cour et Louis XIV retarde son entrée à l'Académie française jusqu'en 1684. On lui demande même, à la fin de sa vie, de renier publiquement ses contes trop libertins. Mais la publication du dernier livre des *Fables* un an avant sa mort le montre fidèle à son génie.

Ses œuvres principales

- des poèmes, dont : *Aux nymphes de Vaux* (1662), *Fables* (1668-1669, 1678, 1693)
- des comédies, dont : *L'Eunuque* (1654), *Le Rendez-vous* (1683)
- des contes : *Contes et nouvelles en vers* (1665, 1666, 1671)
- un roman : *Les Amours de Psyché et Cupidon* (1669)
- des livrets d'opéra : *Galatée* (1682), *Astrée* (1691)

L'ŒUVRE DE LA FONTAINE

Les *Contes* et l'art du récit

La Fontaine s'est essayé dans de nombreux genres (roman, livrets d'opéra, lettres, théâtre), mais il est devenu célèbre avec les *Contes*. S'inspirant de récits traditionnels, d'auteurs latins ou italiens, La Fontaine s'amuse à évoquer des situations scabreuses avec le plus d'élégance possible. La liberté des vers, le jeu des ellipses et des périphrases montrent sa virtuosité et son humour.

Les *Fables* et l'argumentation

Avant La Fontaine, l'apologue se limite à un bref récit qui facilite la compréhension et la mémorisation d'une règle de conduite. Avec La Fontaine, le récit est soigneusement développé pour retenir l'intérêt et mettre en lumière l'essentiel. En quelques vers, le poète donne un caractère singulier aux êtres qu'il met en scène. La moralité découlant du tableau devient secondaire et peut même ne pas être formulée.

Les *Fables* et la poésie

Passant du tableau réaliste à la confidence élégiaque, le fabuliste fait son miel des fabliaux du Moyen Âge comme des poèmes antiques. La maîtrise souveraine de la versification, la justesse des dialogues, les interventions du poète contribuent à cette impression de vie, de naturel et de vérité. La fable est devenue poésie.

LE SOURIRE DE LA SAGESSE

Les douze livres des *Fables* composent, selon le mot du poète, une « ample comédie aux cent actes divers et dont la scène est l'univers ». C'est toute la comédie humaine qui est mise à jour et le regard du fabuliste est d'une lucidité implacable. Comme Pascal, de façon tout aussi radicale, il dénonce la fragilité de notre raison abusée par l'imagination, la vanité, la sottise. Comme lui, il montre que les relations entre les hommes sont fondées sur la violence, l'abus de pouvoir, l'injustice. Pour La Fontaine, une sagesse fragile mais généreuse reste possible. Le goût de la beauté, la complicité des amis, la lucidité amusée ouvrent des refuges où le poète peut sourire.

1668-1669

Fables, premier recueil

Peinture de Jean-Baptiste Oudry, 1751.

LE LOUP ET L'AGNEAU

La raison du plus fort est toujours la meilleure :
Nous l'allons montrer tout à l'heure[1].
Un Agneau se désaltérait
Dans le courant d'une onde pure.
Un Loup survient à jeun, qui cherchait aventure[2],
Et que la faim en ces lieux attirait.
« Qui[3] te rend si hardi de troubler mon breuvage ?
Dit cet animal plein de rage :
Tu seras châtié de ta témérité.
– Sire, répond l'Agneau, que Votre Majesté
Ne se mette pas en colère ;
Mais plutôt qu'Elle considère
Que je me vas[4] désaltérant
Dans le courant,
Plus de vingt pas au-dessous d'Elle ;
Et que par conséquent, en aucune façon,
Je ne puis troubler sa boisson.
– Tu la troubles, reprit cette bête cruelle ;
Et je sais que de moi tu médis l'an passé.
– Comment l'aurais-je fait, si[5] je n'étais pas né ?
Reprit l'Agneau ; je tette encor ma mère.
– Si ce n'est toi, c'est donc ton frère.
– Je n'en ai point. – C'est donc quelqu'un des tiens :
Car vous ne m'épargnez guère,
Vous, vos bergers et vos chiens.
On me l'a dit : il faut que je me venge. »
Là-dessus, au fond des forêts
Le Loup l'emporte, et puis le mange
Sans autre forme de procès.

Fables, livre I, fable 10, 1668.

■ **1. tout à l'heure** : immédiatement. ■ **2. aventure** : une occasion heureuse. ■ **3. qui** : qu'est-ce qui. ■ **4. je me vas** : je vais me... ■ **5. si** : puisque.

LE LABOUREUR ET SES ENFANTS

Travaillez, prenez de la peine :
C'est le fonds[6] qui manque le moins.
Un riche Laboureur, sentant sa mort prochaine,
Fit venir ses enfants, leur parla sans témoins.
« Gardez-vous, leur dit-il, de vendre l'héritage
Que nous ont laissé nos parents.
Un trésor est caché dedans.
Je ne sais pas l'endroit ; mais un peu de courage
Vous le fera trouver, vous en viendrez à bout.
Remuez votre champ dès qu'on aura fait l'août[7].
Creusez, fouillez, bêchez, ne laissez nulle place
Où la main ne passe et repasse. »
Le Père mort, les fils vous retournent le champ
Deçà, delà, partout ; si bien qu'au bout de l'an
Il en rapporta davantage.
D'argent, point de caché. Mais le Père fut sage
De leur montrer avant sa mort
Que le travail est un trésor.

Fables, livre V, fable 9, 1669.

■ **6. fonds** : un bien, un capital, par opposition aux revenus qu'il produit. ■ **7. l'août** : la moisson.

Gravure d'après un dessin de Charles Monnet (1732-1808).

LA MORT ET LE BÛCHERON

Un pauvre Bûcheron tout couvert de ramée[8],
Sous le faix[9] du fagot aussi bien que des ans
Gémissant et courbé, marchait à pas pesants,
Et tâchait de gagner sa chaumine[10] enfumée.
Enfin, n'en pouvant plus d'effort et de douleur,
Il met bas son fagot, il songe à son malheur :
Quel plaisir a-t-il eu depuis qu'il est au monde ?
En est-il un plus pauvre en la machine ronde ?
Point de pain quelquefois, et jamais de repos.
Sa femme, ses enfants, les soldats[11], les impôts,
Le créancier, et la corvée[12]
Lui font d'un malheureux la peinture achevée.
Il appelle la Mort, elle vient sans tarder,
Lui demande ce qu'il faut faire.
« C'est, dit-il, afin de m'aider
À recharger ce bois ; tu ne tarderas guère[13]. »

Le trépas vient tout guérir ;
Mais ne bougeons d'où nous sommes :
Plutôt souffrir que mourir,
C'est la devise des hommes.

Fables, livre I, fable 16, 1668.

■ **8. ramée** : branches coupées avec leurs feuilles. ■ **9. faix** : fardeau, poids pénible. ■ **10. chaumine** : cabane couverte de chaume. ■ **11. soldats** : les soldats qu'on devait loger étaient une charge redoutable. ■ **12. corvée** : journée de travail gratuite due au seigneur ou au roi. ■ **13. tu ne tarderas guère** : cela ne te prendra pas longtemps.

LA CIGALE ET LA FOURMI

La Cigale, ayant chanté
Tout l'été,
Se trouva fort dépourvue
Quand la bise fut venue :
Pas un seul petit morceau
De mouche ou de vermisseau.
Elle alla crier famine
Chez la Fourmi sa voisine,
La priant de lui prêter
Quelque grain pour subsister
Jusqu'à la saison nouvelle.
« Je vous paierai, lui dit-elle,
Avant l'Oût, foi d'animal,
Intérêt et principal. »
La Fourmi n'est pas prêteuse :
C'est là son moindre défaut.
Que faisiez-vous au temps chaud ?
Dit-elle à cette emprunteuse.
– Nuit et jour à tout venant
Je chantais, ne vous déplaise.
– Vous chantiez ? J'en suis fort aise :
Eh bien ! dansez maintenant.

Fables, livre I, fable 1, 1669.

LE CORBEAU ET LE RENARD

Maître Corbeau, sur un arbre perché,
Tenait en son bec un fromage.
Maître Renard, par l'odeur alléché,
Lui tint à peu près ce langage :
« Hé ! bonjour, Monsieur du Corbeau.
Que vous êtes joli ! que vous me semblez beau !
Sans mentir, si votre ramage
Se rapporte à votre plumage,
Vous êtes le Phénix des hôtes de ces bois. »
À ces mots le Corbeau ne se sent pas de joie ;
Et pour montrer sa belle voix,
Il ouvre un large bec, laisse tomber sa proie.
Le Renard s'en saisit, et dit : « Mon bon Monsieur,
Apprenez que tout flatteur
Vit aux dépens de celui qui l'écoute :
Cette leçon vaut bien un fromage, sans doute. »
Le Corbeau, honteux et confus,
Jura, mais un peu tard, qu'on ne l'y prendrait plus.

Fables, livre I, fable 2, 1669.

LA GRENOUILLE QUI VEUT SE FAIRE AUSSI GROSSE QUE LE BŒUF

Une Grenouille vit un Bœuf
Qui lui sembla de belle taille.
Elle qui n'était pas grosse en tout comme un œuf,
Envieuse s'étend, et s'enfle, et se travaille
Pour égaler l'animal en grosseur,
Disant : « Regardez bien, ma sœur ;
Est-ce assez ? dites-moi : n'y suis-je point encore ?
– Nenni. – M'y voici donc ? – Point du tout. – M'y voilà ?
– Vous n'en approchez point. » La chétive pécore
S'enfla si bien qu'elle creva.
Le monde est plein de gens qui ne sont pas plus sages :
Tout bourgeois veut bâtir comme les grands seigneurs,
Tout petit prince a des ambassadeurs,
Tout marquis veut avoir des pages.

Fables, livre I, fable 3, 1669.

LE CHÊNE ET LE ROSEAU

Le Chêne un jour dit au Roseau :
« Vous avez bien sujet d'accuser la Nature ;
Un Roitelet pour vous est un pesant fardeau.
Le moindre vent, qui d'aventure
Fait rider la face de l'eau,
Vous oblige à baisser la tête :
Cependant que mon front, au Caucase pareil,
Non content d'arrêter les rayons du soleil,
Brave l'effort de la tempête.
Tout vous est Aquilon ; tout me semble Zéphyr.
Encor si vous naissiez à l'abri du feuillage
Dont je couvre le voisinage,
Vous n'auriez pas tant à souffrir :
Je vous défendrais de l'orage ;
Mais vous naissez le plus souvent
Sur les humides bords des Royaumes du vent.
La Nature envers vous me semble bien injuste.
– Votre compassion, lui répondit l'Arbuste,
Part d'un bon naturel ; mais quittez ce souci.
Les vents me sont moins qu'à vous redoutables.
Je plie, et ne romps pas. Vous avez jusqu'ici
Contre leurs coups épouvantables
Résisté sans courber le dos ;
Mais attendons la fin. » Comme il disait ces mots,
Du bout de l'horizon accourt avec furie
Le plus terrible des enfants
Que le Nord eût porté jusque-là dans ses flancs.
L'Arbre tient bon ; le Roseau plie.
Le vent redouble ses efforts,
Et fait si bien qu'il déracine
Celui de qui la tête au Ciel était voisine,
Et dont les pieds touchaient à l'Empire des Morts.

Jean de La Fontaine, *Fables*, livre I, fable 22, 1668.

Gravure d'après Moreau le Jeune (1741-1814).

Notre ami La Fontaine

Quoi de plus limité qu'une fable, bref récit censé rappeler aux enfants (sages) les règles de (bonne) conduite ? Mais La Fontaine sait en multiplier les significations. L'histoire du chêne et du roseau éclaire la vie de tous les jours : elle plaide pour la modestie, la discrétion active. Elle peut avoir un sens politique : il faut savoir s'adapter aux rapports de force.

Méditant sur le temps qui passe, la mort imprévisible, le fabuliste incite à aimer la vie, à contempler la beauté du monde, à savourer l'amitié véritable. Dans la fable « Le vieillard et les trois jeunes hommes », le vieillard invite à l'action généreuse : il prend plaisir à faire planter un arbre dont d'autres profiteront. Ce geste désintéressé unit des générations que la mort sépare. Le vieillard a fait graver la fable sur un tombeau. La Fontaine nous la raconte : à notre tour, nous la raconterons à d'autres plus jeunes. D'âge en âge, circule ainsi une sagesse amicale.

De même, la leçon que donne le laboureur à ses enfants – l'effort compte plus que le résultat – peut s'appliquer à des situations très diverses. Ainsi, le fabuliste varie les perspectives non pour imposer des règles à suivre mais pour inviter à douter, à comprendre, à chercher.

1678

Fables, second recueil

Les deux volumes que La Fontaine publie en 1678 et 1679 sont sensiblement différents des précédents. Dans un Avertissement, La Fontaine souligne qu'il a cherché la variété en s'éloignant d'Ésope. Il a trouvé de nouvelles sources d'inspiration. Le développement du récit gagne en amplitude, en complexité. Le fabuliste s'impose comme le plus grand poète de son temps.

Gravure d'après Jean-Baptiste Oudry (1686-1755).

LE VIEILLARD ET LES TROIS JEUNES HOMMES

Un octogénaire plantait.
« Passe encor de bâtir ; mais planter à cet âge ! »
Disaient trois Jouvenceaux[1], enfants du voisinage ;
Assurément il radotait.
« Car, au nom des dieux, je vous prie,
Quel fruit de ce labeur pouvez-vous recueillir ?
Autant qu'un patriarche il vous faudrait vieillir.
À quoi bon charger votre vie
Des soins[2] d'un avenir qui n'est pas fait pour vous ?
Ne songez désormais qu'à vos erreurs passées :
Quittez le long espoir et les vastes pensées ;
Tout cela ne convient qu'à nous.
– Il ne convient pas à vous-mêmes[3],
Repartit le Vieillard. Tout établissement[4]
Vient tard et dure peu. La main des Parques[5] blêmes
De vos jours et des miens se joue également.
Nos termes[6] sont pareils par leur courte durée.
Qui de nous des clartés de la voûte azurée
Doit jouir le dernier ? Est-il aucun moment
Qui vous puisse assurer d'un second seulement ?
Mes arrière-neveux[7] me devront cet ombrage :
Eh bien ! défendez-vous au sage
De se donner des soins pour le plaisir d'autrui ?
Cela même est un fruit que je goûte aujourd'hui :
J'en puis jouir demain, et quelques jours encore ;
Je puis enfin compter l'aurore
Plus d'une fois sur vos tombeaux. »
Le Vieillard eut raison : l'un des trois Jouvenceaux
Se noya dès le port allant à[8] l'Amérique.
L'autre, afin de monter aux grandes dignités,
Dans les emplois de Mars[9] servant la République[10],
Par un coup imprévu vit ses jours emportés.
Le troisième tomba d'un arbre
Que lui-même il voulut enter[11] ;
Et pleurés du Vieillard, il grava sur leur marbre
Ce que je viens de raconter.

Jean de La Fontaine, *Fables*, livre XI, fable 8, 1678.

■ **1. jouvenceaux** : jeunes hommes.
■ **2. soins** : soucis, tracas. ■ **3. à vous-mêmes** : même à vous.
■ **4. établissement** : tout ce qu'on fonde de façon stable. ■ **5. Parques** : divinités qui décident de la durée de nos vies.
■ **6. termes** : marquent une fin, derniers moments. ■ **7. arrière-neveux** : arrière-petits-enfants. ■ **8. à** : vers. ■ **9. Mars** : dieu de la Guerre. ■ **10. la République** : l'État. ■ **11. enter** : greffer.

LA ROCHEFOUCAULD

Nom et prénom : **Marcillac, puis de La Rochefoucauld, François**
Naissance : **le 15 septembre 1613, à Paris**
Décès : **dans la nuit du 16 au 17 mars 1680, à Paris**
Lieux : **Paris, les Charentes**
Situation familiale : **marié ; huit enfants légitimes**
Professions : **homme de guerre, gentilhomme campagnard**
Amitiés : **les aristocrates frondeurs comme Condé, Mme de Longueville (dont il eut un fils), les proches des jansénistes**

Ce grand seigneur, qui appartient à la plus haute aristocratie, montre dans sa jeunesse la générosité d'un héros romanesque : il est plein de bravoure sur les champs de bataille et d'audace à la Cour, où il projette d'enlever la reine – cet extravagant projet lui donne un bonheur fou, mais lui vaut huit jours de prison et deux ans d'exil. Sa participation à la fronde des nobles contre le pouvoir royal se soldera par un échec particulièrement douloureux.

Lorsqu'il revient à Paris en 1656, après de longues années d'exil sur ses terres, La Rochefoucauld se consacre à la rédaction des *Maximes* qui le rendront célèbre. La Cour se défie de lui. Mais dans les salons qu'il fréquente, il donne l'image d'un authentique « honnête homme ». Ouvert aux autres, d'une finesse pénétrante, l'ami intime de Madame de Lafayette affronte avec courage les deuils et les douleurs qui assombrissent la fin de son existence : la mort de deux de ses fils en 1672, les douleurs violentes de la goutte qui finit par l'emporter.

Ses œuvres principales

- des mémoires : *Mémoires* (1662)
- des pensées sous formes de maximes : *Réflexions ou Sentences et Maximes morales* (1665), *Réflexions diverses* (publication posthume)

1665

Réflexions ou Sentences et Maximes morales

Le recueil des *Réflexions ou Sentences et Maximes morales* présente, dans un désordre voulu, une suite de cinq cent quatre réflexions d'une brièveté assassine. Le thème qui court à travers tout l'ouvrage est annoncé en tête du recueil : « Nos vertus ne sont le plus souvent que des vices déguisés. »

Nous avons tous assez de force pour supporter les maux[1] d'autrui. (*Maxime 19*)

Le soleil ni la mort ne se peuvent regarder fixement. (*Maxime 26*)

Si nous n'avions point de défauts, nous ne prendrions pas tant de plaisir à en remarquer dans les autres. (*Maxime 31*)

La jalousie se nourrit dans les doutes, et elle devient fureur, ou elle finit, sitôt qu'on passe du doute à la certitude. (*Maxime 32*)

L'orgueil est égal dans tous les hommes, et il n'y a de différence qu'aux moyens et à la manière de le mettre au jour. (*Maxime 35*)

L'intérêt[2] parle toutes sortes de langues, et joue toutes sortes de personnages, même celui de désintéressé. (*Maxime 39*)

On n'est jamais si heureux ni si malheureux qu'on s'imagine. (*Maxime 49*)

On peut trouver des femmes qui n'ont jamais eu de galanteries ; mais il est rare d'en trouver qui n'en aient jamais eu qu'une. (*Maxime 73*)

L'amour aussi bien que le feu ne peut subsister sans un mouvement continuel ; et il cesse de vivre dès qu'il cesse d'espérer ou de craindre. (*Maxime 75*)

Il est du véritable amour comme de l'apparition des esprits : tout le monde en parle, mais peu de gens en ont vu. (*Maxime 76*)

Ce que les hommes ont nommé amitié n'est qu'une société, qu'un ménagement réciproque d'intérêts, et qu'un échange de bons offices ; ce n'est enfin qu'un commerce où l'amour-propre se propose toujours quelque chose à gagner. (*Maxime 83*)

L'esprit est toujours la dupe du cœur. (*Maxime 102*)

Il y a des gens qui n'auraient jamais été amoureux s'ils n'avaient jamais entendu parler de l'amour. (*Maxime 136*)

Le refus des louanges est un désir d'être loué[3] deux fois. (*Maxime 149*)

Les vertus se perdent dans l'intérêt, comme les fleuves se perdent dans la mer. (*Maxime 171*)

Notre repentir n'est pas une douleur du mal que nous avons fait ; c'est une crainte de celui qui nous en peut arriver. (*Maxime 180*)

Nous oublions aisément nos fautes lorsqu'elles ne sont sues que de nous. (*Maxime 196*)

Celui qui croit pouvoir trouver en soi-même de quoi se passer de tout le monde se trompe fort ; mais celui qui croit qu'on ne peut se passer de lui se trompe encore davantage. (*Maxime 201*)

Qui vit sans folie n'est pas si sage qu'il croit. (*Maxime 209*)

L'hypocrisie est un hommage que le vice rend à la vertu. (*Maxime 218*)

Nous nous consolons aisément des disgrâces de nos amis lorsqu'elles servent à signaler notre tendresse pour eux. (*Maxime 235*)

Nul ne mérite d'être loué de bonté s'il n'a pas la force d'être méchant. Toute autre bonté n'est le plus souvent qu'une paresse ou une impuissance de la volonté. (*Maxime 237*)

L'absence diminue les médiocres passions, et augmente les grandes, comme le vent éteint les bougies et allume le feu. (*Maxime 276*)

Quelque bien qu'on nous dise de nous, on ne nous apprend rien de nouveau. (*Maxime 303*)

Nous ne louons d'ordinaire de bon cœur que ceux qui nous admirent. (*Maxime 356*)

On pardonne tant que l'on aime. (*Maxime 330*)

La plupart des jeunes gens croient être naturels, lorsqu'ils ne sont que mal polis et grossiers. (*Maxime 372*)

Nous arrivons tout nouveaux aux divers âges de la vie, et nous y manquons souvent d'expérience malgré le nombre des années. (*Maxime 405*)

Nous aurions souvent honte de nos plus belles actions si le monde voyait tous les motifs[4] qui les produisent. (*Maxime 409*)

On passe souvent de l'amour à l'ambition, mais on ne revient guère de l'ambition à l'amour. (*Maxime 490*)

François de La Rochefoucauld,
Réflexions ou Sentences et Maximes morales, 1665.

▪ **1. maux** : malheurs. ▪ **2. intérêt** : « par le mot d'intérêt, on n'entend pas toujours un intérêt de bien, mais le plus souvent un intérêt d'honneur ou de gloire » (La Rochefoucauld). ▪ **3. loué** : voir ses mérites mis en valeur. ▪ **4. motifs** : raisons.

Les maximes et le bonheur de comprendre

Écartant les laborieux efforts de l'argumentation, les explications, les exemples, la maxime a l'éclat tranchant de l'indiscutable. La Rochefoucauld se montre impitoyable pour dénoncer les faiblesses de l'être humain : non seulement nos vertus sont faibles, douteuses, mais nous nous trompons constamment sur nous-mêmes, sur les sentiments que nous croyons les plus sincères. On retrouve les analyses de Pascal, de La Fontaine, celles de Molière sur ce « grand aveuglement où chacun est pour soi ». Mais en nous détrompant, les maximes nous éclairent, elles nous donnent le plaisir de comprendre ; elles nous amusent, elles nous étonnent : elles nous donnent envie de parler, de comparer, de nuancer.

Mystère de l'art classique qui fait de la plus cruelle lucidité le moment d'un échange heureux.

Le classicisme

On utilise le mot de « classicisme » pour désigner l'idéal esthétique commun aux écrivains les plus inventifs des années 1660-1680. Si divers que soient Molière et Racine, La Fontaine et Bossuet, La Rochefoucauld et La Bruyère, ils partagent une même vision de l'art et de l'homme. Artistes exigeants, inquiets, toujours inspirés, ils ont créé en quelques années des œuvres qui se sont rapidement imposées comme exemplaires.

Le mot « classicisme »

Au XVIIe siècle, le mot « classique », du latin *classici scriptores*, écrivains de première classe, désigne les auteurs anciens grecs et latins dignes d'être étudiés comme des modèles. Les écrivains du règne de Louis XIV se considéraient eux-mêmes comme des Modernes. Mais dès la fin du siècle, on considérait que les meilleurs d'entre eux pouvaient égaler les Anciens. Au début du XIXe siècle, les jeunes romantiques ont utilisé le mot « classique » dans leurs polémiques pour dénoncer une tradition qui leur semblait devenue stérile.

Rivalisant avec les Anciens, les peintres et les écrivains classiques s'inspirent de l'Antiquité. Laurent de La Hyre, *La Muse Euterpe, allégorie de la musique*, 1648.

Fortifications de la ville de Fribourg, édifiées par Vauban, maréchal de France, ministre de Louis XIV.

L'HISTOIRE DU MOUVEMENT

La naissance d'un idéal

L'idéal classique naît de la convergence de plusieurs évolutions amorcées dès le début du siècle. D'une part, les critiques élaborent les règles du beau fondées sur la lecture d'Aristote et des théoriciens italiens. D'autre part, le public instruit s'intéresse aux questions littéraires, morales, religieuses. Les écrivains enfin cherchent à rivaliser ; ils veulent toucher le public par des œuvres fortes, qui puissent plaire à tous : doctes, mondains, bourgeois.

Nicolas Poussin découvre, à Rome, les œuvres des peintres italiens. Plus tard, il s'impose comme un maître de l'art classique : « Mon naturel me contraint à chercher et aimer les choses bien ordonnées, fuyant la confusion qui m'est aussi contraire et ennemie comme est la lumière des obscures ténèbres. » *Autoportrait*, 1649.

La floraison des chefs-d'œuvre

Molière, Racine, Boileau doivent se battre pour imposer des œuvres qui sont toujours âprement contestées. Ces artistes aujourd'hui reconnus par tous doivent imposer la légitimité d'une littérature profane face au clan des religieux qui condamnent les séductions du théâtre et de l'art. Mais il faut aussi résister aux écrivains officiels comme Chapelain, comme Quinault, comme Perrault, toujours prêts à flatter le pouvoir par des œuvres faciles. C'est par la beauté de leurs créations que ces écrivains indépendants montrent la valeur d'une littérature originale et rigoureuse.

Les derniers combats

Louis XIV, qui a soutenu Molière contre les dévots, défend Racine et Boileau, qu'il nomme en 1677 historiographes du roi. Mais les ennemis de ces écrivains qu'on appellera classiques ne désarment pas. À partir de 1687, la querelle des Anciens et des Modernes devient plus aiguë. Au nom de l'actualité, on dénonce l'importance accordée à la tradition. Un nouvel état d'esprit s'affirme, qui annonce le siècle suivant. « Ce temps ne se retrouvera plus, écrit Voltaire en 1751, où un duc de La Rochefoucauld, l'auteur des *Maximes*, au sortir de la conversation d'un Pascal ou d'un Arnauld, allait au théâtre de Corneille. »

LES PRINCIPES DU MOUVEMENT

Plaire et instruire

L'art doit d'abord émouvoir, provoquer le rire ou les larmes : pour tous les écrivains classiques, rien n'est pire que ce qui laisse froid. Mais ce plaisir est révélateur : « Il faut de l'agréable et du réel, écrit Pascal, mais il faut que cet agréable soit lui-même pris du vrai. »

Le château de Versailles, conçu par l'architecte Le Vau, se développe de façon symétrique autour d'un axe central. Les jardins, aménagés par Le Nôtre, suivent le même ordre géométrique qui semble se prolonger jusqu'à l'horizon.

Rechercher le naturel

L'art classique refuse les effets gratuits, l'abondance verbale, l'accumulation des figures. Il se veut simple, clair, naturel, mais le naturel résulte d'un choix raisonné qui ne retient du réel que ce qui est à la fois crédible et exemplaire.

Respecter des règles

Il faut certes respecter les règles de chaque genre car elles assurent la cohérence de l'œuvre d'art mais cela ne suffit pas : il faut encore un « je ne sais quoi », le charme qui séduit, le sublime qui bouleverse.

LES THÈMES DU MOUVEMENT

Les écrivains classiques partagent une même vision désenchantée de la nature humaine. Mais loin de désespérer, ils forgent l'idéal de l'honnête homme.

Colbert, fondateur de l'Académie des Sciences, en 1666, présente au roi Louis XIV les académiciens.

Une société étouffante

La monarchie autoritaire a remplacé les héros par les courtisans. La nouvelle société de Cour multiplie intrigues, jalousies, mensonges : on ne peut y vivre que masqué, à la merci d'ennemis sournois.

La faiblesse de l'être humain

L'être humain se détourne du vrai et du bien par un égoïsme inhérent à sa nature. Pascal, La Fontaine, La Rochefoucauld dénoncent tous, avec Molière, « ce grand aveuglement où chacun est pour soi ».

L'honnête homme

Cultivé sans être pédant, élégant sans être précieux, sociable sans être servile, toujours lucide et généreux, l'honnête homme invite à rester soi-même dans une société de plus en plus étouffante.

Phèdre de Jean Racine, mis en scène par Patrice Chéreau au théâtre de l'Odéon en janvier 2003.

Les règles du théâtre classique

À partir de 1630, les règles, formulées par les théoriciens, s'imposent aux dramaturges car elles renforcent l'illusion théâtrale: elles aident le spectateur à faire comme s'il assistait en direct à l'action jouée sur scène.

La règle des trois unités

L'unité d'action : elle impose une intrigue unique et élimine les épisodes ou les personnages qui ne sont pas directement liés à l'action principale. L'unité de temps : tout se passe en un seul jour. L'unité de lieu : tout se passe en un seul lieu.

Le souci de la vraisemblance

La vraisemblance permet aussi d'atteindre une vérité plus exemplaire qui peut manquer à un événement réel mais exceptionnel.

Le respect des bienséances

Le respect des bienséances internes assure la cohérence des personnages et de l'action. Chaque personnage doit être « jusqu'au bout tel qu'on l'a vu d'abord ». Les bienséances externes interdisent tout ce qui pourrait choquer le public : vulgarités, grossièretés, brutalités. Les héros tuent et meurent en coulisses.

Admiré pour ses marines et ses tableaux de la campagne romaine, Claude Gellée, dit le Lorrain, est, à côté de Poussin, le peintre dominant de la peinture classique. *Paysage de campagne*, 1644.

Un chef-d'œuvre classique ; le château de Marly et ses jardins.

Les grandes œuvres du classicisme

Littérature

- Blaise Pascal, *Pensées*, 1670
- Molière, *Le Misanthrope*, 1666
- Racine, *Bérénice*, 1670
- La Fontaine, *Fables*, 1668, 1669, 1678, 1693
- Mme de Lafayette, *La Princesse de Clèves*, 1678

Peinture

- Nicolas Poussin, *Les Quatre Saisons*, 1660-1664
- Philippe de Champaigne, *Angélique Arnaud*, 1643
- Charles Le Brun, *Les Reines de Perse au pied d'Alexandre*, 1660

Architecture

- Claude Perrault, la colonnade du Louvre, 1667
- Jules Hardouin-Mansart, le grand Trianon à Versailles, 1698

Jardins

- Le Nôtre, le parc de Vaux-le-Vicomte, les jardins de Versailles, 1665

Musique

- François Couperin, *Trois Leçons de ténèbres*, 1714
- Jean-Baptiste Lully, *Atys*, 1676

Portrait des architectes classiques Claude Perrault et Jules Hardouin-Mansart par Philippe de Champaigne (1656)

RACINE

Nom et prénom : **Racine, Jean**
Naissance : **le 22 décembre 1639, à La Ferté-Milon, dans le Valois**
Décès : **le 21 avril 1699, à Paris**
Lieux : **Port-Royal, Paris, Uzès**
Situation familiale : **marié ; sept enfants**
Professions : **poète, dramaturge, historiographe du roi**
Amitiés : **La Fontaine, Boileau, Du Parc et la Champmeslé**

Orphelin tout enfant, Jean Racine est élevé par sa grand-mère paternelle dans le milieu austère des amis de Port-Royal, les jansénistes. Ces esprits remarquables, d'une piété rigoureuse, donnent à Racine le goût de la langue et de la littérature grecques. Mais bientôt, il se laisse emporter par son amour des lettres et des plaisirs, et raille ses anciens professeurs qui condamnent le théâtre.

Introduit à la Cour, il fréquente Boileau et Molière, à qui il confie le manuscrit de sa première pièce. De 1667 à 1677, outre une brillante comédie, *Les Plaideurs,* en 1668, Racine donne coup sur coup sept tragédies, sept chefs-d'œuvre qui l'imposent comme un maître. À partir de 1670, c'est sa maîtresse, la Champmeslé, qui interprète ses premiers rôles. Mais, à trente-huit ans, il renonce brutalement au théâtre. Devenu l'écrivain officiel du roi, il écrit la chronique de ses campagnes militaires et compose encore, à la demande de Madame de Maintenon, deux tragédies religieuses. Marié en 1677, père de famille, courtisan averti, il est comblé de richesses et d'honneurs. Mais il n'oublie pas ses anciens maîtres cruellement persécutés : il écrit en secret une histoire de Port-Royal et demande à y être enterré.

Ses œuvres principales

- des poèmes : *La Nymphe de la Seine* (1660), *Cantiques spirituels* (1694)
- des tragédies : *Andromaque* (1667), *Britannicus* (1669), *Bérénice* (1670), *Bajazet* (1672), *Mithridate* (1673), *Iphigénie* (1674), *Phèdre* (1677)
- une comédie : *Les Plaideurs* (1668)

L'ŒUVRE DE RACINE

Les tragédies historiques et l'effacement du thème politique

Composées à partir de récits historiques, *Britannicus* (1669), *Bérénice* (1670), *Mithridate* (1673), ou contemporains, *Bajazet* (1672), ces quatre tragédies évoquent des conflits d'ordre politique. Mais contrairement à Corneille, qui place la réflexion politique au cœur du spectacle tragique, Racine se sert des relations politiques pour exacerber les conflits moraux et passionnels. C'est la nature du désir humain qui constitue le tragique racinien.

Les tragédies légendaires et l'affaiblissement des héros

Inspirées par le dramaturge grec Euripide, *Andromaque* (1667), *Iphigénie* (1674), *Phèdre* (1677) mettent en scène des héros de la mythologie grecque. Racine montre leur désarroi criminel (Oreste, Phèdre), leur impuissance (Pyrrhus, Agamemnon) ou leur aveuglement (Thésée). L'éclat de leurs exploits fabuleux n'est plus qu'un souvenir qui éclaire leur faiblesse.

Les tragédies bibliques et le tragique chrétien

Les deux dernières tragédies de Racine, *Esther* (1689), *Athalie* (1691), ont été tirées de l'Écriture sainte. Dans ces œuvres qui célèbrent la puissance de Dieu, on retrouve la hantise d'une humanité disgraciée, abandonnée au mal.

LA VISION TRAGIQUE DE LA CONDITION HUMAINE

Profondément influencé par la vision janséniste qui voit dans l'homme un être perdu, aveuglé par son amour-propre, impuissant devant le mal qu'il découvre avec horreur en lui, mais aussi inspiré par l'expérience d'une société de Cour qui exacerbe les jalousies, le théâtre racinien est hanté par l'angoisse de la disgrâce. Racine peint un monde où le mal triomphe : les êtres les plus innocents (Junie, Bajazet, Hippolyte) y sont la proie de tyrans ou de monstres dévorés par leurs passions (Néron, Roxane, Phèdre). L'amour qu'on désire comme le salut y est ou interdit ou impossible ; lové dans les replis de l'amour-propre ou du désir le plus possessif, il est l'expérience d'une douleur essentielle : celle de n'être pas aimé.

1667

Andromaque

La première tragédie racinienne, *Andromaque*, montre des héros qui se déchirent parce qu'ils aiment sans être aimés. Quand Pyrrhus annonce à sa fiancée Hermione qu'il épouse finalement la Troyenne Andromaque, il suggère qu'elle ne l'aimait pas vraiment. Hermione laisse éclater sa douleur.

HERMIONE

Je ne t'ai point aimé, cruel ? Qu'ai-je donc fait ?
J'ai dédaigné pour toi les vœux de tous nos princes,
Je t'ai cherché moi-même au fond de tes provinces ;
J'y suis encor, malgré tes infidélités,
Et malgré tous mes Grecs honteux de mes bontés.
Je leur ai commandé de cacher mon injure[1] ;
J'attendais en secret le retour d'un parjure[2] ;
J'ai cru que tôt ou tard, à ton devoir rendu,
Tu me rapporterais un cœur qui m'était dû.
Je t'aimais inconstant, qu'aurais-je fait fidèle ?
Et même en ce moment où ta bouche cruelle
Vient si tranquillement m'annoncer le trépas[3],
Ingrat, je doute encor si je ne t'aime pas.
Mais, Seigneur, s'il le faut, si le ciel en colère
Réserve à d'autres yeux le bonheur de vous plaire,
Achevez votre hymen[4], j'y consens. Mais du moins
Ne forcez pas mes yeux d'en être les témoins.
Pour la dernière fois je vous parle peut-être :
Différez-le d'un jour ; demain vous serez maître
Vous ne répondez point ? Perfide, je le voi[5],
Tu comptes les moments que tu perds avec moi !
Ton cœur impatient de revoir ta Troyenne,
Ne souffre qu'à regret qu'un autre t'entretienne.
Tu lui parles du cœur, tu la cherches des yeux.
Je ne retiens plus, sauve-toi de ces lieux :
Va lui jurer la foi que tu m'avais jurée,
Va profaner des Dieux la majesté sacrée.
Ces dieux, ces justes dieux n'auront pas oublié
Que les mêmes serments avec moi t'ont lié.
Porte aux pieds des autels ce cœur qui m'abandonne ;
Va, cours. Mais crains encor d'y trouver Hermione.

Jean Racine, *Andromaque*, acte IV, scène 5, 1667.

■ **1. mon injure** : l'injustice qui m'est faite. ■ **2. parjure** : traître. ■ **3. trépas** : mort. ■ **4. hymen** : mariage. ■ **5. voi** : vois.

Les mots de la passion

Hermione désigne Pyrrhus par des mots qui appartiennent à la langue galante du temps : « cruel » et « ingrat ». Mais ces mots, souvent affadis, sont repris dans des expressions qui leur redonnent leur force initiale. Ainsi, « cruel », usé par tant d'emplois, est comme ravivé par la synecdoque « ta bouche cruelle » qui montre Hermione regardant ce corps qui la refuse. Quelle synecdoque banale que « cœur » ! Mais Racine la développe : on passe alors d'un « cœur qui m'était dû » à « ce cœur qui m'abandonne » où s'avoue le déchirement du personnage. La « bouche », le « cœur », les « yeux », tout ce que l'amante détaille avidement se dérobe et la fuit. Ces mots, muets ailleurs, sont devenus parlants.

1669

Britannicus

Britannicus évoque le premier crime du jeune empereur Néron. Déjà sa mère s'inquiète : il a fait enlever de nuit Junie, la fiancée de Britannicus, son demi-frère qu'il veut éliminer. Le jeune homme confie son trouble à Narcisse, son perfide confident. « Monstre naissant », Néron révèle ainsi peu à peu sa véritable nature.

NÉRON

Narcisse, c'en est fait, Néron est amoureux.

NARCISSE

Vous ?

NÉRON

Depuis un moment ; mais pour toute ma vie,
J'aime, que dis-je aimer ? J'idolâtre Junie.

NARCISSE

Vous l'aimez ?

NÉRON

Excité d'un désir curieux,
Cette nuit je l'ai vue arriver en ces lieux,
Triste, levant au ciel ses yeux mouillés de larmes,
Qui brillaient au travers des flambeaux et des armes :
Belle sans ornements, dans le simple appareil[1]
D'une beauté qu'on vient d'arracher au sommeil.
Que veux-tu ? Je ne sais si cette négligence,
Les ombres, les flambeaux, les cris et le silence,
Et le farouche aspect de ses fiers[2] ravisseurs
Relevaient[3] de ses yeux les timides douceurs.
Quoi qu'il en soit, ravi[4] d'une si belle vue,
J'ai voulu lui parler, et ma voix s'est perdue :
Immobile, saisi d'un long étonnement,
Je l'ai laissé passer dans son appartement.
J'ai passé dans le mien. C'est là que, solitaire,
De son image en vain j'ai voulu me distraire[5] :
Trop présente à mes yeux, je croyais lui parler ;
J'aimais jusqu'à ses pleurs que je faisais couler.
Quelquefois, mais trop tard, je lui demandais grâce ;
J'employais les soupirs et même la menace.
Voilà comme, occupé de mon nouvel amour,
Mes yeux sans se fermer ont attendu le jour.

Jean Racine, *Britannicus,* acte II, scène 2, 1669.

▪ **1. appareil** : toilette. ▪ **2. fiers** : brutaux. ▪ **3. relevaient** : accentuaient. ▪ **4. ravi** : ébloui. ▪ **5. distraire** : détourner.

Les mystères du désir

Néron se découvre amoureux par une série de défaillances mystérieuses : le jeune empereur, devant Junie, perd la « voix ». Il est comme privé de cette parole par laquelle il ordonne ; il se trouve paralysé par celle qu'il a fait arrêter. Alors, plongé dans un « long étonnement », il découvre cette patience à laquelle sont réduits ses sujets. Seul avec l'image de Junie qui le hante, Néron ne se reconnaît plus : étant tour à tour le bourreau qui jouit de la « menace », le voilà aussi la victime réduite à pousser des « soupirs ». Le célèbre vers « J'aimais jusqu'à ses pleurs que je faisais couler » manifeste la pitié devant les larmes de la victime, mais aussi le plaisir de les provoquer. Et lorsqu'il s'humilie jusqu'à demander grâce, c'est « trop tard ». Décidément, « l'amour est une autre science » !

1670

Bérénice

Toute la tragédie de *Bérénice* montre l'empereur de Rome Titus se séparant de la reine Bérénice « malgré lui et malgré elle ». Les Romains en effet refusent une reine étrangère. Titus annonce à Bérénice qu'il la renvoie de Rome car, dit-il, « il ne s'agit plus de vivre, il faut régner ».

BÉRÉNICE

Eh bien ! régnez, cruel ; contentez votre gloire :
Je ne dispute[1] plus. J'attendais, pour vous croire,
Que cette même bouche, après mille serments
D'un amour qui devait unir tous nos moments,
Cette bouche, à mes yeux[2] s'avouant infidèle,
M'ordonnât elle-même une absence éternelle.
Moi-même j'ai voulu vous entendre en ce lieu.
Je n'écoute plus rien : et pour jamais, adieu.
Pour jamais ! Ah ! seigneur, songez-vous en vous-même
Combien ce mot cruel est affreux quand on aime ?
Dans un mois, dans un an, comment souffrirons-nous,
Seigneur, que tant de mers me séparent de vous ?
Que le jour recommence et que le jour finisse,
Sans que jamais Titus puisse voir Bérénice,
Sans que de tout le jour je puisse voir Titus !
Mais quelle est mon erreur, et que de soins[3] perdus !
L'ingrat, de mon départ consolé par avance,
Daignera-t-il compter les jours de mon absence ?
Ces jours si longs pour moi lui sembleront trop courts.

TITUS

Je n'aurai pas, Madame, à compter tant de jours.
J'espère que bientôt la triste Renommée
Vous fera confesser que vous étiez aimée.
Vous verrez que Titus n'a pu sans expirer…

BÉRÉNICE

Ah ! Seigneur, s'il est vrai, pourquoi nous séparer ?

Jean Racine, *Bérénice*, acte IV, scène 5, 1670.

▪ **1. dispute** : défends ma cause par des arguments. ▪ **2. à mes yeux** : en ma présence. ▪ **3. soins** : inquiétude, sollicitude.

La tristesse majestueuse

Ce passage, l'un des plus célèbres de tout le théâtre de Racine, s'appuie sur cette « tristesse majestueuse » où Racine voit « tout le plaisir de la tragédie ». Ces paroles, qui font sentir l'espace et le temps de l'exil, font entendre l'appel déchirant de l'amour. La reprise de « pour jamais » est une invitation à partager l'émotion. Après l'apostrophe à Titus, « songez-vous en vous-même », Bérénice passe au « nous » qui réunit les deux amants que le vers suivant sépare. Le passage à la troisième personne suspend alors le dialogue : les interlocuteurs se voient comme s'ils étaient absents. Majesté de Bérénice, éperdue, douloureuse : tendresse tragique.

1674

Iphigénie

Pour permettre le départ des Grecs vers Troie, les dieux ordonnent à Agamemnon de faire périr sa fille Iphigénie. Le roi a fait venir sa fille en prétendant qu'Achille voulait l'épouser. Au début du deuxième acte, Iphigénie, accompagnée d'Ériphile, une esclave qu'elle protège, vient saluer son père, sans se douter de ses projets.

IPHIGÉNIE

Seigneur, où courez-vous ? et quels empressements[1]
Vous dérobent sitôt à nos embrassements ?
À qui dois-je imputer cette fuite soudaine ?
Mon respect a fait place aux transports de la Reine.
Un moment à mon tour ne vous puis-je arrêter ?
Et ma joie à vos yeux n'ose-t-elle éclater ?
Ne puis-je... ?

AGAMEMNON

Hé bien ! ma fille, embrassez votre père,
Il vous aime toujours.

IPHIGÉNIE

Que cette amour m'est chère !
Quel plaisir de vous voir et de vous contempler
Dans ce nouvel éclat dont je vous vois briller !
Quels honneurs ! Quel pouvoir ! Déjà la Renommée
Par d'étonnants récits m'en avait informée ;
Mais que voyant de près ce spectacle charmant[2]
Je sens croître ma joie et mon étonnement[3] !
Dieux ! avec quel amour la Grèce vous révère !
Quel bonheur de me voir la fille d'un tel père !

AGAMEMNON

Vous méritiez, ma fille, un père plus heureux.

IPHIGÉNIE

Quelle félicité peut manquer à vos vœux ?
À de plus grands honneurs un roi peut-il prétendre ?
J'ai cru n'avoir au ciel que des grâces à rendre.

AGAMEMNON *(à part)*

Grands Dieux ! à son malheur dois-je la préparer ?

IPHIGÉNIE

Vous vous cachez, Seigneur, et semblez soupirer ;
Tous vos regards sur moi ne tombent qu'avec peine.
Avons-nous sans votre ordre abandonné Mycène[4] ?

AGAMEMNON

Ma fille, je vous vois toujours des mêmes yeux.
Mais les temps sont changés, aussi bien que les lieux.
D'un soin cruel ma joie est ici combattue.

IPHIGÉNIE

Hé ! mon père, oubliez votre rang à ma vue.
Je prévois la rigueur d'un long éloignement.
N'osez-vous sans rougir être père un moment ?
Vous n'avez devant vous qu'une jeune princesse[5]
À qui j'avais pour moi vanté votre tendresse.

Cent fois lui promettant mes soins, votre bonté,
J'ai fait gloire à ses yeux de ma félicité.
Que va-t-elle penser de votre indifférence ?
Ai-je flatté[6] ses vœux d'une fausse espérance ?
N'éclaircirez-vous point ce front chargé d'ennuis[7] ?

AGAMEMNON

Ah, ma fille !

IPHIGÉNIE

Seigneur, poursuivez.

AGAMEMNON

Je ne puis.

IPHIGÉNIE

Périsse le Troyen auteur de nos alarmes !

AGAMEMNON

Sa perte à ses vainqueurs coûtera bien des larmes.

IPHIGÉNIE

Les Dieux daignent surtout prendre soin de vos jours !

AGAMEMNON

Les Dieux depuis un temps me sont cruels et sourds.

IPHIGÉNIE

Calchas[8], dit-on, prépare un pompeux sacrifice.

AGAMEMNON

Puissé-je auparavant fléchir leur injustice !

IPHIGÉNIE

L'offrira-t-on bientôt ?

AGAMEMNON

Plus tôt que je ne veux.

IPHIGÉNIE

Me sera-t-il permis de me joindre à vos vœux ?
Verra-t-on à l'autel votre heureuse famille ?

AGAMEMNON

Hélas !

IPHIGÉNIE

Vous vous taisez ?

AGAMEMNON

Vous y serez, ma fille.
Adieu.

Jean Racine, *Iphigénie*, acte II, scène 2, 1674.

Illustration pour *Iphigénie*, acte IV, scène 4.
Gravure d'après Moreau le Jeune.

- **1. empressements** : affaires urgentes.
- **2. charmant** : merveilleux, fascinant.
- **3. étonnement** : stupéfaction.
- **4. Mycène** : ville d'où vient Iphigénie.
- **5. princesse** : Ériphile, prisonnière d'Achille qu'Iphigénie protège, assiste à la scène.
- **6. flatté** : trompé, abusé.
- **7. ennuis** : tourments, afflictions.
- **8. Calchas** : devin, prêtre grec.

Le quiproquo tragique

Les mots, dans cet extrait, n'ont pas le même sens pour les deux personnages. Ce malentendu contribue au tragique de la rencontre. Lorsque Iphigénie se réjouit de se « voir la fille d'un tel père », elle ignore que si Agamemnon lui a ordonné de venir, c'est pour la faire mourir. Elle ignore qu'il est allé jusqu'à prétendre qu'Achille la réclamait. Pour Iphigénie, le « long éloignement » évoque la guerre contre Troie ; pour Agamemnon, le mot désigne la mort qu'il a ordonnée ! De même, « rougir » signifie pour elle la pudeur de l'affection et pour lui, la honte du crime.

L'équivoque porte enfin sur le mot « sacrifice ». Iphigénie pense à ses noces ; Agamemnon au meurtre de sa fille. La seule issue est, pour Agamemnon, le silence et la fuite ; plus tard, la mort et la honte. Quiproquo tragique, car les dieux sans doute s'amusent à voir les hommes se débattre dans le piège qu'ils leur tendent.

1677

Phèdre

La tragédie se déroule à Trézène, à l'époque légendaire de Thésée. Phèdre avoue à sa nourrice Œnone qu'elle aime Hippolyte, son beau-fils. Honteuse de ce désir, elle veut mourir. Mais le bruit court que son mari Thésée est mort et Phèdre se prend à espérer. Tandis qu'Hippolyte, amoureux d'Aricie, voudrait exiler Phèdre, celle-ci ose enfin, dans cette scène, lui déclarer son amour.

HIPPOLYTE

Madame, il n'est pas temps de vous troubler encore.
Peut-être votre époux voit encore le jour;
Le ciel peut à nos pleurs accorder son retour.
Neptune le protège, et ce dieu tutélaire
Ne sera pas en vain imploré par mon père.

PHÈDRE

On ne voit point deux fois le rivage des morts,
Seigneur. Puisque Thésée a vu les sombres bords,
En vain vous espérez qu'un dieu vous le renvoie,
Et l'avare Achéron ne lâche point sa proie.
Que dis-je? Il n'est point mort, puisqu'il respire en vous.
Toujours devant mes yeux je crois voir mon époux.
Je le vois, je lui parle, et mon cœur... je m'égare,
Seigneur; ma folle ardeur malgré moi se déclare.

HIPPOLYTE

Je vois de votre amour l'effet prodigieux.
Tout mort qu'il est, Thésée est présent à vos yeux,
Toujours de son amour votre âme est embrasée.

PHÈDRE

Oui, Prince, je languis, je brûle pour Thésée.
Je l'aime, non point tel que l'ont vu les enfers,
Volage adorateur de mille objets divers,
Qui va du dieu des morts déshonorer la couche[1],
Mais fidèle, mais fier, et même un peu farouche,
Charmant, jeune, traînant tous les cœurs après soi,
Tel qu'on dépeint nos dieux, ou tel que je vous voi.
Il avait votre port, vos yeux, votre langage,
Cette noble pudeur colorait son visage,
Lorsque de notre Crète il traversa les flots,
Digne sujet des vœux des filles de Minos[2].
Que faisiez-vous alors? Pourquoi, sans Hippolyte,
Des héros de la Grèce assembla-t-il l'élite?
Pourquoi, trop jeune encor, ne pûtes-vous alors
Entrer dans le vaisseau qui le mit sur nos bords?
Par vous aurait péri le monstre de la Crète[3],
Malgré tous les détours de sa vaste retraite.
Pour en développer l'embarras incertain,
Ma sœur du fil fatal eût armé votre main.
Mais non, dans ce dessein je l'aurais devancée.
L'amour m'en eût d'abord inspiré la pensée.
C'est moi, Prince, c'est moi, dont l'utile secours
Vous eût du Labyrinthe enseigné les détours.
Que de soins m'eût coûtés cette tête charmante!
Un fil n'eût point assez rassuré votre amante:
Compagne du péril qu'il vous fallait chercher,
Moi-même devant vous j'aurais voulu marcher,
Et Phèdre au Labyrinthe avec vous descendue
Se serait avec vous retrouvée ou perdue.

HIPPOLYTE

Dieux! qu'est-ce que j'entends? Madame, oubliez-vous
Que Thésée est mon père, et qu'il est votre époux?

PHÈDRE

Et sur quoi jugez-vous que j'en perds la mémoire,
Prince? Aurais-je perdu tout le soin de ma gloire?

HIPPOLYTE

Madame, pardonnez. J'avoue, en rougissant,
Que j'accusais à tort un discours innocent.
Ma honte ne peut plus soutenir votre vue,
Et je vais...

PHÈDRE

Ah! cruel, tu m'as trop entendue!
Je t'en ai dit assez pour te tirer d'erreur.
Eh bien! connais donc Phèdre et toute sa fureur.
J'aime. Ne pense pas qu'au moment que je t'aime,
Innocente à mes yeux, je m'approuve moi-même,
Ni que du fol amour qui trouble ma raison,
Ma lâche complaisance ait nourri le poison.
Objet infortuné des vengeances célestes,
Je m'abhorre encor plus que tu ne me détestes.
Les dieux m'en sont témoins, ces dieux qui dans mon flanc
Ont allumé le feu fatal à tout mon sang;
Ces dieux qui se sont fait une gloire cruelle
De séduire le cœur d'une faible mortelle.
Toi-même en ton esprit rappelle le passé.
C'est peu de t'avoir fui, cruel, je t'ai chassé :
J'ai voulu te paraître odieuse, inhumaine,
Pour mieux te résister, j'ai recherché ta haine.
De quoi m'ont profité mes inutiles soins?

Tu me haïssais plus, je ne t'aimais pas moins.
Tes malheurs te prêtaient encor de nouveaux charmes.
J'ai langui, j'ai séché, dans les feux, dans les larmes.
Il suffit de tes yeux pour t'en persuader,
Si tes yeux un moment pouvaient me regarder.
Que dis-je ? Cet aveu que je te viens de faire,
Cet aveu si honteux, le crois-tu volontaire ?
Tremblante pour un fils que je n'osais trahir,
Je te venais prier de ne le point haïr.
Faibles projets d'un cœur trop plein de ce qu'il aime !
Hélas ! je ne t'ai pu parler que de toi-même !
Venge-toi, punis-moi d'un odieux amour ;
Digne fils du héros qui t'a donné le jour,
Délivre l'univers d'un monstre qui t'irrite.
La veuve de Thésée ose aimer Hippolyte !
Crois-moi, ce monstre affreux ne doit point t'échapper.
Voilà mon cœur : c'est là que ta main doit frapper.
Impatient déjà d'expier son offense,
Au-devant de ton bras je le sens qui s'avance.
Frappe. Ou si tu le crois indigne de tes coups,
Si ta haine m'envie[4] un supplice si doux,
Ou si d'un sang trop vil ta main serait trempée,
Au défaut de ton bras prête-moi ton épée.
Donne[5].

Jean Racine, *Phèdre*, acte II, scène 5, 1677.

Le costume de Phèdre conçu et dessiné par le couturier Christian Lacroix en 1998. Les notes du créateur : « mentonière, broderie, jupon incandescent, corset brodé silice, coulée d'organza ».

■ **1. déshonorer la couche** : on disait que Thésée avait voulu enlever Proserpine, la femme du dieu des Enfers, Hadès. ■ **2. filles de Minos** : Ariane et Phèdre, que Thésée séduisit. ■ **3. monstre de la Crète** : le Minotaure, monstre à corps d'homme et à tête de taureau, né des amours de la mère de Phèdre et d'un taureau. Thésée tua le monstre enfermé dans le Labyrinthe et en ressortit grâce au fil qu'Ariane lui avait donné. ■ **4. envie** : refuse. ■ **5. Donne** : elle lui arrache son épée, qui servira plus tard à accuser Hippolyte.

L'impossible aveu

Cette scène, l'une des plus bouleversantes de tout le théâtre racinien, oppose deux déclarations. La première tirade de Phèdre s'attache à évoquer son mari Thésée ; elle glisse vers le passé et s'épanouit dans l'image radieuse des sœurs, Phèdre et Ariane, attendant l'audacieux conquérant. Thésée est ensuite remplacé par Hippolyte et Phèdre prend la place d'Ariane. Les méandres du « Labyrinthe » permettent de réunir Phèdre à « la tête charmante » d'Hippolyte. Mais Phèdre ne peut supporter qu'Hippolyte méconnaisse son désir. Son second aveu jaillit comme une brûlure. Phèdre dit l'horreur de ce désir qui la tourmente. Au moment où elle réclame la mort, elle s'offre tout entière : « voilà mon cœur ». L'aveu de la honte, la volonté de mourir la poussent encore à évoquer la main d'Hippolyte, à désirer son bras, à saisir son épée. Proie convulsée d'un désir qu'elle est comme forcée de satisfaire au moment où elle en reconnaît l'horreur, « c'est Vénus tout entière à sa proie attachée ».

MADAME DE SÉVIGNÉ

Nom et prénom : **de Rabutin-Chantal, Marie**
Naissance : **le 5 février 1626, place des Vosges, à Paris**
Décès : **le 17 avril 1696, à Grignan, en Provence**
Lieux : **Paris, les Rochers en Bretagne, la Provence**
Situation familiale : **mariée en 1644, veuve en 1651 ; deux enfants : Marie-Françoise et Charles**
Amitiés : **Bussy-Rabutin, Fouquet, Mme de Lafayette, La Rochefoucauld**

Née à Paris dans une famille d'ancienne noblesse, Marie de Rabutin-Chantal est très tôt orpheline. Après une éducation soignée, elle épouse en 1644 le baron de Sévigné qui se fait passer pour marquis. Volage, toujours prêt à tirer l'épée, il meurt en duel, laissant à sa jeune épouse deux enfants, des souvenirs amers et beaucoup de dettes. Veuve à vingt-cinq ans, la marquise de Sévigné brille bientôt dans les salons du grand monde par sa vivacité, son charme, son esprit. Elle se consacre surtout à l'éducation de ses deux enfants, Marie-Françoise et Charles, qu'elle aime tendrement. C'est pourquoi elle est désespérée lorsqu'en 1671 sa fille, « la plus jolie fille de France » dit-on, doit la quitter pour rejoindre son mari, le comte de Grignan, en Provence, où il est lieutenant-général. Seules les lettres peuvent apaiser la douleur de la séparation. Le départ du courrier, deux ou trois fois par semaine, rythme désormais la vie de la marquise. Elle écrit des centaines de lettres à sa fille, qui lui répond régulièrement. Dès qu'elle le peut, la mère rejoint sa fille au château de Grignan, où elle s'éteint à l'âge de soixante-dix ans.

Ses œuvres principales

- des lettres, non destinées au public

3, 4 mars 1671

Lettres

Madame de Sévigné écrivait à son rythme mais comme le courrier n'était pas quotidien, elle glissait dans la même enveloppe des pages écrites à divers moments. Après avoir écrit sa lettre datée du mardi, Madame de Sévigné a reçu, probablement mercredi, la lettre que sa fille lui a écrite après avoir traversé le Rhône à Avignon. La lettre reçue provoque une nouvelle lettre toute différente de celle qui venait d'être écrite.

À Paris, mardi 3 mars 1671.

Je vous assure, ma chère bonne, que je songe à vous continuellement, et je sens tous les jours ce que vous me dites une fois, qu'il ne fallait point appuyer sur ces pensées. Si l'on ne glissait pas dessus, on serait toujours en larmes, c'est-à-dire moi. Il n'y a lieu dans cette maison qui ne me blesse le cœur. Toute votre chambre me tue ; j'y ai fait mettre un paravent tout au milieu, pour rompre un peu la vue d'une fenêtre sur ce degré[1] par où je vous vis monter dans le carrosse de d'Hacqueville[2], et par où je vous rappelai. Je me fais peur quand je pense combien alors j'étais capable de me jeter par la fenêtre, car je suis folle quelquefois ; ce cabinet[3], où je vous embrassai sans savoir ce que je faisais ; ces Capucins[4], où j'allai entendre la messe ; ces larmes qui tombaient de mes yeux à terre, comme si c'eût été de l'eau qu'on eût répandue ; Sainte-Marie[5], Mme de Lafayette[6], mon retour dans cette maison, votre appartement, la nuit et le lendemain ; et votre première lettre, et toutes les autres, et encore tous les jours, et tous les entretiens de ceux qui entrent dans mes sentiments. Ce pauvre d'Hacqueville est le premier; je n'oublierai jamais la pitié qu'il eut de moi. Voilà donc où j'en reviens : il faut glisser sur tout cela, et se bien garder de s'abandonner à ses pensées et aux mouvements de son cœur. J'aime mieux m'occuper de la vie que vous faites présentement; cela me fait une diversion, sans m'éloigner pourtant de mon sujet et de mon objet, qui est ce qui s'appelle poétiquement l'objet aimé. Je songe donc à vous, et je souhaite toujours de vos lettres. Quand je viens d'en recevoir, j'en voudrais bien encore. J'en attends présentement, et reprendrai ma lettre quand j'en aurai reçu. J'abuse de vous, ma chère bonne. J'ai voulu aujourd'hui me permettre cette lettre d'avance; mon cœur en avait besoin. Je n'en ferai pas une coutume.

MERCREDI 4 MARS.

Ah! ma bonne, quelle lettre! quelle peinture de l'état où vous avez été! et que je vous aurais mal tenu ma parole, si je vous avais promis de n'être point effrayée d'un si grand péril! Je sais qu'il est passé, mais il est impossible de se représenter votre vie si proche de sa fin, sans frémir d'horreur. Et M. de Grignan vous laisse conduire la barque! et quand vous êtes téméraire, il trouve plaisant de l'être encore plus que vous! Au lieu de vous faire attendre que l'orage fût passé, il veut bien vous exposer et vogue la galère! Ah mon Dieu! qu'il eût été bien mieux d'être timide, et de vous dire que si vous n'aviez point de peur, il en avait, lui, et ne souffrirait point que vous traversassiez le Rhône par un temps comme celui qu'il faisait! Que j'ai de peine à comprendre sa tendresse en cette occasion! Ce Rhône qui fait peur à tout le monde! Ce pont d'Avignon où l'on aurait tort de passer en prenant de loin toutes ses mesures[7]! Un tourbillon de vent vous jette violemment sous une arche! Et quel miracle que vous n'ayez pas été brisée et noyée dans un moment! Ma bonne, je ne soutiens pas cette pensée; j'en frissonne, et m'en suis réveillée avec des sursauts dont je ne suis pas la maîtresse. Trouvez-vous toujours que le Rhône ne soit que de l'eau?

Madame de Sévigné, *Lettre à Mme de Grignan*, 3, 4 mars 1671.

■ 1. **degré** : escalier. ■ 2. **d'Hacqueville** : ami dévoué qui a emmené Mme de Grignan dans son carrosse. ■ 3. **cabinet** : petite pièce à l'écart. ■ 4. **les Capucins** : moines de la rue d'Orléans, dans le Marais. ■ 5. **Sainte-Marie** : couvent où sa fille a été élevée autrefois. ■ 6. **Mme de Lafayette** : l'auteur de *La Princesse de Clèves*, amie intime de l'auteur. ■ 7. **mesures** : précautions.

L'amour d'une mère

Dans la lettre du 3 mars, la mère se souvient de la douleur du départ. Elle détaille son malheur, analyse la tristesse qu'elle éprouve, revient comme fascinée au moment de la séparation, cherche à relier par la pensée la vie de la fille et l'attente de la mère : chaque mot de la lettre est une déclaration d'amour. Dans le passage écrit le 4 mars, tout ce qui est dit est comme haché par des points d'exclamation. En lisant la lettre de sa fille, son sang ne fait qu'un tour. De là une cascade d'exclamations qui sont comme l'expression directe de l'émotion maternelle. Elle ne pense plus à son chagrin mais au danger qu'a couru sa fille. Et tout cela pour rejoindre un mari, un gendre ! « Que j'ai de peine à comprendre sa tendresse en cette occasion ! » La mère veut imposer à sa lectrice l'intensité de sa frayeur, la justesse de son indignation : qu'elle ne refasse plus une chose pareille ! Mais, frémissement d'horreur, véhémence des reproches, la lettre est toujours là pour dire comme la mère aime sa fille : comme une folle.

26 avril 1671

Lettre

LA MORT DE VATTEL

Les lettres que Madame de Sévigné envoie à sa fille sont d'abord des signes de tendresse. Mais elles font aussi circuler les nouvelles que l'éloignement de la Cour et la rareté des journaux rendent précieuses. Ainsi, lorsqu'elle apprend que l'ancien maître d'hôtel de Fouquet, Vatel, qu'elle connaissait et appréciait, vient de se suicider, elle se hâte de l'écrire à sa fille.

À PARIS, DIMANCHE 26 AVRIL 1671.

Il est dimanche 26 avril; cette lettre ne partira que mercredi, mais ce n'est pas une lettre, c'est une relation que vient de me faire Moreuil[1], à votre intention, de ce qui s'est passé à Chantilly touchant Vatel. Je vous écrivis vendredi qu'il s'était poignardé : voici l'affaire en détail[2].

Le Marché aux poissons, peinture de Frans Snyders (1585-1651).

Le Roi arriva jeudi au soir. La chasse, les lanternes, le clair de la lune, la promenade, la collation[3] dans un lieu tapissé de jonquilles, tout cela fut à souhait. On soupa. Il y eut quelques tables où le rôti manqua, à cause de plusieurs dîners où l'on ne s'était point attendu. Cela saisit Vatel. Il dit plusieurs fois : « Je suis perdu d'honneur; voici un affront que je ne supporterai pas. » Il dit à Gourville[4] : « La tête me tourne, il y a douze nuits que je n'ai dormi. Aidez-moi à donner des ordres. » Gourville le soulagea en ce qu'il put. Ce rôti qui avait manqué, non pas à la table du Roi, mais aux vingt-cinquièmes, lui revenait toujours à la tête. Gourville le dit à Monsieur le Prince[5]. Monsieur le Prince alla jusque dans sa chambre et lui dit : « Vatel, tout va bien; rien n'était si beau que le souper du Roi. » Il lui dit : « Monseigneur, votre bonté m'achève; je sais que le rôti a manqué à deux tables. – Point du tout, dit Monsieur le Prince; ne vous fâchez point : tout va bien. » La nuit vient. Le feu d'artifice ne réussit pas; il fut couvert d'un nuage. Il coûtait seize mille francs. À quatre heures du matin, Vatel s'en va partout; il trouve tout endormi. Il rencontre un petit pourvoyeur qui lui apportait seulement deux charges de marée; il lui demanda : « Est-ce là tout? » Il lui dit : « Oui, monsieur. » Il ne savait pas que Vatel avait envoyé à tous les ports de mer. Il attend quelque temps; les autres pourvoyeurs ne viennent point. Sa tête s'échauffait; il croit qu'il n'aura point d'autre marée. Il trouve Gourville et lui dit : « Monsieur, je ne survivrai pas à cet affront-ci; j'ai de l'honneur et de la réputation à perdre. » Gourville se moqua de lui. Vatel monte à sa chambre, met son épée contre la porte, et se la passe au travers du cœur, mais ce ne fut qu'au troisième coup, car il s'en donna deux qui n'étaient pas mortels; il tombe mort. La marée cependant arrive de tous côtés. On cherche Vatel pour la distribuer. On va à sa chambre. On heurte, on enfonce la porte, on le trouve noyé dans son sang. On court à Monsieur le Prince, qui fut au désespoir. Monsieur le Duc[6] pleura ; c'était sur Vatel que roulait tout son voyage de Bourgogne. Monsieur le Prince le dit au Roi fort tristement. On dit que c'était à force d'avoir de l'honneur en sa manière; on le loua fort. On loua et blâma son courage. Le Roi dit qu'il y avait cinq ans qu'il retardait de venir à Chantilly, parce qu'il comprenait l'excès de cet embarras. Il dit à Monsieur le Prince qu'il ne devait avoir que deux tables et ne se point charger de tout le reste; il jura qu'il ne souffrirait plus que Monsieur le Prince en usât ainsi. Mais c'était trop tard pour le pauvre Vatel. Cependant Gourville tâche de réparer la perte de Vatel; elle le fut. On dîna très bien, on fit collation, on soupa, on se promena, on joua, on fut à la chasse. Tout était parfumé de jonquilles, tout était enchanté. Hier, qui était samedi, on fit encore de même. Et le soir, le Roi alla à Liancourt, où il avait commandé un *medianoche*[7]; il y doit demeurer aujourd'hui.

Voilà ce que Moreuil m'a dit, pour vous mander. Je jette mon bonnet par-dessus les moulins[8], et je ne sais rien du reste. M. d'Hacqueville, qui était à tout cela, vous fera des relations sans doute, mais comme son écriture n'est pas si lisible que la mienne, j'écris toujours. Voilà bien des détails, mais parce que je les aimerais en pareille occasion, je vous les mande.

Madame de Sévigné, *Lettre à Mme de Grignan*, 26 avril 1671.

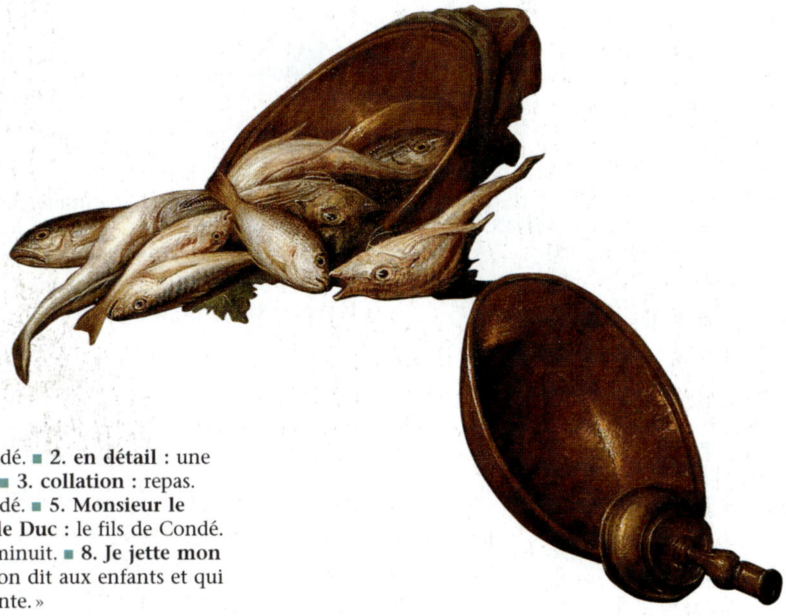

■ **1. Moreuil** : gentilhomme proche des Condé. ■ **2. en détail** : une précédente lettre avait annoncé la nouvelle. ■ **3. collation** : repas. ■ **4. Gourville** : intendant du prince de Condé. ■ **5. Monsieur le Prince** : le prince de Condé. ■ **6. Monsieur le Duc** : le fils de Condé. ■ **7. *medianoche*** : repas qui se prend après minuit. ■ **8. Je jette mon bonnet par-dessus les moulins** : phrase qu'on dit aux enfants et qui signifie : « Je ne sais pas comment finir le conte. »

Madame de Sévigné et l'art d'écrire

Si, parmi tant d'autres, les lettres de Madame de Sévigné sont restées célèbres, c'est d'abord pour leur extrême variété : elles font partager au jour le jour la vie d'une marquise du grand siècle.

Tour à tour amusée, désinvolte, poignante, la marquise sait faire voir les événements de la Cour auxquels on a l'impression d'assister. Mais surtout, l'amour de la marquise pour sa fille donne à chaque lettre une intensité qui en fait le charme et la valeur. Les lettres de la mère retissent un lien que la séparation a déchiré. Elles font partager des sentiments qui resteraient voués au silence. Comme toute écriture véritable, elles luttent contre l'absence. Quelques siècles plus tard, ses lettres sont toujours merveilleusement vivantes. C'est en cela que, sans l'avoir voulu, Madame de Sévigné est vraiment un écrivain.

BOILEAU

Nom et prénom : **Boileau, Nicolas**
Naissance : **le 1er novembre 1636, à Paris**
Décès : **le 13 mars 1711, à Paris**
Lieux : **Paris, Auteuil**
Situation familiale : **célibataire**
Professions : **avocat, écrivain, historiographe du roi**
Amitiés : **Molière, Racine, Chapelle, Brossette**

Quinzième enfant d'une famille de juristes fortunée, Boileau renonce vite à la profession d'avocat pour se consacrer à sa passion : la littérature. Dans de virulentes *Satires*, publiées de 1666 à 1711, il défend Molière et Racine et ridiculise des auteurs qui font alors autorité, comme Chapelain ou Bensérade. Mais le polémiste devient le « législateur du Parnasse » : son inspiration s'adoucit dans les *Épîtres* et, en 1674, l'*Art poétique* fait de lui le théoricien de l'art qu'on appellera, plus tard, classique. Il jouit alors de protections puissantes et ses œuvres lui attirent la bienveillance du roi, qui le nomme historiographe en 1677 et l'impose, en 1684, à l'Académie française, où il s'était fait de nombreux ennemis. À l'Académie, Boileau prend, contre les Modernes, le parti des Anciens avec les auteurs qu'il a toujours défendus et qu'il défendra jusqu'à sa mort.

Ses œuvres principales

- douze *Satires* (publiées entre 1666 et 1711)
- douze *Épîtres* (publiées en 1674 et 1683)
- un *Art poétique* en quatre chants (1674)
- un poème héroï-comique, *Le Lutrin*, en six chants (1674 et 1683)

1666-1711

Satires

La publication des *Satires*, qui ont fait la gloire de Boileau, s'étire sur tout le demi-siècle. Tantôt le poète dénonce la société parisienne et le rôle qu'y joue l'argent (Satire I), les mauvais nobles (Satire V), les femmes (Satire X), les Jésuites (Satire XII), tantôt il prend la défense de Molière (Satire II), s'interroge sur son art (Satire VII), sur la raison ou la déraison des hommes (Satires IV et VIII). Parfois, il s'abandonne à sa verve comique, évoquant un repas ridicule (Satire III) ou, comme ici, les embarras de Paris (Satire VI).

En quelque endroit que j'aille, il faut fendre la presse
D'un peuple d'importuns qui fourmillent sans cesse.
L'un me heurte d'un ais[1], dont je suis tout froissé ;
Je vois d'un autre coup mon chapeau renversé ;
Là, d'un enterrement la funèbre ordonnance,
D'un pas lugubre et lent vers l'église s'avance ;
Et plus loin, des laquais, l'un l'autre s'agaçant,
Font aboyer les chiens et jurer les passants.
Des paveurs, en ce lieu, me bouchent le passage ;
Là, je trouve une croix de funeste présage[2],
Et des couvreurs, grimpés au toit d'une maison,
En font pleuvoir l'ardoise et la tuile à foison.
Là, sur une charrette une poutre branlante
Vient menaçant de loin la foule qu'elle augmente ;
Six chevaux attelés à ce fardeau pesant
Ont peine à l'émouvoir sur le pavé glissant ;
D'un carrosse, en tournant, il accroche une roue,

Et du choc le renverse en un grand tas de boue,
Quand un autre à l'instant s'efforçant de passer
Dans le même embarras se vient embarrasser.
Vingt carrosses bientôt arrivant à la file
Y sont en moins de rien suivis de plus de mille;
Et, pour surcroît de maux, un sort malencontreux
Conduit en cet endroit un grand troupeau de bœufs;
Chacun prétend passer; l'un mugit, l'autre jure;
Des mulets en sonnant augmentent le murmure[3];
Aussitôt, cent chevaux[4] dans la foule appelés
De l'embarras qui croît ferment les défilés,
Et partout, des passants enchaînant les brigades,
Au milieu de la paix font voir les barricades.
On n'entend que des cris poussés confusément :
Dieu pour s'y faire ouïr tonnerait vainement.
Moi donc, qui dois souvent en certain lieu me rendre,
Le jour déjà baissant, et qui suis las d'attendre,
Ne sachant plus tantôt à quel saint me vouer,
Je me mets au hasard de me faire rouer[5],
Je saute vingt ruisseaux, j'esquive, je me pousse;
Guénaud[6] sur son cheval en passant m'éclabousse;
Et n'osant plus paraître en l'état où je suis,
Sans songer où je vais, je me sauve où je puis.

Nicolas Boileau, *Satires*, VI, 1666-1711.

Détail d'une gravure sur les embarras de Paris, au XVIIe siècle.

■ **1. ais :** planche, poutre. ■ **2. présage :** « on faisait pendre alors, du toit de toutes les maisons que l'on couvrait, une croix de lattes pour avertir les passants de s'éloigner » (Boileau). ■ **3. murmure :** bruit, vacarme. ■ **4. chevaux :** gardes à cheval. ■ **5. rouer :** écraser par les roues. ■ **6. Guénaud :** « le plus célèbre médecin de Paris, et qui allait toujours à cheval » (Boileau).

Le goût de la polémique

Dans son « Discours au roi », que Boileau place en 1674 en tête de ses *Satires*, le poète justifie la virulence polémique qui domine dans ses œuvres. Il se présente comme le « censeur » qui, au nom de la vérité, démasque librement « les sottises du temps ». Contre les avares, les coquettes, les précieuses, les Jésuites, les auteurs prétentieux, les poètes ridicules, Boileau déploie avec une verve cruelle tous les procédés de la satire : mise en relief outrancière du défaut dénoncé, apostrophes indignées au lecteur, ironie mordante. Dans l'*Art poétique*, il reste combatif pour défendre son idéal. Versificateur exigeant comme Malherbe, qu'il admirait, il aime frapper des formules mémorables par leur clarté et leur densité. Par sa passion, l'intégrité de son engagement, il donne ainsi vie à des polémiques littéraires qu'on aurait sans lui oubliées aujourd'hui.

1687

Boileau et la querelle des Anciens et des Modernes

La querelle des Anciens et des Modernes oppose pendant plusieurs années ceux qui se tournent vers les auteurs du passé et ceux qui veulent rompre avec ce passé. Les partisans des auteurs de l'Antiquité grecque et romaine sont Boileau, Racine, La Fontaine, La Bruyère ; on les surnomme les Anciens. Ceux qu'on appelle les Modernes regroupent Perrault ou Fontenelle, qui pensent que l'on peut progresser, dans les arts comme dans les sciences, sans se soucier des Anciens.

Chronologie de la querelle

15 avril 1684	Boileau est élu à l'Académie française, grâce à l'appui du roi
27 janvier 1687	Perrault fait lire *Le Siècle de Louis le Grand* : scandale
1687	La Fontaine, *Épître à Monseigneur de Soissons*
1688	Charles Perrault, *Parallèle des Anciens et des Modernes*
1688	Fontenelle, *Digression sur les Anciens et les Modernes*
1691	Fontenelle est élu à l'Académie française.
1693	La Bruyère, élu à l'Académie française, fait l'éloge des Anciens.
30 août 1694	réconciliation officielle de Boileau et de Perrault

Le succès des partisans des Anciens

Depuis la Renaissance, les auteurs de l'Antiquité grecque et romaine, les Anciens, étaient reconnus comme des références absolues en tous les genres de poésie. Admirer les Anciens permet d'affirmer l'exigence d'un idéal qui place le véritable écrivain au-dessus des modes passagères. L'écrivain doit certes plaire à ses contemporains mais il doit aussi rivaliser avec les œuvres qui ont traversé les siècles. Dans les années 1680, les partisans des Anciens sont soutenus par le roi Louis XIV et son entourage.

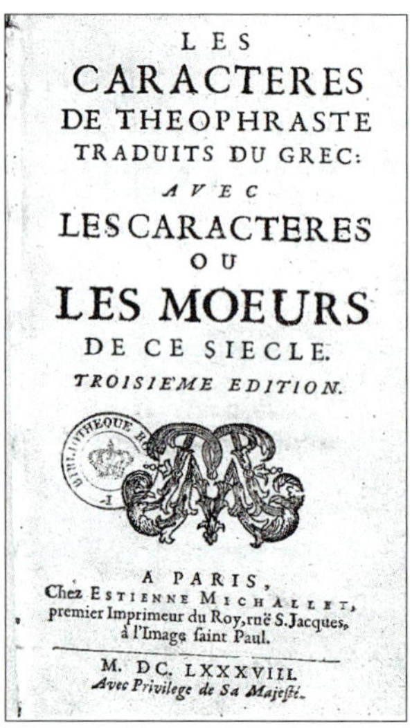
LES
CARACTERES
DE THEOPHRASTE
TRADUITS DU GREC:
AVEC
LES CARACTERES
OU
LES MOEURS
DE CE SIECLE.
TROISIEME EDITION.

A PARIS,
Chez ESTIENNE MICHALLET,
premier Imprimeur du Roy, ruë S. Jacques,
à l'Image saint Paul.

M. DC. LXXXVIII.
Avec Privilege de Sa Majesté.

Charles Perrault, défenseur des Modernes à l'Académie française.

Le coup d'éclat de Charles Perrault

Perrault fait donc un coup d'éclat en faisant lire à l'Académie, le 27 janvier 1687, son poème *Le Siècle de Louis le Grand*. Il s'y moque ouvertement des Anciens, Homère, Aristote, Platon, mais vante Corneille et d'autres poètes de son temps alors oubliés. L'ensemble se termine par un éloge effréné de Louis XIV, « des grands rois le parfait modèle ». Boileau, furieux, quitte ostensiblement la séance.

Fontenelle s'engage dans la querelle, en refusant les modèles hérités de l'Antiquité.

La réplique des partisans des Anciens

Tandis que Perrault développe ses arguments dans les quatre volumes du *Parallèle des Anciens et des Modernes,* qui paraissent de 1688 à 1697, les partisans des Anciens répliquent. La Fontaine d'abord, dès 1687, en appelle à plus de modestie et affirme que son « imitation n'est point un esclavage ». En 1694, dans son discours à l'Académie française, La Bruyère nargue les Modernes en ne louant que les partisans des Anciens. En 1694, Boileau, dans ses *Réflexions sur Longin,* prend la défense d'Homère.

Au cœur de l'affrontement, Nicolas Boileau, poète et académicien, manifeste toute la fougue du polémiste.

L'offensive de Fontenelle

Le clan des Modernes va trouver en Fontenelle, écrivain subtil, féru de sciences, un défenseur particulièrement avisé. Dans sa *Digression sur les Anciens et les Modernes,* parue en 1688, il affirme que « rien n'arrête tant le progrès des choses, rien ne borne tant les esprits, que l'admiration excessive des Anciens ». Il s'appuie sur les progrès que l'on constate en physique, en mathématique, en médecine pour refuser toute tradition artistique. Et Perrault d'affirmer que « c'est au philosophe à conduire le poète et non pas au poète à conduire le philosophe ». En 1694, Perrault et Boileau se réconcilient officiellement. Mais après une accalmie, la querelle reprendra au siècle suivant à propos des traductions d'Homère.

Les membres de l'Académie française au XVIIe siècle.

La naissance de la modernité

La querelle marque la fin d'une époque où les artistes – et quels artistes ! – ont trouvé dans le respect des Anciens la source de leur propre originalité. Elle annonce la naissance d'un nouvel état d'esprit plein de confiance dans les pouvoirs de la raison et de l'individu. Ainsi, le siècle des Lumières impose dès sa naissance le mythe du progrès et de la modernité.

La Fontaine et l'art de l'imitation

La Fontaine, dans son *Épître à Monseigneur de Soissons,* Pierre-Daniel Huet, évoque son admiration pour les Anciens :

« Mon imitation n'est point un esclavage :
Je ne prends que l'idée, et les tours, et les lois,
Que nos maîtres suivaient eux-mêmes autrefois.
Si d'ailleurs quelque endroit plein chez eux d'excellence
Peut entrer dans mes vers sans nulle violence,
Je l'y transporte, et veux qu'il n'ait rien d'affecté,
Tâchant de rendre mien cet air d'antiquité.
Je vois avec douleur ces routes méprisées
Art et guides, tout est dans les Champs-Élysées. »

COMPRENDRE L'ESSENTIEL

1. Qui sont les partisans des Anciens ? Pour quelles raisons tiennent-ils à se référer à la littérature grecque et latine ?

2. Pour quelles raisons les Modernes rejettent-ils toute référence aux Anciens ?

3. De quels autres débats littéraires se rapproche cette querelle ?

BOSSUET

Nom et prénom : **Bossuet, Jacques Bénigne**
Naissance : **le 27 septembre 1627, à Dijon, en Bourgogne**
Décès : **le 12 avril 1704, à Paris, rue Sainte-Anne**
Lieux : **Dijon, Paris, Metz, Versailles, Meaux**
Professions : **prêtre, théologien, précepteur, évêque, écrivain**
Amitiés : **Vincent de Paul, Fénelon (jusqu'en 1697), La Bruyère**

Engagé dans des études religieuses dès l'âge de dix ans, chanoine cinq ans plus tard, ordonné prêtre à vingt-cinq ans, après une solide formation chez les Jésuites à Dijon puis à Paris, ce jeune théologien devient rapidement le prédicateur préféré de la reine-mère Anne d'Autriche. Il gagne la confiance de Louis XIV, qui lui confie en 1670 l'éducation du Dauphin et lui demande de prononcer les oraisons funèbres des plus hauts personnages de la Cour. Nommé en 1682 évêque de Meaux, se posant en chef de l'Église de France, il n'est, dit-il, « jamais en repos contre l'hérésie » et se bat contre tous ceux qui lui semblent menacer l'unité religieuse du pays : protestants, jansénistes, gens de théâtre, quiétistes. Tout esprit critique semble dangereux à cet homme de foi qui pense que seule la tradition peut garantir la paix, celle du royaume comme celle des âmes.

Ses œuvres principales

- des *Sermons* innombrables (publiés à partir de 1772)
- des *Oraisons funèbres* pour Henriette de France (1669), Henriette d'Angleterre (1670), Condé (1687), etc.
- des ouvrages d'histoire, de polémique et de piété

1670

Oraison funèbre d'Henriette d'Angleterre

Henriette d'Angleterre, qu'on appelle Madame car elle est l'épouse du frère du roi, meurt brutalement à vingt-six ans. Quand Bossuet évoque ces moments terribles, « l'auditoire, écrit Voltaire, éclata en sanglots et la voix de l'orateur fut interrompue par ses soupirs et ses pleurs ».
Pour Bossuet, la mort de la princesse est un message que nous envoie le ciel « pour l'instruction du reste des hommes ». La jeune princesse a été désignée par le ciel pour montrer à tous que les plus puissants sont toujours à la merci de Dieu. La leçon, analyse Bossuet, emporte la princesse mais elle frappe aussi ses proches : Monsieur, le frère du roi, le roi lui-même dont les efforts sont soudain anéantis.

Considérez, MESSIEURS, ces grandes puissances que nous regardons de si bas. Pendant que nous tremblons sous leur main, Dieu les frappe pour nous avertir. Leur élévation en est la cause ; et il les épargne si peu qu'il ne craint pas de les sacrifier à l'instruction du reste des hommes. CHRÉTIENS, ne murmurez pas si MADAME a été choisie pour nous donner une telle instruction. Il n'y a rien ici de rude pour elle, puisque, comme vous le verrez dans la suite, Dieu la sauve par le même coup qui nous instruit. Nous devrions être assez convaincus de notre néant ; mais s'il faut des coups de surprise à nos cœurs enchantés de l'amour du monde, celui-ci est assez grand et assez terrible. Ô nuit désastreuse ! ô nuit effroyable, où retentit tout à coup, comme un éclat de tonnerre, cette étonnante[1] nouvelle : MADAME se meurt, MADAME est morte ! Qui de nous ne se sentit frappé à ce coup, comme si quelque

Portrait d'Henriette, duchesse d'Orléans. École française, XVIIe siècle.

tragique accident avait désolé[2] sa famille ? Au premier bruit d'un mal si étrange[3], on accourut à Saint-Cloud de toutes parts ; on trouve tout consterné, excepté le cœur de cette princesse. Partout on entend des cris, partout on voit la douleur et le désespoir, et l'image de la mort. Le roi, la reine, Monsieur, toute la cour, tout le peuple, tout est abattu, tout est désespéré, et il me semble que je vois l'accomplissement de cette parole du prophète : *Le roi pleurera, le prince sera désolé et les mains tomberont au peuple, de douleur et d'étonnement.*

Mais et les princes et les peuples gémissaient en vain. En vain Monsieur, en vain le roi même tenait MADAME serrée par de si étroits embrassements. Alors ils pouvaient dire l'un et l'autre, avec saint Ambroise : *Stringebam brachia, sed jam amiseram quam tenebam* ; je serrais les bras, mais j'avais déjà perdu ce que je tenais. La princesse leur échappait parmi des embrassements si tendres, et la mort plus puissante nous l'enlevait entre ces royales mains. Quoi donc, elle devait périr si tôt ! Dans la plupart des hommes, les changements se font peu à peu, et la mort les prépare ordinairement à son dernier coup. MADAME cependant a passé[4] du matin au soir, ainsi que l'herbe des champs. Le matin elle fleurissait ; avec quelles grâces, vous le savez : le soir, nous la vîmes séchée, et ces fortes expressions, par lesquelles l'Écriture sainte exagère[5] l'inconstance des choses humaines, devaient être pour cette princesse si précises et si littérales.

Bossuet, *Oraison funèbre d'Henriette d'Angleterre,* 21 août 1670.

1. **étonnante** : qui frappe comme le tonnerre. 2. **désolé** : ravagé, détruit. 3. **étrange** : extraordinaire et redoutable. 4. **a passé** : souvenir du psaume 102, 15 : « L'homme ! ses jours sont comme l'herbe ; Il fleurit comme la fleur des champs : Que le vent passe, elle n'est plus, Et la place où elle était l'a oubliée. » 5. **exagère** : souligne, accentue.

L'oraison funèbre et l'art de l'éloquence

Bossuet a écrit des ouvrages d'histoire et de théologie, mais ce sont ses sermons et ses oraisons funèbres qui l'ont rendu très vite célèbre. Au début du XVIIe siècle, les orateurs sacrés multipliaient les éloges hyperboliques, les images outrées, les pédantismes, les préciosités. Ils pensaient ainsi amplifier l'hommage rendu au défunt. L'oraison funèbre est en effet un instant solennel qui se déroule souvent en présence du cercueil.

Pour Bossuet, une telle démarche est vaine. L'oraison funèbre doit donner une signification à la mort. Elle est l'occasion de montrer une vérité. Comme son maître Vincent de Paul, Bossuet fuit les artifices oratoires, s'adapte à l'auditoire, construit clairement ses interventions. Les images nourries de la lecture de la Bible se lient aux citations du texte sacré qui rappellent que le discours est au service d'un message religieux.

Dans ses oraisons funèbres, il évite le risque de complaisance en faisant de ces moments d'apparat de véritables sermons. Questions, exclamations, apostrophes animent le discours et contribuent à cette « grandeur majestueuse qui tient un peu à la poésie », explique Voltaire.

1687

Oraison funèbre de Condé

Le 19 mai 1643, un jeune homme de vingt-deux ans, contre l'avis de tous ses conseillers, livre bataille, à Rocroi dans les Ardennes, à la redoutable armée d'Espagne qui envahit la France. Le jeune Condé fait triompher les armées françaises. C'est cette victoire décisive que Bossuet retrace dans la première partie de l'oraison funèbre.

À la veille d'un si grand jour, et dès la première bataille, il est tranquille, tant il se trouve dans son naturel; et on sait que le lendemain, à l'heure marquée, il fallut réveiller d'un profond sommeil cet autre Alexandre[1]. Le voyez-vous comme il vole ou à la victoire ou à la mort? Aussitôt qu'il eut porté de rang en rang l'ardeur dont il était animé, on le vit presque en même temps pousser l'aile droite[2] des ennemis, soutenir la nôtre ébranlée, rallier le Français à demi vaincu, mettre en fuite l'Espagnol victorieux, porter partout la terreur, et étonner[3] de ses regards étincelants ceux qui échappaient à ces coups. Restait cette redoutable infanterie de l'armée d'Espagne, dont les gros bataillons serrés, semblables à autant de tours, mais à des tours qui sauraient réparer leurs brèches, demeuraient inébranlables au milieu de tout le reste en déroute, et lançaient des feux de toutes parts. Trois fois le jeune vainqueur s'efforça de rompre ces intrépides combattants, trois fois il fut repoussé par le valeureux comte de Fontaines[4], qu'on voyait porté dans sa chaise, et, malgré ses infirmités, montrer qu'une âme guerrière est maîtresse du corps qu'elle anime ; mais enfin il faut céder. C'est en vain qu'à travers des bois, avec sa cavalerie toute fraîche, Bek[5] précipite sa marche pour tomber sur nos soldats épuisés; le prince l'a prévenu[6], les bataillons enfoncés demandent quartier[7]; mais la victoire va devenir plus terrible pour le duc d'Enghien[8] que le combat. Pendant qu'avec un air assuré il s'avance pour recevoir la parole de ces braves[9] gens, ceux-ci toujours en garde, craignent la surprise de quelque nouvelle attaque; leur effroyable décharge met les nôtres en furie; on ne voit plus que carnage; le sang enivre le soldat, jusqu'à ce que le grand prince, qui ne put voir égorger ces lions comme de timides brebis, calma les courages émus, et joignit au plaisir de vaincre celui de pardonner. Quel fut alors l'étonnement de ces vieilles troupes et de leurs braves officiers, lorsqu'ils virent qu'il n'y avait plus de salut pour eux qu'entre les bras du vainqueur! De quels yeux regardèrent-ils le jeune prince, dont la victoire avait relevé la haute contenance, à qui la clémence ajoutait de nouvelles grâces ! Qu'il eût encore volontiers sauvé la vie au brave comte de Fontaines! mais il se trouva par terre parmi des milliers de morts dont l'Espagne sent encore la perte. Elle ne savait pas que le prince qui lui fit perdre tant de ces vieux régiments à la journée de Rocroi en devait achever les restes dans les plaines de Lens. Ainsi la première victoire fut le gage de beaucoup d'autres. Le prince fléchit le genou, et, dans le champ de bataille, il rend au dieu des Armées la gloire qu'il lui envoyait; là on célébra Rocroi délivré, les menaces d'un redoutable ennemi tournées à sa honte, la régence affermie, la France en repos, et un règne, qui devait être si beau, commencé par un si heureux présage.

Bossuet, *Oraison funèbre de Condé*, 10 mars 1687.

Louis II de Bourbon, prince de Condé.

1. Alexandre : Alexandre le Grand dormit profondément à la veille de la bataille d'Arbelles. **2. aile droite** : en fait, Condé a d'abord attaqué l'aile gauche, puis s'est précipité sur l'aile droite, qu'il a prise à revers. **3. étonner** : frapper, stupéfier. **4. Fontaines** : ou de Fuentès, maréchal espagnol. **5. Bek** : chef des renforts allemands. **6. prévenu** : devancé. **7. quartier** : la vie sauve. **8. duc d'Enghien** : nom que portait Condé du vivant de son père. **9. braves** : courageux, hardis.

LE REGARD DE VOLTAIRE SUR CONDÉ

Dans *Le Siècle de Louis XIV*, Voltaire explique à sa façon la victoire de Condé.

(19 mai 1643) On remarque que le prince, ayant tout réglé le soir, veille de la bataille, s'endormit si profondément qu'il fallut le réveiller pour combattre. On conte la même chose d'Alexandre. Il est naturel qu'un jeune homme, épuisé des fatigues que demande l'arrangement d'un si grand jour, tombe ensuite dans un sommeil plein ; il l'est aussi qu'un génie[1] fait pour la guerre, agissant sans inquiétude, laisse au corps assez de calme pour dormir. Le prince gagna la bataille par lui-même, par un coup d'œil qui voyait à la fois le danger et la ressource, par son activité exempte de trouble, qui le portait à propos à tous les endroits. Ce fut lui qui, avec de la cavalerie, attaque cette infanterie espagnole jusque-là invincible, aussi forte, aussi serrée que la phalange[2] ancienne si estimée, et qui s'ouvrait avec une agilité que la phalange n'avait pas, pour laisser partir la décharge de dix-huit canons qu'elle renfermait au milieu d'elle. Le prince l'entoura et l'attaqua trois fois. À peine victorieux, il arrêta le carnage. Les officiers espagnols se jetaient à ses genoux pour trouver auprès de lui asile contre la fureur du soldat vainqueur. Le duc d'Enghien eut autant de soin de les épargner qu'il en avait pris pour les vaincre.

Voltaire, *Le Siècle de Louis XIV*, 1739.

1. **génie** : tempérament.
2. **phalange** : dans l'Antiquité, bataillon redoutable.

La bataille de Rocroi, le 19 mai 1643, qui voit le triomphe du jeune Condé.

Les lectures d'une victoire

En donnant à voir le jeune chef, en le plaçant au centre du spectacle, en mettant l'épisode en scène pour qu'on ne voie plus que lui, Bossuet fait de Condé un héros. Aux regards « étincelants » qui effraient ses ennemis répondent les « regards » bouleversés de reconnaissance de ceux qu'il sauve du carnage par sa généreuse clémence.

Le moment de l'exploit est ce moment où la grandeur du héros s'impose à tous comme une évidence incontestable. C'est ce moment que chante l'épopée car, pour grandir le héros, il faut amplifier l'obstacle. Ainsi les combattants espagnols, qualifiés d'« intrépides », font penser à des « lions » si admirables que le vainqueur lui-même veut les protéger. Mais Bossuet précise d'où vient et à qui revient la gloire : au « dieu des Armées ».

Voltaire, lui, résiste à l'épopée ; il admet les qualités de Condé à Rocroi : vision d'ensemble du stratège, énergie et constance du soldat, clémence du vainqueur. Mais pour lui, il n'y a rien à voir ici qu'un jeune officier de talent qui fait son métier : rien qui « vole ou à la victoire ou à la mort ».

Madame de Lafayette

Nom et prénom : **Pioche de La Vergne, Marie-Madeleine ; de Lafayette, qu'elle écrira toujours en un seul mot, est le nom de son mari**
Naissance : **baptisée le 18 mars 1634, à Paris**
Décès : **le 25 mai 1693, à Paris**
Lieux : **Paris, Anjou, Auvergne**
Situation familiale : **mariée en 1655 avec le comte de Lafayette ; deux fils nés en 1658 et 1659**
Amitiés : **Ménage, Fouquet, Mme de Sévigné, La Rochefoucauld**

Née dans une famille de petite noblesse, élevée au milieu d'intellectuels, de critiques littéraires et de mathématiciens, la jeune Marie-Madeleine Pioche de La Vergne est vite réputée pour sa finesse et son esprit. Nommée à dix-sept ans demoiselle d'honneur de la reine Anne d'Autriche, elle observe de près les intrigues de la Cour. Très proche de la brillante Henriette d'Angleterre, elle a l'estime du jeune Louis XIV. Après avoir suivi durant quelques années son mari, de dix-sept ans son aîné, elle quitte l'Auvergne pour s'installer dans la demeure de ses parents, rue Férou, à Paris. Amie intime de Madame de Sévigné et de La Rochefoucauld, entourée d'humanistes célèbres comme Huet et Segrais, elle y écrit des nouvelles et des romans qui ne sont pas publiés sous son nom, car une dame de son rang dérogerait en s'avouant auteur. Celle qu'on surnomme « le brouillard » ne reconnaîtra jamais qu'elle a écrit *La Princesse de Clèves*, roman salué comme un chef-d'œuvre dès sa parution. Après la mort de son ami et conseiller La Rochefoucauld, en 1680, elle renoue avec la ferveur religieuse dans les dernières années de sa vie.

Ses œuvres principales

- des romans : *La Princesse de Montpensier* (1662), *Zaïde* (1669-1671), *La Princesse de Clèves* (1678)
- des mémoires sur Henriette d'Angleterre et la Cour (publications posthumes)

1678

La Princesse de Clèves

Mademoiselle de Chartres a épousé Monsieur de Clèves quand elle tombe amoureuse du brillant prince de Nemours, qui tombe aussi amoureux d'elle. La jeune femme, qui méprise toutes les liaisons dont elle voit les effets à la Cour, essaie d'étouffer sa passion. Au début du roman, Madame de Lafayette brosse le portrait de la reine Catherine de Médicis avant de faire apparaître l'héroïne fictive du roman, Mademoiselle de Chartres.

CATHERINE DE MÉDICIS

Cette princesse était belle, quoiqu'elle eût passé la première jeunesse ; elle aimait la grandeur, la magnificence et les plaisirs. Le roi l'avait épousée lorsqu'il était encore duc d'Orléans, et qu'il avait pour aîné le dauphin qui mourut à Tournon, prince que sa naissance et ses grandes qualités destinaient à remplir dignement la place du roi François premier, son père.

L'humeur ambitieuse de la reine lui faisait trouver une grande douceur à régner ; il semblait qu'elle souffrît sans peine l'attachement du roi pour la duchesse de Valentinois[1], et elle n'en témoignait aucune jalousie, mais elle avait une si profonde dissimulation qu'il était impossible de juger de ses sentiments, et la politique l'obligeait d'approcher cette duchesse de sa personne, afin d'en approcher aussi le roi. Ce prince aimait le commerce[2] des femmes, même de celles dont il n'était pas amoureux : il demeurait tous les jours chez la reine à l'heure du cercle[3], où tout ce qu'il y avait de plus beau et de mieux fait, de l'un et de l'autre sexe, ne manquait pas de se trouver.

1. **la duchesse de Valentinois** : Diane de Poitiers, la maîtresse du roi Henri II.
2. **commerce** : conversation.
3. **cercle** : les dames se tiennent en rond autour de la reine.

MADEMOISELLE DE CHARTRES

Il parut alors une beauté à la cour, qui attira les yeux de tout le monde, et l'on doit croire que c'était une beauté parfaite, puisqu'elle donna de l'admiration dans un lieu où l'on était si accoutumé à voir de belles personnes. Elle était de la même maison que le vidame[4] de Chartres et une des plus grandes héritières de France. Son père était mort jeune, et l'avait laissée sous la conduite de Mme de Chartres, sa femme, dont le bien, la vertu et le mérite étaient extraordinaires. Après avoir perdu son mari, elle avait passé plusieurs années sans revenir à la cour. Pendant cette absence, elle avait donné ses soins à l'éducation de sa fille ; mais elle ne travailla pas seulement à cultiver son esprit et sa beauté, elle songea aussi à lui donner de la vertu et à la lui rendre aimable. La plupart des mères s'imaginent qu'il suffit de ne parler jamais de galanteries[5] devant les jeunes personnes pour les en éloigner. Mme de Chartres avait une opinion opposée ; elle faisait souvent à sa fille des peintures de l'amour ; elle lui montrait ce qu'il a d'agréable pour la persuader plus aisément sur ce qu'elle lui en apprenait de dangereux ; elle lui contait le peu de sincérité des hommes, leurs tromperies et leur infidélité, les malheurs domestiques[6] où plongent les engagements[7] ; et elle lui faisait voir, d'un autre côté, quelle tranquillité suivait la vie d'une honnête femme, et combien la vertu donnait d'éclat et d'élévation à une personne qui avait de la beauté et de la naissance ; mais elle lui faisait voir aussi combien il était difficile de conserver cette vertu, que par une extrême défiance de soi-même et par un grand soin de s'attacher à ce qui seul peut faire le bonheur d'une femme, qui est d'aimer son mari et d'en être aimée.

Cette héritière était alors un des grands partis[8] qu'il y eût en France ; et quoiqu'elle fût dans une extrême jeunesse, l'on avait déjà proposé plusieurs mariages. Mme de Chartres, qui était extrêmement glorieuse[9], ne trouvait presque rien digne de sa fille ; la voyant dans sa seizième année, elle voulut la mener à la cour. Lorsqu'elle arriva, le vidame alla au-devant d'elle ; il fut surpris de la grande beauté de Mlle de Chartres, et il en fut surpris avec raison. La blancheur de son teint et ses cheveux blonds lui donnaient un éclat que l'on n'a jamais vu qu'à elle ; tous ses traits étaient réguliers, et son visage et sa personne étaient pleins de grâce et de charmes.

Madame de Lafayette, *La Princesse de Clèves*, première partie, 1678.

■ 4. **vidame** : titre nobiliaire. ■ 5. **galanteries** : intrigues amoureuses. ■ 6. **domestiques** : familiaux. ■ 7. **engagements** : liaisons amoureuses. ■ 8. **partis** : personnes à marier. ■ 9. **glorieuse** : orgueilleuse, fière de son rang.

La Princesse de Clèves et le renouveau du roman

Le roman de Madame de Lafayette *La Princesse de Clèves* joue un rôle essentiel dans l'évolution du roman français. Refusant aussi bien l'idéalisation des romans précieux que la démystification des romans réalistes, ce roman se rapproche de la chronique historique par sa brièveté, la rigueur de la composition, son exigence de vérité. Le portrait de Catherine de Médicis semble exalter la beauté, la majesté, le sens politique indiqué par son « ambition ». Mais à peine la beauté est-elle mentionnée que la romancière note l'âge qui la ruine ; le goût de « la grandeur, la magnificence » est dévalorisé par celui des « plaisirs », le sens politique réduit à une « humeur ambitieuse ».

Naissance, fortune, beauté, esprit, éducation… que de fées sur le berceau de Mademoiselle de Chartres ! À seize ans, pour satisfaire l'ambition maternelle, la voici à la Cour, dans cet espace déchiré par les haines et les intrigues dont les premières pages du roman nous montrent la férocité.

LA BRUYÈRE

Nom et prénom : **de La Bruyère, Jean**
Naissance : **baptisé le 17 août 1645, à Paris**
Décès : **le 11 mai 1696, à Versailles, d'une attaque d'apoplexie**
Lieux : **Paris, Chantilly, Versailles**
Professions : **avocat, précepteur, bibliothécaire, écrivain, académicien**
Amitiés : **Bossuet, Boileau, Racine, La Fontaine**

Après des études de droit, La Bruyère s'inscrit sur la liste du barreau pour exercer comme avocat mais il n'a, semble-t-il, jamais plaidé la moindre cause. L'héritage d'un oncle lui permet d'acheter la charge de trésorier à Caen. De retour à Paris, sous le toit familial, il lit beaucoup et peut-être commence-t-il à écrire. À trente-neuf ans, sur la recommandation de Bossuet, il est chargé de l'éducation du petit-fils de Condé, le vainqueur de Rocroi. Son élève manque de zèle et les Condé sont hautains, violents, coléreux, mais La Bruyère peut observer de près ce que l'on appelle le grand monde. Riche de cette expérience, il fait paraître en mars 1688, sans nom d'auteur, *Les Caractères ou mœurs de ce siècle.* L'ouvrage, qui connaît un succès immédiat, sera constamment enrichi, passant en huit ans de quatre cent vingt à mille cent vingt remarques. Attaqué par les Modernes, c'est-à-dire par Perrault et Fontenelle, La Bruyère prend clairement parti pour les Anciens. Il travaille à un ouvrage de théologie quand la mort le surprend à cinquante et un ans, ne laissant dans sa chambre que quelques vêtements, quelques livres et un peu d'argent.

Ses œuvres principales

- *Les Caractères ou mœurs de ce siècle* (1688, 1689, 1691, 1692, 1694)

1688

Les Caractères ou mœurs de ce siècle

***Les Caractères* comprennent seize chapitres d'une grande variété : La Bruyère y aborde des questions litttéraires (Des Ouvrages de l'esprit), morales (Des Jugements, De l'Homme Manuel), politiques (Du Souverain ou De la République), psychologiques (Des femmes, Du cœur), religieuses (Des Esprits forts). De nombreux chapitres critiquent divers milieux sociaux : les bourgeois (De la Ville), les nobles (De la Cour, Des Grands), les financiers (Des Biens de Fortune), les prêtres (De la Chaire). La conversation est au cœur de la vie sociale : pour savoir converser, il faut savoir écouter les autres, se faire écouter, se faire comprendre. Dans le cinquième chapitre, intitulé « De la Société et de la Conversation », La Bruyère montre toute la difficulté de cet art fragile et essentiel.**

ACIS

Que dites-vous ? Comment ? Je n'y suis pas ; vous plairait-il de recommencer ? J'y suis encore moins ; je devine enfin : vous voulez, Acis, me dire qu'il fait froid ; que ne disiez-vous : « Il fait froid » ? Vous voulez m'apprendre qu'il pleut ou qu'il neige ; dites : « Il pleut, il neige. » Vous me trouvez bon visage, et vous désirez de m'en féliciter, dites : « Je vous trouve bon visage. »

Mais, répondez-vous, cela est bien uni[1] et bien clair, et d'ailleurs qui ne pourrait pas en dire autant ? Qu'importe, Acis ? Est-ce un si grand mal d'être entendu[2] quand on parle, et de parler comme tout le monde ? Une chose vous manque, Acis, à vous et à vos semblables, les diseurs de *phœbus*[3], vous ne vous en défiez[4] point, et je vais vous jeter dans l'étonnement ; une chose vous manque, c'est l'esprit. Ce n'est pas tout : il y a en vous une chose de trop, qui est l'opinion d'en avoir plus que les autres ; voilà la source de votre pompeux galimatias[5], de vos phrases embrouillées et de vos grands mots qui ne signifient rien. Vous abordez cet homme ou vous entrez dans cette chambre, je vous tire par votre habit et vous dis à l'oreille : « Ne songez point à avoir de l'esprit, n'en ayez point, c'est votre rôle ; ayez, si vous pouvez, un langage simple, et tel que l'ont ceux en qui vous ne trouvez aucun esprit : peut-être alors croira-t-on que vous en avez. »

« De la Société et de la Conversation » (5e édition) 1688.

THÉODECTE

J'entends Théodecte de l'antichambre ; il grossit sa voix à mesure qu'il s'approche ; le voilà entré : il rit, il crie, il éclate, on bouche ses oreilles, c'est un tonnerre. Il n'est pas moins redoutable par les choses qu'il dit que par le ton dont il parle. Il ne s'apaise, et il ne revient de ce grand fracas que pour bredouiller des vanités[6] et des sottises. Il a si peu d'égard au temps, aux personnes, aux bienséances, que chacun a son fait sans qu'il ait eu l'intention de le lui donner ; il n'est pas encore assis qu'il a, à son insu, désobligé toute l'assemblée. A-t-on servi, il se met le premier à table et dans la première place ; les femmes sont à sa droite et à sa gauche ; il mange, il boit, il conte, il plaisante, il interrompt tout à la fois. Il n'a nul discernement des personnes, ni du maître, ni des conviés ; il abuse de la folle déférence qu'on a pour lui. Est-ce lui, est-ce Euthydème qui donne le repas ? Il rappelle à soi[7] toute l'autorité de la table, et il y a un moindre inconvénient à la lui laisser entière qu'à la lui disputer. Le vin et les viandes[8] n'ajoutent rien à son caractère. Si l'on joue, il gagne au jeu ; il veut railler celui qui perd, et il l'offense ; les rieurs sont pour lui : il n'y a sorte de fatuités[9] qu'on ne lui passe. Je cède enfin et je disparais, incapable de souffrir[10] plus longtemps Théodecte, et ceux qui le souffrent.

« De la Société et de la Conversation » (5e édition) 1688.

NICANDRE

Nicandre s'entretient avec *Élise* de la manière douce et complaisante dont il a vécu avec sa femme, depuis le jour qu'il en fit le choix jusques à sa mort ; il a déjà dit qu'il regrette qu'elle ne lui ait pas laissé des enfants, et il le répète ; il parle des maisons qu'il a à la ville, et bientôt d'une terre qu'il a à la campagne : il calcule le revenu qu'elle lui rapporte, il fait le plan des bâtiments, en décrit la situation, exagère la commodité des appartements, ainsi que la richesse et la propreté des meubles ; il assure qu'il aime la bonne chère, les équipages ; il se plaint que sa femme n'aimait point assez le jeu et la société. « Vous êtes si riche, lui disait l'un de ses amis, que n'achetez-vous cette charge[11] ? pourquoi ne pas faire cette acquisition qui étendrait votre domaine ? On me croit, ajoute-t-il, plus de bien que je n'en possède. » Il n'oublie pas son extraction et ses alliances : *Monsieur le Surintendant, qui est mon cousin ; Madame la Chancelière, qui est ma parente ;* voilà son style. Il raconte un fait qui prouve le mécontentement qu'il doit avoir de ses plus proches, et de ceux même qui sont ses héritiers : « Ai-je tort ? dit-il à Élise ; ai-je grand sujet de leur vouloir du bien ? » et il l'en fait juge. Il insinue ensuite qu'il a une santé faible et languissante, et il parle de la cave[12] où il doit être enterré. Il est insinuant, flatteur, officieux[13] à l'égard de tous ceux qu'il trouve auprès de la personne à qui il aspire. Mais Élise n'a pas le courage d'être riche en l'épousant. On annonce, au moment qu'il parle, un cavalier, qui de sa seule présence démonte la batterie de l'homme de ville : il se lève déconcerté et chagrin, et va dire ailleurs qu'il veut se remarier.

« De la Société et de la Conversation » (5e édition) 1688.

CHAMPAGNE

Champagne, au sortir d'un long dîner qui lui enfle l'estomac, et dans les douces fumées d'un vin d'Avenay ou de Sillery, signe un ordre qu'on lui présente, qui ôterait le pain à toute une province, si l'on n'y remédiait. Il est excusable : quel moyen de comprendre, dans la première heure de la digestion, qu'on puisse quelque part mourir de faim ?

« De la Société et de la Conversation », 5e édition, 1690.

Gravure de Abraham Bosse (1602-1676).

GITON

Giton a le teint frais, le visage plein et les joues pendantes, l'œil fixe et assuré, les épaules larges, l'estomac haut[14], la démarche ferme et délibérée[15]. Il parle avec confiance ; il fait répéter celui qui l'entretient, et il ne goûte que médiocrement tout ce qu'il lui dit. Il déploie un ample mouchoir, et se mouche avec grand bruit ; il crache fort loin, et il éternue fort haut. Il dort le jour, il dort la nuit, et profondément ; il ronfle en compagnie. Il occupe à la table et à la promenade plus de place qu'un autre. Il tient le milieu en se promenant avec ses égaux ; il s'arrête, et l'on s'arrête ; il continue de marcher, et l'on marche : tous se règlent sur lui. Il interrompt, il redresse[16] ceux qui ont la parole : on ne l'interrompt pas, on l'écoute aussi longtemps qu'il veut parler ; on est de son avis, on croit les nouvelles qu'il débite[17]. S'il s'assied, vous le voyez s'enfoncer dans un fauteuil, croiser les jambes l'une sur l'autre, froncer le sourcil, abaisser son chapeau sur ses yeux pour ne voir personne, ou le relever ensuite, et découvrir son front par fierté et par audace. Il est enjoué, grand rieur, impatient, présomptueux, colère, libertin[18], politique[19], mystérieux sur les affaires du temps ; il se croit des talents et de l'esprit. Il est riche.

« Des Biens de Fortune », 5e édition, 1690.

PHÉDON

Phédon a les yeux creux, le teint échauffé[20], le corps sec et le visage maigre ; il dort peu, et d'un sommeil fort léger ; il est abstrait[21], rêveur, et il a avec de l'esprit l'air d'un stupide : il oublie de dire ce qu'il sait, ou de parler d'événements qui lui sont connus ; et s'il le fait quelquefois, il s'en tire mal, il croit peser à ceux à qui il parle, il conte brièvement, mais froidement ; il ne se fait pas écouter, il ne fait point rire. Il applaudit, il sourit à ce que les autres lui disent, il est de leur avis ; il court, il vole pour leur rendre de petits services. Il est complaisant, flatteur, empressé ; il est mystérieux sur ses affaires, quelquefois menteur ; il est superstitieux[22], scrupuleux, timide. Il marche doucement et légèrement, il semble craindre de fouler la terre ; il marche les yeux baissés, et il n'ose les lever sur ceux qui passent. Il n'est jamais du nombre de ceux qui forment un cercle pour discourir ; il se met derrière celui qui parle, recueille furtivement ce qui se dit, et il se retire si on le regarde. Il n'occupe point de lieu, il ne tient point de place ; il va les épaules serrées, le chapeau abaissé sur ses yeux pour n'être point vu ; il se replie et se renferme dans son manteau ; il n'y a point de rues ni de galeries si embarrassées[23] et si remplies de monde, où il ne trouve moyen de passer sans effort, et de se couler sans être aperçu. Si on le prie de s'asseoir, il se met à peine sur le bord d'un siège ; il parle bas dans la conversation, et il articule mal ; libre néanmoins sur les affaires publiques, chagrin[24] contre le siècle, médiocrement prévenu[25] des ministres et du ministère. Il n'ouvre la bouche que pour répondre ; il tousse, il se mouche sous son chapeau, il crache presque sur soi, et il attend qu'il soit seul pour éternuer, ou, si cela lui arrive, c'est à l'insu de la compagnie : il n'en coûte à personne ni salut ni compliment. Il est pauvre.

«Des Biens de Fortune», 5e édition, 1690.

RUFFIN

Ruffin commence à grisonner ; mais il est sain[26], il a un visage frais et un œil vif qui lui promettent encore vingt années de vie ; il est gai, *jovial*, familier, indifférent ; il rit de tout son cœur, et il rit tout seul et sans sujet ; il est content de soi, des siens, de sa petite fortune ; il dit qu'il est heureux. Il perd son fils unique, jeune homme de grande espérance, et qui pouvait un jour être l'honneur de sa famille ; il remet sur[27] d'autres le soin de le pleurer ; il dit : «Mon fils est mort, cela fera mourir sa mère» ; et il est consolé. Il n'a point de passions[28], il n'a amis ni ennemis, personne ne l'embarrasse, tout le monde lui convient, tout lui est propre ; il parle à celui qu'il voit une première fois avec la même liberté et la même confiance qu'à ceux qu'il appelle de vieux amis, et il lui fait part de ses *quolibets*[29] et de ses historiettes[30]. On l'aborde, on le quitte sans qu'il y fasse attention, et le même conte qu'il a commencé de faire à quelqu'un, il l'achève à celui qui prend sa place.

Jean de La Bruyère, «De l'Homme Manuel»,
Les Caractères ou mœurs de ce siècle, 5e édition, 1690.

■ 1. **uni** : plat, simple, sans ornements. ■ 2. **entendu** : compris. ■ 3. ***phœbus*** : langage alambiqué, peu clair, prétentieux. ■ 4. **défiez** : doutez. ■ 5. **galimatias** : discours embrouillé, incompréhensible. ■ 6. **vanités** : paroles creuses, futilités. ■ 7. **rappelle à soi** : concentre sur lui. ■ 8. **viandes** : plats. ■ 9. **fatuités** : sottises prétentieuses. ■ 10. **souffrir** : supporter. ■ 11. **charge** : on achète les charges militaires et judiciaires. ■ 12. **cave** : caveau. ■ 13. **officieux** : serviable. ■ 14. **l'estomac haut** : le torse bombé. ■ 15. **délibérée** : résolue, hardie. ■ 16. **redresse** : corrige. ■ 17. **débite** : raconte, rend publiques (non péjoratif). ■ 18. **libertin** : incrédule, athée. ■ 19. **politique** : discret ou feignant de l'être. ■ 20. **échauffé** : marqué de rougeurs et de boutons. ■ 21. **abstrait** : absorbé dans ses pensées. ■ 22. **superstitieux** : consciencieux jusqu'à la superstition. ■ 23. **embarrassées** : encombrées. ■ 24. **chagrin** : mécontent. ■ 25. **médiocrement prévenu** : peu favorable à. ■ 26. **sain** : en bonne santé. ■ 27. **remet sur** : laisse à. ■ 28. **passions** : sentiments. ■ 29. **quolibets** : astuces sans intérêt. ■ 30. **historiettes** : petites histoires un peu osées.

La Bruyère et l'art du portrait

Si *Les Caractères* présentent des remarques variées dans un désordre peut-être voulu, ce sont surtout les portraits qui ont fait le succès de l'ouvrage. On s'amusait à y reconnaître des contemporains et des listes de clefs circulaient où l'on indiquait les modèles de La Bruyère.

Ces portraits, en petit nombre au début, sont en effet saisissants. Quelle vie, quelle vitesse, quelle variété ! Les traits acérés, qui font voir les gestes, les attitudes et les manies, s'accumulent jusqu'à la pointe finale qui surprend, amuse et désole. Aussi incisifs que les *Pensées* de Pascal ou les *Maximes* de La Rochefoucauld, *Les Caractères* démasquent les faiblesses de l'être humain, vaniteux, superficiel, d'un égoïsme souvent terrifiant.

Pour La Bruyère, «on ne doit parler, on ne doit écrire que pour l'instruction». En proposant ces portraits, il espère nous rendre meilleurs.

PERRAULT

Nom et prénom : **Perrault, Charles**
Naissance : **le 12 janvier 1628, à Paris**
Décès : **le 16 mai 1703, à Paris**
Lieux : **Beauvais, Paris**
Situation familiale : **marié ; quatre enfants**
Professions : **premier commis des Bâtiments du roi, bibliothécaire de l'Académie française**
Amitiés : **Colbert, Quinault, Fontenelle**

Septième enfant d'une famille aisée de la bourgeoisie parisienne, Charles Perrault, après des études de droit, fréquente les salons et écrit des œuvres mondaines, parodies, poésies, portraits, qui le font remarquer. Il devient alors l'agent actif de la politique de Colbert, qui met la culture au service de la propagande royale. Puissant, influent, il se retrouve sans fonctions à la mort de Colbert, se consacre à son œuvre et se lance dans l'éloge provocant des Modernes : les quatre tomes du *Parallèle des Anciens et des Modernes* paraissent de 1688 à 1697. Le goût du public, et principalement celui des femmes dont l'éducation excluait la connaissance des Anciens, va dans le sens de Perrault. Les auteurs du XVIIe siècle, explique-t-il, n'ont rien à envier aux auteurs de l'Antiquité. Mais c'est le petit volume des *Histoires ou Contes du temps passé, avec des moralités*, paru en 1697, après un volume de contes en vers quelques années plus tôt, qui lui apporte la gloire. Perrault contribue ainsi à l'engouement de la Cour pour les contes. Avec lui, un genre mineur entre dans la littérature universelle.

Ses œuvres principales

- des poèmes galants comme le *Dialogue de l'amour et de l'amitié* (1660)
- des études critiques réunies dans *Parallèle des Anciens et des Modernes* (1688-1697)
- des contes, rassemblés dans les *Histoires ou Contes du temps passé* (1697)
- des poèmes : *Odes* (1693, 1702, 1703)

1697

Histoires ou Contes du temps passé

LA BARBE BLEUE

Avant de partir pour un voyage de six semaines, Barbe bleue remet à sa jeune épouse toutes les clés de son château, mais il lui interdit de pénétrer dans le petit cabinet situé au bout de la grande galerie de l'appartement bas : « S'il vous arrive de l'ouvrir, lui dit-il, il n'y a rien que vous ne deviez attendre de ma colère. » La jeune femme ne peut résister longtemps à son impatience.

Étant arrivée à la porte du cabinet[1], elle s'y arrêta quelque temps, songeant à la défense que son Mari lui avait faite, et considérant qu'il pourrait lui arriver malheur d'avoir été désobéissante ; mais la tentation était si forte qu'elle ne put la surmonter : elle prit donc la petite clef, et ouvrit en tremblant la porte du cabinet. D'abord elle ne vit rien, parce que les fenêtres étaient fermées ; après quelques moments elle commença à voir que le plancher était tout couvert de sang caillé, et que dans ce sang se miraient les corps de plusieurs femmes mortes et attachées le long des murs (c'était toutes les femmes que la Barbe bleue avait épousées et qu'il avait égorgées l'une après l'autre). Elle pensa mourir de peur, et la clef du cabinet qu'elle venait de retirer de la serrure lui tomba de la main. Après avoir un peu repris ses esprits, elle ramassa la clef, referma la porte, et monta à sa chambre pour se remettre un peu ; mais elle n'en pouvait venir à bout, tant elle était émue. Ayant remarqué que la clef du cabinet était tachée de sang, elle l'essuya deux ou trois fois, mais le sang ne s'en allait point. Elle eut beau la laver, et même la frotter avec du sablon[2] et avec du grais[3], il y demeura toujours du sang, car la clef était Fée[4], et il n'y avait pas moyen de la nettoyer tout à fait : quand on ôtait le sang d'un côté, il revenait de l'autre. La Barbe bleue revint de son voyage dès le soir même, et dit qu'il avait reçu des Lettres dans le chemin, qui lui avaient appris que l'affaire pour laquelle il était parti venait d'être terminée à son avantage. Sa femme fit tout ce qu'elle put pour lui témoigner qu'elle était ravie de son prompt retour. Le lendemain il lui redemanda les clefs, et elle les lui donna, mais d'une main si tremblante, qu'il devina sans peine tout ce qui s'était passé. « D'où vient, lui dit-il, que la clef du cabinet n'est point avec les autres ? – Il faut, dit-elle, que je l'aie laissée là-haut sur ma table. – Ne manquez pas, dit la Barbe bleue, de me la donner tantôt[5]. » Après plusieurs remises[6], il fallut apporter la clef. La Barbe bleue, l'ayant considérée, dit à sa femme : « Pourquoi y a-t-il du sang sur cette clef ? – Je n'en sais rien, répondit la pauvre femme, plus pâle que la mort. – Vous n'en savez rien, reprit la Barbe bleue, je le sais bien, moi ; vous avez voulu entrer dans le cabinet ! Hé bien, Madame, vous y entrerez, et irez prendre votre place auprès des Dames que vous y avez vues. »

Barbe bleue dans une gravure de Gustave Doré.

Elle se jeta aux pieds de son Mari, en pleurant et en lui demandant pardon, avec toutes les marques d'un vrai repentir de n'avoir pas été obéissante. Elle aurait attendri un rocher, belle et affligée comme elle était ; mais la Barbe bleue avait le cœur plus dur qu'un rocher. « Il faut mourir, madame, lui dit-il, et tout à l'heure[7]. – Puisqu'il faut mourir, répondit-elle, en le regardant les yeux baignés de larmes, donnez-moi un peu de temps pour prier Dieu. – Je vous donne un demi-quart d'heure, reprit la Barbe bleue, mais pas un moment davantage. » Lorsqu'elle fut seule, elle appela sa sœur, et lui dit : « Ma sœur Anne (car elle s'appelait ainsi), monte, je te prie, sur le haut de la Tour, pour voir si mes frères ne viennent point ; ils m'ont promis qu'ils me viendraient voir aujourd'hui, et si tu les vois, fais-leur signe de se hâter. » La sœur Anne monta sur le haut de la Tour, et la pauvre affligée lui criait de temps en temps : *« Anne, ma sœur Anne, ne vois-tu rien venir ? »* Et la sœur Anne lui répondait : *« Je ne vois rien que le soleil qui poudroie, et l'herbe qui verdoie. »*

Charles Perrault, « La Barbe bleue »,
Histoires ou Contes du temps passé, 1697.

1. **cabinet** : pièce isolée. 2. **sablon** : sable très menu pour poncer. 3. **grais** : grès en poudre servant à poncer. 4. **fée** : qualifie un objet enchanté, magique. 5. **tantôt** : bientôt, prochainement. 6. **remises** : délais. 7. **tout à l'heure** : tout de suite.

Les Contes de Perrault et l'art du récit

Méprisés par certains, les contes de fée, « contes à dormir debout » bons pour les chaumières, ont au XVIIe siècle de plus en plus de succès à la Cour et dans les salons. S'inspirant de traditions médiévales ou de récits italiens, Perrault donne ses lettres de noblesse à ce genre essentiellement oral : il condense le récit, dose le merveilleux et le vraisemblable, lie chaque histoire à l'évocation discrète de l'univers social ; les fées, quelques ogres frappent d'autant plus l'imagination qu'ils sont discrètement évoqués. Un style simple, savoureux, des formules mémorables concourent à la fascination que ces textes exercent sur tous les publics.

LA LITTÉRATURE EN EUROPE

1650 1700

Face à l'Angleterre où s'impose le système parlementaire, la France voit le triomphe de la monarchie absolue de droit divin. Louis XIV encourage ces écrivains qui deviendront des classiques et qui contribueront au rayonnement de la langue française. Mais l'Angleterre et les Pays-Bas, où se réfugient les protestants persécutés par Louis XIV, apparaissent comme des foyers de liberté qui préparent l'avènement des Lumières.

La Grande-Bretagne

Pamphlétaire passionné, partisan du divorce et de la liberté de la presse, John Milton, ruiné et aveugle, se retire de la vie publique et dicte dix chants d'un vaste poème biblique : *Le Paradis perdu*, publié en 1667. Sans suivre aucune chronologie, le poète évoque le paradis, Adam et Ève, l'enfer, Satan. Cette œuvre, qui exalte la grandeur de la révolte, séduira les romantiques : Chateaubriand donnera une magnifique traduction de cette unique épopée anglaise.

John Milton (1608-1674).

En 1678, John Bunyan, un prédicateur qui a passé douze ans en prison à cause de ses sermons jugés séditieux, publie *Le Voyage du pèlerin*. Le livre exerce une forte influence sur les gens du peuple.

Tous les théâtres anglais dont les puritains avaient ordonné la fermeture en 1642 sont rouverts en 1660. John Dryden, puritain d'origine, compose une trentaine d'œuvres, dont *Tout pour l'amour*, représenté en 1677. Dans son *Essai sur la poésie dramatique*, publié en 1668, il s'efforce de concilier la tradition du théâtre élisabéthain anglais avec les exigences du classicisme français.

Le Voyage du pèlerin (1678)

John Bunyan, puritain fervent, choisit l'allégorie pour évoquer les mouvements de son âme. La première partie de son œuvre, la plus inspirée, publiée en 1678, montre Chrétien quittant la Ville de Perdition où il habite pour rejoindre la Cité céleste. Il lui faut traverser le Bourbier du Découragement, affronter la terrible Vallée de l'Ombre de la Mort, éviter la Foire aux Vanités avant d'apercevoir les tours de la Cité céleste. Écrite dans une prose d'une grande pureté, simple, directe, sincère, l'œuvre a conservé toute sa fraîcheur.

Illustration de Gustave Doré pour *Le Paradis perdu* : la chute de Satan.

L'Allemagne

Publiées en 1669, les aventures de *Simplicius Simplicissimus* dépeignent la vie quotidienne des Allemands pendant la guerre de Trente Ans qui avait dévasté le pays. Largement inspiré par la vie de l'auteur von Grimmelhausen, qui se cache sous le pseudonyme de German Schleifheim, le héros Simplex, chassé de son pays par la guerre, est tour à tour ermite, page, bouffon. Le roi des Sylphes, rencontré au centre de la Terre, lui donne finalement un trésor. De ces multiples aventures naît la sensation d'un univers inquiétant et dérisoire qui pousse à chercher Dieu.

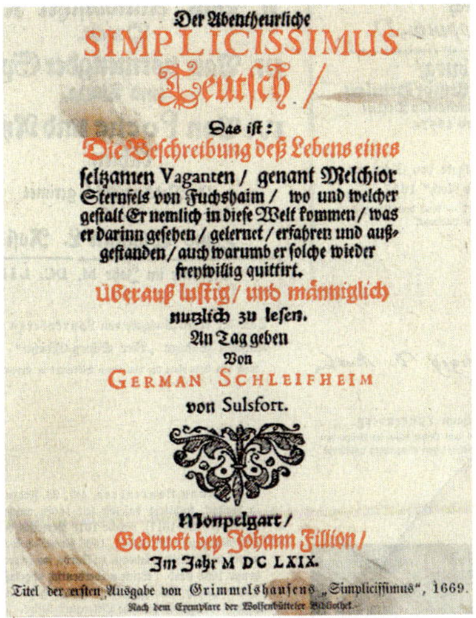
Der Abentheurliche
SIMPLICISSIMUS
Teutsch /
Das ist:
Die Beschreibung deß Lebens eines seltzamen Vaganten / genant Melchior Sternfels von Fuchshaim / wo und welcher gestalt Er nemlich in diese Welt kommen / was er darinn gesehen / gelernet / erfahren und außgestanden / auch warumb er solche wieder freywillig quittirt.
Überauß lustig / und männiglich nutzlich zu lesen.
An Tag geben
Von
GERMAN SCHLEIFHEIM
von Sulsfort.
Monpelgart /
Gedruckt bey Johann Fillion /
Im Jahr M DC LXIX.
Titel der ersten Ausgabe von Grimmelshausens „Simplicissimus", 1669.
Nach dem Exemplare der Wolfenbütteler Bibliothek.

La première édition de *Simplicius Simplicissimus* (1669).

L'Italie

Dès la fin du XVIe siècle, les comédiens italiens ont mis au point un genre très libre de comédie. Faisant des séjours de plus en plus longs en France, ils y jouent jusqu'en 1697. Ils contribuent à faire connaître la commedia dell'arte. À partir d'un canevas préétabli et de types théâtraux stéréotypés, les comédiens inventent des jeux de scène, improvisent des dialogues où brillent les mots d'esprit, les lazzis. Jouant habilement du corps et des mimiques, maîtrisant parfaitement la technique du masque, ils inspireront Molière et, plus tard, Marivaux.

Hobbes, Spinoza, Pufendorf et Locke

Dans toute l'Europe se met en place une nouvelle façon de concevoir les relations de pouvoir au sein des sociétés humaines. Dans le *Léviathan*, publié en 1650, le philosophe anglais Hobbes montre qu'à l'état de nature, l'homme est un loup pour l'homme : il doit renoncer à la liberté pour obtenir la sécurité que lui garantit un pouvoir tout-puissant. En 1670, dans le *Tractatus theologico-politicus*, le philosophe hollandais Spinoza affirme qu'en religion comme en politique, il faut pouvoir raisonner librement : le droit naturel de chaque individu garantit sa liberté. En 1672, le juriste allemand Pufendorf publie en Suède son ouvrage *Du droit de la nature et des gens*, où il fait du contrat social la base rationnelle de l'État. Réfugié en Hollande, le philosophe anglais Locke affirme, dans le *Traité sur le gouvernement civil*, publié en 1690, que le pacte social ne détruit pas les droits naturels des individus. Ainsi, selon des modalités variées, s'impose la notion d'un contrat qui fonde le droit civil et les rapports politiques entre les hommes.

Baruch Spinoza (1632-1677). Son œuvre maîtresse, l'*Éthique*, paraît après sa mort.

La page de garde du chef-d'œuvre de Hobbes (1650).

La peinture et la musique

Peinture

— Murillo, *Le Jeune Mendiant*, 1650 (Espagne)
— Pierre de Cortone, *Le Sacrifice à Diane*, 1653 (Italie)
— Velasquez, *Les Ménines*, 1656 (Espagne)
— Rembrandt, *Portrait de l'artiste*, 1660 (Pays-Bas)
— Franz Hals, *Les Régents de l'hospice des vieillards*, 1664 (Pays-Bas)
— Vermeer, *Vue de Delft*, 1660 (Pays-Bas)

Musique

— Heinrich Schütz, *Oratorio de Noël*, 1664 (Allemagne)
— Henry Purcell, *Didon et Enée*, 1689 (Angleterre)
— Alessandro Scarlatti, *Teodora*, 1693 (Italie)

La *Vue de Delft* de Vermeer, le « plus beau tableau du monde » selon l'écrivain Marcel Proust.

La littérature pour l'enfance et la jeunesse

Illustration en couleurs pour *Le Chat botté*, conte de Charles Perrault (1628-1703).

La littérature destinée à la jeunesse occupe de nos jours une place importante dans le monde de l'édition. Mais il n'en a pas toujours été ainsi. Il a fallu que l'on considère l'enfant ou l'adolescent comme des lecteurs autonomes qui avaient une façon propre de lire. Le livre pour enfants se distingue des livres qui appellent l'effort de l'étude : livres d'histoire, de religion, de morale qu'on étudie en classe, avec l'aide éventuelle d'un adulte. Le livre pour enfants doit séduire le lecteur, donner l'envie de lire et de relire. L'enfant est aussi un lecteur débutant et le livre doit s'adapter à lui ; le lecteur adulte, à l'inverse, doit s'adapter aux livres qu'il lit.

Jusqu'au XVIIe siècle : les livres pour adultes

Longtemps, les enfants n'ont pas eu de livres à eux : ils devaient se contenter de lire ou d'écouter ceux qui amusaient les adultes : littérature liée au monde féminin de l'enfance, histoires racontées par les nourrices ou anciennes chansons de geste qui content les exploits des chevaliers, les enchantements de Merlin ou de Mélusine. Ils les écoutaient parce qu'ils plaisaient aux grands. Dans son roman *Gargantua*, paru en 1534, Rabelais montre le bon Grandgousier en train de lire à toute la famille réunie au coin du feu les histoires du temps passé. Au XVIIe siècle, les *Fables* de La Fontaine ne sont pas destinées aux enfants et les *Contes* de Perrault se trouvent d'abord sur le chevet des dames de la Cour.

Au XVIIIe siècle : les premiers livres pour enfants

Au début du XVIIIe siècle, le père de Rousseau passe ses nuits à dévorer avec son tout jeune fils les romans qui appartenaient à sa mère. Mais, peu à peu, on prend conscience des particularités de l'enfant. Le fameux ouvrage, l'*Émile*, publié en 1762, manifeste un changement profond à l'égard de l'enfant : il n'est plus un petit adulte mais un être qui a un caractère propre que le pédagogue doit prendre en compte. Tout au long du siècle des Lumières, se multiplient des livres à but moralisateur qui cherchent à s'adapter à chaque âge de l'enfance. Madame Leprince de Beaumont publie, en 1757, *Le Magasin des enfants* puis, en 1760, *Le Magasin des adolescentes*. Le conte moral a du succès. On commence alors à réécrire des versions adaptées aux jeunes lecteurs. Ainsi, le *Robinson Crusoé* de Defoe, depuis sa parution en 1719, donne lieu à de multiples éditions, plus ou moins tronquées, diffusées par des colporteurs.

Dans la première moitié du XIXᵉ siècle : la diversité des thèmes

L'organisation de l'instruction primaire sous la monarchie de Juillet contribue à la naissance et à l'essor de journaux destinés à la jeunesse scolarisée : le *Journal des enfants*, créé en 1832, paraît pendant soixante-dix ans. Désormais, toute une littérature s'adresse directement aux lecteurs les plus jeunes.

La littérature pour la jeunesse s'empare des thèmes qui sont dans l'air du temps. Ainsi, au début du XIXᵉ siècle, la vogue du roman historique lancée par *Ivanhoé*, de Walter Scott, inspire de nombreux auteurs, comme le prolifique Alexandre Dumas, avec la série des *Trois Mousquetaires* en 1844, ou Paul Féval, dont *Le Bossu*, publié en 1858, a encore de fervents admirateurs. Ces romans pleins de vie et d'action font rêver le jeune lecteur en le plongeant dans le passé. Parfois, on cherche au loin l'aventure et le rêve. Ainsi, l'exotisme du *Dernier des Mohicans* de Fenimore Cooper, traduit en 1849, se retrouve dans les romans de Gustave Aimard, qui connaissait bien le *Far West* : *Les Trappeurs de l'Arkansas* (1858), *Les Outlaws du Missouri* (1868). Dans la seconde moitié du siècle triomphe la philosophie positiviste : l'admiration pour la science nourrit l'œuvre de Jules Verne. Ses romans, merveilleusement édités par Hetzel, comme *Vingt Mille Lieues sous les mers*, *De la Terre à la Lune*, combinent le goût de l'aventure et le plaisir de la découverte et du savoir : ils annoncent la littérature de science-fiction qui se développera au siècle suivant.

Dans la seconde moitié du XIXᵉ siècle : l'enfant héros de roman

Le développement de la littérature autobiographique a contribué à modifier le regard porté sur l'enfance, qui apparaît comme un moment essentiel du développement de la personnalité. L'instauration de l'école laïque a accentué cette évolution. L'enfant devient de plus en plus un personnage de roman, tantôt idéalisé, tantôt présenté comme une victime de la famille ou de la société. En 1862, dans *Les Misérables*, Hugo fait de deux enfants, Cosette et Gavroche, deux personnages essentiels. La Comtesse de Ségur évoque, en 1857, les petites filles modèles mais aussi le bon petit diable qui fait enrager la mère Mac'Miche. *Sans famille* d'Hector Malot (1878) ou *Poil de Carotte* de Jules Renard (1894) donnent de l'enfance une image particulièrement émouvante. Des écrits autobiographiques comme *L'Enfant* de Jules Vallès (1878), *Petit Pierre* d'Anatole France (1914) ou, plus tard, *La Gloire de mon père* de Marcel Pagnol (1957) tendent aux jeunes lecteurs un miroir dans lequel ils peuvent se reconnaître. Ultime avatar de cette mise en avant de l'enfant, la série « Le livre dont vous êtes le héros », apparue en 1987, invite le lecteur à choisir lui-même les péripéties qui soutiennent son imagination.

Au XXᵉ siècle : la multiplication des images

Les illustrations ont toujours été présentes dans les livres, et en particulier dans les ouvrages destinés à la jeunesse. Mais ces images prennent une place encore plus importante au début du XXᵉ siècle. En 1893, dans *La Famille Fenouillard*, Christophe donne autant de place à l'image qu'au texte. Les journaux pour enfants, de plus en plus nombreux, proposent tous des récits illustrés et, bientôt, les albums des *Pieds Nickelés* par Forton, de *Bécassine* par Pinchon, de *Zig et Puce* par Saint-Ogan, de *Tintin* par Hergé sont impatiemment attendus. On s'adresse à des enfants de plus en plus jeunes et l'on n'a pas besoin de savoir lire pour s'émerveiller des dessins de *Babar*. Après la Seconde Guerre mondiale, le succès de l'école maternelle pousse les auteurs et les éditeurs à s'intéresser même aux tout-petits. Mais l'écriture ne perd pas ses droits. Comme l'avaient fait au siècle précédent Nodier, Musset et Dumas, des auteurs de renom, comme Aymé, Prévert, Ionesco, Tournier, Le Clézio, ont plaisir à écrire des livres pour les enfants. À voir la beauté et la variété de ces livres, on peut dire que cette littérature connaît aujourd'hui une sorte d'âge d'or.

Le livre pour la jeunesse est une ouverture sur le monde qui joue sur l'imagination du lecteur.

DIX GRANDES ŒUVRES

- Charles Perrault, *Les Contes de ma mère l'Oye* (1697)
- Comtesse de Ségur, *Le Général Dourakine* (1866)
- Christophe, *La Famille Fenouillard* (1893)
- Marcel Aymé, *Les Contes du chat perché* (1934)
- Antoine de Saint-Exupéry, *Le Petit Prince* (1943)
- André Dhôtel, *Le pays où l'on n'arrivera jamais* (1955)
- Sempé, *Le Petit Nicolas* (1960)
- Michel Tournier, *Vendredi ou la Vie sauvage* (1971)
- Pef, *La Belle Lisse Poire du Prince de Motordu* (1980)
- Marie-Aude Murail, *Jeu dangereux* (2003)

Nicolas Lancret, *L'Hiver*, 1738.
Huile sur toile, 65 x 89 cm. Musée du Louvre, Paris.

1700
1750

La naissance des Lumières

1700 1750

La naissance des Lumières

Après la mort de Louis XIV, la société française se transforme rapidement. Malicieuse, enjouée, satirique, la littérature puise une force nouvelle dans la pensée critique et l'esprit d'examen. Les écrivains manifestent leur confiance dans la raison. Ils luttent contre l'autorité religieuse et politique en faveur de la tolérance, de la liberté et de la dignité humaine. Menacés, emprisonnés ou condamnés à l'exil, on les appelle désormais « philosophes ».

1. L'histoire La Régence et Louis XV

Portrait de Louis XV, par Charles Van Loo.

Lit de justice au Parlement.

À la mort du Roi Soleil, en 1715, la France est ruinée par la longue guerre de succession d'Espagne. Le Régent, Philippe d'Orléans, relance l'économie et crée de nouvelles alliances avec l'Angleterre et les Pays-Bas. En 1723, âgé de treize ans, Louis XV est sacré roi. Il incarne alors tous les espoirs. En 1744, le monarque est au sommet de sa popularité. Il est surnommé le Bien-Aimé. Mais il perd l'amour de son peuple, qui lui reproche sa passion pour la chasse et son indifférence pour les problèmes du royaume.

Louis XV chassant le cerf dans la forêt de Saint-Germain.

2. La société La quête du bonheur

Mademoiselle Camargo dansant sur la scène de l'Opéra.

Dès le début de la Régence, la noblesse s'ouvre à la recherche du plaisir et au libertinage. Les fêtes se multiplient, au Palais-Royal, à l'Opéra, comme dans les théâtres privés que se font construire les grands seigneurs et les puissants financiers. Cependant, la bourgeoisie s'enrichit grâce au commerce international et colonial. Les paysans profitent eux aussi de cette prospérité nouvelle. L'idée de bonheur et de progrès se répand : c'est grâce à l'expansion économique, associée aux valeurs de justice, de vertu et de travail, que la société pourra évoluer.

La marchande de modes, représentée par François Boucher.

Le commerce maritime en pleine expansion au XVIIIe siècle. *Vue du port de Marseille*, peint par Joseph Vernet.

3. Les sciences L'essor de la physique et des mathématiques

Déjà, à la fin du XVIIe siècle, Bayle et Fontenelle revendiquent l'exercice de la raison critique, contre les préjugés religieux. Un nouvel esprit scientifique se répand, influencé par les travaux de Newton, Leibniz et Locke.

Isaac Newton, peint par Godfrey Kneller.

Expérience publique de l'abbé Nollet sur l'électricité, en 1746.

C'est le triomphe des mathématiques, de l'astronomie et de la physique. On multiplie les expériences publiques, qui attirent une foule passionnée. En 1705, avec l'invention de la première machine à vapeur, c'est la révolution industrielle elle-même qui s'est mise en marche.

La machine de Newcomen de 1705, première machine à vapeur réellement utilisable, comportant chaudière, cylindre et piston.

4. Les lettres La naissance de l'écrivain philosophe

Fontenelle au milieu de ses amis, en 1716.

Les gens de lettres se retrouvent dans les cafés, les salons parisiens ou les académies de province, pour débattre des idées nouvelles. La littérature célèbre les progrès de la science et de la civilisation. Les écrivains, comme Montesquieu, voyagent à travers l'Europe, multipliant les échanges et les rencontres. Ils s'engagent dans le combat contre l'autorité religieuse et politique. Ils s'exposent ainsi à la colère du pouvoir royal : en 1726, Voltaire est contraint de s'exiler en Angleterre ; en 1749, Diderot est enfermé au château de Vincennes. C'est alors que le mot « philosophe » se répand pour désigner celui qui exerce son esprit critique.

Une soirée dans un salon.

Philosophes en discussion au café Procope, à Paris.

5. L'édition Le développement de la lecture

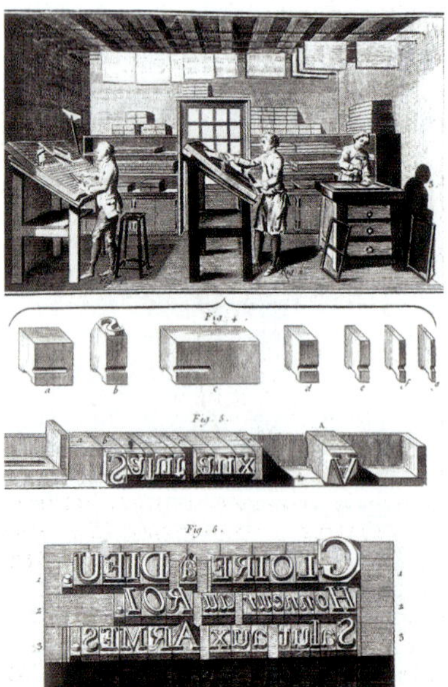

L'imprimerie. Planche extraite de l'*Encyclopédie*.

Le commerce de la librairie se développe : malgré la censure, le nombre de livres édités est en progression constante, comme le nombre de ceux qui savent lire. Des cabinets de lecture s'ouvrent dans les villes, tandis que les petits livres de la Bibliothèque bleue, imprimés à Troyes, se répandent dans les campagnes grâce aux colporteurs. La mise en page du livre change, avec la création de nouveaux caractères d'imprimerie qui rendent la lecture plus facile. Les formats se multiplient : feuilles volantes, brochures légères, livres qu'on peut glisser dans la poche, ouvrages volumineux… En 1750 paraît le prospectus de l'*Encyclopédie*, le projet le plus ambitieux de l'histoire de l'édition.

6. Les arts Le style rococo

Le style Louis XV s'impose rapidement, en réaction aux principes de rigueur et de symétrie du style classique. On préfère désormais l'entrelacement des lignes sinueuses, les guirlandes et les arabesques. Les artistes créent ainsi un univers élégant et raffiné qui privilégie les courbes, le joli et le brillant. La peinture de Watteau représente le théâtre et ses fêtes galantes. Les belles marquises de Lancret, comme les divinités mythologiques de Boucher, sont accrochées dans les salons et les boudoirs. L'Opéra est le lieu privilégié de la création artistique. Décorateurs, librettistes et musiciens lui consacrent tout leur talent, et Rameau s'y impose comme le plus grand musicien de son époque.

Fauteuil de style Louis XV, bergère recouverte d'un brocard d'or et d'argent.

Les Charmes de la vie

Antoine Watteau
(vers 1716)

Indifférent au répertoire et au style noble de la peinture classique, Antoine Watteau crée un univers singulier qui inspirera Boucher, Chardin, Fragonard. Dans Les Charmes de la vie, *les personnages de la fête galante sont évoqués avec cette grâce secrètement douloureuse qui les rend si proches des personnages de Marivaux. (Huile sur toile, 67,3 x 92,5 cm, Wallace Collection, Londres.)*

Le tableau réunit les images d'un moment heureux : des enfants s'amusent au pied des personnages qui se parlent d'amour. Un musicien accorde son théorbe tandis qu'un jeune Noir rafraîchit les bouteilles. Au-delà de la terrasse, des silhouettes se promènent ou s'allongent pour contempler la chaude lumière du ciel.

Cadrées par les hautes colonnes, zébrées par l'oblique du théorbe, les courbes animent toute la composition : amorcées dans le dallage, elles cerclent les fûts, lient les personnages ; les torses s'inclinent ou s'écartent, le chien se love. Dans les feuillages, dans le contour des nuages, elles font sentir le frémissement de la vie.

Comme Rubens qu'il admirait, Watteau fait chatoyer les masses colorées. L'ombre des colonnes et des arbres fait ressortir la lumière nacrée des étoffes et du ciel. Ce vaste ciel où se perdent les colonnes, où s'enfonce l'horizon, envahit le tableau : le bonheur des êtres humains paraît alors fragile et mystérieux.

LESAGE

Nom et prénom : **Lesage, Alain-René**
Naissance : **le 8 mai 1668, à Sarzeau, dans le Morbihan**
Décès : **le 17 novembre 1747, à Boulogne-sur-Mer, chez son fils**
Lieux : **la Bretagne, Paris, Boulogne-sur-Mer**
Situation familiale : **marié en 1694 ; quatre enfants**
Professions : **avocat, traducteur, auteur dramatique et romancier**
Amitiés : **Favart, l'abbé de Voisenon, qui écrivent pour le Théâtre de la Foire**

Orphelin à l'âge de quatorze ans, dépouillé de l'héritage familial par son oncle, Lesage, qui a grandi en Bretagne, s'installe à Paris. Après des études de droit, le jeune avocat décide de devenir écrivain. Il écrit des pièces pour la Comédie-Française, comme *Turcaret* que les riches financiers, qu'il dénonce, cherchent à interdire. Dès lors, il se consacre au Théâtre de la Foire. Plus de cent pièces comiques, livrets de vaudevilles, parodies pour le théâtre de marionnettes le font connaître comme un écrivain spirituel et satirique. Marié et père de quatre enfants, Lesage écrit aussi des romans pour subvenir aux besoins de sa famille. *Le Diable boiteux*, *L'Histoire de Gil Blas de Santillane* rencontrent un énorme succès et imposent Lesage comme l'un des romanciers les plus populaires du XVIIIe siècle. Son fils aîné s'est fait comédien, malgré ses efforts pour l'en dissuader ; c'est chez un autre de ses enfants, chanoine de la cathédrale de Boulogne-sur-Mer, que Lesage se retire, corrigeant toujours son cher *Gil Blas* dans les dernières années de sa vie.

Ses œuvres principales

- de très nombreuses pièces de théâtre, dont : *Crispin rival de son maître* (1707), *Turcaret* (1709)
- de nombreux romans, dont : *Le Diable boiteux* (1707), *L'Histoire de Gil Blas de Santillane* (1715, 1724, 1735), *Les Aventures de Robert Chevalier, dit de Beauchêne* (1732), *Le Bachelier de Salamanque* (1738)

1715-1735

L'Histoire de Gil Blas de Santillane

Le roman le plus célèbre de Lesage, *L'Histoire de Gil Blas de Santillane*, met en scène un jeune homme qui prend le chemin de l'université de Salamanque. À peine est-il en route que Gil Blas, prisonnier d'une troupe de brigands, est contraint à participer à leur vie de voleurs de grand chemin.

Nous attendions que la fortune nous offrît quelque bon coup à faire, quand nous aperçûmes un religieux de l'ordre de Saint-Dominique, monté, contre l'ordinaire de ces bons pères, sur une mauvaise mule. « Dieu soit loué, s'écria le capitaine en riant, voici le chef-d'œuvre de Gil Blas. Il faudra qu'il aille détrousser ce moine : voyons comment il s'y prendra. » Tous les voleurs jugèrent qu'effectivement cette commission me convenait, et ils m'exhortèrent à m'en acquitter. « Messieurs, leur dis-je, vous serez contents ; je vais mettre ce père nu comme la main, et vous amener ici sa mule. – Non, non, dit Rolando, elle n'en vaut pas la peine ; apporte-nous seulement la bourse de Sa Révérence ; c'est tout ce que nous exigeons de toi. – Je vais donc, repris-je, sous les yeux de mes maîtres, faire mon coup d'essai ; j'espère qu'ils m'honoreront de leurs suffrages. » Là-dessus je sortis du bois, et poussai[1] vers le religieux, en priant le ciel de me pardonner l'action que j'allais faire, car il n'y avait pas assez longtemps que j'étais avec ces brigands pour la faire sans répugnance. J'aurais bien voulu m'échapper de ce moment-là ; mais la plupart des voleurs étaient encore mieux montés que moi : s'ils m'eussent vu fuir, ils se seraient mis à mes trousses, et m'auraient bientôt rattrapé, ou peut-être auraient-ils fait de moi une décharge de leurs carabines, dont je me serais fort mal trouvé. Je n'osai donc hasarder une démarche si délicate. Je joignis le père, et lui demandai la bourse, en lui présentant le bout d'un pistolet. Il s'arrêta tout court pour me considérer ; et, sans paraître fort effrayé : « Mon enfant, me dit-il, vous êtes bien jeune ; vous faites de bonne heure un vilain métier. – Mon père, lui répondis-je, tout vilain qu'il est, je voudrais l'avoir commencé plus tôt. – Ah ! mon fils, répliqua le bon religieux, qui n'avait garde de comprendre le vrai sens de mes paroles, que dites-vous ? quel aveuglement ! souffrez que je vous représente l'état malheureux… – Oh ! mon père, interrompis-je avec précipitation, trêve de morale, s'il vous plaît : je ne viens pas sur les grands chemins pour entendre des sermons : il ne s'agit point ici de cela ; il faut que vous me donniez des espèces. Je veux de l'argent. – De l'argent ? me dit-il d'un air étonné ; vous jugez bien mal de la charité des Espagnols, si vous croyez que les personnes de mon caractère aient besoin d'argent pour voyager en Espagne. Détrompez-vous. On nous reçoit agréablement partout : on nous loge, on nous nourrit et l'on ne nous demande pour cela que des prières. Enfin, nous ne portons point d'argent sur la route ; nous nous abandonnons à la Providence. – Non, non, non, lui repartis-je, vous ne vous y abandonnez pas ; vous avez toujours de bonnes pistoles[2] pour être plus sûrs de la Providence. Mais, mon père, ajoutai-je, finissons : mes camarades, qui sont dans ce bois, s'impatientent ; jetez tout à l'heure[3] votre bourse à terre, ou bien je vous tue. »

À ces mots, que je prononçai d'un air menaçant, le religieux sembla craindre pour sa vie. « Attendez, me dit-il, je vais donc vous satisfaire, puisqu'il le faut absolument. Je vois bien qu'avec vous autres, les figures de rhétorique sont inutiles. » En disant cela, il tira de dessous sa robe une grosse bourse de peau de chamois, qu'il laissa tomber à terre. Alors je lui dis qu'il pouvait continuer son chemin, ce qu'il ne me donna pas la peine de répéter. Il pressa les flancs de sa mule, qui, démentant l'opinion que j'avais d'elle, car je ne la croyais pas meilleure que celle de mon oncle, prit tout à coup assez bon train. Tandis qu'il s'éloignait, je mis pied à terre. Je ramassai la bourse qui me parut pesante. Je remontai sur ma bête, et regagnai promptement le bois, où les voleurs m'attendaient avec impatience, pour me féliciter, comme si la victoire que je venais de remporter m'eût coûté beaucoup. À peine me donnèrent-ils le temps de descendre de cheval, tant ils s'empressaient de m'embrasser. « Courage, Gil Blas, me dit Rolando, tu viens de faire des merveilles. J'ai eu les yeux attachés sur toi pendant ton expédition ; j'ai observé ta contenance ; je te prédis que tu deviendras un excellent bandit de grand chemin, ou je ne m'y connais pas. »

Alain-René Lesage, *L'Histoire de Gil Blas de Santillane*, 1715-1735.

▪ **1. poussai** : dirigeai mon cheval. ▪ **2. pistoles** : monnaie en usage en Espagne. ▪ **3. tout à l'heure** : immédiatement.

Un roman picaresque

Lesage s'inspire de la littérature espagnole pour écrire *L'Histoire de Gil Blas de Santillane*. À dix-sept ans, son héros prend la route pour étudier à l'université de Salamanque et connaît mille mésaventures. Le jeune *picaro* est enrôlé de force par une bande de voleurs, mis en prison, dupé par les femmes, valet, secrétaire d'un ministre. Finalement, le voilà qui se marie et se retire au terme d'une vie bigrement mouvementée. Cette audace, cette succession d'aventures plaît au lecteur qui découvre ainsi d'autres horizons.

Tour à tour honnête et escroc, le héros picaresque porte un regard ironique sur les hommes. À travers l'Espagne, c'est en réalité la société française que le romancier met en scène, multipliant les rebondissements et mélangeant les tons épique, comique ou polémique.

MONTESQUIEU

Nom et prénom : **de Secondat, baron de Montesquieu, Charles-Louis**
Naissance : **le 18 janvier 1689, au château de la Brède, près de Bordeaux**
Décès : **le 10 février 1755, à Paris**
Lieux : **la Brède, Bordeaux et sa région, Paris, l'Europe**
Situation familiale : **marié ; trois enfants**
Professions : **magistrat, propriétaire terrien, académicien**
Amitiés : **Fontenelle, d'Alembert, Diderot**

Montesquieu appartient à une puissante famille de parlementaires de la Gironde. Il fait lui-même des études de droit, avant d'hériter de la charge de son oncle au Parlement de Bordeaux.

À Paris, où il fréquente les salons, la publication des *Lettres persanes* en 1721 le rend célèbre : l'écrivain entre à l'Académie française en 1727. Mais c'est dans son château de la Brède et son immense bibliothèque que Montesquieu aime se retirer pour écrire.

En 1728, il entreprend un long voyage à travers l'Europe, visitant l'Autriche, la Hongrie, l'Italie, la Prusse, les Pays-Bas et l'Angleterre. L'« esprit rebelle » multiplie les rencontres, s'informe partout sur les mœurs, la religion, l'économie, la politique. C'est ainsi qu'à la fin de sa vie, le romancier brillant s'efface devant l'historien qui s'use au travail pour achever son « grand œuvre », *De l'esprit des lois*, qui paraît en 1748. Montesquieu meurt quelques années plus tard, entouré de ses amis. Diderot suit son convoi funèbre.

Ses œuvres principales

- de nombreux *Mémoires, Considérations, Réflexions* ou des éloges, sur des matières scientifiques ou historiques
- des romans, dont : *Lettres persanes* (1721)
- des ouvrages d'analyse, dont : *De l'esprit des lois* (1748)
- des *Pensées*, écrites pour lui-même sans souci de publication

L'ŒUVRE DE MONTESQUIEU

Le maître du roman épistolaire

Dès leur publication, en 1721, les *Lettres persanes* connaissent un immense succès. Le roman par lettres permet à Montesquieu de traverser toutes les formes d'écriture : le récit de voyage, la réflexion satirique, le roman libertin et le conte oriental. À travers le regard que ses deux voyageurs persans jettent sur Paris et la société française, l'écrivain se moque du pouvoir et arrache le lecteur à ses préjugés.

Le penseur politique

C'est dans *De l'esprit des lois* que Montesquieu réunit les thèmes qui ont animé ses recherches et ses réflexions. Il s'interroge sur le pouvoir politique, sur les liens entre le type de gouvernement, les mœurs, le climat et l'économie d'un pays. La publication du texte, en 1748, entraîne une violente bataille. Dénoncé par l'Église, le livre est mis à l'index, c'est-à-dire interdit par le pape. Mais les philosophes le considèrent, selon l'expression de Voltaire, comme « le code de la raison et de la liberté ».

LA PHILOSOPHIE POLITIQUE DE MONTESQUIEU

À travers son œuvre, c'est une véritable réflexion politique que mène Montesquieu. L'écrivain exprime son opposition à la monarchie absolue, de manière ironique et légère dans les *Lettres persanes*, de manière rigoureuse et théorique dans *De l'esprit des lois*. Il souligne la diversité des coutumes, des lois et des institutions, et les différentes formes de gouvernements qui leur correspondent. Aux yeux de Montesquieu, le meilleur système politique est celui de la monarchie modérée. Seule la séparation des pouvoirs exécutif, législatif et judiciaire peut assurer au citoyen la liberté politique et le bonheur. Montesquieu montre ainsi une forme d'optimisme, une foi dans la raison, qui permet à l'homme de s'affranchir des préjugés et de refuser l'autorité quand elle n'est pas juste ni raisonnable.

1717

Éloge de la sincérité

Les premières œuvres de Montesquieu sont des études scientifiques, des essais historiques et des discours académiques. S'inspirant des écrivains de l'Antiquité, il écrit ainsi un *Éloge de la sincérité.* Le philosophe y analyse l'importance de la sincérité sur le plan politique, en condamnant le courtisan qui flatte le prince, et sur le plan de la vie privée, en s'interrogeant sur le rôle qu'elle joue dans l'amitié.

On croit, par la douceur de la flatterie, avoir trouvé le moyen de rendre la vie délicieuse. Un homme simple qui n'a que la vérité à dire est regardé comme le perturbateur du plaisir public. On le fuit, parce qu'il ne plaît point; on fuit la vérité qu'il annonce, parce qu'elle est amère; on fuit la sincérité dont il fait profession, parce qu'elle ne porte que des fruits sauvages; on la redoute, parce qu'elle humilie, parce qu'elle révolte l'orgueil, qui est la plus chère des passions, parce qu'elle est un peintre fidèle, qui nous fait voir aussi difformes que nous le sommes.

Il ne faut donc pas s'étonner si elle est si rare : elle est chassée, elle est proscrite partout. Chose merveilleuse[1] ! elle trouve à peine un asile dans le sein de l'amitié.

Toujours séduits par la même erreur, nous ne prenons des amis que pour avoir des gens particulièrement destinés à nous plaire : notre estime finit avec leur complaisance; le terme de l'amitié est le terme des agréments. Et quels sont ces agréments? qu'est-ce qui nous plaît davantage dans nos amis? Ce sont les louanges continuelles, que nous levons sur eux comme des tributs[2].

D'où vient qu'il n'y a plus de véritable amitié parmi les hommes? que ce nom n'est plus qu'un piège, qu'ils emploient avec bassesse pour se séduire? « C'est, dit un poète, parce qu'il n'y a plus de sincérité. »

En effet, ôter la sincérité de l'amitié, c'est en faire une vertu de théâtre; c'est défigurer cette reine des cœurs; c'est rendre chimérique[3] l'union des âmes; c'est mettre l'artifice dans ce qu'il y a de plus sain, et la gêne dans ce qu'il y a de plus libre.

Montesquieu, *Éloge de la sincérité,* 1717.

1. **merveilleuse** : extraordinaire, étonnante, curieuse. 2. **tributs** : impôts, obligations, rançons.
3. **chimérique** : illusoire, vaine.

L'art de l'éloge

Dans son *Éloge de la sincérité,* Montesquieu témoigne du plaisir de « faire l'éloge d'une vertu que je chéris ». L'art de l'éloge appartient à une ancienne tradition. Dans l'Antiquité, les orateurs exposent à travers l'éloge les valeurs qui fondent la société. En faisant la louange d'une personne, c'est la vertu du citoyen ou la bravoure du militaire qu'ils célèbrent.

Au Moyen Âge, les troubadours mettent en poème et en musique l'éloge des rois et des princes. Mais on rédige aussi par jeu des éloges parodiques : le grand humaniste Érasme écrit ainsi un *Éloge de la folie.* Au XVIIe siècle, Bossuet fait dans ses sermons devant la Cour l'éloge funèbre des grands que la mort vient de frapper, tandis que l'Académie française renouvelle le genre à travers les discours de réception du nouveau membre élu.

Ces traditions se perpétuent jusqu'à aujourd'hui. Cependant, c'est dans le domaine de la critique littéraire, musicale ou cinématographique qu'on rencontre le plus souvent l'éloge. Il s'agit toujours de célébrer les mérites d'une œuvre ou d'une personne, de rendre hommage à celui qui suscite l'admiration.

1721

Lettres persanes

Les *Lettres persanes* mettent en scène deux voyageurs persans, Usbek et Rica, qui visitent la France. Ils communiquent leurs observations en envoyant des lettres à leurs amis. À travers leur regard faussement naïf, Montesquieu critique les institutions politiques du royaume et les mœurs de ses contemporains.

RICA À RHEDI *À Venise*

Je trouve les caprices de la mode, chez les Français, étonnants. Ils ont oublié comment ils étaient habillés cet été ; ils ignorent encore plus comment ils le seront cet hiver. Mais surtout, on ne saurait croire combien il en coûte à un mari pour mettre sa femme à la mode.

Que me servirait de te faire une description exacte de leur habillement et de leurs parures ? Une mode nouvelle viendrait détruire tout mon ouvrage, comme celui de leurs ouvriers, et, avant que tu n'eusses reçu ma lettre, tout serait changé.

Une femme qui quitte Paris pour aller passer six mois à la campagne en revient aussi antique que si elle s'y était oubliée trente ans. Le fils méconnaîtrait le portrait de sa mère, tant l'habit avec lequel elle est peinte lui paraît étranger ; il s'imagine que c'est quelque Américaine qui y est représentée, ou que le peintre a voulu exprimer quelqu'une de ses fantaisies.

Quelquefois, les coiffures montent insensiblement, et une révolution les fait descendre tout à coup. Il a été un temps que leur hauteur immense mettait le visage d'une femme au milieu d'elle-même. Dans un autre, c'était les pieds qui occupaient cette place : les talons faisaient un piédestal, qui les tenait en l'air. Qui pourrait le croire ? Les architectes ont été souvent obligés de hausser, de baisser et d'élargir les portes, selon que les parures des femmes exigeaient d'eux ce changement, et les règles de leur art ont été asservies à ces caprices. On voit quelquefois sur un visage une quantité prodigieuse de mouches[1], et elles disparaissent toutes le lendemain. Autrefois, les femmes avaient de la taille et des dents[2] ; aujourd'hui, il n'en est pas question. Dans cette changeante nation, quoi qu'en disent les mauvais plaisants, les filles se trouvent autrement faites que leurs mères.

Il en est des manières de vivre comme des modes : les Français changent de mœurs selon l'âge de leur roi. Le Monarque pourrait même parvenir à rendre la Nation grave, s'il l'avait entrepris.

De Paris, le 8 de la lune de Saphar[3], 1717.

Montesquieu, *Lettres persanes*, lettre XCIX, 1721.

■ 1. **mouches** : morceaux de tissu noir que l'on pose sur le visage pour séduire. ■ 2. **avoir de la taille et des dents** : mettre en valeur sa silhouette et son sourire. ■ 3. **la lune de Saphar** : le mois d'avril.

La critique des mœurs et des institutions

Dans les *Lettres persanes*, un voyageur oriental jette un regard amusé et satirique sur la société française. Son indépendance d'esprit lui permet de critiquer tous les aspects négatifs de la vie religieuse, politique et sociale, remettant ainsi en cause les certitudes et les préjugés. Ce regard extérieur porté sur la société française est une donnée fondamentale du siècle des Lumières. Il permet aux philosophes de faire réfléchir le lecteur et de contourner la censure. Les *Lettres persanes* seront ainsi suivies de *Lettres turques*, de *Lettres juives* ou de *Lettres chinoises*... « Il n'y a point de nation en Asie ni en Amérique dont nous n'ayons fait voyager quelques individus en France pour leur faire tracer un tableau de nos mœurs », écrit ainsi le baron de Grimm en 1761.

1748

De l'esprit des lois

De l'esprit des lois analyse la diversité des régimes politiques tout au long de l'Histoire. Montesquieu, écrivain et penseur politique, insiste sur la nécessaire répartition des pouvoirs au sein de la société. Il permet ainsi la critique de la monarchie absolue et propose une réflexion novatrice dont le retentissement est considérable.

L'amour de la république, dans une démocratie, est celui de la démocratie ; l'amour de la démocratie est celui de l'égalité.

L'amour de la démocratie est encore l'amour de la frugalité[1]. Chacun devant y avoir le même bonheur et les mêmes avantages, y doit goûter les mêmes plaisirs, et former les mêmes espérances ; chose qu'on ne peut attendre que de la frugalité générale.

Livre V, chapitre 3, 1748.

De tous les gouvernements despotiques, il n'y en a point qui s'accable plus lui-même, que celui où le prince se déclare propriétaire de tous les fonds de terre, et l'héritier de tous ses sujets. Il en résulte toujours l'abandon de la culture des terres ; et, si d'ailleurs[2] le prince est marchand, toute espèce d'industrie est ruinée.

Dans ces États, on ne répare, on n'améliore rien. On ne bâtit de maisons que pour la vie, on ne fait point de fossés, on ne plante point d'arbres ; on tire tout de la terre, on ne lui rend rien.

Livre V, chapitre 14, 1748.

Dans une monarchie où l'honneur règne seul, le prince ne récompenserait que par des distinctions, si les distinctions que l'honneur établit n'étaient jointes à un luxe qui donne nécessairement des besoins ; le prince y récompense donc par des honneurs qui mènent à la fortune. Mais, dans une république où la vertu règne, motif qui se suffit à lui-même et qui exclut tous les autres, l'État ne récompense que par des témoignages de cette vertu.

C'est une règle générale, que les grandes récompenses dans une monarchie et dans une république sont un signe de leur décadence, parce qu'elles prouvent que leurs principes sont corrompus.

Montesquieu, *De l'esprit des lois*, livre V, chapitre 18, 1748.

■ 1. **frugalité** : simplicité, modestie des besoins. ■ 2. **si d'ailleurs** : dans l'hypothèse où.

La réflexion sur le pouvoir politique

De l'esprit des lois est publié sans date ni nom d'auteur en 1748. Montesquieu, comme tous les philosophes des Lumières, étudie les différentes formes de gouvernement. *De l'esprit des lois* s'interroge sur l'origine de la société et sur la manière dont se sont établis et développés, à travers l'Histoire, plusieurs régimes politiques.

Après avoir distingué les lois de la nature des lois humaines, Montesquieu analyse les rapports existant entre les régimes politiques d'une part, et les mœurs, les climats, les religions et le commerce d'autre part. Cette réflexion mène inévitablement à la critique de l'absolutisme et du pouvoir de l'Église. Mais pour Montesquieu, « honnête homme » du XVIIIe siècle, la critique sociale s'inscrit dans le cadre d'une réflexion sur les limites d'une monarchie à laquelle il reste attaché.

Les Lumières

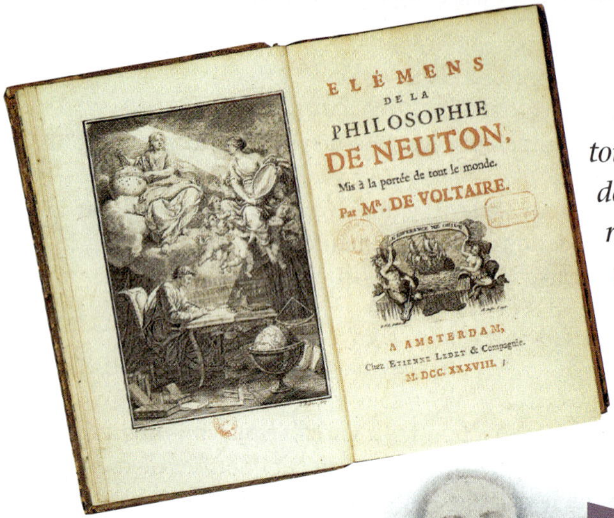

Le mouvement des Lumières se propage en Europe tout au long du XVIIIe siècle. Il propose une conception de l'homme capable de dissiper les ténèbres de l'ignorance pour penser par lui-même. Conduits par la raison et l'esprit critique, les écrivains des Lumières défendent les valeurs nouvelles et contribuent à la transformation profonde de la société.

L'HISTOIRE DU MOUVEMENT

Après la mort de Louis XIV, en 1715, les salons littéraires, les cafés, les journaux profitent de la libéralisation du pouvoir pour discuter les idées nouvelles qui se répandent. C'est ainsi que se forme un vaste mouvement littéraire et culturel européen.

L'essor de l'esprit critique

Le mouvement des Lumières prend naissance à la fin du XVIIe siècle, à partir d'une nouvelle forme de raisonnement, qu'on retrouve à la fois chez les scientifiques, comme Newton, chez les philosophes, comme Locke, mais aussi chez les historiens et les écrivains. S'appuyant sur l'expérimentation et l'analyse critique, Fontenelle dénonce ainsi la croyance aux miracles, tandis que le *Dictionnaire historique et critique* de Bayle corrige les erreurs acceptées par tous jusque-là.

Le mot « lumières »

Le XVIIIe siècle utilise l'image des « lumières » pour exprimer la volonté d'éclairer les hommes par la raison. Le rayonnement des sciences remplace celui de la religion. Les savants, les écrivains, les artistes partagent le même idéal : ils se donnent pour mission de lutter contre l'aveuglement des préjugés, les croyances absurdes et les superstitions héritées des siècles précédents.

La Vérité enlevant son masque à la Superstition. Frontispice des *Pensées philosophiques* de Diderot.

Fontenelle méditant sur la pluralité des mondes.

■ L'engagement de l'écrivain philosophe

Dans la première moitié du XVIIIe siècle, les œuvres de Montesquieu et de Voltaire défient la censure en multipliant leurs attaques contre la monarchie absolue et le pouvoir de l'Église. À partir de 1749, le mot « philosophe » désigne ceux qui partagent le même idéal de diffusion des connaissances, la même confiance en la nature de l'homme, le même espoir de renouvellement social. De 1751 à 1772, l'*Encyclopédie* de Diderot et d'Alembert, lue dans l'Europe entière, répond à cette ambition de favoriser le progrès des esprits et des mœurs. En 1762, le *Contrat social* de Rousseau propose aux citoyens une nouvelle organisation politique fondée sur la notion de contrat entre le pouvoir et les hommes.

Charles de Secondat, baron de Montesquieu.

Jean-Jacques Rousseau.

■ Le triomphe des Lumières

En 1776, la Déclaration d'indépendance des États-Unis fonde une société basée sur la liberté et l'égalité de tous. Sous le règne de Louis XVI, des hommes politiques comme Turgot ou Necker tentent d'appliquer les réformes inspirées par les écrivains philosophes. Leur échec conduit à la Révolution française, en 1789, qui voit le triomphe et l'aboutissement des Lumières. L'exemple de Condorcet en témoigne : mathématicien, ami des philosophes, député, il exprime avec ferveur sa foi dans la raison, la tolérance et l'humanité.

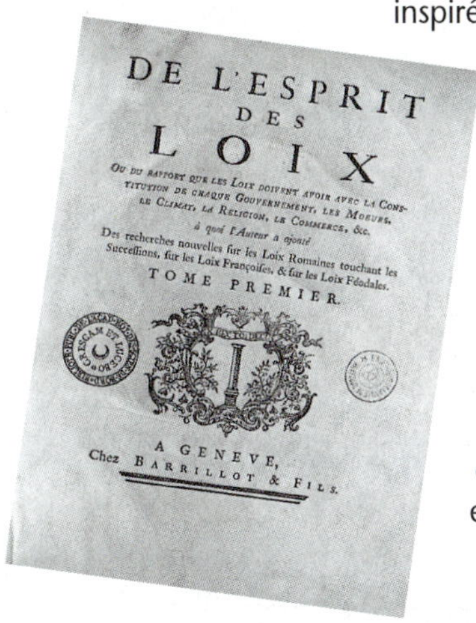

DE L'ESPRIT DES LOIX

OU DU RAPPORT QUE LES LOIX DOIVENT AVOIR AVEC LA CONSTITUTION DE CHAQUE GOUVERNEMENT, LES MOEURS, LE CLIMAT, LA RELIGION, LE COMMERCE, &c.

à quoi l'Auteur a ajouté

Des recherches nouvelles sur les Loix Romaines touchant les Successions, sur les Loix Françoises, & sur les Loix Féodales.

TOME PREMIER.

A GENEVE,
Chez BARRILLOT & FILS.

Une librairie au XVIIIe siècle, à Amsterdam.

LES PRINCIPES DU MOUVEMENT

■ Exercer l'esprit critique

Les Lumières revendiquent un état d'esprit et une démarche scientifique, le rationalisme, fondés sur l'expérience, l'analyse des faits et le raisonnement logique.

■ Combattre les préjugés

Les Lumières opposent la passion de la vérité aux superstitions et la diffusion des connaissances à la censure exercée par le pouvoir.

■ Multiplier les formes de la polémique

Les Lumières militent à travers une littérature de combat, qu'ils mettent au service des idées nouvelles : lettres et dialogues argumentatifs, contes philosophiques, essais, pamphlets, dictionnaires.

Une soirée au salon de Madame Geoffrin, où les écrivains présentent leurs œuvres nouvelles.

LES THÈMES ESSENTIELS DES LUMIÈRES

La littérature, mais aussi la musique ou la peinture, développent à travers l'Europe des thèmes communs qui témoignent de l'importance des Lumières.

Le regard de l'Autre

L'écrivain philosophe fait découvrir au lecteur ses préjugés à travers le regard qu'un étranger porte sur la société européenne.

La prison de la Bastille, en 1702, symbole du pouvoir absolu contre lequel luttent les philosophes.

La tolérance et la raison

L'homme des Lumières dénonce au nom de la raison le fanatisme religieux, les superstitions et toutes les formes d'aveuglement qui rendent intolérant.

L'égalité et la justice

L'esprit critique s'exerce à l'encontre des privilèges de la noblesse et du clergé pour réclamer une monarchie éclairée, soucieuse de justice et d'égalité.

Le bonheur naturel

Les artistes, marqués par le récit des grands voyageurs, imaginent des sociétés heureuses au contact de la nature.

Le dîner des philosophes : Voltaire entouré de d'Alembert, Diderot, Condorcet. Peinture à l'huile par Jean Huber.

Buffon, l'auteur de l'*Histoire naturelle*, dans son cabinet.

La science au service des Lumières

Au XVIIIe siècle, les mathématiciens, les physiciens, les historiens mettent l'homme au centre de leurs travaux. Buffon, dans les trente-six volumes de son *Histoire naturelle*, s'attache à l'observation de la réalité pour mettre en évidence « le grand œuvre de la nature ». Il explique la formation de l'univers, l'évolution des espèces animales et de l'humanité, sans recourir au discours religieux, mais en suivant une démarche scientifique. De l'*Encyclopédie* à l'*Esquisse d'un tableau historique des progrès de l'esprit humain* de Condorcet, le même esprit rigoureux inspire ainsi les œuvres des écrivains philosophes.

Les Attributs des sciences, par Chardin, 1731.

Les grandes œuvres des Lumières

Littérature
- Montesquieu, *Lettres persanes*, 1721
- Diderot et d'Alembert, *Encyclopédie*, 1751
- Rousseau, *Du contrat social*, 1762
- Voltaire, *Dictionnaire philosophique*, 1764

Sciences
- Buffon, *Histoire naturelle*, 1749-1789

Peinture
- Boucher, *Portrait de Madame de Pompadour*, 1750
- David, *Le Serment des Horace*, 1784

Musique
- Rameau, *Les Indes galantes*, 1735
- Mozart, *La Flûte enchantée*, 1791

MARIVAUX

Nom et prénom : **Carlet de Chamblain de Marivaux, Pierre**
Naissance : **le 4 février 1688, à Paris**
Décès : **le 12 février 1763, à Paris**
Lieux : **l'Auvergne dans sa jeunesse, Paris à partir du moment où il y est étudiant**
Situation familiale : **marié ; une fille**
Professions : **avocat, journaliste, auteur dramatique, romancier, académicien**
Amitiés : **Fontenelle, la comédienne Silvia, Mlle de Saint-Jean**

Marivaux passe sa jeunesse en Auvergne, où son père est directeur des Monnaies, puis à Limoges où il écrit, à dix-huit ans, sa première comédie. À Paris, après des études d'avocat, il se lance dans la littérature. Il épouse Colombe Bologne en 1717, dont il a une fille, Colombe-Prospère. Très vite, ses articles de journaux et ses écrits satiriques révèlent un ton brillant et original. Ruiné par la banqueroute de Law, il se tourne vers le théâtre, en créant une comédie nouvelle fondée sur la confusion des sentiments. Gianetta Benozzi, surnommée Silvia, tient le rôle principal de ses pièces à la Comédie-Italienne. Célèbre, Marivaux fréquente les salons littéraires et gagne de nouveaux lecteurs à travers deux romans d'apprentissage : *La Vie de Marianne* et *Le Paysan parvenu*. En 1742, arrivé à Paris avec quinze louis en poche et une pièce de théâtre, Jean-Jacques Rousseau se présente chez Marivaux, qui le reçoit et retouche sa comédie. Il est élu à l'Académie française à cinquante-cinq ans. Mais le goût change. Son influence décroît. Silvia, qui fut sa brillante interprète, meurt en 1758. Marivaux meurt le 12 février 1763. On ignore où son corps est enterré.

Ses œuvres principales

- des journaux
- des écrits satiriques
- des pièces de théâtre, dont : *Arlequin poli par l'amour* (1720), *La Surprise de l'amour* (1723), *La Double Inconstance* (1723), *L'Île des esclaves* (1725), *Le Jeu de l'amour et du hasard* (1730), *Les Fausses Confidences* (1737)
- des romans, dont : *La Vie de Marianne* (1731-1741), *Le Paysan parvenu* (1734-1735)

1723 La Surprise de l'amour

Dans *La Surprise de l'amour*, comédie en trois actes, représentée pour la première fois à la Comédie-Italienne en 1722, Lélio, meurtri par un chagrin d'amour, cherche refuge à la campagne en compagnie de son valet Arlequin, qui vient également d'être abandonné par sa maîtresse. Dans l'extrait qui suit, qui ouvre la pièce, les deux hommes font le serment de ne plus tomber amoureux. Mais, à travers les personnages de la comtesse et de Colombine, sa servante, l'amour finit par triompher, dans cette comédie pleine de grâce et de légèreté.

LÉLIO, ARLEQUIN, *tous deux d'un air triste.*

LÉLIO. – Le temps est sombre aujourd'hui.

ARLEQUIN. – Ma foi, oui, il est aussi mélancolique que nous.

LÉLIO. – Oh ! on n'est pas toujours dans la même disposition ; l'esprit, aussi bien que le temps, est sujet à des nuages.

ARLEQUIN. – Mais je trouve toujours le temps vilain, quand je suis triste.

LÉLIO. – C'est que tu as quelque chose qui te chagrine.

ARLEQUIN. – Non.

LÉLIO. – Tu n'as donc point de tristesse ?

ARLEQUIN. – Si fait.

LÉLIO. – Dis donc pourquoi ?

ARLEQUIN. – Pourquoi ? En vérité, je n'en sais rien ; c'est peut-être que je suis triste de ce que je ne suis pas gai.

LÉLIO. – Va, tu ne sais ce que tu dis.

ARLEQUIN. – Avec cela, il me semble que je ne me porte pas bien.

LÉLIO. – Ah ! si tu es malade, c'est une autre affaire.

ARLEQUIN. – Je ne suis pas malade non plus.

LÉLIO. – Es-tu fou ? Si tu n'es pas malade, comment trouves-tu donc que tu n'es pas bien ?

ARLEQUIN. – Tenez, Monsieur, je bois à merveille, je mange de même, je dors comme une marmotte ; voilà ma santé.

LÉLIO. – C'est une santé de crocheteur[1] ; un honnête homme serait heureux de l'avoir.

ARLEQUIN. – Cependant, je me sens pesant et lourd ; j'ai une fainéantise dans les membres ; je bâille sans sujet ; je n'ai du courage qu'à mes repas ; tout me déplaît. Je ne vis pas, je traîne ; quand le jour est venu, je voudrais qu'il fût nuit ; quand il est nuit, je voudrais qu'il fût jour : voilà ma maladie ; voilà comment je me porte bien et mal.

LÉLIO. – Je t'entends[2], c'est un peu d'ennui qui t'a pris ; cela se passera. As-tu sur toi ce livre qu'on m'a envoyé de Paris ?... Réponds donc.

ARLEQUIN. – Monsieur, avec votre permission, que je passe de l'autre côté.

LÉLIO. – Que veux-tu donc ? Qu'est-ce que cette cérémonie ?

ARLEQUIN. – C'est pour ne pas voir sur cet arbre deux petits oiseaux qui sont amoureux ; cela me tracasse. J'ai juré de ne plus faire l'amour[3] ; mais quand je le vois faire, j'ai presque envie de manquer de parole à mon serment, cela me raccommode avec ces pestes de femmes ; et puis c'est le diable de me refâcher contre elles.

LÉLIO. – Eh ! mon cher Arlequin, me crois-tu plus exempt que toi de ces petites inquiétudes-là ? Je me ressouviens qu'il y a des femmes au monde, qu'elles sont aimables, et ce ressouvenir ne va pas sans quelques émotions de cœur ; mais ce sont ces émotions-là qui me rendent inébranlables dans la résolution de ne plus voir de femmes.

Pierre de Marivaux, *La Surprise de l'amour*, acte I, scène 2, 1723.

1. **crocheteur** : qui porte de lourdes charges. 2. **je t'entends** : je te comprends.
3. **faire l'amour** : faire la cour, séduire les femmes.

Le marivaudage

« Dans *La Surprise de l'amour*, écrit Marivaux, il s'agit de deux personnes qui s'aiment pendant toute la pièce, mais qui n'en savent rien eux-mêmes, et qui n'ouvrent les yeux qu'à la dernière scène. »

Les héros de Marivaux s'efforcent en effet, dans chacune de ses pièces, de découvrir leurs propres sentiments. La comédie se fait alors plus subtile, et conduit les personnages à se travestir. Craignant de tomber amoureux et de n'être pas aimés pour ce qu'ils sont, les maîtres endossent la livrée des valets et leur font prendre leur place.

C'est à travers les nuances du langage que l'écrivain mène cette exploration du cœur par lui-même. On appelle ainsi « marivaudage » cette finesse des dialogues du cœur et de la raison, de l'amour et de l'amour-propre. Les répliques échangées sont en avance sur la conscience que les personnages ont de leurs propres sentiments. Le théâtre de Marivaux est indiscutablement cette fête du langage, du cœur et de l'esprit.

1730

Le Jeu de l'amour et du hasard

Dans *Le Jeu de l'amour et du hasard*, Silvia, inquiète du mariage que lui impose son père avec Dorante, qu'elle ne connaît pas, décide d'emprunter le costume de sa femme de chambre Lisette, pour examiner en toute liberté son prétendant. Dorante a la même idée et échange son habit avec celui de son valet, Bourguignon. Sans savoir qui ils sont vraiment, Dorante et Silvia tombent amoureux l'un de l'autre.

SILVIA, *déguisée en Lisette, sa servante, à part.* – Mais en vérité, voilà un garçon qui me surprend, malgré que j'en aie… *(Haut.)* Dis-moi, qui es-tu, toi qui me parles ainsi ?

DORANTE, *déguisé en Bourguignon, son valet.* – Le fils d'honnêtes gens qui n'étaient pas riches.

SILVIA. – Va, je te souhaite de bon cœur une meilleure situation que la tienne, et je voudrais pouvoir y contribuer ; la fortune[1] a tort avec toi.

DORANTE. – Ma foi, l'amour a plus tort qu'elle ; j'aimerais mieux qu'il me fût permis de te demander ton cœur, que d'avoir tous les biens du monde.

SILVIA, *à part.* – Nous voilà, grâce au ciel, en conversation réglée[2]. *(Haut.)* Bourguignon, je ne saurais me fâcher des discours que tu me tiens ; mais, je t'en prie, changeons d'entretien ; venons à ton maître ; tu peux te passer de me parler d'amour, je pense ?

DORANTE. – Tu pourrais bien te passer de m'en faire sentir, toi.

SILVIA. – Aïe ! je me fâcherai ; tu m'impatientes. Encore une fois, laisse là ton amour.

DORANTE. – Quitte donc ta figure.

SILVIA, *à part.* – À la fin, je crois qu'il m'amuse… *(Haut.)* Eh, bien, Bourguignon, tu ne veux donc pas finir ? faudra-t-il que je te quitte ? *(À part.)* Je devrais l'avoir fait.

DORANTE. – Attends, Lisette, je voulais moi-même te parler d'autre chose, mais je ne sais plus ce que c'est.

SILVIA. – J'avais de mon côté quelque chose à te dire ; mais tu m'as fait perdre mes idées aussi, à moi.

DORANTE. – Je me rappelle de t'avoir demandé si ta maîtresse te valait.

SILVIA. – Tu reviens à ton chemin par un détour ; adieu.

DORANTE. – Eh ! non, te dis-je, Lisette ; il ne s'agit ici que de mon maître.

SILVIA. – Eh bien, soit ! je voulais te parler de lui aussi, et j'espère que tu voudras bien me dire confidemment ce qu'il est ; ton attachement pour lui m'en donne bonne opinion ; il faut qu'il ait du mérite, puisque tu le sers.

Pierre de Marivaux, *Le Jeu de l'amour et du hasard*, acte I, scène 7, 1730.

---

1. la fortune : le hasard de la naissance. **2. en conversation réglée** : en discussion amoureuse.

Le théâtre de la Comédie-Italienne

Le théâtre de la Comédie-Italienne, qui met en scène à Paris toutes les pièces de Marivaux, avait été fermé, en mai 1697, sur l'ordre de Louis XIV, pour avoir interprété une pièce qui se moquait de Mme de Maintenon, la maîtresse du roi. Les comédiens sont rappelés par le Régent en 1716. Mais pendant leur absence, le Théâtre de la Foire s'est développé et a conduit à la naissance de l'Opéra-Comique en 1708. Son succès est considérable, et, jalouse de cette popularité, la Comédie-Italienne intervient pour interdire les spectacles forains, jusqu'au moment où les deux scènes fusionnent, en 1762. À la même époque se multiplient dans Paris les petits théâtres indépendants : les Grands Danseurs du roi, l'Ambigu-Comique, le Théâtre des Associés, ou encore celui des Variétés-Amusantes. En 1791, l'Assemblée nationale leur accorde une totale liberté alors qu'ils étaient perpétuellement menacés par les exigences des grandes scènes royales.

1731-1741

La Vie de Marianne

L'histoire de Marianne débute par un drame : alors qu'elle était âgée de deux ans, toute sa famille a trouvé la mort dans l'attaque d'un carrosse par des brigands. Élevée par un curé et sa sœur qui l'emmènent à Paris, la jeune fille perd ses deux protecteurs. Seule dans la capitale, mise en pension chez une lingère, elle tombe amoureuse d'un jeune homme qu'elle croise à l'église.

Enfin, on sortit de l'église ; et je me souviens que j'en sortis lentement, que je retardais mes pas, que je regrettais la place que je quittais, et que je m'en allais avec un cœur à qui il manquait quelque chose, et qui ne savait pas ce que c'était. Je dis qu'il ne le savait pas, c'est peut-être trop dire ; car, en m'en allant, je retournais souvent la tête pour revoir encore le jeune homme que je laissais derrière moi ; mais je ne croyais pas me retourner pour lui.

De son côté, il parlait à des personnes qui l'arrêtaient, et mes yeux rencontraient toujours les siens.

La foule à la fin m'enveloppa et m'entraîna avec elle ; je me trouvai dans la rue, et je pris tristement le chemin de la maison.

Je ne pensais plus à mon ajustement[1] en m'en retournant ; je négligeais ma figure, et ne me souciais plus de la faire valoir.

J'étais si rêveuse, que je n'entendis pas le bruit d'un carrosse qui venait derrière moi, et qui allait me renverser, et dont le cocher s'enrouait à me crier : « Gare ! »

Son dernier cri me tira de ma rêverie ; mais le danger où je me vis m'étourdit si fort, que je tombai en voulant fuir, et me blessai le pied en tombant.

Les chevaux n'avaient plus qu'un pas à faire pour marcher sur moi : cela alarma tout le monde ; on se mit à crier ; mais celui qui cria le plus fort fut le maître de cet équipage[2], qui en sortit aussitôt, et qui vint à moi : j'étais encore à terre, d'où malgré mes efforts je n'avais pu me relever.

On me releva pourtant, ou plutôt on m'enleva, car on vit bien qu'il m'était impossible de me soutenir. Mais jugez de mon étonnement, quand, parmi ceux qui s'empressaient à me secourir, je reconnus le jeune homme que j'avais laissé à l'église ! C'était lui à qui appartenait le carrosse, sa maison n'était qu'à deux pas plus loin ; et ce fut où il voulut qu'on me transporta.

Pierre de Marivaux, *La Vie de Marianne,* 1731-1741.

---

1. mon ajustement : ma tenue, mes vêtements. **2. cet équipage** : les chevaux du carrosse.

Les autobiographies imaginaires

Marivaux conçoit et écrit presque simultanément ses deux autobiographies imaginaires : *La Vie de Marianne* (1731-1741) et *Le Paysan parvenu* (1734-1735). Les deux romans développent l'itinéraire d'un individu qui cherche à prendre sa place au sein de la société. Chaque épisode du récit met à l'épreuve les deux héros dans leur quête. C'est ainsi que Marianne repousse les assauts d'un libertin hypocrite, avant de tomber amoureuse d'un fils de grande famille. Mais le mariage est sans cesse reporté par de nouveaux rebondissements.

La Vie de Marianne explore ainsi le monde des salons et des couvents, la vie des grands seigneurs, mais aussi celle des petites gens, comme la lingère ou le cocher que croise Marianne. Il permet une analyse subtile et pénétrante, qui dévoile les secrets du cœur. Chaque roman dresse un portrait sans fard de la société du début du XVIIIe siècle.

PRÉVOST

Nom et prénom : **Prévost, Antoine-François, dit l'abbé Prévost**
Pseudonyme : **Prévost d'Exiles**
Naissance : **le 1er avril 1697, à Hesdin, en Artois**
Décès : **le 25 novembre 1763, près de Chantilly**
Lieux : **la Picardie, Paris, La Haye, Londres et Bruxelles où il cherche refuge, Chaillot et Chantilly**
Situation familiale : **célibataire mais des liaisons tumultueuses**
Professions : **aumonier, militaire, romancier, éditeur**

Profondément affecté par la mort de sa mère puis celle de sa sœur, Prévost quitte le collège pour s'engager dans l'armée. Dès lors, sa vie apparaît comme « un tissu d'inconstances ». Il se partage entre Paris, la Hollande et l'Angleterre. Ici chassé pour inconduite, là expulsé pour cause de scandale. Sera-t-il moine ou soldat, Jésuite ou janséniste, débauché ou cœur sensible ? En 1721, il prononce les vœux ecclésiastiques. Mais la vie monacale lui pèse. Prévost écrit un roman, abandonne le couvent, se réfugie en Angleterre. Il rejoint la Hollande et poursuit son œuvre de romancier. Son pseudonyme, Prévost d'Exiles, exprime cette vie d'errance qui le conduit de nouveau à Londres où, cruellement endetté, accompagné d'une belle aventurière, il fonde un journal. En 1734, l'abbé Prévost regagne la France et devient l'aumônier du prince de Conti, même s'il ne dit jamais la messe. Prévost est célèbre mais ne s'est pas assagi : menacé de la Bastille pour dettes, il fuit à nouveau. Il finit par s'installer à Chantilly et meurt d'une attaque d'apoplexie au cours d'une promenade.

Ses œuvres principales

- de nombreux romans, dont : *Mémoires et Aventures d'un homme de qualité*, dont le tome VII est constitué par l'*Histoire du chevalier Des Grieux et de Manon Lescaut* (1728-1731), *Histoire de M. Cleveland* (1731-1739), *Histoire d'une Grecque moderne* (1740)
- un périodique : le *Pour et Contre* (1733)
- une volumineuse *Histoire générale de voyages* (1746-1759)

1731

Manon Lescaut

Avec le personnage de Manon Lescaut, Prévost s'impose comme le romancier de l'amour fou. En faisant l'histoire de sa vie, le narrateur, Des Grieux, raconte comment il a sacrifié honneur, gloire, famille, au vertige de la passion amoureuse. L'instant de la première rencontre décide ainsi de la naissance d'un amour fatal pour la belle Manon.

J'avais marqué[1] le temps de mon départ d'Amiens. Hélas ! que ne le marquais-je un jour plus tôt ! j'aurais porté chez mon père toute mon innocence. La veille même de celui que je devais quitter cette ville, étant à me promener avec mon ami, qui se nommait Tiberge, nous vîmes arriver le coche d'Arras, et nous le suivîmes jusqu'à l'hôtellerie où ces voitures descendent. Nous n'avions pas d'autre motif que la curiosité. Il en sortit quelques femmes, qui se retirèrent aussitôt. Mais il en resta une, fort jeune, qui s'arrêta seule, dans la cour, pendant qu'un homme d'un âge avancé, qui paraissait lui servir de conducteur, s'empressait pour faire tirer son équipage des paniers[2]. Elle me parut si charmante que moi, qui n'avais jamais pensé à la différence des sexes, ni regardé une fille avec un peu d'attention, moi, dis-je, dont tout le monde admirait la sagesse et la retenue, je me trouvais enflammé tout à coup jusqu'au transport. J'avais le défaut d'être excessivement timide et facile à déconcerter ; mais, loin d'être arrêté alors par cette faiblesse, je m'avançai vers la maîtresse de mon cœur. Quoiqu'elle fût encore moins âgée que moi, elle reçut mes politesses sans paraître embarrassée. Je lui demandai ce qui l'amenait à Amiens et si

« …nous vîmes arriver le coche d'Arras… Il en sortit quelques femmes qui se retirèrent aussitôt. Mais il en resta une… »

elle y avait quelques personnes de connaissance. Elle me répondit ingénument qu'elle y était envoyée par ses parents pour être religieuse. L'amour me rendait déjà si éclairé, depuis un moment qu'il était dans mon cœur, que je regardai ce dessein[3] comme un coup mortel pour mes désirs. Je lui parlai d'une manière qui lui fit comprendre mes sentiments, car elle était bien plus expérimentée que moi. C'était malgré elle qu'on l'envoyait au couvent, pour arrêter sans doute son penchant au plaisir, qui s'était déjà déclaré et qui a causé, dans la suite, tous ses malheurs et les miens. Je combattis la cruelle intention de ses parents par toutes les raisons que mon amour naissant et mon éloquence scolastique[4] purent me suggérer. Elle n'affecta ni rigueur ni dédain. Elle me dit, après un moment de silence, qu'elle ne prévoyait que trop qu'elle allait être malheureuse, mais que c'était apparemment la volonté du Ciel, puisqu'il ne lui laissait nul moyen de l'éviter.

La douceur de ses regards, un air charmant de tristesse en prononçant ces paroles, ou, plutôt, l'ascendant de ma destinée qui m'entraînait à ma perte, ne me permirent pas de balancer[5] un moment sur ma réponse. Je l'assurai que, si elle voulait faire quelque fond[6] sur mon honneur et sur la tendresse infinie qu'elle m'inspirait déjà, j'emploierais ma vie pour la délivrer de la tyrannie de ses parents et pour la rendre heureuse. Je me suis étonné mille fois, en y réfléchissant, d'où me venait alors tant de hardiesse et de facilité à m'exprimer ; mais on ne ferait pas une divinité de l'amour, s'il n'opérait souvent des prodiges. J'ajoutai mille choses pressantes. Ma belle inconnue savait bien qu'on est point trompeur à mon âge ; elle me confessa que, si je voyais quelque jour à la pouvoir mettre en liberté, elle croirait m'être redevable de quelque chose de plus cher que la vie. Je lui répétai que j'étais prêt à tout entreprendre, mais, n'ayant point assez d'expérience pour imaginer tout d'un coup les moyens de la servir, je m'en tenais à cette assurance générale, qui ne pouvait être d'un grand secours pour elle et pour moi.

Antoine-François Prévost, *Histoire du chevalier Des Grieux et de Manon Lescaut,* 1731.

■ 1. **j'avais marqué** : j'avais fixé. ■ 2. **paniers** : grandes caisses d'osier pour les bagages. ■ 3. **ce dessein** : ce projet. ■ 4. **scolastique** : apprise à l'école. ■ 5. **de balancer** : d'hésiter. ■ 6. **faire quelque fond** : croire, accorder confiance.

Le roman de la passion amoureuse

L'œuvre romanesque de Prévost est considérable mais il laisse surtout à la postérité le roman d'un amour fatal : *Manon Lescaut*. C'est l'histoire tragique des amants passionnés et sans cesse partagés entre la plénitude de l'amour et les menaces de la société, entre la complicité et l'infidélité. Les scènes réalistes, liées au besoin d'argent, et les scènes tragiques de séparation et d'enfermement se mêlent tout au long du roman. Le récit d'aventure se double d'une méditation sur le destin et la fatalité de l'amour. Pour Manon, Des Grieux devient escroc, voleur, assassin. Ce fils de bonne famille destiné à la prêtrise suit le convoi de prostituées qui mène Manon jusqu'en Amérique.

Manon Lescaut incarne ainsi la figure de la femme fatale qui fait basculer l'existence de celui qui l'aime et l'entraîne dans la misère, le désespoir ou la folie.

CRÉBILLON

Nom et prénom : **de Crébillon, Claude**
Naissance : **le 14 février 1707, à Paris**
Décès : **le 12 avril 1777, à Paris, entre les bras de son meilleur ami, Charles Collé**
Lieux : **Paris, le théâtre de la Comédie-Italienne à Paris, les dîners du Caveau, les salons parisiens**
Situation familiale : **marié à une Anglaise, Marie Henriette de Stafford**
Professions : **romancier, directeur de revue, censeur royal**
Amitiés : **François Roccoboni, directeur de la Comédie-Italienne ; Charles Panard, chansonnier satirique ; Charles Collé, dramaturge ; Prosper de Crébillon, son père**

Claude de Crébillon fait ses études au collège Louis-le-Grand, où les Jésuites enseignent à leurs élèves l'éloquence et la littérature. Fils d'un auteur dramatique célèbre, Crébillon a ses entrées gratuites au théâtre. Il fréquente ainsi les coulisses de la Comédie-Italienne. Mais c'est au roman que le jeune écrivain consacre tous ses talents. On passe ainsi de la scène tragique – où Crébillon père multiplie les péripéties pathétiques – au boudoir galant dans lequel évoluent les libertins de Crébillon fils. En 1734, *L'Écumoire*, qui fait un tableau satirique de la cour de Louis XV, lui vaut d'être enfermé au château de Vincennes. De même, *Le Sopha*, en 1740, le fait exiler à trente lieues de Paris. Chaque semaine, Crébillon retrouve ses amis au cours d'un repas où il multiplie chansons et traits d'esprit contre les ridicules de leurs contemporains. Grâce à l'appui de la marquise de Pompadour, lui qui fut interdit par la censure, succède à son père à la place de censeur royal, qu'il occupe jusqu'à sa mort, à l'âge de soixante-dix ans.

Ses œuvres principales

- des romans, dont : *Le Sylphe ou Songe de Mme de R*** écrit par elle-même à Mme de S**** (1730), *L'Écumoire ou Tanzaï et Néadarné, histoire japonaise* (1734), *Les Égarements du cœur et de l'esprit* (1736), *Le Sopha, conte moral* (1740), *La Nuit et le Moment, ou les Mâtines de Cythère* (1755)

1736

Les Égarements du cœur et de l'esprit

À l'âge de dix-sept ans, Meilcour, le narrateur et héros des *Égarements du cœur et de l'esprit*, s'initie au monde des salons aristocratiques. Il y fait ses premières rencontres amoureuses et découvre le type du grand seigneur libertin qu'incarne Versac. Celui-ci s'impose aux yeux du jeune homme comme un modèle qui le fascine et qu'il veut imiter.

Versac, de qui j'aurai beaucoup à parler dans la suite de ces Mémoires, joignait à la plus haute naissance l'esprit le plus agréable, et la figure la plus séduisante. Adoré de toutes les femmes qu'il trompait et déchirait sans cesse, vain, impérieux[1], étourdi : le plus audacieux petit-maître[2] qu'on eût jamais vu et plus cher peut-être à leurs yeux par ces mêmes défauts, quelque contraires qu'ils leur soient. Quoi qu'il en puisse être, elles l'avaient mis à la mode dès l'instant qu'il était entré dans le monde, et il était depuis dix ans en possession de vaincre les plus insensibles, de fixer les plus coquettes et de déplacer[3] les amants les plus accrédités ; ou, s'il lui était arrivé de ne pas réussir, il avait toujours su tourner les choses si bien à son avantage, que la Dame n'en passait pas moins pour lui avoir appartenu. Il s'était fait un jargon extraordinaire qui, tout apprêté qu'il était, avait cependant l'air naturel. Plaisant de sang-froid et toujours agréable, soit par le fond des choses, soit par la tournure neuve dont il les décorait, il donnait un charme nouveau à ce qu'il rendait d'après les autres, et personne ne redisait comme lui ce dont il était l'inventeur. Il avait composé les grâces de sa personne comme celles de son esprit, et savait se donner de ces agréments singuliers qu'on ne peut ni attraper ni définir. Il y avait cependant peu de gens qui ne voulussent l'imiter, et parmi ceux-là, aucun qui n'en devînt plus désagréable. Il semblait que cette heureuse impertinence fût un don de la nature, et qu'elle n'avait pu faire qu'à lui. Personne ne pouvait lui ressembler, et moi-même, qui ai marché si avantageusement sur ses traces, et qui parvins enfin à mettre la cour et Paris entre nous deux, je me suis vu longtemps au nombre de ces copies gauches et contraintes qui, sans posséder aucune de ses grâces, ne faisaient que défigurer ses défauts et les ajouter aux leurs. Vêtu superbement, il l'était toujours avec goût et avec noblesse, et il avait l'air seigneur, même lorsqu'il l'affectait le plus.

Versac, tel qu'il était, m'avait toujours plu beaucoup. Je ne le voyais jamais sans l'étudier et sans chercher à me rendre propres ces airs fastueux que j'admirais tant en lui. Madame de Meilcour[4] qui, simple et sans art, trouvait ridicule tout ce qui n'était pas naturel, avait reconnu le goût que j'avais pour Versac, et en avait frémi. Par cette raison, plus encore que par l'éloignement qu'elle avait pour les gens du caractère de Versac, elle ne le souffrait[5] qu'impatiemment ; mais les égards qu'on se doit dans le monde et qui, entre personnes d'un rang distingué, s'observent avec une extrême exactitude, l'obligeaient de se contraindre.

Il entra avec fracas, fit à Madame de Meilcour une révérence distraite, à moi, une moins ménagée encore, parla un peu de choses indifférentes, et se mit à médire de tant de monde que ma mère ne put s'empêcher de lui demander ce que lui avait fait toute la terre pour la déchirer perpétuellement.

« Eh ! parbleu, Madame, répondit-il, que ne me demandez-vous plutôt ce que j'ai fait à toute la terre, pour en être perpétuellement déchiré ? »

Détail d'une peinture de Michel Barthélémy Ollivier (1777).

Claude de Crébillon, *Les Égarements du cœur et de l'esprit*, 1736.

▪ 1. **impérieux** : autoritaire, énergique. ▪ 2. **petit-maître** : seigneur à la mode. ▪ 3. **déplacer** : remplacer. ▪ 4. **Madame de Meilcour** : la mère du narrateur. ▪ 5. **elle ne le souffrait** : elle ne le supportait.

Le libertin et la quête des plaisirs

Dans *Les Égarements du cœur et de l'esprit*, Claude de Crébillon décrit la société aristocratique du XVIIIe siècle, l'hypocrisie mondaine et le langage des salons. Il montre les manœuvres des séducteurs qui se laissent entraîner par la vanité ou le goût du plaisir : « On se plaît, on se prend. S'ennuie-t-on l'un de l'autre ? on se quitte avec tout aussi peu de cérémonie que l'on s'est pris. » Crébillon fait ainsi le portrait du libertin « roué », Monsieur de Versac, qui brille par son insolence à la Cour, à l'Opéra, dans les salons et les boudoirs. Méprisant les exigences du cœur, défiant les conventions de la société, le « roué » multiplie les conquêtes amoureuses.

Cette figure du libertin hypocrite et cruel servira de modèle, cinquante ans plus tard, au célèbre vicomte de Valmont des *Liaisons dangereuses* de Choderlos de Laclos.

SAINT-SIMON

Nom et prénom : **de Rouvroy, duc de Saint-Simon, Louis**
Naissance : **dans la nuit du 15 au 16 janvier 1675, à Paris**
Décès : **le 2 mars 1755, à Paris**
Lieux : **le château familial de la Ferté-Vidame et plusieurs hôtels particuliers à Paris ; Madrid, où il conduisit une ambassade éblouissante**
Situation familiale : **marié ; trois enfants**
Profession : **duc et pair de France**
Amitiés : **des grands de la Cour ; le Régent, Philippe d'Orléans ; le duc de Beauvillier ; le duc de Chevreuse**

Enfant chétif, mais doté d'une grande énergie, Louis de Saint-Simon est élevé par son père dans le culte de Louis XIII et de la grande noblesse. Saisi par la passion de l'Histoire, il a l'idée de ses *Mémoires* à l'âge de dix-neuf ans, au cours d'une campagne militaire. Après avoir servi Louis XIV aux armées, il abandonne le métier et s'établit à Versailles. À la Cour, où il découvre les cabales et les rivalités des courtisans, Saint-Simon cherche des alliés à travers son mariage avec la fille aînée du duc de Lorges, en 1695, et noue des amitiés fidèles. Il s'attache à Philippe d'Orléans, qui devient régent en 1715, et, introduit dans le secret des intrigues et des machinations du pouvoir, fait entendre sa voix au Conseil de la Régence. Une profonde estime unit les deux hommes. À la mort du Régent, en 1723, Saint-Simon se retire de la vie politique pour se consacrer entièrement à la rédaction de ses *Mémoires*, après avoir été le témoin privilégié de trois règnes successifs.

Son œuvre principale

- *Mémoires* (écrits entre 1739 et 1750)

1739-1750

Mémoires

C'est la figure du roi Louis XIV qui domine les *Mémoires* de Saint-Simon. Témoin privilégié de la vie de la Cour, le mémorialiste exprime à la fois son admiration pour le Roi Soleil et les nombreuses réserves qu'il éprouve à l'égard de sa personne et de certains aspects de sa politique.

Dispositions naturelles et éducation. Il était né sage, modéré, secret, maître de ses mouvements et de sa langue ; le croira-t-on ? il était né bon et juste, et Dieu lui en avait donné assez pour être un bon roi, et peut-être même un assez grand roi. Tout le mal lui vint d'ailleurs. Sa première éducation fut tellement abandonnée, que personne n'osait approcher de son appartement. On lui a souvent ouï parler de ces temps avec amertume, jusque-là qu'il racontait qu'on le trouva un soir tombé dans le bassin du jardin du Palais-Royal à Paris, où la cour demeurait alors.
Dans la suite, sa dépendance fut extrême. À peine lui apprit-on à lire et à écrire ; et il demeura tellement ignorant, que les choses les plus connues d'histoire, d'événements, de fortunes, de conduites, de naissance, de lois, il n'en sut jamais un mot. Il tomba, par ce défaut, et quelquefois en public, dans les absurdités les plus grossières.

Son faible pour la gloire. Les louanges, disons mieux, la flatterie lui plaisait à tel point, que les plus grossières étaient bien reçues, les plus basses encore mieux savourées. Ce n'était que par là qu'on s'appro-

chait de lui, et ceux qu'il aima n'en furent redevables qu'à heureusement rencontrer[1] et à ne se jamais lasser en ce genre. C'est ce qui donna tant d'autorité à ses ministres, par les occasions continuelles qu'ils avaient de l'encenser, surtout de lui attribuer toutes choses, et de les avoir apprises de lui. La souplesse, la bassesse, l'air admirant, dépendant, rampant, plus que tout l'air de néant sinon par lui, étaient les uniques voies de lui plaire. Pour peu qu'on s'en écartât, on n'y revenait plus, et c'est ce qui acheva la ruine de Louvois[2].
Ce poison ne fit que s'étendre. Il parvint jusqu'à un comble incroyable dans un prince qui n'était pas dépourvu d'esprit et qui avait de l'expérience. Lui-même, sans avoir ni voix ni musique, chantait dans ses particuliers[3] les endroits les plus à sa louange des prologues des opéras ; on l'y voyait baigné, et jusqu'à ses soupers publics au grand couvert, où il y avait quelquefois des violons, il chantonnait entre ses dents les mêmes louanges quand on jouait les airs qui étaient faits dessus.

La majesté royale. Rien n'était pareil à lui aux revues, aux fêtes, et partout où un air de galanterie pouvait avoir lieu par la présence des dames. On l'a déjà dit, il l'avait puisée à la cour de la reine sa mère et chez la comtesse de Soissons[4], la compagnie de ses maîtresses l'y avait accoutumé de plus en plus ; mais toujours majestueuse, quoique quelquefois avec de la gaieté, et jamais devant le monde rien de déplacé ni de hasardé ; mais jusqu'au moindre geste, son marcher, son port, toute sa contenance, tout mesuré, tout décent, noble, grand, majestueux, et toutefois très naturel, à quoi l'habitude et l'avantage incomparable et unique de toute sa figure donnait une grande facilité. Aussi, dans les choses sérieuses, les audiences d'ambassadeurs, les cérémonies, jamais homme n'a tant imposé, et il fallait commencer par s'accoutumer à le voir, si en le haranguant on ne voulait s'exposer à demeurer court. Ses réponses en ces occasions étaient toujours courtes, justes, pleines, et très rarement sans quelque chose d'obligeant, quelquefois même flatteur, quand le discours le méritait. Le respect aussi qu'apportait sa présence, en quelque lieu qu'il fût, imposait un silence, et jusqu'à une sorte de frayeur.

Saint-Simon, *Mémoires,* 1739-1750.

▪ 1. **heureusement rencontrer** : habileté à trouver un mot flatteur. ▪ 2. **Louvois** : ministre de la Guerre.
▪ 3. **dans ses particuliers** : dans l'intimité. ▪ 4. **comtesse de Soissons** : surintendante de la reine.

La mémoire du grand siècle

Saint-Simon consacre dix ans de sa vie à rédiger ses *Mémoires.* À travers ses portraits, il met en scène plus de huit mille personnes, rois, princes, maîtresses et confesseurs du roi, ministres et courtisans : « J'examinai tous les personnages des yeux et des oreilles. » Nostalgique du XVIIe siècle, Saint-Simon éprouve la plus grande admiration pour le roi Louis XIII, mort en 1643. Ses *Mémoires* sont ainsi habités par le souvenir de la grandeur et de la magnificence du siècle précédent.

À ses yeux, la valeur dominante de Louis XIV est d'incarner la majesté d'un roi aristocrate, grand seigneur parmi les grands. Toutes les qualités que voit en lui Saint-Simon sont celles de la noblesse elle-même, imposante, aimable et splendide à la fois.

Cependant, aristocrate lui-même, Saint-Simon défend les prérogatives de son rang. Louis XIV n'est pas un roi parfait. Saint-Simon lui reproche fortement d'avoir transformé Versailles en une assemblée de courtisans pendant les dernières années de son règne. Pour lui, derrière l'image glorieuse du Roi Soleil, la décadence de la monarchie a commencé : il n'y a plus de grands seigneurs, mais une multitude confuse de flatteurs courant à leur propre ruine.

VOLTAIRE

Nom et prénom : **Arouet, François-Marie**
Pseudonyme : **Voltaire**
Naissance : **le 21 novembre 1694, à Paris**
Décès : **le 30 mai 1778, à Paris**
Lieux : **Paris, Londres, Cirey, Berlin, Ferney**
Situation familiale : **célibataire ; une longue liaison avec Émilie du Châtelet, puis avec Madame Denis**
Professions : **homme de lettres, propriétaire terrien**
Amitiés : **Frédéric II de Prusse, Diderot, Turgot, d'Alembert, Condorcet, le docteur Tronchin**

François Arouet fait ses études au collège Louis-le-Grand, dirigé par les Jésuites. En 1716, ses écrits satiriques contre le Régent le conduisent à la Bastille. Deux ans plus tard, alors qu'il a pris le pseudonyme de Voltaire, sa tragédie *Œdipe* connaît un grand succès. Le jeune écrivain est reçu à la Cour. Mais à la suite d'un conflit avec le chevalier de Rohan, qui le fait bâtonner, il est contraint de s'exiler en Angleterre. Il y découvre un régime parlementaire qui protège les droits de l'individu. De retour en France, ses publications se multiplient. En 1745, il est nommé historiographe du roi Louis XV et, un an plus tard, il est élu à l'Académie française. Mais, affecté par la mort de sa maîtresse, Émilie du Châtelet, il s'installe à Berlin à l'invitation de Frédéric II.

Déçu par les trois années passées à la cour de Prusse, Voltaire s'installe en Suisse. De là, il mène son combat pour les Lumières, collabore à l'*Encyclopédie* de Diderot et d'Alembert, écrit ses contes philosophiques. De retour en France en 1760, installé par prudence à Ferney, près de la frontière suisse, Voltaire prend bientôt la défense de Jean Calas et du chevalier de La Barre, victimes de l'intolérance religieuse : « Écrasons l'infâme ! » est son mot d'ordre. À quatre-vingt-trois ans, le vieux combattant est acclamé par le peuple à Paris et couronné sur la scène du Théâtre-Français comme le génie de son siècle. Il meurt la même année. Ses cendres sont transférées au Panthéon en 1791, pendant la Révolution française.

Ses œuvres principales

- des tragédies, dont : *Œdipe* (1718), *Zaïre* (1732)
- un poème épique : *La Henriade* (1728)
- un poème satirique : *Le Mondain* (1738)
- des contes, dont : *Zadig* (1747), *Micromégas* (1752), *Candide* (1759), *L'Ingénu* (1767), *La Princesse de Babylone* (1768)
- des essais, dont : *Lettres philosophiques* (1735), *Poème sur le désastre de Lisbonne* (1756), *Traité sur la tolérance* (1763), *Dictionnaire philosophique* (1764)

UNE ŒUVRE PRODIGIEUSE

Épris de littérature et de science, Voltaire s'intéresse à l'ensemble des domaines de la connaissance : philosophies, religions, histoire, politique, économie. Il défend ses idées à travers tous les genres littéraires et utilise tous les registres. Il fascine ses contemporains par la richesse et la diversité de son œuvre.

Les tragédies

Passionné de théâtre, depuis *Œdipe* en 1718 jusqu'à *Irène* soixante ans plus tard, Voltaire écrit des tragédies en vers qui rencontrent un énorme succès. Ses contemporains le considèrent comme le plus grand dramaturge du siècle. Il multiplie sur la scène les situations pathétiques et abandonne l'Antiquité pour adopter un cadre exotique, comme dans *Mahomet* en 1742.

L'œuvre philosophique

Dès 1735, dans les *Lettres philosophiques*, Voltaire défend des institutions qui favorisent la liberté des individus, la tolérance religieuse et l'esprit scientifique. Son œuvre philosophique exprime ainsi son indignation devant les abus du pouvoir, la torture ou la guerre. Révolté par la condamnation injuste de Calas, il écrit le *Traité sur la tolérance* en 1763. Un an plus tard, son *Dictionnaire philosophique* réclame à nouveau la réforme de la justice et condamne le fanatisme religieux.

L'œuvre poétique

La poésie est considérée au XVIIIe siècle comme le genre le plus « élevé ». En 1728, Voltaire compose ainsi un long poème épique à la gloire de Henri IV,

La Henriade, où il exprime son horreur pour les guerres de religion. *Le Mondain*, en 1738, fait l'éloge de la civilisation et du bonheur social dans un registre satirique. Le tremblement de terre qui ravage le Portugal en 1755 lui inspire son *Poème sur le désastre de Lisbonne*, dans lequel il exprime son angoisse devant le tragique de l'existence.

Le château de Ferney, près de la Suisse, où Voltaire s'installe en 1760.

Les contes

S'inspirant des contes orientaux, Voltaire crée un nouveau genre, le conte philosophique. À travers des récits pleins d'aventures, il aborde ainsi de manière plaisante les questions posées par les philosophes des Lumières : Zadig, Micromégas et Candide sont les porte-parole de l'écrivain, qui tourne en dérision les préjugés et propose au lecteur une leçon de sagesse.

Les pamphlets

Voltaire utilise souvent le pamphlet, texte bref et polémique, pour défendre ses idées et ridiculiser ses adversaires en prenant à témoin l'opinion publique. De la *Relation de la maladie du Jésuite Berthier* à *De l'horrible danger de la lecture*, le pamphlet prend de multiples formes comme celles du dialogue, du conte, de la lettre ou de l'essai.

Le couronnement de Voltaire, à la Comédie-Française, en 1778.

Les essais historiques

Voltaire consacre vingt années de recherche documentaire pour écrire *Le Siècle de Louis XIV* : ce ne sont pas les événements politiques qui l'intéressent, mais les manières de vivre et de penser, l'avancée des arts et des sciences, tout ce qui contribue aux « progrès de l'esprit humain ». De même, en 1756, l'*Essai sur les mœurs* montre la diversité des civilisations et dénonce les violences commises au nom des religions.

L'œuvre épistolaire

La correspondance joue un rôle capital dans la vie de Voltaire. À travers plus de vingt mille lettres envoyées dans toute l'Europe, il communique ses enthousiasmes et ses indignations à ses amis, aux rois et aux princes, aux écrivains ou aux savants, qu'il cherche à entraîner dans sa lutte pour les idées nouvelles.

LE COMBATTANT DES LUMIÈRES

Le légendaire sourire ironique de Voltaire symbolise l'esprit des Lumières. Il invite à prendre ses distances avec les habitudes et les préjugés, à dénoncer les abus et les privilèges, à tourner en dérision le fanatisme et la superstition. Voltaire se montre également sensible à la douleur et à la misère des hommes, quels qu'ils soient. Très vite, il apparaît comme le chef de file des écrivains philosophes, qui défient le pouvoir politique et religieux et proposent une vision nouvelle de la société. En défendant un idéal de progrès, de justice et de liberté, Voltaire tient en éveil la conscience morale de ses contemporains. Il exerce une véritable influence sur l'opinion publique, répandant les idées qui conduiront à la Révolution française.

1747

Zadig

Voltaire met en scène dans *Zadig,* son premier conte philosophique, un jeune habitant de Babylone accusé d'avoir volé le cheval du roi et la chienne de la reine. Disculpé, il devient Premier ministre et montre dans l'exercice de son pouvoir une grande sagesse, incarnant aux yeux de tous un modèle de justice et d'honnêteté.

Le roi avait perdu son premier ministre. Il choisit Zadig pour remplir cette place. Toutes les belles dames de Babylone applaudirent à ce choix, car depuis la fondation de l'empire il n'y avait jamais eu de ministre aussi jeune. Tous les courtisans furent fâchés [...]. Zadig se rassura bientôt et se mit à exercer son ministère de son mieux.

Il fit sentir à tout le monde le pouvoir sacré des lois, et ne fit sentir à personne le poids de sa dignité. Il ne gêna point les voix du divan[1], et chaque vizir[2] pouvait avoir un avis sans lui déplaire. Quand il jugeait une affaire, ce n'était pas lui qui jugeait, c'était la loi; mais quand elle était trop sévère, il la tempérait; et quand on manquait de lois, son équité en faisait qu'on aurait prises pour celles de Zoroastre[3].

C'est de lui que les nations tiennent ce grand principe : qu'il vaut mieux hasarder de sauver un coupable que de condamner un innocent. Il croyait que les lois étaient faites pour secourir les citoyens autant que pour les intimider. Son principal talent était de démêler la vérité, que tous les hommes cherchent à obscurcir. Dès les premiers jours de son administration il mit ce grand talent en usage. Un fameux négociant de Babylone était mort aux Indes; il avait fait ses héritiers ses deux fils par portions égales, après avoir marié leur sœur, et il laissait un présent de trente mille pièces d'or à celui de ses deux fils qui serait jugé l'aimer davantage. L'aîné lui bâtit un tombeau, le second augmenta d'une partie de son héritage la dot[4] de sa sœur; chacun disait : « C'est l'aîné qui aime le mieux son père, le cadet aime mieux sa sœur; c'est à l'aîné qu'appartiennent les trente mille pièces. »

Zadig les fit venir tous deux l'un après l'autre. Il dit à l'aîné : « Votre père n'est point mort, il est guéri de sa dernière maladie, il revient à Babylone. – Dieu soit loué, répondit le jeune homme; mais voilà un tombeau qui m'a coûté bien cher! » Zadig dit ensuite la même chose au cadet. « Dieu soit loué, répondit-il, je vais rendre à mon père tout ce que j'ai; mais je voudrais qu'il laissât à ma sœur ce que je lui ai donné. – Vous ne rendrez rien, dit Zadig, et vous aurez les trente mille pièces : c'est vous qui aimez le mieux votre père. »

Voltaire, *Zadig,* 1747.

■ **1. divan** : Conseil des ministres. ■ **2. vizir** : ministre du sultan. ■ **3. Zoroastre** : personnage religieux dont l'influence fut considérable. ■ **4. dot** : biens qu'une femme apporte en mariage.

Le conte philosophique

En publiant *Zadig* et ses autres contes philosophiques, Voltaire profite de la vogue du conte au XVIIIe siècle : récits orientaux, à la manière des *Mille et Une Nuits,* mais aussi contes de fées ou contes moraux, qui illustrent un précepte ou une moralité. Voltaire ne voit dans ses *Contes philosophiques* que des ouvrages de faible importance, leur succès est pourtant immédiat : ils assurent aujourd'hui encore sa renommée auprès des lecteurs.

Le conte philosophique est un récit bref qui met en scène un héros innocent et naïf, lancé à la découverte des autres et de lui-même. Celui-ci croise à chaque étape de son itinéraire des scènes affreuses et cruelles. Ces péripéties, qui créent la vivacité du récit, soulignent à quel point le monde est gouverné par des règles absurdes. Le but de Voltaire est de séduire le lecteur en l'amusant, pour mieux dénoncer les injustices, la superstition et le fanatisme, pour promouvoir la raison. Ses contes abordent ainsi les questions essentielles posées par les Lumières, dont ils contribuent à répandre les idées.

1759

Candide

Esprit naïf, Candide est élevé par son maître Pangloss, dans l'illusion que « tout est pour le mieux dans le meilleur des mondes possibles ». Jeté dans l'aventure au cours d'un long périple, il découvre les atrocités de la guerre, l'injustice, le fanatisme religieux, les catastrophes naturelles. Aux portes de Surinam, il rencontre un esclave qui lui enlève ses dernières illusions.

En approchant de la ville, ils rencontrèrent un nègre étendu par terre, n'ayant plus que la moitié de son habit, c'est-à-dire d'un caleçon de toile bleue; il manquait à ce pauvre homme la jambe gauche et la main droite. « Eh! mon Dieu! lui dit Candide en hollandais, que fais-tu là, mon ami, dans l'état horrible où je te vois? – J'attends mon maître, M. Vanderdendur, le fameux négociant, répondit le nègre. – Est-ce M. Vanderdendur, dit Candide, qui t'a traité ainsi? – Oui, monsieur, dit le nègre, c'est l'usage. On nous donne un caleçon de toile pour tout vêtement deux fois l'année. Quand nous travaillons aux sucreries, et que la meule nous attrape le doigt, on nous coupe la main; quand nous voulons nous enfuir, on nous coupe la jambe : je me suis trouvé dans les deux cas. C'est à ce prix que vous mangez du sucre en Europe. Cependant, lorsque ma mère me vendit dix écus patagons sur la côte de Guinée, elle me disait : « Mon cher enfant, bénis nos fétiches[1], adore-les toujours, ils te feront vivre heureux; tu as l'honneur d'être esclave de nos seigneurs les Blancs, et tu fais par là la fortune de ton père et de ta mère. » Hélas! je ne sais pas si j'ai fait leur fortune, mais ils n'ont pas fait la mienne. Les chiens, les singes et les perroquets sont mille fois moins malheureux que nous; les fétiches hollandais qui m'ont converti me disent tous les dimanches que nous sommes tous enfants d'Adam, blancs et noirs. Je ne suis pas généalogiste[2]; mais si ces prêcheurs disent vrai, nous sommes tous cousins issus de germain. Or vous m'avouerez qu'on ne peut pas en user avec ses parents d'une manière plus horrible.

– Ô Pangloss! s'écria Candide, tu n'avais pas deviné cette abomination; c'en est fait, il faudra qu'à la fin je renonce à ton optimisme. – Qu'est-ce qu'optimisme? disait Cacambo. – Hélas! dit Candide, c'est la rage de soutenir que tout est bien quand tout est mal »; et il versait des larmes en regardant son nègre; et en pleurant, il entra dans Surinam.

Voltaire, *Candide,* 1759.

▪ **1. fétiches** : objets de culte supposés chargés d'une puissance surnaturelle. ▪ **2. généalogiste** : qui étudie l'origine et la descendance d'une famille.

La dénonciation de l'esclavage

En écrivant *Candide,* Voltaire se souvient des pages de Montesquieu sur le statut des esclaves. Sans remettre en cause le principe de l'esclavage, le conte de Voltaire dénonce les excès de maîtres inhumains.

La traite des Noirs, qui a commencé au début du XVIe siècle, est remise en question par les philosophes des Lumières. Tout au long du XVIIIe siècle, plus de six millions d'Africains sont emmenés vers les vastes plantations d'Amérique et la protestation antiesclavagiste devient de plus en plus véhémente. Helvétius dévoile ainsi l'horreur de l'esclavage : « Il n'arrive point de barrique de sucre en Europe qui ne soit teinte de sang humain. » L'*Encyclopédie* dénonce le soutien que la religion apporte aux esclavagistes.

Enfin, Condorcet prend fait et cause pour les Noirs : « Si on allait chercher un homme dans les îles de l'Amérique, ce n'est point parmi les gens de chair blanche qu'on le trouverait. »

1762

Voltaire et l'affaire Calas

Le 10 mars 1762, Jean Calas, injustement accusé d'avoir tué son fils, est exécuté sur la place publique, à Toulouse. Voltaire, qui est alors reconnu par toute l'Europe comme le plus grand écrivain de son temps, est révolté. Conduit par les lumières de la raison et l'amour de la vérité, il s'engage pour obtenir sa réhabilitation et « arrêter chez les hommes la rage du fanatisme ». C'est le début de l'affaire Calas.

Chronologie de l'affaire Calas

13 octobre 1761	assassinat de Marc-Antoine Calas, dans la maison familiale, à Toulouse
10 mars 1762	exécution de Jean Calas, condamné pour infanticide
Avril 1762	début de la campagne de Voltaire pour la réhabilitation de Jean Calas et de sa famille
1763	publication du *Traité sur la tolérance à l'occasion de la mort de Jean Calas*
9 mars 1765	réhabilitation de Jean Calas, à l'unanimité des juges

Les Calas emprisonnés.

La condamnation de Jean Calas

Les Calas sont une famille d'honnêtes commerçants protestants, installés à Toulouse, dont l'un des fils, Louis, avait abjuré la religion réformée pour se convertir au catholicisme. Le 13 octobre 1761, le corps de Marc-Antoine, le fils aîné, est retrouvé assassiné dans la maison familiale. La rumeur populaire désigne le père, Jean Calas, comme le meurtrier. On l'accuse d'avoir voulu empêcher Marc-Antoine de se convertir à son tour. L'enquête criminelle est aveuglée par les mêmes préjugés. Par sept voix contre treize, les juges condamnent Jean Calas, malgré toutes les incohérences de l'enquête, à être roué en place publique puis brûlé sur le bûcher.

Les Capitouls, les juges du Parlement de Toulouse, qui condamnent Jean Calas.

Le combat de Voltaire

Quelques semaines après l'exécution de Calas, Voltaire se saisit de l'affaire. Après une enquête minutieuse, il est convaincu de l'innocence de Jean Calas. Il voit dans la monstrueuse erreur judiciaire un effet du fanatisme religieux. Dès lors, il mobilise ses amis philosophes et ses soutiens parmi la noblesse éclairée. Il interpelle l'opinion publique à travers ses écrits, qui démontrent que le procès a été mené sans respect de la justice et de la vérité. Il publie ainsi son *Traité sur la tolérance*, qui connaît un immense succès et fait basculer l'opinion en faveur de Calas.

La famille Calas plaidant sa cause devant Voltaire. Peinture anonyme du XVIIIe siècle.

Le triomphe de la vérité

En 1764, après deux ans de combat, l'arrêt du Parlement de Toulouse qui avait condamné Calas est cassé. Un nouvel arrêt ordonne la révision du procès. Le 9 mars 1765, Jean Calas est solennellement réhabilité, à l'unanimité des juges. Sa famille est indemnisée par le roi Louis XV. C'est le triomphe de la justice et, comme l'espère Voltaire, la fin de « cette sombre superstition qui porte les âmes faibles à imputer des crimes à quiconque ne pense pas comme elles ».

La lutte contre l'injustice

Désormais, et jusqu'à la fin de sa vie, Voltaire fait de la lutte contre l'intolérance son principal combat. En effet, le fanatisme conduit à de nouvelles erreurs judiciaires après l'affaire Calas. C'est ainsi que Voltaire se mobilise à nouveau en 1765 en faveur des Sirven, injustement accusés d'avoir assassiné leur fille. Il prend également la défense du jeune chevalier de La Barre, jugé pour être passé devant une procession religieuse sans se découvrir, et exécuté le 1er juillet 1766. Le *Dictionnaire philosophique* de Voltaire, trouvé parmi les livres du chevalier, est lui aussi brûlé publiquement. C'est le défenseur de Calas et des libertés qu'honorera la Révolution française en conduisant les cendres de Voltaire au Panthéon, en 1791.

La naissance de l'écrivain engagé

Avec l'affaire Calas, Voltaire impose une nouvelle figure de l'écrivain, celle de l'écrivain engagé. Le philosophe, qui a été lui-même victime de l'intolérance et du fanatisme, examine les faits, enquête, interroge et prend position au nom de l'innocence contre les arrêts injustes des tribunaux. Il interpelle l'opinion publique, qu'il a contribué à forger, et s'appuie sur ce nouveau contre-pouvoir pour obtenir justice. C'est ainsi que Voltaire impose la figure de l'écrivain engagé, annonçant tous ceux qui, comme Victor Hugo, Émile Zola, André Gide, Albert Camus, André Malraux, Jean-Paul Sartre, alerteront l'opinion au nom de la justice et de la vérité.

COMPRENDRE L'ESSENTIEL

1. **Comment s'explique l'aveuglement des juges de Calas ?**
2. **Sous quelles formes Voltaire s'engage-t-il pour la réhabilitation de Calas ?**
3. **Pourquoi peut-on dire, en 1765, que la justice triomphe ?**
4. **En quoi Voltaire est-il directement visé par la condamnation du chevalier de La Barre ?**

1763

Traité sur la tolérance

À la fin du *Traité sur la tolérance*, écrit pour appuyer le combat en vue de la réhabilitation de Jean Calas, victime des préjugés religieux, Voltaire s'adresse à Dieu. Il en appelle à un dieu de justice et d'humanité qui, au-delà de la diversité des peuples et des religions, rassemble les hommes dans un sentiment universel de fraternité.

Ce n'est donc plus aux hommes que je m'adresse ; c'est à toi, Dieu de tous les êtres, de tous les mondes et de tous les temps : s'il est permis à de faibles créatures perdues dans l'immensité, et imperceptibles au reste de l'univers, d'oser te demander quelque chose, à toi qui as tout donné, à toi dont les décrets sont immuables comme éternels, daigne regarder en pitié les erreurs attachées à notre nature ; que ces erreurs ne fassent point nos calamités. Tu ne nous as point donné un cœur pour nous haïr, et des mains pour nous égorger ; fais que nous nous aidions mutuellement à supporter le fardeau d'une vie pénible et passagère ; que les petites différences entre les vêtements qui couvrent nos débiles corps[1], entre tous nos langages insuffisants, entre tous nos usages[2] ridicules, entre toutes nos lois imparfaites, entre toutes nos opinions insensées, entre toutes nos conditions[3] si disproportionnées à nos yeux, et si égales devant toi ; que toutes ces petites nuances qui distinguent les atomes appelés *hommes* ne soient pas des signaux de haine et de persécution ; que ceux qui allument des cierges en plein midi pour te célébrer supportent ceux qui se contentent de la lumière de ton soleil ; que ceux qui couvrent leur robe d'une toile blanche pour dire qu'il faut t'aimer ne détestent pas ceux qui disent la même chose sous un manteau de laine noire ; qu'il soit égal de t'adorer dans un jargon formé d'une ancienne langue, ou dans un jargon plus nouveau ; que ceux dont l'habit est teint en rouge ou en violet, qui dominent sur une petite parcelle d'un petit tas de la boue de ce monde, et qui possèdent quelques fragments arrondis d'un certain métal, jouissent sans orgueil de ce qu'ils appellent *grandeur* et *richesse*, et que les autres les voient sans envie : car tu sais qu'il n'y a dans ces vanités ni de quoi envier, ni de quoi s'enorgueillir.

Puissent tous les hommes se souvenir qu'ils sont frères ! Qu'ils aient en horreur la tyrannie exercée sur les âmes, comme ils ont en exécration[4] le brigandage qui ravit par la force le fruit du travail et de l'industrie paisible ! Si les fléaux de la guerre sont inévitables, ne nous haïssons pas, ne nous déchirons pas les uns les autres dans le sein de la paix, et employons l'instant de notre existence à bénir également en mille langages divers, depuis Siam[5] jusqu'à la Californie, ta bonté qui nous a donné cet instant.

Voltaire, *Traité sur la tolérance,* 1763.

■ **1. débiles corps** : faibles corps. ■ **2. usages** : habitudes, coutumes. ■ **3. conditions** : situations sociales. ■ **4. en exécration** : en haine. ■ **5. Siam** : région d'Asie du Sud-Est.

Le déisme de Voltaire

Le *Traité sur la tolérance* comprend vingt-cinq chapitres, destinés à dénoncer le fanatisme religieux, l'intolérance des hommes et l'aveuglement de la justice. Voltaire refuse le dieu vengeur de l'Ancien Testament, le dieu tyran et ses prêtres, qu'il identifie au dieu des chrétiens. Accablé par le fanatisme de certains religieux, il fait de l'Église l'ennemi à abattre : « l'infâme » qu'il veut écraser par ses écrits.

Influencé par les recherches des savants anglais, comme Locke ou Newton, Voltaire pense que le monde est toutefois dominé par une puissance, un être suprême. Il voit dans celui-ci le « grand horloger » du cosmos, qui ne se soucie pas de punir ni de récompenser cette infime créature qu'est l'homme. La foi de Voltaire est celle d'un philosophe rationaliste pour qui l'idée de Dieu doit servir les hommes, permettre le bonheur et le progrès.

1764

Dictionnaire philosophique

Indigné par la montée de l'intolérance religieuse, Voltaire propose dans son *Dictionnaire philosophique* une suite d'articles au ton polémique, dans lesquels il développe avec force ses réflexions sur la société du XVIIIe siècle, sur l'absurdité de certains dogmes religieux, sur la torture ou le fanatisme.

FANATISME

Le fanatisme est à la superstition, ce que le transport est à la fièvre, ce que la rage est à la colère. Celui qui a des extases, des visions, qui prend des songes pour des réalités, et ses imaginations pour des prophéties, est un enthousiaste; celui qui soutient sa folie par le meurtre est un fanatique [...].

Il n'y a d'autre remède à cette maladie épidémique que l'esprit philosophique qui, répandu de proche en proche, adoucit enfin les mœurs des hommes, et qui prévient les accès du mal; car dès que ce mal fait progrès, il faut fuir, et attendre que l'air soit purifié. Les lois et la religion ne suffisent pas contre la peste des âmes; la religion, loin d'être pour elles un aliment salutaire, se tourne en poison dans les cerveaux infectés. Ces misérables ont sans cesse présent à l'esprit l'exemple d'Aod, qui assassine le roi Eglon; de Judith, qui coupe la tête d'Holopherne en couchant avec lui; de Samuel, qui hache en morceaux le roi Agag : ils ne voient pas que ces exemples qui sont respectables dans l'Antiquité, sont abominables dans le temps présent; ils puisent leurs fureurs dans la religion même qui les condamne.

Les lois sont encore très impuissantes contre ces accès de rage; c'est comme si vous lisiez un arrêt du Conseil[1] à un frénétique. Ces gens-là sont persuadés que l'Esprit-Saint qui les pénètre est au-dessus des lois, que leur enthousiasme est la seule loi qu'ils doivent entendre.

Que répondre à un homme qui vous dit qu'il aime mieux obéir à Dieu qu'aux hommes, et qui en conséquence est sûr de mériter le ciel en vous égorgeant?

Ce sont d'ordinaire les fripons qui conduisent les fanatiques, et qui mettent le poignard entre leurs mains; ils ressemblent à ce vieux de la montagne[2] qui faisait, dit-on, goûter les joies du paradis à des imbéciles, et qui leur promettait une éternité de ces plaisirs, dont il leur avait donné un avant-goût, à condition qu'ils iraient assassiner tous ceux qu'il leur nommerait. Il n'y a eu qu'une seule religion dans le monde qui n'ait pas été souillée par le fanatisme, c'est celle des lettrés de la Chine. Les sectes des philosophes étaient non seulement exemptes de cette peste, mais elles en étaient le remède.

Car l'effet de la philosophie est de rendre l'âme tranquille, et le fanatisme est incompatible avec la tranquillité.

Voltaire, *Dictionnaire philosophique,* 1764.

1. le Conseil : le gouvernement. **2. vieux de la montagne** : chef d'une secte orientale.

Un dictionnaire critique et polémique

Voltaire écrit son *Dictionnaire philosophique* en contrepoint de l'*Encyclopédie*. L'ouvrage de Diderot et d'Alembert n'est pas assez militant, pas assez incisif à ses yeux, car il est obligé d'obtenir l'accord de la censure, et se trouve tiraillé par les divergences de ses nombreux rédacteurs.

Voltaire écrit donc son propre *Dictionnaire philosophique*, et il le fait « portatif », témoignant ainsi de sa volonté de porter rapidement la pointe, d'emporter vivement l'adhésion du lecteur. L'écriture mobilise tous les procédés au service du combat philosophique. Le génie de Voltaire est d'aller vite, de toucher juste à travers l'éloquence, la passion, l'humour, la satire, l'indignation. Son ironie fait merveille à chaque page : elle stimule la réflexion critique dans l'esprit du lecteur.

1772

Correspondance

À travers plus de vingt mille lettres écrites tout au long de sa vie, c'est la vie intellectuelle et sociale du XVIIIe siècle que livre Voltaire. Il communique ses idées, ses indignations, ou, comme ici, la satisfaction de tout le travail entrepris pour mettre en valeur le domaine de Ferney. L'auteur de *Candide*, âgé de soixante-dix-huit ans, met en application la morale de son héros : « Il faut cultiver son jardin. »

À Pierre Samuel Du Pont de Nemours

9 novembre 1772.

Monsieur,

J'ai eu le bonheur depuis votre voyage à Ferney[1] de faire de ce malheureux hameau une espèce de petite ville remplie de manufactures, sans négliger les travaux de la campagne. Car en attirant chez moi plus de six cents artistes en plus d'un genre, j'ai augmenté l'agriculture du double. Tout le monde est à son aise dans ma petite terre, parce que tout le monde travaille. Ferney est devenu un séjour si agréable que des philosophes y ont bâti des maisons, et ont quitté Paris pour cette retraite. Ce sont là surtout les ouvrages pour qui je demande votre approbation. Je me flatte qu'ils auraient eu celle d'un Sully et celle d'un Colbert.[2]

Figurez-vous, Monsieur, que nous avons envoyé le même jour à Pétersbourg et à Constantinople des montres fabriquées dans mon village aussi bonnes que celles de Londres, et qui coûtent moitié moins. Ce qui vous surprendra davantage, c'est que des horlogers de Paris nous ont envoyé leurs enfants pour les instruire, et surtout pour être à l'abri des séductions qui pervertissent quelquefois la jeunesse dans votre capitale.

Ces occupations valent bien celle de faire des vers et je suis honteux de m'amuser encore à la poésie à l'âge de près de quatre-vingts ans. Vous verrez un beau tapage à la première représentation des *Lois de Minos*[3], les Cléments et les Frérons[4] auront beau jeu. Mais les sifflets de Paris ne me feront point abandonner mes charrues.

Agréez, Monsieur, tous les sentiments de la reconnaissance, de l'estime infinie et de l'attachement très sincères qu'aura toujours pour vous le vieux malade de Ferney.

Voltaire, *Lettre à P.S. Du Pont de Nemours,* 9 novembre 1772.

■ **1. Ferney** : la propriété de Voltaire, près de la frontière suisse. ■ **2. celle d'un Sully et celle d'un Colbert** : ministres des Finances de Henri IV et de Louis XIV. ■ **3. *Les Lois de Minos*** : tragédie à laquelle travaille Voltaire. ■ **4. les Cléments et les Frérons** : Clément et Fréron sont des critiques littéraires, adversaires des Lumières.

Le correspondant de toute l'Europe

La correspondance de Voltaire est immense. Il écrit au roi de France, au roi de Prusse, à l'impératrice de Russie, mais aussi à de pauvres diables auxquels il vient en aide.

C'est d'abord le combat du philosophe qui diffuse ses idées à travers toute l'Europe, se plaignant de ceux qui manquent d'audace, encourageant ceux qui sont poursuivis par le pouvoir, répandant les valeurs des Lumières. C'est aussi l'homme de lettres qui commente les succès et les échecs des livres nouveaux. C'est le « mondain », avide de nouvelles de la Cour et de la ville, des derniers événements de Versailles et de Paris. C'est l'homme d'affaires, fermier, industriel, soucieux de gérer sa fortune. C'est l'avocat qui alerte l'opinion en faveur de ceux que la justice et l'intolérance ont condamnés aveuglement. C'est enfin l'homme privé qui confie à ses amis ses enthousiasmes et ses peines.

De l'Encyclopédie

Voltaire multiplie les écrits qui prennent pour cible les adversaires des Lumières. À travers des récits satiriques ou des dialogues, il défend ses amis les encyclopédistes, menacés par le pouvoir, comme dans son pamphlet qu'il intitule *De l'Encyclopédie*.

Un domestique de Louis XV me contait qu'un jour, le roi son maître soupant à Trianon en petite compagnie, la conversation roula d'abord sur la chasse, et ensuite sur la poudre à tirer. Quelqu'un dit que la meilleure poudre se faisait avec des parties égales de salpêtre, de soufre, et de charbon. Le duc de La Vallière, mieux instruit, soutint que pour faire de bonne poudre à canon il fallait une seule partie de soufre et une de charbon, sur cinq parties de salpêtre bien filtré, bien évaporé, bien cristallisé.

« Il est plaisant, dit M. le duc de Nivernois, que nous nous amusions tous les jours à tuer des perdrix dans le parc de Versailles, et quelquefois à tuer des hommes ou à nous faire tuer sur la frontière, sans savoir précisément avec quoi l'on tue. – Hélas ! nous en sommes réduits là sur toutes les choses de ce monde, répondit Mme de Pompadour[1] ; je ne sais de quoi est composé le rouge que je mets sur mes joues, et on m'embarrasserait fort si on me demandait comment on fait les bas de soie dont je suis chaussée.

– C'est dommage, dit alors le duc de La Vallière, que Sa Majesté nous ait confisqué nos dictionnaires encyclopédiques, qui nous ont coûté chacun cent pistoles : nous y trouverions bien sûr la décision de toutes nos questions. »

Le roi justifia sa confiscation : il avait été averti que les vingt et un volumes *in-folio*[2], qu'on trouvait sur la toilette[3] de toutes les dames, étaient la chose du monde la plus dangereuse pour le royaume de France ; et il avait voulu savoir par lui-même si la chose était vraie, avant de permettre qu'on lût ce livre. Il envoya sur la fin du souper chercher un exemplaire par trois garçons de sa chambre qui apportèrent chacun sept volumes avec bien de la peine.

On vit à l'article *Poudre* que le duc de La Vallière avait raison et bientôt Mme de Pompadour apprit la différence entre l'ancien rouge d'Espagne, dont les dames de Madrid coloraient leurs joues, et le rouge des dames de Paris. Elle sut que les dames grecques et romaines étaient peintes avec de la pourpre qui sortait du *murex*[4] et que par conséquent notre écarlate[5] était la pourpre des anciens et qu'il entrait plus de safran dans le rouge d'Espagne, et plus de cochenille dans celui de France.

Elle vit comme[6] on lui faisait ses bas au métier ; et la marche de cette manœuvre la ravit d'étonnement. « Ah ! le beau livre, s'écria-t-elle. Sire, vous avez donc confisqué ce magasin de toutes les choses utiles pour le posséder seul, et pour être le seul savant de notre royaume ? »

Voltaire, « De l'Encyclopédie », *Pamphlets*, 1774.

■ **1. Mme de Pompadour** : maîtresse de Louis XV. ■ **2. volumes *in-folio*** : livres volumineux. ■ **3. la toilette** : la coiffeuse. ■ **4. murex** : coquillage. ■ **5. écarlate** : rouge. ■ **6. comme** : comment, de quelle manière.

Le pamphlet, une arme redoutable

Après les épigrammes cinglantes qui marquent ses débuts sur la scène littéraire et mondaine, et lui valent les foudres du Régent, l'arme favorite de Voltaire lors de son installation à Ferney est certainement le pamphlet.

Voltaire rédige le texte rapidement, d'un trait, attaquant avec l'efficacité d'un homme perpétuellement aux aguets dans son combat pour la défense de ses idées. Derrière une multitude de pseudonymes qui sont toujours transparents pour le lecteur, Voltaire cible les faiblesses de l'adversaire.

Le polémiste multiplie récits, facéties, dialogues, faux édits, lettres supposées, mémoires, sermons ou discours : chaque fois le pamphlet touche juste ; le rieur est dans son camp ; la vivacité du récit, la rigueur du raisonnement et l'ironie ont triomphé.

LA LITTÉRATURE EN EUROPE

1700 1750

Dès la fin du XVIIe siècle, l'esprit des Lumières, fondé sur la science, se répand progressivement en Europe, à partir de l'Angleterre et des Pays-Bas. Cependant, la langue et la culture françaises continuent d'exercer une influence considérable, aussi bien dans le domaine des idées que dans celui de l'architecture ou de la mode. Les écrivains voyagent, multiplient les échanges épistolaires et partagent le sentiment d'appartenir à une Europe solidaire fondée sur la raison.

La Grande-Bretagne

Les Anglais Isaac Newton et David Hume, comme l'Irlandais Georges Berkeley, créent les bases d'une philosophie nouvelle, fondée sur l'observation scientifique et le rôle des sens dans la connaissance.

L'écrivain Daniel Defoe (1660-1731).

On retrouve ce même esprit chez les écrivains qui mettent en pratique ces théories dans leurs œuvres, Daniel Defoe dans *Robinson Crusoé* (1719) ou Jonathan Swift dans *Les Voyages de Gulliver* (1726). Les romanciers anglais multiplient ainsi les audaces, n'hésitant pas à représenter l'univers des voleurs et des prostituées, la misère des campagnes comme les bas-fonds de Londres. L'humour et la satire triomphent dans la verdeur réaliste du *Tom Jones* de Henry Fielding (1749) ou dans les *Mémoires de Fanny Hill*, fille de joie, de John Cleland (1749). Cependant, avec *Clarissa Harlowe* (1747), Samuel Richardson invente le roman sentimental et devient célèbre et imité dans toute l'Europe.

Le roman *Tom Jones* (1749) raconte les aventures d'un enfant trouvé.

C'est en réaction au réalisme romanesque que *Les Nuits de Young* (1741) développent leur poésie mélancolique, qui annonce les délices et les souffrances des épanchements romantiques.

Les Voyages de Gulliver (1726)

Les Voyages dans plusieurs nations éloignées du monde par Lemurel Gulliver, d'abord chirurgien, puis capitaine de divers navires reprennent le principe de l'*Utopie* de Thomas More. Jonathan Swift conduit le lecteur chez les nains de Lilliput, dans l'île des géants, au pays des chevaux plus sensés que les hommes. Avec une imagination éblouissante, l'écrivain fait, à travers les voyages de son héros, la satire des institutions anglaises, donne des leçons sur l'éducation ou la démocratie, combat le colonialisme. « J'écris dans le noble art d'instruire, d'améliorer le genre humain », écrit-il, mêlant à merveille l'instruction et le plaisir du lecteur.

Illustration des *Voyages de Gulliver*.

Robinson Crusoé (1719)

Daniel Defoe a publié plus de quatre cents ouvrages, laissant quelques chefs-d'œuvre, que domine la figure exceptionnelle de Robinson Crusoé. Quand il publie la vie d'un marin abandonné sur une île déserte à l'ouest des côtes du Chili, le romancier ne sait pas qu'il écrit un livre qui sera l'un des plus lus au monde. C'est que, à travers l'esprit pratique du naufragé solitaire, le roman manifeste alors le triomphe de la civilisation européenne dans sa volonté de conquérir et d'organiser la terre. Mais on y retrouve, plus simplement, le courage de l'homme, la saveur de l'exotisme, la lutte pour la survie, qui constituent les fondements de l'imaginaire de l'enfance. Qui, depuis Robinson, n'a pas rêvé de se retrouver seul sur une île déserte pour y reconstituer le cheminement de l'humanité, en se débrouillant par soi-même, en faisant ses preuves ?

Robinson fait un feu pour signaler sa présence. Illustration du XVIIIe siècle.

L'Italie

En Italie, Scipione Maffei, dont la tragédie *Mérope* triomphe en 1713, contribue à répandre l'esprit des Lumières. De même, Francesco Algarotti, en publiant, en 1735, *Le Newtonisme pour les dames*, participe à l'effort de vulgarisation scientifique qui caractérise alors la culture européenne. À l'inverse, Giambattista Vico conteste l'idée que l'accumulation des connaissances mène au progrès. Sa *Science nouvelle* (1725) et l'ensemble de son œuvre proposent ainsi une nouvelle philosophie de l'Histoire.

Scipione Maffei (1675-1755).

L'Espagne

La littérature espagnole est dominée par l'œuvre de Benito Jerónimo Feijoo y Montenegro. Constitué d'un recueil de cent dix-huit essais, son *Théâtre critique* (1726-1741) suscite de violentes réactions et déclenche la polémique. Feijoo combat en effet les erreurs communes, la superstition et les préjugés, dans une prose brillante et incisive. Il se heurte ainsi à l'opposition acharnée de nombreux contemporains, comme celle Diego de Torres Villarroel.

Le Danemark

Historien, essayiste, moraliste, romancier, Ludvig Holberg participe à la création d'une littérature nationale danoise à travers son théâtre. L'écrivain multiplie en effet les comédies de mœurs, qui attaquent les faux savants, comme dans *Erasmus Montanus* (1731), dénoncent l'hypocrisie et les travers des mœurs bourgeoises ou de la vie politique. Maître dans l'art de la comédie et de la satire, Holberg épure la langue de ses archaïsmes et de ses emprunts, s'imposant ainsi comme l'un des fondateurs de la littérature danoise.

Statue de l'écrivain Ludvig Holberg (1684-1754).

La peinture et la musique

Peinture

— Luce Giordano, *Histoire de Judith*, 1704 (Italie)
— Giambattista Piranèse, *Les Prisons*, 1754 (Italie)
— Giambattista Piazetta, *L'Assomption*, 1735 (Italie)
— William Hogarth, *Le Mariage à la mode*, 1745 (Grande-Bretagne)
— Joshua Reynolds, *Capitaine John Hamilton*, 1746 (Grande-Bretagne)

Musique

— Antonio Vivaldi, *Les Quatre Saisons*, 1725 (Italie)
— Johann Sebastian Bach, *La Passion selon saint Matthieu*, 1729 (Allemagne)
— Georg Friedrich Haendel, *Le Messie*, 1742 (Grande-Bretagne)
— Christoph Gluck, *Iphigénie en Aulide*, 1744 (Allemagne)

HISTOIRE *d'un genre*

Le pamphlet et la littérature de combat

La littérature polémique peut prendre des formes diverses : satire en vers, épigramme, lettre ouverte, article… Mais c'est le pamphlet qui s'impose rapidement comme une forme privilégiée. Les écrivains l'utilisent à chaque période de crise de l'Histoire : guerres de religion, Fronde, Révolution, défense des libertés politiques, querelles littéraires ou idéologiques.
À travers le pamphlet, l'auteur prend part et s'engage avec passion dans les débats de son temps.

Dessin de Plantu

Du XVIe au XVIIIe siècle : le pamphlet religieux

Alors qu'au Moyen Âge la polémique prend souvent la forme de la « dispute » qui permet l'affrontement de deux points de vue, la Réforme et les guerres de religion déclenchent, au XVIe siècle, une multitude de textes invectivant l'adversaire. Insultes, sarcasmes, images repoussantes, parodies du culte, attaques personnelles : tout est bon pour exalter sa foi. L'essor de l'imprimerie favorise alors la diffusion des pamphlets religieux. D'origine anglaise, le terme « pamphlet » désigne un texte court qui attaque un groupe social ou un individu. Calvin dénonce ainsi les catholiques et toutes les formes d'hérésie ; les partisans de la Ligue et les réformés se déchirent cruellement. C'est dans ce contexte de guerre civile que Pierre de Ronsard et Agrippa d'Aubigné s'engagent pour défendre leur camp.

Le pouvoir religieux continue, tout au long du XVIIe siècle, de dénoncer les manquements à la loi chrétienne. Le père Garasse multiplie les pamphlets violents qui accusent d'athéisme et d'immoralité le poète Théophile de Viau. Mais c'est Blaise Pascal qui donne, en 1657, avec les *Provinciales*, le chef-d'œuvre de la littérature polémique : en dix-huit lettres, l'écrivain aide ses amis jansénistes dans le combat qui les oppose aux Jésuites. Il réussit à intéresser le public à des questions théologiques et tourne l'adversaire en ridicule dans un langage simple et direct, qui manie l'ironie à merveille.

Cependant, après la querelle du *Cid* de Corneille, *L'École des femmes* de Molière suscite à son tour une intense polémique, touchant au rôle de la littérature et à la condition féminine. Molière réplique à ses accusateurs par sa *Critique de l'École des femmes*, contre les excès des précieuses et des petits-marquis, et par *L'Impromptu de Versailles*, contre ses rivaux, auteurs et comédiens. La vie littéraire est désormais régulièrement animée par ces attaques et ces plaidoyers virulents qui, dès la fin du XVIIe siècle, rebondissent avec la querelle des Anciens et des Modernes.

Au XVIIIe siècle : le pamphlet philosophique

Au XVIIIe siècle, tous les textes des philosophes des Lumières entrent immédiatement dans le champ polémique. À travers leurs œuvres, Montesquieu, Diderot, Rousseau, d'Alembert, d'Holbach s'attaquent en effet aux cercles du pouvoir monarchique et religieux.

▲ Gravure de Félix Vallotton publiée le 23 janvier 1898, dix jours après l'article « J'accuse...! » de Zola.

Mais dans ce combat, l'œuvre de Voltaire domine le siècle. Dès *La Henriade*, qu'il conçoit d'abord comme un poème contre le fanatisme, Voltaire multiplie les pamphlets qui prennent pour cible les adversaires des philosophes : critiques littéraires, religieux influents, polémistes redoutables de l'autre bord sont ainsi tournés en ridicule. En 1762, la défense de Jean Calas, injustement condamné, apparaît comme le moment culminant de ce combat qui prépare directement la Révolution.

En abolissant la censure, la Révolution permet l'apparition de nombreux journaux, comme *L'Ami du peuple* de Marat. Partisans de la monarchie et révolutionnaires s'affrontent alors. Mirabeau, connu pour ses pamphlets contre le despotisme, fait éclater ses talents de tribun. Rivarol se crée, par ses écrits railleurs, de nombreux ennemis littéraires et politiques. Les feuilles révolutionnaires rapportent les discours prononcés à l'Assemblée par les orateurs vibrants et passionnés comme Danton, Robespierre ou Desmoulins.

Cependant, le poète André Chénier, emprisonné, écrit ses *Iambes* qui condamnent les violences de la Terreur et la tyrannie de Robespierre, incarnant ainsi la figure de l'écrivain qui résiste, jusque dans sa prison, à un pouvoir oppresseur.

■ Au XIXe siècle : le pamphlet politique

À son tour, Paul-Louis Courier s'impose au début du XIXe siècle comme un brillant pamphlétaire qui prend pour cible les institutions : la noblesse, le clergé ou l'armée. Désormais, le pamphlet joue un rôle essentiel dans le débat politique.

En 1814, Benjamin Constant publie *De l'esprit de conquête et de l'usurpation*, tandis que Chateaubriand écrit *De Bonaparte et des Bourbons*. L'écrivain intervient ainsi pour défendre les libertés menacées. Victor Hugo, en exil, fustige le coup d'État de Louis-Napoléon Bonaparte dans *Napoléon le petit* (1852), puis dans *Les Châtiments* (1853). La muse Indignation inspire alors l'écrivain, comme elle suscite l'intervention d'Émile Zola en faveur du capitaine Dreyfus, que condamne au contraire le journal nationaliste et antisémite d'Édouard Drumont, *La Libre Parole*.

■ Au XXe siècle : le pamphlet littéraire et idéologique

L'engagement de l'écrivain se poursuit tout au long du XXe siècle. Au début du siècle, l'idéalisme de Charles Péguy donne un ton à la fois agressif et lyrique aux *Cahiers de la quinzaine*, qu'il anime de 1900 à 1914. À cet anarchisme catholique s'oppose *L'Action française* de Charles Maurras, partisan de l'ordre monarchiste et religieux.

Le mouvement surréaliste crée le scandale en 1924 avec *Un cadavre*, recueil de textes violents de Soupault, Drieu la Rochelle, Breton ou Aragon, contre Anatole France. Six ans plus tard, les exclus du mouvement surréaliste, comme Prévert, Queneau, Desnos ou Leiris, reprennent le même titre pour dénoncer Breton, qu'ils avaient admiré.

Le pamphlet demeure aujourd'hui le moyen d'exprimer son inquiétude ou sa colère devant une situation politique, un propos, une attitude jugés inadmissibles. *La Littérature à l'estomac*, de Julien Gracq s'élève ainsi contre les facilités de la littérature contemporaine. Boris Vian, à travers *Le Déserteur*, dénonce la guerre d'Indochine. Bernard-Henri Lévy, avec *La Barbarie à visage humain*, lutte contre l'aveuglement devant les dictatures modernes. Essai, lettre ouverte, tract, caricature, article de presse, la littérature de combat, en prenant à témoin l'opinion publique, réagit dans l'urgence devant les réalités du monde contemporain.

DIX GRANDES ŒUVRES

- Agrippa d'Aubigné, *Les Tragiques* (1616)
- Blaise Pascal, *Provinciales* (1656-1657)
- Voltaire, *Traité sur la tolérance à l'occasion de la mort de Jean Calas* (1763)
- Paul-Louis Courier, *Le Pamphlet des pamphlets* (1824)
- Victor Hugo, *Les Châtiments* (1853)
- Léon Bloy, *Propos d'un entrepreneur de démolition* (1884)
- Émile Zola, « J'accuse... ! » (1898)
- Georges Bernanos, *Voici la France libre* (1941)
- Julien Gracq, *La Littérature à l'estomac* (1950)
- Michel Onfray, *La Déraison du plus fort* (2003)

Jean-Baptiste Greuze, *La Malédiction paternelle ou le Fils ingrat*, 1777. Huile sur toile, 130 x 262 cm. Musée du Louvre, Paris.

1750
1800

Le triomphe des Lumières

1750
1800
Le triomphe des Lumières

Alors que Louis XV achève son règne dans l'impopularité, son petit-fils Louis XVI ne parvient pas, lui non plus, à répondre aux attentes du peuple. La bourgeoisie, qui ne supporte plus les privilèges de la noblesse et du clergé, conteste le pouvoir royal. Elle s'appuie sur les œuvres polémiques et satiriques des écrivains pour défendre des valeurs nouvelles. La Révolution française apparaît ainsi comme l'aboutissement du mouvement des Lumières.

1. L'histoire L'effondrement de la monarchie et la Révolution française

Le serment du Jeu de Paume des députés du tiers état, en juin 1789.

La fin du règne de Louis XV est marquée par de nombreux échecs : les dépenses de la Cour aggravent le déficit du royaume, tandis qu'à l'extérieur la France perd les Indes et le Canada. Faible et indécis, Louis XVI, qui lui succède en 1774, nomme des ministres réformateurs, comme Turgot ou Necker. De mauvaises récoltes successives engendrent une profonde crise économique. Des émeutes éclatent mais l'aristocratie s'oppose à toute réforme. Le roi convoque les États généraux en 1789 pour écouter les doléances du peuple. Mais il est trop tard et la Révolution éclate. La royauté est alors abolie, Louis XVI est guillotiné. À peine établie, la République doit repousser la coalition des armées royalistes formée par les pays voisins. La mort de Robespierre, en 1794, met fin au régime de la Terreur qu'il avait mis en place et prépare l'installation du Directoire.

La prise du château de la Bastille, le 14 juillet 1789, marque le début de la Révolution.

Exécution de Louis XVI, le 21 janvier 1793.

2. La société La consécration du tiers état

Ouvriers tanneurs au travail. Tableau de Léonard Defrance, 1790.

Le pays prospère grâce à la libéralisation du commerce et aux progrès de l'agriculture. L'agronomie est à la mode; Parmentier introduit la culture de la pomme de terre à partir de 1766. Partout dans le pays, les manufactures se multiplient. Cependant, l'artisanat reste dominant en France. Cette relative aisance profite à la bourgeoisie qui revendique l'égalité et la liberté. Elle s'accompagne d'une laïcisation de la société. À Paris, les nouveaux boulevards deviennent le centre de la vie sociale. On y commente les mesures du gouvernement. C'est du Palais-Royal, à travers les discours enflammés des orateurs, que part la Révolution française. Dès lors s'effondre la structure sociale liée à la monarchie : les membres de la noblesse et du clergé qui ne l'acceptent pas sont contraints à l'exil ou conduits à l'échafaud.

Portrait de Parmentier, en 1777, qui introduit en France la culture de la pomme de terre.

La promenade du boulevard des Italiens.

3. Les sciences L'affirmation des sciences de la nature

Louis XVI donne des instructions à La Pérouse pour son voyage autour du monde.

Aussi célèbre que Voltaire, admiré dans toute l'Europe, Buffon domine le monde de la recherche scientifique. Son *Histoire naturelle* sait faire comprendre et aimer la science, ouvrant la voie aux théories sur l'évolution de l'homme. Celles-ci profitent également des témoignages ramenés par les grands voyageurs, Bougainville, Cook et La Pérouse. Dans le même temps, la chimie fait des progrès considérables, à travers les découvertes de Lavoisier sur le gaz, ou l'invention de l'aérostat par les frères Montgolfier. Les nombreuses avancées scientifiques profitent à l'économie du pays. C'est ainsi que l'industrie est bouleversée par le métier à tisser mis au point par Jacquard.

Le nouveau jeu des ballons aérostatiques.

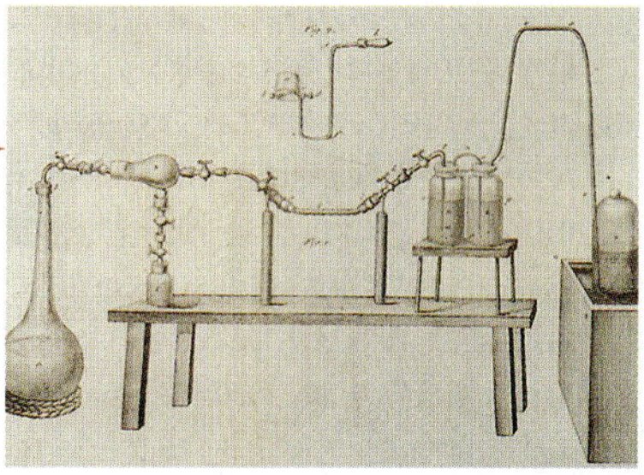

Instruments de laboratoire, dessinés par Lavoisier, créateur de la chimie moderne.

4. Les lettres La passion pour la littérature polémique

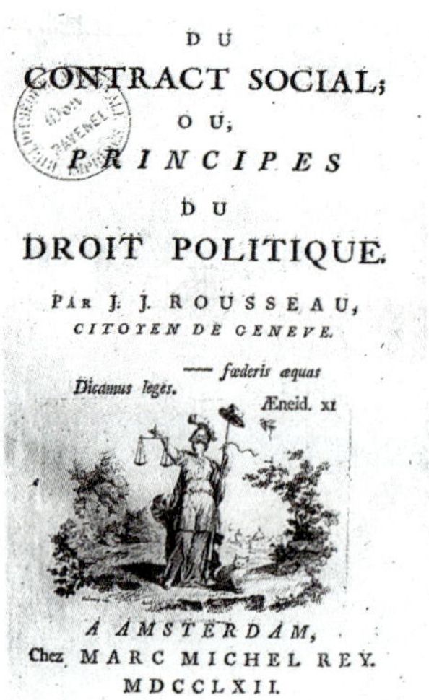
DU
CONTRACT SOCIAL;
OU,
PRINCIPES
DU
DROIT POLITIQUE.
PAR J. J. ROUSSEAU,
CITOYEN DE GENEVE.
—— fœderis æquas
Dicamus leges.
Æneid. XI
A AMSTERDAM,
Chez MARC MICHEL REY.
MDCCLXII.

L'écrivain acquiert un statut nouveau. Il éclaire les peuples et les princes, propose de nouvelles conceptions de la société. C'est ainsi que Voltaire et Rousseau font l'objet d'un véritable culte et partout, dans les académies de Paris et de province, dans les salons et les cafés, l'esprit critique se répand. L'essai, l'apologue, le dialogue, le pamphlet, mais aussi le conte philosophique, le roman ou le théâtre se mettent au service des idées et du combat philosophique. Ils répandent un idéal de liberté, qui participe à la constitution d'une véritable opinion publique. Les lecteurs ne sont plus seulement les sujets de Louis XVI, ils deviennent des citoyens. Après 1789, nombreux sont les écrivains qui mettent leur talent d'orateur au service du peuple à la tribune de l'Assemblée.

Allégorie révolutionnaire en l'honneur de Rousseau.

Figaro, le héros de l'œuvre de Beaumarchais.

5. L'édition L'*Encyclopédie* et la fièvre de l'édition

La Lecture de la gazette, peinture anonyme du XVIIIe siècle.

Dans une société de plus en plus laïque, le livre permet de s'ouvrir à la rêverie et aux plaisirs de l'imagination. Les romans se multiplient et connaissent d'énormes succès de librairie. Les tirages de *La Nouvelle Héloïse*, de *Paul et Virginie* ou des *Liaisons dangereuses* se succèdent.

Les écrivains comme Voltaire ou Rousseau publient leurs œuvres dans de belles éditions pour lesquelles ils sollicitent illustrateurs et imprimeurs prestigieux. Cependant, les récits de voyages et les ouvrages de vulgarisation diffusent les connaissances nouvelles à travers l'Europe. L'*Encyclopédie* apparaît alors comme la plus grande aventure éditoriale depuis l'invention de l'imprimerie, en offrant au lecteur la somme de toutes les connaissances humaines. La prolifération des journaux, parfois constitués de quelques feuillets, stimule l'expression des opinions qui conduit, avec la Révolution française, à l'abolition de la censure et à la liberté de la presse.

Essor de la presse, après l'abolition de la censure et la suppression des corporations par la Révolution française.

6. Les arts Le retour au goût classique

De nombreux peintres, comme Fragonard, poursuivent la tradition de la peinture galante, sensuelle et délicate qui représente les plaisirs du libertinage. Cependant, la société bourgeoise trouve dans Greuze le peintre des vertus de la vie familiale, tandis que Chardin renouvelle l'art de la nature morte. Dans la peinture, l'architecture et le mobilier, les courbes brillantes et raffinées du style Louis XV s'effacent devant la redécouverte des formes classiques, plus sobres et rigoureuses. Sous la Révolution, David consacre ainsi le retour à l'inspiration antique et la République fait de l'église Sainte-Geneviève, construite par Soufflot, un monument consacré au culte des grands hommes : le Panthéon.

Le Panthéon, au cœur du Quartier latin, construit par Soufflot de 1764 à 1780, achevé en 1812.

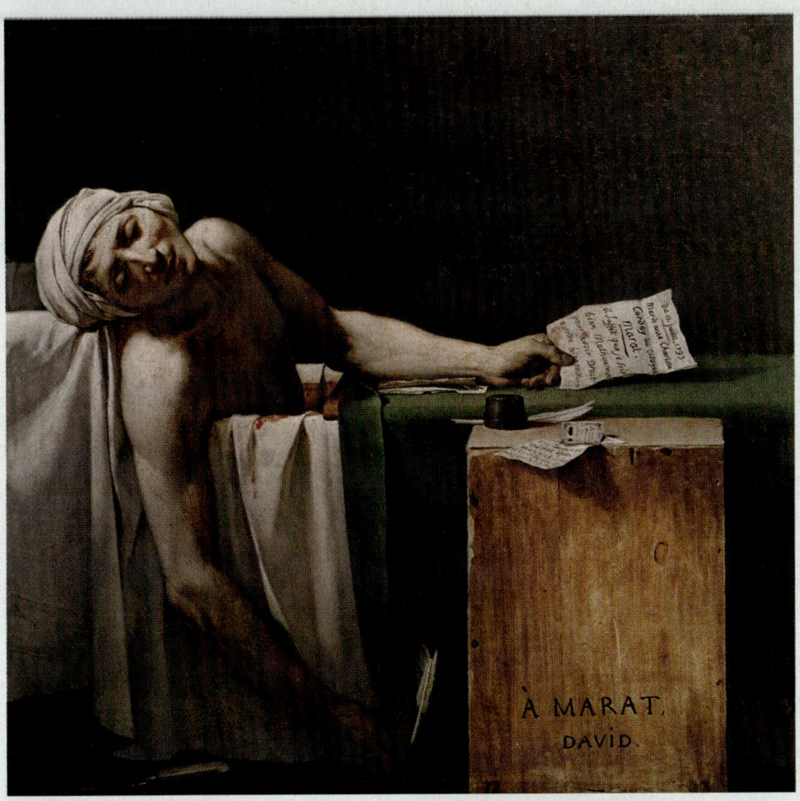

La Mort de Marat

Jacques-Louis David
(1793)

David est le chef incontesté de l'école néoclassique. S'inspirant de la grandeur antique, il fait preuve d'une maîtrise exceptionnelle dans la description anatomique et revendique la dimension morale de son art. Assassiné par Charlotte Corday alors qu'il écrit dans son bain, Marat, dans une nudité sans défense, devient ici un véritable martyr. (Huile sur toile, 165 x 128 cm, Musées royaux de Bruxelles.)

Le tableau a été commandé par la Convention, qui veut rendre hommage au grand homme de la Révolution. Mais David connaissait personnellement Marat, à qui il avait rendu visite la veille de son assassinat. En choisissant de montrer Marat chez lui, David mêle souvenir personnel et commémoration officielle, comme le démontre l'inscription et la signature sur le bas de la caisse.

Tel un témoin qui serait présent dans les instants qui suivent le geste assassin, le spectateur perçoit rapidement tous les indices du crime : la blessure et le sang encore frais, le couteau en bas à gauche, le billet qui désigne la meurtrière. Visible par tous, la tragédie atteint une dimension nationale.

La scène du crime se détache sur un fond sombre qui occupe la moitié supérieure du tableau. Le corps de Marat repose sur un drap blanc, alors que sa tête penchée vers le spectateur est mise en valeur par une lumière verticale. À droite et dans une parfaite horizontalité, la main tient le billet qui a permis à la meurtrière d'être introduite auprès de Marat.

DIDEROT

Nom et prénom : **Diderot, Denis**
Naissance : **le 5 octobre 1713, à Langres**
Décès : **le 31 juillet 1784, à Paris**
Lieux : **Paris, Saint-Pétersbourg, à la cour de Catherine II**
Situation familiale : **marié à Anne Antoinette Campion ; il s'occupe de l'éducation de sa fille Angélique**
Professions : **traducteur puis directeur de l'*Encyclopédie***
Amitiés : **Sophie Volland, Rousseau, Voltaire, d'Alembert, Grimm, d'Holbach**

Diderot est issu d'une famille d'artisans aisés. Brillant élève, il refuse la carrière ecclésiastique et s'enfuit à Paris, où il achève ses études. Il mène au Quartier latin une vie marquée par le manque d'argent. Il épouse à trente ans une jolie marchande de lingerie, contre l'avis de son père. Quelques années plus tard, Diderot affiche son matérialisme dans la *Lettre sur les aveugles*.

Le 24 juillet 1749, il est arrêté et enfermé au château de Vincennes. Libéré après quelques mois, il se consacre à l'*Encyclopédie* dont on lui a confié la direction. Pendant vingt ans, Diderot recrute des collaborateurs, rédige des centaines d'articles, ruse avec la censure. Doué d'une énergie peu commune, il développe en même temps son œuvre romanesque et théâtrale, et entreprend une longue correspondance avec une tendre confidente, Sophie Volland. À partir de 1759, il fournit également de riches comptes rendus des tableaux exposés dans les salons de l'Académie de Paris. À soixante ans, l'écrivain philosophe se rend auprès de Catherine II, l'impératrice de Russie, qui cherche à appliquer dans son pays les doctrines des Lumières. Diderot meurt à soixante-dix ans, quelques mois après la disparition de son ami d'Alembert et de Sophie Volland.

Ses œuvres principales

- des romans, dont : *La Religieuse* (1760), *Jacques le fataliste* (1765)
- des essais, dont : *Lettre sur les aveugles* (1749), des articles dans l'*Encyclopédie* (1751-1772)
- des dialogues philosophiques, dont : *Le Neveu de Rameau* (publication posthume), *Le Rêve de d'Alembert* (1769), *Supplément au Voyage de Bougainville* (1772), *Paradoxe sur le comédien* (1773)

L'ŒUVRE DE DIDEROT

Le plaidoyer pour les Lumières

Dès les *Pensées philosophiques*, en 1746, condamnées par la censure à être brûlées, Diderot s'affirme comme un ardent défenseur des Lumières. En 1749, il défend l'athéisme dans la *Lettre sur les aveugles*. Il milite dans l'*Encyclopédie* pour un régime politique fondé sur l'égalité. En 1772, son *Supplément au Voyage de Bougainville* argumente en faveur des valeurs des sociétés naturelles.

Le renouvellement du théâtre et du roman

Le Fils naturel, en 1757, et *Le Père de famille,* l'année suivante, donnent naissance à un nouveau genre théâtral : le drame bourgeois. Par ailleurs, écrits entre 1762 et 1777, *Le Neveu de Rameau* et *Jacques le fataliste et son maître* révèlent un écrivain exceptionnel qui bouleverse les règles du roman.

L'éloge et le blâme de la peinture

À partir de 1759, dans la description qu'il fait des tableaux du salon de Paris, Diderot crée une critique d'art qui exprime avec enthousiasme et liberté les sentiments éprouvés par le spectateur passionné devant la peinture.

DIDEROT ET LA PASSION DU DIALOGUE

Diderot défend la liberté de penser et son œuvre s'affirme comme un plaidoyer pour la circulation et l'échange des idées. C'est ainsi qu'à travers les genres qu'il aborde – théâtre, roman, essai, lettre ouverte, entretien –, l'écrivain a constamment recours au dialogue, forme privilégiée du débat qui lui permet de délibérer avec lui-même, d'exposer ses interrogations pour balayer les doutes et enrichir la réflexion critique.

1751-1772

Encyclopédie

C'est l'article « Autorité politique » qui, dans le premier tome de l'*Encyclopédie,* déclenche les réactions les plus hostiles des partisans de la monarchie absolue. Diderot examine en effet la légitimité du pouvoir politique et revendique une plus grande liberté pour les citoyens.

AUTORITÉ POLITIQUE

Aucun homme n'a reçu de la nature le droit de commander aux autres. La liberté est un présent du ciel, et chaque individu de la même espèce a le droit d'en jouir aussitôt qu'il jouit de la raison. Si la nature a établi quelque *autorité*, c'est la puissance paternelle ; mais la puissance paternelle a ses bornes, et dans l'état de nature, elle finirait aussitôt que les enfants seraient en état de se conduire. Toute autre *autorité* vient d'une autre origine que la nature. Qu'on examine bien, et on la fera toujours remonter à l'une de ces deux sources : ou la force et la violence de celui qui s'en est emparé, ou le consentement de ceux qui s'y sont soumis par un contrat fait ou supposé entre eux et celui à qui ils ont déféré l'*autorité*.

La puissance qui s'acquiert par la violence n'est qu'une usurpation[1], et ne dure qu'autant que la force de celui qui commande l'emporte sur celle de ceux qui obéissent ; en sorte que, si ces derniers deviennent à leur tour les plus forts et qu'ils secouent le joug[2], ils le font avec autant de droit et de justice que l'autre qui le leur avait imposé. La même loi qui a fait l'*autorité* la défait alors : c'est la loi du plus fort.

Quelquefois, l'autorité qui s'établit par la violence change de nature : c'est lorsqu'elle continue et se maintient du consentement exprès de ceux qu'on a soumis ; mais elle rentre par là dans la seconde espèce, dont je vais parler ; et celui qui se l'était arrogée, devenant alors prince, cesse d'être tyran.

La puissance qui vient du consentement des peuples suppose nécessairement des conditions qui en rendent l'usage légitime, utile à la société, avantageux à la république, et qui la fixent et la restreignent entre des limites ; car l'homme ne doit ni ne peut se donner entièrement et sans réserve à un autre homme, parce qu'il a un maître supérieur au-dessus de tout, à qui seul il appartient tout entier. C'est Dieu, dont le pouvoir est toujours immédiat sur la créature[3], maître aussi jaloux qu'absolu, qui ne perd jamais de ses droits, et ne les communique point.

Denis Diderot, « Autorité politique », article de l'*Encyclopédie*, 1751-1772.

▪ 1. **usurpation** : pouvoir illégitime. ▪ 2. **secouer le joug** : se libérer. ▪ 3. **la créature** : l'être humain.

Les combats de l'Encyclopédie

En écrivant l'article « Autorité politique » de l'*Encyclopédie,* Diderot suscite immédiatement l'hostilité contre son entreprise. Les partisans de la monarchie absolue, comme les défenseurs de l'Église, multiplient leurs interventions pour faire interdire l'ouvrage.

En 1752, un arrêt du Conseil d'État supprime les deux premiers tomes parce que l'un des collaborateurs de Diderot, l'abbé de Prades, est condamné pour hérésie.

En 1757, d'Alembert cesse de collaborer, effrayé par les polémiques suscitées par son article « Genève », où il recommandait l'installation d'un théâtre dans la cité protestante.

En 1759, Helvétius est accusé de matérialisme. La même année, le pape Clément VII condamne l'*Encyclopédie.* Il faut toute la persévérance de Diderot et le soutien de Malesherbes, responsable de la censure, pour que le plus grand projet éditorial du XVIIIe siècle aboutisse enfin.

1751

Diderot et l'aventure de l'*Encyclopédie*

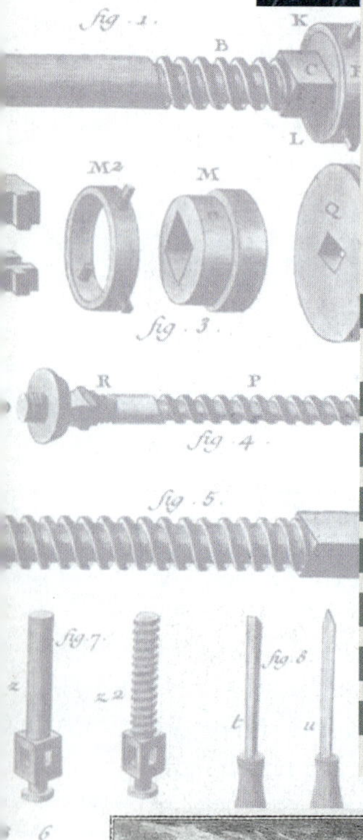

Dès la publication du premier volume de l'*Encyclopédie* en 1751, l'entreprise de Diderot et d'Alembert déchaîne une violente polémique. En fournissant à ses contemporains un tableau complet de l'état des sciences et des techniques, Diderot s'attaque en effet aux fondements de la société de l'Ancien Régime : l'autorité de l'Église et la monarchie absolue.

Chronologie de l'aventure de l'*Encyclopédie*

1748	Le Breton et trois de ses collègues libraires obtiennent le privilège de publier l'*Encyclopédie*
1750	publication du prospectus rédigé par Diderot
28 juin 1751	publication du premier volume, tiré à deux mille cinquante exemplaires
1752	interdiction des deux premiers volumes
1753	reprise de la publication
1759	nouvelle révocation du privilège
1762	parution du premier tome de planches (gravures)
1766	publication des dix derniers volumes

Planche de l'*Encyclopédie*.

Un projet ambitieux

En 1748, Le Breton, un libraire parisien, associé à trois de ses collègues, obtient le privilège royal – c'est-à-dire l'autorisation – de publier une *Encyclopédie ou Dictionnaire raisonné des sciences, des arts et des techniques*. L'entreprise nécessite de nombreux collaborateurs, rédacteurs, dessinateurs, graveurs, imprimeurs. Elle apparaît d'emblée comme la plus grande aventure éditoriale du XVIIIe siècle. La direction en est confiée à Diderot et à d'Alembert. L'*Encyclopédie* est pour eux le moyen de combattre les préjugés en mettant les connaissances au service de l'homme et du progrès social.

Le scandale de l'*Encyclopédie*

Dès la publication du premier volume, en 1751, l'*Encyclopédie* connaît un énorme succès. Mais le scandale éclate, car les adversaires des philosophes, partisans de l'Église et du pouvoir royal, dénoncent les pages qui, comme l'article « Autorité politique », remettent en cause la monarchie absolue de droit divin. Ils obtiennent l'interdiction des deux premiers volumes. Cependant, grâce à l'intervention de personnages influents, et particulièrement de Madame de Pompadour, Diderot est autorisé à poursuivre son œuvre. Le tome III paraît en 1753.

Denis Diderot, peint par Van Loo (détail).

Le combat de Diderot

Au cours des années qui suivent, les difficultés se multiplient. Diderot subit les attaques du parti dévot, qui voit dans l'*Encyclopédie* un symbole de l'esprit critique. Le privilège accordé aux libraires est ainsi révoqué en 1759. Une fois encore, Diderot s'engage dans la défense de ce travail auquel il sacrifiera vingt-quatre années de son existence, affrontant les menaces et les critiques quotidiennes de ses adversaires. Il obtient ainsi de Malesherbes, responsable éclairé de la censure, d'aller jusqu'au bout de la publication de ce que Voltaire appelle alors le « monument de l'esprit humain ».

Le monument des Lumières

Diffusée à travers toute l'Europe, l'*Encyclopédie* apparaît comme la somme des connaissances humaines : Diderot, d'Alembert, mais aussi Voltaire, Montesquieu, Turgot et plus de deux cents collaborateurs participent à l'élaboration des dix-sept volumes, auxquels s'ajoutent onze volumes de planches. Elle apparaît ainsi comme un hymne au savoir et à la science, témoignant de la foi dans le progrès et la raison humaine. L'influence de l'*Encyclopédie* est considérable, au point qu'elle s'impose comme un modèle qui sera souvent imité aux siècles suivants.

D'Alembert, peinture anonyme du XVIIIe siècle.

L'*Encyclopédie* : une arme de combat

Avec l'*Encyclopédie*, Diderot se propose « de rassembler les connaissances éparses sur la terre » pour les transmettre aux hommes. Mais l'écrivain et ses collaborateurs ne se limitent pas à la simple description des savoirs. L'enjeu de chacun des articles qui constituent l'*Encyclopédie* est en effet de mettre en évidence les erreurs, les superstitions, les aveuglements entretenus par le pouvoir politique et religieux. L'ouvrage milite ainsi en faveur d'une société fondée sur l'égalité des citoyens et la liberté de penser. Il s'impose dès lors comme une véritable arme de combat au service des Lumières.

COMPRENDRE L'ESSENTIEL

1. **Pourquoi peut-on dire que l'*Encyclopédie* est le projet éditorial le plus ambitieux du XVIIIe siècle ?**
2. **En quoi l'*Encyclopédie* apparaît-elle à ses adversaires comme une menace ?**
3. **Comment expliquer que l'*Encyclopédie* ait occupé Diderot pendant vingt-quatre ans ?**
4. **Pourquoi peut-on dire que l'esprit des Lumières se retrouve tout entier dans l'*Encyclopédie* ?**

1762

Le Neveu de Rameau

Le Neveu de Rameau **se présente comme un dialogue entre Diderot et Jean-François Rameau, neveu du célèbre compositeur d'opéra. La confrontation du philosophe et du neveu de Rameau, personnage bohème et extravagant, permet de soulever des questions de société, de morale et de littérature.**

Un après-dîner, j'étais là[1], regardant beaucoup, parlant peu et écoutant le moins que je pouvais, lorsque je fus abordé par un des plus bizarres personnages de ce pays où Dieu n'en a pas laissé manquer. C'est un composé de hauteur et de bassesse, de bon sens et de déraison. Il faut que les notions de l'honnête et du déshonnête soient bien étrangement brouillées dans sa tête, car il montre ce que la nature lui a donné de bonnes qualités sans ostentation, et ce qu'il en a reçu de mauvaise sans pudeur. Au reste, il est doué d'une organisation forte, d'une chaleur d'imagination singulière, et d'une vigueur de poumons peu commune. Si vous le rencontrez jamais et que son originalité ne vous arrête pas, ou vous mettrez vos doigts dans vos oreilles, ou vous vous enfuirez. Dieux, quels terribles poumons ! Rien ne dissemble plus de lui que lui-même. Quelquefois il est maigre et hâve comme un malade au dernier degré de la consomption[2] ; on compterait ses dents à travers ses joues ; on dirait qu'il a passé plusieurs jours sans manger, ou qu'il sort de la Trappe[3]. Le mois suivant, il est gras et replet comme s'il n'avait pas quitté la table d'un financier, ou qu'il eût été enfermé dans un couvent de Bernardins[4]. Aujourd'hui en linge sale, en culotte déchirée, couvert de lambeaux, presque sans souliers, il va la tête basse, il se dérobe, on serait tenté de l'appeler pour lui donner l'aumône. Demain, poudré, chaussé, frisé, bien vêtu, il marche la tête haute, il se montre, et vous le prendriez au peu près pour un honnête homme. Il vit au jour la journée, triste ou gai selon les circonstances. Son premier soin, le matin, quand il est levé, est de savoir où il dînera ; après dîner, il pense où il ira souper. La nuit amène aussi son inquiétude. Ou il regagne à pied un petit grenier qu'il habite, à moins que l'hôtesse, ennuyée d'attendre son loyer, ne lui en ait redemandé la clef ; ou il se rabat dans une taverne de faubourg où il attend le jour, entre un morceau de pain et un pot de bière. Quand il n'a pas six sols dans sa poche, ce qui lui arrive quelquefois, il a recours soit à un fiacre de ses amis, soit au cocher d'un grand seigneur qui lui donne un lit sur de la paille, à côté de ses chevaux. Le matin, il a encore une partie de son matelas dans ses cheveux.

Denis Diderot, *Le Neveu de Rameau* (1762-1777), éd. posthume, 1805.

▪ **1. j'étais là** : au café de la Régence, à Paris. ▪ **2. consomption** : épuisement. ▪ **3. la Trappe** : communauté de moines très austère. ▪ **4. Bernardins** : moines qui passent pour de bons vivants.

Le portrait d'un original

Diderot fait, dans *Le Neveu de Rameau*, le portrait d'« un des plus bizarres personnages de ce pays ». On dirait aujourd'hui d'un tel personnage qu'il semble présenter un dédoublement de la personnalité. En effet, si le neveu est un « original », c'est bien parce qu'il n'est jamais identique à lui-même, soit parce que son humeur change d'un moment à l'autre, soit parce que ses conditions de vie basculent de l'aisance à la misère.

Tantôt élégant et poudré, tantôt en haillons, composé comme un habit d'Arlequin, le personnage, descendant des « poètes crottés » du XVIIe siècle, annonce la bohème du siècle suivant. Le philosophe accueille à travers lui un mode de vie et de pensée qui rompt avec le conformisme.

Et Diderot se souvient qu'il a lui-même dans sa jeunesse tiré le diable par la queue.

1765

1750
1800

Jacques le fataliste

Dans *Jacques le fataliste,* Diderot met en scène un valet plein d'humanité qui accompagne son maître. Dès les premières lignes du texte, les dialogues, le récit des aventures de Jacques sont pour l'écrivain l'occasion de jouer avec les conventions du genre romanesque.

Comment s'étaient-ils rencontrés ? Par hasard, comme tout le monde. Comment s'appelaient-ils ? Que vous importe ? D'où venaient-ils ? Du lieu le plus prochain. Où allaient-ils ? Est-ce que l'on sait où l'on va ? Que disaient-ils ? Le maître ne disait rien ; et Jacques disait que son capitaine disait que tout ce qui nous arrive de bien et de mal ici-bas était écrit là-haut.

LE MAÎTRE. – C'est un grand mot que cela.

JACQUES. – Mon capitaine ajoutait que chaque balle qui partait d'un fusil avait son billet[1].

LE MAÎTRE. – Et il avait raison…

Après une courte pause, Jacques s'écria : « Que le diable emporte le cabaretier et son cabaret ! »

LE MAÎTRE. – Pourquoi donc donner au diable son prochain ? Cela n'est pas chrétien.

JACQUES. – C'est que, tandis que je m'enivre de son mauvais vin, j'oublie de mener nos chevaux à l'abreuvoir. Mon père s'en aperçoit ; il se fâche. Je hoche la tête ; il prend un bâton et m'en frotte un peu durement les épaules. Un régiment passait pour s'en aller au camp devant Fontenoy[2] ; de dépit je m'enrôle. Nous arrivons ; la bataille se donne.

LE MAÎTRE. – Et tu reçois la balle à ton adresse.

JACQUES. – Vous l'avez deviné ; un coup de feu au genou ; et Dieu sait les bonnes et mauvaises aventures amenées par ce coup de feu. Elles se tiennent ni plus ni moins que les chaînons d'une gourmette. Sans ce coup de feu, par exemple, je crois que je n'aurais été amoureux de ma vie, ni boiteux.

LE MAÎTRE. – Tu as donc été amoureux ?

JACQUES. – Si je l'ai été !

LE MAÎTRE. – Et cela par un coup de feu ?

JACQUES. – Par un coup de feu.

LE MAÎTRE. – Tu ne m'en as jamais dit un mot.

JACQUES. – Je le crois bien.

LE MAÎTRE. – Et pourquoi cela ?

JACQUES. – C'est que cela ne pouvait être dit ni plus tôt ni plus tard.

Denis Diderot, *Jacques le fataliste et son maître* (1765-1773), 1778.

■ **1. son billet** : son destinataire. ■ **2. Fontenoy** : célèbre bataille en 1745.

Un formidable anti-roman

En commençant son roman *Jacques le fataliste* par une question, par un dialogue entre le lecteur et le romancier, Diderot bouleverse complètement les règles habituelles du récit.

Le narrateur se dérobe tout à coup à ses obligations les plus élémentaires. Il répond de mauvaise grâce aux interpellations impatientes du lecteur, avant de donner la parole à Jacques et à son maître. On ne sait rien de l'endroit où ils se trouvent, ils ne nous ont pas été présentés, on ignore tout de ce qu'ils sont en train de faire.

Tout repose sur l'art du dialogue qui conduit le lecteur à s'attacher au récit des amours de Jacques, dont il ne connaîtra les ultimes péripéties qu'à la fin du roman. Diderot ouvre ainsi la voie à toutes les expérimentations de l'écriture romanesque qui marqueront après lui l'histoire du roman.

1772

Supplément au Voyage de Bougainville

Grand navigateur, Bougainville a raconté son voyage à Tahiti. Dans un supplément fictif aux récits de voyage de Bougainville, Diderot prend la défense des sociétés naturelles et de leurs mœurs, qu'il oppose à la cruauté de la civilisation européenne. Dans cet extrait, il donne la parole à un vieillard qui exhorte son peuple à se protéger des Européens.

Il était père d'une famille nombreuse. À l'arrivée des Européens, il laissa tomber des regards de dédain sur eux, sans marquer ni étonnement, ni frayeur, ni curiosité. Ils l'abordèrent ; il leur tourna le dos, se retira dans sa cabane. Son silence et son souci ne décelaient que trop sa pensée : il gémissait en lui-même sur les beaux jours de son pays éclipsés. Au départ de Bougainville, lorsque les habitants accouraient en foule sur le rivage, s'attachaient à ses vêtements, serraient ses camarades entre leurs bras, et pleuraient, ce vieillard s'avança d'un air sévère et dit :

« Pleurez, malheureux Tahitiens ! pleurez ; mais que ce soit de l'arrivée, et non du départ de ces hommes ambitieux et méchants : un jour, vous les connaîtrez mieux. Un jour, ils reviendront, le morceau de bois que vous voyez attaché à la ceinture de celui-ci, dans une main, et le fer qui pend au côté de celui-là, dans l'autre, vous enchaîner, vous égorger, ou vous assujettir[1] à leurs extravagances et à leurs vices ; un jour vous servirez sous eux, aussi corrompus, aussi vils, aussi malheureux qu'eux. Mais je me console ; je touche à la fin de ma carrière[2] ; et la calamité que je vous annonce, je ne la verrai point. Ô Tahitiens ! mes amis ! Vous auriez un moyen d'échapper à un funeste avenir ; mais j'aimerais mieux mourir que de vous en donner le conseil. Qu'ils s'éloignent et qu'ils vivent. »

Puis, s'adressant à Bougainville, il ajouta : « Et toi, chef des brigands qui t'obéissent, écarte promptement ton vaisseau de notre rive ; nous sommes innocents, nous sommes heureux ; et tu ne peux que nuire à notre bonheur. Nous suivons le pur instinct de la nature ; et tu as tenté d'effacer de nos âmes son caractère. Ici tout est à tous ; et tu nous as prêché je ne sais quelle distinction du *tien* et du *mien*. Nos filles et nos femmes nous sont communes ; tu as partagé ce privilège avec nous ; et tu es venu allumer en elles des fureurs inconnues. Elles sont devenues folles dans tes bras ; tu es devenu féroce entre les leurs. Elles ont commencé à se haïr ; vous vous êtes égorgés pour elles ; et elles nous sont revenues teintes de votre sang. Nous sommes libres ; et voilà que tu as enfoui dans notre terre le titre de notre futur esclavage. Tu n'es ni un dieu, ni un démon : qui es-tu donc, pour faire des esclaves ? Orou ! toi qui entends[3] la langue de ces hommes-là, dis-nous à tous, comme tu me l'as dit à moi, ce qu'ils ont écrit sur cette lame de métal : *Ce pays est à nous.* Ce pays est à toi ! et pourquoi ? parce que tu y as mis le pied ? Si un Tahitien débarquait un jour sur vos côtes, et qu'il gravât sur une de vos pierres ou sur l'écorce d'un de vos arbres : *Ce pays appartient aux habitants de Tahiti*, qu'en penserais-tu ? Tu es le plus fort ! Et qu'est-ce que cela fait ? Lorsqu'on t'a enlevé une des méprisables bagatelles dont ton bâtiment est rempli, tu t'es récrié, tu t'es vengé ; et dans le même instant tu as projeté au fond de ton cœur le vol de toute une contrée ! Tu n'es pas esclave : tu souffrirais la mort plutôt que de l'être, et tu veux nous asservir ! Tu crois donc que le Tahitien ne sait pas défendre sa liberté et mourir ? Celui dont tu veux t'emparer comme de la brute[4], le Tahitien, est ton frère. Vous êtes deux enfants de la nature ; quel droit as-tu sur lui qu'il n'ait pas sur toi ? Tu es venu ; nous sommes-nous jeté sur ta personne ? avons-nous pillé ton vaisseau ? t'avons-nous saisi et exposé aux flèches de nos ennemis ? t'avons-nous associé dans nos champs au travail de nos animaux ? Nous avons respecté notre image en toi. Laisse-nous nos mœurs ; elles sont plus sages et plus honnêtes que les tiennes ; nous ne voulons point troquer ce que tu appelles notre ignorance contre tes inutiles lumières. Tout ce qui nous est nécessaire et bon, nous le possédons. Sommes-nous dignes de mépris, parce que nous n'avons pas su nous faire des besoins superflus ? Lorsque nous avons faim, nous avons de quoi manger ; lorsque nous avons froid, nous avons de quoi nous vêtir. Tu es entré dans nos cabanes, qu'y manque-t-il, à ton avis ? Poursuis jusqu'où tu voudras ce que tu appelles les commodités de la vie ; mais permets à des êtres sensés de s'arrêter, lorsqu'ils n'auraient à obtenir de la continuité de leurs pénibles efforts que des biens imaginaires. Si tu nous persuades de franchir l'étroite limite du besoin, quand finirons-nous de travailler ? Quand jouirons-nous ? Nous avons rendu la somme de nos fatigues annuelles et journalières la moindre qu'il était possible, parce que rien ne nous paraît préférable au repos. Va dans ta contrée t'agiter, te tourmenter tant que tu voudras ; laisse-nous reposer : ne nous entête ni de tes besoins factices, ni de tes vertus chimériques. Regarde ces hommes ; vois comme ils sont droits, sains et robustes. Regarde ces femmes ; vois comme elles sont droites, saines, fraîches et belles. Prends cet arc, c'est le mien ; appelle à ton aide un, deux, trois, quatre de tes camarades, et tâchez de le tendre. Je le tends moi seul. Je laboure la terre ; je grimpe la montagne ; je perce la forêt ; je parcours une lieue de la plaine en moins d'une heure. Tes jeunes compagnons ont eu peine à me suivre ; et j'ai quatre-vingt-dix ans passés. Malheur à cette île ! malheur aux Tahitiens présents, et à tous les Tahitiens à venir, du jour où tu nous as visités ! »

Denis Diderot, *Supplément au Voyage de Bougainville*, 1772.

L'accueil des Tahitiens se traduit par des offrandes de fruits à Bougainville. Détail d'un pastel du XVIIIe siècle.

■ 1. **assujettir** : rendre esclave. ■ 2. **carrière** : existence. ■ 3. **entends** : comprends.
■ 4. **comme de la brute** : comme d'un être sauvage ou d'une bête féroce.

L'Europe jugée par le regard de l'Autre

Le *Supplément au Voyage de Bougainville* participe pleinement à la révolution du regard que la civilisation européenne porte sur elle-même : l'indigène, le barbare, l'esclave deviennent les juges de l'Européen. Mieux que Bougainville, grand voyageur bardé de certitudes, le Tahitien devient l'observateur, le sociologue de ses visiteurs. Les cannibales de Montaigne ont été les premiers à effectuer ce renversement des perspectives.

Donner la parole à un étranger qui analyse sans complaisance les réalités de la civilisation, se rendre soi-même étranger à la société dans laquelle on vit, regarder sa propre société comme si on la voyait pour la première fois, voilà une démarche critique à laquelle les écrivains des Lumières ont recours. Diderot dresse ainsi un réquisitoire contre l'aveuglement de celui qui croit savoir.

ROUSSEAU

Nom et prénom : **Rousseau, Jean-Jacques**
Naissance : **le 28 juin 1712, à Genève**
Décès : **le 2 juillet 1778, à Ermenonville**
Lieux : **Genève, Annecy, Chambéry, Paris, Ermenonville**
Situation familiale : **vit avec Thérèse Levasseur**
Professions : **valet, employé d'ambassade, copiste de musique, écrivain**
Amitiés : **Mme de Warens, Diderot, Mme d'Épinay, Bernardin de Saint-Pierre**

Rousseau, qui a perdu sa mère à sa naissance, est élevé par son père à Genève. Alors qu'il est apprenti, il rentre un soir si tard qu'il se heurte aux portes fermées de la ville de Genève. Il décide alors de partir à l'aventure. Il est recueilli à Annecy par Mme de Warens, qui l'envoie à Turin pour qu'il se convertisse au catholicisme. En 1742, il s'installe à Paris où il découvre les salons littéraires et devient l'ami de Diderot. Il se lie avec Thérèse Levasseur, une servante, dont il aura cinq enfants : tous sont abandonnés à l'Hospice des enfants trouvés. En 1749, il remporte le prix du concours de l'Académie de Dijon en dénonçant la corruption engendrée par la civilisation. Célèbre, engagé auprès des philosophes, Rousseau se retrouve pourtant peu à peu isolé. Voltaire, qui a foi dans le progrès, lui reproche en effet sa condamnation de la civilisation dans le *Discours sur les sciences et les arts* ou dans le *Discours sur l'origine et les fondements de l'inégalité parmi les hommes*. En 1762, condamné par le Parlement pour les idées défendues dans *Émile ou De l'éducation*, menacé d'arrestation, Rousseau est obligé de fuir. Il mène alors une vie errante avant de mourir, à soixante-six ans, peu après son installation à Ermenonville.

Ses œuvres principales

- des essais, dont : *Discours sur les sciences et les arts* (1750), *Discours sur l'origine et les fondements de l'inégalité parmi les hommes* (1755), *Lettre à d'Alembert sur les spectacles* (1758), *Du contrat social* (1762), *Émile ou De l'éducation* (1762)
- un roman : *La Nouvelle Héloïse* (1761)
- des récits autobiographiques, dont : *Les Confessions* (1765-1770), *Les Rêveries du promeneur solitaire* (1776-1778)

L'ŒUVRE DE ROUSSEAU

Le blâme de la civilisation

Dès son *Discours sur les sciences et les arts*, en 1750, Rousseau est convaincu que la civilisation a perverti les hommes. Il fait l'éloge du « bon sauvage », exalte l'homme naturel et condamne les injustices nées de la propriété. Le *Discours sur l'origine et les fondements de l'inégalité parmi les hommes,* en 1755, et *Du contrat social*, en 1762, revendiquent plus de liberté et d'égalité pour les citoyens. En 1762, l'*Émile* développe les mêmes idées à travers une réflexion sur l'éducation des enfants.

Le pathétique du roman épistolaire

La Nouvelle Héloïse connaît un très grand succès, dès sa publication en 1761. Ce roman par lettres décrit la passion impossible de Saint-Preux et de son élève, Julie d'Estanges, obligée d'épouser un homme de sa condition. Rousseau y suscite l'émotion des « âmes sensibles » à travers le pathétique des situations.

L'invention de l'autobiographie

En cherchant à se justifier des attaques dont il est l'objet, avec *Les Confessions* rédigées de 1765 à 1770, Rousseau crée le genre autobiographique. Il y fait l'histoire de sa vie depuis sa naissance, en avouant au lecteur ses défauts et ses faiblesses. De 1776 à 1778, il poursuit ses confidences autobiographiques dans *Les Rêveries du promeneur solitaire*.

LE PRÉCURSEUR DU ROMANTISME

À travers son œuvre, Rousseau apparaît comme un être incompris qui revendique l'expression de ses émotions, de ses rêves et de ses désirs. Il défend l'importance du rapport de l'homme avec la nature : c'est dans la solitude, face à la beauté des paysages, que Rousseau retrouve en lui la richesse d'une sensibilité corrompue par la civilisation. L'écrivain prépare ainsi l'avènement du mouvement romantique, qui verra en lui l'un de ses précurseurs.

1755

Discours sur l'origine et les fondements de l'inégalité parmi les hommes

En 1753, l'Académie de Dijon met au concours le problème suivant : « Quelle est l'origine de l'inégalité des conditions parmi les hommes ? » Rousseau reconstitue l'histoire humaine pour identifier le moment où les hommes abandonnent l'état de nature et découvrent la vie en société.

Tant que les hommes se contentèrent de leurs cabanes rustiques, tant qu'ils se bornèrent à coudre leurs habits de peaux avec des épines ou des arêtes, à se parer de plumes et de coquillages, à se peindre le corps de diverses couleurs, à perfectionner ou embellir leurs arcs et leurs flèches, à tailler avec des pierres tranchantes quelques canots de pêcheurs ou quelques grossiers instruments de musique ; en un mot tant qu'ils ne s'appliquèrent qu'à des ouvrages qu'un seul pouvait faire, et qu'à des arts[1] qui n'avaient pas besoin du concours de plusieurs mains, ils vécurent libres, sains, bons, et heureux autant qu'ils pouvaient l'être par leur nature, et continuèrent à jouir entre eux des douceurs d'un commerce[2] indépendant : mais dès l'instant qu'un homme eut besoin du secours d'un autre ; dès qu'on s'aperçut qu'il était utile à un seul d'avoir des provisions pour deux, l'égalité disparut, la propriété s'introduisit, le travail devint nécessaire, et les vastes forêts se changèrent en des campagnes riantes qu'il fallut arroser de la sueur des hommes, et dans lesquelles on vit bientôt l'esclavage et la misère germer et croître avec les moissons.

La métallurgie et l'agriculture furent les deux arts dont l'invention produisit cette grande révolution. Pour le poète, c'est l'or et l'argent[3], mais pour le philosophe, ce sont le fer et le blé qui ont civilisé les hommes, et perdu le genre humain ; aussi l'un et l'autre étaient-ils inconnus aux sauvages de l'Amérique qui pour cela sont toujours demeurés tels ; les autres peuples semblent même être restés barbares tant qu'ils ont pratiqué l'un de ces arts sans l'autre ; et l'une des meilleures raisons pourquoi l'Europe a été, sinon plus tôt, du moins plus constamment, et mieux policée[4] que les autres parties du monde, c'est qu'elle est à la fois la plus abondante en fer et la plus fertile en blé.

Jean-Jacques Rousseau,
Discours sur l'origine et les fondements de l'inégalité parmi les hommes, 1755.

■ **1. arts** : activités, techniques artisanales. ■ **2. commerce** : relations entre les hommes. ■ **3. l'or et l'argent** : dans la poésie, on parle de l'âge d'or et de l'âge d'argent pour désigner la prospérité, le bonheur des premières sociétés. ■ **4. policée** : civilisée.

Le bonheur de l'homme naturel

Dans son *Discours sur l'origine et les fondements de l'inégalité parmi les hommes*, Rousseau dresse le portrait de l'homme originel. Le « bon sauvage » mène une vie active au cœur des forêts ; il est robuste car il doit chercher sa subsistance et se défendre contre les animaux ; il a peu de besoins. Le sentiment de la pitié lui tient lieu de morale.

Aux yeux de Rousseau, l'homme naturel est heureux : « Je voudrais bien qu'on m'expliquât, précise Rousseau, quel peut être le genre de misères d'un être libre dont le cœur est en paix et le corps en santé. » C'est lorsque apparaissent l'agriculture et la métallurgie, chez les hommes devenus sédentaires, que les passions et la violence se développent. S'impose alors l'idée de propriété, d'où découlent toutes les inégalités : les pauvres sont asservis aux riches, qui promulguent des lois qui leur sont favorables ; l'inégalité politique succède à l'inégalité économique.

Pour Rousseau, l'homme moderne est donc victime du perfectionnement de ses facultés et des progrès de la vie en société.

1762

Du contrat social

« L'homme est né libre, déclare Rousseau, et partout il est dans les fers. » L'écrivain philosophe veut redonner aux hommes la liberté qu'ils ont perdue et réfléchit sur les conditions d'une société plus harmonieuse. Il s'interroge sur les fondements de l'autorité au sein d'une famille et dans les rapports des citoyens entre eux.

« Rousseau écrivant son contrat social », gravure du XVIIIe siècle

Si l'on recherche en quoi consiste précisément le plus grand bien de tous, qui doit être la fin[1] de tout système de législation, on trouvera qu'il se réduit à ces deux objets principaux, la *liberté*, et l'*égalité*. La liberté, parce que toute dépendance particulière[2] est autant de force ôtée au corps de l'État ; l'égalité, parce que la liberté ne peut subsister sans elle.

J'ai déjà dit ce que c'est que la liberté civile ; à l'égard de l'égalité, il ne faut pas entendre par ce mot que les degrés de puissance et de richesse soient absolument les mêmes, mais que, quant à la puissance, elle soit au-dessous de toute violence et ne s'exerce jamais qu'en vertu du rang et des lois, et quant à la richesse, que nul citoyen ne soit assez opulent[3] pour en pouvoir acheter un autre, et nul assez pauvre pour être contraint de se vendre : ce qui suppose du côté des grands modération de biens et de crédit, et du côté des petits, modération d'avarice et de convoitise.

Cette égalité, disent-ils, est une chimère de spéculation[4] qui ne peut exister dans la pratique : mais si l'abus est inévitable, s'ensuit-il qu'il ne faille pas au moins le régler[5] ? C'est précisément parce que la force des choses tend toujours à détruire l'égalité, que la force de la législation doit toujours tendre à le maintenir.

Jean-Jacques Rousseau, *Du contrat social*, chapitre XI, 1762.

1. la fin : le but, l'objectif. **2. toute dépendance particulière** : tout lien de dépendance, de servitude entre individus. **3. opulent** : riche. **4. chimère de spéculation** : réflexion abstraite, vue de l'esprit, utopie. **5. le régler** : le limiter.

Les fondements de la pensée politique moderne

Dans *Du contrat social*, Rousseau pose les fondements de la pensée politique moderne : pour lui, la souveraineté populaire est la seule source légitime du pouvoir. L'unique manière de gouverner repose sur un contrat passé entre les citoyens et l'autorité, garantissant à tous la liberté et l'égalité. Ce contrat social engage chacun à respecter la volonté générale, c'est-à-dire les lois qui servent l'intérêt de tous.

Aux yeux du philosophe, la démocratie est le seul régime qui assure véritablement cette forme de légitimité. Les hommes y sont de véritables citoyens parce qu'ils font les lois et parce qu'ils les respectent. Cette réflexion novatrice inspire le mouvement qui conduira plus tard à l'abolition de la monarchie. Elle est célébrée à travers de multiples gravures à la gloire de l'auteur du *Contral social*.

La liberté et l'égalité sont ainsi des droits inaliénables que la société doit préserver. Condorcet dira, pendant la Révolution, que Rousseau a mis au jour des vérités qui ne peuvent plus être oubliées.

1762

Émile ou De l'éducation

Fidèle à la volonté des Lumières de sortir les citoyens de l'ignorance, Rousseau s'intéresse à l'éducation des enfants. Dans son traité *Émile ou De l'éducation*, il se fait le précepteur d'un élève imaginaire, Émile, qu'il éduque à la campagne, loin de l'influence néfaste de la civilisation. À dix ans, Émile apprend à lire, tandis que son précepteur cherche à le motiver.

On se fait une grande affaire de chercher les meilleures méthodes d'apprendre à lire ; on invente des bureaux, des cartes ; on fait de la chambre d'un enfant un atelier d'imprimerie. Locke[1] veut qu'il apprenne à lire avec des dés. Ne voilà-t-il pas une invention bien trouvée ? Quelle pitié ! Un moyen plus sûr que tout cela, et celui qu'on oublie toujours, est le désir d'apprendre. Donnez à l'enfant ce désir, puis laissez-là vos bureaux et vos dés, toute méthode lui sera bonne

L'intérêt présent, voilà le grand mobile, le seul qui mène sûrement et loin. Émile reçoit quelquefois de son père, de sa mère, de ses parents, de ses amis, des billets d'invitation pour un dîner, pour une promenade, pour une partie sur l'eau, pour voir quelque fête publique. Ces billets sont courts, clairs, nets, bien écrits. Il faut trouver quelqu'un qui les lui lise ; ce quelqu'un, ou ne se trouve pas toujours à point nommé ou rend à l'enfant le peu de complaisance que l'enfant eut pour lui la veille. Ainsi l'occasion, le moment se passe. On lui dit enfin le billet, mais il n'est plus temps.

Ah ! si l'on eût su lire soi-même ! On en reçoit d'autres : ils sont si courts ! Le sujet en est si intéressant ! On voudrait essayer de les déchiffrer ; on trouve tantôt de l'aide et tantôt des refus. On s'évertue, on déchiffre enfin la moitié d'un billet : il s'agit d'aller demain manger de la crème... on ne sait où, ni avec qui... Combien on fait d'effort pour lire le reste !

Jean-Jacques Rousseau,
Émile ou De l'éducation, 1762.

1. **Locke** : philosophe anglais du XVIIIe siècle.

« Émile vainqueur à la course ». Illustration du XVIIIe siècle pour l'ouvrage de Rousseau.

Une vision moderne de l'éducation

Rousseau invente le personnage d'Émile pour proposer à travers lui une vision nouvelle de l'éducation, en rupture avec celles qui sont en usage au XVIIIe siècle. Rousseau insiste d'abord sur la nécessité pour le père et la mère d'éduquer eux-mêmes leurs enfants. Élevés à la campagne, ils doivent être libres de leurs mouvements et savoir se passer de confort.

L'écrivain estime que les livres sont, pour les enfants, peu utiles, voire dangereux : pour lui, l'enfant n'est pas capable de comprendre les fables de La Fontaine dont les moralistes vantent les vertus ! Il doit pouvoir raisonner par lui-même, apprendre un métier manuel et comprendre ainsi la valeur et la nécessité du travail. Quant à l'éducation morale et religieuse, elle se développe à partir du spectacle de la nature. Des vérités morales élémentaires guident la conscience du jeune Émile.

Tout au long de son traité, Rousseau se montre particulièrement attentif aux motivations de l'enfant dans son apprentissage : c'est un des aspects les plus modernes de sa pensée.

1761

La Nouvelle Héloïse

Dans ce roman épistolaire, Rousseau décrit la passion de Saint-Preux, un précepteur, et de Julie, son élève. Ils se sont avoué leur amour, mais à la mort de sa mère, Julie d'Estanges accepte le mari que son père lui propose. Après une longue absence, Saint-Preux revoit Julie à qui son mari accorde une confiance absolue. Toujours amoureux, il raconte une promenade avec celle qui est devenue Mme de Wolmar.

Après le souper, nous fûmes nous asseoir sur la grève en attendant le moment du départ. Insensiblement la lune se leva, l'eau devint plus calme, et Julie me proposa de partir. Je lui donnai la main pour entrer dans le bateau ; et, en m'asseyant à côté d'elle, je ne songeai plus à quitter sa main. Nous gardions un profond silence. Le bruit égal et mesuré des rames m'excitait à rêver. Le chant assez gai des bécassines, me retraçant les plaisirs d'un autre âge, au lieu de m'égayer, m'attristait. Peu à peu, je sentis augmenter la mélancolie dont j'étais accablé. Un ciel serein, les doux rayons de la lune, le frémissement argenté dont l'eau brillait autour de nous, le concours[1] des plus agréables sensations, la présence même de cet objet chéri, rien ne put détourner de mon cœur mille réflexions douloureuses.

Je commençai par me rappeler une promenade semblable faite autrefois avec elle durant le charme de nos premières amours. Tous les sentiments délicieux qui remplissaient alors mon âme s'y retracèrent pour l'affliger ; tous les événements de notre jeunesse, nos études, nos entretiens, nos lettres, nos rendez-vous, nos plaisirs,

E tanta fede, e si dolci memorie,
E si lungo costume[2] *!*

ces foules de petits objets qui m'offraient l'image de mon bonheur passé, tout revenait, pour augmenter ma misère présente, prendre place en mon souvenir. C'en est fait, disais-je en moi-même ; ces temps, ces temps heureux ne sont plus ; ils ont disparu pour jamais. Hélas ! ils ne reviendront plus ; et nous vivons, et nous sommes ensemble, et nos cœurs sont toujours unis ! Il me semblait que j'aurais porté[3] plus patiemment sa mort ou son absence, et que j'avais moins souffert tout le temps que j'avais passé loin d'elle. Quand je gémissais dans l'éloignement, l'espoir de la revoir soulageait mon cœur ; je me flattais[4] qu'un instant de sa présence effacerait toutes mes peines ; j'envisageais au moins dans les possibles un état moins cruel que le mien. Mais se trouver auprès d'elle, mais la voir, la toucher, lui parler, l'aimer, l'adorer, et, presque en la possédant encore, la sentir perdue à jamais pour moi ; voilà ce qui me jetait dans des accès de fureur[5] et de rage qui m'agitèrent par degrés jusqu'au désespoir. Bientôt je commençai de rouler dans mon esprit des projets funestes[6], et, dans un transport[7] dont je frémis en y pensant, je fus violemment tenté de la précipiter avec moi dans les flots, et d'y finir dans ses bras ma vie et mes longs tourments. Cette horrible tentation devint à la fin si forte, que je fus obligé de quitter brusquement sa main pour passer à la pointe du bateau.

Là, mes vives agitations commencèrent à prendre un autre cours ; un sentiment plus doux s'insinua peu à peu dans mon âme, l'attendrissement surmonta le

« Je commençai par me rappeler une promenade semblable faite autrefois avec elle durant le charme de nos premières amours. »
Gravure du XVIIIe siècle pour *La Nouvelle Héloïse*.

désespoir, je me mis à verser des torrents de larmes ; et cet état, comparé à celui dont je sortais, n'était pas sans quelque plaisir ; je pleurai fortement, longtemps, et fus soulagé. Quand je me trouvai bien remis, je revins auprès de Julie, je repris sa main. Elle tenait son mouchoir ; je le sentis fort mouillé. « Ah ! lui dis-je tout bas, je vois que nos cœurs n'ont jamais cessé de s'entendre ! – Il est vrai, dit-elle d'une voix altérée, mais que ce soit la dernière fois qu'ils auront parlé sur ce ton. » Nous recommençâmes alors à causer tranquillement, et au bout d'une heure de navigation nous arrivâmes sans autre accident. Quand nous fûmes rentrés, j'aperçus à la lumière qu'elle avait les yeux rouges et fort gonflés ; elle ne dut pas trouver les miens en meilleur état. Après les fatigues de cette journée, elle avait grand besoin de repos ; elle se retira, et je fus me coucher.

« … ces temps, ces temps heureux ne sont plus ; ils ont disparu pour jamais. Hélas ! ils ne reviendront plus… »

Voilà, mon ami, le détail du jour de ma vie où, sans exception, j'ai senti les émotions les plus vives. J'espère qu'elles seront la crise qui me rendra tout à fait à moi. Au reste, je vous dirai que cette aventure m'a plus convaincu que tous les arguments de la liberté de l'homme et du mérite de la vertu.

Jean-Jacques Rousseau, *La Nouvelle Héloïse*, quatrième partie, lettre XVII, 1761.

■ **1. le concours** : la présence, la participation. ■ **2. *Et tanta fede…*** : « Et cette foi si pure, et ces doux souvenirs, et cette longue familiarité ! » ■ **3. porté** : supporté. ■ **4. flattais** : imaginais. ■ **5. fureur** : folie. ■ **6. funestes** : de mort. ■ **7. transport** : moment d'émotion.

Le roman des âmes sensibles

Julie ou la Nouvelle Héloïse, lettres de deux amants habitants d'une petite ville au pied des Alpes, recueillies et publiées par Jean-Jacques Rousseau est le titre exact du roman. En racontant l'amour impossible entre le jeune roturier Saint-Preux et Julie d'Estanges, Rousseau écrit le roman des âmes sensibles, séparées par les contraintes sociales. Habités par le souvenir des temps heureux, accablés par la mélancolie de l'absence, les personnages expriment dans leurs lettres les plaintes d'un amour malheureux : « Le temps du bonheur est passé comme un éclair. »

Rousseau reçoit des lettres bouleversées de lecteurs qui pleurent à la mort de Julie. C'est en effet moins l'histoire qui compte que l'expression intime des sentiments, la méditation sur les souffrances de l'âme qui aspire à un dépassement et à un amour inaccessible dans ce monde. Jean-Jacques Rousseau fait ainsi de Julie une héroïne romantique avant l'heure.

1765-1770

Les Confessions

En écrivant ses *Confessions*, Rousseau a décidé de tout dire. Il confesse ses fautes, il fait l'aveu public de ses faiblesses. Mais le récit autobiographique est aussi l'occasion de revivre les moments heureux d'une vie, quand l'ordre naturel renverse l'ordre social, quand la valeur de l'individu éclate aux yeux de tous. À Turin, Rousseau n'est qu'un jeune domestique au service du comte de Gouvon. Ignoré de la belle mademoiselle de Breil, il trouve l'occasion de montrer sa vraie personnalité.

On donnait ce jour-là un grand dîner, où pour la première fois je vis avec beaucoup d'étonnement le maître d'hôtel servir l'épée au côté et le chapeau sur la tête. Par hasard on vint à parler de la devise de la maison de Solar, qui était sur la tapisserie avec les armoiries : *Tel fiert qui ne tue pas*. Comme les Piémontais[1] ne sont pas pour l'ordinaire consommés dans[2] la langue française, quelqu'un trouva dans cette devise une faute d'orthographe, et dit qu'au mot *fiert* il ne fallait point de *t*.

Le vieux comte de Gouvon allait répondre, mais ayant jeté les yeux sur moi, il vit que je souriais sans oser rien dire : il m'ordonna de parler. Alors je dis que je ne croyais pas que le *t* fût de trop ; que *fiert* était un vieux mot français qui ne venait pas du nom *ferus*, fier, menaçant ; mais du verbe *ferit*, il frappe, il blesse. Qu'ainsi la devise ne me paraissait pas dire, tel menace, mais *tel frappe qui ne tue pas*.

Tout le monde me regardait et se regardait sans rien dire. On ne vit de la vie un pareil étonnement. Mais ce qui me flatta davantage fut de voir clairement sur le visage de Mlle de Breil un air de satisfaction. Cette personne si dédaigneuse daigna me jeter un second regard qui valait tout au moins le premier ; puis tournant les yeux vers son grand-papa, elle semblait attendre avec une sorte d'impatience la louange qu'il me devait, et qu'il me donna en effet si pleine et si entière et d'un air si content que toute la table s'empressa de faire chorus[3]. Ce moment fut court, mais délicieux à tous égards. Ce fut un de ces moments trop rares qui replacent les choses dans leur ordre naturel et vengent le mérite avili[4] des outrages de la fortune. Quelques minutes après, Mlle de Breil, levant derechef[5] les yeux sur moi, pria, d'un ton de voix aussi timide qu'affable, de lui donner à boire. On juge que je ne la fis pas attendre ; mais en approchant je fus saisi d'un tel tremblement, qu'ayant trop rempli le verre, je répandis une partie de l'eau sur l'assiette et même sur elle. Son frère me demanda étourdiment pourquoi je tremblais si fort. Cette question ne servit pas à me rassurer, et Mlle de Breil rougit jusqu'au blanc des yeux.

Jean-Jacques Rousseau, *Les Confessions* (1765-1770), éd. posthume, 1782.

▪ **1. Piémontais** : habitants du nord de l'Italie. ▪ **2. consommés dans** : versés dans, habitués à.
▪ **3. faire chorus** : reprendre en chœur. ▪ **4. le mérite avili** : les qualités injustement méconnues.
▪ **5. derechef** : de nouveau.

La première autobiographie

Dans le Préambule des *Confessions*, Rousseau déclare : « Je forme une entreprise qui n'eut jamais d'exemple, et dont l'exécution n'aura point d'imitateur. Je veux montrer à mes semblables un homme dans toute la vérité de la nature ; et cet homme, ce sera moi. »

C'est la première fois dans l'histoire de la littérature qu'un écrivain célèbre se prend directement et uniquement comme l'objet de son livre, s'engageant à montrer ses qualités comme ses défauts, en faisant le récit de son existence depuis sa plus tendre enfance. Il s'offre au jugement du lecteur, raconte le développement d'une conscience qui s'éveille au monde, s'engage à faire ainsi son portrait véritable et sincère.

Tel est le pacte autobiographique, dans lequel l'auteur, le narrateur et le personnage principal du livre constituent une seule et même personne, dont toute l'histoire nous est révélée.

1776-1778

Les Rêveries du promeneur solitaire

Au soir de sa vie, Rousseau fait le bilan de son existence : « Me voici donc seul sur la terre, n'ayant plus de frère, de prochain, d'ami, de société que moi-même. » Dans *Les Rêveries du promeneur solitaire* l'écrivain retrouve le souvenir de moments heureux. La cinquième promenade évoque l'île de Saint-Pierre, au milieu du lac Bienne, en Suisse où il vécut en septembre et octobre 1765.

Quand le soir approchait je descendais des cimes de l'île et j'allais volontiers m'asseoir au bord du lac sur la grève dans quelque asile caché ; là le bruit des vagues et l'agitation de l'eau fixant mes sens et chassant de mon âme toute autre agitation la plongeaient dans une rêverie délicieuse où la nuit me surprenait souvent sans que je m'en fusse aperçu. Le flux et reflux de cette eau, son bruit continu, mais renflé par intervalles, frappant sans relâche mon oreille et mes yeux suppléaient aux mouvements internes que la rêverie éteignait en moi et suffisaient pour me faire sentir avec plaisir mon existence, sans prendre la peine de penser. De temps à autre naissait quelque faible et courte réflexion sur l'instabilité des choses de ce monde dont la surface des eaux m'offrait l'image : mais bientôt ces impressions légères s'effaçaient dans l'uniformité du mouvement continu qui me berçait, et qui sans aucun concours actif de mon âme ne laissait pas de m'attacher au point qu'appelé par l'heure et par le signal convenu je ne pouvais m'arracher de là sans effort.

Après le souper quand la soirée était belle, nous allions encore tous ensemble faire quelque tour de promenade sur la terrasse pour y respirer l'air du lac et la fraîcheur. On se reposait dans le pavillon, on riait, on causait, on chantait quelque vieille chanson qui valait bien le tortillage moderne, et enfin l'on s'allait coucher content de sa journée et n'en désirant qu'une semblable pour le lendemain.

Telle est, laissant à part les visites imprévues et importunes, la manière dont j'ai passé mon temps dans cette île durant le séjour que j'y ai fait. Qu'on me dise à présent ce qu'il y a là d'assez attrayant pour exciter dans mon cœur des regrets si vifs, si tendres et si durables qu'au bout de quinze ans il m'est impossible de songer à cette habitation chérie sans m'y sentir à chaque fois transporté encore par les élans du désir.

J'ai remarqué dans les vicissitudes d'une longue vie que les époques des plus douces jouissances et des plaisirs les plus vifs ne sont pourtant pas celles dont le souvenir m'attire et me touche le plus. Ces courts moments de délire et de passion, quelque vifs qu'ils puissent être, ne sont cependant et par leur vivacité même, que des points bien clairsemés dans la ligne de la vie. Ils sont trop rares et trop rapides pour constituer un état, et le bonheur que mon cœur regrette n'est point composé d'instants fugitifs mais un état simple et permanent, qui n'a rien de vif en lui-même, mais dont la durée accroît le charme au point d'y trouver enfin la suprême félicité.

Jean-Jacques Rousseau, *Les Rêveries du promeneur solitaire*,
cinquième promenade (1776-1778), éd. posthume, 1782.

La dernière œuvre de Rousseau

C'est en 1776 que Rousseau commence la rédaction de ses *Rêveries*. De longues promenades l'amènent chaque jour dans la campagne des environs de Paris. Il retrouve un lien intime avec la nature et oublie les hommes. Les fleurs et les graminées suscitent et réveillent ses souvenirs. L'écrivain semble alors apaisé. Il se livre à des réflexions émouvantes sur sa sincérité et sa souffrance devant la cruauté des attaques dont il a été victime. Lorsqu'il part pour Ermenonville, près de Paris, le 20 mai 1778, Rousseau emporte avec lui le manuscrit des *Rêveries du promeneur solitaire*. Cette toute dernière œuvre est interrompue par sa mort, le 2 juillet 1778.

BEAUMARCHAIS

Nom et prénoms : **Caron de Beaumarchais, Pierre Augustin**
Naissance : **le 24 janvier 1732, à Paris**
Décès : **le 18 mai 1798, à Paris**
Lieux : **Paris, Madrid, Londres**
Situation familiale : **un premier mariage en 1756, un second en 1768, un troisième en 1775**
Professions : **horloger, financier, agent secret, homme de lettres, commissaire de la République**
Amitiés : **Pâris-Duverney, les filles de Louis XV, le comte d'Artois**

Fils d'un horloger parisien, Pierre Augustin Caron apprend le métier de son père. Il invente à vingt ans un procédé d'horlogerie novateur. Homme d'esprit, présenté à la cour de Louis XV, il fréquente dès lors le monde de la noblesse, devient professeur de musique auprès des filles du roi. À vingt-six ans, grâce à un premier mariage, il prend le nom de Beaumarchais et mène une vie d'homme d'affaires. Il sera ensuite chargé de missions secrètes à Londres et à Vienne pour le roi, armateur, fournisseur d'armes pour les insurgés américains. Ses premières œuvres littéraires ne connaissent aucun succès.

Faussement accusé de corruption, Beaumarchais fait une brève expérience de la prison, mais il devient célèbre en 1775 avec *Le Barbier de Séville*. Dramaturge conscient de ses intérêts, il fonde la Société des auteurs dramatiques. En 1784, d'abord interdit par Louis XVI, *Le Mariage de Figaro* est un nouveau succès. Exilé pendant la Révolution, Beaumarchais revient en 1796 à Paris où il assiste au triomphe de sa dernière pièce, *La Mère coupable*.

Ses œuvres principales

- des comédies, dont : *Le Barbier de Séville* (1775), *Le Mariage de Figaro* (1784)
- un drame : *La Mère coupable* (1792)

1775

Le Barbier de Séville

Barbier à Séville, Figaro y retrouve son ancien maître, le comte Almaviva, qui attend dans la rue l'apparition quotidienne de la belle Rosine. Amoureux de la jeune fille, le comte demande à Figaro de lui venir en aide. Il s'agit de vaincre les obstacles que multiplie Bartholo, le tuteur de Rosine qui, vieillard jaloux, compte bien épouser sa pupille. Figaro renseigne ainsi le comte sur la personnalité de son rival.

LE COMTE. – Apprends donc que le hasard m'a fait rencontrer au Prado[1], il y a six mois, une jeune personne d'une beauté… Tu viens de la voir ! je l'ai fait chercher en vain par tout Madrid. Ce n'est que depuis peu de jours que j'ai découvert qu'elle s'appelle Rosine, est d'un sang noble, orpheline et mariée à un vieux médecin de cette ville nommé Bartholo.

FIGARO. – Joli oiseau, ma foi ! difficile à dénicher ! Mais qui vous a dit qu'elle était femme du docteur ?

LE COMTE. – Tout le monde.

FIGARO. – C'est une histoire qu'il a forgée en arrivant de Madrid, pour donner le change aux galants et les écarter ; elle n'est encore que sa pupille, mais bientôt…

LE COMTE, *vivement*. – Jamais. Ah, quelle nouvelle ! j'étais résolu de tout poser pour lui présenter mes regrets, et je la trouve libre ! Il n'y a pas un moment à perdre, il faut m'en faire aimer, et l'arracher à l'indigne engagement qu'on lui destine. Tu connais donc ce tuteur ?

FIGARO. – Comme ma mère.

LE COMTE. – Quel homme est-ce ?

FIGARO, *vivement*. – C'est un beau, gros, court, jeune vieillard, gris pommelé[2], rusé, rasé, blasé, qui guette, et furète, et gronde, et geint tout à la fois.

LE COMTE, *impatienté*. – Eh ! je l'ai vu. Son caractère ?

FIGARO. – Brutal, avare, amoureux et jaloux à l'excès de sa pupille[3], qui le hait à la mort.

LE COMTE. – Ainsi, ses moyens de plaire sont...

FIGARO. – Nuls.

LE COMTE. – Tant mieux. Sa probité[4] ?

FIGARO. – Tout juste autant qu'il en faut pour n'être point pendu.

LE COMTE. – Tant mieux. Punir un fripon en se rendant heureux...

FIGARO. – C'est faire à la fois le bien public et particulier : chef-d'œuvre de morale, en vérité, Monseigneur !

LE COMTE. – Tu dis que la crainte des galants lui fait fermer sa porte ?

FIGARO. – À tout le monde ; s'il pouvait la calfeutrer...

LE COMTE. – Ah diable ! tant pis. Aurais-tu de l'accès chez lui ?

FIGARO. – Si j'en ai ! Primo, la maison que j'occupe appartient au docteur, qui m'y loge gratis...

LE COMTE. – Ah ! Ah !

FIGARO. – Et moi, en reconnaissance, je lui promets dix pistoles d'or par an, gratis aussi...

LE COMTE, *impatienté*. – Tu es son locataire ?

FIGARO. – De plus, son barbier, son chirurgien, son apothicaire[5] ; il ne se donne pas dans sa maison un coup de rasoir, de lancette ou de piston, qui ne soit de la main de votre serviteur.

LE COMTE *l'embrasse*. – Ah ! Figaro, mon ami, tu seras mon ange, mon libérateur, mon dieu tutélaire[6].

FIGARO. – Peste ! comme l'utilité vous a bientôt rapproché les distances ! Parlez-moi des gens passionnés !

LE COMTE. – Heureux Figaro ! tu vas voir ma Rosine ! tu vas la voir ! Conçois-tu ton bonheur ?

FIGARO. – C'est bien là un propos d'amant ! Est-ce que je l'adore, moi ? Pussiez-vous prendre ma place !

LE COMTE. – Ha ! si l'on pouvait écarter tous les surveillants !...

FIGARO. – C'est à quoi je rêvais.

Pierre Augustin Caron de Beaumarchais,
Le Barbier de Séville, acte I, scène 4, 1775.

1. **Prado** : lieu de promenade à Madrid, aujourd'hui occupé par le musée du même nom. 2. **gris pommelé** : gris marqué de taches blanches (se dit pour la robe des chevaux). 3. **pupille** : orpheline placée sous la protection d'un tuteur qui gère ses biens. 4. **probité** : honnêteté. 5. **apothicaire** : pharmacien. 6. **dieu tutélaire** : dieu protecteur.

Le maître de la comédie satirique

Dans *Le Barbier de Séville*, en 1775, comme dans *Le Mariage de Figaro*, en 1784, Beaumarchais tourne en ridicule le comportement de la noblesse. Il oppose la valeur de l'individu aux privilèges dus à la naissance. Ruses, surprises, rebondissements, vivacité des dialogues caractérisent la comédie satirique de Beaumarchais. Celui-ci met ainsi les rieurs du côté des partisans de la liberté.

Son brio, le charme de ses personnages, la séduction de son théâtre sont tels que les nobles eux-mêmes applaudissent. Dans son théâtre de Trianon, Marie-Antoinette interprète la Rosine du *Barbier de Séville* et le comte d'Artois, le frère du roi, celui de Figaro.

1784

Le Mariage de Figaro

Reprenant ses personnages du *Barbier de Séville*, Beaumarchais développe dans *La Folle Journée ou le Mariage de Figaro* une critique sociale virulente contre l'aristocratie. Le comte Almaviva a épousé Rosine, mais veut faire de Suzanne, la camériste de la comtesse, sa maîtresse. Fiancé à Suzanne, Figaro se croit trahi le jour même de ses noces. Seul, il laisse éclater son indignation en un long monologue qui fait le récit de sa vie et devient un véritable réquisitoire contre la société de l'Ancien Régime. Il médite alors sur son destin et sur celui des hommes.

FIGARO, *seul, se promenant dans l'obscurité, dit du ton le plus sombre.* – Ô femme ! femme ! femme ! créature faible et décevante !... nul animal créé ne peut manquer à son instinct ; le tien est-il donc de tromper ?... Après m'avoir obstinément refusé quand je l'en pressais devant sa maîtresse[1], à l'instant qu'elle me donne sa parole, au milieu même de la cérémonie[2]... Il riait en lisant, le perfide ! et moi comme un benêt... ! Non, Monsieur le Comte, vous ne l'aurez pas... vous ne l'aurez pas. Parce que vous êtes un grand seigneur, vous vous croyez un grand génie !... Noblesse, fortune, un rang, des places ; tout cela rend si fier ! Qu'avez-vous fait pour tant de biens ! vous vous êtes donné la peine de naître, et rien de plus. Du reste homme assez ordinaire ! tandis que moi, morbleu ! perdu dans la foule obscure, il m'a fallu déployer plus de science et de calculs pour subsister seulement, qu'on n'en a mis depuis cent ans à gouverner toutes les Espagnes ; et vous voulez jouter... On vient... c'est elle... ce n'est personne. – La nuit est noire en diable, et me voilà faisant le sot métier de mari, quoique je ne le sois qu'à moitié ! *(Il s'assied sur un banc.)* – Est-il rien de plus bizarre que ma destinée ? Fils de je ne sais pas qui, volé par des bandits, élevé dans leurs mœurs, je m'en dégoûte et veux courir une carrière honnête ; et partout je suis repoussé ! J'apprends la chimie, la pharmacie, la chirurgie, et tout le crédit d'un grand seigneur peut à peine me mettre à la main une lancette vétérinaire ! – Las d'attrister des bêtes malades, et pour faire un métier contraire, je me jette à corps perdu dans le théâtre : me fussé-je mis une pierre au cou ! Je broche une comédie dans les mœurs du sérail. Auteur espagnol, je crois pouvoir y fronder Mahomet sans scrupule : à l'instant un envoyé... de je ne sais où se plaint que j'offense dans mes vers la Sublime-Porte, la Perse, une partie de la presqu'île de l'Inde, toute l'Égypte, les royaumes de Barca, de Tripoli, de Tunis, d'Alger et de Maroc : et voilà ma comédie flambée, pour plaire aux princes mahométans, dont pas un, je crois, ne sait lire, et qui nous meurtrissent l'omoplate en nous disant : *chiens de chrétiens !* – Ne pouvant avilir l'esprit, on se venge en le maltraitant. – Mes joues creusaient ; mon terme[3] était échu ; je voyais de loin arriver l'affreux recors[4], la plume fichée dans sa perruque ; en frémissant je m'évertue[5]. Il s'élève une question sur la nature des richesses ; et, comme il n'est pas nécessaire de tenir les choses pour en raisonner, n'ayant pas un sou, j'écris sur la valeur de l'argent et sur son produit net : sitôt je vois du fond d'un fiacre baisser pour moi le pont d'un château fort, à l'entrée duquel je laissai l'espérance et la liberté. *(Il se lève.)* Que je voudrais bien tenir un de ces puissants de quatre jours, si légers sur le mal qu'ils ordonnent, quand une bonne disgrâce a cuvé[6] son orgueil ! Je lui dirais... que les sottises imprimées n'ont d'importance qu'aux lieux où l'on en gène le cours ; que sans la liberté de blâmer, il n'est point d'éloge flatteur ; et qu'il n'y a que les petits hommes qui redoutent les petits écrits. *(Il se rassied.)* Las de nourrir un obscur pensionnaire, on me met un jour dans la rue ; et comme il faut dîner, quoiqu'on ne soit plus en

Francis Perrin dans le rôle de Figaro, lors d'une représentation au théâtre de Versailles.

prison, je taille encore ma plume, et demande à chacun de quoi il est question : on me dit que, pendant ma retraite économique, il s'est établi dans Madrid un système de liberté sur la vente des productions, qui s'étend même à celles de la presse ; et que, pourvu que je ne parle en mes écrits ni de l'autorité, ni du culte, ni de la politique, ni de la morale, ni des gens en place, ni des corps en crédit, ni de l'Opéra, ni des autres spectacles, ni de personne qui tienne à quelque chose, je puis tout imprimer librement, sous l'inspection de deux ou trois censeurs. Pour profiter de cette douce liberté, j'annonce un écrit périodique, et, croyant n'aller sur les brisées[7] d'aucun autre, je le nomme *Journal inutile*. Pou-ou ! je vois s'élever contre moi mille pauvres diables à la feuille, on me supprime, et me voilà derechef sans emploi ! – Le désespoir m'allait saisir ; on pense à moi pour une place, mais par malheur j'y étais propre : il fallait un calculateur, ce fut un danseur qui l'obtint. Il ne me restait plus qu'à voler ; je me fais banquier de pharaon[8] : alors, bonnes gens, je soupe en ville, et les personnes dites *comme il faut* m'ouvrent poliment leur maison, en retenant pour elles les trois quarts du profit. J'aurais bien pu me remonter ; je commençais même à comprendre que, pour gagner du bien, le savoir-faire vaut mieux que le savoir. Mais comme chacun pillait autour de moi, en exigeant que je fusse honnête, il fallut bien périr encore. Pour le coup je quittai le monde, et vingt brasses d'eau m'en allaient séparer, lorsqu'un dieu bienfaisant m'appelle à mon premier état. Je reprends ma trousse et mon cuir anglais ; puis, laissant la fumée aux sots qui s'en nourrissent, et la honte au milieu du chemin, comme trop lourde à un piéton, je vais rasant de ville en ville, et je vis enfin sans souci.

Pierre Augustin Caron de Beaumarchais,
Le Mariage de Figaro, acte V, scène 3, 1784.

■ 1. **devant sa maîtresse** : Figaro avait demandé à Suzanne de donner au comte un faux rendez-vous. ■ 2. **la cérémonie** : pendant la fête en l'honneur de son mariage, Suzanne a glissé au comte le billet du faux rendez-vous, mais sans prévenir Figaro. ■ 3. **terme** : moment de payer le loyer. ■ 4. **recors** : huissier. ■ 5. **je m'évertue** : je persévère, poursuis mes efforts. ■ 6. **cuvé** : vidé, réduit à rien. ■ 7. **aller sur les brisées** : entrer en concurrence. ■ 8. **banquier de pharaon** : jeu de cartes.

Figaro, valet magnifique, frondeur et rebelle

Dans *Le Barbier de Séville* et dans *Le Mariage de Figaro*, Beaumarchais poursuit, à travers le personnage de Figaro, la tradition du valet de comédie, habile, malicieux et insolent. C'est lui qui mène le jeu, tel le Scapin de Molière, levant pour son maître et pour lui-même les obstacles qui se dressent devant eux.

Avec Figaro cependant, Beaumarchais ajoute une dimension nouvelle à la figure du valet : picaresque, frondeur, révolté contre l'ordre social, condamnant l'arbitraire du pouvoir et de la censure, dénonçant les injustices, ce valet d'un nouveau genre ajoute à la raillerie une volonté de rébellion qui prépare la Révolution française. C'est pourquoi la pièce est d'abord interdite par Louis XVI, qui y voit une contestation de la monarchie absolue. Cependant, séduits par le brio de l'esprit de Beaumarchais, de grands seigneurs du royaume interviennent pour que *Le Mariage de Figaro* soit tout de même représenté : c'est un triomphe.

CHODERLOS DE LACLOS

Nom et prénom : **Choderlos de Laclos, Pierre**
Naissance : **le 18 octobre 1747, à Amiens**
Décès : **le 5 septembre 1803, à Tarente, en Italie**
Lieux : **Toul, Grenoble, Valmy**
Situation familiale : **marié à Marie-Solange Duperré, avec qui il a trois enfants**
Professions : **officier d'artillerie, commissaire aux armées**
Amitiés : **Philippe d'Orléans, les Jacobins**

Né dans une famille de noblesse récente, Choderlos de Laclos entre à dix-huit ans à l'école d'artillerie de La Fère. Il mène ensuite une carrière militaire, voyageant au gré de ses affectations. À quarante ans, ses ambitions militaire déçues, Laclos veut se faire un nom. Capitaine d'artillerie, il obtient un congé de six mois et achève un roman qui décrit les mœurs d'aristocrates libertins.

Publiées en 1782, *Les Liaisons dangereuses* remportent un immense succès. Cinq ans plus tard, l'officier provoque un autre scandale en critiquant les théories de Vauban sur l'art des fortifications et doit quitter ses fonctions militaires. Pendant la Révolution française, commissaire aux armées, il contribue à la victoire de Valmy. Il est emprisonné sous la Terreur, mais, après la mort de Robespierre, Bonaparte le nomme général de brigade et l'envoie sur le Rhin, puis en Italie. Épuisé par la dysentrie, il meurt en 1803, lors de la campagne d'Italie.

Ses œuvres principales

- des articles et des essais
- un roman : *Les Liaisons dangereuses* (1782)

1782

Les Liaisons dangereuses

Dès les premières lettres qu'il adresse à sa complice, la marquise de Merteuil, le vicomte de Valmont lui fait part de son désir de conquérir une jeune femme mariée, madame de Tourvel. Les trois premières parties du roman montrent la stratégie déployée par le libertin pour séduire cette femme à la fois attachée à son mari et à ses principes religieux. Au début de la quatrième partie, Valmont rapporte le succès de son entreprise.

Lettre CXXV

Le vicomte de Valmont à la marquise de Merteuil

La voilà donc vaincue, cette femme superbe qui avait osé croire qu'elle pourrait me résister ! Oui, mon amie, elle est à moi, entièrement à moi ; et depuis hier, elle n'a plus rien à m'accorder.

Je suis encore trop plein de mon bonheur pour pouvoir l'apprécier, mais je m'étonne du charme inconnu que j'ai ressenti. Serait-il donc vrai que la vertu augmentât le prix d'une femme, jusque dans le moment même de sa faiblesse ? Mais reléguons cette idée puérile avec les contes de bonne femme. Ne rencontre-t-on pas presque partout une résistance plus ou moins bien feinte au premier triomphe ? et ai-je trouvé nulle part le charme dont je parle ? ce n'est pourtant pas non plus celui de l'amour ; car enfin, si j'ai eu quelquefois auprès de cette femme étonnante des moments de faiblesse qui ressemblaient à cette passion pusillanime[1], j'ai toujours su les vaincre et revenir à mes principes. Quand même la scène d'hier m'aurait, comme je le crois, emporté un peu plus loin que je ne comptais ; quand j'aurais, un moment, partagé le trouble et l'ivresse que je faisais naître : cette illusion passagère serait dissipée à présent ; et cependant le même charme subsiste. J'aurais même, je l'avoue, un plaisir assez doux à m'y livrer, s'il ne me causait quelque inquiétude. Serais-je donc, à mon âge, maîtrisé comme un écolier, par un sentiment involontaire et inconnu ? Non : il faut, avant tout, le combattre et l'approfondir[2].

Peut-être, au reste, en ai-je déjà entrevu la cause ! Je me plais au moins dans cette idée, et je voudrais qu'elle fût vraie.

Dans la foule des femmes auprès desquelles j'ai rempli jusqu'à ce jour le rôle et les fonctions d'Amant, je n'en avais encore rencontré aucune qui n'eût, au moins, autant d'envie de se rendre que j'en avais de l'y déterminer ; je m'étais même accoutumé à appeler *prudes*[3] celles qui ne faisaient que la moitié du chemin, par opposition à tant d'autres, dont la défense provocante ne couvre jamais qu'imparfaitement les premières avances qu'elles ont faites.

Ici, au contraire, j'ai trouvé une première prévention défavorable et fondée depuis sur les conseils et les rapports d'une femme haineuse[4], mais clairvoyante ; une timidité naturelle et extrême, que fortifiait une pudeur éclairée ; un attachement à la vertu, que la Religion dirigeait, et qui comptait déjà deux années de triomphe[5] ; enfin des démarches éclatantes, inspirées par ces différents motifs et qui tous n'avaient pour but que de se soustraire à mes poursuites.

Ce n'est donc pas, comme dans mes autres aventures, une simple capitulation plus ou moins avantageuse, et dont il est plus facile de profiter que de s'enorgueillir ; c'est une victoire complète, achetée par une campagne pénible, et décidée par de savantes manœuvres. Il n'est donc pas surprenant que ce succès, dû à moi seul, m'en devienne plus précieux ; et le surcroît de plaisir que j'ai éprouvé dans mon triomphe, et que je ressens encore, n'est que la douce impression du sentiment de la gloire. Je chéris cette façon de voir, qui me sauve l'humiliation de penser que je puisse dépendre en quelque manière de l'esclave même que je me serais asservie ; que je n'aie pas en moi seul la plénitude de mon bonheur ; et que la faculté de m'en faire jouir dans toute son énergie soit réservée à telle ou telle femme, exclusivement à toute autre.

Ces réflexions sensées régleront ma conduite dans cette importante occasion ; et vous pouvez être sûre que je ne me laisserai pas tellement enchaîner, que je ne puisse toujours briser ces nouveaux liens, en me jouant et à ma volonté. Mais déjà je vous parle de ma rupture ; et vous ignorez encore par quels moyens j'en ai acquis le droit ; lisez donc, et voyez à quoi s'expose la sagesse, en essayant de secourir la folie.

Paris, ce 29 octobre 17**.

Pierre Choderlos de Laclos, *Les Liaisons dangereuses*, lettre CXXV, 1782.

■ **1. pusillanime** : timide et faible. ■ **2. l'approfondir** : l'examiner. ■ **3. prudes** : austères, pudiques, vertueuses. ■ **4. une femme haineuse** : madame de Volanges, qui a mis en garde madame de Tourvel contre le vicomte de Valmont. ■ **5. deux années de triomphe** : madame de Tourvel est mariée depuis deux ans.

Le roman du libertinage

Composées de cent soixante-seize lettres, *Les Liaisons dangereuses* mettent en scène deux libertins, la marquise de Merteuil et le vicomte de Valmont, qui multiplient avec cynisme les conquêtes amoureuses. Les deux aristocrates, liés par une profonde complicité, se confient leurs projets et les stratégies qu'ils mettent en œuvre pour séduire. Le roman par lettres, qui multiplie les points de vue, permet au lecteur d'être le témoin des sentiments intimes éprouvés par l'ensemble des protagonistes du récit : il découvre la cruauté et l'hypocrisie des libertins, l'innocence et la souffrance de leurs victimes.

Le roman de Choderlos de Laclos s'impose ainsi, quelques années avant l'œuvre de Sade, comme l'aboutissement littéraire du mouvement libertin.

Le mouvement libertin

Le courant libertin se développe en Europe à partir du XVIIe siècle. Il se présente d'abord comme une contestation des dogmes de l'Église pour devenir, au XVIIIe siècle, un mouvement à la fois littéraire et culturel qui revendique la quête des plaisirs.

Le Verrou, de Fragonard, 1774.

L'HISTOIRE DU MOUVEMENT

Avec la Régence de Philippe d'Orléans, en 1715, la noblesse se précipite dans la recherche du luxe et des plaisirs : la Cour, l'Opéra, les petites maisons, les boudoirs sont les lieux où s'exercent les jeux de la séduction.

La naissance de la libre pensée

Au début du XVIIe siècle, un esprit de contestation se développe chez les écrivains, mais aussi chez les savants, les médecins et les philosophes. À l'image de Théophile de Viau ou de Cyrano de Bergerac, épris de liberté, « l'esprit fort » refuse les croyances imposées par la religion. L'Église condamne violemment ces libres penseurs, que Molière met en scène à travers le personnage de Dom Juan.

Le triomphe du libertinage

Au XVIIIe siècle, le sens du mot « libertinage » évolue : il ne désigne plus seulement un courant de pensée philosophique, mais un comportement général qui recherche le plaisir des sens. Le libertin est désormais celui qui, comme Giacomo Casanova, multiplie les liaisons amoureuses en affichant sa soif de conquêtes. Louis XV lui-même donne à la Cour l'image d'un roi libertin, célèbre pour ses soupers de débauche dans les appartements de Versailles. C'est cette atmosphère de séduction et de liberté des sens qu'on retrouve, dès leur titre, dans les romans de Crébillon, *Le Sopha* ou *Les Égarements du cœur et de l'esprit*.

Les derniers libertins

Dans la seconde moitié du XVIIIe siècle, la société aristocratique fait du libertinage un jeu cruel où la femme conquise devient une victime, comme en témoigne Mme de Tourvel, l'héroïne malheureuse des *Liaisons dangereuses* de Laclos. L'œuvre du marquis de Sade développe cette perversion du comportement amoureux jusqu'au paroxysme. La Révolution française, en renversant la société aristocratique, met un terme à la réalité sociale et culturelle du libertinage.

Le mot « libertin »

Le mot *libertinus* désigne dans l'Antiquité romaine l'esclave affranchi. On le retrouve ensuite au XVIIe siècle dans le langage de l'Église pour dénoncer les hérétiques, les esprits forts, les libres penseurs, ceux qui contestent les interdits et les superstitions engendrés par la religion. Au XVIIIe siècle, le mot « libertin » renvoie à tous ceux qui revendiquent la libéralisation des mœurs et le culte des plaisirs, dans la société comme dans la littérature.

Les masques et les travestissements font partie de l'univers libertin, comme dans ce détail d'un tableau du peintre vénitien Pietro Longhi.

Le Souper fin, dessin de Moreau le Jeune, illustrant une œuvre de Restif de la Bretonne.

LES PRINCIPES DU MOUVEMENT

Affirmer la liberté de penser

Les libertins partagent le même scepticisme devant les croyances, les préjugés et les superstitions. Ils rejettent la foi aveugle dans les principes religieux et la soumission à l'autorité de l'Église.

Frontispice du roman du marquis de Sade, *Justine ou les Malheurs de la vertu.*

Rechercher le plaisir

Les libertins sont à la recherche du plaisir sensuel et de la volupté. Ils dénoncent cyniquement l'hypocrisie sociale. Ils manifestent ainsi leur esprit de révolte contre les interdits, les tabous imposés par la morale et la société.

LES THÈMES ESSENTIELS DU MOUVEMENT

Le défi de la morale

Le libertin, par son comportement et ses discours, se place au-dessus de la morale et de ses préjugés. Il défie l'autorité paternelle, l'institution du mariage, les conventions sociales.

Le séducteur et son prestige

Le personnage du libertin brille avec éclat. Élégant, audacieux, sûr de lui, entouré d'admirateurs, c'est l'homme ou la femme à la mode qui séduit par vanité en tenant la liste de ses conquêtes.

Les stratégies de la conquête amoureuse

Le libertinage met l'art de la guerre au service de la séduction amoureuse. Le libertin agit comme un militaire au combat qui, par ses ruses et ses manœuvres, cherche à vaincre toute résistance chez ses conquêtes.

Le raffinement des plaisirs

La société libertine exalte le luxe des décors, le raffinement des soupers, la beauté des toilettes et des parures qui s'affichent à l'Opéra, dans les salons et les boudoirs.

Le libertinage et les arts

Le mouvement libertin favorise la création artistique à travers sa passion du luxe. Les aristocrates et les riches bourgeois se font construire de somptueux hôtels particuliers, qu'ils ornent de miroirs, de tapis et de porcelaines raffinées. Les artistes peintres et les décorateurs à la mode embellissent les boudoirs. Boucher est ainsi le peintre préféré de la Cour. Ses tableaux mythologiques et ses scènes familières sont pour lui l'occasion de créer un univers voluptueux consacré à l'exaltation des plaisirs sensuels. Son élève Fragonard développe à son tour des thèmes licencieux comme dans *Les Hasards heureux de l'escarpolette* ou *Le Baiser dérobé*.

Glenn Close et John Malkovich dans une adaptation cinématographique des *Liaisons dangereuses* (1988).

Les grandes œuvres du mouvement libertin

Littérature
- Sorel, *Histoire comique de Francion*, 1623
- Molière, *Dom Juan*, 1665
- Crébillon, *Les Égarements du cœur et de l'esprit*, 1736-1738
- Choderlos de Laclos, *Les Liaisons dangereuses*, 1782
- Sade, *La Philosophie dans le boudoir*, 1795

Peinture
- Boucher, *Odalisque*, 1754
- Fragonard, *Le Verrou*, 1774

Musique
- Mozart, *Don Giovanni*, 1787

BERNARDIN DE SAINT-PIERRE

Nom et prénoms : **Bernardin de Saint-Pierre, Jacques Henri**
Naissance : **le 19 janvier 1737, au Havre**
Décès : **le 21 janvier 1814, à Paris**
Lieux : **Rouen, Moscou, Paris, l'île de France (actuelle Île Maurice)**
Situation familiale : **marié à Félicité Didot ; veuf, il se remarie à soixante-trois ans avec Désirée de Pelleporc, âgée de vingt ans**
Professions : **ingénieur militaire, intendant du Jardin des Plantes à Paris, professeur de morale**
Amitié : **Jean-Jacques Rousseau**

Bernardin de Saint-Pierre est, très jeune, orphelin de père. Influencé par la lecture de *Robinson Crusoé* et de *La Vie des saints*, il rêve de devenir missionnaire. À douze ans, un voyage en Martinique déçoit son imagination : ce n'est pas l'île rêvée. En 1757, il entre à l'École des ponts et chaussées. Pendant douze ans, il tente ensuite diverses carrières qui lui permettent de voyager, à Malte, en Hollande, à Moscou. Ingénieur militaire, il est chargé de mission à Madagascar, puis à l'île de France. De retour à Paris, il devient le fidèle disciple de Jean-Jacques Rousseau, dont il partage le goût pour la nature et l'exaltation de la vertu.

En 1784, ses *Études de la nature* séduisent les lecteurs par de riches descriptions de paysages exotiques. On les retrouve dans *Paul et Virginie*, qui connaît un immense succès. Sous la Révolution française, Bernardin de Saint-Pierre est nommé intendant du Jardin des Plantes. Il épouse la fille de son imprimeur et donne à ses enfants les noms de Paul et Virginie. Il meurt à soixante-dix-sept ans, couvert de gloire et d'honneurs.

Ses œuvres principales

- des essais, dont : *Études de la nature* (1784)
- un roman : *Paul et Virginie* (1788)

1788

Paul et Virginie

Élevés dans le cadre enchanteur de l'île de France, Paul et Virginie, enfants de la nature, vivent heureux. Cependant, le narrateur du roman, témoin de leur existence, raconte la fin tragique de l'idylle des deux jeunes gens. Virginie, qui a juré à Paul un amour éternel, a été contrainte par sa mère de se rendre en France. Au moment où le navire qui la ramène enfin à l'île de France doit accoster, un ouragan se déchaîne sous les yeux de Paul.

La mer soulevée par le vent grossissait à chaque instant, et tout le canal compris entre cette île et l'île d'Ambre n'était qu'une vaste nappe d'écumes blanches, creusée de vagues noires et profondes. Ces écumes s'amassaient dans le fond des anses à plus de six pieds de hauteur, et le vent, qui en balayait la surface, les portait par-dessus l'escarpement du rivage à plus d'une demi-lieue dans les terres. À leurs flocons blancs et innombrables qui étaient chassés horizontalement jusqu'au pied des montagnes, on eût dit une neige qui sortait de la mer. L'horizon offrait tous les signes d'une longue tempête ; la mer y paraissait confondue avec le ciel. Il s'en détachait sans cesse des nuages d'une forme horrible qui traversaient le zénith avec la vitesse des oiseaux, tandis que d'autres y paraissaient immobiles comme de grands rochers. On n'apercevait aucune partie azurée du firmament ; une lueur olivâtre et blafarde éclairait seule tous les objets de la terre, de la mer, et des cieux.

Dans les balancements du vaisseau, ce qu'on craignait arriva. Les câbles de son avant rompirent, et comme il n'était plus retenu que par

« Virginie, voyant la mort inévitable... parut un ange qui prend son vol vers les cieux. » Gravure du XVIIIe siècle pour *Paul et Virginie*.

une seule aussière[1] il fut jeté sur les rochers à une demi-encablure[2] du rivage. Ce ne fut qu'un cri de douleur parmi nous. Paul allait s'élancer à la mer, lorsque je le saisis par le bras : « Mon fils[3], lui dis-je, voulez-vous périr ? – Que j'aille à son secours, s'écria-t-il, ou que je meure ! » Comme le désespoir lui ôtait la raison, pour prévenir sa perte, Domingue[4] et moi lui attachâmes à la ceinture une longue corde dont nous saisîmes l'une des extrémités. Paul alors s'avança vers le *Saint-Géran*, tantôt nageant, tantôt marchant sur les récifs. Quelquefois, il avait l'espoir de l'aborder, car la mer, dans ses mouvements irréguliers, laissait le vaisseau presque à sec, de manière qu'on en eût pu faire le tour à pied ; mais bientôt après, revenant sur ses pas avec une nouvelle furie, elle le couvrait d'énormes voûtes d'eau qui soulevaient tout l'avant de sa carène, et rejetaient bien loin sur le rivage le malheureux Paul, les jambes en sang, la poitrine meurtrie, et à demi noyé. À peine ce jeune homme avait-il repris l'usage de ses sens qu'il se relevait et retournait avec une nouvelle ardeur vers le vaisseau, que la mer cependant entrouvrait par d'horribles secousses. Tout l'équipage, désespérant alors de son salut, se précipitait en foule à la mer, sur des vergues[5], des planches, des cages à poules, des tables, et des tonneaux. On vit alors un objet digne d'une éternelle pitié : une jeune demoiselle parut dans la galerie de la poupe[6] du *Saint-Géran*, tendant les bras vers celui qui faisait tant d'efforts pour la rejoindre. C'était Virginie. Elle avait reconnu son amant à son intrépidité. La vue de cette aimable personne, exposée à un si terrible danger, nous remplit de douleur et de désespoir. Pour Virginie, d'un port noble et assuré, elle nous faisait signe de la main, comme nous disant un éternel adieu. Tous les matelots s'étaient jetés à la mer. Il n'en restait plus qu'un sur le pont, qui était tout nu et nerveux comme Hercule. Il s'approcha de Virginie avec respect : nous le vîmes se jeter à ses genoux, et s'efforcer même de lui ôter ses habits ; mais elle, le repoussant avec dignité, détourna de lui sa vue. On entendit aussitôt ces cris redoublés des spectateurs : « Sauvez-la, sauvez-la ; ne la quittez pas ! » Mais dans ce moment une montagne d'eau d'une effroyable grandeur s'engouffra entre l'île d'Ambre et la côte, et s'avança en rugissant vers le vaisseau, qu'elle menaçait de ses flancs noirs et de ses sommets écumants. À cette terrible vue le matelot s'élança seul à la mer ; et Virginie, voyant la mort inévitable, posa une main sur ses habits, l'autre sur son cœur, et levant en haut des yeux sereins, parut un ange qui prend son vol vers les cieux.

Ô jour affreux ! hélas ! tout fut englouti.

Bernardin de Saint-Pierre, *Paul et Virginie*, 1788.

■ 1. **aussière** : gros câble. ■ 2. **demi-encablure** : environ cent mètres. ■ 3. **mon fils** : terme affectueux.
■ 4. **Domingue** : serviteur, ami du narrateur. ■ 5. **vergues** : parties du mât qui portent la voile.
■ 6. **poupe** : arrière du navire.

Le premier roman exotique

Paul et Virginie exalte l'harmonie retrouvée entre l'homme et la nature. Bernardin de Saint-Pierre fait rêver son lecteur en représentant le cadre enchanteur de la nature exotique de l'île Maurice, où tout repose sur « l'abondance et la délicatesse ». Il restitue l'éblouissement de la nature tropicale, avec ses paysages grandioses, sa végétation luxuriante, ses couleurs et ses odeurs.

Le récit, sur le modèle des pastorales, raconte la vie de deux enfants qui, loin de la civilisation, mènent une vie simple et innocente. Leur complicité se métamorphose en amour, mais la fin du roman est tragique. Le roman exotique, qui dépeint les bonheurs de la vie au contact de la nature, s'achève dans la douleur avec la mort de Virginie.

SADE

Nom et prénoms : **de Sade, Donatien Alphonse François**
Naissance : **le 2 juin 1740, à Paris**
Décès : **le 2 décembre 1814, à Charenton (Saint-Maurice)**
Lieux : **le château de La Coste, en Provence ; ses prisons successives, Vincennes, la Bastille; l'asile Charenton**
Situation familiale : **marié à Renée-Pélagie de Montreuil, qui obtient la séparation en 1790; deux fils et une fille**
Profession : **militaire, puis homme de lettres**
Amitiés : **sa belle-sœur, la chanoinesse Anne-Prosper de Launay ; son valet, Latour**

Descendant d'une illustre famille aristocratique, Donatien de Sade est élevé au collège d'Harcourt chez les Jésuites. Il entre ensuite dans une école militaire. Nommé sous-lieutenant au régiment d'infanterie du roi puis capitaine de cavalerie, il s'illustre avec éclat durant la guerre de Sept Ans contre la Prusse. Le marquis de Sade épouse en 1763 une aristocrate. Cinq mois après son mariage, il est incarcéré, pour la première fois, pendant deux semaines au donjon de Vincennes, pour « débauche outrée ». C'est le début d'une longue série de scandales, d'incarcérations et de fuites qui conduisent le marquis de Sade à être emprisonné de 1778 à 1790.

Alors qu'il est enfermé à la prison de la Bastille, il écrit, pour se distraire, des contes, des pièces de théâtre, des romans. Il commence la rédaction des *Cent Vingt Journées de Sodome*, puis celle des *Malheurs de la vertu*. Il est transféré à Charenton dix jours avant la prise de la Bastille pour avoir harangué les passants à travers la fenêtre de sa cellule, criant qu'on voulait égorger les prisonniers. Libéré, il participe à la Révolution française comme secrétaire à la section des Piques. De nouveau enfermé, il échappe à la guillotine, avant d'être libéré, en octobre 1794. Mais Sade est à nouveau arrêté, sept ans plus tard, comme auteur des romans scandaleux *Justine* et *La Nouvelle Justine*. Sans jugement, il est placé par décision administrative dans l'asile d'aliénés de Charenton. C'est là qu'il meurt, à l'âge de soixante-quatorze ans, ayant passé trente années de sa vie en prison.

Ses œuvres principales

- des romans, dont : *Justine ou les Malheurs de la vertu* (1791), *La Philosophie dans le boudoir* (1795), *La Nouvelle Justine ou les Malheurs de la vertu, suivie de l'Histoire de Juliette, sa sœur* (1797), *Les Cent Vingt Journées de Sodome ou l'École du libertinage* (édition posthume, 1904)

1791

Justine ou les Malheurs de la vertu

Justine et Juliette sont les filles d'un riche banquier parisien, qui meurt de désespoir à la suite d'une banqueroute. Orphelines et sans ressources, les deux sœurs sont mises à la porte du couvent où elles étaient élevées. Juliette, vive, orgueilleuse et cruelle, profite de sa liberté pour entrer dans la voie du libertinage. Justine au contraire, tendre et mélancolique, connaît une succession de malheurs qui s'abattent sur elle tout au long du roman.

Pour Justine, âgée comme nous l'avons dit de douze ans, elle était d'un caractère sombre et mélancolique, qui lui fit bien mieux sentir toute l'horreur de sa situation. Douée d'une tendresse, d'une sensibilité surprenante, au lieu de l'art et de la finesse de sa sœur, elle n'avait qu'une ingénuité, une candeur qui devaient la faire tomber dans bien des pièges. Cette jeune fille à tant de qualités joignait une physionomie douce, absolument différente de celle dont la nature avait embelli Juliette ; autant on voyait d'artifice, de manège, de coquetterie dans les traits de l'une, autant on admirait de pudeur, de décence et de timidité dans l'autre, un air de Vierge, de grands yeux bleus, pleins d'âme et d'intérêt, une peau éblouissante, une taille souple et flexible, un organe[1] touchant, des dents d'ivoire et les plus beaux cheveux blonds, voilà l'esquisse de cette cadette charmante, dont les grâces naïves et les traits délicats sont au-dessus de nos pinceaux.

On leur donna vingt-quatre heures à l'une et à l'autre pour quitter le Couvent, leur laissant le soin de se pourvoir, avec leurs cent écus, où bon leur semblerait. Juliette, enchantée d'être sa maîtresse[2], voulut un moment essuyer les pleurs de Justine, puis voyant qu'elle n'y réussirait pas, elle se mit à la gronder au lieu de la consoler ; elle lui reprocha sa sensibilité ; elle lui dit avec une philosophie très au-dessus de son âge, qu'il ne fallait s'affliger dans ce monde-ci que de ce qui nous affectait personnellement ; qu'il était possible de trouver en soi-même des sensations physiques d'une assez piquante volupté pour éteindre toutes les affections morales dont le choc pourrait être douloureux ; que ce procédé devenait d'autant plus essentiel à mettre en usage, que la véritable sagesse consistait infiniment plus à doubler la somme de ses plaisirs, qu'à multiplier celle de ses peines ; qu'il n'y avait rien, en un mot, qu'on ne dût faire pour émousser dans soi cette perfide sensibilité, dont il n'y avait que les autres qui profitassent, tandis qu'elle ne nous apportait que des chagrins. Mais on endurcit difficilement un bon cœur, il résiste aux raisonnements d'une mauvaise tête, et ses jouissances le consolent des faux brillants du bel esprit.

Gravure de 1797 pour *La Nouvelle Justine ou les Malheurs de la vertu.*

Juliette, employant d'autres ressources, dit alors à sa sœur, qu'avec l'âge et la figure qu'elles avaient l'une et l'autre, il était impossible qu'elles mourussent de faim. Elle lui cita la fille de leurs voisins, qui s'étant échappée de la maison paternelle, était aujourd'hui richement entretenue et bien plus heureuse, sans doute, que si elle fût restée dans le sein de sa famille ; qu'il fallait bien se garder de croire que ce fût le mariage qui rendît une jeune fille heureuse ; que captive sous les lois de l'hymen[3], elle avait, avec beaucoup d'humeur à souffrir, une très légère dose de plaisirs à attendre ; au lieu que, livrées au libertinage, elles pourraient toujours se garantir de l'humeur des amants, ou s'en consoler par leur nombre.

Justine eut horreur de ces discours ; elle dit qu'elle préférait la mort à l'ignominie, et quelques nouvelles instances que lui fit sa sœur, elle refusa constamment de loger avec elle, dès qu'elle la vit déterminée à une conduite qui la faisait frémir.

Donatien de Sade, *Justine ou les Malheurs de la vertu*, 1791.

■ 1. **un organe** : la voix. ■ 2. **être sa maîtresse** : être libre. ■ 3. **l'hymen** : le mariage.

Juliette et Justine, figures du vice et de la vertu

Sade revient dans trois récits successifs sur le personnage de Justine, la jeune fille vertueuse, dont l'innocence et la naïveté excitent la convoitise et la cruauté des libertins. L'écrivain renverse à travers elle les valeurs morales élémentaires : dans son œuvre, la vertu est toujours punie et le vice récompensé. C'est pourquoi Juliette, sa sœur, entrée dans la carrière du vice, va de succès en succès. Riche, admirée, elle incarne le libertinage dans ses pires excès.

Encouragés et justifiés par leur discours philosophique, les libertins de Sade se regroupent, dans *L'Histoire de Juliette,* au sein d'une « société des amis du crime ». Ils multiplient les enlèvements, les débauches, en allant jusqu'à la mise à mort la plus cruelle de leurs victimes. Juliette et Justine représentent ainsi le vice et la vertu, la vertu écrasée par le vice : à la fin du roman, Juliette s'acharne sur le corps de sa sœur, tuée par la foudre.

CONDORCET

Nom et prénoms : **Caritat de Condorcet, Marie Jean Antoine**
Naissance : **le 17 septembre 1743, à Ribemont, dans l'Aisne**
Décès : : **le 28 mars 1794, dans la prison de Bourg-l'Égalité (Bourg-la-Reine)**
Lieux : **le Dauphiné, Reims, Paris**
Situation familiale : **marié à Sophie de Grouchy**
Professions : **mathématicien, économiste, homme politique, secrétaire perpétuel de l'Académie des sciences**
Amitiés : **Voltaire ; d'Alembert ; Turgot ; Mme Vernet, chez qui il trouve refuge pendant la Terreur**

Après des études brillantes au collège des Jésuites de Reims, Marie Jean Antoine Caritat, marquis de Condorcet, se fait remarquer par une thèse consacrée aux mathématiques qu'il soutient à l'âge de quinze ans. Il se lie ainsi avec d'Alembert, qui dirige avec Diderot l'*Encyclopédie*. Il multiplie alors les essais scientifiques, en particulier sur le calcul des probabilités, entre à l'Académie des sciences et fréquente les philosophes.

Élu à l'Académie française à trente-neuf ans, il s'engage pour la défense des droits de l'homme et soutient la cause des États-Unis d'Amérique. Marié à Sophie de Grouchy, belle et cultivée, âgée de vingt-trois ans, il reçoit dans son salon philosophes, savants et écrivains comme Beaumarchais, Mirabeau, Adam Smith. Député à l'Assemblée législative, il participe activement à la Révolution française. Il ose s'opposer aux Jacobins, ce qui lui vaut d'être poursuivi puis arrêté. Il est retrouvé mort dans sa cellule le 28 mars 1794, sans que l'on sache s'il s'agit d'un suicide ou d'un décès provoqué par l'épuisement.

Ses œuvres principales

- des essais, dont : *Essai sur la théorie des comètes* (1780), *Mémoire sur le calcul des probabilités* (1781), *Réflexion sur l'esclavage des nègres* (1781), *Esquisse d'un tableau historique des progrès de l'esprit humain* (édition posthume, 1795)

1795

Esquisse d'un tableau historique des progrès de l'esprit humain

L'art de l'imprimerie s'était répandu sur tant de points, il avait tellement multiplié les livres, on avait su les proportionner si bien à tous les degrés de connaissances, d'application et même de fortune ; on les avait pliés avec tant d'habileté à tous les goûts, à tous les genres d'esprit ; ils présentaient une instruction si facile, souvent si agréable ; ils avaient ouvert tant de portes à la vérité, qu'il était devenu presque impossible de les lui fermer toutes, qu'il n'y avait plus de classe, de profession à laquelle on pût l'empêcher de parvenir. Alors, quoiqu'il restât toujours un très grand nombre d'hommes condamnés à une ignorance volontaire ou forcée, la limite tracée entre la portion grossière et la portion éclairée du genre humain s'était presque entièrement effacée, et une dégradation[1] insensible remplissait l'espace qui en sépare les deux extrêmes, le génie et la stupidité.

Ainsi une connaissance générale des droits naturels de l'homme, l'opinion même que ces droits sont inaliénables et imprescriptibles[2], un vœu fortement prononcé pour la liberté de penser et d'écrire, pour celle du commerce et de l'industrie, pour le soulagement du peuple, pour la proscription de toute loi pénale contre les religions dissidentes, pour l'abolition de la torture et des supplices barbares ; le désir d'une législation criminelle plus douce, d'une jurisprudence[3] qui donnât à l'innocence une entière sécurité, d'un code civil plus simple, plus conforme à la raison et à la nature ; l'indifférence pour les religions, placées enfin au nombre des superstitions ou des inventions politiques ; la haine de l'hypocrisie et du fanatisme, le mépris des préjugés, le zèle pour la propagation des lumières ; ces principes passant peu à peu des ouvrages des philosophes dans toutes les classes de la société où l'instruction s'étendait plus loin que le catéchisme[4] et l'écriture, devinrent la profession commune, le symbole de tous ceux qui n'étaient ni machiavélistes ni imbéciles[5].

Condorcet, *Esquisse d'un tableau historique des progrès de l'esprit humain*, 1795.

■ 1. **dégradation** : diminution. ■ 2. **inaliénables et imprescriptibles** : qui ne peuvent être remis en cause. ■ 3. **jurisprudence** : justice. ■ 4. **catéchisme** : instruction religieuse. ■ 5. **ni machiavélistes ni imbéciles** : ni habiles et sans scrupules, ni ignorants.

En supprimant la censure, la Révolution favorise la diffusion des connaissances et la réflexion personnelle à travers livres et journaux.

La confiance dans l'homme et le progrès

Caché chez une amie pendant la Terreur, alors qu'il ne dispose d'aucun document pour l'aider, Condorcet rédige en juillet 1793 une esquisse destinée à annoncer une œuvre plus vaste. Ce n'est qu'après son arrestation et sa mort en prison qu'est publié son essai, en 1795, *Esquisse d'un tableau historique des progrès de l'esprit humain*.

Disciple des Lumières, Condorcet développe dans un texte célèbre dix tableaux qui retracent l'histoire de l'homme sur les plans politique, social et culturel. Il évoque la genèse des sociétés humaines, l'évolution du langage et des institutions. Il insiste sur l'invention de l'écriture, puis celle de l'imprimerie, qui, en répandant les connaissances auprès du plus grand nombre, permet à l'homme de se libérer des pouvoirs politique et religieux et de réfléchir par lui-même. Le dernier tableau imagine l'avenir, résolument optimiste, de la société. Condorcet a confiance en l'être humain, en ses progrès perpétuels, rendus possibles par l'éducation et l'exercice de la démocratie.

1750 1800

Alors que la Révolution apparaît en France comme l'aboutissement du combat mené par les philosophes des Lumières, de nombreux auteurs poursuivent partout en Europe une œuvre inspirée par le rationalisme. Cependant, en Angleterre puis en Allemagne se développe une littérature nouvelle fondée sur les passions et la sensibilité, qui annonce le romantisme.

L'Allemagne

Le suicide du jeune Werther, le héros dont Goethe raconte le destin tragique dans *Les Souffrances du jeune Werther* en 1774, fait frémir l'Europe entière. L'amour déchiré, les passions douloureuses, le lyrisme des sentiments dominent dès lors l'ensemble de la littérature allemande. On retrouve cette sensibilité vibrante sous des formes diverses dans les œuvres de Klinger, de Schiller, d'Hölderlin ou de Novalis. C'est ainsi que le titre du drame de Klinger, *Sturm und Drang*, « Tempête et passions » (1776), est repris pour qualifier cette période où les émois du cœur prennent le pas sur la raison.

Goethe (1749-1832)

Johann Wolfgang von Goethe suscite l'admiration de ses contemporains à travers l'importance et la diversité de son œuvre. Dès 1774, il est l'auteur le plus lu d'Allemagne, avec *Les Souffrances du jeune Werther*, roman qui fait scandale, en analysant les états d'âme d'un jeune amoureux qui se suicide, annonçant ainsi le mouvement romantique allemand. Chacun de ses livres, drames, poèmes, essais, romans, est un événement majeur qui renouvelle la littérature et marque la sensibilité de ses lecteurs. Werther, Iphigénie, Faust, Wilhelm Meister, Götz von Berlinchingen : les personnages de Goethe restent dans la mémoire. Esprit encyclopédique, passionné de science et d'histoire, écrivain universel, il dépasse la culture nationale pour s'adresser à tous en exprimant dans son œuvre la lutte de l'homme contre « ses forces démoniaques », le tourment des âmes généreuses et la plainte des cœurs blessés.

Illustration pour *Les Souffrances du jeune Werther* (1774).

L'Italie

En Italie, s'inscrivant dans la continuité des Lumières, Giuseppe Beccaria publie, en 1764, un traité capital, *Des délits et des peines*, qui remet en cause, dans l'Europe entière, l'exercice inhumain du droit et de la justice. Mais c'est surtout le théâtre qui passionne le public. À Venise, deux rivaux, Carlo Goldoni et Carlo Gozzi, se partagent les faveurs des spectateurs. Goldoni impose alors ses comédies, avant de s'installer à Paris pour y créer de nouvelles pièces à la Comédie-Italienne.

Carlo Goldoni réforme magistralement le théâtre comique italien. Abandonnant les types caricaturaux, il crée la comédie de caractère et lui donne une dimension sociale. Les masques que portaient les acteurs sont abandonnés, la scène italienne s'ouvre à la culture européenne. Goldoni utilise toutes les ressources du dialecte vénitien. Il multiplie ainsi les pièces magistrales : *La Locandiera*, en 1753, met en scène une aubergiste, la belle Mirandola, qui se joue de tous ceux qui lui font la cour. *Les Rustres* (1760) et *Baroufe à Chioggia* (1762) sont les derniers chefs-d'œuvre de l'écrivain avant son départ pour Paris.

Carlo Goldoni (1707-1793).

La représentation comique. Peinture vénitienne du XVIIIe siècle.

À la joie de vivre du théâtre de Goldoni répondent, à la fin du siècle, les tragédies de Vittorio Alfieri, qui exprime dans son œuvre l'inquiétude et la détresse des hommes.

La Grande-Bretagne

C'est le genre romanesque qui domine la production littéraire en Angleterre. *Tristram Shandy*, de Laurence Sterne, scandalise par son indécence et son caractère provocateur; *Vathek*, de William Beckford, séduit par son exotisme et sa fantaisie. Les romans de George Smollet, à travers le goût du mystère et de la terreur, annoncent le « roman noir » dans lequel triomphent, à la fin du siècle, Matthew Lewis et Ann Radcliffe. Cependant, rêveur et sans ressources, le poète Thomas Chatterton est conduit au suicide en 1770, préfigurant ainsi le génie incompris aux yeux des romantiques.

Parallèlement, l'Écossais Adam Smith souligne l'importance grandissante de l'économie dans l'essor de l'empire britannique en publiant, en 1776, son *Enquête sur la nature et les causes de la richesse des nations*, qui pose les bases de l'économie libérale.

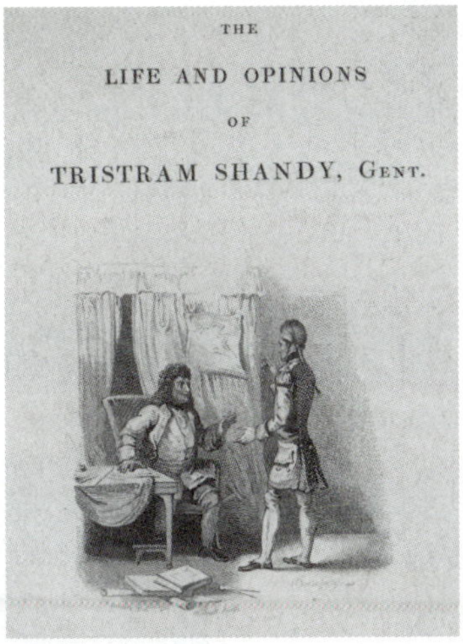
THE

LIFE AND OPINIONS

OF

TRISTRAM SHANDY, GENT.

Le roman gothique

Personnages sombres et cruels, cachots et souterrains, spectres, viols et tortures : le « roman noir », qu'on appelle aussi le « roman gothique », fait fureur en Grande-Bretagne, à la fin du siècle. Dans *Le Moine* de Lewis (1796), le moine Ambrosio devient l'amant de l'une des ses pénitentes et fait un pacte avec le diable après avoir tué sa maîtresse. Avec *L'Italien* (1797), Ann Radcliff invente le type du personnage satanique. C'est ainsi que les *tales of terror*, ces récits d'épouvante qui mêlent violence et sensualité morbide, gagnent la faveur d'un public frémissant. Ils ont de nombreux imitateurs et inspireront aussi bien l'œuvre du poète Byron que le célèbre *Frankenstein* de Mary Shelley.

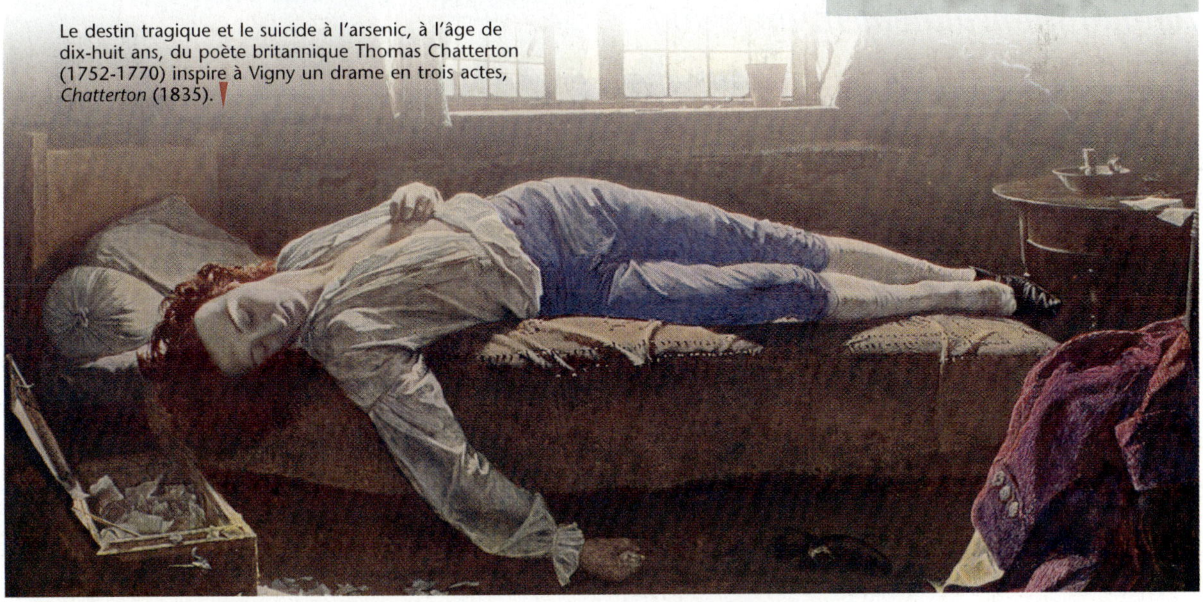
Le destin tragique et le suicide à l'arsenic, à l'âge de dix-huit ans, du poète britannique Thomas Chatterton (1752-1770) inspire à Vigny un drame en trois actes, *Chatterton* (1835).

La peinture et la musique

Peinture

— Giambaltista Tiepolo, *L'Embarquement de Cléopâtre*, 1755 (Italie)
— Thomas Gainsborough, *Blue Boy*, 1770 (Grande-Bretagne)
— Francesco Guardi, *Ascensione della Mongolfiera*, 1784 (Italie)
— William Blake, *Les Chants de l'expérience*, 1794 (Grande-Bretagne)
— Goya, les *Majas*, 1799 (Espagne)

Musique

— Giovanni Paisiello, *Il Barbiere di Siviglia*, 1782 (Italie)
— Mozart, *Les Noces de Figaro*, 1786 ; *Don Giovanni*, 1787 ; *La Flûte enchantée*, 1791 (Autriche)
— Joseph Haydn, *La Création*, 1798 (Autriche)

L'autobiographie

Au-delà des autoportraits, des mémoires ou des romans autobiographiques, c'est avec Les Confessions *de Rousseau qu'apparaît véritablement la première autobiographie. Le genre connaît immédiatement un grand retentissement. Depuis, de plus en plus nombreux, des écrivains font eux-mêmes l'histoire de leur vie, et renouvellent sans cesse l'autobiographie à travers les jeux de la mémoire et de l'écriture.*

Jean-Jacques Rousseau est l'auteur du premier ouvrage autobiographique. Cette gravure du XVIIIe siècle le montre à la fin de sa vie, à Ermenonville.

Du IVe au XVIIe siècle : confessions, autoportraits, mémoires

Le désir de raconter son existence est ancien. Déjà, à la fin du IVe siècle, saint Augustin écrit ses *Confessions*, et les autobiographies spirituelles conduisent Thérèse d'Avila à faire, au XVIe siècle, le récit de ses expériences mystiques. À cette perspective religieuse s'oppose l'autoportrait de Montaigne qui juxtapose dans ses *Essais* (1580-1588) souvenirs personnels, traits physiques et traits de caractère sans souci de les unifier.

De même, Agrippa d'Aubigné laisse le récit de sa vie, en utilisant la troisième personne, dans *Sa vie à ses enfants* (1629), tandis que, confondant roman et confidence personnelle, Tristan l'Hermite raconte ses tribulations dans *Le Page disgracié* (1643). Cependant, la société monarchique suscite la rédaction de nombreux mémoires : apportant un témoignage sur la vie politique et militaire, renforçant le prestige de leur famille et l'éclat de leur nom, les aristocrates affirment ainsi leur rôle dans l'Histoire.

Au XVIIIe siècle : *Les Confessions*, la première autobiographie

Au début du XVIIIe siècle, innombrables sont les romans à la première personne où le héros, personnage fictif, raconte sa vie, comme dans les œuvres de Lesage et de Marivaux ou dans *Les Confessions du comte de**** de Charles Pinot Duclos (1741).

Mais Rousseau crée le scandale avec ses *Confessions*. Pour la première fois, un écrivain célèbre fait le récit de sa vie sans rien cacher de ses faiblesses, en insistant sur son enfance et les événements qui l'ont marquée. À travers son autobiographie, l'écrivain tente de retrouver une unité et un sens à sa vie ; il prend le lecteur pour témoin et juge de sa sincérité dans sa volonté de tout dire, de ne rien cacher de lui-même. C'est dans la même perspective que Casanova fait alors l'histoire de sa vie et que Nicolas Restif de la Bretonne écrit *Monsieur Nicolas ou le Cœur humain dévoilé* (1794-1797).

En peinture, l'autoportrait a pour ambition de montrer l'auteur tel qu'il se voit lui-même. *Portrait de l'artiste,* Paul Gauguin (1848-1903).

Au XIXe siècle : l'essor de l'autobiographie

Le mot « autobiographie » apparaît en France dans les années 1830, dans le langage de la critique littéraire. L'importance que le romantisme accorde au « moi » et à la confidence des sentiments favorise alors l'essor de l'autobiographie. Parallèlement à son journal – fragmenté, qu'il tient pour lui-même, au jour le jour –, Stendhal écrit ainsi la *Vie de Henry Brulard*, qui raconte son enfance et son adolescence à Grenoble. Dans ses *Mémoires d'outre-tombe*, Chateaubriand insiste également sur l'importance de son enfance, comme le fait à son tour George Sand dans *Histoire de ma vie*.

Dans toute l'Europe, les autobiographies se multiplient. L'écrivain satisfait le lecteur avide de curiosités biographiques, couronne son œuvre en se racontant et lègue à la communauté le témoignage authentique d'une expérience personnelle.

Au XXe siècle : la remise en cause du récit autobiographique

C'est en suivant le principe de l'aveu que Gide commence *Si le grain ne meurt* (1920-1924), en insistant sur le rôle de la sexualité dans son enfance, puis en avouant son homosexualité. De même, dans *Les Mots* (1964), Jean-Paul Sartre vise à montrer, avec humour et authenticité, comment l'enfant qu'il était se berçait d'illusions sur la vie, la société et la littérature.

Cependant, le développement de la psychanalyse jette le soupçon sur l'identité du « moi » et sa prétention à dire la vérité. Déjà, Stendhal se méfiait du « je » qui fonde la confession autobiographique. Comment être vraiment sincère ? De plus, les écrivains se méfient de la forme du récit autobiographique, trop proche du roman, avec son déroulement chronologique, ses personnages et ses épisodes obligés. Dès lors, Michel Leiris dans *L'Âge d'homme* (1939), Claude Roy dans *Moi je* (1969), Georges Perec dans *W ou le Souvenir d'enfance* (1975) renouvellent l'autobiographie en refusant sa forme traditionnelle. C'est ainsi qu'en 1983, Nathalie Sarraute met en scène, dans *Enfance*, l'affrontement de deux narrateurs, le premier se livrant au récit spontané des souvenirs, le second contestant sans cesse cette prétention à se raconter.

À la fin du XXe siècle : l'autofiction

L'autobiographie connaît de plus en plus de succès, suscitant chez de nombreuses personnes, bien au-delà des écrivains ou des personnalités publiques, le désir de raconter leur existence. Mais le renouvellement et le rayonnement du récit autobiographique conduisent Serge Doubrovsky, et de nombreux auteurs avec lui, à privilégier l'autofiction. Désormais, l'écrivain ne fait plus le récit rétrospectif de sa vie depuis son enfance. Il raconte des épisodes vécus récemment, contemporains de l'écriture, et se livre au lecteur comme dans une sorte de psychanalyse en cours, où il mêle effets de fiction et authenticité.

DIX GRANDES ŒUVRES

- Jean-Jacques Rousseau, *Les Confessions* (1765-1770)
- Nicolas Restif de la Bretonne, *Monsieur Nicolas ou le Cœur humain dévoilé* (1794-1797)
- Giacomo Casanova, *Histoire de ma vie* (1822, posth.)
- Stendhal, *Vie de Henry Brulard* (1835-1836, posth.)
- Chateaubriand, *Mémoires d'outre-tombe* (1848, posth.)
- André Gide, *Si le grain ne meurt* (1920-1924)
- Jean-Paul Sartre, *Les Mots* (1964)
- Georges Perec, *W ou le Souvenir d'enfance* (1975)
- Nathalie Sarraute, *Enfance* (1983)
- Serge Doubrovsky, *Le Livre brisé* (1989)

Hippolyte Lecomte, *Bataille dans la rue de Rohan, le 28 juillet 1830* (1831). Peinture à l'huile, 43 x 60 cm. Musée Carnavalet, Paris.

1800
1850

La révolte romantique

1800 1850 La révolte romantique

La première moitié du XIXe siècle représente l'une des périodes les plus tourmentées de l'histoire de France. C'est ainsi que se succèdent le Consulat, l'Empire, la restauration de la monarchie et le retour de la République. Cette instabilité politique n'empêche pas la société industrielle de se mettre en place. Le mouvement romantique naît de ces profondes transformations politiques et sociales qui bouleversent toute l'Europe.

1. L'histoire L'Empire et la Restauration

Napoléon Ier sur le champ de bataille, à Wagram, en 1809.

Le roi Louis-Philippe, que l'on appelait « le roi bourgeois », caricaturé en poire.

Porté par sa gloire militaire, Bonaparte, alors Premier consul, se déclare empereur en 1804. Jusqu'en 1815, l'Empire renforce les acquis de la Révolution à travers le Code civil et l'organisation de l'Administration. Mais l'épopée napoléonienne s'achève dans la débâcle de Waterloo. La Restauration assure le retour au pouvoir de la noblesse exilée : Louis XVIII et Charles X, puis Louis-Philippe, ne parviennent pas à répondre aux aspirations du peuple, que la société industrielle plonge dans la misère. En 1848, une nouvelle révolution, dans laquelle s'engagent de nombreux écrivains, comme Lamartine et Hugo, conduit à la naissance de la IIe République.

Apparition de la République au dernier Conseil des ministres de la monarchie. Dessin de Daumier, en 1848.

Les révolutionnaires de 1848 mettent le feu au trône de Louis-Philippe.

2. La société La mise en place d'une société industrielle

D'un pays avant tout agricole et artisanal, la France devient une grande puissance industrielle. Cette évolution renforce le pouvoir politique et économique de la bourgeoisie. Cependant, de nombreuses tensions partagent la société, entre les nostalgiques de la monarchie absolue, les partisans du libéralisme et les défenseurs de l'administration impériale. Parallèlement, l'exode rural et l'apparition du monde ouvrier suscitent de nouvelles revendications inspirées des idées républicaines ou socialistes. Les premières lignes de chemin de fer sont le symbole du dynamisme économique de la France. De la même manière, l'essor de la presse conduit au développement de l'opinion publique, qui refuse la censure et réclame toujours plus de liberté.

Les grandes industries se multiplient. Usines de filature des établissements Schlumberger, à Mulhouse.

La société française vue par Léopold Boilly. *L'Averse*, 1804.

APPEL
A tous nos Frères de la Corporation des
OUVRIERS CORDONNIERS
Et Bottiers
DE LA VILLE DE PARIS,
SANS DISTINCTION DE SOCIETÉ.
Point de Rétribution pour l'Entrée de la Salle.

FRÈRES,

1° Le Règlement des Statuts de la Société ;
2° Les moyens d'urgence à prendre pour mettre notre Tarif en vigueur ;
3° L'Organisation du Travail dans les Ateliers Nationaux de la corporation.

Affiche appelant à la défense des droits des ouvriers.

3. Les sciences L'alliance de la science et de l'industrie

Volta, l'inventeur de la pile électrique, devant Bonaparte.

De nombreuses découvertes scientifiques participent à la mise en place de la société industrielle. Le développement de la mécanique, les recherches de Volta sur l'électricité ou de Carnot sur la thermodynamique correspondent à une civilisation qui repose désormais sur la puissance des machines, comme sur la multiplication des moyens de transport et des modes de communication. Les premières expériences de Niepce et de Daguerre conduisent à l'invention de la photographie. Par ailleurs, les travaux de Lamarck, de Cuvier, puis de Darwin proposent des théories nouvelles sur l'apparition de l'homme et son évolution.

La Table servie, photographie réalisée par Niepce, en 1826.

Pompe à incendie, fonctionnant à la vapeur, fournie aux pompiers de Paris.

4. Les lettres Les victoires du romantisme

Les romantiques prennent la défense du peuple grec opprimé, comme dans cette peinture.
La Grèce sur les ruines de Missolonghi, par Eugène Delacroix, 1826.

En 1800, l'ouvrage de Germaine de Staël *De la littérature* ouvre la réflexion sur le rôle de la littérature dans la société. De nouvelles préoccupations esthétiques apparaissent dans les essais de Chateaubriand sur la religion ou de Stendhal sur la tragédie. Autour de Victor Hugo, une génération de jeunes écrivains s'engage dans la bataille du romantisme. En 1830, la représentation d'*Hernani* suscite l'affrontement entre les partisans de l'ordre classique et tous ceux, dramaturges, poètes ou romanciers, qui revendiquent la primauté des passions et de la sensibilité. Cette exaltation du moi aboutit à l'exigence de libertés qui ne se limitent plus à la littérature, mais doivent s'appliquer à la société dans son ensemble. C'est ainsi que les romantiques prennent la défense des peuples opprimés et participent aux révolutions successives qui aboutissent à l'instauration de la deuxième République.

Lamartine triomphalement accueilli à l'Hôtel de Ville de Paris en mai 1848.

5. L'édition La naissance du journalisme

Balzac et Lamartine : les succès de la prose ou de la poésie. Caricature du XIXe siècle.

De plus en plus nombreux, gagnant peu à peu toutes les classes de la société, les lecteurs ont soif de distraction et d'information. Le nombre de livres publiés chaque année passe de deux mille au début du siècle à six mille en 1830. Les cabinets de lecture se multiplient : ouverts de huit heures du matin à onze heures du soir, ils permettent à la fois la lecture sur place et l'emprunt des ouvrages, dont le prix est encore très élevé. En 1833, la loi Guizot généralise l'instruction primaire en demandant à chaque commune d'entretenir une école, entraînant ainsi la formation de nouveaux lecteurs. En 1836, Émile de Girardin lance le journal à un sou : *La Presse*. Fondé sur les gros tirages et la publicité, il connaît un énorme succès. Un public populaire attend chaque jour avec impatience de découvrir dans le journal les feuilletons d'Honoré de Balzac, d'Eugène Sue ou d'Alexandre Dumas. C'est aussi à *La Presse* que Chateaubriand confie la première publication de ses *Mémoires d'outre-tombe*.

La critique au travail.
Caricature anonyme de 1840.

6. Les arts L'explosion des formes

Le début du XIXe siècle est marqué par le retour au classicisme. Louis David peint *Le Sacre de l'empereur* en 1807. Dominique Ingres insiste sur la prééminence de la ligne sur la couleur. Mais, très vite, l'explosion du romantisme bouleverse la peinture. En 1819, *Le Radeau de la Méduse* de Théodore Géricault peint la souffrance des naufragés. Eugène Delacroix multiplie les scènes de chasse où dominent le tourbillon des formes et la puissance de la couleur; *La Liberté guidant le peuple*, en 1831, témoigne de l'héroïsme du peuple révolté contre l'oppression. En musique, le romantisme fait éclater les formes classiques. Les symphonies de Beethoven exaltent le public; Berlioz et Chopin expriment avec fougue la violence des passions et le désir de la liberté.

Hector Berlioz, peint par Daumier.

Le Radeau de *la Méduse*

Théodore Géricault
(seconde esquisse, 1818)

L'immense tableau (cinq mètres sur sept une fois achevé) que Géricault consacre au tragique naufrage de la frégate la Méduse *a été préparé par un travail acharné, une enquête auprès des quelques survivants et de nombreuses études préparatoires. La seconde étude montre l'audace inventive du jeune artiste romantique qui scandalisa les critiques conservateurs. (Esquisse, 65 cm x 83 cm, Musée du Louvre, Paris.)*

Le point de vue plongeant et rapproché montre le radeau soulevé par la mer et menacé par la vague presque verticale sur la gauche. Articulée à partir d'une diagonale de taches claires, la composition est animée par le mouvement des bras qui indiquent un bateau à peine visible à l'horizon.

Le peintre accuse le contraste entre l'ombre de la mer et des nuages et la lumière, qui frappe les rescapés : cette lumière, qui semble venir à la fois du fond du ciel et d'un point situé derrière le spectateur, donne à la scène la dimension fantastique d'un cauchemar.

Géricault renforce les leçons d'anatomie suivies dans les écoles de peinture par des dessins de cadavres observés dans les hôpitaux. Ici, la lumière sculpte les corps tendus vers la survie. Au centre de la toile, un homme, dont un bras indique le bateau, soutient ceux qui agonisent au premier plan.

CHATEAUBRIAND

Nom et prénom : **de Chateaubriand, François-René**
Naissance : **le 4 septembre 1768, à Saint-Malo**
Décès : **le 4 juillet 1848, à Paris**
Lieux : **Saint-Malo ; Combourg ; le château familial ; l'Amérique ; son ermitage de La Vallée-aux-Loups, à Chatenay**
Situation familiale : **marié à Céleste Buisson de La Vigne**
Professions : **diplomate, ministre**
Amitiés : **Mme de Récamier et de nombreuses liaisons amoureuses**

Le jeune marquis de Chateaubriand passe son enfance en Bretagne, dans le château familial de Combourg, auprès d'un père solennel et taciturne et d'une mère mélancolique. Tout au long de sa jeunesse, il éprouve l'exaltation du rêve et de l'imagination. Présenté à la cour de Louis XVI, il s'embarque pour l'Amérique en avril 1791, puis rejoint l'armée des émigrés. Il connaît à Londres la vie difficile d'un exilé sans fortune. Mais, rentré à Paris en 1800, Chateaubriand rencontre le succès deux ans plus tard avec le *Génie du christianisme*.

Il s'engage alors dans la carrière diplomatique comme secrétaire d'ambassade à Rome. Opposé à Napoléon, il démissionne en 1804 et entreprend un grand voyage à Jérusalem. En 1815, avec la Restauration, Chateaubriand devient ambassadeur à Berlin puis à Londres, avant d'être ministre des Affaires étrangères. En 1830, il se retire de la vie publique. Désormais, l'écrivain se consacre à ses *Mémoires d'outre-tombe*, commencés vingt ans plus tôt. À sa mort, Chateaubriand est enterré dans la rade de Saint-Malo, face à l'océan tant aimé, comme il l'avait souhaité.

Ses œuvres principales

- des essais, dont : *Essai sur les révolutions* (1797), *Essais sur la littérature anglaise* (1836)
- un ouvrage de réflexion : *Génie du christianisme* (1802)
- des récits de fiction : *Atala* (1801), *René* (1802), *Les Natchez* (1826)
- des récits de voyage, dont : *Itinéraire de Paris à Jérusalem* (1811)
- des mémoires : *Mémoires d'outre-tombe* (édition posthume)

L'ŒUVRE DE CHATEAUBRIAND

Les essais sur l'Histoire et la religion

Premier livre publié par Chateaubriand, en 1797, l'*Essai sur les révolutions* dénonce la violence de la Révolution française. En 1802, le *Génie du christianisme* s'interroge sur le rôle de la religion. La réflexion de Chateaubriand sur l'Histoire se poursuit à travers ses *Études historiques* en 1831.

Les romans autobiographiques

Alors qu'il les a d'abord conçus pour illustrer le *Génie du christianisme*, Chateaubriand publie ses deux romans, *Atala* en 1801 et *René* l'année suivante. Il y dresse le portrait du héros romantique, inspiré de sa propre personnalité, qui marquera toute une génération.

Les mémoires

Commencés en 1803 et achevés en 1847, les *Mémoires d'outre-tombe* constituent l'œuvre majeure de Chateaubriand. Ils forment à la fois le témoignage privilégié de l'écrivain sur un demi-siècle particulièrement troublé de l'histoire de France et le récit d'une vie singulière et passionnante.

CHATEAUBRIAND ET L'EXPRESSION DU MOI

Toute l'œuvre de Chateaubriand est marquée par la présence du moi. Enfant mélancolique, exilé souffrant, auteur célèbre, homme politique, l'écrivain fait de sa vie la matière de son œuvre. Il livre au lecteur ses réflexions sur l'évolution de la société et lui communique ses souffrances, ses plaisirs et ses enthousiasmes. Les *Mémoires d'outre-tombe* forment ainsi un témoignage exceptionnel sur une période historique complexe et troublée, marquée par la Révolution, l'Empire et la Restauration. Ils sont aussi la confidence mélancolique d'un homme tourmenté, qui rappelle le souvenir de ses passions amoureuses et de ses voyages. Œuvre gigantesque, à la fois épique et lyrique, l'autobiographie de Chateaubriand offre une méditation sur l'Histoire, sur l'écoulement du temps et le destin des hommes.

René

Chateaubriand fait de l'Amérique, où il a lui-même voyagé, le cadre de son roman *René*. Le héros, solitaire et mélancolique, raconte sa propre vie à un vieil Indien, Chactas, et à un missionnaire, le père Souël. Il évoque ainsi ses années d'enfance et d'adolescence, dans le château paternel, avec sa sœur Amélie pour unique compagne.

Mais comment exprimer cette foule de sensations fugitives que j'éprouvais dans mes promenades ? Les sons que rendent les passions dans le vide d'un cœur solitaire, ressemblent au murmure que les vents et les eaux font entendre dans le silence d'un désert : on en jouit, mais on ne peut les peindre.

L'automne me surprit au milieu de ces incertitudes : j'entrai avec ravissement dans le mois des tempêtes. Tantôt j'aurais voulu être un de ces guerriers errant au milieu des vents, des nuages et des fantômes ; tantôt j'enviais jusqu'au sort du pâtre[1] que je voyais réchauffer ses mains à l'humble feu de broussailles qu'il avait allumé au coin d'un bois. J'écoutais ses chants mélancoliques, qui me rappelaient que dans tout pays, le chant naturel de l'homme est triste, lors même qu'il exprime le bonheur. Notre cœur est un instrument incomplet, une lyre où il manque des cordes, et où nous sommes forcés de rendre les accents de la joie sur le ton consacré aux soupirs.

Le jour je m'égarais sur de grandes bruyères terminées par des forêts. Qu'il fallait peu de choses à ma rêverie ! une feuille séchée que le vent chassait devant moi, une cabane dont la fumée s'élevait dans la cime dépouillée des arbres, la mousse qui tremblait au souffle du nord sur le tronc d'un chêne, une roche écartée, un étang désert où le jonc flétri murmurait ! Le clocher solitaire, s'élevant au loin dans la vallée, a souvent attiré mes regards ; souvent j'ai suivi des yeux les oiseaux de passage qui volaient au-dessus de ma tête. Je me figurais les bords ignorés, les climats lointains où ils se rendent ; j'aurais voulu être sur leurs ailes. Un secret instinct me tourmentait ; je sentais que je n'étais moi-même qu'un voyageur ; mais une voix semblait me dire : « Homme, la saison de ta migration n'est pas encore venue ; attends que le vent de la mort se lève, alors tu déploieras ton vol vers ces régions inconnues que ton cœur demande. »

« Levez-vous vite, orages désirés, qui devez emporter René dans les espaces d'une autre vie. » Ainsi disant, je marchais à grands pas, le visage enflammé, le vent sifflant dans ma chevelure, ne sentant ni pluie ni frimas[2], enchanté, tourmenté, et comme possédé par le démon de mon cœur.

François-René de Chateaubriand, *René*, 1802.

1. **pâtre** : berger. 2. **frimas** : temps froid.

Le héros romantique

Dans *René*, Chateaubriand fixe les traits caractéristiques du héros romantique dans lequel toute une génération se retrouve. Indifférent aux exigences sociales, il se signale immédiatement aux regards par son allure, son visage enflammé, sa longue chevelure ébouriffée.

Le romantique est habité par des sentiments contradictoires, passant de l'abattement à l'exaltation, de la mélancolie à l'enthousiasme, de la solitude à la communion avec le peuple. C'est pourquoi il préfère à une nature calme et indolente les tempêtes de l'automne, qui correspondent au tourbillon des émotions lyriques qui l'habitent : inquiétude, désir vague et bouillant, attente du destin, tourments du cœur.

On comprend ainsi que René soit devenu le symbole du « mal du siècle », cette incertitude des passions que partagent les jeunes gens dans la première moitié du XIXe siècle, de l'Empire à la chute de la Restauration.

1848

Mémoires d'outre-tombe

Dans ses *Mémoires d'outre-tombe*, Chateaubriand raconte son enfance en Bretagne, ses rêves d'adolescent, les « chimères » nées de son imagination. Cependant, grand voyageur, témoin de la Révolution, ministre des Affaires étrangères, il ajoute à l'autobiographie la dimension des mémoires. Il fait ainsi le récit de la prise de la Bastille, qui marque le début de la Révolution.

PARIS, NOVEMBRE 1821.

L'année 1789, si fameuse dans notre histoire et dans l'histoire de l'espèce humaine, me trouva dans les landes de ma Bretagne ; je ne pus même quitter la province qu'assez tard, et n'arrivai à Paris qu'après le pillage de la maison Réveillon, l'ouverture des États-généraux, la constitution du tiers-état en Assemblée nationale, le serment du Jeu-de-Paume, la séance royale du 23 juin, et la réunion du clergé et de la noblesse au tiers-état.

Le mouvement était grand sur ma route : dans les villages, les paysans arrêtaient les voitures, demandaient les passeports, interrogeaient les voyageurs. Plus on approchait de la capitale, plus l'agitation croissait. En traversant Versailles, je vis des troupes casernées dans l'orangerie[1] ; des trains d'artillerie[2] parqués dans les cours ; la salle provisoire de l'Assemblée nationale élevée sur la place du palais, et des députés allant et venant parmi des curieux, des gens du château et des soldats.

À Paris, les rues étaient encombrées d'une foule qui stationnait à la porte des boulangers ; les passants discouraient au coin des bornes ; les marchands, sortis de leurs boutiques, écoutaient et racontaient des nouvelles devant leurs portes : au Palais-Royal s'agglroméraient des agitateurs : Camille Desmoulins[3] commençait à se distinguer dans les groupes.

....

Soudain le tocsin sonne. Les boutiques des fourbisseurs[4] sont enfoncées, et trente mille fusils enlevés aux Invalides. On se pourvoit de piques, de bâtons, de fourches, de sabres, de pistolets ; on pille Saint-Lazare, on brûle les barrières. Les électeurs de Paris prennent en main le gouvernement de la capitale, et, en une nuit, soixante mille citoyens sont organisés, armés, équipés en gardes nationales.

Le 14 juillet, prise de la Bastille. J'assistai, comme spectateur, à cet assaut contre quelques invalides et un timide gouverneur : si on eût tenu les portes fermées, jamais le peuple ne fût entré dans la forteresse. Je vis tirer deux ou trois coups de canon, non par les invalides, mais par des gardes-françaises, déjà montés sur les tours. De Launay[5], arraché de sa cachette, après avoir subi mille outrages, est assommé sur les marches de l'Hôtel de Ville ; le prévôt des marchands, Flesselles, a la tête cassée d'un coup de pistolet ; c'est ce spectacle que des béats sans cœur trouvaient si beau.

....

Tout événement, si misérable ou si odieux qu'il soit en lui-même, lorsque les circonstances en sont sérieuses et qu'il fait époque, ne doit pas être traité avec légèreté : ce qu'il fallait voir dans la prise de la Bastille (et ce que l'on ne vit pas alors), c'était, non l'acte violent de l'émancipation[6] d'un peuple, mais l'émancipation même, résultat de cet acte.

On admira ce qu'il fallait condamner, l'accident, et l'on n'alla pas chercher dans l'avenir les destinées accomplies d'un peuple, le changement des mœurs, des idées, des pouvoirs politiques, une rénovation de l'espèce humaine, dont la prise de la Bastille ouvrait l'ère, comme un sanglant jubilé[7]. La colère brutale faisait des ruines, et sous cette colère était cachée l'intelligence qui jetait parmi ces ruines le fondement du nouvel édifice.

Mais la nation qui se trompa sur la grandeur du fait matériel, ne se trompa pas sur la grandeur du fait moral : la Bastille était à ses yeux le trophée de sa servitude ; elle lui semblait élevée à l'entrée de Paris, en face des seize piliers de Montfaucon[8], comme le gibet de ses libertés. En rasant une forteresse d'État le peuple crut briser le joug militaire, et prit l'engagement tacite de remplacer l'armée qu'il licenciait : on sait quels prodiges enfanta le peuple devenu soldat.

François-René de Chateaubriand, *Mémoires d'outre-tombe*, 1848.

■ 1. **orangerie** : lieu où l'on conserve les orangers, pendant l'hiver. ■ 2. **trains d'artillerie** : troupes d'artillerie. ■ 3. **Camille Desmoulins** : révolutionnaire célèbre pour avoir incité à la prise de la Bastille. ■ 4. **fourbisseurs** : artisans qui montent les sabres et les épées. ■ 5. **De Launay** : le commandant de la prison de la Bastille. ■ 6. **émancipation** : libération. ■ 7. **jubilé** : fête solennelle. ■ 8. **piliers de Montfaucon** : gibets où étaient pendus au Moyen Âge les condamnés à mort.

Suite de gravures par Jean-François Janinet (1752-1814) illustrant les événements du 14 juillet 1789.

Chateaubriand, acteur et témoin de l'Histoire

Dans ses *Mémoires,* Chateaubriand fait le récit de sa rencontre avec l'Histoire. Il s'agit pour lui de raconter son enfance, mais surtout de rassembler la somme des événements exceptionnels dont il a été le témoin : sa présentation à la cour de Louis XVI, la prise de la Bastille et la Révolution française, son voyage en Amérique, l'émigration des aristocrates en Allemagne et en Angleterre, sa rencontre avec Bonaparte, le rôle politique qu'il tient auprès de Louis XVIII, les journées d'émeute de 1830 et la chute de la Restauration.

Le mémorialiste rend ainsi compte d'une époque particulièrement tourmentée de l'histoire de France. Mais ce qui donne un prix inestimable aux *Mémoires d'outre-tombe,* c'est la virtuosité de l'écrivain, capable de recréer, à travers la vivacité de son récit, l'intensité épique des événements qu'il rapporte.

MADAME DE STAËL

Nom et prénom : **Necker, baronne de Staël, Germaine**
Naissance : **le 22 avril 1766, à Paris**
Décès : **le 13 juillet 1817, à Paris**
Lieux : **Paris ; le domaine paternel de Coppet, en Suisse**
Situation familiale : **mariée à l'ambassadeur de Suède à Paris**
Profession : **sa fortune la dispense d'exercer un métier**
Amitiés : **Chateaubriand, Mme de Récamier, et une grande passion pour l'écrivain Benjamin Constant**

Fille du célèbre banquier genevois un temps ministre de Louis XVI, Germaine Necker se passionne très tôt pour les idées des Lumières. Mariée en 1786 à l'ambassadeur de Suède, elle est d'abord favorable à la Révolution mais elle en condamne les violences et échappe de justesse aux massacres de 1792. Émigrée, elle gagne la Suisse où elle rencontre Benjamin Constant avec qui elle entame une liaison passionnée. Revenue en France en 1796, ses idées libérales irritent Napoléon.

Condamnée à l'exil – « un supplice, dit-elle, beaucoup plus cruel que la mort » –, elle voyage à travers l'Europe, découvre l'Allemagne, l'Italie, la Suède, la Russie. Elle rencontre ainsi Goethe et Schiller. L'Italie lui inspire son roman, *Corinne*. Jusqu'à ses derniers jours, si douloureux, à Paris, elle met toute son énergie à défendre cet idéal de liberté intelligente qui a été le sien pendant toute son existence.

Ses œuvres principales

- des romans : *Delphine* (1802), *Corinne* (1807)
- des essais, dont : *De l'influence des passions* (1796), *De la littérature* (1800), *De l'Allemagne* (1810)

1810

De l'Allemagne

Composée dès 1810, l'une des œuvres majeures de Madame de Staël, *De l'Allemagne*, a été mise au pilon par Napoléon : dix mille exemplaires ont été détruits par la police. C'est donc à Londres, en 1813, que l'œuvre est d'abord publiée. Autour de l'image mythique du poète allemand, Madame de Staël évoque la figure de l'homme exalté, libéré des limites de sa condition par la force de son génie. Elle montre comment le sentiment de l'infini, qu'elle définit ailleurs comme « le sentiment douloureux de l'incomplet de sa destinée », est à l'origine des plus hautes créations de l'homme.

L'on demande s'il est possible de concevoir l'infini ; cependant, ne le conçoit-on pas, au moins d'une manière négative, lorsque, dans les mathématiques, on ne peut supposer aucun terme à la durée ni à l'étendue ? Cet infini consiste dans l'absence de bornes ; mais le sentiment de l'infini, tel que l'imagination et le cœur l'éprouvent, est positif et créateur.

L'enthousiasme que le beau idéal nous fait éprouver, cette émotion pleine de trouble et de pureté tout ensemble, c'est le sentiment de l'infini qui l'excite. Nous nous sentons comme dégagés, par l'admiration, des entraves[1] de la destinée humaine, et il nous semble qu'on nous révèle des secrets merveilleux pour affranchir l'âme à jamais de la langueur et du déclin. Quand nous contemplons le ciel étoilé, où des étincelles de lumière sont des univers comme le nôtre, où la poussière brillante de la Voie lactée trace avec des mondes une route dans le firmament, notre pensée se perd dans l'infini, notre cœur bat pour l'inconnu, pour l'immense, et nous sentons que ce n'est qu'au-delà des expériences terrestres que notre véritable vie doit commencer.

Quand nous nous livrons en entier aux réflexions, aux images, aux désirs qui dépassent les limites de l'expérience, c'est alors seulement que nous respirons. Quand on veut s'en tenir aux intérêts, aux convenances, aux lois de ce monde, le génie, la sensibilité, l'enthousiasme, agitent péniblement notre âme ; mais ils l'inondent de délices quand on les consacre à ce souvenir, à cette attente de l'infini qui se présente, dans la métaphysique[2], sous la forme des dispositions innées ; dans la vertu, sous celle du dévouement ; dans les arts, sous celle de l'idéal, et dans la religion elle-même, sous celle de l'amour divin.

Le sentiment de l'infini est le véritable attribut[3] de l'âme : tout ce qui est beau dans tous les genres excite en nous l'espoir et le désir d'un avenir éternel et d'une existence sublime ; on ne peut entendre ni le vent dans la forêt, ni les accords délicieux des voix humaines ; on ne peut éprouver l'enchantement de l'éloquence ou de la poésie ; enfin, surtout, on ne peut aimer avec innocence, avec profondeur, sans être pénétré de religion et d'immortalité.

Tous les sacrifices de l'intérêt personnel viennent du besoin de se mettre en harmonie avec ce sentiment de l'infini dont on éprouve tout le charme, quoiqu'on ne puisse l'exprimer. Si la puissance du devoir était renfermée dans le court espace de cette vie, comment donc aurait-elle plus d'empire que les passions sur notre âme ? qui sacrifierait des bornes à des bornes ? *Tout ce qui finit est si court,* dit saint Augustin ; les instants de jouissance que peuvent valoir les penchants terrestres, et les jours de paix qu'assure une conduite morale différeraient de bien peu, si des émotions sans limite et sans terme ne s'élevaient pas au fond du cœur de l'homme qui se dévoue à la vertu.

Beaucoup de gens nieront ce sentiment de l'infini ; et, certes, ils sont sur un excellent terrain pour le nier, car il est impossible de le leur expliquer ; ce n'est pas quelques mots de plus qui réussiront à leur faire comprendre ce que l'univers ne leur a pas dit. La nature a revêtu l'infini des divers symboles qui peuvent le faire arriver jusqu'à nous : la lumière et les ténèbres, l'orage et le silence, le plaisir et la douleur, tout inspire à l'homme cette religion universelle dont son cœur est le sanctuaire.

Madame de Staël, *De l'Allemagne,* 1810.

■ **1. entraves** : ce qui empêche d'agir librement. ■ **2. métaphysique** : partie de la philosophie qui s'interroge sur les causes de l'univers et les principes de la connaissance. ■ **3. attribut** : ce qui est particulier à l'âme.

Le renouveau de la critique littéraire

Si Madame de Staël a écrit deux romans, *Delphine* et *Corinne*, qui l'ont rendue célèbre, ses deux œuvres majeures sont *De la littérature,* publiée en 1800, et *De l'Allemagne,* achevée en 1810. S'appuyant sur les travaux de Montesquieu, elle replace les œuvres littéraires dans leur contexte géographique, religieux, social, et s'écarte d'une esthétique dogmatique, normative, qui exige l'imitation des Anciens. Elle ouvre ainsi la France aux nouvelles façons de sentir et de penser qu'elle découvre en Angleterre, en Italie, et surtout en Allemagne. En montrant la dimension religieuse de l'expérience esthétique, en liant les thèmes de la mélancolie et de l'enthousiasme, elle introduit en France le romantisme. Madame de Staël donne la formule du lyrisme romantique : la poésie n'est pas une ornementation du discours, ni le fruit d'un travail technique sur la langue ; c'est un chant religieux, issu de l'âme humaine, le chant de l'infini en l'homme. L'univers prête sa voix au poète.

CONSTANT

Nom et prénom : **Constant de Rebecque, Benjamin**
Naissance : **le 25 octobre 1767, à Lausanne, en Suisse**
Décès : **le 10 décembre 1830, à Paris**
Lieux : **Lausanne, Oxford, Paris, Brunswick, Genève**
Situation familiale : **marié à Wilhelmine von Cramm ; une longue liaison passionnée avec Madame de Staël, dont il a une fille ; marié une seconde fois avec Charlotte von Hardenberg ; nouvelle liaison avec Juliette Récamier**
Professions : **chambellan à la cour de Brunswick, député, président du Conseil d'État**
Amitié : **le roi Louis-Philippe**

Ayant très tôt perdu sa mère, Benjamin Constant est élevé par son père, Suisse, militaire de carrière au service de la Hollande. Son éducation est confiée à une succession de précepteurs. L'enfant accompagne son père dans ses voyages. Il étudie à Oxford et Édimbourg, découvre Paris en 1785. Introduit dans la haute société, le jeune homme se livre à la passion du jeu et connaît ses premières aventures amoureuses. Rappelé en Allemagne par son père en 1787, il y fait un mariage malheureux, puis rencontre en 1794 Germaine de Staël, dont il tombe passionnément amoureux. La même année, il obtient la nationalité française.

Engagé dans la vie politique, Constant s'oppose à Bonaparte et, contraint à l'exil, devient l'un des maîtres à penser du libéralisme. Il publie son roman *Adolphe*, en Angleterre, en 1816. Rentré en France au moment de la Restauration, il s'impose parmi les membres du parti libéral, s'opposant à la volonté de revanche des royalistes. À sa mort, en 1830, des funérailles nationales consacrent la gloire de celui qui sut défendre les libertés.

Ses œuvres principales

- des essais, dont : *De la force du gouvernement actuel de la France et de la nécessité de s'y rallier* (1796), *De l'esprit de conquête et de l'usurpation dans leurs rapports avec la civilisation européenne* (1814)
- des romans : *Adolphe* (1816) *Cécile* (édition posth.)
- des écrits personnels : *Lettres à madame Récamier* (1864, posth.), *Le Cahier rouge* (posth.), *Journaux intimes* (posth.)

1816

Adolphe

Roman autobiographique, *Adolphe* raconte le passage de l'exaltation amoureuse à l'expérience du désenchantement. D'abord passionnément épris, Adolphe n'éprouve plus pour sa maîtresse que tendresse et affection. Le roman s'achève alors sur le désespoir d'Ellénore : se sentant trahie et abandonnée, elle meurt en héroïne tragique.

C'était une de ces journées d'hiver où le soleil semble éclairer tristement la campagne grisâtre, comme s'il regardait en pitié la terre qu'il a cessé de réchauffer. Ellénore me proposa de sortir. « Il fait bien froid, lui dis-je. – N'importe, je voudrais me promener avec vous. » Elle prit mon bras ; nous marchâmes longtemps sans rien dire ; elle avançait avec peine, et se penchait sur moi presque tout entière. « Arrêtons-nous un instant. – Non, me répondit-elle, j'ai du plaisir à me sentir encore soutenue par vous. » Nous retombâmes dans le silence. Le ciel était serein ; mais les arbres étaient sans feuilles ; aucun souffle n'agitait l'air, aucun oiseau ne le traversait : tout était immobile, et le seul bruit qui se fît entendre était celui de l'herbe glacée qui se brisait sous nos pas. « Comme tout est calme, me dit Ellénore ; comme la nature se résigne ! Le cœur aussi ne doit-il pas apprendre à se résigner ? » Elle s'assit sur une pierre ; tout à coup elle se mit à genoux, et, baissant la tête, elle l'appuya sur ses deux mains. J'entendis quelques mots prononcés à voix basse. Je m'aperçus qu'elle priait. Se relevant enfin : « Rentrons, dit-elle, le froid m'a saisie. J'ai peur de me trouver mal. Ne me dites rien ; je ne suis pas en état de vous entendre[1]. »

À dater de ce jour, je vis Ellénore s'affaiblir et dépérir. Je rassemblai de toutes parts des médecins autour d'elle : les uns m'annoncèrent un mal sans remède, d'autres me bercèrent d'espérances vaines ; mais la nature sombre et silencieuse poursuivait d'un bras invisible son travail impitoyable. Par moments, Ellénore semblait reprendre à[2] la vie. On eût dit quelquefois que la main de fer qui pesait sur elle s'était retirée. Elle relevait sa tête languissante[3] ; ses joues se couvraient de couleurs un peu vives ; ses yeux se ranimaient : mais tout à coup, par le jeu cruel d'une puissance inconnue, ce mieux mensonger disparaissait, sans que l'on en pût deviner la cause. Je la vis de sorte marcher par degrés à la destruction. Je vis se graver sur cette figure si noble et si expressive les signes avant-coureurs de la mort. Je vis, spectacle humiliant et déplorable, ce caractère énergique et fier recevoir de la souffrance physique mille impressions confuses et incohérentes, comme si, dans ces instants terribles, l'âme, froissée par le corps, se métamorphosait en tous sens pour se plier avec moins de peine à la dégradation des organes.

Un seul sentiment ne varia jamais dans le cœur d'Ellénore : ce fut sa tendresse pour moi. Sa faiblesse lui permettait rarement de me parler ; mais elle fixait sur moi ses yeux en silence, et il me semblait alors que ses regards me demandaient la vie que je ne pouvais plus lui donner. Je craignais de lui causer une émotion violente ; j'inventais des prétextes pour sortir : je parcourais au hasard tous les lieux où je m'étais trouvé avec elle ; j'arrosais de mes pleurs les pierres, le pied des arbres, tous les objets qui me retraçaient son souvenir.

Ce n'était pas les regrets de l'amour, c'était un sentiment plus sombre et plus triste ; l'amour s'identifie tellement à l'objet aimé que dans son désespoir même il y a quelque charme. Il lutte contre la réalité, contre la destinée ; l'ardeur de son désir le trompe sur ses forces, et l'exalte au milieu de sa douleur. La mienne était morne et solitaire ; je n'espérais point mourir avec Ellénore ; j'allais vivre avec elle dans ce désert du monde, que j'avais souhaité tant de fois de traverser indépendant.

Benjamin Constant, *Adolphe*, 1816.

▪ 1. **entendre** : comprendre. ▪ 2. **reprendre à** : revenir à. ▪ 3. **languissante** : abattue, langoureuse.

Le récit de la passion amoureuse

Benjamin Constant multiplie les écrits autobiographiques comme en témoignent ses œuvres posthumes : son journal intime ou ses carnets secrets. Le récit d'*Adolphe* est ainsi le roman autobiographique d'une liaison amoureuse.

On a souvent voulu voir dans l'héroïne Madame de Staël, avec laquelle Constant eut une longue liaison. De nombreuses scènes se déroulent à Coppet, en Suisse, dans le domaine du père de Germaine de Staël.

Dans son roman, l'écrivain expose les contradictions d'un jeune homme romantique qui s'éprend ou plutôt croit s'éprendre d'Ellénore. Celle-ci abandonne tout pour le suivre. Mais la passion le quitte, il découvre qu'il ne l'a peut-être pas aimée. Partagé entre ses engagements et ses regrets, incapable de rompre, irrésolu, Adolphe assiste en spectateur à sa propre faiblesse, jusqu'à la mort tragique d'Ellénore, rongée par le sentiment de la trahison. La personnalité du héros donne lieu, à la fin de l'ouvrage, à un débat sur sa responsabilité. Adolphe est-il excusable ? Doit-il être blamé ?

Dépouillé, resserré autour des sentiments des deux amants, *Adolphe* s'inscrit dans la tradition des romans qui développent l'analyse psychologique de la passion amoureuse.

Le romantisme

Dès la seconde moitié du XVIIIe siècle, nombreux sont les écrivains qui rejettent le rationalisme des Lumières en invoquant l'exploration des passions et la communion avec une nature riche et mystérieuse. Se développant en Allemagne, en Angleterre puis en France, le mouvement romantique manifeste au XIXe siècle le triomphe de la sensibilité et le rejet de l'ordre classique au profit de la liberté de création.

Le mot « romantisme »

L'adjectif « romantique » est au XVIIe siècle synonyme de « romanesque » pour désigner des sentiments et des aventures propres au roman. À la fin du XVIIIe siècle, il correspond à l'évocation de paysages mélancoliques. C'est à partir de 1820 que le mot « romantisme » désigne un mouvement littéraire et culturel qui rassemble les artistes se réclamant d'une sensibilité nouvelle : le mouvement romantique exprime alors un sentiment de révolte contre l'ordre établi, auquel il oppose l'exaltation d'un moi intime et lyrique.

Atala, l'héroïne du roman de Chateaubriand, mise au tombeau. Tableau peint par Girodet en 1808.

Eugène Delacroix, *La Liberté guidant le peuple* (détail), 1831.

L'HISTOIRE DU MOUVEMENT

Le préromantisme

Déjà, en prenant le contre-pied de l'idéal des Lumières, Rousseau et Bernardin de Saint-Pierre exprimaient le goût de la solitude et la quête d'un refuge au sein de la nature. De son côté, Diderot réclamait une poésie fondée sur la mélancolie des ruines, l'émotion des ténèbres et le silence de la nuit. Influencée par la littérature allemande, à travers Goethe et Novalis, ou anglaise, à travers Shelley et Keats, une génération d'écrivains exprime, au début du XIXe siècle, les passions qui agitent « les plus secrètes parties du cœur ». Les exilés qui avaient fui la Révolution reviennent ainsi à Paris en y apportant une sensibilité nouvelle. Le *Génie du christianisme* de Chateaubriand, en 1802, *De l'Allemagne* de Germaine de Staël, en 1810, connaissent un immense succès.

La révolte romantique et la bataille d'*Hernani*

Dès 1823, Stendhal prend la défense de Shakespeare, contre le théâtre classique. Se regroupant autour de Victor Hugo, les jeunes artistes proclament leurs idées dans des articles et des préfaces, comme celle de *Cromwell*, de Victor Hugo, en 1827. Un recueil de poèmes, une pièce de théâtre, l'exposition d'un tableau ou l'exécution d'une œuvre musicale sont l'occasion de manifestations publiques où les romantiques expriment leur révolte contre l'ordre et la raison, leur refus d'une société obsédée par le pouvoir et l'argent.

L'épopée, puis l'exil de l'Empereur, inspirent l'œuvre de Stendhal, de Hugo ou de Vigny.

C'est ainsi qu'en 1830, à l'occasion de la représentation de la pièce de Victor Hugo, *Hernani*, une bataille retentissante oppose les partisans du drame romantique contre ceux qui défendent le théâtre classique.

Le sacre du moi romantique

Le théâtre romantique triomphe avec *Henri III et sa cour*, de Dumas, en 1829, comme en 1835, avec *Chatterton*, de Vigny. Dans l'œuvre poétique de Hugo, de Lamartine, de Nerval, le moi intime du poète exprime ses tourments, le désarroi qui succède à l'enthousiasme de la Révolution française et de l'épopée napoléonienne. Certains, comme Vigny ou Musset, ne trouvent pas d'issue au « mal du siècle » et se retirent dans l'amertume et la solitude ; d'autres, au contraire, comme Lamartine ou Hugo, partageant les souffrances des opprimés, s'engagent dans l'action politique. Ils attendent de la Révolution de 1848 la manifestation d'une liberté retrouvée au service du peuple.

Gravure illustrant les *Mémoires d'outre-tombe*.

LES PRINCIPES DU MOUVEMENT

Se libérer des règles classiques

L'écrivain romantique réclame la liberté de création. Il abandonne, au théâtre, la règle des trois unités. En poésie, il trouve dans les formes poétiques médiévales une nouvelle source d'inspiration. Il se concentre, dans le roman, sur le développement des états d'âme d'un héros inquiet, déchiré devant le monde moderne.

Affirmer l'expression de l'émotion et du lyrisme

L'écrivain romantique exprime avant tout les passions du moi. Il revendique ainsi une parole authentique fondée sur le lyrisme. Il communie avec le lecteur à travers l'aveu autobiographique de ses rêves et de ses tourments.

Réaliser le mélange des genres et des registres

L'écrivain romantique mêle, au théâtre, comédie et tragédie pour inventer le drame. En poésie, il multiplie les registres, passant du comique à l'épique, du lyrique au polémique. Le roman joue du contraste entre le réquisitoire politique et l'épanchement du sentiment amoureux.

Les écrivains romantiques voient dans le drapeau républicain, rétabli en 1830, le symbole de la liberté. Lithographie d'après un tableau de Léon Cogniet, 1830.

Les écrivains du mouvement romantique rassemblés sous la bannière de Victor Hugo. Lithographie de Benjamin Roubaud, 1842.

LES THÈMES ESSENTIELS DU MOUVEMENT

L'expérience de la solitude

Le romantisme met en avant la représentation de l'individu confronté à lui-même, dans la solitude. En exprimant ses inquiétudes et ses espoirs, l'artiste romantique devient le porte-parole de l'humanité dont il se fait le guide.

La communion avec la nature

Le héros romantique trouve à la fois un refuge et une source d'exaltation au contact avec la nature. Un paysage grandiose, le déchaînement d'une tempête, la splendeur d'un coucher de soleil libèrent en lui une émotion qui l'emporte au-delà de lui-même.

Les souffrances du peuple

Les romantiques souffrent des misères du peuple. Ils prennent position contre toutes les formes d'oppression politique, ils dénoncent l'exploitation et la pauvreté nées du développement de l'industrialisation.

La quête d'une spiritualité

Partagé entre un idéal de pureté et l'expérience désenchantée du monde, l'art romantique se tourne vers le fantastique et le merveilleux. L'exploration du passé, l'occultisme, le spiritisme sont les moyens d'une évasion et d'une recherche de l'absolu.

Les romantiques manifestent leur admiration pour l'œuvre de Shakespeare. *Hamlet et Horatio au cimetière*, par Eugène Delacroix, 1839.

La mer, qui a aussi inspiré Chateaubriand ou Victor Hugo, et les navires, symboles de la destinée humaine, sont associés dans ce tableau de Caspar David Friedrich, *Les Âges de la vie*, 1834.

Le romantisme et la musique

Durant la première moitié du XIXe siècle, Schubert, Chopin, Schumann, Berlioz, Liszt témoignent de la vitalité et de la diversité de l'inspiration romantique dans le domaine musical. Cependant, c'est à l'Opéra que la musique romantique triomphe. Le drame lyrique apparaît, chez Giuseppe Verdi en Italie ou chez Richard Wagner en Allemagne, comme le point d'aboutissement de l'expression tumultueuse des passions. « Dès les premières mesures, les nerfs vibrent à l'unisson de la mélodie », écrit Baudelaire après une représentation de *Tannhäuser*.

Les grandes œuvres du romantisme

Littérature
- Goethe, *Les Souffrances du jeune Werther*, 1774
- Chateaubriand, *René*, 1802
- Madame de Staël, *De l'Allemagne*, 1810
- Byron, *Childe Harold*, 1813
- Lamartine, *Méditations poétiques*, 1820
- Musset, *Lorenzaccio*, 1834
- Hugo, *Odes et Ballades*, 1828 ; *Ruy Blas*, 1838

Peinture
- Girodet, *Les Funérailles d'Atala*, 1808
- Géricault, *Le Radeau de la Méduse*, 1819
- Delacroix, *La Mort de Sardanapale*, 1827 ; *La Liberté guidant le peuple*, 1831

Musique
- Chopin, *Nocturnes*, 1833
- Verdi, *Nabucco*, 1842
- Wagner, *Tannhäuser*, 1845
- Berlioz, *La Damnation de Faust*, 1846

Danse
- Taglioni (chorégraphie), *La Sylphide*, 1832
- Gautier (livret) et Adam (musique), *Gisèle*, 1841

LAMARTINE

Nom et prénom : **de Lamartine, Alphonse**
Naissance : **le 21 octobre 1790, à Mâcon**
Décès : **le 28 février 1869, à Paris**
Lieux : **l'Italie, surtout Naples et Florence; Milly**
Situation familiale : **marié avec une Anglaise, Mariane-Elisa Birch ; deux enfants, Alphonse qui meurt en bas-âge et Julia**
Professions : **militaire, attaché d'ambassade, député, ministre des Affaires étrangères et chef du gouvernement provisoire**
Amitiés : **Aymon de Virieu, Victor Hugo, Alfred de Vigny**

Lamartine grandit à Milly, au bord de la Saône. Après ses années d'études, où il souffre d'être mis en pension, il refuse de servir Napoléon, qu'il considère comme un usurpateur. Il mène une vie oisive, lit et écrit des vers. Un voyage en Italie lui laisse le souvenir ébloui d'une jeune Italienne qu'il a rencontrée, Antoniella. En 1814, engagé dans le régiment des Gardes du corps, Lamartine accompagne Louis XVIII durant les Cent-Jours. Deux ans plus tard, il rencontre Julie Charles dont il tombe amoureux. C'est en vain qu'il l'attend à Aix où les deux amants se sont donné rendez-vous. Julie meurt peu après. C'est pour elle qu'il écrit « Le lac ».

Publiées en 1820, les *Méditations poétiques* consacrent la gloire du poète. S'engageant alors dans l'action politique, Lamartine prend part à la Révolution de 1830. Il est élu député en 1833 et lutte pour la suppression de l'esclavage, contre la peine de mort. Chef du gouvernement provisoire, il proclame la République en 1848. Mais il échoue aux élections présidentielles. Accablé par des dettes énormes, Lamartine, condamné aux « travaux forcés littéraires », écrit sur les sujets les plus divers, se tournant également vers son enfance, au temps lointain du bonheur à Milly. Sa famille refuse des funérailles nationales à sa mort, en 1869.

Ses œuvres principales

- des recueils de poèmes, dont : *Méditations poétiques* (1820), *Harmonies poétiques et religieuses* (1830), *Jocelyn* (1836), *La Vigne et la Maison* (1857)
- un récit de voyage : *Voyage en Orient* (1835)
- des essais, dont : *Histoire des Girondins* (1847)
- des romans autobiographiques : *Raphaël* (1849), *Graziella* (1851)

1820

Méditations poétiques

Inspiré par son amour pour Julie Charles, atteinte d'une maladie incurable, Lamartine évoque dans « Le lac » la puissance inexorable du temps et la mélancolie du souvenir. Il exprime ainsi les passions du cœur humain, « les innombrables frissons de l'âme ». Ce lac est celui du Bourget, à Aix-les-Bains, lieu où les deux amants s'attardaient lors de longues promenades.

LE LAC

Ainsi, toujours poussés vers de nouveaux rivages,
Dans la nuit éternelle emportés sans retour,
Ne pourrons-nous jamais sur l'océan des âges
Jeter l'ancre un seul jour ?

Ô lac ! l'année à peine a fini sa carrière,
Et près des flots chéris qu'elle devait revoir,
Regarde ! je viens seul m'asseoir sur cette pierre
Où tu la vis s'asseoir !

Tu mugissais ainsi sous ces roches profondes,
Ainsi tu te brisais sur leurs flancs déchirés,
Ainsi le vent jetait l'écume de tes ondes
Sur ses pieds adorés.

Un soir, t'en souvient-il ? nous voguions en silence ;
On n'entendait au loin, sur l'onde et sous les cieux,
Que le bruit des rameurs qui frappaient en cadence
Tes flots harmonieux.

Tout à coup des accents inconnus à la terre
Du rivage charmé frappèrent les échos :
Le flot fut attentif, et la voix qui m'est chère
Laissa tomber ces mots :

« Ô temps ! suspends ton vol, et vous, heures propices[1] !
Suspendez votre cours :
Laissez-nous savourer les rapides délices
Des plus beaux de nos jours !

« Assez de malheureux ici-bas vous implorent
Coulez, coulez pour eux ;
Prenez avec leurs jours les soins qui les dévorent,
Oubliez les heureux.

« Mais je demande en vain quelques moments encore.
Le temps m'échappe et fuit ;
Je dis à cette nuit : Sois plus lente ; et l'aurore
Va dissiper la nuit.

« Aimons donc, aimons donc ! de l'heure fugitive,
Hâtons-nous, jouissons !
L'homme n'a point de port, le temps n'a point de rive ;
Il coule, et nous passons ! »

Alphonse de Lamartine, « Le lac » (extrait),
Méditations poétiques, 1820.

1. **propices** : favorables.

Le lyrisme romantique et les confidences du cœur

La publication des *Méditations poétiques* en 1820 marque le véritable début du mouvement romantique en France. Composé de vingt-quatre poèmes qui forment une autobiographie intime sentimentale, le recueil de Lamartine obtient immédiatement un succès universel.

C'est par son lyrisme que le poète des *Méditations* affirme son originalité : devant la nature consolatrice, l'auteur laisse parler son cœur, déchiré par le souvenir d'un amour désormais perdu. L'harmonie et la douceur des sonorités créent une impression de fluidité et d'écoulement de l'écriture poétique. Un lac, un vallon, un chêne deviennent, vers après vers, chargés de symboles et de mystère.

Aux yeux de ses contemporains et de l'écrivain Théophile Gautier, Alphonse de Lamartine apparaît, dans ses *Méditations poétiques*, comme « le plus grand musicien de la langue française ».

STENDHAL

Nom et prénom : **Beyle, Henri**
Pseudonyme : **Stendhal**
Naissance : **le 23 janvier 1783, à Grenoble**
Décès : **le 22 mars 1842, à Paris**
Lieux : **l'Italie, sa seconde patrie, surtout Milan et Rome**
Situation familiale : **célibataire**
Professions : **militaire, commissaire à la guerre, auditeur au Conseil d'État, courrier auprès de l'Empereur, consul en Italie**
Amitié : **Mérimée**

Henri Beyle, qui perd à six ans une mère qu'il adore, se révolte tout jeune contre son père. Passionné par les mathématiques, il renonce pourtant à l'École polytechnique pour s'engager à dix-sept ans dans l'armée de Napoléon. L'Italie l'enchante mais l'armée l'ennuie : il démissionne puis occupe différentes charges et participe en 1812 à la retraite de Russie. Sans emploi à la fin de l'Empire, il partage sa vie entre l'Italie et la France. Sa passion malheureuse pour Métilde Dembrovska lui inspire son premier grand ouvrage, *De l'amour*. Après la publication du roman *Le Rouge et le Noir* en pleine Révolution de 1830, les autorités autrichiennes, qui se méfient de ses opinions politiques, l'empêchent d'être consul à Trieste et il se retrouve près de Rome. C'est pendant un congé parisien qu'il compose *La Chartreuse de Parme*. La mort le terrasse à Paris. Il laisse plusieurs manuscrits inachevés : *Lucien Leuwen, Vie de Henry Brulard, Lamiel*. Le succès vient après sa mort. Stendhal a remporté son pari : «Je mets un billet de loterie dont le gros lot se résume à ceci : être lu en 1935 », avait-il écrit.

Ses œuvres principales

- des essais, dont : *De l'amour* (1822), *Racine et Shakespeare* (1823)
- des récits de voyage, dont : *Promenades dans Rome* (1829)
- des romans, dont : *Le Rouge et le Noir* (1830), *La Chartreuse de Parme* (1839), *Lucien Leuwen* (inachevé, 1855)

L'ŒUVRE DE STENDHAL

Les essais critiques et polémiques

Des lettres polémiques de *Racine et Shakespeare*, premier manifeste romantique, à la longue étude *De l'amour*, son ouvrage préféré, jusqu'aux neuf cents pages des *Mémoires d'un touriste*, Stendhal fait de l'essai un exercice de liberté. Mêlant anecdotes, réflexions, notes de lecture, il aborde tous les sujets qui le passionnent : la politique, l'amour, l'art.

Les romans de la conquête du bonheur

Se tenant au plus près de ses personnages, sachant en sourire, Stendhal renouvelle l'art du roman : instrument d'une analyse aiguë du réel, le roman est aussi création d'un univers qui invite au bonheur. Emporté par le romancier, le lecteur devient le complice de ces héros qui, lancés à la conquête d'un monde hostile, se défont de leurs illusions pour découvrir ce qu'ils aiment vraiment.

Les écrits autobiographiques

Dans son *Journal*, entrepris dès sa jeunesse, dans ses *Souvenirs d'égotisme* ou la *Vie de Henry Brulard*, Stendhal n'a jamais cessé de s'interroger sur sa vie, ses choix, ses amours. Mais il déteste l'égoïsme complaisant des écrivains qui font de belles phrases pour se mettre en valeur. Il revendique ce qu'il appelle « égotisme », cette recherche sincère de la vérité, qui « est une façon de peindre le cœur humain ».

L'ÉNERGIE DU BONHEUR

Stendhal entraîne le lecteur du côté de ses héros. Plein d'énergie, le héros stendhalien se moque des convenances, des opinions hypocrites, des morales étouffantes. Ne renonçant jamais à ce qu'il désire, il déploie partout cette force dont Stendhal dit : « La force que j'aime, une fourmi peut en montrer autant qu'un éléphant. » Mais s'il est souvent forcé d'avancer masqué dans un monde d'hypocrites, le héros stendhalien peut connaître le bonheur d'être soi dans la compagnie des quelques êtres qui vibrent à l'unisson. Bonheur spirituel des conversations amicales, bonheur sacré des rencontres amoureuses, bonheur fou de la tendresse.

1822

De l'amour

« Quel titre séduisant ! » note Stendhal lui-même, qui ajoute : « Qui pourrait résister à la tentation offerte par un mot aussi magique ? » Le premier livre de l'essai définit diverses sortes d'amour puis analyse le développement de la passion. Le second livre en compare les diverses formes sous l'influence du climat, de l'éducation, des mœurs, de la religion.

1800
1850

DE LA NAISSANCE DE L'AMOUR

Voici ce qui se passe dans l'âme :

1° L'admiration.

2° On se dit : Quel plaisir de lui donner des baisers, d'en recevoir, etc. !

3° L'espérance.

On étudie les perfections ; c'est à ce moment qu'une femme devrait se rendre, pour le plus grand plaisir physique possible. Même chez les femmes les plus réservées, les yeux rougissent au moment de l'espérance ; la passion est si forte, le plaisir si vif qu'il se trahit par des signes frappants.

4° L'amour est né.

Aimer, c'est avoir du plaisir à voir, toucher, sentir par tous les sens, et d'aussi près que possible, un objet aimable et qui nous aime.

5° La première cristallisation commence.

On se plaît à orner de mille perfections une femme de l'amour de laquelle on est sûr ; on se détaille tout son bonheur avec une complaisance infinie. Cela se réduit à s'exagérer une propriété superbe, qui vient de nous tomber du ciel, que l'on ne connaît pas, et de la possession de laquelle on est assuré.

Laissez travailler la tête d'un amant pendant vingt-quatre heures, et voici ce que vous trouverez :

Aux mines de sel de Salzbourg, on jette, dans les profondeurs abandonnées de la mine, un rameau d'arbre effeuillé par l'hiver ; deux ou trois mois après on le retire couvert de cristallisations brillantes : les plus petites branches, celles qui ne sont pas plus grosses que la patte d'une mésange, sont garnies d'une infinité de diamants, mobiles et éblouissants ; on ne peut plus reconnaître le rameau primitif.

Ce que j'appelle cristallisation, c'est l'opération de l'esprit, qui tire de tout ce qui se présente la découverte que l'objet aimé a de nouvelles perfections.

Stendhal, *De l'amour*, livre I, chapitre II, 1822.

La folie de l'amour

Stendhal considérait comme son œuvre principale cet essai que lui avait inspiré sa passion malheureuse pour Métilde. Mais il se veut précis, lucide : « Je fais tous les efforts possibles pour être sec car je tremble toujours de n'avoir écrit qu'un soupir, quand je crois avoir noté une vérité. » L'écrivain analyse finement comment l'imagination nous pousse à exagérer follement les mérites de l'être aimé. Or, cette lucidité, qui pourrait détourner de l'amour, le conduit à exalter cette « passion dont tous les développements sincères ont un caractère de beauté ».

Cette folie est la vie même pour Stendhal, qui note : « L'amour a toujours été pour moi la plus grande des affaires et plutôt la seule. »

1830

Le Rouge et le Noir

Julien Sorel, fils d'un charpentier brutal et intéressé, rêve de gloire et de bataille au service de Napoléon, mais il se destine à la prêtrise. Entré comme précepteur des enfants de M. de Rênal, le maire de Verrières, il se sent souvent complice de Mme de Rênal. Ayant effleuré par hasard la main de la jeune femme, Julien se met en tête qu'il se doit de prendre cette main. Il ne pense plus qu'à ce geste qui met son courage à l'épreuve.

UNE SOIRÉE À LA CAMPAGNE

Le soleil en baissant, et rapprochant le moment décisif, fit battre le cœur de Julien d'une façon singulière. La nuit vint. Il observa, avec une joie qui lui ôta un poids immense de dessus la poitrine, qu'elle serait fort obscure. Le ciel chargé de gros nuages, promenés par un vent très chaud, semblait annoncer une tempête. Les deux amies se promenèrent fort tard. Tout ce qu'elles faisaient ce soir-là semblait singulier à Julien. Elles jouissaient de ce temps, qui, pour certaines âmes délicates, semble augmenter le plaisir d'aimer.

On s'assit enfin, Mme de Rênal à côté de Julien, et Mme Derville près de son amie. Préoccupé de ce qu'il allait tenter, Julien ne trouvait rien à dire. La conversation languissait.

« Serais-je aussi tremblant et malheureux au premier duel qui me viendra ? » se dit Julien, car il avait trop de méfiance et de lui et des autres, pour ne pas voir l'état de son âme.

Dans sa mortelle angoisse, tous les dangers lui eussent semblé préférables. Que de fois ne désira-t-il pas voir survenir à Mme de Rênal quelque affaire qui l'obligeât de rentrer à la maison et de quitter le jardin ! La violence que Julien était obligé de se faire était trop forte pour que sa voix ne fût pas profondément altérée ; bientôt la voix de Mme de Rênal devint tremblante aussi, mais Julien ne s'en aperçut point. L'affreux combat que le devoir livrait à la timidité était trop pénible pour qu'il fût en état de rien observer hors lui-même. Neuf heures trois quarts venaient de sonner à l'horloge du château, sans qu'il eût encore rien osé. Julien, indigné de sa lâcheté, se dit : « Au moment précis où dix heures sonneront, j'exécuterai ce que, pendant toute la journée, je me suis promis de faire ce soir, ou je monterai me brûler la cervelle. »

Après un dernier moment d'attente et d'anxiété, pendant lequel l'excès de l'émotion mettait Julien comme hors de lui, dix heures sonnèrent à l'horloge qui était au-dessus de sa tête. Chaque coup de cette cloche fatale retentissait dans sa poitrine, et y causait comme un mouvement physique.

Enfin, comme le dernier coup de dix heures retentissait encore, il étendit la main et prit celle de Mme de Rênal, qui la retira aussitôt. Julien, sans trop savoir ce qu'il faisait, la saisit de nouveau. Quoique bien ému lui-même, il fut frappé de la froideur glaciale de la main qu'il prenait ; il la serrait avec une force convulsive ; on fit un dernier effort pour la lui ôter, mais enfin cette main lui resta.

Son âme fut inondée de bonheur, non qu'il aimât Mme de Rênal, mais un affreux supplice venait de cesser. Pour que Mme Derville ne s'aperçût de rien, il se crut obligé de parler ; sa voix alors était éclatante et forte. Celle de Mme de Rênal, au contraire, trahissait tant d'émotion, que son amie la crut malade et lui proposa de rentrer. Julien sentit le danger : « Si Mme de Rênal rentre au salon, je vais retomber dans la position affreuse où j'ai passé la journée. J'ai tenu cette main trop peu de temps pour que cela compte comme un avantage qui m'est acquis. »

Au moment où Mme Derville renouvelait la proposition de rentrer au salon, Julien serra fortement la main qu'on lui abandonnait.

Mme de Rênal, qui se levait déjà, se rassit, en disant, d'une voix mourante : « Je me sens à la vérité un peu malade, mais le grand air me fait du bien. »

Ces mots confirmèrent le bonheur de Julien, qui, dans ce moment, était extrême : il parla, il oublia de feindre, il parut l'homme le plus aimable aux deux amies qui l'écoutaient. Cependant il y avait encore un peu de manque de courage dans cette éloquence qui lui arrivait tout à coup. Il craignait mortellement que Mme Derville, fatiguée du vent qui commençait à s'élever et qui précédait la tempête, ne voulût rentrer seule au salon. Alors il serait resté en tête à tête avec Mme de Rênal. Il avait eu presque par hasard le courage aveugle qui suffit pour agir ; mais il sentait qu'il était hors de sa puissance de dire le mot le plus simple à Mme de Rênal. Quelque légers que fussent ses reproches, il allait être battu, et l'avantage qu'il venait d'obtenir, anéanti.

Heureusement pour lui, ce soir-là, ses discours touchants et emphatiques trouvèrent grâce devant Mme Derville, qui très souvent le trouvait gauche comme un enfant, et peu amusant. Pour Mme de Rênal, la main dans celle de Julien, elle ne pensait à rien ; elle se laissait vivre. Les heures qu'on passa sous ce grand tilleul, que la tradition du pays dit planté par Charles le Téméraire, furent pour elle une époque de bonheur. Elle écoutait avec délices les gémissements du vent dans l'épais feuillage du tilleul, et le bruit de quelques gouttes rares qui commençaient à tomber sur les feuilles les plus basses. Julien ne remarqua pas une circonstance qui l'eût bien rassuré ; Mme de Rênal, qui avait été obligée de lui ôter sa main, parce qu'elle se leva pour aider sa cousine à relever un vase de fleurs que le vent venait de renverser à leurs pieds, fut à peine assise de nouveau, qu'elle lui rendit sa main presque sans difficulté, et comme si déjà c'eût été entre eux une chose convenue.

Minuit était sonné déjà depuis longtemps ; il fallut enfin quitter le jardin : on se sépara. Mme de Rênal, transportée du bonheur d'aimer, était tellement ignorante, qu'elle ne se faisait presque aucun reproche. Le bonheur lui ôtait le sommeil. Un sommeil de plomb s'empara de Julien, mortellement fatigué des combats que toute la journée la timidité et l'orgueil s'étaient livrés dans son cœur.

Le lendemain on le réveilla à cinq heures ; et, ce qui eût été cruel pour Mme de Rênal si elle l'eût su, à peine lui donna-t-il une pensée. Il avait fait *son devoir, et un devoir héroïque*. Rempli de bonheur par ce sentiment, il s'enferma à clef dans sa chambre, et se livra avec un plaisir tout nouveau à la lecture des exploits de son héros[1].

Stendhal, *Le Rouge et le Noir*, 1re partie, chapitre IX, 1830.

1. **son héros** : Napoléon.

L'analyse de la passion

Cette scène fameuse donne l'exemple de la force et de la subtilité avec laquelle Stendhal met en scène les développements de la passion amoureuse. Dans cette page qui lance le récit de la liaison entre Julien et Mme de Rênal, le romancier met en lumière les décalages propres à la passion elle-même.

Les deux personnages ont beau être d'emblée à l'unisson, leur cœur ne peut pas battre au même rythme.

Julien est tout entier pris par le courage qu'il lui faut pour oser un tel geste. L'humiliation d'être refusé se double ici du risque du scandale et du ridicule. Or, ce courage absorbe toute son énergie : il oublie d'aimer.

Seule Mme de Rênal peut s'abandonner au bonheur fou d'aimer et d'être aimée. Elle ne se doute pas que Julien, en saisissant sa main, n'a pensé qu'à son héros, Napoléon. Julien, lui, ne se rend pas compte que Mme de Rênal a remis d'elle-même sa main dans la sienne. Il faudra que Julien traverse bien des épreuves pour accéder à la vérité de cet amour. C'est en prison, dans les bras de Mme de Rênal, alors qu'il ne lui reste que deux mois à vivre, alors qu'il a renoncé à toute gloire, qu'il connaît le bonheur d'aimer vraiment.

1839

La Chartreuse de Parme

La Chartreuse de Parme raconte les aventures et les amours de Fabrice del Dongo. Le jeune seigneur italien, vif et généreux, étouffe dans le château familial, où il se heurte à un père et un frère sournois et réactionnaire. Quand il apprend que Napoléon est de retour, il n'a plus qu'une idée en tête : aller rejoindre l'Empereur. Après un voyage hasardeux, le jeune Italien se retrouve soudain, à seize ans, en pleine bataille de Waterloo.

Nous avouerons que notre héros était fort peu héros en ce moment. Toutefois, la peur ne venait chez lui qu'en seconde ligne ; il était surtout scandalisé de ce bruit qui lui faisait mal aux oreilles. L'escorte prit le galop ; on traversait une grande pièce de terre labourée, située au-delà du canal, et ce champ était jonché de cadavres.

– Les habits rouges ! les habits rouges ! criaient avec joie les hussards de l'escorte, et d'abord Fabrice ne comprenait pas ; enfin il remarqua qu'en effet presque tous les cadavres étaient vêtus de rouge. Une circonstance lui donna un frisson d'horreur ; il remarqua que beaucoup de ces malheureux habits rouges vivaient encore ; ils criaient évidemment pour demander du secours, et personne ne s'arrêtait pour leur en donner. Notre héros, fort humain, se donnait toutes les peines du monde pour que son cheval ne mît les pieds sur aucun habit rouge. L'escorte s'arrêta ; Fabrice, qui ne faisait pas assez d'attention à son devoir de soldat, galopait toujours en regardant un malheureux blessé.

– Veux-tu bien t'arrêter, blanc-bec ! lui cria le maréchal des logis. Fabrice s'aperçut qu'il était à vingt pas[1] sur la droite en avant des généraux, et précisément du côté où ils regardaient avec leurs lorgnettes. En revenant se ranger à la queue des autres hussards restés à quelques pas en arrière, il vit le plus gros de ces généraux qui parlait à son voisin, général aussi, d'un air d'autorité et presque de réprimande ; il jurait. Fabrice ne put retenir sa curiosité ; et malgré le conseil de ne point parler, à lui donné par son amie la geôlière, il arrangea une petite phrase bien française, bien correcte, et dit à son voisin :

– Quel est-il ce général qui *gourmande* son voisin ?

– Pardi, c'est le maréchal !

– Quel maréchal ?

– Le maréchal Ney, bêta ! Ah ça ! où as-tu servi jusqu'ici ?

Fabrice, quoique fort susceptible, ne songea point à se fâcher de l'injure ; il contemplait, perdu dans une admiration enfantine, ce fameux prince de la Moskova, le brave des braves.

Tout à coup on partit au grand galop. Quelques instants après, Fabrice vit, à vingt pas en avant, une terre labourée qui était remuée d'une façon singulière. Le fond des sillons était plein d'eau, et la terre fort humide, qui formait la crête de ces sillons, volait en petits fragments noirs lancés à trois ou quatre pieds de haut. Fabrice remarqua en passant cet effet singulier ; puis sa pensée se remit à songer à la gloire du maréchal. Il entendit un cri sec auprès de lui : c'étaient deux hussards qui tombaient atteints par des boulets ; et, lorsqu'il les regarda, ils étaient déjà à vingt pas de l'escorte. Ce qui lui sembla horrible, ce fut un cheval tout sanglant qui se débattait sur la terre labourée, en engageant ses pieds dans ses propres entrailles ; il voulait suivre les autres : le sang coulait dans la boue.

Ah ! m'y voilà donc enfin au feu[2] ! se dit-il. J'ai vu le feu ! se répétait-il avec satisfaction. Me voici un vrai militaire. À ce moment, l'escorte allait ventre à terre, et notre héros comprit que c'était des boulets qui faisaient voler la terre de toutes parts. Il avait beau regarder du côté d'où venaient les boulets, il voyait la fumée blanche de la batterie[3] à une distance énorme, et, au milieu du ronflement égal et continu produit par les coups de canon, il lui semblait entendre des décharges beaucoup plus voisines ; il n'y comprenait rien du tout.

À ce moment, les généraux et l'escorte descendirent dans un petit chemin plein d'eau, qui était à cinq pieds[4] en contre-bas.

Le maréchal s'arrêta, et regarda de nouveau avec sa lorgnette. Fabrice, cette fois, put le voir tout à son aise; il le trouva très blond, avec une grosse tête rouge. Nous n'avons point des figures comme celles-là en Italie, se dit-il. Jamais, moi qui suis si pâle et qui ai des cheveux châtains, je ne serai comme ça, ajoutait-il avec tristesse. Pour lui ces paroles voulaient dire : Jamais je ne serai un héros.

Stendhal, *La Chartreuse de Parme*, 1839.

▪ **1. vingt pas** : une trentaine de mètres. ▪ **2. feu** : le combat qui expose aux tirs ennemis. ▪ **3. batterie** : rangée de canons. ▪ **4. cinq pieds** : environ 1,60 m.

La Bataille de Waterloo, le 18 juin 1815. Aquarelle de John Atkinson, 1819.

Le romancier et son héros

Balzac, l'un des rares à admirer *La Chartreuse* dès sa parution, a loué la « magnifique esquisse de la bataille de Waterloo ». En effet, en adoptant le point de vue de son personnage, Stendhal fait voler en éclats les habituelles scènes de bataille. On ne voit, on n'entend, on ne ressent que ce qui arrive à Fabrice. La représentation de la réalité en est bouleversée : les grands desseins d'une bataille décisive pour l'avenir de l'Europe se perdent dans la confusion de mouvements hasardeux. Dans la boue, le bruit et le sang, la page, criante de vérité, fait voir comme jamais les horreurs de la guerre.

Stendhal n'hésite pas à sourire de son héros qui rêve d'amitié chevaleresque et sublime et qui, littéralement, n'y voit que du feu. Mais il montre aussi son courage, son goût de la fraternité. Le romancier, en se limitant à ce que voit Fabrice, semble perdre le sens de l'Histoire. Mais, par des faits précis, il montre de près que la guerre n'est « plus ce noble et commun élan d'âmes amantes de la gloire ».

La bataille de Waterloo, telle qu'elle est évoquée par Stendhal dans *La Chartreuse de Parme*, sonne bien la fin de l'Empire, la fin de la Révolution.

BALZAC

Nom et prénom : **de Balzac, Honoré**
Naissance : **le 20 mai 1799, à Tours**
Décès : **le 19 août 1850, à Paris**
Lieux : **Paris ; Wierzchownia, en Ukraine, où vit Éveline Hanska**
Situation familiale : **il se marie, à la fin de sa vie, avec Mme Hanska**
Professions : **directeur de journal, journaliste, imprimeur**
Amitié : **Laure de Berny, qui le conseille et le guide**

Balzac grandit à Tours. Mal aimé, mis en pension, il montre peu de goût pour les études. À Paris, installé dans une mansarde, il écrit des romans d'aventures sous divers pseudonymes. Il rencontre alors Laure de Berny, qui l'aide à se lancer dans les affaires, mais l'imprimerie achetée fait faillite. Balzac est désormais endetté pour la vie.

En 1829, il publie un premier roman sous son nom : *Les Chouans*. Commence alors une période d'activité prodigieuse. En dix ans, il écrit ainsi quatre-vingt-cinq romans, regroupés sous le titre *La Comédie humaine*. En 1832, il reçoit la première lettre d'une admiratrice, Mme Hanska, qui devient l'amour de sa vie. Habité par la fièvre de la création, Balzac rédige sans cesse, échafaude des projets pour faire fortune. La nuit, sa cafetière de porcelaine à portée de la main, il rédige plusieurs romans à la fois. À quarante-huit ans, il est épuisé. Il achète une maison pour y accueillir Mme Hanska, devenue veuve. Mais l'écrivain meurt en 1850, usé par son travail, quelques semaines après son mariage.

Ses œuvres principales

- des romans, dont : *Les Chouans* (1829), *La Peau de chagrin* (1831), *Eugénie Grandet* (1833), *Le Père Goriot* (1835), *Le Lys dans la vallée* (1835-1836), *Illusions perdues* (1843), *Splendeurs et Misères des courtisanes* (1838-1847), *La Cousine Bette* (1846)
- des contes, dont : *Les Contes drolatiques* (1832-1837)

L'ŒUVRE DE BALZAC

Balzac conçoit le plan de *La Comédie humaine* en 1842, pour une édition de ses œuvres complètes. Il regroupe alors l'ensemble de ses romans en trois parties, appelées *Études*, à travers lesquelles reviennent certains personnages.

Études de mœurs

La liste des œuvres établie par Balzac pour les *Études de mœurs* rassemble plus de cinquante romans, déjà écrits ou à faire, dont les chefs-d'œuvre du romancier : *Le Père Goriot*, *Eugénie Grandet*, *Splendeurs et Misères des courtisanes*, *Illusions perdues*, *Le Lys dans la vallée*... Elle montre l'attraction de l'argent ou du pouvoir, les passions qui, dans tous les milieux, traversent la société.

Études philosophiques

Balzac regroupe cette partie autour d'une réflexion philosophique et morale sur le génie et la création. Peintres ou savants, les héros sont possédés par la recherche d'un idéal auquel ils sacrifient tout. *La Peau de chagrin*, *Le Chef-d'œuvre inconnu*, *Louis Lambert*, *La Recherche de l'Absolu* sont les romans d'une passion qui conduit à la ruine et à la folie.

Études analytiques

Prenant exemple sur la science qui, à travers la physiologie, tente d'expliquer le développement des végétaux et des animaux, Balzac mène aussi une réflexion sur la vie sociale et les comportements. C'est ainsi qu'il écrit *La Physiologie du mariage* et projette de rédiger une *Pathologie de la vie sociale*.

LE CRÉATEUR DE *LA COMÉDIE HUMAINE*

À travers son projet romanesque, Balzac, qui veut, selon son expression, être « à la tête de l'Europe littéraire », apparaît comme le premier des grands écrivains réalistes. Son ambition est de « décrire la société dans son entier, telle qu'elle est ». Immense entreprise qui fait du romancier un observateur et un visionnaire capable de créer d'innombrables personnages et d'imaginer leurs drames secrets. *La Comédie humaine* pénètre ainsi dans tous les milieux, démontant les mécanismes sociaux qui conduisent les individus à la richesse ou à la misère. Dans quatre-vingt-dix romans et nouvelles, quatre mille personnages animent « cet immense assemblage de figures, de passions et d'événements ».

1831

La Peau de chagrin

En 1830, à Paris, alors qu'il pense mettre fin à ses jours, Raphaël de Valentin découvre chez un vieil antiquaire une peau de chagrin – une peau de chèvre – capable de réaliser tous les désirs de celui qui la possède. Cependant, la peau rétrécit à chacun des vœux de son propriétaire, qui sait qu'il mourra lorsqu'elle aura disparu. Dans ce passage, lors d'un banquet où l'entraînent ses amis, Raphaël émet le souhait de devenir riche. Son vœu est aussitôt exaucé : un notaire lui annonce qu'il hérite d'une immense fortune.

En ce moment, Raphaël se leva soudain en laissant échapper le mouvement brusque d'un homme qui reçoit une blessure. Il se fit comme une acclamation silencieuse, le premier sentiment des convives fut dicté par une sourde envie, tous les yeux se tournèrent vers lui comme autant de flammes. Puis, un murmure, semblable à celui d'un parterre qui se courrouce[1], une rumeur d'émeute commença, grossit, et chacun dit un mot pour saluer cette fortune immense apportée par le notaire. Rendu à toute sa raison par la brusque obéissance du sort, Raphaël étendit promptement sur la table la serviette avec laquelle il avait mesuré naguère la Peau de chagrin. Sans rien écouter, il y superposa le talisman[2], et frissonna violemment en voyant une petite distance entre le contour tracé sur le linge et celui de la Peau.

– Hé bien ! qu'a-t-il donc ? s'écria Taillefer[3], il a sa fortune à bon compte.

– *Soutiens-le, Châtillon*[4], dit Bixiou à Émile[5], la joie va le tuer.

Une horrible pâleur dessina tous les muscles de la figure flétrie de cet héritier, ses traits se contractèrent, les saillies de son visage blanchirent, les creux devinrent sombres, le masque fut livide, et les yeux se fixèrent. Il voyait la MORT. Ce banquier splendide entouré de courtisanes fanées, de visages rassasiés, cette agonie de la joie, était une vivante image de sa vie. Raphaël regarda trois fois le talisman qui jouait à l'aise dans les impitoyables lignes imprimées sur la serviette, il essayait de douter ; mais un clair pressentiment anéantissait son incrédulité. Le monde lui appartenait, il pouvait tout et ne voulait plus rien. Comme un voyageur au milieu du désert, il avait un peu d'eau pour la soif et devait mesurer sa vie au nombre des gorgées. Il voyait ce que chaque désir devait lui coûter de jours.

Honoré de Balzac, *La Peau de chagrin*, 1831.

■ **1. se courrouce** : se met en colère. ■ **2. talisman** : objet qui possède des pouvoirs magiques ; ici, la peau. ■ **3. Taillefer** : le banquier chez qui se déroule le banquet. ■ **4. Soutiens-le...** : citation d'une tragédie de Voltaire, *Zaïre*, que les gens cultivés de l'époque connaissaient bien. ■ **5. Émile** : ami de Raphaël.

Une méditation sur les désirs de l'homme

La Peau de chagrin constitue l'une des pièces maîtresses de la grande fresque de *La Comédie humaine*. Le roman est placé dans la partie intitulée par Balzac « Études philosophiques ». Le romancier ajoute au cadre réaliste de son récit une dimension fantastique qui crée une impression de mystère et d'inquiétude. La fable de la peau de chagrin, qui se rétrécit à chaque souhait et entraîne son possesseur vers la mort, permet une méditation philosophique sur l'existence.

Balzac confronte son héros au choix fondamental que doit faire, selon lui, tout être humain : vivre intensément et mourir jeune, ou vivre médiocrement et mourir vieux. La peau de chagrin représente ainsi « le *pouvoir* et le *vouloir* réunis ». En acceptant de l'emporter, Raphaël de Valentin voit tous ses vœux exaucés, mais éprouve l'angoisse de sentir la mort se rapprocher de lui. Et en effet, il meurt au bout d'un an.

1835

Le Père Goriot

Dans *Le Père Goriot*, Balzac met en scène la sinistre maison Vauquer et les pensionnaires qui l'habitent. Aux côtés du père Goriot, qui sacrifie sa fortune pour venir en aide à ses filles, le lecteur découvre quelques-unes des figures dominantes de *La Comédie humaine*, comme le jeune Rastignac ou l'énigmatique Vautrin, criminel endurci qui se cache de la police.

Eugène de Rastignac avait un visage tout méridional, le teint blanc, des cheveux noirs, des yeux bleus. Sa tournure, ses manières, sa pose habituelle dénotaient le fils d'une famille noble, où l'éducation première n'avait comporté que des traditions de bon goût. S'il était ménager de ses habits, si les jours ordinaires il achevait d'user les vêtements de l'an passé, néanmoins il pouvait sortir quelquefois mis comme l'est un jeune homme élégant. Ordinairement il portait une vieille redingote, un mauvais gilet, la méchante cravate noire, flétrie, mal nouée de l'étudiant, un pantalon à l'avenant et des bottes ressemelées. Entre ces deux personnages et les autres, Vautrin, l'homme de quarante ans, à favoris[1] peints, servait de transition. Il était un de ces gens dont le peuple dit : « Voilà un fameux gaillard ! » Il avait les épaules larges, le buste bien développé, les muscles apparents, des mains épaisses, carrées et fortement marquées aux phalanges par des bouquets de poils touffus et d'un roux ardent. Sa figure, rayée par des rides prématurées, offrait des signes de dureté que démentaient ses manières souples et liantes. Sa voix de basse-taille, en harmonie avec sa grosse gaieté, ne déplaisait point. Il était obligeant[2] et rieur. Si quelque serrure allait mal, il l'avait bientôt démontée, rafistolée, huilée, limée, remontée, en disant : « Ça me connaît. » Il connaissait tout d'ailleurs, les vaisseaux, la mer, la France, l'étranger, les affaires, les hommes, les événements, les lois, les hôtels et les prisons. Si quelqu'un se plaignait par trop, il lui offrait aussitôt ses services. Il avait prêté plusieurs fois de l'argent à Mme Vauquer[3] et à quelques pensionnaires ; mais ses obligés seraient morts plutôt que de ne pas le lui rendre, tant, malgré son air bonhomme, il imprimait de crainte par un certain regard profond et plein de résolution. À la manière dont il lançait un jet de salive, il annonçait un sang-froid imperturbable qui ne devait pas le faire reculer devant un crime pour sortir d'une position équivoque. Comme un juge sévère, son œil semblait aller au fond de toutes les questions, de toutes les consciences, de tous les sentiments. Ses mœurs consistaient à sortir après le déjeuner, à revenir pour dîner, à décamper pour toute la soirée, et à rentrer vers minuit à l'aide d'un passe-partout que lui avait confié Mme Vauquer. Lui seul jouissait de cette faveur.

Honoré de Balzac, *Le Père Goriot*, 1835.

Vautrin. Gravure de Daumier, 1832.

1. **favoris** : pattes qu'on laisse pousser de chaque côté du visage. 2. **obligeant** : qui aime rendre service. 3. **Mme Vauquer** : propriétaire de la pension dans laquelle habitent les personnages du *Père Goriot*.

Les quatre mille personnages de *La Comédie humaine*

Dans les quatre-vingt-dix romans et nouvelles qui constituent *La Comédie humaine*, Balzac met en scène près de quatre mille personnages, dont certains réapparaissent d'un roman à l'autre, créant ainsi l'unité d'un univers familier au lecteur. Chacun connaît un destin individuel, singulier, tout en étant représentatif de l'environnement social dont il est issu. Les personnages deviennent des types humains qui s'inscrivent avec force dans la mémoire du lecteur.

Chaque héros est habité par une passion qui domine son existence : l'énergie formidable de Vautrin, bagnard évadé devenu policier ; l'ambition d'Eugène de Rastignac ; l'avarice du père Grandet ; la froideur et la passion de la duchesse de Langeais ; le génie financier du baron de Nucingen... Tous prennent vie sous la plume du romancier. Au point que Balzac, sur son lit de mort, appelle à son chevet le médecin qu'il a imaginé dans son œuvre, le docteur Horace Bianchon.

1835-1836

Le Lys dans la vallée

Dans une longue lettre qui occupe presque tout le roman, Félix de Vandenesse raconte à sa future épouse ce qui fut la plus grande passion de sa vie : son amour pour Mme de Mortsauf, qu'il surnomme « le lys dans la vallée ». Il fait ainsi le récit de leur première rencontre, à l'occasion d'un bal donné à Tours pour fêter la restauration de la monarchie en France. À la fin du roman, la comtesse de Manerville rompt avec Félix et lui rend sa liberté dans une lettre ironique.

Mes yeux furent tout à coup frappés par de blanches épaules rebondies sur lesquelles j'aurais voulu pouvoir me rouler, des épaules légèrement rosées qui semblaient rougir comme si elles se trouvaient nues pour la première fois, de pudiques épaules qui avaient une âme, et dont la peau satinée éclatait à la lumière comme un tissu de soie. Ces épaules étaient partagées par une raie, le long de laquelle coula mon regard, plus hardi que ma main. Je me haussai tout palpitant pour voir le corsage et fus complètement fasciné par une gorge chastement couverte d'une gaze[1], mais dont les globes azurés et d'une rondeur parfaite étaient douillettement couchés dans des flots de dentelle. Les plus légers détails de cette tête furent des amorces qui réveillèrent en moi des jouissances infinies : le brillant des cheveux lissés au-dessus d'un cou velouté comme celui d'une petite fille, les lignes blanches que le peigne y avait dessinées et où mon imagination courut comme en de frais sentiers, tout me fit perdre l'esprit. Après m'être assuré que personne ne me voyait, je me plongeai dans ce dos comme un enfant qui se jette dans le sein de sa mère, et je baisai toutes ces épaules en y roulant ma tête. Cette femme poussa un cri perçant que la musique empêcha d'entendre ; elle se retourna, me vit et me dit : « Monsieur ! » Ah ! si elle avait dit : « Mon petit bonhomme, qu'est-ce qui vous prend donc ? » je l'aurais tuée, peut-être ; mais à ce *monsieur !* des larmes chaudes jaillirent de mes yeux. Je fus pétrifié par un regard animé d'une sainte colère, par une tête sublime couronnée d'un diadème[2] de cheveux cendrés, en harmonie avec ce dos d'amour. La pourpre de la pudeur offensée étincela sur son visage, que désarmait déjà le pardon de la femme qui comprend une frénésie quand elle en est le principe, et devine les adorations infinies dans les larmes du repentir[3]. Elle s'en alla par un mouvement de reine.

Honoré de Balzac, *Le Lys dans la vallée*, 1835-1836.

1. **gaze** : dentelle légère. 2. **diadème** : bijou en forme de couronne. 3. **repentir** : remords, regrets.

Le cri de l'amour impossible

Le Lys dans la vallée est le roman d'un amour passionné demeuré inaccompli. Félix de Vandenesse a vécu une enfance solitaire et sans joie, privée de tendresse. Il retrouve par hasard Henriette de Mortsauf, qu'il a rencontrée au cours d'un bal, dans son domaine de Touraine.

Elle vit en compagnie de son mari, qu'elle n'aime pas, et de ses deux enfants. Peu à peu, des liens d'amour et d'intimité se nouent entre les deux personnages.

Cependant, leur relation demeure platonique. Au moment de sa mort, madame de Mortsauf éprouve l'immense regret de ne pas avoir connu le bonheur de l'amour physique : « Est-il possible que je meure, moi qui n'ai pas vécu ? » Derrière l'intrigue romanesque, Balzac transpose la relation qu'il a vécue à vingt-deux ans avec madame de Berny, plus âgée que lui. Elle fut à la fois sa maîtresse, sa conseillère et son initiatrice dans la vie.

1843

Illusions perdues

Pour rencontrer le public, l'écrivain dépend de l'éditeur qui publie son œuvre. Sensible à la transformation du monde de l'édition dans la première moitié du XIXe siècle, Balzac raconte dans *Illusions perdues* les difficultés que rencontre son héros pour se faire éditer.

– Messieurs, dit-il aux deux associés, j'ai l'honneur de vous saluer.

Les libraires le saluèrent à peine.

– Je suis auteur d'un roman sur l'histoire de France, à la manière de Walter Scott[1] et qui a pour titre *L'Archer de Charles IX*; je vous propose d'en faire l'acquisition?

Porchon jeta sur Lucien un regard sans chaleur en posant sa plume sur son pupitre. Vidal, lui, regarda l'auteur d'un air brutal et lui répondit :

– Monsieur, nous ne sommes pas libraires-éditeurs[2], nous sommes libraires-commissionnaires. Quand nous faisons des livres pour notre compte, ils constituent des opérations que nous entreprenons alors avec des *noms faits*. Nous n'achetons d'ailleurs que des livres sérieux, des histoires, des résumés.

– Mais mon livre est très sérieux, il s'agit de peindre sous son vrai jour la lutte des catholiques qui tenaient pour le gouvernement absolu, et des protestants qui voulaient établir la république.

– Monsieur Vidal, cria un commis.

Vidal s'esquiva.

– Je ne vous dis pas, monsieur, que votre livre ne soit pas un chef-d'œuvre, reprit Porchon en faisant un geste assez impoli, mais nous ne nous occupons que des livres fabriqués. Allez voir ceux qui achètent des manuscrits, le père Doguereau, rue du Coq, auprès du Louvre, il est un de ceux qui font le roman. Si vous aviez parlé plus tôt, vous venez de voir Pollet, le concurrent de Doguereau, et des libraires des Galeries-de-Bois.

– Monsieur, j'ai un recueil de poésie…

– Monsieur Porchon! cria-t-on.

– De la poésie, s'écria Porchon en colère. Et pour qui me prenez-vous? ajouta-t-il en lui riant au nez et disparaissant dans son arrière-boutique.

Lucien traversa le Pont-Neuf en proie à mille réflexions. Ce qu'il avait compris de cet argot commercial lui fit deviner que, pour ces libraires, les livres étaient comme des bonnets de coton pour les bonnetiers, une marchandise à vendre cher, à acheter bon marché.

– Je me suis trompé, se dit-il, frappé néanmoins du brutal et matériel aspect que prenait la littérature. Il avisa, rue du Coq, une boutique modeste devant laquelle il avait déjà passé, sur laquelle étaient peints en lettres jaunes, sur un fond vert, ces mots : Doguereau, libraire. Il se souvint avoir vu ces mots répétés au bas du frontispice[3] de plusieurs des romans qu'il avait lus au cabinet littéraire de Blosse. Il entra, non sans cette trépidation intérieure que cause à tous les hommes d'imagination la certitude d'une lutte. Il trouva dans la boutique un singulier vieillard, l'une des figures originales de la librairie sous l'Empire. Doguereau portait un habit noir à grandes basques[4] carrées, et la mode taillait alors les fracs[5] en queue de morue. Il avait un gilet d'étoffe commune à carreaux de diverses couleurs, d'où pendaient, à l'endroit du gousset[6], une chaîne d'acier et une clé de cuivre qui jouaient sur une vaste culotte noire. La montre devait avoir la grosseur d'un oignon. Ce costume était complété par des bas drapés, couleur gris de fer, et par des souliers ornés de boucles en argent. Le vieillard avait la tête nue, décorée de cheveux grisonnants, et assez poétiquement épars[7]. Le père Doguereau, comme l'avait surnommé Porchon, tenait par l'habit, par la culotte et par les souliers au professeur de belles-lettres et au marchand par le gilet, la montre et les bas. Sa physionomie ne démentait point cette singulière alliance : il avait l'air magistral, dogmatique, la figure creusée du maître de rhétorique, et les yeux vifs, la bouche soupçonneuse, l'inquiétude vague du libraire.

– Monsieur Doguereau ? dit Lucien.

– C'est moi, monsieur…

– Je suis auteur d'un roman, dit Lucien.

– Vous êtes bien jeune, dit le libraire.

– Mais, monsieur, mon âge ne fait rien à l'affaire.

– C'est juste, dit le vieux libraire en prenant le manuscrit. Ah, diantre ! *L'Archer de Charles IX*, un bon titre. Voyons, jeune homme, dites-moi votre sujet en deux mots.

– Monsieur, c'est une œuvre historique dans le genre de Walter Scott, où le caractère de la lutte entre les protestants et les catholiques est présenté comme un combat entre deux systèmes de gouvernement, et où le trône était sérieusement menacé. J'ai pris parti pour les catholiques.

– Hé ! mais, jeune homme, voilà des idées. Eh ! bien, je lirai votre ouvrage, je vous le promets. J'aurais mieux aimé un roman dans le genre de Radcliffe[8] ; mais si vous êtes travailleur, si vous avez un peu de style, de la conception, des idées, l'art de la mise en scène, je ne demande pas mieux que de vous être utile. Que nous-faut-il ?.... De bons manuscrits.

Honoré de Balzac, *Illusions perdues*, 1843.

■ **1. Walter Scott** : écrivain anglais, auteur de romans historiques. ■ **2. libraires-éditeurs** : les éditeurs étaient alors souvent libraires et imprimeurs. ■ **3. frontispice** : page de titre d'un livre ornée de figures gravées ou imprimées. ■ **4. basques** : parties tombantes de la veste. ■ **5. fracs** : habits d'homme qui se boutonnent sur la poitrine et se terminent en deux longs pans. ■ **6. à l'endroit du gousset** : poche située à la ceinture du pantalon. ■ **7. épars** : en désordre. ■ **8. Ann Radcliffe** : romancière anglaise, auteur d'ouvrages fantastiques.

Réunion de jeunes écrivains au début du XIXe siècle. Gravure de Gavarni (1804-1866).

Le roman de l'amertume et de la désillusion

« Œuvre capitale dans l'œuvre », selon l'expression de Balzac, *Illusions perdues* rassemble les thèmes essentiels de *La Comédie humaine*. Balzac y met en évidence la complexité d'une époque à travers le destin de son héros, Lucien de Rubempré.

Celui-ci se veut poète et, dévoré par l'ambition, quitte Angoulême pour Paris. Il se lance dans le journalisme, publie un recueil de vers, s'abandonne à l'ivresse de la vie parisienne. Cependant, excitant les jalousies, multipliant les compromis et les trahisons, il est bientôt abandonné de tous. De retour à Angoulême, accablé de dettes, Lucien est responsable de la ruine de son plus fidèle ami et tente de se suicider. Il rencontre alors l'abbé Carlos Herrera, nouvelle incarnation de Vautrin, qui lui propose une association.

Roman de la désillusion et de l'échec, les *Illusions perdues* restituent l'itinéraire tourmenté d'un être perdu au sein d'une société bouleversée par la révolution industrielle. L'apparition finale de Vautrin relie le roman au *Père Goriot*, et en prépare la suite, *Splendeurs et Misères des courtisanes*.

DESBORDES-VALMORE

Nom et prénom : **Desbordes Marceline**
Pseudonyme : **Desbordes-Valmore, Valmore étant le nom de scène de son mari**
Naissance : **le 20 juin 1786,à Douai**
Décès : **le 23 juillet 1859,à Paris**
Lieux : **Douai, La Guadeloupe, Paris, Bruxelles**
Situation familiale : **une liaison avec Henri de Latouche dont elle a un enfant; mariée à Prosper Lachande, dit Valmore, trois enfants**
Professions : **actrice, cantatrice, femme de lettres**
Amitiés : **Grétry, Mme de Récamier, Mlle Mars, Pauline Duchambge, Gustave Revillod, qui publie à Genève ses derniers vers**

Marceline Desbordes naît à Douai dans une famille que ruine la Révolution. Sa mère, qui espère faire fortune en Guadeloupe, y entraîne ses enfants en 1800. Sur la route de Bordeaux, pour subvenir aux frais du voyage, elle fait jouer à la petite Marceline, ses premiers rôles sur la scène des théâtres des villes traversées. L'arrivée à Basse-Terre, à la fin de l'année 1801, est tragique. La ville est en proie à l'émeute, une épidémie de fièvre jaune emporte la mère. De retour à Douai, Marceline entame une carrière de cantatrice. Après Douai, puis Rouen, c'est Paris où elle entre à l'Opéra-Comique. Elle noue alors une liaison avec Henri de Latouche, dont elle a un enfant qui ne vivra que cinq ans. Elle connaît à l'Odéon, en 1813, ses premiers grands succès, avant de triompher au théâtre de la Monnaie à Bruxelles dans le rôle de Rosine, du *Barbier de Séville*. C'est dans cette ville qu'elle épouse Prosper Valmore, qui joue sur la même scène. En 1819, cependant, paraît son premier recueil de vers et, peu après, Marceline Desbordes-Valmore abandonne le métier de comédienne, accompagnant son mari à Lyon, à Bordeaux, à Milan, s'occupant de leurs trois enfants, Hippolyte, Ondine, et Inès, tout en continuant de publier des vers.

Le génie de Marceline est salué par les critiques et les écrivains les plus célèbres. Mais le malheur s'acharne sur elle. Après le décès de sa fille Inès, en 1846, la mort emporte tous ceux qu'elle aime : Mme de Récamier, ses deux sœurs, sa petite-fille, sa fille Ondine, puis sa meilleure amie, la musicienne Pauline Duchambge. Pendant ces années de souffrance, celle que Verlaine appellera « la seule femme de génie et de talent de ce siècle » publie de nombreux recueils de contes, avant de mourir en 1859, brisée par ces deuils, oubliée de tous.

Ses œuvres principales

- des recueils de poésies, dont : *Elégies et romances* (1819), *Elégies et poésies nouvelles* (1825), *Poésies* (1830), *Pleurs* (1833), *Pauvres fleurs* (1839), *Choix de poésies*, préfacé par Sainte-Beuve (1842), *Bouquets et prières* (1843)
- des recueils de contes, dont : *Huit femmes* (1845), *Les Anges de la famille* (1849), *Têtes et jeunes cœurs* (1855).

1825

Poésies

La plupart des poèmes de Marceline Desbordes-Valmore expriment la douleur d'une séparation, la mélancolie d'un amour disparu, une plainte nostalgique et envoûtante.

QU'EN AVEZ-VOUS FAIT ?

Vous aviez mon cœur,
Moi, j'avais le vôtre :
Un cœur pour un cœur,
Bonheur pour bonheur !

Le vôtre est rendu,
Je n'en ai plus d'autre ;
Le vôtre est rendu,
Le mien est perdu !

La feuille et la fleur
Et le fruit lui-même,
La feuille et la fleur,
L'encens, la couleur,

Qu'en avez-vous fait
Mon Maître suprême ?
Qu'en avez-vous fait,
De ce doux bienfait ?

Comme un pauvre enfant
Quitté par sa mère,
Comme un pauvre enfant
Que rien ne défend,

Vous me laissez là,
Dans ma vie amère,
Vous me laissez là
– Et Dieu voit cela !

Savez-vous qu'un jour
L'homme est seul au monde ?
Savez-vous qu'un jour
Il revoit l'Amour ?

Vous appellerez
Sans qu'on vous réponde,
Vous appellerez
Et vous songerez !...

Vous viendrez rêvant
Sonner à ma porte,
Ami comme avant,
Vous viendrez rêvant,

Et l'on vous dira :
« Personne !... elle est morte. »
On vous le dira,
Mais qui vous plaindra ?

Élégies et
Poésies nouvelles (1825).

LES ROSES DE SAADI

J'ai voulu ce matin te rapporter des roses ;
Mais j'en avais tout pris dans mes ceintures closes
Que les nœuds trop serrés n'ont pu les contenir.

Les nœuds ont éclaté. Les roses envolées
Dans le vent, à la mer s'en sont toutes allées.
Elles ont suivi l'eau pour ne plus revenir.

La vague en a paru rouge et comme enflammée.
Le soir, ma robe encore en est toute embaumée...
Respires-en sur moi l'odorant souvenir.

Poésies inédites (posthume 1860).

LES SÉPARÉS

N'écris pas ! Je suis triste, et je voudrais m'éteindre ;
Les beaux étés, sans toi, c'est l'amour sans flambeau.
J'ai refermé mes bras qui ne peuvent t'atteindre ;
Et, frapper à mon cœur, c'est frapper au tombeau.
N'écris pas !

N'écris pas ! N'apprenons qu'à mourir à nous-mêmes.
Ne demande qu'à Dieu... qu'à toi si je t'aimais.
Au fond de ton silence écouter que tu m'aimes
C'est entendre le ciel sans y monter jamais.
N'écris pas !

N'écris pas ! je te crains ; j'ai peur de ma mémoire ;
Elle a gardé ta voix qui m'appelle souvent.
Ne montre pas l'eau vive à qui ne peut la boire.
Une chère écriture est un portrait vivant.
N'écris pas !

N'écris pas ces deux mots que je n'ose plus lire :
Il semble que ta voix les répand sur mon cœur,
Que je les vois briller à travers ton sourire ;
Il semble qu'un baiser les empreint sur mon cœur.
N'écris pas !

Marceline Desbordes-Valmore,
Poésies posthumes (1860).

Une plainte ardente et ingénue

La poésie de Marceline Desbordes-Valmore apparaît « naturelle » aux lecteurs. C'est cette qualité que lui reconnaissent immédiatement Lamartine, Sainte-Beuve, ou Baudelaire qui célèbre en elle « le soupir naturel d'une femme d'élite ». Elégies, pleurs, prières : chaque fois, Marceline confie avec lyrisme, dans un langage simple, à travers des images tendres et sensuelles, le sacrifice de l'amour, la douleur de la séparation, l'angoisse maternelle. Elle est ainsi reconnue par l'ensemble des écrivains romantiques de la génération de 1830. Mais l'influence de Marceline Desbordes-Valmore s'exerce également sur les poètes de la fin du siècle. Elle apparaît en effet comme un précurseur de la poésie moderne, en multipliant les rythmes originaux, fondés sur l'usage du vers impair. La plainte ardente et ingénue de ses poèmes annonce les *Romances sans paroles* de Verlaine.

HUGO

Nom et prénom : **Hugo, Victor**
Naissance : **le 26 février 1802, à Besançon**
Décès : **le 22 mai 1885, à Paris**
Lieux : **Thionville, la place Royale à Paris, Jersey et Guernesey**
Situation familiale : **marié avec Adèle Foucher, père de quatre enfants, une longue liaison avec la comédienne Juliette Drouet**
Professions : **pair de France, député, sénateur**
Amitiés : **Charles Nodier, Théophile Gautier, les écrivains romantiques**

D'une enfance heureuse mais déchirée entre un père général d'Empire et une mère royaliste, Victor Hugo garde le goût du combat, de la résistance et de la liberté. Poète tout enfant, un instant royaliste, il prend dès 1827 la tête du mouvement romantique qui veut révolutionner la littérature française. Le succès tapageur d'*Hernani* en 1830, le roman *Notre-Dame de Paris* publié en 1831, quatre recueils de poèmes lyriques font de lui un écrivain reconnu. Il entre à l'Académie française et à la Chambre des pairs. Mais l'échec de son mariage, la mort de son frère devenu fou et surtout la disparition brutale de sa fille Léopoldine, noyée dans la Seine en 1843, le jettent bientôt dans un douloureux silence.

Élu député en pleine Révolution de 1848, il voudrait substituer les « questions sociales aux questions politiques ». Mais lorsque le prince Louis-Napoléon, qu'il avait d'abord soutenu, prend le pouvoir par le coup d'État du 2 décembre 1851, Victor Hugo, proscrit, prend la route de l'exil qui le mène d'abord à Bruxelles, puis à Jersey, enfin à Guernesey. Dédaignant l'amnistie de 1862, il répond aux drames et aux deuils par un travail acharné d'où naissent d'inoubliables chefs-d'œuvre : *Les Contemplations* en 1856, *La Légende des siècles* à partir de 1859, *Les Misérables* en 1862, *Les Travailleurs de la mer* en 1866, *L'Homme qui rit* en 1869.

« Quand la liberté rentrera, je rentrerai », dit le poète qui revient en France après la défaite de Napoléon III à Sedan en 1870. Mais le retour est douloureux : la France est occupée, déchirée par la révolte de la Commune de Paris. Hugo défend les libertés individuelles, les institutions républicaines encore fragiles. Il se bat pour l'amnistie des communards. C'est le sens de son dernier roman, *Quatre-vingt-treize*. On célèbre par des funérailles nationales grandioses la mort de l'écrivain.

Ses œuvres principales

- des recueils de poèmes, dont : *Odes et Ballades* (1826), *Les Feuilles d'automne* (1831), *Les Chants du crépuscule* (1835), *Les Voix intérieures* (1837), *Les Rayons et les Ombres* (1840), *Les Châtiments* (1853), *Les Contemplations* (1856), *La Légende des siècles* (1859), *La Fin de Satan et Dieu* (publication posthume)
- des pièces de théâtre, dont : *Cromwell* (1827), *Hernani* (1830), *Le roi s'amuse* (1832), *Lucrèce Borgia* (1833), *Marie Tudor* (1833), *Ruy Blas* (1838)
- des romans : *Notre-Dame de Paris* (1831), *Les Misérables* (1862), *Les Travailleurs de la mer* (1866), *L'Homme qui rit* (1869), *Quatre-vingt-treize* (1874)
- des essais

L'ŒUVRE DE HUGO

L'œuvre poétique

Victor Hugo a joué de toutes les formes, de tous les thèmes, de tous les registres de la poésie. D'une virtuosité prodigieuse qui éblouit dès *Les Orientales*, son inspiration ne cesse de s'approfondir jusqu'au lyrisme des *Contemplations* : c'est en chantant ses émotions les plus singulières que le poète exprime les joies et les douleurs de chacun. Avec *Les Châtiments*, il renouvelle la poésie satirique et les milliers de vers de *La Légende des siècles* font entendre les voix de l'épopée oubliées depuis Agrippa d'Aubigné.

L'œuvre théâtrale

Dans ses drames qui ont imposé le romantisme au théâtre, *Hernani*, *Lucrèce Borgia*, *Ruy Blas*, Victor Hugo multiplie les coups de théâtre, les affrontements violents, les dénouements pathétiques. Refusant les contraintes des unités de lieu et de temps, se moquant de la vraisemblance, le poète compose des tableaux qui ont l'intensité des cauchemars : des êtres passionnés sont broyés par des forces qui les dépassent. La fresque historique prend une dimension épique qui annonce les recherches du théâtre contemporain.

Les Travailleurs de la mer. Dessin de Victor Hugo illustrant son roman.

L'œuvre romanesque

Les romans de Hugo, *Notre-Dame de Paris*, *Les Misérables*, *Quatre-vingt-treize*, ont touché un vaste public et inspirent encore aujourd'hui cinéastes et musiciens. Le romancier utilise les conventions du genre romanesque, coïncidences invraisemblables, personnages idéalisés, pour composer des fresques complexes où il s'interroge sur les forces à l'œuvre dans l'histoire humaine. S'il se moque des règles de la littérature réaliste, c'est pour mieux dénoncer les aspects les plus scandaleux de la réalité sociale et politique.

L'œuvre critique

Dans ses préfaces où il exprime avec force sa conception de la littérature et de l'Histoire, dans ses discours politiques, dans ses tracts, dans ses essais, Victor Hugo ne cesse de se battre contre la peine de mort, contre les injustices de la justice humaine, pour défendre ceux qu'il croit injustement persécutés. Ses œuvres les plus polémiques sont à l'unisson de ses œuvres les plus littéraires : une même exigence anime tous ses écrits.

LES COMBATS DU POÈTE

Victor Hugo a toujours conçu la force créatrice, qu'elle s'exprime en vers ou en prose, au théâtre ou par des romans, comme une force de libération. Il s'est réjoui d'avoir disloqué « ce grand niais d'alexandrin », d'avoir libéré la scène des contraintes arbitraires du théâtre classique, d'avoir enrichi la langue littéraire de tous les apports de l'argot. Refuser les cloisonnements, les fausses hiérarchies, retrouver, transposé dans le langage de l'art, le mouvement même de la vie, tel est le devoir du créateur. Ce combat littéraire ne peut se séparer du combat politique et social. Victor Hugo a constamment refusé les théories de l'art pour l'art. Dédaigné par les parnassiens comme par les réalistes, il a toujours affirmé que « l'utile, loin de circonscrire le sublime, le grandit ». Être poète implique un engagement de tout son être, un combat pour le progrès dont Hugo sait mieux que d'autres à quel point il est exigeant et difficile.

Caricature de Victor Hugo, trônant sur le théâtre de la Comédie-Française et l'Académie, 1841.

Victor Hugo, au côté de Gambetta, honoré par la République.

1830

Hernani

Le drame de Hugo *Hernani* se situe au début du XVIe siècle espagnol à Saragosse et à Aix-la-Chapelle. Il évoque une intrigue politique : don Carlos, roi d'Espagne, vise une succession au trône de Charles Quint. Au même moment, Hernani veut venger son père, victime du roi. Mais le drame raconte aussi l'histoire de doña Sol, dont trois hommes sont amoureux.
Le premier acte se déroule dans « une chambre à coucher. La nuit ». Dissimulé dans une armoire, le roi d'Espagne écoute le dialogue qu'échangent doña Sol et Hernani. Ce dernier, ennemi du roi qui a fait exécuter son père, presse doña Sol de se décider : veut-elle épouser son oncle, le vieux duc don Ruy Gomez, ou le suivre, lui ?

Le décor romantique de l'acte I d'*Hernani* : « Une chambre à coucher. La nuit », avec l'armoire où se cache don Carlos, le roi d'Espagne.

DOÑA SOL

Je vous suivrai.

HERNANI

Parmi mes rudes compagnons ?
Proscrits[1] dont le bourreau sait d'avance les noms,
Gens dont jamais le fer ni le cœur ne s'émousse,
Ayant tous quelque sang à venger qui les pousse ?
Vous viendrez commander ma bande, comme on dit ?
Car, vous ne savez pas, moi, je suis un bandit !
Quand tout me poursuivait dans toutes les Espagnes,
Seule, dans les forêts, dans ses hautes montagnes,
Dans ses rocs où l'on n'est que de l'aigle aperçu,
La vieille Catalogne en mère m'a reçu.
Parmi ses montagnards, libres, pauvres, et graves,
Je grandis, et demain trois mille de ces braves,
Si ma voix dans leurs monts fait résonner ce cor,
Viendront… Vous frissonnez. Réfléchissez encor.
Me suivre dans les bois, dans les monts, sur les grèves,
Chez des hommes pareils aux démons de vos rêves,
Soupçonner tout, les yeux, les voix, les pas, le bruit,
Dormir sur l'herbe, boire au torrent, et la nuit
Entendre, en allaitant quelque enfant qui s'éveille,
Les balles des mousquets[2] siffler à votre oreille,
Être errante avec moi, proscrite, et, s'il le faut,
Me suivre où je suivrai mon père, – à l'échafaud.

DOÑA SOL

Je vous suivrai.

HERNANI

Le duc est riche, grand, prospère.
Le duc n'a pas de tache au vieux nom de son père.
Le duc peut tout. Le duc vous offre avec sa main
Trésors, titres, bonheur…

DOÑA SOL

Nous partirons demain.
Hernani, n'allez pas sur mon audace étrange
Me blâmer. Êtes-vous mon démon ou mon ange ?

Je ne sais, mais je suis votre esclave. Écoutez,
Allez où vous voudrez, j'irai. Restez, partez,
Je suis à vous. Pourquoi fais-je ainsi ? Je l'ignore.
J'ai besoin de vous voir et de vous voir encore
Et de vous voir toujours. Quand le bruit de vos pas
S'efface, alors je crois que mon cœur ne bat pas,
Vous me manquez, je suis absente de moi-même ;
Mais dès qu'enfin ce pas que j'attends et que j'aime
Vient frapper mon oreille, alors il me souvient
Que je vis, et je sens mon âme qui revient !

HERNANI, *la serrant dans ses bras.*

Ange !

DOÑA SOL

À minuit. Demain. Amenez votre escorte.
Sous ma fenêtre. Allez, je serai brave et forte.
Vous frapperez trois coups.

HERNANI

Savez-vous qui je suis
Maintenant ?

DOÑA SOL

Monseigneur, qu'importe ? Je vous suis.

HERNANI

Non, puisque vous voulez me suivre, faible femme,
Il faut que vous sachiez quel nom, quel rang, quelle âme,
Quel destin est caché dans le pâtre Hernani.
Vous vouliez d'un brigand, voulez-vous d'un banni ?

Victor Hugo, *Hernani*,
acte I, scène 2, 1830.

---

1. **proscrits** : condamnés à mort ou à l'exil, ils doivent vivre cachés.
2. **mousquets** : armes à feu en usage avant le fusil.

Le héros hors la loi

Hernani vit en dehors des sociétés, au cœur d'une « bande ». Il semble s'éloigner toujours davantage du monde des hommes. Il fuit « dans les forêts, dans ses hautes montagnes » mais aussi « dans les bois, sur les monts, sur les grèves ».

La part sauvage d'Hernani s'exprime surtout la « nuit », qui lui permet de vivre caché mais qui transforme surtout les hommes en « démons ».

Ceux qui accueillent Hernani en Catalogne s'opposent par leur attitude aux hypocrisies de la vie en société, aux faux-semblants qu'imposent pouvoir et argent : ils sont « montagnards », vivant en harmonie avec la nature qui les accueille, « libres, pauvres et graves ». On comprend que par cette vie pleine de risques, mais libre et révoltée, le jeune proscrit fascine et séduise doña Sol.

1830

Victor Hugo et la bataille d'*Hernani*

La représentation mouvementée d'*Hernani*, le nouveau drame d'un jeune homme de vingt-sept ans, Victor Hugo, marque une étape essentielle dans la carrière de l'écrivain et dans l'histoire du théâtre français. Avec cette œuvre discutée, le jeune poète fait triompher le romantisme au théâtre.

Chronologie de la bataille d'*Hernani*

Décembre 1827	dans la Préface de *Cromwell*, Hugo définit le drame romantique
11 février 1829	succès du drame d'Alexandre Dumas, *Henri III et sa cour* à la Comédie-Française
Juin 1829	le drame de Victor Hugo, *Marion Delorme*, est interdit par la censure
5 octobre 1829	lecture d'*Hernani*, accueillie avec enthousiasme par les Comédiens-Français
25 février 1830	première représentation d'*Hernani* devant un public choisi
27 février 1830	deuxième représentation, houleuse au point qu'on parlera de « bataille d'*Hernani* », devant le grand public
22 juin 1830	trente-sixième et dernière représentation

Victor Hugo, peint par Louis Boulanger en 1835.

Les forces en présence

Après la secousse de la Révolution française, l'Empire et la Restauration permettent le retour à la tradition théâtrale française. Des acteurs remarquables, comme Talma ou Mademoiselle Mars, font triompher la tragédie classique. Les jeunes romantiques, Vigny, Dumas, Hugo, refusent, avec Stendhal, cette tradition qui leur semble sclérosée. Ils appellent à l'invention d'un nouveau théâtre inspiré par les œuvres de Shakespeare que des comédiens anglais sont venus présenter à Paris en 1827. Victor Hugo, enhardi par le succès du drame de son ami Alexandre Dumas, déclare : « La brèche est ouverte, nous passerons. »

Alfred de Musset et Honoré de Balzac, défenseurs de Hugo.

Les premières escarmouches

Après l'interdiction, pour des raisons politiques, de sa pièce *Marion Delorme*, Victor Hugo en deux mois conçoit un nouveau drame : dans l'Espagne de Charles Quint, une jeune femme, doña Sol, qui doit épouser Ruy Gomez, est courtisée à la fois par le roi d'Espagne et par un jeune brigand mystérieux, Hernani. Ce drame en vers ne respecte ni l'unité de lieu ni l'unité de temps et multiplie les situations invraisemblables. Il est accepté par acclamation dès sa première lecture à la Comédie-Française. Mais les répétitions sont difficiles : l'interprète de doña Sol, la grande actrice Mademoiselle Mars, ne cesse de réclamer des modifications ; on fait courir dans les journaux des fragments déformés du drame pour mieux le tourner en ridicule et Victor Hugo doit défendre vers à vers son texte contre la censure royale, toujours menaçante.

Le soir de la bataille. La première représentation d'*Hernani* au théâtre de la Comédie-Française.

Le grand soir

Se méfiant de la claque, c'est-à-dire des personnes payées par le théâtre pour applaudir, Victor Hugo a fait venir ses amis. Cheveux longs, vêtements excentriques, ces jeunes écrivains et artistes ne sont pas encore célèbres : Théophile Gautier, Gérard de Nerval, Achille et Eugène Devéria, Louis Boulanger, Pétrus Borel, Balzac, Berlioz. Enfermés pendant tout l'après-midi dans la salle du théâtre, ils chantent et s'échauffent en vue du spectacle. Quand le rideau se lève enfin, la salle est d'abord silencieuse et, bien vite, l'enthousiasme bruyant des « chevaliers hernaniens » étouffe les quelques sifflets qui fusent çà et là. Les acteurs défendent magnifiquement leur rôle : les fleurs pleuvent aux pieds de Mademoiselle Mars, le nom de l'auteur est même acclamé dans la plupart des loges. La bataille est gagnée.

La victoire menacée

Dès le lendemain, tous les journaux, qu'ils soient libéraux ou royalistes, sauf un, sont hostiles. Ils dénoncent cette dangereuse bohème qui a fait applaudir une œuvre extravagante, invraisemblable : on a profané la Comédie-Française, le temple de l'art classique ! Les représentations suivantes sont de plus en plus houleuses : pas un vers qui ne soit hué, un soir ou l'autre. Balzac, pourtant ami de Hugo, déclare « le sujet inadmissible, les caractères faux, la conduite des personnages contraire au bon sens ». Mais la pièce résiste plusieurs mois et fait de jolies recettes jusqu'au mois de juin. Dès le mois de mars, on en joue des parodies : *N, I, Ni ou le Danger des Castilles,* ou *Arnali ou la Contrainte par cor.* Désormais, le romantisme a quitté des salons où s'enflammaient quelques passionnés ; grâce à Victor Hugo, il est sur le devant de la scène, sur la place publique.

Les conséquences de la bataille d'*Hernani*

Les règles du théâtre classique apparaissent comme des contraintes inutiles et démodées. Le drame romantique, en prose ou en vers, entre dans les habitudes des auteurs et des spectateurs.

Le romantisme s'impose en France longtemps après les autres pays européens. La bataille d'*Hernani* encourage musiciens, peintres et écrivains à innover.

Théophile Gautier portant le gilet rouge qu'il exhibe lors des représentations d'*Hernani*.

Le témoignage de Théophile Gautier

Théophile Gautier, dans les dernières lignes qu'il ait écrites, se souvient de la première d'*Hernani* dont il dit magnifiquement : « Cette soirée décida de notre vie ! » « Pour nous, précise Théophile Gautier, le monde se divisait en *flamboyants et en grisâtres*, les uns objet de notre amour, les autres de notre aversion. Nous voulions la vie, la lumière, le mouvement, l'audace de pensée et d'exécution, le retour aux belles époques de la Renaissance et à la vraie Antiquité, et nous rejetions le coloris effacé, le dessin maigre et sec, les compositions pareilles à des groupements de mannequins, que l'Empire avait légués à la Restauration. »

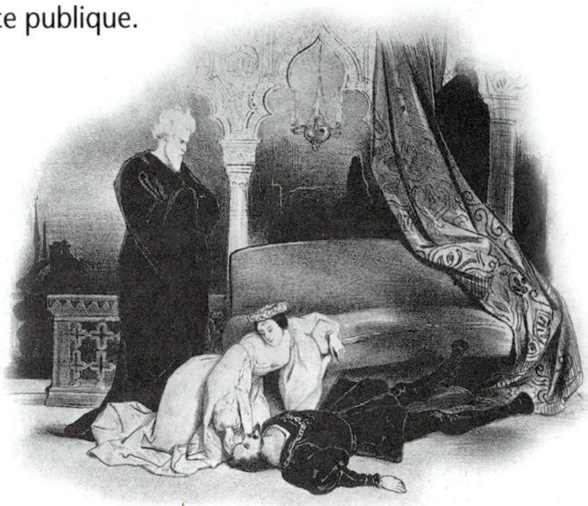

La mort d'Hernani. Lithographie illustrant la pièce de Victor Hugo.

COMPRENDRE L'ESSENTIEL

1. **Quels sont les défenseurs du classicisme ? Quels reproches adressent-ils à *Hernani* ?**
2. **Pourquoi la bataille d'*Hernani* est-elle considérée comme une date importante ?**
3. **Comparez la querelle du *Cid* et la bataille d'*Hernani*. Quelles sont les différences entre le mot « querelle » et le mot « bataille ».**

1831

Notre-Dame de Paris

Le roman, qui plonge le lecteur dans le Paris du Moyen Âge, raconte la destinée d'une trop séduisante bohémienne, Esméralda. L'archidiacre Frollo, qui la désire, la fait enlever par le difforme Quasimodo. Elle est sauvée par le beau capitaine Phoebus, dont elle tombe amoureuse. Condamné, Quasimodo est cloué au pilori. Parce que Esméralda par pitié lui donne à boire, le monstre s'attache à elle passionnément. Quasimodo, l'un des personnages les plus célèbres du roman, est le carillonneur de Notre-Dame à Paris : né borgne, bossu, boiteux, il fait corps avec la cathédrale. Il dirige la manœuvre des quinze cloches.

On ne saurait se faire une idée de sa joie les jours de grande volée. Au moment où l'archidiacre l'avait lâché et lui avait dit : Allez ! il montait la vis[1] du clocher plus vite qu'un autre ne l'eût descendue. Il entrait tout essoufflé dans la chambre aérienne de la grosse cloche ; il la considérait un moment avec recueillement et amour ; puis il lui adressait doucement la parole, il la flattait de la main, comme un bon cheval qui va faire une longue course. Il la plaignait de la peine qu'elle allait avoir. Après ces premières caresses, il criait à ses aides, placés à l'étage inférieur de la tour, de commencer. Ceux-ci se pendaient aux câbles, le cabestan criait, et l'énorme capsule de métal s'ébranlait lentement. Quasimodo, palpitant, la suivait du regard. Le premier choc du battant et de la paroi d'airain faisait frissonner la charpente sur laquelle il était monté. Quasimodo vibrait avec la cloche. Vah ! criait-il avec un éclat de rire insensé. Cependant le mouvement du bourdon s'accélérait, et à mesure qu'il parcourait un angle plus ouvert, l'œil de Quasimodo s'ouvrait aussi de plus en plus phosphorique et flamboyant. Enfin la grande volée commençait, toute la tour tremblait, charpentes, plombs, pierres de taille, tout grondait à la fois, depuis les pilotis de la fondation jusqu'aux trèfles du couronnement. Quasimodo alors bouillait à grosse écume ; il allait, venait ; il tremblait avec la tour de la tête aux pieds. La cloche, déchaînée et furieuse, présentait alternativement aux deux parois de la tour sa gueule de bronze d'où s'échappait ce souffle de tempête qu'on entend à quatre lieues. Quasimodo se plaçait devant cette gueule ouverte ; il s'accroupissait, se relevait avec les retours de la cloche, aspirait ce souffle renversant, regardait tour à tour la place profonde qui fourmillait à deux cents pieds au-dessous de lui et l'énorme langue de cuivre qui venait de seconde en seconde lui hurler dans l'oreille. C'était la seule parole qu'il entendît, le seul son qui troublât pour lui le silence universel. Il s'y dilatait comme un oiseau au soleil. Tout à coup la frénésie de la cloche le gagnait ; son regard devenait extraordinaire ; il attendait le bourdon[2] au passage, comme l'araignée attend la mouche, et se jetait brusquement sur lui à corps perdu. Alors, suspendu sur l'abîme, lancé dans le balancement formidable de la cloche, il saisissait le monstre d'airain aux oreillettes[3], l'étreignait de ses deux genoux, l'éperonnait de ses deux talons, et redoublait de tout le choc et de tout le poids de son corps la furie de la volée. Cependant la tour vacillait ; lui, criait et grinçait des dents, ses cheveux roux se hérissaient, sa poitrine faisait le bruit d'un soufflet de forge, son œil jetait des flammes, la cloche monstrueuse hennissait toute haletante sous lui, et alors ce n'était plus ni le bourdon de Notre-Dame ni Quasimodo, c'était un rêve, un tourbillon, une tempête ; le vertige à cheval sur le bruit ; un esprit cramponné à une croupe volante ; un étrange centaure moitié homme, moitié cloche ; une espèce d'Astolphe[4] horrible emporté sur un prodigieux hippogriffe[5] de bronze vivant.

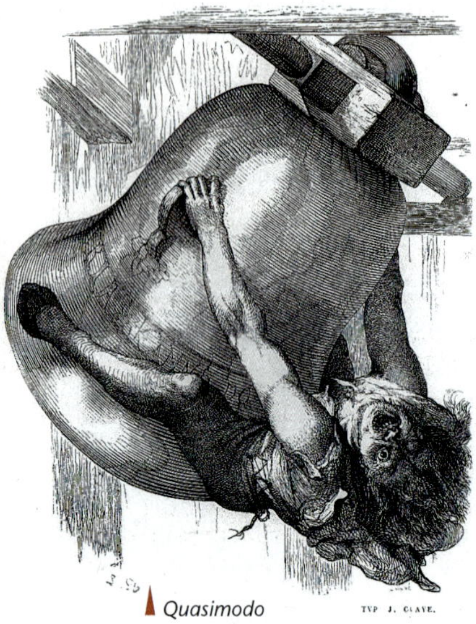

Quasimodo suspendu à la cloche. Estampe de Louis Boulanger.

La présence de cet être extraordinaire faisait circuler dans toute la cathédrale je ne sais quel souffle de vie. Il semblait qu'il s'échappât de lui, du moins au dire des superstitions grossissantes de la foule, une émanation mystérieuse qui animait toutes les pierres

…stration du XIXe siècle, de …c-Olivier Merson, pour …tre-Dame de Paris.

de Notre-Dame et faisait palpiter les profondes entrailles de la vieille église. Il suffisait qu'on le sût là pour que l'on crût voir vivre et remuer les mille statues des galeries et des portails. Et de fait, la cathédrale semblait une créature docile et obéissante sous sa main ; elle attendait sa volonté pour élever sa grosse voix ; elle était possédée et remplie de Quasimodo comme d'un génie familier. On eût dit qu'il faisait respirer l'immense édifice. Il y était partout en effet, il se multipliait sur tous les points du monument. Tantôt on apercevait avec effroi au plus haut d'une des tours un nain bizarre qui grimpait, serpentait, rampait à quatre pattes, descendait en dehors sur l'abîme, sautelait de saillie en saillie, et allait fouiller dans le ventre de quelque gorgone[6] sculptée ; c'était Quasimodo dénichant des corbeaux. Tantôt on se heurtait dans un coin obscur de l'église à une sorte de chimère vivante, accroupie et renfrognée ; c'était Quasimodo pensant. Tantôt on avisait sous un clocher une tête énorme et un paquet de membres désordonnés se balançant avec fureur au bout d'une corde ; c'était Quasimodo sonnant les vêpres ou l'angélus. Souvent, la nuit, on voyait errer une forme hideuse sur la frêle balustrade découpée en dentelle qui couronne les tours et borde le pourtour de l'abside ; c'était encore le bossu de Notre-Dame. Alors, disaient les voisines, toute l'église prenait quelque chose de fantastique, de surnaturel, d'horrible ; des yeux et des bouches s'y ouvraient çà et là ; on entendait aboyer les chiens, les guivres[7], les tarasques[8] de pierre qui veillent jour et nuit, le cou tendu et la gueule ouverte, autour de la monstrueuse cathédrale. Et si c'était une nuit de Noël, tandis que la grosse cloche qui semblait râler appelait les fidèles à la messe ardente de minuit, il y avait un tel air répandu sur la sombre façade qu'on eût dit que le grand portail dévorait la foule et que la rosace la regardait. Et tout cela venait de Quasimodo. L'Égypte l'eût pris pour le dieu de ce temple ; le Moyen Âge l'en croyait le démon : il en était l'âme.

À tel point que pour ceux qui savent que Quasimodo a existé, Notre-Dame est aujourd'hui déserte, inanimée, morte. On sent qu'il y a quelque chose de disparu. Ce corps immense est vide ; c'est un squelette ; l'esprit l'a quitté, on en voit la place, et voilà tout. C'est comme un crâne où il y a encore des trous pour les yeux, mais plus de regard.

Victor Hugo, *Notre-Dame de Paris*, livre IV, 1831.

■ **1. vis** : escalier en spirale. ■ **2. bourdon** : grosse cloche à son grave. ■ **3. oreillettes** : anses placées en haut des cloches auxquelles un sonneur peut se suspendre. ■ **4. Astolphe** : prince qui va droit au ciel sur un hippogriffe. ■ **5. hippogriffe** : animal fabuleux, mi-cheval, mi-griffon, des romans de chevalerie médiévaux. ■ **6. gorgone** : monstre ailé, effrayant. ■ **7. guivre** : vipère représentée sur les blasons. ■ **8. tarasque** : sorte de dragon des légendes provençales.

Le romantisme et le goût du Moyen Âge

En 1819, le succès d'*Ivanhoé*, de Walter Scott, lance la mode du roman historique en évoquant l'époque de Richard Cœur de Lion. S'intéresser au Moyen Âge est une façon de refuser le classicisme qui méprisait tout ce qui était « gothique » et privilégiait les chefs-d'œuvre grecs et romains. On valorise les héritages nationaux, on découvre d'autres modèles esthétiques ; on lie le Moyen Âge au fantastique, au grotesque, au pittoresque.

C'est ainsi que Hugo reconstitue la cour des Miracles, la représentation des mystères, les scènes de pilori et de torture, le Paris haut en couleurs des bohémiens, des truands et des prêtres. Avec le personnage de Quasimodo, il réussit l'alliance du monstrueux et du sublime. Il trouve là l'occasion de faire du peuple un personnage romanesque.

1853

Les Châtiments

Pour dénoncer le régime autoritaire de Napoléon III, que Victor Hugo appelle Napoléon le Petit, le poète, exilé, passe à l'attaque en mobilisant tous les genres poétiques : le dialogue, la chanson, l'épopée, la satire et la fable. Il fait ressentir l'hypocrisie et le cynisme des valeurs officielles.

CHANSON

Courtisans ! attablés dans la splendide orgie,
La bouche par le rire et la soif élargie,
Vous célébrez César, très bon, très grand, très pur ;
Vous buvez, apostats[1] à tout ce qu'on révère,
Le chypre[2] à pleine coupe et la honte à plein verre… –
Mangez, moi je préfère,
Vérité, ton pain dur.

Boursier qui tonds le peuple, usurier qui le triches,
Gais soupeurs de Chevet[3], ventrus, coquins et riches,
Amis de Fould[4] le juif et de Maupas[5] le grec,
Laissez le pauvre en pleurs sous la porte cochère ;
Engraissez-vous, vivez et faites bonne chère… –
Mangez, moi je préfère,
Probité, ton pain sec.

L'opprobre[6] est une lèpre et le crime une dartre[7].
Soldats qui revenez du boulevard Montmartre,
Le vin, au sang mêlé, jaillit sur vos habits ;
Chantez ! la table emplit l'École militaire[8],
Le festin fume, on trinque, on boit, on roule à terre… –
Mangez, moi je préfère,
Ô gloire, ton pain bis.

Ô peuple des faubourgs, je vous ai vu sublime.
Aujourd'hui vous avez, serf grisé par le crime,
Plus d'argent dans la poche, au cœur moins de fierté.
On va, chaîne au cou, rire et boire à la barrière.
Et vive l'empereur ! et vive le salaire !… –
Mangez, moi je préfère,
Ton pain noir, liberté !

JERSEY, 19 DÉCEMBRE 1852.

Victor Hugo, photographié par son fils Charles en 1853, sur le Rocher des Proscrits à Jersey.

■ 1. **apostats** : qui ont renié leur foi. ■ 2. **chypre** : vin réputé. ■ 3. **Chevet** : célèbre restaurant parisien. ■ 4. **Fould** : ministre des Finances. ■ 5. **Maupas** : ministre de la Police. ■ 6. **opprobre** : déshonneur. ■ 7. **dartre** : maladie de peau. ■ 8. **École militaire** : les troupes du coup d'État y étaient réunies.

FABLE OU HISTOIRE

Un jour, maigre et sentant un royal appétit,
Un singe d'une peau de tigre se vêtit.
Le tigre avait été méchant ; lui, fut atroce.
Il avait endossé le droit d'être féroce.
Il se mit à grincer des dents, criant : Je suis
Le vainqueur des halliers[9], le roi sombre des nuits !
Il s'embusqua, brigand des bois, dans les épines ;
Il entassa l'horreur, le meurtre, les rapines[10],
Égorgea les passants, dévasta la forêt,
Fit tout ce qu'avait fait la peau qui le couvrait.
Il vivait dans un antre, entouré de carnage.
Chacun, voyant la peau, croyait au personnage.
Il s'écriait, poussant d'affreux rugissements :
Regardez, ma caverne est pleine d'ossements ;
Devant moi tout recule et frémit, tout émigre,
Tout tremble ; admirez-moi, voyez, je suis un tigre !
Les bêtes l'admiraient et fuyaient à grands pas.
Un belluaire[11] vint, le saisit dans ses bras,
Déchira cette peau comme on déchire un linge,
Mit à nu ce vainqueur, et dit : Tu n'es qu'un singe.

JERSEY, 6 NOVEMBRE 1852.

Victor Hugo, *Les Châtiments*, 1853.

« SONNEZ, SONNEZ, TOUJOURS... »

Sonnez, sonnez, toujours clairons de la pensée.
Quand Josué[12] rêveur, la tête aux cieux dressée,
Suivi des siens, marchait, et, prophète irrité,
Sonnait de la trompette autour de la cité,
Au premier tour qu'il fit le roi se mit à rire ;
Au second tour, riant toujours, il lui fit dire :
Crois-tu donc renverser ma ville avec du vent ?
À la troisième fois l'arche[13] allait en avant,
Puis les trompettes, puis toute l'armée en marche,
Et les petits enfants venaient cracher sur l'arche,
Et, soufflant dans leur trompe, imitaient le clairon ;
Au quatrième tour, bravant les fils d'Aaron[14],
Entre les vieux créneaux tout brunis par la rouille,
Les femmes s'asseyaient en filant leur quenouille,
Et se moquaient, jetant des pierres aux Hébreux ;
À la cinquième fois, sur ces murs ténébreux,
Aveugles et boiteux vinrent, et leurs huées
Raillaient le noir clairon sonnant sous les nuées ;
À la sixième fois, sur sa tour de granit
Si haute qu'au sommet l'aigle faisait son nid,
Si dure que l'éclair l'eût en vain foudroyée,
Le roi revint, riant à gorge déployée,
Et cria : – Ces Hébreux sont bons musiciens ! –
Autour du roi joyeux riaient tous les anciens
Qui le soir sont assis au temple et délibèrent.

À la septième fois, les murailles tombèrent.

JERSEY, 9 MARS 1953.

■ 9. **halliers** : buissons touffus. ■ 10. **rapines** : vols, pillages.
■ 11. **belluaire** : gladiateur qui affrontait les bêtes féroces.
■ 12. **Josué** : les murailles de la ville de Jéricho tombèrent au son des trompettes de Josué. ■ 13. **arche** : l'arche d'alliance où se trouvent les Tables de la Loi. ■ 14. **fils d'Aaron** : les Hébreux.

Le plus grand ouvrage satirique du XIXe siècle

Les Châtiments comptent plus de six mille vers : cette grandiose partition prend forme en un an, hors de France, à partir du coup d'État du 2 décembre 1851. Hugo conçoit un ouvrage qui mêle pièces courtes et mordantes, discours prophétiques, chansons, fables dans une extraordinaire liberté de ton. La construction du recueil est rigoureuse : sept livres qu'encadrent deux poèmes, « Nox » et « Lux », le Crime et la Liberté, résumant par leur antithèse tout le parcours du recueil : de l'ombre à la lumière. Les titres-phrases des six parties sont ironiques, ils dénoncent une véritable perversion historique. Parodiant un discours de Louis Bonaparte, l'auteur proclame que : I. La société est sauvée, II. L'ordre est rétabli, III. La famille est restaurée, IV. La religion est glorifiée, V. L'autorité est sacrée, VI. La stabilité est sauvée.

1856

Les Contemplations

Le recueil des *Contemplations*, sans doute le plus beau livre du poète, évoque vingt-cinq années de la vie de Victor Hugo. Un premier volume, intitulé « Autrefois », est suivi d'un second, « Aujourd'hui ». Ainsi, les souvenirs d'enfance, les deuils les plus douloureux, comme celui de sa fille Léopoldine brutalement disparue, recréés par la poésie, sont le point de départ de méditations où chacun peut se reconnaître.

« ON VIT, ON PARLE... »

On vit, on parle, on a le ciel et les nuages
Sur la tête ; on se plaît aux livres des vieux sages ;
On lit Virgile et Dante ; on va joyeusement
En voiture publique à quelque endroit charmant,
En riant aux éclats de l'auberge et du gîte ;
Le regard d'une femme en passant vous agite ;
On aime, on est aimé, bonheur qui manque aux rois !
On écoute le chant des oiseaux dans les bois ;
Le matin, on s'éveille, et toute une famille
Vous embrasse, une mère, une sœur, une fille !
On déjeune en lisant son journal ; tout le jour
On mêle à sa pensée espoir, travail, amour ;
La vie arrive avec ses passions troublées ;
On jette sa parole aux sombres assemblées ;
Devant le but qu'on veut et le sort qui vous prend,
On se sent faible et fort, on est petit et grand ;
On est flot dans la foule, âme dans la tempête ;
Tout vient et passe ; on est en deuil, on est en fête ;
On arrive, on recule on lutte avec effort... –
Puis, le vaste et profond silence de la mort !

11 JUILLET 1846, EN REVENANT DU CIMETIÈRE.

« DEMAIN, DÈS L'AUBE... »

Demain, dès l'aube, à l'heure où blanchit la campagne,
Je partirai. Vois-tu, je sais que tu m'attends.
J'irai par la forêt, j'irai par la montagne.
Je ne puis demeurer loin de toi plus longtemps.

Je marcherai les yeux fixés sur mes pensées,
Sans rien voir au-dehors, sans entendre aucun bruit,
Seul, inconnu, le dos courbé, les mains croisées,
Triste, et le jour pour moi sera comme la nuit.

Je ne regarderai ni l'or du soir qui tombe,
Ni les voiles au loin descendant vers Harfleur[1]
Et quand j'arriverai, je mettrai sur ta tombe
Un bouquet de houx vert et de bruyère en fleur.

3 SEPTEMBRE 1847.

AUX FEUILLANTINES[2]

Mes deux frères et moi, nous étions tout enfants.
Notre mère disait : « Jouez, mais je défends
Qu'on marche dans les fleurs et qu'on monte aux échelles. »

Abel était l'aîné, j'étais le plus petit.
Nous mangions notre pain de si bon appétit,
Que les femmes riaient quand nous passions près d'elles.

Nous montions pour jouer au grenier du couvent.
Et là, tout en jouant, nous regardions souvent,
Sur le haut d'une armoire, un livre inaccessible.

Nous grimpâmes un jour jusqu'à ce livre noir ;
Je ne sais pas comment nous fîmes pour l'avoir,
Mais je me souviens bien que c'était une Bible.

Ce vieux livre sentait une odeur d'encensoir.
Nous allâmes ravis dans un coin nous asseoir ;
Des estampes partout ! quel bonheur ! quel délire !

Nous l'ouvrîmes alors tout grand sur nos genoux,
Et, dès le premier mot, il nous parut si doux,
Qu'oubliant de jouer, nous nous mîmes à lire.

Nous lûmes tous les trois ainsi tout le matin,
Joseph, Ruth et Booz, le bon Samaritain[3],
Et, toujours plus charmés, le soir nous le relûmes.

Tels des enfants, s'ils ont pris un oiseau des cieux,
S'appellent en riant et s'étonnent, joyeux,
De sentir dans leur main la douceur de ses plumes.

MARINE-TERRACE[4], AOÛT 1855.

Victor Hugo, *Les Contemplations*, 1856.

■ **1. Harfleur** : ville des environs du Havre. ■ **2. Feuillantines** : ancien couvent à Paris où la mère du poète s'installe en 1809. ■ **3. Joseph, Ruth et Booz, le bon Samaritain** : personnages évoqués dans la Bible. ■ **4. Marine-Terrace** : demeure du poète à Jersey.

Quand je vous parle de moi, je vous parle de vous.

Lorsque paraissent *Les Contemplations*, le lyrisme romantique n'est plus à la mode. Les poètes parnassiens, adeptes de l'art pour l'art, comme Théophile Gautier ou Leconte de Lisle, reprochent aux poètes romantiques, Lamartine, Musset et Hugo, d'avoir confondu la poésie et la confidence personnelle. L'artiste, impassible, voué à l'idéal, doit créer des œuvres d'une beauté impersonnelle.

C'est contre cette conception que Victor Hugo s'élève avec force dans la Préface des *Contemplations*. Il a laissé, dit-il, « ce livre se faire en lui. La vie, en filtrant goutte à goutte à travers les événements et les souffrances, l'a déposé dans son cœur ». Le lyrisme, loin d'être repli égoïste, devient ouverture pour toutes les âmes, miroir pour toutes les vies. « On se plaint quelquefois, note le poète, des écrivains qui disent moi. Parlez-nous de nous, leur crie-t-on. Hélas ! quand je vous parle de moi, je vous parle de vous. Comment ne le sentez-vous pas ? Ah, insensé, qui crois que je ne suis pas toi ! »

1862

Les Misérables

Dans *Les Misérables*, Victor Hugo imagine le douloureux destin de Jean Valjean. Après dix-neuf ans de bagne, Jean Valjean est devenu mauvais : il a volé l'argenterie de Monseigneur Myriel, le seul à l'avoir accueilli à sa sortie du bagne. Or, lorsque Jean Valjean est arrêté par des gendarmes, Monseigneur Myriel prétend lui avoir donné l'argenterie en lui disant : « C'est votre âme que je vous achète ; je la retire aux pensées noires et à l'esprit de perdition, et je la donne à Dieu. » Bouleversé par ce geste, il ne sait plus où il en est.

Comme le soleil déclinait au couchant, allongeant sur le sol l'ombre du moindre caillou, Jean Valjean était assis derrière un buisson dans une grande plaine rousse absolument déserte. Il n'y avait à l'horizon que les Alpes. Pas même le clocher d'un village lointain. Jean Valjean pouvait être à trois lieues de Digne. Un sentier qui coupait la plaine passait à quelques pas du buisson.

Au milieu de cette méditation qui n'eût pas peu contribué à rendre ses haillons effrayants pour quelqu'un qui l'eût rencontré, il entendit un bruit joyeux.

Il tourna la tête, et vit venir par le sentier un petit Savoyard d'une dizaine d'années qui chantait, sa vielle au flanc et sa boîte à marmotte sur le dos; un de ces doux et gais enfants qui vont de pays en pays, laissant voir leurs genoux par les trous de leur pantalon.

Tout en chantant l'enfant interrompait de temps en temps sa marche et jouait aux osselets avec quelques pièces de monnaie qu'il avait dans sa main, toute sa fortune probablement. Parmi cette monnaie il y avait une pièce de quarante sous.

L'enfant s'arrêta à côté du buisson sans voir Jean Valjean et fit sauter sa poignée de sous que jusque-là il avait reçue avec assez d'adresse tout entière sur le dos de sa main.

Cette fois la pièce de quarante sous lui échappa, et vint rouler vers la broussaille jusqu'à Jean Valjean.

Jean Valjean posa le pied dessus.

Cependant l'enfant avait suivi sa pièce du regard, et l'avait vu.

Il ne s'étonna point et marcha droit à l'homme.

C'était un lieu absolument solitaire. Aussi loin que le regard pouvait s'étendre, il n'y avait personne dans la plaine ni dans le sentier. On n'entendait que les petits cris faibles d'une nuée d'oiseaux de passage qui traversaient le ciel à une hauteur immense. L'enfant tournait le dos au soleil qui lui mettait des fils d'or dans les cheveux et qui empourprait d'une lueur sanglante la face sauvage de Jean Valjean.

– Monsieur, dit le petit savoyard, avec cette confiance de l'enfance qui se compose d'ignorance et d'innocence, – ma pièce ?

– Comment t'appelles-tu ? dit Jean Valjean.

– Petit-Gervais, monsieur.

– Va-t'en, dit Jean Valjean.

– Monsieur, reprit l'enfant, rendez-moi ma pièce.

Jean Valjean baissa la tête et ne répondit pas.

L'enfant recommença :

– Ma pièce, monsieur !

L'œil de Jean Valjean resta fixé à terre.

– Ma pièce ! cria l'enfant, ma pièce blanche ! mon argent !

Il semblait que Jean Valjean n'entendît point. L'enfant le prit au collet de sa blouse et le secoua. Et en même temps il faisait effort pour déranger le gros soulier ferré posé sur son trésor.

– Je veux ma pièce ! ma pièce de quarante sous !

L'enfant pleurait. La tête de Jean Valjean se releva. Il était toujours assis. Ses yeux étaient troubles. Il considéra l'enfant avec une sorte d'étonnement, puis il étendit la main vers son bâton et cria d'une voix terrible :

– Qui est là ?

– Moi, monsieur, répondit l'enfant. Petit-Gervais ! moi ! moi ! Rendez-moi mes quarante sous, s'il vous plaît ! Ôtez votre pied, monsieur, s'il vous plaît !

Puis, irrité quoique tout petit, et devenant presque menaçant :

– Ah çà, ôterez-vous votre pied ? Ôtez donc votre pied, voyons !

– Ah ! c'est encore toi ! dit Jean Valjean, et se dressant brusquement tout debout, le pied toujours sur la pièce d'argent, il ajouta : – Veux-tu bien te sauver !

L'enfant effaré le regarda, puis commença à trembler de la tête aux pieds, et, après quelques secondes de stupeur, se mit à s'enfuir en courant de toutes ses forces sans oser tourner le cou ni jeter un cri.

Cependant à une certaine distance l'essoufflement le força de s'arrêter, et Jean Valjean, à travers sa rêverie, l'entendit qui sanglotait.

Au bout de quelques instants l'enfant avait disparu.

Le soleil s'était couché.

L'ombre se faisait autour de Jean Valjean. Il n'avait pas mangé de la journée ; il est probable qu'il avait la fièvre.

Il était resté debout, et n'avait pas changé d'attitude depuis que l'enfant s'était s'enfui. Son souffle soulevait sa poitrine à des intervalles longs et inégaux. Son regard, arrêté à dix ou douze pas devant lui, semblait étudier avec une attention profonde la forme d'un vieux tesson de faïence bleue tombé dans l'herbe. Tout à coup il tressaillit ; il venait de sentir le froid du soir.

Il raffermit sa casquette sur son front, chercha machinalement à croiser et à boutonner sa blouse, fit un pas, et se baissa pour reprendre à terre son bâton.

En ce moment il aperçut la pièce de quarante sous que son pied avait à demi enfoncée dans la terre et qui brillait parmi les cailloux. Ce fut comme une commotion galvanique[1].

– Qu'est-ce que c'est que ça ? dit-il entre ses dents.

Il recula de trois pas, puis s'arrêta, sans pouvoir détacher son regard de ce point que son pied avait foulé l'instant d'auparavant, comme si cette chose qui luisait là dans l'obscurité eût été un œil ouvert fixé sur lui.

Au bout de quelques minutes, il s'élança convulsivement vers la pièce d'argent, la saisit, et, se redressant, se mit à regarder au loin dans la plaine, jetant à la fois ses yeux vers tous les points de l'horizon, debout et frissonnant comme une bête fauve effarée qui cherche un asile.

Il ne vit rien. La nuit tombait, la plaine était froide et vague, de grandes brumes violettes montaient dans la clarté crépusculaire.

Victor Hugo, *Les Misérables*, 1862.

1. commotion galvanique : violente secousse, comme une décharge électrique.

Jean Valjean, entre le bien et le mal

Cet épisode capital, auquel Hugo songeait dès les premières esquisses du roman, montre Jean Valjean déchiré entre le bien et le mal. Le forçat n'avait pu survivre à l'horreur de l'injustice et du bagne qu'en s'endurcissant, en devenant mauvais, en divisant le monde entre complices et ennemis. Or, le geste de Monseigneur Myriel remet en cause cette vision du monde.

Cette lutte intérieure entre la volonté du mal et celle du bien se déploie dans une scène d'une grande intensité. Le lieu, une plaine déserte entre la ville et la montagne, le moment, entre le jour et la nuit, les personnages, le bandit sauvage ensanglanté par le soleil et l'enfant innocent aux cheveux d'or, tout concourt à créer un climat de mystère angoissant.

Pour passer de la longue habitude du crime à la bonne action, il faut une « commotion galvanique ». Alors seulement, il verra cet « œil fixé sur lui », l'œil de la conscience, l'œil du bien et du mal, l'œil de Dieu. Hugo transforme le roman pour en « faire le poème de la conscience humaine ».

1859

La Légende des siècles

« Les pauvres gens », long poème narratif en dix parties, qui appartient au cycle « Maintenant », évoque le destin de Jeannie, de son mari pêcheur et de leurs deux enfants. Tout les accable : la faim, la misère, les mauvaises pêches.

LES PAUVRES GENS

L'homme est en mer. Depuis l'enfance matelot,
Il livre au hasard sombre une rude bataille.
Pluie ou bourrasque, il faut qu'il sorte, il faut qu'il aille,
Car les petits enfants ont faim. Il part le soir
Quand l'eau profonde monte aux marches du musoir[1].
Il gouverne à lui seul sa barque à quatre voiles.
La femme est au logis, cousant les vieilles toiles,
Remmaillant les filets, préparant l'hameçon,
Surveillant l'âtre où bout la soupe de poisson,
Puis priant Dieu sitôt que les cinq enfants dorment.
Lui, seul, battu des flots qui toujours se reforment,
Il s'en va dans l'abîme et s'en va dans la nuit.
Dur labeur ! tout est noir, tout est froid ; rien ne luit.
Dans les brisants[2], parmi les lames en démence,
L'endroit bon à la pêche, et, sur la mer immense,
Le lieu mobile, obscur, capricieux, changeant,
Où se plaît le poisson aux nageoires d'argent,
Ce n'est qu'un point ; c'est grand deux fois comme la chambre.
Or, la nuit, dans l'ondée et la brume, en décembre,
Pour rencontrer ce point sur le désert mouvant,
Comme il faut calculer la marée et le vent !
Comme il faut combiner sûrement les manœuvres !
Les flots le long du bord glissent, vertes couleuvres ;
Le gouffre roule et tord ses plis démesurés
Et fait râler d'horreur les agrès[3] effarés.
Lui, songe à sa Jeannie au sein des mers glacées,
Et Jeannie en pleurant l'appelle ; et leurs pensées
Se croisent la nuit, divins oiseaux du cœur.

Victor Hugo, « Les pauvres gens » (extrait), *La Légende des siècles*, 1859.

1. **musoir** : pointe d'une digue. 2. **brisants** : écueils où la mer vient se briser. 3. **agrès** : tous les objets qui tiennent aux mâts, voiles, cordages, etc.

L'épopée de l'aventure humaine

À l'origine, Hugo voulait rassembler quelques poèmes évoquant les grands moments de l'histoire de l'humanité. Le projet a pris de l'ampleur pour devenir *La Légende des siècles*, cette grande épopée qui retrace toute l'histoire des hommes.

Le recueil compte quinze parties qui naviguent dans les époques et les civilisations : « D'Ève à Jésus ; Décadence de Rome ; L'Islam ; Le cycle héroïque chrétien ; Les chevaliers errants ; Les trônes d'Orient ; L'Italie ; Seizième siècle : Renaissance. Paganisme ; La rose de l'infante ; L'inquisition ; La chanson des aventuriers de la mer ; Dix-septième siècle : les mercenaires ; Maintenant ; Vingtième siècle ; Hors des temps. »

1873

À Théophile Gautier

Théophile Gautier, poète et romancier, partisan de « l'art pour l'art », meurt le 22 octobre 1872. Victor Hugo se sent proche de cet ami qui a participé activement à la bataille d'*Hernani* et qu'il vient de retrouver à son retour en France.

Ami, je sens du sort la sombre plénitude,
J'ai commencé la mort par de la solitude,
Je vois mon profond soir vaguement s'étoiler;
Voici l'heure où je vais aussi, moi, m'en aller.
Mon fil trop long frissonne et touche presque au glaive;
Le vent qui t'emporta doucement me soulève,
Et je vais suivre ceux qui m'aimaient, moi, banni.
Leur œil fixe m'attire au fond de l'infini.
J'y cours. Ne fermez pas la porte funéraire.

Passons, car c'est la loi; nul ne peut s'y soustraire;
Tout penche, et ce grand siècle, avec tous ses rayons,
Entre en cette ombre immense où, pâles, nous fuyons.
Oh! quel farouche bruit font dans le crépuscule
Les chênes qu'on abat pour le bûcher d'Hercule[1]!
Les chevaux de la Mort se mettent à hennir
Et sont joyeux, car l'âge éclatant va finir.
Ce siècle altier, qui sut dompter le vent contraire,
Expire... Ô Gautier! toi leur égal et leur frère,
Tu pars après Dumas, Lamartine et Musset.
L'onde antique est tarie où l'on rajeunissait;
Comme il n'est plus de Styx[2], il n'est plus de Jouvence[3].
Le dur faucheur avec sa large lame avance,
Pensif et pas à pas, vers le reste du blé;
C'est mon tour; et la nuit emplit mon œil troublé
Qui, devinant, hélas! l'avenir des colombes,
Pleure sur des berceaux et sourit à des tombes.

Victor Hugo, « À Théophile Gautier »,
Toute la lyre, 1873 (éd. posthume, 1888).

■ **1. Hercule** : dévoré par la tunique de Nessus, Hercule ordonna qu'on lui dressât un bûcher pour mourir plus vite. ■ **2. Styx** : fleuve des Enfers que traversent les morts. ■ **3. Jouvence** : fontaine fabuleuse où l'on retrouvait la jeunesse perdue.

Les images de la mort

La mort est d'abord un lieu attirant : « étoilé », l'endroit abrite « ceux qui [nous] aimaient », nous sauve de l'exil « trop long » : on y « court », « doucement » porté par le vent. Ces euphémismes construisent la mort comme la fin désirée des souffrances, le moment d'une réunion heureuse. Dans le deuxième mouvement du poème, la mort est plus cruelle : l'allégorie du faucheur, qui avance impitoyable, « pas à pas », celle des « chevaux de la Mort », tirée du romantisme noir. Les coups de hache qui abattent les chênes montrent le destin qui s'abat sur un siècle « altier », qui s'était cru éternel : la mort du romantisme laisse les générations futures orphelines.

NERVAL

Nom et prénom : **Labrunie, Gérard**
Pseudonyme : **de Nerval**
Naissance : **le 22 mai 1808, à Paris**
Décès : **le 26 janvier 1855, à Paris**
Lieux : **Paris, la campagne du Valois, l'Allemagne**
Situation familiale : **célibataire, une grande passion pour l'actrice Jenny Colon**
Profession : **collabore à de nombreuses revues**
Amitié : **Théophile Gautier**

Fils d'un médecin de la Grande Armée, Gérard Labrunie est élevé par son oncle, dans le Valois. Sa mère meurt en 1810 en Silésie, où elle a suivi son mari. Celui-ci s'installe à Paris en 1814. Au collège Charlemagne, l'enfant a pour ami Théophile Gautier. À dix-huit ans, il fréquente les cercles romantiques et prend, à partir de 1831, le pseudonyme de Gérard de Nerval. Il publie dans des revues ses *Odelettes*. L'héritage de son grand-père lui permet de visiter l'Italie et de mener une vie de bohème à Paris. Nerval connaît alors une passion dévorante pour une actrice, Jenny Colon. Pour la soutenir, il fonde une revue et dilapide l'argent de son héritage.

Fasciné par l'ésotérisme, il voyage en Allemagne. En 1841, terrassé par une crise de folie, il doit être interné. Il entreprend l'année suivante un voyage en Orient, mais les crises se succèdent, coïncidant avec une intense activité d'écriture. *Les Filles du feu* et *Les Chimères* paraissent en 1854. Après plusieurs rechutes, l'errance de Gérard de Nerval s'achève un matin de janvier 1855 lorsqu'on le découvre pendu rue de la Vieille-Lanterne, près du Châtelet.

Ses œuvres principales

- des odelettes, publiées en revue (1833)
- des récits divers : *Voyage en Orient* (1851), *Sylvie* (1853), *Les Filles du feu* (1854), *Petits Châteaux de Bohême* (1853), *Aurélia* (1855)
- un recueil de poèmes : *Les Chimères* (1854)

1833

Odelettes

Écrites pour la plupart au début des années 1830, publiées dans des revues, les *Odelettes* de Nerval expriment les émotions et les rêveries du jeune poète. Un paysage, une rencontre, le souvenir mélancolique d'un vieil air de musique fixent les thèmes qui seront développés dans l'ensemble de son œuvre.

UNE ALLÉE DU LUXEMBOURG[1]

Elle a passé, la jeune fille
Vive et preste comme un oiseau :
À la main une fleur qui brille,
À la bouche un refrain nouveau.

C'est peut-être la seule au monde
Dont le cœur au mien répondrait,
Qui venant dans ma nuit profonde
D'un seul regard l'éclairerait !...

Mais, non, – ma jeunesse est finie...
Adieu, doux rayon qui m'as lui, –
Parfum, jeune fille, harmonie...
Le bonheur passait, – il a fui !

Odelettes, 1833.

FANTAISIE

Il est un air pour qui je donnerais
Tout Rossini, tout Mozart et tout Wèbre[2],
Un air très vieux, languissant et funèbre,
Qui pour moi seul a des charmes secrets.

Or, chaque fois que je viens à l'entendre,
De deux cents ans mon âme rajeunit...
C'est sous Louis treize[3] – et je crois voir s'étendre
Un coteau vert, que le couchant jaunit;

Puis un château de brique à coins de pierre,
Aux vitraux peints de rougeâtres couleurs,
Ceint[4] de grands parcs, avec une rivière
Baignant ses pieds, qui coule entre les fleurs.

Puis une dame, à sa haute fenêtre,
Blonde aux yeux noirs, en son costume ancien
Que dans une autre existence peut-être
J'ai déjà vue et dont je me souviens!

Odelettes, 1833.

■ **1. Luxembourg** : jardin public à Paris. ■ **2. Wèbre** : Weber, compositeur allemand dont Nerval transcrit le nom comme il se prononce. ■ **3. Louis treize** : roi de France, fils de Henri IV (1601-1643). ■ **4. ceint** : entouré.

LE POINT NOIR

Quiconque a regardé le soleil fixement
Croit voir devant ses yeux voler obstinément
Autour de lui, dans l'air, une tache livide.

Ainsi, tout jeune encore et plus audacieux,
Sur la gloire un instant j'osai fixer les yeux :
Un point noir est resté dans mon regard avide.

Depuis, mêlée à tout comme un signe de deuil,
Partout, sur quelque endroit que s'arrête mon œil,
Je la vois se poser aussi, la tache noire !

Quoi, toujours ? Entre moi sans cesse et le bonheur !
Oh ! c'est que l'aigle seul – malheur à nous, malheur ! –
Contemple impunément le Soleil et la Gloire.

Gérard de Nerval, *Odelettes*, 1833.

Nerval, le rêveur mélancolique

Surnommé « le jeune homme », Nerval apparaît toute sa vie comme un être mélancolique, hanté par le souvenir de son Valois natal et la nostalgie des siècles passés. Son œuvre se partage entre le monde des chimères et celui de la réalité, entre l'amour rêvé et l'amour réel. C'est ainsi que le théâtre joue pour lui un rôle majeur. Passionnément amoureux d'une actrice, Nerval cherche en elle le lien entre l'illusion et la réalité. Ses « filles du feu », Adrienne, Aurélia, Sylvie, représentent à la fois des personnes réelles et des figures mythologiques, comme Isis ou la reine de Saba, qui suscitent la rêverie de l'écrivain.

De la même manière, Nerval associe ses souvenirs de l'Italie et de l'Orient aux paysages imaginaires qui habitent son œuvre.

1854

Les Filles du feu

Dans le recueil des *Filles du feu,* l'actrice représente pour Nerval la femme idéale, le rêve qui transcende le quotidien. Dans la nouvelle intitulée « Sylvie », le narrateur oppose au charme naturel de Sylvie la fascination qu'exerce sur lui l'actrice Aurélie, qu'il admire sur la scène du théâtre.

Je sortais d'un théâtre où tous les soirs je paraissais aux avant-scènes en grande tenue de soupirant. Quelquefois tout était plein, quelquefois tout était vide. Peu m'importait d'arrêter mes regards sur un parterre peuplé seulement d'une trentaine d'amateurs forcés, sur des loges garnies de bonnets[1] ou de toilettes surannées, – ou bien de faire partie d'une salle animée et frémissante couronnée à tous ses étages de toilettes fleuries, de bijoux étincelants et de visages radieux. Indifférent au spectacle de la salle, celui du théâtre ne m'arrêtait guère, – excepté lorsqu'à la seconde ou à la troisième scène d'un maussade chef-d'œuvre d'alors, une apparition bien connue illuminait l'espace vide, rendant la vie d'un souffle et d'un mot à ces vaines figures qui m'entouraient.

Je me sentais vivre en elle, et elle vivait pour moi seul. Son sourire me remplissait d'une béatitude infinie ; la vibration de sa voix si douce et cependant fortement timbrée me faisait tressaillir de joie et d'amour. Elle avait pour moi toutes les perfections, elle répondait à tous mes enthousiasmes, à tous mes caprices, – belle comme le jour aux feux de la rampe qui l'éclairait d'en bas, pâle comme la nuit, quand la rampe baissée la laissait éclairée d'en haut sous les rayons du lustre et la montrait plus naturelle, brillant dans l'ombre de sa seule beauté, comme les Heures divines[2] qui se découpent avec une étoile au front, sur les fonds bruns des fresques d'Herculanum[3] !

Depuis un an, je n'avais pas encore songé à m'informer de ce qu'elle pouvait être d'ailleurs ; je craignais de troubler le miroir magique qui me renvoyait son image, – et tout au plus avais-je prêté l'oreille à quelques propos concernant non plus l'actrice, mais la femme. Je m'en informais aussi peu que des bruits qui ont pu courir sur la princesse d'Élide[4] ou sur la reine de Trébizonde[5], – un de mes oncles qui avait vécu les avant-dernières années du XVIIIe siècle, comme il fallait y vivre pour les bien connaître, m'ayant prévenu de bonne heure que les actrices n'étaient pas des femmes, et que la nature avait oublié de leur faire un cœur. Il parlait de celles de ce temps-là sans doute ; mais il m'avait raconté tant d'histoires de ses illusions, de ses déceptions, et montré tant de portraits sur ivoire, médaillons charmants qu'il utilisait depuis à parer des tabatières, tant de billets jaunis, tant de faveurs[6] fanées, en m'en faisant l'histoire et le compte définitif, que je m'étais habitué à penser mal de toutes sans tenir compte de l'ordre des temps.

Gérard de Nerval, « Sylvie, souvenir du Valois », *Les Filles du feu*, 1854.

▪ **1. bonnets** : coiffures des femmes du peuple. ▪ **2. les Heures divines** : divinités mythologiques qui représentent le temps qui passe. ▪ **3. Herculanum** : ville romaine ensevelie en 79 sous les cendres du Vésuve. ▪ **4. Élide** : région de la Grèce antique. ▪ **5. Trébizonde** : ville de Turquie. ▪ **6. faveurs** : rubans.

Portrait de Mlle Rachel, célèbre tragédienne (1821-1858) qu'admirait Gérard de Nerval, par le peintre Achille Dévéria.

1854

1800
1850

Les Chimères

Les poèmes des *Chimères* baignent dans une lumière étrange, mystérieuse. Nerval affirme lui-même que ces sonnets « perdraient de leur charme à être expliqués ». « El Desdichado », qui signifie « le désherité, celui qui n'a rien », représente la figure symbolique du poète. Ouvrant la série des *Chimères*, le poème fait entrer Nerval dans la lignée des dieux ou des héros frappés par le malheur.

EL DESDICHADO

Je suis le ténébreux, – le veuf, – l'inconsolé,
Le Prince d'Aquitaine à la tour abolie :
Ma seule *étoile* est morte, – et mon luth[1] constellé
Porte le *soleil noir* de la *Mélancolie.*

Dans la nuit du tombeau, toi qui m'as consolé,
Rends-moi le Pausilippe[2] et la mer d'Italie,
La *fleur* qui plaisait tant à mon cœur désolé,
Et la treille où le pampre à la rose s'allie.

Suis-je Amour ou Phœbus[3] ?... Lusignan[4] ou Biron[5] ?
Mon front est rouge encor du baiser de la reine ;
J'ai rêvé dans la grotte où nage la sirène...

Et j'ai deux fois vainqueur traversé l'Achéron[6] :
Modulant tour à tour sur la lyre d'Orphée
Les soupirs de la sainte et les cris de la fée.

Gérard de Nerval, *Les Chimères*, 1854.

■ **1. luth** : instrument de musique. ■ **2. Pausilippe** : promontoire près de Naples, et souvenir d'une rencontre féminine. ■ **3. Phœbus** : Apollon. ■ **4. Lusignan** : roi de Chypre qui aurait épousé la fée Mélusine. ■ **5. Biron** : ancienne famille dont Nerval imaginait être le descendant. ■ **6. Achéron** : fleuve des Enfers qu'Orphée a traversé deux fois pour ramener son amour Eurydice, au son de sa lyre.

La poésie du rêve et de la mélancolie

Dans « Sylvie », l'une des nouvelles qui constituent le recueil des *Filles du feu*, le narrateur éprouve pour l'actrice qu'il admire chaque soir au théâtre une fascination qui en fait un être mythique. C'est que l'actrice est à la fois une femme réelle, mais aussi l'incarnation de toutes ses rêveries et de tous ses fantasmes.

À la suite des *Filles du feu* sont publiés les douze sonnets des *Chimères*, qui mêlent également le réel et l'imaginaire. Textes obscurs, souvent énigmatiques, ils multiplient les références à l'Antiquité, à l'alchimie et aux sciences occultes, comme aux philosophies de l'Orient.

Cependant, la poésie des *Chimères* réside avant tout dans une atmosphère de mélancolie douloureuse. Nerval y exprime son angoisse, celle d'un être incompris, en quête d'un ailleurs inaccessible, proche de l'univers du rêve. *Les Chimères* laissent ainsi apparaître la crise intérieure de Nerval, qui le conduit à la folie et au suicide.

VIGNY

Nom et prénom : **de Vigny, Alfred**
Naissance : **le 27 mars 1797, à Loches**
Décès : **le 17 septembre 1863, à Paris**
Lieu : **le Maine-Giraud en Charente, le manoir de ses ancêtres**
Situation familiale : **marié à une Anglaise, Lydia Bunburry; une liaison orageuse avec la tragédienne Marie Dorval**
Professions : **militaire puis rentier**
Amitié : **Hector Berlioz**

Fils du chevalier de Vigny, qui s'est illustré à la guerre, le jeune Alfred de Vigny est profondément imprégné des valeurs monarchiques. En 1814, il est admis au corps des mousquetaires de Louis XVIII, à l'âge de dix-sept ans. Lui qui rêvait de gloire, le voilà confiné dans une vie de garnison ! Il publie alors un premier recueil de poèmes en 1822. Trois ans plus tard, il épouse Lydia, une Anglaise. En 1826 paraît *Cinq-Mars*, un roman historique. Très vite, Vigny démissionne de l'armée pour se consacrer à son œuvre. L'écrivain est de plus en plus solitaire et se sent incompris. Représentée en 1835, sa pièce *Chatterton* connaît cependant un grand succès. Réfugié dans le manoir de ses ancêtres, Vigny mène une vie de gentilhomme campagnard. Admis à l'Académie française, il se présente en vain aux élections législatives de 1848. Il consigne ses réflexions dans son *Journal d'un poète*, mais un cancer de l'estomac l'emporte en 1863, un an après la mort de sa femme.

Ses œuvres principales

- des romans, dont : *Cinq-Mars* (1826), *Servitude et grandeur militaires* (1835)
- des recueils de poèmes, dont : *Poèmes antiques et modernes* (1822-1826), *Les Destinées* (1864)
- des pièces de théâtre, dont : *Chatterton* (1835)
- un journal : *Journal d'un poète* (publication posthume)

1835

Servitude et grandeur militaires

Dernier livre publié du vivant d'Alfred de Vigny, *Servitude et grandeur militaires* se compose de réflexions sur la condition militaire, illustrée par trois nouvelles. Dans « La vie et la mort du capitaine Renaud ou la canne de jonc », Vigny retrace l'histoire d'un soldat jadis passionné par la guerre. Il y renouvelle l'image de Napoléon en faisant apparaître l'Empereur, solitaire pendant la retraite de Russie, habité par le sentiment de sa défaite imminente.

Quand je me trouvai au grand air, j'eus la force d'essuyer mon front rouge et mouillé. Mes grenadiers[1] étaient à leur rang; chacun essuyait froidement sa baïonnette dans le gazon et raffermissait sa pierre à feu[2] dans la batterie[3]. Mon sergent-major, suivi du fourrier[4], marchait devant les rangs, tenant sa liste à la main, et lisant à la lueur d'un bout de chandelle planté dans le canon de son fusil comme dans un flambeau; il faisait paisiblement l'appel. Je m'appuyai contre un arbre, et le chirurgien-major vint me bander le front. Une large pluie de mars tombait sur ma tête et me faisait quelque bien. Je ne pus m'empêcher de pousser un profond soupir :

– Je suis las de la guerre, dis-je au chirurgien.

– Et moi aussi, dit une voix grave que je connaissais.

Je soulevai le bandage de mes sourcils, et je vis, non pas Napoléon empereur, mais Bonaparte soldat. Il était seul, triste, à pied, debout devant moi, ses bottes enfoncées dans la boue, son habit déchiré, son chapeau ruisselant la pluie par les bords; il sentait ses derniers jours venus, et regardait autour de lui ses derniers soldats.

Il me considérait attentivement. « Je t'ai vu quelque part, dit-il, grognard[5] ? »

À ce dernier mot, je sentis qu'il ne me disait là qu'une phrase banale, je savais que j'avais vieilli de visage plus que d'années, et que fatigues, moustaches et blessures me déguisaient assez.

– Je vous ai vu partout, sans être vu, répondis-je.

– Veux-tu de l'avancement ?

Je dis : « Il est bien tard. »

Il croisa les bras un moment sans répondre, puis :

– Tu as raison, va, dans trois jours, toi et moi nous quitterons le service.

Il me tourna le dos et remonta sur son cheval, tenu à quelques pas. En ce moment, notre tête de colonne avait attaqué et l'on nous lançait des obus. Il en tomba un devant le front de ma compagnie, et quelques hommes se jetèrent en arrière, par un premier mouvement dont ils eurent honte. Bonaparte s'avança seul vers l'obus qui brûlait et fumait devant son cheval, et lui fit flairer cette fumée. Tout se tut et resta sans mouvement ; l'obus éclata et n'atteignit personne. Les grenadiers sentirent la leçon terrible qu'il leur donnait ; moi j'y sentis de plus quelque chose qui tenait du désespoir. La France lui manquait, et il avait douté un instant de ses vieux braves. Je me trouvai trop vengé de lui et trop puni de ses fautes par un si grand abandon. Je me levai avec effort, et, m'approchant de lui, je pris et serrai la main qu'il tendait à plusieurs d'entre nous. Il ne me reconnut point, mais ce fut pour moi une réconciliation tacite entre le plus obscur et le plus illustre des hommes de notre siècle.

Alfred de Vigny,
« La vie et la mort du capitaine Renaud »
(extrait), *Servitude et grandeur militaires*,
1835.

La retraite de Russie en 1812.
Peinture d'Auguste Raffet.

■ **1. mes grenadiers** : les soldats qui combattent sous les ordres du narrateur, le capitaine Renaud. ■ **2. pierre à feu** : silex qu'on frappe contre le fusil pour faire feu. ■ **3. batterie** : pièces d'artillerie. ■ **4. fourrier** : sous-officier chargé des vivres et des vêtements. ■ **5. grognard** : surnom donné par Napoléon à ses soldats.

Les rêves de gloire et la désillusion

Avide de gloire militaire, admirateur des campagnes de Napoléon, Vigny trouve dans la littérature le moyen d'exprimer sa ferveur et son enthousiasme. Ami de Victor Hugo et d'Eugène Delacroix, il participe aux discussions passionnées des cénacles romantiques. Son roman historique *Cinq-Mars* fait de l'Histoire « un roman dont le peuple est l'auteur » ; sa pièce de théâtre *Chatterton* est immédiatement reconnue comme un chef-d'œuvre du romantisme, tandis que ses *Poèmes antiques et modernes* développent la figure du héros maudit et incompris. Son recueil de nouvelles, *Servitude et grandeur militaires*, témoigne de la déception des rêves d'épopée de toute une génération, qui traverse l'épreuve de la désillusion et découvre l'horreur de la guerre.

MUSSET

Nom et prénom : **de Musset, Alfred**
Naissance : **le 11 décembre 1810, à Paris**
Décès : **le 2 mai 1857, à Paris**
Lieux : **Paris, Venise**
Situation familiale : **célibataire, une liaison tumultueuse avec George Sand**
Professions : **vit de la fortune familiale et de ses travaux d'écriture, bibliothécaire**
Amitiés : **le duc de Chartres, fils du futur Louis-Philippe ; Alfred de Vigny**

Alfred de Musset passe une enfance heureuse dans une famille imprégnée de littérature et de philosophie. Après une scolarité brillante au lycée Henri IV, il commence puis abandonne des études de droit et de médecine. Jeune dandy, Musset mène une vie mondaine et amoureuse, fréquentant les cercles romantiques. Il publie en 1829 son premier volume de vers.

Après l'échec de sa pièce *La Nuit vénitienne*, sifflée par le public, il décide de ne plus écrire que des pièces destinées à être lues, qu'il rassemble sous le titre de *Un spectacle dans un fauteuil*. Il rencontre l'écrivain George Sand et connaît avec elle une passion intense et orageuse, qui nourrira toute son œuvre. Séparé d'elle, il multiplie les liaisons, cherche refuge dans l'alcool et manifeste un sentiment d'amertume et de désillusion, qu'on retrouve dans ses poèmes *Les Nuits*. Sa santé se dégrade. Reçu à l'Académie française en 1852, Musset termine sa vie dans l'inaction. Le poète prodige meurt à l'âge de quarante-six ans, dans la solitude, au milieu de l'indifférence générale.

Ses œuvres principales

- des pièces de théâtre : *La Nuit vénitienne* (1830), *Les Caprices de Marianne* (1833), *Fantasio* (1834), *Lorenzaccio* (1834), *On ne badine pas avec l'amour* (1834)
- des poèmes, dont : *Rolla* (1833), *La Nuit de mai*, *La Nuit de décembre* (1835)
- un récit autobiographique : *La Confession d'un enfant du siècle* (1836)

1833

Les Caprices de Marianne

Dans *Les Caprices de Marianne*, Cœlio est amoureux de la belle Marianne, épouse du grotesque juge Claudio. Celui-ci, jaloux et soupçonneux, multiplie les précautions contre les manœuvres du jeune homme avec l'aide de son serviteur, Tibia. Habité par un amour pur et rêveur, Cœlio redoute la sévérité de Marianne et lui envoie en ambassade son ami Octave, cynique et débauché. C'est de ce dernier cependant que la jeune femme tombe amoureuse. La comédie légère tourne ainsi peu à peu à la tragédie.

CLAUDIO. – Es-tu mon fidèle serviteur ? mon valet de chambre dévoué ? Apprends que j'ai à me venger d'un outrage.

TIBIA. – Vous, monsieur !

CLAUDIO. – Moi-même, puisque ces impudentes guitares ne cessent de murmurer sous les fenêtres de ma femme. Mais, patience ! tout n'est pas fini. – Écoute un peu de ce côté-ci : voilà du monde qui pourrait nous entendre. Tu m'iras chercher ce soir le spadassin[1] que je t'ai dit.

TIBIA. – Pour quoi faire ?

CLAUDIO. – Je crois que Marianne a des amants.

TIBIA. – Vous croyez, monsieur ?

CLAUDIO. – Oui ; il y a autour de ma maison une odeur d'amants ; personne ne passe naturellement devant ma porte ; il y pleut des guitares et des entremetteuses[2].

TIBIA. – Est-ce que vous pouvez empêcher qu'on donne des sérénades à votre femme ?

CLAUDIO. – Non ; mais je puis poster un homme derrière la poterne[3] et me débarrasser du premier qui entrera.

TIBIA. – Fi ! votre femme n'a pas d'amants. – C'est comme si vous disiez que j'ai des maîtresses.

CLAUDIO. – Pourquoi n'en aurais-tu pas, Tibia ? Tu es fort laid, mais tu as beaucoup d'esprit.

TIBIA. – J'en conviens, j'en conviens.

CLAUDIO. – Regarde, Tibia, tu en conviens toi-même ; il n'en faut plus douter, et mon déshonneur est public.

TIBIA. – Pourquoi public ?

CLAUDIO. – Je te dis qu'il est public.

TIBIA. – Mais, monsieur, votre femme passe pour un dragon de vertu dans toute la ville ; elle ne voit personne, elle ne sort de chez elle que pour aller à la messe.

CLAUDIO. – Laisse-moi faire. – Je ne me sens pas de colère après tous les cadeaux qu'elle a reçus de moi. – Oui, Tibia, je machine en ce moment une épouvantable trame[4], et je me sens prêt à mourir de douleur.

TIBIA. – Oh ! que non.

CLAUDIO. – Quand je te dis quelque chose, tu me ferais plaisir de le croire.

Ils sortent.

CŒLIO, *rentrant.* – Malheur à celui qui, au milieu de la jeunesse, s'abandonne à un amour sans espoir ! Malheur à celui qui se livre à une douce rêverie, avant de savoir où sa chimère le mène, et s'il peut être payé de retour ! Mollement couché dans une barque, il s'éloigne peu à peu de la rive ; il aperçoit au loin des plaines enchantées, de vertes prairies et le mirage léger de son Eldorado[5]. Les vents l'entraînent en silence, et quand sa réalité le réveille, il est aussi loin du but où il aspire que du rivage qu'il a quitté ; il ne peut plus ni poursuivre sa route ni revenir sur ses pas. *(On entend un bruit d'instruments.)* Quelle est cette mascarade ? N'est-ce pas Octave que j'aperçois ?

Alfred de Musset, *Les Caprices de Marianne*,
acte I, scène 1, 1833.

1. **spadassin** : homme armé d'une épée, aux gages de quelqu'un. 2. **entremetteuses** : femmes servant d'intermédiaires pour des mariages ou des liaisons amoureuses. 3. **poterne** : porte cachée. 4. **trame** : machination. 5. **Eldorado** : pays imaginaire, lieu d'abondance et de délices.

Le mélange des tons sur la scène romantique

Depuis l'échec de *La Nuit vénitienne*, en 1830, Musset n'écrit plus pour être joué : son « spectacle dans un fauteuil » lui permet de créer un théâtre d'imagination, qui mêle des dialogues tantôt lyriques, proches de la pure poésie, tantôt cocasses. La pièce *Les Caprices de Marianne* témoigne ainsi d'une grande liberté à l'égard des règles de la dramaturgie classique. Déjà Victor Hugo, dans sa célèbre Préface de *Cromwell*, avait, en 1827, revendiqué le droit de créer un drame aux accents nouveaux.

Musset à son tour varie les tons au sein d'une même scène. Il passe ainsi du comique à l'amertume, du lyrisme à la fantaisie. Des scènes de fêtes et de carnaval s'achèvent avec l'irruption brutale de la mort. Les personnages eux-mêmes sont tourmentés, à l'image de Musset, qui poursuit l'année suivante ce théâtre romantique dans *On ne badine pas avec l'amour*.

1834

Lorenzaccio

Au XVIe siècle, le Florentin Lorenzo cherche à renverser Alexandre de Médicis, qui règne sur Florence. Il entre dans l'entourage du tyran et devient son compagnon de débauche. On l'appelle désormais avec mépris « Lorenzaccio ». À son ami Philippe Strozzi, dont les deux enfants ont été emprisonnés, il redit sa détermination à tuer Alexandre, mais il reste sans illusions sur l'avenir de la ville lorsqu'elle sera délivrée du tyran.

PHILIPPE. – Toutes les maladies se guérissent, et le vice est aussi une maladie.

LORENZO. – Il est trop tard – je me suis fait à mon métier. Le vice a été pour moi un vêtement, maintenant il est collé à ma peau. Je suis vraiment un ruffian, et quand je plaisante sur mes pareils, je me sens sérieux comme la Mort au milieu de ma gaieté. Brutus a fait le fou pour tuer Tarquin, et ce qui m'étonne en lui, c'est qu'il n'y ait pas laissé sa raison. Profite de moi, Philippe, voilà ce que j'ai à te dire – ne travaille pas pour ta patrie.

PHILIPPE. – Si je te croyais, il me semble que le ciel s'obscurcirait pour toujours, et que ma vieillesse serait condamnée à marcher à tâtons. Que tu aies pris une route dangereuse, cela peut être ; pourquoi ne pourrais-je en prendre une autre qui me mènerait au même point ? Mon intention est d'en parler au peuple, et d'agir ouvertement.

Affiche de 1896 réalisée par Mucha.

LORENZO. – Prends garde à toi, Philippe, celui qui te le dit sait pourquoi il le dit. Prends le chemin que tu voudras, tu auras toujours affaires aux hommes.

PHILIPPE. – Je crois à l'honnêteté des républicains.

LORENZO. – Je te fais une gageure. Je vais tuer Alexandre ; une fois mon coup fait, si les républicains se comportent comme ils le doivent, il leur sera facile d'établir une république, la plus belle qui ait jamais fleuri sur la terre. Qu'ils aient pour eux le peuple, et tout est dit. – Je te gage que ni eux ni le peuple ne feront rien. Tout ce que je te demande, c'est de ne pas t'en mêler ; parle, si tu le veux, mais prends garde à tes paroles, et encore plus à tes actions. Laisse-moi faire mon coup – tu as les mains pures, et moi, je n'ai rien à perdre.

PHILIPPE. – Fais-le, et tu verras.

LORENZO. – Soit – mais souviens-toi de ceci. Vois-tu, dans cette petite maison, cette famille assemblée autour d'une table ? ne dirait-on pas des hommes ? Ils ont un corps, et une âme dans ce corps. Cependant, s'il me prenait envie d'entrer chez eux, tout seul, comme me voilà, et de poignarder leur fils aîné au milieu d'eux, il n'y aurait pas un couteau de levé sur moi.

PHILIPPE. – Tu me fais horreur. Comment le cœur peut-il rester grand, avec des mains comme les tiennes ?

LORENZO. – Viens, rentrons à ton palais, et tâchons de délivrer tes enfants[1].

PHILIPPE. – Mais pourquoi tueras-tu le duc, si tu as des idées pareilles ?

LORENZO. – Pourquoi ? tu le demandes ?

PHILIPPE. – Si tu crois que c'est un meurtre inutile à ta patrie, pourquoi le commets-tu ?

LORENZO. – Tu me demandes cela en face ? Regarde-moi un peu. J'ai été beau, tranquille et vertueux.

PHILIPPE. – Quel abîme ! quel abîme tu m'ouvres !

LORENZO. – Tu me demandes pourquoi je tue Alexandre ? Veux-tu donc que je m'empoisonne, ou que je saute dans l'Arno ? Veux-tu donc que je sois un spectre, et qu'en frappant sur ce squelette… *(Il frappe sa poitrine.)* il n'en sorte aucun son ? Si je suis l'ombre de moi-même, veux-tu donc que je rompe le seul fil qui rattache aujourd'hui mon cœur à quelques fibres de mon cœur d'autrefois ! Songes-tu que ce meurtre, c'est tout ce qui me reste de ma vertu ? Songes-tu que je glisse depuis deux ans sur un rocher taillé à pic, et que ce meurtre est le seul brin d'herbe où j'aie pu cramponner mes ongles ? Crois-tu donc que je n'aie plus d'orgueil, parce que je n'ai plus de honte, et veux-tu que je laisse mourir en silence l'énigme de ma vie ? Oui, cela est certain, si je pouvais revenir à la vertu, si mon apprentissage du vice pouvait s'évanouir, j'épargnerais peut-être ce conducteur de bœufs – mais j'aime le vin, le jeu et les filles, comprends-tu cela ? Si tu honores en moi quelque chose, toi qui me parles, c'est mon meurtre que tu honores, peut-être justement parce que tu ne le ferais pas. Voilà assez longtemps, vois-tu, que les républicains me couvrent de boue et d'infamie ; voilà assez longtemps que les oreilles me tintent, et que l'exécration des hommes empoisonne le pain que je mâche. J'en ai assez de me voir conspué par des lâches sans nom, qui m'accablent d'injures pour se dispenser de m'assommer, comme ils le devraient. J'en ai assez d'entendre brailler en plein vent le bavardage humain ; il faut que le monde sache un peu qui je suis, et qui il est. Dieu merci, c'est peut-être demain que je tue Alexandre ; dans deux jours j'aurai fini. Ceux qui tournent autour de moi avec des yeux louches, comme autour d'une curiosité monstrueuse apportée d'Amérique[2], pourront satisfaire leur gosier, et vider leur sac à paroles. Que les hommes me comprennent ou non, qu'ils agissent ou n'agissent pas, j'aurai dit tout ce que j'ai à dire ; je leur ferai tailler leurs plumes, si je ne leur fais pas nettoyer leurs piques, et l'Humanité gardera sur sa joue le soufflet de mon épée marqué en traits de sang. Qu'ils m'appellent comme ils voudront, Brutus ou Érostrate[3], il ne me plaît pas qu'ils m'oublient. Ma vie entière est au bout de ma dague, et que la Providence retourne ou non la tête en m'entendant frapper, je jette la nature humaine à pile ou face sur la tombe d'Alexandre – dans deux jours, les hommes comparaîtront devant le tribunal de ma volonté.

Alfred de Musset, *Lorenzaccio*, acte III, scène 3, 1834.

▪ **1. tes enfants :** les enfants de Philippe, emprisonnés par Alexandre. ▪ **2. une curiosité monstrueuse apportée d'Amérique :** l'Amérique, récemment découverte, était alors considérée comme le pays des monstres. ▪ **3. Brutus ou Érostrate :** Brutus, assassin de Jules César ; Érostrate, incendiaire du temple d'Artémis, l'une des Sept Merveilles du monde, pour acquérir une forme d'immortalité.

Musset, entre la pureté et la débauche

À l'image de Lorenzaccio, les personnages du théâtre de Musset apparaissent comme des êtres doubles. Ils sont à la fois habités par une pureté originelle et saisis par la tentation de la débauche. Le théâtre permet à Musset d'exprimer sa propre complexité : sa liaison passionnée puis sa rupture avec George Sand le plongent en effet dans un sentiment de détresse. Il confie l'amertume qui l'habite depuis les rêves de gloire littéraire jusqu'à la solitude. Enfant prodige qui a produit en quelques années des chefs-d'œuvre, le poète s'abandonne au plaisir et à la boisson. C'est ainsi que, dans *La Confession d'un enfant du siècle*, Octave, trompé par la femme qu'il aime, s'adonne à la débauche et perd sa pureté et sa foi.

1835

La Nuit de décembre

Dans les quatre poèmes qui constituent le cycle des *Nuits,* Alfred de Musset livre ses expériences et ses émotions. Il dialogue avec la femme aimée, exprime son appétit devant la vie ou confie ses souffrances. Le poète rapporte ainsi l'expérience du double dans *La Nuit de décembre.*

Du temps que j'étais écolier,
Je restais un soir à veiller
Dans notre salle solitaire.
Devant ma table vint s'asseoir
Un pauvre enfant vêtu de noir,
Qui me ressemblait comme un frère.

Son visage était triste et beau :
À la lueur de mon flambeau,
Dans mon livre ouvert il vint lire.
Il pencha son front sur sa main,
Et resta jusqu'au lendemain,
Pensif, avec un doux sourire.

Comme j'allais avoir quinze ans
Je marchais un jour, à pas lents,
Dans un bois, sur une bruyère.
Au pied d'un arbre vint s'asseoir
Un jeune homme vêtu de noir,
Qui me ressemblait comme un frère.

Je lui demandai mon chemin ;
Il tenait un luth[1] d'une main,
De l'autre un bouquet d'églantine.
Il me fit un salut d'ami,
Et, se détournant à demi,
Me montra du doigt la colline.

À l'âge où l'on croit à l'amour,
J'étais seul dans ma chambre un jour,
Pleurant ma première misère.
Au coin de mon feu vint s'asseoir
Un étranger vêtu de noir,
Qui me ressemblait comme un frère.

Il était morne et soucieux ;
D'une main il montrait les cieux,
Et de l'autre il tenait un glaive[2].
De ma peine il semblait souffrir,
Mais il ne poussa qu'un soupir,
Et s'évanouit comme un rêve.

À l'âge où l'on est libertin,
Pour boire un toast en un festin,
Un jour je soulevais mon verre.
En face de moi vint s'asseoir
Un convive vêtu de noir,
Qui me ressemblait comme un frère.

Il secouait sous son manteau
Un haillon de pourpre[3] en lambeau,
Sur sa tête un myrte[4] stérile.
Son bras maigre cherchait le mien,
Et mon verre, en touchant le sien,
Se brisa dans ma main débile[5].

Un an après, il était nuit;
J'étais à genoux près du lit
Où venait de mourir mon père.
Au chevet du lit vint s'asseoir
Un orphelin vêtu de noir,
Qui me ressemblait comme un frère.

La Nuit de décembre.
Aquarelle d'Eugène Louis Lami, réalisée en 1835.

Ses yeux étaient noyés de pleurs;
Comme les anges de douleurs,
Il était couronné d'épine;
Son luth à terre était gisant,
Sa pourpre de couleur de sang,
Et son glaive dans sa poitrine.

Je m'en suis si bien souvenu,
Que je l'ai toujours reconnu
À tous les instants de ma vie.
C'est une étrange vision,
Et cependant, ange ou démon,
J'ai vu partout cette ombre amie.

Alfred de Musset, *La Nuit de décembre* (extrait), 1835.

▪ **1. luth** : instrument de musique à cordes, qui symbolise le poète. ▪ **2. glaive** : épée, dans le langage poétique. ▪ **3. pourpre** : étoffe teinte en rouge, en usage chez les Romains. ▪ **4. myrte** : plante de Vénus, déesse de l'Amour. ▪ **5. débile** : faible, malade.

Musset, poète de la nuit

Dans ses comédies comme dans ses drames, Musset, qui se libère des règles de la dramaturgie classique, crée des personnages complexes habités de tensions contradictoires. À la fois débauchés et idéalistes, ses héros apparaissent comme profondément humains : Octave dans *Les Caprices de Marianne*, Lorenzo dans *Lorenzaccio* sont les doubles de Musset lui-même.

On retrouve cette dimension autobiographique dans sa poésie : *Les Nuits* expriment son expérience de la solitude et de la douleur. Au cœur de la nuit, archange déchu, le poète est confronté à cet autre « moi » ténébreux et secret qui est en lui. Le poète romantique va ainsi à la rencontre du mystère, en s'interrogeant, en poursuivant son idéal de sincérité.

SUE

Nom et prénom : **Sue, Marie Joseph, dit Eugène**
Naissance : **le 10 décembre 1804, à Paris**
Décès : **le 3 août 1857, à Annecy**
Lieux : **Paris, le Jockey club, la Savoie**
Professions : **chirurgien de la Marine, puis écrivain, député**
Amitié : **Joséphine de Beauharnais, sa marraine**

Fils de médecin, Eugène Sue est lui-même chirurgien à bord d'un vaisseau de la Marine royale. L'héritage paternel lui laisse cependant le loisir d'écrire. Eugène Sue est alors célèbre dans Paris pour son élégance, son dandysme et son goût des chevaux. Il publie d'abord des romans maritimes, *Kernoch le pirate* en 1830, *Atar-Gull* en 1831. Après des romans de mœurs et des romans historiques, l'écrivain connaît un immense succès avec ses deux grands romans-feuilletons, *Les Mystères de Paris*, en 1842, et *Le Juif errant*, en 1845. Grand bourgeois converti aux doctrines socialistes, Eugène Sue est élu député en 1848. Après le coup d'État de Louis-Napoléon Bonaparte, en 1851, fidèle à ses convictions, il s'exile. La vaste fresque des *Mystères du peuple* est ainsi interdite à sa parution, en 1856, un an avant sa mort.

Ses œuvres principales

- des romans, dont : *Kernoch le pirate* (1830), *Atar-Gull* (1831), *La Cucaratcha* (1832-1834), *Le Marquis de Létorière* (1839), *Les Mystères de Paris* (1842-1843), *Le Juif errant* (1845), *Les Mystères du peuple ou Histoire d'une famille de prolétaires à travers les âges* (1849-1856)

1842-1843

Les Mystères de Paris

À travers les aventures du prince Rodolphe, justicier qui parcourt les bas-fonds de Paris, *Les Mystères de Paris* présentent une galerie de personnages pittoresques et inquiétants, dont l'un des plus cruels est le Maître d'école. Ce redoutable chef de bande, aveugle, guidé par le jeune Tortillard, demande l'hospitalité dans une ferme des environs de Paris, pour y préparer un enlèvement.

– Prenez donc garde à vos chiens ! s'écria le Maître d'école avec frayeur ; ils ont manqué nous mordre.

– Ils m'ont arraché un morceau de ma blouse, dit Tortillard, encore pâle d'effroi.

– Excusez, mon brave homme, dit Jean-René en fermant la porte ; mais je n'ai jamais vu nos chiens si méchants... C'est, bien sûr, le froid qui les agace... Ces bêtes n'ont pas de raison ; elles veulent peut-être mordre pour se réchauffer !

– Allons, à l'autre maintenant ! dit le laboureur en arrêtant le vieux Lysandre[1] au moment où, grondant d'un air menaçant, il allait s'élancer sur les nouveaux venus. Il a entendu les autres chiens aboyer de furie, il veut faire comme eux. Veux-tu aller te coucher tout de suite, vieux sauvage !... veux-tu...

À ces mots du père Châtelain, accompagnés d'un coup de pied significatif, Lysandre regagna, toujours grondant, sa place de prédilection au coin du foyer. Le Maître d'école et Tortillard restaient à la porte de la cuisine, n'osant pas avancer.

Enveloppé d'un manteau bleu à collet de fourrure, son chapeau enfoncé sur le bonnet noir qui lui cachait presque entièrement le front, le brigand tenait la main de Tortillard, qui se pressait contre lui en regardant les paysans avec défiance ; l'honnêteté de ces physionomies déroutait et effrayait presque le fils de Bras-Rouge[2].

1. **Lysandre** : le chien de la ferme.
2. **le fils de Bras-Rouge** : Tortillard, qui sert de guide au Maître d'école.

Les natures mauvaises ont aussi leurs répulsions et leurs sympathies.

Les traits du Maître d'école étaient si hideux, que les habitants de la ferme restèrent un instant frappés, les uns de dégoût, les autres d'effroi. Cette impression n'échappa pas à Tortillard ; la frayeur des paysans le rassura, il fut fier de l'épouvante qu'inspirait son compagnon. Ce premier mouvement passé, le père Châtelain, ne songeant qu'à remplir les devoirs de l'hospitalité, dit au Maître d'école :

– Mon brave homme, avancez près du feu, vous vous réchaufferez d'abord. Vous souperez ensuite avec nous, car vous arrivez au moment où nous allions nous mettre à table. Tenez, asseyez-vous là. Mais à quoi ai-je la tête ! ajouta le père Châtelain ; ce n'est pas à vous, mais à votre fils que je dois m'adresser, puisque, malheureusement, vous êtes aveugle. Voyons, mon enfant, conduis ton père auprès de la cheminée.

– Oui, mon bon monsieur, répondit Tortillard d'un ton nasillard, patelin[3] et hypocrite ; que le bon Dieu vous rende votre bonne charité !... Suis-moi, pauvre papa, suis-moi, prends bien garde.

Et l'enfant guida les pas du brigand. Tout deux arrivèrent près de la cheminée.

D'abord, Lysandre gronda sourdement ; mais, ayant flairé un instant le Maître d'école, il poussa tout à coup cette sorte d'aboiement lugubre qui fait dire communément que les chiens hurlent à la mort.

– Enfer ! se dit le Maître d'école. Est-ce donc le sang qu'ils flairent, ces maudits animaux ? J'avais ce pantalon-là pendant la nuit de l'assassinat du marchand de bœufs...

– Tiens, c'est étonnant, dit tout bas Jean-René, le vieux Lysandre qui hurle à la mort en sentant le bonhomme !

Alors il arriva une chose étrange.

Les cris de Lysandre étaient si perçants, si plaintifs, que les autres chiens l'entendirent (la cour de la ferme n'étant séparée de la cuisine que par une fenêtre vitrée), et selon l'habitude de la race canine, ils répétèrent à l'envi[4] ces gémissements lamentables. Quoique peu superstitieux, les métayers[5] s'entre-regardèrent avec effroi.

En effet, ce qui se passait était singulier.

Un homme qu'ils n'avaient pu envisager sans horreur entrait dans la ferme. Alors des animaux jusqu'alors paisibles devenaient furieux et jetaient ces clameurs sinistres qui, selon les croyances populaires, prédisent les approches de la mort.

Eugène Sue, *Les Mystères de Paris*, 1842-1843.

Affiche du XIXe siècle pour la pièce de Ernest Blum.

3. **patelin** : qui trompe par des paroles douces et flatteuses. 4. **à l'envi** : à qui mieux mieux.
5. **métayers** : fermiers.

Le succès triomphant du roman-feuilleton

Parus de juin 1842 à octobre 1843 dans *Le Journal des débats*, *Les Mystères de Paris* comprennent cent quarante-sept feuilletons donnés quotidiennement par Eugène Sue. Le feuilletonniste révèle ainsi à ses lecteurs la misère du peuple. Il met en scène une multitude de personnages qui hantent les bas-fonds parisiens : mendiants, hors-la-loi, voleurs et assassins témoignent de la lutte incessante des forces du bien et du mal. Le romancier multiplie les rebondissements, tenant son lecteur en haleine par le sens du « suspense » et des situations cruelles et pathétiques. D'une sensibilité généreuse, Eugène Sue prend peu à peu fait et cause pour les misérables qui servent de modèles pour les personnages de ses romans. Sa popularité est considérable, comme en témoignent les centaines de lettres que lui envoient ses lecteurs.

DUMAS

Nom et prénom : **Dumas Davy de la Pailleterie, Alexandre**
Naissance : **le 24 juillet 1802, à Villers-Cotterêts, dans l'Aisne**
Décès : **le 5 décembre 1870, à Puys, près de Dieppe**
Lieu : **Paris**
Situation familiale : **marié, puis séparé; de nombreuses maîtresses et des enfants naturels**
Professions : **clerc d'avoué, bibliothécaire, directeur de son propre théâtre, directeur de son propre journal, romancier à succès**
Amitiés : **Gérard de Nerval, le révolutionnaire italien Garibaldi**

Le père d'Alexandre Dumas, général d'Empire, meurt en 1806 en laissant sa famille sans ressources. Après ses études, Alexandre est troisième clerc de notaire à Villers-Cotterêts, puis employé dans les bureaux du duc d'Orléans à Paris. Mais il se consacre surtout à l'écriture et attend du théâtre gloire et richesse. Son fils Alexandre, fruit de sa liaison avec Laure Labay, naît en 1824. Cinq ans plus tard, *Henri III et sa cour* apparaît comme le premier coup d'éclat du théâtre romantique. En 1840, Dumas épouse l'actrice Ida Ferrier, et se lance dans ce que l'un de ses détracteurs appelle « la fabrique de romans ». Gérard de Nerval lui présente alors Auguste Maquet, qui souhaite écrire les mémoires de d'Artagnan. La collaboration des deux hommes leur permettra de publier de nombreux romans populaires, que Dumas signe seul. Cette collaboration dure quinze ans et s'achève par un procès. Cependant, Dumas fait construire le Théâtre historique pour y représenter les adaptations de ses romans. Il fonde deux journaux qui font faillite, tout comme son théâtre. Ruiné, il quitte Paris et se réfugie à Bruxelles. En 1858, il entreprend un voyage en Russie, rejoint Garibaldi en Italie, devient bibliothécaire puis marchand d'armes. Il meurt en 1870 après avoir lancé en vain un nouveau journal. En 2002, ses cendres sont transférées au Panthéon.

Ses œuvres principales

- des pièces de théâtre, dont : *Henri III et sa cour* (1829), *Antony* (1831)
- des romans, dont : *Les Trois Mousquetaires* (1844), *Le Comte de Monte-Cristo* (1844-1845), *Vingt Ans après* (1845), *La Reine Margot* (1845), *Le Chevalier de Maison-Rouge* (1845), *Le Vicomte de Bragelonne* (1848), *La Tulipe noire* (1850)

1844

Les Trois Mousquetaires

Jeune Gascon, d'Artagnan se rend à Paris pour s'enrôler dans la compagnie des mousquetaires de Louis XIII. Arrivé dans la capitale, il provoque en duel le même jour Athos, Porthos et Aramis, mousquetaires du roi. Sur le pré, il se joint à ses nouveaux amis pour affronter à leurs côtés les gardes du cardinal de Richelieu, rivaux des mousquetaires.

« Ils sont cinq, dit Athos à demi-voix, et nous ne sommes que trois ; nous serons encore battus, et il nous faudra mourir ici, car je le déclare, je ne reparais pas vaincu devant le capitaine. »

Alors Porthos et Aramis se rapprochèrent à l'instant les uns des autres, pendant que Jussac[1] alignait ses soldats.

Ce seul moment suffit à d'Artagnan pour prendre son parti : c'était là un de ces événements qui décident de la vie d'un homme, c'était un choix à faire entre le roi et le cardinal ; ce choix fait, il allait y persévérer. Se battre, c'est-à-dire désobéir à la loi[2], c'est-à-dire risquer sa tête, c'est-à-dire se faire d'un seul coup l'ennemi d'un ministre plus puissant que le roi lui-même : voilà ce qu'entrevit le jeune homme, et, disons-le à sa louange, il n'hésita point une seconde. Se tournant donc vers Athos et ses amis :

« Messieurs, dit-il, je reprendrai, s'il vous plaît, quelque chose à vos paroles. Vous avez dit que vous n'étiez que trois, mais il me semble, à moi, que nous sommes quatre.

– Mais vous n'êtes pas des nôtres, dit Porthos.

– C'est vrai, répondit d'Artagnan ; je n'ai pas l'habit, mais j'ai l'âme. Mon cœur est mousquetaire, je le sens bien, monsieur, et cela m'entraîne.

– Écartez-vous, jeune homme, cria Jussac, qui sans doute à ses gestes et à l'expression du visage, avait deviné le dessein de d'Artagnan. Vous pouvez vous retirer, nous y consentons. Sauvez votre peau ; allez vite. »

D'Artagnan ne bougea point.

« Décidément vous êtes un joli garçon, dit Athos en serrant la main du jeune homme.

– Allons ! allons ! prenons un parti, reprit Jussac.

– Voyons, dirent Porthos et Aramis, faisons quelque chose.

– Monsieur est plein de générosité », dit Athos.

Mais tous trois pensaient à la jeunesse de d'Artagnan et redoutaient son inexpérience.

« Nous ne serons que trois, dont un blessé, plus un enfant[3], reprit Athos, et l'on n'en dira pas moins que nous étions quatre hommes.

– Oui, mais reculer ! dit Porthos.

– C'est difficile », reprit Athos.

D'Artagnan comprit leur irrésolution.

« Messieurs, essayez-moi toujours, dit-il, et je vous jure sur l'honneur que je ne veux pas m'en aller d'ici si nous sommes vaincus.

– Comment vous appelle-t-on, mon brave ? dit Athos.

– D'Artagnan, monsieur.

– Eh bien, Athos, Porthos, Aramis et d'Artagnan, en avant ! »

– Eh bien, voyons, messieurs, vous décidez-vous à vous décider ? cria pour la troisième fois Jussac.

– C'est fait, messieurs, dit Athos.

– Et quel parti prenez-vous ? demanda Jussac.

– Nous allons avoir l'honneur de vous charger, répondit Aramis en levant son chapeau d'une main et tirant son épée de l'autre.

– Ah ! vous résistez ! s'écria Jussac.

– Sangdieu ! cela vous étonne ? »

Et les neuf combattants se précipitèrent les uns sur les autres avec une furie qui n'excluait pas une certaine méthode.

Athos prit un certain Cahussac, favori du cardinal ; Porthos eut Biscarat, et Aramis se vit en face de deux adversaires.

Quant à d'Artagnan, il se trouva lancé contre Jussac lui-même.

Le cœur du jeune Gascon battait à lui briser la poitrine, non pas de peur, Dieu merci ! il n'en avait pas l'ombre, mais d'émulation ; il se battait comme un tigre en fureur, tournant dix fois autour de son adversaire, changeant vingt fois ses gardes et son terrain.

Alexandre Dumas, *Les Trois Mousquetaires*, 1844.

■ **1. Jussac** : capitaine des gardes du cardinal. ■ **2. la loi** : l'édit du cardinal de Richelieu qui interdit les duels. ■ **3. un blessé, plus un enfant** : Athos, qui est tombé dans une embuscade, et d'Artagnan, âgé de dix-huit ans.

Le maître du roman historique

Aux yeux des écrivains romantiques comme Vigny, Hugo et Dumas, le roman historique est une forme moderne de l'épopée. Les héros de Dumas, d'Artagnan, le comte de Monte-Cristo, le chevalier de Maison-Rouge, rejoignent ainsi les personnages de légende. La liberté que prend Dumas avec l'Histoire, son sens de l'action et des rebondissements, l'imposent comme le maître du genre.

Mais c'est surtout l'art du dialogue qui caractérise ses romans. C'est en effet le dialogue qui, comme au théâtre, fait progresser l'intrigue, c'est à travers lui que les personnages se révèlent. La publication préalable des romans en feuilletons explique cette technique narrative qui accorde une grande place aux répliques et aux paroles et qui, jour après jour, tient le lecteur en haleine.

1844-1845

Le Comte de Monte-Cristo

Sous la Restauration de Louis XVIII, Edmond Dantès est victime d'une dénonciation calomnieuse. Son rival en amour, Fernand, et son rival en affaires, Danglars, le font emprisonner au château d'If le jour de son mariage, en 1815. Cet emprisonnement sert les ambitions politiques d'un magistrat sans scrupules, Willefort. Après quatorze années de cachot, dont il supporte l'épreuve grâce à l'amitié d'un autre prisonnier, l'abbé Faria, Dantès s'évade. Possesseur du trésor dont son nouvel ami lui a révélé la cache, Dantès assouvit alors une vengeance implacable. Dans cet extrait, il fait la connaissance de l'abbé Faria.

Il ne se découragea point et continua de travailler toute la nuit ; mais après deux ou trois heures de labeur, il rencontra un obstacle. Le fer ne mordait plus et glissait sur une surface plane.

Dantès toucha l'obstacle avec ses mains et reconnut qu'il avait atteint une poutre.

Cette poutre traversait ou plutôt barrait entièrement le trou qu'avait commencé Dantès.

Maintenant, il fallait creuser dessus ou dessous.

Le malheureux jeune homme n'avait point songé à cet obstacle.

« Oh ! mon Dieu, mon Dieu ! s'écria-t-il, je vous avais cependant tant prié, que j'espérais que vous m'aviez entendu. Mon Dieu ! après m'avoir ôté la liberté de la vie, mon Dieu ! après m'avoir ôté le calme de la mort, mon Dieu ! qui m'avez rappelé à l'existence, mon Dieu ! ayez pitié de moi, ne me laissez pas mourir dans le désespoir !

– Qui parle de Dieu et de désespoir en même temps ? » articula une voix qui semblait venir de dessous terre et qui, assourdie par l'opacité, parvenait au jeune homme avec un accent sépulcral[1].

Edmond sentit se dresser ses cheveux sur sa tête, et il recula sur ses genoux.

« Ah ! murmura-t-il, j'entends parler un homme. »

Il y avait quatre ou cinq ans qu'Edmond n'avait entendu parler que son geôlier, et pour le prisonnier le geôlier n'est pas un homme : c'est une porte vivante ajoutée à sa porte de chêne ; c'est un barreau de chair ajouté à ses barreaux de fer.

« Au nom du ciel ! s'écria Dantès, vous qui avez parlé, parlez encore, quoique votre voix m'ait épouvanté ; qui êtes-vous ?

– Qui êtes-vous vous-même ? demanda la voix.

– Un malheureux prisonnier », reprit Dantès qui ne faisait, lui, aucune difficulté de répondre.

« De quel pays ?

– Français.

– Votre nom ?

– Edmond Dantès.

– Votre profession ?

– Marin.

– Depuis combien de temps êtes-vous ici ?

– Depuis le 28 février 1815.

– Votre crime ?

– Je suis innocent.

– Mais de quoi vous accuse-t-on ?

– D'avoir conspiré pour le retour de l'empereur.

– Comment ! pour le retour de l'empereur ! l'empereur n'est donc plus sur le trône ?

– Il a abdiqué à Fontainebleau en 1814 et a été relégué à l'île d'Elbe. Mais vous-même, depuis quel temps êtes-vous donc ici, que vous ignorez tout cela ?

– Depuis 1811. »

Dantès frissonna ; cet homme avait quatre ans de prison de plus que lui.

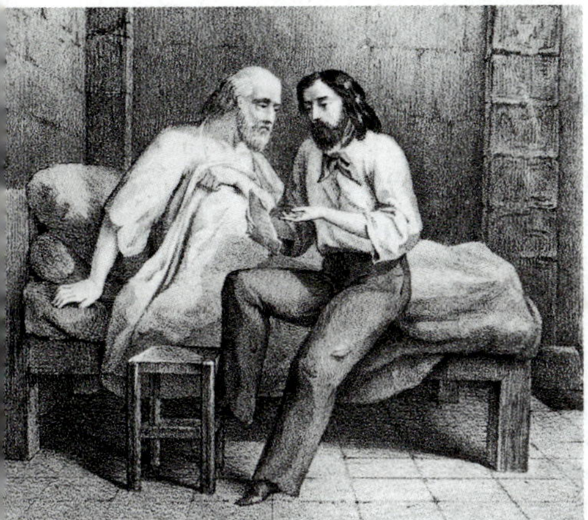

Après avoir longtemps creusé, Edmond Dantès réussit à pénétrer dans la cellule de l'abbé Faria. Illustration de 1846.

« C'est bien, ne creusez plus, dit la voix en parlant fort vite ; seulement dites-moi à quelle hauteur se trouve l'excavation que vous avez faite ?

– Au ras de la terre.

– Comment est-elle cachée ?

– Derrière mon lit.

– A-t-on dérangé votre lit depuis que vous êtes en prison ?

– Jamais.

– Sur quoi donne votre chambre ?

– Sur un corridor.

– Et le corridor ?

– Aboutit à la cour.

– Hélas ! murmura la voix.

– Oh ! mon Dieu ! qu'y a-t-il donc ? s'écria Dantès.

– Il y a que je me suis trompé, que l'imperfection de mes dessins m'a abusé, que le défaut d'un compas m'a perdu, qu'une ligne d'erreur sur mon plan a équivalu à quinze pieds en réalité, et que j'ai pris le mur que vous creusez pour celui de la citadelle !

– Mais alors vous aboutissiez à la mer ?

– C'était ce que je voulais.

– Et si vous aviez réussi !

– Je me jetais à la nage, je gagnais une des îles qui environnent le château d'If, soit l'île de Daume, soit l'île de Tiboulen, soit même la côte, et alors j'étais sauvé.

– Auriez-vous donc pu nager jusque-là ?

– Dieu m'eût donné la force ; et maintenant tout est perdu.

– Tout ?

– Oui. Rebouchez votre trou avec précaution, ne travaillez plus, ne vous occupez de rien, et attendez de mes nouvelles.

– Qui êtes-vous au moins… dites-moi qui vous êtes ?

– Je suis… je suis… le n° 27.

Alexandre Dumas, *Le Comte de Monte-Cristo*, 1844-1845.

1. **sépulcral** : qui semble sortir d'un tombeau.

Le roman de la vengeance

C'est en 1842 que Dumas trouve le titre de son roman, avant même d'en imaginer l'intrigue. Passant devant l'île de Monte-Cristo en compagnie du jeune prince Napoléon Bonaparte, il répond au jeune homme qui lui demande à quoi sert d'en faire le tour : « À donner, en mémoire de ce voyage que j'ai l'honneur d'accomplir avec vous, le titre de l'île de Monte-Cristo à quelque roman que j'écrirai plus tard. »

Dumas trouve l'intrigue de son roman dans les *Mémoires historiques tirés des archives de la police de Paris*. Il s'agit de l'histoire véridique d'un homme qui se venge, à l'aide de l'héritage d'un prêtre dont il est devenu l'ami en prison, de ceux, qui, par jalousie, l'ont fait emprisonner la veille de son mariage. Le roman-feuilleton retrouve ainsi l'un des thèmes les plus anciens de l'histoire de la littérature, souvent développé dans la tragédie grecque : la vengeance. Le personnage devient, à travers la plume du romancier, un héros mythique qui, aux dernières pages du livre, s'abandonne au pardon. Le comte de Monte-Cristo quitte alors Paris, libéré de toute amertume, pour gagner un Orient où l'homme est plus heureux.

MÉRIMÉE

Nom et prénom : **Mérimée, Prosper**
Naissance : **le 27 septembre 1803, à Paris**
Décès : **le 23 septembre 1870, à Cannes**
Lieux : **la Corse, l'Espagne, la Grèce et le Moyen-Orient**
Situation familiale : **célibataire**
Professions : **chef de bureau, puis chef de cabinet ministériel, maître des requêtes au Conseil d'État, inspecteur général des monuments historiques, sénateur**
Amitiés : **Stendhal, Tourgueniev, l'impératrice Eugénie de Montijo**

Enfant, à Paris, Mérimée nourrit sa rêverie des récits fantastiques que lui raconte son père, artiste peintre. Sa mère, au contraire, montre un caractère austère. Lycéen, Mérimée se passionne pour les sciences occultes. Après le baccalauréat, il suit des études de droit et devient avocat en 1825. Ami de Stendhal, il est rapidement connu dans les salons. Une mystification lui assure un premier succès en 1825 : Mérimée, en effet, est lui-même l'auteur du *Théâtre de Clara Gazul* qu'il affirme avoir traduit de l'espagnol. Il écrit un roman historique, *Chronique du règne de Charles IX*, et publie des nouvelles.

Plusieurs fois chef de cabinet ministériel sous la Monarchie de juillet, Mérimée se distingue particulièrement dans sa fonction d'inspecteur des Monuments historiques. Il sauve en effet de nombreux monuments laissés à l'abandon et se lie, au cours d'un de ses voyages, avec Mme de Montijo, mère de la future impératrice Eugénie, l'épouse de Napoléon III. Élu à l'Académie française, Mérimée apprend le russe, et traduit Gogol et Pouchkine. Nommé sénateur en 1853, il soutien Napoléon III, dont il est devenu le familier. Il meurt à Cannes à l'âge de soixante-six ans.

Ses œuvres principales

- des nouvelles, dont : *L'Enlèvement de la redoute* (1829), *Mateo Falcone* (1830), *Les Âmes du Purgatoire* (1834), *La Vénus d'Ille* (1837), *Colomba* (1840), *Carmen* (1845)
- des récits documentaires, dont : *Notes de voyages* (1835-1840)

1845

Carmen

Au cours d'un voyage en Espagne, le narrateur de la nouvelle – dans lequel on reconnaît Mérimée lui-même – rencontre un bandit de grand chemin, don José Navarro. Il apprend peu après que le brigand, emprisonné, est condamné à mort. Dans la prison où il lui rend visite, don José lui raconte son existence. Jeune brigadier à Séville, il est devenu déserteur, contrebandier et assassin pour être tombé amoureux d'une belle gitane, Carmen. Jaloux, délaissé par la jeune femme, il a tué celle pour qui il avait tout abandonné.

En ce moment nous passions devant une de ces ruelles étroites comme il y en a tant à Séville. Tout à coup Carmen se retourne et me lance un coup de poing dans la poitrine. Je me laissai tomber exprès à la renverse. D'un bond, elle saute par-dessus moi et se met à courir en nous montrant une paire de jambes !...

On dit jambes de Basque : les siennes en valaient bien d'autres... aussi vite que bien tournées. Moi, je me relève aussitôt ; mais je mets ma lance en travers, de façon à barrer la rue, si bien que, de prime abord, les camarades furent arrêtés au moment de la poursuite. Puis je me mis moi-même à courir, et eux après moi ; mais l'atteindre ! Il n'y avait pas de risque, avec nos éperons, nos sabres et nos lances ! En moins de temps que je n'en mets à vous le dire, la prisonnière avait disparu. D'ailleurs, toutes les commères[1] du quartier favorisaient sa fuite, et se moquaient de nous, et nous indiquaient la fausse voie. Après plusieurs marches et contre-marches, il fallut nous en revenir au corps de garde sans un reçu du gouverneur de la prison.

Mes hommes, pour n'être pas punis, dirent que Carmen m'avait parlé en basque ; et il ne paraissait pas trop naturel, pour dire la vérité, qu'un coup de poing d'une tant petite fille eût terrassé si facilement un gaillard de ma force. Tout cela parut louche ou plutôt clair. En descendant la garde, je fus dégradé et envoyé pour un mois à la prison. C'était ma première punition depuis que j'étais au service. Adieu les galons de maréchal de logis que je croyais déjà tenir !

Mes premiers jours de prison se passèrent fort tristement. En me faisant soldat, je m'étais figuré que je deviendrais tout au moins officier. Longa, Mina, mes compatriotes, sont bien capitaines généraux ; Chapalangarra, qui est un négro[2] comme Mina, et réfugié comme lui dans votre pays, Chapalangarra était colonel, et j'ai joué à la paume[3] vingt fois avec son frère, qui était un pauvre diable comme moi. Maintenant je me disais : « Tout le temps que tu as servi sans punition, c'est du temps perdu. Te voilà mal noté : pour te remettre bien dans l'esprit des chefs, il te faudra travailler dix fois plus que lorsque tu es venu comme conscrit[4] ! Et pourquoi me suis-je fait punir ? Pour une coquine de bohémienne qui s'est moquée de moi, et qui, dans ce moment, est à voler dans quelque coin de la ville. » Pourtant je ne pouvais m'empêcher de penser à elle. Le croiriez-vous, monsieur ? ses bas de soie troués qu'elle me faisait voir tout en plein en s'enfuyant, je les avais toujours devant les yeux. Je regardais par les barreaux de la prison dans la rue, et, parmi toutes les femmes qui passaient, je n'en voyais pas une seule qui valût cette diable de fille-là. Et puis, malgré moi, je sentais la fleur de cassie[5] qu'elle m'avait jetée, et qui, sèche, gardait toujours sa bonne odeur... S'il y a des sorcières, cette fille-là en était une !

Prosper Mérimée, *Carmen*, 1845.

■ **1. commères** : femmes curieuses et bavardes. ■ **2. négro** : d'origine basque, au teint sombre et cuivré. ■ **3. paume** : jeu de paume, semblable à la pelote basque. ■ **4. conscrit** : soldat. ■ **5. cassie** : arbre tropical, qu'on appelle aussi cassier.

Dessin de Lila de Nobili pour les costumes de *Carmen*, l'opéra composé en 1875 par Georges Bizet, inspiré par la nouvelle de Prosper Mérimée

La séduction du pittoresque

C'est dans ses nouvelles, qu'il fait d'abord paraître en revue, que Mérimée affirme tout son talent. Il inscrit la nouvelle dans un registre réaliste où parfois le fantastique fait irruption, comme dans *La Vénus d'Ille*, en 1837.

Ses récits jouent souvent du pittoresque : *Mateo Falcone* et *Colomba* se déroulent en Corse, *Lokis* est une histoire slave, l'action de *Carmen* se situe dans le décor de l'Espagne andalouse. L'art de la concision, la sobriété et la rigueur de son écriture font de Mérimée le maître d'un genre dans lequel s'illustrera également Guy de Maupassant.

Avec *Carmen*, en 1845, Mérimée crée un personnage rendu mythique grâce à l'opéra de Bizet, en 1875, et à ses nombreuses adaptations théâtrales et cinématographiques.

GEORGE SAND

Nom et prénom : **Dupin, baronne Dudevant, Aurore**
Pseudonyme : **George Sand**
Lieux : **Paris, Nohant dans l'Indre**
Situation familiale : **mariée, séparée du baron Dudevant ; deux enfants**
Professions : **écrivain, rédactrice**
Amitiés : **Alfred de Musset, Frédéric Chopin et le médecin Pagello qui deviennent ses amants, Michelet, Théophile Gautier**

Fille d'un officier de l'armée napoléonienne mort d'une chute de cheval en 1808, Aurore Dupin est élevée par sa grand-mère à Nohant, dans le Berry, où elle vit une enfance libre et heureuse. Elle épouse à dix-huit ans le baron Dudevant, dont elle se sépare en 1831, après avoir eu deux enfants. Elle écrit alors, en collaboration avec Jules Sandeau, une nouvelle et deux romans. Habillée en homme et fumant la pipe, la romancière provoque le scandale.

Ses récits, *Indiana* en 1832, *Lélia* en 1833, publiés sous le pseudonyme de George Sand, expriment la révolte d'une conscience féministe et romantique. Elle noue avec Alfred de Musset puis Frédéric Chopin des liaisons tumultueuses et passionnées. Marquée par les idéaux humanitaires et socialistes, elle accueille avec enthousiasme la Révolution de 1848. Cependant, l'élection de Louis-Napoléon Bonaparte déçoit ses espérances : elle s'installe alors dans le domaine familial de Nohant, où elle poursuit le cycle de ses « romans champêtres ». Elle devient « la bonne dame de Nohant » et publie en 1855 une autobiographie, *Histoire de ma vie*, à laquelle succéderont plus tard ses *Impressions et Souvenirs*.

Ses œuvres principales

- Des romans, dont : *Indiana* (1832), *Consuelo* (1842), *La Mare au diable* (1846), *François le Champi* (1847-1848), *La Petite Fadette* (1849)
- une autobiogrophie : *Histoire de ma vie* (1855)

1847-1848

François le Champi

Le « champi » est le surnom donné dans les campagnes à l'enfant trouvé. Mariée à un époux avare, la meunière Madeleine Blanchet se prend d'affection pour le petit François, rencontré au lavoir. Elle convient avec la Zabelle, qui élève l'enfant avec difficulté, de l'aide qu'elle va leur apporter.

« Cet enfant-là, voyez-vous, est d'un cœur comme on n'en trouve guère ; ça ne se plaint jamais, et c'est aussi soumis qu'un enfant de famille ; c'est tout le contraire des autres champis, qui sont terribles et tabâtres[1], et qui ont toujours l'esprit tourné vers la malice.

– Parce qu'on les rebute et parce qu'on les maltraite. Si celui-là est bon, c'est que vous êtes bonne pour lui, soyez-en assurée.

– C'est la vérité, reprit la Zabelle ; les enfants ont plus de connaissance qu'on ne croit. Tenez, celui-là n'est pas malin, et pourtant il sait très bien se rendre utile. Une fois que j'étais malade, l'an passé (il n'avait que cinq ans), il m'a soignée comme ferait une personne.

– Écoutez, dit la meunière : vous me l'enverrez tous les matins et tous les soirs, à l'heure où je donnerai la soupe à mon petit. J'en ferai trop, et il mangera le reste ; on n'y prendra pas garde.

– Oh ! c'est que je n'oserai pas vous le conduire, et, de lui-même, il n'aura jamais l'esprit de savoir l'heure.

– Faisons une chose. Quand la soupe sera prête, je poserai ma quenouille[2] sur le pont de l'écluse. Tenez, d'ici, ça se verra très bien. Alors, vous enverrez l'enfant avec un sabot dans la main, comme pour chercher du feu, et puisqu'il mangera ma soupe, toute la vôtre vous restera. Vous serez mieux nourris tous les deux.

– C'est juste, répondit la Zabelle. Je vois que vous êtes une femme d'esprit, et j'ai du bonheur d'être venue ici. On m'avait fait grand'peur de votre mari qui passe pour être un rude homme, et si j'avais pu trouver ailleurs, je n'aurais pas pris sa maison[3], d'autant plus qu'elle est mauvaise, et qu'il en demande beaucoup d'argent. Mais je vois que vous êtes bonne au pauvre monde, et que vous m'aiderez à élever mon champi. Ah ! si la soupe pouvait lui couper sa fièvre ! Il ne me manquerait plus que de perdre cet enfant-là ! C'est un pauvre profit, et tout ce que je reçois de l'hospice passe à son entretien. Mais je l'aime comme mon enfant, parce que je vois qu'il est bon, et qu'il m'assistera plus tard. Savez-vous qu'il est beau pour son âge, et qu'il sera de bonne heure en état de travailler ? »

C'est ainsi que François le champi fut élevé par les soins et le bon cœur de Madeleine la meunière. Il retrouva la santé très vite, car il était bâti, comme on dit chez nous, à chaux et à sable, et il n'y avait point de richard dans le pays qui n'eût souhaité avoir un fils aussi joli de figure et aussi bien construit de ses membres. Avec cela, il était courageux comme un homme ; il allait à la rivière comme un poisson, et plongeait jusque sous la pelle du moulin[4], ne craignant pas plus l'eau que le feu ; il sautait sur les poulains les plus folâtres[5] et les conduisait au pré sans même leur passer une corde autour du nez, jouant des talons pour les faire marcher droit, et les tenant aux crins pour sauter les fossés avec eux. Et ce qu'il y avait de singulier, c'est qu'il faisait tout cela d'une manière fort tranquille, sans embarras, sans rien dire, et sans quitter son air simple et un peu endormi.

Cet air-là était cause qu'il passait pour sot ; mais il n'en était pas moins vrai que s'il fallait dénicher des pies à la pointe du plus haut peuplier, ou retrouver une vache perdue bien loin de la maison, ou encore abattre une grive d'un coup de pierre, il n'y avait pas d'enfant plus hardi, plus adroit et plus sûr de son fait. Les autres enfants attribuaient cela au bonheur du sort, qui passe pour être le lot du champi dans ce bas monde. Aussi le laissaient-ils toujours passer le premier dans les amusettes[6] dangereuses.

– Celui-là, disaient-ils, n'attrapera jamais de mal parce qu'il est champi. Froment de semence craint la vimère[7] du temps ; mais folle graine ne périt point. »

George Sand, *François le Champi*, 1847-1848.

■ **1. tabâtres** : en patois du Berry, tapageurs. ■ **2. quenouille** : bâton servant à filer le lin ou la soie. ■ **3. sa maison** : la chaumière que la Zabelle a louée au meunier. ■ **4. la pelle du moulin** : la vanne du moulin. ■ **5. folâtres** : vifs, sauvages. ■ **6. amusettes** : jeux. ■ **7. vimère** : en patois du Berry, catastrophe qui s'abat sur les champs.

Le plaisir du roman champêtre

George Sand décrit dans ses « romans champêtres » la campagne berrichonne de son enfance. *François le Champi* en 1848, *La Petite Fadette* en 1849, *La Mare au diable* en 1850, opposent un idéal de vie modeste et sincère au monde corrompu que représente Paris. Les paysans, dont ses romans rapportent les mœurs et le patois, ont su garder des valeurs de courage et d'honnêteté. Mais ce sont aussi les paysages rustiques et l'univers de la campagne, ses fêtes traditionnelles, ses superstitions et ses légendes, ses « contes de la veillée » que restitue la romancière. Elle crée ainsi une atmosphère bucolique où s'expriment des sentiments naturels comme la tendresse, la confiance et la simplicité, à l'opposé du mouvement réaliste dominant.

LA LITTÉRATURE EN EUROPE

1800 1850

Partout en Europe, les écrivains défendent l'identité nationale à travers l'affirmation d'une langue littéraire qui exalte la liberté. On retrouve alors l'importance de l'Histoire ; on cherche l'origine des cultures populaires à travers les mythes, les chansons et les contes. Le romantisme inspire tous les arts, et fait battre un cœur nouveau.

La Grande-Bretagne

Dès la fin du XVIIIe siècle, peintres et écrivains expriment l'émergence d'une nouvelle sensibilité, jusqu'à ce qu'en 1812, la publication de *Childe Harold* fasse de Byron la figure dominante du mouvement romantique en Angleterre. On retrouve la même exaltation passionnée dans les œuvres poétiques de John Keats et de Percy Shelley, ou dans le roman d'épouvante de Mary Shelley, *Frankenstein* (1817). Mais le romantisme s'exprime aussi dans le roman historique, dont le plus grand représentant est Walter Scott, qui publie *Ivanhoé* en 1819. En 1847, *Les Hauts de Hurlevent*, d'Emily Brontë, apparaît comme la résurgence du romantisme, dont la vitalité diminue après 1830. En effet, c'est l'œuvre de Charles Dickens qui occupe alors le premier plan. Le réalisme du créateur de Mr Picwick, d'Oliver Twist et de David Copperfield lui permet de manifester son indignation devant les injustices et la misère engendrées par le capitalisme naissant.

Mary Shelley (1797-1851).

Oliver Twist, le héros de Dickens.

Ivanhoé (1819)

Avec son héros Ivanhoé, le preux chevalier qui accompagne Richard Cœur de Lion à la croisade, Walter Scott lance la vogue du roman historique, qui ravit partout en Europe un public avide d'évasion, de pittoresque, d'amour et d'aventure. De retour en Angleterre, amoureux de lady Rowena, aidé de la belle Rebecca, Ivanhoé aide le roi à lutter contre son frère Jean sans Terre, l'usurpateur. Tournois, batailles, vengeances, duels, fourberies rythment merveilleusement le récit, qui doit plus à l'imagination du romancier qu'à la vérité historique.

La lande, le décor envoûtant du roman *Les Hauts de Hurlevent* de Emily Brontë (1818-1848).

L'Allemagne

Commencée dans la seconde moitié du XVIIIe siècle, célébrée, admirée, l'œuvre de Goethe continue de dominer la littérature allemande. Mais le romantisme allemand s'exprime puissamment à travers les drames de Johann Tieck ou d'Heinrich von Kleist. En 1835, *La Mort de Danton*, inspirée de Shakespeare et de la Révolution française, fait de Georg Büchner l'un des plus grands dramaturges allemands de l'époque moderne. Installé à Paris, le poète Heinrich Heine écrit une œuvre émouvante et profonde, *Le Livre des chants* (1827-1844). Mais le romantisme cultive également le conte populaire : les frères Grimm écrivent ainsi leurs célèbres contes en 1812, tandis qu'Hoffmann publie ses textes fantastiques.

Cette vogue du conte se retrouve au Danemark, où Andersen commence la publication de ses recueils de contes à partir de 1835.

L'écrivain danois Hans Christian Andersen lisant une histoire à ses enfants.

La petite sirène imaginée par Andersen.

La Russie

Poète et dramaturge, romancier et historien, Alexandre Pouchkine, en peignant dans son œuvre « l'âme russe », apparaît aux yeux de ses contemporains comme l'incarnation du génie national. Le romantisme russe s'exprime également dans l'œuvre de Lermontov, tandis que les nouvelles pittoresques de Nicolas Gogol s'ouvrent au fantastique moderne, en mêlant le rêve et la réalité, la farce et le tragique, la caricature et l'angoisse de la mort.

Cependant, l'ensemble des nations opprimées se révoltent contre les grands empires – russe, turc ou autrichien. Sandor Petöfi en Hongrie, Adam Mickiewcz et Juliusz Slowacki en Pologne sont les représentants les plus illustres, souvent exilés, de cette littérature ardemment nationaliste.

Pouchkine (1799-1837)

Dandy, libertin, esprit frondeur, mauvais garçon, fêté ou méprisé dans les salons, flatté ou exilé par le pouvoir, mort en duel à l'âge de trente-huit ans, Pouchkine est une figure majeure de la littérature européenne. Refusant les conventions rhétoriques, créant un style simple, élégant dans sa précision, il débarrasse la langue russe de ses lourdeurs et de ses nombreux emprunts aux autres langues. Poèmes, romans, pièces de théâtre, l'écrivain multiplie les chefs-d'œuvre : *Boris Godounov* (1831), *Eugène Onéguine* (1833), *La Dame de pique* (1833), *La Fille du capitaine* (1836) témoignent de sa puissante capacité créatrice. L'œuvre de Pouchkine touche les lecteurs en explorant le thème du héros brisé dans son élan par la société et la douleur de l'amour impossible.

La peinture et la musique

Peinture

— Caspar David Friedrich, *Moine au bord de la mer*, 1809 (Allemagne)
— Francisco Goya, *La Fusillade du 3 mai 1808 (El tres de Mayo)*, 1814 (Espagne)
— John Constable, *La Charrette de foin*, 1821 (Grande-Bretagne)
— William Turner, *Pluie, vapeur et vitesse*, 1844 (Grande-Bretagne)

Musique

— Carl Maria von Weber, *Der Freischütz*, 1821 (Allemagne)
— Ludwig von Beethoven, *IXe Symphonie avec chœurs*, 1824 (Allemagne)
— Franz Schubert, *Le Voyage d'Hiver*, 1827 (Autriche)
— Gioacchino Rossini, *Guillaume Tell*, 1829 (Italie)
— Vincenzo Bellini, *Norma*, 1831 (Italie)
— Frédéric Chopin, *Études opus 10*, 1833 (Pologne)
— Robert Schumann, *Carnaval*, 1835 (Allemagne)

HISTOIRE *d'un genre*

Le roman populaire

Sous l'Ancien Régime, les colporteurs répandent dans les campagnes des adaptations des contes de Perrault ou les exploits de brigands célèbres comme Cartouche et Mandrin, qu'on lit et écoute le soir à la veillée. Au XIXe siècle cependant, l'essor de l'alphabétisation et l'industrialisation de la presse créent un nouveau lectorat. Le journal propose des romans-feuilletons qui connaissent un énorme succès. Dès lors, le roman populaire ne cesse de se diversifier, répondant à l'attente d'une population avide de lecture et d'évasion, reflétant à travers ses héros les rêves et les angoisses de chaque époque.

Au XIXe siècle : le triomphe du roman-feuilleton

Au début du XIXe siècle, s'inspirant du conte populaire, du mélodrame et du roman noir anglais, de nombreux romanciers systématisent dans leurs œuvres des procédés qui plaisent aux lecteurs : opposition schématique du Bien et du Mal, situations pathétiques, suspense, rebondissements, coups de théâtre, personnages types. Lorsque, en 1836, Émile de Girardin a l'idée de publier en feuilleton *La Vieille Fille* de Balzac, dans son journal à un sou appelé *La Presse*, il donne à cette littérature romanesque un moyen de diffusion idéal.

C'est ainsi qu'en 1842, *Les Mystères de Paris* d'Eugène Sue, qui paraissent chaque jour en feuilleton, connaissent un immense succès. La critique parle alors de « roman populaire » pour souligner que le peuple est, dans ce roman, la victime d'un mal social que l'écrivain met en évidence. Mais l'expression change vite de sens pour désigner une littérature d'évasion où l'imagination compte plus que le style, où les événements romanesques doivent immédiatement accrocher et séduire le lecteur. Les romans-feuilletons se multiplient ainsi, permettant à Xavier de Montépin, Émile Gaboriau ou Ponson du Terrail de captiver de nouveaux publics.

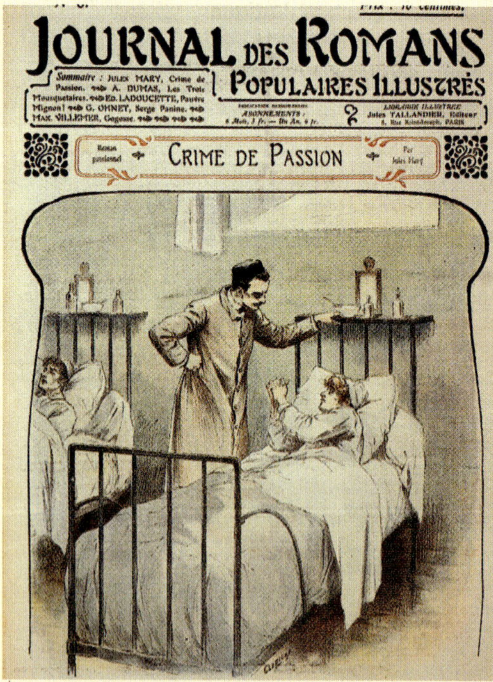

La revue *Le Journal des romans* publiait des nouvelles et des extraits du roman à paraître.

La couverture du roman, par son dessin, ses couleurs et son graphisme, attire le regard du lecteur.

Au XIXe siècle : le roman historique et le roman criminel

Très vite, le désir de dépaysement fait du récit historique un genre particulièrement apprécié des lecteurs. Leurs faveurs vont à des périodes troubles, comme les guerres de religion ou les crises politiques, qui suscitent intrigues et violences. À la suite de Vigny et de Hugo, Alexandre Dumas s'impose ainsi comme un maître du roman historique populaire, où se mêlent habilement, comme dans *Les Trois Mousquetaires*, la reconstitution d'une époque et les exploits trépidants des héros. *Le Bossu* de Paul Féval, *Le Capitaine Fracasse* de Théophile Gautier, le cycle des *Pardaillan* de Michel Zévaco témoignent de cette passion du lecteur pour le roman de cape et d'épée.

Cependant, le roman criminel attire, lui aussi, un nombreux public. Il répond au goût des scènes sanglantes et de l'enquête policière. Gaston Leroux crée ainsi Rouletabille, reporter-détective au grand cœur. Mais les personnages de criminels fascinent davantage, comme dans *Fantômas* de Marcel Allain et Pierre Souvestre, qui publient en plus de quarante volumes les aventures de l'homme masqué qui terrorise Paris, tandis que Maurice Leblanc fournit cinquante volumes des aventures d'Arsène Lupin.

Au début du XXe siècle : l'apogée du roman populaire

À la suite des romans champêtres de George Sand se sont multipliés également les « romans édifiants », comme ceux d'Hector Malot ou de Georges Ohnet, qui suscitent l'émotion à travers l'évocation de milieux misérables illuminés par l'amour ou la tendresse. Le roman sentimental a pu également développer ses personnages types comme la prostituée au grand cœur ou l'orpheline persécutée, qui touchent un public féminin. Le roman d'aventures, où pirates et cow-boys entrent en concurrence, débouche souvent sur le roman de science-fiction et le roman fantastique avec des personnages de vampires et de savants fous, comme ceux qu'imagine Gustave Le Rouge.

Tout au long de la troisième République, on voit ainsi apparaître des collections spécialisées, comme « Le Livre populaire » ou « Le Livre national », qui permettent au roman populaire, imprimé sur un mauvais papier, mais accompagné d'illustrations spectaculaires, d'allécher le lecteur. Diffusées en librairies, ces collections sont également vendues sur les quais de gare, comme dans les épiceries des villages où elles touchent le monde rural. Dès lors, le roman populaire a gagné son public, continuant par ailleurs sa publication en feuilletons à une époque où, comme en 1914, quatre millions d'exemplaires de journaux sont vendus chaque jour.

À la fin du XXe siècle : l'explosion des paralittératures

La multiplication des médias, avec l'apparition du cinéma, de la bande dessinée, de la radio ou de la télévision, fait progressivement disparaître le roman-feuilleton des journaux. Mais le roman populaire, en se diversifiant, parvient à demeurer un genre prisé des lecteurs. Les romans sentimentaux de Delly et de la collection « Harlequin », les romans policiers de Georges Simenon et de la « Série noire », les romans d'espionnage, les romans historiques, comme *Les Rois maudits* de Maurice Druon, témoignent de la vitalité d'un genre qui garde toujours, en dépit des critiques ou des modes, la faveur du public.

Aujourd'hui, le genre reste fécond, soutenu par la multiplication des collections de poche, réalisant d'importants succès de vente, comme Robert Merle avec *Fortune de France*, Régine Deforges avec *La Bicyclette bleue*, ou encore les fresques égyptiennes de Christian Jacq, dont les tirages considérables font des « best-sellers », souvent adaptés pour la télévision.

DIX GRANDES ŒUVRES

- Eugène Sue, *Les Mystères de Paris* (1842-1843)
- Alexandre Dumas, *Les Trois Mousquetaires* (1844)
- Ponson du Terrail, *Les Drames de Paris* (1857-1870)
- Paul Féval, *Le Bossu* (1858)
- Michel Zévaco, *Le Capitan* (1906)
- Maurice Leblanc, *Arsène Lupin, gentleman cambrioleur* (1907)
- Gaston Leroux, *Le Fantôme de l'Opéra* (1910)
- Régine Deforges, *La Bicyclette bleue* (1984)
- San Antonio, *Bacchanale chez la mère Tatzi* (1985)
- Max Gallo, *Le Chant du départ* (1997)

Claude Monet, *La Gare Saint-Lazare*, 1877.
Huile sur toile, 75 x 100 cm. Musée d'Orsay, Paris.

1850 1900

La marche vers le progrès

1850
1900
La marche vers le progrès

Alors que le second Empire favorise l'essor de la révolution industrielle et remodèle le paysage de la France, la troisième République assure définitivement l'installation de la bourgeoisie au pouvoir. C'est le moment des grands travaux et du développement de l'empire colonial. Nombreux sont alors les écrivains qui, rejetant les valeurs établies, dénoncent l'hypocrisie et les injustices sociales.

1. L'histoire Le second Empire et la troisième République

Le 2 décembre 1851, le coup d'État du président de la République, Louis-Napoléon Bonaparte, lui permet de se faire proclamer empereur. Son règne dure vingt années, durant lesquelles les grands travaux se multiplient : transformation de Paris par Haussmann, construction de la première ligne de métro, développement des voies ferrées. La guerre franco-prussienne de 1870 provoque la chute de Napoléon III et suscite la révolte populaire de la Commune de Paris, réprimée dans le sang par les troupes gouvernementales de Thiers.

De 1862 à 1875, Charles Garnier édifie l'Opéra de Paris, qui s'inscrit dans les grands travaux du second Empire.

Napoléon III, portrait officiel de l'empereur.

Cependant, l'exercice de la démocratie parlementaire, l'expansion coloniale en Afrique et en Asie, et la prospérité économique permettent à la République de trouver un ancrage définitif au cœur de la nation.

La défaite de Sedan, en octobre 1870, marque la chute de Napoléon III et la fin du second Empire.

Au cimetière du Père-Lachaise, les troupes de Thiers fusillent les derniers combattants de la Commune.

2. La société Le triomphe de la bourgeoisie

L'exode rural, commencé au début du siècle, contribue au développement d'un prolétariat urbain au sein duquel les ouvriers s'organisent pour lutter contre des conditions de travail inhumaines. Parallèlement, le demi-siècle est marqué par l'enrichissement de la bourgeoisie : les compagnies minières, les sociétés de chemins de fer, les investissements dans le canal de Suez puis celui de Panama stimulent le dynamisme de la Bourse. L'ingénieur incarne alors la foi dans la technique et le progrès, consacrée par l'inauguration de la tour Eiffel, en 1889. Les lois Ferry, qui ont rendu l'école laïque gratuite et obligatoire, permettent aux instituteurs d'enseigner les valeurs de la République dans tous les villages de France. L'euphorie de la Belle Époque culmine avec l'Exposition universelle de 1900.

L'Exposition universelle de 1855 célèbre le triomphe des machines et du monde industriel.

La corbeille de la Bourse de Paris, symbole du dynamisme économique.

Le Déjeuner de l'ouvrier, par Henri Cain, seconde moitié du XIXe siècle (détail).

3. Les sciences L'âge d'or de la recherche scientifique

Soutenue par la prospérité économique, la recherche scientifique se développe dans de nombreux domaines en chimie, en physique, en biologie. Toute la médecine profite des travaux de Pasteur sur la rage, de la découverte par Koch du bacille de la tuberculose ou des recherches menées sur la radioactivité par Pierre et Marie Curie. Parallèlement, un grand nombre d'inventions, comme celle de la lampe électrique, du téléphone ou du phonographe, bouleversent la vie quotidienne. En 1895, les frères Lumières mettent au point le cinématographe, tandis que l'apparition de l'automobile et le vol du premier aéroplane ouvrent de nouvelles perspectives dans le domaine de l'industrie et des transports.

Graham Bell effectue, en 1892, le premier appel téléphonique interurbain entre New York et Chicago.

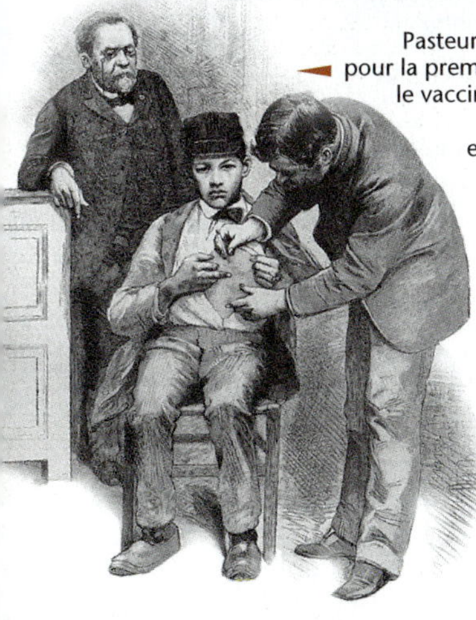

Pasteur inocule pour la première fois le vaccin contre la rage en 1885.

4. Les lettres La figure de l'intellectuel

En 1851, Victor Hugo, exilé en Angleterre, dénonce le coup d'État de celui qu'il surnomme « Napoléon le Petit ». Incapable de reconnaître les nouveaux créateurs, la société bourgeoise contraint de nombreux artistes à la marginalité ou à la révolte : Baudelaire, Verlaine, Rimbaud sont des « poètes maudits ». En 1857, *Madame Bovary* et *Les Fleurs du mal* font l'objet de poursuites judiciaires pour immoralité. Cependant, on se presse au théâtre pour assister aux comédies de boulevard, vaudevilles et opérettes à la mode, tandis que le roman réaliste connaît d'énormes succès avec les œuvres de Zola ou de Maupassant. Par ailleurs, le développement de la presse offre une tribune nouvelle aux écrivains. Quand éclate l'affaire Dreyfus, en 1898, Émile Zola, Octave Mirbeau ou Anatole France prennent dans les journaux la défense de l'officier injustement accusé de trahison. Cet épisode fait de l'écrivain un homme que l'on écoute, un intellectuel qui s'engage dans les combats et les épreuves de son temps.

Victor Hugo, pendant l'exil à Jersey, en 1853, photographié par son fils Charles.

Verlaine et Rimbaud dans les rues de Londres. Dessin de Regamey.

5. L'édition L'essor de la presse et du livre de masse

La bibliothèque Sainte-Geneviève à Paris.

Le développement de l'alphabétisation crée sans cesse de nouveaux lecteurs. Le prix du livre diminue et permet une démocratisation de la lecture avec des ouvrages à vingt centimes. On détache pour les coudre les feuilletons qui paraissent dans les journaux. La presse connaît en effet des tirages croissants et *Le Petit Journal*, en 1900, paraît à un million d'exemplaires. La littérature populaire est ainsi présente dans tous les foyers, que ce soit à travers les petits fascicules, les livres brochés ou les éditions plus luxueuses. La distribution des prix est aussi l'occasion d'offrir aux meilleurs élèves les livres destinés à la jeunesse, aux couvertures colorées et brillantes, comme les romans de Jules Verne, publiés par Hetzel. Pierre Larousse lance le *Nouveau Larousse illustré*, Louis Hachette crée la « Bibliothèque des chemins de fer », qui permet de se procurer, dans les gares, les œuvres des auteurs à la mode.

Affiche publicitaire pour la librairie Hetzel en 1882.

6. Les arts Le temps des scandales

En 1850, le réalisme de Gustave Courbet heurte le conformisme académique et le goût du public en peignant sans lyrisme la vie quotidienne. De la même manière, la plupart des chefs-d'œuvre impressionnistes suscitent à leur tour des réactions violentes et hostiles. Rejetés du Salon officiel, les peintres novateurs, comme Monet, Renoir, Manet ou Degas, exposent leurs œuvres au Salon des refusés. Ils sont soutenus par les écrivains qui font leur éloge, comme Zola ou Mirbeau. D'autres grands peintres, comme Gauguin et Van Gogh, poursuivent leur œuvre dans l'isolement, loin du grand public. À la fin du siècle, le rapprochement entre les arts est de plus en plus marqué : le pianiste Claude Debussy s'inspire ainsi de la peinture impressionniste dans ses œuvres et met en musique les poèmes de Verlaine et de Mallarmé.

Vincent Van Gogh, *Autoportrait*, 1889.

Chez la modiste

Edgar Degas
(1898)

Influencé par la ligne d'Ingres, troublé par les couleurs de Delacroix, Degas participe à sept des huit salons impressionnistes entre 1874 et 1886. Si, comme Monet ou Pissarro, il refuse l'académisme figé de l'art officiel, il ne s'intéresse pourtant pas à la perception de la nature et à la peinture en extérieur. Il travaille essentiellement de mémoire. (Pastel, 91 x 75 cm, Musée d'Orsay.)

S'inspirant des estampes japonaises, Degas propose des dispositions audacieuses. Au premier plan, la tête de la modiste est en partie cachée par un chapeau et son support ; à droite, l'assistante est coupée verticalement et horizontalement. Le travail sur le hors-champ, le souci du décentrement modifient les perspectives traditionnelles.

Avec l'univers de la danse, celui des courses de chevaux ou celui de la toilette, la « modiste » constitue un thème privilégié de l'œuvre de Degas. Il ne s'agit pas de représenter une société idéale, mais de dévoiler la réalité d'un univers en saisissant un geste, une attitude. Le travail de la modiste semble ici pris sur le vif.

Poursuivant ici le travail des impressionnistes, Degas explore les possibilités plastiques de la couleur. Il réalise des mélanges savants, crée des harmonies originales, joue sur des oppositions entre des plans aux tonalités sombres et d'autres plus claires. Ses expériences colorées annoncent ici l'art du XXᵉ siècle.

LABICHE

Nom et prénom : **Labiche, Eugène**
Naissance : **le 5 mai 1815, à Paris**
Décès : **le 22 janvier 1888, à Paris**
Lieux : **Paris, la Sologne**
Situation familiale : **épouse en 1842 une jeune héritière de dix-huit ans; père de famille**
Professions : **journaliste, auteur de théâtre, maire de Souvigny-en-Sologne**
Amitiés : **le photographe Nadar ; Émile Augier et Ernest Legouvé, auteurs de pièces de théâtre**

Après une enfance facile dans une famille aisée, Eugène Labiche obtient le baccalauréat. Aux cercles romantiques qui sont alors en pleine effervescence, il préfère la fréquentation des grands restaurants, des cafés et des lieux à la mode. Il se consacre au théâtre, pour lequel il écrit en 1851 *Un chapeau de paille d'Italie.* C'est un triomphe! Dès lors, les directeurs de théâtre s'arrachent ses vaudevilles, petites pièces faciles mêlées de chansons, dont raffole la société du second Empire. *L'Affaire de la rue de Lourcine, Le Voyage de M. Perrichon, La Cagnotte* sont autant de succès, associant au comique du vaudeville la satire de la société bourgeoise. Travailleur infatigable, Labiche écrit ainsi cent soixante-treize pièces. À partir de 1870, il s'occupe de la commune de Souvigny-en-Sologne dont il est le maire. Observateur des mœurs, moraliste sans illusions, Labiche est élu à l'Académie française en 1880. Huit ans plus tard, la maladie le ramène à Paris, où il meurt.

Ses œuvres principales

- de nombreuses pièces de théâtre, dont : *Un chapeau de paille d'Italie* (1851), *La Perle de la Canebière* (1855), *L'Affaire de la rue de Lourcine* (1857), *Le Voyage de M. Perrichon* (1860), *La Station Champbaudet* (1862), *La Cagnotte* (1864), *Le plus heureux des trois* (1870)

1851

Un chapeau de paille d'Italie

Alors que Fadinard se rend chez lui pour accueillir les invités de ses noces, son cheval mange le chapeau qu'une dame, Anaïs Beauperthuis, en galante compagnie, a posé sur une branche d'arbre. Dès lors, commence une odyssée burlesque qui entraîne Fadinard dans Paris à la recherche d'un chapeau semblable, flanqué de la noce qui l'accompagne, poursuivi par son beau-père Nonancourt, pépiniériste à Charenton. Les quiproquos s'enchaînent jusqu'au dénouement heureux. Au début de la pièce, c'est à travers le dialogue de deux domestiques, Félix et Virginie, que le spectateur prend connaissance des premiers éléments de l'intrigue.

Scène Première

Chez Fadinard

Un salon octogone. – Au fond, porte à deux battants s'ouvrant sur la scène. – Une porte dans chaque pan coupé. – Deux portes aux premiers plans latéraux. – À gauche, contre la cloison, une table avec tapis, sur laquelle est un plateau portant carafe, verre, sucrier. – Chaises.

Virginie, *à Félix, qui cherche à l'embrasser.* – Non, laissez-moi, monsieur Félix!... Je n'ai pas le temps de jouer.

Félix. – Rien qu'un baiser?

Virginie. – Je ne veux pas!...

Félix. – Puisque je suis de votre pays[1]!... Je suis de Rambouillet...

Virginie. – Ah ! ben ! s'il fallait embrasser tous ceux qui sont de Rambouillet !...

Félix. – Il n'y a que quatre mille habitants.

Virginie. – Il ne s'agit pas de ça... M. Fadinard, votre bourgeois, se marie aujourd'hui... Vous m'avez invitée à venir voir la corbeille... voyons la corbeille !...

Félix. – Nous avons bien le temps... Mon maître est parti, hier soir, pour aller signer son contrat chez le beau-père... il ne revient qu'à onze heures, avec toute sa noce, pour aller à la mairie.

Virginie. – La mariée est-elle jolie ?

Félix. – Peuh !... je lui trouve l'air godiche ; mais elle est d'une bonne famille... C'est la fille d'un pépiniériste de Charentonneau... le père Nonancourt.

Virginie. – Dites donc, monsieur Félix... si vous entendez dire qu'elle ait besoin d'une femme de chambre... pensez à moi.

Félix. – Vous voulez donc quitter votre maître... M. Beauperthuis ?

Virginie. – Ne m'en parlez pas... C'est un acariâtre[2], premier numéro... Il est grognon, maussade, sournois, jaloux... et sa femme donc !... Certainement, je n'aime pas à dire du mal des maîtres...

Félix. – Oh ! non !...

Virginie. – Une chipie ! une bégueule, qui ne vaut pas mieux qu'une autre.

Félix. – Parbleu !

Virginie. – Dès que monsieur part... crac ! elle part... et où va-t-elle ?... elle ne me l'a jamais dit... jamais !...

Félix. – Oh ! vous ne pouvez pas rester dans cette maison-là.

Virginie, *baissant les yeux*. – Et puis, ça me ferait tant de plaisir de servir avec quelqu'un de Rambouillet...

Félix, *l'embrassant*. – Seine-et-Oise !

Eugène Labiche,
Un chapeau de paille d'Italie, acte I, scène 1, 1851.

M. Faraoun, Ph. Fretun, I. Janier
Comédie-Française, 1986.

■ **1. pays** : région, ville ou village natal. ■ **2. acariâtre** : colérique.

La mécanique du vaudeville

Le vaudeville, considéré comme un genre mineur, trouve en Eugène Labiche son meilleur représentant. Son extraordinaire faculté d'invention lui fait créer des situations cocasses, qui provoquent immédiatement le rire. La mécanique du vaudeville repose sur l'enchaînement des quiproquos conduits jusqu'à l'absurde. Les personnages sont entraînés malgré eux dans une course folle que l'on retrouvera dans les pièces légères de Georges Feydeau. Mais le comique dans ces pièces n'est pas gratuit : Labiche fait la satire enjouée de ses contemporains. Il crée des personnages types qui résistent à l'épreuve du temps et qui expliquent qu'aujourd'hui encore ses pièces rencontrent un succès considérable.

BARBEY D'AUREVILLY

Nom et prénom : **Barbey d'Aurevilly, Jules**
Naissance : **le 2 novembre 1808, à Saint-Sauveur-le-Vicomte, en Normandie**
Décès : **le 23 avril 1889, à la suite d'une hémorragie**
Lieux : **Paris ; Valognes, le Contentin**
Situation familiale : **célibataire; une longue liaison avec la baronne de Bouglon**
Professions : **rentier et journaliste**
Amitiés : **l'éditeur Trébutien, Baudelaire, Léon Bloy**

Barbey passe son enfance dans la petite noblesse du Cotentin, attachée à la religion catholique et à la monarchie. Il subit cependant l'influence de son oncle, médecin et athée. Après ses études, Barbey, révolté contre le milieu familial, s'installe à Paris. Dans les salons, les femmes s'empressent autour de ce brillant causeur, hostile à la civilisation industrielle, qui commence une carrière de critique littéraire dans les journaux et publie des nouvelles.

Barbey mène alors une existence tapageuse de dandy, brillant sur les boulevards, multipliant les liaisons amoureuses, s'adonnant à l'alcool, sa « maîtresse rousse ». Converti à un catholicisme intransigeant, il s'impose comme un polémiste féroce, fustigeant toutes les frilosités. Il connaît cependant une grande passion pour la baronne de Bouglon, qu'il surnomme l'Ange blanc. Barbey d'Aurevilly se réconcilie avec sa famille, retourne à Valognes et conçoit le projet d'une série de romans inspirés de la Chouannerie : *Ouest*. Le scandale des *Diaboliques*, en 1874, le rend célèbre. Surnommé « le Connétable des lettres » par ses amis, Barbey devient un maître pour une génération de jeunes écrivains que fascinent ce caractère intransigeant et cette œuvre insolite. Il meurt à l'âge de quatre-vingts ans, entouré d'un cercle de fervents admirateurs.

Ses œuvres principales

- des romans, dont : *Une vieille maîtresse* (1851), *L'Ensorcelée* (1852), *Le Chevalier Des Touches* (1864)
- de nombreuses nouvelles, dont : *Les Diaboliques* (1874)

1852

L'Ensorcelée

Au début de *L'Ensorcelée*, le narrateur rencontre maître Tainnebouy à l'auberge du Taureau rouge, au bord de la lande du Cotentin. Il décide de poursuivre sa route en compagnie du fermier et de traverser avec lui, au milieu de la nuit, cette région solitaire. Au cours de leur voyage nocturne, maître Tainnebouy raconte à son compagnon, impressionné par l'atmosphère fantastique de la lande, l'histoire de l'abbé de la Croix-Jugan, dont une jeune et belle femme, Jeanne de Feuardent, est tombée amoureuse. Elle est « l'ensorcelée », celle qui, mariée, tente de séduire le prêtre par des sortilèges.

L'horloge qui sonna avait un timbre grêle et clair qui marqua minuit. Nous le remarquâmes, car nous avions compté l'un et l'autre et nous ne pensions pas qu'il fût si tard. Mais le dernier coup de minuit n'avait pas encore fini d'osciller à nos oreilles, qu'à un point plus distant et plus enfoncé dans l'horizon nous entendîmes résonner non plus une horloge de clocher, mais une grosse cloche, sombre, lente et pleine, et dont les vibrations puissantes nous arrêtèrent tous les deux pour les écouter.

« Entendez-vous, maître Tainnebouy? dis-je un peu ému, je l'avoue, de cette sinistre clameur d'airain dans la nuit, on sonne à cette heure : serait-ce le feu?

– Non, répondit-il, ce n'est pas le feu. Le tocsin[1] sonne plus vite, et ceci est lent comme une agonie. Attendez! voilà cinq coups! en voilà six! en voilà sept! huit et neuf! C'est fini, on ne sonnera plus.

– Qu'est-ce que cela, fis-je. La cloche à cette heure ! C'est bien étrange. Est-ce que les oreilles nous corneraient[2] par hasard ?…

– Vère[3] ! étrange en effet, mais réel ! répondit une voix que je n'aurais pas reconnue si je n'avais pas été sûr que c'était lui, maître Tainnebouy, qui marchait à côté de moi dans la nuit et le brouillard ; voilà la seconde fois de ma vie que je l'entends, et la première m'a assez porté malheur pour que je ne puisse plus l'oublier. La nuit où je l'entendis, Monsieur, il y a des années de ça, c'était de l'autre côté de Blanchelande, et minute pour minute, à cette heure-là, mon cher enfant, âgé de quatre ans et qui semblait fort comme père et mère, mourait de convulsions dans son berceau. Que m'arrivera-t-il cette fois ?

– Qu'est donc cette cloche de mauvais présage ? dis-je à mon Cotentinais[4], dont l'impression me gagnait.

– Ah ! fit-il, c'est la cloche de Blanchelande qui sonne la messe de l'abbé de la Croix-Jugan.

– La messe, maître Tainnebouy ! m'écriai-je. Oubliez-vous que nous sommes en octobre, et non pas à Noël, en décembre, pour qu'on sonne la messe de minuit ?

– Je le sais aussi bien que vous, Monsieur, dit-il d'un ton grave ; mais la messe de l'abbé de la Croix-Jugan n'est pas une messe de Noël, c'est une messe des Morts, sans répons[5] et sans assistance, une terrible et horrible messe, si ce qu'on en rapporte est vrai.

Jules Barbey d'Aurevilly, *L'Ensorcelée*, 1852.

L'abbé de la Croix-Jugan dans ses chevauchées nocturnes sur la lande du Cotentin. Dessin à la plume du XIXe siècle.

■ 1. **tocsin** : bruit de la cloche qui donne l'alarme. ■ 2. **corneraient** : tromperaient. ■ 3. **Vère** : interjection du patois normand. ■ 4. **Contentinais** : habitant du Cotentin, région de la Normandie. ■ 5. **répons** : paroles prononcées à la messe.

Le romancier du souvenir et des passions impossibles

Barbey d'Aurevilly est le romancier du souvenir. Souvenirs d'enfance, tragédies oubliées, premières amours, mystères enfouis : à travers les aventures des Chouans qui, pendant la Révolution, se révoltent contre les armées de la République, c'est sa Normandie natale que l'écrivain fait revivre. Habité par la mélancolie des choses mortes, le romancier veut recréer le passé disparu.

Mais l'œuvre de Barbey d'Aurevilly est aussi celle des passions violentes et désespérées. Tous ses personnages sont « ensorcelés », victimes d'un amour impossible, qui les conduit le plus souvent à la mort. Barbey communique ainsi au lecteur la violence des désirs, des rêves inaccomplis et des chagrins qui restent à jamais enfouis dans notre cœur.

BAUDELAIRE

Nom et prénom : **Baudelaire, Charles**
Naissance : **le 9 avril 1821, à Paris**
Décès : **le 31 août 1867, à Paris**
Lieux : **Paris, l'île Bourbon (la Réunion), la Belgique**
Situation familiale : **célibataire, une longue liaison avec Jeanne Duval**
Profession : **aucune autre que celle d'écrivain**
Amitiés : **le photographe Nadar, Théophile Gautier, Barbey d'Aurevilly, l'éditeur Poulet-Malassis, le peintre Delacroix**

Baudelaire a six ans à la mort de son père. Sa mère se remarie avec un militaire, le commandant Aupick. Le beau-père et l'enfant ne peuvent se comprendre et s'affrontent rapidement. Après la pension et le baccalauréat, Charles mène une vie de bohème. Inquiète, la famille décide de l'éloigner. Baudelaire découvre ainsi l'île de la Réunion en 1841. De retour à Paris, il dilapide l'argent hérité de son père et mène la vie d'un dandy élégant et raffiné. Effrayée par ses dépenses, sa mère lui impose un conseil judiciaire : Baudelaire perçoit désormais une modeste rente mensuelle. C'est alors qu'il publie dans des revues ses poèmes et ses comptes rendus des Salons. Ami de Delacroix, Baudelaire porte un regard neuf et passionné sur la peinture. Souvent mélancolique, il retrouve auprès de Jeanne Duval, une métisse, le souvenir ébloui de son voyage à l'île de la Réunion. À trente-six ans, en 1857, Baudelaire publie *Les Fleurs du mal*. Le recueil fait scandale, la justice condamne six pièces pour immoralité. Amer, incompris, méprisant la société bourgeoise, Baudelaire est accablé par les dettes et la maladie. C'est pour fuir ces tourments qu'il s'installe à Bruxelles, où il est victime d'un grave malaise. Ramené à Paris, il meurt le 31 août 1867.

Ses œuvres principales

- des essais, dont : *Du vin et du haschich* (1851), *Les Paradis artificiels* (1860)
- des critiques d'art, dont : *Salons* (1845, 1846, 1859), *L'Art romantique* (1852)
- des recueils de poèmes : *Les Fleurs du mal* (1857), *Petits Poèmes en prose* (1862, édition complète posthume)

L'ŒUVRE DE BAUDELAIRE

L'éloge de l'art moderne

De 1845 à 1863, Baudelaire défend, dans ses Salons de peinture et ses essais esthétiques, une nouvelle vision de l'art : à ses yeux, l'artiste doit être capable de fixer dans son œuvre les impressions fugitives et transitoires du monde moderne.

L'étude des paradis artificiels

Dans ses essais consacrés à l'alcool, au haschich et au tabac, Baudelaire réfléchit sur la tentation des drogues. Il publie ainsi *Du vin et du haschich* en 1851 et *Les Paradis artificiels* en 1860.

La traduction d'Edgar Poe

Admirateur d'Edgar Poe, en qui il voit un double de lui-même, Baudelaire écrit la première traduction de ses *Histoires extraordinaires* en 1856, mais aussi de nombreuses autres œuvres de l'écrivain américain.

La poésie du spleen et de l'idéal

Les poèmes des *Fleurs du mal*, en 1857, expriment la tension entre l'expérience amère et mélancolique du spleen et l'exaltation de la beauté. Baudelaire poursuit, à travers la forme nouvelle des *Petits Poèmes en prose*, l'exploration d'un univers intérieur confronté à la violence de la vie urbaine.

LE POÈTE DE LA MODERNITÉ

Les Fleurs du mal constituent l'unique recueil de poèmes en vers écrits par Baudelaire. À travers les six sections du livre (« Spleen et Idéal », « Tableaux parisiens », « Le Vin », « Fleurs du mal », « Révolte », « La Mort »), les déchirements qui conduisent de l'élan du rêve à l'accablement de l'ennui, de la sensualité à la douleur, Baudelaire témoigne d'une sensibilité nouvelle : celle de l'homme moderne plongé au cœur des grandes villes. La poésie doit tout dire : la révolte et l'écrasement, les délices de la rêverie et de la volupté, l'expérience de la solitude.

1857

Les Fleurs du mal

1850
1900

À travers l'ensemble des poèmes des *Fleurs du mal*, Baudelaire exprime ses rêves et ses désirs, ses angoisses et ses moments de dépression, sa quête de l'idéal et le bonheur des plaisirs sensuels. Face à une nature corrompue et habitée par la mort, à la fois fasciné et horrifié devant les spectacles de la misère parisienne, le poète trouve refuge dans le souvenir de la femme aimée, dans un parfum exotique qui déclenche sa rêverie ou dans la séduction d'une beauté parée, qui devient source de raffinement et de mystère.

PARFUM EXOTIQUE

Quand, les deux yeux fermés, en un soir chaud d'automne
Je respire l'odeur de ton sein chaleureux,
Je vois se dérouler des rivages heureux
Qu'éblouissent les feux d'un soleil monotone ;

Une île paresseuse où la nature donne
Des arbres singuliers et des fruits savoureux ;
Des hommes dont le corps est mince et vigoureux,
Et des femmes dont l'œil par sa franchise étonne.

Guidé par ton odeur vers de charmants climats,
Je vois un port rempli de voiles et de mâts
Encor tout fatigués par la vague marine,

Pendant que le parfum des verts tamariniers[1],
Qui circule dans l'air et m'enfle la narine,
Se mêle dans mon âme au chant des mariniers.

« Spleen et Idéal », XXII, *Les Fleurs du mal*, 1857.

HARMONIE DU SOIR

Voici venir les temps où vibrant sur sa tige
Chaque fleur s'évapore ainsi qu'un encensoir ;
Les sons et les parfums tournent dans l'air du soir ;
Valse mélancolique et langoureux vertige !

Chaque fleur s'évapore ainsi qu'un encensoir ;
Le violon frémit comme un cœur qu'on afflige ;
Valse mélancolique et langoureux vertige !
Le ciel est triste et beau comme un grand reposoir[2].

Le violon frémit comme un cœur qu'on afflige,
Un cœur tendre, qui hait le néant vaste et noir !
Le ciel est triste et beau comme un grand reposoir ;
Le soleil s'est noyé dans son sang qui se fige.

Un cœur tendre, qui hait le néant vaste et noir,
Du passé lumineux recueille tout vestige !
Le soleil s'est noyé dans son sang qui se fige...
Ton souvenir en moi luit comme un ostensoir !

« Spleen et Idéal », XLVII, *Les Fleurs du mal*, 1857.

■ **1. tamariniers** : arbres des régions tropicales. ■ **2. reposoir** : autel préparé lors d'une procession pour y poser le saint sacrement.

RECUEILLEMENT

Sois sage, ô ma Douleur, et tiens-toi plus tranquille.
Tu réclamais le Soir ; il descend ; le voici :
Une atmosphère obscure enveloppe la ville,
Aux uns portant la paix, aux autres le souci.

Pendant que des mortels la multitude vile,
Sous le fouet du Plaisir, ce bourreau sans merci,
Va cueillir des remords dans la fête servile,
Ma Douleur, donne-moi la main ; viens par ici,

Loin d'eux. Vois se pencher les défuntes Années,
Sur les balcons du ciel, en robes surannées ;
Surgir du fond des eaux le Regret souriant ;

Le Soleil moribond s'endormir sous une arche,
Et, comme un long linceul traînant à l'Orient,
Entends, ma chère, entends la douce Nuit qui marche.

« Spleen et Idéal », LXXVIII, *Les Fleurs du Mal*, 1857.

L'ALBATROS

Souvent, pour s'amuser, les hommes d'équipage
Prennent des albatros, vastes oiseaux des mers,
Qui suivent, indolents compagnons de voyage,
Le navire glissant sur les gouffres amers.

À peine les ont-ils déposés sur les planches,
Que ces rois de l'azur, maladroits et honteux,
Laissent piteusement leurs grandes ailes blanches
Comme des avirons traîner à côté d'eux.

Ce voyageur ailé, comme il est gauche et veule !
Lui, naguère si beau, qu'il est comique et laid !
L'un agace son bec avec un brûle-gueule,
L'aute mime, en boitant, l'infirme qui volait !

Le Poète est semblable au prince des nuées,
Qui hante la tempête et se rit de l'archer ;
Exilé sur le sol au milieu des huées,
Ses ailes de géant l'empêchent de marcher.

« Spleen et Idéal », II *Les Fleurs du Mal*,
(publié dans l'édition de 1861), 1857.

L'INVITATION AU VOYAGE

Mon enfant, ma sœur,
Songe à la douceur
D'aller là-bas vivre ensemble !
Aimer à loisir,
Aimer et mourir
Au pays qui te ressemble !
Les soleils mouillés
De ces ciels brouillés
Pour mon esprit ont les charmes
Si mystérieux
De tes traîtres yeux,
Brillant à travers leurs larmes.

Là, tout n'est qu'ordre et beauté,
Luxe, calme et volupté.

Des meubles luisants,
Polis par les ans,
Décoreraient notre chambre ;
Les plus rares fleurs
Mêlant leurs odeurs
Aux vagues senteurs de l'ambre,
Les riches plafonds,
Les miroirs profonds,
La splendeur orientale,
Tout y parlerait
À l'âme en secret
Sa douce langue natale.

Là, tout n'est qu'ordre et beauté,
Luxe, calme et volupté.

Vois sur ces canaux
Dormir ces vaisseaux
Dont l'humeur est vagabonde ;
C'est pour assouvir
Ton moindre désir
Qu'ils viennent du bout du monde.
– Les soleils couchants
Revêtent les champs,
Les canaux, la ville entière,
D'hyacinthe et d'or ;
Le monde s'endort
Dans une chaude lumière.

Là, tout n'est qu'ordre et beauté,
Luxe, calme et volupté.

« Spleen et Idéal », LIII, *Les Fleurs du Mal*, 1857.

LES BIJOUX

La très chère était nue, et, connaissant mon cœur,
Elle n'avait gardé que ses bijoux sonores,
Dont le riche attirail lui donnait l'air vainqueur
Qu'ont dans leurs jours heureux les esclaves des Mores.

Quand il jette en dansant son bruit vif et moqueur,
Ce monde rayonnant de métal et de pierre
Me ravit en extase, et j'aime à la fureur
Les choses où le son se mêle à la lumière.

Elle était donc couchée et se laissait aimer,
Et du haut du divan elle souriait d'aise
À mon amour profond et doux comme la mer,
Qui vers elle montait comme vers sa falaise.

Les yeux fixés sur moi, comme un tigre dompté,
D'un air vague et rêveur elle essayait des poses,
Et la candeur unie à la lubricité
Donnait un charme neuf à ses métamorphoses ;

Et son bras et sa jambe, et sa cuisse et ses reins,
Polis comme de l'huile, onduleux comme un cygne,
Passaient devant mes yeux clairvoyants et sereins ;
Et son ventre et ses seins, ces grappes de ma vigne,

S'avançaient, plus câlins que les Anges du mal,
Pour troubler le repos où mon âme était mise,
Et pour la déranger du rocher de cristal
Où, calme et solitaire, elle s'était assise.

Je croyais voir unis par un nouveau dessin
Les hanches de l'Antiope[3] au buste d'un imberbe,
Tant sa taille faisait ressortir son bassin.
Sur ce teint fauve et brun le fard était superbe !

– Et la lampe s'étant résignée à mourir,
Comme le foyer seul illuminait la chambre,
Chaque fois qu'il poussait un flamboyant soupir,
Il inondait de sang cette peau couleur d'ambre !

« Spleen et Idéal » (poème condamnée en 1857),
Les Fleurs du mal, 1857.

Gabriel Rossetti,
Lady Lilith, 1868.

SPLEEN[1]

Quand le ciel bas et lourd pèse comme un couvercle
Sur l'esprit gémissant en proie aux longs ennuis,
Et que de l'horizon embrassant tout le cercle
Il nous verse un jour noir plus triste que les nuits;

Quand la terre est changée en un cachot humide,
Où l'Espérance, comme une chauve-souris,
S'en va battant les murs de son aile timide
Et se cognant la tête à des plafonds pourris;

Quand la pluie étalant ses immenses traînées
D'une vaste prison imite les barreaux,
Et qu'un peuple muet d'infâmes araignées
Vient tendre ses filets au fond de nos cerveaux,

Des cloches tout à coup sautent avec furie
Et lancent vers le ciel un affreux hurlement,
Ainsi que des esprits errants et sans patrie
Qui se mettent à geindre opiniâtrement[2].

– Et de longs corbillards, sans tambours ni musique,
Défilent lentement dans mon âme; l'Espoir,
Vaincu, pleure, et l'Angoisse atroce, despotique,
Sur mon crâne incliné plante son drapeau noir.

Charles Baudelaire, « Spleen et Idéal », LXXVIII,
Les Fleurs du mal, 1857.

■ **1. Spleen** : mot d'origine anglaise qui désigne un sentiment de dépression et de mélancolie.
■ **2. opiniâtrement** : avec obstination et entêtement.

Le spleen et la sensualité

Dans la première section des *Fleurs du mal*, « Spleen et Idéal », Baudelaire consacre quatre poèmes au spleen, c'est-à-dire au sentiment d'accablement et de désespoir. C'est par ce mot anglais qu'il traduit ses souffrances morales et physiques.

À travers le spleen, le poète exprime sa mélancolie et son angoisse devant la mort, qu'il appelle également « l'ennui » ou « le guignon ». Les paysages du monde extérieur correspondent à cet état dépressif de l'être, et l'on trouve dans *Les Fleurs du mal* des ciels brouillés, le froid de l'hiver, des brumes épaisses, le battement contre la fenêtre d'une pluie sans fin...

Cependant, Baudelaire retrouve auprès de sa sensuelle compagne, Jeanne Duval, les sensations qu'il avait éprouvées lors de son voyage à l'île de la Réunion. Les lourds parfums enivrants, les bijoux éclatants, le corps de la femme ouvrent alors au poète, à travers la sensualité, le chemin du rêve et de l'exotisme.

1862

Le Spleen de Paris

Le Spleen de Paris rassemble les « poèmes en prose » écrits par Baudelaire. C'est ainsi qu'au moment où il conçoit son poème en vers, « La chevelure », il écrit simultanément un poème en prose qui développe le même thème.

1850
1900

UN HÉMISPHÈRE DANS UNE CHEVELURE

Laisse-moi respirer longtemps, longtemps, l'odeur de tes cheveux, y plonger tout mon visage, comme un homme altéré[1] dans l'eau d'une source, et les agiter avec ma main comme un mouchoir odorant, pour secouer des souvenirs dans l'air.

Si tu pouvais savoir tout ce que je vois ! tout ce que je sens ! tout ce que j'entends dans tes cheveux ! Mon âme voyage sur le parfum comme l'âme des autres hommes sur la musique.

Tes cheveux contiennent tout un rêve, plein de voilures et de mâtures ; ils contiennent de grandes mers dont les moussons me portent vers de charmants climats, où l'espace est plus bleu et plus profond, où l'atmosphère est parfumée par les fruits, par les feuilles et par la peau humaine.

Dans l'océan de ta chevelure, j'entrevois un port fourmillant de chants mélancoliques, d'hommes vigoureux de toutes nations et de navires de toutes formes découpant leurs architectures fines et compliquées sur un ciel immense où se prélasse l'éternelle chaleur.

Dans les caresses de ta chevelure, je retrouve les langueurs des longues heures passées sur un divan, dans la chambre d'un beau navire, bercées par le roulis imperceptible du port, entre les pots de fleurs et les gargoulettes[2] rafraîchissantes.

Dans l'ardent foyer de ta chevelure, je respire l'odeur du tabac mêlé à l'opium et au sucre ; dans la nuit de ta chevelure, je vois resplendir l'infini de l'azur tropical ; sur les rivages duvetés de ta chevelure je m'enivre des odeurs combinées du goudron, du musc[3] et de l'huile de coco.

Laisse-moi mordre longtemps tes tresses lourdes et noires. Quand je mordille tes cheveux élastiques et rebelles, il me semble que je mange des souvenirs.

Charles Baudelaire,
Petits Poèmes en prose, 1862.

▪ 1. **altéré** : assoiffé. ▪ 2. **gargoulettes** : sortes de vases où l'on conserve l'eau fraîche. ▪ 3. **musc** : substance odorante très puissante utilisée en parfumerie.

Le poème en prose

Dans *Le Spleen de Paris*, qu'on connaît également sous le titre *Petits Poèmes en prose*, Baudelaire s'inspire de l'œuvre d'Aloysius Bertrand, *Gaspard de la nuit*, parue quelques années plus tôt.

Le poème en prose abandonne les principes de la versification classique : il n'y a plus de vers ni de rime, le texte se présente désormais comme un texte ordinaire. Dès lors, la dimension poétique du poème en prose repose sur la composition des paragraphes, le choix des mots, le rythme de la phrase, les effets de répétitions, le jeu des sonorités.

Les images poétiques sont essentielles : elles créent un univers original en rapprochant des réalités qui n'ont habituellement pas de rapport entre elles ; elles développent les thèmes chers à Baudelaire : le voyage, la beauté et la sensualité de la femme, mais aussi le refus de la nature, l'accablement de l'ennui, la mort libératrice.

1857

Baudelaire et le procès des *Fleurs du mal*

Le 20 août 1857, Charles Baudelaire et son éditeur sont condamnés par la justice pour « outrage à la morale publique et aux bonnes mœurs ». Le procès des *Fleurs du mal* pose à nouveau, plus de cinquante ans après l'abolition de la censure par la Révolution française, la question des rapports de l'écrivain avec la liberté d'expression.

Chronologie du procès des *Fleurs du mal*

21 juin 1857	parution des *Fleurs du mal*, à Paris, éditées par Poulet-Malassis et De Broise, à mille cent exemplaires
Juin-juillet 1857	une série d'articles de presse accusent Baudelaire d'immoralité
17 juillet 1857	le procureur général ordonne la saisie des exemplaires
20 août 1857	procès et condamnation des *Fleurs du mal* : l'auteur doit verser une amende de trois cents francs, six poèmes sont retirés du recueil
1861	deuxième édition des *Fleurs du mal*, amputée des six poèmes condamnés mais augmentée de trente et un poèmes nouveaux
1866	publication à Bruxelles, par Poulet-Malassis, d'un recueil de poèmes de Baudelaire, *Les Épaves*, contenant les poèmes interdits en France
6 mai 1866	condamnation des *Épaves* par le tribunal correctionnel de Lille

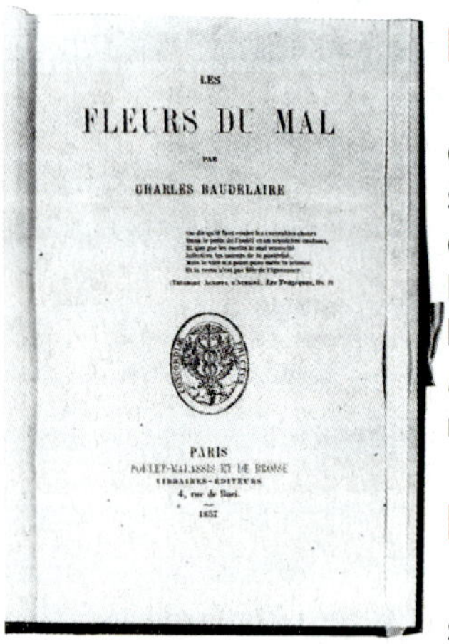

■ Les écrivains face à l'ordre moral du second Empire

Sous le second Empire, la justice engage régulièrement des poursuites contre les écrivains qu'elle accuse de publier des œuvres immorales. C'est ainsi qu'en 1853, les frères Goncourt sont poursuivis pour un article qui leur vaut d'être blâmés. Au début de l'année 1857, un procès est intenté à Gustave Flaubert pour son roman *Madame Bovary*. Flaubert est acquitté le 7 février. C'est dans ce contexte que paraissent *Les Fleurs du mal* de Baudelaire au mois de juin 1857, suscitant le déchaînement de la presse qui dénonce « de semblables monstruosités ».

■ Le scandale des *Fleurs du mal*

Les attaques des journalistes attirent l'attention de la justice sur un certain nombre de poèmes, considérés « comme un défi aux lois qui protègent la religion et la morale ». Aux arguments de ceux qui incriminent quelques expressions ou passages jugés choquants, Baudelaire oppose le sens général de son œuvre : « Le livre doit être jugé *dans son ensemble*, et alors il en ressort une terrible moralité. » C'est en vain qu'il fait intervenir ses amis, Théophile Gautier ou Prosper Mérimée. Barbey d'Aurevilly écrit un article qui fait l'éloge du livre, mais le journal refuse de le publier. La police saisit les exemplaires des *Fleurs du mal*. Le procès est fixé au 20 août.

▲ Charles Baudelaire, photographié vers 1855 par son ami Nadar.

Illustration de Félix Bracquemond pour l'œuvre de Baudelaire.

Le procès et la condamnation

Le réquisitoire est prononcé par Ernest Pinard, qui était aussi le procureur général dans le procès intenté à *Madame Bovary*. Il accuse la poésie de Baudelaire de manquer « au sens de la pudeur », de multiplier « les peintures lascives ». L'avocat du poète plaide l'indépendance de l'artiste et la beauté de l'œuvre. Persuadé qu'il sera acquitté, Baudelaire est abasourdi quand tombe la sentence. En effet, le livre est condamné pour « délit d'outrage à la morale publique et aux bonnes mœurs », à cause de « passages ou expressions obscènes et immorales ». Baudelaire et son éditeur doivent payer une amende et retirer six poèmes du livre.

Dans ce tableau intitulé *Le Péché*, peint en 1893, Franz von Stuck retrouve l'esprit des *Fleurs du mal*.

Charles Baudelaire à sa table de travail, Gustave Courbet, 1847.

Le poète maudit

Le soir même du verdict, Baudelaire apparaît dans une brasserie parisienne en « toilette de guillotiné », portant une chemise sans col et les cheveux rasés. Il éprouve un profond sentiment d'injustice qui ne le quittera plus. La seconde édition des *Fleurs du mal* lui permet d'ajouter de nouveaux poèmes au recueil, mais Baudelaire se sent incompris par le public et rejeté par la société. Il faut attendre la mort du poète, en 1867, pour que le livre rencontre le succès et soit reconnu comme un chef-d'œuvre. En 1949, la Cour de cassation annule la condamnation des *Fleurs du mal*, considérant que les poèmes « ne renferment aucun terme obscène ou même grossier ».

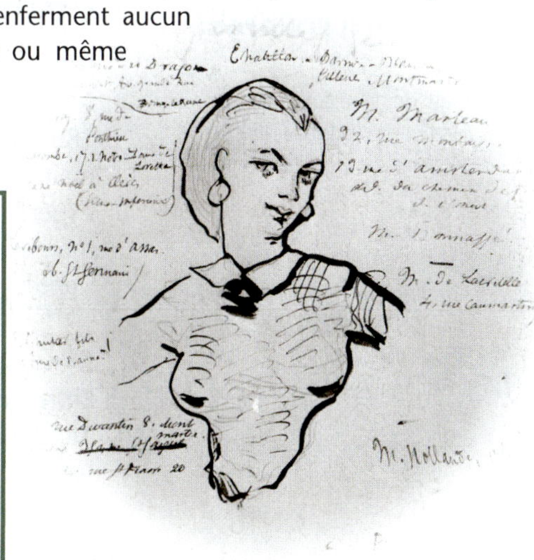

Jeanne Duval, inspiratrice de nombreux poèmes des *Fleurs du mal*. Dessin de Baudelaire.

La littérature et la censure

Sous l'Ancien Régime, les auteurs doivent communiquer leurs manuscrits à un censeur royal pour obtenir la permission d'imprimer. Les représentations d'une pièce peuvent être interrompues, comme ce fut le cas pour *Tartuffe* ou *Dom Juan*. La Déclaration des droits de l'homme de 1789 proclame que tout citoyen peut « parler, écrire, imprimer librement, sauf à répondre de l'abus de cette liberté dans les cas déterminés par la loi ». La censure préalable est abolie, mais les livres peuvent être attaqués en justice pour atteinte aux bonnes mœurs. De nos jours, la censure s'exerce pour protéger les publications destinées à la jeunesse. Les ouvrages à caractère raciste sont poursuivis devant les tribunaux.

COMPRENDRE L'ESSENTIEL

1. **Comment un « ordre moral » se manifeste-t-il sous le second Empire ?**
2. **Quels sont les arguments des adversaires de Baudelaire ? Comment se défend-il ?**
3. **Quel sens peut-on donner au jugement prononcé par le tribunal ?**
4. **Quel rôle la condamnation des *Fleurs du mal* joue-t-elle dans la vie de Baudelaire ?**

FLAUBERT

Nom et prénom : **Flaubert, Gustave**
Naissance : **le 12 décembre 1821, à Rouen**
Décès : **le 8 mai 1880, à Croisset, près de Rouen**
Lieux : **Rouen ; l'Égypte et la Tunisie ; Croisset, la propriété familiale**
Situation familiale : **célibataire; une longue liaison avec Louise Colet**
Profession : **il vit de ses rentes et des revenus de ses écrits**
Amitiés : **le poète Louis Bouilhet; Maxime du Camp; l'écrivain russe Tourgueniev; Élisa Schlesinger, le grand amour de sa vie**

Fils du chirurgien-chef de l'hôpital de Rouen, le jeune Flaubert grandit dans un foyer chaleureux entouré de l'affection de sa sœur Caroline et de son ami Alfred Le Poitevin. À quinze ans, l'adolescent tombe amoureux d'Élisa Schlesinger, de onze ans son aînée, rencontrée sur la plage de Trouville, dont le souvenir habitera toute son œuvre. Après le baccalauréat, les études de droit l'ennuient. Éprouvé par la mort de son père et celle de sa sœur Caroline, frappé par une grave crise d'épilepsie, Flaubert décide de vivre à Croisset, la propriété familiale au bord de la Seine, et de se consacrer à l'écriture. En 1849, cependant, il effectue un long voyage en Orient avec l'écrivain Maxime du Camp, au cours duquel il découvre l'Égypte.

La publication de *Madame Bovary*, en 1857, lui vaut d'être poursuivi en justice pour immoralité. Acquitté, Flaubert est désormais célèbre ! *Madame Bovary* est reconnu comme un chef-d'œuvre. De nombreux écrivains, comme les frères Goncourt, Ivan Tourgueniev ou Alphonse Daudet, témoignent de leur admiration à ce maître passionné par le style, ouvert et généreux, horrifié par « la bêtise du bourgeois ». Flaubert s'attache au jeune Guy de Maupassant et lui prodigue ses conseils. Mais les romans qui suivent ne rencontrent plus le succès espéré. Préoccupé par des soucis d'argent, épuisé par le travail, Flaubert meurt à Croisset en laissant inachevé son dernier roman, *Bouvard et Pécuchet*.

Ses œuvres principales

- des romans dont : *Mémoires d'un fou* (1838), *Madame Bovary* (1857), *Salammbô* (1862), *L'Éducation sentimentale* (1869), *La Tentation de saint Antoine* (1874), *Trois Contes* (1877), *Bouvard et Pécuchet* (inachevé, édition posthume)

L'ŒUVRE DE FLAUBERT

L'exploration du réel et du désenchantement

À travers ses romans, *Madame Bovary* en 1857, *L'Éducation sentimentale* en 1869, *Bouvard et Pécuchet* qu'il laisse inachevé, Flaubert s'affirme comme un maître du réalisme. Chacun de ses romans fait le constat de l'échec, d'une expérience amère et désenchantée du monde. On retrouve, en 1877, la même exigence du vrai dans « Un cœur simple », le premier de ses *Trois Contes*.

La fascination pour l'Antiquité et l'Orient

Entreprise dès 1848, *La Tentation de saint Antoine*, que Flaubert achève en 1872, reflète son émerveillement face à l'atmosphère, aux paysages et à l'histoire du monde oriental. L'Antiquité est également le cadre de *Salammbô*, en 1862, qui reconstitue avec minutie les guerres carthaginoises.

FLAUBERT ET L'EXIGENCE DU STYLE

Admirateur de Balzac, obsédé par le désir de « fouiller le vrai », Flaubert s'impose comme le chef de file des écrivains réalistes de sa génération. Le réalisme est chez lui au service de l'art. Flaubert mène un travail passionné et minutieux conduit par l'exigence du style. Il multiplie les brouillons, soigne chacune de ses phrases, qu'il passe à l'épreuve du « gueuloir » : après une nuit de travail, dans la solitude de son bureau, le romancier lit son texte à voix haute pour en vérifier le rythme et les sonorités. C'est ainsi qu'au moment d'écrire *Madame Bovary*, Flaubert rêve d'un « livre sur rien », d'un roman « qui se tiendrait de lui-même par la force interne de son style ». Ses nombreuses descriptions témoignent à la fois de ce souci de multiplier les tableaux de la réalité et de la puissance d'enchantement cette écriture.

1857

Madame Bovary

Mariée à un époux médiocre, officier de santé, Emma Bovary s'ennuie dans l'arrière-pays normand. Le bal donné par un aristocrate local auquel les époux sont invités accentue son sentiment de frustration. Après un amour platonique avec Léon, un jeune clerc de notaire, elle se laisse séduire par Rodolphe Boulanger, qui rompt lorsqu'elle lui demande de partir avec elle en Italie. Emma retrouve Léon par hasard à Rouen et noue une liaison avec lui. Accablée de dettes, pressée par ses créanciers, incapable de faire face au scandale, elle se suicide.

Un garde-chasse, guéri par Monsieur[1] d'une fluxion de poitrine, avait donné à Madame une petite levrette[2] d'Italie; elle la prenait pour se promener, car elle sortait quelquefois, afin d'être seule un instant et de n'avoir plus sous les yeux l'éternel jardin avec la route poudreuse.

Elle allait jusqu'à la hêtrée[3] de Banneville, près du pavillon abandonné qui fait l'angle du mur, du côté des champs. Il y a dans le saut-de-loup, parmi les herbes, de longs roseaux à feuilles coupantes.

Elle commençait par regarder tout alentour, pour voir si rien n'avait changé depuis la dernière fois qu'elle était venue. Elle retrouvait aux mêmes places les digitales[4] et les ravenelles[5], les bouquets d'orties entourant les gros cailloux, et les plaques de lichen le long des trois fenêtres, dont les volets toujours clos s'égrenaient de pourriture, sur leurs barres de fer rouillées. Sa pensée, sans but d'abord, vagabondait au hasard, comme la levrette, qui faisait des cercles dans la campagne, jappait après les papillons jaunes, donnait la chasse aux musaraignes, ou mordillait les coquelicots sur les bords d'une pièce de blé. Puis ses idées peu à peu se fixaient, et, assise sur le gazon, qu'elle fouillait à petits coups avec le bout de son ombrelle, Emma se répétait :

– Pourquoi, mon Dieu ! me suis-je mariée ?

Elle se demandait s'il n'y aurait pas eu moyen, par d'autres combinaisons du hasard, de rencontrer un autre homme; et elle cherchait à imaginer quels eussent été ces événements non survenus, cette vie différente, ce mari qu'elle ne connaissait pas. Tous, en effet, ne ressemblaient pas à celui-là. Il aurait pu être beau, spirituel, distingué, attirant, tels qu'ils étaient sans doute, ceux qu'avaient épousés ses anciennes camarades du couvent. Que faisaient-elles maintenant ? À la ville, avec le bruit des rues, le bourdonnement des théâtres et les clartés du bal, elles avaient des existences où le cœur se dilate, où les sens s'épanouissent. Mais elle, sa vie était froide comme un grenier dont la lucarne est au nord, et l'ennui, araignée silencieuse, filait sa toile dans l'ombre à tous les coins de son cœur.

....

L'air du bal était lourd; les lampes pâlissaient. On refluait dans la salle de billard. Un domestique monta sur une chaise et cassa deux vitres; au bruit des éclats de verre, madame Bovary tourna la tête et aperçut dans le jardin, contre les carreaux, les faces des paysans qui regardaient. Alors le souvenir des Bertaux[6] lui arriva. Elle revit la ferme, la mare bourbeuse, son père en blouse sous les pommiers, et elle se revit elle-même, comme autrefois, écrémant avec son doigt les terrines de lait dans la laiterie. Mais, aux fulgurations de l'heure présente, sa vie passée, si nette jusqu'alors, s'évanouissait tout entière, et elle doutait presque de l'avoir vécue. Elle était là; puis autour du bal, il n'y avait plus que de l'ombre, étalée sur tout le reste. Elle mangeait alors une glace au marasquin[7], qu'elle tenait de la main gauche dans une coquille de vermeil[8], et fermait à demi les yeux, la cuiller entre les dents.

Une dame, près d'elle, laissa tomber son éventail. Un danseur passait.

– Que vous seriez bon, monsieur, dit la dame, de vouloir bien ramasser mon éventail, qui est derrière ce canapé !

Le monsieur s'inclina, et, pendant qu'il faisait le mouvement d'étendre son bras, Emma vit la main de la jeune dame qui jetait dans son chapeau quelque chose de blanc, plié en triangle. Le monsieur, ramenant l'éventail, l'offrit à la dame, respectueusement ; elle le remercia d'un signe de tête et se mit à respirer son bouquet.

Après le souper, où il y eut beaucoup de vins d'Espagne et de vins du Rhin, des potages à la bisque et au lait d'amandes, des puddings à la Trafalgar et toutes sortes de viandes froides avec des gelées alentour qui tremblaient dans les plats, les voitures, les unes après les autres, commencèrent à s'en aller. En écartant du coin le rideau de mousseline, on voyait glisser dans l'ombre la lumière de leurs lanternes. Les banquettes s'éclaircirent ; quelques joueurs restaient encore ; les musiciens rafraîchissaient, sur leur langue, le bout de leurs doigts ; Charles dormait à demi, le dos appuyé contre une porte.

....

Au moment où ils entrèrent dans la forêt, le soleil parut.

– Dieu nous protège ! dit Rodolphe.

– Vous croyez ! fit-elle.

– Avançons ! avançons ! reprit-il.

Il claqua de la langue. Les deux bêtes couraient.

De longues fougères, au bord du chemin, se prenaient dans l'étrier. Rodolphe, tout en allant, se penchait et il les retirait à mesure. D'autres fois, pour écarter les branches, il passait près d'elle, et Emma sentait son genou lui frôler la jambe. Le ciel était devenu bleu. Les feuilles ne remuaient pas. Il y avait de grands espaces pleins de bruyères tout en fleurs ; et des nappes de violettes s'alternaient avec le fouillis des arbres, qui étaient gris, fauves ou dorés, selon la diversité des feuillages. Souvent on entendait, sous les buissons, glisser un petit battement d'ailes, ou bien le cri rauque et doux des corbeaux, qui s'envolaient dans les chênes.

Ils descendirent. Rodolphe attacha les chevaux. Elle allait devant, sur la mousse, entre les ornières.

Mais sa robe trop longue l'embarrassait, bien qu'elle la portât relevée par la queue, et Rodolphe, marchant derrière elle, contemplait entre ce drap noir et la bottine noire, la délicatesse de son bas blanc, qui lui semblait quelque chose de sa nudité.

Elle s'arrêta.

– Je suis fatiguée, dit-elle.

– Allons, essayez encore ! reprit-il. Du courage !

Puis, cent pas plus loin, elle s'arrêta de nouveau ; et, à travers son voile, qui de son chapeau d'homme descendait obliquement sur ses hanches, on distinguait son visage dans une transparence bleuâtre, comme si elle eût nagé sous des flots d'azur.

– Où allons-nous donc ?

Il ne répondit rien. Elle respirait d'une façon saccadée. Rodolphe jetait les yeux autour de lui et il se mordait la moustache.

Ils arrivèrent à un endroit plus large, où l'on avait abattu des baliveaux. Ils s'assirent sur un tronc d'arbre renversé, et Rodolphe se mit à lui parler de son amour.

....

Alors sa situation, telle qu'un abîme, se représenta. Elle haletait à se rompre la poitrine. Puis, dans un transport d'héroïsme qui la rendait presque joyeuse, elle descendit la côte en courant, traversa la planche aux vaches, le sentier, l'allée, les halles, et arriva devant la boutique du pharmacien.

Il n'y avait personne. Elle allait entrer ; mais, au bruit de la sonnette, on pouvait venir ; et, se glissant par la barrière, retenant son haleine, tâtant les murs, elle s'avança jusqu'au seuil de la cuisine, où brûlait une chandelle posée sur le fourneau. Justin[9], en manches de chemise, emportait un plat.

– Ah ! ils dînent. Attendons.

Il revint. Elle frappa contre la vitre. Il sortit.

– La clef ! celle d'en haut, où sont les...

– Comment !

Et il la regardait, tout étonné par la pâleur de son visage, qui tranchait en blanc sur le fond noir de la nuit.

Elle lui apparut extraordinairement belle, et majestueuse comme un fantôme ; sans comprendre ce qu'elle voulait, il pressentait quelque chose de terrible.

Mais elle reprit vivement, à voix basse, d'une voix douce, dissolvante :

– Je la veux ! Donne-la-moi.

Comme la cloison était mince, on entendait le cliquetis des fourchettes sur les assiettes dans la salle à manger.

Elle prétendit avoir besoin de tuer les rats qui l'empêchaient de dormir.

– Il faudrait que j'avertisse monsieur.

– Non ! reste !

Puis, d'un air indifférent :

– Eh ! ce n'est pas la peine, je lui dirai tantôt. Allons, éclaire-moi !

Elle entra dans le corridor, où s'ouvrait la porte du laboratoire. Il y avait contre la muraille une clef étiquetée *Capharnaüm*[10].

– Justin ! cria l'apothicaire, qui s'impatientait.

– Montons !

Et il la suivit.

La clef tourna dans la serrure, et elle alla droit vers la troisième tablette, tant son souvenir la guidait bien, saisit le bocal bleu, en arracha le bouchon, y fourra sa main, et, la retirant pleine d'une poudre blanche, elle se mit à manger à même.

– Arrêtez ! s'écria-t-il en se jetant sur elle.

– Tais-toi ! on viendrait...

Il se désespérait, voulait appeler.

– N'en dis rien, tout retomberait sur ton maître !

Puis elle s'en retourna subitement apaisée, et presque dans la sérénité d'un devoir accompli.

Gustave Flaubert, *Madame Bovary*, 1857.

▪ 1. **Monsieur** : Charles Bovary, le mari d'Emma. ▪ 2. **levrette** : femelle du lévrier. ▪ 3. **hêtrée** : hêtraie, lieu planté de hêtres. ▪ 4. **digitales** : fleurs qui ont la forme d'un doigt de gant. ▪ 5. **ravenelles** : moutarde des champs. ▪ 6. **Bertaux** : nom de la ferme dans laquelle a grandi Emma. ▪ 7. **glace au marasquin** : glace à la cerise. ▪ 8. **coquille de vermeil** : coupe en argent doré. ▪ 9. **Justin** : employé à la pharmacerie.
▪ 10. **Capharnaüm** : le nom donné par le pharmacien à son laboratoire.

La confrontation du rêve et de la réalité

Le roman de Flaubert *Madame Bovary* est en apparence l'histoire simple d'une jeune femme qui tente vainement d'échapper à sa condition. Fille d'un fermier normand, Emma est victime de ses lectures romantiques qui la font rêver à une vie intense, héroïque et romanesque.

Petit à petit, malgré le bal qui lui permet d'accéder à ses rêves, se resserre autour de la jeune femme une vie étriquée, avec son cortège de médiocrités symbolisé par le pharmacien Homais et l'abbé Bournisien, les notables du village. Emma s'ennuie et se désespère.

« Ma pauvre Bovary, sans doute, souffre et pleure dans vingt villages de France à la fois, à cette heure même », écrit Flaubert. C'est le mal-être engendré par cette accumulation de frustrations confrontées au rêve d'une vie romanesque qu'on appelle le *bovarysme*.

1869

L'Éducation sentimentale

***L'Éducation sentimentale* raconte l'histoire de Frédéric Moreau, jeune bachelier de province aux ambitions incertaines. Sur le bateau qui le mène de Paris à Nogent-sur-Seine, il fait une rencontre qui marquera toute son existence : la beauté de madame Arnoux fascine le jeune homme.**

À part quelques bourgeois, aux Premières[1], c'étaient des ouvriers, des gens de boutique avec leurs femmes et leurs enfants. Comme on avait coutume alors de se vêtir sordidement en voyage, presque tous portaient de vieilles calottes grecques ou des chapeaux déteints, de maigres habits noirs, râpés par le frottement du bureau, ou des redingotes ouvrant la capsule de leurs boutons pour avoir trop servi au magasin ; çà et là, quelque gilet à châle laissait voir une chemise de calicot, maculée de café ; des épingles de chrysocale[2] piquaient des cravates en lambeaux ; des sous-pieds cousus retenaient des chaussons de lisière ; deux ou trois gredins qui tenaient des bambous à ganse de cuir lançaient des regards obliques, et des pères de famille ouvraient de gros yeux, en faisant des questions. Ils causaient debout, ou bien accroupis sur leurs bagages ; d'autres dormaient dans des coins ; plusieurs mangeaient. Le pont était sali par des écales de noix, des bouts de cigares, des pelures de poires, des détritus de charcuterie apportée dans du papier ; trois ébénistes, en blouse, stationnaient devant la cantine ; un joueur de harpe en haillons se reposait, accoudé sur son instrument ; on entendait par intervalles le bruit du charbon de terre dans le fourneau, un éclat de voix, un rire ; – et le capitaine, sur la passerelle, marchait d'un tambour à l'autre, sans s'arrêter.

Frédéric, pour rejoindre sa place, poussa la grille des Premières, dérangea deux chasseurs avec leurs chiens.

Ce fut comme une apparition :

Elle était assise, au milieu du banc, toute seule ; ou du moins il ne distingua personne dans l'éblouissement que lui envoyèrent ses yeux. En même temps qu'il passait, elle leva la tête ; il fléchit involontairement les épaules ; et, quand il se fut mis plus loin, du même côté, il la regarda.

Elle avait un large chapeau de paille, avec des rubans roses qui palpitaient au vent derrière elle. Ses bandeaux noirs, contournant la pointe de ses grands sourcils, descendaient très bas et semblaient presser amoureusement l'ovale de sa figure. Sa robe de mousseline[3] claire, tachetée de petits pois, se répandait à plis nombreux. Elle était en train de broder quelque chose ; et son nez droit, son menton, toute sa personne se découpait sur le fond de l'air bleu.

Comme elle gardait la même attitude, il fit plusieurs tours de droite et de gauche pour dissimuler sa manœuvre ; puis il se planta tout près de son ombrelle, posée contre le banc, et il affectait d'observer une chaloupe sur la rivière.

Gustave Flaubert, *L'Éducation sentimentale*, 1869.

▪ 1. **Premières** : première classe sur le bateau. ▪ 2. **chrysocale** : alliage qui imite l'or. ▪ 3. **mousseline** : étoffe légère, souple et transparente.

Un roman d'apprentissage

Tout au long de *L'Éducation sentimentale*, la passion amoureuse de Frédéric pour madame Arnoux constitue l'unité du récit. Mais les difficultés que rencontre le jeune homme pour s'insérer dans la vie sociale intéressent également Flaubert. Le roman retrace ainsi les diverses tentatives de Frédéric Moreau pour trouver sa vocation dans le monde de la littérature, de la politique ou des finances. C'est en cela que *L'Éducation sentimentale* est un roman d'apprentissage, personnel, social et amoureux. Passif, indécis, Frédéric échoue dans chacune de ses entreprises.

1881

Bouvard et Pécuchet

Le dernier roman de Flaubert, inachevé, s'ouvre sur la rencontre de Bouvard et Pécuchet, qui se lient d'amitié dès les premières lignes du récit. Il s'agit pour le romancier, à travers les échecs qui ponctuent les aventures de ses deux anti-héros, d'écrire le « roman de la bêtise ».

Comme il faisait une chaleur de trente-trois degrés, le boulevard Bourdon se trouvait absolument désert.

Plus bas, le canal Saint-Martin, fermé par les deux écluses étalait en ligne droite son eau couleur d'encre. Il y avait au milieu, un bateau plein de bois, et sur la berge deux rangs de barriques.

Au-delà du canal, entre les maisons que séparent des chantiers, le grand ciel pur se découpait en plaques d'outremer[1], et sous la réverbération du soleil, les façades blanches, les toits d'ardoises, les quais de granit éblouissaient. Une rumeur confuse montait du loin dans l'atmosphère tiède ; et tout semblait engourdi par le désœuvrement du dimanche et la tristesse des jours d'été.

Deux hommes parurent.

L'un venait de la Bastille, l'autre du Jardin des Plantes. Le plus grand, vêtu de toile, marchait le chapeau en arrière, le gilet déboutonné et sa cravate à la main. Le plus petit, dont le corps disparaissait dans une redingote[2] marron, baissait la tête sous une casquette à visière pointue.

Quand ils furent arrivés au milieu du boulevard, ils s'assirent à la même minute, sur le même banc.

Pour s'essuyer le front, ils retirèrent leurs coiffures, que chacun posa près de soi ; et le petit homme aperçut écrit dans le chapeau de son voisin : Bouvard ; pendant que celui-ci distinguait aisément dans la casquette du particulier en redingote le mot : Pécuchet.

– Tiens !, dit-il, nous avons eu la même idée, celle d'inscrire notre nom dans nos couvre-chefs.

– Mon Dieu, oui ! on pourrait prendre le mien à mon bureau !

– C'est comme moi, je suis employé.

Alors ils se considérèrent.

Gustave Flaubert, *Bouvard et Pécuchet*, éd. posthume, 1881.

■ **1. outremer** : couleur bleu azur. ■ **2. redingote** : veste de costume en usage au XIXe siècle.

L'inventaire des idées reçues

Roman posthume et inachevé, *Bouvard et Pécuchet* s'inspire d'une nouvelle de Barthélemy Maurice, *Les Deux Greffiers* : deux employés de bureau à la retraite s'installent ensemble à la campagne. Mais Flaubert apporte à ce récit une dimension philosophique qui le conduit à mener d'épuisantes recherches. En effet, ses deux anti-héros s'adonnent tour à tour à la chimie, la médecine, la géologie, l'histoire, la littérature, la philosophie, la botanique que l'écrivain étudie lui-même pour son roman. *Bouvard et Pécuchet* constitue ainsi une satire de l'aveuglement, de la vanité et de la bêtise. Et Flaubert recueille les idées reçues et les stéréotypes de ses contemporains, en vue du second volume de son roman, qui devait prendre la forme d'un « Dictionnaire des idées reçues ».

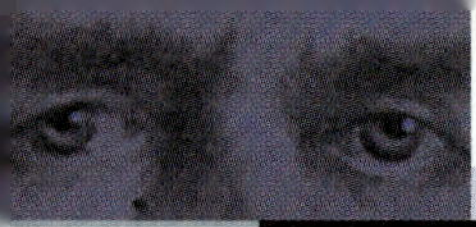

LECONTE DE LISLE

Nom et prénoms : **Leconte de Lisle, Charles Marie**
Naissance : **le 22 octobre 1818, à Saint-Paul, dans l'île de la Réunion**
Décès : **le 18 juillet 1894, au hameau de Voisins, près de Louveciennes**
Lieu : **l'île de la Réunion**
Professions : **journaliste, traducteur de textes grecs**
Amitié : **Louis Ménard, helléniste**

Né à la Réunion, fils d'un chirurgien de l'armée impériale devenu planteur de canne à sucre, Charles Marie Leconte de Lisle est élevé à Nantes. Il rejoint l'île à l'âge de dix ans. L'enfant est alors ébloui par la beauté des paysages et la nature exotique. Plus tard, il regagne Paris pour y mener des études de droit. C'est l'échec. Il retrouve lors d'un ultime voyage l'exotisme luxuriant de la Réunion. Rentré définitivement en France en 1845, Leconte de Lisle participe au combat social. Très actif pendant la Révolution de 1848, il s'engage aux côtés des groupes démocratiques et publie un manifeste réclamant l'abolition de l'esclavage. Sa famille lui retire alors tout moyen d'existence. Leconte de Lisle vit de ses traductions des auteurs de l'Antiquité. À l'âge de trente-quatre ans, son premier recueil, *Poèmes antiques*, le fait connaître. Dix ans plus tard, ses *Poèmes barbares* lui valent une pension de l'empereur Napoléon III. Célèbre, admiré, devenu le chef de file du mouvement du Parnasse, il est élu à l'Académie française en 1886, au fauteuil de Victor Hugo. Il meurt en 1894, honoré par la IIIe République dont il avait salué l'avènement au lendemain de la Commune.

Ses œuvres principales

- des recueils de poèmes, dont :
Poèmes antiques (1852),
Poèmes barbares (1862)

1852-1862

Poésies

En réaction contre le lyrisme romantique, Leconte de Lisle cherche la perfection de la forme à travers l'évocation d'animaux symboliques ou la représentation exotique du monde oriental.

MIDI

Midi, Roi des étés, épandu sur la plaine,
Tombe en nappes d'argent des hauteurs du ciel bleu.
Tout se tait. L'air flamboie et brûle sans haleine ;
La Terre est assoupie en sa robe de feu.

L'étendue est immense, et les champs n'ont point d'ombre,
Et la source est tarie où buvaient les troupeaux ;
La lointaine forêt, dont la lisière est sombre,
Dort là-bas, immobile, en un pesant repos.

Seuls, les grands blés mûris, tels qu'une mer dorée,
Se déroulent au loin, dédaigneux du sommeil ;
Pacifiques enfants de la Terre sacrée,
Ils épuisent sans peur la coupe du Soleil.

Parfois, comme un soupir de leur âme brûlante,
Du sein des épis lourds qui murmurent entre eux,
Une ondulation majestueuse et lente
S'éveille, et va mourir à l'horizon poudreux.

Non loin, quelques bœufs blancs, couchés parmi les herbes.
Bavent avec lenteur sur leurs fanons épais,
Et suivent de leurs yeux languissants et superbes
Le songe intérieur qu'ils n'achèvent jamais.

Homme, si, le cœur plein de joie ou d'amertume,
Tu passais vers midi dans les champs radieux,
Fuis ! la Nature est vide et le Soleil consume :
Rien n'est vivant ici, rien n'est triste ou joyeux.

Mais si, désabusé des larmes et du rire,
Altéré de l'oubli de ce monde agité,
Tu veux, ne sachant plus pardonner ou maudire,
Goûter une suprême et morne volupté,

Viens ! Le Soleil te parle en paroles sublimes ;
Dans sa flamme implacable absorbe-toi sans fin ;
Et retourne à pas lents vers les cités infimes,
Le cœur trempé sept fois dans le Néant divin.

Poèmes antiques, 1852.

LE SOMMEIL DE LEÏLAH

Ni bruits d'aile, ni sons d'eau vive, ni murmures ;
La cendre du soleil nage sur l'herbe en fleur,
Et de son bec furtif le bengali[1] siffleur
Boit, comme un sang doré, le jus des mangues[2] mûres.

Dans le verger royal où rougissent les mûres,
Sous le ciel clair qui brûle et n'a plus de couleur,
Leïlah, languissante et rose de chaleur,
Clôt ses yeux aux longs cils à l'ombre des ramures[3].

Son front ceint de rubis presse son bras charmant ;
L'ambre[4] de son pied nu colore doucement
Le treillis emperlé de l'étroite babouche.

Elle rit et sommeille et songe au bien-aimé,
Telle qu'un fruit de pourpre, ardent et parfumé,
Qui rafraîchit le cœur en altérant la bouche.

Leconte de Lisle, *Poèmes barbares*, 1862.

▪ 1. **bengali** : petit oiseau de couleur rouge. ▪ 2. **mangues** : fruits exotiques. ▪ 3. **ramures** : ensemble des branches et des rameaux. ▪ 4. **ambre** : résine fossilisée de couleur ocre.

Le poète du Parnasse

Le mouvement du Parnasse emprunte son nom à une montagne de Grèce, consacrée dans l'Antiquité à la poésie. Il regroupe autour de Leconte de Lisle les poètes attachés à la théorie de « l'art pour l'art », que défend également Théophile Gautier. Les parnassiens, comme Théodore de Banville, Sully Prudhomme, Jose Maria de Heredia ou François Coppée, opposent, à l'épanchement lyrique et à l'engagement politique des romantiques, le culte de la perfection formelle. Leconte de Lisle veut faire de chaque poème « un bijou ciselé ». S'inspirant de l'Antiquité grecque ou des paysages exotiques, les *Poèmes antiques* trouvent ainsi les images fortes et belles qui conduisent le lecteur hors du monde moderne. Les *Poèmes barbares* s'ouvrent à d'autres civilisations comme l'Inde, le Pacifique, l'Europe du Moyen Âge. Pour Leconte de Lisle est, en effet, « barbare » tout ce qui ne relève pas de la civilisation grecque.

GONCOURT

Nom et prénoms : **Goncourt, Edmond et Jules**
Naissances : **le 22 mai 1822, à Nancy ; le 17 décembre 1830, à Paris**
Décès : **Jules, le 20 juin 1870 ; Edmond, le 16 juillet 1896, à Paris**
Lieux : **la Lorraine, Paris, Auteuil**
Situation familiale : **célibataires**
Professions : **rentiers, hommes de lettres**
Amitiés : **le dessinateur Gavarni, Flaubert, Daudet, la princesse Mathilde, Huysmans**

Edmond de Goncourt naît à Nancy. Son père, ancien officier de Napoléon, vit du revenu de ses terres. C'est à Paris, où la famille s'est installée en 1823, que son frère Jules voit le jour. Une fois leurs études terminées, les deux jeunes hommes se consacrent à l'art et à la littérature. Ensemble, ils écrivent des romans qui revendiquent une esthétique réaliste. À partir de 1851, leur *Journal* multiplie anecdotes et témoignages, souvent féroces, sur le monde des lettres. Ce journal, publié après leur mort, est un document remarquable sur la vie littéraire, mais il contient aussi les matériaux qui alimentent ensuite l'œuvre romanesque. Ils consacrent des essais historiques à la société du XVIIIe siècle et constituent une riche collection d'objets d'art. Après la mort de Jules, victime de la syphilis, son frère Edmond poursuit la rédaction du *Journal*. Reconnu comme un maître, il reçoit dans son « grenier » à Auteuil Flaubert, Daudet, Zola. À sa mort, il lègue sa fortune à une académie chargée d'attribuer, chaque année, un prix qui porte le nom des deux frères : le prix Goncourt.

Leurs œuvres principales

- des essais, dont : *L'Art du XVIIIe siècle* (1859), *La Femme au XVIIIe siècle* (1862)
- des romans, dont : *Germinie Lacerteux* (1865), *Manette Salomon* (1867), *Madame Gervaisais* (1869), *La Fille Élisa* (1877, écrit par Edmond de Goncourt seul), *Hokousai* (1896, écrit par Edmond de Goncourt seul)
- un journal intime : *Journal, mémoires de la vie littéraire* (1851-1896, publication posthume)

1865

Germinie Lacerteux

Pour faire le portrait de Germinie Lacerteux, l'héroïne de leur roman, les Goncourt s'inspirent de leur domestique, Rose, dont ils découvrent la vie cachée après sa mort. D'origine paysanne, Germinie arrive à quinze ans à Paris, où, après de nombreux malheurs, elle trouve une place de bonne auprès d'une vieille aristocrate à qui elle s'attache profondément. Elle tombe amoureuse d'un voisin, Jupillon, pour qui elle s'endette et sombre peu à peu dans la misère, menant une double vie, en proie au mensonge et au remords.

De huit jours, Germinie ne remit pas les pieds dans la boutique. Les Jupillon[1], ne la voyant pas revenir, commençaient à désespérer. Enfin, un soir, sur les dix heures et demie, elle poussa la porte, entra sans dire bonjour ni bonsoir, alla à la petite table où étaient assis la mère et le fils à demi sommeillant, posa sous sa main, fermée avec un serrement de griffe, un vieux morceau de toile qui sonna.

– Voilà, fit-elle.

Et lâchant les coins du morceau de toile, elle répandit ce qui était dedans : il coula sur la table de gras billets de banque recollés par-derrière, rattachés avec des épingles, de vieux louis à l'or verdi, des pièces de cent sous toutes noires, des pièces de quarante sous, des pièces de dix sous, de l'argent de pauvre, de l'argent de travail, de l'argent de tirelire, de l'argent sali par des mains sales, fatigué dans le porte-monnaie de cuir, usé dans le comptoir plein de sous, – de l'argent sentant la sueur. Un moment, elle regarda tout ce qui était étalé comme pour se convaincre les yeux ; puis avec une voix triste et douce, la voix de son sacrifice, elle dit seulement à Mme Jupillon :

– Ça y est... C'est les deux mille trois cents francs... pour qu'il se rachète[2]...

– Ah ! ma bonne Germinie ! fit la grosse femme en suffoquant sous une première émotion ; elle se jeta au cou de Germinie qui se laissa embrasser. Oh ! vous allez prendre quelque chose avec nous, une tasse de café...

– Non, merci, dit Germinie, je suis rompue... Dame ! j'ai eu à courir, allez, pour les trouver... Je vais me coucher... Une autre fois...

Et elle sortit.

Elle avait eu « à courir », comme elle disait, pour retrouver une pareille somme, réaliser cette chose impossible : trouver deux mille trois cents francs, deux mille trois cents francs dont elle n'avait pas les premiers cinq francs ! Elle les avait quêtés, mendiés, arrachés pièce à pièce, presque sou à sou. Elle les avait ramassés, grattés ici et là, sur les uns, sur les autres, par emprunts de deux cents, de cent francs, de cinquante francs, de vingt francs, de ce qu'on avait voulu. Elle avait emprunté à son portier, à son épicier, à sa fruitière, à sa marchande de volailles, à sa blanchisseuse ; elle avait emprunté aux fournisseurs des quartiers qu'elle avait d'abord habités avec mademoiselle[3]. Elle avait fait entrer dans la somme tous les argents, jusqu'à la misérable monnaie de son porteur d'eau. Elle avait quémandé partout, exhorté humblement, prié, supplié, inventé des histoires, dévoré la honte de mentir et de voir qu'on ne la croyait pas. L'humiliation d'avouer qu'elle n'avait pas d'argent placé, comme on le croyait et comme par orgueil elle le laissait croire ; la commisération[4] de gens qu'elle méprisait, les refus, les aumônes, elle avait tout subi, essuyé ce qu'elle n'aurait pas essuyé pour trouver du pain, et non une fois auprès d'une personne, mais auprès de trente, de quarante, auprès de tous ceux qui lui avaient donné ou dont elle avait espéré quelque chose.

Enfin cet argent, elle l'avait réuni ; mais il était son maître et la possédait pour toujours.

Edmond et Jules de Goncourt, *Germinie Lacerteux*, 1865.

▪ **1. les Jupillon :** la mère et le fils, dont Germinie est amoureuse. ▪ **2. pour qu'il se rachète :** pour éviter d'effectuer son service militaire, on pouvait alors « acheter » un remplaçant. ▪ **3. mademoiselle :** mademoiselle de Varandeuil, la vieille aristocrate qui emploie Germinie. ▪ **4. commisération :** pitié.

Le roman du vrai

De *Sœur Philomène* à *Renée Mauperin*, de *Germinie Lacerteux* à *Manette Salomon*, les romans des Goncourt dressent le tableau de la société de leur temps, tout en revendiquant l'exigence du style, à travers une « écriture artiste », c'est-à-dire très travaillée.

Les deux écrivains ont pour ambition de montrer ce qu'ils appellent « les basses classes » dans leur Préface, « ce monde sous le monde, le peuple ». Ils s'aventurent alors dans la peinture des gens modestes de la capitale et de sa banlieue. C'est là que s'expriment les drames de la société moderne. Les deux frères s'appuient sur des faits vécus et sur l'observation minutieuse de la réalité pour dénoncer les hypocrisies sociales et la souffrance du peuple. C'est ainsi que *Germinie Lacerteux*, précédé d'un manifeste en faveur du naturalisme, fait scandale en 1865. On reproche aux romanciers de se complaire dans la description de la misère et de la maladie tandis qu'ils réclament la nécessité de « toucher du vrai », de « toujours étudier la vie des êtres et des choses » dans le roman.

VERLAINE

Nom et prénom : **Verlaine, Paul**
Naissance : **le 30 mars 1844, à Metz**
Décès : **le 8 janvier 1896, à Paris**
Lieux : **Paris, Bruxelles, Londres**
Situation familiale : **marié avec Mathilde Mauté**
Professions : **commis dans une compagnie d'assurances, expéditionnaire à l'hôtel de ville de Paris, professeur de français et de dessin en Angleterre**
Amitiés : **Arthur Rimbaud, Lucien Létinois, Stéphane Mallarmé**

Verlaine a sept ans quand sa famille quitte Metz pour Paris. Après son baccalauréat, il mène une vie de bohème. Inquiets, ses parents lui trouvent un emploi à la mairie de Paris. Verlaine continue pourtant de se mêler aux cercles littéraires.

Son premier recueil, *Poèmes saturniens*, paraît en 1866. Trois ans plus tard, ce sont *Les Fêtes galantes*. Verlaine se marie. Pour avoir participé à la Commune, il perd son emploi, et, en 1872, abandonne sa femme pour accompagner Rimbaud en Angleterre et en Belgique. La relation des deux poètes, leur vie errante et passionnée s'achèvent le soir où Verlaine, ivre, tire deux coups de feu sur Rimbaud. Condamné à deux ans de prison, il se réfugie dans la religion. Une fois libéré, ses tentatives pour mener une vie stable échouent. Il revient à Paris, où il glisse peu à peu dans la misère. Mais Verlaine est célèbre. La mélancolie de ses poèmes, la musique de ses vers lui attirent de nombreux admirateurs. Une légende entoure alors ce « poète maudit » que l'on rencontre souvent ivre dans les cafés. Il meurt ainsi, pendant l'hiver 1896, dans un complet dénuement. Une foule nombreuse accompagne son cercueil au cimetière des Batignolles.

Ses œuvres principales

- des recueils de poèmes, dont : *Poèmes saturniens* (1866), *Les Fêtes galantes* (1869), *La Bonne Chanson* (1870), *Romances sans paroles* (1874), *Sagesse* (1881), *Jadis et Naguère* (1884), *Amour* (1888), *Parallèlement* (1889)
- un essai : *Les Poètes maudits* (1883)

1866

Poèmes saturniens

Verlaine place son premier recueil de poèmes sous le signe de la mélancolie et de la rêverie amoureuse. Il exprime sa peine en empruntant aux poètes romantiques les thèmes de la nature et de la femme idéale, qui consolent le poète de sa solitude et de l'incompréhension.

SOLEILS COUCHANTS

Une aube affaiblie
Verse par les champs
La mélancolie
Des soleils couchants.
La mélancolie
Berce de doux chants
Mon cœur qui s'oublie
Aux soleils couchants.
Et d'étranges rêves,
Comme des soleils
Couchants sur les grèves[1],
Fantômes vermeils[2],
Défilent sans trêves,
Défilent, pareils
À de grands soleils
Couchants sur les grèves.

« Paysages tristes », *Poèmes saturniens*, I, 1866.

1. **grèves** : plages. 2. **vermeils** : rouges.

NEVERMORE

Souvenir, souvenir, que me veux-tu ? L'automne
Faisait voler la grive à travers l'air atone,
Et le soleil dardait un rayon monotne
Sur le bois jaunissant où la bise détone.

Nous étions seul à seule et marchions en rêvant,
Elle et moi, les cheveux et la pensée au vent.
Soudain, tournant vers moi son regard émouvant :
« Quel fut ton plus beau jour ? » fit sa voix d'or vivant,

Sa voix douce et sonore, au frais timbre angélique.
Un sourire discret lui donna la réplique,
Et je baisai sa main blanche, dévotement.

– Ah ! les premières fleurs, qu'elles sont parfumées !
Et qu'il bruit avec un murmure charmant
Le premier oui qui sort de lèvres bien-aimées !

« Melancholia », *Poèmes saturniens*, II, 1866.

MON RÊVE FAMILIER

Je fais souvent ce rêve étrange et pénétrant
D'une femme inconnue, et que j'aime, et qui m'aime
Et qui n'est, chaque fois, ni tout à fait la même
Ni tout à fait une autre, et m'aime et me comprend.

Car elle me comprend, et mon cœur, transparent
Pour elle seule, hélas ! cesse d'être un problème
Pour elle seule, et les moiteurs de mon front blême,
Elle seule les sait rafraîchir, en pleurant.

Est-elle brune, blonde ou rousse ? – Je l'ignore.
Son nom ? Je me souviens qu'il est doux et sonore
Comme ceux des aimés que la Vie exila.

Son regard est pareil au regard des statues,
Et, pour sa voix, lointaine, et calme, et grave, elle a
L'inflexion[3] des voix chères qui se sont tues.

« Melancholia », *Poèmes saturniens*, VI, 1866.

CHANSON D'AUTOMNE

Les sanglots longs
Des violons
De l'automne
Blessent mon cœur
D'une langueur
Monotone.

Tout suffocant
Et blême, quand
Sonne l'heure,
Je me souviens
Des jours anciens
Et je pleure ;

Et je m'en vais
Au vent mauvais
Qui m'emporte
Deçà, delà,
Pareil à la
Feuille morte.

Paul Verlaine,
« Paysages tristes »,
Poèmes saturniens, 1866.

3. **l'inflexion** : le ton, l'accent d'une voix.

Verlaine et la musique du vers

Harmonie et douceur de la poésie, la musicalité du vers est le premier souci de Verlaine. Ennemi de la régularité, il invente l'usage du vers impair, il multiplie les coupes et les enjambements inattendus, qui créent un rythme neuf, en accord avec la simplicité recherchée du langage.

Les paysages mélancoliques expriment ses états d'âme. Subtil et délicat, son lyrisme confidentiel séduit le lecteur par son calme et sa naïveté apparente. La nostalgie et les regrets, la douleur du temps qui passe se transforment ainsi en une tristesse langoureuse.

1874

Romances sans paroles

Le recueil de *Romances sans paroles* comprend une vingtaine de petits poèmes. Verlaine y restitue des impressions fugitives de paysages aperçus. Annonçant le mouvement symboliste, l'écriture poétique privilégie la musicalité du vers pour recréer une atmosphère intime.

Il pleut doucement sur la ville.

(Arthur Rimbaud)

Il pleure dans mon cœur
Comme il pleut sur la ville ;
Quelle est cette langueur
Qui pénètre mon cœur ?

Ô bruit doux de la pluie
Par terre et sur les toits !
Pour un cœur qui s'ennuie
Ô le chant de la pluie !

Il pleure sans raison
Dans ce cœur qui s'écœure.
Quoi ! nulle trahison ?...
Ce deuil est sans raison.

C'est bien la pire peine
De ne savoir pourquoi
Sans amour et sans haine
Mon cœur a tant de peine !

« Ariettes oubliées »,
Romances sans paroles, III, 1874.

Ô triste, triste était mon âme
À cause, à cause d'une femme.

Je ne me suis pas consolé
Bien que mon cœur s'en soit allé,

Bien que mon cœur, bien que mon âme
Eussent fui loin de cette femme.

Je ne me suis pas consolé,
Bien que mon cœur s'en soit allé.

Et mon cœur, mon cœur trop sensible
Dit à mon âme : Est-il possible,

Est-il possible, – le fût-il, –
Ce fier exil, ce triste exil ?

Mon âme dit à mon cœur : Sais-je
Moi-même, que nous veut ce piège

D'être présents bien qu'exilés,
Encore que loin en allés ?

« Ariettes oubliées »,
Romances sans paroles, VII, 1874.

CHARLEROI

Dans l'herbe noire
Les Kobolds[1] vont.
Le vent profond
Pleure, on veut croire.

Quoi donc se sent ?
L'avoine siffle.
Un buisson gifle
L'œil au passant.

Plutôt des bouges
Que des maisons.
Quels horizons
De forges rouges !

On sent donc quoi ?
Des gares tonnent,
Les yeux s'étonnent,
Où Charleroi ?

Parfums sinistres !
Qu'est-ce que c'est ?
Quoi bruissait
Comme des sistres ?

Sites brutaux !
Oh ! votre haleine,
Sueur humaine,
Cris des métaux !

Dans l'herbe noire
Les Kobolds vont.
Le vent profond
Pleure, on veut croire.

Paul Verlaine, « Paysages belges »,
Romances sans paroles, 1874.

1. **les Kobolds** : lutins des légendes germaniques.

1881

Sagesse

Verlaine exprime dans *Sagesse* le dialogue qu'il instaure avec Dieu. En prison à Bruxelles, puis à Mons, pour avoir tiré, ivre, deux coups de feu sur Rimbaud, il éprouve un profond repentir. Dans « Le Ciel ... » il exprime ses remords et sa tristesse. Dans « Je ne sais pourquoi », il évoque les paysages marins et laisse entendre à travers le cri de la mouette sa propre détresse.

1850
1900

« LE CIEL EST, PAR-DESSUS LE TOIT... »

Le ciel est, par-dessus le toit,
Si bleu, si calme !
Un arbre, par-dessus le toit,
Berce sa palme.

La cloche, dans le ciel qu'on voit,
Doucement tinte.
Un oiseau sur l'arbre qu'on voit
Chante sa plainte.

Mon Dieu, mon Dieu, la vie est là,
Simple et tranquille.
Cette paisible rumeur-là
Vient de la ville.

– Qu'as-tu fait, ô toi que voilà
Pleurant sans cesse,
Dis, qu'as-tu fait, toi que voilà,
De ta jeunesse ?

Sagesse, III, 6, 1881.

JE NE SAIS POURQUOI

Je ne sais pourquoi
Mon esprit amer
D'une aile inquiète et folle vole sur la mer.
Tout ce qui m'est cher,
D'une aile d'effroi
Mon amour le couve au ras des flots. Pourquoi, pourquoi ?

Mouette à l'essor mélancolique,
Elle suit la vague, ma pensée,
À tous les vents du ciel balancée,
Et biaisant quand la marée oblique,
Mouette à l'essor mélancolique.

Ivre de soleil
Et de liberté,
Un instinct la guide à travers cette immensité.
La brise d'été
Sur le flot vermeil
Doucement la porte en un tiède demi-sommeil.

Parfois si tristement elle crie
Qu'elle alarme au lointain le pilote,
Puis au gré du vent se livre et flotte
Et plonge, et l'aile toute meurtrie
Revole, et puis si tristement crie !

Je ne sais pourquoi
Mon esprit amer
D'une aile inquiète et folle vole sur la mer.
Tout ce qui m'est cher,
D'une aile d'effroi
Mon amour le couve au ras des flots. Pourquoi, pourquoi ?

Paul Verlaine, *Sagesse*, III, 7, 1881.

LAUTRÉAMONT

Nom et prénom : **Ducasse, Isidore**
Pseudonyme : **Lautréamont**
Naissance : **le 4 avril 1846, à Montevideo, en Uruguay**
Décès : **le 24 novembre 1870, à Paris**
Lieux : **Montevideo et Paris**
Situation familiale : **célibataire**
Profession : **aucun métier connu**
Amitié : **il vit solitaire**

Fils d'un diplomate en poste en Uruguay, au moment où le pays vit sous la dictature, le jeune Isidore Ducasse reste souvent enfermé dans la demeure paternelle, loin de l'agitation des rues. Père et fils se supportent difficilement. À quatorze ans, l'adolescent est envoyé à Tarbes, puis à Pau, pour y poursuivre ses études. Il travaille beaucoup et se lie difficilement. Délivré du lycée, il mène à Paris une vie solitaire, s'enfermant dans sa modeste chambre. Sa lumière reste allumée des nuits entières, pendant lesquelles il joue du piano. Il lit *La Divine Comédie* de Dante, les poètes romantiques, les romans noirs anglais, pleins d'angoisse et de violence. Il publie en 1869 un étrange ouvrage en prose, *Les Chants de Maldoror*, qu'il signe comte de Lautréamont. Le livre choque le public par sa violence, ses invectives et ses fantasmes étranges. La diffusion en est suspendue. L'écrivain annonce alors qu'il « ne veut plus chanter que l'espoir », mais l'ouvrage reste inachevé, seule sa Préface est rédigée sous le titre énigmatique de « Poésies ». Il meurt à l'âge de vingt-quatre ans, dans un garni de Montmartre, pendant le siège de Paris, en 1870. Sa tombe porte gravée cette épitaphe : « Ci-gît un adolescent qui mourut poitrinaire : vous savez pourquoi. Ne priez pas pour lui. »

Son œuvre principale

- *Les Chants de Maldoror* (1869)

1869

Les Chants de Maldoror

Révolté contre les dieux et contre les hommes, le héros des *Chants de Maldoror* disparaît et réapparaît sous les formes les plus diverses. Isidore Ducasse enchaîne ainsi une suite de tableaux énigmatiques qui inscrivent le poème en prose dans un univers fantastique.

Au clair de la lune, près de la mer, dans les endroits isolés de la campagne, l'on voit, plongé dans d'amères réflexions, toutes les choses revêtir des formes jaunes, indécises, fantastiques. L'ombre des arbres, tantôt vite, tantôt lentement, court, vient, revient, par diverses formes, en s'aplatissant, en se collant contre la terre. Dans le temps, lorsque j'étais emporté sur les ailes de la jeunesse, cela me faisait rêver, me paraissait étrange ; maintenant, j'y suis habitué. Le vent gémit à travers les feuilles ses notes langoureuses, et le hibou chante sa grave complainte[1], qui fait dresser les cheveux à ceux qui l'entendent. Alors, les chiens, rendus furieux, brisent leurs chaînes, s'échappent des fermes lointaines ; ils courent dans la campagne, çà et là, en proie à la folie. Tout à coup, ils s'arrêtent, regardent de tous les côtés avec une inquiétude farouche[2], l'œil en feu ; et, de même que les éléphants, avant de mourir, jettent dans le désert un dernier regard au ciel, élevant désespérément leur trompe, laissant leurs oreilles inertes, de même les chiens laissent leurs oreilles inertes, élèvent la tête, gonflent le cou terrible, et se mettent à aboyer, tour à tour, soit comme un enfant qui crie sa faim, soit comme un chat blessé au ventre au-dessus d'un toit, soit comme une femme qui va enfanter, soit comme un moribond atteint de la peste à l'hôpital, soit comme une jeune fille qui chante un air sublime, contre les étoiles au nord, contre les étoiles à l'est, contre les étoiles au sud, contre les étoiles à l'ouest ; contre la lune ; contre les montagnes, semblables au loin à des roches géantes, gisantes dans l'obscurité ; contre l'air froid qu'ils aspirent à pleins poumons, qui rend l'intérieur de leur narine, rouge, brûlant ; contre le silence de la nuit ; contre les chouettes, dont le vol oblique leur rase le museau, emportant un rat ou une grenouille dans le bec, nourriture vivante, douce pour les petits ; contre les lièvres, qui disparaissent en un clin d'œil ; contre le voleur, qui s'enfuit au galop de son cheval après avoir commis un crime ; contre les serpents, remuant les bruyères, qui leur font trembler la peau, grincer les dents ; contre leurs propres aboiements, qui leur font peur à eux-mêmes ; contre les crapauds, qu'ils broient d'un coup sec de mâchoire (pourquoi se sont-ils éloignés du marais ?) ; contre les arbres, dont les feuilles, mollement bercées, sont autant de mystères qu'ils ne comprennent pas, qu'ils veulent découvrir avec leurs yeux fixes, intelligents ; contre les araignées, suspendues entre leurs longues pattes, qui grimpent sur les arbres pour se sauver ; contre les corbeaux, qui n'ont pas trouvé de quoi manger pendant la journée, et qui s'en reviennent au gîte l'aile fatiguée ; contre les rochers du rivage ; contre les feux, qui paraissent au mât des navires invisibles ; contre le bruit sourd des vagues ; contre les grands poissons, qui, nageant, montrent leur dos noir, puis s'enfoncent dans l'abîme ; et contre l'homme qui les rend esclaves. Après quoi, ils se mettent de nouveau à courir la campagne, en sautant, de leurs pattes sanglantes, par-dessus les fossés, les chemins, les champs, les herbes et les pierres escarpées[3].

Lautréamont, *Les Chants de Maldoror*, 1869.

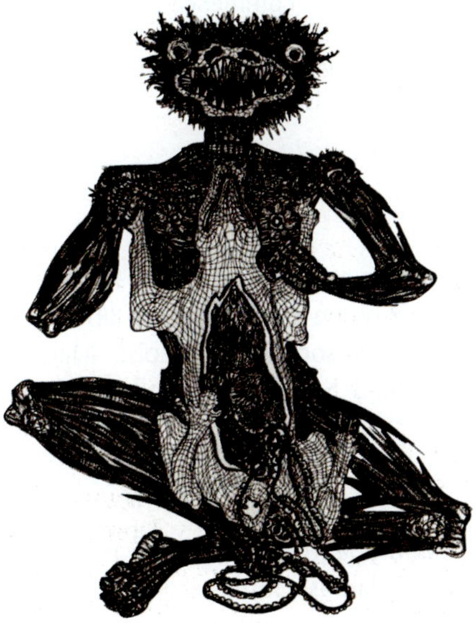

Illustration pour *Les Chants de Maldoror*, eau-forte de J. Houplain, 1947.

■ **1. complainte** : chanson populaire consacrée aux malheurs d'un personnage légendaire. ■ **2. farouche** : attitude sauvage, peu sociable, violente. ■ **3. pierres escarpées** : rochers abrupts, difficiles d'accès.

La plainte de Maldoror

Méconnu de son vivant, Lautréamont est redécouvert près de cinquante ans après sa mort par les poètes surréalistes, qui voient en lui un précurseur. *Les Chants de Maldoror* expriment en effet, à travers leur extraordinaire violence, une révolte contre la société, contre la raison, proche du rêve, de la folie et de la mort. Cette suite de poèmes en prose raconte les métamorphoses de Maldoror, ange déchu qui devient tour à tour aigle, poulpe, tarentule et requin. L'œuvre puise ses sources dans une multitude d'univers, se présentant comme une réécriture des textes d'Homère, de la Bible, de Sade, de Baudelaire ou de Hugo.

Porté par une imagination intense, écorchée, Lautréamont fait preuve d'audace et de liberté, dans un défi lancé aux hommes et à la littérature.

RIMBAUD

Nom et prénom : **Rimbaud, Arthur**

Naissance : **le 20 octobre 1854, à Charleville, dans les Ardennes**

Décès : **le 10 novembre 1891, à Marseille**

Lieux : **Paris, la Belgique, l'Abyssinie dans l'est de l'Afrique**

Situation familiale : **célibataire ; une liaison tumultueuse avec Paul Verlaine**

Profession : **négociant, après avoir renoncé à la poésie**

Amitiés : **Georges Izambart, son professeur de lycée; Paul Demeny; Germain Nouveau**

Rimbaud a six ans lorsque ses parents se séparent. Élevé par une mère autoritaire, il manifeste très vite un sentiment de révolte et une exaltation qui accompagnera toujours ce « voleur de feu ». Au collège de Charleville, Rimbaud se montre un élève brillant, mais indépendant. En août 1870, il s'enfuit en prenant le train pour Paris. Arrêté par la police, il est libéré grâce à son professeur et ami, Georges Izambart. Celui-ci l'encourage dans sa passion pour la poésie qui l'a saisi dès l'adolescence. Désormais, alors qu'il a seize ans, l'exigence de « changer la vie » devient impérieuse.

En 1871, année où il rédige « Le bateau ivre » et la « Lettre du Voyant », Rimbaud gagne enfin la capitale. Il fait la rencontre de Verlaine et se distingue dans la bohème littéraire par son génie, comme par ses outrances et ses provocations. Perpétuellement révolté, s'abandonnant aux « encrapulements » de la drogue et de l'alcool, Rimbaud entraîne Verlaine dans un voyage en Angleterre et en Belgique. La liaison homosexuelle des deux amis se termine à Bruxelles. Verlaine, ivre, tire deux coups de feu sur Rimbaud; il est emprisonné. Après avoir rédigé, auprès de sa mère, *Une saison en enfer*, Rimbaud repart pour Londres. Il rencontre Verlaine une dernière fois, à Stuttgart, en 1875. Le poète cesse alors d'écrire, et commence une série de voyages qui le conduisent d'abord en Europe, puis à Aden, en Arabie, où il devient gérant de comptoirs commerciaux et trafiquant d'armes. En 1891, il rentre en France pour soigner une tumeur au genou. Amputé de la jambe, il meurt quelques mois après son arrivée à Marseille, veillé par sa sœur Isabelle.

Ses œuvres principales

- *Une saison en enfer* (1873), *Illuminations* (1886), *Poésies complètes* (édition posthume, 1895, avec une préface de Verlaine)

L'ŒUVRE DE RIMBAUD

La poésie de la révolte

Dans ses premiers poèmes, Rimbaud exprime sa colère et sa révolte. Il dit aussi l'intensité des premiers désirs amoureux. Épris de bohème et de liberté, il manifeste l'horreur de la guerre et le refus de la société bourgeoise. Mais sa poésie témoigne également, avec « Le bateau ivre » ou « Voyelles », de la recherche d'une écriture nouvelle, fondée sur la fusion des sensations et la multiplication des images étonnantes.

La poésie des illuminations

Avec *Une saison en enfer* en 1873 et *Illuminations* en 1886, Rimbaud abandonne la versification. Ses poèmes en prose fixent des vertiges : « Si ce que [le poète] rapporte de là-bas a forme, il donne forme ; si c'est informe, il donne de l'informe. » Rimbaud crée un univers féerique, un « opéra fabuleux » où le rêve et la réalité se confondent, à travers des architectures imaginaires et des moments d'extase et de liberté.

RIMBAUD, LE VOLEUR DE FEU

Pour Rimbaud, dans sa « Lettre du Voyant », adressée en 1871 à son ami Paul Demeny, le poète est « un voleur de feu » qui touche à l'inconnu pour en rapporter ses visions. L'acte poétique est l'exploration d'un monde nouveau, abordé à travers « un long, immense et raisonné dérèglement de tous les sens ». La poésie suppose cette révolte. Elle conduit à abandonner les habitudes de vivre et de penser : « Je est un autre », écrit Rimbaud. Et le dérèglement nécessaire s'applique aussi au langage : Rimbaud libère la poésie, pratique le vers libre et multiplie les images violentes et inattendues dans ses poèmes en prose, annonçant les recherches de la poésie moderne.

1870

Poésies

L'œuvre de Rimbaud est intimement liée à sa propre vie. Il exprime dans ses poésies ses rêves et ses bonheurs d'adolescent, l'exaltation de l'errance et du vagabondage, mais aussi l'indignation ressentie devant les horreurs de la guerre de 1870. À travers le long poème du « Bateau ivre », Rimbaud écrit le manifeste de sa conception de la poésie.

1850
1900

LE DORMEUR DU VAL

C'est un trou de verdure où chante une rivière
Accrochant follement aux herbes des haillons[1]
D'argent, où le soleil, de la montagne fière,
Luit : c'est un petit val qui mousse de rayons.

Un soldat jeune, bouche ouverte, tête nue,
Et la nuque baignant dans le frais cresson bleu,
Dort ; il est étendu dans l'herbe, sous la nue[2],
Pâle dans son lit vert où la lumière pleut.

Les pieds dans les glaïeuls, il dort. Souriant comme
Sourirait un enfant malade, il fait un somme :
Nature, berce-le chaudement : il a froid.

Les parfums ne font pas frissonner sa narine ;
Il dort dans le soleil, la main sur sa poitrine
Tranquille. Il a deux trous rouges au côté droit.

OCTOBRE 1870.

Poésies, XVIII, édition de 1895.

1. **haillons** : lambeaux de vêtement.
2. **la nue** : les nuages.

RÊVÉ POUR L'HIVER

L'hiver, nous irons dans un petit wagon rose
Avec des coussins bleus.
Nous serons bien. Un nid de baisers fous repose
Dans chaque coin moelleux.

Tu fermeras l'œil, pour ne point voir, par la glace,
Grimacer les ombres des soirs,
Ces monstruosités hargneuses, populace
De démons noirs et de loups noirs.

Puis tu te sentiras la joue égratignée...
Un petit baiser, comme une folle araignée,
Te courra par le cou...

Et tu me diras : « Cherche ! » en inclinant la tête,
– Et nous prendrons du temps à trouver cette bête
– Qui voyage beaucoup...

En wagon, le 7 octobre [18]70.

Arthur Rimbaud, *Poésies*, XVII, édition de 1895.

LE BATEAU IVRE

Comme je descendais des Fleuves impassibles,
Je ne me sentis plus guidé par les haleurs :
Des Peaux-Rouges criards les avaient pris pour cibles
Les ayant cloués nus aux poteaux de couleurs.

J'étais insoucieux de tous les équipages,
Porteur de blés flamands ou de cotons anglais.
Quand avec mes haleurs ont fini ces tapages
Les Fleuves m'ont laissé descendre où je voulais.

Dans les clapotements furieux des marées,
Moi, l'autre hiver, plus sourd que les cerveaux d'enfants,
Je courus ! Et les Péninsules démarrées
N'ont pas subi tohu-bohus plus triomphants.

La tempête a béni mes éveils maritimes.
Plus léger qu'un bouchon j'ai dansé sur les flots
Qu'on appelle rouleurs éternels de victimes,
Dix nuits, sans regretter l'œil niais des falots !

Plus douce qu'aux enfants la chair des pommes sures,
L'eau verte pénétra ma coque de sapin
Et des taches de vins bleus et des vomissures
Me lava, dispersant gouvernail et grappin.

Et dès lors, je me suis baigné dans le Poème
De la Mer, infusé d'astres, et lactescent[1],
Dévorant les azurs verts ; où, flottaison blême
Et ravie, un noyé pensif parfois descend ;

Où, teignant tout à coup les bleuités, délires
Et rythmes lents sous les rutilements du jour,
Plus fortes que l'alcool, plus vastes que nos lyres,
Fermentent les rousseurs amères de l'amour !

Je sais les cieux crevant en éclairs, et les trombes
Et les ressacs et les courants : je sais le soir,
L'Aube exaltée ainsi qu'un peuple de colombes,
Et j'ai vu quelquefois ce que l'homme a cru voir !

J'ai vu le soleil bas, taché d'horreurs mystiques,
Illuminant de longs figements violets,
Pareils à des acteurs de drames très-antiques
Les flots roulant au loin leurs frissons de volets !

J'ai rêvé la nuit verte aux neiges éblouies,
Baiser montant aux yeux des mers avec lenteurs,
La circulation des sèves inouïes,
Et l'éveil jaune et bleu des phosphores chanteurs !

J'ai suivi, des mois pleins, pareille aux vacheries
Hystériques, la houle à l'assaut des récifs,
Sans songer que les pieds lumineux des Maries
Pussent forcer le mufle aux Océans poussifs !

J'ai heurté, savez-vous, d'incroyables Florides
Mêlant aux fleurs des yeux de panthères à peaux
D'hommes ! Des arcs-en-ciel tendus comme des brides
Sous l'horizon des mers, à de glauques troupeaux !

J'ai vu fermenter les marais énormes, nasses
Où pourrit dans les joncs tout un Léviathan[2] !
Des écroulements d'eaux au milieu des bonaces,
Et les lointains vers les gouffres cataractant !

Glaciers, soleils d'argent, flots nacreux, cieux de braises !
Échouages hideux au fond des golfes bruns
Où les serpents géants dévorés des punaises
Choient, des arbres tordus, avec de noirs parfums !

J'aurais voulu montrer aux enfants ces dorades
Du flot bleu, ces poissons d'or, ces poissons chantants.
– Des écumes de fleurs ont bercé mes dérades[3].
Et d'ineffables vents m'ont ailé par instants.

Parfois, martyr lassé des pôles et des zones,
La mer dont le sanglot faisait mon roulis doux
Montait vers moi ses fleurs d'ombre aux ventouses jaunes
Et je restais, ainsi qu'une femme à genoux...

Presque île, ballottant sur mes bords les querelles
Et les fientes d'oiseaux clabaudeurs[4] aux yeux blonds.
Et je voguais, lorsqu'à travers mes liens frêles
Des noyés descendaient dormir à reculons !

Or moi, bateau perdu sous les cheveux des anses,
Jeté par l'ouragan dans l'éther[5] sans oiseau,
Moi dont les Monitors[6] et les voiliers des Hanses[7]
N'auraient pas repêché la carcasse ivre d'eau ;

Libre, fumant, monté de brumes violettes,
Moi qui trouais le ciel rougeoyant comme un mur
Qui porte, confiture exquise aux bons poètes,
Des lichens de soleil et des morves d'azur,

Qui courais, taché de lunules[8] électriques,
Planche folle, escorté des hippocampes noirs,
Quand les juillets faisaient crouler à coups de triques
Les cieux ultramarins aux ardents entonnoirs ;

Moi qui tremblais, sentant geindre à cinquante lieues
Le rut des Béhémots[9] et les Maelstroms[10] épais,
Fileur éternel des immobilités bleues,
Je regrette l'Europe aux anciens parapets !

J'ai vu des archipels sidéraux ! et des îles
Dont les cieux délirants sont ouverts au vogueur :
– Est-ce en ces nuits sans fond que tu dors et t'exiles,
Million d'oiseaux d'or, ô future Vigueur ? –

Mais, vrai, j'ai trop pleuré ! Les Aubes sont navrantes.
Toute lune est atroce et tout soleil amer :
L'âcre amour m'a gonflé de torpeurs enivrantes.
Ô que ma quille éclate ! Ô que j'aille à la mer !

Si je désire une eau d'Europe, c'est la flache[11]
Noire et froide où vers le crépuscule embaumé
Un enfant accroupi plein de tristesses, lâche
Un bateau frêle comme un papillon de mai.

Je ne puis plus, baigné de vos langueurs, ô lames,
Enlever leur sillage aux porteurs de cotons,
Ni traverser l'orgueil des drapeaux et des flammes,
Ni nager sous les yeux horribles des pontons.

« Le bateau ivre », *Poésies*, XLI,
édition de 1895.

■ **1. lactescent** : blanc laiteux. ■ **2. Léviathan** : monstre mythologique, évoqué dans la Bible. ■ **3. dérades** : création de Rimbaud pour « sorties de la rade ». ■ **4. clabaudeurs** : aboyeurs. ■ **5. l'éther** : l'espace céleste. ■ **6. Monitors** : navires de guerre américains. ■ **7. Hanses** : compagnies maritimes de l'Allemagne, au Moyen Âge. ■ **8. lunules** : auréoles. ■ **9. Béhémots** : démons. ■ **10. Maelstroms** : gouffres, tourbillons. ■ **11. flache** : surface de l'eau.

MA BOHÈME
(Fantaisie)

Je m'en allais, les poings dans mes poches crevées ;
Mon paletot aussi devenait idéal ;
J'allais sous le ciel, Muse ! et j'étais ton féal ;
Oh ! là là ! que d'amours splendides j'ai rêvées !

Mon unique culotte avait un large trou.
– Petit-Poucet rêveur, j'égrenais dans ma course
Des rimes. Mon auberge était à la Grande-Ourse.
– Mes étoiles au ciel avaient un doux frou-frou.

Et je les écoutais, assis au bord des routes,
Ces bons soirs de septembre où je sentais des gouttes
De rosée à mon front, comme un vin de vigueur ;

Où, rimant au milieu des ombres fantastiques,
Comme des lyres, je tirais les élastiques
De mes souliers blessés, un pied près de mon cœur !

Arthur Rimbaud, *Poésies*, XXIII, édition de 1895.

Vincent Van Gogh, *Paire de souliers*, 1887.

Rimbaud, ivre de poésie

Alors que ses premiers poèmes révèlent l'influence de Victor Hugo et des poètes du Parnasse, Rimbaud affirme rapidement son génie. Sa révolte, ses fugues, l'expérience de l'errance et du voyage intérieur le conduisent à prendre le contre-pied de la poésie traditionnelle en revendiquant une esthétique nouvelle. La fureur d'écrire culmine avec le chant splendide et triomphal du « Bateau ivre ».

C'est ainsi que les dernières poésies manifestent l'ivresse du « dérèglement de tous les sens » qui annonce les *Illuminations*.

1886

Illuminations

Chacun des poèmes qui constituent le recueil des *Illuminations* apparaît comme une scène féerique ou hallucinatoire, un « instantané » d'extase ou de liberté. Chaque « phrase », chaque poème est pour Rimbaud l'occasion de recréer le monde sous le regard du lecteur.

MARINE

Les chars d'argent et de cuivre –
Les proues d'acier et d'argent –
Battent l'écume, –
Soulèvent les souches des ronces.
Les courants de la lande,
Et les ornières immenses du reflux,
Filent circulairement vers l'est,
Vers les piliers de la forêt, –
Vers les fûts[1] de la jetée,
Dont l'angle est heurté par des tourbillons de lumière.

Illuminations, XXIV, 1886.

DÉPART

Assez vu. La vision s'est rencontrée à tous les airs.
Assez eu. Rumeurs des villes, le soir, et au soleil, et toujours.
Assez connu. Les arrêts de la vie. – Ô Rumeurs et Visions !
Départ dans l'affection et le bruit neufs !

Illuminations, VIII, 1886.

PHRASES

Quand le monde sera réduit en un seul bois noir pour nos quatre yeux étonnés, – en une plage pour deux enfants fidèles, – en une maison musicale pour notre claire sympathie, – je vous trouverai.

Qu'il n'y ait ici-bas qu'un vieillard seul, calme et beau, entouré d'un « luxe inouï », – et je suis à vos genoux.

Que j'aie réalisé tous vos souvenirs, – que je sois celle qui sais vous garrotter, – je vous étoufferai.

Quand nous sommes très forts, – qui recule ? très gais, – qui tombe de ridicule ? Quand nous sommes très méchants, – que ferait-on de nous ?

Parez-vous, dansez, riez. – Je ne pourrai jamais envoyer l'Amour par la fenêtre.

Ma camarade, mendiante, enfant monstre ! comme ça t'est égal, ces malheureuses et ces manœuvres, et mes embarras. Attache-toi à nous avec ta voix impossible, ta voix ! unique flatteur de ce vil désespoir.

Illuminations, XII, 1886.

AUBE

J'ai embrassé l'aube[2] d'été.

Rien ne bougeait encore au front des palais. L'eau était morte. Les camps d'ombres ne quittaient pas la route du bois. J'ai marché, réveillant les haleines vives et tièdes, et les pierreries regardèrent, et les ailes se levèrent sans bruit.

La première entreprise[3] fut, dans le sentier déjà empli de frais et blêmes éclats, une fleur qui me dit son nom.

Je ris au wasserfall[4] blond qui s'échevela à travers les sapins : à la cime argentée je reconnus la déesse.

Alors je levai un à un les voiles. Dans l'allée, en agitant les bras. Par la plaine, où je l'ai dénoncée au coq. À la grand'ville elle fuyait parmi les clochers et les dômes, et courant comme un mendiant sur les quais de marbre, je la chassais.

En haut de la route, près d'un bois de lauriers, je l'ai entourée avec ses voiles amassés, et j'ai senti un peu son immense corps. L'aube et l'enfant tombèrent au bas du bois.

Au réveil il était midi.

Illuminations, XXII, 1886.

■ **1. fûts** : troncs d'arbres servant de piliers. ■ **2. aube** : première lueur du jour qui apparaît à l'horizon. ■ **3. entreprise** : conquête. ■ **4. wasserfall** : mot allemand signifiant « chute d'eau ».

FLEURS

D'un gradin d'or, – parmi les cordons de soie, les gazes grises, les velours verts et les disques de cristal qui noircissent comme du bronze au soleil, – je vois la digitale s'ouvrir sur un tapis de filigranes d'argent, d'yeux et de chevelures.

Des pièces d'or jaune semées sur l'agate, des piliers d'acajou supportant un dôme d'émeraudes, des bouquets de satin blanc et de fines verges de rubis entourent la rose d'eau.

Tels qu'un dieu aux énormes yeux bleus et aux formes de neige, la mer et le ciel attirent aux terrasses de marbre la foule des jeunes et fortes roses.

Arthur Rimbaud, *Illuminations*, XXIII, 1886.

Le mystère Rimbaud

Dans les *Illuminations*, la dernière création littéraire de Rimbaud, on trouve souvent le thème obsédant du départ. Cette œuvre que le poète appelle lui-même une « parade sauvage » sonne comme un testament poétique. En effet, Rimbaud, poète de génie, météore de la littérature, écrit son œuvre fulgurante en quelques années avant de s'arrêter délibérément. Il laisse derrière lui l'œuvre la plus forte et la plus troublante de la poésie française du XIXe siècle.

Devenu désormais l'insaisissable « homme aux semelles de vent », il part pour Chypre, puis Aden, puis l'Éthiopie et l'Égypte. Le poète devient vagabond, commerçant et trafiquant d'armes en Arabie. Cette rupture brutale et ce silence définitif créent alors le mythe de Rimbaud. Un « passant considérable » comme dira Mallarmé. Comment concilier « l'opéra fabuleux » de ses poèmes avec l'image de l'aventurier qui rentre en France pour y mourir ?

ZOLA

Nom et prénom : **Zola, Émile**
Naissance : **le 12 avril 1840, à Paris**
Décès : **dans la nuit du 29 au 30 septembre 1902, à Paris**
Lieux : **Aix, Paris, Médan**
Situation familiale : **marié, sans enfant ; deux enfants de sa maîtresse Jeanne Rozerot**
Professions : **commis, responsable chez Hachette, journaliste, écrivain**
Amitiés : **Paul Cézanne, Alphonse Daudet, Guy de Maupassant**

D'origine italienne, Émile Zola grandit à Aix-en-Provence. Après la mort de son père, en 1847, il mène auprès de sa mère une vie modeste, illuminée par l'amitié qui le lie au jeune Cézanne. Après avoir échoué au baccalauréat, Zola travaille à Paris comme livreur, puis comme directeur de la publicité chez Hachette. À vingt-quatre ans, il publie un recueil de nouvelles et s'exerce à la critique d'art en défendant passionnément la peinture impressionniste. C'est alors qu'il entreprend la fresque des *Rougon-Macquart*. Formidable projet qui, avec *L'Assommoir*, en 1877, fait de lui le romancier le plus célèbre de son temps ! Chef de file du mouvement naturaliste, Zola réunit ses disciples, Mirbeau, Huysmans, Maupassant, dans sa propriété de Médan. Mais, après les succès littéraires, un nouveau combat l'attend : persuadé de l'innocence du capitaine Dreyfus, accusé d'espionnage, Zola s'engage pour la réhabilitation de l'officier envoyé au bagne : « J'accuse ! » est publié en 1898 dans le journal *L'Aurore*. Condamné à la prison, haï en partie pour ses origines étrangères, Zola se réfugie en Angleterre. De retour à Paris, il meurt en 1902, d'une asphyxie due à un système de chauffage défectueux, peut-être d'origine criminelle.

Ses œuvres principales

- des romans parmi lesquels vingt romans regroupés dans la série des *Rougon-Macquart*, dont : *L'Assommoir* (1877), *Au bonheur des dames* (1883), *Germinal* (1885), *La Terre* (1887), *La Bête humaine* (1890), *Le Docteur Pascal* (1893)
- un essai littéraire : *Le Roman expérimental* (1880)

L'ŒUVRE DE ZOLA

La critique d'art polémique

Zola prend la défense des peintres modernes, Cézanne, Manet ou Renoir, contre l'hostilité du public et des journalistes. Il rassemble ses études esthétiques dans des recueils, comme par exemple dans *Mes Haines*, en 1866.

La défense du naturalisme

Fondateur et chef de file du mouvement naturaliste, Zola expose sa doctrine dans *Le Roman expérimental*, en 1880 : le romancier est un savant qui analyse l'influence des instincts et le rôle du milieu chez les individus.

La fresque des *Rougon-Macquart*

Illustrant les principes du naturalisme, les vingt romans qui constituent la fresque des *Rougon-Macquart* paraissent de 1871 à 1893, explorant l'ensemble des milieux de la société de l'époque.

L'œuvre engagée et humaniste

Ému devant la misère, Zola défend le progrès et l'éducation dans les *Trois Villes* : *Lourdes, Rome, Paris* (1894-1897). Après la bataille en faveur de Dreyfus, il expose ses aspirations humanistes dans les *Quatre Évangiles* : *Fécondité, Travail, Vérité* et *Justice*, qu'il laisse inachevé.

LE MAÎTRE DU NATURALISME

Rivalisant avec *La Comédie humaine* de Balzac, *Les Rougon-Macquart* forment une vaste fresque, l'« histoire naturelle et sociale d'une famille sous le second Empire ». Pour Zola, le romancier est un scientifique et le roman un laboratoire, qui expérimente les lois de l'hérédité et l'influence du milieu sur l'évolution des individus. À partir de la folie de la vieille tante Dide, la « fêlure » originelle se développe parmi les membres d'une même famille. Chaque roman explore ainsi un univers nouveau et les objets familiers – comme l'alambic, la locomotive ou la mine – deviennent des forces menaçantes. C'est que, romancier réaliste, Zola est aussi visionnaire, dans la peinture épique des foules ou des bouleversements de la société moderne.

1871

Préface de La Fortune des Rougon

Au moment où il publie le premier roman de la série des *Rougon-Macquart* en 1871, Zola présente dans une Préface au lecteur la vaste fresque qu'il entreprend. Son projet est fixé : il en explique la genèse et en définit les principes en annonçant les vingt romans à venir.

Je veux expliquer comment une famille, un petit groupe d'êtres, se comporte dans une société, en s'épanouissant pour donner naissance à dix, à vingt individus, qui paraissent, au premier coup d'œil, profondément dissemblables, mais que l'analyse montre intimement liés les uns aux autres. L'hérédité[1] a ses lois, comme la pesanteur.

Je tâcherai de trouver et de suivre, en résolvant la double question des tempéraments et des milieux, le fil qui conduit mathématiquement d'un homme à un autre homme. Et quand je tiendrai tous les fils, quand j'aurai entre les mains tout un groupe social, je ferai voir ce groupe à l'œuvre, comme acteur d'une époque historique, je le créerai agissant dans la complexité de ses efforts, j'analyserai à la fois la somme de volonté de chacun de ses membres et la poussée générale de l'ensemble.

Les Rougon-Macquart, le groupe, la famille que je me propose d'étudier, a pour caractéristique le débordement des appétits, le large soulèvement de notre âge, qui se rue aux jouissances. Physiologiquement[2], ils sont la lente succession des accidents nerveux et sanguins qui se déclarent dans une race, et qui déterminent, selon les milieux, chez chacun des individus de cette race, les sentiments, les désirs, les passions, toutes les manifestations humaines, naturelles et instinctives, dont les produits prennent les noms convenus de vertus et de vices. Historiquement, ils partent du peuple, ils s'irradient dans toute la société contemporaine, ils montent à toutes les situations, par cette impulsion essentiellement moderne que reçoivent les basses classes en marche à travers le corps social, et ils racontent ainsi le Second Empire, à l'aide de leurs drames individuels, du guet-apens du coup d'État à la trahison de Sedan[3].

Depuis trois années, je rassemblais les documents de ce grand ouvrage, et le présent volume était même écrit, lorsque la chute des Bonaparte, dont j'avais besoin comme artiste, et que toujours je trouvais fatalement au bout du drame, sans oser l'espérer si prochaine, est venue me donner le dénouement terrible et nécessaire de mon œuvre. Celle-ci est, dès aujourd'hui, complète ; elle s'agite dans un cercle fini ; elle devient le tableau d'un règne mort, d'une étrange époque de folie et de honte.

Cette œuvre, qui formera plusieurs épisodes, est donc, dans ma pensée, l'histoire naturelle et sociale d'une famille sous le Second Empire.

Émile Zola, Préface de *La Fortune des Rougon*, 1871.

1. **l'hérédité :** la transmission des caractères. 2. **physiologiquement :** la physiologie est la science qui étudie le fonctionnement des organismes. 3. **la trahison de Sedan :** le premier roman de la série s'ouvre sur le coup d'État de Louis-Napoléon Bonaparte, en 1851 ; le dernier coïncide avec la défaite de Sedan et la fin de l'Empire, en 1870.

La fresque romanesque

La Préface de 1871 marque pour Zola le point de départ d'un travail gigantesque qui durera plus de vingt ans. Le romancier écrit, à travers les vingt romans qui composent la fresque des Rougon-Macquart, l'histoire d'une famille à travers laquelle il explore l'ensemble de la société du second Empire.

Zola fait revivre aux yeux du lecteur le coup d'État de Louis-Napoléon Bonaparte, qui met fin à la seconde République, les travaux d'Haussmann qui bouleversent la capitale, la naissance des grandes entreprises industrielles et commerciales, la guerre de 1870 et la défaite de Sedan. Des centaines de personnages animent ainsi cette vaste fresque qui marque les origines du monde moderne.

1877

L'Assommoir

Abandonnée par son amant Auguste Lantier, Gervaise Macquart se retrouve seule à Paris, dans le quartier populaire de la Goutte-d'Or, avec ses deux enfants, Claude et Étienne. La jeune femme travaille courageusement comme blanchisseuse pour échapper à la misère. Elle épouse Coupeau, un ouvrier zingueur, dont elle a une fille, Anna, qu'on surnomme Nana. Mais à la suite d'une chute, Coupeau refuse de reprendre le travail ; il fréquente le café de L'Assommoir, prend l'habitude de boire et se lie d'amitié avec Lantier, qui finit par s'installer chez le couple. Gervaise à son tour se laisse entraîner dans une déchéance physique et morale. Elle se met à boire, abandonne sa blanchisserie, tombe dans un complet dénuement, jusqu'au jour où on la retrouve morte, abandonnée de tous.

L'Assommoir s'était empli. On parlait très fort, avec des éclats de voix qui déchiraient le murmure gras des enrouements. Des coups de poings sur le comptoir, par moments, faisaient tinter les verres. Tous debout, les mains croisées sur le ventre ou rejetées derrière le dos, les buveurs formaient de petits groupes, serrés les uns contre les autres ; il y avait des sociétés[1], près des tonneaux, qui devaient attendre un quart d'heure, avant de pouvoir commander leurs tournées au père Colombe.

« Comment ! c'est cet aristo[2] de Cadet-Cassis[3] ! cria Mes-Bottes, en appliquant une rude tape sur l'épaule de Coupeau. Un joli monsieur qui fume du papier et qui a du linge !... On veut donc épater sa connaissance, on lui paie des douceurs !

– Hein ! ne m'embête pas, répondit Coupeau, très contrarié.

Mais l'autre ricanait.

« Suffit ! on est à la hauteur, mon bonhomme... Les mufes[4] sont des mufes, voilà ! »

Il tourna le dos, après avoir louché terriblement, en regardant Gervaise. Celle-ci se reculait, un peu effrayée. La fumée des pipes, l'odeur forte de tous ces hommes montaient dans l'air chargé d'alcool ; et elle étouffait, prise d'une petite toux.

« Oh ! c'est vilain de boire ! » dit-elle à demi-voix.

Et elle raconta qu'autrefois, avec sa mère, elle buvait de l'anisette, à Plassans[5]. Mais elle avait failli en mourir un jour, et ça l'avait dégoûtée ; elle ne pouvait plus voir les liqueurs.

« Tenez, ajouta-t-elle en montrant son verre, j'ai mangé ma prune ; seulement, je laisserai la sauce, parce que ça me ferait du mal. »

Coupeau, lui aussi, ne comprenait pas qu'on pût avaler de pleins verres d'eau-de-vie. Une prune par-ci par-là, ça n'est pas mauvais. Quant au vitriol[6], à l'absinthe et aux autres cochonneries, bonsoir ! il n'en fallait pas. Les camarades avaient beau le blaguer, il restait à la porte lorsque ces cheulards-là[7] entraient à la mine à poivre. Le papa Coupeau, qui était zingueur comme lui, s'était écrabouillé la tête sur le pavé de la rue Coquenard, en tombant un jour de ribote[8] de la gouttière du n° 25 ; et ce souvenir, dans la famille, les rendait tous sages. Lui, lorsqu'il passait rue Coquenard et qu'il voyait la place, il aurait plutôt bu l'eau du ruisseau que d'avaler un canon[9] gratis chez le marchand de vin. Il conclut par cette phrase :

« Dans notre métier, il faut des jambes solides. »

Gervaise avait repris son panier. Elle ne se levait pourtant pas, le tenait sur ses genoux, les regards perdus, rêvant, comme si les paroles du jeune ouvrier éveillaient en elle des pensées lointaines d'existence. Et elle dit encore, lentement, sans transition apparente :

« Mon Dieu ! je ne suis pas ambitieuse, je ne demande pas grand-chose... Mon idéal, ce serait de travailler tranquille, de manger toujours du pain, d'avoir un trou un peu propre pour dormir, vous savez, un lit, une table et deux chaises, pas davantage... Ah ! je voudrais aussi élever mes enfants, en faire de bons sujets, si c'était possible… Il y a encore un idéal, ce serait de ne pas être battue, si je me remettais jamais en ménage ; non, ça ne me plairait pas d'être battue… Et c'est tout, vous voyez, c'est tout… »

Elle cherchait, interrogeait ses désirs, ne trouvait plus rien de sérieux qui la tentât. Cependant, elle reprit, après avoir hésité :

« Oui, on peut à la fin avoir le désir de mourir dans son lit… Moi, après avoir bien trimé toute ma vie, je mourrais volontiers dans mon lit, chez moi. »

Et elle se leva. Coupeau, qui approuvait vivement ses souhaits, était déjà debout, s'inquiétant de l'heure. Mais ils ne sortirent pas tout de suite ; elle eut la curiosité d'aller regarder, au fond, derrière la barrière de chêne, le grand alambic de cuivre rouge, qui fonctionnait sous le vitrage clair de la petite cour ; et le zingueur, qui l'avait suivie, lui expliqua comment ça marchait, indiquant du doigt les différentes pièces de l'appareil, montrant l'énorme cornue d'où tombait un filet limpide d'alcool. L'alambic, avec ses récipients de forme étrange, ses enroulements sans fin de tuyaux, gardait une mine sombre ; pas une fumée ne s'échappait ; à peine entendait-on un souffle intérieur, un ronflement souterrain ; c'était comme une besogne de nuit faite en plein jour, par un travailleur morne, puissant et muet. Cependant, Mes-Bottes, accompagné de ses deux camarades, était venu s'accouder sur la barrière, en attendant qu'un coin du comptoir fût libre. Il avait un rire de poulie mal graissée, hochant la tête, les yeux attendris, fixés sur la machine à soûler. Tonnerre de Dieu ! elle était bien gentille ! Il y avait, dans ce gros bedon de cuivre, de quoi se tenir le gosier au frais pendant huit jours. Lui, aurait voulu qu'on lui soudât le bout du serpentin entre les dents, pour sentir le vitriol encore chaud l'emplir, lui descendre jusqu'aux talons, toujours, toujours, comme un petit ruisseau. Dame ! il ne serait plus dérangé, ça aurait joliment remplacé les dés à coudre de ce roussin de père Colombe ! Et les camarades ricanaient, disaient que cet animal de Mes-Bottes avait un fichu grelot, tout de même. L'alambic, sourdement, sans une flamme, sans une gaieté dans les reflets éteints de ses cuivres, continuait, laissait couler sa sueur d'alcool, pareil à une source lente et entêtée, qui à la longue devait envahir la salle, se répandre sur les boulevards extérieurs, inonder le trou immense de Paris. Alors, Gervaise, prise d'un frisson, recula ; et elle tâchait de sourire, en murmurant :

« C'est bête, ça me fait froid, cette machine… la boisson me fait froid… »

Émile Zola, *L'Assommoir*, 1877.

■ 1. **sociétés** : groupes d'amis. ■ 2. **aristo** : terme d'argot signifiant « qui se croit plus que les autres ». ■ 3. **Cadet-Cassis** : surnom de Coupeau. ■ 4. **mufes** : idiots ou lâches dans la langue argotique. ■ 5. **Plassans** : lieu d'origine de la famille des Rougon-Macquart. ■ 6. **vitriol** : acide puissant qui désigne par métaphore un alcool fort. ■ 7. **cheulard** : ivrogne dans la langue argotique. ■ 8. **ribote** : excès de table et de boisson. ■ 9. **canon** : verre de vin dans la langue argotique.

Le roman du monde ouvrier

Dans *L'Assommoir*, Zola montre de manière réaliste l'existence quotidienne des artisans, des ouvriers, des petits commerçants, leurs espoirs et les dérives que créent la misère et la promiscuité.

Le roman provoque le scandale lors de sa parution : les lecteurs qui découvrent *L'Assommoir* en feuilleton dans le journal *Le Bien public* multiplient les réclamations et conduisent le directeur à interrompre sa publication.

Mais alors que certains continuent de dénoncer une œuvre « immorale, fétide, malsaine », le grand public se passionne pour le roman ouvrier, le roman du peuple. L'année même de sa parution, c'est un énorme succès, et l'éditeur Charpentier publie trente-huit éditions de *L'Assommoir*.

1885

Germinal

En grève depuis deux mois, les mineurs, qui n'ont obtenu aucun résultat, laissent éclater leur révolte, sous les yeux du directeur de la mine et de sa famille. Zola dépasse alors la représentation familière du milieu de la mine pour donner au texte romanesque une dimension épique.

« Prenez vos flacons, la sueur du peuple qui passe ! » murmura Négrel[1], qui, malgré ses convictions républicaines, aimait à plaisanter la canaille avec les dames.

Mais son mot spirituel fut emporté dans l'ouragan des gestes et des cris. Les femmes avaient paru, près d'un millier de femmes, aux cheveux épars, dépeignées par la course, aux guenilles montrant la peau nue, des nudités de femelles lasses d'enfanter des meurt-de-faim. Quelques-unes tenaient leur petit entre les bras, le soulevaient, l'agitaient, ainsi qu'un drapeau de deuil et de vengeance. D'autres, plus jeunes, avec des gorges gonflées de guerrières, brandissaient des bâtons ; tandis que les vieilles, affreuses, hurlaient si fort, que les cordes de leurs cous décharnés semblaient se rompre. Et les hommes déboulèrent ensuite, deux mille furieux, des galibots[2], des haveurs[3], des raccommodeurs[4], une masse compacte qui roulait d'un seul bloc, serrée, confondue, au point qu'on ne distinguait ni les culottes déteintes, ni les tricots de laine en loques, effacés dans la même uniformité terreuse. Les yeux brûlaient, on voyait seulement les trous des bouches noires, chantant *La Marseillaise*, dont les strophes se perdaient en un mugissement confus, accompagné par le claquement des sabots sur la terre dure. Au-dessus des têtes, parmi le hérissement des barres de fer, une hache passa, portée toute droite ; et cette hache unique, qui était comme l'étendard de la bande, avait, dans le ciel clair, le profil aigu d'un couperet de guillotine.

« Quels visages atroces ! » balbutia Mme Hennebeau[5].

Négrel dit entre ses dents : « Le diable m'emporte si j'en reconnais un seul ! D'où sortent-ils donc, ces bandits-là ? »

Et, en effet, la colère, la faim, ces deux mois de souffrance et cette débandade enragée au travers des fosses, avaient allongé en mâchoires de bêtes fauves les faces placides des houilleurs de Montsou. À ce moment, le soleil se couchait, les derniers rayons, d'une pourpre sombre, ensanglantaient la plaine. Alors, la route sembla charrier du sang, les femmes, les hommes continuaient à galoper, saignants comme des bouchers en pleine tuerie.

« Oh ! superbe ! » dirent à demi-voix Lucie et Jeanne, remuées dans leur goût d'artistes par cette belle horreur.

Émile Zola, *Germinal*, 1885.

1. **Négrel** : ingénieur à la mine. 2. **galibots** : enfants qui travaillent au fond. 3. **haveurs** : ouvriers qui entaillent les galeries. 4. **raccommodeurs** : ouvriers qui maintiennent en état les charpentes et les voies. 5. **Mme Hennebeau** : la femme du directeur de la mine.

Germinal, l'épopée lyrique des mineurs en grève

Pour écrire *Germinal*, Zola s'est rendu dans les mines d'Anzin, dans le nord de la France. Stupéfait par les conditions de travail qu'il y découvre, il décide d'écrire un roman qui soit un vrai cri de justice lancé à la société. *Germinal* raconte ainsi la vie des mineurs de Montsou et les circonstances dans lesquelles ils se mettent en grève. Mais celle-ci échoue, brisée par l'intervention de la troupe, par la faim et par la misère. À la fin du roman, amer, abattu, Étienne Lantier, un des meneurs de la grève, quitte à pied la fosse de la mine. Son échec n'est pourtant pas une défaite : la campagne éclatante qu'il traverse offre au lecteur la promesse d'une nouvelle « germination », un espoir d'avenir et de progrès.

1890

La Bête humaine

Après avoir décrit les Halles de Paris, les grands magasins ou la mine, Zola met en scène dans *La Bête humaine* le monde du chemin de fer. Le déraillement de la locomotive conduite par le héros est l'occasion, pour l'écrivain, de développer dans le roman une situation pathétique.

Alors, à vingt mètres d'eux, au bord de la voie où l'épouvante les clouait, Misard et Cabuche les bras en l'air, Flore les yeux béants, virent cette chose effrayante : le train se dresser debout, sept wagons monter les uns sur les autres, puis retomber avec un abominable craquement, en une débâcle informe de débris. Les trois premiers étaient réduits en miettes, les quatre autres ne faisaient plus qu'une montagne, un enchevêtrement de toitures défoncées, de roues brisées, de portières, de chaînes, de tampons, au milieu de morceaux de vitre. Et, surtout, l'on avait entendu le broiement de la machine contre les pierres, un écrasement sourd terminé en un cri d'agonie. La Lison[1], éventrée, culbutait à gauche, par-dessus le fardier[2]; tandis que les pierres, fendues, volaient en éclats, comme sous un coup de mine, et que, des cinq chevaux, quatre, roulés, traînés, étaient tués net. La queue du train, six wagons encore, intacts, s'étaient arrêtés, sans même sortir des rails.

Mais des cris montèrent, des appels dont les mots se perdaient en hurlements inarticulés de bête.

« À moi ! Au secours !... Oh ! mon Dieu ! je meurs ! Au secours ! Au secours ! »

On n'entendait plus, on ne voyait plus. La Lison, renversée sur les reins, le ventre ouvert, perdait sa vapeur, par les robinets arrachés, les tuyaux crevés, en des souffles qui grondaient, pareils à des râles furieux de géante. Une haleine blanche en sortait, inépuisable, roulant d'épais tourbillons au ras du sol; pendant que, du foyer, les braises tombées, rouges comme le sang même de ses entrailles, ajoutaient leur fumées noires. La cheminée, dans la violence du choc, était entrée en terre; à l'endroit où il avait porté, le châssis s'était rompu, faussant les deux longerons; et, les roues en l'air, semblable à une cavale monstrueuse décousue par quelque formidable coup de corne, la Lison montrait ses bielles tordues, ses cylindres cassés, ses tiroirs et leurs excentriques[3] écrasés, toute une affreuse plaie bâillant au plein air, par où l'âme continuait de sortir, avec un fracas d'enragé désespoir. Justement, près d'elle, le cheval qui n'était pas mort, gisait lui aussi, les deux pieds de devant emportés, perdant également ses entrailles par une déchirure de son ventre. À sa tête droite, raidie dans un spasme d'atroce douleur, on le voyait râler, d'un hennissement terrible, dont rien n'arrivait à l'oreille, au milieu du tonnerre de la machine agonisante.

Émile Zola, *La Bête humaine*, 1890.

1. **la Lison** : surnom donné à sa locomotive par le héros du roman, Jacques Lantier. 2. **fardier** : chariot tiré par des chevaux, qui transporte des blocs de pierre. C'est ce chariot, au milieu de la voie, qui est la cause de l'accident. 3. **excentriques** : pièces de la mécanique.

La Bête humaine, le déchaînement des instincts

À travers l'intrigue que développe le roman, *La Bête humaine* met en scène le monde de la justice et celui des chemins de fer qui, alors en pleine expansion, fascine et terrifie les contemporains de Zola. Jacques Lantier, mécanicien sur la Lison, la locomotive qui assure la liaison Paris-Le Havre, est le témoin d'un crime. Devenu l'amant de Séverine, la femme du meurtrier, il tue lui-même sa maîtresse dans une crise de folie, en proie à un instinct irrépressible. Le romancier explore ainsi les forces obscures qui entraînent l'homme à devenir un assassin, une « bête humaine ».

MOUVEMENT LITTÉRAIRE ET CULTUREL

Le réalisme et le naturalisme

À l'opposé du romantisme du début du siècle, un grand nombre d'artistes manifestent le désir de représenter la réalité de leur temps. Les peintres et les écrivains montrent des situations concrètes et familières, proches du lecteur, ancrées dans la réalité sociale. Cette conception de l'art aboutit, dans les années 1880, à la création par Émile Zola du mouvement naturaliste.

Les mots « réalisme » et « naturalisme »

Le terme « réalisme » apparaît en 1826 dans *Le Mercure de France* pour désigner « la littérature du vrai ». Il souligne chez les écrivains, mais aussi chez les peintres, la volonté de reproduire le réel. En utilisant le mot « naturalisme » dans *Le Roman expérimental* en 1880, Émile Zola exprime le souci de donner au réalisme une dimension scientifique. À travers son œuvre, le romancier étudie les lois de l'hérédité et l'influence du milieu sur les individus.

L'HISTOIRE DU MOUVEMENT

Alors que la sensibilité romantique triomphe au théâtre et dans la poésie, des peintres et des romanciers suscitent un vaste mouvement qui, comme l'explique Honoré de Balzac, cherche à « décrire la société dans son entier, telle qu'elle est ».

Le roman, miroir de la société

Dans la première moitié du XIXe siècle, Stendhal et Balzac ont pour ambition commune de faire de la littérature le reflet de la réalité : « Un roman est un miroir qui se promène sur une grande route », écrit Stendhal. Avec *La Comédie humaine*, Balzac veut dresser le tableau de la société dans son ensemble, prenant en compte la diversité des milieux et des caractères, du haut en bas de l'échelle sociale.

Gustave Courbet, peintre de la réalité sociale, considéré comme un maître de la peinture réaliste, représente des scènes familières. *Un enterrement à Ornans*, 1850.

Les combats du réalisme

Au-delà de la littérature, les peintres réalistes rompent vigoureusement avec l'enseignement de l'académisme. Ils veulent représenter l'humanité telle qu'elle est, sans l'idéaliser. Leurs tableaux sont refusés dans les salons. On reproche au peintre Gustave Courbet ou au caricaturiste Honoré Daumier leur vulgarité. Le critique d'art Champfleury multiplie les articles pour prendre leur défense. De la même manière, le roman de Flaubert, *Madame Bovary,* est poursuivi par la justice pour immoralité en 1857.

Dessinateur satirique, Honoré Daumier est également un peintre de la vie quotidienne, représentant avec réalisme les métiers de Paris. *La Blanchisseuse*, peinture à l'huile de 1863 (détail).

Émile Zola, photographié vers 1895.

Le projet naturaliste

Avec Émile Zola, le réalisme aboutit au naturalisme, qui s'impose comme une véritable école littéraire. L'écrivain veut montrer l'influence de l'hérédité et de l'éducation. Il s'appuie pour cela sur les théories scientifiques de Charles Darwin, Claude Bernard ou Auguste Comte. *Les Rougon-Macquart* provoquent le scandale, en décrivant l'alcoolisme ou la prostitution, mais connaissent un immense succès auprès du public. Zola rassemble autour de lui une génération de jeunes écrivains, comme Maupassant, Mirbeau ou Huysmans. L'influence du réalisme et du naturalisme s'exerce encore au XXe siècle dans la littérature, mais aussi dans la photographie et au cinéma.

Affiche de l'adaptation théâtrale de *Germinal*, d'Émile Zola, 1885.

LES PRINCIPES DU MOUVEMENT

Représenter la société dans tous ses aspects

L'écrivain réaliste veut reproduire dans son œuvre la globalité de la société dans laquelle il vit. Il explore la diversité des milieux qui la composent et décrit les rapports qu'entretiennent les individus.

S'appuyer sur une démarche scientifique

L'écrivain réaliste utilise la recherche documentaire. Il enquête sur les lieux de l'action de son roman. Il s'appuie sur des théories scientifiques, comme les lois de l'hérédité, pour expliquer le comportement de ses personnages.

Donner au lecteur l'illusion de la réalité

L'écrivain réaliste cherche à faire de son œuvre le reflet le plus exact possible du monde réel. Il multiplie les effets de réel, comme la description minutieuse d'objets familiers, le recours au langage technique ou argotique, la mise en valeur d'un détail qui donne une impression de vérité.

LES THÈMES ESSENTIELS DU MOUVEMENT

Nana, dans le tableau peint par Manet en 1877 (détail).

L'ascension sociale et la chute

Le roman raconte l'itinéraire d'individus confrontés à la société au sein de laquelle ils cherchent à s'insérer. Souvent, la quête du héros réaliste s'achève sur un échec, l'impossibilité d'atteindre l'objectif rêvé.

Le monde du travail

Le réalisme met en scène la diversité des milieux de la société industrielle. Il représente tous les métiers et tous les états, l'employé, le mineur, le rentier, le cheminot, le banquier, la prostituée, le savant, le commerçant…

La puissance des instincts

À l'idéalisation de la passion amoureuse, le roman réaliste oppose la force brutale du désir. Il représente des personnages habités par leurs instincts, entraînés par des pulsions qui les dépassent parfois.

La maladie et la mort

L'écrivain réaliste confronte ses personnages aux épreuves de la maladie et de la vieillesse. Il n'hésite pas à mettre en scène le moment où la mort apparaît, dans toute sa réalité.

Gustave Caillebotte, *Le Pont de l'Europe* (détail), 1876.

La représentation du travail et de l'effort des *Livreurs de farine*, peinture de 1885 réalisée par Louis Carrier-Bellense.

Le réalisme et l'image

Gustave Courbet s'impose, dans les années 1850, comme le chef de file du mouvement réaliste en peinture. Il réunit autour de lui Honoré Daumier, Jean-François Millet et tous ceux pour qui la peinture « ne peut consister que dans la représentation des choses réelles et existantes ». Désormais, la vie quotidienne est promue au rang des sujets dignes d'intérêt.

Dès son invention, la photographie veut représenter un témoignage instantané de la réalité d'une époque. Félix Nadar au XIXe siècle, Robert Doisneau au XXe font du témoignage photographique un moyen de comprendre et de questionner le monde.

L'influence du réalisme se retrouve dans le cinéma français, avec des metteurs en scène comme Jean Renoir ou Marcel Carné, mais aussi dans le cinéma néoréaliste italien avec Vittorio de Sica ou Roberto Rossellini.

Après la peinture et la littérature, on retrouve au cinéma la volonté de représenter la réalité, comme dans *Le jour se lève* de Marcel Carné, réalisé en 1939.

Gendarmes et ouvriers, personnages familiers que s'attachent à montrer dans leurs œuvres Balzac, Flaubert, Zola ou Maupassant.

Les grandes œuvres du réalisme et du naturalisme

Littérature
- Stendhal, *Le Rouge et le Noir*, 1830
- Balzac, *La Comédie humaine*, 1842-1848
- Flaubert, *Madame Bovary*, 1857
- Les frères Goncourt, *Germinie Lacerteux*, 1865
- Zola, *Les Rougon-Macquart*, 1871-1893
- Maupassant, *Une vie*, 1883

Peinture
- Gustave Courbet, *Un enterrement à Ornans*, 1850
- Jean-François Millet, *L'Angélus*, 1859
- Edgar Degas, *Après le bain*,1898

Sculpture
- Auguste Rodin, *Les Bourgeois de Calais*, 1884

Chanson
- Aristide Bruant, *Dans la rue*, 1889-1909

Cinéma
- Marcel Carné, *Hôtel du Nord*, 1938
- Vittorio de Sica, *Le Voleur de bicyclette*, 1948

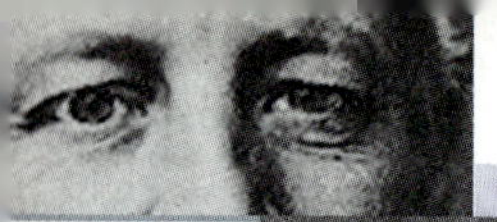

VERNE

Nom et prénom : **Verne, Jules**
Naissance : **le 8 février 1828, à Nantes**
Décès : **le 24 mars 1905, à Amiens**
Lieux : **Nantes, la Bibliothèque nationale et la Bourse de Paris, Le Crotoy, Amiens**
Situation familiale : **marié en 1857 à Honorine de Viane, veuve de vingt-six ans et mère de deux petites filles**
Professions : **secrétaire du Théâtre lyrique, agent de change, écrivain, conseiller municipal**
Amitiés : **Alexandre Dumas, l'explorateur Jacques Arago, l'éditeur Jules Hetzel, le photographe Félix Nadar**

À l'âge de onze ans, Jules Verne tente de s'engager comme mousse dans un bateau en partance pour les Indes. Rattrapé, il promet : « Je ne voyagerai plus qu'en rêve. » Après des études secondaires à Nantes, dans sa ville natale, il se rend à Paris pour y faire son droit, poursuivant ainsi la trajectoire fixée par son père, à la tête d'une étude d'avoué. Mais dans la capitale, où il rencontre Alexandre Dumas, le jeune homme ne rêve que de littérature. Il écrit des pièces de théâtre sans succès et devient agent de change à la Bourse de Paris.

C'est en 1862 que l'éditeur Jules Hetzel fait signer à Jules Verne un contrat qui l'engage à écrire deux romans par an pendant vingt ans. Le succès de son premier roman, *Cinq Semaines en ballon*, immédiatement traduit dans toute l'Europe, lui permet d'abandonner son métier. Les romans suivants lui assurent la fortune. Passionné par l'aéronautique, Verne fonde avec Nadar une société pour la recherche de la navigation aérienne. Il fait de longues croisières à bord de son yacht, écrivant de nombreuses œuvres sur ce « lieu de travail flottant ». À Amiens, où il s'est fixé en 1872, Jules Verne est élu au conseil municipal en 1889. Écrivain infatigable, il laisse quatre-vingts romans et des pièces de théâtre, travaillant jusqu'au bout, malgré des ennuis de santé.

Ses œuvres principales

- des romans, dont : *Un hivernage dans la glace* (1855), *Cinq Semaines en ballon* (1863), *Voyage au centre de la Terre* (1864), *De la Terre à la Lune* (1865), *Les Enfants du capitaine Grant* (1867-1868), *Vingt Mille Lieues sous les mers* (1870), *Une ville flottante* (1871), *Le Tour du monde en quatre-vingts jours* (1872), *L'Île mystérieuse* (1874), *Michel Strogoff* (1876), *Les Cinq Cents Millions de la bégum* (1879), *Un capitaine de quinze ans* (1878), *Robur le conquérant* (1886), *L'Île à hélices* (1895), *Le Sphinx des glaces* (1897), *L'Étonnante aventure de la mission Barsac* (posth. 1910)

1872

Le Tour du monde en quatre-vingts jours

Comme chaque jour, Mr Phileas Fogg, honorable gentleman britannique, se rend au très privé Reform-Club. Au cours d'une partie de cartes, la discussion porte sur les bouleversements récents des moyens de transport qui permettraient, selon un article du *Morning Chronicle*, de faire le tour du monde en quatre-vingts jours. Devant l'incrédulité de ses partenaires, Mr Fogg, passionné par la rigueur mathématique, leur lance un défi.

« Théoriquement, vous avez raison, monsieur Fogg, mais dans la pratique…

– Dans la pratique aussi, monsieur Stuart.

– Je voudrais bien vous y voir.

– Il ne tient qu'à vous. Partons ensemble.

– Le Ciel m'en préserve ! s'écria Stuart, mais je parierais bien quatre mille livres (100 000 F) qu'un tel voyage, fait dans ces conditions, est impossible.

– Très possible, au contraire, répondit Mr. Fogg.

– Eh bien, faites-le donc !

– Le tour du monde en quatre-vingts jours ?

– Oui.

– Je le veux bien.

– Quand ?

– Tout de suite.

– C'est de la folie ! s'écria Andrew Stuart, qui commençait à se vexer de l'insistance de son partenaire. Tenez ! jouons plutôt.

– Refaites alors, répondit Phileas Fogg, car il y a maldonne. »

Andrew Stuart reprit les cartes d'une main fébrile ; puis, tout à coup, les posant sur la table :

« Eh bien, oui, monsieur Fogg, dit-il, oui, je parie quatre mille livres !...

– Mon cher Stuart, dit Fallentin, calmez-vous. Ce n'est pas sérieux.

– Quand je dis : je parie, répondit Andrew Stuart, c'est toujours sérieux.

– Soit ! » dit Mr. Fogg. Puis, se tournant vers ses collègues :

« J'ai vingt mille livres (500 000 F) déposées chez Baring frères. Je les risquerai volontiers...

– Vingt mille livres ! s'écria John Sullivan. Vingt mille livres qu'un retard imprévu peut vous faire perdre !

– L'imprévu n'existe pas, répondit simplement Phileas Fogg.

– Mais, monsieur Fogg, ce laps de quatre-vingts jours n'est calculé que comme un minimum de temps !

– Un minimum bien employé suffit à tout.

– Mais pour ne pas le dépasser, il faut sauter mathématiquement des railways[1] dans les paquebots, et des paquebots dans les chemins de fer !

– Je sauterai mathématiquement.

– C'est une plaisanterie !

– Un bon Anglais ne plaisante jamais, quand il s'agit d'une chose aussi sérieuse qu'un pari, répondit Phileas Fogg. Je parie vingt mille livres contre qui voudra que je ferai le tour de la terre en quatre-vingts jours ou moins, soit dix-neuf cent vingt heures ou cent quinze mille deux cents minutes. Acceptez-vous ?

– Nous acceptons, répondirent MM. Stuart, Fallentin, Sullivan, Flanagan et Ralph, après s'être entendus.

– Bien, dit Mr. Fogg. Le train de Douvres part à huit heures quarante-cinq. Je le prendrai.

– Ce soir même ? demanda Stuart.

– Ce soir même, répondit Phileas Fogg. Donc, ajouta-t-il en consultant un calendrier de poche, puisque c'est aujourd'hui mercredi 2 octobre, je devrai être de retour à Londres, dans ce salon même du Reform-Club, le samedi 21 décembre, à huit heures quarante-cinq du soir, faute de quoi les vingt mille livres déposées actuellement à mon crédit chez Baring frères vous appartiendront de fait et de droit, messieurs. – Voici un chèque de pareille somme. »

1. railways : chemins de fer.

Jules Verne, *Le Tour du monde en quatre-vingts jours*, 1872.

L'aventure scientifique

Le Tour du monde en quatre-vingts jours met en scène un citoyen britannique qui se caractérise par son flegme, sa foi en la science et une ponctualité à toute épreuve. Mais le sang-froid de Phileas Fogg ne l'empêche pas de montrer une énergie débordante. En compagnie de son fidèle domestique Passepartout, il se lance dans la folle aventure d'un tour du monde, suivi par un détective qui le soupçonne de vol.

Employant les moyens de transport les plus divers, il triomphe de tous les obstacles, sauve la veuve d'un maharadjah, repousse une attaque d'Indiens sioux, brûle la mature d'un bateau à vapeur en panne de combustible. Arrivé à Londres, il croit avoir perdu son pari, quand il se rend compte qu'il a gagné vingt-quatre heures grâce au décalage horaire.

Le roman de Jules Verne rencontre ainsi un double public : les adolescents se passionnent pour le roman d'aventures et ses multiples péripéties ; les adultes se laissent séduire par les jeux scientifiques de l'écrivain.

MAUPASSANT

Nom et prénom : **de Maupassant, Guy**
Naissance : **le 5 août 1850, à Fécamp, en Normandie**
Décès : **le 6 juillet 1893, à Paris**
Lieux : **la Normandie, Paris, Cannes**
Situation familiale : **célibataire, de nombreuses aventures amoureuses ; trois enfants illégitimes**
Profession : **employé dans un ministère, puis il vit de ses écrits**
Amitiés : **Gustave Flaubert, Robert Pinchon ; Henry Cazalis, son médecin, confident des années noires**

Guy de Maupassant grandit en Normandie, au contact des paysans, des marins et des chasseurs dont il décrira les mœurs dans ses nouvelles. Après la guerre franco-prussienne de 1870, il devient fonctionnaire à Paris, mais il déteste la vie de bureau, qu'il compense par de joyeuses parties avec ses amis, sur les bords de la Seine : canotage, filles légères, fritures de poissons. Il écrit des poèmes, des pièces de théâtre, des nouvelles. Flaubert, le grand ami de la famille, qui est devenu son maître en littérature, le conseille.

En 1881 paraît son premier recueil de contes et nouvelles, *La Maison Tellier*, qui connaît un immense succès. Dès lors, chaque année, Maupassant livre à un public impatient ses romans ou ses recueils de contes. Il voyage, multiplie les liaisons amoureuses, fréquente les écrivains et les journalistes à la mode. Il se partage alors entre la Normandie, Paris et la Côte d'Azur, où il prend la mer sur son yacht, le *Bel-Ami*. Depuis longtemps, malade de la syphilis, il tente vainement de soulager ses douleurs. Sa santé se détériore. Après une tentative de suicide en 1891, il est interné à Paris, dans la maison de santé du docteur Blanche, où il meurt deux ans plus tard.

Ses œuvres principales

- des recueils de contes et nouvelles, dont : *La Maison Tellier* (1881), *Mademoiselle Fifi* (1882), *Contes de la bécasse* (1883), *Le Horla* (1887)
- des romans : *Une vie* (1883), *Bel-Ami* (1885), *Mont-Oriol* (1887), *Pierre et Jean* (1888), *Fort comme la mort* (1889), *Notre cœur* (1890)

L'ŒUVRE DE MAUPASSANT

La diversité des contes et nouvelles

En onze années, de 1880 à 1891, Maupassant publie près de trois cents contes et nouvelles qui font de lui le maître incontesté de ce genre dans la littérature française. À travers la diversité des situations qu'elles développent, ses nouvelles explorent tous les milieux de la société du XIXe siècle.

Le réalisme des romans

Héritier de Flaubert et de Zola, Maupassant écrit six romans qui connaissent un grand succès de librairie, parmi lesquels *Une vie* en 1883, *Bel-Ami* en 1885, *Notre cœur* en 1890. Il y affirme le souci de représenter la réalité de son temps, sur laquelle il porte un regard souvent amer et pessimiste.

La lucidité du chroniqueur

Après le succès de *Boule-de-Suif*, qui le lance dans la vie littéraire en 1880, Maupassant multiplie les chroniques dans les journaux, *Le Gaulois*, *Gil Blas*, ou *Le Figaro*. Il y montre un esprit incisif et ironique. Au-delà de la critique littéraire, il prend position dans les débats de son temps, en dénonçant la guerre ou le colonialisme, comme en s'opposant à la construction de la tour Eiffel.

MAUPASSANT, ÉCRIVAIN RÉALISTE ET FANTASTIQUE

Histoires de chasse, récits de guerre, farces normandes, drames bourgeois : sous leur apparence anecdotique, écrites dans une langue claire et limpide, les nouvelles, mais aussi les romans de Maupassant, sont autant d'observations lucides, amères ou burlesques de la société du XIXe siècle. L'écrivain est « un œil qui absorbe tout le réel », dit Maupassant, en vrai disciple de Flaubert. Mais l'auteur réaliste s'impose également comme un formidable créateur de nouvelles fantastiques, explorant l'univers inquiétant des miroirs, des doubles et des apparitions, qui plongent les personnages dans l'angoisse et les mènent au bord de la folie. À travers eux, ce sont ses propres terreurs que Maupassant affronte et cherche à conjurer, devant la présence cachée de la mort.

1881

Une partie de campagne

Publiée en 1881 dans *La Maison Tellier*, « Une partie de campagne » confronte deux univers familiers de l'auteur : celui des canotiers des bords de la Seine et celui des bourgeois parisiens grisés par une excursion à la campagne.

C'étaient deux solides gaillards, posant beaucoup pour la vigueur, mais qui montraient en tous leurs mouvements cette grâce élastique des membres qu'on acquiert par l'exercice, si différente de la déformation qu'imprime à l'ouvrier l'effort pénible, toujours le même.

Ils échangèrent rapidement un sourire en voyant la mère, puis un regard en apercevant la fille. « Donnons notre place, dit l'un, ça nous fera faire connaissance. » L'autre aussitôt se leva et, tenant à la main sa toque[1] mi-partie rouge et mi-partie noire, il offrit chevaleresquement de céder aux dames le seul endroit du jardin où ne tombât point le soleil. On accepta en se confondant en excuses ; et pour que ce fût plus champêtre, la famille s'installa sur l'herbe sans table ni sièges.

Les deux jeunes gens portèrent leur couvert quelques pas plus loin et se remirent à manger. Leurs bras nus, qu'ils montraient sans cesse, gênaient un peu la jeune fille. Elle affectait même de tourner la tête et de ne point les remarquer, tandis que Mme Dufour, plus hardie, sollicitée par une curiosité féminine qui était peut-être du désir, les regardait à tout moment, les comparant sans doute avec regret aux laideurs secrètes de son mari.

Elle s'était éboulée sur l'herbe, les jambes pliées à la façon des tailleurs, et elle se trémoussait continuellement, sous prétexte que des fourmis lui étaient entrées quelque part. M. Dufour, rendu maussade par la présence et l'amabilité des étrangers, cherchait une position commode qu'il ne trouva pas du reste, et le jeune homme aux cheveux jaunes[2] mangeait silencieusement comme un ogre.

« Un bien beau temps, monsieur », dit la grosse dame à l'un des canotiers. Elle voulait être aimable à cause de la place qu'ils avaient cédée. « Oui, madame, répondit-il ; venez-vous souvent à la campagne ?

– Oh ! une ou deux fois par an seulement, pour prendre l'air ; et vous, monsieur ?

– J'y viens coucher tous les soirs.

– Ah ! ça doit être bien agréable ?

– Oui, certainement, madame. »

Et il raconta sa vie de chaque jour, poétiquement, de façon à faire vibrer dans le cœur de ces bourgeois privés d'herbe et affamés de promenades aux champs cet amour bête de la nature qui les hante toute l'année derrière le comptoir de leur boutique.

Guy de Maupassant, « Une partie de campagne », *La Maison Tellier*, 1881.

---

1. **toque** : couvre-chef. 2. **le jeune homme aux cheveux jaunes** : l'employé de la boutique que M. et Mme Dufour ont emmené avec eux.

Le maître du conte et de la nouvelle

Avec *La Maison Tellier*, son premier recueil de contes et nouvelles, Guy de Maupassant s'impose aussitôt comme un maître du récit court. En quelques pages, il plante un décor, dresse le portrait animé de quelques personnages, construit une intrigue à la fois surprenante et vraisemblable qui s'achève sur une chute inattendue.

Mais Maupassant déploie également un extraordinaire talent de conteur. Il captive son lecteur, aussi bien dans les récits réalistes qui mettent en scène des scènes de guerre, les paysans normands ou les bourgeois parisiens, que dans les récits fantastiques qui explorent l'univers de la peur et de la folie.

1883

Une vie

Une vie, le premier roman de Maupassant, raconte l'histoire de Jeanne Le Perthuis des Vauds, jeune femme sensible et romanesque, depuis sa sortie du couvent. Accablée par un mariage malheureux, ayant perdu un à un tous ses proches, Jeanne fait, au terme de son existence, le bilan d'une vie qui ne lui laisse que regrets et amertume.

Comme elle était montée au grenier, un matin, pour chercher quelque objet, elle ouvrit par hasard une caisse pleine de vieux calendriers ; on les avait conservés selon la coutume de certaines gens de campagne.

Il lui sembla qu'elle retrouvait les années elles-mêmes de son passé, et elle demeura saisie d'une étrange et confuse émotion devant ce tas de cartons carrés.

Elle les prit et les emporta dans la salle du bas. Il y en avait de toutes les tailles, des grands et des petits. Et elle se mit à les ranger par années sur la table. Soudain, elle retrouva le premier, celui qu'elle avait apporté aux Peuples[1].

Elle le contempla longtemps, avec les jours biffés[2] par elle le matin de son départ de Rouen, le lendemain de sa sortie du couvent. Et elle pleura. Elle pleura des larmes mornes et lentes, de pauvres larmes de vieille en face de sa vie misérable étalée devant elle sur cette table.

Et une idée la saisit qui fut bientôt une obsession terrible, incessante, acharnée. Elle voulait retrouver presque jour pour jour ce qu'elle avait fait.

Elle piqua contre les murs, sur la tapisserie, l'un après l'autre, ces cartons jaunis, et elle passait des heures, en face de l'un ou l'autre, se demandant : « Que m'est-il arrivé, ce mois-là ? »

Elle avait marqué de traits les dates mémorables de son histoire, et elle parvenait parfois à retrouver un mois entier, reconstituant un à un, groupant, rattachant l'un à l'autre tous les petits faits qui avaient précédé ou suivi un événement important.

Elle réussit, à force d'attention obstinée, d'efforts de mémoire, de volonté concentrée, à rétablir presque entièrement ses deux premières années aux Peuples, les souvenirs lointains de sa vie lui revenant avec une facilité singulière et une sorte de relief.

Mais les années suivantes lui semblaient se perdre dans un brouillard, se mêler, enjamber, l'une sur l'autre ; et elle demeurait parfois un temps infini, la tête penchée vers un calendrier, l'esprit tendu vers l'Autrefois, sans parvenir même à se rappeler si c'était dans ce carton-là que tel souvenir pouvait être retrouvé.

Guy de Maupassant, *Une vie*, 1883.

1. **aux Peuples** : propriété des parents de l'héroïne. 2. **biffés** : barrés, raturés.

Un destin tragique

Roman du temps qui passe, *Une vie* met en scène Jeanne qui, pleine d'illusions, épouse le vicomte Julien de Lamare, qui se révèle rapidement volage, hypocrite et calculateur. Après la mort de celui-ci, assassiné par un mari jaloux, elle élève seule leur petit garçon qui, à dix-huit ans, s'enfuit en Angleterre et l'amène à la ruine. C'est alors la mort de ses parents qui la conduit au bord de la folie. Jeanne devient ainsi l'héroïne inoubliable d'un destin tragique, qui l'entraîne dans une lente mais irrésistible déchéance, financière, physique et morale. Seuls les encouragements et la fidélité dévouée et attentive de Rosalie, sa bonne, ainsi que le souvenir des jours heureux, innocents dans la douceur des paysages normands parviennent à donner un sens à son existence.

1885

Bel-Ami

Maupassant dresse dans son roman *Bel-Ami* le portrait d'un séducteur cynique et opportuniste, Georges Duroy, qui gravit les étapes menant à la célébrité et à la richesse. Dans cet extrait, Bel-Ami, qui fait désormais partie de la haute société, rend visite à ses parents, paysans normands.

Duroy aperçut soudain, à quelques centaines de mètres, deux vieilles gens qui s'en venaient, et il sauta de la voiture, en criant : « Les voilà. Je les reconnais. »

C'étaient deux paysans, l'homme et la femme, qui marchaient d'un pas irrégulier, en se balançant et se heurtant parfois de l'épaule. L'homme était petit, trapu, rouge et un peu ventru, vigoureux malgré son âge ; la femme, grande, sèche, voûtée, triste, la vraie femme de peine des champs qui a travaillé dès l'enfance et qui n'a jamais ri, tandis que le mari blaguait en buvant avec les pratiques[1].

Madeleine aussi était descendue de voiture et elle regardait venir ces deux pauvres êtres avec un serrement de cœur, une tristesse qu'elle n'avait point prévue. Ils ne reconnaissaient point leur fils, ce beau monsieur, et ils n'auraient jamais deviné leur bru[2] dans cette belle dame en robe claire.

Ils allaient, sans parler, et vite, au-devant de l'enfant attendu, sans regarder ces personnes de la ville que suivait une voiture.

Ils passaient. Georges, qui riait, cria : « Bonjou, pé Duroy. »

Ils s'arrêtèrent net, tous les deux, stupéfaits d'abord puis abrutis de surprise. La vieille se remit la première et balbutia, sans faire un pas : « C'est ti té, not' fieu ? »

Le jeune homme répondit : « Mais oui, c'est moi, la mé Duroy ! » et marchant à elle il l'embrassa sur les deux joues, d'un gros baiser de fils. Puis il frotta ses tempes contre les tempes du père, qui avait ôté sa casquette à la mode de Rouen, en soie noire, très haute, pareille à celle des marchands de bœufs.

Puis Georges annonça : « Voilà ma femme. » Et les deux campagnards regardèrent Madeleine. Ils la regardaient comme on regarde un phénomène, avec une crainte inquiète, jointe à une sorte d'approbation satisfaite chez le père, à une inimitié[3] jalouse chez la mère.

L'homme, qui était d'un naturel joyeux, tout imbibé par une gaieté de cidre doux et d'alcool, s'enhardit et demanda, avec une malice au coin de l'œil :

« J' pouvons-t-il l'embrasser tout d' même ? »

Le fils répondit : « Parbleu. » Et Madeleine, mal à l'aise, tendit ses deux joues aux bécots[4] sonores du paysan qui s'essuya ensuite les lèvres d'un revers de main.

Guy de Maupassant, *Bel-Ami*, 1885.

▪ **1. les pratiques** : les clients du café. ▪ **2. bru** : belle-fille. ▪ **3. inimitié** : animosité, haine.
▪ **4. bécots** : baisers sur les joues.

Une ascension sociale

Dès sa publication, en 1885, *Bel-Ami* provoque le scandale. On reproche à Maupassant une peinture noire de la société française. Le romancier s'en défend.

Son héros Georges Duroy, simple sous-officier vivotant à Paris, sait plaire aux femmes et entreprend grâce à elles une carrière dans le monde de la presse. Séducteur sans scrupule, signant désormais Georges Du Roy, il enlève Suzanne, la fille de son patron, et l'épouse après avoir obligé sa propre femme à divorcer. À la fin du roman, le triomphe de « Bel-Ami » est complet. Héros cynique et narcissique, le personnage incarne le type de ceux que dévorent l'ambition et la réussite.

MALLARMÉ

Nom et prénom : **Mallarmé, Stéphane**
Naissance : **le 18 mars 1842, à Paris**
Décès : **le 9 septembre 1898, à Valvins, en Seine-et-Marne**
Lieux : **Tournon, Avignon, Paris, Valvins**
Situation familiale : **marié ; père d'une fille, Geneviève, et d'un fils, Anatole, qui meurt en bas-âge**
Professions : **d'abord employé de bureau, puis professeur d'anglais**
Amitiés : **Villiers de L'Isle-Adam, Leconte de Lisle, Verlaine, Manet, Debussy, Paul Valéry**

La mère de Mallarmé meurt quand il a cinq ans. Rêveur et solitaire, Mallarmé se réfugie dans la poésie, s'enthousiasme à la lecture des *Fleurs du mal*, écrit des vers. Après le baccalauréat, il part en Angleterre où il se marie. Commence alors une carrière de professeur d'anglais qui le conduit à Toulon. Chaque soir, Mallarmé se retire dans la solitude de son bureau, pour affronter la page blanche, dans la clarté intime de la lampe.

En 1871, il est nommé à Paris. Il sort alors de son isolement. Il est l'ami de Manet et Zola ; son domicile de la rue de Rome devient peu à peu un salon littéraire, où il reçoit chaque mardi des disciples passionnés. En 1884, Verlaine le reconnaît comme un maître dans *Les Poètes maudits*. Mallarmé exerce alors sur de jeunes écrivains – Valéry, Gide, Claudel... – une influence considérable. Debussy met en musique certains de ses poèmes. En 1896, il est élu par ses pairs « prince des poètes ». Il meurt deux ans plus tard dans sa maison de Valvins, laissant le poème *Hérodiade* inachevé.

Ses œuvres principales

- des poèmes, parus dans des revues, dont : *L'Après-Midi d'un faune* (1876), *Hommages et Tombeaux* (1877), *Un coup de dés* (1897)
- un recueil de poèmes : *Poésies* (1887)
- une traduction des poèmes d'Edgar Poe (1888)

1887

Poésies

Profondément influencé par Baudelaire, Mallarmé rassemble en 1887 l'essentiel de sa production poétique dans un recueil intitulé *Poésies.* Les poèmes sont regroupés dans l'ordre chronologique de leur composition, et témoignent ainsi du travail de l'écriture, de l'évolution du style du poète.

APPARITION

La lune s'attristait. Des séraphins[1] en pleurs
Rêvant, l'archet[2] aux doigts, dans le calme des fleurs
Vaporeuses, tiraient de mourantes violes[3]
De blancs sanglots glissant sur l'azur des corolles[4]
– C'était le jour béni de ton premier baiser.
Ma songerie aimant à me martyriser
S'enivrait savamment du parfum de tristesse
Que même sans regret et sans déboire laisse
La cueillaison d'un Rêve au cœur qui l'a cueilli.
J'errais donc, l'œil rivé sur le pavé vieilli
Quand avec du soleil aux cheveux, dans la rue
Et dans le soir, tu m'es en riant apparue
Et j'ai cru voir la fée au chapeau de clarté
Qui jadis sur mes beaux sommeils d'enfant gâté
Passait, laissant toujours de ses mains mal fermées
Neiger de blancs bouquets d'étoiles parfumées.

Poésies, 1887.

■ **1. séraphins** : anges. ■ **2. archet** : baguette servant à jouer du violon. ■ **3. violes** : instruments anciens rappelant le violon. ■ **4. corolles** : ensembles formés par les pétales des fleurs.

1850
1900

BRISE MARINE

La chair est triste, hélas ! et j'ai lu tous les livres.
Fuir ! là-bas fuir ! Je sens que les oiseaux sont ivres
D'être parmi l'écume inconnue et les cieux !
Rien, ni les vieux jardins reflétés par les yeux,
Ne retiendra ce cœur qui dans la mer se trempe
Ô nuits ! ni la clarté déserte de ma lampe
Sur le vide papier que la blancheur défend
Et ni la jeune femme allaitant son enfant[5].
Je partirai ! Steamer[6] balançant ta mâture,
Lève l'ancre pour une exotique nature !

Un Ennui, désolé par les cruels espoirs,
Croit encore à l'adieu suprême des mouchoirs !
Et, peut-être, les mâts, invitant les orages
Sont-ils de ceux qu'un vent penche sur les naufrages
Perdus, sans mâts, sans mâts ni fertiles îlots...
Mais, ô mon cœur, entends le chant des matelots !

Poésies, 1887.

« LE VIERGE, LE VIVACE... »

Le vierge, le vivace et le bel aujourd'hui
Va-t-il nous déchirer avec un coup d'aile ivre
Ce lac dur oublié que hante sous le givre
Le transparent glacier des vols qui n'ont pas fui !

Un cygne d'autrefois se souvient que c'est lui
Magnifique mais qui sans espoir se délivre
Pour n'avoir pas chanté la région où vivre
Quand du stérile hiver a resplendi l'ennui.

Tout son col secouera cette blanche agonie
Par l'espace infligé à l'oiseau qui le nie,
Mais non l'horreur du sol où le plumage est pris.

Fantôme qu'à ce lieu son pur éclat assigne,
Il s'immobilise au songe froid de mépris
Que vêt parmi l'exil inutile le Cygne.

Stéphane Mallarmé, *Poésies*, 1887.

■ **5. son enfant** : Mallarmé, depuis quelques mois, est père d'une petite fille.
■ **6. Steamer** : mot anglais qui désigne le navire à vapeur.

Le poète symboliste

Toute la poésie de Mallarmé est à la recherche de la perfection. Inspirateur du mouvement symboliste, l'écrivain oppose la quête de l'Idéal à l'expérience décevante du réel. Son œuvre est habitée par les images de la transparence et de la pureté, la tension vers le « vierge azur », l'envol impossible du cygne pris dans les glaces. La poésie est pour Mallarmé une langue sacrée, exigeante et exaltante, subtile et raffinée. Le poème crée ainsi un univers mystérieux, où les objets ne sont pas décrits, mais évoqués, suggérés par le jeu du rythme et des images.

Ce qui compte en effet, c'est la suggestion, le reflet : c'est « peindre non la chose, mais l'effet qu'elle produit ». Tel est l'enjeu du poème pour l'écrivain symboliste.

Le mouvement symboliste

En réaction contre le réalisme et le naturalisme, le mouvement symboliste cherche à recréer le sens du mystère et de la rêverie devant l'univers. Réunissant d'abord des poètes français et belges, le symbolisme connaît, à la fin du XIXe siècle, un rayonnement international.

L'univers du peintre Arnold Böcklin recrée l'atmosphère captivante et énigmatique des écrivains symbolistes. *L'Île des morts*, 1886.

L'HISTOIRE DU MOUVEMENT

Alors que le réalisme triomphe au XIXe siècle, la fin du siècle voit se développer une réaction de rejet. Contestant les certitudes matérialistes et scientifiques, de nombreux jeunes poètes valorisent l'ésotérisme, le recours aux symboles, l'univers du rêve et de la mythologie.

Les précurseurs du mouvement

Dès 1857, Baudelaire, à travers son poème « Correspondances », souligne le lien entre le monde sensible et celui des idées. Verlaine à son tour privilégie la création d'une atmosphère liée aux impressions, aux sensations fugitives. Ils apparaissent tous les deux comme des maîtres qui inspirent une génération nouvelle de jeunes poètes.

L'influence de Mallarmé

Très vite, Stéphane Mallarmé s'impose comme le chef de file du mouvement. Il réunit chez lui, tous les mardis, rue de Rome, les artistes à la recherche d'un nouveau langage : Gustave Kahn, Jules Laforgue, Claude Debussy. Le mouvement inspire de nombreuses revues, comme *La Revue blanche*. En Belgique, Maurice Maeterlinck, Georges Rodenbach et Émile Verhaeren en sont les plus brillants représentants.

Les dissensions et le déclin

Des discordes apparaissent au sein du groupe symboliste. Mais surtout, la Première Guerre mondiale marque la disparition du mouvement, qui reste profondément ancré dans le contexte historique et culturel de la fin du XIXe siècle.

Odilon Redon, *Silence*, 1911.

Le mot « symbolisme »

En septembre 1886, le poète Jean Moréas publie dans *Le Figaro* un article intitulé : « Un manifeste littéraire. Le symbolisme ». S'opposant à la représentation réaliste et naturaliste du monde, les écrivains du mouvement symboliste privilégient le recours au symbole qui permet de faire le lien entre le monde des idées et le monde réel. À travers images et symboles, l'artiste tente d'atteindre une réalité supérieure.

Gustave Moreau, *Orphée sur la tombe d'Eurydice*, 1890.

LES PRINCIPES DU MOUVEMENT

Créer un nouveau langage poétique

Les symbolistes utilisent les termes rares, les symboles et les tournures recherchées pour aller au-delà des apparences et découvrir le sens caché du monde.

Suggérer des états d'âme

Les symbolistes évoquent des paysages fluides et changeants pour créer une atmosphère et exprimer à travers eux des sentiments intimes.

Privilégier la musicalité du vers

Les symbolistes abandonnent les contraintes de la versification à travers l'usage du vers libre et du poème en prose pour inventer un rythme nouveau.

LES THÈMES ESSENTIELS DU MOUVEMENT

La quête de l'Idéal

La méditation et la rêverie sont les moyens d'atteindre un monde idéal, opposé au caractère décevant et limité de la réalité.

La pureté et le blanc

Les paysages de neige, les nuages, le brouillard, le cygne symbolisent la pureté de l'art, loin de l'univers trivial des écrivains réalistes.

La mélancolie

L'artiste symboliste exprime dans son œuvre la tristesse des paysages, l'accablement provoqué par l'ennui ou par un amour impossible.

La recherche d'un art total

Dans le sillage du grand musicien allemand Richard Wagner, les membres du mouvement symboliste voudraient atteindre un art total qui unirait la peinture et l'écriture, la musique et la danse. Fauré, Debussy ou Ravel mettent en musique les poèmes de Verlaine ou de Mallarmé, sur lesquels les Ballets russes créent des chorégraphies. Odilon Redon ou Gustave Moreau peignent des personnages de la mythologie au sein de paysages mystérieux, développant un art du rêve et de la suggestion.

Le danseur Nijinsky dans *L'Après-midi d'un faune*, poème de Stéphane Mallarmé mis en musique par Debussy. Aquarelle de Léon Bakst.

Les grandes œuvres du mouvement symboliste

Littérature

- Stéphane Mallarmé, *Poésies*, 1887
- Jules Laforgue, *Les Complaintes*, 1885
- Georges Rodenbach, *Bruges-la-morte*, 1892
- Maurice Maeterlinck, *Pelléas et Mélisande*, 1892

Peinture

- Gustave Moreau, *L'Apparition*, 1876
- Puvis de Chavannes, *Le Bois sacré*, 1880-1889
- Odilon Redon, *L'œil comme un ballon bizarre*, 1882

Musique

- Gabriel Fauré, *Le Clair de lune*, 1887
- Claude Debussy, *Prélude à l'après-midi d'un faune*, 1894

Danse

- Nijinsky, chorégraphie de ballet sur le *Prélude à l'après-midi d'un faune*, 1911

RENARD

Nom et prénom : **Renard, Jules**
Naissance : **le 22 février 1864, à Châlons-du-Maine**
Décès : **le 22 mai 1910, à Paris**
Lieux : **Chitry-les-Mines, dans la Nièvre ; Paris ; Bourges ; Chaumot**
Situation familiale : **marié à Marie Morneau, en 1888, dont il a deux enfants qu'il nomme Fantec et Baïe**
Professions : **homme de lettres, maire de Chitry, membre de l'académie Goncourt**
Amitiés : **Alphonse Allais, Lucien Guitry, Sarah Bernhardt, Marcel Schwob**

Cadet de trois enfants, Jules Renard mène une enfance solitaire et morose dans la petite ville de Chitry-les-Mines, entre des parents qui ne s'aiment pas. À partir de 1875, en pension à l'institution Saint-Louis, il suit les cours du lycée de Nevers. En 1881, âgé de dix-sept ans, il s'installe à Paris, où il obtient son baccalauréat. Il lit beaucoup, écrit des vers, qu'il publie dans des petites revues. Il mène alors une vie matérielle difficile jusqu'en 1888, année de son mariage.

C'est à partir de 1891 que Jules Renard commence une période d'intense production littéraire, collaborant à des journaux, se liant à de nombreux écrivains. Il compose *Poil de Carotte*, dans lequel il relate ses relations difficiles avec ses parents. Dès 1887, il rédige son *Journal*, qu'il emplit de notes railleuses, souvent amères, toujours brillantes. Devenu maire de sa commune, élu membre de l'académie Goncourt en 1907, l'écrivain meurt de maladie trois ans plus tard, à l'âge de quarante-six ans.

Ses œuvres principales

- des romans, dont : *L'Écornifleur* (1892), *Poil de Carotte* (1894)
- des proses poétiques : *Histoires naturelles* (1896), *Les Bucoliques* (1896)
- un *Journal* (1887-1910, édition posthume)

1894

Poil de Carotte

Le roman de Jules Renard *Poil de Carotte* raconte l'histoire d'un enfant malheureux, à qui ses parents, M. et Mme Lepic, refusent toute affection. Sa mère s'acharne particulièrement sur l'enfant, surnommé « Poil de Carotte » à cause de ses cheveux roux. Victime des moqueries et des humiliations que sa famille lui fait subir, l'enfant s'enferme peu à peu dans la solitude.

Je parie, dit Mme Lepic, qu'Honorine a encore oublié de fermer les poules.

C'est vrai. On peut s'en assurer par la fenêtre. Là-bas, tout au fond de la grande cour, le petit toit aux poules découpe, dans la nuit, le carré noir de sa porte ouverte.

– Félix, si tu allais les fermer ? dit Mme Lepic à l'aîné de ses trois enfants.

– Je ne suis pas ici pour m'occuper des poules, dit Félix, garçon pâle, indolent et poltron.

– Et toi Ernestine ?

– Oh ! moi, maman, j'aurais trop peur !

Grand frère Félix et sœur Ernestine lèvent à peine la tête pour répondre. Ils lisent, très intéressés, les coudes sur la table, presque front contre front.

– Dieu, que je suis bête ! dit Mme Lepic. Je n'y pensais plus. Poil de Carotte, va fermer les poules !

Elle donne ce petit nom d'amour à son dernier-né, parce qu'il a les cheveux roux et la peau tachée. Poil de Carotte, qui joue à rien sous la table, se dresse et dit avec timidité.

– Mais, maman, j'ai peur aussi, moi.

– Comment ? répond Mme Lepic, un grand gars comme toi ! c'est pour rire. Dépêchez-vous, s'il te plaît !

– On le connaît ; il est hardi comme un bouc, dit sa sœur Ernestine.

– Il ne craint rien ni personne, dit Félix, son grand frère.

Ces compliments enorgueillissent Poil de Carotte, et, honteux d'en être indigne, il lutte déjà contre sa couardise. Pour l'encourager définitivement, sa mère lui promet une gifle.

– Au moins, éclairez-moi, dit-il.

Mme Lepic hausse les épaules, Félix sourit avec mépris. Seule pitoyable[1], Ernestine prend une bougie et accompagne petit frère jusqu'au bout du corridor.

– Je t'attendrai là, dit-elle.

Mais elle s'enfuit tout de suite, terrifiée, parce qu'un fort coup de vent fait vaciller la lumière et l'éteint.

Poil de Carotte, les fesses collées, les talons plantés, se met à trembler dans les ténèbres. Elles sont si épaisses qu'il se croit aveugle. Parfois une rafale l'enveloppe, comme un drap glacé, pour l'emporter. Des renards, des loups même, ne lui soufflent-ils pas dans ses doigts, sur sa joue ? Le mieux est de se précipiter, au juger, vers les poules, la tête en avant afin de trouer l'ombre. Tâtonnant, il saisit le crochet de la porte. Au bruit de ses pas, les poules effarées s'agitent en gloussant sur leur perchoir. Poil de Carotte leur crie :

– Taisez-vous donc, c'est moi !

Ferme la porte et se sauve, les jambes, les bras comme ailés. Quand il rentre, haletant, fier de lui, dans la chaleur et la lumière, il lui semble qu'il échange des loques pesantes de boue et de pluie contre un vêtement neuf et léger. Il sourit, se tient droit, dans son orgueil, attend les félicitations, et maintenant hors de danger, cherche sur le visage de ses parents la trace des inquiétudes qu'ils ont eues.

Mais grand frère Félix et sœur Ernestine continuent tranquillement leur lecture, et Mme Lepic lui dit, de sa voix naturelle :

– Poil de Carotte, tu iras les fermer tous les soirs.

Jules Renard, *Poil de Carotte*, 1894.

1. **pitoyable :** qui éprouve de la pitié.

Le personnage de l'enfant martyr

Le roman *Poil de Carotte* ne se présente pas comme un récit continu et linéaire. Jules Renard multiplie les petits épisodes, les scènes brèves, souvent dialoguées comme au théâtre, à travers lesquelles Poil de Carotte apparaît comme le souffre-douleur de sa famille. Mme Lepic, grand frère Félix et sœur Ernestine multiplient les vexations cruelles, lui infligeant des souffrances physiques et morales. Chaque moment de la vie quotidienne devient l'occasion d'une expérience amère, qui met à nu la détresse de l'enfant mal aimé, solitaire au sein de sa famille. Cependant, Jules Renard multiplie dans son roman les notations cocasses et les marques d'un humour grinçant qui dénoncent l'hypocrisie et la méchanceté, et l'imposent comme un moraliste original.

JARRY

Nom et prénom : **Jarry, Alfred**
Naissance : **le 8 septembre 1873, à Laval**
Décès : **le 3 novembre 1907, à Paris**
Lieux : **Laval, Saint-Brieuc, Paris**
Situation familiale : **célibataire**
Professions : **collaborateur de revues, secrétaire d'un théâtre**
Amitiés : **Léon-Paul Fargue, Rachilde, Rémy de Gourmont**

Alfred Jarry grandit à Saint-Brieuc, puis à Rennes, avec sa mère et sa sœur. À quinze ans, il fait jouer au théâtre de marionnettes de son lycée une pièce intitulée *Ubu cocu* : le personnage d'Ubu, inspiré par la figure d'un professeur, est né. À la mort de sa mère, en 1893, Jarry se lance dans le Paris journalistique et littéraire. Il fréquente le salon de Mallarmé. Habillé en tenue de cycliste, parlant avec l'accent de Guignol, Alfred Jarry se fait vite connaître comme un original inclassable. *Ubu roi* est joué en 1896. L'orchestre prévu pour couvrir les sifflets ne suffit pas : on se bat entre spectateurs et entre critiques. Le scandale assure la gloire de l'auteur, mais l'échec commercial de la pièce l'a ruiné. Jarry doit fuir ses créanciers. Il loge chez des amis, puis occupe une cabane au Plessis-Coudray, lançant de sa fenêtre une échelle de corde à ceux qui viennent le visiter. En 1906, malade, Jarry rédige son propre faire-part de décès et l'envoie à ses amis. Il meurt, en fait, un an plus tard, d'une méningite tuberculeuse, à l'âge de trente-quatre ans.

Ses œuvres principales

- des pièces de théâtre, dont :
  Ubu roi (1896),
  Ubu enchaîné (1900)
- des romans, dont :
  Messaline (1901),
  Le Surmâle (1902)
- des proses poétiques, dont :
  Gestes et Opinions du docteur Faustroll, pataphysicien (1897-1898)

1896

Ubu roi

Ancien roi d'Aragon, capitaine des dragons, décoré de l'ordre de l'Aigle rouge de Pologne, Ubu est l'officier de confiance du roi Venceslas. Mais sa femme aspire au trône et le pousse à monter une conspiration qui conduit finalement au massacre de la famille royale et à l'accession au trône du père Ubu. Tout-puissant, habité par la cupidité, celui-ci agit alors avec une cruauté inouïe, dépossédant les nobles et pressurant le peuple. L'intervention du tsar chasse enfin le tyran. Le père Ubu prend la fuite et rêve de se faire nommer ministre des Finances à Paris. Dès les premières répliques de la pièce, Jarry renouvelle la tragédie en multipliant les effets de bouffonnerie.

PÈRE UBU. – Merdre !

MÈRE UBU. – Oh ! voilà du joli, Père Ubu, vous estes un fort grand voyou.

PÈRE UBU. – Que ne vous assom-je, Mère Ubu !

MÈRE UBU. – Ce n'est pas moi, Père Ubu, c'est un autre qu'il faudrait assassiner.

PÈRE UBU. – De par ma chandelle verte, je ne comprends pas.

MÈRE UBU. – Comment, Père Ubu, vous estes content de votre sort ?

PÈRE UBU. – De par ma chandelle verte, merdre, madame, certes oui, je suis content. On le serait à moins : capitaine de dragons, officier de confiance du roi Venceslas, décoré de l'ordre de l'Aigle rouge de Pologne et ancien roi d'Aragon, que voulez-vous de mieux ?

MÈRE UBU. – Comment ! Après avoir été roi d'Aragon, vous vous contentez de mener aux revues une cinquantaine d'estafiers[1] armés de coupe-choux, quand vous pourriez faire succéder sur votre fiole la couronne de Pologne à celle d'Aragon ?

Père Ubu. – Ah ! Mère Ubu, je ne comprends rien de ce que tu dis.

Mère Ubu. – Tu es si bête !

Père Ubu. – De par ma chandelle verte, le roi Venceslas est encore bien vivant ; et même en admettant qu'il meure, n'a-t-il pas des légions d'enfants ?

Mère Ubu. – Qui t'empêche de massacrer toute la famille et de te mettre à leur place ?

Père Ubu. – Ah ! Mère Ubu, vous me faites injure et vous allez passer tout à l'heure par la casserole.

Mère Ubu. – Eh ! pauvre malheureux, si je passais par la casserole, qui te raccommoderait tes fonds de culotte ?

Père Ubu. – Eh vraiment ! et puis après ? N'ai-je pas un cul comme les autres ?

Mère Ubu. – À ta place, ce cul, je voudrais l'installer sur un trône. Tu pourrais augmenter indéfiniment tes richesses, manger fort souvent de l'andouille et rouler carrosse par les rues.

Père Ubu. – Si j'étais roi, je me ferais construire une grande capeline comme celle que j'avais en Aragon et que ces gredins d'Espagnols m'ont impudemment[2] volée.

Mère Ubu. – Tu pourrais aussi te procurer un parapluie et un grand caban qui te tomberait sur les talons.

Père Ubu. – Ah ! je cède à la tentation. Bougre de merdre, merdre de bougre, si jamais je le rencontre au coin d'un bois, il passera un mauvais quart d'heure.

Mère Ubu. – Ah ! bien, Père Ubu, te voilà devenu un véritable homme.

Père Ubu. – Oh non ! capitaine de dragons, massacrer le roi de Pologne ! plutôt mourir !

Mère Ubu, *à part*. – Oh ! merdre ! *(Haut.)* Ainsi tu vas rester gueux comme un rat, Père Ubu.

Père Ubu. – Ventrebleu, de par ma chandelle verte, j'aime mieux être gueux comme un maigre et brave rat que riche comme un méchant et gras chat.

Mère Ubu. – Et la capeline ? et le parapluie ? et le grand caban ?

Père Ubu. – Eh bien, après, Mère Ubu ? *(Il s'en va en claquant la porte.)*

Mère Ubu, *seule*. – Vrout, merdre, il a été dur à la détente, mais vrout, merdre, je crois pourtant l'avoir ébranlé. Grâce à Dieu et à moi-même, peut-être dans huit jours serai-je reine de Pologne.

Alfred Jarry, *Ubu roi*, acte I, scène 1, 1896.

Dessin d'Alfred Jarry pour le programme de la pièce *Ubu roi*.

■ **1. estafiers** : terme dévalorisant pour désigner les laquais, les valets. ■ **2. impudemment** : de manière offensante, insultante.

Alfred Jarry, le théâtre de la parodie

Dès le premier mot de sa pièce, « Merdre ! », Alfred Jarry remet en cause le langage théâtral. *Ubu roi* alterne ainsi les jurons, le langage argotique, les bouffonneries pour parodier le théâtre classique. La pièce de Jarry reprend en effet l'intrigue de *Macbeth* de Shakespeare et montre dans le personnage d'Ubu un être violent et cruel, proche des marionnettes et du théâtre de Grand-Guignol, qui incarne la bêtise et la méchanceté. Les costumes et les décors participent de la même manière à cette remise en cause du théâtre classique.

C'est cette puissance de subversion parodique du langage et de la représentation théâtrale qui conduit la pièce de Jarry à être souvent mise en scène, comme elle l'a été par Jean Vilar, Peter Brook ou Antoine Vitez.

ROSTAND

Nom et prénom : **Rostand, Edmond**
Naissance : **le 1er avril 1868, à Marseille**
Décès : **le 2 décembre 1918, à Paris**
Lieux : **Marseille, Paris, le pays basque**
Situation familiale : **marié à la poétesse Rosemonde Gérard, dont il a deux fils**
Profession : **écrivain**
Amitiés : **René Doumic, son professeur de lettres ; l'acteur Coquelin ; l'actrice Sarah Bernhardt ; la poétesse Anna de Noailles**

Edmond Rostand naît dans une famille aisée de Marseille. Après une enfance choyée auprès de ses deux sœurs, il passe brillamment le baccalauréat à seize ans, avant de s'inscrire à Paris au collège Stanislas. Il s'y lie d'amitié avec son professeur de rhétorique, qui l'encourage à écrire des vers.

En 1890, Edmond Rostand connaît son premier succès avec la pièce *Les Romanesques*, créée en 1894. Le triomphe vient en 1897 avec *Cyrano de Bergerac*. Le succès est immense, on admire le panache, l'audace et l'abnégation de Cyrano. Trois ans plus tard, riche, adulé, Edmond Rostand fait représenter *L'Aiglon*, drame dont le héros est le duc de Reichstadt et dont Sarah Bernhardt interprète le rôle principal. Couvert d'honneurs, organisant de grandes réceptions dans sa maison du pays basque, Rostand entre à l'Académie française à trente-trois ans. L'écrivain traverse une phase de doute, noue une liaison avec Anna de Noailles, écrit une nouvelle pièce, symboliste, *Chantecler*. Mais c'est un échec. Après la Première Guerre mondiale, à laquelle participent ses deux fils, dont le futur grand biologiste Jean Rostand, le dramaturge est emporté par l'épidémie de grippe espagnole qui sévit en France.

Ses œuvres principales

- des pièces de théâtre, dont : *Les Romanesques* (1894), *Cyrano de Bergerac* (1897), *L'Aiglon* (1900), *Chanteclerc* (1910)

1897

Cyrano de Bergerac

Edmond Rostand s'inspire du poète du XVIIe siècle Cyrano de Bergerac pour mettre en scène un personnage brillant, bretteur redoutable, volontiers querelleur. Cyrano n'hésite pas à se battre en duel et improvise une ballade au moment du combat. Amoureux de Roxane, le bouillant Gascon, affligé d'un long nez, s'efface au bénéfice de Christian de Neuvilette. Mais c'est lui qui écrit à sa place les lettres d'amour enflammées de son rival. Ce n'est qu'à la fin de la pièce, quinze ans après la mort de Christian, que Roxanne apprend la vérité, le jour où Cyrano, blessé mortellement, lui rend visite pour la dernière fois dans le couvent où elle s'est retirée.

DE GUICHE, *qui est descendu de la scène, avec les marquis.*

Mais à la fin il nous ennuie !

LE VICOMTE DE VALVERT, *haussant les épaules.*

Il fanfaronne !

DE GUICHE

Personne ne va donc lui répondre ?...

LE VICOMTE

Personne ?
Attendez ! Je vais lui lancer un de ces traits !...

Il s'avance vers Cyrano qui l'observe, et se campant devant lui d'un air fat.

Vous... vous avez un nez... heu... un nez... très grand.

CYRANO, *gravement.*

Très.

LE VICOMTE, *riant.*

Ha!

CYRANO, *imperturbable.*

C'est tout?...

LE VICOMTE

Mais...

CYRANO

Ah! non! c'est un peu court, jeune homme!
On pouvait dire... Oh! Dieu!... bien des choses en
[somme.
En variant le ton, – par exemple, tenez :
Agressif : « Moi, monsieur, si j'avais un tel nez,
Il faudrait sur-le-champ que je me l'amputasse! »
Amical : « Mais il doit tremper dans votre tasse :
Pour boire, faites-vous fabriquer un hanap! »
Descriptif : « C'est un roc!... c'est un pic!... c'est un cap!
Que dis-je, c'est un cap?... C'est une péninsule! »
Curieux : « De quoi sert cette oblongue capsule?
D'écritoire, monsieur, ou de boîte à ciseaux? »
Gracieux : « Aimez-vous à ce point les oiseaux
Que paternellement vous vous préoccupâtes
De tendre ce perchoir à leurs petites pattes? »
Truculent : « Çà, monsieur, lorsque vous pétunez,
La vapeur du tabac vous sort-elle du nez
Sans qu'un voisin ne crie au feu de cheminée? »
Prévenant : « Gardez-vous, votre tête entraînée
Par ce poids, de tomber en avant sur le sol! »
Tendre : « Faites-lui faire un petit parasol
De peur que sa couleur au soleil ne se fane! »
Pédant : « L'animal seul, monsieur, qu'Aristophane
Appelle Hippocampéléphantocamélos
Dut avoir sous le front tant de chair sur tant d'os! »
Cavalier : « Quoi, l'ami, ce croc est à la mode?
Pour pendre son chapeau, c'est vraiment très
[commode! »
Emphatique : « Aucun vent ne peut, nez magistral,
T'enrhumer tout entier, excepté le mistral! »
Dramatique : « C'est la mer Rouge quand il saigne! »
Admiratif : « Pour un parfumeur, quelle enseigne! »
Lyrique : « Est-ce une conque, êtes-vous un triton? »
Naïf : « Ce monument, quand le visite-t-on? »
Respectueux : « Souffrez, monsieur, qu'on vous salue,
C'est là ce qui s'appelle avoir pignon sur rue! »
Campagnard : « Hé, ardé! C'est-y un nez? Nanain!
C'est queuqu'navet géant ou ben queuqu'melon nain! »
Militaire : « Pointez contre cavalerie! »
Pratique : « Voulez-vous le mettre en loterie?
Assurément, monsieur, ce sera le gros lot! »
Enfin, parodiant Pyrame en un sanglot :
« Le voilà donc ce nez qui des traits de son maître
A détruit l'harmonie! Il en rougit, le traître! »
– Voilà ce qu'à peu près, mon cher, vous m'auriez dit
Si vous aviez un peu de lettres et d'esprit :
Mais d'esprit, ô le plus lamentable des êtres,
Vous n'en eûtes jamais un atome, et de lettres
Vous n'avez que les trois qui forment le mot : sot!
Eussiez-vous eu, d'ailleurs, l'invention qu'il faut
Pour pouvoir là, devant ces nobles galeries,
Me servir toutes ces folles plaisanteries,
Que vous n'en eussiez pas articulé le quart
De la moitié du commencement d'une, car
Je me les sers moi-même, avec assez de verve,
Mais je ne permets pas qu'un autre me les serve.

Edmond Rostand, *Cyrano de Bergerac*, acte I, scène 10, 1897.

Croquis de Delaroche pour la pièce *Cyrano de Bergerac.*

Le triomphe de Cyrano

L'acteur Constant Coquelin, enthousiasmé à la lecture de *Cyrano de Bergerac*, fait accepter la pièce au théâtre de la Porte-Saint-Martin, malgré les difficultés : le drame comprend en effet cinq décors et plus de cinquante personnages. Edmond Rostand participe financièrement à la création de la pièce. Jusqu'à la dernière minute, les administrateurs du théâtre sont inquiets, ils demandent à l'auteur de retirer la tirade du nez, jugée ridicule. Cependant, le 28 décembre 1897, jour de la première, c'est un triomphe. Lorsque le rideau tombe, on compte plus de quarante rappels et l'ovation faite à Edmond Rostand dure plus de deux heures. Depuis, le succès de la pièce ne se dément pas. On ne compte plus ses représentations ni ses adaptations pour le cinéma ou la télévision.

LA LITTÉRATURE EN EUROPE 1850 1900

Les bouleversements engendrés par la révolution industrielle qui, partie d'Angleterre, touche progressivement l'ensemble du continent européen, contribuent à répandre une nouvelle vision de la société et de la littérature. Le réalisme, puis le naturalisme expriment partout en Europe la volonté de peindre la réalité de la société contemporaine.

La Scandinavie

L'évolution du théâtre du Norvégien Henrik Ibsen est à l'image des mouvements successifs qui traversent le XIXe siècle. Romantique à ses débuts, l'écrivain évolue ensuite vers une dramaturgie réaliste avec *Maison de poupée*, en 1879, qui met en scène l'affrontement de l'égoïsme masculin et le désir de libération de la femme. Le Suédois August Strindberg exprime la même préoccupation de renouveler l'écriture théâtrale quand il donne à sa pièce *Mademoiselle Julie*, en 1888, le sous-titre « Tragédie naturaliste ».

Le portrait de l'écrivain Henrik Ibsen (1828-1906) peint par Edvard Munch.

La Grande-Bretagne

Les personnages de *Alice au pays des merveilles* (1865).

Romans d'aventures, romans policiers, romans de science-fiction, romans humoristiques : la littérature romanesque britannique manifeste une diversité qui touche tous les publics. C'est ainsi que Lewis Carroll publie *Alice au pays des merveilles* en 1865 ; Robert-Louis Stevenson, *L'Île au trésor* en 1883 ; Jerome K. Jerome, *Trois hommes dans un bateau sans compter le chien* en 1889 ; Oscar Wilde, *Le Portrait de Dorian Gray* en 1891 ; Arthur Conan Doyle, *Les Aventures de Sherlock Holmes* en 1892 ; Rudyard Kipling, *Le Livre de la jungle* en 1894 ; l'Irlandais William Butler Yeats *ses Poèmes* en 1895 ; Herbert George Wells son *Homme invisible* en 1897. Ce foisonnement impressionnant d'œuvres, dans tous les genres, témoigne d'une vitalité exceptionnelle.

L'écrivain et auteur dramatique Oscar Wilde (1854-1900).

L'Homme invisible (1897)

Le roman de l'écrivain anglais George Wells a eu, dès sa publication, un énorme succès. Le héros, jeune physicien, met au point le moyen de rendre transparent tous les tissus. Il expérimente le procédé sur lui-même et découvre les difficultés de sa nouvelle existence. Il doit porter des gants, des lunettes noires, des vêtements pour ne pas faire peur. Lorsque ses ressources financières sont épuisées, il se livre à des vols pour survivre. Une grosse récompense est alors promise à celui qui s'emparera de « l'homme invisible ». Dénoncé, il est sauvagement tué et, lentement, son cadavre redevient opaque.

La couverture du roman d'Arthur Conan Doyle paru en 1909.

La Russie

La littérature russe connaît son âge d'or avec de puissants romanciers réalistes, comme Léon Tolstoï, qui écrit *La Guerre et la Paix* de 1865 à 1869, et *Anna Karénine* huit années plus tard, ou Ivan Tourgueniev, dont les nouvelles sont lues dans toute l'Europe. De son côté, Fiodor Dostoïevski crée d'intenses chefs-d'œuvre, qui participent au renouveau du roman moderne. Au théâtre, Anton Tchekhov multiplie les succès, depuis *La Mouette*, en 1896, qui mêle le réalisme et le symbolisme, jusqu'à *La Cerisaie*, représentée l'année de sa mort, en 1904.

Journaliste et romancier, patriote, le Polonais Henryk Sienkiewicz écrit une ample œuvre romanesque qui évoque les luttes de son pays, avant de décrire dans *Quo Vadis*, en 1894, le sort des premiers chrétiens sous l'Empire romain.

Anton Tchekhov (1860-1904) et Maxime Gorki (1868-1936).

Dostoïevski (1821-1881)

Profondément marqué par la mort de son père – personnage violent et autoritaire assassiné par ses paysans –, en proie à des crises d'épilepsie, exilé en Sibérie pour son engagement politique, partagé entre son mysticisme et sa passion du jeu, Dostoïevski multiplie les œuvres majeures, qui exercent une influence considérable dans toute la littérature européenne. *Souvenirs de la maison des morts* (1861-1862), *Crime et Châtiment* (1866), *L'Idiot* (1868), *Les Frères Karamazov* (1880) mettent en jeu les forces troublantes et violentes du cœur de l'homme, dans un climat d'angoisse et de passions extrêmes (ci-dessus, une page de ses manuscrits). Toute l'œuvre de Dostoïevski, profondément humaine, marquée par sa compassion pour les humbles et les humiliés, exprime le déchirement entre la tentation du mal et l'élan mystique vers Dieu.

La Belgique

En réaction au réalisme, les écrivains symbolistes conçoivent la littérature comme une quête de l'absolu, qu'il faut mener en saisissant les correspondances des sensations, des êtres et des choses, en cédant à la puissance des symboles derrière les apparences du monde. Musique des mots, mélodie du vers, privilège du rêve : le mouvement symboliste trouve d'illustres représentants en Belgique. Georges Rodenbach exprime sa prédilection pour les demi-teintes suggestives en décrivant, dans *Bruges-la-Morte* (1892), une cité endormie sous le ciel bas où se reflète l'eau des canaux. Son ami Verhaeren célèbre la beauté du monde moderne dans *Les Villes tentaculaires* (1895) ou sa tendresse pour le pays natal dans *Toute la Flandre* (1904-1911). Maurice Maeterlinck, enfin, développe dans son théâtre, comme dans *Pelleas* et *Mélisande* en 1892, une atmosphère étrange et mystérieuse, proche de la féerie.

Les Villages illusoires, poésies de Émile Verhaeren.

La peinture et la musique

Peinture

- James Ensor, *L'Entrée du Christ à Bruxelles*, 1888 (Belgique)
- Edvard Munch, *Le Cri*, 1893 (Norvège)

Musique

- Richard Wagner, *Tristan et Iseult*, 1865 (Allemagne)
- Johannes Brahms, *Requiem allemand*, 1868 (Allemagne)
- Modeste Moussorgski, *Boris Godounov*, 1869 (Russie)
- Anton Brückner, *VIIe Symphonie*, 1884 (Autriche)
- Giuseppe Verdi, *Otello*, 1887 (Italie)
- Jean Sibelius, *Finlandia*, 1894 (Finlande)

HISTOIRE
d'un genre

Le théâtre de boulevard

Essentiellement populaire au Moyen Âge, où les foules se pressent sur les places pendant les foires pour admirer les mystères ou les farces, le théâtre se spécialise progressivement, à partir du XVIIe siècle. Le théâtre de la foire, destiné au petit peuple, s'oppose désormais aux théâtres royaux, qui accueillent l'aristocratie et les « honnêtes gens ». À la fin du XVIIIe siècle, la multiplication de salles sur les boulevards parisiens et en province témoigne du renouvellement des spectateurs. Le XIXe siècle constitue ainsi l'apogée du spectacle théâtral, qui accueille tous les publics dans des salles où chacun trouve sa place. C'est dans ce contexte que naît le théâtre de boulevard qui, à travers mélodrames, vaudevilles et théâtre de mœurs, mobilise aujourd'hui encore un public considérable.

Du XVe au XIXe siècle : le vaudeville

Le vaudeville est au XVe siècle une chanson populaire (le mot vient de « vaudevire », c'est-à-dire originaire de la ville de Vire, en Normandie). Le terme change peu à peu de signification pour désigner, au XVIIe siècle, les chansons de circonstance, légères et satiriques. Au siècle suivant, les théâtres royaux, c'est-à-dire la Comédie-Française, l'Opéra et la Comédie-Italienne, interdisent à l'opéra-comique de la foire Saint-Germain d'utiliser des dialogues durant les représentations. Dès lors, les comédiens, réduits à jouer des scènes muettes, affichent sur des écriteaux le texte des vaudevilles, petites pièces mêlant textes et chansons, qu'ils demandent aux spectateurs de chanter.

Le vaudeville prend progressivement forme et devient, au XIXe siècle, le genre favori des théâtres des grands boulevards parisiens : le terme désigne désormais une pièce comique agrémentée de couplets chantés, dont l'intrigue se caractérise par des rebondissements cocasses et des coups de théâtre incessants, fondés sur le procédé du quiproquo. Les chefs-d'œuvre du genre sont sans doute les pièces d'Eugène Labiche, qui ravissent le public du second Empire par leur dimension satirique, ou, plus tard, celles de Georges Feydeau, qui remplissent les théâtres de la Belle Époque.

Le théâtre des Variétés, sur les grands boulevards, à Paris, au XIXe siècle.

La Puce à l'oreille, pièce de Georges Feydeau, dans une mise en scène de Marcel Maréchal, en 2003.

Au début du XIXe siècle : le mélodrame

Au début du XIXe siècle, à Paris, sur le boulevard du Temple, surnommé le « Boulevard du Crime », de nombreuses salles nouvelles ouvrent leurs portes à un public toujours plus avide de spectacles. Né de la pantomime et du roman noir, le mélodrame s'appuie sur le pathétique pour donner au spectateur une leçon morale : *Cœlina ou l'Enfant du mystère* (1800), de Pixerécourt, fixe alors une forme nouvelle de tragédie populaire. Le mélodrame, au carrefour des registres tragique, comique et lyrique, sera plus tard incarné par l'acteur et dramaturge Frédéric Lemaître, dont la pièce *Robert Macaire* (1832) verra ainsi triompher un bandit au grand cœur, jouant de manière magistrale avec la sensibilité des spectateurs.

« J'écris pour ceux qui ne savent pas lire », affirmait Pixerécourt. Tout au long du XIXe siècle, le mélodrame demeure ainsi le genre théâtral le plus populaire. Les situations extrêmes, voire extravagantes qu'il met en scène, l'opposition systématique du Bien et du Mal, la profusion des scènes pathétiques expliquent la longévité d'un genre dont le déclin coïncide avec l'apparition du cinéma.

Au XIXe siècle : le théâtre de mœurs

Les jeunes écrivains romantiques s'inspirent du mélodrame, des situations et du mélange des tons qu'il met en scène, pour créer le drame romantique. Mais celui-ci, qui connaît son apogée avec les pièces d'Alexandre Dumas ou d'Alfred de Vigny, décline après l'échec de la pièce de Victor Hugo *Les Burgraves*, en 1843. Parallèlement, représentant « l'école du bon sens », le théâtre de mœurs, à travers les pièces de François Ponsard, d'Émile Augier ou de Jules Sandeau, propose au public des représentations où sont mises en valeur les vertus morales de la bourgeoisie. C'est Alexandre Dumas fils qui, avec *La Dame aux camélias*, renouvelle le théâtre de mœurs, en adaptant pour la scène, en 1852, le roman qui l'a rendu populaire. La pièce connaît un triomphe. En mettant en scène le destin tragique d'une courtisane sublimée par l'amour, Dumas fils crée un mythe nouveau, qu'incarneront tour à tour Sarah Bernhardt sur les planches, Greta Garbo à l'écran et Maria Callas à l'Opéra.

Au XXe siècle : le théâtre de boulevard

Héritiers d'Eugène Labiche, les auteurs Georges Feydeau, Georges Courteline ou Tristan Bernard perpétuent la tradition du vaudeville au XXe siècle. Les « boulevardiers », comme on les appelle, mettent en scène un monde oisif, uniquement préoccupé par les intrigues amoureuses et financières. Sacha Guitry tente de faire oublier les facilités du genre en portant sur la scène des personnages célèbres : *Mozart* (1926) ou *Jean de La Fontaine* (1928).

La vivacité des dialogues, la finesse des mots d'auteur, les rebondissements surprenants font cependant du théâtre de boulevard un divertissement auquel le public reste fidèle. En témoignent le succès extraordinaire de la pièce de Marc Camoletti, *Boeing-Boeing*, en 1960, ou encore le triomphe du *Dîner de cons* de Francis Weber, servi par le jeu d'acteurs populaires, au sommet de leur art, et amplifié par la télévision ou le cinéma. Cependant, l'évolution des mœurs marque la fin du vaudeville centré sur l'adultère «bourgeois», pour aborder d'autres phénomènes de société, comme le réussit par exemple Jean Poiret dans *La Cage aux folles*, dont le succès triomphal témoigne du renouveau de la comédie de mœurs.

DIX GRANDES ŒUVRES

- Eugène Labiche, *Un chapeau de paille d'Italie* (1851)
- Alexandre Dumas fils, *La Dame aux camélias* (1852)
- Georges Courteline, *Boubouroche* (1893)
- Georges Feydeau, *La Dame de chez Maxim* (1899)
- Tristan Bernard, *Le Sexe fort* (1917)
- Sacha Guitry, *Une petite main qui se place* (1922)
- Marc Camoletti, *Boeing-Boeing* (1960)
- Françoise Dorin, *La Facture* (1968)
- Jean Poiret, *La Cage aux folles* (1978)
- Francis Weber, *Le Dîner de cons* (1993)

Le roman

Depuis les premiers romans de chevalerie du Moyen Âge, le genre romanesque n'a cessé de se diversifier, répondant, à travers des récits de fiction, au désir d'évasion du lecteur. Mais le roman rencontre également les préoccupations du temps, s'interroge sur les mutations de la société, explore les désirs et les passions de l'homme. Roman d'analyse, roman par lettres, roman autobiographique, roman historique, roman de formation, roman d'aventures, roman policier ou roman de science-fiction, le genre romanesque témoigne d'une formidable vitalité.

Au Moyen Âge : la naissance du roman

Le mot « roman » apparaît au Moyen Âge pour désigner un texte écrit dans la langue vulgaire – la *lingua romana* –, par opposition à la langue savante – la *lingua latina* –, dans laquelle sont écrites les œuvres sacrées. Lors de son apparition, au XIIe siècle, le genre romanesque est ainsi considéré comme un genre mineur, sans règles précises. Les premiers récits écrits en langue romane sont rédigés en vers, comme les hagiographies (*La Vie de saint Alexis*, en 1040), les épopées médiévales (*La Chanson de Roland*) ou les récits d'aventures inspirés de l'Antiquité (*Le Roman de Brut*).

C'est le cycle des romans de la Table ronde de Chrétien de Troyes, au XIIe siècle, qui marque la naissance véritable du genre romanesque : en situant le cadre de son action dans l'Europe médiévale, en accordant à l'aventure et à l'amour une place prépondérante, en faisant se croiser les univers du merveilleux et du quotidien, Chrétien de Troyes crée le roman moderne.

Du XVIe au XVIIIe siècle : l'explosion des formes romanesques

Avec la Renaissance, le roman rompt avec la culture médiévale. Rabelais fait ainsi la parodie de la littérature épique pour refléter les réalités de son époque et donner à son lecteur une leçon d'humanisme. Peu à peu, le roman devient le lieu privilégié de l'expression de soi et de la réflexion sur le monde. Le roman d'analyse (*L'Astrée* d'Honoré d'Urfé, *La Princesse de Clèves* de Madame de Lafayette), le roman comique (*Francion* de Sorel) ou le roman sentimental (*Clélie* de Mlle de Scudéry) connaissent ainsi un large succès.

Illustration de Tardi pour le roman de Céline, *Voyage au bout de la nuit* (1932).

Frontispice (c'est-à-dire première page) d'*Eugénie Grandet* d'Honoré de Balzac (1799-1850), illustré par Célestin Nanteuil.

Au XVIIIe siècle, le roman picaresque, le roman libertin ou le roman exotique marquent la vitalité et la diversité des formes romanesques. Le roman par lettres, qui multiplie les points de vue et fait progresser l'intrigue à travers le jeu subtil des correspondances, connaît alors un essor considérable : les *Lettres persanes* de Montesquieu, *La Nouvelle Héloïse* de Rousseau ou *Les Liaisons dangereuses* de Choderlos de Laclos constituent les chefs-d'œuvre du genre.

Au XIXe siècle : l'âge d'or du roman

C'est au XIXe siècle que le genre romanesque triomphe. Le siècle du progrès se penche sur l'Histoire et les écrivains romantiques, comme Hugo, Dumas, Vigny, ou des romanciers populaires, comme Paul Féval, font revivre le passé, recréant l'atmosphère d'une époque disparue à travers le roman historique.

Mais le roman interroge aussi le présent. Avec Balzac, l'écrivain présente les personnages dans leur vie quotidienne, de manière à donner au lecteur l'illusion de la réalité. Le roman réaliste démonte ainsi les mécanismes sociaux qui écrasent les individus et fait place, parfois dans de vastes fresques, à ceux qui sont exclus de la société. Les frères Goncourt, Flaubert, Zola, Maupassant se font tour à tour les héritiers de Balzac pour explorer les différents milieux de l'univers social.

Parallèlement, à mesure qu'il voit s'élargir le nombre de ses lecteurs, le roman devient le genre privilégié d'une littérature populaire d'évasion. Le roman-feuilleton, qui connaît son apogée au milieu du siècle avec les récits d'Alexandre Dumas ou d'Eugène Sue, provoque le dépaysement à travers la diversité des lieux où se déroule l'action. Jules Verne ouvre aussi la voie à de nouvelles formes d'évasion, utilisant la vulgarisation scientifique pour entraîner le lecteur à travers les cinq continents dans des univers inexplorés.

Le roman aujourd'hui

Le début du XXe siècle est illuminé par l'œuvre romanesque de Marcel Proust. *À la recherche du temps perdu*, en mettant en scène un narrateur penché sur son passé et l'évolution de sa conscience, donne au roman une fonction d'introspection, qu'on retrouve diversement dans les œuvres de Louis-Ferdinand Céline, Jean-Paul Sartre, Patrick Modiano ou Michel Houellebecq.

Parallèlement, Malraux et Saint-Exupéry renouvellent le roman d'aventures : refusant les médiocrités, les conventions sociales, le héros s'engage dans un dépassement de soi. L'action est pour lui un défi qui donne sens au monde. Tels sont les personnages de *La Condition humaine* ou de *Vol de nuit*. D'autres poursuivent une œuvre romanesque personnelle en exprimant leur vision de l'univers. Giono, Mauriac, Gracq, Duras ou Le Clézio transposent leurs angoisses et leurs désirs, leurs tourments et leurs rêves à travers des personnages qui incarnent, à leur manière, toute la complexité d'un monde en quête de valeurs nouvelles.

Aujourd'hui, le genre romanesque étonne par sa vigueur et sa diversité. Plusieurs milliers de titres sont ainsi publiés chaque année en France, dans des collections générales ou spécialisées qui stimulent l'appétit de lecture : romans policiers, romans de science-fiction, romans sentimentaux traduisent, dans les univers multiples et colorés qu'ils mettent en scène, les pulsions refoulées du monde moderne.

DIX GRANDES ŒUVRES

- François Rabelais, *Gargantua* (1534)
- Madame de Lafayette, *La Princesse de Clèves* (1678)
- Stendhal, *Le Rouge et le Noir* (1830)
- Honoré de Balzac, *Le Père Goriot* (1835)
- Gustave Flaubert, *Madame Bovary* (1857)
- Émile Zola, *L'Assommoir* (1877)
- Marcel Proust, *Du côté de chez Swann* (1913)
- Louis-Ferdinand Céline, *Voyage au bout de la nuit* (1932)
- Albert Camus, *La Peste* (1947)
- Jean-Marie G. Le Clézio, *Désert* (1980)

Henri Matisse, *La Danse*, 1910. Huile sur toile, 260 x 391 cm. Musée de l'Ermitage, Saint-Pétersbourg.

1900
1950

Le temps des ruptures

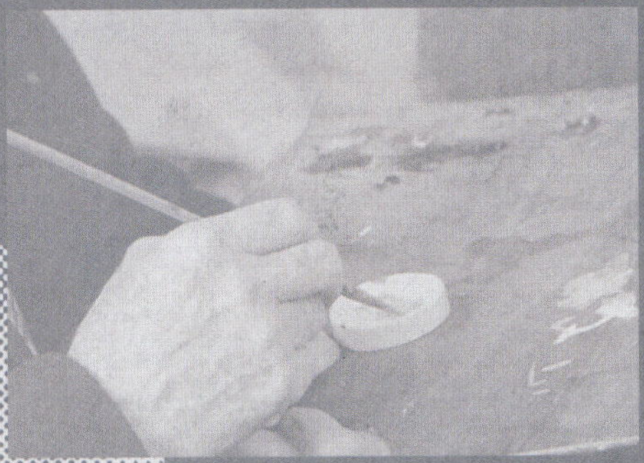

1900 1950 Le temps des ruptures

Le désastre de deux guerres mondiales marque profondément le monde pendant la première moitié du XXe siècle. Après l'euphorie créatrice de la Belle Époque, la violence des tensions politiques conduit les écrivains à s'engager dans l'action, à prendre position devant l'Histoire. Mais en 1945, la littérature est confrontée à un effondrement de toutes les valeurs humanistes. Il s'agit désormais de trouver un nouveau sens à la création artistique.

1. L'histoire Le traumatisme des deux guerres mondiales

Les soldats français, dans les tranchées de la Première Guerre mondiale.

En 1914, la déclaration de la guerre met fin à l'insouciance de la Belle Époque. Le sacrifice de millions d'hommes, qui ont combattu pendant quatre ans, fonde la légitimité de la IIIe République victorieuse. En 1919, le traité de Versailles, signé dans l'allégresse, porte pourtant en lui les germes d'un nouveau conflit. Les années trente sont marquées par les crises. Devant la montée des fascismes en Italie, en Allemagne, puis en Espagne, les démocraties sont impuissantes. La Seconde Guerre mondiale éclate. De 1940 à 1944, l'occupation allemande et le gouvernement de Pétain constituent les années noires de la France. À la Libération, la IVe République doit tout reconstruire. La France, encore largement rurale au début du siècle, est désormais une France urbaine, tournée vers l'Europe.

L'Anthropophage. Affiche anglaise contre Hitler, pendant la Seconde Guerre mondiale.

Le général de Gaulle descend l'avenue des Champs-Élysées à la libération de Paris, le 26 août 1944.

2. La société L'affrontement des idéologies

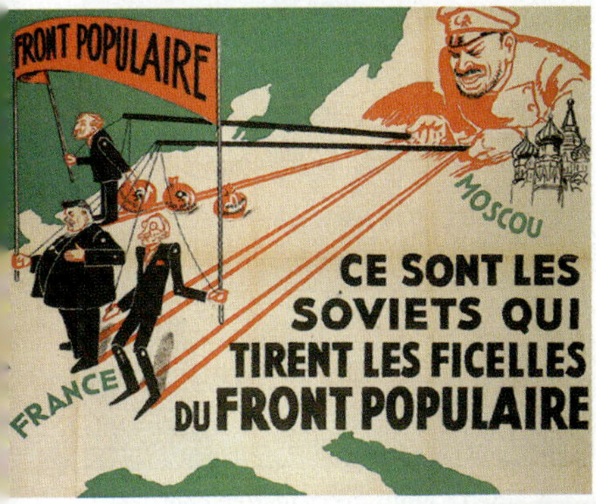

La Révolution russe de 1917, puis l'instauration d'un régime communiste, met en évidence l'opposition entre deux conceptions de la société. Le demi-siècle est ainsi marqué par de constantes luttes sociales, d'autant que le krach de Wall Street en 1929 met le monde industriel au bord de la ruine.

On se passionne pour le débat politique, alimenté par la presse d'opinion et l'organisation de grandes manifestations, souvent violentes. En 1936, la victoire du Front populaire instaure des lois sociales, comme la semaine de quarante heures ou les congés payés. Cependant, dès 1940, l'Occupation partage la société française entre les partisans de la collaboration et les résistants. Ceux-ci, auprès du général de Gaulle ou au sein des organisations clandestines, luttent contre le fascisme jusqu'à la Libération.

En 1936, les ouvriers en grève occupent les usines de la région parisienne.

LE PEUPLE

VICTOIRE sur la misère !

8 millions de salariés obtiennent satisfaction

La C.G.T. et la Confédération générale de la Production française signent un accord en présence du président du Conseil et du ministre de l'Intérieur

Le 7 juin 1936, sous la pression des grèves, sont signés les accords de Matignon.

3. Les sciences La maîtrise des énergies

En 1903, aux États-Unis, les frères Wright mettent au point le premier aéroplane, équipé de deux hélices et d'un moteur à explosion.

Les progrès de l'aviation se multiplient, depuis le premier vol en aéroplane en 1903 jusqu'à l'invention de l'avion à réaction en 1939. Einstein découvre les lois de la relativité et obtient, en 1922, le prix Nobel de physique. La médecine est révolutionnée par la découverte de la pénicilline en 1927 et les recherches de Pierre et Marie Curie sur la radioactivité. Cependant, la science est mise au service de la guerre à travers l'invention de nouvelles armes de destruction. En 1945, la bombe atomique lancée sur Hiroshima terrifie le monde.

Albert Einstein, prix Nobel de physique.

Explosion de la bombe nucléaire, lancée sur Hiroshima par l'aviation américaine, le 6 août 1945.

4. Les lettres L'engagement des écrivains

Répondant à l'appel du général de Gaulle, de nombreux écrivains rejoignent, dès 1940, la Résistance.

Dès le début du siècle, la création artistique invente de nouvelles formes d'expression. Mais la violence de la Première Guerre mondiale pousse de nombreux écrivains, comme Giono ou Céline, à témoigner de l'horreur des combats, tandis que le mouvement surréaliste développe autour d'André Breton une vision nouvelle du monde et de la littérature. Les années trente conduisent les intellectuels, comme Malraux, Gide, Giraudoux, à s'engager pour la défense des libertés menacées. De la même manière, Éluard ou Aragon publient dans la clandestinité, pendant la guerre, des œuvres qui défendent les valeurs de la Résistance. À la fin du second conflit mondial, Jean-Paul Sartre est la figure dominante de l'existentialisme. Au constat de l'absurdité de la condition humaine répond l'affirmation d'une quête de liberté nouvelle.

Albert Camus, rédacteur en chef du journal *Combat*, photographié au café des Deux Magots, en 1945.

Les écrivains alertent l'opinion. André Malraux au congrès des écrivains en juin 1935 ; André Gide est à son côté devant une affiche représentant l'écrivain russe Maxime Gorki.

5. L'édition L'essor de la littérature populaire

Le héros populaire Fantômas, créé par Pierre Souvestre et Marcel Allain, est adapté au cinéma par Louis Feuillade en 1913.

La couverture du magazine *Ciné-Miroir* de janvier 1932, sur laquelle figure le chanteur et acteur Maurice Chevalier.

Devant le développement du cinéma, de la radio et du phonographe, la littérature cherche à atteindre un public plus large. Le cinéroman, apparu en 1917, connaît un immense succès. Le roman policier renouvelle la littérature populaire. Les personnages de Fantômas et de Rouletabille sont célèbres. Le jeune écrivain Simenon publie alors, sous divers pseudonymes, un roman par mois. Cependant, des éditeurs de livres d'art obtiennent la collaboration de grands peintres comme Picasso et Braque. Les photographes collaborent aux nouveaux magazines comme *Match* ou *Marie-Claire*, qui modifient le paysage de la presse. Le stylo-plume apparaît en 1924. D'abord réservée aux employés de bureau, la machine à écrire est utilisée par de nombreux écrivains pour rédiger leurs œuvres.

6. Les arts L'explosion des formes

Dans les premières années du siècle, le cubisme de Picasso et de Braque bouleverse le monde de l'art. Le surréalisme participe à cette effervescence créatrice. Salvador Dali collabore avec Luis Buñuel pour la réalisation du film *Un chien andalou*. La peinture abstraite de Kandinsky ou Miró apparaît comme l'aboutissement de cette explosion artistique.

Les artistes se font cependant les témoins de leur temps : *Guernica* de Picasso exprime l'horreur de la guerre. Au même moment, le cinéma produit des chefs-d'œuvre, comme *Le Dictateur* de Charlie Chaplin. Le paysage urbain change sous l'influence de l'architecte Le Corbusier, qui inscrit au cœur de la cité ce « lyrisme des temps nouveaux ».

La villa Savoye, construite par Le Corbusier, en 1931.

Les Demoiselles d'Avignon

Pablo Picasso
(1907)

Achevé à l'été 1907, ce tableau n'est pas le fruit d'une spontanéité créative qui aurait saisi le peintre. Cette œuvre est précédée de plusieurs centaines d'études préparatoires. Picasso, qui a alors vingt-huit ans, entame une nouvelle manière de peindre et marque, avec ce tableau, la naissance du cubisme. (Huile sur toile, 244 x 233 cm, Musée d'Art moderne, New York.)

On peut évoquer l'influence de Cézanne, la sculpture ibérique ou de masques africains pour certains visages. Mais l'invention apportée par Picasso est totale. Pour lui, la peinture peut désormais représenter une réalité sans chercher à l'imiter, en créant son propre langage.

Picasso renouvelle les codes esthétiques, il élimine tout souci de réalisme, abolit la perspective, privilégie les formes géométriques. Il juxtapose des plans différents et invente un style révolutionnaire.

Les cinq femmes semblent assemblées sans aucune relation entre elles, selon des perspectives différentes. Leurs déformations anguleuses sont plus ou moins accentuées. Il n'y a nul effet de profondeur spatiale. La couleur est appliquée par aplats avec souvent de faibles modulations. Picasso invente une nouvelle manière de peindre.

PROUST

Nom et prénom : **Proust, Marcel**
Naissance : **le 10 juillet 1871, à Auteuil**
Décès : **le 18 novembre 1922, à Paris**
Lieux : **le boulevard Malesherbes à Paris, où il passe son enfance ; Auteuil, chez son oncle ; Illiers, la ville des vacances ; le Grand Hôtel de Cabourg ; le 102 boulevard Haussmann**
Situation familiale : **célibataire**
Amitiés : **Robert de Montesquiou ; Reynaldo Hahn ; Alfred Agostinelli, son chauffeur ; Céleste, sa bonne**

Issu de la haute bourgeoisie, fils d'un médecin célèbre, entouré de l'affection maternelle, Marcel Proust reçoit une éducation brillante et raffinée. De graves crises d'asthme perturbent cependant une scolarité remarquable. Après sa licence en droit, Proust choisit la littérature. Il s'intègre rapidement aux cercles littéraires et mondains de la Belle Époque. Au moment de l'affaire Dreyfus, il prend parti pour l'officier injustement condamné. La mort de son père, puis celle de sa mère l'affectent profondément. Il n'a publié jusqu'alors que quelques articles pour des revues. « Suis-je un romancier ? » se demande encore Proust en 1908. À trente-sept ans, il brille dans les salons de la haute société, ce « royaume du néant » qu'il va décrire dans ses romans.

Peu à peu, l'écrivain entre dans la rédaction de son œuvre, *À la recherche du temps perdu*. Proust se plonge dans l'univers de son enfance, qu'il veut faire resurgir par la littérature. La Première Guerre mondiale l'éloigne un peu plus encore des mondanités. Il se consacre désormais exclusivement à l'écriture. La gloire éclate lorsqu'il obtient le prix Goncourt en 1919 pour *À l'ombre des jeunes filles en fleurs*. Le romancier ne vit plus que pour son art. Malade, il s'enferme dans sa chambre couverte de panneaux de liège pour éloigner les bruits de l'extérieur. Il construit sa « cathédrale ». L'écrivain rature ses brouillons, corrige ses épreuves, ajoutant des pages par milliers, au grand désespoir de son éditeur. À ce travail exténuant, Proust s'épuise jusqu'à la mort, en 1922. L'essentiel de *À la recherche du temps perdu* paraît à titre posthume.

Ses œuvres principales

- un recueil de nouvelles : *Les Plaisirs et les jours* (1896)
- des romans : *Du côté de chez Swann* (1913), *À l'ombre des jeunes filles en fleurs* (1918), *Le Côté de Guermantes* (1920-1921), *Sodome et Gomorrhe* (1921-1922), *La Prisonnière* (1923), *Albertine disparue* (1925), *Le Temps retrouvé* (1927)
- un ensemble de pastiches : *Pastiches et Mélanges* (1919)

L'ŒUVRE « CATHÉDRALE »

Toute l'œuvre de Proust, ses premières nouvelles comme ses textes de critique littéraire, prépare la rédaction de *À la recherche du temps perdu*. Dans cette fresque magistrale, Proust fait vivre plus de cinq cents personnages sur lesquels il porte un regard minutieux et passionné, à travers le point de vue autobiographique d'un narrateur qui en occupe la place centrale.

Les nouvelles et les pastiches

En 1896, dans *Les Plaisirs et les jours*, puis en 1919, dans *Pastiches et Mélanges*, Proust rassemble une partie des textes publiés d'abord dans les journaux. Ses nouvelles et ses pastiches d'écrivains célèbres, comme Saint-Simon, Balzac, Flaubert ou les frères Goncourt, lui permettent d'affirmer une maîtrise stylistique remarquable.

La somme romanesque

Après un roman inachevé écrit à la troisième personne, *Jean Santeuil*, Proust conçoit, après plusieurs tentatives d'échafaudage de son œuvre, le cycle de *À la recherche du temps perdu*, composé de sept romans autobiographiques rédigés à la première personne : *Du côté de chez Swann* (1913), *À l'ombre des jeunes filles en fleurs* (1918), *Le Côté de Guermantes* (1920-1921), *Sodome et Gomorrhe* (1921-1922), *La Prisonnière* (1923), *Albertine disparue ou la Fugitive* (1925) et *Le Temps retrouvé* (1927). La plupart d'entre eux sont publiés à titre posthume. Cinq thèmes principaux traversent cette somme romanesque.

Dans ce tableau où il a représenté Reynaldo Hahn, l'ami de Proust, jouant au piano, Henri Gervex restitue l'atmosphère des soirées mondaines de *À la recherche du temps perdu*.

• **Les souvenirs de l'enfance.** Le romancier fait revivre les lieux et les personnes de son enfance. Il explore les moments de bonheur, les chagrins, les paysages, les goûts et les odeurs qui l'ont marqué, et ressuscite le souvenir nostalgique de sa mère et de sa grand-mère maternelle, tendrement aimées.

• **La vanité des salons aristocratiques.** Proust représente, à travers la figure de Swann, le milieu de la haute bourgeoisie et de l'aristocratie que lui-même a longtemps fréquenté. Il fait revivre un monde qui disparaît avec la Première Guerre mondiale, tout en portant un regard ironique sur le snobisme, la bêtise et la cruauté de ses cercles mondains.

• **La perception du temps qui passe.** L'histoire de *La Recherche* se développe sur une période de près de vingt années. Elle rend sensible le déclin d'un monde, les mutations techniques et sociales, les bouleversements de l'Histoire, le vieillissement et la mort des hommes. Proust donne ainsi « l'impression du temps ».

• **L'évolution d'une conscience.** Dans *La Recherche*, le narrateur découvre l'importance de la mémoire inconsciente à travers le brusque surgissement du souvenir : le simple fait de manger une madeleine trempée dans du thé ou de trébucher sur le pavé d'une cour font revivre tout à coup le passé disparu. Il s'interroge sur sa propre perception du monde et l'évolution de sa personnalité qui se forge à travers le temps.

• **L'importance de l'œuvre d'art.** *La Recherche* met en scène le personnage d'un musicien, Vinteuil, d'un peintre, Elstir, d'un écrivain, Bergotte. L'art joue en effet un rôle capital dans le roman, en permettant au narrateur de découvrir la beauté cachée du monde et la vérité profonde des êtres.

Dans ses carnets, recouverts de toile illustrée, Proust consigne notes de lecture et réflexions.

Les textes critiques

Le *Contre Sainte-Beuve*, publié en 1954, conteste le point de vue du célèbre critique littéraire, Sainte-Beuve. Aux yeux de Proust, la vie de l'écrivain et le jugement de ses contemporains comptent moins que l'originalité de son œuvre, de son style et de sa sensibilité.

Dessin de la cathédrale d'Amiens par Marcel Proust.

LE ROMANCIER DE LA MÉMOIRE ET DU TEMPS

À travers la peinture de la société, le destin des personnages, le va-et-vient entre le passé et le présent, ce qui compte avant tout dans *À la recherche du temps perdu*, c'est le regard que le « je » autobiographique porte sur le monde. Proust souligne ainsi l'importance des souvenirs, la perception subjective des êtres et des choses, qui se modifie elle-même aux différentes époques de l'existence. C'est cette primauté donnée à la conscience sur les événements extérieurs qui va marquer toute la littérature romanesque du XXᵉ siècle et faire ainsi de Proust le fondateur du roman moderne.

1908-1909

Pastiches et Mélanges

Marcel Proust publie dans le journal *Le Figaro*, de 1908 à 1909, huit pastiches d'écrivains célèbres. Il prend pour prétexte « l'affaire Lemoine », qui met en cause un faussaire.

L'AFFAIRE LEMOINE DANS UN ROMAN DE BALZAC

Tout à coup, la porte s'ouvrit devant l'illustre romancier Daniel d'Arthez[1]. Un physicien du monde moral qui aurait à la fois le génie de Lavoisier et de Bichat[2] – le créateur de la chimie organique – serait seul capable d'isoler les éléments qui composent la sonorité spéciale du pas des hommes supérieurs. En entendant résonner celui de d'Arthez vous eussiez frémi. Seul pouvait ainsi marcher un sublime génie ou un grand criminel. [...]

Athénaïs ne se sentait plus de joie en voyant revenir chez elle l'amant qu'elle espérait bien enlever à sa meilleure amie. Aussi pressa-t-elle la main de la princesse en gardant le calme impénétrable que possèdent les femmes de la haute société au moment même où elles vous enfoncent un poignard dans le cœur.

« Je suis heureuse pour vous, ma chère, que M. d'Arthez soit venu, dit-elle à Mme de Cadignan, d'autant plus qu'il aura une surprise, il ne savait pas que vous seriez ici.

– Il croyait sans doute y rencontrer M. de Rubempré dont il admire le talent », répondit Diane avec une moue câline qui cachait la plus mordante des railleries, car on savait que Mme d'Espard ne pardonnait pas à Lucien de l'avoir abandonnée.

L'AFFAIRE LEMOINE DANS UN ROMAN DE FLAUBERT

L'avocat de Lemoine, répliquant, fut bref. Mais il avait un accent méridional, faisait appel aux passions généreuses, ôtait à tout moment son lorgnon. En l'écoutant, Nathalie ressentait ce trouble où conduit l'éloquence ; une douceur l'envahit et son cœur s'étant soulevé, la batiste[3] de son corsage palpitait, comme une herbe au bord d'une fontaine prête à sourdre[4], comme le plumage d'un pigeon qui va s'envoler. Enfin le président fit un signe, un murmure s'éleva, deux parapluies tombèrent : on allait entendre à nouveau l'accusé. Tout de suite, les gestes de colère des assistants le désignèrent ; pourquoi n'avait-il pas dit vrai, fabriqué du diamant, divulgué son invention ? Tous, et jusqu'au plus pauvre, auraient su – c'était certain – en tirer des millions. Même ils les voyaient devant eux, dans la violence du regret où l'on croit posséder ce qu'on pleure. Et beaucoup se livrèrent une fois encore à la douceur des rêves qu'ils avaient formés, quand ils avaient entrevu la fortune, sur la nouvelle de la découverte, avant d'avoir pu dépister l'escroc.

Marcel Proust, *Pastiches et Mélanges*, Éd. Gallimard, 1908-1909.

---

1. Daniel d'Arthez, Athénaïs d'Espard, Diane de Cadignan, Lucien de Rubempré : personnages de *La Comédie humaine* de Balzac. **2. Lavoisier et Bichat** : chimistes célèbres au XIXe siècle. **3. batiste** : toile de lin très fine. **4. sourdre** : sortir de terre.

Le pastiche littéraire

Le 22 février 1908, Marcel Proust livre au supplément littéraire du *Figaro*, *L'Affaire Lemoine*, comme si elle était tour à tour racontée par Balzac, Émile Faguet, Jules Michelet et les frères Goncourt. Devant le succès, Proust ajoute des pastiches de Flaubert, Sainte-Beuve, Henri de Régnier, Ernest Renan et Saint-Simon. L'ensemble est publié sous le titre *Pastiches et Mélanges* en 1919.

Le pastiche littéraire consiste à imiter un écrivain en amplifiant ses procédés stylistiques, dans un rapport de jeu et de complicité. Il est une forme d'hommage rendu à un écrivain admiré. Avec *L'Affaire Lemoine*, Proust met à nu les tics d'écriture des auteurs du XIXe siècle. Ses pastiches annoncent la virtuosité d'un écrivain qui commence alors la rédaction de *À la recherche du temps perdu*.

1913

Du côté de chez Swann

***Du côté de chez Swann* est le premier roman qui ouvre le cycle de *À la recherche du temps perdu*. Dès les premières lignes du texte, le narrateur se souvient des impressions de son enfance.**

Longtemps, je me suis couché de bonne heure. Parfois, à peine ma bougie éteinte, mes yeux se fermaient si vite que je n'avais pas le temps de me dire : « Je m'endors. » Et, une demi-heure après, la pensée qu'il était temps de chercher le sommeil m'éveillait ; je voulais poser le volume que je croyais avoir encore entre les mains et souffler ma lumière ; je n'avais pas cessé en dormant de faire des réflexions sur ce que je venais de lire, mais ces réflexions avaient pris un tour un peu particulier ; il me semblait que j'étais moi-même ce dont parlait l'ouvrage : une église, un quatuor[1], la rivalité de François Ier et de Charles Quint[2]. Cette croyance survivait pendant quelques secondes à mon réveil ; elle ne choquait pas ma raison mais pesait comme des écailles sur mes yeux et les empêchait de se rendre compte que le bougeoir n'était pas allumé. Puis elle commençait à me devenir inintelligible, comme après la métempsycose[3] les pensées d'une existence antérieure ; le sujet du livre se détachait de moi, j'étais libre de m'y appliquer ou non ; aussitôt je recouvrais la vue et j'étais bien étonné de trouver autour de moi une obscurité, douce et reposante pour mes yeux, mais peut-être plus encore pour mon esprit, à qui elle apparaissait comme une chose sans cause, incompréhensible, comme une chose vraiment obscure. Je me demandais quelle heure il pouvait être ; j'entendais le sifflement des trains qui, plus ou moins éloigné, comme le chant d'un oiseau dans une forêt, relevant les distances, me décrivait l'étendue de la campagne déserte où le voyageur se hâte vers la station prochaine ; et le petit chemin qu'il suit va être gravé dans son souvenir par l'excitation qu'il doit à des lieux nouveaux, à des actes inaccoutumés, à la causerie récente et aux adieux sous la lampe étrangère qui le suivent encore dans le silence de la nuit, à la douceur prochaine du retour.

J'appuyais tendrement contre les belles joues de l'oreiller qui, pleines et fraîches, sont comme les joues de notre enfance. Je frottais une allumette pour regarder ma montre. Bientôt minuit. C'est l'instant où le malade, réveillé par une crise, se réjouit en apercevant sous la porte une raie de jour. Quel bonheur, c'est déjà le matin ! Dans un moment les domestiques seront levés, il pourra sonner, on viendra lui porter secours. L'espérance d'être soulagé lui donne du courage pour souffrir. Justement il a cru entendre des pas ; les pas se rapprochent, puis s'éloignent. Et la raie de jour qui était sous la porte a disparu. C'est minuit ; on vient d'éteindre le gaz ; le dernier domestique est parti et il faudra rester toute la nuit à souffrir sans remède.

Marcel Proust, *Du côté de chez Swann, À la recherche du temps perdu,* Éd. Gallimard, 1913.

▪ **1. quatuor** : morceau de musique écrit pour quatre instruments. ▪ **2. François Ier et Charles Quint** : roi de France et empereur d'Allemagne au XVIe siècle. ▪ **3. métempsycose** : réincarnation.

Le jeu sur le temps

À la recherche du temps perdu retrace l'existence du narrateur, de son enfance jusqu'à l'âge adulte, en mettant en scène près de cinq cents personnages que le lecteur voit vivre et vieillir. Rivalisant avec *La Comédie humaine* de Balzac et les *Mémoires d'outre-tombe* de Chateaubriand, Proust dresse le tableau de la Belle Époque et montre les bouleversements de la Première Guerre mondiale.

Cependant, le « personnage principal » du roman est le temps lui-même, qui métamorphose tout. Le romancier montre en effet comment les techniques, les modes, les mentalités, les individus eux-mêmes changent et se transforment au fil du temps. La conscience du narrateur le conduit ainsi, à travers ses souvenirs, vers la recherche du passé, de ce qui a été perdu.

1920-1921

Le Côté de Guermantes

***Le Côté de Guermantes* constitue la troisième partie de *À la recherche du temps perdu*. Le narrateur y explore le milieu de l'aristocratie du faubourg Saint-Germain. Il participe aux réceptions données par le duc et de la duchesse de Guermantes, découvre la figure prestigieuse et inquiétante du baron de Charlus, admire l'élégance et la culture du dandy raffiné Charles Swann. Cependant, le narrateur souligne également les liens qui l'attachent à sa mère et à sa grand-mère. La déchéance physique de celle-ci, frappée par la maladie, bouleverse le merveilleux équilibre de l'enfance.**

Je mis ma grand-mère dans l'ascenseur du professeur E*** et au bout d'un instant il vint à nous et nous fit passer dans son cabinet. Mais là, si pressé qu'il fût, son air rogue[1] changea, tant les habitudes sont fortes, et il avait celle d'être aimable, voire enjoué, avec ses malades. Comme il savait ma grand-mère très lettrée[2] et qu'il l'était aussi, il se mit à lui citer pendant deux ou trois minutes et par allusion au temps radieux qu'il faisait, de beaux vers sur l'été. Il l'avait assise dans un fauteuil, lui à contre-jour, de manière à bien la voir. Son examen fut minutieux, nécessita même que je sortisse un instant. Il le continua encore, puis ayant fini, se mit, bien que le quart d'heure touchât à sa fin, à refaire des citations à ma grand-mère. Il lui adressa même quelques plaisanteries assez fines, que j'eusse préféré entendre un autre jour, mais qui me rassurèrent complètement par le ton amusé du docteur. Je me rappelai alors que M. Fallières[3], président du Sénat, avait eu, il y avait nombre d'années, une fausse attaque, et qu'au désespoir de ses concurrents il s'était mis trois jours après à reprendre ses fonctions, préparant même, disait-on, une candidature plus ou moins lointaine à la présidence de la République. Ma confiance en un prompt rétablissement de ma grand-mère fut d'autant plus complète que, au moment où je me rappelais l'exemple de M. Fallières, je fus tiré de la pensée de ce rapprochement par un franc éclat de rire qui termina une plaisanterie du professeur E***. Sur quoi il tira sa montre, fronça fiévreusement le sourcil en voyant qu'il était en retard de cinq minutes, et tout en nous disant adieu sonna pour qu'on apportât immédiatement son habit. Je laissai ma grand-mère passer devant, refermai la porte et demandai la vérité au savant.

« Votre grand-mère est perdue, me dit-il. C'est une attaque provoquée par l'urémie[4]. En soi, l'urémie n'est pas fatalement un mal mortel, mais le cas me paraît désespéré. Je n'ai pas besoin de vous dire que j'espère me tromper. Du reste, avec Cottard[5], vous êtes en excellentes mains. Excusez-moi », me dit-il en voyant entrer une femme de chambre qui portait sur le bras l'habit noir du professeur. « Vous savez que je dîne chez le ministre du Commerce, j'ai une visite à faire avant. Ah ! la vie n'est pas que roses, comme on le croit à votre âge. »

Et il me tendit gracieusement la main. J'avais refermé la porte et un valet nous guidait dans l'antichambre, ma grand-mère et moi, quand nous entendîmes de grands cris de colère. La femme de chambre avait oublié de percer la boutonnière pour les décorations. Cela allait demander encore dix minutes. Le professeur tempêtait toujours pendant que je regardais sur le palier ma grand-mère qui était perdue. Chaque personne est bien seule. Nous repartîmes vers la maison.

Le soleil déclinait ; il enflammait un interminable mur que notre fiacre avait à longer avant d'arriver à la rue que nous habitions, mur sur lequel l'ombre, projetée par le couchant, du cheval et de la voiture, se détachait en noir du fond rougeâtre, comme un char funèbre dans une terre cuite de Pompéi. Enfin nous arrivâmes. Je fis asseoir la malade en bas de l'escalier dans le vestibule, et je montai prévenir ma mère. Je lui dis que ma grand-mère rentrait un peu souffrante, ayant eu un étourdissement. Dès mes premiers mots, le visage de ma mère atteignit au paroxysme d'un désespoir pourtant déjà si résigné, que je compris que depuis bien des années elle le tenait tout prêt en elle pour un jour incertain et final. Elle ne me demanda rien ; il semblait, de même que la méchanceté aime à exagérer les souffrances des autres, que par tendresse elle ne voulût pas admettre que sa mère fût très atteinte, surtout d'une maladie qui peut toucher l'intelligence. Maman frissonnait, son visage pleurait sans larmes, elle courut dire qu'on allât chercher le médecin, mais comme Françoise[6] demandait qui était malade, elle ne put répondre, sa voix s'arrêta dans sa gorge. Elle descendit en courant avec moi, effaçant de sa figure le sanglot qui la plissait. Ma grand-mère attendait en bas sur le canapé du vestibule, mais dès qu'elle nous entendit, se redressa, se tint debout, fit à maman des signes gais de la main. Je lui avais enveloppé à demi la tête avec une mantille en dentelle blanche, lui disant que c'était pour qu'elle n'eût pas froid dans l'escalier. Je ne voulais pas que ma mère remarquât trop l'altération du visage, la déviation de la bouche ; ma précaution était inutile : ma mère s'approcha de grand-mère, embrassa sa main comme celle de son Dieu, la soutint, la souleva jusqu'à l'ascenseur, avec des précautions infinies où il y avait, avec la peur d'être maladroite et de lui faire mal, l'humilité de qui se sent indigne de toucher ce qu'il connaît de plus précieux, mais pas une fois elle ne leva les yeux et ne regarda le visage de la malade. Peut-être fut-ce pour que celle-ci ne s'attristât pas en pensant que sa vue avait pu inquiéter sa fille. Peut-être par crainte d'une douleur trop forte qu'elle n'osa pas affronter. Peut-être par respect, parce qu'elle ne croyait pas qu'il lui fût permis sans impiété de constater la trace de quelque affaiblissement intellectuel dans le visage vénéré. Peut-être pour mieux garder plus tard intacte l'image du vrai visage de sa mère, rayonnant d'esprit et de bonté. Ainsi montèrent-elles l'une à côté de l'autre, ma grand-mère à demi cachée dans sa mantille, ma mère détournant les yeux.

Marcel Proust, *Le Côté de Guermantes, À la recherche du temps perdu*, Éd. Gallimard, 1920-1921.

■ **1. rogue** : arrogant, bourru. ■ **2. lettrée** : qui aime et connaît la littérature. ■ **3. Fallières** : président du Sénat de 1899 à 1906, puis président de la République. ■ **4. urémie** : maladie du sang. ■ **5. Cottard** : médecin de famille du narrateur. ■ **6. Françoise** : domestique attachée à la famille du narrateur.

Une œuvre cathédrale

Après la mort de sa mère, en septembre 1905, Proust s'installe boulevard Haussmann à Paris et se met à la tâche de sa grande œuvre, comme possédé par une puissante fièvre créatrice. Il lui faut près de quatre années pour mettre au point son projet.

La rédaction commence en 1909 et le premier roman du cycle de *À la recherche du temps perdu* paraît en décembre 1913, à la veille de la Première Guerre mondiale. Proust écrit dans une lettre : « Il y a un "Monsieur" qui raconte et qui dit "je" ; il y a beaucoup de personnages ; ils sont préparés dès ce premier volume ; c'est-à-dire qu'ils feront dans le second exactement le contraire de ce à quoi on s'attendait dans le premier. »

La solitude de l'écrivain grandit au fur et à mesure des années. Elle est presque totale depuis la mort tragique, dans un accident d'avion, de son secrétaire Alfred Agostinelli. Désormais, Proust se consacre exclusivement au développement de son œuvre qu'il poursuit sans répit jusqu'en septembre 1922. Atteint d'un refroidissement, il s'acharne, malgré la fièvre, à poursuivre la construction de sa « cathédrale », repoussant les conseils de son médecin, refusant toute visite, jusqu'à la mort.

PEGUY

Nom et prénom : **Péguy ,Charles**
Naissance : **le 7 janvier 1873, à Orléans**
Décès : **le 5 septembre 1914, à Villeroy, au cours de la bataille de la Marne**
Lieux : **Orléans, Paris, Villeroy**
Situation familiale : **marié en 1897 avec la sœur de son ami Marcel Baudouin, trois enfants**
Professions : **libraire, homme de lettres**
Amitiés : **Marcel Baudouin, Jean Jaurès, Romain Rolland, André Suarès**

Fils d'une rempailleuse de chaises et d'un menuisier mort quelques mois après sa naissance, Péguy connaît une enfance difficile, mais fait de solides études, à l'école communale, au lycée d'Orléans, puis à l'Ecole normale supérieure de la rue d'Ulm, où il est reçu en 1894. Il y poursuit des études de philosophie, mais échoue à l'agrégation. Durant cette période, il s'enthousiasme pour un « socialisme chrétien » et se sent proche de Jaurès. Après avoir ouvert une librairie dans le quartier latin, il se brouille avec ses amis socialistes Lucien Herr et Léon Blum et fonde, en 1900, un « journal vrai », les *Cahiers de la Quinzaine*. Le programme de la revue est : « Dire la vérité, toute la vérité, rien que la vérité, dire bêtement la vérité bête, ennuyeusement la vérité ennuyeuse, tristement la vérité triste. »

À partir de 1905, sans renier ses convictions, Péguy s'oriente vers un « nationalisme catholique » . Désormais convaincu d'apporter son témoignage de croyant, il accomplit en 1912, deux pèlerinages à Chartres. Il incarne dès lors une poésie chrétienne, inspirée du Moyen Age. Dans ses vers, l'écrivain chante la présence de Dieu dans la beauté du monde et célèbre les traditions et la vie quotidienne du peuple. La figure de Jeanne d'Arc représente à ses yeux, l'engagement vers l'héroïsme et la sainteté. Porte-parole de la « génération de la revanche », il rejoint le front dès le début de la Première Guerre mondiale. Il meurt héroïquement sur le champs de bataille de la Marne, le 5 septembre 1914.

Ses œuvres principales

- un drame : *Jeanne d'Arc* (1897);
- des essais, dont : *Notre Patrie* (1905), *Notre Jeunesse* (1910), *Un Nouveau théologien* (1911), *L'Argent* (1913);
- des poèmes, dont : *Le Mystère de la charité de Jeanne d'Arc* (1910), *Le Porche du mystère de la seconde vertu* (1911), *Le Mystère des saints innocents* (1912); *La Tapisserie de Sainte Geneviève et de Jeanne d'Arc* (1912), *La Tapisserie de Notre-Dame* (1913), *Eve* (1914)

1910

Cahiers de la quinzaine

Charles Péguy fonde en 1900 sa revue des *Cahiers de la quinzaine*, qu'il dirige jusqu'à sa mort à quarante et un ans sur le front de la Marne en 1914. Il y aborde tous les problèmes qui animent alors la société française : discussions sur l'école, défense des peuples opprimés, patriotisme devant la montée des périls. C'est ainsi qu'en 1910, il expose ses idéaux dans « Notre jeunesse », et souligne le rôle capital de l'instituteur.

Pour moi j'ai la conviction qu'il se distribue beaucoup plus de véritable culture, aujourd'hui même encore, dans la plupart des écoles primaires, dans la plupart des écoles des villages de france, entre les carrés de vignes, à l'ombre des platanes et des marronniers, qu'il ne s'en distribue entre les quatre murs de la Sorbonne. Voici qu'elle est à peu près aujourd'hui, dans la réalité, la hiérarchie des trois enseignements : Un très grand nombre d'instituteurs encore, même radicaux et radicaux-socialistes, même francs-maçons, même libres penseurs, professionnels, pour toutes sortes de raisons de situation et de race continuent encore d'exercer généralement à leur insu, dans les écoles des provinces et même des villes un certain ministère de la culture. Ils sont encore, souvent malgré eux, des ministres, des maîtres de la distribution de la culture. Ils exercent cet office. L'enseignement secondaire donne un admirable exemple, fait un admirable effort pour maintenir, pour (sauve)garder, pour défendre contre l'envahissement de la barbarie cette culture antique, cette culture classique dont il avait le dépôt, dont il garde envers et contre tout la tradition. C'est un spectacle admirable que (celui que) donnent tant de professeurs de l'enseignement secondaire, pauvres, petites gens, petits fonctionnaires, exposés à tout, sacrifiant tout, luttant contre tout, résistant à tout pour défendre leurs classes. Luttant contre tous les pouvoirs, les autorités temporelles, les puissances constituées. Contre les familles, ces électeurs, contre l'opinion; contre le proviseur, qui suit les familles, qui suivent l'opinion ; contre les parents des élèves; contre le proviseur, le censeur, l'inspecteur d'Académie, le recteur de l'Académie, l'inspecteur général, le directeur de l'enseignement secondaire, le ministre, les députés, toute la machine, toute la hiérarchie, contre les hommes politiques, contre leur avenir, contre leur carrière, contre leur propre avancement; littéralement contre leur pain. Contre leurs chefs, contre leurs maîtres, contre l'administration, la grande Administration, contre leurs supérieurs hiérarchiques, contre leurs défenseurs naturels, contre ceux qui devraient naturellement les défendre. Et qui les abandonnent au contraire. Quand ils ne les trahissent pas. Contre tous leurs propres intérêts. Contre tout le gouvernement, notamment contre le plus redoutable de tous, contre le gouvernement de l'opinion, qui partout est toute moderne. Pourquoi. Par une indestructible probité. Par une indestructible piété. Par un invincible, un insurmontable attachement de race et de liberté à leur métier, à leur office, à leur ministère, à leur vieille vertu, à leur fonction sociale, à un vieux civisme classique et français. Par un inébranlable attachement à la vieille culture, qui en effet était la vieille vertu, qui était tout un avec la vieille vertu, par une continuation, par une sorte d'héroïque attachement au vieux métier, au vieux pays, au vieux lycée. Pour quoi. Pour tâcher d'en sauver un peu. C'est par eux, par un certain nombre de maîtres de l'enseignement secondaire, par un assez grand nombre encore heureusement, que toute culture n'a point encore disparu de ce pays. Je connais, je pourrais citer moi tout seul, moi tout petit, cent cinquante professeurs de l'enseignement secondaire qui font tout, qui risquent tout, qui bravent tout, même et surtout l'ennui, le plus grand risque, la petite fin de carrière, pour maintenir, pour sauver tout ce qui peut encore être sauvé. On trouverait difficilement cinquante maîtres de l'enseignement supérieur, et même trente, et même quinze, qui se proposent autre chose (outre la carrière, et l'avancement, et pour commencer précisément d'être de l'enseignement supérieur) qui se proposent autre chose que d'ossifier, que de momifier la réalité, les réalités qui leur sont imprudemment confiées, que d'ensevelir dans le tombeau des fiches la matière de leur enseignement.

Je citerais cent cinquante professeurs de l'enseignement secondaire qui font tout ce qu'ils peuvent, et même plus, pour essayer seulement de sauvegarder un peu, dans ce vieux pays, un peu de bon goût, un peu de tenue, un peu d'ancien goût, un peu des anciennes mœurs de l'esprit, un peu de ce vieil esprit de la liberté de l'esprit.

Peguy, extrait de « Notre Jeunesse »
publié dans les *Cahiers de la Quinzaine*, le 12 juillet 1910. Éd. Gallimard

La célébration des traditions françaises

Péguy n'est pas seulement poète mystique, il est aussi un polémiste idéaliste qui se lance avec passion dans les polémiques de son temps. C'est au nom de son « socialisme catholique « qu'il revendique les vraies valeurs françaises, contre la domination de l'argent, le conformisme intellectuel et contre l'antisémitisme, au moment de l'affaire Dreyfus. Aux yeux de Péguy, le peuple incarne une tradition qu'il est urgent de sauver, devant l'embourgeoisement de la société. L'écrivain exerce une profonde influence dans le débat moral et philosophique de son temps, influence qui continue de s'exercer aujourd'hui. Ennemi du pacifisme, c'est avec soulagement qu'il voit la déclaration de la Première Guerre mondiale, pour laquelle il fait le sacrifice de sa vie.

APOLLINAIRE

Nom et prénoms : **de Kostrowitzky, Wilhelm Apollinaris Albertus**
Pseudonyme : **Guillaume Apollinaire, adopté à l'âge de dix-sept ans**
Naissance : **le 26 août 1880, à Rome; son père ne le reconnaît pas**
Décès : **le 9 novembre 1918, à Paris**
Lieux : **Monaco, Paris, Stavelot (Belgique), les bords du Rhin, les tranchées en Champagne**
Situation familiale : **marié quelques mois avant sa mort**
Amitiés : **Derain, Picasso, Max Jacob**

Fils naturel d'une aventurière polonaise et d'un officier italien, Guillaume a cinq ans lorsque son père les abandonne, lui et son frère cadet. Leur mère les entraîne alors dans une vie d'errance fiévreuse : Monte-Carlo, Nice, Lyon, Spa… D'un casino à l'autre, leur itinéraire suit la passion maternelle pour le jeu. Avide de lectures, élégant et cultivé, Guillaume travaille pour subvenir aux besoins de sa famille. Il part en Allemagne, comme précepteur, pour accompagner une jeune gouvernante anglaise, Annie Playden, dont il est tombé amoureux et qui lui inspire de nombreux poèmes.

À partir de 1903, Apollinaire occupe une place importante au sein des milieux littéraires et artistiques. Il rencontre Jarry et Picasso, se lie avec le peintre Marie Laurencin. Il accompagne tous les mouvements d'avant-garde. Lorsque la Première Guerre mondiale éclate, Apollinaire s'engage sur le front où il écrit, en particulier, des *Calligrammes*, inspirés par de nouvelles amours, Louise de Coligny, qu'il appelle Lou, et la jeune Madeleine Pagès. En 1916, il est blessé à la tête et se montre dans Paris le front sanglé d'un cabochon de cuir. En 1918, il rencontre Jacqueline Kolb, « la jolie rousse », qu'il épouse en mai, et meurt en novembre, emporté par une épidémie de grippe. Son convoi funèbre traverse la foule en liesse qui fête l'Armistice.

Ses œuvres principales

- de courts récits, dont : *L'Hérésiarque et Compagnie* (1910)
- des recueils de poèmes, dont : *Alcools* (1913), *Calligrammes* (1918)
- une pièce de théâtre : *Les Mamelles de Tirésias* (1918)
- de nombreux textes critiques

1913

Alcools

Publié en 1913, *Alcools* présente une structure complexe à travers le groupement thématique de poèmes composés au long d'une quinzaine d'années, qui manifestent une volonté de modernité toujours plus importante. C'est en corrigeant les dernières épreuves de son livre qu'Apollinaire décide de supprimer toute ponctuation.

NUIT RHÉNANE

Mon verre est plein d'un vin trembleur comme une flamme
Écoutez la chanson lente d'un batelier[1]
Qui raconte avoir vu sous la lune sept femmes
Tordre leurs cheveux verts et longs jusqu'à leurs pieds

Debout chantez plus haut en dansant une ronde
Que je n'entende plus le chant du batelier
Et mettez près de moi toutes les filles blondes
Au regard immobile aux nattes repliées

Le Rhin le Rhin est ivre où les vignes se mirent[2]
Tout l'or des nuits tombe en tremblant s'y refléter
La voix chante toujours à en râle-mourir
Ces fées aux cheveux verts qui incantent[3] l'été

Mon verre s'est brisé comme un éclat de rire

« Rhénanes », *Alcools*, Éd. Gallimard, 1913.

LE PONT MIRABEAU

Sous le pont Mirabeau coule la Seine
Et nos amours
Faut-il qu'il m'en souvienne
La joie venait toujours après la peine

Vienne la nuit sonne l'heure
Les jours s'en vont je demeure

Les mains dans les mains restons face à face
Tandis que sous
Le pont de nos bras passe
Des éternels regards l'onde[4] si lasse

Vienne la nuit sonne l'heure
Les jours s'en vont je demeure

L'amour s'en va comme cette eau courante
L'amour s'en va
Comme la vie est lente
Et comme l'espérance est violente

Vienne la nuit sonne l'heure
Les jours s'en vont je demeure

Passent les jours et passent les semaines
Ni temps passé
Ni les amours reviennent
Sous le pont Mirabeau coule la Seine

Vienne la nuit sonne l'heure
Les jours s'en vont je demeure

Guillaume Apollinaire, *Alcools*, Éd. Gallimard, 1913.

■ **1. batelier :** celui qui conduit les bateaux sur les rivières. ■ **2. se mirent :** se reflètent. ■ **3. incantent :** prononcent des formules magiques. ■ **4. onde :** terme utilisé en poésie pour désigner l'eau.

L'audace et le lyrisme

Alcools, recueil publié en 1913, est la somme d'un parcours personnel, depuis les poèmes de jeunesse d'Apollinaire jusqu'à « Zone », le poème-manifeste ajouté en grande hâte aux épreuves du manuscrit. Le poète y affirme sa conception de la modernité, dialoguant toutefois avec la tradition et ses thèmes, les éclairant d'une lumière nouvelle qui transfigure la réalité.

Au premier rang de tous les combats artistiques de son temps, défenseur de la poésie et de la peinture modernes, Apollinaire représente à travers son œuvre poétique un monde où tout va en s'accélérant, dans lequel les images se télescopent. Mais il est avant tout un poète lyrique, éternel passant de la vie, amoureux mélancolique hanté par la fuite du temps.

1918

Calligrammes

Calligrammes rassemble les poèmes écrits par Apollinaire de 1912 à 1917. Le recueil contient à la fois des poèmes qui obéissent à une disposition traditionnelle et des recherches graphiques qui l'inscrivent dans l'avant-garde de son temps. C'est ainsi que « Il pleut », inspiré par le spectacle de la pluie, adopte la forme originale du calligramme, qu'Apollinaire appelle « idéogramme lyrique ».

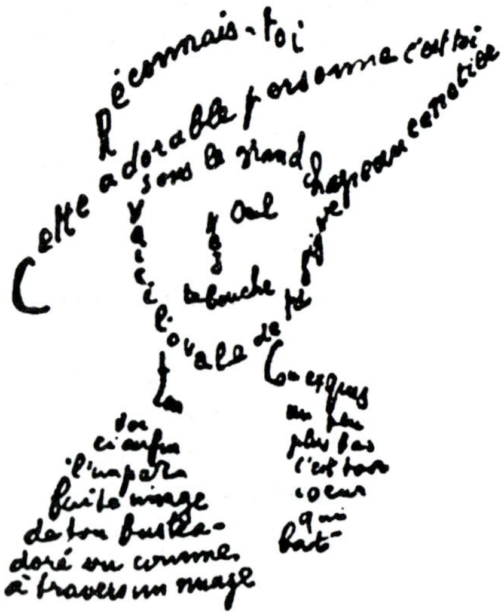

Calligramme adressé à Lou le 9 février 1915.

Tendres yeux éclatés de l'amante infidèle
Obus mystérieux
Si tu savais le nom du beau cheval de selle
Qui semble avoir tes yeux !
Car c'est Loulou mon Lou que mon cheval se nomme
Un alezan brûlé
Couleur de tes cheveux cul rond comme une pomme
Il est là tout sellé
Il faut que je reçoive ô mon Lou la mesure
Exacte de ton doigt
Car je veux te sculpter une bague très pure
Dans le métal d'effroi.

Poèmes à Lou, Éd. Gallimard, (éd. posthume) 1956.

IL PLEUT

Il pleut des voix de femmes comme si elles étaient mortes même dans le souvenir
c'est vous aussi qu'il pleut merveilleuses rencontres de ma vie ô gouttelettes
et ces nuages cabrés se prennent à hennir tout un univers de villes auriculaires
écoute s'il pleut tandis que le regret et le dédain pleurent une ancienne musique
écoute tomber les liens qui te retiennent en haut et en bas

« Ondes », *Calligrammes*,
Éd. Gallimard, 1918.

FÊTE

Feu d'artifice en acier
Qu'il est charmant cet éclairage
    Artifice d'artificier
Mêler quelque grâce au courage

Deux fusants[1]
Rose éclatement
Comme deux seins que l'on dégrafe
Tendent leurs bouts insolemment
IL SUT AIMER
        quelle épitaphe[2]

Un poète dans la forêt
Regarde avec indifférence
    Son revolver au cran d'arrêt
Des roses mourir d'espérance

Il songe aux roses de Saadi[3]
Et soudain sa tête se penche
Car une rose lui redit
La molle courbe d'une hanche

L'air est plein d'un terrible alcool
Filtré des étoiles mi-closes
Les obus caressent le mol
Parfum nocturne où tu reposes
    Mortification[4] des roses

« Case d'Armons », *Calligrammes*,
Éd. Gallimard, 1918.

L'ADIEU DU CAVALIER

Ah Dieu ! que la guerre est jolie
Avec ses chants ses longs loisirs
Cette bague je l'ai polie
Le vent se mêle à vos soupirs
Adieu ! voici le boute-selle
Il disparut dans un tournant
Et mourut là-bas tandis qu'elle
Riait au destin surprenant

« Lueurs des tirs », *Calligrammes*,
Éd. Gallimard, 1918.

LE DÉPART

Et leurs visages étaient pâles
Et leurs sanglots s'étaient brisés
Comme la neige aux purs pétales
Ou bien tes mains sur mes baisers
Tombaient les feuilles automnales

« La tête étoilée », *Calligrammes*,
Éd. Gallimard, 1918.

CARTE POSTALE

Je t'écris de dessous la tente
Tandis que meurt ce jour d'été
Où floraison éblouissante
Dans le ciel à peine bleuté
Une canonnade éclatante
Se fane avant d'avoir été

Guillaume Apollinaire,
« La tête étoilée », *Calligrammes*,
Éd. Gallimard, 1918.

■ **1. fusants** : obus qui éclatent en plein vol. ■ **2. épitaphe** : inscription sur un tombeau. ■ **3. roses de Saadi** : poème de Marceline Desbordes-Valmore, qui évoque le poète persan Saadi. ■ **4. mortification** : au sens propre, état des fleurs qui se fanent ; au sens figuré, humiliation.

Le poète de la modernité

L'expérience de la guerre est au cœur de *Calligrammes*, écrit en partie dans les tranchées et publié en 1918. La mise en espace originale, le lyrisme amoureux et les images violentes des combats s'associent dans un effort d'invention remarquable. Les poèmes simultanés, les poèmes conversations, la disposition des calligrammes contribuent, sur des thèmes classiques, à révéler une sensibilité toute personnelle. Comme Picasso, Apollinaire décompose le monde pour mieux le recréer dans ce recueil profondément novateur.

Poète de la modernité, Apollinaire juxtapose des sensations fragmentaires ou simultanées, mêlant le présent et le souvenir, rappelant la mémoire des œuvres du passé. L'usage du vers libre, l'abandon de la ponctuation, l'invention de nouvelles formes poétiques lui permettent de s'affranchir des contraintes de la poésie traditionnelle.

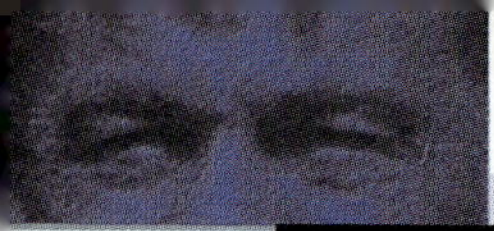

CENDRARS

Nom et prénoms : **Sauser, Frédéric Louis**
Pseudonyme : **Blaise Cendrars**
Naissance : **le 1er septembre 1887, à la Chaux-de-Fonds, en Suisse**
Décès : **le 21 janvier 1961, à Paris**
Lieux : **Naples, Paris, Moscou, New York, le Brésil, Aix-en-Provence**
Situation familiale : **marié à Félicie Poznanska; veuf et remarié avec Raymonde; une fille, Myriam**
Professions : **apprenti joailler, jongleur, scénariste, correspondant de guerre, importateur commercial**
Amitiés : **Sonia Delaunay, Modigliani, Max Jacob, Oswald de Andrande**

Enfant, Frédéric Sauser accompagne sa famille dans ses déplacements, en particulier en Italie. À Neuchâtel, il quitte l'école de commerce pour travailler chez un joaillier russe. Dès dix-sept ans, il découvre ainsi Moscou et l'Extrême-Orient. Le désir de « bourlinguer » l'entraîne ensuite jusqu'aux États-Unis, où il signe *Les Pâques à New York*, en 1912, du nom de Blaise Cendrars. Quand la guerre éclate, Cendrars s'engage volontairement dans la Légion étrangère. Touché au bras droit, il est amputé le lendemain. Il abandonne alors l'écriture poétique pour se consacrer au roman : *L'Or*, en 1925, ou *Moravagine*, en 1926. Grand reporter, Cendrars se rend en Californie, puis en Espagne. Les péripéties extraordinaires de ses personnages, son exaltation de « la vie dangeureuse » construisent l'image d'un romancier aventurier, qui mène une vie intense, riche en voyages et en rencontres. Après la Seconde Guerre mondiale, Cendrars publie, de 1945 à 1949, les différents volumes de son autobiographie. Il meurt à Paris en 1961.

Ses œuvres principales

- des œuvres poétiques, dont : *Les Pâques à New York* (1912), *Prose du Transsibérien et de la petite Jehanne de France* (1913), *Du monde entier* (1919)
- des romans, dont : *L'Or* (1925), *Moravagine* (1926), *Le Plan de l'aiguille* (1928), *Les Confessions de Dan Yack* (1929), *Rhum* (1930)
- une autobiographie en plusieurs volumes, dont : *L'Homme foudroyé* (1945), *Lotissement du ciel* (1949)

1913

Prose du Transsibérien et de la petite Jehanne de France

La *Prose du Transsibérien*[1] épouse à la fois le rythme et les images du chemin de fer, juxtaposant les paysages et les souvenirs dans leur variété et leur fulgurance. Le poème de Blaise Cendrars s'impose ainsi au début du XXe siècle comme un manifeste de l'avant-garde littéraire.

Le ciel est comme la tente déchirée d'un cirque pauvre dans un petit
[village de pêcheurs
En Flandres
Le soleil est un fumeux quinquet[2]
Et tout au haut d'un trapèze une femme fait la lune.
La clarinette le piston une flûte aigre et un mauvais tambour
Et voici mon berceau
Mon berceau
Il était toujours près du piano quand ma mère comme madame Bovary
[jouait les sonates de Beethoven
J'ai passé mon enfance dans les jardins suspendus de Babylone[3]
Et l'école buissonnière, dans les gares devant les trains en partance
Maintenant, j'ai fait courir tous les trains derrière moi
Bâle-Tombouctou
J'ai aussi joué aux courses à Auteuil et à Longchamp
Paris-New York

Maintenant, j'ai fait courir tous les trains le long de ma vie
Madrid-Stockholm
Et j'ai perdu tous mes paris
Il n'y a plus que la Patagonie[4], la Patagonie, qui convienne à mon immense tristesse,
[la Patagonie, et un voyage dans les mers du Sud

Je suis en route
J'ai toujours été en route
Je suis en route avec la petite Jehanne de France
Le train fait un saut périlleux et retombe sur toutes ses roues
Le train retombe sur ses roues
Le train retombe toujours sur toutes ses roues

« Blaise, dis, sommes-nous bien loin de Montmartre ? »

Nous sommes loin, Jeanne, tu roules depuis sept jours
Tu es loin de Montmartre, de la Butte qui t'a nourrie du Sacré-Cœur contre lequel
[tu t'es blottie
Paris a disparu et son énorme flambée
Il n'y a plus que les cendres continues
La pluie qui tombe
La tourbe qui se gonfle
La Sibérie qui tourne
Les lourdes grappes de neige qui remontent
Et le grelot[5] de la folie qui grelotte dans un dernier désir dans l'air bleui
Le train qui palpite au cœur des horizons plombés
Et ton chagrin ricane…

« Dis, Blaise, sommes-nous loin de Montmartre ? »

Blaise Cendrars, *Prose du Transsibérien et de la petite Jehanne de France* (extrait),
Éd. Denoël, 1913.

▪ **1. Transsibérien** : ligne de chemin de fer qui va de Moscou à Vladivostok, en Asie. ▪ **2. quinquet** : lampe à huile. ▪ **3. jardins suspendus de Babylone** : jardins célèbres dans l'Antiquité. ▪ **4. Patagonie** : la Terre de feu, à la pointe de l'Amérique du Sud. ▪ **5. grelot** : petite boule creuse qu'un morceau de métal, à l'intérieur, fait résonner.

Un voyage en chemin de fer

L'œuvre poétique de Blaise Cendrars s'inscrit dans le renouvellement des formes qui caractérise le début du XXe siècle : abandon des formes fixes et de la ponctuation, suppression de la mesure régulière du vers et de la rime.

Prose du Transsibérien et de la petite Jehanne de France, en 1913, se présente ainsi comme un grand dépliant de deux mètres de long, dont les cent cinquante exemplaires publiés ont pour ambition d'atteindre la hauteur de la tour Eiffel, symbole de modernité.

Le poème fait revivre un voyage en chemin de fer et le rythme des vers souligne la précipitation des souvenirs et des paysages. Les mots, les images, les sonorités s'entrechoquent : l'usage du vers libre et l'abandon de la ponctuation favorisent ce montage fulgurant des émotions.

ALAIN-FOURNIER

Nom et prénoms : **Fournier, Henri Alban**
Pseudonyme : **Alain-Fournier**
Naissance : **le 3 octobre 1886, à La Chapelle d'Angillon**
Décès : **le 22 septembre 1914, aux Éparges, dans la Meuse**
Lieux : **La Chapelle d'Angillon ; Paris, lorsqu'il est lycéen ; les Éparges, près de Verdun**
Situation familiale : **célibataire**
Professions : **secrétaire du politicien Casimir-Périer, collaborateur de plusieurs journaux**
Amitié : **l'éditeur Jacques Rivière, son beau-frère**

Henri Fournier grandit dans le Berry, auprès de ses parents instituteurs et de sa petite sœur, Isabelle. En 1898, il entre comme pensionnaire au lycée Voltaire à Paris. Après le baccalauréat, il prépare l'École normale supérieure.

Le 1er juin 1905, le jeune lycéen croise à Paris une jeune fille qu'il suit jusqu'à sa maison du boulevard Saint-Germain. Posté sous sa fenêtre, il l'épie et finit par l'accoster mais la jeune fille, Yvonne de Vaugrineuse, qui inspirera le personnage d'Yvonne de Galais, l'héroïne du *Grand Meaulnes*, est fiancée. En 1908-1909, Alain-Fournier effectue son service militaire, toujours hanté par le souvenir de celle qui est maintenant mariée. Il devient journaliste à *Paris-Journal* et commence la rédaction du *Grand Meaulnes*, son unique roman, qui paraît en 1913. La même année, il rencontre pour la dernière fois Yvonne de Vaugrineuse, désormais mère de deux enfants. Mobilisé en août 1914, Alain-Fournier est tué un mois plus tard au sud de Verdun. Son corps, qu'on a longtemps cru disparu, est retrouvé et identifié en 1991. Alain-Fournier est inhumé près de ses camarades, à Saint-Rémy-la-Calonne, dans la Meuse.

Son œuvre principale

- un roman : *Le Grand Meaulnes* (1913)
- une importante correspondance avec son ami Jacques Rivière (1905-1914)

1913

Le Grand Meaulnes

Publié en 1913, *Le Grand Meaulnes* est la seule œuvre importante de l'écrivain Alain-Fournier. Dans un petit village de Sologne, l'arrivée d'Augustin Meaulnes bouleverse l'existence de François, le narrateur. La vie de famille, dans la petite école où les parents de François sont instituteurs, fait désormais place à l'amitié qui unit les deux jeunes gens. Mais le grand Meaulnes est lui-même habité par un mystère, par la rencontre de Franz de Galais et de sa sœur Yvonne, dans un château étrange peuplé d'enfants et de comédiens, de paysannes en costume de fête, où l'on célèbre les noces du jeune châtelain et d'une mystérieuse jeune fille. Alain-Fournier crée ainsi une atmosphère qui unit la précision des détails avec l'évocation poétique des sentiments amoureux.

Au-dessus de nous, dans un réduit où s'entassaient les pièces d'artifice noircies du dernier Quatorze Juillet, un pas inconnu, assuré, allait et venait, ébranlant le plafond, traversait les immenses greniers ténébreux du premier étage, et se perdait enfin vers les chambres d'adjoint abandonnées où l'on mettait sécher le tilleul et mûrir les pommes.

« Déjà, tout à l'heure, j'avais entendu ce bruit dans les chambres du bas, dit Millie[1] à mi-voix, et je croyais que c'était toi, François, qui étais rentré... »

Personne ne répondit. Nous étions debout tous les trois, le cœur battant, lorsque la porte des greniers qui donnait sur l'escalier de la cuisine s'ouvrit; quelqu'un descendit les marches, traversa la cuisine, et se présenta dans l'entrée obscure de la salle à manger.

« C'est toi, Augustin ? » dit la dame[2].

C'était un grand garçon de dix-sept ans environ. Je ne vis d'abord de lui, dans la nuit tombante, que son chapeau de feutre paysan coiffé en arrière et sa blouse noire sanglée d'une ceinture comme en portent les écoliers. Je pus distinguer aussi qu'il souriait...

Il m'aperçut et, avant que personne eût pu lui demander aucune explication :

« Viens-tu dans la cour ? » dit-il.

J'hésitai une seconde. Puis, comme Millie ne me retenait pas, je pris ma casquette et j'allai vers lui. Nous sortîmes par la porte de la cuisine et nous allâmes au préau, que l'obscurité envahissait déjà. À la lueur de la fin du jour, je regardais, en marchant, sa face anguleuse au nez droit, à la lèvre duvetée.

« Tiens, dit-il, j'ai trouvé ça dans ton grenier. Tu n'y avais donc jamais regardé. »

Il tenait à la main une petite roue en bois noirci; un cordon de fusées déchiquetées courait tout autour; ç'avait dû être le soleil ou la lune au feu d'artifice du Quatorze Juillet.

« Il y en a deux qui ne sont pas parties : nous allons toujours les allumer », dit-il d'un ton tranquille et de l'air de quelqu'un qui espère bien trouver mieux par la suite.

Il jeta son chapeau par terre et je vis qu'il avait les cheveux complètement ras comme un paysan. Il me montra les deux fusées avec leurs bouts de mèche en papier que la flamme avait coupés, noircis puis abandonnés. Il planta dans le sable le moyeu de la roue, tira de sa poche – à mon grand étonnement, car cela nous était formellement interdit – une boîte d'allumettes. Se baissant avec précaution, il mit le feu à la mèche. Puis, me prenant par la main, il m'entraîna vivement en arrière.

Un instant après, ma mère qui sortait sur le pas de la porte, avec la mère de Meaulnes, après avoir débattu et fixé le prix de la pension, vit jaillir sous le préau, avec un bruit de soufflet, deux gerbes d'étoiles rouges et blanches; et elle put m'apercevoir, l'espace d'une seconde, dressé dans la lueur magique, tenant par la main le grand gars nouveau venu et ne bronchant pas...

Cette fois encore, elle n'osa rien dire.

Et le soir, au dîner, il y eut, à la table de famille, un compagnon silencieux, qui mangeait, la tête basse, sans se soucier de nos trois regards fixés sur lui.

Alain-Fournier, *Le Grand Meaulnes*, Éd. Fayard, 1913.

1. Millie : la mère du narrateur. **2. la dame** : la mère d'Augustin Meaulnes.

Le roman de l'enfance et du mystère

En écrivant *Le Grand Meaulnes,* Alain-Fournier recrée le monde de son enfance. Il reproduit l'ambiance chaleureuse de l'école communale, la simplicité du monde rural, la complicité des premières amitiés, l'intensité violente de la découverte du sentiment amoureux. Mais le roman d'aventures et d'initiation est aussi le roman du rêve et de la féerie. L'écrivain donne aux paysages et aux individus un charme mystérieux et envoûtant, parfois proche du fantastique. L'amitié et l'amour, le silence et le mystère participent ainsi à la création d'un univers énigmatique. C'est à travers cette fusion du rêve et de la réalité que *Le Grand Meaulnes* s'inscrit dans la mémoire du lecteur.

GUITRY

Nom et prénom : **Guitry, Alexandre, dit « Sacha »**
Naissance : **le 21 février 1885, à Saint-Pétersbourg, en Russie**
Décès : **le 24 juillet 1957, à Paris**
Lieux : **Saint-Pétersbourg, Paris**
Situation familiale : **marié à cinq reprises, à Charlotte Lysès, Yvonne Printemps, Jacqueline Delubac, Geneviève de Seréville, Lana Marconi**
Professions : **acteur, dramaturge, metteur en scène**
Amitiés : **Tristan Bernard, les actrices Jeanne Fusier-Gir et Arletty**

Fils d'un acteur célèbre, Lucien Guitry, le jeune Sacha se révèle mauvais élève dans les institutions successives qu'il fréquente. Passionné de théâtre, il écrit sa première pièce à seize ans, en 1901. Comédies légères, vaudevilles se multiplient ensuite, qu'il interprète avec son épouse, Charlotte Lysès. Réformé pendant la guerre, il tourne un premier film, *Ceux de chez nous*, en 1915, et commence une carrière de réalisateur. Il joue avec son père dans *Pasteur*, puis dans *Mon père avait raison*. Personnage du Tout-Paris, célèbre pour son élégance, son art des « bons mots », l'insolence et le cynisme de ses textes, il écrit *Mémoires d'un tricheur*, roman qu'il adapte pour le cinéma. En 1940, Guitry continue de mener une carrière mondaine et artistique dans la capitale occupée. Arrêté le 23 août 1944 pour collaboration, il passe soixante jours en prison et doit démissionner de l'académie Goncourt en 1948. L'après-guerre voit les spectateurs bouder ses pièces. Mais au cinéma, Guitry tourne plusieurs films avec Michel Simon et rencontre un immense succès avec *Si Versailles m'était conté*, en 1953. L'acteur se plaît à incarner des personnages historiques, comme Talleyrand ou Louis XIV. La voix de l'écrivain apporte alors tout son charme aux dialogues pétillants comme aux mots d'esprit. À sa mort, en 1957, quinze mille personnes défilent dans son hôtel particulier pour lui rendre un dernier hommage.

Ses œuvres principales

- des pièces de théâtre, dont : *Un beau mariage* (1911), *Faisons un rêve* (1916), *Pasteur* (1919), *Mon père avait raison* (1919), *Désiré* (1927), *Quadrille* (1927), *N'écoutez pas mesdames* (1942)
- des films, dont : *Ceux de chez nous* (1915), *Le Roman d'un tricheur* (1936), *Le Diable boiteux* (1948), *Si Versailles m'était conté* (1953), *Napoléon* (1954), *Si Paris m'était conté* (1955)
- des romans, dont : *Mémoires d'un tricheur* (1935)

1935

Mémoires d'un tricheur

Abandonnant un moment le théâtre, Sacha Guitry raconte dans *Mémoires d'un tricheur* la vie d'un Normand qui, d'abord chasseur dans un hôtel, puis croupier à Monte Carlo, devient tricheur professionnel.

Je suis né le 28 avril 1882, à Tortisambert, petit village bien joli du Calvados, dont on aperçoit le clocher à main gauche quand on va vers Troarn en quittant Livarot. Mes parents tenaient un commerce d'épicerie qui leur laissait, bon an, mal an, cinq mille francs de bénéfice. Notre famille était nombreuse. D'un premier lit, ma mère avait eu deux enfants. Elle eut, avec mon père, un fils et quatre filles. Mon père avait sa mère, ma mère avait son père – ils étaient quittes, si j'ose dire – et nous avions, en outre, un oncle sourd-muet.

Nous étions douze à table.

Du jour au lendemain, un plat de champignons me laissa seul au monde. Seul, car j'avais volé huit sous dans le tiroir-caisse pour m'acheter des billes – et mon père en courroux s'était écrié :

« Puisque tu as volé, tu seras privé de champignons ! »

Ces végétaux mortels, c'était le sourd-muet qui les avait cueillis – et ce soir-là, il y avait onze cadavres à la maison. Qui n'a pas vu onze cadavres à la fois ne peut pas se faire une idée du nombre de cadavres que cela fait. Il y en avait partout.

Parlerai-je de mon chagrin ?

Disons plutôt la vérité. Je n'avais que douze ans, et l'on conviendra que c'était un malheur excessif pour mon âge. Oui, j'étais véritablement dépassé par cette catastrophe et n'ayant pas assez d'expérience pour en apprécier l'horreur, je m'en sentais, pour ainsi dire, indigne. On peut pleurer sa mère ou son père, ou son frère – mais comment voulez-vous pleurer onze personnes ! On ne sait plus où donner de la peine. Je n'ose pas parler de l'embarras du choix – et c'est un peu pourtant cela qui se passait. Ma douleur sollicitée à droite, à gauche, avait des sujets de distraction trop nombreux.

Le docteur Lavignac, appelé dans le courant de l'après-midi, ne cessa de prodiguer, pendant des heures et des heures, ses soins éclairés, mais, hélas ! inutiles. Ma famille s'éteignait inexorablement. M. le curé, qui déjeunait ce jour-là chez le marquis de Beauvoir, est arrivé à bicyclette vers quatre heures. On allait avoir bien besoin de lui !

Dès cinq heures du soir, tout le village était chez nous. Le père Rousseau, paralysé depuis vingt ans, s'était fait porter jusque-là et l'aveugle répétait en poussant les autres :

« Laissez-moi voir ! Laissez-moi voir ! »

J'avais été renvoyé de chambre en chambre par les voisines aussitôt accourues, et, ne sachant plus où me fourrer, je m'étais craintivement dissimulé sous un comptoir, dans la boutique. De là, j'entendais tout ce qui se disait, tout ce qui se murmurait. Les premiers décès avaient été annoncés non sans une certaine componction, ainsi qu'il est de règle. Mais, dès le quatrième mort, les annonces devinrent brèves et, bientôt, laconiques : « Encore un ! » Et tous ces villageois résignés et fourbus reprenaient de la vie devant toutes ces morts. Il leur semblait sans doute que chacun d'eux allait avoir un peu plus d'air à respirer dorénavant. Et je percevais des dialogues inouïs :

« Et la grand-mère ?

– Pas encore. Mais c'est l'affaire de vingt minutes.

– Il en reste combien ?

– Plus que quatre. »

L'oncle assassin, le sourd-muet, mourut le dernier dans d'horribles souffrances.

« Quel est celui qui crie comme ça ?

– C'est le muet », répondait-on.

Lorsque, à sept heures, tout fut fini, je suis sorti de ma cachette, et je me suis trouvé nez à nez avec le docteur éreinté qui s'épongeait le front. Il me vit, me regarda, me reconnut, n'en crut pas ses yeux et me dit : « Eh ! bien... et toi ? »

Et il y avait dans sa voix une surprise immense, avec un rien de blâme. D'ailleurs, il ajouta : « Qu'est-ce que tu fais là ? »

....

Et, comme il m'a semblé qu'il se voyait déjà penché sur mes viscères, j'avouai la vérité :

« Je n'en ai pas mangé.

– Pourquoi ? »

Et ce « pourquoi ? », parti très vite, était extraordinaire. Déformation professionnelle, je veux bien, mais je jure qu'il l'a dit sur un ton de reproche. Et, comme il répétait : « Pourquoi ? Pourquoi ? » – j'ai préféré tout dire, j'ai raconté mon crime et j'ai dit quel avait été mon châtiment. Alors, dans une esquisse de sourire, il eut un clignement d'œil qui semblait dire : « Toi, pas bête ! »

L'histoire fit rapidement le tour du village – et je laisse à penser quels commentaires elle souleva.

Le jour de l'enterrement, derrière ces onze cercueils que je suivais, la tête basse et les yeux secs, je me demandais si le fait d'avoir été miraculeusement épargné ne me donnait pas l'air un peu d'avoir assassiné tout ce monde – cependant que, dans mon dos, l'on chuchotait : « Savez-vous pourquoi le petit n'est pas mort ?... Parce qu'il a volé ! »

Oui, j'étais vivant parce que j'avais volé. De là à en conclure que les autres étaient morts parce qu'ils étaient honnêtes...

Sacha Guitry, *Mémoires d'un tricheur*, 1935.

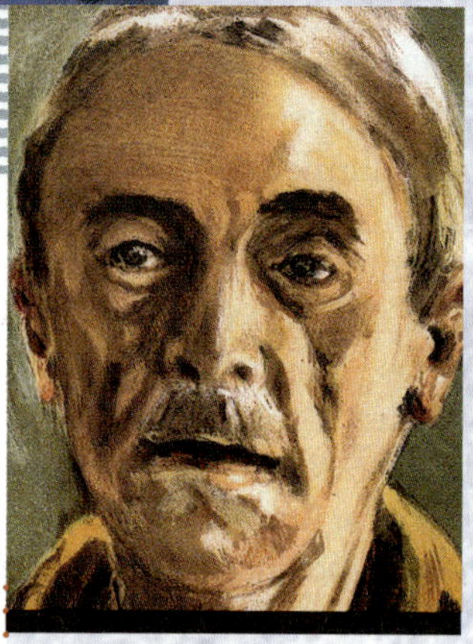

VALÉRY

Nom et prénom : **Valéry, Paul**
Naissance : **le 30 octobre 1871, à Sète**
Décès : **le 20 juillet 1945, à Paris, à neuf heures du matin ; inhumé au cimetière marin de Sète**
Lieux : **Sète ; Gênes, ville natale de sa mère ; Montpellier ; Paris**
Situation familiale : **marié avec Jeannie Gobillard**
Professions : **secrétaire particulier d'Édouard Lebey, l'administrateur de l'agence Havas ; puis professeur au Collège de France**
Amitiés : **Pierre Louÿs, André Gide, Stéphane Mallarmé, Joris-Karl Huysmans, Henri de Régnier, Degas**

Au collège comme au lycée, Valéry poursuit des études sans grande ferveur. Il admire Hugo, Baudelaire, avant de découvrir Verlaine et Mallarmé à qui il envoie ses premiers poèmes. Il s'installe à Paris en 1894, abandonnant ses études de droit pour un emploi dans un ministère. Il devient le disciple le plus proche de Mallarmé, qu'il rencontre souvent, à qui il s'attache profondément. Dans la chambre de cet esprit sceptique et amusé, d'une intelligence rigoureuse et lucide, on trouve un tableau noir couvert de calculs et un squelette pour toute décoration. Devenu secrétaire d'un administrateur de l'agence Havas, Valéry consacre beaucoup de temps à ses *Cahiers* où il note chaque jour ses réflexions sur l'art ou la société. En 1920, il publie des poèmes, qui connaissent un grand succès, confirmé peu après par la parution du *Cimetière marin* et de *Charmes*. Valéry entre à l'Académie française en 1925. Le voici poète de la République ! Il connaît désormais tous les honneurs. Il est nommé professeur de poétique au Collège de France en 1937. Pendant l'Occupation, son attitude est exemplaire. Après avoir assisté à la libération de Paris, Valéry meurt le 20 juillet 1945. La France lui consacre des obsèques nationales.

Ses œuvres principales

- des poèmes, dont : *La Jeune Parque* (1917), *Album de vers anciens* (1920), *Charmes* (1922)
- des récits, dont : *Monsieur Teste* (1926)
- des recueils d'essais et de conférences : *Variété I* à *V* (de 1924 à 1944)
- une pièce de théâtre : *Mon Faust* (1946, publication posthume)

1919

La Crise de l'esprit

Poète, penseur, mathématicien, Valéry apparaît comme un esprit supérieur, d'une lucidité exceptionnelle. Il analyse les mutations de l'Histoire et de la société. Son ambition poétique : atteindre à la « poésie pure » qui mêle une réflexion sur le néant avec des images séduisantes et sensuelles.

Nous autres, civilisations, nous savons maintenant que nous sommes mortelles.

Nous avions entendu parler de mondes disparus tout entiers, d'empires coulés à pic avec tous leurs hommes et tous leurs engins ; descendus au fond inexplorable des siècles avec leurs dieux et leurs lois, leurs académies et leurs sciences pures et appliquées, avec leurs grammaires, leurs dictionnaires, leurs classiques, leurs romantiques et leurs symbolistes, leurs critiques et les critiques de leurs critiques. Nous savions bien que toute la terre apparente est faite de cendres, que la cendre signifie quelque chose. Nous apercevions à travers l'épaisseur de l'histoire, les fantômes d'immenses navires qui furent chargés de richesse et d'esprit. Nous ne pouvions pas les compter. Mais ces naufrages, après tout, n'étaient pas notre affaire.

Elam, Ninive, Babylone étaient de beaux noms vagues, et la ruine totale de ces mondes avait aussi peu de signification pour nous que leur existence même. Mais *France, Angleterre, Russie*... ce seraient aussi de beaux noms, *Lusitania*[1] aussi est un beau nom. Et nous voyons maintenant que l'abîme de l'histoire est assez grand pour tout le

1. **Lusitania :** paquebot américain coulé par les Allemands en 1915.
2. **Keats :** poète romantique anglais.
3. **Ménandre :** auteur comique grec dont les œuvres sont presque toutes perdues.

monde. Nous sentons qu'une civilisation a la même fragilité qu'une vie. Les circonstances qui enverraient les œuvres de Keats[2] et celles de Baudelaire rejoindre les œuvres de Ménandre[3] ne sont plus du tout inconcevables : elles sont dans les journaux.

Ce n'est pas tout. La brûlante leçon est plus complète encore. Il n'a pas suffi à notre génération d'apprendre par sa propre expérience comment les plus belles choses et les plus antiques, et les plus formidables et les mieux ordonnées sont périssables *par accident* ; elle a vu, dans l'ordre de la pensée, du sens commun, et du sentiment, se produire des phénomènes extraordinaires, des réalisations brusques de paradoxes, des déceptions brutales de l'évidence.

Je n'en citerai qu'un exemple : les grandes vertus des peuples allemands ont engendré plus de maux que l'oisiveté jamais n'a créé de vices. Nous avons vu, de nos yeux vu, le travail consciencieux, l'instruction la plus solide, la discipline et l'application les plus sérieuses, adaptés à d'épouvantables desseins.

Tant d'horreurs n'auraient pas été possibles sans tant de vertus. Il a fallu, sans doute, beaucoup de science pour tuer tant d'hommes, dissiper tant de biens, anéantir tant de villes en si peu de temps ; mais il a fallu non moins de *qualités morales*. Savoir et Devoir, vous êtes donc suspects ?

Paul Valéry, *La Crise de l'esprit*, Éd. Gallimard, 1919.

LE CIMETIÈRE MARIN

Ce toit tranquille, où marchent des colombes,
Entre les pins palpite, entre les tombes ;
Midi le juste y compose de feux
La mer, la mer, toujours recommencée !
Ô récompense après une pensée
Qu'un long regard sur le calme des dieux !

Quel pur travail de fins éclairs consume
Maint diamant d'imperceptible écume,
Et quelle paix semble se concevoir !
Quand sur l'abîme un soleil se repose,
Ouvrages purs d'une éternelle cause,
Le Temps scintille et le Songe est savoir.

Stable trésor, temple simple à Minerve[1],
Masse de calme, et visible réserve,
Eau sourcilleuse, Œil qui gardes en toi
Tant de sommeil sous un voile de flamme,
Ô mon silence !... Édifice dans l'âme,
Mais comble d'or aux mille tuiles, Toit !

Temple du Temps, qu'un seul soupir résume,
À ce point pur je monte et m'accoutume,
Tout entouré de mon regard marin ;
Et comme aux dieux mon offrande suprême,
La scintillation sereine sème
Sur l'altitude un dédain souverain.

Paul Valéry, *Le Cimetière marin* (extrait),
Éd. Gallimard, 1920.

1. Minerve : déesse latine de la Sagesse.

Vers une poésie pure

Valéry aborde la poésie comme un mathématicien à la recherche de la perfection. Car l'inspiration ne suffit pas, si elle n'est pas relayée aussitôt par le travail de la forme : « Les dieux, gracieusement, nous donnent *pour rien* tel premier vers ; mais c'est à nous de façonner le second, qui doit consonner avec l'autre, et n'être pas indigne de son aîné surnaturel. » Valéry considère ainsi qu'un poème n'est jamais achevé, qu'il peut toujours être amélioré. Le poème publié est un poème seulement « abandonné » à la curiosité du lecteur.

ROMAINS

Nom et prénom : **Farigoule, Louis**
Pseudonyme : **Jules Romains**
Naissance : **le 25 août 1885, à Saint-Julien-Chapteuil, dans le Velay**
Décès : **le 14 août 1972, à Paris**
Lieux : **le Velay, Paris, le Mexique**
Situation familiale : **marié à Gabrielle Gaffé, puis à Lise Dreyfus**
Professions : **professeur de philosophie, romancier, journaliste**
Amitiés : **Georges Chennevière, Georges Duhamel, Louis Jouvet**

Louis Farigoule passe son enfance à Paris, où son père est instituteur. À l'âge de dix-huit ans, se promenant rue d'Amsterdam, il a soudain le sentiment d'être une infime partie d'un être collectif, auquel participent la foule des passants, les voitures, la ville elle-même. Il appelle cela l'unanimisme. À l'École normale supérieure, il poursuit des études de philosophie et de biologie. Agrégé en 1909, il enseigne à Brest et à Laon, avant de revenir à Paris en 1911. Essai, théâtre, poésie et roman l'occupent tour à tour. En 1913, son ouvrage *Les Copains* apparaît comme la transposition romanesque du principe d'unanimisme à travers les canulars que multiplie une bande de sept amis.

Jules Romains participe à la Première Guerre mondiale dans un service de santé. Après la guerre, l'écrivain se consacre principalement au théâtre et connaît le succès en 1923, avec *Knock*. Il poursuit alors le projet qui lui tient le plus à cœur, le vaste roman illustrant sa théorie de l'unanimisme : *Les Hommes de bonne volonté*. Lors de la débâcle de mai 1940, Jules Romains gagne les États-Unis, puis le Mexique, où il participe à la propagande de la France libre. Il est élu à l'Académie française en 1946 et se montre dans les années d'après-guerre, comme il l'avait toujours été, un analyste lucide de la situation politique en Europe.

Ses œuvres principales

- des recueils de poèmes, dont : *La Vie unanime* (1908), *Un être en marche* (1910), *Pierres levées* (1944)
- des récits et des romans, dont : *Les Copains* (1913), *Psyché* (1922-1929), *Les Hommes de bonne volonté* (1932-1947), *Bertrand de Ganges* (1947)
- des pièces de théâtre, dont : *Cromedeyre-le-Vieil* (1920), *Monsieur Le Trouhadec saisi par la débauche* (1923), *Knock ou le Triomphe de la médecine* (1923), *Le Dictateur* (1926), *Donnogoo Tonka* (1929), *L'An mil* (1947)
- des essais, dont : *Manuel de déification* (1910), *Le Couple France-Allemagne* (1935), *Amitiés et rencontres* (1970)

1923

Knock ou le Triomphe de la médecine

Successeur du docteur Parpalaid, qui lui a vendu la clientèle inexistante de son cabinet, dans le petit bourg montagnard de Saint-Maurice, le docteur Knock retourne la situation. À l'aide d'une consultation gratuite, il attire dans son cabinet paysans et bourgeois, et les persuade qu'ils sont malades. Sous les dehors du désintéressement, le nouveau médecin s'enrichit rapidement.

KNOCK *la fait asseoir.* – Vous vous rendez compte de votre état ?

LA DAME. – Non.

KNOCK, *il s'assied en face d'elle.* – Tant mieux. Vous avez envie de guérir, ou vous n'avez pas envie ?

LA DAME. – J'ai envie.

KNOCK. – J'aime mieux vous prévenir tout de suite que ce sera très long et très coûteux.

LA DAME. – Ah ! mon Dieu ! Et pourquoi ça ?

KNOCK. – Parce qu'on ne guérit pas en cinq minutes un mal qu'on traîne depuis quarante ans.

LA DAME. – Depuis quarante ans ?

KNOCK. – Oui, depuis que vous êtes tombée de votre échelle.

LA DAME. – Et combien est-ce que ça me coûterait ?

KNOCK. – Qu'est-ce que valent les veaux, actuellement ?

LA DAME. – Ça dépend des marchés et de la grosseur. Mais on ne peut guère en avoir de propres à moins de quatre ou cinq cent francs.

KNOCK. – Et les cochons gras ?

LA DAME. – Il y en a qui font plus de mille.

KNOCK. – Eh bien ! ça vous coûtera à peu près deux cochons et deux veaux.

LA DAME. – Ah ! là là ! Près de trois mille francs ? C'est une désolation, Jésus, Marie !

KNOCK. – Si vous aimez mieux faire un pèlerinage, je ne vous en empêche pas.

LA DAME. – Oh ! un pèlerinage, ça revient cher aussi et ça ne réussit pas souvent. *(Un silence.)* Mais qu'est-ce que je peux donc avoir de si terrible que ça ?

KNOCK, *avec une grande courtoisie.* – Je vais vous l'expliquer en une minute au tableau noir. *(Il va au tableau et commence un croquis.)* Voici votre moelle épinière, en coupe, très schématiquement, n'est-ce pas? Vous reconnaissez ici votre faisceau de Türck et ici votre colonne de Clarke. Vous me suivez ? Eh bien ! quand vous êtes tombée de l'échelle, votre Türck et votre Clarke ont glissé en sens inverse *(Il trace des flèches.)* de quelques dixièmes de millimètre. Vous me direz que c'est très peu. Évidemment. Mais c'est très mal placé. Et puis vous avez ici un tiraillement continu qui s'exerce sur les multipolaires. *(Il s'essuie les doigts.)*

LA DAME. – Mon Dieu ! Mon Dieu !

KNOCK. – Remarquez que vous ne mourrez pas du jour au lendemain. Vous pouvez attendre.

LA DAME. – Oh là là ! J'ai bien eu du malheur de tomber de cette échelle !

KNOCK. – Je me demande même s'il ne vaut pas mieux laisser les choses comme elles sont. L'argent est si dur à gagner. Tandis que les années de vieillesse, on en a toujours bien assez. Pour le plaisir qu'elles donnent !

LA DAME. – Et en faisant ça plus... grossièrement, vous ne pourriez pas me guérir à moins cher ?... à condition que ce soit bien fait tout de même.

KNOCK. – Ce que je puis vous proposer, c'est de vous mettre en observation. Ça ne vous coûtera presque rien. Au bout de quelques jours, vous vous rendrez compte par vous-même de la tournure que prendra le mal, et vous vous déciderez.

LA DAME. – Oui, c'est ça.

KNOCK. – Bien. Vous allez rentrer chez vous. Vous êtes venue en voiture ?

LA DAME. – Non, à pied.

KNOCK, *tandis qu'il rédige l'ordonnance, assis à sa table.* – Il faudra tâcher de trouver une voiture. Vous vous coucherez en arrivant. Une chambre où vous serez seule, autant que possible. Faites fermer les volets et les rideaux pour que la lumière ne vous gêne pas. Défendez qu'on vous parle. Aucune alimentation solide pendant une semaine. Un verre d'eau de Vichy toutes les deux heures, et, à la rigueur, une moitié de biscuit, matin et soir, trempée dans un doigt de lait. Mais j'aimerais autant que vous vous passiez de biscuit. Vous ne direz pas que je vous ordonne des remèdes coûteux ! À la fin de la semaine, nous verrons comment vous vous sentez. Si vous êtes gaillarde, si vos forces et votre gaieté sont revenues, c'est que le mal est moins sérieux qu'on ne pouvait croire, et je serai le premier à vous rassurer. Si, au contraire, vous éprouvez une faiblesse générale, des lourdeurs de tête et une certaine paresse à vous lever, l'hésitation ne sera plus permise, et nous commencerons le traitement. C'est convenu ?

Jules Romains, *Knock ou le Triomphe de la médecine*, acte II, scène 4, Éd. Gallimard, 1923.

Knock ou le triomphe de l'imposture

Représentée pour la première fois à Paris le 15 décembre 1923, dans une mise en scène de Louis Jouvet, qui en tient également le rôle principal, la pièce de Jules Romains connaît immédiatement un succès prodigieux. Le comique de mots et de situations, la mise en scène de la médecine et des techniques modernes de la publicité entraînent le public. On rit devant l'habileté que montre le docteur Knock, ancien vendeur de cravates aux *Dames de France*, à persuader ceux qui viennent le consulter qu'ils sont tous malades. Mais peu à peu, la pièce, comme dans le *Tartuffe* de Molière, dépasse le rire pour révéler l'hypocrisie du personnage. En effet, le médecin impose son autorité et profite de la crédulité humaine pour exploiter cyniquement ses concitoyens et étendre son pouvoir.

BERNANOS

Nom et prénom : **Bernanos, Georges**
Naissance : **le 20 février 1888, à Paris**
Décès : **le 5 juillet 1948, à Neuilly-sur-Seine**
Lieux : **Rouen ; Paris ; Majorque ; le Brésil; la Tunisie**
Situation familiale : **marié en 1917 avec Jeanne Talbert d'Arc, descendante du frère de Jeanne d'Arc; six enfants**
Professions : **journaliste, inspecteur d'assurances, écrivain**
Amitiés : **le Bénédictin Dombesse; Léon Daudet; Charles Maurras avec qui il rompt en 1932**

Le jeune Georges Bernanos partage son enfance entre la vie à Paris et des vacances libres et heureuses dans la campagne d'Artois. Passionné de lecture, il a lu à treize ans toute *La Comédie humaine* de Balzac. À dix-sept ans, l'adolescent devient monarchiste et s'engage dans l'Action française au côté de Charles Maurras. Après des études de lettres et de droit, il dirige à Rouen un journal nationaliste, *L'Avant-garde de Normandie*. Démobilisé, après la Première Guerre mondiale, marié, pour subvenir aux besoins de sa famille, il travaille pour une compagnie d'assurances de Bar-le-Duc.

En 1926, le succès de *Sous le soleil de Satan*, son premier roman, lui permet de se consacrer à la littérature et de prendre part aux combats intellectuels de son temps, s'opposant désormais aux positions de l'Action française. Victime d'un terrible accident de motocyclette, Bernanos s'installe à Majorque en 1934, où il écrit plusieurs chefs-d'œuvre, dont *Journal d'un curé de campagne* et *La Nouvelle Histoire de Mouchette*. Bouleversé par la guerre civile espagnole, l'écrivain lance un appel à la révolte des consciences catholiques dans *Les Grands Cimetières sous la Lune*, avant de partir pour le Brésil, en 1938. C'est de sa retraite amazonienne qu'il vit la Seconde Guerre mondiale, y participant à travers ses écrits de combat, et devenant l'un des grands soutiens spirituels de la Résistance. Rentré en France à la Libération, à la demande du général de Gaulle, Bernanos multiplie articles et conférences en faveur d'une société qui associe la liberté et les valeurs chrétiennes. Fuyant les honneurs, il s'installe en Tunisie, où il compose son dernier chef-d'œuvre, *Dialogues des Carmélites*. Ramené d'urgence à l'hôpital américain de Neuilly, il y meurt en 1946.

Ses œuvres principales

- des romans et des récits, dont : *Sous le soleil de Satan* (1926), *La Joie* (1929), *Un crime* (1935), *Journal d'un curé de campagne* (1936), *La Nouvelle Histoire de Mouchette* (1937), *Monsieur Ouine* (1946)
- un dialogue pour le cinéma : *Dialogues des Carmélites* (1949, posth.)
- des pamphlets et des écrits de combat, dont : *La Grande Peur des bien-pensants* (1931), *Les Grands Cimetières sous la Lune* (1938), *Voici la France libre* (1941), *Lettre aux Anglais* (1942), *Écrits de combat* (1942-1944)

1926 Sous le soleil de Satan

***Sous le soleil de Satan* commence par un prologue, l'« histoire de Mouchette » : âgée de seize ans, Germaine Malorthy, enceinte du marquis de Cadignan, tue ce dernier avant de se donner au docteur Gallet et de perdre son enfant. Dans la première partie du roman, l'abbé Donissan, chargé d'une mission à Étaples, se retrouve dans la nuit face à face avec le diable. Peu après, Mouchette surgit devant lui, et l'abbé, qui possède le don de lire dans les âmes, découvre le combat que Satan livre à Dieu à travers la jeune fille.**

Cela jaillit d'elle tout à coup. Une colère aveugle, une rage de défier ce regard, de lui fermer son âme, d'humilier la pitié qu'elle sentait sur elle suspendue, de la flétrir, de la souiller. Son élan la jeta, toute frémissante, non pas aux pieds, mais face au juge, dans son silence souverain.

Elle ne trouvait d'abord aucun mot ; en était-il pour exprimer ce transport sauvage ? Elle repassait seulement dans son esprit, mais avec une rapidité et une netteté surhumaine, les déceptions capitales de sa courte vie, comme si la pitié de ce prêtre en était le terme et le couronnement... Elle put articuler enfin, d'une voix presque inintelligible :

– Je vous hais !

– N'ayez pas honte, dit-il.

– Gardez vos conseils, cria Mouchette. (Mais il avait frappé si juste que sa colère en fut comme trompée.) Je ne sais même pas ce que vous voulez dire !

– Assurément, d'autres épreuves vous attendent, continua-t-il, plus rudes… Quel âge avez-vous ? demanda-t-il après un silence.

Depuis un moment, le regard de Mouchette trahissait une surprise, déjà déçue. À ce dernier mot, par un violent effort, elle sourit.

– Vous devez le savoir, vous qui savez tant de choses…

– Jusqu'à ce jour vous avez vécu comme une enfant. Qui n'a pas pitié d'un petit enfant ? Et ce sont les pères de ce monde ! Ah ! voyez-vous, Dieu nous assiste jusque dans nos folies. Et, quand l'homme se lève pour le maudire, c'est Lui seul qui soutient cette main débile !

– Un enfant, fit-elle, un enfant ! Des enfants de chœur comme moi, vous n'en rencontrerez pas beaucoup dans vos sacristies : ils n'useront pas votre eau bénite. Les chemins où j'ai passés, souhaitez ne les connaître jamais.

Elle prononça ces derniers mots avec une emphase un peu comique. Il répondit tranquillement :

– Qu'avez-vous donc trouvé dans le péché qui valût tant de peine et de tracas ? Si la recherche et la possession du mal comporte quelque horrible joie, soyez bien sûre qu'un autre l'exprima pour lui seul, et la but jusqu'à la lie.

L'abbé Donissan fit encore un pas vers elle. Rien dans son attitude n'exprimait une émotion excessive, ni le désir d'étonner. Et pourtant les paroles qu'il prononça clouèrent Mouchette sur place, et retentirent dans son cœur.

– Laissez cette pensée, dit-il. Vous n'êtes point devant Dieu coupable de ce meurtre. Pas plus qu'en ce moment-ci votre volonté n'était libre. Vous êtes comme un jouet, vous êtes comme la petite balle d'un enfant, entre les mains de Satan.

Il ne lui laissa pas le temps de répondre et d'ailleurs elle ne trouvait pas un mot. Il l'entraînait déjà, tout en parlant, sur la route de Desvres, à grands pas, dans les champs déserts. Elle le suivait. Elle devait le suivre. Il parlait, comme il n'avait jamais parlé, comme il ne parlerait plus jamais, même à Lumbres et dans la plénitude de ses dons, car elle était sa première proie. Ce qu'elle entendait, ce n'était pas l'arrêt du juge, ni rien qui passât son entendement de petite bête obscure et farouche, mais avec une terrible douceur, sa propre histoire, l'histoire de Mouchette – non point dramatisée par le metteur en scène, enrichie de détails rares et singuliers – mais résumée au contraire, réduite à rien, vue du dedans. Que le péché qui nous dévore laisse à la vie peu de substance ! Ce qu'elle voyait se consumer au feu de la parole, c'était elle-même, ne dérobant rien à la flamme droite et aiguë, suivie jusqu'au dernier détour, à la dernière fibre de chair.

Georges Bernanos, *Sous le soleil de Satan*, Éd. Plon, 1926.

Un univers assoiffée d'idéal

Tous les personnages de l'œuvre de Georges Bernanos refusent les compromis, bravant le monde pour affirmer leur soif de liberté. Épris de grandeur, assoiffés d'idéal, ils font l'expérience d'une révolte qui peut prendre des formes diverses. C'est ainsi que Mouchette se partage entre deux amants, invoque Satan et se suicide, dans une fuite autodestructrice vécue comme un défi, avant de se convertir à Dieu au moment de son agonie. De même, modeste curé de campagne, l'abbé Donissan s'oppose aux prêtres conservateurs comme aux bourgeois ironiques, pour s'affirmer comme un soldat de Dieu, sensible à la détresse des humbles, habité par une immense pitié pour les hommes. La manifestation du Mal est pour Bernanos le moyen de retrouver une spiritualité perdue et d'affirmer, à travers la quête de Dieu, une profonde humanité.

COCTEAU

Nom et prénom : **Cocteau, Jean**
Naissance : **le 5 juillet 1889, à Maisons-Laffitte**
Décès : **le 11 octobre 1963, à Milly-la-Forêt**
Lieux : **Paris, Menton**
Situation familiale : **célibataire ; une longue liaison avec l'acteur Jean Marais**
Professions : **poète, romancier, peintre, dramaturge, cinéaste**
Amitiés : **Picasso, Erik Satie, Serge Diaghilev, Raymond Radiguet**

Issu d'une famille de la haute bourgeoisie parisienne, Cocteau est durement touché, à l'âge de neuf ans, par le suicide de son père. Dans l'hôtel particulier de son grand-père, il rencontre les célébrités de l'époque et apparaît comme un enfant prodige de la poésie. Réformé en 1914, Jean Cocteau fréquente les artistes et écrivains de l'avant-garde, comme Apollinaire, Max Jacob, Modigliani, les ballets russes de Diaghilev, Satie ou Picasso. Il participe à toutes les modes et fait preuve de dons multiples : dessins, peintures, céramiques, fresques, poèmes, pièces de théâtre et romans se multiplient. Mais la mort de Radiguet, en 1923, conduit Cocteau à se réfugier dans l'opium, dont il se délivre cinq ans plus tard. C'est en 1930 que Cocteau tourne son premier film, *Le Sang d'un poète*, et représente à la Comédie-Française *La Voix humaine*. « Comprenne qui pourra : je suis un mensonge qui dit toujours la vérité » avoue-t-il, alors qu'il se consacre principalement au théâtre, et fait la rencontre de Jean Marais en 1937. Il réalise, en 1945, *La Belle et la Bête*. L'écrivain entre à l'Académie française en 1955. Généreux, attentif à ses amis, il répond à qui l'interroge sur ce qu'il ferait s'il ne lui restait que quinze minutes à vivre : « Je les emploierais à ce que les personnes qui m'aiment ne se doutent pas qu'elles vont me perdre ». Il décède en 1963, à soixante quatorze ans.

Ses œuvres principales

- des romans et des récits, dont :
  Thomas l'Imposteur (1923),
  Le Grand Écart (1924),
  Les Enfants terribles (1929)
- des poèmes, dont :
  La Lampe d'Aladin (1909),
  Le Cap de Bonne-Espérance (1919), *Opéra* (1927),
  La Crucifixion (1946),
  Clair-Obscur (1954)
- des pièces de théâtre, dont :
  Les Mariés de la tour Eiffel (1924), *Antigone* (1928),
  Orphée (1929), *La Voix humaine* (1930), *La Machine infernale* (1934),
  Les Parents terribles (1938)
- des essais, dont :
  Le Coq et l'Arlequin (1918)
- des films, dont :
  Le Sang d'un poète (1930),
  La Belle et la Bête (1945),
  L'Aigle à deux têtes (1947),
  Le Testament d'Orphée (1960)

1929

Les Enfants terribles

Aux premières pages des *Enfants terribles*, Paul doit garder la chambre pendant quelques mois, soigné par sa sœur Élisabeth. À la mort de leur mère, les deux adolescents sont livrés à eux-mêmes, et forment un groupe avec Gérard et Agathe. Le roman, qui explore l'émancipation entreprise par la jeunesse de l'entre-deux-guerres, est aussi un conte fantastique où se mêlent l'amour, l'envoûtement et la mort.

Un soir, une très petite fille que douze grimaces n'avaient pas réduite et qui se contentait de plonger le nez dans son assiette, leur tira la langue sans être vue de personne, lorsqu'ils quittèrent la table. Cette riposte les enchanta et dénoua définitivement l'atmosphère. Ils purent en retendre une autre. Comme les chasseurs et les joueurs de golf, ils crevaient d'envie de ressasser leurs exploits. On admirait la petite fille, on discutait le jeu, on compliquait ses règles. Les insultes reprirent de plus belle.

Gérard les suppliait de mettre une sourdine, d'arrêter les robinets qui coulaient sans cesse, de ne pas essayer de se maintenir la tête sous l'eau, de ne pas se battre ni se poursuivre en brandissant des chaises et en appelant au secours. Haines et fous rires se déroulaient ensemble, car quelque habitude qu'on eût de leurs volte-face, il était impossible de prévoir la seconde où ces deux tronçons convulsés se réuniraient et ne formeraient qu'un seul corps. Gérard espérait et redoutait ce phénomène. Il l'espérait à cause des voisins et de son oncle ; il le redoutait parce qu'il liguait Élisabeth et Paul contre lui.

Bientôt, le jeu s'amplifia. Le hall, la rue, la plage, les planches agrandirent son domaine. Élisabeth forçait Gérard à les seconder. La bande infernale se divisait, courait, rampait, s'accroupissait, souriait et grimaçait, semant la panique. Les familles traînaient des enfants au cou dévissé, aux bouches pendantes, aux yeux hors de la tête. On claquait, fessait, privait de promenade, enfermait à la maison. Ce fléau n'eût point connu de bornes sans la découverte d'un autre plaisir.

Ce plaisir était le vol. Gérard suivait, n'osant plus formuler ses craintes. Ces vols n'avaient que le vol pour mobile. Il ne s'y mêlait ni lucre, ni goût du fruit défendu. Il suffisait de mourir de peur. Les enfants sortaient des magasins où ils entraient avec l'oncle, les poches pleines d'objets sans valeur et qui ne pouvaient servir à rien. La règle interdisait la prise d'objets utiles. Un jour, Élisabeth et Paul voulurent forcer Gérard à reporter un livre parce qu'il était en langue française. Gérard obtint grâce sous condition qu'il volerait « une chose très difficile », décréta Élisabeth, « par exemple un arrosoir ».

Le malheureux, affublé par les enfants d'une vaste pèlerine, s'exécuta, la mort dans l'âme. Son attitude était si maladroite et la bosse de l'arrosoir si drôle, que le quincaillier, rendu crédule par l'invraisemblance, les suivit longuement des yeux. – « Marche ! marche ! idiot ! soufflait Élisabeth, on nous regarde. » À l'angle des rues dangereuses, ils respiraient et prenaient les jambes à leur cou.

Gérard rêvait, la nuit, qu'un crabe lui pinçait l'épaule. C'était le quincaillier. Il appelait la police. On arrêtait Gérard. Son oncle le déshéritait, etc.

Les vols : anneaux de tringles, tournevis, commutateurs, étiquettes, espadrilles pointure 40 s'entassaient à l'hôtel, espèce de trésor de voyage, perles fausses des femmes qui circulent et laissent leurs vraies perles dans le coffre-fort.

Le fin fond de cette conduite d'enfants incultes, frais jusqu'au crime, incapables de discerner un bien et un mal, c'était, chez Élisabeth, un instinct qui la faisait redresser, avec ces jeux de pirates, la pente vulgaire qu'elle redoutait pour Paul. Paul, traqué, épouvanté, grimaçant, courant, injuriant, ne riait plus aux anges. On verra jusqu'où elle poussait sa méthode intuitive de rééducation.

Ils revinrent. Grâce au sel d'une mer qu'ils avaient distraitement regardée, ils rapportaient des forces qui décuplaient leurs aptitudes. Mariette les trouva méconnaissables. Ils lui offrirent une broche qui ne provenait pas d'un vol.

Jean Cocteau, *Les Enfants terribles*, Éd. Bernard Grasset, 1929.

Artiste talentueux, capable de s'exprimer avec brio dans des genres très différents, Cocteau est écrivain, réalisateur de cinéma, acteur, sculpteur… Il n'hésite pas à se mettre lui même en scène au milieu de ses dessins.

Le poète amoureux de la féerie

Une légende a très vite entouré la figure de Jean Cocteau, enfant prodige de la poésie, acteur de toutes les avant-gardes artistiques, dramaturge et romancier scandaleux, metteur en scène qui touche le public au cœur. On a parfois reproché à l'artiste de s'abandonner à ses propres facilités, mais l'œuvre de Cocteau n'est jamais gratuite. S'il cherche à envoûter lecteurs ou spectateurs, c'est que l'univers féerique qu'il explore ouvre sur des vérités profondes. Derrière la magie, ses personnages sont en quête d'eux-mêmes ; derrière les jeux du masque et du miroir, se dessine une mythologie personnelle qui donne une place au destin au sein du monde moderne.

BRETON

Nom et prénom : **Breton, André**
Naissance : **le 19 février 1896, à Tinchebray, dans l'Orne**
Décès : **le 28 septembre 1966, à Paris**
Lieux : **Paris; Nantes; Lorient, la ville de ses parents**
Situation familiale : **marié trois fois; une fille, Aube**
Professions : **conseiller littéraire du couturier Jacques Doucet, écrivain**
Amitiés : **Guillaume Apollinaire, Paul Éluard, Benjamin Péret**

Issu d'une famille modeste, André Breton s'inscrit en faculté de médecine. Mobilisé en 1915, il est infirmier militaire à Nantes et s'intéresse alors aux travaux de Freud, l'inventeur de la psychanalyse. Il rencontre Louis Aragon et Philippe Soupault. Rejoints par Paul Éluard, ils adhèrent au mouvement dada, animé par Tristan Tzara. Il écrit en 1920, avec Philippe Soupault, *Les Champs magnétiques*. Breton fonde en 1924 le mouvement surréaliste, qui impose une poésie en rupture totale avec la tradition et en définit les principes dans le *Manifeste du surréalisme*. Le mouvement exerce très vite une influence considérable sur la vie culturelle en France et en Europe. Mais la Seconde Guerre mondiale oblige Breton à se réfugier aux États-Unis en 1941. À son retour en France, il multiplie les conférences, fonde plusieurs revues au service du surréalisme, plongeant sa plume dans l'encrier d'Apollinaire qui trône sur son bureau. « Je cherche l'or du temps » sont les mots inscrits sur le faire-part de décès du poète, mort en septembre 1966.

Ses œuvres principales

- des recueils poétiques, dont : *Les Champs magnétiques* (1920) avec Philippe Soupault, *Clair de terre* (1923)
- des essais et des récits, dont : *Nadja* (1928), *L'Amour fou* (1937)
- des textes théoriques, dont : *Manifeste du surréalisme* (1924)

1931

L'Union libre

L'exaltation de la femme est l'un des thèmes dominants de l'œuvre d'André Breton. Le désir et l'amour sont en effet à ses yeux des sentiments « révolutionnaires », trop longtemps étouffés par le carcan de la morale, des conventions sociales ou de la religion. Paru en 1931, sans nom d'auteur, le poème fit scandale.

Ma femme à la chevelure de feu de bois
Aux pensées d'éclairs de chaleur
À la taille de sablier
Ma femme à la taille de loutre entre les dents du tigre
Ma femme à la bouche de cocarde et de bouquet d'étoiles de dernière [grandeur
Aux dents d'empreintes de souris blanche sur la terre blanche
À la langue d'ambre et de verres frottés
Ma femme à la langue d'hostie poignardée
À la langue de poupée qui ouvre et ferme les yeux
À la langue de pierre incroyable
Ma femme aux cils de bâtons d'écriture d'enfant
Aux sourcils de bord de nid d'hirondelle
Ma femme aux tempes d'ardoise de toit de serre
Et de buée aux vitres
Ma femme aux épaules de champagne
Et de fontaine à têtes de dauphins sous la glace
Ma femme aux poignets d'allumettes
Ma femme aux doigts de hasard et d'as de cœur
Aux doigts de foin coupé
Ma femme aux aisselles de martre et de fênes
De nuit de la Saint-Jean
De troène et de nid de scalares

Aux bras d'écume de mer et d'écluse
Et de mélange du blé et du moulin
Ma femme aux jambes de fusée
Aux mouvements d'horlogerie et de désespoir
Ma femme aux mollets de moelle de sureau
Ma femme aux pieds d'initiales
Aux pieds de trousseaux de clés aux pieds de calfats qui boivent
Ma femme au cou d'orge imperlé
Ma femme à la gorge de Val d'or
De rendez-vous dans le lit même du torrent
Aux seins de nuit
Ma femme aux seins de taupinière marine
Ma femme aux seins de creuset du rubis
Aux seins de spectre de la rose sous la rosée
Ma femme au ventre de dépliement d'éventail des jours
Au ventre de griffe géante
Ma femme au dos d'oiseau qui fuit vertical
Au dos de vif-argent
Au dos de lumière
À la nuque de pierre roulée et de craie mouillée
Et de chute d'un verre dans lequel on vient de boire
Ma femme aux hanches de nacelle
Aux hanches de lustre et de pennes de flèche
Et de tiges de plumes de paon blanc
De balance insensible
Ma femme aux fesses de grès et d'amiante
Ma femme aux fesses de dos de cygne
Ma femme aux fesses de printemps
Au sexe de glaïeul
Ma femme au sexe de placer et d'ornithorynque
Ma femme au sexe d'algue et de bonbons anciens
Ma femme au sexe de miroir
Ma femme aux yeux pleins de larmes
Aux yeux de panoplie violette et d'aiguille aimantée
Ma femme aux yeux de savane
Ma femme aux yeux d'eau pour boire en prison
Ma femme aux yeux de bois toujours sous la hache
Aux yeux de niveau d'eau de niveau d'air de terre et de feu

André Breton, *L'Union libre*, Éd. Gallimard, 1931.

Cadavre exquis réalisé en 1934.

Le poète et le théoricien du surréalisme

L'œuvre de Breton se confond avec l'histoire du mouvement surréaliste, dont il est à la fois le fondateur, le chef de file et le plus illustre représentant. La contestation des valeurs de la société bourgeoise – qui a conduit aux millions de morts de la Première Guerre mondiale – pousse l'écrivain à réclamer une révolution sociale et culturelle, inséparable à ses yeux de la poésie. Pour Breton, la création repose sur l'inconscient, la passion amoureuse, le hasard des rencontres qui libèrent l'écriture poétique et permettent de révéler la beauté cachée du monde. L'image poétique est d'autant plus forte qu'elle rapproche deux réalités totalement éloignées. Hymne fulgurant à l'imaginaire, la poésie surréaliste entraîne le lecteur dans un univers où dominent le rêve, la liberté et le hasard.

Le surréalisme

Le surréalisme apparaît après la Première Guerre mondiale, en réaction à l'horreur suscitée par la violence des combats. Il appelle les artistes à se libérer des exigences de la morale et de la raison, à s'ouvrir à l'univers du rêve et de l'inconscient. S'exprimant aussi à travers des prises de position politiques, l'influence du mouvement surréaliste est immense dans toute l'Europe.

Le mot « surréalisme »

Le groupe de poètes formé par André Breton, Philippe Soupault, Louis Aragon et Paul Éluard utilise le mot « surréalisme » pour affirmer, à travers toutes les formes d'art, l'existence d'un univers « surréel » dans lequel la raison et la logique n'ont plus leur place. Breton définit ainsi le surréalisme comme « un certain automatisme psychique qui correspond assez bien à l'état de rêve ».

Le groupe surréaliste en 1930 : Tzara, Éluard, Breton, Arp, Dali, Tanguy, Ernst, Crevel, Man Ray. Photographie de Man Ray.

René Magritte, *La Clef des songes*, 1930.

L'HISTOIRE DU MOUVEMENT

Contestant les valeurs de la société qui n'ont pu empêcher le désastre de la Grande Guerre, une génération de jeunes artistes se retrouve pour défendre une vision nouvelle de l'univers, gouverné par les lois de l'inconscient et du hasard.

La contestation du monde ancien

En 1916, Tristan Tzara crée à Zurich le mouvement dada, qui appelle à la contestation radicale de toutes les valeurs héritées de la tradition. Trois ans plus tard, il s'installe à Paris. Breton et ses amis rejoignent le mouvement. Cependant, Breton reproche au dadaïsme la gratuité de sa révolte. Il rompt avec Tzara en 1922 pour fonder le mouvement surréaliste.

L'affirmation d'une poésie nouvelle

Dès 1920, en publiant *Les Champs magnétiques*, André Breton et Philippe Soupault expérimentent une poésie nouvelle, sous la dictée « magique » de l'inconscient : l'écriture automatique. Le *Manifeste du surréalisme*, en 1924, consacre Breton comme chef de file du mouvement, qui rassemble de nombreux écrivains mais aussi des peintres, comme Marcel Duchamp, Salvador Dali ou Max Ernst.

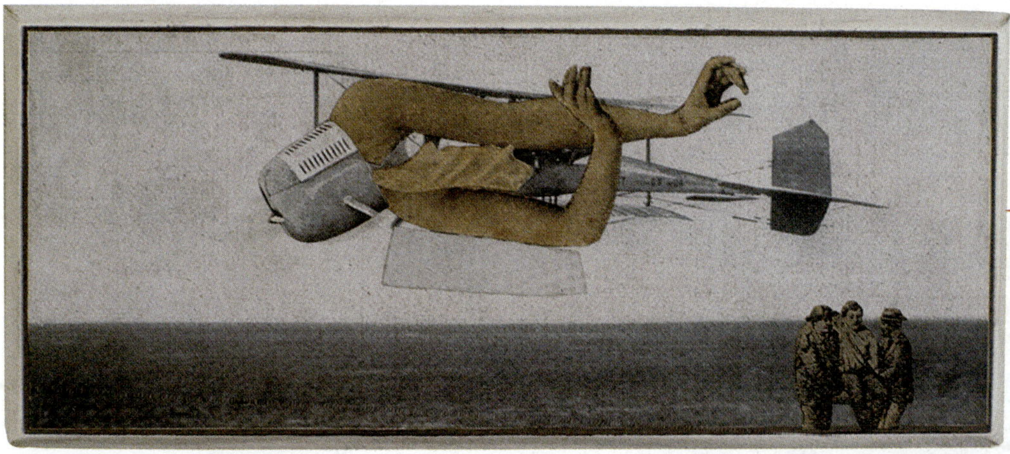

Max Ernst crée des images énigmatiques à travers ses collages, comme dans ce tableau sans titre en 1920.

■ Le moment des ruptures

Très vite, le mouvement est agité par des dissensions concernant les moyens d'associer la poésie et la révolution. Alors que Queneau et d'autres sont exclus, Francis Ponge ou René Char le rejoignent pour un temps. Breton rédige un *Second Manifeste* en 1930. En adhérant au parti communiste, Aragon et Éluard rompent avec lui. Ces querelles n'empêchent pas la richesse de la production artistique. Mais la Seconde Guerre mondiale disperse les membres du groupe, qui ne retrouvera plus à la Libération l'influence qui était la sienne.

Le mouvement dada aux origines du surréalisme

« Liberté : **DADA DADA DADA**, hurlements de douleur crispés, entrelacement des contraires et de toutes les contradictions, des grotesques, des inconséquences : LA VIE. » Le mouvement dada, fondé en Suisse par le Roumain Tristan Tzara, exprime la révolte d'une génération sacrifiée par la Première Guerre mondiale. Le mouvement contestataire revendique la spontanéité et la gratuité du geste artistique. André Breton, Philippe Soupault et Louis Aragon se joignent à Tristan Tzara, installé à Paris en 1920. Dès lors, les actions spectaculaires et scandaleuses, les manifestes nihilistes s'enchaînent. C'est dans ce contexte que naît le mouvement surréaliste, qui veut redonner à la poésie toute sa puissance originelle.

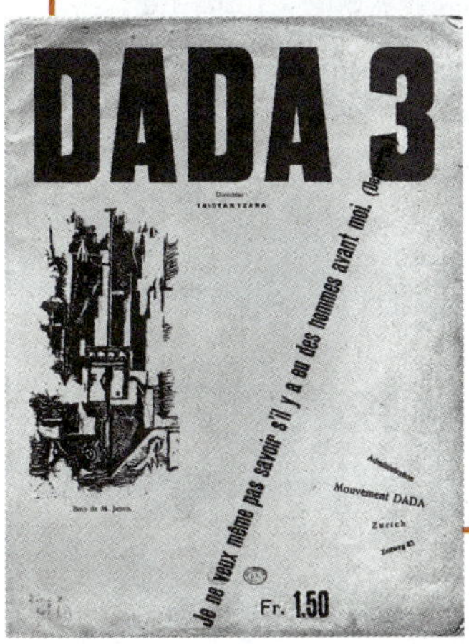

▶ LES PRINCIPES DU MOUVEMENT

■ Explorer l'écriture automatique

Le surréalisme expérimente une forme d'expression qui consiste à écrire sous la dictée de l'inconscient des phrases que la raison n'aurait jamais produites.

■ Affirmer la puissance des images

Le surréalisme donne une intensité nouvelle aux images poétiques en rapprochant, en mettant sur le même plan deux réalités éloignées.

■ Multiplier les jeux sur le langage

Le surréalisme explore le langage à travers les jeux sur les mots, leur sens et leurs sonorités, leurs associations inattendues et originales. Il crée ainsi un langage neuf, libéré de toute contrainte.

Montage de Man Ray.

Au vernissage de l'exposition Max Ernst, en 1921, André Breton et Philippe Soupault (sur l'échelle).

LES THÈMES ESSENTIELS DU MOUVEMENT

D'abord limité à la littérature, le surréalisme se développe en Europe à travers la peinture, mais aussi la photographie et le cinéma.

Le rêve

Il ouvre une porte sur un monde merveilleux où tout devient possible car aucun contrôle de la raison ne s'y exerce.

L'amour fou

Il caractérise l'amour surréaliste pour lequel l'exaltation de la femme en fait un être quasi mythologique.

Nº 8 — Deuxième année — 1er Décembre 1926

LA RÉVOLUTION SURRÉALISTE

CE QUI MANQUE A TOUS CES MESSIEURS C'EST LA DIALECTIQUE (*ENGELS*)

SOMMAIRE

Revue de la Presse : P. Eluard et B. Péret
TEXTES SURRÉALISTES : Pierre Unik, Cl.-A. Puget.
Moi l'abeille j'étais chevelure : Louis Aragon.
D. A. F. de Sade, écrivain fantastique et révolutionnaire : P. Eluard.
POÈMES : Max Morise, André Breton, Benjamin Péret, Michel Leiris.
Dzerjinski, président de la Tchéka : Pierre de Massot.
Lettre à la voyante : Antonin Artaud.
Opération : règle d'étroit : Pierre Brasseur.
Les dessous d'une vie ou la pyramide humaine : Paul Eluard.
Confession d'un enfant du siècle : Robert Desnos.
Uccello le poil : Antonin Artaud.
CHRONIQUES :
La saison des bains de ciel : G. Ribemont-Dessaignes.
Correspondance : Marcel Noll, E. Gengenbach.
Légitime défense : André Breton.
ILLUSTRATIONS : Max Ernst, Georges Malkine, André Masson, Joan Miró, Man Ray, Yves Tanguy, Paolo Uccello.

ADMINISTRATION : 16, Rue Jacques-Callot, PARIS (VIe)

Le hasard

Il fait naître l'illumination poétique à travers les rencontres inattendues de personnes, mais aussi les associations libres d'images et de mots.

La folie

Elle apparaît comme un moyen d'ouverture à un monde nouveau et représente ainsi une source de création poétique.

Photo extraite du film *Un chien andalou*, de Luis Buñuel et Salvador Dali.

Roue de bicyclette, par Marcel Duchamp.

La table surréaliste.
Bronze d'Alberto Giacometti.

Salvador Dali recrée dans l'ensemble de son œuvre l'univers du rêve et du désir. *Rêve causé par le vol d'une abeille autour d'une pomme-grenade une seconde avant l'éveil*, 1944.

La création en liberté

Le surréalisme affirme l'indépendance de l'esprit et sa capacité à s'affranchir des barrières imposées par la raison, les contraintes héritées de la tradition et les habitudes sociales. Il exerce d'abord sur le langage cette puissance créatrice : écriture automatique, écriture collective, associations libres des images. Mais cette transfiguration du réel s'opère également dans tous les autres arts, à travers le monde. Nombreux sont les peintres, les sculpteurs, les photographes, les cinéastes que le surréalisme a inspirés et conduits à la réalisation d'œuvres qui gardent leur puissance de fascination et d'étonnement.

Les grandes œuvres du surréalisme

Littérature

- Soupault et Breton, *Les Champs magnétiques*, 1920
- Éluard, *Capitale de la douleur*, 1926
- Breton, *Nadja*, 1928
- Aragon, *Les Yeux d'Elsa*, 1942

Peinture

- Dali, *Construction molle avec des haricots bouillis*, 1936
- Magritte, *La Grande Famille*, 1947

Sculpture

- Duchamp, *La mariée mise à nu par ses célibataires même*, 1923

Photographie

- Man Ray, *Les Champs délicieux*, 1923

Cinéma

- Buñuel et Dali, *Un chien andalou*, 1929

ÉLUARD

Nom et prénom : **Grindel, Eugène**
Pseudonyme : **Paul Éluard**
Naissance : **le 15 décembre 1895, à Saint-Denis, dans la banlieue parisienne**
Décès : **le 18 novembre 1952, à Beynac, en Dordogne**
Lieux : **Paris, le sanatorium de Clavadel en Suisse, les tranchées d'Hargicourt dans la Somme**
Situation familiale : **marié trois fois, avec Gala, Nusch et Dominique Laure**
Professions : **agent immobilier, écrivain, conférencier**
Amitiés : **André Breton, Philippe Soupault, Louis Aragon**

L'adolescence d'Eugène Grindel est marquée par la tuberculose et de longs séjours au sanatorium. Il y fait la connaissance d'une jeune fille russe qu'il surnomme Gala. Lorsque la guerre éclate, il a vingt ans. D'abord infirmier militaire, il rejoint l'infanterie et, lors d'une permission, épouse Gala, qui le quittera quelques années plus tard pour rejoindre le peintre Dali.

En 1919, Éluard fait la connaissance de Breton, d'Aragon et de Soupault. Il s'engage alors dans l'aventure du surréalisme, publiant ses poèmes dans des revues d'avant-garde, participant aux manifestations tapageuses du groupe. En 1924, à la suite d'une crise personnelle, il part pour Tahiti, après avoir publié *Mourir de ne pas mourir.* En 1926, *Capitale de la douleur* le fait connaître du public. À partir de 1936, Éluard s'oriente vers un militantisme actif, lutte contre le fascisme et adhère au parti communiste en 1942. Pendant l'Occupation, son poème « Liberté » est traduit et parachuté à tous les résistants d'Europe. En 1946, à la mort de Nusch, sa nouvelle compagne, Éluard traverse une dépression profonde, qui l'entraîne au bord de la folie. Il se marie cependant en 1951 avec Dominique Laure. Une crise cardiaque emporte le poète, un an plus tard.

Ses œuvres principales

- des recueils de poèmes, dont : *Mourir de ne pas mourir* (1924), *Capitale de la douleur* (1926), *L'Amour la poésie* (1929), *Les Yeux fertiles* (1936), *Poésie et Vérité* (1942), *Poésie ininterrompue* (1946-1953)

1926

Poésies

Paul Éluard est le poète de l'amour fou. Ses textes expriment l'intensité et la douceur d'aimer, ils privilégient le thème du regard, à travers lequel se scelle le destin des amoureux. Des mots simples servent de trait d'union entre la réalité et l'univers du rêve.

L'AMOUREUSE

Elle est debout sur mes paupières
Et ses cheveux sont dans les miens,
Elle a la forme de mes mains,
Elle a la couleur de mes yeux,
Elle s'engloutit dans mon ombre
Comme une pierre sur le ciel.

Elle a toujours les yeux ouverts
Et ne me laisse pas dormir.
Ses rêves en pleine lumière
Font s'évaporer les soleils,
Me font rire, pleurer et rire,
Parler sans avoir rien à dire.

Mourir de ne pas mourir, Éd. Gallimard, 1924.

LE JEU DE CONSTRUCTION

L'homme s'enfuit, le cheval tombe,
La porte ne peut pas s'ouvrir,
L'oiseau se tait, creusez sa tombe,
Le silence le fait mourir.

Un papillon sur une branche
Attend patiemment l'hiver,
Son cœur est lourd, la branche penche,
La branche se plie comme un ver.

Pourquoi pleurer la fleur séchée
Et pourquoi pleurer les lilas ?
Pourquoi pleurer la rose d'ambre ?

Pourquoi pleurer la pensée tendre ?
Pourquoi pleurer la fleur cachée
Si l'on n'a pas de récompense ?

– Mais pour ça, ça et ça.

Mourir de ne pas mourir, Éd. Gallimard, 1924.

Femme assise avec la jambe gauche repliée, par Egon Schiele, 1917.

LA COURBE DE TES YEUX

La courbe de tes yeux fait le tour de mon cœur,
Un rond de danse et de douceur,
Auréole[1] du temps, berceau nocturne et sûr,
Et si je ne sais plus tout ce que j'ai vécu
C'est que tes yeux ne m'ont pas toujours vu.

Feuilles de jour et mousse de rosée,
Roseaux du vent, sourires parfumés,
Ailes couvrant le monde de lumière,
Bateaux chargés du ciel et de la mer,
Chasseurs des bruits et sources des couleurs.

Parfums éclos d'une couvée d'aurores
Qui gît[2] toujours sur la paille des astres,
Comme le jour dépend de l'innocence
Le monde entier dépend de tes yeux purs
Et tout mon sang coule dans leurs regards.

Paul Éluard, *Capitale de la douleur*, Éd. Gallimard, 1926.

▪ 1. **auréole** : couronne de lumière. ▪ 2. **qui gît** : qui est étendu.

Éluard, l'amour, la poésie

La poésie d'Éluard naît avec le mouvement surréaliste. L'écrivain participe aux heures de gloire du groupe, aux côtés d'André Breton, avant de s'en éloigner lorsque les surréalistes critiquent le parti communiste.

Dans sa poésie, Éluard renouvelle l'expression de l'amour, essentielle pour lui. La « poésie involontaire » chère aux surréalistes permet le jeu sur les mots. Les rapprochements inattendus donnent toute leur force aux images, libérées des contraintes de la raison. Écrivain engagé, Éluard utilise un langage accessible à tous, car « les poètes ont le droit et le devoir de soutenir qu'ils sont profondément enfoncés dans la vie des autres hommes, dans la vie commune ».

Le lyrisme d'Éluard est universel : derrière la modernité de l'expression, l'auteur poursuit la tradition poétique française, de Ronsard à Apollinaire.

GIDE

Nom et prénom : **Gide, André**

Naissance : **le 22 novembre 1869, au domicile de ses parents, à Paris**

Décès : **le 19 février 1951, à Paris**

Lieux : **Paris, Montpellier, Cuverville, Biskra (Algérie), Auteuil**

Situation familiale : **marié à Madeleine Rondeaux, sa cousine**

Professions : **conseiller éditorial, écrivain**

Amitiés : **Pierre Louÿs, Paul Valéry, Roger Martin du Gard, Jacques Copeau, Jacques Rivière**

Timide, inquiet, élevé par sa mère dans la religion protestante, le jeune André Gide se passionne très vite pour la littérature et commence la rédaction de son *Journal*. Disciple de Mallarmé, il écrit des textes symbolistes. De santé fragile, il est victime d'une grave crise de tuberculose. En 1893, lors d'un voyage en Algérie, il découvre son homosexualité, qu'il ne craindra pas, plus tard, de révéler publiquement.

À Paris, ses premières œuvres ne rencontrent d'abord aucun succès. En 1909, après avoir terminé *La Porte étroite*, Gide fonde *La Nouvelle Revue Française*, qui devient une maison d'édition prestigieuse sous l'impulsion de Gaston Gallimard. Il multiplie essais et récits. En 1925, son roman *Les Faux-Monnayeurs* marque l'aboutissement de son œuvre narrative. Mais l'engagement et la lucidité politique deviennent sa préoccupation majeure. Écrivain célèbre et reconnu, Gide dénonce l'exploitation des grandes compagnies en Afrique, le fascisme en Italie et en Allemagne, le communisme en Union soviétique. Il s'impose ainsi comme le maître à penser, « le contemporain capital » de sa génération. Couronné en 1947 par le prix Nobel de littérature, Gide meurt quatre ans plus tard, emporté par une congestion pulmonaire.

Ses œuvres principales

- des récits et des romans, dont : *Les Nourritures terrestres* (1897), *L'Immoraliste* (1902), *La Porte étroite* (1909), *Les Caves du Vatican* (1914), *Les Faux-Monnayeurs* (1925)
- une autobiographie : *Si le grain ne meurt* (1920-1924)
- son *Journal 1889-1953* (1953)

1925

Les Faux-Monnayeurs

***Les Faux-Monnayeurs* constituent le testament littéraire d'André Gide, le point d'aboutissement de tous ses récits de fiction. Il y met en scène Édouard, un écrivain qui prépare un roman lui-même intitulé *Les Faux-Monnayeurs*. Le dialogue suivant expose ainsi au cœur du roman les préoccupations de l'auteur au travail, ses doutes et ses choix.**

« Et… le sujet de ce roman ?

– Il n'en a pas, repartit Édouard brusquement ; et c'est là ce qu'il a de plus étonnant peut-être. Mon roman n'a pas de sujet. Oui, je sais bien ; ça a l'air stupide ce que je dis là. Mettons si vous préférez qu'il n'y aura pas *un* sujet… « Une tranche de vie », disait l'école naturaliste[1]. Le grand défaut de cette école, c'est de couper sa tranche toujours dans le même sens ; dans le sens du temps, en longueur. Pourquoi pas en largeur ? ou en profondeur ? Pour moi, je voudrais ne pas couper du tout. Comprenez-moi : je voudrais tout y faire entrer, dans ce roman. Pas de coup de ciseaux pour arrêter, ici plutôt que là, sa substance. Depuis plus d'un an que j'y travaille, il ne m'arrive rien que je n'y verse, et que je n'y veuille faire entrer : ce que je vois, ce que je sais, tout ce que m'apprend la vie des autres et la mienne…

– Et tout cela stylisé ? dit Sophroniska, feignant l'attention la plus vive, mais sans doute avec un peu d'ironie. Laura ne put réprimer un sourire. Édouard haussa légèrement les épaules et reprit :

– Et ce n'est même pas cela que je veux faire. Ce que je veux, c'est présenter d'une part la réalité, présenter d'autre part cet effort pour la styliser, dont je vous parlais tout à l'heure.

– Mon pauvre ami, vous ferez mourir d'ennui vos lecteurs, dit Laura; ne pouvant plus cacher son sourire, elle avait pris le parti de rire vraiment.

– Pas du tout. Pour obtenir cet effet, suivez-moi, j'invente un personnage de romancier, que je pose en figure centrale; et le sujet du livre, si vous voulez, c'est précisément la lutte entre ce que lui offre la réalité et ce que, lui, prétend en faire.

– Si, si; j'entrevois, dit poliment Sophroniska, que le rire de Laura était bien près de gagner. Ce pourrait être assez curieux. Mais, vous savez, dans les romans, c'est toujours dangereux de présenter des intellectuels. Ils assomment le public; on ne parvient à leur faire dire que des âneries, et, à tout ce qui les touche, ils communiquent un air abstrait.

– Et puis, je vois très bien ce qui va arriver, s'écria Laura : dans ce romancier, vous ne pourrez faire autrement que de vous peindre. »

Elle avait pris, depuis quelque temps, en parlant à Édouard, un ton persifleur[2] qui l'étonnait elle-même, et qui désarçonnait Édouard d'autant plus qu'il en surprenait un reflet dans les regards malicieux de Bernard. Édouard protesta :

« Mais non; j'aurai soin de le faire très désagréable. »

Laura était lancée :

« C'est cela, tout le monde vous y reconnaîtra », dit-elle en éclatant d'un rire si franc qu'il entraîna celui des trois autres.

– Et le plan de ce livre est fait? demanda Sophroniska, en tâchant de reprendre son sérieux.

– Naturellement pas.

– Comment! naturellement pas?

– Vous devriez comprendre qu'un plan, pour un livre de ce genre, est essentiellement inadmissible. Tout y serait faussé si j'y décidais rien par avance. J'attends que la réalité me le dicte.

– Mais je croyais que vous vouliez vous écarter de la réalité.

– Mon romancier voudra s'en écarter; mais moi je l'y ramènerai sans cesse.

André Gide, *Les Faux-Monnayeurs*, Éd. Gallimard, 1925.

---

1. l'école naturaliste : le mouvement naturaliste, dont Zola est le chef de file. **2. persifleur** : railleur, moqueur.

Gide et l'interrogation du roman

Essais, récits, journal, romans, pièces de théâtre, articles, traductions… Des œuvres lyriques aux écrits ironiques, de l'incitation à la liberté à la nécessité de l'engagement, André Gide met la littérature au service de la ferveur sensuelle et de l'esprit critique. Toutes ses œuvres sont marquées par une constante interrogation sur le récit. Gide refuse l'illusion du vrai, la vraisemblance psychologique et la narration linéaire. Il oppose à la construction traditionnelle du roman le procédé de la « mise en abyme » : il transpose à l'intérieur du roman le sujet du roman lui-même. C'est ainsi que dans *Les Faux-Monnayeurs*, le seul de ses livres que Gide qualifie de roman, le héros est précisément un écrivain qui écrit un roman intitulé *Les Faux-Monnayeurs*.

MICHAUX

Nom et prénom : **Michaux, Henri**
Naissance : **le 24 mai 1899, à Namur, en Belgique**
Naturalisé français en 1954
Décès : **le 19 octobre 1984, à Paris**
Lieux : **Bruxelles, Rio de Janeiro, Quito en Équateur, Paris**
Situation familiale : **marié à Marie Louis**
Professions : **marin, écrivain, peintre**
Amitiés : **rares, Michaux ne s'aime pas et fuit les hommes**

Henri Michaux naît en Belgique, d'un père ardennais et d'une mère wallonne. La guerre l'oblige à interrompre ses études en 1916. Il s'embarque alors comme matelot et ses premiers voyages l'emmènent au Brésil. À vingt-cinq ans, il s'installe à Paris, se passionne pour la peinture surréaliste et l'art abstrait. Mêlant sarcasme et lyrisme, ses œuvres manifestent sa révolte et son angoisse. Michaux, cependant, multiplie les voyages, qui sont autant de tentatives de fuite et d'exploitations de son univers intérieur, auxquelles contribue également l'usage de la drogue. À trente-huit ans, il expose ses premiers dessins. Pendant l'Occupation, au Lavandou, il rencontre sa future femme, Marie. Celle-ci meurt au cours d'un tragique accident. Dès lors, Michaux se consacre à la peinture dans une solitude grandissante. Il disparaît en 1984, laissant derrière lui une œuvre originale et inquiétante. Les journaux annoncent sa mort avec celle du cinéaste François Truffaut.

Ses œuvres principales

- des recueils qui associent parfois le récit, la poésie et l'essai : *Mes propriétés* (1929), *Un certain Plume* (1930), *La Nuit remue* (1935), *L'Espace du dedans* (1944), *Ailleurs* (1948), *L'Infini turbulent* (1957), *Émergences-Résurgences* (1972), *Poteaux d'angle* (1981)
- des *Peintures et dessins* (1946)

Encre de Chine sur papier (0,74 x 1,05 m). Dessin de Henri Michaux, réalisé en 1959.

1927-1938

Poésies

Michaux multiplie les voyages : voyages dans le monde et voyages intérieurs. Créateur de mots, il exprime dans ses poèmes une sorte de combat qui est aussi une exploration : « J'écris pour me parcourir. »

LE GRAND COMBAT

Il l'emparouille et l'endosque contre terre ;
Il le rague et le roupète jusqu'à son drâle ;
Il le pratèle et le libucque et lui barufle les ouillais ;
Il le tocarde et le marmine,
Le manage rape à ri et ripe à ra.
Enfin il l'écorcobalisse.
L'autre hésite, s'espudrine, se défaisse, se torse et se ruine.
C'en sera bientôt fini de lui ;

Il se reprise et s'emmargine… mais en vain
Le cerceau tombe qui a tant roulé
Abrah ! Abrah ! Abrah !
Le pied a failli !
Le bras a cassé !
Le sang a coulé !
Fouille, fouille, fouille,
Dans la marmite de son ventre est un grand secret
Mégères alentour qui pleurez dans vos mouchoirs ;
On s'étonne, on s'étonne, on s'étonne
Et on vous regarde
On cherche aussi, nous autres, le Grand Secret.

Qui je fus, Éd. Gallimard, 1927.

DANS LA NUIT

Dans la nuit
Dans la nuit
Je me suis uni à la nuit
À la nuit sans limites
À la nuit.

Mienne, belle, mienne.

Nuit
Nuit de naissance
Qui m'emplit de mon cri
De mes épis.
Toi qui m'envahis
Qui fais houle houle
Qui fais houle tout autour
Et fumes, es fort dense
Et mugis
Es la nuit.
Nuit qui gît, nuit implacable.
Et sa fanfare, et sa plage
Sa plage en haut, sa plage partout,
Sa plage boit, son poids est roi, et tout ploie sous lui
Sous lui, sous plus ténu qu'un fil
Sous la nuit
La Nuit.

Henri Michaux, *Lointain intérieur*, Éd. Gallimard, 1938.

Le Prince de la nuit, 1937.
Gouache (0,13 x 0,18 m)
de Henri Michaux.

La poésie et « l'espace du dedans »

Poétique ou picturale, l'œuvre de Henri Michaux est l'exploration d'un univers intérieur. *Mes propriétés*, en 1929, *Un certain Plume*, en 1930, jouent de la fantaisie verbale héritée des surréalistes. Mais Michaux ne peut être classé dans aucun mouvement. À travers l'extrême diversité de ses écrits – poèmes, récits, contes ou essais – l'écriture s'affirme comme une recherche constante, qui la rapproche peu à peu de l'idéogramme. Le dessin ou la peinture sont alors, pour le poète, un autre mode d'expression de soi, libéré des contraintes du langage.

CLAUDEL

Nom et prénom : **Claudel, Paul**
Naissance : **le 6 août 1868, à Villeneuve-sur-Fère, dans l'Aisne**
Décès : **le 23 février 1955, à Brangues, dans le Dauphiné**
Lieux : **la France, la Chine, le Brésil, le Japon, les États-Unis, où il est tour à tour ambassadeur**
Situation familiale : **marié en 1906 à Reine Sainte-Marie Perrin**
Profession : **diplomate**

À l'âge de dix-huit ans, Claudel est enthousiasmé par la découverte de Rimbaud. La même année, entré dans l'église de Notre-Dame de Paris le jour de Noël, il a la révélation de la foi catholique. Claudel devient le disciple de Mallarmé, chez qui il rencontre Gide et Valéry. Parallèlement, il prépare le concours du ministère des Affaires étrangères, et achève sa première pièce de théâtre, *Tête d'Or*. Il a alors vingt-deux ans. Sa carrière diplomatique le conduit à New York en 1893, puis en Chine. L'année 1900 marque le début d'une intense passion amoureuse qui fait scandale, avec Rosalie Vetch, épouse d'un négociant connu, mère de plusieurs enfants. Il devra rompre avec elle. Après un mariage de raison avec la fille de l'architecte de la basilique de Fourvière de Lyon, en 1906, l'écrivain se consacre à son œuvre. En 1913, il est bouleversé par l'internement de sa sœur Camille, sculpteur célèbre, élève de Rodin. Il commence en 1919 la rédaction du *Soulier de satin*, vaste fresque à l'architecture baroque. Claudel se retire en 1935 dans le Dauphiné. Il meurt en 1955.

Ses œuvres principales

- des poèmes, dont : *Connaissance de l'Est* (1900), *Cinq Grandes Odes* (1910)
- des pièces de théâtre, dont : *Tête d'Or* (1890), *L'Échange* (1901), *Partage de midi* (1906), *Le Pain dur* (1918), *Le Soulier de satin* (1929)

1929

Le Soulier de satin

***Le Soulier de satin* est une œuvre imposante, dont la représentation dure neuf heures. Doña Prouhèze est mariée au juge don Pélage, un grand seigneur espagnol. Mais elle est amoureuse du jeune Rodrigue, qu'elle veut rejoindre. Alors qu'il doit regagner son poste de gouverneur en Afrique, don Pélage confie son épouse à don Balthazar, un vieil ami qui incarne l'ordre et la vertu.**

DOÑA PROUHÈZE

Maintenant c'est vous qui êtes responsable et chargé de me défendre.

DON BALTHAZAR

Il faut m'aider, Prouhèze.

DOÑA PROUHÈZE

Ah ! ce serait trop facile ! Je ne cherche point d'occasion, j'attends qu'elle vienne me trouver.
Et je vous ai loyalement averti, la campagne s'ouvre[1].
C'est vous qui êtes mon défenseur. Tout ce que je pourrai faire pour vous échapper et rejoindre Rodrigue,
Je vous donne avertissement que je le ferai.

DON BALTHAZAR

Vous voulez cette chose détestable ?

DOÑA PROUHÈZE

Ce n'est point vouloir que prévoir. Et vous voyez que je me défie tellement de ma liberté que je l'ai remise entre vos mains.

DON BALTHAZAR

N'aimez-vous point votre mari ?

Doña Prouhèze

Je l'aime.

Don Balthazar

L'abandonneriez-vous à cette heure où le Roi lui-même l'oublie,
Tout seul sur cette côte sauvage[2] au milieu des infidèles[3],
Sans troupes, sans argent, sans sécurité d'aucune sorte ?

Doña Prouhèze

Ah ! cela me touche plus que tout le reste. Oui, l'idée de trahir ainsi l'Afrique et notre pavillon[4],
Et l'honneur du nom de mon mari, je sais qu'il ne peut se passer de moi,
Ces tristes enfants que j'ai recueillis, à la place de ceux que Dieu ne m'a pas donnés, ces femmes qu'on soigne à l'infirmerie, ces partisans rares et pauvres qui se sont donnés à nous, abandonner tout cela,
Je peux dire que cela me fait horreur.

Don Balthazar

Et qu'est-ce donc qui vous appelle ainsi vers ce cavalier ?

Doña Prouhèze

Sa voix.

Don Balthazar

Vous ne l'avez connu que peu de jours.

Doña Prouhèze

Sa voix ! Je ne cesse de l'entendre.

Don Balthazar

Et que vous dit-elle donc ?

Doña Prouhèze

Ah ! si vous voulez m'empêcher d'aller à lui,
Alors du moins liez-moi, ne me laissez pas cette cruelle liberté !
Mettez-moi dans un cachot profond derrière des barres de fer !
Mais quel cachot serait capable de me retenir quand celui même de mon corps menace de se déchirer ?

Paul Claudel, *Le Soulier de satin*, Première journée, scène 5, Éd. Gallimard, 1929.

▪ **1. la campagne s'ouvre** : la guerre contre vous commence. ▪ **2. côte sauvage** : la côte africaine où don Pélage est gouverneur. ▪ **3. infidèles** : ceux qui n'ont pas la religion chrétienne. ▪ **4. notre pavillon** : le drapeau espagnol.

L'écrivain de la spiritualité

C'est à travers sa foi en Dieu que Claudel conçoit le développement de son œuvre. Le poète est pour lui un artiste qui, dans le travail de l'écriture, imite le Créateur.

Claudel cherche à reproduire, notamment à travers l'utilisation du verset, le rythme naturel du monde, libéré des conventions de la poésie classique. Le théâtre de Claudel a la même ambition. Dans *Partage de midi, Le Pain dur* ou *Le Soulier de satin*, il met en scène la marche chaotique de l'humanité vers la victoire, c'est-à-dire la reconnaissance de Dieu. Mais le destin des individus s'achève dans le renoncement, le sacrifice et la mort, qui témoignent de la dimension tragique de la condition humaine.

PAGNOL

Nom et prénom : **Pagnol, Marcel**
Naissance : **le 28 février 1895, à Aubagne**
Décès : **le 18 avril 1974, à Paris**
Lieux : **la Provence, Paris**
Situation familiale : **marié, en 1945, à l'actrice Jaqueline Bouvier, dont il a un fils, Frédéric, l'année suivante**
Professions : **professeur d'anglais, écrivain, réalisateur de cinéma**
Amitiés : **l'écrivain Paul Nivoix ; les acteurs Raimu, Pierre Fresnay, Charpin, Fernandel ; son éditeur, Bernard de Fallois**

Marcel Pagnol voit le jour à Aubagne, un village de la Provence à laquelle il restera toute sa vie attaché. Son père, Joseph, y est instituteur ; sa mère, Augustine, couturière. Il devient professeur d'anglais tout en écrivant des pièces de théâtre. Le succès vient avec la création de *Topaze*, en 1928. Il est confirmé l'année suivante avec *Marius*. Alexandre Korda en tire un film, avec la collaboration de Pagnol, qui commence ainsi une longue carrière cinématographique. Il réalisera vingt et un longs-métrages. Après la consécration populaire, il est élu à l'Académie française en 1946. C'est en 1957 que paraissent les deux premiers tomes des *Souvenirs d'enfance*, qui restituent merveilleusement le souvenir de ses parents. Il écrit en 1963 *L'Eau des collines*, composé de *Jean de Florette* et de *Manon des sources*. Le quatrième tome des *Souvenirs d'enfance*, *Le Temps des amours*, est publié en 1977, trois ans après la mort du romancier.

Ses œuvres principales

- des pièces de théâtre, dont :
  Topaze (1928),
  Marius (1929)
- un essai :
  Notes sur le rire (1947)
- des romans, dont :
  Souvenirs d'enfance,
  I. *La Gloire de mon père*,
  II. *Le Château de ma mère*,
  III. *Le Temps des secrets*,
  IV. *Le Temps des amours*
  (1957-1977),
  L'Eau des collines,
  I. *Jean de Florette*,
  II. *Manon des sources*
  (1963)

1929

Marius

L'action de la pièce de Marcel Pagnol se situe à Marseille, où César tient le bar de la Marine, sur le vieux port. Son fils, Marius, est amoureux de Fanny, la petite marchande de coquillages. Cependant, Marius, qui est destiné à succéder à son père, rêve d'être marin. Pour ne pas contrarier la vocation de son amant, Fanny lui cache qu'elle est enceinte de lui et le pousse à partir. Dans cet extrait, les habitués du bar de la Marine se retrouvent pour leur partie de cartes.

PANISSE. – C'est ce coup-ci que la partie se gagne ou se perd.

ESCARTEFIGUE. – C'est pour ça que je me demande si Panisse coupe à cœur.

CÉSAR. – Si tu avais surveillé le jeu, tu le saurais.

PANISSE *(outré)*. – Eh bien, dis donc, ne vous gênez plus ! Montre-lui ton jeu puisque tu y es !

CÉSAR. – Je ne lui montre pas mon jeu. Je ne lui ai donné aucun renseignement.

M. BRUN. – En tout cas, nous jouons à la muette, il est défendu de parler.

PANISSE *(à César)*. – Et si c'était une partie de championnat, tu serais déjà disqualifié.

CÉSAR *(froid)*. – J'en ai vu souvent des championnats. J'en ai vu plus de dix. Je n'y ai jamais vu une figure comme la tienne.

PANISSE. – Toi, tu es perdu. Les injures de ton agonie ne peuvent pas toucher ton vainqueur.

CÉSAR. – Tu es beau. Tu ressembles à la statue de Victor Gélu.

ESCARTEFIGUE *(pensif)*. – Oui, et je me demande toujours s'il coupe à cœur.

(À la dérobée, César fait un signe qu'Escartefigue ne voit pas, mais Panisse l'a surpris.)

Panisse *(furieux)*. – Et je te prie de ne pas lui faire de signes.

César. – Moi je lui fais des signes ? Je bats la mesure.

Panisse. – Tu ne dois regarder qu'une seule chose : ton jeu. *(À Escartefigue.)* Et toi aussi !

César. – Bon.

(Il baisse les yeux vers ses cartes.)

Panisse *(à Escartefigue)*. – Si tu continues à faire des grimaces, je fous les cartes en l'air et je rentre chez moi.

M. Brun. – Ne vous fâchez pas, Panisse. Ils sont cuits.

Escartefigue. – Moi, je connais très bien le jeu de la manille, et je n'hésiterais pas une seconde si j'avais la certitude que Panisse coupe à cœur.

Panisse. – Je t'ai déjà dit qu'on ne doit pas parler, même pour dire bonjour à un ami.

Escartefigue. – Je ne dis bonjour à personne. Je réfléchis à haute voix.

Panisse. – Eh bien ! réfléchis en silence… *(César continue ses signaux.)* Et ils se font encore des signes ! Monsieur Brun, surveillez Escartefigue, moi, je surveille César.

(Un silence. Puis César parle sur un ton mélancolique.)

César *(à Panisse)*. – Tu te rends compte comme c'est humiliant ce que tu fais là ? Tu me surveilles comme un tricheur. Réellement, ce n'est pas bien de ta part. Non, ce n'est pas bien.

Panisse *(presque ému)*. – Allons, César, je t'ai fait de la peine ?

César *(très ému)*. – Quand tu me parles sur ce ton, quand tu m'espinches comme si j'étais un scélérat… Je ne dis pas que je vais pleurer, non, mais moralement, tu me fends le cœur.

Panisse. – Allons César, ne prends pas ça au tragique !

César *(mélancolique)*. – C'est peut-être que sans en avoir l'air, je suis trop sentimental. *(À Escartefigue.)* À moi, il me fend le cœur. Et à toi, il ne te fait rien ?

Escartefigue *(ahuri)*. – Moi, il ne m'a rien dit.

César *(il lève les yeux au ciel)*. – Ô Bonne Mère ! Vous entendez ça !

(Escartefigue pousse un cri de triomphe. Il vient enfin de comprendre, et il jette une carte sur le tapis. Panisse la regarde, regarde César, puis se lève brusquement, plein de fureur.)

Panisse. – Est-ce que tu me prends pour un imbécile ? Tu as dit : « Il nous fend le cœur » pour lui faire comprendre que je coupe à cœur. Et alors, il joue cœur, parbleu !

(César prend un air innocent et surpris.)

Panisse *(il lui jette les cartes au visage)*. – Tiens, les voilà tes cartes, tricheur, hypocrite ! Je ne joue pas avec un Grec ; siou pas plus fada qué tu, sas ! Foou pas mi prendré per un aoutré ! *(Il se frappe la poitrine.)* Siou mestré Panisse, et siès pas pron fin per m'aganta !

(Il sort violemment en criant : « Tu me fends le cœur. »)

Marcel Pagnol, *Marius*, Éd. De Fallois, 1929.

Un mélodrame

La trilogie de *Marius, Fanny* et *César* possède tous les ingrédients du mélodrame : un jeune homme est partagé entre l'amour et la vie en mer ; une jeune fille passionnément amoureuse se sacrifie pour celui qu'elle aime, le laisse partir malgré l'enfant qu'elle porte en secret. À côté des personnages principaux du mélodrame, Pagnol fait vivre tout un petit monde : César, le limonadier ; Escartefigue, le capitaine du ferry-boat ; Panisse, le maître voilier ; monsieur Brun, l'instituteur surnommé « le Lyonnais ». L'alternance du rire et des larmes est soutenue par la saveur de la langue populaire méridionale, ensoleillée par l'accent de Marseille.

COLETTE

Nom et prénom : **Colette, Gabrielle**

Naissance : **le 28 janvier 1873, à Saint-Sauveur-en-Puisaye, dans l'Yonne**

Décès : **le 3 août 1954, à Paris**

Lieux : **Saint-Sauveur, Paris, Rozven, Saint-Tropez**

Situation familiale : **mariée trois fois, avec Henry Gauthier-Villars, dit Willy ; avec Henry de Jouvenel ; avec Maurice Goudeket**

Professions : **danseuse à l'Empyrée-Clichy, mime au café-concert le Bataclan, écrivain, journaliste et critique de théâtre**

Gabrielle Colette naît et grandit dans un petit village de Bourgogne. Son père, ancien militaire surnommé par son entourage le Capitaine, est fonctionnaire au Trésor. Il fait aimer la littérature à l'enfant, tandis que sa mère, Sidonie, surnommée Sido, lui fait découvrir la nature. À vingt ans, Colette se marie avec l'écrivain Henry Gauthier-Villars, dit Willy. Celui-ci l'incite à écrire ses souvenirs d'enfance et « la vie remuante d'oisifs affairés » des milieux parisiens.

Le succès qui accueille la série des *Claudine* est considérable. Mais un divorce vient mettre un terme à cette collaboration. Colette monte sur la scène du music-hall et devient alors le symbole d'une génération de femmes qui accède à l'indépendance. Un deuxième mariage la conduit au journalisme. Les articles et les romans se succèdent. *Chéri* en 1920, *Le Blé en herbe* en 1923 font scandale. Un dernier mariage, en 1935, la pousse à s'installer définitivement à Paris. Elle y meurt à quatre-vingt-un ans, en pleine gloire, dans son appartement du Palais-Royal, entourée de ses chats.

Ses œuvres principales

- des romans, dont : *Claudine à l'école* (1900), *Chéri* (1920), *Le Blé en herbe* (1923), *Sido* (1929), *La Chatte* (1933)
- des recueils de nouvelles, dont : *Les Vrilles de la vigne* (1908)

1929

Sido

Inscrit dans le cycle des romans autobiographiques, *Sido* est l'hommage rendu par Colette au souvenir de ses parents : Sido, sa mère, et le capitaine Colette, son père. La dernière page du roman raconte sa découverte des manuscrits de son père, après sa mort.

Sur un des plus hauts rayons de la bibliothèque, je revois encore une série de tomes cartonnés, à dos de toile noire. Les plats de papier jaspé[1], bien collés, et la rigidité du cartonnage attestaient l'adresse manuelle de mon père. Mais les titres, manuscrits, en lettres gothiques, ne me tentaient point, d'autant que les étiquettes à filets noirs ne révélaient aucun auteur. Je cite de mémoire : *Mes campagnes, Les enseignements de 70, La géodésie[2] des géodésies, L'Algèbre élégante, Le maréchal de Mac-Mahon vu par un de ses compagnons d'armes, Du village à la Chambre, Chansons de zouave* (vers)… J'en oublie.

Quand mon père mourut, la bibliothèque devint chambre à coucher, les livres quittèrent leurs rayons.

– Viens donc voir, appela un jour mon frère, l'aîné.

Il transportait lui-même, classait, ouvrait les livres, taciturne, en quête d'une odeur de papier piqué, d'une de ces moisissures embaumées d'où se lève l'enfance révolue, d'un pétale de tulipe sec, encore jaspé comme l'agate arborescente…

– Viens donc voir…

La douzaine de tomes cartonnés nous remettait son secret, accessible, longtemps dédaigné. Deux cents, trois cents, cent cinquante pages par volume ; beau papier vergé[3] crémeux ou « écolier » épais, rogné avec soin, des centaines et des centaines de pages blanches… Une œuvre imaginaire, le mirage d'une carrière d'écrivain…

Il y en avait tant, de ces pages respectées par la timidité ou la nonchalance, que nous n'en vîmes jamais la fin. Mon frère y écrivit ses ordonnances, ma mère couvrit de blanc ses pots de confitures, ses petites-filles griffonneuses arrachèrent des feuillets, mais nous n'en épuisâmes pas les cahiers vergés, l'œuvre inconnue. Ma mère s'y employait pourtant, avec une fièvre destructive : « Comment, il y en a encore ? Il m'en faut pour les côtelettes en papillotes… Il m'en faut pour tapisser mes petits tiroirs… » Ce n'était pas dérision, mais cuisant regret et besoin douloureux d'anéantir la preuve d'une impuissance…

J'y puisai à mon tour, dans cet héritage immatériel, au temps de mes débuts. Est-ce là que je pris le goût fastueux d'écrire sur des feuilles lisses, de belle pâte, et de ne les point ménager ? J'osai couvrir de ma grosse écriture ronde la cursive invisible[4], dont une seule personne au monde apercevait le lumineux filigrane[5] qui jusqu'à la gloire prolongeait la seule page amoureusement achevée, et signée, la page de la dédicace :

À ma chère âme,

Son mari fidèle :

JULES-JOSEPH COLETTE.

Colette, *Sido*, Éd. Hachette, 1929.

■ **1. jaspé** : bigarré de plusieurs couleurs. ■ **2. géodésie** : étude de la forme de la Terre et de ses dimensions. ■ **3. vergé** : beau papier de luxe. ■ **4. la cursive invisible** : l'écriture invisible du père. ■ **5. filigrane** : dessin, dans le papier, qui apparaît par transparence.

Le père et la mère de Colette jouant aux dominos.

La tendresse et la saveur du monde

L'atmosphère de l'enfance imprègne l'œuvre entière de Colette. Les bruits, les couleurs, les odeurs d'un paysage traduisent le lien qui unit l'écrivain à sa jeunesse à travers la nostalgie d'un temps et d'un pays à jamais perdus.

Dès 1900, la série des *Claudine*, romans d'apprentissage de la littérature, explore ainsi les lieux de l'enfance. En 1908, le recueil de nouvelles *Les Vrilles de la vigne* évoque avec saveur et sensualité la faune et la flore qui ont charmé les premières années de l'écrivain. En 1929, Colette fait dans *Sido* l'éloge de parents tendrement unis et du jardin familial dans lequel elle aimait vagabonder. L'écrivain remplit ainsi la mission que lui avait implicitement confiée son père en laissant après sa mort, pour toute œuvre littéraire, des volumes de pages blanches.

GIONO

Nom et prénom : **Giono, Jean**
Naissance : **le 30 mars 1895, à Manosque**
Décès : **dans la nuit du 8 au 9 octobre 1970, à Manosque**
Lieux : **Manosque; le mont Kemmel en Belgique, où il combat, en 1917; Paris, lorsqu'il doit se rendre chez son éditeur**
Situation familiale : **marié à Élise Maurin, en 1920**
Professions : **commis de banque jusqu'en 1929, puis écrivain**
Amitiés : **Louis David et Lucien Jacques, amis de toujours; André Gide, qui soutient sa carrière littéraire**

Fils unique d'une blanchisseuse et d'un cordonnier, Giono grandit en Provence. L'adolescent rêveur lit les grands classiques. En 1914, il connaît brutalement l'horreur des tranchées. Il se réfugie dès lors dans la littérature. Son premier roman, *Colline*, en 1928, séduit par le paysage provençal et la présence de la nature, qui sont pour lui les « vraies richesses » du monde. À partir des années trente, Giono devient le porte-parole des pacifistes. Ses appels au « refus d'obéissance » le mènent en prison. Il connaît la même mésaventure à la Libération, accusé à tort de collaboration. Giono oriente alors son œuvre dans une direction nouvelle. L'hymne à la nature, le lyrisme des sensations laissent place à une vaste fresque, inquiétante et ironique, intitulée *Chroniques romanesques*. Parallèlement, Giono écrit, dans *Le Dauphiné libéré*, des textes polémiques dénonçant la société de consommation. Il meurt à Manosque en 1970, dans la Provence qu'il a tant aimée.

Ses œuvres principales

- des romans, dont : *Colline* (1928), *Un de Baumugnes* (1929), *Regain* (1930), *Le Chant du monde* (1934), *Que ma joie demeure* (1935), *Bataille dans la montagne* (1937), *Le Poids du ciel* (1938), *Un roi sans divertissement* (1947), *Les Âmes fortes* (1950), *Le Hussard sur le toit* (1951), *Le Moulin de Pologne* (1952), *Deux cavaliers de l'orage* (1965), *L'Iris de Suse* (1970)
- des écrits polémiques, dont : *Refus d'obéissance* (1937), *Le grand Troupeau* (1931)

1930

Regain

***Regain* est le dernier volet de la « Trilogie de Pan », du nom donné dans la mythologie grecque au dieu des bergers et de la Nature. Le thème en est la résurrection d'un petit village des plateaux de Haute-Provence, Aubignane, où ne demeurent que trois habitants : Panturle, le braconnier retourné à l'état sauvage, Gaubert, le forgeron désœuvré, et la Mamèche, une vieille Piémontaise. Dans l'extrait qui suit, Panturle s'aperçoit qu'il est désormais seul : après Gaubert, qui a quitté Aubignane pour trouver refuge chez ses enfants, c'est au tour de la Mamèche de disparaître. Il faudra l'arrivée d'Arsule pour que le village connaisse le « regain » qui donne son titre au roman.**

Au matin, Panturle a ouvert sa porte sur le monde délivré. C'est la vie, c'est la belle vie avec des gestes et des courses. Tout le bois, les bras en l'air, danse sur place une grande danse énervée. De larges navires d'ombre naviguent sur les collines. Le vol des nuages s'élance d'une rive du ciel à l'autre. Il passe dans le vent un corbeau tout éperdu, roulé comme une feuille morte.

Il a détaché Caroline[1]. Ah! tout de suite, ça a semblé un jet de l'eau! Elle est partie en sautant; on aurait dit une vague de poils au-dessus de l'herbe. Elle est allée se planter des quatre pattes devant le cyprès; elle l'a menacé un moment des cornes, puis elle est partie brusquement en sens inverse et l'herbe sifflait contre ses jambes.

– C'est peut-être ça qu'elle voulait dire, la Mamèche. Et alors, qu'est-ce que ça peut faire? C'est le printemps, oui ça se voit.

Quand même il monte pour se rendre compte.

Il n'y a personne chez la Mamèche. La chambre est vide. Le matelas est roulé. On a rangé la table et les chaises contre le mur comme si on était parti pour longtemps. Et sur la table on a posé un drap tout neuf, plié dans ses huit plis... posé là, bien en évidence. Un drap que Panturle connaît bien, le drap que toutes les vieilles femmes conservent neuf au fond de l'armoire parce qu'il est entendu que c'est dans celui-là qu'on les pliera, à la fin...

Panturle revient au seuil et crie :

« Oh ! Mamèche ! »

Comme ça jusqu'à midi il a cherché dans tout le village, et il est entré dans toutes les maisons, et il est allé voir dans les décombres de tous les murs tombés du dernier vent.

« Mamèche, oh Mamèche ! »

Puis il est revenu à la maison toujours vide, et le drap neuf sur la table.

Alors, il se dit :

« Je vais aller voir sur le plateau. »

Sur le plateau, on n'y va pas souvent et jamais volontiers. C'est une étendue toute plate à perte de vue. C'est de l'herbe, et de l'herbe, et de l'herbe, sans un arbre. C'est plat. Quand on est debout là-dedans et qu'on marche, on est seul à dépasser les herbes. Ça fait une drôle d'impression. Il semble qu'on est toujours désigné pour quelque chose. Ça commence aux dernières maisons du haut d'Aubignane et ça s'en va. En réalité, ça s'en va jusqu'à Blaine, à quarante-deux kilomètres en tirant droit mais on n'est pas forcé de le savoir et ce que ça montre d'habitude, ça n'indique pas que ça s'en aille vers une chose humaine. Ça montre au loin, là-bas, une barrière grise faite de la poussière qui marche devant le vent.

Il n'y a rien sur le plateau : le vent seul... Et comme vent, celui qui s'est annoncé la nuit passée : ce vent-chèvre, le printemps. Le voici là-haut. Le voilà là-bas, sur l'herbe ; il est partout.

« Mamèche, Mamèche ! »

Rien. Le vent vient voir ce que c'est, puis repart.

Et maintenant, Panturle a la gorge raide d'avoir tant crié.

« Qu'est-ce qu'elle a eu comme ça, cette femme ? Qui aurait dit ça qu'elle parte aussi, celle-là ? »

Il est revenu au village. C'est le soir. À la maison de la Mamèche le peu de jour qui reste éclaire le drap blanc sur la table.

Panturle a tiré la porte, puis il est venu au rempart et il a bien regardé tout le pays jusqu'au fin fond ; le troupeau des collines, la longue ligne grise et plate qui est le rebord du plateau ; son œil est allé au bout de la droite et au bout de la gauche.

Derrière lui, il y a Aubignane vide.

Il a bien regardé le pays jusqu'au fin fond et il a dit à haute voix :

– Voilà. Maintenant je suis seul.

Jean Giono, *Regain*, Éd. Gallimard, 1930.

1. **Caroline** : la chèvre de Panturle.

Le voyageur immobile

Pour Jean Giono, l'écrivain est un « voyageur immobile ». Le roman est pour lui une machine à faire rêver, qui fait redécouvrir au lecteur des paysages et des êtres familiers. Mais, alors que les premières œuvres sont marquées par le chant lyrique de la nature, Giono retient les leçons de la Seconde Guerre mondiale. À ce « cancer de la raison » qui hante le monde, ses personnages opposent désormais ironie et grandeur d'âme, comme le héros du *Hussard sur le toit*, qui garde la réalité « à distance respectueuse ». Nombreux sont aussi les personnages, au cœur de l'œuvre, qui se montrent inquiétants, souvent monstrueux, mais qui, comme leur créateur, ont appris à ruser avec le destin.

1947

Un roi sans divertissement

***Un roi sans divertissement* raconte l'histoire d'un petit village de montagne, isolé par l'hiver et la neige, dont les habitants disparaissent mystérieusement. Chacun est plongé dans l'inquiétude. Personne ne se doute encore qu'un assassin cache ses victimes dans le plus bel arbre du village.**

Le hêtre de la scierie n'avait pas encore, certes, l'ampleur que nous lui voyons. Mais sa jeunesse (enfin, tout au moins par rapport avec maintenant) ou plus exactement son adolescence était d'une carrure et d'une étoffe qui le mettaient à plus de cent coudées[1] au-dessus de tous les autres arbres, même de tous les autres arbres réunis. Son feuillage était d'un dru, d'une épaisseur, d'une densité de pierre, et sa charpente (dont on ne pouvait rien voir, tant elle était couverte et recouverte de rameaux plus opaques les uns que les autres) devait être d'une force et d'une beauté rares pour porter avec tant d'élégance tant de poids accumulé. Il était surtout (à cette époque) pétri d'oiseaux et de mouches ; il contenait autant d'oiseaux et de mouches que de feuilles. Il était constamment charrué et bouleversé de corneilles, de corbeaux et d'essaims ; il éclaboussait à chaque instant de vols de rossignols et de mésanges ; il fumait de bergeronnettes et d'abeilles ; il soufflait des faucons et des taons ; il jonglait avec des balles multicolores de pinsons, de roitelets, de rouges-gorges, de pluviers et de guêpes. C'était autour de lui une ronde sans fin d'oiseaux, de papillons et de mouches dans lesquels le soleil avait l'air de se décomposer en arcs-en-ciel comme à travers des jaillissements d'embruns[2]. Et, à l'automne, avec ses longs poils cramoisis, ses mille bras entrelacés de serpents verts, ses cent mille mains de feuillage d'or jouant avec des pompons de plumes, des lanières d'oiseaux, des poussières de cristal, il n'était vraiment pas un arbre. Les forêts, assises sur les gradins des montagnes, finissaient par le regarder en silence. Il crépitait comme un brasier ; il dansait comme seul savent danser les êtres surnaturels, en multipliant son corps autour de son immobilité ; il ondulait autour de lui-même dans un entortillement d'écharpes, si frémissant, si mordoré[3], si inlassablement repétri par l'ivresse de son corps qu'on ne pouvait plus savoir s'il était enraciné par l'encramponnement de prodigieuses racines ou par la vitesse miraculeuse de la pointe de toupie sur laquelle reposent les dieux. Les forêts, assises sur les gradins de l'amphithéâtre des montagnes, dans leur grande toilette sacerdotale[4], n'osaient plus bouger. Cette virtuosité de beauté hypnotisait comme l'œil des serpents ou le sang des oies sauvages sur la neige. Et, tout le long des routes qui montaient et descendaient vers elle, s'alignait la procession des érables ensanglantés comme des bouchers.

Jean Giono, *Un roi sans divertissement*, Éd. Gallimard, 1947.

▪ **1. coudée :** ancienne mesure équivalant à cinquante centimètres. ▪ **2. embruns :** paquets de pluie portés par le vent. ▪ **3. mordoré :** d'un brun chaud à reflets dorés. ▪ **4. toilette sacerdotale :** les habits du prêtre.

Le roman du mystère et de la cruauté

Un roi sans divertissement marque un tournant dans l'œuvre de Giono. Affecté par son inscription injustifiée, à la Libération, sur la « liste noire » des écrivains ayant collaboré, il puise dans cette incompréhension une vigueur nouvelle teintée d'ironie.

L'action du roman prend pour cadre un village du Dauphiné dans les années 1843-1847. Un soir d'hiver, une jeune femme disparaît mystérieusement, bientôt suivie par d'autres. Les recherches restent vaines jusqu'au jour où l'on aperçoit une silhouette descendre du hêtre géant. On découvre dans l'arbre le cadavre de la villageoise disparue. Le titre du roman évoque une pensée de Pascal : « Un roi sans divertissement est un homme plein de misère. » Ce sont les derniers mots du récit : ils désignent la part d'ombre et de cruauté qui est en chacun.

1951

Le Hussard sur le toit

Angelo Pardi, colonel des hussards, traverse la Provence ravagée par le choléra. Au fur et à mesure de son errance, il découvre la terreur et la lâcheté des hommes, qui dressent des barricades à l'entrée des villes, afin de se protéger de la maladie.

Un gros bonhomme, la redingote barrée par la bandoulière d'un fusil de chasse, sortit de la fortification.

« Halte, dit-il, on ne passe pas. Nous ne voulons personne chez nous, vous entendez, personne ! Toute résistance est inutile. »

Ces derniers mots réjouirent profondément Angelo et il continua à s'avancer. Il y avait encore assez de jour pour qu'il pût suivre sur le visage blême, encadré de côtelettes cotonneuses, les progrès d'une terreur sans nom. L'homme rentra précipitamment dans la place forte. Quatre ou cinq visages ébahis[1] dépassèrent aussitôt la crête de la barricade.

« Où allez-vous ? N'approchez pas, crièrent des voix mal assurées, qu'est-ce que vous venez faire ici ?

– On m'a vanté votre beauté, dit d'un air grave Angelo qui retenait une forte envie de rire, et je viens m'en assurer sur place. »

Cette réponse eut l'air de les effrayer encore plus que la présence réelle du cavalier.

« Ce sont des épiciers, et celui-là en redingote est un valet de chambre », se dit Angelo.

« Allons, vous devez être certainement un bon garçon, dit un gros visage gris en faisant trembler ses bajoues.

– Je suis le plus mauvais garçon de la terre, dit Angelo. Et tous ceux qui m'ont fréquenté s'en sont rapidement aperçus. Roulez ces barriques et sortez-vous de là, que je passe. Sinon je saute, et gare à vous. »

En même temps il faisait danser son cheval qui, fatigué, n'y mettait pas beaucoup de feu. Ces virevoltes et un petit hennissement de douleur car, tout à son amusement, Angelo donnait de bons coups sur la bride, portèrent cependant le désarroi dans la forteresse. Les têtes disparurent. On braqua un canon de fusil.

« Ils sont en train de faire dans leurs culottes, se dit Angelo. Aidons-les. »

Il tira en l'air un coup de pistolet qui fit beaucoup de bruit, puis il prit paisiblement par le travers, au flanc d'un coteau, sous les amandiers.

Dix minutes après il était dans les jardins, sous les murs de la ville. « Mon vieux, te voilà libre », dit Angelo au cheval.

Jean Giono, *Le Hussard sur le toit*, Éd. Gallimard, 1951.

1. **ébahis** : étonnés et stupéfaits.

Angelo Pardi, héros superbe et désinvolte

Le « Cycle du Hussard » constitue une somme romanesque placée résolument par Giono sous le signe de Stendhal, qu'il admire. Dans *Le Hussard sur le toit*, Angelo Pardi, colonel de hussards piémontais exilé dans la France de Louis-Philippe, traverse la Provence ravagée par le choléra. Le jeune homme lutte pour tenter de soigner les victimes de l'épidémie, puis pour rendre un visage humain aux cadavres, jusqu'à sa rencontre avec Pauline de Théus, qu'il accompagne dans le voyage qu'elle a entrepris pour rentrer chez elle.

L'épidémie de choléra représente aussi la tentation de céder à la peur qui s'empare de chaque homme. Angelo, par un sursaut d'orgueil, se montre « plus fort, ou plus beau, ou plus séduisant que la mort ». Il domine, par son insouciance et sa désinvolture, un monde qui s'est abandonné à l'épidémie.

SIMENON

Nom et prénom : **Simenon, Georges**
Naissance : **le 13 février 1903, à Liège, en Belgique**
Décès : **le 4 septembre 1989, à Lausanne, en Suisse**
Lieux : **Paris, la Côte d'Azur, les Charentes, les États-Unis, Lausanne**
Situation familiale : **marié en 1945 avec Régine Renchon ; vit ensuite avec Denyse Ouimet, puis Teresa, sa dernière compagne ; trois enfants**
Professions : **apprenti pâtissier, employé de librairie, journaliste, écrivain**

Fils d'un employé d'assurances, le jeune Simenon interrompt très vite ses études secondaires en raison d'une grave maladie de son père. Il entre à quinze ans à la *Gazette de Liège*, à la rubrique des « chiens écrasés ». Il a dix-huit ans lorsque paraît son premier roman, *Au pont des Arches*, sous le nom de George Sim. Un an plus tard, le jeune romancier part à la conquête de Paris. Il épouse Régine Renchon et collabore au journal *Le Matin*, où l'a introduit la romancière Colette. Il y publie jusqu'en 1936 plus d'un millier de contes. Parallèlement, Simenon écrit des romans populaires sous divers pseudonymes.

C'est en 1931 qu'est lancé à grand renfort de publicité le personnage de Jules Maigret dans *Pietr le Letton*, signé Georges Simenon. Le succès est immédiat ! Les traductions des enquêtes de Maigret se multiplient, de même que les adaptations cinématographiques. L'écrivain montre alors un énorme appétit de la vie, multipliant les sorties nocturnes, les rencontres amoureuses et les voyages (Afrique équatoriale, Tahiti, Amérique centrale). À côté de la série des Maigret, il écrit également des « romans durs », des œuvres psychologiques d'une grande intensité. En 1945, Simenon s'installe aux États-Unis. Il revient en Europe dix ans plus tard. En 1972, il arrête d'écrire des fictions et s'installe à Lausanne. Après le suicide de sa fille Marie-Jo, en 1978, il rédige ses mémoires intimes, dans lesquels l'écrivain révèle des confidences sur son existence. Il meurt à l'âge de quatre-vingt-six ans, couvert de gloire.

Ses œuvres principales

- des romans, dont : *La Nuit du carrefour* (1932), *L'Affaire Saint-Fiacre* (1932), *Les Fiançailles de Monsieur Hire* (1933), *Le Chien jaune* (1936), *Le Bourgmestre de Furnes* (1939), *Les Inconnus dans la maison* (1940), *La Veuve Couderc* (1942), *L'Aîné des Ferchaux* (1945), *Trois Chambres à Manhattan* (1946), *Lettre à mon juge* (1947), *Maigret et son mort* (1948), *La neige était sale* (1948),
- une autobiographie : *Mémoires intimes* (1981)

1932

L'Affaire Saint-Fiacre

Dans un village de l'Allier, près de Moulins, la comtesse de Saint-Fiacre a succombé à une crise cardiaque due à une émotion violente. Le commissaire Maigret, averti qu'il s'agit d'un meurtre, mène l'enquête. Celle-ci le ramène sur les lieux de son enfance, son père ayant été le régisseur du château.

« Quelle est exactement votre situation au château ? Depuis combien de temps y êtes-vous ?

– Depuis quatre ans...

– Vous connaissiez la comtesse de Saint-Fiacre ?

– Je... c'est-à-dire que je lui ai été présenté par des amis communs... Mes parents venaient d'être ruinés par le krach d'une petite banque de Lyon... Je suis entré ici comme homme de confiance, pour m'occuper des affaires personnelles de...

– Pardon ! Que faisiez-vous auparavant ?

– Je voyageais... J'écrivais des articles de critique d'art... »

Maigret ne sourit pas. L'atmosphère, d'ailleurs, ne prêtait pas à l'ironie.

Le château était vaste. Du dehors, il ne manquait pas d'allure. Mais l'intérieur avait un aspect aussi miteux que le pyjama du jeune homme. Partout de la poussière, des vieilles choses sans beauté, un amas d'objets inutiles. Les tentures étaient fanées.

Et sur les murs, on voyait des traces plus claires qui prouvaient que des meubles avaient été enlevés.

Les plus beaux, évidemment ! Ceux qui avaient quelque valeur !

« Vous êtes devenu l'amant de la comtesse...

– Chacun est libre d'aimer qui...

– Imbécile ! » gronda Maigret en tournant le dos à son interlocuteur.

Comme si les choses n'étaient pas évidentes par elles-mêmes ! Il n'y avait qu'à regarder Jean ! Il n'y avait qu'à respirer quelques instants l'air du château ! Et surprendre les regards des domestiques !

« Vous saviez que son fils allait venir ?

– Non... Qu'est-ce que cela peut me faire ? »

Et son regard fuyait toujours. De la main droite, il tiraillait les doigts de la main gauche.

« Je voudrais bien m'habiller... Il fait froid... Mais pourquoi la police s'occupe-t-elle de... ?

– Allez vous habiller, oui ! »

Et Maigret poussa la porte de la chambre, évita de regarder vers le lit sur lequel la morte était entièrement nue.

La chambre ressemblait au reste de la maison. Elle était trop vaste, trop froide, encombrée de vieux objets dépareillés. En voulant s'accouder au marbre de la cheminée, Maigret s'aperçut qu'il était cassé.

« Vous avez trouvé quelque chose ? demanda le commissaire à Bouchardon... Un instant... Vous voulez nous laisser, mademoiselle ? »

Et il referma la porte derrière la femme de chambre, alla coller son front à la fenêtre, laissant errer son regard sur le parc tout feutré de feuilles mortes et de grisaille.

« Je ne puis que vous confirmer ce que je vous ai dit tout à l'heure. La mort est due à un arrêt brusque du cœur.

– Provoqué par ?... »

Geste vague du médecin, qui jeta une couverture sur le cadavre et rejoignit Maigret à la fenêtre, alluma sa pipe.

« Peut-être par une émotion... Peut-être par le froid... Est-ce qu'il faisait froid dans l'église ?

– Au contraire ! Bien entendu, vous n'avez trouvé aucune trace de blessure ?

– Aucune !

– Pas même la trace à peine perceptible d'une piqûre ?

– J'y ai pensé... Rien !... Et la comtesse n'a absorbé aucun poison... Vous voyez qu'il serait difficile de prétendre... »

Maigret avait le front dur. Il apercevait à gauche, sous les arbres, le toit rouge de la maison du régisseur, où il était né.

Georges Simenon, *L'Affaire Saint-Fiacre*, Éd. Gallimard, 1932.

Le personnage de Maigret

Les enquêtes du commissaire Maigret reposent moins sur la recherche des indices que sur la plongée dans un milieu, une atmosphère auxquels il s'identifie. Le réalisme du quotidien, la banalité des lieux cachent la solitude des êtres dont le commissaire reconstitue le destin tragique.

Simenon recrée ainsi la poésie des villes et des quartiers, des lieux ordinaires qui deviennent étranges et insolites, au milieu des brumes et du crachin. Entre le quai des Orfèvres et son appartement du boulevard Richard-Lenoir, Maigret « s'installe dans une enquête comme on met ses pantoufles ». L'apparente simplicité du style de Georges Simenon, s'attardant sur les gestes les plus familiers (les petits vins blancs pris au comptoir des cafés, les bières et les sandwichs qui ponctuent les longues nuits d'interrogatoires), entraîne le lecteur dans un malaise lent et continu, qui n'est dissipé qu'avec l'élucidation du crime.

Les Fiançailles de Monsieur Hire

Le héros des *Fiançailles de Monsieur Hire*, Hirovitch de son vrai nom, est un juif d'origine russe, sans attaches ni métier. Lorsqu'on découvre une femme assassinée dans son quartier, tous les soupçons se portent sur cet homme taciturne et solitaire. Lui seul connaît l'identité du meurtrier, Émile, l'amant d'Alice, une jeune femme dont il est amoureux et qu'il épie chaque jour à sa fenêtre. Trompé par une fausse promesse de fiançailles, monsieur Hire voit le piège se refermer sur lui. Poursuivi par la foule, il se réfugie sur le toit de sa maison, tombe et trouve la mort dans sa chute.

Michel Blanc dans le film *Monsieur Hire*, réalisé par Patrice Leconte.

L'inspecteur suivait toujours, sans conviction, mais il n'était pas plus mal là qu'au carrefour de Villejuif.

M. Hire prit la rue Saint-Maur, tourna à gauche et s'enfonça dans une cour encombrée de barriques au fond de laquelle il disparut.

C'était une vieille cour, une vieille maison. Des plaques d'émail annonçaient un marchand de fûts, un menuisier et un imprimeur. On entendait le bruit d'une scie et celui d'une presse. L'inspecteur ne vit pas de concierge et resta un moment à hésiter sur le trottoir. Ce fut un reflet rougeâtre sur les pavés qui le frappa. En se retournant, il constata que des fenêtres grillagées, au ras du sol, s'étaient éclairées et il aperçut du même coup M. Hire qui retirait son pardessus, son cache-col, les rangeait dans un placard et s'avançait vers une table de bois blanc.

Ce n'était pas tout à fait une cave, ni tout à fait un rez-de-chaussée. La cour était en contrebas et la pièce où évoluait M. Hire se trouvait par le fait à un mètre en dessous du sol. C'était drôle, car le trottoir coupait ainsi le bonhomme à hauteur du ventre. Il n'y avait au plafond qu'une mauvaise ampoule électrique, sans abat-jour, qui créait une ambiance jaunâtre et on n'entendait rien de ce qui se passait à l'intérieur.

M. Hire était calme et quiet. Assis devant une pile de lettres, il les ouvrait une à une, à l'aide d'un coupe-papier, soigneusement. Il ne les lisait pas, se contentait de mettre à sa droite les lettres proprement dites et à sa gauche le mandat que contenait chaque enveloppe. Il ne fumait pas. Deux fois il se leva pour recharger un petit poêle.

L'inspecteur fit le tour de la cour à la recherche d'une concierge, mais le typographe lui dit qu'il n'y en avait pas.

Quand il revint sur le trottoir, M. Hire, derrière sa fenêtre grillagée, juste sous celle-ci, faisait des paquets avec des gestes précis. Il est vrai que tous les paquets étaient les mêmes.

M. Hire prenait d'une part une boîte en bois blanc, de l'autre une feuille imprimée, enfin six cartes postales appartenant à six tas différents, et, en un tournemain, enveloppait le tout, nouait une ficelle rouge dont la pelote pendait à hauteur de sa tête.

L'homme de la police alla boire deux rhums au bistrot. Quand il revint, il y avait une vingtaine de paquets terminés. À midi, il y en avait soixante.

Et M. Hire s'habilla lentement, parut sur le trottoir, se dirigea vers un restaurant du boulevard Voltaire où il s'installa comme un habitué et mangea en lisant le journal.

À 2 heures, il faisait à nouveau des paquets. À 3 heures et demie, il écrivit des adresses sur des étiquettes et vers 4 heures, il commença à coller celles-ci.

De tous les petits colis, il fit alors un gros et à 5 heures précises il entrait au bureau de poste et prenait son tour devant le guichet des « imprimés recommandés ».

Le préposé ne pesa même pas. Il avait l'habitude. M. Hire paya et sortit, n'ayant plus que sa serviette à porter. L'inspecteur s'ennuyait. À cause du froid il avait bu, depuis le matin, neuf ou dix verres de rhum.

Or, M. Hire n'avait pas fini. Avec la même précision mécanique, il prenait un autobus, descendait en face du *Matin*, tendait une feuille de papier et trente francs à l'employée des petites annonces qui ne le regardait même pas tant, sans doute, elle l'avait déjà vu de fois.

Les boulevards étaient plus déserts que d'habitude. Les gens se groupaient autour des braseros. Le gel blanchissait l'asphalte. M. Hire marchait en se balançant, sans voir les femmes qui le frôlaient. Il s'engagea rue de Richelieu, entra au *Journal*, posa sur le guichet des petites annonces un feuillet préparé et trente francs.

L'inspecteur en avait assez. Au risque de perdre son homme, il se précipita vers le guichet dès que l'autre l'eut quitté, montra sa carte.

« Remettez-moi l'annonce. »

L'employée la lui tendit tout naturellement. Le texte était d'une belle écriture.

Quatre-vingts à cent francs par jour sans quitter emploi par travail facile. Écrire M. Hire, 67, rue Saint-Maur, Paris.

Les deux hommes se retrouvèrent à l'entrée du métro Bourse où ils s'enfoncèrent l'un derrière l'autre. L'un derrière l'autre, toujours, ils émergèrent du souterrain à la porte d'Italie. M. Hire lisait un journal du soir. L'inspecteur le regardait méchamment.

Dans le tramway, ils furent assis côte à côte. Il était 7 h 5 quand Mr. Hire descendit au terminus de Villejuif et se dirigea vers sa maison, où il entra le plus innocemment du monde.

L'inspecteur entra derrière lui, poussa la porte vitrée de la loge, grogna à l'adresse de son collègue qui buvait un bol de café chaud :

« Qu'est-ce que tu fais ici ?

– Et toi ? »

Le gamin faisait ses devoirs sur un coin de la table. La lampe éclairait mal. Le facteur venait de déposer une pile d'imprimés sur la toile cirée, à côté de la cafetière en émail bleu.

« M. Hire ?

– Toi aussi ? »

La concierge les regardait l'un après l'autre, les traits douloureusement tirés.

« Vous croyez que c'est lui, n'est-ce pas ? Mon dieu !… »

Elle allait pleurer. Elle pleurait. Ce n'étaient encore que des larmes nerveuses, mais ses mains maigres tremblaient.

« J'ai peur… Ne vous en allez pas… Depuis quinze jours, je ne vis plus… »

Georges Simenon, *Les Fiançailles de Monsieur Hire*, Éd. Gallimard, 1933.

L'univers gris du quotidien

Les Fiançailles de Monsieur Hire, comme la plupart des récits psychologiques de Simenon, dépeint un univers gris dans lequel évoluent des personnages rongés par l'inquiétude et la médiocrité de l'existence. Monsieur Hire ressemble à tous les héros des ouvrages que l'écrivain, lui-même, appelle ses « romans durs ». Les personnages, le plus souvent solitaires et sans défense, sont montrés du doigt par l'opinion publique, qui s'acharne à les détruire. Le malaise surgit ainsi du quotidien, provoquant chez le lecteur un sentiment d'inquiétude et de pitié. La dimension psychologique des personnages développe une tension dramatique. C'est le lecteur lui-même qui analyse les gestes les plus ordinaires, les situations les plus banales. La vie d'un quartier, la cour d'un immeuble, la loge d'une concierge, l'habitacle feutré d'un taxi constituent l'espace tragique dans lequel se joue la trajectoire cruelle d'un destin.

MAURIAC

Nom et prénom : **Mauriac, François**
Naissance : **le 11 octobre 1885, à Bordeaux**
Décès : **le 1er septembre 1970, à Paris**
Lieux : **le domaine familial de Malagar, en Gironde; Paris**
Situation familiale : **marié à Jeanne Lafon; quatre enfants**
Professions : **romancier, journaliste, mémorialiste**
Amitiés : **l'écrivain Maurice Barrès, à qui il soumet ses premiers poèmes; le général de Gaulle, qu'il soutient toute sa vie**

François Mauriac n'a que deux ans lorsque son père meurt. Sous l'influence maternelle, il fréquente les milieux catholiques de la région bordelaise, qui imprégneront, plus tard, ses romans. Très vite, sa vocation d'écrivain s'impose. *Le Baiser au lépreux*, en 1922, *Thérèse Desqueyroux*, en 1927, *Le Nœud de vipères*, en 1932, font de Mauriac un romancier renommé qui éclaire d'une lumière crue la haine et le péché, la frustration et la révolte qui habitent ses personnages. Il est élu à l'Académie française en 1933. Mais face aux bouleversements politiques, l'écrivain s'engage et dénonce la montée du fascisme et les crimes de la guerre d'Espagne.

Pendant l'Occupation, partisan du général de Gaulle, il publie clandestinement son journal de guerre, *Le Cahier noir*. Après la guerre, journaliste actif, polémiste redouté, il dénonce le colonialisme et réclame une plus grande justice sociale. Mauriac obtient le prix Nobel de littérature en 1952. Il meurt à l'âge de quatre-vingt-quatre ans, laissant une autobiographie, ses *Mémoires intérieurs*.

Ses œuvres principales

- des romans, dont : *Le Baiser au lépreux* (1922), *Génitrix* (1923), *Le Désert de l'amour* (1925), *Thérèse Desqueyroux* (1927), *Le Nœud de vipères* (1932), *Le Sagouin* (1951)
- des textes autobiographiques, dont : *Mémoires intérieurs* (1959)
- des essais, dont : *Le Bloc-Notes* (1952-1957)

1932

Le Nœud de vipères

Le roman de Mauriac *Le Nœud de vipères* se présente comme une longue lettre. Âgé et malade, ancien avocat au barreau de Bordeaux, Louis s'adresse à son épouse, issue de la haute bourgeoisie bordelaise, pour lui dire l'échec de leur existence. Il attend la mort, car elle seule lui permettra d'accomplir sa vengeance. Louis veut en effet priver sa famille, ce « nœud de vipères », de l'héritage qu'elle attend. Pour cela, il tente de désigner comme seul bénéficiaire de sa fortune son fils illégitime, Robert, qui s'avère n'être qu'un homme veule et mesquin. Cependant, sa femme meurt avant lui.

C'était ton désir aussi, et tu m'avais laissé entendre que tu ne quitterais jamais la province. Une femme qui m'eût aimé aurait chéri ma gloire. Elle m'aurait appris que l'art de vivre consiste à sacrifier une passion basse à une passion plus haute. Les journalistes imbéciles qui font semblant de s'indigner parce que tel avocat profite de ce qu'il est député ou ministre pour glaner quelques menus profits, feraient bien mieux d'admirer la conduite de ceux qui ont su établir entre leurs passions une hiérarchie intelligente, et qui ont préféré la gloire politique aux affaires les plus fructueuses. La tare dont tu m'aurais guéri, si tu m'avais aimé, c'était de ne rien mettre au-dessus du gain immédiat, d'être incapable de lâcher la petite et médiocre proie des honoraires pour l'ombre de la puissance, car il n'y a pas d'ombre sans réalité ; l'ombre est une réalité. Mais quoi ! Je n'avais rien que cette consolation de « gagner gros », comme l'épicier du coin.

Voilà ce qui me reste : ce que j'ai gagné au long de ces années affreuses, cet argent dont vous avez la folie de vouloir que je me dépouille. Ah ! l'idée même m'est insupportable que vous en jouissiez après ma mort. Je t'ai dit en commençant que mes dispositions avaient d'abord été prises pour qu'il ne vous en restât rien. Je t'ai laissé entendre que j'avais renoncé à cette vengeance... Mais c'était méconnaître ce mouvement de marée qui est celui de la haine de mon cœur. Et tantôt elle s'éloigne, et je m'attendris... Puis elle revient, et ce flot bourbeux me recouvre.

Depuis aujourd'hui, depuis cette journée de Pâques, après cette offensive pour me dépouiller au profit de votre Phili[1], et lorsque j'ai revu au complet cette meute familiale assise en rond devant la porte et m'épiant, je suis obsédé par la vision des partages – de ces partages qui vous jetteront les uns contre les autres : car vous vous battrez comme des chiens autour de mes terres, autour de mes titres[2]. Les terres seront à vous, mais les titres n'existent plus. Ceux dont je te parlais, à la première page de cette lettre, je les ai vendus, la semaine dernière, au plus haut : depuis, ils baissent chaque jour. Tous les bateaux sombrent, dès que je les abandonne ; je ne me trompe jamais. Les millions liquides, vous les aurez aussi, vous les aurez si j'y consens. Il y a des jours où je décide que vous n'en retrouverez pas un centime...

J'entends votre troupeau chuchotant qui monte l'escalier. Vous vous arrêtez ; vous parlez sans crainte que je m'éveille (il est entendu que je suis sourd) ; je vois sous la porte la lueur de vos bougies. Je reconnais le fausset[3] de Phili (on dirait qu'il mue encore) et soudain des rires étouffés, les gloussements des jeunes femmes. Tu les grondes ; tu vas leur dire : « Je vous assure qu'il ne dort pas... » Tu t'approches de ma porte ; tu écoutes ; tu regardes par la serrure ; ma lampe me dénonce. Tu reviens vers la meute ; tu dois leur souffler : « Il veille encore, il vous écoute... »

Ils s'éloignent sur leurs pointes. Les marches de l'escalier craquent ; une à une, les portes se ferment. Dans la nuit de Pâques, la maison est chargée de couples. Et moi, je pourrais être le tronc vivant de ces jeunes rameaux. La plupart des pères sont aimés. Tu étais mon ennemie et mes enfants sont passés à l'ennemi.

C'est à cette guerre qu'il faut en venir maintenant. Je n'ai plus la force d'écrire. Et pourtant je déteste de me coucher, de m'étendre, même lorsque l'état de mon cœur me le permet. À mon âge, le sommeil attire l'attention de la mort, il ne faut pas faire semblant d'être mort. Tant que je resterai debout, il me semble qu'elle ne peut pas venir. Ce que je redoute d'elle, est-ce l'angoisse du dernier hoquet ? Non, mais c'est qu'elle est ce qui n'existe pas, ce qui ne peut se traduire que par le signe –.

François Mauriac, *Le Nœud de vipères*, Éd. Grasset, 1932.

1. **Phili** : le mari de la petite-fille du narrateur. 2. **titres** : actions côtées en Bourse. 3. **le fausset** : la voix grêle, aiguë.

Le romancier des consciences tourmentées

Dès 1922, dans *Le Baiser au lépreux*, Mauriac décrit les mœurs de la société bourgeoise catholique, dont il dénonce l'hypocrisie, les traditions et les préjugés. L'arrière-plan religieux qui imprègne son œuvre met en relief l'inquiétude de personnages écartelés entre l'obéissance à leur foi et leur attirance pour le mal.

Comme dans *Le Nœud de vipères*, l'univers romanesque de François Mauriac est celui des consciences tourmentées, qui expriment leur sentiment d'échec, le sacrifice de leur vie affective au nom de la réussite sociale. Ses techniques narratives s'accordent avec ce retour sur soi-même : monologue intérieur, roman épistolaire, discours indirect libre. Plutôt qu'un romancier catholique, Mauriac est donc, comme il se définit lui-même, « un catholique qui écrit des romans ».

CÉLINE

Nom et prénom : **Destouches, Louis-Ferdinand**
Pseudonyme : **Louis-Ferdinand Céline**
Naissance : **le 27 mai 1894, à Courbevoie**
Décès : **le 1er juillet 1961, à Meudon**
Lieux : **Paris et sa banlieue, l'Angleterre, l'Afrique, New York, Sigmaringen lors de la débâcle de 1944, la prison à Copenhague, Meudon**
Situation familiale : **marié quatre fois; une fille, Colette**
Professions : **médecin, écrivain**
Amitiés : **rares ; parmi elles, l'acteur Robert Le Vigan**

Louis-Ferdinand Destouches grandit à Paris, entre la banlieue et le passage Choiseul, où il entre souvent en conflit avec ses parents, modestes commerçants préoccupés par des soucis d'argent. En 1914, il s'engage dans un régiment de cuirassiers. Il est blessé héroïquement au combat, un an plus tard. Après avoir voyagé en Angleterre, en Afrique et en Amérique, être passé par « douze métiers, treize misères », il rentre en France pour suivre des études de médecine et s'installe au dispensaire de Clichy, « pour y soigner les pauvres ».

En 1932, son premier roman, *Voyage au bout de la nuit*, publié sous le pseudonyme de Céline, obtient le prix Renaudot. Épopée burlesque et amère, le livre fait scandale par la violence du récit, comme par son style étonnant. Quatre ans plus tard, la publication de *Mort à crédit* impose Céline comme l'un des plus grands écrivains du siècle. Mais la fin des années trente voit l'écrivain s'engager auprès de l'Allemagne hitlérienne, puis du pétainisme. Céline écrit alors des pamphlets antisémites qui témoignent d'un véritable délire névrotique et lui valent la prison, au Danemark, à la Libération. Amnistié, il s'installe à Meudon, dans l'isolement, poursuivant son œuvre romanesque jusqu'à sa mort, en 1961.

Ses œuvres principales

- des romans, dont : *Voyage au bout de la nuit* (1932), *Mort à crédit* (1936), *D'un château l'autre* (1957), *Nord* (1960), *Rigodon* (1969, posthume)

1932

Voyage au bout de la nuit

Le héros du *Voyage au bout de la nuit*, Bardamu, découvre dans les premières pages du roman l'absurdité de la Première Guerre mondiale, l'atrocité des combats et l'aveuglement des officiers. Réformé, il se rend ensuite en Afrique et dresse de la présence coloniale un portrait satirique et cruel. Débarquant à New York, Bardamu fait aux États-Unis l'expérience du travail à la chaîne, de la solitude et de la misère au milieu des grandes métropoles. Rentré en France, médecin dans la banlieue parisienne, il décrit sans complaisance la pauvreté, les bassesses et les mesquineries. Seuls quelques personnages, quelques instants magiques illuminent cette vision noire et pessimiste du monde.

Le messager vacillant se remit au « garde-à-vous », les petits doigts sur la couture du pantalon, comme il se doit dans ces cas-là. Il oscillait ainsi, raide, sur le talus, la transpiration lui coulant le long de la jugulaire, et ses mâchoires tremblaient si fort qu'il en poussait des petits cris avortés, tel un petit chien qui rêve. On ne pouvait démêler s'il voulait nous parler ou bien s'il pleurait.

Nos Allemands accroupis au fin fond de la route venaient justement de changer d'instrument. C'est à la mitrailleuse qu'ils poursuivaient à présent leurs sottises; ils en craquaient comme de gros paquets d'allumettes et tout autour de nous venaient voler comme des essaims de balles rageuses, pointilleuses comme des guêpes.

Illustration de Tardi pour le *Voyage au bout de la nuit*.

L'homme arriva tout de même à sortir de sa bouche quelque chose d'articulé :

– Le maréchal des logis[1] Barousse vient d'être tué, mon colonel, qu'il dit tout d'un trait[2].

– Et alors ?

– Il a été tué sur la route des Étrapes, mon colonel !

– Et alors ?

– Il a été éclaté par un obus !

– Et alors, nom de Dieu !

– Et voilà ! Mon colonel…

– C'est tout ?

– Oui, c'est tout, mon colonel.

– Et le pain ? demanda le colonel.

Ce fut la fin de ce dialogue parce que je me souviens bien qu'il a eu le temps de dire tout juste : « Et le pain ? » Et puis ce fut tout. Après ça, rien que du feu et puis du bruit avec. Mais alors un de ces bruits comme on ne croirait jamais qu'il en existe. On en a eu tellement plein les yeux, les oreilles, le nez, la bouche, tout de suite, du bruit, que je croyais bien que c'était fini, que j'étais devenu du feu et du bruit moi-même…

Et puis non, le feu est parti, le bruit est resté longtemps dans ma tête, et puis les bras et les jambes qui tremblaient comme si quelqu'un vous les secouait par-derrière. Ils avaient l'air de me quitter, et puis ils me sont restés quand même mes membres. Dans la fumée qui piqua les yeux encore pendant longtemps, l'odeur pointue de la poudre et du soufre nous restait comme pour tuer les punaises et les puces de la terre entière.

Tout de suite après ça, j'ai pensé au maréchal des logis Barousse qui venait d'éclater comme l'autre nous l'avait appris. C'était une bonne nouvelle. Tant mieux ! que je pensais tout de suite ainsi : « C'est une bien grande charogne en moins dans le régiment ! » Il avait voulu me faire passer au Conseil[3] pour une boîte de conserve. « Chacun sa guerre ! » que je me dis. De ce côté-là, faut en convenir, de temps en temps, elle avait l'air de servir à quelque chose la guerre ! J'en connaissais bien encore trois ou quatre dans le régiment, de sacrées ordures que j'aurais aidé bien volontiers à trouver un obus comme Barousse.

Quant au colonel, lui, je ne lui voulais pas de mal. Lui pourtant aussi il était mort.

Louis-Ferdinand Céline, *Voyage au bout de la nuit*, Éd. Gallimard, 1932.

1. **maréchal des logis** : sous-officier dans l'artillerie. 2. **d'un trait** : à toute vitesse. 3. **Conseil** : conseil de discipline.

L'émotion du langage parlé

Louis-Ferdinand Céline renouvelle complètement l'écriture romanesque en supprimant la frontière entre l'écrit et l'oral. Pour lui, le roman doit recréer l'intensité de l'émotion qu'expriment l'énergie et le dynamisme du langage parlé. Il ne s'agit pas d'une facilité – « Le style, c'est un boulot très dur » –, mais d'un rythme, d'une langue, d'une ponctuation qui restituent la présence familière et entêtante de la voix du narrateur. Car les romans de Céline, toujours autobiographiques, passent de la colère à la douceur des confidences intimes, de la violence du réquisitoire contre la bêtise et la cruauté à la compassion pour les pauvres. L'usage de l'argot, les onomatopées, les répétitions, le flux incessant des mots bouleversent la forme traditionnelle du récit. Céline redonne ainsi toute sa puissance à la parole, à cette « petite musique » de l'émotion qui s'inscrit à jamais dans la mémoire du lecteur.

1936

Mort à crédit

Dans *Mort à crédit,* le narrateur revient sur les souvenirs de son enfance et, en particulier, sur sa rencontre avec un personnage extravagant qui le prend à son service : Courtial des Pereires. Celui-ci organise des démonstrations d'envols dans son ballon dirigeable, le « Zélé ». Mais le ballon, vieilli, usé, ne parvient plus à s'élever.

Un malheur arrive jamais seul !... Nous eûmes de nouveaux déboires avec le « Zélé » toujours de plus en plus fendu, ravaudé, perclus de raccrocs... tellement perméable et foireux qu'il s'effondrait dans ses cordes !...

L'automne arrivait, ça commençait à souffler ! Il flanchait dans la rafale, il s'affaissait, le malheureux, au départ même, au lieu de s'élancer dans les airs... Il nous ruinait en hydrogène, en gaz méthanique... À force de pomper tout de même, il prenait un petit élan... Avec deux ou trois soubresauts il franchissait assez bien les premiers arbustes... s'il arrachait une balustrade, il fonçait alors dans le verger... Il repartait encore une secousse... Il ricochait contre l'église... Il emportait la girouette... Il refoulait vers la campagne... Les bourrasques le ramenaient en vache... en plein dans les peupliers... Des Pereires attendait plus... Il lâchait tous les pigeons... Il envoyait un grand coup de bugle[1]... Il me déchirait toute la sphère... Le peu de gaz s'évaporait... J'ai dû comme ça le ramasser en situation périlleuse aux quatre coins de la Seine-et-Oise, dans la Champagne et même dans l'Yonne ! Il a raclé avec son cul toutes les betteraves du Nord-Est. La belle nacelle en rotin, elle avait plus de forme à force... Sur le plateau d'Orgemont, il est resté deux bonnes heures entièrement enfoui, coincé dans le milieu de la mare, un purin énorme ! Mouvant, floconnant, prodigieux !... Tous les croquants[2] des abords ils se poêlaient à se casser les côtes... Quand on a replié le « Zélé », il sentait si fortement les matières et le jus de la fosse, et Courtial d'ailleurs aussi, entièrement capitonné, fangeux, enrobé, soudé dans la pâte à merde ! qu'on a jamais voulu de nous dans le compartiment... On a voyagé dans le fourgon, avec les ustensiles, les agrès[3], la came[4].

En rentrant au Palais-Royal, c'était pas fini !... Notre aérostat joli, il empestait encore si fort, comme ça même au tréfonds de la cave, qu'il a fallu que nous brûlions et pendant presque tout l'été au moins dix casseroles de benjoin[5], de santal et d'eucalyptus... Des rames de papier d'Arménie !... On nous aurait expulsés ! Y avait des pétitions...

Tout ça encore c'était remédiable... Ça faisait partie des aléas, des avatars du métier... Mais le pire, le coup fatal il nous fut certainement porté par la concurrence des avions... On peut pas dire le contraire... Ils nous soulevaient tous nos clients... Même nos plus fidèles comités... ceux qu'avaient entièrement confiance, qui nous prenaient presque à coup sûr... Péronne, Brives-la-Vilaine, par exemple ! Carentan-sur-Loing... Mézeux... Des assemblées de tout repos, entièrement dévouées à Courtial... qui le connaissaient depuis trente-cinq ans... Des endroits où depuis toujours on ne jurait que par lui... Tout ce monde-là se trouvait soudain des bizarres prétextes pour nous remettre à plus tard !... des subterfuges ! des foirures ! C'était la fonte ! La débandade !... C'est surtout à partir de mai et de juin-juillet 1911 que les choses se gâtèrent vraiment... Le dénommé Candemare Julien, pour ne citer que celui-ci, avec sa seule « Libellule » il nous pauma plus de vingt clients !...

Nous avions pourtant consenti à des rabais à peine croyables... Nous allions de plus en plus loin... Nous emportions notre hydrogène... la pompe... le condensimètre... Nous sommes allés à Nuits-sur-Somme pour cent vingt-cinq francs ! gaz compris ! Et transport en sus !... C'était plus tenable à vrai dire ! Les bourgs les plus suppureux... Les sous-préfectures les plus rances ne juraient plus que par cellule et biplan !... Wilbur Wright et les « métinges » [6]!...

Courtial avait bien compris que c'était la lutte à mort… Il a voulu réagir… Il a tenté l'impossible. Il a publié coup sur coup, en pas l'espace de deux mois, quatre manuels et douze articles dans les colonnes de son cancan, pour démontrer « mordicus » que les avions voleraient jamais !… Que c'était un faux progrès !… un engouement contre nature !… une perversion de la technique !… Que tout ça finirait bientôt dans une capilotade atroce ! Que lui, Courtial des Pereires, qu'avait trente-deux ans d'expérience, ne répondait plus de rien ! Sa photographie dans l'article !… Mais il était déjà en retard sur le courant des lecteurs !… Absolument dépassé ! Submergé par la vogue croissante ! En réponse à ses diatribes, à ses philippiques virulentes il ne reçut que des injures, des bordées farouches et des menaces comminatoires… Le public des inventeurs ne suivait plus des Pereires !… C'était l'exacte vérité… Il s'est entêté quand même… Il voulait pas en démordre !… Il a même repris l'offensive !… C'est ainsi qu'il a fondé la société « La Plume au Vent » à l'instant même le plus critique !… « Pour la défense du sphérique, du beaucoup plus léger que l'air ! » Exhibitions ! Démonstrations ! Conférences ! Fêtes ! Réjouissances ! Siège social au « Génitron ». Il est pas venu dix adhérences ! Ça sentait la terrible poisse ! Je suis retourné aux rafistolages…

Dans « l'Archimède », le vieux captif, j'avais déjà tellement tapé que je ne trouvais plus un bout de convenable !… C'était plus que des morceaux pourris !… Et le « Zélé » valait guère mieux… Il était réduit à la corde ! On lui voyait la trame partout… Je suis payé pour le savoir !

Ce fut un dimanche à Pontoise notre dernière sortie sphérique. On s'était risqué quand même… Ils avaient dit ni oui ni non !… On l'avait extrêmement dopé le malheureux déconfit, ramassé les franges dans les coins, retourné dessus-dessous… On l'avait un peu étayé avec des plaques en cellophane… du caoutchouc, du fusible et des étoupes de calfats ! Mais malgré tout, devant la Mairie, ce fut sa condamnation, la crise terminale ! On a eu beau lui pomper presque en entier un gazomètre… il perdait plus qu'il ne prenait… C'était un coup d'endosmose, Pereires a tout de suite expliqué… Et puis comme on insistait, il s'est complètement pourfendu… dans un bruit d'horrible colique !… L'odeur infecte se répand !… Les gens se sauvent devant les gaz… Ce fut une panique ! une angoisse !… En plus, voilà l'énorme enveloppe qui redégringole sur les gendarmes !… Ça les étouffe, ils restent coincés dans les volants… Ils gigotaient dessous les plis !… Ils ont bien failli suffoquer !… Ils étaient faits comme des rats !… Au bout de trois heures d'efforts, on a dégagé le plus jeune !… les autres ils étaient évanouis… On était plus populaires !

Louis-Ferdinand Céline, *Mort à crédit*, Éd. Gallimard, 1936.

1. coup de bugle : coup de trompette ou de cor. **2. les croquants** : en argot, les paysans. **3. agrès** : ensemble de cordages. **4. la came** : en argot, le matériel. **5. benjoin** : parfum. **6. les « métinges »** : les « meetings » aériens.

Le chaos du monde

Le « Zélé », le ballon dirigeable de *Mort à crédit* est à l'image de l'univers exploré par les romans de Céline : il symbolise un monde chaotique.

Dès le début du roman, le lecteur découvre, à travers le récit de Ferdinand, l'histoire d'une enfance et d'une adolescence douloureuses, médiocres et étriquées. Le passage Choiseul où est installée la boutique familiale, l'Angleterre où le héros effectue sans succès un séjour linguistique, les divers apprentissages qui aboutissent à des renvois ponctuent un itinéraire marqué par l'échec. La rencontre avec le farfelu Courtial des Pereires illumine la vie de Ferdinand, mais les entreprises hasardeuses de l'inventeur s'achèvent sur son suicide et laissent le héros de nouveau confronté à lui-même.

Le style de Céline, où se mêlent l'oralité et la poésie, le burlesque et le pathétique, exprime avec intensité la confusion d'un quotidien sombre et désespéré.

QUENEAU

Nom et prénom : **Queneau, Raymond**
Naissance : **le 21 février 1903, au Havre**
Décès : **le 25 octobre 1976, à Paris**
Lieux : **Le Havre, Paris, le Limousin**
Situation familiale : **marié à Janine Kahn ; un fils, Jean-Marie**
Professions : **employé de banque, directeur de la collection « La Pléiade » et secrétaire général des éditions Gallimard**
Amitiés : **les écrivains Jacques Prévert, André Breton, Georges Bataille, Michel Leiris, François Le Lionnais ; les peintres Élie Lascaux et Jean Dubuffet**

« Je naquis au Havre un vingt et un février/en mil neuf cent et trois./Ma mère était mercière et mon père mercier/ils trépignaient de joie. » Raymond Queneau fait au lycée du Havre des études brillantes, puis il passe à Paris une licence de philosophie. En 1924, il rejoint le mouvement surréaliste dont le dynamisme le séduit. Mais il rompt avec Breton en 1929, poursuivant sa passion des « fous littéraires », mêlant dans son œuvre poésie et humour, révolte et dérision.

Le premier roman de Queneau, *Le Chiendent,* en 1933, est un jeu sur le langage, une tentative d'écrire « comme on parle », qu'il poursuivra à travers toute son œuvre. Élu membre de l'académie Goncourt en 1951, Queneau adhère la même année au Collège de pataphysique, qui fait la satire des institutions. En 1959 paraît *Zazie dans le métro,* dont Louis Malle tire un film. Mathématicien, esprit encyclopédique, poète, Queneau soutient l'Oulipo, atelier d'écriture qui crée des textes à partir de règles formelles contraignantes. Affecté douloureusement par la mort de sa femme en 1972, Queneau décède quatre ans plus tard.

Ses œuvres principales

- des romans, dont : *Le Chiendent* (1933), *Pierrot mon ami* (1942), *Loin de Rueil* (1944), *Zazie dans le métro* (1959), *Les Fleurs bleues* (1965), *Le Vol d'Icare* (1968)
- des recueils de poèmes, dont : *Cent mille milliards de poèmes* (1961), *Le Chien à la mandoline* (1965)
- un ouvrage de prose, jeu sur le langage : *Exercices de style* (1947 et 1963)
- des écrits théoriques, dont : *Batons, Chiffres et lettres* (1950 et 1965)
- un roman autobiographique en vers : *Chêne et chien* (1937)
- des chansons et des dialogues de films

1933

Le Chiendent

Premier roman de Queneau, *Le Chiendent* annonce toute l'œuvre de l'écrivain. La parodie et la transcription écrite du français parlé produisent immédiatement de nombreux effets comiques. C'est ainsi que Mme Cloche s'abandonne au regret et à la rêverie, à la manière d'Emma Bovary, l'héroïne de Flaubert.

La petite vie allait recommencer. C'était fini les grands espoirs. La grande vie. Les grandes perspectives. Elle avala sa menthe verte, en se poissant les doigts.

Alle aurait commencé par s'acheter quéques robes, des chouettes alors, qui l'auraient rajeunie de vingt ans et alle s'rait allée chez l'institut d'beauté, où s'qu'on l'aurait rajeunie de vingt ans. Total, quarante. Ça fait qu'elle en aurait eu quinze. Avec de la monnaie, qu'est-ce qu'on ne fait pas ! Ensuite de quoi, a s'rait allée chez l'marchand d'bagnoles. Une bathouze qu'elle aurait dit, avec un capot long comme ça, et des coussins bien rembourrés. Quéque chose qui fasse impressionnant. Alle aurait pris une femme de chambre et un chauffeur et en route pour Montécarlau. Et puis elle aurait aussi acheté une villa à Neuilly avec eau, gaz, électricité, ascenceur, cuisine électrique, frigidaire, chauffage central, teuseufeu[1], et peut-être une salle de bains. Alle commencerait par faire remplir sa cave de champagne. Tous les jours, à tous les repas, champagne, sauf le matin, au lever, toujours comme d'habitude, boudin froid et gros rouge.

A s'voyait déjà arrivant au casino, quéquepart au soleil, dans un patelin ousqu'i fait toujours beau ; a s'voyait arrivant au casino, avec épais comme ça d'poudre sur la gueule, les nichons rafistolés et une robe à trois mille balles su'l'dos, entre deux types bien fringués en smoquinges et les cheveux collés su'l'crâne, des beaux mecs, quoi. Et les gens i zauraient dit : Qui c'est celle-là qu'a des diamants gros comme le poing ? C'est-y la princesse Falzar ou la duchesse de Frangipane ? Non, non, qu'i zauraient dit les gens renseignés, c'est Mme du Belhôtel, qui s'occupe d'œuvres de bienfeuzouance et du timbre antiasthmatique. Alle a été mariée avec un prince hindou, qu'i diraient les gens, c'est s'qu'essplique sa grosse galette. En tout cas, y a une chose qu'elle aurait pas fait, ça aurait été d'jouer à la roulette. C'est idiot. On perd tout c'qu'on veut. Non sa belle argent, elle l'aurait pas j'tée comm'ça su'l'tapis vert, pour qu'alle s'envole et qu'alle la r'voie pus. Non. Alle aurait pas reculé d'vant la dépense, ça non ; pour la rigolade, elle aurait été un peu là. Mais aller foutre son pèze dans la caisse d'un casino, ça, a n'l'aurait pas fait.

Raymond Queneau, *Le Chiendent*, Éd. Gallimard, 1933.

1. **teuseufeu** : la TSF, la radio.

SI TU T'IMAGINES

Si tu t'imagines
si tu t'imagines
fillette fillette
si tu t'imagines
xa va xa va xa
va durer toujours
la saison des za
la saison des za
saison des amours
ce que tu te goures
fillette fillette
ce que tu te goures
Si tu crois petite
si tu crois ah ah
que ton teint de rose
ta taille de guêpe
tes mignons biceps
tes ongles d'émail
ta cuisse de nymphe
et ton pied léger
si tu crois petite
xa va xa va xa
va durer toujours
ce que tu te goures
fillette fillette
ce que tu te goures
les beaux jours s'en vont
les beaux jours de fête
soleils et planètes
tournent tous en rond
mais toi ma petite
tu marches tout droit
vers sque tu vois pas
très sournois s'approchent
la ride véloce
la pesante graisse
le menton triplé
le muscle avachi
allons cueille cueille
les roses les roses
roses de la vie
et que leurs pétales
soient la mer étale
de tous les bonheurs
allons cueille cueille
si tu le fais pas
ce que tu te goures
fillette fillette
ce que tu te goures

Raymond Queneau,
« Si tu t'imagines »,
Éd. Gallimard, 1952.

Une langue moderne et populaire

Avec virtuosité, l'écrivain bouleverse les rapports entre la langue écrite et son usage oral. Inspiré par le souvenir des remises en cause du surréalisme, Queneau multiplie les pastiches et les parodies des écrivains célèbres. *Le Chiendent*, *Exercices de style*, *Zazie dans le métro*, allient ainsi la liberté du langage avec le plaisir de situations cocasses qui suscitent le rire du lecteur.

Le poème « Si tu t'imagines » reprend, selon le mot de Queneau, « un t'aime de Ronsard ». Sur un jeu verbal et un humour féroce, l'écrivain s'inscrit dans la tradition et trouve une langue moderne propre à toucher un vaste public. L'univers de ses poèmes, proche du quotidien, permet à la fantaisie et à l'imagination de se manifester avec humour et ironie.

1959

Zazie dans le métro

Confiée à son oncle Gabriel, Zazie découvre Paris. À travers une série d'aventures burlesques, en multipliant les jeux sur le langage, où l'argot, la parodie et les inventions verbales créent un climat de liberté, l'humour de Queneau tourne en dérision les valeurs établies.

– Alors ? pourquoi que tu veux l'être, institutrice ?

– Pour faire chier les mômes, répondit Zazie. Ceux qu'auront mon âge dans dix ans, dans vingt ans, dans cinquante ans, dans cent ans, dans mille ans, toujours des gosses à emmerder.

– Eh bien, dit Gabriel.

– Je serai vache comme tout avec elles. Je leur ferai lécher le parquet. Je leur ferai manger l'éponge du tableau noir. Je leur enfoncerai des compas dans le derrière. Je leur botterai les fesses. Parce que je porterai des bottes. En hiver. Hautes comme ça (geste). Avec de grands éperons pour leur larder la chair du derche.

– Tu sais, dit Gabriel avec calme, d'après ce que disent les journaux, c'est pas du tout dans ce sens-là que s'oriente l'éducation moderne. C'est même tout le contraire. On va vers la douceur, la compréhension, la gentillesse. N'est-ce pas, Marceline[1], qu'on dit ça dans le journal ?

– Oui, répondit doucement Marceline. Mais toi, Zazie, est-ce qu'on t'a brutalisée à l'école ?

– Il aurait pas fallu voir.

– D'ailleurs, dit Gabriel, dans vingt ans, y aura plus d'institutrices : elles seront remplacées par le cinéma, la tévé[2], l'électronique, des trucs comme ça. C'était aussi écrit dans le journal l'autre jour. N'est-ce pas, Marceline ?

– Oui, répondit doucement Marceline.

Zazie envisagea cet avenir un instant.

– Alors, déclara-t-elle, je serai astronaute.

– Voilà, dit Gabriel approbativement. Voilà, faut être de son temps.

– Oui, continua Zazie, je serai astronaute pour aller faire chier les Martiens.

Gabriel enthousiasmé se tapa sur les cuisses :

– Elle en a de l'idée, cette petite.

Il était ravi.

– Elle devrait tout de même aller se coucher, dit doucement Marceline. Tu n'es pas fatiguée ?

– Non, répondit Zazie en bâillant.

Raymond Queneau, *Zazie dans le métro,* Éd. Gallimard, 1959.

1. Marceline : la compagne de Gabriel. **2. la tévé** : la télévision.

La fantaisie du quotidien

Aux premières pages de *Zazie dans le métro,* Jeanne Lalochère confie sa fille à son frère Gabriel, dit « Tonton », danseur travesti dans un cabaret de Montmartre. Énergique, délurée, Zazie voudrait visiter le métro, qui est en grève. Au cours des deux journées qu'elle passe à Paris, les rencontres de Gabriel et Marceline, de Charlie le taximan, du mystérieux et inquiétant Trouscaillon, de la veuve Mouaque et du perroquet Laverdure constituent pour Zazie autant de moments d'une initiation pittoresque et colorée. L'imagination et la fantaisie verbale de l'écrivain s'en donnent à cœur joie. Au terme du roman, Queneau tire la morale de l'histoire. Lorsque Jeanne demande à Zazie : « Alors, qu'est-ce que t'as fait ? », celle-ci répond, sans hésitation : « J'ai vieilli. »

1965

Le Chien à la mandoline

Le recueil de poèmes qui constitue *Le Chien à la mandoline* se présente comme « une sorte de journal intime ». À travers le titre, c'est Queneau lui-même qui se met en scène. Il trouve des accents proches de son ami Jacques Prévert pour faire la satire de la société de son temps.

HAUTE SOCIÉTÉ

Ce sont des messieurs très bien
ils s'assoient sur des chaises en rotin
sur des chaises avec des ornements, des paillettes, de la verroterie[1]
ils s'assoient sur des chaises très bien
pour dire des choses très bien
Ils disent des choses pleines de pensées, d'idées
des conneries quoi, des conneries très bien
qu'ils prononcent très bien
en mettant l'orthographe à tous les mots
une orthographe très bien
et lorsque les messieurs très bien ont fini de dire leurs conneries très bien
prononcées avec une orthographe très bien
on leur sert des consommations très bien
du pipi de chat, de l'urine de chèvre et du ouisqui très bien

Le Chien à la mandoline, Éd. Gallimard, 1965.

ÉGOCENTRISME II

Je m'attendais au coin de la rue
j'avais envie de me faire peur
en effet lorsque je me suis vu
j'ai reculé d'horreur

Faisant le tour du pâté de maison
je me suis cogné contre moi-même
c'est ainsi qu'en toute saison
on peut se distraire à l'extrême

Raymond Queneau, *Le Chien à la mandoline*, Éd. Gallimard, 1965.

1. **verroterie** : petits objets de verre sans grande valeur.

L'humour et la création verbale

Dans *Le Chien à la mandoline* comme dans l'ensemble de son œuvre, Queneau joue de la création verbale. Tantôt il s'appuie sur les lieux communs et le langage usé des conventions sociales, tantôt il s'amuse du langage oral, de son inventivité et de sa vitalité. L'écrivain crée des expressions et des tournures originales, comme le célèbre « Doukipudonktan » de *Zazie dans le métro*.

L'humour et la satire se confondent lorsque Queneau prend pour cible la « haute société », à travers l'un de ses rituels : celui de la réception mondaine. Le poète met en évidence un rituel vide de sens, purement mécanique. Le comique naît de l'irruption des termes familiers, des néologismes farfelus dans un langage nouveau en littérature, fait d'humour et de liberté.

GIRAUDOUX

Nom et prénom : **Giraudoux, Jean**

Naissance : **le 29 octobre 1882, à Bellac, dans le Limousin**

Décès : **le 31 janvier 1944, à Paris**

Lieux : **Châteauroux, Paris, Munich, Harvard**

Situation familiale : **marié à Suzanne Boland ; un fils, Jean-Pierre, en 1919**

Profession : **diplomate**

Amitiés : **le comédien Louis Jouvet, l'éditeur Bernard Grasset, les peintres Édouard Vuillard et Baragnon, l'écrivain Jean Guéhenno**

Né à Bellac, Jean Giraudoux grandit au cœur du Limousin. Des études brillantes le conduisent à la prestigieuse École normale supérieure de la rue d'Ulm, à Paris. Il voyage en Allemagne et aux États-Unis, s'essaie au journalisme, mais choisit cependant la carrière diplomatique, où il obtiendra des postes élevés. Après avoir publié plusieurs romans, il adapte pour le théâtre *Siegfried et le Limousin* en 1922. Sa rencontre avec le metteur en scène et comédien Louis Jouvet est décisive : Giraudoux écrit désormais pour le théâtre. Diplomate lucide et informé, il mesure la montée du fascisme en Europe et exprime une sombre inquiétude prémonitoire dans deux pièces célèbres, *La guerre de Troie n'aura pas lieu*, en 1935, et *Électre*, deux ans plus tard. La débâcle de 1940 le pousse à se retirer, pour se consacrer à l'écriture. Giraudoux meurt quelques mois avant la Libération. Jouvet monte alors sa dernière grande pièce, *La Folle de Chaillot*, qui connaît un grand succès.

Ses œuvres principales

- des romans, dont : *Suzanne ou le Pacifique* (1921), *Juliette au pays des hommes* (1924)
- des pièces de théâtre, dont : *Amphitryon 38* (1929), *Intermezzo* (1933), *La guerre de Troie n'aura pas lieu* (1935), *Électre* (1937), *Ondine* (1939)
- des essais, dont : *Pleins pouvoirs* (1939), *Sans pouvoirs* (publication posthume, 1946)

1935

La guerre de Troie n'aura pas lieu

À travers la guerre qui oppose les Grecs aux Troyens, Giraudoux met en garde les spectateurs contre les conflits qui s'annoncent en Europe. Le héros troyen Pâris et sa mère Hécube s'opposent ainsi à ceux qui ne voient dans la guerre qu'une occasion de se mettre en valeur.

DÉMOKOS. – Puis-je enfin réclamer un peu de silence, Pâris ?.... Abnéos, et toi, Géomètre, et vous mes amis, si je vous ai convoqués ici avant l'heure, c'est pour tenir notre premier conseil. Et c'est de bon augure[1] que ce premier conseil de guerre ne soit pas celui des généraux, mais celui des intellectuels. Car il ne suffit pas, à la guerre, de fourbir des armes à nos soldats. Il est indispensable de porter au comble leur enthousiasme. L'ivresse physique, que leurs chefs obtiendront à l'instant de l'assaut par un vin à la résine[2] vigoureusement placé, restera vis-à-vis des Grecs inefficiente[3], si elle ne se double de l'ivresse morale que nous, les poètes, allons leur verser. Puisque l'âge nous éloigne du combat, servons du moins à le rendre sans merci. Je vois que tu as des idées là-dessus, Abnéos, et je te donne la parole.

ABNÉOS. – Oui. Il nous faut un chant de guerre.

DÉMOKOS. – Très juste. La guerre exige un chant de guerre.

PÂRIS. – Nous nous en sommes passé jusqu'ici.

HÉCUBE. – Elle chante assez fort elle-même...

ABNÉOS. – Nous nous en sommes passé, parce que nous n'avons jamais combattu que des Barbares. C'était de la chasse. Le cor suffisait. Avec les Grecs, nous entrons dans un domaine de guerre autrement relevé.

DÉMOKOS. – Très exact, Abnéos. Ils ne se battent pas avec tout le monde.

PÂRIS. – Nous avons déjà un chant national.

ABNÉOS. – Oui. Mais c'est un chant de paix.

PÂRIS. – Il suffit de chanter un chant de paix avec grimace et gesticulation pour qu'il devienne un chant de guerre… Quelles sont déjà les paroles du nôtre ?

ABNÉOS. – Tu le sais bien. Anodines[4]. – C'est nous qui fauchons les moissons, qui pressons le sang de la vigne !

DÉMOKOS. – C'est tout au plus un chant de guerre contre les céréales. Vous n'effraierez pas les Spartiates[5] en menaçant le blé noir.

PÂRIS. – Chante-le avec un javelot à la main et un mort à tes pieds, et tu verras.

HÉCUBE. – Il y a le mot sang, c'est toujours cela.

PÂRIS. – Le mot moisson aussi. La guerre l'aime assez.

ABNÉOS. – Pourquoi discuter, puisque Démokos peut nous en livrer un tout neuf dans les deux heures.

DÉMOKOS. – Deux heures, c'est un peu court.

HÉCUBE. – N'aie aucune crainte, c'est plus qu'il ne te faut ! Et après le chant, ce sera l'hymne[6], et après l'hymne la cantate[7]. Dès que la guerre est déclarée, impossible de tenir les poètes. La rime, c'est encore le meilleur tambour.

DÉMOKOS. – Et le plus utile, Hécube ; tu ne crois pas si bien dire. Je la connais, la guerre. Tant qu'elle n'est pas là, tant que ses portes sont fermées, libre à chacun de l'insulter et de la honnir. Elle dédaigne les affronts du temps de paix. Mais, dès qu'elle est présente, son orgueil est à vif, on ne gagne pas sa faveur, on ne la gagne que si on la complimente et la caresse. C'est alors la mission de ceux qui savent parler et écrire, de louer la guerre, de l'aduler à chaque heure du jour, de la flatter sans arrêt aux places claires ou équivoques de son énorme corps, sinon on se l'aliène. Voyez les officiers : Braves devant l'ennemi, lâches devant la guerre, c'est la devise des vrais généraux.

Jean Giraudoux, *La guerre de Troie n'aura pas lieu*, Éd. Grasset, 1935.

■ **1. de bon augure** : de bon présage. ■ **2. vin à la résine** : vin grec parfumé à la résine. ■ **3. inefficiente** : inefficace, sans effet. ■ **4. anodines** : banales. ■ **5. Spartiates** : guerriers de Sparte célèbres pour leur vaillance. ■ **6. hymne** : poème en l'honneur des dieux et des héros. ■ **7. cantate** : composition musicale sollicitant chœur et orchestre.

Le renouveau du tragique

Dans les années trente, le ton léger des premières œuvres de Giraudoux laisse place au pessimisme acerbe mais lucide de *La guerre de Troie n'aura pas lieu*. Inspirée de l'*Iliade* du poète grec Homère, la pièce fait le constat de la montée des périls en Europe. Giraudoux donne ainsi une actualité aux mythes de l'Antiquité, qui rejoignent le thème majeur de son œuvre : celui du destin. Les révoltes devant la fatalité ne servent aux hommes qu'à mesurer leur impuissance. Ce renouveau du tragique est, un peu plus tard, confirmé par Cocteau, Sartre, Camus ou Anouilh. À leur tour, ils chercheront dans l'Antiquité et ses mythes des réponses aux dangers et aux interrogations fondamentales que suscite l'Histoire dans la première moitié du XXe siècle.

1937

Électre

Selon une légende grecque, Agamemnon, le roi de Mycènes, a été tué par sa femme Clytemnestre. Éloigné pendant de nombreuses années, Oreste, leur fils, rentre au palais poursuivi par les déesses de la Vengeance, les Euménides. Il y rencontre sa sœur Électre, qui veut venger son père. Oreste et Clytemnestre se retrouvent pour la première fois.

Clytemnestre. – Pourquoi es-tu si dur ? Tu n'as pas l'air cruel, pourtant. Ta voix est douce.

Scène dixième

Électre, Oreste, le mendiant

Oreste. – Dis-la-moi, Électre ! Dis-la-moi !

Électre. – Te dire quoi ?

Oreste. – Ta haine. La raison de ta haine. Tu la connais maintenant ? Tout à l'heure, en parlant à Clytemnestre, tu t'es presque évanouie dans mes bras. On eût dit de joie ou d'horreur.

Électre. – C'était de joie et d'horreur… Es-tu fort ou faible, Oreste ?

Oreste. – Dis-moi ton secret, et je vais le savoir.

Électre. – Je ne connais pas mon secret encore. Je n'ai que le début du fil. Ne t'inquiète pas. Tout va suivre… Méfie-toi. La voilà.

Apparaît au fond Clytemnestre.

Scène onzième

Électre, Clytemnestre, Oreste, le mendiant

Clytemnestre. – Ainsi c'est toi, Oreste ?

Oreste. – Oui, mère, c'est moi.

Clytemnestre. – C'est doux, à vingt ans, de voir une mère ?

Oreste. – Une mère qui vous a chassé, triste et doux.

Clytemnestre. – Tu la regardes de bien loin.

Oreste. – Elle est ce que j'imaginais.

Clytemnestre. – Mon fils aussi. Beau. Souverain. Et pourtant je m'approche.

Oreste. – Moi non. À distance c'est une splendide mère.

Clytemnestre. – Qui te dit que de près sa splendeur subsiste ?

Oreste. – Ou sa maternité ?…. C'est bien pour cela que je reste immobile.

Clytemnestre. – Un mirage de mère, cela te suffit ?

Oreste. – J'ai eu tellement moins jusqu'à ce jour. À ce mirage du moins, je peux dire ce que je ne dirai jamais à ma vraie mère.

Clytemnestre. – Si le mirage le mérite, c'est déjà cela. Que lui dis-tu ?

Oreste. – Tout ce que je ne te dirai jamais. Tout ce qui, dit à toi, serait mensonge.

Clytemnestre. – Que tu l'aimes ?

Oreste. – Oui.

Clytemnestre. – Que tu la respectes ?

Oreste. – Oui.

Clytemnestre. – Que tu l'admires ?

Oreste. – Sur ce point seul mirage et mère peuvent partager.

Clytemnestre. – Pour moi, c'est le contraire. Je n'aime pas le mirage de mon fils. Mais que mon fils soit lui-même devant moi, qu'il parle, qu'il respire, je perds mes forces.

Oreste. – Songe à lui nuire[1], tu les retrouveras.

Clytemnestre. – Pourquoi es-tu si dur ? Tu n'as pas l'air cruel, pourtant. Ta voix est douce.

ORESTE. – Oui. Je ressemble point par point au fils que j'aurais pu être. Toi aussi d'ailleurs ! À quelle mère admirable tu ressembles en ce moment. Si je n'étais pas ton fils, je m'y tromperais.

ÉLECTRE. – Alors, pourquoi parlez-vous tous les deux ? Que penses-tu gagner, mère, à cette ignoble coquetterie maternelle ? Puisque au milieu de la nuit, des haines, des menaces, s'est ouvert une minute ce guichet qui permet à la mère et au fils de s'entrevoir tels qu'ils ne sont pas, profitez-en, et refermez-le. La minute est écoulée.

CLYTEMNESTRE. – Pourquoi si vite ? Qui te dit qu'une minute d'amour maternel suffise à Oreste ?

ÉLECTRE. – Tout me dit que toi tu n'as pas droit, dans ta vie, à plus d'une minute d'amour filial. Tu l'as eue. Et comble… Quelle comédie joues-tu ? Va-t'en…

CLYTEMNESTRE. – Très bien. Adieu.

UNE PETITE EUMÉNIDE[2], *apparaissant derrière les colonnes.* – Adieu, vérité de mon fils.

ORESTE. – Adieu.

SECONDE PETITE EUMÉNIDE. – Adieu, mirage de ma mère.

ÉLECTRE. – Vous pouvez vous dire au revoir. Vous vous reverrez.

Jean Giraudoux, *Électre,* acte I, scènes 10 et 11, Éd. Grasset, 1937.

■ **1. nuire** : faire du mal. ■ **2. les Euménides** : divinités de la Vengeance ; petites filles au début, les Euménides grandissent au fur et à mesure de la pièce.

ORESTE. – À quelle mère admirable tu ressembles en ce moment. Si je n'étais pas ton fils, je m'y tromperais.
Électre, mise en scène de Claudia Morin, avec C. Lascau et F. Rodriguez.

Le mythe d'Électre

Le théâtre de Giraudoux s'inspire souvent de l'Antiquité. *Amphitryon 38, La guerre de Troie n'aura pas lieu, Sodome et Gomorrhe* puisent leurs thèmes dans la mythologie. Cette modernisation des mythes veut conduire le spectateur sur la voie d'une réflexion. Il ne s'agit pas de faire rire ou pleurer mais de faire réfléchir. Traitant de l'universel, chaque mythe, parce qu'il est riche et ambigu, permet de multiples interprétations.

Dans *Électre*, Giraudoux reprend l'un des personnages les plus célèbres de la tragédie antique, présent dans le théâtre d'Eschyle, d'Euripide et de Sophocle : Électre, sœur d'Oreste, pousse son frère à venger leur père assassiné, en tuant Clytemnestre, leur mère, et Égisthe, son complice. Chacun des personnages de la pièce incarne une attitude et un sentiment : Électre, la soif de pureté et de justice ; Oreste, la vengeance et le remords ; Clytemnestre, l'inquiétude et l'angoisse.

Giraudoux recrée ainsi le drame d'une famille marquée par le destin, les Atrides : « C'est cela la tragédie, avec ses incestes, ses parricides : de la pureté, c'est-à-dire en somme de l'innocence. » Tous les efforts des hommes ne peuvent empêcher la montée des périls, comme s'il fallait que leur destin s'accomplisse.

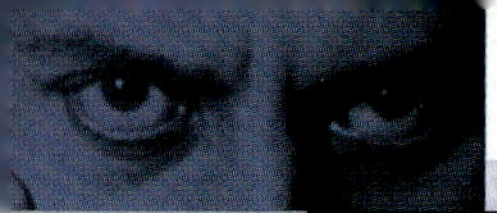

MALRAUX

Nom et prénom : **Malraux, André**

Naissance : **le 3 novembre 1901, à Montmartre**

Décès : **le 23 novembre 1976, à l'hôpital de Créteil**

Lieux : **Paris, le Cambodge, l'Espagne, Chartres où il est emprisonné en 1940, Strasbourg**

Situation familiale : **marié avec Clara Goldschmidt ; une fille, Florence ; divorcé à la Libération ; une longue liaison avec Louise de Vilmorin**

Professions : **écrivain, journaliste, critique d'art, ministre**

Amitiés : **André Breton, André Gide, le général de Gaulle**

André Malraux a quatre ans lorsque ses parents se séparent. Passionné par l'art et la littérature, l'adolescent élevé par trois femmes, sa grand-mère, sa mère et sa tante, promène sa jeunesse sur le pavé parisien. À vingt ans, il part pour le Cambodge, où il est emprisonné, après avoir été mêlé à un trafic d'objets d'art. Acquitté, Malraux découvre en Indochine l'action politique. Il fonde un journal à Saïgon et suit de près les événements de la révolution chinoise. Peu à peu, il se forge une réputation d'aventurier, faisant de l'Extrême-Orient le cadre de ses premiers romans. *La Condition humaine* obtient le prix Goncourt en 1933. Malraux s'engage alors contre le fascisme. Il dénonce l'arrivée de Hitler au pouvoir en Allemagne et, dès les premiers jours de la guerre civile espagnole, il est à la tête d'une escadrille de fortune aux côtés des républicains.

L'Espoir, publié en 1937, alerte l'opinion sur les dangers du fascisme. Fait prisonnier lors de l'invasion allemande, Malraux s'évade et se réfugie dans l'écriture. Après avoir rejoint la Résistance, il devient le « colonel Berger » commandant la brigade Alsace-Lorraine. Admirateur du général de Gaulle, il est nommé ministre de l'Information en 1945, puis ministre de la Culture en 1958. Parallèlement, il rédige ses *Antimémoires*, poursuivant sa méditation passionnée sur l'art, sur l'Histoire et la condition humaine jusqu'à sa mort.

Ses œuvres principales

- des romans, dont : *Les Conquérants* (1928), *La Voie royale* (1930), *La Condition humaine* (1933), *L'Espoir* (1937)
- des écrits sur l'art, dont : *Les Voix du silence* (1951), *La Métamorphose des dieux* (1957)
- des textes autobiographiques, dont : *Antimémoires* (1967)
- des essais politiques

1937

L'Espoir

Rédigé en plein cœur de la guerre civile espagnole, *L'Espoir* illustre la manière dont Malraux conçoit l'écriture : elle est une défense de valeurs universelles comme la fraternité, l'action et l'espérance. Sous les yeux de Shade, journaliste américain, les républicains espagnols subissent les bombardements des troupes du général Franco dans Madrid assiégée.

Le soir sans soleil couchant et sans autre vie que celle du feu, comme si Madrid eût été portée par une planète morte, faisait de cette fin de journée un retour aux éléments. Tout ce qui était humain disparaissait dans la brume de novembre crevée d'obus et roussie de flammes.

Une gerbe flamboyante fit éclater un petit toit dont Shade s'étonnait qu'il eût pu la cacher ; les flammes, au lieu de monter, descendirent le long de la maison qu'elle brûlèrent en remontant jusqu'au faîte. Comme un feu d'artifice bien ordonné, à la fin de l'incendie des tourbillons d'étincelles traversèrent la brume : un vol de flammèches obligea les journalistes à se baisser. Quand l'incendie rejoignait les maisons déjà brûlées, il les éclairait par-derrière, fantomatiques et funèbres, et demeurait longtemps à rôder derrière leurs lignes de ruines. Un crépuscule sinistre se levait sur l'âge du feu. Les trois plus grands hôpitaux brûlaient. L'hôtel Savoy brûlait. Des églises brûlaient, des musées brûlaient, la Bibliothèque Nationale brûlait, le ministère de l'Intérieur brûlait, une halle brûlait, les petits marchés de planches flambaient, les maisons s'écroulaient dans les envolées d'étincelles, deux quartiers striés de longs murs noirs rougeoyaient comme des grils sur des braises ; avec une solennelle lenteur, mais avec la rageuse ténacité du feu, par l'Atocha, par la rue de Léon, tout cela avançait vers le centre, vers la Puerta del Sol, qui brûlait aussi.

C'est le premier jour…, pensa Shade.

Les volées d'obus tombaient maintenant plus à gauche. Et du fond de la Gran Via que Shade surplombait et voyait mal, commença à monter, couvrant parfois la cloche des ambulances qui descendaient sans arrêt la rue, un son de litanies[1] barbares. Shade écoutait de toute son attention ce son venu de très loin dans le temps, sauvagement accordé au monde du feu : il semblait qu'après une phrase périodiquement prononcée, la rue entière, en matière de répons[2], imitât le battement des tambours funèbres : Dong-tongon-dong.

Enfin Shade, plus qu'il ne comprit, devina, car il avait entendu le même rythme un mois plus tôt : en réponse à une phrase qu'il n'entendait pas, le bruit de tambour humain scandait : *no pasaran*[3]. Shade avait vu la Pasionaria[4], noire, austère, veuve de tous les tués des Asturies[5], conduire dans une procession grave et farouche, sous des banderoles rouges qui portaient sa phrase fameuse « *Il vaut mieux être la veuve d'un héros que la femme d'un lâche* », vingt mille femmes qui, en réponse à une autre longue phrase indistincte, scandaient le même *no pasaran* ; il en avait été moins ému que cette foule bien moins nombreuse, mais invisible, dont l'acharnement dans le courage montait vers lui à travers la fumée des incendies.

André Malraux, *L'Espoir*, Éd. Gallimard, 1937.

Affiche pour le film écrit et réalisé par André Malraux. Cette affiche date de 1937-1938 mais le film sort en 1945. Teruel est une ville d'Espagne qui fut en grande partie détruite pendant la guerre civile.

▪ **1. litanies** : prières. ▪ **2. répons** : paroles sacrées prononcées par l'assemblée lors d'une messe. ▪ **3. *no pasaran*** : « ils ne passeront pas », le mot d'ordre des troupes républicaines. ▪ **4. la Pasionaria** : Dolorès Ibarruri, célèbre militante communiste espagnole. ▪ **5. Asturies** : région d'Espagne.

L'écrivain engagé dans le siècle

L'Espoir montre que, pour Malraux, l'écriture est un moyen d'agir. Engagé dans tous les combats où la liberté est menacée, l'écrivain s'interroge sur la condition humaine.

Trois romans tirent les leçons de son expérience de l'Asie : *Les Conquérants*, en 1928, *La Voie royale*, en 1930, et *La Condition humaine*, en 1933. L'ensemble forme une méditation sur l'action révolutionnaire, qui devient un moyen de lutter contre la mort en mettant sa vie au service d'une cause. C'est ce que fait Malraux lui-même pendant la guerre d'Espagne, puis pendant la Résistance.

Le même engagement accompagne sa réflexion sur l'art. Inventeur des Maisons de la culture, il compare celles-ci à des cathédrales où les gens peuvent « rencontrer ce qu'il y a de meilleur en eux ». C'est que l'art, comme le refus de se soumettre, permet à l'homme de retrouver sa dignité.

Malraux et l'engagement des écrivains

Dès les premiers jours de la guerre d'Espagne, qui voit s'affronter les républicains et les troupes du général Franco soutenues par Mussolini et Hitler, Malraux forme une escadrille internationale composée de volontaires de tous pays. Depuis longtemps engagé dans les débats idéologiques de son temps, l'écrivain prend part à l'action afin de défendre les valeurs fondamentales de la démocratie.

Chronologie de l'engagement de Malraux

17 juillet 1936	soulèvement militaire en Espagne ; début de la guerre civile espagnole
Août 1936	fondation par Malraux de l'escadrille internationale España aux côtés des forces républicaines
1937	publication de *L'Espoir*
1938	tournage du film *Sierra de Teruel* dans Barcelone assiégée
1939	victoire de Franco en Espagne ; début de la Seconde Guerre mondiale
1940	évasion de Malraux, blessé et capturé par les troupes allemandes
1944-1945	participation de Malraux à la Résistance, sous le nom de « colonel Berger »

Affiche de Miró en 1936 en faveur de l'Espagne républicaine.

La montée des totalitarismes

Marqué par le soulèvement des mouvements nationalistes chinois contre les puissances coloniales, Malraux témoigne dans ses premiers romans, *Les Conquérants* et *La Condition humaine*, de la nécessité de s'engager dans l'Histoire. Il multiplie alors les interventions contre les menaces que représentent le fascisme en Italie et le nazisme en Allemagne. Autour de lui, d'autres écrivains se mobilisent : c'est ainsi que Gide dénonce le colonialisme en Afrique et l'absence de liberté en URSS, tandis que Giraudoux alerte l'opinion sur la montée des périls en Europe. Tous s'inquiètent de l'impuissance des démocraties à s'opposer aux régimes totalitaires.

André Malraux en 1944, en uniforme de colonel des Forces françaises de l'intérieur.

La nécessité de l'action

Lorsqu'éclate la guerre civile espagnole, en juillet 1936, Malraux décide de prendre les armes aux côtés des républicains, en fondant une escadrille à la tête de laquelle il participe aux combats contre l'aviation nationaliste. D'autres écrivains, comme l'Américain Ernest Hemingway, rejoignent les Brigades internationales, et leurs œuvres témoignent des atrocités de la guerre. Malraux écrit *L'Espoir* et en réalise l'adaptation pour le cinéma au moment où il se trouve sur les lieux du combat. Il apparaît ainsi, en 1939, comme le symbole vivant de l'écrivain engagé.

▲ Les écrivains engagés dans la lutte contre le fascisme se retrouvent à la Libération. Albert Camus et André Malraux en 1944.

L'engagement dans la Résistance

L'invasion de la France en 1940 par l'armée allemande oblige les écrivains à prendre position. Un certain nombre d'entre eux, comme Céline ou Drieu la Rochelle, collaborent avec l'occupant. Le plus grand nombre participe à la Résistance : Aragon, Éluard, Ponge, Vercors publient clandestinement des textes ou des revues qui appellent au combat pour la liberté. Robert Desnos et Max Jacob meurent en déportation. Antoine de Saint-Exupéry disparaît au cours d'une mission aérienne. Blessé au début de la guerre, capturé puis évadé, Malraux participe à la libération de Strasbourg à la tête de la brigade Alsace-Lorraine. Il est nommé ministre de l'Information en 1945.

Le débat des intellectuels

À la Libération, l'épuration jette l'interdit sur les œuvres d'une centaine d'auteurs, parmi lesquels Céline, Morand ou Montherlant. Les écrivains issus de la Résistance dominent la scène intellectuelle. À partir de 1944, Sartre et Camus croisent Prévert, Queneau ou Vian dans les « caves existentialistes » de Saint-Germain-des-Prés. Désormais, les prises de position des intellectuels, leur réflexion sur la place de l'homme dans la société et le destin des civilisations sont au cœur de tous les débats qui animent la vie politique.

Malraux poursuit son engagement en devenant ministre des Affaires culturelles du général de Gaulle de 1959 à 1969.

Le poème de Paul Éluard, *Liberté*, illustré par Fernand Léger. ▼

La littérature de combat

La révolution russe de 1917, les deux guerres mondiales, la violence des affrontements idéologiques de la première moitié du XXe siècle donnent à la littérature une fonction nouvelle. Au-delà de son ambition esthétique, l'œuvre littéraire participe à une réflexion sur la société, sur l'engagement politique ou la condition humaine. Le théâtre, le roman ou la poésie se doivent de manifester une prise de position morale et philosophique. C'est ainsi que la création de nombreuses revues, depuis *La Révolution surréaliste*, de Breton et Aragon, jusqu'aux *Temps modernes*, de Jean-Paul Sartre et Simone de Beauvoir, permet aux écrivains d'intervenir dans le débat social.

▲ Jean-Paul Sartre, photographié par Brassaï au café de Flore, incarne la figure de l'écrivain et du philosophe engagé dans les préoccupations de son temps.

COMPRENDRE L'ESSENTIEL

1. **Quelles circonstances conduisent les écrivains à réfléchir sur leur rôle dans la société ?**
2. **Pourquoi Malraux est-il devenu, en 1939, le symbole de l'écrivain engagé ?**
3. **Quelles sont les deux attitudes adoptées par les écrivains français pendant l'Occupation ?**
4. **Quelles formes l'engagement des écrivains prendra-t-il après la Seconde Guerre mondiale ?**

ROLLAND

Nom et prénom : **Rolland, Romain**
Naissance : **le 29 janvier 1866 à Clamecy, dans la Nièvre**
Décès : **le 30 décembre 1944, à Vézelay, dans l'Yonne**
Lieux : **la Nièvre, l'Italie, la Suisse, l'Union soviétique**
Situation familiale : **marié à Clotilde Bréal**
Professions : **musicographe, dramaturge, romancier**
Amitiés : **André Suarès, Paul Claudel, Charles Péguy, Gandhi**

Fils d'un notaire de religion protestante, Romain Rolland passe son enfance en province, puis à Paris où sa famille s'établit en 1880. L'adolescent s'enthousiasme pour Shakespeare et Victor Hugo. Reçu à l'École normale supérieure, il devient l'ami d'André Suarès. Agrégé d'histoire, il passe deux ans à Rome où, passionné de musique, il travaille à une thèse sur l'histoire de l'opéra. C'est en Italie qu'il dresse la première ébauche de son roman *Jean-Christophe*. Mais l'Allemagne l'attire, et Romain Rolland découvre les œuvres du philosophe Friedrich Nietzsche et du musicien Richard Wagner. C'est sous l'influence de ce dernier qu'il compose, de 1898 à 1902, trois drames qu'il réunit lui-même sous le titre *Le Théâtre de la Révolution*.

Romain Rolland entre alors aux *Cahiers de la quinzaine* de Péguy. Il connaît la célébrité en 1903 avec la première de ses *Vies des hommes illustres*, consacrée à Beethoven, dans laquelle il veut « faire respirer aux hommes le souffle des héros ». Mais c'est un immense roman qui absorbe son activité créatrice : les dix volumes de *Jean-Christophe*, qu'il désigne lui-même sous le terme de « roman-fleuve ». Lorsque la Première Guerre mondiale éclate, l'écrivain se trouve en Suisse. Il défend dans une série d'articles, *Au-dessus de la mêlée*, les valeurs de la paix et de la fraternité. Cette position pacifiste suscite de furieuses polémiques mais lui vaut le prix Nobel de littérature, en 1916. De retour en France, Romain Rolland poursuit son engagement en faveur de la paix, fondant la revue *Europe* en 1922. Il adhère en 1927 au communisme. Ses dernières années sont consacrées à la biographie de son ami Charles Péguy et à la rédaction de son autobiographie, *Le Voyage intérieur*.

Ses œuvres principales

- des pièces de théâtre, dont : *Les Loups* (1898), *Danton* (1900), *Le 14 Juillet* (1902), *Le Jeu de l'amour et de la mort* (1925)
- des biographies, dont : *Beethoven* (1903), *Michel-Ange* (1906), *Tolstoï* (1911), *Péguy* (1944)
- un roman-fleuve : *Jean-Christophe* (1903-1912)
- des romans, dont : *Colas Breugnon* (1919), *Clérambault* (1920), *L'Âme enchantée* (1922-1933)
- une autobiographie : *Le Voyage intérieur (songe d'une vie)* (1942)

1942

Le Voyage intérieur (songe d'une vie)

Très vite, Romain Rolland accumule les matériaux, notes et réflexions pour écrire son autobiographie. Il cherche à revenir sur toutes les étapes de son existence. C'est en août 1940, au début de l'occupation allemande, que l'écrivain entreprend la rédaction de son *Voyage intérieur*, afin de « rassembler et dénombrer nos ressources amassées, – celles qu'aucun vainqueur ne peut nous enlever, – nos souvenirs ».

J'avais le temps de penser. Le service militaire ne me réclamait pas : j'avais quarante-huit ans passés. Et le hasard faisait que la déclaration de guerre me trouvait hors de France[1], sur une terre qui, malgré sa partialité passionnée pour la France, était soustraite au filtrage des nouvelles d'Europe, dont les pays en guerre fabriquent une vérité de guerre. Je pouvais, des hauts plateaux des Alpes, embrasser, d'un regard, les deux versants de la vérité.

Le plus tragique n'était pas de la voir, mais de la dire. L'inégalité même de ma situation et de celle de mes compagnons m'accablait. Je voyais, et ils ne voyaient pas. J'étais libre de voir, j'étais libre de juger, j'étais libre de condamner, j'étais libre de refuser – et ils ne l'étaient pas. L'engrenage monstrueux les avait happés. Désormais, quoi qu'ils puissent voir, quoi qu'ils puissent savoir, il leur fallait tuer, ou être tués.

Mes paroles mêmes, ma vérité, jetées d'au-dessus de la mêlée, risquaient, comme des shrapnells[2], d'achever de les tuer. – Là fut le vrai drame pour moi, bien plus que dans le conflit de ma propre pensée. Dès le milieu d'août 1914, mon parti était pris ; sur les ruines fumantes de la Belgique et du Nord avaient déjà surgi les colonnes de mon Ara Pacis[3], et j'avais fait le vœu :

« Je ne prendrai point part à votre communion sanglante. Je me refuse à manger le corps du Fils de l'Homme. »

Mais cette certitude qui était venue en moi, comment la partager avec les autres hommes ? Comment leur distribuer des morceaux de mon pain de vérité, qui puissent nourrir leur faim, sans leur être mortels ?

Me taire, je ne le pouvais pas. Et pourtant, combien je l'aurais voulu ! Était-ce mon rôle à moi, éternel solitaire, qui vivais dans la contemplation du Feu divin et de son vêtement le Monde, était-ce à moi d'entrer dans l'affreux guêpier de la politique ? À moi, de rappeler aux socialistes, dont je n'étais point, qu'ils trahissaient leur cause ? À moi, de rappeler aux chrétiens, dont je n'étais plus (dont je croyais ne plus être, par scrupule trompeur de loyauté et – peut-être – d'humilité), qu'ils trahissaient leur Dieu ? À moi, de rappeler aux intellectuels, dont j'étais, mais *persona non grata*[4], et tenu pour suspect depuis *la Foire sur la Place*, qu'ils trahissaient la vérité ?… « Trahisseurs » (non pas traîtres ! très peu le furent sciemment), par erreur, par faiblesse, et par égarement. Mais je connaissais l'orgueil de ceux qui se sont trompés et leur rancune contre qui tâche de leur ouvrir les yeux… Va-t-on, de gaieté de cœur, jouer le rôle de confesseur de la foi, pour lequel on n'est point fait – d'apôtre d'une vérité, dont le monde ne veut point ?

Mais il fallait parler. – Pourquoi ? Parce que nul ne parlait.

Ah ! comme je l'ai attendue, cette voix qui m'eût libéré ! Dans mes nuits sans sommeil d'août 1914, comme je l'ai appelée, implorée, exigée – tandis que, dans ma fièvre, j'entendais Louvain crouler, et s'abattre sur les champs de la Marne Péguy ! Quoi ! aucun ne parlerait ! aucun de nos aînés, des chefs de la pensée libre, dans l'art et dans la politique ! Aucun en France, hors de France – rien que la grande gueule de la guerre qui hurlait !

Alors, il a fallu. J'étais seul. J'ai parlé. – *Parce que j'étais seul.* – C'était comme si la Force implacable qui mène l'humanité m'avait dit :

« Les autres sont morts. Lève-toi ! Tu as un ordre à porter. »

Je l'ai porté. Sans joie. Avec angoisse. Maudissant le Maître qui m'arrachait à moi-même, pour me charger d'un faix, pour accomplir un devoir, que je n'eusse pas cherchés. Je savais trop ce que j'y perdrais : la paix de mon labeur, et vingt ans d'amitiés ! Je me mis en route, à regret. À chacun de mes pas, j'eusse voulu m'arrêter. Mais chacun de mes pas me jetait en avant. Le Maître, derrière moi, me poussait par les épaules. Et – comme ceux de la guerre – je suis allé *jusqu'au bout*.

Romain Rolland, *Le Voyage intérieur (songe d'une vie)*, Éd. Albin Michel, 1942.

■ **1. hors de France** : Rolland se trouve alors en Suisse. ■ **2. shrapnells** : obus, explosifs. ■ **3. Ara Pacis** : « autel pour la paix », titre d'un texte rédigé par Rolland en 1914. ■ **4. *personna non grata*** : expression du langage diplomatique pour désigner une personne qui n'est pas la bienvenue.

Le pacifiste convaincu

Musicographe, dramaturge, Romain Rolland est aussi romancier, et particulièrement l'auteur de *Jean-Christophe*, vaste fresque littéraire, roman polyphonique où la chronique historique conduit à une exploration de l'âme humaine et devient symbole de fraternité entre les peuples. Mais Romain Rolland se veut un écrivain engagé dans l'Histoire et dans le combat pacifiste. C'est ainsi qu'il entre en correspondance avec des intellectuels du monde entier, reçoit la visite de Gandhi, se rend en Union soviétique, où il rencontre Maxime Gorki, et préside de multiples manifestations internationales contre la guerre. Toute son œuvre exprime une exigence de sincérité, qui mêle la réflexion intellectuelle aux élans du cœur. Refusant tous les sectarismes, il s'agit pour lui de « tout comprendre pour tout aimer ».

CAMUS

Nom et prénom : **Camus, Albert**

Naissance : **le 7 novembre 1913, à Mondovi, en Algérie**

Décès : **le 4 janvier 1960, près de Villeblevin, dans l'Yonne**

Lieux : **Alger, Oran, Paris**

Situation familiale : **marié avec Simone Yié ; puis avec Francine Faure, dont il a deux enfants, Catherine et Jean**

Professions : **journaliste, écrivain, philosophe, dramaturge**

Amitiés : **Jean Grenier, son professeur de français à Alger ; Jean-Paul Sartre jusqu'en 1951**

Le père d'Albert Camus, ouvrier algérien, meurt pendant la Première Guerre mondiale, sur le champ de bataille de la Marne. L'enfance de Camus, dans un quartier pauvre d'Alger, est illuminée par la présence affectueuse de sa mère et par l'émerveillement des paysages de la Méditerranée. Étudiant en philosophie, il s'occupe d'une compagnie de théâtre, dénonce les conditions de vie difficiles des Algériens. Après son mariage malheureux, Camus se rend à Paris en 1939 et termine alors son premier roman, *L'Étranger*, publié en 1942. Il entre dans la clandestinité et participe activement à la Résistance. À la Libération, il prend la tête de la revue *Combat*, tandis qu'il s'affirme au théâtre à travers *Caligula* et *Le Malentendu*, mis en scène en 1944.

La parution de *La Peste*, en 1947, fait de Camus un romancier célèbre. La situation de l'Algérie inquiète cependant l'écrivain, qui se retrouve isolé, coupé de ses amis existentialistes par la publication de son essai *L'Homme révolté* en 1951. Il vit le déclenchement de la guerre en Afrique du Nord comme un authentique drame personnel. En 1957, le prix Nobel de littérature consacre son œuvre. Mais, trois ans plus tard, un accident de voiture met brutalement fin à ses jours.

Ses œuvres principales

- des romans : *L'Étranger* (1942), *La Peste* (1947), *La Chute* (1956)
- un recueil de nouvelles : *L'Exil et le Royaume* (1957)
- des pièces de théâtre, dont : *Caligula* (1944), *Les Justes* (1949)
- des essais : *Le Mythe de Sisyphe* (1942), *L'Homme révolté* (1951)

1942

L'Étranger

Avec *L'Étranger*, un personnage déroutant fait son entrée dans la littérature. Indifférent, passif, Meursault éprouve le sentiment de l'absurde à travers sa vie monotone. Assassin malgré lui, il assiste en spectateur à son procès, dans lequel s'affrontent le réquisitoire du procureur, qui lui reproche son insensibilité au moment de la mort de sa mère, et le plaidoyer de son avocat.

L'après-midi, les grands ventilateurs brassaient toujours l'air épais de la salle, et les petits éventails multicolores des jurés s'agitaient tous dans le même sens. La plaidoirie de mon avocat me semblait ne devoir jamais finir. À un moment donné, cependant, je l'ai écouté parce qu'il disait : « Il est vrai que j'ai tué. » Puis il a continué sur ce ton, disant « je » chaque fois qu'il parlait de moi. J'étais très étonné. Je me suis penché vers un gendarme et je lui ai demandé pourquoi. Il m'a dit de me taire et, après un moment, il a ajouté : « Tous les avocats font ça. » Moi, j'ai pensé que c'était m'écarter encore de l'affaire, me réduire à zéro et, en un certain sens, se substituer à moi. Mais je crois que j'étais déjà très loin de cette salle d'audience. D'ailleurs, mon avocat m'a semblé ridicule. Il a plaidé la provocation très rapidement et puis lui aussi a parlé de mon âme. Mais il m'a paru qu'il avait beaucoup moins de talent que le procureur. « Moi aussi, a-t-il dit, je me suis penché sur cette âme, mais, contrairement à l'éminent représentant du ministère public[1], j'ai trouvé quelque chose et je puis dire que j'y ai lu à livre ouvert. » Il y avait lu que j'étais un honnête homme, un travailleur régulier, infatigable, fidèle à la maison qui l'employait, aimé de tous et compatissant aux misères d'autrui. Pour lui, j'étais un fils modèle qui avait soutenu sa mère aussi longtemps qu'il avait pu. Finalement j'avais espéré qu'une maison de retraite donnerait à la vieille femme le confort que mes moyens ne me permettaient pas de lui procurer. « Je m'étonne, messieurs, a-t-il ajouté, qu'on ait mené si grand bruit autour de cet asile. Car enfin, s'il fallait donner une preuve de l'utilité et de la grandeur de ces institutions, il faudrait bien dire que c'est l'État lui-même qui les subventionne. » Seulement, il n'a pas parlé de l'enterrement et j'ai senti que cela manquait dans sa plaidoirie. Mais à cause de toutes ces longues phrases, de toutes ces journées et ces heures interminables pendant lesquelles on avait parlé de mon âme, j'ai eu l'impression que tout devenait comme une eau incolore où je trouvais le vertige.

À la fin, je me souviens seulement que, de la rue et à travers tout l'espace des salles et des prétoires[2], pendant que mon avocat continuait à parler, la trompette d'un marchand de glace a résonné jusqu'à moi. J'ai été assailli de souvenirs d'une vie qui ne m'appartenait plus, mais où j'avais trouvé les plus pauvres et les plus tenaces de mes joies : des odeurs d'été, le quartier que j'aimais, un certain ciel du soir, le rire et les robes de Marie[3]. Tout ce que je faisais d'inutile en ce lieu m'est alors remonté à la gorge et je n'ai eu qu'une hâte, c'est qu'on en finisse et que je retrouve ma cellule avec le sommeil. C'est à peine si j'ai entendu mon avocat s'écrier, pour finir, que les jurés ne voudraient pas envoyer à la mort un travailleur honnête perdu dans une minute d'égarement, et demander les circonstances atténuantes pour un crime dont je traînais déjà, comme le plus sûr de mes châtiments, le remords éternel. La cour a suspendu l'audience et l'avocat s'est assis d'un air épuisé. Mais ses collègues sont venus vers lui pour lui serrer la main. J'ai entendu : « Magnifique, mon cher. » L'un d'eux m'a même pris à témoin : « Hein ? » m'a-t-il dit. J'ai acquiescé, mais mon compliment n'était pas sincère, parce que j'étais trop fatigué.

Illustration de Mayo pour *L'Étranger*.

Albert Camus, *L'Étranger*, Éd. Gallimard, 1942.

1. l'éminent représentant du ministère public : le procureur, qui requiert contre l'accusé. **2. prétoires** : salles d'audience. **3. Marie** : l'amie de Meursault.

L'absurdité du monde

Meursault, le héros de *L'Étranger*, indifférent au monde, ne parvient pas à trouver un sens à l'existence. « Aujourd'hui, maman est morte. Ou peut-être hier, je ne sais pas. » Dès les premières lignes de son roman, Camus présente un personnage énigmatique, passif, qui semble n'éprouver aucun sentiment sinon celui de la monotonie de son existence. Il apparaît comme un être insensible, à l'enterrement de sa mère, dans ses relations avec Marie, sa maîtresse, comme au moment où, entraîné par les circonstances, il tue un homme sur une plage.

Meursault est « étranger » à lui-même et à la société, incapable de répondre à l'attente des autres. C'est cette distance entre lui et le monde qui conduit à son exécution à la fin du roman, et provoque chez le lecteur le sentiment de l'absurde, maître-mot de l'œuvre de l'écrivain.

1947

La Peste

La Peste est la chronique d'une lutte : celle des habitants d'Oran, confrontés à la peste qui ravage la ville. Devant le fléau, chacun éprouve le sentiment de l'absurdité de l'existence. C'est ainsi que le docteur Rieux, le héros du roman, continue de lutter contre une maladie qui le dépasse.

– Pour le moment il y a des malades et il faut les guérir. Ensuite, ils réfléchiront et moi aussi. Mais le plus pressé est de les guérir. Je les défends comme je peux, voilà tout.

– Contre qui ?

Rieux se tourna vers la fenêtre. Il devinait au loin la mer à une condensation plus obscure de l'horizon. Il éprouvait seulement sa fatigue et luttait en même temps contre un désir soudain et déraisonnable de se livrer un peu plus à cet homme singulier, mais qu'il sentait fraternel.

– Je n'en sais rien, Tarrou, je vous jure que je n'en sais rien. Quand je suis entré dans ce métier, je l'ai fait abstraitement, en quelque sorte, parce que j'en avais besoin, parce que c'était une situation comme les autres, une de celles que les jeunes gens se proposent. Peut-être aussi parce que c'était particulièrement difficile pour un fils d'ouvrier comme moi. Et puis il a fallu voir mourir. Savez-vous qu'il y a des gens qui refusent de mourir ? Avez-vous jamais entendu une femme crier : « Jamais ! » au moment de mourir ? Moi, oui. Et je me suis aperçu alors que je ne pouvais pas m'y habituer. J'étais jeune et mon dégoût croyait s'adresser à l'ordre même du monde. Depuis, je suis devenu plus modeste. Simplement, je ne suis toujours pas habitué à voir mourir. Je ne sais rien de plus. Mais après tout…

Rieux se tut et se rassit. Il se sentait la bouche sèche.

– Après tout ? dit doucement Tarrou.

– Après tout…, reprit le docteur, et il hésita encore, regardant Tarrou avec attention, c'est une chose qu'un homme comme vous peut comprendre, n'est-ce pas, mais puisque l'ordre du monde est réglé par la mort, peut-être vaut-il mieux pour Dieu qu'on ne croie pas en lui et qu'on lutte de toutes ses forces contre la mort, sans lever les yeux vers le ciel où il se tait.

– Oui, approuva Tarrou, je peux comprendre. Mais vos victoires seront toujours provisoires, voilà tout.

Rieux parut s'assombrir.

– Toujours, je le sais. Ce n'est pas une raison pour cesser de lutter.

– Non, ce n'est pas une raison. Mais j'imagine alors ce que doit être cette peste pour vous.

– Oui, dit Rieux. Une interminable défaite.

Albert Camus, *La Peste*, Éd. Gallimard, 1947.

L'homme révolté

Le docteur Rieux, narrateur de *La Peste*, trouve dans le combat contre l'épidémie une occasion de s'opposer à l'absurdité du monde. C'est l'attitude d'un « homme révolté », celle de Camus lui-même, qui cherche dans la vie, dans la nature, dans l'homme, des raisons d'espérer.

L'écrivain ne peut oublier que la mort est au cœur de l'existence. Mais il affirme aussi la nécessité de l'amour des autres, de la solidarité, comme moyens de lutter contre la mort. Au-delà de l'épidémie elle-même, la peste représente le Mal absolu, celui qui vient de ravager le monde durant la Seconde Guerre mondiale. Lorsque la maladie vaincue finit par reculer, la mort a emporté avec elle tous les proches du narrateur. Cependant, Rieux délivre au lecteur un message de confiance et de foi dans l'homme, malgré la souffrance et le désespoir.

1949

Les Justes

Dans sa pièce *Les Justes*, Camus met en scène un groupe de jeunes révoltés qui projettent un attentat, en 1905, à Moscou. Dans cette scène, Kaliayev, poète épris de justice, explique pourquoi il n'a pu se résoudre à exécuter les ordres qui lui ont été donnés.

ANNENKOV. – Alors ?

STEPAN. – Il y avait des enfants dans la calèche du grand-duc[1].

ANNENKOV. – Des enfants ?

STEPAN. – Oui. Le neveu et la nièce du grand-duc.

ANNENKOV. – Le grand-duc devait être seul, selon Orlov.

STEPAN. – Il y avait aussi la grand-duchesse. Cela faisait trop de monde, je suppose, pour notre poète. Par bonheur, les mouchards[2] n'ont rien vu.

Annenkov parle à voix basse à Stepan. Tous regardent Kaliayev qui lève les yeux vers Stepan.

KALIAYEV, *égaré.* – Je ne pouvais pas prévoir... Des enfants, des enfants surtout. As-tu regardé des enfants ? Ce regard grave qu'ils ont parfois... Je n'ai jamais pu soutenir ce regard... Une seconde auparavant, pourtant, dans l'ombre, au coin de la petite place, j'étais heureux. Quand les lanternes de la calèche ont commencé à briller au loin, mon cœur s'est mis à battre de joie, je te le jure. Il battait de plus en plus fort à mesure que le roulement de la calèche grandissait. Il faisait tant de bruit en moi. J'avais envie de bondir. Je crois que je riais. Et je disais « oui, oui »... Tu comprends ?

Il quitte Stepan du regard et reprend son attitude affaissée.

J'ai couru vers elle. C'est à ce moment que je les ai vus. Il ne riaient pas, eux. Ils se tenaient tout droits et regardaient dans le vide. Comme ils avaient l'air triste ! Perdus dans leurs habits de parade, les mains sur les cuisses, le buste raide de chaque côté de la portière ! Je n'ai pas vu la grand-duchesse. Je n'ai vu qu'eux. S'ils m'avaient regardé, je crois que j'aurais lancé la bombe. Pour éteindre au moins ce regard triste. Mais ils regardaient toujours devant eux.

Il lève les yeux vers les autres. Silence. Plus bas encore.

Alors, je ne sais pas ce qui s'est passé. Mon bras est devenu faible. Mes jambes tremblaient. Une seconde après, il était trop tard. *(Silence. Il regarde à terre.)* Dora, ai-je rêvé, il m'a semblé que les cloches sonnaient à ce moment ?

DORA. – Non, Yanek, tu n'as pas rêvé.

Albert Camus, *Les Justes*, Éd. Gallimard, 1949.

■ 1. **le grand-duc** : l'oncle du tsar de Russie. ■ 2. **mouchards** : espions de la police.

Le théâtre de l'engagement

Créée en 1959, la pièce d'Albert Camus *Les Justes* pose la question de l'engagement, de la légitimité de l'action révolutionnaire.

À Moscou, en 1905, un petit groupe de socialistes révolutionnaires prépare un attentat contre le grand-duc, oncle du tsar Nicolas II. Très vite, deux conceptions s'opposent : Stepan, aveuglé par sa haine, pense que l'idéal politique est supérieur à la vie elle-même ; Kaliayev, au contraire, habité par l'amour de la vie, ne parvient à passer à l'acte devant le grand-duc qu'il est chargé d'exécuter, car deux enfants se trouvent dans la calèche qui le transporte.

Camus soulève ainsi le problème des limites de l'action violente, des conditions dans lesquelles elle peut être considérée comme « juste ». Pour lui, c'est la solidarité avec les autres et la compassion qui donnent un sens à la révolte.

SAINT-EXUPÉRY

Nom et prénom : **de Saint-Exupéry, Antoine**
Naissance : **le 29 juin 1900, à Lyon**
Décès : **le 31 juillet 1944, au-dessus de la Méditerranée**
Lieux : **Saint-Maurice de Rémens, Le Mans, Paris, l'Argentine**
Situation familiale : **marié avec Consuelo Suncín, le 12 avril 1931**
Professions : **aviateur, pilote d'essai, grand reporter, écrivain**
Amitiés : **Didier Daurat; Henri Guillaumet et Antoine Riguelle, pilotes à l'Aéropostale; Jean Mermoz**

Antoine de Saint-Exupéry a quatre ans lorsque son père meurt, en 1904. Sa mère, restée seule avec ses cinq enfants, s'installe au Mans. Après son baccalauréat, il échoue au concours de l'École navale. Le 2 avril 1921, il est affecté dans l'aviation de chasse. En 1923, libéré de ses obligations militaires, il connaît divers métiers, se fiance avec Louise de Vilmorin, qui rompt peu après. En avril 1926, il publie une nouvelle intitulée *L'Aviateur*. C'est alors qu'il est engagé à Toulouse chez Latécoère, comme mécanicien puis copilote, sous l'autorité de Didier Daurat.

En 1927, Saint-Exupéry est nommé pilote sur la ligne Casablanca-Dakar. Son premier roman, *Courrier Sud*, est publié deux ans plus tard. Il se rend alors en Argentine pour l'Aéropostale. *Vol de nuit* paraît en 1931. Le succès du livre est immédiat. D'origine aristocratique, Saint-Exupéry apparaît comme un chevalier des temps nouveaux, qui met sa morale héroïque au service de l'aviation. Le romancier multiplie alors voyages, reportages et conférences. Lorsque la Seconde Guerre mondiale éclate, il part pour New York, puis s'engage en 1943 dans les Forces aériennes françaises à Alger. Au retour d'une mission de reconnaissance, son avion s'abîme dans la Méditerranée.

Ses œuvres principales

- des romans et des récits : *Courrier Sud* (1930), *Vol de nuit* (1931), *Terre des hommes* (1939), *Le Petit Prince* (1943), *Citadelle* (1948, publication posthume)

Les dessins qui accompagnent le texte sont de Saint-Exupéry.

1943

Le Petit Prince

***Le Petit Prince* se présente comme un conte pour enfants. Ayant dû poser son avion au cœur du désert saharien, le narrateur rencontre un petit garçon, venu d'une autre planète qu'il habite seul, amoureux d'une rose.**

Le premier soir je me suis donc endormi sur le sable à mille milles de toute terre habitée. J'étais bien plus isolé qu'un naufragé sur un radeau au milieu de l'océan. Alors vous imaginez ma surprise, au lever du jour, quand une drôle de petite voix m'a réveillé. Elle disait :

« S'il vous plaît... dessine-moi un mouton !

– Hein !

– Dessine-moi un mouton... »

J'ai sauté sur mes pieds comme si j'avais été frappé par la foudre. J'ai bien frotté mes yeux. J'ai bien regardé. Et j'ai vu un petit bonhomme tout à fait extraordinaire qui me considérait gravement. Voilà le meilleur portrait que, plus tard, j'ai réussi à faire de lui. Mais mon dessin, bien sûr, est beaucoup moins ravissant que le modèle. Ce n'est pas ma faute. J'avais été découragé dans ma carrière de peintre par les grandes personnes, à l'âge de six ans, et je n'avais rien appris à dessiner, sauf les boas fermés et les boas ouverts.

Je regardai donc cette apparition avec des yeux tout ronds d'étonnement. N'oubliez pas que je me trouvais à mille milles de toute région habitée. Or mon petit bonhomme ne me semblait ni égaré, ni mort de fatigue, ni mort de faim, ni mort de soif, ni mort de peur. Il n'avait en rien l'apparence d'un enfant perdu au milieu du désert, à mille milles de toute région habitée. Quand je réussis enfin à parler, je lui dis :

« Mais… qu'est-ce que tu fais là ? »

Et il me répéta alors, tout doucement, comme une chose très sérieuse :

« S'il vous plaît… dessine-moi un mouton… »

Quand le mystère est trop impressionnant, on n'ose pas désobéir. Aussi absurde que cela me semblât à mille milles de tous les endroits habités et en danger de mort, je sortis de ma poche une feuille de papier et un stylographe. Mais je me rappelai alors que j'avais surtout étudié la géographie, l'histoire, le calcul et la grammaire et je dis au petit bonhomme (avec un peu de mauvaise humeur) que je ne savais pas dessiner. Il me répondit :

« Ça ne fait rien. Dessine-moi un mouton. »

Comme je n'avais jamais dessiné un mouton je refis, pour lui, l'un des deux seuls dessins dont j'étais capable. Celui du boa fermé. Et je fus stupéfait d'entendre le petit bonhomme me répondre :

« Non ! Non ! Je ne veux pas d'un éléphant dans un boa. Un boa c'est très dangereux, et un éléphant c'est très encombrant. Chez moi c'est tout petit. J'ai besoin d'un mouton. Dessine-moi un mouton. »

Alors j'ai dessiné.

Il regarda attentivement, puis :

« Non ! Celui-là est déjà très malade. Fais-en un autre. »

Je dessinai :

Mon ami sourit gentiment, avec indulgence :

« Tu vois bien… ce n'est pas un mouton, c'est un bélier. Il a des cornes… »

Je refis donc encore mon dessin :

Mais il fut refusé, comme les précédents :

« Celui-là est trop vieux. Je veux un mouton qui vive longtemps. »

Alors, faute de patience, comme j'avais hâte de commencer le démontage de mon moteur, je griffonnai ce dessin-ci :

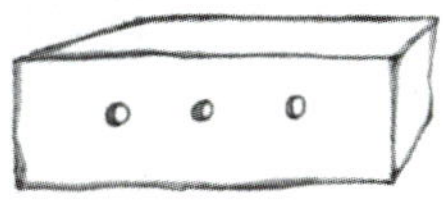

Et je lançai :

« Ça c'est la caisse. Le mouton que tu veux est dedans. »

Mais je fus bien surpris de voir s'illuminer le visage de mon jeune juge :

« C'est tout à fait comme ça que je le voulais ! Crois-tu qu'il faille beaucoup d'herbe à ce mouton ?

– Pourquoi ?

– Parce que chez moi c'est tout petit…

– Ça suffira sûrement. Je t'ai donné un tout petit mouton. »

Il pencha la tête vers le dessin :

« Pas si petit que ça… Tiens ! Il s'est endormi… »

Et c'est ainsi que je fis la connaissance du petit prince.

Antoine de Saint-Exupéry, *Le Petit Prince*, Éd. Gallimard, 1943.

Une leçon de sagesse

Avec le petit prince, Saint-Exupéry crée un personnage attachant, à la fois fragile et volontaire. La rencontre de l'adulte avec l'enfant permet la confrontation de deux univers opposés. Mais très vite, des liens d'affection réunissent les deux personnages, qui se rendent compte qu'ils sont dépendants l'un de l'autre. L'enfant donne à l'adulte une leçon de sagesse : « Les yeux sont aveugles. Il faut chercher avec le cœur. » Saint-Exupéry explore ainsi la richesse intérieure de chacun, en invitant le lecteur à écouter la voix de l'enfant qui est en lui.

SARTRE

Nom et prénom : **Sartre, Jean-Paul**
Naissance : **le 21 juin 1905, à Paris**
Décès : **le 15 avril 1980, à Paris**
Lieu : **le quartier Saint-Germain-des-Prés, à Paris**
Situation familiale : **compagnon de l'écrivain Simone de Beauvoir**
Professions : **philosophe, dramaturge, journaliste, écrivain**
Amitiés : **Paul Nizan, Raymond Aron, ses camarades étudiants; Pierre Victor, son secrétaire**

Après la mort prématurée de son père, officier de marine, Sartre grandit « seul entre un vieillard et deux femmes » et cherche dans les livres un univers idéal. Reçu premier à l'agrégation de philosophie, il rencontre Simone de Beauvoir et commence une carrière d'enseignant. Il publie son premier roman, *La Nausée*, en 1938. En 1939, Sartre est mobilisé. Fait prisonnier, libéré grâce à un faux certificat médical, il exprime son engagement à travers le théâtre. En 1943, une représentation de sa pièce *Les Mouches* lui fait rencontrer Albert Camus. À la Libération, il fonde la revue *Les Temps modernes*. Sa philosophie de l'existentialisme connaît alors un immense retentissement. Pour Sartre, l'intellectuel doit s'engager. Il devient ainsi le compagnon de route des communistes, se rendant en Union soviétique, en Chine, à Cuba, affichant sa volonté militante.

En 1964, Sartre refuse le prix Nobel, qu'il estime en contradiction avec sa critique de la société. Il participe activement à la révolte étudiante de Mai 68 et prend, cinq ans plus tard, la direction du journal *Libération*, se voulant le soutien de ceux qui contestent l'autorité sociale. Lorsque l'écrivain philosophe meurt en 1980, cinquante mille personnes assistent à son enterrement.

Ses œuvres principales

- des romans et des récits, dont : *La Nausée* (1938), *Le Mur* (1939), *Les Chemins de la liberté* (1945-1949)
- une autobiographie : *Les Mots* (1964)
- des pièces de théâtre, dont : *Les Mouches* (1943), *Huis clos* (1944), *Les Séquestrés d'Altona* (1959)
- des ouvrages philosophiques et des essais, dont : *L'Être et le Néant* (1943), *L'Idiot de la famille* (1971)

1944

Huis clos

Dans *Huis clos*, le décor représente un salon Napoléon III dans lequel règne une chaleur étouffante : la scène est en enfer. Trois morts réunis par le hasard s'y affrontent dans un face-à-face perpétuel. Chacun est mis à nu sous le regard des autres.

INÈS. – Pour qui jouez-vous la comédie ? Nous sommes entre nous.

ESTELLE, *avec insolence*. Entre nous ?

INÈS – Entre assassins. Nous sommes en enfer, ma petite, il n'y a jamais d'erreur et on ne damne jamais les gens pour rien.

ESTELLE. – Taisez-vous.

INÈS. – En enfer ! Damnés ! Damnés !

ESTELLE – Taisez-vous. Voulez-vous vous taire ? Je vous défends d'employer des mots grossiers.

INÈS. – Damnée, la petite sainte. Damné, le héros sans reproche. Nous avons eu notre heure de plaisir, n'est-ce pas ? Il y a des gens qui ont souffert pour nous jusqu'à la mort et cela nous amusait beaucoup. À présent, il faut payer.

GARCIN, *la main levée*. – Est-ce que vous vous tairez ?

INÈS, *le regarde sans peur, mais avec une immense surprise*.– Ha ! *(Un temps.)* Attendez ! J'ai compris, je sais pourquoi ils nous ont mis ensemble.

GARCIN. – Prenez garde à ce que vous allez dire.

INÈS. – Vous allez voir comme c'est bête. Bête comme chou ! Il n'y a pas de torture physique, n'est-ce pas ? Et cependant, nous sommes en enfer. Et personne ne doit venir. Personne. Nous resterons jusqu'au bout seuls ensemble. C'est bien ça ? En somme, il y a quelqu'un qui manque ici : c'est le bourreau.

GARCIN, *à mi-voix*. – Je le sais bien.

INÈS. – Eh bien, ils ont réalisé une économie de personnel. Voilà tout. Ce sont les clients qui font le service eux-mêmes, comme dans les restaurants coopératifs[1].

ESTELLE. – Que voulez-vous dire ?

INÈS. – Le bourreau, c'est chacun de nous pour les deux autres.

Un temps. Ils digèrent la nouvelle.

GARCIN, *d'une voix douce*. – Je ne serai pas votre bourreau. Je ne vous veux aucun mal et je n'ai rien à faire avec vous. C'est tout à fait simple. Alors voilà : chacun dans son coin ; c'est la parade[2]. Vous ici, vous ici, moi là. Et du silence. Pas un mot : ce n'est pas difficile, n'est-ce pas ? Chacun de nous a assez à faire avec lui-même. Je crois que je pourrais rester dix mille ans sans parler.

ESTELLE. – Il faut que je me taise ?

GARCIN. – Oui. Et nous… nous serons sauvés. Se taire. Regarder en soi, ne jamais lever la tête. C'est d'accord ?

INÈS. – D'accord.

ESTELLE, *après hésitation*. – D'accord.

GARCIN. – Alors, adieu.

Il va à son canapé et se met la tête dans ses mains.

Silence. Inès se met à chanter…

Jean-Paul Sartre, *Huis clos*, Éd. Gallimard, 1944.

1. **les restaurants coopératifs** : les self-services. 2. **la parade** : la réponse défensive à un coup.

Huis clos, mise en scène de Robert Hossein, en 2002, avec Natacha Amal et Mélanie Page.

Le huis clos tragique

Le tragique de *Huis clos* est illustré par la célèbre phrase : « Le bourreau, c'est chacun de nous pour les deux autres. » Pour Jean-Paul Sartre, la littérature est d'abord un moyen de rendre accessibles au grand public ses thèses philosophiques. Ses pièces de théâtre et ses romans sont autant de réflexions sur la condition humaine. Elles manifestent une vision tragique de la vie, le drame d'une liberté et d'une responsabilité individuelles face à soi-même et à autrui.

Dans *Huis clos*, tous les personnages sont coupables au même degré. Leur situation est d'autant plus tragique que l'enfer les prive du pittoresque, du religieux, du sublime auxquels ils auraient pu s'attendre : pas de torture, pas de flammes, pas de jugement dernier, mais un décor sobre et banal. Chacun est donc contraint d'accepter un sort d'autant plus inacceptable qu'il apparaît ordinaire et dérisoire.

1964

Les Mots

Dans son autobiographie, *Les Mots*, Sartre insiste d'abord sur sa rencontre avec les livres et la lecture : les livres érigés solennellement dans la bibliothèque de son grand-père Karl, mais aussi les magazines achetés au kiosque de la rue, qui fascinent l'enfant par leurs couvertures colorées. Dominant cette première expérience de la lecture, la magnifique collection des romans de Jules Verne ouvre l'enfant à l'aventure et à l'imaginaire.

Portrait de Jean-Paul Sartre par le peintre Gérard Fromanger.

J'ai commencé ma vie comme je la finirai sans doute : au milieu des livres. Dans le bureau de mon grand-père, il y en avait partout ; défense était faite de les épousseter sauf une fois l'an, avant la rentrée d'octobre. Je ne savais pas encore lire que, déjà, je les révérais[1], ces pierres levées : droites ou penchées, serrées comme des briques sur les rayons de la bibliothèque ou noblement espacées en allées de menhirs[2], je sentais que la prospérité de notre famille en dépendait. Elles se ressemblaient toutes, je m'ébattais dans un minuscule sanctuaire, entouré de monuments trapus, antiques, qui m'avaient vu naître, qui me verraient mourir et dont la permanence[3] me garantissait un avenir aussi calme que le passé. Je les touchais en cachette pour honorer mes mains de leur poussière mais je ne savais trop qu'en faire et j'assistais chaque jour à des cérémonies dont le sens m'échappait : mon grand-père – si maladroit, d'habitude, que ma mère lui boutonnait ses gants – maniait ces objets culturels avec une dextérité[4] d'officiant[5]. Je l'ai vu mille fois se lever d'un air absent, faire le tour de sa table, traverser la pièce en deux enjambées, prendre un volume sans hésiter, sans se donner le temps de choisir, le feuilleter en regagnant son fauteuil, par un mouvement combiné du pouce et de l'index puis, à peine assis, l'ouvrir d'un coup sec « à la bonne page » en le faisant craquer comme un soulier. Quelquefois je m'approchais pour observer ces boîtes qui se fendaient comme des huîtres et je découvrais la nudité de leurs organes intérieurs, des feuilles blêmes et moisies, légèrement boursouflées, couvertes de veinules[6] noires, qui buvaient l'encre et sentaient le champignon.

....

Au cours d'une de nos promenades, Anne-Marie[7] s'arrêta comme par hasard devant le kiosque qui se trouve encore à l'angle du boulevard Saint-Michel et de la rue Soufflot : je vis des images merveilleuses, leurs couleurs criardes me fascinèrent, je les réclamai, je les obtins ; le tour était joué : je voulus avoir toutes les semaines *Cri-cri*, *L'Épatant*, *Les Vacances*, *Les Trois Boys-scouts* de Jean de la Hire et *Le Tour du monde en aéroplane*, d'Arnould Galopin qui paraissait en fascicules le jeudi. D'un jeudi à l'autre, je pensais à l'Aigle des Andes, à Marcel Dunot, le boxeur aux poings de fer, à Christian l'aviateur beaucoup plus qu'à mes amis Rabelais et Vigny. Ma mère se mit en quête d'ouvrages qui me rendissent à mon enfance : il y eut « les petits livres roses » d'abord, recueils mensuels de contes de fées puis, peu à peu, *Les Enfants du capitaine Grant*, *Le Dernier des Mohicans*, *Nicolas Nickleby*, *Les Cinq Sous de Lavarède*. À Jules Verne, trop pondéré, je préférai les extravagances de Paul d'Ivoi. Mais, quel que fût l'auteur, j'adorais les ouvrages de la collection Hetzel, petits théâtres dont la couverture rouge à glands d'or figurait le rideau : la poussière de soleil, sur les tranches, c'était la rampe. Je dois à ces boîtes magiques – et non aux phrases balancées de Chateaubriand – mes premières rencontres avec la Beauté. Quand je les ouvrais, j'oubliais tout : était-ce lire ? Non, mais mourir d'extase : de mon abolition[8] naissaient aussitôt des indigènes munis de sagaies, la brousse, un explorateur casqué de blanc. J'étais *vision*, j'inondais de lumière les belles joues sombres d'Aouda, les favoris de Philéas Fogg. Délivrée d'elle-même enfin, la petite merveille[9] se laissait devenir pur émerveillement. À cinquante centimètres du plancher naissait un bonheur sans maître ni collier, parfait. Le Nouveau Monde semblait d'abord plus inquiétant que l'Ancien : on y pillait, on y tuait; le sang coulait à flots. Des Indiens, des Hindous, des Mohicans, des Hottentots, ravissaient la jeune fille, ligotaient son vieux père et se promettaient de le faire périr dans les plus atroces supplices. C'était le Mal pur. Mais il n'apparaissait que pour se prosterner devant le Bien : au chapitre suivant, tout serait rétabli. Des Blancs courageux feraient une hécatombe de sauvages, trancheraient les liens du père qui se jetterait dans les bras de sa fille. Seuls les méchants mouraient – et quelques bons très secondaires dont le décès figurait parmi les faux frais de l'histoire.

....

Karl[10] n'avait jamais admis ce qu'il appelait mes « mauvaises lectures ». Quand ma mère lui annonça que j'avais commencé d'écrire, il fut d'abord enchanté, espérant, je suppose, une chronique de notre famille avec des observations piquantes et d'adorables naïvetés. Il prit mon cahier, le feuilleta, fit la moue et quitta la salle à manger, outré de retrouver sous ma plume les « bêtises » de mes journaux favoris. Par la suite, il se désintéressa de mon œuvre. Mortifiée, ma mère essaya plusieurs fois de lui faire lire par surprise *Le Marchand de bananes*. Elle attendait qu'il eût mis ses chaussons et qu'il se fût assis dans son fauteuil; pendant qu'il se reposait en silence, l'œil fixe et dur, les mains sur les genoux, elle s'emparait de mon manuscrit, le feuilletait distraitement puis, soudain captivée, se mettait à rire toute seule. Pour finir, dans un irrésistible emportement, elle le tendait à mon grand-père : « Lis donc, papa ! C'est *trop* drôle. » Mais il écartait le cahier de la main ou bien, s'il y donnait un coup d'œil, c'était pour relever avec humeur mes fautes d'orthographe. À la longue ma mère fut intimidée : n'osant plus me féliciter et craignant de me faire de la peine, elle cessa de lire mes écrits pour n'avoir plus à m'en parler.

Jean-Paul Sartre, *Les Mots*, Éd. Gallimard, 1964.

■ 1. **révérais** : admirais, adorais. ■ 2. **allées de menhirs** : lieux supposés de culte chez les Gaulois. ■ 3. **permanence** : les livres sont toujours là, rassurants. ■ 4. **dextérité** : adresse. ■ 5. **officiant** : celui qui célèbre la messe. ■ 6. **veinules** : réseau de veines minuscules. ■ 7. **Anne-Marie** : Anne-Marie Schweitzer, la mère de Sartre. ■ 8. **abolition** : oubli de soi, pour s'identifier aux personnages du livre. ■ 9. **la petite merveille** : Sartre lui-même, aux yeux de sa famille. ■ 10. **Karl** : prénom du grand-père de Sartre.

Le récit de la naissance d'une vocation

À Paris, rue Le Goff, entre ses grands-parents Schweitzer et sa mère Anne-Marie, jeune veuve d'un officier de marine qui lui a fait « un enfant au galop », le petit Jean-Paul mène une enfance choyée et joue pour son entourage la comédie de l'enfant prodige.

Sous le regard vigilant et réprobateur de Karl, le grand-père, avec les encouragements d'Anne-Marie, l'enfant apprend à lire dans *Sans famille* d'Hector Malot. Dès lors, il dévore pêle-mêle les ouvrages classiques de la bibliothèque familiale mais aussi les magazines illustrés et les romans d'aventures qu'il lit en cachette.

Sartre démystifie ainsi avec ironie et esprit critique la figure du grand écrivain, sans s'attendrir sur lui-même ni sur la période « bénie » de l'enfance. Seule l'école parviendra à faire sortir l'enfant de cette comédie familiale qu'il juge « truquée ».

ANOUILH

Nom et prénom : **Anouilh, Jean**
Naissance : **le 23 juin 1910, à Bordeaux**
Décès : **le 3 octobre 1987, à Lausanne**
Lieux : **Bordeaux ; Paris ; le casino d'Arcachon, où il découvre le théâtre ; Lausanne**
Situation familiale : **marié avec l'actrice Monelle Valentin, dont il a une fille ; divorcé, remarié avec Nicole Lançon, dont il a trois enfants**
Professions : **secrétaire de Louis Jouvet, dramaturge et metteur en scène**
Amitiés : **Jacques Prévert, Jean Aurenche, Louis Jouvet ; les metteurs en scène Georges Pitoëff et André Barsacq ; l'écrivain Roger Vitrac**

Fils d'un père tailleur et d'une mère professeur de piano, Jean Anouilh découvre vraiment le théâtre lorsqu'il devient secrétaire du metteur en scène et acteur Louis Jouvet. Décidé à se consacrer au théâtre, Anouilh multiplie les pièces qui le rendent célèbre et l'imposent comme un dramaturge important. Il donne ainsi *Le Voyageur sans bagage* en 1937, *Antigone* en 1944, *Becket ou l'Honneur de Dieu* en 1959, développant dans ses pièces l'opposition entre l'innocence et les contraintes de la vie sociale. Désormais, la vie de Jean Anouilh est celle d'un auteur fécond qui passe du registre tragique à des œuvres satiriques ou pleines d'humour. À l'exception d'une période de silence entre 1962 et 1968, il écrit une pièce presque chaque année. Le dramaturge classe lui-même son théâtre en « pièces roses », « noires », « brillantes », « grinçantes », « costumées », « secrètes » et « farceuses ». En marge des recherches théâtrales de l'avant-garde, autant que des facilités du théâtre populaire, la plupart de ses œuvres connaissent un grand succès. Pessimiste lucide, habité par la nostalgie de la pureté, dénonciateur du mensonge social, Anouilh meurt à Lausanne en 1987.

Ses œuvres principales

- des pièces de théâtre, dont : *Le Voyageur sans bagage* (1937), *Le Bal des voleurs* (1938), *Antigone* (1944), *La Répétition ou l'amour puni* (1950), *Becket ou l'Honneur de Dieu* (1959), *Le Boulanger, la boulangère et le petit mitron* (1968), *Cher Antoine ou l'Amour raté* (1969), *Thomas More ou l'Homme libre* (1987)

1944

Antigone

Pour obéir aux lois divines, Antigone doit ensevelir son frère, Polynice, mort au combat pendant le siège de la ville de Thèbes. Cependant, son oncle, le roi Créon, a interdit, sous peine de mort, de donner une sépulture au jeune homme qui a trahi sa patrie. Antigone désobéit aux ordres de Créon et, au péril de sa vie, recouvre de terre le corps de son frère. Elle apprend à son fiancé Hémon, le fils de Créon, qu'elle ne pourra pas l'épouser. Le mécanisme tragique est alors armé : au cours d'un long face-à-face, le vieux tyran cherche à convaincre Antigone d'étouffer l'affaire. Mais la jeune fille refuse le compromis et le fade bonheur qui lui est proposé. Emmurée vivante dans une caverne, elle se pend. Hémon se suicide à son tour. Créon reste seul.

CRÉON. – Tu mourrais, toi[1], pour moi ? Tu crois que tu irais avec ta petite pelle ? *(Le petit le regarde. Il sort avec lui, lui caressant la tête.)* Oui, bien sûr, tu irais tout de suite, toi aussi… *(On l'entend soupirer encore en sortant.)* Un enfant…

Ils sont sortis. Le chœur entre.

LE CHŒUR. – Et voilà. Maintenant le ressort est bandé. Cela n'a plus qu'à se dérouler tout seul. C'est cela qui est commode dans la tragédie. On donne le petit coup de pouce pour que cela démarre, rien, un regard pendant une seconde à une fille qui passe et lève les bras dans la rue, une envie d'honneur un beau matin, au réveil, comme de quelque chose qui se mange, une question de trop qu'on se pose un soir… C'est tout. Après, on n'a plus qu'à laisser faire. On est tranquille. Cela roule tout seul. C'est minutieux, bien huilé depuis toujours. La mort, la trahison, le désespoir sont là, tout prêts, et les éclats, et les orages, et les silences, tous les silences : le silence quand le bras du bourreau se lève à la fin, le silence au commencement quand les deux amants sont nus l'un en face de l'autre pour la première fois, sans oser bouger tout de suite, dans la chambre sombre, le silence quand les cris de la foule éclatent autour du vainqueur – et on dirait un film dont le son s'est enrayé, toutes ces bouches ouvertes dont il ne sort rien, toute cette clameur qui n'est qu'une image, et le vainqueur, déjà vaincu, seul au milieu de son silence…

C'est propre, la tragédie. C'est reposant, c'est sûr… Dans le drame, avec ces traîtres, avec ces méchants acharnés, cette innocence persécutée, ces vengeurs, ces terre-neuve[2], ces lueurs d'espoir, cela devient épouvantable de mourir, comme un accident. On aurait peut-être pu se sauver, le bon jeune homme aurait peut-être pu arriver à temps avec les gendarmes. Dans la tragédie, on est tranquille. D'abord, on est entre soi. On est tous innocents en somme ! Ce n'est pas parce qu'il y en a un qui tue et l'autre qui est tué. C'est une question de distribution. Et puis, surtout, c'est reposant, la tragédie, parce qu'on sait qu'il n'y a plus d'espoir, le sale espoir ; qu'on est pris, qu'on est enfin pris comme un rat, avec tout le ciel sur son dos, et qu'on n'a plus qu'à crier – pas à gémir, non, pas à se plaindre, – à gueuler à pleine voix ce qu'on avait à dire, qu'on n'avait jamais dit et qu'on ne savait peut-être même pas encore. Et pour rien : pour se le dire à soi, pour l'apprendre, soi. Dans le drame, on se débat parce qu'on espère en sortir. C'est ignoble, c'est utilitaire. Là, c'est gratuit. C'est pour les rois. Et il n'y a plus rien à tenter, enfin !

Antigone est entrée, poussée par les gardes.

LE CHŒUR. – Alors, voilà, cela commence. La petite Antigone est prise. La petite Antigone va pouvoir être elle-même pour la première fois.

Le chœur disparaît, tandis que les gardes poussent Antigone en scène.

Jean Anouilh, *Antigone*, Éd. de la Table Ronde, 1946.

1. **toi** : le petit page, le serviteur de Créon. 2. **terre-neuve** : race de chiens doux et fidèles.

Le théâtre de la confrontation

Le théâtre d'Anouilh est marqué par l'opposition entre l'angoisse d'exister, l'obsession de la mort et la pureté de l'enfance, le monde du rêve et de la fantaisie. Inspirée de l'Antiquité grecque, *Antigone* est une réécriture de la pièce de Sophocle. Représentée en costumes contemporains sous l'Occupation, elle développe le mythe de l'héroïsme du refus, de la protestation et de la résistance face à un pouvoir injuste, usurpé ou absurde. Confrontée à un destin qui la dépasse mais qu'elle assume, la figure d'Antigone prend un relief nouveau dans le contexte historique de l'Occupation. On retrouve dans la pièce l'opposition entre les héros purs et nobles, qui refusent les compromis, et les êtres avilis ou dévoués au pouvoir, qui empêchent les héros d'accomplir leur destin.

ARAGON

Nom et prénom : **Aragon, Louis**
Naissance : **le 3 octobre 1897, à Paris**
Décès : **le 24 décembre 1982, à Paris**
Lieux : **Paris, Moscou**
Situation familiale : **partage la vie de l'écrivain Elsa Triolet**
Professions : **écrivain, journaliste**
Amitiés : **André Breton, Paul Éluard, Paul Nizan**

Enfant illégitime, Aragon n'est pas reconnu par son père, ancien préfet de police et ambassadeur. Lycéen brillant, il étudie ensuite la médecine et rencontre André Breton en 1917 à l'hôpital du Val-de-Grâce, où il est affecté pendant la Première Guerre mondiale. Il traverse héroïquement la Grande Guerre, mais en sort révolté.

Avec Breton, il s'associe au mouvement dada, collabore à de nombreuses revues et participe à la création du mouvement surréaliste. Le groupe surréaliste, qui admire la révolution russe d'octobre 1917, est alors très proche du parti communiste. Ce rapprochement est renforcé, chez Aragon, par sa rencontre, en 1928, avec une jeune femme d'origine russe, Elsa Triolet. Il devient journaliste à *L'Humanité*, l'organe communiste et, en conflit avec Breton, se retire du mouvement surréaliste pour préserver ses choix politiques, obéissant ainsi à la discipline du parti. Pendant l'Occupation, il s'engage dans la Résistance et, à la Libération, il entre au comité central du parti communiste. Mais la mort de Staline et les révélations qui la suivent plongent le poète dans un doute grandissant. La mort d'Elsa, en 1970, ajoute à son désarroi. Aragon meurt en 1982, après avoir publié un recueil de nouvelles au titre éloquent : *Le Mentir-vrai.*

Ses œuvres principales

- des romans, dont : *Le Paysan de Paris* (1926), *Les Beaux Quartiers* (1936), *Blanche ou l'Oubli* (1967)
- des recueils de poèmes, dont : *Le Mouvement perpétuel* (1926), *Les Yeux d'Elsa* (1942), *La Diane française* (1945), *Le Fou d'Elsa* (1963)
- des essais, dont : *Pour un réalisme socialiste* (1935), *Je n'ai jamais appris à écrire* (1969)

1945

La Diane française

Engagé dans la Résistance pendant l'Occupation, Aragon publie, en 1943, *Le Musée Grévin,* sous le pseudonyme de François la Colère. Il revient plus tard sur cette période tragique de l'histoire de France à travers les poèmes qui constituent le recueil de *La Diane française* en 1945.

ELSA AU MIROIR

C'était au beau milieu de notre tragédie
Et pendant un long jour assise à son miroir
Elle peignait ses cheveux d'or je croyais voir
Ses patientes mains calmer un incendie
C'était au beau milieu de notre tragédie

Et pendant un long jour assise à son miroir
Elle peignait ses cheveux d'or et j'aurais dit
C'était au beau milieu de notre tragédie
Qu'elle jouait un air de harpe sans y croire
Pendant tout ce long jour assise à son miroir

Elle peignait ses cheveux d'or et j'aurais dit
Qu'elle martyrisait à plaisir sa mémoire

Pendant tout ce long jour assise à son miroir
À ranimer les fleurs sans fin de l'incendie
Sans dire ce qu'une autre à sa place aurait dit

Elle martyrisait à plaisir sa mémoire
C'était au beau milieu de notre tragédie
Le monde ressemblait à ce miroir maudit
Le peigne partageait les feux de cette moire[1]
Et ces feux éclairaient des coins de ma mémoire

C'était au beau milieu de notre tragédie
Comme dans la semaine est assis le jeudi

Et pendant un long jour assise à sa mémoire
Elle voyait au loin mourir dans son miroir

Un à un les acteurs de notre tragédie
Et qui sont les meilleurs de ce monde maudit

Et vous savez leurs noms sans que je les aie dits
Et ce que signifient les flammes des longs soirs

Et ses cheveux dorés quand elle vient s'asseoir
Et peigner sans rien dire un reflet d'incendie

Louis Aragon, *La Diane française*, Éd. Seghers, 1945.

1. **moire** : étoffe de soie présentant des reflets chatoyants.

La Toilette, peinture de François Gall, 1947.

Le poète amoureux

La rencontre avec Elsa Triolet, belle-sœur de l'écrivain soviétique Maïakovski, marque profondément l'œuvre d'Aragon. *Cantique à Elsa*, en 1941, *Les Yeux d'Elsa*, l'année suivante, comme *Le Fou d'Elsa*, en 1963, sont autant d'hymnes à l'amour, à la gloire de la compagne du poète.

Mais l'influence d'Elsa s'exerce aussi à travers l'engagement politique d'Aragon, qui devient le chantre quasi officiel en France de l'Union soviétique. Ses romans dénoncent la société bourgeoise : *Les Cloches de Bâle*, en 1934, ou *Les Beaux Quartiers*, en 1936, en sont les illustrations les plus réussies. Aragon revient, à la fin de sa vie, aux valeurs du surréalisme dans *Blanche ou l'Oubli*, en 1967, comme à une conception plus nuancée de la politique et de la société.

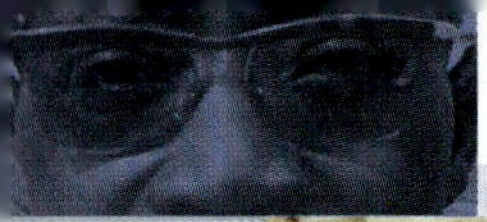

SENGHOR

Nom et prénoms : **Senghor, Léopold Sédar**
Naissance : **le 9 octobre 1906, à Joal, au Sénégal**
Décès : **le 20 décembre 2001, en Normandie**
Lieux : **Dakar, au Sénégal ; Paris ; la Normandie**
Situation familiale : **marié avec Ginette Éboué ; deux fils ; remarié avec Colette Hubert, d'origine normande ; un fils**
Professions : **professeur de lycée, député du Sénégal, secrétaire d'État, président de la République du Sénégal, homme de lettres**
Amitiés : **Aimé Césaire, Georges Pompidou, Léon Damas**

Né à Joal, petite ville côtière du Sénégal, le jeune Léopold Sédar est le fils d'un riche commerçant. Il grandit au sein d'une famille nombreuse et poursuit ses études au lycée Louis-le-Grand puis à l'École normale supérieure à Paris. Il fait la rencontre d'Aimé Césaire, avec qui il fonde une revue, *L'Étudiant noir*, où apparaît pour la première fois le terme de « négritude ». Agrégé, professeur à Tours puis à Saint-Maur, il est mobilisé en 1939 et fait prisonnier deux ans en Allemagne. À la Libération, Senghor publie *Chants d'ombre*, qui sonne comme un appel à « l'Afrique future ». En 1947, il fonde avec Césaire la revue *Présence africaine*. Il entre au gouvernement français en 1955, puis, au moment de l'indépendance du Sénégal, il en devient le premier Président, de 1960 à 1979. Il lutte pour l'autonomie économique et politique de son pays, tout en continuant son œuvre littéraire, qui célèbre la civilisation et les valeurs du continent noir. Il est élu à l'Académie française en 1983.

Ses œuvres principales

- des recueils de poésie, dont :
Chants d'ombre (1945),
Hosties noires (1948),
Anthologie de la nouvelle poésie nègre et malgache de langue française (1948),
Éthiopiques (1956),
Nocturnes (1961),
Élégies majeures (1979)

1945-1973

Poésies

FEMME NUE, FEMME NOIRE

Femme nue, femme noire
Vêtue de ta couleur qui est vie, de ta forme qui est beauté !
J'ai grandi à ton ombre, la douceur de tes mains bandait mes yeux
Et voilà qu'au cœur de l'été et de midi, je te découvre terre promise du haut d'un haut col calciné
Et ta beauté me foudroie en plein cœur comme l'éclair d'un aigle
Femme nue, femme obscure !
Fruit mûr à la chair ferme, sombres extases du vin noir, bouche qui fait lyrique ma bouche
Savane aux horizons purs, savane qui frémis aux caresses ferventes du Vent d'est
Tam-tam sculpté, tam-tam fendu qui grondes sous les doigts du Vainqueur
Ta voix de contre-alto est le chant spirituel de l'Aimée
Femme nue, femme obscure !
Huile que ne ride nul souffle, huile calme aux flancs de l'athlète, aux flancs des princes du Mali
Gazelle aux attaches célestes, les perles sont étoiles sur ta peau
Délices des jeux de l'esprit, les reflets de l'or rouge sur ta peau qui se moire.
À l'ombre de ta chevelure, s'éclaire mon angoisse aux soleils prochains de tes yeux.
Femme nue, femme noire !
Je chante ta beauté qui passe, forme que je fixe dans l'éternel
Avant que le destin jaloux ne te réduise en cendres pour nourrir les racines de la vie.

Chants d'ombre, Éd. du Seuil, 1945.

CHANT POUR JACKIE THOMPSON

Championne du cent mètres dames

J'avais élu le stade, loin des marchands.
Je chante les plus forts, les plus habiles, je chante les plus beaux.

Je t'avais élue à la première course, la plus courte oui, la plus noble.
Pour tes longues jambes d'olive t'avais élue, ta souplesse cambrée.
Proue de pirogue et sillage de cygne noir dans la poussière d'argent.
Peut-être un souvenir, un rêve de jadis.
Ah ! j'oubliais ton sourire mutin, si frais d'enfant.
« Elle sera la première, la grande Poullo-là[1] »

Tu partais en douceur, dans la ruée de l'ouragan,
Et toutes tu les contrôlais sereine, les remontant souriante.
Au cinquante mètres tu ouvris ta grâce, tes ailes
Allongèrent la foulée comme une liane, une chamelle qui va l'amble,
Te détachèrent net des autres sur leurs courtes jambes d'albâtre
Ou d'ébène, qu'importe ?
Et le stade haleta, debout,
Et tu te jetas sur le fil aérien, comme une amazone du Roi
Royale, et de ma gorge ce cri qui jaillit
Triomphal : « *Black is beautiful* », ma généreuse petite Poullo,
Car *Pulel hokku soko haraani*[2]. Ah ! que n'ai-je la voix,
Dites, de Siga Diouf Guignane[3], qui faisait trembler les dieux athlètes.

Je te chante, Jackie Thompson, sur le versant du jour
Et s'empourpre mon chant sur l'Océan bleu Atlantique.

Léopold Sédar Senghor, « Chant pour Jackie Thompson »,
Poèmes, Éd. du Seuil, 1973.

■ 1. **Poullo** : toute personne appartenant à la nation des Peuls, établie au Sénégal. ■ 2. ***Pulel hokku soko haraani*** : la petite Peule donne à celui qui le demande. ■ 3. **Siga Diouf Guignane** : conteur sénégalais.

Peinture sur verre du Sénégal.
Cet art traditionnel, typiquement sénégalais, est apparu à la fin du XIXe siècle.

Le chant de la culture africaine

Toute la poésie de Senghor célèbre la beauté de sa terre natale, dont la femme africaine symbolise à la fois la puissance, la sensualité et le rayonnement. Le poète retrouve le souffle et l'inspiration des poètes de l'Antiquité pour célébrer un exploit sportif. À travers cet événement, ce sont les valeurs de l'Afrique qu'il exalte et dont il fait l'éloge.

La double culture africaine et française de Senghor inspire son œuvre, marquée par un désir de réconciliation et par un profond humanisme qui dépasse les différences, sans les nier. Sensuelle, la poésie de Senghor exprime sa foi dans l'homme et dans « la civilisation de l'universel ». Elle évoque les forces de la terre et les valeurs ancestrales du pays natal. Elle emprunte souvent la forme du verset biblique et son rythme original, qui conviennent à la densité des images et des évocations pleines de couleurs. Senghor nourrit ainsi son œuvre des rythmes de l'Afrique, dont il exalte la culture.

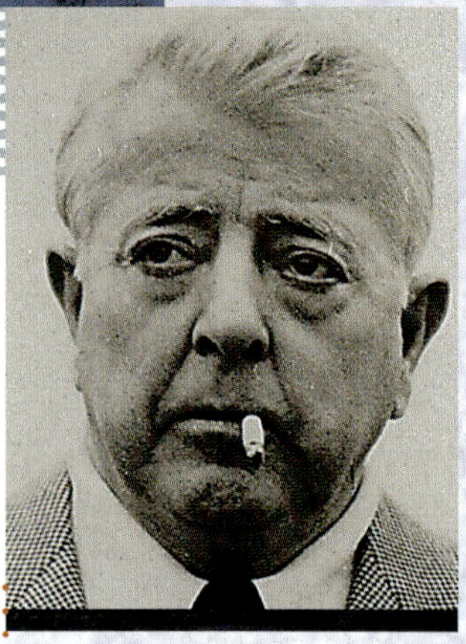

PRÉVERT

Nom et prénom : **Prévert, Jacques**
Naissance : **le 4 février 1900, à Neuilly-sur-Seine**
Décès : **le 12 avril 1977, à Omonville-la-Petite, dans le Cotentin**
Lieux : **le Paris des quartiers populaires, Saint-Paul-de-Vence**
Situation familiale : **marié ; une fille, Michèle**
Professions : **divers petits métiers, employé dans une agence de publicité, scénariste et dialoguiste de cinéma**
Amitiés : **le peintre Yves Tanguy, Raymond Queneau, les cinéastes Jean Renoir et Marcel Carné, le musicien Joseph Kosma**

Jacques Prévert grandit dans le Paris des quartiers populaires. Dès l'âge de quinze ans, il exerce divers petits métiers avant de rencontrer le peintre Yves Tanguy et Marcel Duhamel, futur directeur de la collection de romans policiers, la Série Noire. Les trois amis s'installent à Montparnasse. Prévert fréquente les cinémas, flâne dans les rues. Ses premiers poèmes paraissent dans des revues à partir de 1930. Écrivain engagé, Prévert participe au groupe Octobre, une jeune troupe de théâtre militant, qui joue à Moscou et à Paris, au milieu des ouvriers en grève, dans l'euphorie du Front populaire. Prévert écrit des dialogues pour le cinéma. Il collabore ainsi aux chefs-d'œuvre de Marcel Carné, comme *Quai des brumes*. Anarchistes, volontiers provocateurs, ses poèmes, qui témoignent également de sa profonde sensibilité, sont rassemblés dans *Paroles,* recueil édité en 1945. Le succès du livre est relayé par la mise en musique des poèmes que chantent Yves Montand ou Juliette Gréco. En 1948, Prévert s'installe à Saint-Paul-de-Vence. Il écrit livres et scénarios, réalise des collages. Il meurt en 1977, auprès de sa femme Janine, d'un cancer du poumon.

Ses œuvres principales

- des recueils de poèmes, dont : *Paroles* (1945), *Histoires* (1946), *Spectacle* (1951), *Charmes de Londres* (1952), *La Pluie et le beau temps* (1955)
- les scénarios et les dialogues d'un grand nombre de films, dont : *Drôle de drame, Quai des brumes, Le jour se lève, Les Visiteurs du soir, Les Enfants du paradis, Les Disparus de Saint-Agil*

1946

Paroles

***Paroles* dénonce toutes les formes de l'oppression : la guerre, la société, la religion et la politique y sont moquées, à travers l'évocation de situations familières, dans une langue qui se caractérise par sa simplicité.**

BARBARA

Rappelle-toi Barbara
Il pleuvait sans cesse sur Brest ce jour-là
Et tu marchais souriante
Épanouie ravie ruisselante
Sous la pluie
Rappelle-toi Barbara
Il pleuvait sans cesse sur Brest
Et je t'ai croisée rue de Siam
Tu souriais
Et moi je souriais de même
Rappelle-toi Barbara
Toi que je ne connaissais pas
Toi qui ne me connaissais pas
Rappelle-toi
Rappelle-toi quand même ce jour-là
N'oublie pas
Un homme sous un porche s'abritait
Et il a crié ton nom
Barbara

Et tu as couru vers lui sous la pluie
Ruisselante ravie épanouie
Et tu t'es jetée dans ses bras
Rappelle-toi cela Barbara
Et ne m'en veux pas si je te tutoie
Je dis tu à tous ceux que j'aime
Même si je ne les ai vus qu'une seule fois
Je dis tu à tous ceux qui s'aiment
Même si je ne les connais pas
Rappelle-toi Barbara
N'oublie pas
Cette pluie sage et heureuse
Sur ton visage heureux
Sur cette ville heureuse
Cette pluie sur la mer
Sur l'arsenal
Sur le bateau d'Ouessant
Oh Barbara
Quelle connerie la guerre
Qu'es-tu devenue maintenant
Sous cette pluie de fer
De feu d'acier de sang
Et celui qui te serrait dans ses bras
Amoureusement
Est-il mort disparu ou bien encore vivant
Oh Barbara
Il pleut sans cesse sur Brest
Comme il pleuvait avant
Mais ce n'est plus pareil et tout est abîmé
C'est une pluie de deuil terrible et désolée
Ce n'est même plus l'orage
De fer d'acier de sang
Tout simplement des nuages
Qui crèvent comme des chiens
Des chiens qui disparaissent
Au fil de l'eau sur Brest
Et vont pourrir au loin
Au loin très loin de Brest
Dont il ne reste rien.

Jacques Prévert, *Paroles,* Éd. Gallimard, 1945.

Photographie de Willy Ronis, 1947.

L'émotion du quotidien

Avec Prévert, la poésie retrouve un public populaire, sensible à un langage émouvant et familier. La poésie de Prévert est celle de la vie quotidienne, de l'humour et de la facétie. C'est là que réside l'extraordinaire succès de *Paroles,* dont chaque poème affirme l'exigence de la liberté et l'amour de la vie. Car à travers la fantaisie du langage, Prévert dénonce les contraintes sociales que représentent pour lui l'armée, l'Église, la famille ou l'école. Son univers se constitue d'amoureux, d'animaux et d'enfants qui, chacun à sa manière, vivent libérés de toute entrave.

Le poète explore les nuances de l'humour noir ou de l'absurde. Il exprime avec des mots simples la mélancolie des amants que la vie a séparés. L'œuvre poétique de Prévert s'affirme comme un espace de jeu, ouvert à tous, dans lequel les mots sont constamment en fête.

GENET

Nom et prénom : **Genet, Jean**
Naissance : **le 19 décembre 1910, à Paris**
Décès : **le 13 avril 1986, à Paris**
Lieu : **le Morvan, Brest, la Syrie, l'Espagne, Paris**
Situation familiale : **célibataire**
Professions : **légionnaire, bouquiniste, écrivain**
Amitiés : **Jean Cocteau ; les metteurs en scène Roger Blin et Jean-Louis Barrault ; Jean-Paul Sartre, Michel Foucault**

Enfant abandonné, Jean Genet ne connaît ni son père ni sa mère. Il est élevé par une famille adoptive de paysans du Morvan. Accusé de vol, il est envoyé en Touraine pendant trois ans, dans une maison de correction. Il devance l'appel et s'engage dans la Légion étrangère, qui le conduit à Damas, en Syrie, puis à Brest. C'est alors qu'il déserte, en 1932, et entame une longue errance. De nouveau arrêté, puis libéré en 1941, il devient bouquiniste sur les quais de la Seine. Voleur, déserteur, homosexuel, Jean Genet assume ses choix. Il publie lui-même son poème *Condamné à mort* en 1942 et fait l'année suivante la connaissance de Jean Cocteau. Ses œuvres littéraires se multiplient alors. La création des *Bonnes* par Louis Jouvet, en 1947, le fait connaître. Jean-Paul Sartre écrit alors *Saint Genet comédien et martyr*, qui contribue à développer la légende de l'écrivain révolté. En 1966, la mise en scène des *Paravents*, pièce consacrée à la guerre d'Algérie, consacre le dramaturge et suscite le scandale. De 1968 jusqu'à sa mort, Genet s'engage profondément dans le combat politique auprès des mouvements extrémistes comme les *Black Panthers* américains ou la Fraction Armée Rouge en Allemagne. On retrouve l'écrivain auprès du philosophe Michel Foucault, dans leur combat commun pour la cause des prisonniers et des travailleurs immigrés. Atteint d'un cancer, Jean Genet écrit dans les dernières années de sa vie *Le Captif amoureux*, publié après sa mort.

Ses œuvres principales

- des pièces de théâtre, dont :
Notre Dame des Fleurs (1944), *Les Bonnes* (1947), *Querelle de Brest* (1947), *Journal d'un voleur* (1949), *Le Balcon* (1956), *Les Paravents* (1961)

1947

Les Bonnes

Deux sœurs, Solange et Claire, sont les bonnes, c'est-à-dire les domestiques de Madame et de Monsieur, son amant. Leur adoration pour Madame, où se mêlent haine et jalousie, trouble et violence, trahit leurs frustrations. Seules dans leur chambre, les deux sœurs jouent des scènes où elles tiennent le rôle de la maîtresse et de sa domestique. Elles expriment alors leur rancune et leur dégoût.

SOLANGE. – Madame saura tout. Elle n'a qu'à sonner pour être servie. Elle saura que nous mettions ses robes, que nous volions ses gestes, que nous embobinions son amant de nos simagrées. Tout va parler, Claire. Tout nous accusera. Les rideaux marqués par tes épaules, les miroirs par mon visage, la lumière qui avait l'habitude de nos folies, la lumière va tout avouer. Par ta maladresse, tout est perdu.

CLAIRE. – Tout est perdu parce que tu n'as pas eu la force pour…

SOLANGE. – Pour…

CLAIRE. – La tuer.

SOLANGE. – Je peux encore trouver la force qu'il faut.

CLAIRE. – Où ? Où ? Tu n'es pas aussi au-delà que moi. Tu ne vis pas au-dessus de la cime des arbres. Un laitier traversant ta tête te bouleverse.

SOLANGE. – C'est de n'avoir pas vu sa figure, Claire. D'avoir été tout à coup si près de Madame parce que j'étais près de son sommeil. Je perdais mes forces. Il fallait relever le drap que sa poitrine soulevait pour trouver la gorge.

Claire, *ironique*. – Et les draps étaient tièdes. La nuit noire. C'est en plein jour qu'on fait ces coups-là. Tu es incapable d'un acte aussi terrible. Mais moi je peux réussir. Je suis capable de tout, et tu le sais.

Solange. – Le gardénal.

Claire. – Oui. Parlons paisiblement. Je suis forte. Tu as essayé de me dominer…

Solange. – Mais, Claire…

Claire, *calmement*. – Pardon. Je sais ce que je dis. Je suis Claire. Et prête. J'en ai assez. Assez d'être l'araignée, le fourreau de parapluie, la religieuse sordide et sans dieu, sans famille ! J'en ai assez d'avoir un fourneau comme autel. Je suis la pimbêche, la putride. À tes yeux aussi.

Solange, *elle prend Claire aux épaules*. – Claire… Nous sommes nerveuses. Madame n'arrive pas. Moi aussi je n'en peux plus. Je n'en peux plus de notre ressemblance, je n'en peux plus de mes mains, de mes bas noirs, de mes cheveux. Je ne te reproche rien, ma petite sœur. Tes promenades te soulageaient…

Claire, *agacée*. – Ah ! laisse.

Solange. – Je voudrais t'aider. Je voudrais te consoler, mais je sais que je te dégoûte. Je te répugne. Et je le sais puisque tu me dégoûtes. S'aimer dans le dégoût, ce n'est pas s'aimer.

Claire. – C'est trop s'aimer. Mais j'en ai assez de ce miroir effrayant qui me renvoie mon image comme une mauvaise odeur. Tu es ma mauvaise odeur. Eh bien ! je suis prête. J'aurai ma couronne. Je pourrai me promener dans les appartements.

Solange. – Nous ne pouvons tout de même pas la tuer pour si peu.

Claire. – Vraiment ? Ce n'est pas assez ? Pourquoi, s'il vous plaît ? Pour quel autre motif ? Où et quand trouver un plus beau prétexte ? Ce n'est pas assez ? Ce soir, Madame assistera à notre confusion. En riant aux éclats, en riant parmi ses pleurs avec ses soupirs épais ! Non. J'aurai ma couronne. Je serai cette empoisonneuse que tu n'as pas su être. À mon tour de te dominer.

Solange. – Mais, jamais…

Claire, *énumérant méchamment, et imitant Madame*. – Passe-moi la serviette ! Passe-moi les épingles à linge ! Épluche les oignons ! Gratte les carottes ! Lave les carreaux ! Fini. C'est fini. Ah ! J'oubliais ! ferme le robinet ! C'est fini. Je disposerai du monde.

Solange. – Ma petite sœur !

Claire. – Tu m'aideras.

Solange. – Tu ne sauras pas quels gestes faire. Les choses sont plus graves, Claire, plus simples.

Claire. – Je serai soutenue par le bras solide du laitier. Il ne flanchera pas. J'appuierai ma main gauche sur sa nuque. Tu m'aideras. Et s'il faut aller plus loin, Solange, si je dois partir pour le bagne, tu m'accompagneras, tu monteras sur le bateau. Solange, à nous deux, nous serons ce couple éternel, du criminel et de la sainte !

Jean Genet, *Les Bonnes*, Éd. L'Arbalète, 1947.

Le théâtre de la violence et des frustrations

Dans *Les Bonnes*, comme dans l'ensemble de son œuvre, Jean Genet met en scène un univers trouble et violent : celui des êtres humiliés, des voleurs, des prostituées, des homosexuels, des marginaux. Son théâtre révèle leurs frustrations et leur violence. L'écrivain fait de la scène un « mauvais lieu » où s'expriment la puissance du désir et la volonté de transgression que chacun porte en lui. Genet écrit : « La scène est un lieu voisin de la mort, où toutes les libertés sont possibles. » La violence y est poussée à son paroxysme et libère les sentiments humains refoulés. C'est à travers une écriture lyrique et flamboyante que l'auteur décrit cet envers noir et sulfureux du monde.

VIAN

Nom et prénom : **Vian, Boris**
Pseudonymes : **Bison Ravi, Hugo Hachebuissson, Vernon Sullivan**
Naissance : **le 10 mars 1920, à Ville-d'Avray**
Décès : **le 23 juin 1959, à Paris**
Lieu : **Saint-Germain-des-Prés**
Situation familiale : **marié à Michelle Léglise, puis à Ursula Kubler**
Professions : **ingénieur, chroniqueur de jazz, musicien, romancier**
Amitiés : **Raymond Queneau, les chanteurs Mouloudji et Juliette Gréco**

Boris Vian naît dans une famille aisée où sa mère, mélomane, le prénomme Boris, en écho au drame musical, *Boris Godounov*. Il prépare le concours de l'École centrale et, amateur passionné de jazz, il crée un orchestre avec ses amis. Marié en 1941, il devient ingénieur et anime, à la Libération, les soirées de Saint-Germain-des-Prés : les Deux Magots, le Tabou sont les lieux où la jeunesse exubérante se retrouve dans le climat des années d'après-guerre. Vian y rencontre Jean-Paul Sartre, Simone de Beauvoir, Maurice Merleau Ponty et Michel Leiris. Trompettiste de jazz, amateur de romans noirs, il publie sous le pseudonyme de Vernon Sullivan *J'irai cracher sur vos tombes*, pastiche provocateur du roman policier qui est poursuivi en justice pour pornographie. Il écrit poèmes et romans, tient la « chronique du menteur » dans la revue des *Temps modernes* et rédige des articles sur le jazz. À partir de 1954, il se consacre à la chanson et interprète ses propres textes, dont « Le Déserteur », qui est interdit. Il doit cependant renoncer à ses tournées pour des raisons de santé. Il est terrassé par une crise cardiaque au cinéma Marbœuf, au début de la première du film *J'irai cracher sur vos tombes* adapté de son roman.

Ses œuvres principales

- des romans, dont : *J'irai cracher sur vos tombes* (1946), *L'Écume des jours* (1947), *L'Automne à Pékin* (1947), *Les Fourmis* (1949), *L'Herbe rouge* (1950), *L'Arrache-cœur* (1953), *Et on tuera tous les affreux* (1960, posthume)
- des poèmes et des chansons : *Cantilènes en gelée* (1949), *Textes et chansons* (1954-1955)

1947

L'Écume des jours

Colin est passionnément amoureux de Chloé, tandis que son ami Chick, disciple du philosophe Jean-Sol Partre, aime Alise. Tous semblent destinés à être heureux, mais Chloé tombe malade. La jeune femme souffre d'un mal étrange, puisqu'un nénuphar pousse dans ses poumons.

– Comment vas-tu ? demanda Chick.

– Et toi ? répliqua Colin. Enlève ton imper et viens voir ce que fait Nicolas.

– Ton nouveau cuisinier ?

– Oui, dit Colin. Je l'ai échangé à ma tante contre l'ancien et un kilo de café belge.

– Il est bien ? demanda Chick.

– Il a l'air de savoir ce qu'il fait. C'est un disciple de Gouffé.

– L'homme de la malle[1] ? s'enquit Chick horrifié, et sa petite moustache noire s'abaissait tragiquement.

– Non, ballot, Jules Gouffé, le cuisinier bien connu !

– Oh, tu sais ! Moi…, dit Chick, en dehors de Jean-Sol Partre, je ne lis pas grand-chose.

Il suivit Colin dans le couloir dallé, caressa les souris et mit, en passant, quelques gouttelettes de soleil dans son briquet.

– Nicolas, dit Colin en entrant, je vous présente mon ami Chick.

– Bonjour, monsieur, dit Nicolas.

– Bonjour, Nicolas, répondit Chick. Est-ce que vous n'avez pas une nièce qui s'appelle Alise ?

– Si, monsieur, dit Nicolas. Une jolie jeune fille, d'ailleurs, si j'ose introduire ce commentaire.

– Elle a un grand air de famille avec vous, dit Chick. Quoique, du côté du buste, il y ait quelques différences.

– Je suis assez large, dit Nicolas, et elle est plus développée dans le sens perpendiculaire, si Monsieur veut bien me permettre cette précision.

– Eh bien, dit Colin, nous voici presque en famille. Vous ne m'aviez pas dit que vous aviez une nièce, Nicolas.

– Ma sœur a mal tourné, Monsieur, dit Nicolas. Elle a fait des études de philosophie. Ce ne sont pas des choses dont on aime à se vanter dans une famille fière de ses traditions…

– Eh…, dit Colin, je crois que vous avez raison. En tout cas, je vous comprends. Montrez-nous donc ce pâté d'anguille…

– Il serait dangereux d'ouvrir le four actuellement, prévint Nicolas. Il pourrait en résulter une dessiccation consécutive à l'introduction d'air moins riche en vapeur d'eau que celui qui s'y trouve enfermé en ce moment.

– Je préfère avoir, dit Chick, la surprise de le voir pour la première fois sur la table.

– Je ne puis qu'approuver Monsieur, dit Nicolas. Puis-je me permettre de prier Monsieur de bien vouloir m'autoriser à reprendre mes travaux ?

– Faites, Nicolas, je vous en prie.

Nicolas se remit à sa tâche, qui consistait en le démoulage d'aspics de filets de sole, contisés de lames de truffes, destinés à garnir le hors-d'œuvre de poisson. Colin et Chick quittèrent la cuisine.

– Prendras-tu un apéritif ? demanda Colin. Mon pianocktail est achevé, tu pourrais l'essayer.

– Il marche ? demanda Chick.

– Parfaitement. J'ai eu du mal à le mettre au point, mais le résultat dépasse mes espérances. J'ai obtenu à partir de la *Black and Tan Fantasy*[2], un mélange vraiment ahurissant.

– Quel est ton principe ? demanda Chick.

– À chaque note, dit Colin, je fais correspondre un alcool, une liqueur ou un aromate. La pédale forte correspond à l'œuf battu et la pédale faible à la glace. Pour l'eau de Seltz, il faut un trille[3] dans le registre aigu. Les quantités sont en raison directe de la durée : à la quadruple croche équivaut le seizième d'unité, à la noire l'unité, à la ronde la quadruple unité. Lorsque l'on joue un air lent, un système de registre est mis en action, de façon que la dose ne soit pas augmentée – ce qui donnerait un cocktail trop abondant – mais la teneur en alcool. Et, suivant la durée de l'air, on peut, si l'on veut, faire varier la valeur de l'unité, la réduisant, par exemple au centième, pour pouvoir obtenir une boisson tenant compte de toutes les harmonies au moyen d'un réglage latéral.

– C'est compliqué, dit Chick.

Boris Vian, *L'Écume des jours*, Éd. Jean-Jacques Pauvert, 1947.

■ **1. L'homme de la malle** : allusion à un sanglant fait divers. ■ **2. la *Black and Tan Fantasy*** : air de jazz. ■ **3. trille** : battement rapide de deux notes.

Un bricoleur de génie

L'Écume des jours est, selon Raymond Queneau, « le plus poignant des romans d'amour contemporains ». Vian y décrit avec humour et tendresse l'amour fou de Colin et Chloé qui, après les premiers temps de bonheur, connaissent l'expérience tragique de la maladie. L'écrivain crée un univers plein de fantaisie, où se retrouvent toutes les passions qui font de lui un « bricoleur » de génie : le jazz, la philosophie, l'invention d'objets farfelus, la création verbale et la poésie. L'amour de la vie y affronte l'angoisse de la mort, toujours omniprésente.

LA LITTÉRATURE EN EUROPE

1900 1950

La Révolution russe, la montée des fascismes, les deux guerres mondiales bouleversent à la fois la carte de l'Europe et la perception du monde et de la société qu'en ont les écrivains. On assiste partout à un profond renouvellement des formes et des genres littéraires. Inquiets devant l'avenir, nombreux sont ceux qui expriment leur pessimisme à travers la poésie, le roman ou le théâtre.

La Grande-Bretagne

De multiples manières, les écrivains remettent en cause la conception traditionnelle du roman. *Ulysse* de James Joyce (1922) s'impose ainsi comme l'œuvre fondatrice du roman moderne, tandis que de nombreux romanciers, comme Virginia Woolf, Joseph Conrad ou D.H. Lawrence, produisent leurs chefs-d'œuvre à la même époque. L'œuvre de Graham Greene connaît un grand succès populaire. Les écrivains expriment alors leurs angoisses sur l'avenir des sociétés humaines : Aldous Huxley publie *Le Meilleur des mondes* en 1932 ; Arthur Koestler, *Le Zéro et l'Infini* en 1940 ; George Orwell, *1984* en 1949. Enfin, John Tolkien produit une œuvre étrange et originale avec *Bilbo le Hobbit*, en 1937 ; tandis qu'Agatha Christie invente les personnages d'Hercule Poirot et de Miss Marple, promis à un immense succès.

Virginia Woolf (1882-1941).

L'adaptation au cinéma de *1984*, le livre de George Orwell (1903-1950).

Le Meilleur des mondes (1932).

L'Italie

Les avant-gardes marquent partout en Europe une volonté de rupture avec les conceptions antérieures de la littérature. En Italie, Tommaso Marinetti anime ainsi le mouvement futuriste qui multiplie les provocations. Au lendemain de la guerre, Luigi Pirandello explore la voie du théâtre dans le théâtre et bouleverse la dramaturgie avec *Six personnages en quête d'auteur* (1921). Exprimant leur malaise devant l'Italie fasciste, Dino Buzzati écrit *Le Désert des Tartares* en 1940 et le néo-réalisme de Cesare Pavese fait scandale. En 1947, Primo Levi, rescapé des camps, exprime son expérience de l'univers concentrationnaire dans *Si c'est un homme*.

Luigi Pirandello (1867-1936).

Fernando Pessõa (1888-1935)

Solitaire, esprit bohème, anticonformiste, le Portugais Pessõa mène une vie sociale effacée. Il publie ses poèmes dans des revues, écrivant parfois en anglais. Ce n'est qu'après sa mort que son œuvre, enfin rassemblée, l'impose comme l'un des plus grands poètes portugais. Se sentant comme visité par des sources d'inspiration multiples, Pessõa multiplie les hétéronymes : il publie ainsi ses œuvres sous différents noms, Alberto Caeiro, Alvaro de Campos ou Ricardo Reis. Ce sont autant de projections du poète lui-même, à la fois sage épicurien, qui chante les force profondes de la vie, et admirateur de la civilisation mécanique, qui en célèbre le rythme et les beautés.

La Scandinavie

Après avoir publié, en 1890, *La Faim*, qui lui apporte la gloire, le Norvégien Knut Hamsun bâtit une œuvre considérable dans laquelle il fait, au nom de la nature, la critique de la société moderne. Inspirée par des légendes scandinaves et des récits folkloriques entendus dans son enfance, la romancière suédoise Selma Lagerlöf écrit *Le Merveilleux Voyage de Nils Holgersonn à travers la Suède* (1906-1907). Après avoir séjourné longtemps au Kenya, Karen Blixen retourne à Copenhague pour écrire une œuvre autobiographique, *La Ferme africaine*, en 1937, avant de revenir plus tard à une inspiration régionale avec *Le Dîner de Babette*, en 1958.

Affiche et dessins du poète Maïakovski (1898-1930).

La Russie

L'avant-garde poétique russe montre une extraordinaire vitalité, entraînée par le futurisme de Vladimir Maïakovski, qui publie *Pense au jour de la caserne rouge* en 1920. Mais après l'effervescence de la Révolution, le régime soviétique – tandis qu'il fête l'œuvre de Maxime Gorki – condamne à l'exil ou à la mort de nombreux écrivains, censure les pensées et les écrits dissidents. Mikhaïl Boulgakov est ainsi exclu de la vie littéraire et sa grande œuvre, *Le Maître et Marguerite*, commencée en 1928, ne pourra être publiée qu'après sa mort, en 1966.

Dans la période tourmentée qui voit la fin de l'Empire austro-hongrois, Jaroslav Hašek anime la vie littéraire de Prague et y écrit son œuvre capitale, *Le Brave Soldat Chveïk*, en 1920. C'est à Prague également que Franz Kafka écrit en allemand ses romans, *La Métamorphose, Le Procès*, qui expriment le désespoir de l'homme devant l'absurdité du monde

L'Allemagne et l'Autriche

L'Autriche est au début du siècle un centre culturel actif et rayonnant dans tous les domaines de l'art et de la pensée. Des poètes comme Rilke ou Trakl, des romanciers comme Arthur Schnitzler témoignent à leur manière de cette vitalité créatrice de « l'esprit viennois ». De même, l'Allemagne multiplie les œuvres capitales, dominées par celle de Thomas Mann, dont *La Montagne magique* paraît en 1924. Hermann Hesse, Alfred Döblin, Erich Maria Remarque, Stephan Zweig, Robert Musil ou Ernst Jünger expriment à leur tour le désarroi d'une civilisation décomposée par la Première Guerre mondiale et la montée du nazisme. Au théâtre cependant, la distanciation prônée par Bertolt Brecht remet en cause la dramaturgie à travers des pièces engagées comme *L'Opéra de quat' sous*, en 1928, ou *La Résistible Ascension d'Arturo Ui*, en 1941.

Mère Courage et ses enfants (1938), pièce de Bertolt Brecht (1898-1956).

Le Procès (1925)

Écrit en allemand, le roman de l'écrivain tchèque Franz Kafka est publié un an après sa mort. Cette œuvre majeure de la littérature européenne raconte l'arrestation de Joseph K., modeste employé de banque. Après un premier interrogatoire, il doit désormais se tenir à la disposition des juges chargés d'instruire son procès. Cependant, la faute – ou le crime – dont on l'accuse ne lui est en rien révélée. Respectueux envers l'autorité, il pense démontrer sa totale innocence, mais il est insidieusement comme pris dans le labyrinthe d'une gigantesque et absurde machine administrative. Jour après jour, le procès devient sa seule préoccupation et, dans sa solitude angoissée, Joseph K. se résigne peu à peu à devenir un accusé. Épuisé, il se soumet à une condamnation pour une faute qu'il ignore.

La peinture et la musique

Peinture

— Gustav Klimt, *Le Baiser*, 1909 (Allemagne)
— Wassily Kandinsky, *Improvisation*, 1910 (Russie)
— Casimir Malevitch, *Carré noir sur fond blanc*, vers 1913 (Russie)
— Paul Klee, *Villas florentines*, 1926 (Suisse)
— Juan Miró, *Main attrapant un oiseau*, 1926 (Espagne)
— Piet Mondrian, *Broadway Boogie-Woogie*, 1943 (Pays-Bas)

Musique

— Giacomo Puccini, *La Tosca*, 1900 (Italie)
— Arnold Schoenberg, *Pierrot lunaire*, 1912 (Allemagne)
— Igor Stravinsky, *Le Sacre du printemps*, 1913 (Russie)
— Alban Berg, *Wozzeck*, 1925 (Allemagne)
— Bela Bartok, *Le Mandarin merveilleux*, 1926 (Hongrie)

La chanson

La chanson, qui peut être définie comme une forme de poésie accompagnée de musique, apparaît comme un genre littéraire très ancien et universel. Dans l'Antiquité, les chants accompagnent les fêtes, les rites religieux, les travaux agricoles. Des troubadours du Moyen Âge aux chanteurs contemporains, l'évolution de la chanson s'affirme comme celle d'un genre populaire, qui entretient un lien étroit avec l'histoire de la poésie, comme avec celle de la société.

Eugénie Buffet à la Cigale, affiche de Lucien Métivet (1863-1930).

Au Moyen Âge : la chanson courtoise

Au Moyen Âge, poésie et musique sont intimement liées. Les chansons de geste, qui célèbrent les exploits des chevaliers, sont psalmodiées par des jongleurs qui s'accompagnent de la vielle d'une manière uniforme et monocorde. Mais la poésie lyrique constitue la part la plus importante des chansons médiévales. Il s'agit des chansons courtoises, qui célèbrent le *fin amor*, comme celles qu'écrivent Guillaume d'Aquitaine ou Charles d'Orléans, chantées mélodieusement devant les Cours par les troubadours et les trouvères.

Les chansons de toile mettent en scène une dame qui tisse en attendant celui qu'elle aime ; les chansons d'aube racontent l'histoire des amants surpris par le lever du jour ; les pastourelles représentent la rencontre d'une bergère et d'un chevalier ; les chansons à boire participent au plaisir de la fête. Entre la Cour et le cabaret, la chanson fait ainsi partie de la vie quotidienne.

Du XVIe au XVIIIe siècle : la chanson populaire et la romance

À la suite de Villon ou de Marot, c'est au cabaret que Théophile de Viau, au XVIIe siècle, puis Panard, Piron et Vadé, au siècle suivant, composent les chansons satiriques qui tournent en dérision le pouvoir et les puissants. Progressivement, cependant, la chanson devient un genre musical à part entière et s'impose comme le mode d'expression favori du peuple, reflétant son histoire, son langage et ses préoccupations.

À l'univers de la rue, de la foire et des cabarets, s'oppose le monde des salons, pour lequel de nombreux écrivains rédigent des romances, qui développent une histoire d'amour dans un cadre pastoral et que mettent en musique des compositeurs célèbres. Fabre d'Églantine écrit ainsi *L'Hospitalité*, qui devient célèbre sous le titre de *Il pleut bergère*. Cependant, la chanson politique s'affirme pendant la Révolution française. *La Carmagnole* exprime ainsi l'engagement révolutionnaire, elle invite à prendre les armes et encourage au combat.

Au XIXe siècle : la goguette et le café-concert

La tradition de la chanson politique se poursuit tout au long du XIXe siècle. Dans les sociétés chantantes, qu'on appelle les goguettes, dans les clubs politiques surveillés par la police, la fronde républicaine s'exprime à travers la chanson. Mais le coup d'État de Louis-Napoléon Bonaparte met un terme à la liberté des goguettes, de sorte que Victor Hugo multiplie les « chansons » dans *Les Châtiments*, pour fustiger l'usurpateur. Et la Commune perpétue l'esprit de la chanson politique et sociale avec *Le Temps des cerises*, écrit en 1867 par Jean-Baptiste Clément.

Alors qu'on retrouve le trésor anonyme des chansons françaises, liées au folklore de chaque région, transmises oralement lors des fêtes de village, la SACEM (Société des auteurs et compositeurs de musique, créée en 1851) marque la rupture entre le domaine musical et le domaine de l'écrit, entre le chanteur et le poète, le musicien et le parolier. Elle consacre le succès de chanteurs populaires comme Béranger, dont on recopie les chansons publiées en recueils, dont les goguettes populaires propagent les œuvres comme *La Gaudriole*, les refrains célébrant la gloire de Napoléon ou les amours de Lisette.

La façade du plus célèbre music-hall parisien l'*Olympia*, ouvert en 1893. Transformé en cinéma en 1929, il redevient un music-hall en 1954.

Le second Empire favorise alors la prospérité des cafés-concerts avec lesquels rivalisent, sous la troisième République, les cabarets artistiques comme le *Chat Noir* ou le *Mirliton*, que fonde Aristide Bruant. Celui-ci introduit dans la chanson l'exotisme des mauvais garçons, appelés alors apaches, comme dans *Nini peau d'chien*, qui évoque sur le mode réaliste l'univers des rues de Paris. Mais la Belle Époque voit aussi l'apparition d'interprètes célèbres qui chantent des textes écrits spécialement pour eux : Yvette Guibert triomphe ainsi avec *Fleur de berge* ou *La Glu*, entre deux numéros de french cancan.

Au XXe siècle : le music-hall et les chanteurs-compositeurs

La multiplication des music-halls, qui mettent en scène des spectacles luxueux dans de grandes salles de spectacle, intensifie la renommée des chanteurs populaires comme Mistinguett, Maurice Chevalier, Charles Trenet, puis Édith Piaf, dont le phonographe et la radio font des vedettes adulées par le public. En effet, la création de nouveaux moyens d'enregistrement et de diffusion, l'apparition de la télévision, du disque et d'Internet font de la chanson un objet de consommation. Dès lors, aux « chanteurs de variétés », qui lancent un produit destiné à être consommé et oublié, s'opposent les « chanteurs à texte », qui écrivent leurs chansons avec la volonté de produire une œuvre.

Après la Seconde Guerre mondiale, les auteurs et interprètes des cabarets de Saint-Germain-des-Prés, comme Boris Vian ou Juliette Gréco, perpétuent la tradition d'une chanson poétique authentique. Villon, Baudelaire, Verlaine, Aragon, Queneau ou Prévert sont mis en musique. De même, Georges Brassens, Gilbert Bécaud, Charles Trenet, Léo Ferré, Pierre Perret, Jacques Brel, Barbara, Boby Lapointe, Charles Aznavour, Serge Gainsbourg, Alain Souchon ou Jean-Jacques Goldman produisent une œuvre originale, leurs textes étant publiés et parfois étudiés dans les écoles. Chaque génération élit désormais ses artistes, souvent à l'écart des modes, en qui elle retrouve, le temps d'une chanson, l'écho lointain des troubadours.

DIX GRANDES ŒUVRES

- Fabre d'Églantine, *Il pleut bergère* (1788)
- Jean-Baptiste Clément, *Le Temps des cerises* (1867)
- Aristide Bruant, *Belleville-Ménilmontant* (1906)
- Charles Trenet, *Douce France* (1943)
- Jacques Brel, *Le Plat Pays* (1962)
- Serge Gainsbourg, *La Javanaise* (1962)
- Georges Brassens, *Les Copains d'abord* (1964)
- Léo Ferré, *Avec le temps* (1972)
- Pierre Perret, *Lilly* (1977)
- Renaud, *Dès que le vent soufflera* (1983)

HISTOIRE *d'un genre*

Le roman policier

La couverture de la première édition de *L'Aiguillle creuse*, d'Arsène Lupin.

Le XIXe siècle voit se multiplier les formes de la littérature romanesque. Parmi les genres qui émergent alors, le roman policier s'impose rapidement. Né avec la révolution industrielle, il témoigne du sentiment d'insécurité que suscitent les nouvelles métropoles, mais aussi de la foi dans l'intelligence humaine et dans les moyens techniques pour résoudre le crime et vaincre le mal. Le roman policier ne cesse alors d'évoluer, suivant en cela les transformations de la société.

Au XIXe siècle : la naissance du roman policier

Depuis toujours, la littérature met en scène des criminels. Dans *Œdipe*, de Sophocle, comme dans *Hamlet*, de Shakespeare, la tragédie se confond avec la résolution d'un crime. Et nombreux sont les brigands poursuivis dans les romans d'aventures du XVIIIe siècle. Mais la société industrielle renforce le sentiment d'isolement des individus, qui explique l'importance que prend alors la police dans l'imaginaire : les *Mémoires de Vidocq* (1829), criminel passé au service de la loi, attirent de nombreux lecteurs. Balzac s'en inspire pour créer le personnage de Vautrin dans *La Comédie humaine*. De même, c'est dans les annales de la justice que Alexandre Dumas découvre le sujet du *Comte de Monte-Cristo*.

Mais c'est dans sa nouvelle *Double Meurtre dans la rue Morgue* qu'Edgar Poe met en place, en 1841, les éléments fondateurs du récit policier : confronté à un crime inexpliqué, Dupin, le héros, manie l'art de la déduction et perce l'énigme à travers la puissance de son raisonnement. Une vingtaine d'années plus tard, Émile Gaboriau crée le personnage du policier Lecocq : *L'Affaire Lerouge* (1866) permet de découvrir les aspects pratiques d'une enquête méthodique. Il en va de même dans les aventures de Sherlock Holmes qu'imagine l'écrivain anglais Conan Doyle à la fin du siècle. Esprit positiviste, personnage original, Holmes suscite une innombrable descendance d'enquêteurs indépendants, dévoués et solitaires, qui prennent le relais d'une police aveugle. C'est ainsi que Gaston Leroux publie *Le Mystère de la chambre jaune* en 1907, qui permet au jeune journaliste Rouletabille de faire éclater tout son talent.

Au début du XXe siècle : le roman à énigme et le roman d'atmosphère

Les lieux les plus intimes de l'intérieur bourgeois sont souillés par un crime ; le criminel appartient aux proches de la victime ! Le lecteur savoure ainsi la transgression et la violence de la scène criminelle, exerce sa perspicacité en rivalisant avec l'enquêteur et se réjouit de voir l'ordre finalement rétabli. En Angleterre, avec Hercule Poirot ou Miss Marple, Agatha Christie fait de ses romans un jeu intellectuel : il s'agit de deviner qui est l'assassin, en s'appuyant sur chaque indice. Le succès des romans à énigme est considérable et débouche, en 1927, sur la création de la collection « Le Masque ».

Cependant, Georges Simenon oppose au roman à énigme le roman d'atmosphère. Le commissaire Maigret, créé en 1929, s'imprègne des lieux, cherche à comprendre l'assassin et la situation humaine qui a conduit au crime. Le roman policier français se fonde désormais sur la tradition réaliste, introduisant une importante dimension psychologique, alliant la rigueur de la construction au goût du pittoresque, comme en témoignent les romans de Pierre Véry ou de Stanislas-André Steeman.

Le rayon des policiers, dans une librairie.

Au milieu du XXe siècle : l'influence du roman noir

Les États-Unis jouent, à leur tour, un rôle important dans l'histoire du roman policier. Dès 1930, avec Dashiell Hammet et son héros Sam Spade, comme avec Raymond Chandler et Philip Marlowe, le « roman noir » met en scène un « privé » cynique et désabusé au milieu de la jungle urbaine. Le crime n'est plus que le symbole d'une corruption généralisée ; l'énigme passe au second plan ; le goût amer du whisky et la gueule de bois du héros s'opposent au thé de Miss Marple comme aux demis de bière absorbés par Maigret au bar des cafés parisiens. C'est une nouvelle collection, la « Série noire », créée par Marcel Duhamel en 1945, qui permet la diffusion des romans noirs américains en France.

Léo Malet, qui a participé au mouvement surréaliste, adapte merveilleusement le principe du détective privé en 1943, en imaginant un personnage original et bohème : Nestor Burma multiple les aventures dans un Paris hérité du roman naturaliste de Zola. On savoure à la même époque l'invention verbale avec laquelle Frédéric Dard rapporte les aventures du commissaire San Antonio, comme plus tard, à partir de 1952, l'argot que parlent « gangsters et truands » dans les romans d'Albert Simonin, d'Auguste Le Breton ou de José Giovanni.

À la fin du XXe siècle : le néo-polar

Refusant le principe de l'énigme et du héros enquêteur, le roman policier s'oriente, à la fin du XXe siècle vers le roman à suspense, dans lequel s'illustrent Pierre Boileau et Thomas Narcejac. Ce qui compte, ce sont les conditions qui font naître le désir de commettre un crime, la tension psychologique à laquelle est soumise la victime, la menace qui devient peu à peu étouffante.

Le renouveau du roman policier, désigné sous le terme de « néo-polar », prend naissance dans le climat de révolte de Mai 1968. À la suite de Jean Amila, Jean-Patrick Manchette, Jean Vautrin puis Didier Daeninckx donnent une portée sociale à leurs récits : les frustrations sexuelles, les « magouilles » de la politique, la misère des banlieues, l'histoire refoulée de la société française, comme la collaboration pendant la Seconde Guerre mondiale ou la torture pendant la guerre d'Algérie, occupent le premier plan.

Alors que le roman policier renoue parfois avec le roman populaire, comme dans la création du personnage et de la série des aventures du Poulpe, cette dimension sociale reste présente chez les auteurs contemporains comme Thierry Jonquet, Michel Lebrun ou Maurice G. Dantec. Le crime n'est désormais qu'un prétexte qui permet d'interroger presque directement, avec fascination et répulsion, la violence elle-même dans ses manifestations les plus extrêmes.

DIX GRANDES ŒUVRES

- Émile Gaboriau, *L'Affaire Lerouge* (1866)
- Gaston Leroux, *Le Mystère de la chambre jaune* (1907)
- Georges Simenon, *Pietr le Letton* (1931)
- Pierre Véry, *L'Assassinat du père Noël* (1934)
- Stanislas André Steeman, *L'assassin habite au 21* (1939)
- Léo Malet, *120, rue de la Gare* (1943)
- Boileau-Narcejac, *Celle qui n'était plus* (1952)
- Sébastien Japrisot, *Compartiment tueurs* (1962)
- Patrick Manchette, *La Position du tireur couché* (1981)
- Maurice G. Dantec, *Les Racines du mal* (1995)

Villeglé, *122 rue du temple*, 1968.
Affiches déchirées et papiers collés, 159 x 210 cm.
Musée d'Art moderne de New York.

2. La société L'ère de la consommation de masse

À la période de reconstruction qui a suivi la Seconde Guerre mondiale succèdent les trente Glorieuses, qui voient se créer de nouvelles zones d'habitations dans les banlieues des grandes villes. C'est le temps de la consommation de masse, avec l'accession à l'automobile, à la télévision, au téléphone. Le choc pétrolier de 1973 et la crise économique qu'il entraîne ne remettent pas en cause le désir de consommation encouragé par la publicité. Les mutations du monde industriel conduisent à une société dans laquelle les produits nés de l'informatique jouent un rôle considérable. Mais le succès des centres commerciaux gigantesques ne peut cacher le développement d'une fracture sociale, économique et culturelle.

La multiplication des appareils ménagers témoigne du développement de la société de consommation.

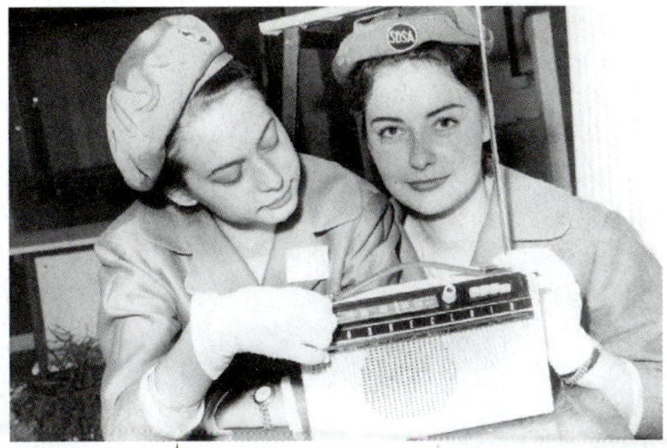
Le plus petit poste portatif présenté au salon de la Radio et de la Télévision en 1960.

3. Les sciences Les révolutions et les conquêtes

L'astronaute Edwin Aldrin devant le drapeau américain sur le sol lunaire, le 21 juillet 1969.

En 1969, les premiers pas de l'homme sur la Lune concrétisent les rêves de conquête spatiale. L'invention de la carte à puce, en 1974, fait entrer l'informatique dans la vie quotidienne. En 1992, le réseau Internet devient accessible au plus grand nombre. Par ailleurs, l'espérance de vie ne cesse de s'allonger grâce aux découvertes de la médecine, qui multiplie les progrès dans la lutte contre les maladies, comme le cancer ou le sida. Cependant, avec la procréation assistée, les premières expériences de clonage ou les OGM, la génétique pose de nouveaux défis qui suscitent l'espoir mais aussi les inquiétudes.

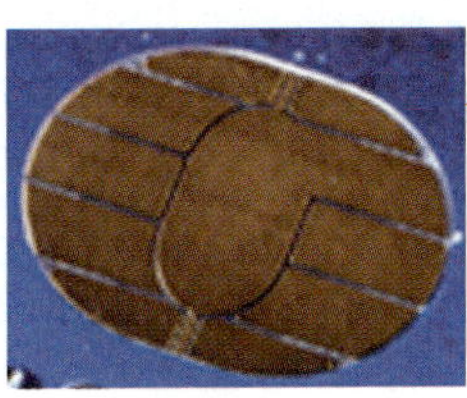
La carte à puce est une nouvelle révolution technologique.

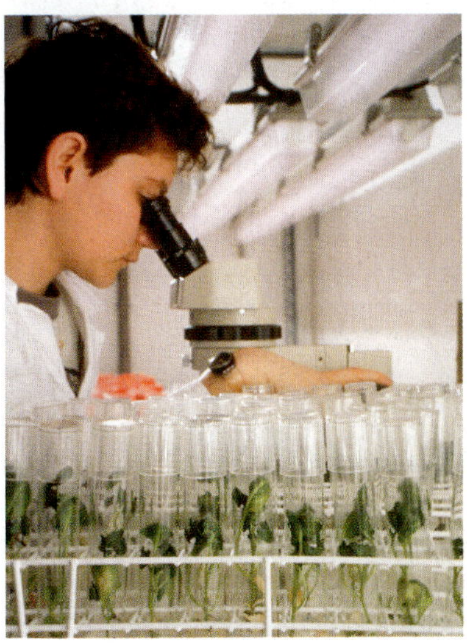

La brebis Dolly, le premier animal cloné, voit le jour en Grande-Bretagne.

4. Les lettres Les contestations et les doutes

L'écrivain Eugène Ionesco devant le théâtre de la Huchette, à Paris, en 1977.

En 1945, la découverte des camps de concentration et la bombe atomique laissent l'homme en proie à l'angoisse. Le théâtre de l'absurde et le Nouveau Roman explorent cette solitude de l'homme confronté à lui-même. Les sciences humaines, l'ethnologie, la psychanalyse, la sociologie connaissent pendant les années soixante un prodigieux essor. Les chercheurs renouvellent complètement la critique littéraire. Écrivains et intellectuels combattent alors les fausses valeurs de la société de consommation. La fin du XXe siècle voit se multiplier des créateurs isolés, qui tentent de donner du sens à un monde complexe et déshumanisé.

Roland Barthes (1915-1980), critique et professeur au Collège de France.

5. L'édition Le livre et l'informatique

Les années cinquante voient le développement spectaculaire des collections de poche, qui mettent la littérature à la portée de tous. À la télévision, les émissions littéraires répandent l'image des écrivains auprès du grand public. C'est la multiplication des dictionnaires et des encyclopédies. Chaque année, les salons du livre et les prix littéraires consacrent les grands succès d'édition. Cependant, l'utilisation de l'ordinateur conduit à de nouvelles pratiques d'écriture et de diffusion des textes. Le nombre d'auteurs ne cesse de croître, tandis que la création de petites maisons d'édition témoigne de la vitalité de la littérature, face aux concentrations imposées par l'industrie du livre.

Les nouveaux lieux du livre : les salons.

Le premier roman publié dans la collection Le Livre de Poche.

L'usage de l'ordinateur crée de nouveaux supports pour la diffusion des œuvres littéraires, comme le livre électronique.

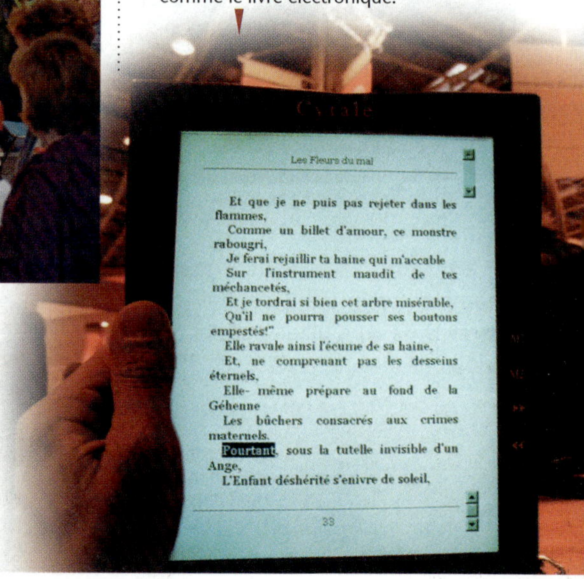

6. Les arts Les éclats de la postmodernité

Tous les arts expriment le sentiment d'angoisse et de solitude créé par la concentration urbaine et l'impression d'un univers où l'homme n'a plus sa place. L'hyperréalisme s'interroge devant la présence obsédante des objets. Des artistes comme César tournent en dérision la société de consommation en exposant des compressions de déchets industriels. Les créateurs contemporains utilisent des matériaux nouveaux, comme les tissus, le plastique ou la cire. Ils intègrent dans leurs œuvres les techniques de la photographie ou de la vidéo. Au cinéma, à la Nouvelle Vague de Truffaut et de Godard a succédé l'univers personnel de metteurs en scène, comme Luc Besson ou Jean-Pierre Jeunet, qui mêlent à la féerie la représentation de la société contemporaine.

Compression de César, réalisée en 1962.

Tissu d'épisodes
Jean Dubuffet (1976)

Jean Dubuffet revendique un art affranchi de toutes références culturelles traditionnelles. Aucune école, aucun mouvement, aucun style ne lui paraissent pouvoir exprimer ce qui se trouve au fond de chaque être. Il s'agit pour lui de revenir à une authenticité originelle, à un « art brut ». (Acrylique sur papiers collés sur toile, 248,5 x 318,5 cm, Centre Pompidou, Paris.)

Jean Dubuffet n'a pas cessé d'expérimenter des modes d'expression plastique où la spontanéité est première. La figuration est donc simplifiée, comme le montrent ici les personnages enfantins, et elle atteint parfois la pure abstraction du gribouillis. Les couleurs sont pures, appliquées directement sans dessin préalable.

Outils rudimentaires et matériaux pauvres ont accompagné le travail de Jean Dubuffet. Dans ce très grand format, il colle des papiers peints sur la toile. Cette technique a été utilisée par Matisse, mais, ici, il ne s'agit pas de composer une seule image colorée : la juxtaposition et la superposition créent une polyphonie inattendue.

Chaque dessin constitue une histoire, inscrite dans son cadre, mais la rencontre des autres « épisodes » compose un paysage insolite, évoquant une bande dessinée sans scénario préalable. Les dessins et les couleurs entrent en correspondance et construisent une multitude d'itinéraires possibles pour le spectateur.

GRACQ

Nom et prénom : **Poirier, Louis**
Pseudonyme : **Julien Gracq**
Naissance : **le 27 juillet 1910, à Saint-Florent-le-Vieil**
Lieux : **le Maine-et-Loire natal ; la Bretagne et la Cornouaille, dont il aime le mystère ; Paris, où il enseigne à partir de 1947**
Situation familiale : **célibataire**
Professions : **professeur d'histoire et de géographie, écrivain**
Amitiés : **José Corti, son éditeur ; l'écrivain allemand Ernst Junger**

Louis Poirier naît dans une famille de commerçants. Il découvre, dans son enfance, les paysages du Maine-et-Loire, remontant en barque la rivière de l'Èvre, se promenant longuement en forêt. En pension au lycée de Nantes, il trouve refuge dans les livres : la lecture du roman de Stendhal, *Le Rouge et le Noir,* est pour lui un éblouissement. À Paris, il étudie la géographie à l'École normale supérieure. Il commence une carrière de professeur au lycée de Nantes, où il fut élève.

En 1937, son premier roman, *Au château d'Argol,* est publié sous le pseudonyme de Julien Gracq chez l'éditeur José Corti. Le livre suscite l'enthousiasme d'André Breton, sensible à son atmosphère envoûtante. Mobilisé pendant la guerre, Gracq tombe gravement malade en Allemagne, dans un camp de prisonniers. Après la Libération, nommé en 1947 dans un lycée parisien, il poursuit son œuvre et condamne violemment dans un essai, *La Littérature à l'estomac,* ceux qui ne voient dans le livre qu'un objet de commerce. Il refuse ainsi le prix Goncourt qu'obtient, en 1951, son roman *Le Rivage des Syrtes.* Au cinéma, André Delvaux et Jean Mitrani adaptent ses œuvres, dont ils restituent l'émotion, le mystère et la poésie.

Ses œuvres principales

- des romans, dont : *Au château d'Argol* (1938), *Le Rivage des Syrtes* (1951), *Un balcon en forêt* (1958), *La Presqu'île* (1970)
- une pièce de théâtre : *Le Roi pêcheur* (1948)
- des essais, dont : *La Littérature à l'estomac* (1950)
- des souvenirs autobiographiques, dont : *Autour des sept collines* (1988), *Carnets du grand chemin* (1992)

1950

La Littérature à l'estomac

Excédé par la transformation de la littérature et des livres en biens de consommation, Julien Gracq dénonce dans un pamphlet le rôle des médias et le tapage publicitaire autour du livre. Il regrette ainsi l'aveuglement du public, qui ne fait plus de l'œuvre artistique qu'un produit commercial.

La demande harcelante de grands écrivains fait que presque chaque nouveau venu a l'air de sortir d'une forcerie : il se dope, il se travaille, il se fouaille les côtes : il veut être à la hauteur de ce qu'on attend de lui, à la *hauteur de son époque*. Le critique, lui, n'en veut pas démordre : coûte que coûte il *découvrira*, c'est sa mission – *ce n'est pas une époque comme les autres* – chaque semaine il lui faut quelque chose à jeter dans l'arène à son de trompe : un philosophe tahitien, un graffiti de bagnard – Rimbaud *redivivus* ; on dirait parfois, au milieu de la fiesta rituelle et colorée qu'est devenue notre « vie littéraire », un trompette affolé qui sonnerait tout par peur d'en passer : la sortie du taureau de course et celle du cheval de picador. Aussi voit-on trop souvent en effet la « sortie » d'un écrivain nouveau nous donner le spectacle pénible d'une rosse efflanquée essayant de soulever lugubrement sa croupe au milieu d'une pétarade théâtrale de fouets de cirque – rien à faire ; un tour de piste suffit, il *sent l'écurie* comme pas un, il court maintenant à sa mangeoire ; il n'est plus bon qu'à radioter, à fourrer dans un *jury littéraire* où à son tour il couvera l'an prochain quelque nouveau « poulain » aux jambes molles et aux dents longues. (Puisque j'en suis aux prix littéraires, et avec l'extrême méfiance que l'on doit mettre à solliciter son intervention dans les lieux publics, je me permets de signaler à la police, qui réprime en principe les attentats à la pudeur, qu'il est temps de mettre un terme au spectacle glaçant d'« écrivains » dressés de naissance sur leur train de derrière, et que des sadiques appâtent aujourd'hui au coin des rues avec n'importe quoi : une bouteille de vin, un camembert – comme ces bambins piaillants qu'on faisait jadis plonger dans le bassin de Saint-Nazaire en y jetant une pièce de vingt sous enveloppée dans un bout de *papier journal*).

....

De ce que l'écrivain dispose aujourd'hui de mille manières de se manifester qui portent souvent infiniment plus loin que ses livres, il se trouve que sa *mise en place* gagne infiniment en rapidité à emprunter d'autres voies que la lente pénétration, la lente digestion d'une œuvre écrite pour un public que la faim ne dévore pas toujours. Mille impressions sensibles – dans notre civilisation amoureuse de graphiques, d'images parlantes – *inscrivent* aujourd'hui pour l'œil plus que pour l'intelligence et le goût un ordre de préséances[1] obsédant qui n'est pas celui de la lecture, et qui va jusqu'à déclencher une espèce d'automatisme de répétition : grosseur des caractères dans les journaux, fréquence des photographies, manchettes des revues, « présidiums[2] » de congrès d'écrivains, comme une salle de distribution des prix, « ventes » littéraires publiques, dont on diffuse les chiffres, apposition de noms au bas de manifestes, grandes orgues radiophoniques, séances de *signatures* où le talent de l'écrivain, de manière obscure, triomphe aux yeux dans l'étendue de sa *performance*, comme un champion d'échecs qui donne des simultanées[3]. Le grand public, par un entraînement inconscient, exige de nos jours comme une *preuve* cette transmutation bizarre du qualitatif en quantitatif, qui fait que l'écrivain aujourd'hui se doit de représenter, comme on dit, une *surface*, avant même parfois d'avoir un talent.

Julien Gracq, *La Littérature à l'estomac*, Éd. José Corti, 1950.

▪ **1. préséances** : droit d'avoir une place d'honneur, de précéder quelqu'un. ▪ **2. présidiums** : conseils suprêmes. ▪ **3. simultanées** : parties d'échecs jouées en même temps contre plusieurs adversaires différents.

Le livre et l'audimat

Dans *La Littérature à l'estomac*, Julien Gracq analyse les rapports entre la littérature et son public. Dès le titre, son essai s'inscrit dans le registre polémique. Qu'est-ce qui favorise le succès de telle ou telle œuvre, laissant les autres dans l'oubli ? À quoi servent réellement la multiplication des prix littéraires et la promotion du livre ? Quel est au juste le rôle de la critique littéraire ?

Aujourd'hui, l'écrivain se retrouve brusquement à la une de la presse grand public, et au centre de conversations mondaines ; le livre apparaît comme un produit qu'il faut vendre.

S'opposant à cette conception mercantile de la littérature, Gracq refuse logiquement le prix Goncourt qui lui est attribué pour *Le Rivage des Syrtes*.

On peut opposer à cette vision la nécessité pour le monde de l'édition de recourir à des formes de promotion diverses : les émissions littéraires télévisées en sont le meilleur exemple. Elles conduisent inévitablement à faire de l'écrivain une figure publique, qui assure ainsi à sa manière, parfois avec bonheur, la survie du livre dans une société dominée par les images.

1951

Le Rivage des Syrtes

Aldo, le jeune héros du *Rivage des Syrtes*, est envoyé à l'extrémité du territoire d'Orsenna pour surveiller la mer des Syrtes. De l'autre côté de la mer se trouve en effet le Farghestan, pays inconnu et fabuleux avec lequel Orsenna entretient un état de guerre latent. Seul ou en compagnie de Vanessa, Aldo s'enlise dans l'attente du combat. Dans ce paysage désert fait de marécages au milieu desquels surgissent quelques fermes, le héros est une sentinelle désœuvrée devant un rivage vide. Fasciné par le territoire ennemi qu'il contemple, Aldo déclenche la guerre qui sera fatale à ses compatriotes.

Vanessa marchait devant moi sans mot dire, le souffle court, le pas hâté, et la pensée me vint un instant que l'île était peut-être encore habitée, et qu'une silhouette allait surgir de ces roches qui donnerait un corps à sa fièvre et à mon malaise.

Arrivée au sommet de la colline, elle s'arrêta. L'île finissait devant nous par des précipices abrupts ; le vent de ce côté la fouettait furieusement, et on entendait du bas des falaises monter les coups de bélier continus des vagues. Mais Vanessa ne s'en souciait guère, et sans doute ne se souvenait-elle même plus que je fusse là. Elle s'était assise sur une roche éclatée et fixait les yeux sur l'horizon : on eût dit que sur ce récif écarté soudain elle prenait une veille, pareille à ces silhouettes endeuillées qui, du haut d'un promontoire, guettent interminablement le retour d'une voile.

Mes yeux suivaient malgré moi la direction de son regard. Une clarté assez vive s'attardait sur le ressaut de colline qui crevait le manteau de brumes. En face de nous, l'horizon de mer bordait une bande plus pâle et étonnamment transparente dans le crépuscule avancé, pareille à une de ces échappées ensoleillées qui se creusent au ras de l'eau sous le dôme des vapeurs et annoncent la fin d'un orage. Mes yeux parcoururent cet horizon désert et s'arrêtèrent un instant aux contours d'un très petit nuage blanc en forme de cône, qui semblait flotter au ras de l'horizon dans la lumière diminuée, et dont l'isolement insolite dans cette soirée claire et la forme lourde s'associèrent aussitôt dans mon esprit de façon confuse à l'idée d'une menace lointaine et à l'appréhension d'un orage montant sur la mer.

Un froid brusque maintenant s'abattait sur l'île, le vent fraîchissait, à l'approche de la nuit les oiseaux de mer avaient cessé de crier ; j'avais hâte soudain de quitter cette île chagrine et sauvage, évacuée comme un navire qui coule. Je touchai sèchement l'épaule de Vanessa.

– Il se fait tard. Viens. Rentrons.

– Non, pas encore. Tu as vu ? me dit-elle en tournant vers moi ses yeux grands ouverts dans le noir.

D'un seul coup, comme une eau lentement saturée, le ciel de jour avait viré au ciel lunaire ; l'horizon devenait une muraille laiteuse et opaque qui tournait au violet au-dessus de la mer encore faiblement miroitante. Traversé d'un pressentiment brusque, je reportai alors mes yeux vers un singulier nuage. Et, tout à coup, je vis.

Une montagne sortait de la mer, maintenant distinctement visible sur le fond assombri du ciel. Un cône blanc et neigeux, flottant comme un lever de lune au-dessus d'un léger voile mauve qui le décollait de l'horizon, pareil, dans son isolement et sa pureté de neige, et dans les jaillissements de sa symétrie parfaite, à ces phares diamantés qui se lèvent au seuil des mers glaciales. Son lever d'astre sur l'horizon ne parlait pas de la terre, mais plutôt d'un soleil de minuit, de la révolution d'une orbite calme qui l'eût ramené à l'heure dite des profondeurs lavées à l'affrontement fatidique[1] de la mer. Il était là. Sa lumière froide rayonnait comme une source de silence, comme une virginité déserte et étoilée.

– C'est le Tängri, dit Vanessa sans tourner la tête. Elle parlait comme pour elle-même, et je doutai de nouveau qu'elle eût conscience que je fusse là.

Depuis 1950

Nous demeurâmes longtemps sans mot dire dans l'obscurité devenue profonde, les yeux fixés sur la mer. Le sentiment du temps s'envolait pour moi. La lumière de la lune tirait vaguement de l'ombre la cime[2] énigmatique pour l'y replonger aussitôt, la faisait palpiter irréellement sur la mer effacée ; nos yeux fascinés s'épuisaient à suivre le déploiement de ces phases mourantes, comme aux dernières lueurs, plus louches et plus mystérieuses, d'une aurore boréale[3]. Enfin il fit nuit tout à fait, le froid nous transperça. Je relevai Vanessa sans mot dire, elle s'appuya à mon bras toute lourde. Nous marchions la tête vide, les yeux douloureux de leur excès de fixité, les jambes molles. Je tenais Vanessa étroitement serrée contre moi sur le chemin périlleux et glissant que nous avions peine à suivre dans le noir, mais cet appui que je lui prêtais n'était plus en ce moment qu'un réflexe machinal et sans tendresse. Il me semblait que cette journée de douce et caressante chaleur avait passé comme un vent descendu des champs de neige, si lustral[4] et si sauvage que jamais mes poumons qu'il avait mordus n'en pourraient épuiser la pureté mortelle, et, comme pour en garder encore l'étincellement dans mes yeux et la saveur froide sur ma bouche, sur le sentier ébouleux, malgré moi, je marchais la tête renversée vers le ciel plein d'étoiles.

Julien Gracq, *Le Rivage des Syrtes*, Éd. José Corti, 1951.

1. fatidique : inévitable. **2. la cime** : le sommet de la montagne. **3. aurore boréale** : le lever du soleil, l'aurore polaire. **4. lustral** : qui purifie.

Paysage méditerranéen, 1953. Peinture à l'huile de Nicolas de Staël.

Le roman de l'attente et du mystère

À l'opposé des romans qui multiplient les péripéties et les rebondissements, ce qui compte le plus pour Julien Gracq dans *Le Rivage des Syrtes*, c'est la création d'un univers mystérieux, où les personnages – partagés entre la peur et le désir, entre le rêve et le souvenir – attendent un événement qui tarde à venir. Comme l'écrit Breton, dans *L'Amour fou* : « Indépendamment de ce qui arrive, n'arrive pas, c'est l'attente qui est magnifique. » Dans les romans de Gracq, le héros est un guetteur, attentif à tous les signes du monde, qui découvre derrière l'apparence ordinaire des choses un secret, une vie plus intense. La réalité familière prend un nouveau visage. L'univers du roman rappelle ainsi celui des contes, des légendes inquiétantes, riche de symboles et ouvert à la poésie.

1951

Gracq et le refus du prix Goncourt

En 1951, Julien Gracq refuse le prix Goncourt qui lui est attribué pour son roman, *Le Rivage des Syrtes*. La polémique qui s'engage témoigne de l'importance de cette récompense qui, depuis sa création jusqu'à aujourd'hui, s'impose comme l'un des événements majeurs de la vie littéraire.

Chronologie du prix Goncourt

1896	mort d'Edmond de Goncourt, dont le testament fonde une académie littéraire
21 décembre 1903	attribution du premier prix Goncourt
1932	accusations de manipulations après l'éviction du roman de Louis-Ferdinand Céline, *Voyage au bout de la nuit*
1951	refus du prix par Julien Gracq
1974	le roman *La Dentellière*, de Pascal Lainé, lauréat du prix, est vendu à 1 500 000 exemplaires
1975	attribution du prix à Émile Ajar, pseudonyme de Romain Gary, qui l'avait obtenu sous son vrai nom en 1956
1988	naissance du Goncourt des lycéens

La naissance du prix Goncourt

Après la mort de son frère Jules, Edmond de Goncourt décide de créer une académie littéraire pour perpétuer leur nom et concurrencer l'Académie française, jugée trop conservatrice. Tout au long de leur vie, les deux frères ont réuni une collection d'œuvres d'art d'une grande valeur. C'est ainsi qu'à sa mort, en 1896, le testament d'Edmond lègue sa fortune à une académie chargée d'attribuer un prix de cinq mille francs « au meilleur roman, au meilleur recueil de nouvelles, au meilleur volume d'impressions, au meilleur volume d'imagination en prose, et exclusivement en prose, publié dans l'année ». C'est la naissance du prix Goncourt.

Michel Tournier, lauréat du prix Goncourt en 1970 pour son roman *Le Roi des Aulnes*.

Edmond de Goncourt, le fondateur du célèbre prix littéraire.

Le fonctionnement de la nouvelle académie

Après un long procès avec les héritiers de l'écrivain, l'académie Goncourt attribue son prix pour la première fois en 1903. Les dix membres qui la composent appartiennent alors à l'école naturaliste. Ils ont pour mission de consacrer l'originalité et le talent d'un jeune écrivain. Pour cela, ils se réunissent régulièrement pour dresser la liste des meilleures œuvres

À la surprise générale, Julien Gracq refuse le prix Goncourt décerné à son roman *Le Rivage des Syrtes*.

parues. Chaque année, au mois de décembre d'abord, puis en novembre, après un repas pris en commun dans un restaurant célèbre, le président de l'académie proclame le résultat du vote.

Le temps des scandales et des doutes

Très vite, le prix Goncourt s'impose comme le plus disputé des prix littéraires. Les éditeurs exercent leur influence pour qu'un de leurs auteurs soit désigné, et le doute entache certaines élections. En 1932, par exemple, le roman de Louis-Ferdinand Céline, *Voyage au bout de la nuit*, est écarté à la stupéfaction générale. En 1951, Julien Gracq, qui dénonce la dimension commerciale qui lui est attachée, provoque le scandale en refusant le prix Goncourt. Le romancier Romain Gary est consacré deux fois, l'une sous son propre nom, en 1956, l'autre sous le pseudonyme d'Émile Ajar, en 1975. Chaque année, l'attribution du prix Goncourt s'accompagne ainsi de prévisions, de rumeurs ou de polémiques qui témoignent de sa popularité.

L'immense influence du Goncourt

Si la plupart des romans consacrés sont rapidement oubliés, le prix Goncourt a aussi révélé le talent de grands écrivains : Marcel Proust en 1919, André Malraux en 1933, Michel Tournier en 1970, Patrick Modiano en 1978, Marguerite Duras en 1984, Tahar Ben Jelloun en 1987, Pascal Quignard en 2002. Les œuvres consacrées connaissent le succès auprès du grand public, les tirages atteignent des chiffres considérables, stimulant ainsi la chaîne de l'édition, depuis l'imprimerie jusqu'aux présentoirs des libraires. Le prix Goncourt apparaît comme un événement majeur de la vie littéraire : grâce à lui, l'ensemble des médias se fait l'écho, une fois par an, des débats qui animent le monde de la littérature et de l'édition.

Les membres du jury de l'académie Goncourt réunis en avril 2000.

Pour ou contre les prix littéraires ?

En refusant le Goncourt, Gracq s'interroge sur l'importance à accorder aux prix littéraires. À ses yeux, la littérature ne doit pas devenir l'enjeu d'intérêts commerciaux liés à la promotion d'un livre. Pour lui, une seule œuvre couronnée fait oublier les autres écrivains qui mériteraient d'être reconnus. À l'inverse, les défenseurs des prix littéraires soulignent leur contribution au dynamisme du monde des lettres : le prix Fémina est créé dès 1905, celui de l'Académie française en 1918, le Renaudot en 1925, l'Interallié en 1930, le Médicis en 1958… En définitive, dans un monde où la lecture semble menacée, la rivalité entre les différents prix littéraires entretient l'intérêt du public pour la littérature. Le Goncourt des lycéens, au succès grandissant, contribue à son tour à cette effervescence qui donne envie de lire.

COMPRENDRE L'ESSENTIEL

1. Dans quel but Edmond de Goncourt crée-t-il le prix qui porte son nom ?

2. Quel est le rôle des réunions mensuelles du jury du prix Goncourt ?

3. Quels types de problèmes l'attribution du prix Goncourt rencontre-t-elle ?

4. Pourquoi les œuvres couronnées par le prix Goncourt connaissent-elles un succès aussi considérable ?

YOURCENAR

Nom et prénom : **de Crayencour, Marguerite**
Pseudonyme : **Yourcenar (anagramme de Crayencour)**
Naissance : **le 8 juin 1903, à Bruxelles**
Décès : **le 18 décembre 1987, à Mount Desert Island, aux États-Unis**
Lieux : **Bruxelles, Paris, Londres, les États-Unis**
Situation familiale : **compagne de Grace Frick**
Professions : **enseignante, romancière, traductrice**
Amitiés : **André Gide, Jean d'Ormesson**

La mère de Marguerite meurt dix jours après sa naissance. Son père, esprit libre passionné par l'étude des langues anciennes, s'occupe alors de l'éducation de l'enfant. Il lui donne le goût du voyage en lui faisant découvrir l'Italie et la Grèce. Marguerite obtient ainsi à seize ans le baccalauréat sans avoir fréquenté l'école. À la mort de son père, la jeune femme publie son premier roman, *Alexis ou le Traité du vain combat*, en 1929. En 1937, Marguerite Yourcenar découvre les États-Unis et y retourne pendant l'Occupation, où elle enseigne. C'est en 1949 que paraît *Le Coup de grâce*, son premier chef-d'œuvre.

En 1950, pour se consacrer totalement à la littérature, elle s'installe dans l'île de Mount Desert, dans le Maine, en compagnie de son amie Grace Frick. En 1951, les *Mémoires d'Hadrien* lui valent immédiatement une renommée mondiale. Ce succès est confirmé par *L'Œuvre au noir* en 1968. Entre-temps, elle multiplie les traductions du grec et de l'américain, rédige des essais historiques et littéraires. Le 6 mars 1980, Marguerite Yourcenar est la première femme élue à l'Académie française. Elle meurt sept ans plus tard.

Ses œuvres principales

- des romans et des nouvelles, dont : *Alexis ou le Traité du vain combat* (1929), *Le Coup de grâce* (1949), *Mémoires d'Hadrien* (1951), *Nouvelles orientales* (1963), *L'Œuvre au noir* (1968), *Souvenirs pieux* (1974), *Archives du nord* (1977)
- un essai : *Mishima ou la Vision du vide* (1981)

1951

Mémoires d'Hadrien

Vieilli, malade, retiré dans sa villa de Tibure, l'empereur romain Hadrien adresse une lettre à Marc Aurèle, son petit-fils adoptif, dans laquelle il fait le bilan de sa vie afin « de se mieux connaître avant de mourir ». Il ne cache rien, ni la passion éprouvée pour le jeune amant, le bel Antinoüs, ni son goût pour la civilisation grecque. Le rappel des souvenirs conduit l'empereur à méditer sur la vérité et la liberté. Dans cet extrait, il raconte une visite effectuée chez une magicienne, en compagnie d'Antinoüs, lors d'un séjour en Égypte.

Après nous avoir inquiétés de son mieux, la devineresse nous proposa ses services : un de ces sacrifices magiques, dont les sorciers d'Égypte se font une spécialité, suffirait pour tout arranger à l'amiable avec le destin. Mes incursions dans la magie phénicienne m'avaient déjà fait comprendre que l'horreur de ces pratiques interdites tient moins à ce qu'on nous en montre qu'à ce qu'on nous en cache : si on n'avait pas su ma haine des sacrifices humains, on m'aurait probablement conseillé d'immoler un esclave. On se contenta de parler d'un animal familier.

Autant que possible, la victime devait m'avoir appartenu ; il ne pouvait s'agir d'un chien, bête que la superstition égyptienne croit immonde ; un oiseau eût convenu, mais je ne voyage pas accompagné d'une volière. Mon jeune maître[1] me proposa son faucon. Les conditions se trouveraient remplies : je lui avais donné ce bel oiseau après l'avoir reçu moi-même du roi d'Osroène. L'enfant le nourrissait de sa main ; c'était une des rares possessions auxquelles il s'était attaché. Je refusai d'abord ; il insista gravement ; je compris qu'il attribuait à cette offre une signification extraordinaire, et j'acceptai par tendresse. Muni des instructions les plus détaillées, mon courrier Ménécratès partit chercher l'oiseau dans nos appartements du Sérapéum. Même au galop, la course demanderait en tout plus de deux heures. Il n'était pas question de les passer dans le taudis malpropre de la magicienne, et Lucius[2] se plaignait de l'humidité de la barque. Phlégon trouva un expédient : on s'installa tant bien que mal chez une proxénète, après s'être débarrassé du personnel de la maison ; Lucius décida de dormir ; je mis à profit cet intervalle pour dicter des dépêches ; Antinoüs s'étendit à mes pieds. Le calame de Phlégon grinçait sous la lampe. On touchait déjà à la dernière veille de la nuit quand Ménécratès rapporta l'oiseau, le gantelet, le capuchon et la chaîne.

Nous retournâmes chez la magicienne. Antinoüs décapuchonna son faucon, caressa longuement sa petite tête ensommeillée et sauvage, le remit à l'incantatrice qui commença une série de passes magiques. L'oiseau fasciné se rendormit. Il importait que la victime ne se débattît pas et que la mort parût volontaire. Enduite rituellement de miel et d'essence de rose, la bête inerte fut déposée au fond d'une cuve remplie d'eau du Nil ; la créature noyée s'assimilait à l'Osiris[3] emporté par le courant du fleuve ; les années terrestres de l'oiseau s'ajoutaient aux miennes ; la petite âme solaire s'unissait au Génie de l'homme pour lequel on la sacrifiait ; ce Génie invisible pourrait désormais m'apparaître et me servir sous cette forme. Les longues manipulations qui suivirent ne furent pas plus intéressantes qu'une préparation de cuisine. Lucius bâillait. Les cérémonies imitèrent jusqu'au bout des funérailles humaines : les fumigations et les psalmodies traînèrent jusqu'à l'aube. On enferma l'oiseau dans un cercueil bourré d'aromates que la magicienne enterra devant nous au bord du canal, dans un cimetière abandonné. Elle s'accroupit ensuite sous un arbre pour compter une à une les pièces d'or de son salaire versées par Phlégon.

Nous remontâmes en barque. Un vent singulièrement froid soufflait. Lucius, assis près de moi, relevait du bout de ses doigts minces les couvertures de coton brodé ; par politesse, nous continuions à échanger à bâtons rompus des propos concernant les affaires et les scandales de Rome. Antinoüs, couché au fond de la barque, avait appuyé la tête sur mes genoux ; il feignait de dormir pour s'isoler de cette conversation qui ne l'incluait pas. Ma main glissait sur sa nuque, sous ses cheveux. Dans les moments les plus vains ou les plus ternes, j'avais ainsi le sentiment de rester en contact avec les grands objets naturels, l'épaisseur des forêts, l'échine musclée des panthères, la pulsation régulière des sources. Mais aucune caresse ne va jusqu'à l'âme.

Marguerite Yourcenar, *Mémoires d'Hadrien*, Éd. Gallimard, 1951.

▪ **1. mon jeune maître** : Antinoüs, le favori d'Hadrien. ▪ **2. Lucius** : jeune patricien qui accompagne Hadrien. ▪ **3. l'Osiris** : dieu protecteur des morts dans l'ancienne Égypte.

L'architecte du monde intérieur

Dans les *Mémoires d'Hadrien*, Marguerite Yourcenar recrée les souvenirs de l'empereur mort il y a dix-huit siècles. Elle explore ainsi le monde antique, à travers la conscience d'un homme.

S'appuyant sur une extraordinaire documentation, le roman historique reconstitue minutieusement l'univers de la Rome impériale confrontée à la menace barbare qui se dresse aux frontières.

Le lecteur reçoit les confidences d'Hadrien, son amitié pour Plotine, la femme de Trajan, son désespoir lors du suicide d'Antinoüs, son favori. L'empereur évoque ses décisions dans la gestion de l'empire, il parle de la mort, de l'amour, de l'amitié et livre ainsi une leçon profondément humaine qui le conduit à accepter sa fin, « les yeux ouverts ».

IONESCO

Nom et prénom : **Ionesco, Eugène**
Naissance : **le 26 novembre 1912, à Slatina, en Roumanie**
Décès : **le 28 mars 1994, à Paris**
Lieux : **Paris, le petit village de La Chapelle-Anthenaise dans la Mayenne, Bucarest, Marseille**
Situation familiale : **marié à Rodica Burileano ; une fille, Marie-France**
Professions : **professeur, correcteur pour une maison d'édition, auteur dramatique**
Amitiés : **l'auteur dramatique Adamov, le cinéaste Buñuel, les écrivains roumains de langue française Cioran et Mircea Éliade**

Eugène Ionesco naît en Roumanie d'un père roumain et d'une mère française. La guerre de 1914, les disputes des parents suscitent chez l'enfant un sentiment d'angoisse. Cependant, leur séparation conduit Eugène et sa sœur à se partager, durant leur enfance, entre la France et la Roumanie. C'est à Bucarest que Ionesco assiste à la montée du nazisme. Il se marie et obtient une bourse pour étudier en France. Pendant la Seconde Guerre mondiale, à Marseille puis à Paris, le couple connaît des difficultés matérielles.

Ionesco est alors correcteur dans une maison d'ouvrages administratifs. Il écrit *La Cantatrice chauve*, qui n'a d'abord aucun succès. Mais *La Leçon*, en 1951, puis *Les Chaises*, l'année suivante, l'imposent comme un auteur d'avant-garde. Le succès vient avec *Rhinocéros* et *Le Roi se meurt*. Ionesco entre à l'Académie française en 1970. Son théâtre survit à l'apparition de dramaturges nouveaux : depuis 1957, *La Cantatrice chauve* est représentée chaque soir au théâtre de la Huchette à Paris.

Ses œuvres principales

- des pièces de théâtre, dont : *La Cantatrice chauve* (1950), *La Leçon* (1951), *Les Chaises* (1952), *Amédée ou Comment s'en débarrasser* (1954), *Rhinocéros* (1958), *Tueur sans gages* (1959), *Le Roi se meurt* (1962), *Le Piéton dans l'air* (1963), *La Soif et la Faim* (1966), *Jeux de massacre* (1970)
- des essais, dont : *Notes et Contre-Notes* (1962)
- des journaux, dont : *Journal en miettes* (1967)
- un roman : *Le Solitaire* (1973)

1950

La Cantatrice chauve, anti-pièce

Inspirée d'une méthode d'apprentissage de l'anglais, *La Cantatrice chauve* développe toute la vanité d'un dialogue purement mécanique. Dans cet extrait, M. et Mme Smith enchaînent ainsi des réflexions absurdes, qui ont cependant toute l'apparence d'une conversation logique.

MME SMITH. – Mrs Parker connaît un épicier roumain, nommé Popesco Rosenfeld, qui vient d'arriver de Constantinople. C'est un grand spécialiste en yaourt. Il est diplômé de l'école des fabricants de yaourt d'Andrinople. J'irai demain lui acheter une grande marmite de yaourt roumain folklorique. On n'a pas souvent des choses pareilles ici, dans les environs de Londres.

M. SMITH, *continuant sa lecture, fait claquer sa langue.*

MME SMITH. – Le yaourt est excellent pour l'estomac, les reins, l'appendicite et l'apothéose[1]. C'est ce que m'a dit le docteur Mackenzie-King qui soigne les enfants de nos voisins, les Johns. C'est un bon médecin. On peut avoir confiance en lui. Il ne recommande jamais d'autres médicaments que ceux dont il a fait l'expérience sur lui-même. Avant de faire opérer Parker, c'est lui d'abord qui s'est fait opérer du foie, sans être aucunement malade.

M. SMITH. – Mais alors, comment se fait-il que le docteur s'en soit tiré et que Parker soit mort ?

MME SMITH. – Parce que l'opération a réussi chez le docteur et n'a pas réussi chez Parker.

Depuis 1950

M. SMITH. – Alors Mackenzie n'est pas un bon docteur. L'opération aurait dû réussir chez tous les deux ou alors tous les deux auraient dû succomber.

MME SMITH. – Pourquoi ?

M. SMITH. – Un médecin consciencieux doit mourir avec le malade s'ils ne peuvent vivre ensemble. Le commandant d'un bateau périt avec le bateau, dans les vagues. Il ne lui survit pas.

MME SMITH. – On ne peut pas comparer un malade à un bateau.

M. SMITH. – Pourquoi pas ? Le bateau a aussi ses maladies ; d'ailleurs ton docteur est aussi sain qu'un vaisseau ; voilà pourquoi encore il devait périr en même temps que le malade comme le docteur et son bateau.

MME SMITH. – Ah ! Je n'y avais pas pensé... C'est peut-être juste... et alors, quelle conclusion en tires-tu ?

M. SMITH. – C'est que tous les docteurs ne sont que des charlatans. Et tous les malades aussi. Seule la marine est honnête en Angleterre.

MME SMITH. – Mais pas les marins.

M. SMITH. – Naturellement.

Pause.

M. SMITH. *toujours avec son journal :* Il y a une chose que je ne comprends pas. Pourquoi à la rubrique de l'état civil, dans le journal, donne-t-on toujours l'âge des personnes décédées et jamais celui des nouveau-nés ? C'est un non-sens.

MME SMITH. Je ne me le suis jamais demandé !

Un autre moment de silence. La pendule sonne sept fois. Silence. La pendule sonne trois fois. Silence. La pendule ne sonne aucune fois.

M. SMITH. *toujours dans son journal :* Tiens, c'est écrit que Bobby Warson est mort.

MME SMITH. Mon Dieu, le pauvre, quand est-ce qu'il est mort ?

M. SMITH. Pourquoi prends-tu cet air étonné ? Tu le savais bien. Il est mort il y a deux ans. Tu te rappelles, on a été à son enterrement, il y a un an et demi.

Eugène Ionesco, *La Cantatrice chauve, anti-pièce*, scène 1, Éd. Gallimard, 1950.

1. **apothéose** : honneur, éloge, consécration.

La Cantatrice chauve, dans la mise en scène de Gabor Tampa, avec M.-A. Mestre et D. Chaise, en 2000.

Le dramaturge de l'absurde

C'est en prenant conscience du caractère automatique des expressions utilisées dans les méthodes d'apprentissage de langue que Ionesco écrit sa première pièce, *La Cantatrice chauve*, en 1950. Aucune cantatrice n'y figure. Le théâtre de l'absurde fait ainsi le procès du langage et de la communication. Chez Ionesco, la farce est toujours satirique et burlesque, mais aussi tragique. Elle met en évidence la solitude des hommes dans un univers dépourvu de sens. Confrontés à la mort, les personnages ne peuvent plus se réfugier derrière des valeurs illusoires ou des masques sociaux. C'est ainsi que l'être humain prend conscience de sa faiblesse et peut alors s'opposer aux forces oppressives, aux puissances politiques ou religieuses qui tentent de l'asservir. Le théâtre de Ionesco apparaît alors comme une leçon d'humanisme fondée sur le tragique de la condition humaine.

1962

Le Roi se meurt

Dans *Le Roi se meurt*, Ionesco n'exprime pas seulement le vide du langage et de la communication, il dévoile aussi ce qui fonde le tragique et l'absurdité de toute existence : la mort à laquelle nul n'échappe, même s'il est roi.

LE ROI. – J'ordonne que des arbres poussent du plancher. *(Pause.)* J'ordonne que le toit disparaisse. *(Pause.)* Quoi ? Rien ? J'ordonne qu'il y ait la pluie. *(Pause. Toujours rien ne se passe.)* J'ordonne qu'il y ait la foudre et que je la tienne dans ma main. *(Pause.)* J'ordonne que les feuilles repoussent. *(Il va à la fenêtre.)* Quoi ? Rien ? J'ordonne que Juliette entre par la grande porte. *(Juliette entre par la petite porte au fond à droite.)* Pas par celle-là, par celle-ci. Sors par cette porte. *(Il montre la grande porte. Elle sort par la petite porte, à droite, en face. À Juliette.)* J'ordonne qu'on entende les clairons. J'ordonne que cent vingt et un coups de canon se fassent entendre en mon honneur. *(Il prête l'oreille.)* Rien !... Ah si ! J'entends quelque chose.

LE MÉDECIN. – Ce n'est que le bourdonnement de vos oreilles, Majesté.

MARGUERITE[1], *au Roi.* – N'essaye plus. Tu te rends ridicule.

MARIE[2], *au Roi.* – Tu te fatigues trop mon petit Roi. Ne désespère pas. Tu es plein de sueur. Repose-toi un peu. Nous allons recommencer tout à l'heure. Nous réussirons dans une heure.

MARGUERITE, *au Roi.* – Tu vas mourir dans une heure vingt-cinq minutes.

LE MÉDECIN. – Oui, Sire. Dans une heure vingt-quatre minutes cinquante secondes.

LE ROI, *à Marie.* – Marie !

MARGUERITE. – Dans une heure vingt-quatre minutes quarante et une secondes. *(Au Roi.)* Prépare-toi.

MARIE. – Ne cède pas.

MARGUERITE, *à Marie.* – N'essaye plus de le distraire. Ne lui tends pas les bras. Il est déjà sur la pente, tu ne peux plus le retenir. Le programme sera exécuté point par point.

LE GARDE, *annonçant.* – La cérémonie commence !

Mouvement général. Mise en place de cérémonie. Le Roi est sur le trône, Marie à ses côtés.

LE ROI. – Que le temps retourne sur ses pas.

MARIE. – Que nous soyons il y a vingt ans.

LE ROI. – Que nous soyons la semaine dernière.

MARIE. – Que nous soyons hier soir. Temps retourne, temps retourne ; temps, arrête-toi.

MARGUERITE. – Il n'y a plus de temps. Le temps a fondu dans sa main.

LE MÉDECIN, *à Marguerite, après avoir regardé dans sa lunette dirigée vers le haut.* – En regardant par la lunette qui voit au-delà des murs et des toits, on aperçoit un vide, dans le ciel, à la place de la constellation royale. Sur les registres de l'univers, Sa Majesté est portée défunte.

LE GARDE. – Le Roi est mort, vive le Roi !

MARGUERITE, *au garde.* – Idiot, tu ferais mieux de te taire.

LE MÉDECIN. – En effet, il est bien plus mort que vif.

LE ROI. – Non. Je ne veux pas mourir. Je vous en prie, ne me laissez pas mourir. Soyez gentils, ne me laissez pas mourir. Je ne veux pas.

MARIE. – Que faire pour lui donner la force de résister ? Moi-même, je faiblis. Il ne me croit plus, il ne croit plus qu'eux. *(Au Roi.)* Espère tout de même, espère encore.

MARGUERITE, *à Marie.* – Ne l'embrouille pas. Tu lui fais plus que du tort.

LE ROI. – Je ne veux pas, je ne veux pas.

LE MÉDECIN. – La crise était prévue ; elle est tout à fait normale. Déjà la première défense est entamée.

MARIE, *à Marguerite.* – La crise passera.

LE GARDE, *annonçant.* – Le Roi passe !

LE MÉDECIN. – Nous regretterons beaucoup Votre Majesté ! On le dira, c'est promis.

LE ROI. – Je ne veux pas mourir.

Marie. – Hélas ! Ses cheveux ont blanchi tout d'un coup. *(En effet, les cheveux du Roi ont blanchi.)* Les rides s'accumulent sur son front, sur son visage. Il a vieilli soudain de quatorze siècles.

Le médecin. – Si vite démodé.

Le Roi. – Les rois devraient être immortels.

Marguerite. – Ils ont une immortalité provisoire.

Le Roi. – On m'avait promis que je ne mourrais que lorsque je l'aurais décidé moi-même.

Marguerite. – C'est parce qu'on pensait que tu déciderais plus tôt. Tu as pris goût à l'autorité, il faut que tu décides de force. Tu t'es enlisé dans la boue tiède des vivants. Maintenant, tu vas geler.

Le Roi. – On m'a trompé. On aurait dû me prévenir, on m'a trompé.

Marguerite. – On t'avait prévenu.

Le Roi. – Tu m'avais prévenu trop tôt. Tu m'avertis trop tard. Je ne veux pas mourir… Je ne voudrais pas. Qu'on me sauve puisque je ne peux plus le faire moi-même.

Marguerite. – C'est ta faute si tu es pris au dépourvu, tu aurais dû t'y préparer. Tu n'as jamais eu le temps. Tu étais condamné, il fallait y penser dès le premier jour, et puis, tous les jours, cinq minutes tous les jours. Ce n'était pas beaucoup. Cinq minutes tous les jours. Puis dix minutes, un quart d'heure, une demi-heure. C'est ainsi que l'on s'entraîne.

Le Roi. – J'y avais pensé.

Marguerite. – Jamais sérieusement, jamais profondément, jamais de tout ton être.

Marie. – Il vivait.

Marguerite. – Trop. *(Au Roi.)* Tu aurais dû garder cela comme une pensée permanente au tréfonds de toutes tes pensées.

Le médecin. – Il n'a jamais été prévoyant, il a vécu au jour le jour comme n'importe qui.

Marguerite. – Tu accordais des délais. À vingt ans, tu disais que tu attendrais la quarantième année, pour commencer l'entraînement. À quarante ans…

Le Roi. – J'étais en si bonne santé, j'étais si jeune !

Marguerite. – À quarante ans, tu t'es proposé d'attendre jusqu'à cinquante ans. À cinquante ans…

Le Roi. – J'étais plein de vie, comme j'étais plein de vie !

Marguerite. – À cinquante ans, tu voulais attendre la soixantaine. Tu as eu soixante ans, quatre-vingt-dix ans, cent vingt-cinq ans, deux cents ans, quatre cents ans. Tu n'ajournais plus les préparatifs pour dans dix ans, mais pour dans cinquante ans. Puis tu as remis cela de siècle en siècle.

Le Roi. – J'avais justement l'intention de commencer. Ah ! Si je pouvais avoir un siècle devant moi, peut-être aurais-je le temps !

Le médecin. – Il ne vous reste qu'un peu plus d'une heure, Sire. Il faut tout faire en une heure.

Eugène Ionesco, *Le Roi se meurt*, Éd. Gallimard, 1962.

1. **Marguerite** : première épouse du Roi. 2. **Marie** : deuxième épouse du Roi.

La farce tragique

Dans *Le Roi se meurt*, la durée de la pièce est celle du délai qui précède la mort du Roi : « Tu vas mourir dans une heure vingt-cinq minutes. »

C'est cette confrontation avec la mort qui fait de la pièce de Ionesco une pièce humaine, dense, d'une grande poésie. Mais l'originalité du *Roi se meurt* réside dans l'humour et l'ironie mis en jeu par l'auteur : le thème de la mort est en effet abordé comme dans une farce tragique.

Le problème n'est pas de savoir comment la mort va surgir, mais de montrer comment Bérenger Ier tente péniblement et maladroitement de la comprendre. En effet, rien n'est masqué au Roi ; il n'y a pas de surprise : la mort approche, inexorablement, soulignée par la perte de tout pouvoir. Il s'agit pour Bérenger d'en prendre conscience et de l'affronter. « À quatre ans, j'ai appris la mort. J'ai hurlé de désespoir », écrit Ionesco. Ce cri est aussi celui du Roi.

MOUVEMENT LITTÉRAIRE ET CULTUREL

Le théâtre de l'absurde

Le théâtre de l'absurde n'apparaît pas comme un mouvement littéraire organisé. Il rassemble des auteurs qui partagent la même sensibilité, marquée par un sentiment d'angoisse et d'inquiétude devant un univers de plus en plus déshumanisé. Ils inventent ainsi une forme de dramaturgie qui renouvelle le genre théâtral.

Le mot « absurde »

Dans les œuvres philosophiques d'Albert Camus et de Jean-Paul Sartre, le mot « absurde » désigne l'absence de sens logique de la condition humaine. Après la Seconde Guerre mondiale, la critique littéraire propose de regrouper sous l'expression « théâtre de l'absurde » des pièces qui explorent, à travers la dérision du langage, cette dimension tragique d'une existence dépourvue de sens et d'avenir.

L'HISTOIRE DU MOUVEMENT

Apparu dans le contexte de la guerre froide, au sein d'une société à la recherche de nouveaux repères, le théâtre de l'absurde est l'expression d'un profond malaise.

La condition humaine et les blessures de l'Histoire

Pendant la Seconde Guerre mondiale, Jean-Paul Sartre et Albert Camus mettent en évidence le tragique de l'existence. Leurs œuvres font le constat de l'échec des valeurs humanistes et de la dimension absurde du monde. La révélation des horreurs de la guerre accentue encore ce sentiment de l'absurde.

L'émergence d'un théâtre de la dérision

Au début des années cinquante, Ionesco, Adamov et Beckett, tous les trois d'origine étrangère, explorent une écriture théâtrale qui souligne l'aspect dérisoire de la condition humaine. Leurs pièces contestent les conventions du théâtre de boulevard et refusent les formes du théâtre engagé. Elles sont montées dans de petites salles parisiennes par des metteurs en scène d'avant-garde, comme Roger Blin ou Roger Planchon.

La consécration

Le théâtre de l'absurde, qui exprime l'angoisse d'une société en pleine mutation, connaît alors un succès croissant. Ses représentants rencontrent la consécration : Eugène Ionesco entre à l'Académie française en 1970.

Michel Bouquet et Rufus interprètent *Fin de partie*, dans une mise en scène d'Armand Delcampe au théâtre de l'Atelier, en 1995.

Natasha Parry dans *Oh ! les beaux jours* de Samuel Beckett, mis en scène par Peter Brook en 1996.

Patrice Kerbrat met en scène *En attendant Godot*, de Samuel Beckett, en 1996.

Samuel Beckett reçoit le prix Nobel de littérature en 1969. Leur théâtre garde encore aujourd'hui sa force de dérision et de contestation : *La Cantatrice chauve* continue d'être jouée chaque soir au théâtre de la Huchette à Paris, depuis sa création.

LES PRINCIPES DU MOUVEMENT

Mélanger le registre tragique et le registre comique

Le théâtre de l'absurde exprime l'angoisse et la dérision à travers l'humour noir. Il multiplie les changements de registre, qui créent une atmosphère déroutante.

Remettre en cause le langage et l'action

Le théâtre de l'absurde refuse la conception classique du théâtre : il n'y a plus d'intrigue, le décor est vide, le langage est fait de non-sens et de silences.

Mettre en scène des anti-héros

Le théâtre de l'absurde met en scène des personnages enlisés dans l'attente ou la monotonie de l'existence. Il privilégie les anti-héros, les êtres anonymes et sans épaisseur, sans caractère bien défini.

LES THÈMES ESSENTIELS

La solitude de l'homme et le tragique de l'existence

Se sentant étrangers dans le monde, les personnages expriment leur solitude et leur angoisse au sein d'un univers qui a perdu toute signification.

L'envahissement des objets

Les personnages sont confrontés à des objets banals et dérisoires, qui gênent par leur présence ou envahissent la scène. À travers eux, le théâtre de l'absurde conteste la société de consommation.

L'écoulement infini du temps

Les personnages sont confrontés à l'expérience d'un temps qui s'écoule sans repères. Ils n'ont pas de projet ou attendent des événements qui n'arrivent jamais.

La difficulté de communiquer

Le langage ne remplit plus sa fonction de communication. Les personnages sont incapables de faire part de leurs sentiments. Les mots semblent vides de sens et le langage inutile et vain.

Une nouvelle forme de tragique

Alors que la tragédie classique repose sur la confrontation entre le héros, un roi ou un prince, et une puissance supérieure qu'il défie, le théâtre de l'absurde met en scène des anti-héros prisonniers de la condition humaine. Le tragique provient alors non de l'attente d'un événement menaçant, mais d'une situation d'impuissance, de l'incapacité de se révolter et de modifier le cours des choses. L'absence d'espoir accentue le sentiment de la solitude dans une société déshumanisée. C'est pourquoi le théâtre de l'absurde utilise la farce, l'humour noir ou la dérision qui renouvellent la tragédie.

Les grandes œuvres du théâtre de l'absurde

- Ionesco, *La Cantatrice chauve*, 1950
  La Leçon, 1951
  Rhinocéros, 1960
- Adamov, *Le Ping-pong*, 1955
- Beckett, *En attendant Godot*, 1952
  Fin de partie, 1957
- Harold Pinter, *L'Anniversaire*, 1958

BECKETT

Nom et prénom : **Beckett, Samuel**
Naissance : **le 13 avril 1906, à Foxrock, en Irlande**
Décès : **le 22 décembre 1989, à Paris**
Lieux : **Dublin puis Paris**
Situation familiale : **marié à Suzanne Deschevaux-Dusmenil**
Professions : **enseignant, écrivain**
Amitiés : **le romancier James Joyce, l'éditeur Jérôme Lindon, le metteur en scène Roger Blin**

Né dans une famille de la petite bourgeoisie protestante de Dublin, Samuel Beckett est un étudiant studieux. Nommé assistant à l'université de Dublin, il ne supporte pas la carrière dans laquelle il s'engage et démissionne. À Paris, il est pendant deux ans lecteur d'anglais à l'École normale. Pendant la Seconde Guerre mondiale, il participe à la Résistance. Après la guerre, il décide d'écrire en français. En 1953, après avoir été refusé par de nombreux théâtres, *En attendant Godot* est joué à Paris. C'est un triomphe. La pièce est reprise à Londres et à New York. Beckett reçoit le prix Nobel de littérature en 1969. Ses dernières œuvres sont courtes : des pièces sans paroles, sans personnages parfois, mais où chaque indication de mise en scène est extrêmement précise. Beckett meurt à Paris en 1989.

Ses œuvres principales

- des essais, dont : *Proust* (1931)
- des romans, dont : *Murphy* (1938), *Molloy* (1951), *L'Innommable* (1953)
- des pièces de théâtre, dont : *En attendant Godot* (1952), *Fin de partie* (1957), *Oh ! les beaux jours* (1963)

1952

En attendant Godot

Tout au long de la pièce, deux clochards, Estragon et Vladimir, installés au bord d'un chemin, attendent l'arrivée d'un troisième personnage, Godot. Mais celui-ci ne vient pas.

VLADIMIR *(montrant les chaussures)*. – Les voilà. *(Estragon regarde les chaussures.)* À l'endroit même où tu les as posées hier soir.

Estragon va vers les chaussures, se penche, les inspecte de près.

ESTRAGON. – Ce ne sont pas les miennes.

VLADIMIR. – Pas les tiennes !

ESTRAGON. – Les miennes étaient noires. Celles-ci sont jaunes.

VLADIMIR. – Tu es sûr que les tiennes étaient noires ?

ESTRAGON. – C'est-à-dire qu'elles étaient grises.

VLADIMIR. – Et celles-ci sont jaunes ? Fais voir.

ESTRAGON *(soulevant une chaussure)*. – Enfin, elles sont verdâtres.

VLADIMIR *(avançant)*. – Fais voir. *(Estragon lui donne la chaussure. Vladimir la regarde, la jette avec colère.)* Ça alors !

ESTRAGON. – Tu vois, tout ça c'est des....

VLADIMIR. – Je vois ce que c'est. Oui, je vois ce qui c'est passé.

ESTRAGON. – Tout ça c'est des…

VLADIMIR. – C'est simple comme bonjour. Un type est venu qui a pris les tiennes et t'a laissé les siennes.

ESTRAGON. – Pourquoi ?

VLADIMIR. – Les siennes ne lui allaient pas. Alors il a pris les tiennes.

ESTRAGON. – Mais les miennes étaient trop petites.

VLADIMIR. – Pour toi. Pas pour lui.

ESTRAGON. – Je suis fatigué. *(Un temps.)* Allons-nous-en.

VLADIMIR. – On ne peut pas.

ESTRAGON. – Pourquoi ?

VLADIMIR. – On attend Godot.

ESTRAGON. – C'est vrai. *(Un temps.)* Alors comment faire ?

VLADIMIR. – Il n'y a rien à faire.

ESTRAGON. – Mais moi je n'en peux plus.

VLADIMIR. – Veux-tu un radis ?

ESTRAGON. – C'est tout ce qu'il y a ?

VLADIMIR. – Il y a des radis et des navets.

ESTRAGON. – Il n'y a plus de carottes ?

VLADIMIR. – Non. D'ailleurs tu exagères avec les carottes.

ESTRAGON. – Alors donne-moi un radis. *(Vladimir fouille dans ses poches, ne trouve que des navets, sort finalement un radis qu'il donne à Estragon qui l'examine, le renifle.)* Il est noir !

VLADIMIR. – C'est un radis.

ESTRAGON. – Je n'aime que les roses, tu le sais bien !

VLADIMIR. – Alors, tu n'en veux pas ?

ESTRAGON. – Je n'aime que les roses !

VLADIMIR. – Alors rends-le-moi. *(Estragon le lui rend.)*

ESTRAGON. – Je vais chercher une carotte. *(Il ne bouge pas.)*

VLADIMIR. – Ceci devient vraiment insignifiant.

ESTRAGON. – Pas encore assez. *(Silence.)*

VLADIMIR. – Si tu les essayais ?

ESTRAGON. – J'ai tout essayé.

VLADIMIR. – Je veux dire, les chaussures.

ESTRAGON. – Tu crois ?

VLADIMIR. – Ça fera passer le temps. *(Estragon hésite.)* Je t'assure, ce sera une diversion.

ESTRAGON. – Un délassement.

VLADIMIR. – Une distraction.

ESTRAGON. – Un délassement.

VLADIMIR. – Essaie.

ESTRAGON. – Tu m'aideras ?

VLADIMIR. – Bien sûr.

ESTRAGON. – On ne se débrouille pas trop mal, hein Didi, tous les deux ensemble ?

VLADIMIR. – Mais oui, mais oui. Allez, on va essayer la gauche d'abord.

ESTRAGON. – On trouve toujours quelque chose, hein Didi, pour nous donner l'impression d'exister ?

VLADIMIR *(impatiemment)*. – Mais oui, mais oui, on est des magiciens. Mais ne nous laissons pas détourner de ce que nous avons résolu. *(Il ramasse une chaussure.)* Viens, donne ton pied. *(Estragon s'approche de lui, lève le pied.)* L'autre, porc ! *(Estragon lève l'autre pied.)* Plus haut ! *(Les corps emmêlés, ils titubent à travers la scène. Vladimir réussit finalement à lui mettre la chaussure.)* Essaie de marcher. *(Estragon marche.)* Alors ?

ESTRAGON. – Elle me va.

Samuel Beckett, *En attendant Godot*, Éd. de Minuit, 1952.

L'écrivain du vide et de l'attente

L'œuvre de Beckett, dans ses romans comme dans ses pièces, met en place un univers où l'homme échoue à communiquer avec les autres. Toutes ses tentatives pour donner un sens au monde sont vaines. Qu'il s'agisse de *En attendant Godot*, en 1952, ou de *Oh ! les beaux jours*, en 1963, les personnages sont condamnés à l'inertie. Rien ne vient combler leur attente. Dans l'immobilité d'un univers sans repères, ils parlent pour occuper le vide, jouant, parfois involontairement, d'un humour noir. La parole se développe ainsi dans un équilibre fragile. Les mots qui s'échangent sont dérisoires, voués à la répétition. Et cependant, cette parole est tout ce qui reste aux hommes : un lien ténu qui permet d'entretenir l'illusion de l'échange, qui leur donne l'espérance d'avoir le dernier mot.

1957

Fin de partie

Aveugle, assis dans un fauteuil roulant, Hamm cherche à se raconter des histoires pour dissiper son ennui. Sur la scène se trouvent aussi deux poubelles qui servent de refuge aux parents de Hamm, Nagg et Nell. Hamm dialogue sans espoir avec son valet Clov, qui lui sert d'intermédiaire avec le monde. Il ne cesse de le tyranniser, lui posant toujours les mêmes questions, lui réclamant les mêmes objets, l'obligeant à déplacer son fauteuil, lui demandant des nouvelles du monde extérieur. Le valet se prête en ronchonnant aux exigences de son maître. Beckett met ainsi en place un univers qui représente à ses yeux l'absurdité du monde.

HAMM. – C'est d'un triste.

Entre Clov, la lunette[1] à la main. Il va vers l'escabeau.

CLOV. – Ça redevient gai. *(Il monte sur l'escabeau, braque la lunette sur le dehors. Elle lui échappe des mains, tombe. Un temps.)* J'ai fait exprès. *(Il descend de l'escabeau, ramasse la lunette, l'examine, la braque sur la salle.)* Je vois... une foule en délire. *(Un temps.)* Ça alors, pour une longue-vue c'est une longue-vue. *(Il baisse la lunette, se tourne vers Hamm.)* Alors ? On ne rit pas ?

HAMM, *ayant réfléchi.* – Moi non.

CLOV, *ayant réfléchi.* – Moi non plus. *(Il monte sur l'escabeau, braque la lunette sur le dehors.)* Voyons voir... *(Il regarde, en promenant la lunette.)* Zéro... *(il regarde)*... zéro... *(il regarde)*... et zéro. *(Il baisse la lunette, se tourne vers Hamm.)* Alors ? Rassuré ?

HAMM. – Rien ne bouge. Tout est...

CLOV. – Zér –

HAMM, *avec violence.* – Je ne te parle pas ! *(Voix normale.)* Tout est... tout est... tout est quoi ? *(Avec violence.)* Tout est quoi ?

CLOV. – Ce que tout est ? En un mot ? C'est ça que tu veux savoir ? Une seconde. *(Il braque la lunette sur le dehors, regarde, baisse la lunette, se tourne vers Hamm.)* Mortibus[2]. *(Un temps.)* Alors ? content ?

HAMM. – Regarde la mer.

CLOV. – C'est pareil.

HAMM. – Regarde l'Océan !

Clov descend de l'escabeau, fait quelques pas vers la fenêtre à gauche, retourne prendre l'escabeau, l'installe sous la fenêtre à gauche, monte dessus, braque la lunette sur le dehors, regarde longuement. Il sursaute, baisse la lunette, l'examine, la braque de nouveau.

CLOV. – Jamais vu une chose comme ça !

HAMM, *inquiet.* – Quoi ? Une voile ? Une nageoire ? Une fumée ?

CLOV, *regardant toujours.* – Le fanal[3] est dans le canal.

HAMM, *soulagé.* – Bah ! Il l'était déjà.

CLOV, *de même.* – Il en restait un bout.

HAMM. – La base.

CLOV, *de même.* – Oui.

HAMM. – Et maintenant ?

CLOV, *de même.* – Plus rien.

HAMM. – Pas de mouettes ?

CLOV, *de même.* – Mouettes !

HAMM. – Et l'horizon ? Rien à l'horizon ?

CLOV, *baissant la lunette, se tournant vers Hamm, exaspéré.* – Mais que veux-tu qu'il y ait à l'horizon ?

(Un temps.)

HAMM. – Les flots, comment sont les flots ?

CLOV. – Les flots ? *(Il braque la lunette.)* Du plomb.

HAMM. – Et le soleil ?

CLOV, *regardant toujours.* – Néant.

HAMM. – Il devrait être en train de se coucher pourtant. Cherche bien.

CLOV, *ayant cherché.* – Je t'en fous.

HAMM. – Il fait donc nuit déjà ?

CLOV, *regardant toujours.* – Non.

HAMM. – Alors quoi ?

CLOV, *de même.* – Il fait gris. *(Baissant la lunette et se tournant vers Hamm, plus fort.)* Gris ! *(Un temps. Encore plus fort.)* GRRIS !

Il descend de l'escabeau, s'approche de Hamm par-derrière et lui parle à l'oreille.

HAMM, *sursautant.* – Gris ! Tu as dit gris ?

CLOV. – Noir clair. Dans tout l'univers.

HAMM. – Tu vas fort. *(Un temps.)* Ne reste pas là, tu me fais peur.

Clov retourne à sa place à côté du fauteuil.

CLOV. – Pourquoi cette comédie, tous les jours ?

HAMM. – La routine. On ne sait jamais. *(Un temps.)* Cette nuit j'ai vu dans ma poitrine. Il y avait un gros bobo.

CLOV. – Tu as vu ton cœur.

HAMM. – Non, c'était vivant. *(Un temps. Avec angoisse.)* Clov !

CLOV. – Oui.

HAMM. – Qu'est-ce qui se passe ?

CLOV. – Quelque chose suit son cours.

(Un temps.)

HAMM. – Clov !

CLOV, *agacé.* – Qu'est-ce que c'est ?

HAMM. – On n'est pas en train de... de... signifier quelque chose ?

CLOV. – Signifier ? Nous, signifier ! *(Rire bref.)* Ah elle est bonne !

Samuel Beckett, *Fin de partie*, Éd. de Minuit, 1957.

▪ **1. lunette** : longue-vue. ▪ **2. mortibus** : mort. ▪ **3. fanal** : balise qui sert de phare guidant les navires.

La grisaille du monde

Dans *Fin de partie*, Beckett met en scène un univers dévasté, qui évoque celui que pourrait laisser un cataclysme, une explosion nucléaire ou une catastrophe naturelle.

Autour de Hamm et de Clov, il n'y a plus d'oiseaux, la mer et le ciel ressemblent à du plomb, le soleil a disparu, la nuit elle-même n'est plus noire mais « grise ». Les personnages du théâtre de Beckett font ainsi l'expérience du « néant » dans un monde marqué par l'absence de lumières et de couleurs, par la répétition de gestes vains et dérisoires.

Cependant, le dramaturge ajoute à cet univers lugubre et pitoyable une note d'humour noir qui permet au spectateur d'exorciser son angoisse.

ROBBE-GRILLET

Nom et prénom : **Robbe-Grillet, Alain**
Naissance : **en 1922, à Brest**
Lieux : **la Bretagne, le Maroc, la Martinique, Paris, les États-Unis**
Situation familiale : **marié ; son épouse Catherine écrit sous le pseudonyme de Jean de Berg**
Professions : **ingénieur agronome, romancier**
Amitiés : **Jérôme Lindon, directeur des Éditions de Minuit ; le metteur en scène Alain Resnais ; le critique littéraire Roland Barthes**

Né à Brest, Robbe-Grillet conservera longtemps le souvenir de sa ville natale, de son port, de ses nuits humides, de ses ciels bas. Il exerce d'abord le métier d'ingénieur agronome, et se trouve en 1950 à l'Institut des fruits et agrumes coloniaux.

La publication des *Gommes*, en 1953, et du *Voyeur*, deux ans plus tard, forme un tournant dans sa vie. Immédiatement, les polémiques se multiplient autour du Nouveau Roman, dont il apparaît comme le chef de file. Il devient conseiller littéraire aux Éditions de Minuit, écrit de nombreux articles pour défendre ses idées.

En 1961, Robbe-Grillet collabore avec le cinéaste Alain Resnais pour un film, *L'Année dernière à Marienbad*. Il passe lui-même à la mise en scène et réalise des films complexes et déroutants, comme *Trans-Europ-Express* (1966) ou *l'Eden et après* (1971), qui renversent le récit traditionnel. Son œuvre romanesque se poursuit. En 1985, revenant sur son itinéraire, il écrit une autobiographie, *Le miroir qui revient*, dans laquelle vérité et fiction se mêlent subtilement.

Ses œuvres principales

- des romans, dont : *Les Gommes* (1953), *Le Voyeur* (1955), *La Jalousie* (1957), *L'Année dernière à Marienbad* (1961), *Projet pour une révolution à New York* (1970)
- des récits autobiographiques, dont : *Le miroir qui revient* (1985), *Angélique ou l'Enchantement* (1988), *Les Derniers Jours de Corinthe* (1994)
- des essais et des réflexions critiques, dont : *Pour un nouveau roman* (1963)
- des films, dont : *Trans-Europ-Express* (1966), *Glissements progressifs du plasir* (1974), *Le jeu avec le feu* (1975), *Un bruit qui rend fou* (1995)

1953

Les Gommes

***Les Gommes* raconte l'enquête que mène Wallas dans une ville incertaine et sans nom. Le détective est chargé d'élucider la disparition du professeur Dupont. Au long de son enquête, il porte un regard minutieux sur l'univers qui l'entoure : la ville lui apparaît comme un labyrinthe froid et déshumanisé. Cependant, au terme de ses investigations, vingt-quatre heures plus tard, c'est Wallas lui-même qui tire sur Dupont, au terme d'un enchaînement de quiproquos, le professeur n'ayant fait croire à sa mort que pour se protéger. L'histoire se développe ainsi comme une parodie de roman policier, au long de ces vingt-quatre heures, ponctuées par les longues descriptions qui caractérisent l'écriture du Nouveau Roman. Dans cet extrait, Wallas pénètre dans un restaurant où les clients se servent eux-mêmes.**

Revenu sur ses pas, Wallas avise, de l'autre côté de la rue Janeck, un restaurant automatique de dimensions modestes mais équipé des appareils les plus récents. Contre les murs s'alignent les distributeurs nickelés ; au fond, la caisse où les consommateurs se munissent de jetons spéciaux. La salle, tout en longueur, est occupée par deux rangées de petites tables rondes, en matière plastique, fixées au sol. Debout devant ces tables, une quinzaine de personnes – continuellement renouvelées – mangent avec des gestes rapides et précis. Des jeunes filles en blouses blanches de laborantines desservent et essuient, au fur et à mesure, les tables abandonnées. Sur les murs laqués de blanc, une pancarte maintes fois reproduite :

« Dépêchez-vous. Merci. »

Wallas fait le tour des appareils. Chacun d'eux renferme – placés sur une série de plateaux de verre, équidistants[1] et superposés – une série d'assiettes en faïence où se reproduit exactement, à une feuille près, la même préparation culinaire. Quand une colonne se dégarnit, des mains sans visage complètent les vides, par-derrière.

Arrivé devant le dernier distributeur, Wallas ne s'est pas encore décidé. Son choix est d'ailleurs de faible importance, car les divers mets proposés ne diffèrent que par l'arrangement des articles sur l'assiette ; l'élément de base est le hareng mariné.

Dans la vitre de celui-ci Wallas aperçoit, l'un au-dessus de l'autre, six exemplaires de la composition suivante : sur un lit de pain de mie, beurré de margarine, s'étale un large filet de hareng à la peau bleu argenté ; à droite cinq quartiers de tomate, à gauche trois rondelles d'œuf dur ; posées par-dessus, en des points calculés, trois olives noires. Chaque plateau supporte en outre une fourchette et un couteau. Les disques de pain sont certainement fabriqués sur mesure.

Wallas introduit son jeton dans la fente et appuie sur un bouton. Avec un ronronnement agréable de moteur électrique, toute la colonne d'assiettes se met à descendre ; dans la case vide située à la partie inférieure apparaît, puis s'immobilise, celle dont il s'est rendu acquéreur. Il la saisit, ainsi que le couvert qui l'accompagne, et pose le tout sur une table libre. Après avoir opéré de la même façon pour une tranche du même pain, garni cette fois de fromage, et enfin pour un verre de bière, il commence à couper son repas en petits cubes.

Un quartier de tomate en vérité sans défaut, découpé à la machine dans un fruit d'une symétrie parfaite.

La chair périphérique, compacte et homogène, d'un beau rouge de chimie, est régulièrement épaisse entre une bande de peau luisante et la loge où sont rangés les pépins, jaunes, bien calibrés, maintenus en place par une mince couche de gelée verdâtre le long d'un renflement du cœur. Celui-ci, d'un rose atténué légèrement granuleux, débute, du côté de la dépression inférieure, par un faisceau de veines blanches, dont l'un se prolonge jusque vers les pépins – d'une façon peut-être un peu incertaine.

Tout en haut, un accident à peine visible s'est produit : un coin de pelure, décollé de la chair sur un millimètre ou deux, se soulève imperceptiblement.

Alain Robbe-Grillet, *Les Gommes*,
Éd. de Minuit, 1953.

1. **équidistants** : situés à égale distance.

Pour un nouveau roman

Le Nouveau Roman que réclame Robbe-Grillet et qu'illustrent *Les Gommes* s'affirme comme une contestation du roman traditionnel : le destin du héros, l'identité et le caractère affichés des personnages, le développement chronologique de l'histoire, l'illusion de la réalité à travers la représentation de l'espace et du temps sont remis en cause.

Pour les écrivains du Nouveau Roman, seuls le caractère énigmatique de la narration, la présence obsédante des objets, les ruptures du récit (à travers la répétition des mêmes scènes ou les jeux sur le temps) peuvent redonner une chance à un genre littéraire trop usé. Le romancier a ainsi en tête « des mouvements de phrases, des architectures, des constructions grammaticales, exactement comme un peintre a en tête des lignes et des couleurs », écrit Robbe-Grillet.

Le Nouveau Roman

Les écrivains du Nouveau Roman partagent tous la même volonté de contestation du roman réaliste. Ils inventent de nouvelles techniques d'écriture qui correspondent à une nouvelle vision du monde, perçu comme déshumanisé ou fragmenté, à travers la conscience des personnages.

L'expression « Nouveau Roman »

C'est d'abord par les expressions « école du regard », « nouveau réalisme » ou « jeune roman » que la critique littéraire réunit, dans les années cinquante, de jeunes écrivains qui renouvellent l'écriture romanesque. L'expression « Nouveau Roman » finit par s'imposer pour désigner ce mouvement littéraire. Elle est consacrée en 1963 par Alain Robbe-Grillet, dans son essai *Pour un nouveau roman.*

Les écrivains du Nouveau Roman, devant les Éditions de Minuit, à Paris, en 1959. De gauche à droite : Alain Robbe-Grillet, Claude Simon, Claude Mauriac, l'éditeur Jérôme Lindon, Robert Pinget, Samuel Beckett, Nathalie Sarraute, Claude Ollier.

La crise du personnage romanesque

Le XXe siècle voit se multiplier les formes de remise en cause de la représentation traditionnelle du personnage. « Nos romans n'ont pour but ni de faire vivre des personnages ni de raconter des histoires », écrit Robbe-Grillet dans *Pour un nouveau roman.* Le personnage n'est plus un type, psychologique ou social, comme dans le roman réaliste ; il est désormais un être anonyme, une voix ou un regard qui rapportent sa perception, nécessairement limitée et fragmentée, du monde. De même, cette crise du personnage est aussi celle de l'intrigue qui laisse place à la description quasi entomologique des objets et à la restitution hésitante et fragile d'un univers intérieur.

L'HISTOIRE DU MOUVEMENT

Apparu dans les années cinquante, au sein de la société de consommation naissante, le Nouveau Roman est l'expression d'une volonté de renouvellement de l'écriture romanesque, en rupture à la fois avec le roman réaliste hérité du XIXe siècle, comme avec le roman engagé des années trente.

Le rôle des précurseurs

Depuis le début du XXe siècle, des écrivains tentent de rompre avec la conception linéaire de l'intrigue romanesque : James Joyce, Franz Kafka, William Faulkner ou Albert Camus remettent en cause le héros traditionnel et les représentations classiques de l'espace et du temps romanesques.

L'affirmation d'un mouvement littéraire

À partir de 1953, de jeunes écrivains, Robbe-Grillet, Simon, Butor, Sarraute ou Duras, défendent simultanément une même conception de l'écriture romanesque, qui privilégie l'objectivité du regard et l'exploration d'un univers dépouillé et fragmenté. On leur reproche la sécheresse de leurs descriptions, la banalité des situations et l'enlisement des dialogues. Les écrivains du Nouveau Roman répondent à travers *L'Ère du soupçon* de Nathalie Sarraute ou *Pour un nouveau roman* d'Alain Robbe-Grillet, qui apparaissent ainsi comme les manifestes littéraires du nouveau mouvement.

Le temps de la consécration

Dès leurs débuts, les écrivains du Nouveau Roman se retrouvent au sein d'une maison d'édition dirigée par Jérôme Lindon, les Éditions de Minuit. Mais les auteurs du Nouveau Roman poursuivent aussi leur réflexion sur le récit au cinéma, en réalisant plusieurs films. Avec le prix Goncourt décerné à Marguerite Duras en 1984 et le prix Nobel de littérature à Claude Simon en 1985, c'est l'ensemble du mouvement qui se trouve consacré.

Alain Robbe-Grillet sur le tournage de l'un de ses films.

LES PRINCIPES DU MOUVEMENT

L'exploration de la conscience intérieure

Le Nouveau Roman privilégie le monologue intérieur, qui brise la chronologie linéaire du récit en épousant les mouvements de la pensée.

La description minutieuse des objets

Le Nouveau Roman multiplie les descriptions rigoureuses et scientifiques des objets, afin de traduire la perception froide et extérieure des personnages.

La répétition et la variation d'une même scène

Le Nouveau Roman reprend à la musique le principe de la répétition d'une même scène, qui revient à travers de multiples variations, de manière à restituer la complexité du réel.

LES THÈMES ESSENTIELS

Les romans de Simon, Duras, Sarraute, Butor ou Robbe-Grillet se rejoignent à travers des thèmes communs, qui influencent profondément le roman contemporain.

L'incommunicabilité entre les hommes

Les personnages du Nouveau Roman partagent le sentiment de la solitude. Ils éprouvent de la difficulté à communiquer avec les autres, dans un monde auquel ils se sentent étrangers.

L'enfermement dans un lieu clos

L'espace romanesque se présente comme un lieu clos dans lequel les personnages errent comme dans un labyrinthe dont ils ne peuvent s'échapper.

La fragmentation des souvenirs

Le temps romanesque est celui de l'échange entre le présent, le passé et l'avenir. Le rappel des souvenirs suspend le fil du récit et recrée l'univers fragmenté de la conscience.

Gérard Depardieu, interprète du film *Le Camion*, réalisé par Marguerite Duras.

Les grandes œuvres du Nouveau Roman

Littérature

- Robbe-Grillet, *Les Gommes*, 1953 ; *La Jalousie*, 1957
- Butor, *La Modification*, 1957
- Duras, *Moderato cantabile*, 1958 ; *Le Vice-consul*, 1965
- Sarraute, *Le Planétarium*, 1959
- Simon, *La Route des Flandres*, 1960
  Les Géorgiques, 1981

Cinéma

- Marguerite Duras et Alain Resnais, *Hiroshima mon amour*, 1960
- Robbe-Grillet et Alain Resnais, *L'Année dernière à Marienbad*, 1961
- Robbe-Grillet, *Trans-Europ-Express*, 1966
- Duras, *India Song*, 1975 ; *Le Camion*, 1977

SAGAN

Nom et prénom : **Quoirez, Françoise**
Pseudonyme : **Françoise Sagan**
Naissance : **le 21 juin 1935, à Carjarc, dans le Lot**
Lieux : **Paris, les États-Unis, Saint-Tropez, Cannes**
Situation familiale : **mariée en 1958 à Guy Schoeller; divorcée et remariée à Bob Westhof**
Profession : **romancière**
Amitiés : **le peintre Bernard Buffet, le metteur en scène Anatole Litavk, l'écrivain Bernard Franck**

Françoise Quoirez passe son enfance à Paris, où ses parents habitent un vaste appartement bourgeois. Elle délaisse les institutions privées dans lesquelles elle est inscrite, pour la lecture et la vie trépidante des caves de Saint-Germain-des-Prés. Admiratrice de Proust, elle tire son pseudonyme d'un personnage de son œuvre, la princesse Sagan. Elle est étudiante en lettres lorsqu'elle envoie le manuscrit de *Bonjour Tristesse* à l'éditeur René Julliard. C'est une gloire immédiate, comparée par la jeune femme de dix-neuf ans, à « un coup de grisou » dont elle se sent vite prisonnière. Elle commence alors une vie de voyages, rencontrant aux États-Unis les plus grands écrivains, comme Truman Capote. En 1957, elle subit un grave accident de la route. Sagan est alors une figure majeure de la vie parisienne, composant des chansons pour Juliette Gréco ou Mouloudji, apparaissant à Cannes ou à Saint-Tropez, le cinéma adapte son œuvre. Le mythe Sagan est né.

Sa première pièce de théâtre, *Chateau en Suède*, est jouée en 1960. Mais peu à peu, l'existence dorée de l'écrivain montre une fragilité croissante. Tandis que l'œuvre explore de plus en plus souvent le thème de la mort, elle alimente régulièrement la une des journaux. Arrêtée pour possession de drogue, poursuivie pour fraude fiscale, citée dans des scandales financiers, elle voit son existence marquée par de graves difficultés. Ruinée, gravement malade, Sagan est aidée par des amis qui tentent de la protéger de la curiosité des médias.

Ses œuvres principales

- des romans, dont : *Bonjour Tristesse* (1954), *Un certain sourire* (1956), *Aimez-vous Brahms ?* (1959), *La Chamade* (1965), *Des bleus à l'âme* (1972), *Les Faux-Fuyants* (1991), *Chagrin de passage* (1995)
- des pièces de théâtre, dont : *Château en Suède* (1960), *Les Violons parfois...* (1961), *L'Écharde* (1970), *L'Excès contraire* (1987), *Un piano dans l'herbe* (1994)

1954

Bonjour Tristesse

Cécile, l'héroïne de *Bonjour Tristesse*, âgée de dix-sept ans, mène auprès de son père une vie de complicité et de liberté, facilitée par l'argent. Mais l'apparition d'Anne, l'une des maîtresses de son père, remet en cause cet équilibre. Cécile, qui dans l'extrait évoque son ami Cyril, fait tout pour provoquer une rupture. La mort d'Anne dans un accident de voiture donne naissance au sentiment de tristesse qui ne quittera plus jamais la jeune fille.

Anne était détendue, confiante, d'une grande douceur, mon père l'aimait. Je les voyais descendre le matin appuyés l'un à l'autre, riant ensemble, les yeux cernés, et j'aurais aimé, je le jure, que cela durât toute la vie. Le soir, nous descendions souvent sur la côte, prendre l'apéritif à une terrasse. Partout on nous prenait pour une famille unie, normale, et moi, habituée à sortir seule avec mon père et à récolter des sourires, des regards de malice ou de pitié, je me réjouissais de revenir à un rôle de mon âge. Le mariage devait avoir lieu à Paris, à la rentrée.

Le pauvre Cyril n'avait pas vu sans un certain ahurissement nos transformations intérieures. Mais cette fin légale le réjouissait. Nous faisions du bateau ensemble, nous nous embrassions au gré de nos envies et parfois, tandis qu'il pressait sa bouche sur la mienne, je revoyais le visage d'Anne, son visage doucement meurtri du matin, l'espèce de lenteur, de nonchalance heureuse que l'amour donnait à ses gestes, et je l'enviais. Les baisers s'épuisent, et sans doute si Cyril m'avait moins aimée, serais-je devenue sa maîtresse cette semaine-là.

À six heures, en revenant des îles, Cyril tirait le bateau sur le sable. Nous rejoignions la maison par le bois de pins et, pour nous réchauffer, nous inventions des jeux d'Indiens, des courses à handicap. Il me rattrapait régulièrement avant la maison, s'abattait sur moi en criant victoire, me roulait dans les aiguilles de pins, me ligotait, m'embrassait. Je me rappelle encore le goût de ces baisers essoufflés, inefficaces, et le bruit du cœur de Cyril contre le mien en concordance avec le déferlement des vagues sur le sable... Un, deux, trois, quatre battements de cœur et le doux bruit sur le sable, un, deux, trois... un : il reprenait son souffle, son baiser se faisait précis, étroit, je n'entendais plus le bruit de la mer, mais dans mes oreilles les pas rapides et poursuivis de mon propre sang.

La voix d'Anne nous sépara un soir. Cyril était allongé contre moi, nous étions à moitié nus dans la lumière pleine de rougeurs et d'ombres du couchant et je comprends que cela ait pu abuser Anne. Elle prononça mon nom d'un ton bref.

Cyril se releva d'un bond honteux bien entendu. Je me relevai à mon tour plus lentement en regardant Anne. Elle se tourna vers Cyril et lui parla doucement comme si elle ne le voyait pas :

« Je compte ne plus vous revoir », dit-elle.

Il ne répondit pas, se pencha sur moi et me baisa l'épaule, avant de s'éloigner. Ce geste m'étonna, m'émut comme un engagement. Anne me fixait, avec ce même air grave et détaché comme si elle pensait à autre chose. Cela m'agaça : si elle pensait à autre chose, elle avait tort de tant parler. Je me dirigeai vers elle en affectant un air gêné, par pure politesse. Elle enleva machinalement une aiguille de pin de mon cou et sembla me voir vraiment. Je la vis prendre son beau masque de mépris, ce visage de lassitude et de désapprobation qui la rendait remarquablement belle et me faisait un peu peur :

« Vous devriez savoir que ce genre de distractions finit généralement en clinique », dit-elle.

Elle me parlait debout en me fixant et j'étais horriblement ennuyée. Elle était de ces femmes qui peuvent parler, droites, sans bouger ; moi, il me fallait un fauteuil, le secours d'un objet à saisir, d'une cigarette, de ma jambe à balancer, à regarder balancer...

« Il ne faut pas exagérer, dis-je en souriant. J'ai juste embrassé Cyril, cela ne me traînera pas en clinique...

– Je vous prie de ne pas le revoir, dit-elle comme si elle croyait à un mensonge. Ne protestez pas : vous avez dix-sept ans, je suis un peu responsable de vous à présent et je ne vous laisserai pas gâcher votre vie. D'ailleurs, vous avez du travail à faire, cela occupera vos après-midi. »

Elle me tourna le dos et repartit vers la maison de son pas nonchalant. La consternation me clouait au sol.

Françoise Sagan, *Bonjour Tristesse*, Éd. Julliard, 1954.

La petite musique de l'âme

L'univers romanesque de Françoise Sagan développe une apparente désinvolture. Son écriture classique, la brièveté de ses ouvrages construisent des récits élégants dans lesquels deux ou trois personnages se trouvent confrontés. Aux rencontres éblouissantes, à l'insouciance de la jeunesse, aux amours partagées s'opposent l'angoisse de la solitude, le surgissement soudain de la tristesse. Si les personnages évoluent dans un milieu favorisé, marqué par l'argent facile, ils sont ainsi rattrapés par un chagrin secret, une blessure qui suscite cette petite musique de l'âme qui constitue, aux yeux du lecteur, le charme de l'œuvre de Françoise Sagan.

BUTOR

Nom et prénom : **Butor, Michel**
Naissance : **le 14 septembre 1926, à Mons-en-Barœul, près de Lille**
Lieux : **Paris, l'Égypte, l'Angleterre, Genève, les États-Unis, Berlin, Nice**
Situation familiale : **marié en 1958 avec Marie-Jo ; quatre filles**
Professions : **professeur de lettres, romancier**
Amitiés : **les romanciers Alain Robbe-Grillet, Denis Hollier ; le philosophe Jean-François Lyotard ; les artistes Zanartu et Masurowsky**

Né dans le le Nord de la France, Michel Butor a trois ans lorsque ses parents s'installent à Paris. Il fait des études de philosophie, écrit des poèmes, avant d'accepter un poste de professeur de français en Égypte, en 1950. Ses premiers romans, *Passage de Milan*, en 1954, et *L'Emploi du temps*, en 1956, connaissent un succès d'estime. La célébrité vient un an plus tard avec *La Modification*, qui obtient le prix Renaudot : Michel Butor est alors considéré comme l'un des plus brillants représentants du Nouveau Roman. Parallèlement à son activité de romancier, il continue d'enseigner la littérature, multipliant les échanges entre sa réflexion critique et sa pratique d'écrivain. Il écrit ainsi des essais sur Racine, Baudelaire ou Flaubert. Mais, esprit vif et curieux, Michel Butor touche à tous les domaines de la création, publiant des poèmes, écrivant de nombreux textes consacrés à la peinture.

Ses œuvres principales

- des romans, dont : *Passage de Milan* (1954), *L'Emploi du temps* (1956), *La Modification* (1957), *Degrés* (1960), *Mobile* (1962), *6 810 000 litres d'eau par seconde* (1966)
- des essais, dont : *Répertoire I, II, III, IV, V* (1961-1982), *Les Mots sur la peinture* (1970), *Improvisations sur Flaubert* (1985), *Improvisations sur Rimbaud* (1989)
- un opéra : *Votre Faust*, en collaboration avec Henri Pousseur (1962)

1957

La Modification

L'intrigue du roman *La Modification* coïncide avec le voyage en train du personnage principal entre Paris et Rome. Dès les premières lignes du texte, le lecteur est surpris par le caractère énigmatique du mode de narration à la deuxième personne du pluriel, qui témoigne des recherches menées par les auteurs du Nouveau Roman.

Vous avez mis le pied gauche sur la rainure de cuivre, et de votre épaule droite vous essayez en vain de pousser un peu plus le panneau coulissant.

Vous vous introduisez par l'étroite ouverture en vous frottant contre ses bords, puis, votre valise couverte de granuleux cuir sombre couleur d'épaisse bouteille, votre valise assez petite d'homme habitué aux longs voyages, vous l'arrachez par sa poignée collante, avec vos doigts qui se sont échauffés, si peu lourde qu'elle soit, de l'avoir portée jusqu'ici, vous la soulevez et vous sentez vos muscles et vos tendons se dessiner non seulement dans vos phalanges, dans votre paume, votre poignet et votre bras, mais dans votre épaule aussi, dans toute la moitié du dos et dans vos vertèbres depuis votre cou jusqu'aux reins.

Non, ce n'est pas seulement l'heure, à peine matinale, qui est responsable de cette faiblesse inhabituelle, c'est déjà l'âge qui cherche à vous convaincre de sa domination sur votre corps, et pourtant, vous venez seulement d'atteindre les quarante-cinq ans.

Vos yeux sont mal ouverts, comme voilés de fumée légère, vos paupières sensibles et mal lubrifiées, vos tempes crispées, à la peau tendue et comme raidie en plis minces, vos cheveux, qui se clairsèment et grisonnent, insensiblement pour autrui mais non pour vous, pour Henriette et pour Cécile[1], ni même pour les enfants désormais, sont un peu hérissés et tout votre corps à l'intérieur de vos habits qui le gênent, le serrent et lui pèsent, est comme baigné, dans son réveil imparfait, d'une eau agitée et gazeuse pleine d'animalcules[2] en suspension.

Si vous êtes entré dans ce compartiment, c'est que le coin couloir face à la marche à votre gauche est libre, cette place même que vous auriez fait demander par Marnal comme à l'habitude s'il avait été encore temps de retenir, mais non, que vous auriez demandé vous-même par téléphone, car il ne fallait pas que quelqu'un sût chez Scabelli[3] que c'était vers Rome que vous vous échappiez pour ces quelques jours.

Un homme à votre droite, son visage à la hauteur de votre coude, assis en face de cette place où vous allez vous installer pour ce voyage, un peu plus jeune que vous, quarante ans tout au plus, plus grand que vous, pâle, aux cheveux plus gris que les vôtres, aux yeux clignotants derrière des verres très grossissants, aux mains longues et agitées, aux ongles rongés et brunis de tabac, aux doigts qui se croisent et se décroisent nerveusement dans l'impatience du départ, selon toute vraisemblance le possesseur de cette serviette noire bourrée de dossiers dont vous apercevez quelques coins colorés qui s'insinuent par une couture défaite, et de livres sans doute ennuyeux, reliés, au-dessus de lui comme un emblème, comme une légende qui n'en est pas moins explicative, ou énigmatique, pour être une chose, une possession et non un mot, posée sur le filet de métal aux trous carrés, et appuyée sur la paroi du corridor, cet homme vous dévisage, agacé par votre immobilité debout, ses pieds gênés par vos pieds ; il voudrait vous demander de vous asseoir, mais les mots n'atteignent même pas ses lèvres timides, et il se détourne vers le carreau, écartant de son index le rideau bleu baissé dans lequel est tissé le sigle SNCF.

Michel Butor, *La Modification*, Éd. de Minuit, 1957.

1. **Henriette et Cécile** : les deux femmes entre lesquelles se partage le personnage principal.
2. **animalcules** : animaux visibles uniquement au microscope.
3. **Scabelli** : entreprise où travaille le personnage principal.

Photographie d'Erich Hartmann, 1988.

Une narration originale

Les romans de Michel Butor reposent sur l'exploration systématique d'un lieu. Il peut s'agir, comme dans *Passage de Milan*, d'un immeuble parisien dont le romancier raconte la vie pendant la durée d'une nuit, ou d'une petite ville d'Angleterre, comme dans *L'Emploi du temps* dont le héros, en quête de son passé, explore les rues.

La Modification se déroule ainsi tout au long d'un voyage en train entre Paris et Rome. Écrit à la deuxième personne du pluriel, le récit implique le lecteur dans la modification intérieure du personnage principal. À l'enfermement dans un lieu unique, le compartiment du train, se mêle le jeu des souvenirs et des projections dans un futur incertain.

BEAUVOIR

Nom et prénom : **de Beauvoir, Simone**
Naissance : **le 9 janvier 1908, à Paris**
Décès : **le 14 avril 1986, à Paris**
Lieux : **Paris, les États-Unis, la Chine**
Situation familiale : **célibataire ; longue vie commune avec Jean-Paul Sartre ; une liaison avec l'écrivain Nelson Algren**
Professions : **professeur de philosophie, romancière, femme de lettres**
Amitiés : **Pierre Bost, Yves Montand, Simone Signoret, Gisèle Halimi**

Simone de Beauvoir naît dans une famille bourgeoise. En 1929, ses études de philosophie – pendant lesquelles elle a pour camarades Maurice Merleau-Ponty, Raymond Aron ou Claude Lévy-Strauss –, lui font rencontrer Jean-Paul Sartre, en qui elle reconnaît son double, son complice : « Ce fut l'événement capital de mon existence », dira-t-elle. Elle partage avec lui l'anticonformisme social et la recherche de valeurs nouvelles. Agrégée de philosophie, Simone de Beauvoir enseigne à Marseille, Rouen et Paris. Mais la guerre et l'Occupation, « l'irruption de l'Histoire », déclenchent une prise de conscience. Après le retour de Sartre d'un camp de prisonniers, c'est chez elle que se réunit un groupe de résistants. Son premier roman, *L'Invitée*, dans lequel elle transpose sa vie avec Sartre, marquée par l'épreuve de la jalousie, paraît en 1943. La même année, elle quitte l'enseignement.

La célébrité vient à la Libération, quand le public associe les écrivains existentialistes à la vie trépidante de Saint-Germain-des-Prés. En 1949, *Le Deuxième Sexe* fait d'elle une référence internationale dans le combat féministe. Sa célébrité est confirmée par l'obtention du prix Goncourt en 1954 pour *Les Mandarins*. Le couple Sartre-Beauvoir est désormais la figure dominante des intellectuels dans le monde. Simone de Beauvoir participe à de multiples congrès, découvre la Chine, Cuba, le Brésil, l'Union soviétique. Elle écrit ses mémoires, dans lesquels elle mêle réflexions, portraits et souvenirs. Mai 68 et le mouvement de libération des femmes renforcent son engagement politique. La mort de Sartre, en 1980 lui inspire l'émouvante *Cérémonie des adieux*. Simone de Beauvoir mène alors une vie retirée, jusqu'à sa mort six ans plus tard.

Ses œuvres principales

- des romans et des nouvelles, dont : *L'Invitée* (1943), *Le Sang des autres* (1945), *Les Mandarins* (1954), *Une mort très douce* (1964), *La Femme rompue* (1968)
- une pièce de théâtre : *Les Bouches inutiles* (1945)
- des essais, dont : *Pour une morale de l'ambiguïté* (1947), *Le Deuxième Sexe* (1949), *La Vieillesse* (1970)
- des récits autobiographiques, dont : *Mémoires d'une jeune fille rangée* (1958), *La Force de l'âge* (1960), *La Force des choses* (1963-1969), *Tout compte fait* (1972), *La Cérémonie des adieux* (1981)

1958

Mémoires d'une jeune fille rangée

Le premier volume de ses souvenirs autobiographiques, qui sera suivi par *La Force de l'âge* puis *La Force des choses*, raconte le détachement progressif d'une jeune fille bourgeoise des valeurs et des comportements de son univers d'origine. Cette indépendance conquise rayonne pendant les études de Simone de Beauvoir à l'École normale supérieure de la rue d'Ulm, où elle fait la rencontre de Jean-Paul Sartre.

J'étais un peu effarouchée quand j'entrai dans la chambre de Sartre ; il y avait un grand désordre de livres et de papiers, des mégots dans tous les coins, une énorme fumée. Sartre m'accueillit mondainement ; il fumait la pipe. Silencieux, une cigarette collée au coin de son sourire oblique, Nizan m'épiait à travers des épaisses lunettes, avec un air d'en penser long. Toute la journée, pétrifiée de timidité, je commentai « le discours métaphysique » et Herbaud me reconduisit le soir à la maison.

Je revins chaque jour, et bientôt je me dégelai. Leibniz[1] nous ennuyait et il fut décidé que nous le connaissions assez. Sartre se chargea de nous expliquer *Le Contrat social*, sur lequel il avait des lumières spéciales. À vrai dire, sur tous les auteurs, sur tous les chapitres du programme, c'était lui qui, de loin, en savait le plus long : nous nous bornions à l'écouter. J'essayais parfois de discuter ; je m'ingéniais, je m'obstinais. « Elle est retorse ! » disait gaiement Herbaud, tandis que Nizan contemplait ses ongles d'un air absorbé ; mais Sartre avait toujours le dessus. Impossible de lui en vouloir : il se mettait en quatre pour nous faire profiter de sa science. « C'est un merveilleux entraîneur intellectuel », notai-je. Je fus éberluée par sa générosité, car ces séances ne lui apprenaient rien, et pendant des heures il se dépensait sans compter.

Nous travaillions surtout le matin. L'après-midi, après avoir déjeuné au restaurant de la Cité[2], ou « Chez Chabin », à côté du parc Montsouris, nous prenions de longues récréations. Souvent la femme de Nizan, une belle brune exubérante, se joignait à nous. Il y avait la foire, porte d'Orléans. On jouait au billard japonais, au football miniature, on tirait à la carabine, je gagnai à la loterie une grosse potiche rose. Nous nous entassions dans la petite auto de Nizan, nous faisions le tour de Paris en nous arrêtant çà et là pour boire un demi à une terrasse. Je visitai les dortoirs et les turnes de l'École normale, je grimpai rituellement sur les toits. Pendant ces promenades, Sartre et Herbaud chantaient à pleine gorge des airs qu'ils improvisaient ; ils composèrent un motet[3] sur le titre d'un chapitre de Descartes : « De Dieu. Derechef qu'il existe. » Sartre avait une belle voix et un vaste répertoire : *Old man river* et tous les airs de jazz en vogue ; ses dons comiques étaient célèbres dans toute l'École : c'était toujours lui qui jouait, dans la Revue annuelle, le rôle de M. Lanson ; il se taillait de vifs succès en interprétant *La Belle Hélène* et des romances 1900. Quand il avait assez payé de sa personne, il mettait un disque sur le plateau du phonographe : nous écoutions Sophie Tucker, Layton et Johnston, Jack Hylton, les Revellers, et des negro spirituals. Chaque jour les murs de sa chambre s'enrichissaient de quelques dessins inédits : des animaux métaphysiques, de nouveaux exploits de l'Eugène. Nizan se spécialisait dans les portraits de Leibniz, qu'il représentait volontiers en curé, ou coiffé d'un chapeau tyrolien, et portant au derrière la marque du pied de Spinoza.

Simone de Beauvoir, *Mémoires d'une jeune fille rangée*, Éd. Gallimard, 1958.

▪ **1. Leibniz :** philosophe du XVIIe siècle.
▪ **2. la Cité :** la cité universitaire.
▪ **3. motet :** composition musicale religieuse, à une ou plusieurs voix.

Jean-Paul Sartre et Simone de Beauvoir dans les années cinquante.

Les mémoires d'une femme libre

Une part importante de l'œuvre de Simone de Beauvoir est consacrée à l'autobiographie. Son intimité avec Sartre, son œuvre littéraire, ses rencontres, ses voyages, sa fascination un temps pour le communisme et le maoïsme, sa quête d'une morale en action, vécue au quotidien, lui permettent d'apporter un témoignage exceptionnel de la vie intellectuelle, politique et sociale de son temps. C'est pour l'écrivain existentialiste l'occasion de prendre conscience de la signification d'une vie, devant l'absurdité profonde de toute existence. Mais Simone de Beauvoir y trouve aussi le plaisir de retracer, pour soi et pour les autres, l'itinéraire qui a permis à une jeune bourgeoise, à une jeune fille « rangée », de se libérer des contraintes. Elle raconte avec chaleur et humour ses amours, ses engagements, ses moments de bonheur ou d'angoisse, ses illusions, ses regrets, mêlant au récit réflexions et digressions, laissant ainsi à ses lecteurs une autobiographie profondément humaine.

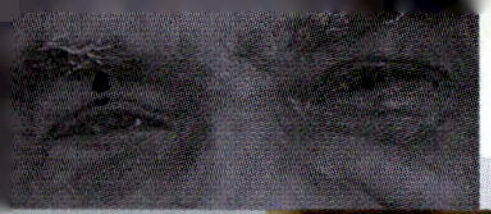

GLISSANT

Nom et prénom : **Glissant, Édouard**
Naissance : **le 21 septembre 1928, à Bezaudin, en Martinique**
Lieux : **la Martinique, les Antilles, les Caraïbes, Paris, les États-Unis**
Situation familiale : **marié ; cinq enfants ; sa femme est artiste peintre**
Professions : **ethnologue, directeur du *Courrier de l'Unesco*, professeur d'université en Louisiane**
Amitiés : **Aimé Césaire, son professeur de français ; le psychiatre Frantz Fanon ; Yves Bonnefoy, Kateb Yacine, Patrick Chamoiseau ; l'éditeur Maurice Nadeau**

Édouard Glissant naît au sein d'une famille modeste. Il découvre les luttes politiques du monde ouvrier et s'ouvre à la culture antillaise à travers les récits des conteurs. En 1938, il obtient une bourse qui lui permet d'entrer au lycée de Fort-de-France. Aimé Césaire est son professeur de lettres. Glissant commence alors à écrire des poèmes, se passionne pour la philosophie. En 1946, ayant obtenu une bourse d'études supérieures, il rejoint Paris.

Glissant s'inscrit à la Sorbonne, où il prépare une licence de philosophie, et se consacre à l'écriture. Il collabore aux revues *Présence africaine, Les Lettres nouvelles*. En 1953 paraît son premier recueil de poésie : *Un champ d'îles*. Il publie dès lors essais et recueils de poèmes qui chantent le paysage antillais. En 1956, il participe au premier Congrès des écrivains et artistes noirs, à la Sorbonne. Deux ans plus tard, son roman *La Lézarde* reçoit le prix Renaudot. En 1960, il fonde le Front antillo-guyanais. En 1965, il retourne à la Martinique. Dès lors, que ce soit comme directeur du *Courrier de l'Unesco* ou comme enseignant à l'université, Édouard Glissant ne cesse d'interroger le rôle des langues dans le développement et l'échange des cultures.

Ses œuvres principales

- des recueils de poèmes, dont :
  Les Indes : poèmes de l'une et l'autre terre (1956),
  Le Sel noir (1960)
- des romans, dont :
  La Lézarde (1958),
  Le Quatrième Siècle (1964),
  Malemort (1975),
  Tout-Monde (1993)
- des pièces de théâtre, dont :
  Monsieur Toussaint (1961)
- des essais, dont :
  L'Intention poétique (1969),
  Le Discours antillais (1981),
  Poétique de la relation (1990)

1958

La Lézarde

***La Lézarde* raconte la prise de conscience de la nécessité de l'action révolutionnaire chez un groupe de jeunes Martiniquais. Mais le roman est aussi une œuvre poétique qui célèbre le chant des Antilles, ses paysages, sa culture, ses habitants. La Lézarde est le nom de la rivière qui lie la terre à l'océan, symbole du chemin à suivre jusqu'à l'embouchure du monde.**

Dans sa case, le guérisseur depuis huit jours râlait. On ne pouvait comprendre comment il n'était pas encore passé. Son vieux corps noir et maigre se raidissait sur les sacs de guano[1] ; ce cadavre se passait la main sur la figure, une main violette ; on aurait dit qu'il essayait de chasser les gens, qu'il essayait de tirer un voile entre lui et le monde. Depuis huit jours, des voisines le veillaient, le nourrissant de quelques cuillerées de légumes écrasés dans du lait. Papa Longoué n'avalait presque rien, il ne buvait qu'une ou deux gorgées d'eau teintée de rhum, mais il tenait.

Il voyait une forêt immense, dans un lointain pays, où il était enfant. Son grand-père lui parlait, et il lui semblait que les arbres, la nuit des souches, le frisson brûlant des feuilles, tout le bruissement de cette forêt, naissaient des mots de l'aïeul ; qu'il marchait entre les mots, retrouvant une odeur qu'en vérité il n'avait jamais oubliée. Papa Longoué enfant se promenait dans ce pays, il chantait et dansait au gré du tam-

tam, il vivait libre, dans la faim et la chaleur, les mots créaient la faim, les mots étaient soleil. Mais il y avait une force qui obscurément tirait, une main de bois dur, un filet de grosse liane sur tout cela, et papa Longoué était emporté, les mots de son grand-père étaient maintenant des plaintes et des râles, il y avait une odeur de mer pourrie, un grand indistinct roulis tourmentait le corps (comme si l'enfant grandissait à une incroyable vitesse, et qu'ainsi il ressentait la croissance de ses os et de ses muscles, la turbulence effrénée de son esprit), et papa Longoué était dans ce nouveau pays, avec la poignante nostalgie ; maintenant, il voyait distinctement son grand-père, un vieil esclave marqué de fers (c'était cela, c'était donc cela), et toute la tradition de la famille, la fuite dans les grands bois, le commerce des esprits, l'appel chaque jour vers là-bas, vers la forêt famélique et somptueuse, le fils et le fils du fils marchant nuit et jour dans le souvenir, et les gens qui venaient pour la maladie ou la souffrance ou la haine, pour l'amour, et ils ne savaient pas qu'au fond d'eux c'était la forêt qui appelait. Et papa Longoué voyait comment le pays avait profité, grandi ; comment tout cela s'était transformé, il voyait qu'on ne pensait plus assez à la grande forêt, il criait, il mettait sa main devant sa bouche, et il poussait le oué-ho ! sans fin, mais personne ne répondait : les temps étaient clos. Il leur disait : « Il faut remonter jusqu'à la forêt », mais tout ce qu'il voyait, c'était une figure de cire qui souriait, avec une jolie barbe cette figure, elle l'appelait doucement, elle tentait de le persuader : viens, viens, tu es mon serviteur et je suis ton maître. Papa Longoué se débattait, il ne voulait pas suivre cette douce figure, il devinait là quelque traîtrise.

Les vieilles, dans la case, se penchaient sur l'agonisant. Celui-ci vit encore une jeune fille (et c'était sûr, elle avait la forêt au fond de son cœur), et il cria, parce que les deux chiens étaient là, paisibles et monstrueux. Papa Longoué regarda ses voisines : elles ne comprenaient rien, elles ne voyaient rien, elles étaient dans un grand trou d'eau (c'est la Lézarde, pensa-t-il, c'est la Lézarde qui déborde), elles lui parlaient, n'entendant pas qu'il hurlait, elles s'agitaient petitement. Le vieillard mit une dernière fois la main devant sa bouche pour pousser le grand cri, mais à travers ses doigts démesurément écartés il vit encore cette douce figure si pâle qui semblait absorber le cri ; il pensa que le voyage avait pris fin, et que c'était là, oui, sa mort qui lui venait. Il se laissa aller, il consentit enfin, et les doigts se refermèrent, comme un masque.

Les vieilles s'assirent sur la terre de la case et commencèrent d'attendre.

Édouard Glissant, *La Lézarde*, Éd. Gallimard, 1958.

1. **guano** : excréments d'oiseaux utilisés comme engrais.

Le poète de la conscience antillaise

La Lézarde, comme toute l'œuvre d'Édouard Glissant, est une œuvre engagée dans la défense de la culture antillaise : « Ce qui se passe dans un petit pays au niveau de la sensibilité peut être aussi important que ce qui arrive dans un empire. » Pour l'écrivain antillais, l'œuvre doit faire surgir une prise de conscience collective. Les thèmes de la terre natale, de l'identité, de l'Histoire se fondent pour répondre à la menace de l'oubli ou de l'assimilation à une autre culture. Le poète cherche ainsi à créer un monde et une langue s'enracinant dans le paysage et dans le langage parlé des hommes, qui garde la mémoire du peuple. La dénonciation des ravages du colonialisme et l'affirmation d'une poétique antillaise sont, pour Édouard Glissant, les deux formes d'un même combat.

DURAS

Nom et prénom : **Donnadieu, Marguerite**
Pseudonyme : **Duras**
Naissance : **le 14 avril 1914, à Gia-Dinh, près de Saïgon**
Décès : **le 3 mars 1996, à Paris**
Lieux : **le Cambodge ; l'Indochine, où se déroule son enfance ; Paris ; Trouville, où elle séjourne régulièrement**
Situation familiale : **mariée à Robert Antelme en 1939 ; divorcée en 1946**
Professions : **travaille un temps au ministère des Colonies puis vit de sa plume ; cinéaste, dramaturge**
Amitiés : **Dionys Mascolo, le père de son enfant ; Yann Andréa, son compagnon**

Marguerite Donnadieu naît et grandit en Indochine, avec ses deux frères. Après la mort de son père, en 1918, sa mère élève seule les trois enfants. Les économies de la famille sont englouties dans l'achat de terres impropres à la culture. À dix-huit ans, Marguerite rejoint son frère aîné en métropole.

Elle épouse en 1939 l'écrivain Robert Antelme. En 1944, alors qu'elle est entrée dans la Résistance, son mari est arrêté et déporté. Après la Libération, la notoriété vient dans les années cinquante, avec *Moderato cantabile*, salué par la critique. La romancière adhère un temps au parti communiste, s'engage contre la guerre d'Algérie et participe au mouvement de Mai 68.

Après avoir collaboré avec le cinéaste Alain Resnais pour *Hiroshima mon amour* (1959), elle réalise ses propres films. *India Song* transpose ainsi au cinéma son roman *Le Vice-consul* en 1975. Duras revient ensuite à une conception plus traditionnelle du roman avec *L'Amant*, qui obtient le prix Goncourt en 1984, et dont elle condamne l'adaptation qui en est faite pour le cinéma. L'écrivain meurt à Paris le 3 mars 1996.

Ses œuvres principales

- des romans, dont : *Un barrage contre le Pacifique* (1950), *Moderato cantabile* (1958), *Le Ravissement de Lol V. Stein* (1964), *Le Vice-consul* (1965), *Détruire, dit-elle* (1969), *L'Amant* (1984), *La Douleur* (1985), *Yann Andréa Steiner* (1992)
- des films, dont : *India Song* (1974), *Le Camion* (1977)

1958

Moderato cantabile

Aux premières lignes du roman, le lecteur découvre Anne Desbarèdes, dont le mari est directeur d'usine dans une petite ville de province. Elle accompagne, comme chaque vendredi, son fils à sa leçon de piano. À l'issue d'une de ces leçons, elle entend un cri qui provient de la rue : ce cri, celui poussé par une femme assassinée par son amant, hante désormais sa mémoire, au point qu'elle se rend le lendemain, puis les jours suivants, dans le café où le drame a eu lieu. Elle y rencontre Chauvin, un ancien ouvrier de son mari, avec lequel elle noue une idylle étrange. Le poids de la solitude, les difficultés à communiquer, la fascination pour la mort deviennent l'enjeu du roman, qui mène les protagonistes, au gré de leurs cinq rencontres successives, à rejouer symboliquement la tragédie qui les fascine l'un et l'autre.

– Veux-tu lire ce qu'il y a d'écrit au-dessus de ta partition ? demanda la dame.

– Moderato cantabile[1], dit l'enfant.

La dame ponctua cette réponse d'un coup de crayon sur le clavier. L'enfant resta immobile, la tête tournée vers sa partition.

– Et qu'est-ce que ça veut dire, moderato cantabile ?

– Je ne sais pas.

Une femme, assise à trois mètres de là, soupira.

– Tu es sûr de ne pas savoir ce que ça veut dire, moderato cantabile ? reprit la dame.

L'enfant ne répondit pas. La dame poussa un cri d'impuissance étouffé, tout en frappant de nouveau le clavier de son crayon. Pas un cil de l'enfant ne bougea. La dame se retourna.

– Madame Desbaresdes, quelle tête vous avez là, dit-elle.

Anne Desbaresdes soupira une nouvelle fois.

– À qui le dites-vous, dit-elle.

L'enfant, immobile, les yeux baissés, fut seul à se souvenir que le soir venait d'éclater. Il en frémit.

– Je te l'ai dit la dernière fois, je te l'ai dit l'avant-dernière fois, je te l'ai dit cent fois, tu es sûr de ne pas le savoir ?

L'enfant ne jugea pas bon de répondre. La dame reconsidéra une nouvelle fois l'objet qui était devant elle. Sa fureur augmenta.

– Ça recommence, dit tout bas Anne Desbaresdes.

– Ce qu'il y a, continua la dame, c'est que tu ne veux pas le dire.

Anne Desbaresdes aussi reconsidéra cet enfant de ses pieds jusqu'à sa tête mais d'une autre façon que la dame.

– Tu vas le dire tout de suite, hurla la dame.

L'enfant ne témoigna aucune surprise. Il ne répondit toujours pas. Alors la dame frappa une troisième fois sur le clavier, mais si fort que le crayon se cassa. Tout à côté des mains de l'enfant. Celles-ci étaient à peine écloses, rondes, laiteuses encore. Fermées sur elles-mêmes, elles ne bougèrent pas.

– C'est un enfant difficile, osa dire Anne Desbaresdes, non sans une certaine timidité.

L'enfant tourna la tête vers cette voix, vers elle, vite, le temps de s'assurer de son existence, puis il reprit sa pose d'objet, face à la partition. Ses mains restèrent fermées.

– Je ne veux pas savoir s'il est difficile ou non, Madame Desbaresdes, dit la dame. Difficile ou pas, il faut qu'il obéisse, ou bien.

Dans le temps qui suivit ce propos, le bruit de la mer entra par la fenêtre ouverte. Et avec lui, celui, atténué, de la ville au cœur de l'après-midi de ce printemps.

– Une dernière fois, tu es sûr de ne pas le savoir ?

Une vedette passa dans le cadre de la fenêtre ouverte. L'enfant, tourné vers sa partition, remua à peine – seule la mère le sut – alors que la vedette lui passait dans le sang.

Marguerite Duras, *Moderato cantabile,* Éd. de Minuit, 1958.

1. **moderato cantabile** : indication du rythme musical signifiant « modéré et chantant ».

Les silences du roman

Moderato cantabile, comme toute l'œuvre de Marguerite Duras, s'oriente vers une narration discontinue, qui traduit le sentiment du vide et de l'absence.

Cet univers de l'inachèvement met en scène des sentiments secrets et des passions inassouvies : les descriptions fragmentaires, la narration elliptique, les dialogues chargés de sous-entendus veulent traduire à l'expérience d'un monde imparfait.

Ses œuvres théâtrales et cinématographiques ont la même vocation : elles suscitent des interrogations et expriment le sentiment tragique de l'existence. L'histoire racontée compte moins que les silences, et le rythme du récit souligne l'écoulement désordonné du temps.

1984

L'Amant

Dans *L'Amant*, Marguerite Duras raconte sa propre histoire. À l'âge de quinze ans, une jeune fille blanche fait la rencontre d'un Chinois élégant sur le bac qui traverse le fleuve Mékong. Tout les oppose : leur situation sociale, leur race, leur âge, et cependant, une liaison unit les deux êtres dans l'atmosphère étouffante de l'Indochine coloniale. Fils d'un banquier, le « Chinois » est déjà fiancé par son père à une jeune femme qu'il finit par épouser, tandis que la narratrice quitte l'Indochine pour la France, où elle devient le grand écrivain qu'elle rêvait d'être. Jamais ni l'un ni l'autre n'oublieront la passion ardente qui les a réunis.

L'homme élégant est descendu de la limousine, il fume une cigarette anglaise. Il regarde la jeune fille au feutre[1] d'homme et aux chaussures d'or. Il vient vers elle lentement. C'est visible, il est intimidé. Il ne sourit pas tout d'abord. Tout d'abord il lui offre une cigarette. Sa main tremble. Il y a cette différence de race, il n'est pas blanc, il doit la surmonter, c'est pourquoi il tremble. Elle lui dit qu'elle ne fume pas, non merci. Elle ne dit rien d'autre, elle ne lui dit pas laissez-moi tranquille. Alors il a moins peur. Alors il lui dit qu'il croit rêver. Elle ne répond pas. Ce n'est pas la peine qu'elle réponde, que répondrait-elle. Elle attend. Alors il le lui demande : mais d'où venez-vous ? Elle dit qu'elle est la fille de l'institutrice de l'école de filles de Sadec[2]. Il réfléchit et puis il dit qu'il a déjà entendu parler de cette dame, sa mère, de son manque de chance, avec cette concession qu'elle aurait achetée au Cambodge, c'est bien ça n'est-ce pas ? Oui c'est ça.

Il répète que c'est tout à fait extraordinaire de la voir sur ce bac. Si tôt le matin, une jeune fille belle comme elle l'est, vous ne vous rendez pas compte, c'est très inattendu, une jeune fille blanche dans un car indigène.

Il lui dit que le chapeau lui va bien, très bien, même, que c'est... original... un chapeau d'homme, pourquoi pas ? elle est si jolie, elle peut tout se permettre.

Elle le regarde. Elle lui demande qui il est. Il dit qu'il revient de Paris où il a fait ses études, qu'il habite Sadec lui aussi, justement sur le fleuve, la grande maison avec les grandes terrasses aux balustrades de céramique bleue. Elle lui demande ce qu'il est. Il dit qu'il est chinois, que sa famille vient de la Chine du Nord, de Fou-Chouen. Voulez-vous me permettre de vous ramener chez vous à Saïgon ? Elle est d'accord. Il dit au chauffeur de prendre les bagages de la jeune fille dans le car et de les mettre dans l'auto noire.

Chinois. Il est de cette minorité financière d'origine chinoise qui tient tout l'immobilier populaire de la colonie. Il est celui qui passait le Mékong ce jour-là en direction de Saïgon.

Elle entre dans l'auto noire. La portière se referme. Une détresse à peine ressentie se produit tout à coup, une fatigue, la lumière sur le fleuve qui se ternit, mais à peine. Une surdité très légère aussi, un brouillard, partout.

Je ne ferai plus jamais le voyage en car pour indigènes. Dorénavant, j'aurai une limousine pour aller au lycée et me ramener à la pension. Je dînerai dans les endroits les plus élégants de la ville. Et je serai toujours là à regretter tout ce que je fais, tout ce que je laisse, tout ce que je prends, le bon comme le mauvais, le car, le chauffeur du car avec qui je riais, les vieilles chiqueuses de bétel[3] des places arrière, les enfants sur les porte-bagages, la famille de Sadec, l'horreur de la famille de Sadec, son silence génial.

Il parlait. Il disait qu'il s'ennuyait de Paris, des adorables Parisiennes, des noces, des bombes, ah là là, de la Coupole, de la Rotonde, moi la Rotonde je préfère, des boîtes de

L'adaptation au cinéma de *L'Amant*, par Jean-Jacques Annaud, en 1991.

nuit, de cette existence « épatante » qu'il avait menée pendant deux ans. Elle écoutait, attentive aux renseignements de son discours qui débouchaient sur la richesse, qui auraient pu donner une indication sur le montant des millions. Il continuait à raconter. Sa mère à lui était morte, il était enfant unique. Seul lui restait le père détenteur de l'argent. Mais vous savez ce que c'est, il est rivé à sa pipe d'opium face au fleuve depuis dix ans, il gère sa fortune depuis son lit de camp. Elle dit qu'elle voit.

Il refusera le mariage de son fils avec la petite prostituée blanche du poste de Sadec.

L'image commence bien avant qu'il ait abordé l'enfant blanche près du bastingage, au moment où il est descendu de la limousine noire, quand il a commencé à s'approcher d'elle, et qu'elle, elle le savait, savait qu'il avait peur.

Dès le premier instant elle sait quelque chose comme ça, à savoir qu'il est à sa merci. Donc que d'autres que lui pourraient être aussi à sa merci si l'occasion se présentait. Elle sait aussi quelque chose d'autre, que dorénavant le temps est sans doute arrivé où elle ne peut plus échapper à certaines obligations qu'elle a envers elle-même. Et que de cela la mère ne doit rien apprendre, ni les frères, elle le sait aussi ce jour-là. Dès qu'elle a pénétré dans l'auto noire, elle l'a su, elle est à l'écart de cette famille pour la première fois et pour toujours. Désormais ils ne doivent plus savoir ce qu'il adviendra d'elle. Qu'on la leur prenne, qu'on la leur emporte, qu'on la leur blesse, qu'on la leur gâche, ils ne doivent plus le savoir. Ni la mère, ni les frères. Ce sera désormais leur sort. C'est déjà à en pleurer dans la limousine noire.

L'enfant maintenant aura à faire avec cet homme-là, le premier, celui qui s'est présenté sur le bac.

Marguerite Duras, *L'Amant*, Éd. de Minuit, 1984.

1. **feutre** : chapeau. 2. **Sadec** : nom de la ville dans laquelle vit l'héroïne. 3. **bétel** : mélange à base de feuilles de poivrier.

Un roman autobiographique

Marguerite Duras connaît la consécration en 1984, avec l'obtention du prix Goncourt pour *L'Amant*. Le succès est retentissant – près de deux millions d'exemplaires du livre sont vendus – et redouble avec l'adaptation cinématographique qu'en fait Jean-Jacques Annaud en 1991.

La dimension autobiographique qui traversait la plupart des précédents romans de Marguerite Duras s'impose ici avec une force brutale. Mais l'autobiographie est tronquée par les défaillances de la mémoire, qui ne parvient à restituer que les souvenirs fragmentaires d'un passé enfoui, dominé par la fulgurance des sensations et de la passion qui unit la jeune blanche d'Indochine à son amant. C'est ce qui donne au récit de Marguerite Duras ce caractère de confidence intime et d'évocation poétique qui en fait le chef-d'œuvre de la romancière.

SIMON

Nom et prénom : **Simon, Claude**
Naissance : **le 10 octobre 1913, à Tananarive, dans l'île de Madagascar**
Lieux : **Madagascar ; Perpignan ; Barcelone ; Paris ; Salses, dans les Pyrénées-Orientales**
Situation familiale : **marié en 1951 ; second mariage avec Réa en 1978**
Professions : **romancier, viticulteur**
Amitiés : **les peintres André Lhote et Jean Dubuffet ; le philosophe Maurice Merleau-Ponty ; les écrivains Michel Butor, Jean Ricardou, Robert Pinget**

Claude Simon naît à Tananarive où son père, capitaine d'infanterie, est affecté. La famille revient en métropole au moment de la déclaration de la Première Guerre mondiale. Son père meurt au combat près de Verdun. Claude Simon passe alors son enfance à Perpignan auprès de sa mère. Interne au collège Stanislas à Paris, il s'adonne après le baccalauréat à la peinture et à la photographie. En 1936, il participe brièvement à la guerre d'Espagne auprès des républicains. Il voyage à travers l'Europe avant d'être mobilisé dans un régiment de cavalerie en 1939. Prisonnier, Simon s'évade et participe à la Résistance.

Son premier roman, *Le Tricheur*, paraît en 1945. En 1956, Claude Simon rencontre Alain Robbe-Grillet et participe au mouvement du Nouveau Roman. Il poursuit alors son œuvre romanesque qui, hantée par les thèmes de la débâcle et de la solitude, cherche à restituer une réalité complexe, toujours fragmentaire. Il obtient le prix Nobel de littérature en 1985. Il partage sa vie entre sa propriété et son vignoble dans les Pyrénées-Orientales et son appartement parisien.

Ses œuvres principales

- des romans, dont : *Le Tricheur* (1945), *L'Herbe* (1958), *La Route des Flandres* (1960), *Le Palace* (1962), *Histoire* (1967), Les *Corps conducteurs* (1971), *Les Géorgiques* (1981), *L'Acacia* (1989), *Le Jardin des Plantes* (1997), *Le Tramway* (2001)

1960

La Route des Flandres

***La Route des Flandres* relate la défaite de l'armée française en 1940. Le chaos de l'Histoire se communique au récit et l'identité du narrateur semble se dissoudre au fil des pages. C'est ainsi que les êtres et les choses sont emportés par les mouvements de l'écriture, par le flux de la phrase qui reproduit celui de la conscience du narrateur.**

À un moment j'eus faim et je me rappelai ce bout de saucisson que je trimballais dans la poche de mon manteau je le mangeai sans cesser de marcher je mangeai la peau aussi jusqu'au moignon noué par la ficelle que je jetai puis la forêt cessa buta pour ainsi dire sur le vide du ciel s'ouvrit sur un étang et quand je m'allongeai pour boire les petites grenouilles plongèrent cela ne faisait pas plus de bruit que de grosses gouttes de pluie : près du bord à l'endroit où elles avaient sauté il restait dans l'eau un petit nuage de poussière de vase soulevée grise qui se dissolvait entre les joncs elles étaient vertes et guère plus grosses que le petit doigt la surface de l'eau était toute couverte de petites feuilles rondes et vert pâle de la dimension d'un confetti c'est pourquoi je ne m'aperçus qu'au bout d'un moment qu'elles reparaissaient j'en vis une puis deux puis trois crevant les confettis vert clair laissant juste dépasser le bout de leur tête avec leurs petits yeux gros comme des têtes d'épingle qui me regardaient il y avait un léger courant et j'en vis une dériver lentement se laissant entraîner entre les archipels de confettis agglutinés de la même couleur qu'elles on aurait dit un noyé écartelé la tête à demi hors de l'eau ses délicates petites pattes palmées ouvertes puis elle bougea et je ne la vis plus c'est-à-dire que je ne la vis même pas bouger, simplement elle ne fut plus là sauf le petit nuage de vase qu'elle avait soulevé, l'eau était visqueuse avait un goût visqueux d'anguille je bus en écartant les confettis faisant attention de ne pas aspirer la vase qui se soulevait pour un rien le visage parmi les joncs et les larges feuilles en forme de fer de lance puis je restai là assis à la lisière du bois derrière les fourrés écoutant les coucous se répondre parmi les troncs silencieux dans l'air printanier et vert regardant la route qui contournait l'étang et longeait ensuite les arbres de temps en temps un poisson sautait avec un plouf je ne réussis pas à en voir un seulement les cercles concentriques[1] allant s'élargissant autour de l'endroit où il avait mouché[2] à un moment des avions passèrent mais très haut dans le ciel j'en vis un ou plutôt quelque chose un point argenté suspendu immobile étincelant une fraction de seconde dans un trou de bleu entre les branches puis disparaissant…

Claude Simon, *La Route des Flandres*, Éd. de Minuit, 1960.

1. concentriques : qui forment des cercles successifs. **2. où il avait mouché** : où il avait gobé un insecte.

Louis Valtat, *Reflets dans l'eau*, 1950.

Le roman du monologue intérieur

Dans *La Route des Flandres*, les personnages apparaissent comme des anti-héros, des êtres ordinaires entraînés dans les déchirements de l'Histoire ou englués dans des situations banales.

La densité des personnages tient à l'écriture du romancier, aux méandres du monologue intérieur qui restitue les mouvements de la conscience, à travers le va-et-vient du présent et du souvenir. Ainsi, l'attention du narrateur est captée par des événements minuscules, décrits avec une minutie qui donne au lecteur le sentiment de la réalité. Le flux ininterrompu de la phrase provoque cette dilatation de l'univers, qui coïncide avec la complexité d'une conscience absorbée par ce qui l'entoure.

PONGE

Nom et prénom : **Ponge, Francis**
Naissance : **le 27 mars 1899, à Montpellier**
Décès : **le 6 août 1988, dans sa maison de Bar-sur-Loup**
Lieux : **Avignon, Caen, Paris, Grasse**
Situation familiale : **marié avec Odette Chabanel ; une fille, Armande**
Professions : **commis aux Messageries Hachette, employé d'assurances, professeur à l'Alliance française**
Amitiés : **les écrivains Jean Paulhan, Pierre Leyris, Albert Camus ; les peintres Braque, Fautrier**

Francis Ponge naît dans une famille cultivée, de vieille tradition protestante. Il passe son enfance à Avignon, où son père est directeur d'une banque. En 1909, son père est muté à Caen. Au lycée, Ponge découvre avec stupéfaction le grand dictionnaire du XIXe siècle, le *Littré*. Au baccalauréat, il obtient la meilleure note de l'académie en philosophie. Mais au moment de sa licence, de même qu'au concours de l'École normale supérieure, il reste totalement figé et muet lors de l'épreuve orale. Il publie alors à Paris ses premiers poèmes. Éprouvé par la mort de son père en 1923, il connaît une vie matérielle difficile. Devant l'injustice sociale et la montée du fascisme, Ponge s'inscrit au parti communiste en 1937 et participe à la Résistance pendant l'Occupation. Après la guerre s'ouvre de nouveau une période difficile, mais l'écrivain rencontre Braque et Picasso, multiplie les lectures publiques de ses œuvres. Il quitte le parti communiste dès 1947. Reconnue par un cercle d'admirateurs, célébrée par Jean-Paul Sartre, l'originalité de son œuvre s'affirme peu à peu auprès du grand public. Ponge voyage aux États-Unis, aux Pays-Bas, en Angleterre. Il meurt, près de Grasse, en 1988.

Ses œuvres principales

- des recueils de poèmes, dont : *Le Parti pris des choses* (1942), *Le Grand Recueil : I. Lyres, II. Méthodes, III Pièces* (1961), *Le Savon* (1967)
- des essais, dont : *Pour un Malherbe* (1965)
- des textes sur l'art, dont : *L'Atelier contemporain* (1977)

1961

Le Grand Recueil

Toute la poésie de Francis Ponge consiste à prendre le « parti des choses », à être au plus près des objets simples et familiers. Une cruche, une huître, un lézard deviennent les objets du poème. À travers eux, Ponge éclaire les rapports complices entre les mots et les choses.

LE LÉZARD

Lorsque le mur de la préhistoire se lézarde, ce mur de fond de jardin (c'est le jardin des générations présentes, celui du père et du fils), – il en sort un petit animal formidablement dessiné, comme un dragon chinois, brusque mais inoffensif chacun le sait et ça le rend bien sympathique. Un chef-d'œuvre de la bijouterie préhistorique, d'un métal entre le bronze vert et le vif-argent, dont le ventre seul est fluide, se renfle comme la goutte de mercure. Chic ! Un reptile à pattes ! Est-ce un progrès ou une dégénérescence[1] ? Personne, petit sot, n'en sait rien, petit saurien.

Par ce mur nous sommes donc bien mal enfermés. Si prisonniers que nous soyons, nous sommes encore à la merci *de l'extérieur*, qui nous jette, nous expédie sous la porte ce petit poignard. À la fois comme une menace et une mauvaise plaisanterie.

Ce petit poignard qui traverse notre esprit en se tortillant d'une façon assez baroque, dérisoirement.

Arrêt brusque. Sur la pierre la plus chaude. Affût ? ou bien repos automatique ? Il se prolonge. Profitons-en ; changeons de point de vue.

Le LÉZARD dans le monde des mots n'a pas pour rien ce *zède* ou *zèle* tortillard, et n'a pas pour rien sa désinence en *ard*, comme fuyard, flemmard, musard, pendard, hagard. Il apparaît, disparaît, réapparaît. Jamais familier pourtant. Toujours un peu égaré, toujours cherchant furtivement sa route. Ce ne sont pas insinuations trop familières que celles-ci. Ni venimeuses. Nulle malignité : aucun signe d'intelligence à l'homme.

Une sorte de petite locomotive haut-le-pied. Un petit train d'allégations[2] hâtives, en grisaille, un peu monstrueuses, à la fois familières et saugrenues, – qui circule avec la précipitation fatale aux jouets mécaniques, faisant comme eux de brefs trajets à ras de terre, mais beaucoup moins maladroit, têtu, il ne va pas buter contre un meuble, le mur : très silencieux et souple au contraire, il s'arrange toujours, lorsqu'il est à bout de course, d'arguments, de ressort dialectique[3], pour disparaître par quelque fente, ou fissure, de l'ouvrage de maçonnerie sur lequel il a accompli sa carrière…

Il arrive qu'il laisse entre vos doigts le petit bout de sa queue.

… Une simple gamme chromatique[4] ? Un simple arpège[5] ? Une bonne surprise après tout, si elle fait d'abord un peu sauter le cœur. On reviendra près de cette pierre.

Francis Ponge, « Le lézard » (extrait),
Le Grand Recueil, Éd. Gallimard, 1961.

■ **1. dégénérescence** : dégradation, affaiblissement physique ou intellectuel. ■ **2. allégations** : affirmations. ■ **3. dialectique** : art de la discussion. ■ **4. gamme chromatique** : gamme des couleurs. ■ **5. arpège** : accord dont on égrène les notes.

La création d'une nouvelle poésie

Aux yeux de Francis Ponge, la versification classique et l'ancienne rhétorique ne permettent plus de dire le monde. Ponge récuse donc le nom de « poète », trop souvent associé à l'expression lyrique du sentiment.

Il tente de créer une langue qui se veut objective, débarrassée de l'émotion, des valeurs, du « message » que le poème est supposé délivrer. La description des choses simples permet ainsi de retrouver la matérialité des mots, palpables, savoureux et sonores.

Ponge tourne autour de l'objet : ce peut être un fruit (la figue, l'abricot), un oiseau (l'hirondelle), un reptile (le lézard), ou même une chose ordinaire, comme un cageot. Et le poème devient lui-même un « objet » parmi les œuvres de la littérature : un objet entêtant et plein de saveur.

CHAR

Nom et prénom : **Char, René**

Naissance : **le 14 juin 1907, à l'Isle-sur-Sorgue**

Décès : **le 19 février 1988, à Paris**

Lieux : **l'Isle-sur-Sorgue et la Provence, Paris**

Situation familiale : **marié puis divorcé ; remarié avec Marie-Claude de Saint-Seine en 1987**

Profession : **directeur des Plâtrières du Vaucluse**

Amitiés : **des amis d'enfance comme Francis Curel ; des résistants comme Émile Cavagni ; les peintres Braque, Nicolas de Staël ; les écrivains Éluard, Camus ; le musicien Pierre Boulez**

Le paysage de la Provence, le parc des Névons, l'Isle-sur-Sorgue constituent les premiers repères de René Char. Devant les paysages de la Provence, il éprouve le sentiment de la vie comme un jaillissement. Mais après la mort de son père, en 1918, l'enfant est mis en pension à Avignon. En 1925, peu assidu à l'école de commerce de Marseille, Char rencontre les poètes surréalistes Breton et Éluard. Il participe alors à tous les combats du groupe, jusqu'à sa rupture avec le mouvement, en 1935. Pendant l'Occupation, Char dirige un maquis dans les Basses-Alpes sous le nom de « capitaine Alexandre ». Compagnons exécutés, violence des combats, souffrances, angoisses : *Les Feuillets d'Hypnos* témoignent de cette traversée de la nuit. Après la guerre, Char prend position contre Staline. Il dénonce les excès de la colonisation et intervient en faveur de la Grèce opprimée. En 1955, le musicien Pierre Boulez crée *Le Marteau sans maître* sur ses poèmes. Il se lie avec les peintres Braque, Matisse, Picasso, Vieira da Silva, qui illustrent son œuvre. En 1982, le ministre de la Culture inaugure le musée René Char. Le poète meurt en 1988, à l'âge de quatre-vingts ans, laissant un ultime poème, intitulé *L'Amante*.

Ses œuvres principales

- des recueils de textes poétiques, dont : *Le Marteau sans maître* (1934), *Le Poème pulvérisé* (1947), *Fureur et Mystère* (1948), *La Parole en archipel* (1962), *Le Nu perdu* (1971), *Aromates chasseurs* (1975), *Chants de la Balandrane* (1977), *Fenêtres dormantes et porte sur le toit* (1979), *Dans les Voisinages de Van Gogh* (1985), *Éloge d'une soupçonnée* (1988)
- une œuvre théâtrale réunie sous le titre : *Trois coups sous les arbres* (1967)

1948-1971

Poésies

Sensible aux jeux de l'eau et du vent, aux partages de l'ombre et de la lumière, René Char évoque dans sa poésie les paysages de son enfance. Ses poèmes restituent ainsi, dans un langage simple et souvent énigmatique, une impression de dépouillement et de sensualité.

LA SORGUE

Chanson pour Yvonne

Rivière trop tôt partie, d'une traite, sans compagnon,
Donne aux enfants de mon pays le visage de ta passion.

Rivière où l'éclair finit et où commence ma maison,
Qui roule aux marches d'oubli la rocaille de ma raison.
Rivière, en toi terre est frisson, soleil anxiété.
Que chaque pauvre dans sa nuit fasse son pain de ta moisson.

Rivière souvent punie, rivière à l'abandon.

Rivière des apprentis à la calleuse condition,
Il n'est vent qui ne fléchisse à la crête de tes sillons.

Rivière de l'âme vide, de la guenille et du soupçon,
Du vieux malheur qui se dévide, de l'ormeau, de la compassion.

Rivière des farfelus, des fiévreux, des équarrisseurs[1],
Du soleil lâchant sa charrue pour s'acoquiner au menteur.

Rivière des meilleurs que soi, rivière des brouillards éclos,
De la lampe qui désaltère l'angoisse autour de son chapeau.

Rivière des égards au songe, rivière qui rouille le fer,
Où les étoiles ont cette ombre qu'elles refusent à la mer.

Rivière des pouvoirs transmis et du cri embouquant[2] les eaux,
De l'ouragan qui mord la vigne et annonce le vin nouveau.

Rivière au cœur jamais détruit dans ce monde fou de prison,
Garde-nous violent et ami des abeilles de l'horizon.

« La Sorgue », *Fureur et Mystère*,
Éd. Gallimard, 1948.

DANSONS AUX BARONNIES[3]

En robe d'olivier
l'Amoureuse
avait dit :
Croyez à ma très enfantine fidélité.
Et depuis,
une vallée ouverte
une côte qui brille
un sentier d'alliance
ont envahi la ville
où la libre douleur est sous le vif de l'eau.

René Char, *Le Nu perdu*,
Éd. Gallimard, 1971.

1. **équarrisseurs** : ceux qui dépècent les animaux morts ou abattus. 2. **embouquer** : entrer dans un canal ou dans un détroit. 3. **Buis-les-Baronnies** : gros bourg de la vallée de l'Ouvèze, connu pour ses marchés, ses foires annuelles.

Le poète de la terre et de l'eau

René Char est le poète d'une terre de l'enfance, qu'il faut reconquérir. Le paysage tient en effet une place importante dans son œuvre, parce qu'il sert à éclairer les rapports entre l'homme et le monde. Char abandonne ainsi le mouvement surréaliste pour être, selon ses propres mots, « l'homme terrestre, l'homme qui va, le garant qui élargit ».

Sa poésie préserve le mystère de la terre et de l'eau, de la voix et du silence. Char passe de la présence douce et odorante des corps à l'énigme qu'ils semblent receler. Son œuvre alterne les poèmes en prose et en vers, les textes longs, les aphorismes et les fragments : il s'agit pour lui de maintenir toutes les contradictions du monde dans l'espace fulgurant du poème. Sa poésie a une ambition : restituer la plénitude de la nature et le bonheur d'être au monde.

BRASSENS

Nom et prénom : **Brassens, Georges**
Naissance : **le 22 octobre 1921, à Sète**
Décès : **le 29 octobre 1981, à Saint-Gély-du-Fesc**
Lieux : **Sète ; Paris ; Crespières, dans les Yvelines**
Situation familiale : **compagnon de Joha Heiman, rencontrée en 1947**
Professions : **ouvrier, auteur-compositeur, chanteur**
Amitiés : **Alphonse Bonnafé, son professeur de lettres; Pierre Ontoniente, son secrétaire; l'écrivain René Fallet; le musicien Moustache**

Le père de Georges Brassens est entrepreneur de maçonnerie; sa mère, d'origine italienne, s'inquiète du caractère turbulent de son fils qui se trouve mêlé à une affaire de cambriolage. À Paris, le jeune homme devient ouvrier chez Renault. Il rencontre alors Jeanne Le Bonniec, qui lui inspire de nombreuses chansons. En 1942, il fait paraître un recueil de poèmes à compte d'auteur, *Venvole*. Pendant la Seconde Guerre mondiale, envoyé en Allemagne pour le Service du Travail obligatoire, il déserte et regagne Paris. Il connaît alors une période difficile, éclairée par des amitiés fidèles, et rencontre Joha Heiman, qui sera sa compagne toute sa vie. Anarchiste, Brassens collabore au journal *Libertaire*, écrit des poèmes et des chansons. C'est Patachou, la chanteuse, qui, en 1952, le propulse sur la scène publique. Ses textes, *Le Gorille* ou *La Chasse aux papillons*, le rendent célèbre dans les cabarets parisiens, avant d'être chantés au théâtre de Bobino en 1953. Donnant peu d'interviews, discret sur sa vie privée, il maintient la tradition du poète authentique, qui écrit avec soin ses chansons et ne les enregistre qu'après les avoir éprouvées dans de nombreux récitals. Souffrant d'un cancer, il disparaît en 1981.

Ses œuvres principales

- un recueil de poèmes : *Venvole* (1942)
- des recueils de textes et de chansons : *La Tour des miracles* (1953), *La Mauvaise Réputation* (1954), *Chansons* (1968)

1954-1965

Chansons

Georges Brassens a composé plus de cent vingt chansons qui, à travers leur diversité, explorent quelques thèmes privilégiés : l'amour et la douceur de vivre, la compassion devant la misère, la dénonciation des contraintes et des hypocrisies, et l'éloge de l'amitié.

LE PARAPLUIE

Il pleuvait fort sur la grand'route
Elle cheminait sans parapluie
J'en avais un, volé sans doute
Le matin même à un ami.
Courant alors à sa rescousse,
Je lui propose un peu d'abri,
En séchant l'eau de sa frimousse
D'un air très doux elle m'a dit : oui.

Refrain

Un petit coin de parapluie
Contre un coin de Paradis
Elle avait quelque chose d'un ange,
Un petit coin de Paradis
Contre un coin de parapluie
Je ne perdais pas au change, pardi !

Chemin faisant, que ce fut tendre
D'ouïr à deux le chant joli
Que l'eau du ciel faisait entendre
Sur le toit de mon parapluie !
J'aurais voulu comme au déluge
Voir sans arrêt tomber la pluie,
Pour la garder sous mon refuge
Quarante jours, quarante nuits.

(Refrain)

Mais bêtement, même en orage,
Les routes vont vers des pays.
Bientôt le sien fit un barrage
À l'horizon de ma folie.
Il a fallu qu'elle me quitte,
Après m'avoir dit grand merci,
Et je l'ai vue toute petite
Partir gaiement vers mon oubli.

(Refrain)

La Mauvaise Réputation, Éd. Denoël, 1954.

LES COPAINS D'ABORD

Non, ce n'était pas le radeau
De la Méduse, ce bateau,
Qu'on se le dise au fond des ports,
Dise au fond des ports,
Il naviguait en père peinard,
Sur la grand-mare des canards,
Et s'appelait les Copains d'abord,
Les Copains d'abord.

Ses fluctuat nec mergitur
C'était pas de la littérature,
N'en déplaise aux jeteurs de sorts,
Aux jeteurs de sorts,
Son capitaine et ses matelots
N'étaient pas des enfants de salauds,
Mais des amis franco de port,
Des copains d'abord.

C'était pas des amis de luxe,
Des petits Castor et Pollux,
Des gens de Sodome et Gomorrhe,
Sodome et Gomorrhe,
C'étaient pas des amis choisis,
Par Montaigne et La Boétie,
Sur le ventre ils se tapaient fort,
Les Copains d'abord.

C'étaient pas des anges non plus,
L'Évangile, ils l'avaient pas lu,
Mais ils s'aimaient toutes voiles dehors,
Toutes voiles dehors,
Jean, Pierre, Paul et compagnie,
C'était leur seule litanie,
Leur Credo leur Confiteor,
Aux copains d'abord.

Au moindre coup de Trafalgar
C'est l'amitié qui prenait le quart,
C'est elle qui leur montrait le nord,
Leur montrait le nord.
Et quand ils étaient en détresse,
Que leurs bras lançaient des S.O.S.,
On aurait dit des sémaphores,
Les copains d'abord.

Au rendez-vous des bons copains
Y'avait pas souvent de lapins,
Quand l'un d'entre eux manquait à bord,
C'est qu'il était mort,
Oui, mais jamais, au grand jamais,
Son trou dans l'eau ne se refermait,
Cent ans après, coquin de sort !
Il manquait encore.

Des bateaux j'en ai pris beaucoup,
Mais le seul qui ait tenu le coup,
Qui n'ait jamais viré de bord,
Mais viré de bord,
Naviguait en père peinard
Sur la grand-mare des canards
Et s'appelait Les Copains d'abord,
Les Copains d'abord. (bis)

Georges Brassens, *Chansons,* Éd. Musicales 1968.

La mauvaise réputation de Georges Brassens

Georges Brassens a publié plus de cent vingt chansons, dont la plupart ont été longtemps interdites à la radio et à la télévision. En effet, il y dénonce dans un langage souvent cru les institutions, l'Église, l'armée ou la police, que combattent ses idéaux anarchistes. Son œuvre recrée un univers, à la manière des fables de La Fontaine, dans lequel reviennent des personnages types : la fille de joie, l'ami, l'amoureuse, mais aussi le bourgeois, et le représentant de la loi. Mais derrière l'ironie se manifeste toujours une profonde humanité. Brassens fait revivre le langage en jouant des expressions figées par l'usage, tandis qu'à la verve rabelaisienne répond une grande compassion pour le genre humain.

COHEN

Nom et prénom : **Cohen, Albert**
Naissance : **le 16 août 1895, à Corfou, en Grèce**
Décès : **le 17 octobre 1981, à Genève, en Suisse**
Lieux : **Corfou, Marseille, Genève, Londres**
Situation familiale : **marié à Elisabeth Brocher, mère de leur fille Myriam, puis à Marianne Goss**
Profession : **haut fonctionnaire**
Amitiés : **Marcel Pagnol, Max Jacob, Elie Wiesel**

Né à Corfou, de parents juifs sépharades, commerçants et grands voyageurs, Albert Cohen grandit à Marseille, où sa famille s'installe en 1900. L'enfant souffre alors de l'antisémitisme qu'a développé en France l'affaire Dreyfus. Il voue un amour profond à sa mère et noue au lycée une amitié durable avec Marcel Pagnol. Après des études au lycée Thiers de Versailles, puis à la faculté de droit de Genève, Albert Cohen devient le délégué du mouvement sioniste à la Société des nations. Il acquiert la nationalité suisse et publie sa première œuvre, des poésies, *Paroles juives*, en 1921. Quelques années plus tard, il dirige l'éphémère *Revue juive* et fait la connaissance, à travers elle, de Jean Cocteau, Max Jacob et Darius Milhaud.

Son premier roman, *Solal*, en 1930, met en scène le personnage d'un don Juan séducteur, éblouissant et princier, à la fois habité par sa culture juive et fasciné par la société chrétienne. Mêlant le tragique et le comique, le livre est d'emblée reconnu comme un chef-d'œuvre. Cohen poursuit les aventures de Solal avec *Mangeclous*, en 1938. Pendant la Seconde Guerre mondiale, il rejoint le général de Gaulle à Londres, puis, après le conflit, haut fonctionnaire à l'Organisation des Nations unies, il s'occupe de l'aide aux réfugiés. Il intervient également en faveur des juifs d'Union soviétique, dans les années de guerre froide. *Belle du Seigneur*, troisième et dernier volet de la trilogie des Solal, paraît en 1968.

Ses œuvres principales

- des romans et des récits, dont : *Solal* (1930), *Mangeclous* (1938), *Le Livre de ma mère* (1954), *Belle du Seigneur* (1968), *Les Valeureux* (1969)
- une pièce de théâtre : *Ezéchiel* (1933)

1968

Belle du Seigneur

Belle du Seigneur **met en scène l'affrontement de deux univers. Adrien Deune incarne le ridicule, jusqu'au pathétique, des rêves et des désirs d'un fonctionnaire sans éclat, époux médiocre de la belle Ariane. À l'inverse, Solal, son supérieur hiérarchique à la Société des nations, représente la séduction d'un personnage généreux, cultivé et romanesque. Ce passage alterne deux descriptions. Celle de Solal amoureux qui danse avec Ariane et celle de Adrien qui voyage, au même moment, dans un train de nuit.**

Solennels parmi les couples sans amour, ils dansaient, d'eux seuls préoccupés, goûtaient l'un à l'autre, soigneux, profonds, perdus. Béate d'être tenue et guidée, elle ignorait le monde, écoutait le bonheur dans ses veines, parfois s'admirant dans les hautes glaces des murs, élégante, émouvante, exceptionnelle, femme aimée, parfois reculant la tête pour mieux le voir qui lui murmurait des merveilles point toujours comprises, car elle le regardait trop, mais toujours de toute âme approuvée, qui lui murmurait qu'ils étaient amoureux, et elle avait alors un impalpable rire tremblé, voilà, oui, c'était cela, amoureux, et il lui murmurait qu'il se mourait de baiser et bénir les longs cils recourbés, mais non pas ici, plus tard, lorsqu'ils seraient seuls, et alors elle murmurait qu'ils avaient toute la vie, et soudain elle avait peur de lui avoir déplu, trop sûre d'elle, mais non, ô bonheur, il lui souriait et contre lui la gardait et murmurait que tous les soirs, oui, tous les soirs ils se verraient. Secoué dans son wagon-lit, il se reprochait d'avoir été une brute, une brute de l'avoir traitée de méchante. Après tout, si elle n'avait pas de sympathie pour le boss, elle n'y pouvait rien, pas de sa faute quoi. Elle avait du bon, allez. L'autre jour, chez le tailleur, elle l'avait si gentiment aidé à choisir le tissu, elle s'y était vraiment intéressée. Elle dormait sûrement en ce moment, si mignonne quand elle dormait. Dors bien, ma chérie, lui dit-il en sa couche remuante, et il lui sourit, ferma les yeux pour dormir avec elle. L'orchestre tzigane stoppa, et ils s'arrêtèrent sans se détacher tandis que les ordinaires, aussitôt séparés, battaient des mains, battaient en vain. Mais sur un regard de Solal, Imre, le premier violon marqué de variole, cligna un sourire complice, essuya ses sueurs et attaqua avec grandeur tandis que les deux étranges, observés par les assis, repartaient en gravité d'amour, bientôt suivis par Imre fioriturant à grands effets de manches flottantes et tenant entre ses dents le billet de banque donné par Solal. Traînant derrière elle des serpentins lancés, lentes algues de toutes couleurs, elle détachait parfois sa main pour rajuster sa coiffure et n'y parvenait pas, oh tant pis, et puis son nez brillait peut-être, oh tant pis puisqu'elle était sa belle, puisqu'il le lui disait. La belle du seigneur, se disait-elle, souriant aux anges. Mais il ne parvenait pas à s'endormir et il se demandait si elle avait pensé à fermer le compteur du gaz. L'embêtant, c'était qu'elle allait être toute seule dans la villa, rien qu'avec une femme de ménage le matin, puisque Mariette ne reprendrait son service que dans un mois à peu près, et il n'y avait pas que le compteur du gaz, il y avait les verrous de la porte d'entrée qu'elle oublierait sûrement de pousser le soir avant de se coucher, et puis ses vitamines du matin, elle ne penserait sûrement pas à les prendre, ah que de soucis. Joue contre joue, elle et lui, secrets, lentement vivant. Ô elle, murmurait-il, elle, tous les charmes, alpiniste de l'Himalaya en béret écossais, reine des bêtes de porcelaine, ô son sourire de demeurée, lorsqu'elle était seule, ô ses allées et venues dans sa chambre, la pointe des pieds en dedans pour s'humilier, comme lui de ses ridicules jouissant, céleste grimacière et bouffone d'elle-même, rêvassière dans son bain, amie de la chouette et protectrice du crapaud, elle, sa folle sœur. Sa joue contre l'épaule de son seigneur, elle lui demandait de dire encore, les yeux fermés, bienheureuse d'être connue, mieux que d'elle-même connue, moquée et louangée par ce frère de l'âme, le seul au monde qui la connaissait, et c'était cela l'amour adorable, l'amour d'un homme, et Varvara ce n'était rien, plus rien, pauvretés évanouies. Rejetant la tête en arrière, elle s'aperçut qu'il avait des yeux bleus et verts, piqués de points d'or, si lumineux dans le visage hâlé, des yeux de la mer et du soleil, et elle se pressa contre lui, reconnaissante de ces yeux. En mission officielle, nom de Dieu, avec les indemnités afférentes, nom de Dieu, y compris les indemnités de climat, nom de Dieu, et tout à l'heure hôtel George V, nom de Dieu, standing de diplomate, nom de Dieu. Dès l'arrivée à Paris, lui téléphoner pour les recommandations, compteur du gaz, verrous, volets, vitamines et cætera.

Albert Cohen, *Belle du Seigneur*, Éd. Gallimard, 1968.

La saga des Solal

De *Solal* aux *Valeureux*, l'œuvre romanesque d'Albert Cohen met en scène la famille des Solal, faisant passer le lecteur de l'univers pittoresque et enchanté de l'île de Céphalonie au monde feutré de Genève et de la Société des nations. Le romancier crée ainsi une épopée qui mêle l'exubérance comique et la réflexion tragique. Les oncles et les cousins de Solal, les valeureux Saltiel, Mangeclous, Mattathias, Michaël et Salomon, apparaissent comme des êtres truculents, pleins de fantaisie et profondément humains. Mais le génie baroque et la verve de Cohen s'expriment mieux encore à travers le personnage de Solal, enthousiaste, ivre de mots, passionné par la vie et les femmes. Derrière l'emportement lyrique et l'exaltation romanesque, l'œuvre d'Albert Cohen développe une réflexion sur l'exclusion et sur la vanité de l'amour, après l'éblouissement des plaisirs charnels.

TOURNIER

Nom et prénom : **Tournier, Michel**
Naissance : **le 19 décembre 1924, à Paris**
Lieux : **Saint-Germain-en-Laye, Paris, Filbourg et la Forêt-Noire**
Situation familiale : **célibataire**
Professions : **traducteur, responsable d'émissions de radio et de télévision, directeur de collections littéraires, romancier**
Amitiés : **les écrivains Yvan Audouard et Armand Gatti, le musicien Pierre Boulez, les philosophes Gilles Deleuze et Michel Foucault, le photographe Édouard Boubat**

Michel Tournier naît à Paris, dans une famille passionnée de musique et de littérature allemande. Chaque été, tout le monde se rend dans la Forêt-Noire, où l'enfant se familiarise avec la mythologie et la poésie germaniques. Il étudie la philosophie et, après un échec à l'agrégation, mène une vie de bohème sur l'île Saint-Louis.

Attaché de presse, directeur de collection littéraire, il écrit alors *Vendredi ou les Limbes du Pacifique*, qui reçoit le prix de l'Académie française en 1967. Trois ans plus tard, *Le Roi des Aulnes* est couronné par le prix Goncourt. Dès lors, élu membre de l'académie Goncourt, il poursuit sa carrière de romancier, installé dans un vieux presbytère près de Paris. Il écrit aussi des livres pour enfants, des essais de critique littéraire et publie des albums de photographies réalisées en compagnie de son ami, le photographe Édouard Boubat.

Ses œuvres principales

- des romans, dont : *Vendredi ou les Limbes du Pacifique* (1967), *Le Roi des Aulnes* (1970), *Les Météores* (1975), *La Goutte d'or* (1986), *Éléazar ou la Source et le Buisson* (1996)
- des recueils de nouvelles, dont : *Coq de bruyère* (1979), *Le Medianoche amoureux* (1989)
- des essais sur la photographie, dont : *Des clefs et des serrures* (1979), *Journal de voyage au Canada* (1984)
- des récits pour l'enfance et la jeunesse, dont : *Vendredi ou la Vie sauvage* (1971)

1970

Le Roi des Aulnes

***Le Roi des Aulnes* commence par raconter les humiliations subies par Abel Tiffauges pendant son adolescence au collège Saint-Christophe. Devenu garagiste à Paris, il est faussement accusé de viol et échappe à la cour d'assises grâce au déclenchement de la Seconde Guerre mondiale. Tiffauges devient alors colombophile militaire, avant d'être fait prisonnier. Dans la Prusse orientale, après avoir servi comme valet de chasse du maréchal Goering, il est affecté à la forteresse militaire de Kaltenbom, où sont sélectionnés les jeunes garçons, futures recrues du parti nazi. Lors de l'attaque de la forteresse par les troupes soviétiques, Tiffauges s'enfuit, emportant sur ses épaules un petit garçon juif qu'il a protégé. Il meurt à la fin du roman, en s'enfonçant dans les marais, observant au-dessus de sa tête « une étoile d'or à six branches qui tournait lentement dans le ciel noir ».**

Quand le train repartit au milieu de la nuit, les gardiens verrouillèrent les portes et les lucarnes des wagons. Ceux des hommes qui ne dormaient pas comprirent qu'on traversait Berlin aux arrêts et aux manœuvres qui hachèrent à nouveau la progression du train. Puis l'allure du convoi se régularisa, un rythme égal berça les corps entassés. On devait filer sur une plaine immense, interminable, que seule la nuit rendait moins vertigineuse.

Le petit matin parut plus précoce et plus frais qu'à l'accoutumée. Les portes à glissière roulèrent avec des grondements sourds. Il y eut des ordres, des appels. Les hommes sautèrent hébétés hors des wagons, immédiatement saisis par une petite brise froide et coupante. Une assez vaste baraque en planches noircies au goudron dressait une silhouette qui paraissait presque imposante tant le paysage était plat. Des rafales faisaient vibrer un panneau de bois rectangulaire dressé sur deux poteaux où on lisait en lettres gothiques[1] noires sur fond blanc : MOORHOF. À perte de vue, c'était tout alentour une succession d'étangs, coupés de prairies qu'on devinait prêtes à se métamorphoser en marécages. De loin en loin, un bouquet de sapins donnait l'échelle et rendait sensible l'immensité de l'horizon noyé de fumées innombrables qui couraient au ras des joncs et des hautes herbes. Tiffauges qui ne connaissait en dehors de Paris que des pays de coteaux ou des campagnes bocagères fut saisi par la grandeur de cette terre. Parce que sa vue s'étendait à l'infini de tous côtés, galopant parmi les brumes, planant au-dessus des bruyères et des miroirs d'eau, il eut un sentiment de liberté qu'il n'avait jamais connu auparavant. Il sourit malgré lui de ce paradoxe en prenant la suite d'une file de marcheurs accablés, poussés vers le nord par les coups de gueule d'un Feldwebel[2].

Ils découvrirent brusquement le camp à quelques centaines de mètres de la route, alors que le village de Moorhof demeurait obstinément invisible. Ils devaient en faire sans cesse l'expérience : dans ce pays plat comme la main, apparemment ouvert et sans secret, les maisons, les granges et même les miradors du camp devenaient invisibles pour peu qu'on s'éloignât, comme bus par l'épaisseur de la terre et du tapis végétal.

Michel Tournier, *Le Roi des Aulnes*,
Éd. Gallimard, 1970.

John Malkovich dans *Le Roi des Aulnes*, réalisé au cinéma par Volker Schlöndorff.

- 1. **lettres gothiques** : écriture gothique, utilisée en Allemagne à partir du XIIe siècle.
- 2. **Feldwebel** : soldat allemand.

Un univers de mythes et de légendes

L'œuvre de Tournier marque le retour au récit traditionnel à travers l'exploration de mythes et de légendes dont le romancier donne une interprétation nouvelle, adaptée à notre temps. C'est ainsi qu'il procède à la réécriture du roman de Daniel Defoe, *Robinson Crusoé*, pour faire de Vendredi le personnage essentiel de *Vendredi ou les Limbes du Pacifique*. De la même manière, on retrouve dans son œuvre les Rois Mages, Gaspard, Melchior et Balthazar, ou Pierrot, le personnage de la commedia dell'arte.

Le Roi des Aulnes reprend à son tour une légende allemande, popularisée par le poète Goethe dans une ballade célèbre. Tournier transpose ainsi, dans le contexte de la Seconde Guerre mondiale, le personnage mythique de l'ogre enlevant des enfants. Et la légende en est, une fois encore, complètement transformée.

CHRAÏBI

Nom et prénom : **Chraïbi, Driss**
Naissance : **le 15 juillet 1926, à El-Djadida, au Maroc**
Lieux : **Casablanca, l'Alsace, Paris, le Canada, l'Italie, l'île d'Yeu**
Situation familiale : **marié en 1953 ; remarié avec Sheena, une Écossaise, en 1979**
Professions : **veilleur de nuit, journaliste, producteur d'émissions de radio, professeur**
Amitiés : **le psychiatre Daniel Bordigoni ; le réalisateur Georges Godebert ; des comédiens de théâtre, comme Darling Légitimus**

Driss Chraïbi naît dans une famille marocaine aisée. En septembre 1945, à l'âge de dix-neuf ans, il quitte le Maroc pour Paris, où il étudie la chimie. Il obtient son diplôme d'ingénieur et l'envoie à son père, préférant prendre le temps de réfléchir. C'est ainsi que Driss Chraïbi se retrouve en 1953 veilleur de nuit, envoyant le manuscrit de son premier roman, *Le Passé simple*, aux éditeurs parisiens. Il se marie avec une jeune femme d'origine alsacienne. Un an plus tard, son livre paraît et fait scandale au Maroc parce qu'il dénonce une société sclérosée, figée dans ses traditions.

En 1958, il devient producteur de radio sur France Culture, réalisant des dramatiques, et en particulier la série Théâtre noir. Parallèlement, il multiplie les œuvres romanesques, qui mêlent humour et humanité à la réflexion sur l'exil et l'évolution de la société marocaine. L'écrivain traverse l'épreuve douloureuse du divorce; il s'installe avec Sheena, sa nouvelle compagne, à l'île d'Yeu. Après la mort du roi Hassan II, en 1999, il fait la rencontre de son successeur, Mohammed VI, avec lequel il partage ses espoirs d'un renouveau pour le Maroc.

Ses œuvres principales

• des romans, dont : *Le Passé simple* (1954), *Les Boucs* (1955), *L'Âne* (1958), *La Civilisation, ma Mère !...* (1972), *Mort au Canada* (1975), *Une enquête au pays* (1981), *L'Inspecteur Ali* (1991), *Le Monde à côté* (2001)

1972

La Civilisation, ma Mère !...

***La Civilisation, ma Mère !...* raconte l'histoire d'une femme marocaine qui, à trente ans, découvre la liberté, encouragée par ses deux fils. Le narrateur décrit avec passion cette évolution, cet éveil d'une femme qui, recluse dans la maison d'un homme ancré dans la tradition, se libère des préjugés et de l'ignorance.**

Elle ne dit rien, elle marche. L'air de la liberté, un rayon de soleil tintant sur un plateau de cuivre, ce qui jadis a été, a pu être son *moi*, sont choses à percevoir doucement, timidement, sans hâte ni intensité.

Derrière le marché couvert, il y a un parc. Le parc de mon adolescence où je faisais l'école buissonnière de temps à l'autre. Mon refuge. Le seul endroit où je pouvais lire les poètes qui m'ont nourri. Verlaine dans ce jardin n'eût pas écrit un mot. Peut-être. C'est là, voilà bien longtemps, que j'ai commencé à écrire. Parce que je ne vivais pas.

Sycomores, palmiers, cèdres, pins, eucalyptus, ma mère est allée de l'un à l'autre, a embrassé tous les arbres, à pleine bouche, les a étreints, leur a parlé. Et ils lui ont répondu, ont ri et pleuré avec elle – j'en jure par cet orchestre d'oiseaux qui chantaient le brasillement du couchant dans les cimes, entre ciel et terre, dans le concert des senteurs de thym, de terre et d'euphorbe. Tant de verdure ! Tant de verdure d'un seul coup ! Et toute cette liberté !

Nagib et moi, nous nous étions assis sur un banc, nous avions sorti un jeu de cartes et nous faisions une partie de poker, au ralenti, sans tricher, sans regarder une seule carte – les yeux attachés sur cette femme qui se déchaussait, se déplaçait sur la pelouse avec la légèreté d'un fantôme, vers le petit ruisseau, là-bas, qui *trillait* ses notes de perles entre les mimosas et les bourraches.

Ce fut là qu'elle s'assit, sur le gazon, les pieds dans l'eau. Et elle mangea de l'herbe, toute une poignée qu'elle arracha et mâcha, brin après brin, racines et humus compris. Et elle avait le regard étendu droit et loin devant elle, au-delà des massifs, des arbres et de l'horizon, derrière cet autre horizon qui s'était appelé son enfance. D'où elle avait émergé adulte à l'âge des jeux et des poupées. Poupée, on l'avait étranglée par la loi et dans le devoir. Et l'homme très intelligent qui l'avait épousée en pleine puberté, l'homme très efficace qui était capable de transformer un terrain vague en devises fortes et une civilisation pétrifiée en pétrole jaillissant, l'homme conservé dans la saumure de son époque, dans la morale et dans l'honneur, n'avait fait qu'appliquer la loi. Religieusement. L'avait enfermée dans sa maison depuis le jour des noces et jusqu'à cet après-midi-là où nous l'en avions fait sortir. Jamais elle n'en avait franchi le seuil. Jamais elle n'en avait eu l'idée.

Les oiseaux se sont tus, les arbres ont frissonné dans une longue étreinte, la brise du soir montée du fond de la mer vient caresser toute mélancolie, toute colère – apaise êtres et choses. Nous avons ramassé nos cartes, sans chercher à savoir qui avait gagné la partie de poker. Nous sommes allés chercher ma mère, nous l'avons aidée à se relever. Mais, avant de le faire, elle a bu un peu d'eau du ruisseau, dans le creux de sa main.

Nagib lui a remis un soulier, moi l'autre. Comme nous quittions le parc, les réverbères se sont allumés soudain le long de l'avenue, entre ciel et terre. Nous avons remarqué alors sur la robe de ma mère une tache verte, imprimée par l'herbe où elle s'était assise.

Driss Chraïbi, *La Civilisation, ma Mère !...*, Éd. Denoël, 1972.

Le royaume de l'exil

À travers l'héroïne de *La Civilisation, ma Mère !...*, Driss Chraïbi poursuit un combat commencé dès son premier roman, *Le Passé simple*. Il s'agit de remettre en question les certitudes d'une société dominée par les contraintes religieuses, la puissance de l'argent et le poids des coutumes patriarcales qui réduisent la femme au silence et à la soumission.

Enfant terrible de la littérature marocaine, le romancier appelle de ses vœux une société libérée des carcans qui étouffent la sensibilité et la liberté des individus, mais aussi capable de préserver son identité devant les modèles occidentaux. Et c'est à travers l'expérience de l'exil que l'écrivain forge son regard. Pour lui, « l'exil est un royaume » : « J'appelle exil l'ouverture à l'Autre, le besoin de se renouveler et de se remettre en question. Les certitudes sont autant de prisons. »

Derrière l'ironie et la férocité de son écriture, Driss Chraïbi montre toujours une forme d'humour et révèle sa tendresse pour ses personnages : le jeune révolté Driss Ferdi, héros du *Passé simple*, la femme libérée de *La Civilisation, ma Mère !...* ou l'inspecteur Ali, qui revient dans plusieurs de ses romans.

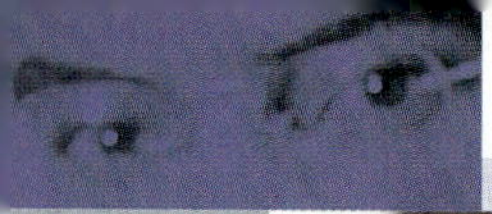

CÉSAIRE

Nom et prénom : **Césaire, Aimé**
Naissance : **le 25 juin 1913, à Fort-de-France**
Lieux : **la Martinique, Paris**
Situation familiale : **marié avec Suzanne Roussy en 1937**
Professions : **professeur de lycée, maire de Fort-de-France, député**
Amitiés : **Léopold Sédar Senghor, Léon Damas, Édouard Glissant, André Breton, Jean-Paul Sartre**

Né à la Martinique au sein d'une famille nombreuse, Aimé Césaire poursuit ses études à Paris, où il se lie d'amitié avec Léopold Sédar Senghor. Il participe à la fondation de la revue *L'Étudiant noir* en 1934, et forge le néologisme « négritude », qui exprime la revendication de ses racines et la « simple reconnaissance du fait d'être noir ». C'est à travers l'écriture surréaliste qu'il évoque d'abord sa soif d'affranchissement du peuple noir.

Rédigé avant la guerre, le *Cahier d'un retour au pays natal* est publié en 1947, avec une préface d'André Breton. Professeur de littérature, maire de Fort-de-France, député de la Martinique, Aimé Césaire rompt en 1956 avec le parti communiste, à ses yeux trop modéré sur la question des colonies. Toute son œuvre, ses poèmes comme son théâtre ou ses essais, participe à un combat pour l'indépendance. Il contribue ainsi à la création de *Présence africaine*, revue puis maison d'édition qui publie la littérature africaine et antillaise francophone.

Ses œuvres principales

- des recueils de poèmes, dont : *Les Armes miraculeuses* (1946), *Cahier d'un retour au pays natal* (1947), *Soleil cou coupé* (1948), *Corps perdu* (1950)
- des essais, dont : *Discours sur le colonialisme* (1951), *Toussaint-Louverture* (1962)
- des pièces de théâtre, dont : *La Tragédie du roi Christophe* (1963), *Une saison au Congo* (1966)

1966

Une saison au Congo

***Une saison au Congo* met en évidence les pressions économiques et les trahisons politiques qui accompagnent la décolonisation. La pièce dresse ainsi la figure de Patrice Lumumba, qui fut Premier ministre du Congo avant d'être assassiné. À travers lui, c'est l'histoire du continent africain qui se joue de manière symbolique.**

LUMUMBA[1]. – Tu y penses à l'Afrique, quelquefois ? Tiens, regarde là ! pas besoin de carte épinglée au mur. Elle est gravée sur la paume de mes mains.

Ici, la Rhodésie du Nord, son cœur le Copper Belt, la ceinture de Cuivre, terre silencieuse, sauf de temps en temps, un juron de contremaître, un aboi de chien policier, le gargouillement d'un colt, c'est un nègre qu'on abat, et qui tombe sans mot dire. Regarde, à côté, la Rhodésie du Sud, je veux dire des millions de nègres spoliés, dépossédés, parqués dans les townships[2].

Là, l'Angola ! principale exportation : ni le sucre, ni le café, mais des esclaves ! Oui, mon colonel, des esclaves ! Deux cent mille hommes livrés chaque année aux mines de l'Afrique du Sud contre du bon argent qui tombe tout frais dans les caisses vides de papa Salazar[3] !

Y pendant comme un haillon, cet îlot, ce rocher, San Tomé[4], sa petitesse bouffe du nègre que c'en est incroyable ! Par milliers ! Par millions ! C'est le bagne de l'Afrique !

Il chante.

Notre fils cadet
Ils l'ont envoyé à San Tomé
Parce qu'il n'avait pas de papiers
Aiué
Notre fils n'est pas revenu, notre fils
La mort l'a enlevé
Aiué
Ils l'ont envoyé à San Tomé.

C'est drôle, tu ne la connais pas, cette chanson ? Je te l'apprendrai, Mokutu, si tu m'en donnes le temps ! Enfin, plus bas, l'Afrique du Sud, la chiourme[5] raciste, armée de ses tanks, de ses mitrailleuses, de ses canons, de ses avions, de sa bible, de ses lois, de ses tribunaux, de sa presse, de sa haine, de ses mensonges. Plus encore de son cœur dur et féroce ! Mokutu, la voilà, notre Afrique ! Terrassée, ligotée, piétinée, couchée en joue ! Elle souffre, mais elle espère ! C'est vrai ! car, du fond de l'abîme, elle voit s'embraser et rosir la surface, et qui grandit, qui grandit la tache de lumière. Elle espère, pourquoi pas ? Il y a eu le Ghana, la Guinée, le Sénégal, le Mali et j'en passe… Dahomey ! Cameroun !… Avant-hier, le Togo ! Hier, le Congo ! Alors la prisonnière Afrique se dit : « Demain, c'est mon tour ! et demain n'est pas loin ! » Et elle serre les poings, et elle respire un peu mieux, l'Afrique ! Déjà l'air de demain ! l'air du large, sain et salé !

Aimé Césaire, *Une saison au Congo*, Éd. du Seuil, 1966.

■ **1. Lumumba** : homme politique congolais, Premier ministre en 1960. ■ **2. les townships** : les ghettos noirs, les bidonvilles d'Afrique du Sud. ■ **3. Salazar** : Premier ministre du Portugal, de 1932 à 1968, au moment où l'Angola est portugaise. ■ **4. San Tomé** : île du golfe de Guinée qui servit de bagne. ■ **5. la chiourme** : les gardes-chiourme, c'est-à-dire les gardiens du bagne.

Collage de l'artiste sud-africain Willie Bester. *Semekasi* (1993) cherche à représenter, dans une juxtaposition colorée, la violence de la vie quotidienne en Afrique du Sud, à Cap Town.

Le militant de la « négritude »

Avec le *Cahier d'un retour au pays natal*, Aimé Césaire lance un manifeste à la fois poétique et politique. C'est un cri de révolte et de rejet de la civilisation occidentale que pousse l'écrivain.

Ses recueils de poèmes prennent ainsi la défense des Noirs opprimés qui refusent d'être soumis. *Soleil cou coupé*, en 1948, et *Corps perdus*, en 1949, d'inspiration surréaliste, engagent la poésie antillaise dans une prise de conscience militante. De la même manière, *La Tragédie du roi Christophe*, en 1963, et *Une saison au Congo*, en 1966, expriment l'aspiration des peuples africains à accéder à l'indépendance et les tensions politiques qui naissent de la décolonisation.

Toute la vie et l'œuvre d'Aimé Césaire auront servi à défendre farouchement la cause de ce qu'il appelle lui-même la « négritude ».

JACCOTTET

Nom et prénom : **Jaccottet, Philippe**
Naissance : **le 30 juin 1925, à Moudon, en Suisse**
Lieux : **Lausanne ; Paris ; l'Italie ; Grignan, dans la Drôme ; le mont Ventoux**
Situation familiale : **marié en 1953 avec le peintre Anne-Marie Haesler**
Professions : **critique littéraire, traducteur, collaborateur de maison d'édition**
Amitiés : **les poètes Giuseppe Ungaretti, Yves Bonnefoy, André Du Boucher, Jacques Dupin**

Philippe Jaccottet naît à Moudon, dans le canton de Vaud, en Suisse. Après avoir passé son enfance dans sa ville natale, il fait ses études à Lausanne. Très tôt, le jeune homme lit les poètes qu'il reconnaît comme ses maîtres, Baudelaire, Rilke, les écrivains romantiques allemands, comme Novalis ou Hölderlin, que lui fait découvrir le Suisse Gustave Roud. Jaccottet étudie le grec et l'allemand et, en 1946, après sa licence de lettres, il rencontre en Italie le poète Ungaretti, avec qui il se lie d'amitié. Il s'installe alors à Paris et collabore aux éditions d'art Mermod. Jaccottet fréquente de nombreux écrivains, comme Francis Ponge, Henri Thomas ou Yves Bonnefoy. Au cours de cette période, il s'impose comme un brillant traducteur d'œuvres de Thomas Mann ou de Robert Musil, mais aussi de Platon ou d'Homère. À partir de 1953, date de son mariage, Jaccottet s'installe à Grignan, dans la Drôme, à l'écart des modes. Chaque poème est pour lui une « espèce de suspense vibrant et sourdement sonore ». Il développe également une intense activité critique, multipliant études et essais littéraires. Alternant les périodes de doute et d'exaltation, il poursuit son œuvre poétique, profondément imprégnée des émotions vécues et des paysages qui l'entourent.

Ses œuvres principales

• des recueils de poèmes, dont : *L'Effraie* (1953), *La Promenade sous les arbres* (1957), *L'Ignorant* (1958), *Airs* (1967), *Leçons* (1969), *Paysages avec figures absentes* (1970), *La Semaison, carnets* (1954-1979), *À la lumière d'hiver* (1977), *Cahier de verdure, proses et poèmes* (1990), *Requiem* (1991), *Après beaucoup d'années* (1994)

1958-1969

Poésies

LE COMBAT INÉGAL

Cris d'oiseaux en novembre, feux des saules, tels sont-ils,
les signaux qui me conduisent de péril en péril.

Même sous les rochers de l'air sont des passages
entre lavande et vigne filent aussi des messages.

Puis la lumière dans la terre, le jour passe,
une autre bouche nous vient, qui réclame un autre espace.

Cris de femmes, feux de l'amour dans le lit sombre, ainsi nous
commençons à dévaler l'autre versant d'ici.

Nous allons traîner tous deux dans la gorge ruisselante,
avec rire et soupirs, dans un emmêlement de plantes,

compagnons fatigués que rien ne pourra plus disjoindre
s'ils ont vu sur le nœud de leurs cheveux le matin poindre.

(Autant se protéger du tonnerre avec deux roseaux,
quand l'ordre des étoiles se délabre sur les eaux...)

L'Ignorant, Éd. Gallimard, 1958.

« UNE AIGRETTE ROSE... »

Une aigrette rose à l'horizon
un parcours de feu

et dans l'assemblée des chênes
la huppe étouffant son nom

Feux avides, voix cachées
courses et soupirs

Airs, Éd. Gallimard, 1967.

« POMMES ÉPARSES... »

Pommes éparses
sur l'aire du pommier

Vite !
Que la peau s'empourpre
avant l'hiver !

Airs, Éd. Gallimard, 1967.

OISEAUX

Flammes sans cesse changeant d'aire
qu'à peine on voit quand elles passent

Cris en mouvement dans l'espace

Peu ont la vision assez claire
pour chanter même dans la nuit

Airs, Éd. Gallimard, 1967.

Détail d'une estampe de l'artiste japonais Hiroshige (1797-1858)

MUET

Muet. Le lien des mots commence à se défaire
aussi. Il sort des mots.
Frontière. Pour un peu de temps
nous le voyons encore.
Il n'entend presque plus.
Hélerons-nous cet étranger s'il a oublié
notre langue ? s'il ne s'arrête plus pour écouter ?
Il a affaire ailleurs.

Il n'a plus affaire à rien.
Même tourné vers nous,
c'est comme si on ne voyait plus que son dos.

Dos qui se voûte
pour passer sous quoi ?

Philippe Jaccottet, *Leçons*,
Éd. Gallimard, 1969.

Le chant et la couleur du paysage

Jaccottet s'inspire des poèmes de trois vers japonais, les haïkus, pour composer son recueil *Airs*. Le titre de l'œuvre suggère l'idée d'« espaces aériens » et de « chants ». *Airs* est composé de textes brefs. Chaque poème correspond à un moment d'intense émotion, liée à la perception de fruits, d'animaux et de paysages dont il restitue pleinement la beauté. Jaccottet cherche à saisir les mouvements fugitifs qui animent la nature, en mêlant « la légèreté des choses au poids du temps ». Le poème *Leçons* est porté par une profonde jubilation, traversé par un quotidien que Jaccottet nous invite à aimer. Le poète fait surgir ses images comme un peintre japonais dessine minutieusement les oiseaux, avant leur envol.

PEREC

Nom et prénom : **Perec, Georges**
Naissance : **le 7 mars 1936, à Paris**
Décès : **le 3 mars 1982, à Sucy, près de Paris**
Lieux : **le Vercors, où il trouve refuge pendant la guerre ; Paris ; l'Australie, où il écrit son dernier roman**
Situation familiale : **marié en 1960 avec Paulette Pébras; sans enfant**
Professions : **documentaliste, rédacteur de mots croisés, dialoguiste pour le cinéma, écrivain**
Amitiés : **Raymond Queneau, François Le Lionnais, Jacques Roubaud, Jean Lescure, Italo Calvino**

Fils unique de Polonais juifs immigrés en France, Georges Perec a quatre ans lorsque, en 1940, son père meurt à la guerre. Pour échapper aux persécutions dans la France occupée, il est envoyé dans un pensionnat à Grenoble. Arrêtée, sa mère meurt en déportation en 1943. À la Libération, Perec, adopté par une tante et un oncle, revient à Paris. Après des études d'histoire et de sociologie qu'il abandonne rapidement, il devient documentaliste et s'amuse à créer des formes de fiches et de classement originales ; mais sa seule grande ambition est d'être écrivain. Il souffre toutefois, depuis son jeune âge d'une profonde dépression qu'il soigne en entamant une psychanalyse.

Ses premiers romans, *L'Attentat de Sarajevo* ou *J'avance masqué*, ne sont pas publiés. Cependant, *Les Choses*, qui paraît en 1965, connaît un grand succès. En 1968, Perec adhère au groupe oulipien, dont l'influence est déterminante sur son écriture et grâce auquel il se lie d'amitié avec Raymond Queneau. Emporté à quarante-six ans par un cancer du poumon, il laisse derrière lui de nombreux manuscrits dont la publication se poursuit après sa mort.

Ses œuvres principales

- des romans, dont : *Les Choses* (1965), *Un homme qui dort* (1967), *La Disparition* (1969), *Les Revenentes* (1972), *W ou le Souvenir d'enfance* (1975), *La Vie mode d'emploi* (1978), *Je me souviens* (1978)

1975

W ou le Souvenir d'enfance

***W ou le Souvenir d'enfance* est un hommage rendu par Perec à la mémoire de ses parents, morts pendant la Seconde Guerre mondiale. L'autobiographie est habitée par l'expérience traumatisante de l'occupation allemande et de la déportation des Juifs, obligés de porter une étoile jaune cousue à leurs vêtements. On comprend ainsi la difficulté de l'écrivain à revenir sur le passé et à mobiliser une mémoire meurtrie.**

Je n'ai pas de souvenir d'enfance. Jusqu'à ma douzième année à peu près, mon histoire tient en quelques lignes : j'ai perdu mon père à quatre ans, ma mère à six ; j'ai passé la guerre dans diverses pensions de Villard-de-Lans. En 1945, la sœur de mon père et son mari m'adoptèrent.

Cette absence d'histoire m'a longtemps rassuré : sa sécheresse objective, son évidence apparente, son innocence, me protégeaient, mais de quoi me protégeaient-elles, sinon précisément de mon histoire, de mon histoire réelle, de mon histoire à moi qui, on peut le supposer, n'était ni sèche, ni objective, ni apparemment évidente, ni évidemment innocente ?

« Je n'ai pas de souvenir d'enfance » : je posais cette affirmation avec assurance, avec presque une sorte de défi. L'on n'avait pas à m'interroger sur cette question. Elle n'était pas inscrite à mon programme.

J'en étais dispensé : une autre histoire, la Grande, l'Histoire avec sa grande hache, avait déjà répondu à ma place : la guerre, les camps.

....

J'ai trois souvenirs d'école*.

Le premier est le plus flou : c'est dans la cave de l'école. Nous nous bousculons. On nous fait essayer des masques à gaz : les gros yeux de mica[1], le truc qui pendouille par-devant, l'odeur écœurante du caoutchouc.

Le second est plus tenace : je dévale en courant – ce n'est pas exactement en courant : à chaque enjambée, je saute une fois sur le pied qui vient de se poser ; c'est une façon de courir, à mi-chemin de la course proprement dite et du saut à cloche-pied, très fréquente chez les enfants, mais je ne lui connais pas de dénomination particulière –, je dévale donc la rue des Couronnes, tenant à bout de bras un dessin que j'ai fait à l'école (une peinture, même) et qui représente un ours brun sur fond ocre. Je suis ivre de joie. Je crie de toutes mes forces : « Les oursons ! Les oursons ! »

Le troisième est, apparemment, le plus organisé. À l'école on nous donnait des bons points. C'étaient des petits carrés de carton jaunes ou rouges sur lesquels il y avait écrit : 1 point, encadré d'une guirlande. Quand on avait eu un certain nombre de bons points dans la semaine, on avait droit à une médaille. J'avais envie d'avoir une médaille et un jour je l'obtins. La maîtresse l'agrafa sur mon tablier. À la sortie, dans l'escalier, il y eut une bousculade qui se répercuta de marche en marche et d'enfant en enfant. J'étais au milieu de l'escalier et je fis tomber une petite fille. La maîtresse crut que je l'avais fait exprès ; elle se précipita sur moi et, sans écouter mes protestations, m'arracha ma médaille.

Je me *vois* dévalant la rue des Couronnes en courant de cette façon particulière qu'ont les enfants de courir, mais je *sens* encore physiquement cette poussée dans le dos, cette preuve flagrante de l'injustice, et la sensation cénesthésique[2] de ce déséquilibre imposé par les autres, venu d'au-dessus de moi et retombant sur moi, reste si fortement inscrite dans mon corps que je me demande si ce souvenir ne masque pas en fait son exact contraire : non pas le souvenir d'une médaille arrachée, mais celui d'une étoile épinglée[3].

* C'est pratiquement en rédigeant ces trois souvenirs qu'un quatrième m'est revenu : celui des napperons de papier que l'on faisait à l'école : on disposait parallèlement des bandes étroites de carton léger colorié de diverses couleurs et on les croisait au-dessous. Je me souviens que ce jeu m'enchanta, que j'en compris très vite le principe et que j'y excellais.

George Perec, *W ou le Souvenir d'enfance*, Éd. Denoël, 1975.

1. mica : matière transparente utilisée pour les lunettes des masques à gaz. **2. sensation cénesthésique :** sensation ressentie à l'intérieur du corps. **3. étoile épinglée :** allusion à l'étoile jaune dont le port a été imposé à la population juive pendant la Seconde Guerre mondiale.

Le puzzle de la mémoire

En publiant *W ou le Souvenir d'enfance*, Perec réalise un ancien projet autobiographique qui le conduit à affronter le souvenir traumatisant de la Seconde Guerre mondiale. Mais le travail de la mémoire s'effectue de façon difficile ; les souvenirs reviennent éclatés, hantés par la mort des deux parents de Georges Perec, et particulièrement celle de sa mère, déportée à Auschwitz.

L'autobiographie est d'autant plus complexe que *W ou le Souvenir d'enfance* alterne entre le récit de la vie de Perec et une fiction qui met en scène une société idéale fondée sur le sport. Cependant, autobiographie et fiction finissent par se rejoindre dans l'image du camp de concentration où se rejoue une fois encore, dans l'œuvre de Perec, la question de la « disparition ».

MODIANO

Nom et prénom : **Modiano, Patrick**
Naissance : **le 30 juillet 1945, à Boulogne-Billancourt**
Lieux : **Paris, le jardin du Luxembourg dans la capitale**
Situation familiale : **marié en 1960 ; deux filles**
Professions : **romancier, dialoguiste pour le cinéma**
Amitiés : **Emmanuel Berl, Louis Malle, Pierre Le Tan, Catherine Deneuve**

Patrick Modiano naît à Paris d'un père juif originaire d'Alexandrie et d'une mère belge comédienne. Ses parents vivent, pendant l'Occupation, dans une semi-clandestinité. L'enfant passe ses premières années dans une atmosphère marquée par les récits de cette période trouble, où son père vit de trafics divers. Il est ballotté de pension en pension. Le divorce de ses parents, mais surtout la mort de son frère Rudy, lorsqu'il a douze ans, font de lui un adolescent tourmenté.

Modiano abandonne ses études après le baccalauréat pour se consacrer à la littérature. Il publie ainsi son premier roman, *La Place de l'Étoile*, au cours du printemps agité de 1968. Ce premier livre permet de découvrir l'inspiration originale d'un écrivain qui, tournant le dos aux préoccupations de son époque, est obsédé par la période de l'Occupation, qu'il tente ensuite de reconstituer à travers l'ensemble de son œuvre. Il écrit le scénario du film de Louis Malle, *Lacombe Lucien*, en 1974, et obtient le prix Goncourt en 1978, pour *Rue des Boutiques obscures*. S'attachant de plus en plus souvent à mettre en scène des figures féminines, il poursuit l'exploration de ses souvenirs, dans chacun de ses romans.

Ses œuvres principales

- des romans, dont : *La Place de l'Étoile* (1968), *La Ronde de nuit* (1969), *Les Boulevards de ceinture* (1972), *Villa triste* (1975), *Rue des Boutiques obscures* (1978), *Vestiaire de l'enfance* (1989), *Dora Bruder* (1997), *Des inconnues* (1999), *La Petite Bijou* (2001), *Accident nocturne* (2003)
- un livre pour l'enfance et la jeunesse : *Catherine certitude* (1988, illustré par Sempé)

1978

Rue des Boutiques obscures

Frappé d'amnésie depuis dix ans, détective privé à la recherche de sa propre identité, Guy Roland retrouve peu à peu les lieux de son passé. Il croit se reconnaître sur des photos jaunies. Son enquête le mène à Paris, puis à Rome, rue des Boutiques obscures, où il a peut-être habité.

Le soleil, peu à peu, avait déserté la pièce. Elle a allumé la petite lampe qui se trouvait sur la table basse, au bout du divan.

– Ça me ferait plaisir de revoir la chambre où j'ai habité, lui dis-je.

– Mais bien sûr…

Nous longeâmes un couloir et elle ouvrit une porte, à droite.

– Voilà, me dit-elle. Moi, je ne me sers plus de cette chambre… Je dors dans la chambre d'amis… Vous savez… celle qui donne sur la cour…

Je restai dans l'encadrement de la porte. Il faisait encore assez clair. Des deux côtés de la fenêtre pendait un rideau couleur lie-de-vin[1]. Les murs étaient recouverts d'un papier peint aux motifs bleu pâle.

– Vous reconnaissez ? me demanda-t-elle.

– Oui.

Un sommier contre le mur du fond. Je vins m'asseoir au bord de ce sommier.

– Est-ce que je peux rester quelques minutes seul ?

– Bien sûr.

– Ça me rappellera le « bon temps »…

Rue de Rome, photographiée par Harry Gruyaert.

Elle me jeta un regard triste et hocha la tête.

– Je vais préparer un peu de thé…

Elle quitta la pièce, et je regardai autour de moi. Dans cette chambre aussi le parquet était abîmé et des lattes manquaient mais on n'avait pas bouché les trous. Sur le mur opposé à la fenêtre, une cheminée de marbre blanc et une glace, au-dessus, dont le cadre doré se compliquait, à chaque coin, d'un coquillage. Je m'étendis en travers du sommier et fixai le plafond, puis les motifs du papier peint. Je collai presque mon front au mur pour mieux en discerner les détails. Scènes champêtres. Jeunes filles en perruques compliquées sur des escarpolettes[2]. Bergers aux culottes bouffantes, jouant de la mandoline. Futaies[3] au clair de lune. Tout cela ne m'évoquait aucun souvenir et pourtant ces dessins avaient dû m'être familiers quand je dormais dans ce lit. Je cherchai au plafond, aux murs et du côté de la porte, un indice, une trace quelconque sans savoir très bien quoi. Mais rien n'accrochait mon regard.

Je me suis levé et j'ai marché jusqu'à la fenêtre. J'ai regardé, en bas.

La rue était déserte et plus sombre que lorsque j'étais entré dans l'immeuble. L'agent de police se tenait toujours en faction sur le trottoir d'en face. Vers la gauche, si je penchais la tête, j'apercevais une place, déserte elle aussi, avec d'autres agents de police en faction. Il semblait que les fenêtres de tous ces immeubles absorbassent l'obscurité qui tombait peu à peu. Elles étaient noires ces fenêtres et on voyait bien que personne n'habitait par ici.

Alors une sorte de déclic s'est produit en moi. La vue qui s'offrait de cette chambre me causait un sentiment d'inquiétude, une appréhension que j'avais déjà connus. Ces façades, cette rue déserte, ces silhouettes en faction dans le crépuscule me troublaient de la même manière insidieuse qu'une chanson ou un parfum jadis familiers. Et j'étais sûr que, souvent, à la même heure, je m'étais tenu là, immobile, à guetter, sans faire le moindre geste, et sans même oser allumer une lampe.

Patrick Modiano, *Rue des Boutiques obscures*, Éd. Gallimard, 1978.

---

1. **lie-de-vin** : rouge sang. 2. **escarpolettes** : balançoires. 3. **futaies** : forêts.

Le roman et la quête de l'identité

Profondément marqué par le souvenir de son père juif, qui menait sous une fausse identité des activités clandestines pendant l'Occupation, Modiano mène dans son œuvre une quête sur ses origines.

Il recrée, dans presque tous ses romans, l'atmosphère trouble de l'Occupation où se croisent des personnages louches et des individus traqués et menacés.

Le narrateur erre entre le présent et le passé, entre la réalité et l'imagination. Les hésitations, les avancées de la mémoire rythment la progression du récit, en suggérant une impression de mystère. Modiano développe ainsi les thèmes de la solitude, de l'absence et du souvenir. Ses personnages, à la recherche d'une identité, luttent contre l'oubli dans un univers d'ombres étranges.

GRUMBERG

Nom et prénom : **Grumberg, Jean-Claude**
Naissance : **le 26 juillet 1939, à Paris**
Lieu : **Paris**
Professions : **comédien, dramaturge, dialoguiste et scénariste pour le cinéma**
Amitiés : **le comédien Jacques Fabbri ; les metteurs en scène Gildas Bourdet et Jean-Michel Ribes ; les cinéastes François Truffaut, Costa-Gavras et Pierre Boutron**

Jean-Claude Grumberg naît à Paris, quelques semaines avant le début de la Seconde Guerre mondiale. Son père et son grand-père, juifs, meurent en déportation. Sa mère et lui sont épargnés « parce que les camions étaient pleins ». Après la guerre, ils attendent en vain le retour des déportés, qui hanteront l'œuvre de Grumberg. Apprenti-tailleur à l'âge de quatorze ans, Jean-Claude Grumberg devient comédien. Il entre dans la compagnie Jacques Fabri.

Il écrit sa première pièce de théâtre en 1968, *Demain, une fenêtre sur rue*. De nombreuses pièces suivent. Mais c'est sa trilogie sur le thème du génocide qui le fait connaître du public : *Dreyfus*, en 1974, *L'Atelier*, en 1979, et *Zone libre*, en 1990. Parallèlement, il travaille pour le cinéma, avec François Truffaut dans *Le Dernier Métro*, Costa-Gavras dans *La Petite Apocalypse* ou avec Robert Enrico dans *Faits d'hiver*. Les mises en scène de Gildas Bourdet ou de Jean-Michel Ribes consacrent son œuvre théâtrale qui obtient le Molière du meilleur auteur dramatique pour *Zone libre* en 1991 et pour *L'Atelier* en 1999.

Ses œuvres principales

- des pièces de théâtre, dont : *Demain, une fenêtre sur rue* (1968), *Amorphe d'Ottenburg* (1971), *Dreyfus* (1974), *L'Atelier* (1979), *L'Indien sous Babylone* (1985), *Zone libre* (1990), *Adam et Ève* (1997), *Rêver peut-être* (1998)
- des scénarios de films

1979

L'Atelier

Dans l'atelier de confection qui sert de lieu unique à la pièce, les personnages, ouvrières ou patron, évoquent les événements, petits et grands, qui rythment leur existence. La pièce s'achève sur l'irruption d'un client, Max, qui vient réclamer au patron de l'atelier, Léon, la marchandise qu'il lui a commandée.

MAX. – Je te jure que si tu ne me livres pas ce soir tout ce qui reste, tout, tu entends, tout, c'est fini entre nous, fini !

LÉON. – C'est fini ? Bon alors, c'est fini, qu'est-ce que je dois faire maintenant : pleurer, me pendre ?

MAX, *la main sur le plexus*. – Léon si un jour j'ai un ulcère…

LÉON, *le coupant*. – Un ulcère, il parle d'un ulcère, j'en ai déjà deux, moi, deux, et une gastrite.

MAX. – Bon c'est fini, je supporte tout, tout, excepté la mauvaise foi !

LÉON, *à Hélène*. – Où est la mauvaise foi ? Je suis pas plus malade que lui, peut-être ?

MAX. – Si vous vous organisiez un peu au lieu de travailler encore à la juive.

LÉON. – Ah ! je vois ce que c'est, il veut nous coller un organisateur gérant aryen[1], avec plaisir, qu'il vienne, cette fois je lui laisse les clefs et je cours en zone libre[2] sur la Côte d'Azur…

MAX. – Pourquoi j'ai eu tous les 40 ?

LÉON, *le coupant*. – Chez moi c'est comme ça : tout ou rien !

MAX, *continuant*. – Ça ne sert à rien, tous les 40, c'est pas valable, ça, si j'ai pas un peu de chaque taille je peux pas livrer, je peux pas…

Léon. – Vous croyez que je garde votre marchandise chez moi par vice, hein ? Livrer, livrer, qu'est-ce que j'ai d'autre comme but dans la vie, qu'est-ce que j'ai d'autre ?

Hélène, *à Léon.* – Léon je t'en prie. *(À Max.)* On va faire le maximum, ne vous inquiétez pas…

Léon. – « Le maximum ! » Regardez, regardez ! *(Il désigne les ouvrières.)* Toutes les déprimées, toutes les nerveuses, toutes les instables et même les révolutionnaires viennent poser leurs fesses sur mes chaises et font semblant de travailler ; toutes, elles ont un frère, un père, une mère, une sœur, des enfants, un mari et à tour de rôle ça naît, ça meurt, ça tombe malade, qu'est-ce que j'y peux hein, qu'est-ce que j'y peux ?

Max. – Et chez moi on meurt pas, on naît pas chez moi ? Il me manque deux magasiniers et mon comptable veut devenir chanteur, il répète dans mon propre bureau, il me rend fou et moi je dois livrer pièce par pièce, courir après la marchandise qu'on me donne au compte-gouttes, tenir les livres, faire les factures, les expéditions pour la province.

Léon. – Bien sûr, mais au moins vous, vous dormez la nuit…

Max, *vexé.* – Moi je dors la nuit ? Moi je dors la nuit ?

Léon. – Dès que je ferme les yeux celle-là… *(Il désigne Hélène.)*… me pousse du coude : tu dors ? Non bien sûr et ça y est c'est parti et tu te souviens celui-là, celle-là… comme par hasard ils sont tous morts et vous savez comment alors elle me parle d'eux et puis après elle pleure, elle pleure et puis elle s'endort mais moi c'est fini, fini, je peux plus dormir, je me lève, je vais dans la cuisine et je hurle… je ne veux rien avoir à faire avec les morts, les morts sont morts non et ceux-là sont mille fois plus morts que les autres morts puisqu'on les a même pas… bon… Il faut penser aux vivants, non ? et par hasard le seul vivant proche qui lui reste c'est moi, moi, et elle, elle me tue la nuit pendant que les autres m'assassinent le jour.

Jean-Claude Grumberg, *L'Atelier*, Éd. Actes Sud, 1979.

Le patron de l'atelier de confection avec ses employées, dans les décors et la mise en scène de Gildas Bourdet, au Théâtre Hébertot, en 1998.

1. aryen : terme par lequel les nazis désignaient les populations soi-disant classées dans la « race supérieure ».
2. zone libre : pendant l'Occupation ; la « zone libre », jusqu'en novembre 1942, constitue un refuge pour ceux qui fuient le nazisme.

Le mélange du tragique et le grotesque

« La plus grande source de malentendus au théâtre, c'est le rire » : en suscitant l'émotion des spectateurs, les personnages cocasses qui peuplent le théâtre de Grumberg mettent à distance la violence de l'Histoire, pour mieux la dénoncer. Chaque fois, la dimension tragique de leur existence finit par resurgir, comme malgré eux.

Se réclamant de Beckett ou de Ionesco, pour le dépouillement de son écriture, Jean-Claude Grumberg veut dire « l'insaisissable » de la Seconde Guerre mondiale : les rafles, les déportations, la séparation et le deuil impossible.

Ses pièces de théâtre, mais aussi les films auxquels il collabore, comme *Les Années sandwichs* de Pierre Boutron, résonnent parfois comme une confession autobiographique et apparaissent comme des rendez-vous avec la mémoire. C'est ainsi que *L'Atelier* montre les stratégies complexes mises en œuvre par les uns et les autres pour se souvenir ou, au contraire, oublier les événements tragiques qui ont marqué leur destin.

LE CLÉZIO

Nom et prénoms : **Le Clézio, Jean-Marie Gustave**
Naissance : **le 13 avril 1940, à Nice**
Lieux : **Nice, Bristol, le Nigeria, la Thaïlande, le Mexique et l'Amérique centrale, l'île Maurice**
Situation familiale : **marié une première fois à Londres avec une Polonaise ; puis avec Jemia, originaire de l'île Maurice**
Professions : **enseignant, romancier**

Le Clézio naît à Nice, d'une famille bretonne, qui s'était installée à l'île Maurice au XVIIIe siècle. L'enfant rêve de voyages, il veut devenir marin. À sept ans, il embarque avec sa mère sur un vieux cargo pour retrouver son père, médecin de brousse au Nigeria. Pendant le voyage, il écrit des récits sur un grand cahier d'écolier. Il passe deux années de vie libre en Afrique, dans la savane. De retour en Europe, après le baccalauréat Le Clézio étudie et enseigne en Angleterre. En 1963, son premier roman, *Le Procès-verbal*, obtient un prix littéraire. Le Clézio, qui a fait son service militaire en Thaïlande au titre de la coopération, quitte Nice pour l'Amérique centrale. Il y partage la vie des Indiens du Panamá. Désormais, il va à la rencontre des civilisations anciennes, au Mexique, au Sahara, en Afrique noire. Ses héros semblent suivre le même itinéraire, en quête d'une paix intérieure, contestant les valeurs de la civilisation moderne. Avec sa femme Jemia, il traduit du créole des petits poèmes « devinettes ». En 1985, son roman *Le Chercheur d'or* apparaît comme la clef de son œuvre, en harmonie avec le monde, dont les personnages découvrent le sens de leur destin.

Ses œuvres principales

- des romans, dont : *Le Procès-verbal* (1963), *Le Livre des fuites* (1969), *Désert* (1980), *Le Chercheur d'or* (1985), *Onitsha* (1991), *La Quarantaine* (1995), *Révolutions* (2003)
- des recueils de nouvelles, dont : *Mondo et d'autres histoires* (1978), *La Ronde et autres faits divers* (1982)
- des essais, dont : *Le Rêve mexicain* (1982)

1980

Désert

L'héroïne de *Désert*, Lalla, est émigrée à Marseille, où elle est employée comme femme de ménage dans un petit hôtel. Descendante des « hommes bleus », nomades du Sahara, la jeune fille est avide de lumière, d'espace et de liberté.

Dans les couloirs sombres de l'hôtel, sur le linoléum[1] couleur lie-de-vin, et devant les portes tachées, elle est une silhouette à peine visible, grise et noire, pareille à un tas de chiffons. Les seuls qui la connaissent ici, ce sont les patrons de l'hôtel, et le veilleur de nuit qui reste jusqu'au matin, un Algérien grand et très maigre, avec un visage dur et de beaux yeux verts comme ceux de Naman le pêcheur. Lui salue toujours Lalla, en français, et il lui dit quelques mots gentils ; comme il parle toujours très cérémonieusement avec sa voix grave, Lalla lui répond avec un sourire. Il est peut-être le seul ici qui se soit aperçu que Lalla est une jeune fille, le seul qui ait vu sous l'ombre de ses chiffons son beau visage couleur de cuivre et ses yeux pleins de lumière. Pour les autres, c'est comme si elle n'existait pas.

Quand elle a fini son travail à l'hôtel Sainte-Blanche, le soleil est encore haut dans le ciel. Alors Lalla descend la grande avenue, vers la mer. À ce moment-là, elle ne pense plus à rien d'autre, comme si elle avait tout oublié. Dans l'avenue, sur les trottoirs, la foule se presse toujours, toujours vers l'inconnu. Il y a des hommes aux lunettes qui miroitent, qui se hâtent à grandes enjambées, il y a des pauvres vêtus de costumes élimés, qui vont en sens inverse, les yeux aux aguets comme des renards. Il y a des groupes de jeunes filles habillées avec des vêtements collants, qui marchent en faisant claquer leurs talons, comme ceci : Kra-kab, kra-kab, kra-kab. Les autos, les motos, les cyclos, les camions, les autocars vont à toute vitesse, vers la mer, ou vers le haut de la ville, tous chargés d'hommes et de femmes aux visages identiques. Lalla marche sur le trottoir, elle voit tout cela, ces mouvements, ces formes, ces éclats de lumière, et tout cela entre en elle et fait un tourbillon. Elle a faim, son corps est fatigué par le travail de l'hôtel, mais pourtant elle a envie de marcher encore, pour voir davantage de lumière, pour chasser toute l'ombre qui est restée au fond d'elle. Le vent glacé de l'hiver souffle par rafales le long de l'avenue, soulève les poussières et les vieilles feuilles de journaux. Lalla ferme à demi les yeux, elle avance, un peu penchée en avant, comme autrefois dans le désert, vers la source de lumière, là-bas, au bout de l'avenue.

Quand elle arrive au port, elle sent une sorte d'ivresse en elle, et elle titube au bord du trottoir. Ici le vent tourbillonne en liberté, chasse devant lui l'eau du port, fait claquer les agrès[2] des bateaux. La lumière vient d'encore plus loin, au-delà de l'horizon, tout à fait au sud, et Lalla marche le long des quais, vers la mer.

Jean-Marie Gustave Le Clézio, *Désert*,
Éd. Gallimard, 1980.

■ **1. linoléum** : revêtement de sol en matière synthétique. ■ **2. les agrès** : ensemble des cordages.

Peinture de Patti Mollica, *Lignes urbaines*, 2002.

La recherche des valeurs

L'œuvre de Le Clézio se développe à travers la rencontre avec d'autres civilisations, éloignées des sociétés modernes. Le lecteur s'évade, conduit par l'écrivain, à la découverte du Mexique, de l'Afrique ou de l'Orient.

Les personnages de ses romans cherchent un monde plus solidaire; ils veulent donner un sens à leur destin et tentent d'atteindre le bonheur sur une terre aimée, avec ses légendes et ses mystères. C'est ainsi qu'ils retrouvent une paix intérieure au terme de leur quête.

Le romancier met en scène l'affrontement de deux univers : celui, artificiel, des sociétés occidentales, et celui, authentique, des peuples oubliés qui vivent en harmonie avec l'ordre profond de la nature.

SARRAUTE

Nom et prénom : **Tcherniak, Nathalie**
Pseudonyme : **Sarraute**
Naissance : **le 18 juillet 1900, près de Moscou**
Décès : **le 19 octobre 1999, à Paris**
Lieux : **Ivanovo-Voznessensk ; Paris ; Saint-Pétersbourg ; Vanves ; Oxford ; Berlin ; Parmain, où elle trouve refuge pendant la guerre ; Chérence, où elle possède une maison de campagne**
Situation familiale : **mariée en 1925, avec l'avocat Raymond Sarraute ; trois filles, Claude, Anne et Dominique**
Professions : **avocate, écrivain**
Amitié : **Jean-Louis Barrault**

Née en Russie, arrivée en France à l'âge de deux ans en 1902 après le divorce de ses parents, Nathalie Tcherniak se partage entre les deux pays. Elle fait ses études au lycée Fénelon à Paris et, après une licence en anglais et en droit, exerce la profession d'avocat. Elle épouse l'avocat Raymond Sarraute, dont elle a trois filles. En 1938, elle réunit dans *Tropismes* ses premiers textes. Préfacé par Jean-Paul Sartre, qui le définit comme un « anti-roman », *Portrait d'un inconnu* paraît en 1948 sans rencontrer de succès.

Le Planétarium et *Les Fruits d'or* offrent enfin la consécration à Nathalie Sarraute, qui apparaît alors comme la pionnière du Nouveau Roman. Elle écrit également des pièces de théâtre, mises en scène par Jean-Louis Barrault, et multiplie les articles et les conférences où elle expose sa conception du roman. En 1983, Sarraute revient sur ses souvenirs d'enfance dans une autobiographie originale, caractérisée par un dialogue à deux voix, *Enfance*. Elle meurt à Paris, en 1999, à l'âge de quatre-vingt-dix-neuf ans.

Ses œuvres principales

- des romans, dont : *Tropismes* (1939), *Portrait d'un inconnu* (1948), *Martereau* (1953), *Le Planétarium* (1959), *Les Fruits d'or* (1963), *Vous les entendez ?* (1972), *L'Usage de la parole* (1980), *Enfance* (1983), *Tu ne t'aimes pas* (1989)
- des essais, dont : *L'Ère du soupçon* (1956)
- des pièces de théâtre, dont : *C'est beau* (1973)

1983

Enfance

Dans son autobiographie, *Enfance*, Nathalie Sarraute évoque les souvenirs de ses premières années, en Russie comme à Paris. Cependant, au récit autobiographique linéaire se substitue un dialogue à deux voix où chaque souvenir fait l'objet d'un débat de l'auteur avec lui-même.

« Alors, tu vas vraiment faire ça? "Évoquer tes souvenirs d'enfance"... Comme ces mots te gênent, tu ne les aimes pas. Mais reconnais que ce sont les seuls mots qui conviennent. Tu veux "évoquer tes souvenirs"... il n'y a pas à tortiller, c'est bien ça. »

– Oui, je n'y peux rien, ça me tente, je ne sais pas pourquoi.

– C'est peut-être... est-ce que ce ne serait pas... on ne s'en rend parfois pas compte... c'est peut-être que tes forces déclinent...

– Non, je ne crois pas... du moins je ne le sens pas...

– Et pourtant ce que tu veux faire... « évoquer tes souvenirs »... est-ce que ce ne serait pas...

– Oh, je t'en prie...

– Si, il faut se demander : est-ce que ce ne serait pas prendre ta retraite? te ranger? quitter ton élément, où jusqu'ici, tant bien que mal...

– Oui, comme tu dis, tant bien que mal...

– Peut-être, mais c'est le seul où tu aies jamais pu vivre... celui...

– Oh, à quoi bon ? je le connais.

....

« Vous raconterez votre premier chagrin. "Mon premier chagrin" sera le titre de votre prochain devoir de français. »

– N'est-ce pas plutôt rédaction qu'on disait à l'école communale ?

– Peut-être... en tout cas, cette rédaction-là ou ce devoir de français ressort parmi les autres. Dès que la maîtresse nous a dit d'inscrire sur nos carnets « Mon premier chagrin », il n'est pas possible que je n'aie pas ressenti... je me trompais rarement... que c'était un « sujet en or »... J'ai dû voir étinceler dans une brume lointaine des pépites[1]... les promesses de trésors...

J'imagine qu'aussitôt que je l'ai pu, je me suis mis à leur recherche. Je n'avais pas besoin de me presser, j'avais du temps devant moi, mais j'avais hâte de trouver... c'est de cela que tout allait dépendre... Quel chagrin ?....

– Tu n'as pas commencé par essayer, en scrutant parmi tes chagrins...

– De retrouver un de mes chagrins ? Mais non, voyons, à quoi penses-tu ? Un vrai chagrin à moi ? vécu par moi et pour de bon... et d'ailleurs, qu'est-ce que je pouvais appeler de ce nom ? Et quel avait été le premier ? Je n'avais aucune envie de me le demander... ce qu'il me fallait, c'était un chagrin qui serait hors de ma propre vie, que je pourrais considérer en m'en tenant à bonne distance... cela me donnerait une sensation que je ne pouvais pas nommer, mais je la ressens maintenant telle que je l'éprouvais... un sentiment...

– De dignité, peut-être... C'est ainsi qu'aujourd'hui on pourrait l'appeler... et aussi de domination, de puissance...

– Et de liberté... Je me tiens dans l'ombre, hors d'atteinte, je ne livre rien de ce qui n'est qu'à moi... Mais je prépare pour les autres ce que je considère comme étant bon pour eux, je choisis ce qu'ils aiment, ce qu'ils peuvent attendre, un de ces chagrins qui leur conviennent...

– Et c'est alors que tu as eu cette chance d'apercevoir... d'où t'est-il venu ?

– Je n'en sais rien, mais il m'a apporté dès son apparition une certitude, une satisfaction... je ne pouvais pas espérer trouver un chagrin plus joli et mieux fait... plus présentable, plus séduisant... un modèle de vrai premier chagrin de vrai enfant... la mort de mon petit chien... quoi de plus imbibé[2] de pureté enfantine, d'innocence. Aussi invraisemblable que cela paraisse, tout cela je le sentais...

Nathalie Sarraute, *Enfance*, Éd. de Minuit, 1983.

---

1. pépites : parcelles d'or. **2. imbibé** : imprégné.

La double voix autobiographique

Toute l'œuvre de Nathalie Sarraute exprime une profonde méfiance à l'égard du roman traditionnel. Ses romans privilégient l'exploration des petits drames intimes, des événements à peine perceptibles qui se déroulent à l'intérieur de la conscience. Jouant sur l'oralité, Sarraute laisse la parole au monologue intérieur des personnages, à ces « sous-conversations », à ces non-dits qui révèlent une réalité sous-jacente. Ce soupçon devant les procédés classiques du roman se retrouve également dans l'autobiographie de Sarraute : à côté de la voix de l'autobiographe qui rapporte naïvement ses souvenirs, s'ajoute en permanence une autre voix, ironique et moqueuse, qui vient la contester.

DARD

Nom et prénom : **Dard, Frédéric**
Pseudonyme : **San-Antonio**
Naissance : **le 29 juin 1921, à Bourgoin-Jallieu, dans l'Isère**
Décès : **le 6 juin 2000, à Bonnefontaine, en Suisse**
Lieux : **Saint-Chef, Lyon, Les Mureaux, Bonnefontaine**
Situation familiale : **marié en 1942 avec Odette Damaisin ; remarié en 1969 avec Françoise de Caro ; trois enfants**
Professions : **employé dans un journal, dramaturge, romancier**
Amitiés : **son éditeur Armand de Caro ; Robert Hossein et Jean-Pierre Mocky**

Frédéric Dard naît le 29 juin 1921 à Bourgoin-Jallieu dans la maison de sa grand-mère. Longtemps ouvrier dans une usine, son père crée une société de chauffage central mais l'entreprise ne résiste pas à la crise des années trente et l'enfant assiste à la saisie des biens familiaux. La famille déménage alors pour Lyon. En novembre 1942, il s'installe aux Mureaux, dans la banlieue parisienne. Le succès naît de la rencontre avec Armand de Caro, fondateur des éditions Fleuve Noir, qui fait paraître les aventures du commissaire San-Antonio. Celles-ci apportent très vite la fortune et la gloire à l'écrivain, qui vend chaque année des millions d'exemplaires dans le monde entier. Frédéric Dard enchaîne alors les romans, alternant les aventures signées San-Antonio et les œuvres publiées sous son propre nom. Il meurt en juin 2000, léguant à la postérité son style inimitable.

Ses œuvres principales

- ses romans signés San-Antonio, dont : *Laissez tomber la fille* (1950), *Rue des macchabées* (1954), *Tu vas trinquer, San-Antonio* (1958), *Berceuse pour Bérurier* (1960), *Ménage tes méninges* (1962), *Le Standinge selon Bérurier* (1965), *En avant la moujik* (1969), *À prendre ou à lécher* (1980), *Bacchanale chez la mère Tatzi* (1985), *Concerto pour porte-jarretelles* (1992)
- des romans signés Frédéric Dard, dont : *Toi, le venin* (1957), *Le Monte-charge* (1961), *Y a-t-il un Français dans la salle ?* (1979), *Les clés du pouvoir sont dans la boîte à gants* (1980), *Faut-il tuer les petits garçons qui ont les mains sur les hanches ?* (1984), *La vieille qui marchait dans la mer* (1988)

1985

Bacchanale chez la mère Tatzi

Dans ce passage de *Bacchanale chez la mère Tatzi*, les héros de Frédéric Dard se retrouvent à la morgue, autour de la dépouille de l'inspecteur Pinaud. Il y a là le commissaire San-Antonio, accompagné de sa mère Félicie, la petite Marie-Marie, la veuve de l'inspecteur décédé, quand surgit l'inénarrable Bérurier, dit « Béru », devenu ministre de l'Intérieur.

Quatre motards en gants blancs mousquetaire viennent de pénétrer dans le local. Ils forment la haie et gardavousent. Un lieutenant de gendarmerie paraît à son tour, précédant un homme corpulent, sanglé dans un costume bleu croisé entièrement neuf : Son Excellence Alexandre-Benoît Bérurier, nouveau ministre de l'Intérieur par la grâce de Dieu et la volonté présidentielle.

Le Gros, rasé de frais, talqué jusqu'aux oreilles, chemisé de blanc, cravaté de noir. Des membres de la police sont sur ses talons. Chefs en tout genre : directeurs, divisionnaires, officiers… Tout un groupe compassé, solennel, guindé.

La morgue est pleine tout à coup de cette foule étrange.

Bérurier s'approche du chariot où repose notre vieux compagnon. Il s'incline, comme il l'a vu faire si souvent par ses prédécesseurs devant la dépouille des flics morts au champ d'honneur, puis il va à Mme Pinaud, lui presse longuement la main en déclamant :

– Condoléances émues, sincères et véritab'ment navrées, chère maâme.

Après quoi, il sort de sa poche une feuille de papier qu'il déplie calmement et se met en devoir de la lire.

– Inspecteur principal Pinaud, attaque-t-il d'un timbre ferme, la République française que vous avez servie avec tant de courage et de négation, j'veux dire d'abnégation, votre vie dupont, j'veux dire durant (qui c'est le con qu'a tapé ça !) vous remercie pour votre sacrée sauce suprême, je veux dire pour votre sacrifice suprême. Vous êtes mort en croupissant votre devoir, inspecteur principal Pinaud, et la natation tout entière saucisson, je veux dire s'associe, au deuil de votre admirable compagne ici présente. En vertu des pouvoirs qui me sont confédérés, en mon nom et au nombril du président de la République, je vous décore à titre posture de la Région d'honneur !

Il prend la médaille à ruban rouge qui lui est présentée sur un coussinet conçu exprès pour ça.

C'est en s'inclinant sur le défunt que le ministre craque.

– Pinuche ! balbutie-t-il. Ô ma vieille fripe, ça va t'faire une belle jambe ! Comment t'est-ce t'a-t-il pu te laisser scrafer par des empaffés de Jaunes, boug'de vieux croûton. Au moment qu'on s'attendait pas. Toi, une espèce de branleur qu'a passé à travers tant de vilains coups fourrés ! Combien d'fois-t-il je t'ai-je vu dans les pires situasses, mon con ; et ta pomme, mine d'rien, comme tu t'roulais un mégot, tu r'prendrais les choses en main ! On avait toujours l'air d't'avoir sorti d'la naphtaline, mais t'avais l'chou et les réflesques d'un gars de trente balais, boug'de vieill'seringue ! Et v'là qu't'es raide comm'un godemiché et qu'je dois naugurer mes z'hautes fonctions en te pinglant c'te babiole su'l'placard. Ô César, mon pote, mon pote !

L'Excellence éclate en sanglots tumultueux et épingle la médaille sur la poitrine concave du héros mort.

– Aïe ! fait alors une voix.

M. le miniss se redresse. Se tourne vers l'assistance, l'œil sévère :

– Qui est-ce-t-il qu'a fait « Aïe » ? demande Son Excellence.

– Moi, murmure le mort. Tu m'as piqué !

Une houle stupéfaite passe dans la foule présente. Chacun fait un grand pas en avant. Mme Pinaud brusquement déveuvée s'évanouit avec à-propos.

Le professeur Sassaigne s'est précipité. Il est déjà en train de tripoter le ci-devant cadavre. Il branle son auguste chef en psalmodiant des expressions médico-latines aussi vite que ça peut.

Baderne-baderne reprend du poil de la bête et se dresse sur un coude. Il contemple l'aimable société assemblée d'un œil qui frise l'incrédulité.

– Messieurs-dames, salue-t-il. Pourrais-je savoir où je me trouve ?

Il se tait pour masser sa nuque douloureuse.

– J'ai eu un malaise dans une cabine téléphonique, déclare-t-il. Et je...

Pour lors, le ministre éclate :

– Non, mais y m'les fera toutes, ce vieux peigne ! Vous avouererez ! J'sus là qu'j'lâche mon ministère pou'v'nir décorer c't'apôtre. Et c'est Légion d'honneur par-ci, discours par-là, chagrin à tout va, pour en arriver qu'c'te crème de gland s'met à jouer les gares Saint-Lazare et me ressuscite en plein'gueule, bordel !

San-Antonio, *Bacchanale chez la mère Tatzi*, Éd. Fleuve Noir, 1985.

Le phénomène San-Antonio

Le premier roman publié par Frédéric Dard, *Réglez-lui son compte*, en 1949, imite le ton et l'atmosphère des romans noirs de l'Américain Peter Cheney. Mais c'est avec le commissaire San-Antonio que l'écrivain connaît le succès. Vendues à plus de deux cent cinquante millions d'exemplaires, les enquêtes du commissaire sont le prétexte au déchaînement d'une fantaisie verbale qui multiplie les calembours et les jeux de mots, dans une atmosphère de farce héroïque et dérisoire. Derrière les prouesses sexuelles du héros et les scènes truculentes dans lesquelles circulent le camembert et le beaujolais, Frédéric Dard, qu'habite une vision pessimiste de l'humanité, dénonce inlassablement la bêtise de ses contemporains.

KOLTÈS

Nom et prénom : **Koltès, Bernard-Marie**
Naissance : **le 9 avril 1948, à Metz**
Décès : **le 15 avril 1989, à Paris**
Lieux : **Strasbourg, l'Afrique, l'Amérique latine, New York, Paris**
Profession : **auteur dramatique**
Amitié : **le metteur en scène Patrice Chéreau**

Élevé dans une famille catholique, Bernard-Marie Koltès fréquente une école jésuite, avant de préparer le métier de journaliste à Strasbourg. Mais il décide d'être auteur dramatique. Il entre alors à l'école du Théâtre national de Strasbourg et crée sa compagnie. En 1972, un de ses rêves se réalise : *L'Héritage* est interprété par l'actrice Marie Casarès, qu'il avait vue dans le rôle de Médée. Cinq années plus tard, il triomphe au festival d'Avignon avec *La Nuit juste avant les forêts.*

Koltès retire de ses voyages une multitude d'images. Il séjourne un mois sur un chantier en Afrique, et, à son retour, écrit *Combat de nègre et de chiens.* Le paysage du port de New York l'inspire pour *Quai Ouest.* À partir de 1986, atteint du sida, Koltès accélère le rythme de son écriture : il traduit le *Conte d'hiver* de Shakespeare ; il s'inspire d'un fait divers pour écrire *Roberto Zucco*, l'itinéraire d'un meurtrier ; mais il meurt avant que sa pièce ne soit jouée. Il a quarante et un ans. Son théâtre est aujourd'hui traduit et joué dans toute l'Europe et aux États-Unis.

Ses œuvres principales

- des pièces de théâtre, dont : *La Nuit juste avant les forêts* (1977), *Combat de nègre et de chiens* (1983), *Quai Ouest* (1985), *Dans la solitude des champs de coton* (1986), *Roberto Zucco* (1990)
- des récits, dont : *La Fuite à cheval très loin dans la ville* (1984), *Prologue* (1991)

1985

Quai Ouest

Sur un quai désert de New York, un couple de bourgeois égaré fait la rencontre d'un groupe de marginaux. La confrontation des deux univers conduit à la révélation des désirs et des peurs de chacun, dans une intensité dramatique croissante. C'est ainsi que Charles, qui veut abandonner les quais grâce à la voiture des deux étrangers, affronte sa sœur Claire.

Le long du hangar. Lumière rose de l'aurore.
Fak[1] regarde Claire et Charles, de loin, en faisant semblant de ne pas les regarder.

CLAIRE *(retenant Charles par le bras).* – Est-il vrai que tu vas filer avec cette voiture sans prévenir, sans dire adieu, et laissant mère, père, et tous sans adieu ?

CHARLES. – Laisse-moi tranquille, je n'ai pas le temps de te parler. *(Il regarde Fak.)*

CLAIRE. – Pas le temps, pas le temps, tu n'as rien à foutre du tout et tu dis : pas le temps.

CHARLES. – Je suis très occupé, je ne peux pas te parler.

CLAIRE. – Alors donc je cours dire à maman que tu files à l'anglaise[2] avec cette voiture et ce sera un drame terrible.

CHARLES. – Je n'ai pas dit : je pars avec cette voiture ; je n'ai même pas dit : je pars ; je n'ai rien dit du tout et tu es trop petite.

CLAIRE. – Je ne suis déjà plus petite. J'ai commencé hier à boire du café et j'en ai bu jusqu'au soir. Jamais je n'avais passé une nuit entière sans dormir. Comment fais-tu pour sans effort ne jamais dormir ni le jour ni la nuit ?

CHARLES. – Le jour, la lumière me tient réveillé et la nuit, comme il fait noir, il faut ouvrir les yeux en grand pour voir ce qui se passe, et on ne peut pas dormir avec les yeux ouverts.

CLAIRE. – Les miens se ferment tout le temps. Je veux connaître vos secrets. Emmène-moi avec toi, Charlie. Je ne veux pas rester seule ici, je ne veux pas m'occuper de maman seule ; pourquoi serait-ce aux filles d'avoir les corvées, pendant que les garçons ne foutent rien et filent dans des voitures en rigolant entre eux ? Quand vous partirez, je veux partir avec vous.

CHARLES. – Qui parle de partir ? Je n'ai pas de voiture.

CLAIRE *(montrant Fak)*. – Et celui-là qui a les clés et qui t'attend ? Je connais tes secrets.

CHARLES. – Il ne m'attend pas. Ce que j'ai n'est pas à lui et ce qu'il a n'est pas à moi. Tu ne connais rien du tout.

CLAIRE. – Si, si, je vous connais ; vous êtes comme les chiens, vous vous chamaillez mais vous finissez toujours par vous lécher le cul.

CHARLES. – Dépêche-toi, Claire, de rentrer, je ne peux pas te parler, je suis trop occupé.

CLAIRE. – Occupé, toi ? Alors que tu ne travailles même plus, et maman dit que la misère a passé le corridor[3] et est à notre porte maintenant ; et bientôt elle serait sur la table de la cuisine. Les filles me racontaient que la misère et les malheurs font grossir les filles, or je ne veux pas être grosse ; alors j'ai décidé de ne plus dormir jusqu'à ce que j'aie le cœur tranquille.

CHARLES. – Tu n'as pas à t'inquiéter, tu es maigre, tu n'as pas de malheurs assez encore.

Bernard-Marie Koltès, *Quai Ouest*, Éd. de Minuit, 1985.

■ 1. **Fak** : ami de Charles, qui l'attend pour partir.
■ 2. **filer à l'anglaise** : partir sans prévenir. ■ 3. **corridor** : couloir de l'immeuble.

Quai Ouest, mise en scène de Patrice Chéreau.

Le théâtre du lyrisme et de la tension

En mettant en scène des situations profondément ancrées dans le monde contemporain, Koltès représente les contradictions et les angoisses de la société moderne. La décolonisation, l'argent, la marginalité sont au cœur de son théâtre.

Ses personnages sont des hommes et des femmes solitaires venant d'horizons très différents. Tous sont à la recherche d'eux-mêmes. Mais leur rencontre dans des lieux sombres et abandonnés et leurs tentatives de dialogue sont souvent sans issue.

La vérité et le réalisme des situations de *Quai Ouest*, la tension et le lyrisme de l'écriture de Koltès touchent les spectateurs dans leur imaginaire, dans leurs doutes et leurs inquiétudes.

1983

Combat de nègre et de chiens

L'action de la pièce *Combat de nègre et de chiens* se déroule en Afrique noire, sur un chantier dirigé par des Blancs. Alboury, un Noir qui s'est introduit sur le chantier, veut récupérer le corps de son frère, mystérieusement disparu. Il fait la rencontre de Léone, une Parisienne qui se sent immédiatement attirée par lui.

Sur le chantier, au pied du pont inachevé, près de la rivière, dans une demi-obscurité, Alboury et Léone.

LÉONE. – Vous avez des cheveux super.

ALBOURY. – On dit que nos cheveux sont entortillés et noirs parce que l'ancêtre des nègres, abandonné par Dieu puis par tous les hommes, se retrouva seul avec le diable, abandonné lui aussi de tous, qui alors lui caressa la tête en signe d'amitié, et c'est comme cela que nos cheveux ont brûlé.

LÉONE. – J'adore les histoires sur le diable, j'adore comme vous les racontez ; vous avez des lèvres super ; d'ailleurs le noir, c'est ma couleur.

ALBOURY. – C'est une bonne couleur pour se cacher.

LÉONE. – Cela, qu'est-ce que c'est ?

ALBOURY. – Le chant des crapauds-buffles : ils appellent la pluie.

LÉONE. – Et cela ?

ALBOURY. – Le cri des éperviers. *(Après un temps.)* Il y a aussi le bruit d'un moteur.

LÉONE. – Je n'entends pas.

ALBOURY. – Je l'entends.

LÉONE. – C'est le bruit de l'eau, c'est le bruit d'autre chose ; avec tous ces bruits, impossible d'être sûr.

ALBOURY *(après un temps)*. – Tu as entendu ?

LÉONE. – Non.

ALBOURY. – Un chien.

LÉONE. – Je ne crois pas que j'entends. *(Aboiements d'un chien, au loin.)* C'est un roquet[1], un chien de rien du tout, cela se reconnaît à la voix ; c'est un cabot, il est très loin ; on ne l'entend plus. *(Aboiements.)*

ALBOURY. – Il me cherche.

LÉONE. – Qu'il vienne. Moi, je les aime, je les caresse, ils n'attaquent pas si on les aime.

ALBOURY. – Ce sont des bêtes mauvaises ; moi, elles me sentent de loin, elles courent après pour me mordre.

LÉONE. – Vous avez peur ?

ALBOURY. – Oui, oui, j'ai peur.

LÉONE. – Pour un roquet de rien qu'on n'entend même plus !

ALBOURY. – Nous, on fait bien peur aux poules ; c'est normal que les chiens nous fassent peur.

LÉONE. – Je veux rester avec vous. Que voulez-vous que j'aille faire avec eux[2] ? J'ai lâché mon travail, j'ai tout lâché ; j'ai quitté Paris, ouyouyouille, j'ai tout quitté. Je cherchais justement quelqu'un à qui être fidèle. J'ai trouvé. Maintenant, je ne veux plus bouger. *(Elle ferme les yeux.)* Je crois que j'ai un diable dans le cœur, Alboury ; comment je l'ai attrapé, je n'en sais rien, mais il est là, je le sens. Il me caresse l'intérieur, et je suis déjà toute brûlée, toute noircie en dedans.

ALBOURY. – Les femmes parlent si vite ; je n'arrive pas à suivre.

LÉONE. – Vite, vous appelez cela vite ? quand cela fait au moins une heure que je ne pense qu'à cela, une heure pour y penser et je ne pourrais pas dire que c'est du sérieux, du bien réfléchi, du définitif ? Dites-moi ce que vous avez pensé lorsque vous m'avez vue.

ALBOURY. – J'ai pensé : c'est une pièce qu'on a laissé tomber dans le sable ; pour l'instant, elle ne brille pour personne ; je peux la ramasser et la garder jusqu'à ce qu'on la réclame.

LÉONE. – Gardez-la, personne ne la réclamera.

ALBOURY. – Le vieil homme[3] m'a dit que tu étais à lui.

LÉONE. – Biquet, c'est donc Biquet qui vous gène ? mon Dieu ! il ne ferait pas de mal à une mouche, pauvre Biquet. Que croyez-vous que je suis, pour lui ? Une petite compagnie, un petit caprice, parce qu'il a de l'argent et qu'il ne sait qu'en faire. Et moi qui n'en ai pas, n'est-ce pas une chance terrible de l'avoir rencontré ? ne suis-je pas une chipie d'avoir autant de chance ? Ma mère, si elle savait, oh, elle ferait les gros yeux, elle m'aurait dit : coquine, cette chance-là n'arrive jamais qu'aux actrices ou aux prostituées ; pourtant, je ne suis ni l'une ni l'autre et cela m'est arrivé. Et quand il m'a proposé de le rejoindre en Afrique, oui j'ai dit oui, je suis prête.

Bernard-Marie Koltès, *Combat de nègre et de chiens*, Éd. de Minuit, 1983.

▪ **1. roquet** : petit chien hargneux. ▪ **2. eux** : les Blancs du chantier. ▪ **3. le vieil homme** : le chef du chantier.

Dans un coin du chantier, Léone et Alboury se rencontrent, suspendant alors le cours du temps. Mise en scène de Patrice Chéreau.

Le tragique contemporain

Combat de nègre et de chiens s'ouvre sur le décor d'un chantier en Afrique, dirigé par Horn, un Blanc âgé d'une soixantaine d'années. À ses côtés, un jeune ingénieur, Cal, nerveux et inquiet, qui a abattu d'un coup de fusil un ouvrier noir, Nouofia. Au début de la pièce, le meurtre a déjà eu lieu, et Alboury, le frère de Nouofia, s'est introduit dans le chantier pour retrouver la dépouille de ce dernier, sans connaître la cause de sa disparition. Une atmosphère pesante s'abat alors sur l'ensemble des personnages de la pièce.

Koltès s'est toujours défendu d'avoir écrit une œuvre militante. Plus que la dénonciation du racisme et du néocolonialisme, la pièce s'attache à décrire l'angoisse et la solitude des êtres : dans le huis clos du chantier entouré de barbelés, de gardes et de chiens se développent les frustrations et la peur. Au milieu des bruits inquiétants de la nuit, la voix d'une femme, Léone, la maîtresse de Horn, exprime ouvertement ses désirs, un amour sincère et désintéressé. Mais la tragédie, qui s'ouvrait déjà sur une disparition, conduit inévitablement à la mort.

BEN JELLOUN

Nom et prénom : **Ben Jelloun, Tahar**
Naissance : **le 1er décembre 1944, à Fès, au Maroc**
Lieux : **Fès, Tanger, Rabat, Tétouan, Casablanca au Maroc ; Paris**
Situation familiale : **père de quatre enfants**
Professions : **professeur de philosophie au Maroc, puis journaliste et écrivain en France**
Amitiés : **l'éditeur Maurice Nadeau, l'écrivain Éric Orsenna**

Tahar Ben Jelloun naît à Fès au Maroc. Il poursuit des études de philosophie à Tanger et s'installe à Paris en 1971. Il collabore au journal *Le Monde* et publie un premier roman, *Harrouda*, en 1973. Il y exprime son attachement pour son pays natal, à travers l'évocation de deux villes, Fès et Tanger.

Pour Tahar Ben Jelloun, écrire en français, c'est faire connaître la culture arabe, être le porte-parole des traditions et des chants de son pays. Mais le romancier évoque également dans son œuvre la solitude et l'angoisse des êtres vulnérables, de ceux qui sont « blessés ». *L'Enfant de sable*, en 1985, explore le thème de la recherche de l'identité féminine dans une société qui la nie. Deux ans plus tard, *La Nuit sacrée* obtient le prix Goncourt. Parallèlement à son activité d'écrivain, Tahar Ben Jelloun intervient dans l'actualité, en dénonçant l'exclusion qui frappe les immigrés. Il écrit ainsi en 1998 *Le Racisme expliqué à ma fille*.

Ses œuvres principales

- des romans, dont : *Harrouda* (1973), *Moa le fou, Moha le sage* (1978), *La Prière de l'absent* (1981), *L'Écrivain public* (1983), *L'Enfant de sable* (1985), *La Nuit sacrée* (1987), *Jour de silence à Tanger* (1990), *L'Homme rompu* (1994), *Les Raisins de la galère* (1996), *La Nuit de l'erreur* (1997), *Amours sorcières* (2003)
- des recueils de poèmes, dont : *Les amandiers sont morts de leurs blessures* (1976), *Cicatrices du soleil* (1976)
- des essais, dont : *La Plus Haute des solitudes* (1977), *Alberto Giacometti* (1991), *Le Racisme expliqué à ma fille* (1998)

1985

L'Enfant de sable

Inspiré d'un fait divers authentique, *L'Enfant de sable* raconte l'histoire d'une fille que son père décide de faire passer pour un garçon. Le roman explore ainsi les déchirements créés par cet absurde changement d'identité, à travers la voix d'un conteur.

Je vous disais donc…

Toute la famille fut convoquée et réunie dans la maison du Hadj[1] dès le mercredi soir. La tante Aïcha s'activait comme une folle. Les deux frères, avec femmes et enfants, étaient arrivés, inquiets et impatients. Les cousins proches et lointains furent aussi invités. Lalla Radhia[2] s'était enfermée avec l'épouse du Hadj. Personne n'avait le droit de la déranger. Des femmes noires préparaient le dîner dans la cuisine. Vers minuit on entendit des gémissements : c'étaient les premières douleurs. De vieilles femmes en appelaient au Prophète Mohammed. Le Hadj faisait les cent pas dans la rue. Ses frères tenaient un conseil de guerre. Ils se parlaient à voix basse dans un coin du salon. Les enfants dormaient là où ils avaient mangé. Le silence de la nuit n'était interrompu que par les cris de douleur. Lalla Radhia ne disait rien. Elle chauffait des bassines d'eau et étalait les langes. Tout le monde dormait sauf le Hadj, la sage-femme et les deux frères. À l'aube, on entendit l'appel de la prière. Quelques silhouettes se levèrent, tels des somnambules, et prièrent. La femme hurlait à présent. Le jour se leva sur la maison où tout était dans un grand désordre. Les cuisinières noires rangèrent un peu et préparèrent la soupe du petit déjeuner, la soupe de la naissance et du baptême. Les frères durent partir à leur travail. Les enfants se considérèrent en vacances et restèrent jouer à l'entrée de la maison. Vers dix heures du matin, le matin de ce jeudi historique, alors que tout le monde était rassemblé derrière les pièces de l'accouchement, Lalla Radhia entrouvrit la porte et poussa un cri où la joie se mêlait aux you-you[3], puis répéta jusqu'à s'essouffler : c'est un homme, un homme, un homme... Hadj arriva au milieu de ce rassemblement comme un prince. Les enfants lui baisèrent la main. Les femmes l'accueillirent par des you-you stridents, entrecoupés par des éloges et des prières du genre : Que Dieu le garde... Le soleil est arrivé... C'est la fin des ténèbres... Dieu est grand... Dieu est avec toi...

Il pénétra dans la chambre, ferma la porte à clé, et demanda à Lalla Radhia d'ôter les langes du nouveau-né. C'était évidemment une fille. Sa femme s'était voilé le visage pour pleurer. Il tenait le bébé dans son bras gauche et de sa main droite il tira violemment sur le voile et dit à sa femme : « Pourquoi ces larmes ? J'espère que tu pleures de joie ! Regarde, regarde bien, c'est un garçon ! Plus besoin de te cacher le visage. Tu dois être fière... Tu viens après quinze ans de mariage de me donner un enfant, c'est un garçon, c'est mon premier enfant, regarde comme il est beau, touche ses petits testicules, touche son pénis, c'est déjà un homme ! » Puis, se tournant vers la sage-femme, il lui dit de veiller sur le garçon, et qu'elle ne laisse personne s'en approcher ou le toucher. Il sortit de la pièce, arborant un grand sourire... Il portait sur les épaules et sur le visage toute la virilité du monde ! À cinquante ans, il se sentait léger comme un jeune homme. Il avait déjà oublié – ou peut-être faisait-il semblant – qu'il avait tout arrangé. Il avait bien vu une fille, mais croyait fermement que c'était un garçon.

Ô mes compagnons, notre histoire n'est qu'à son début, et déjà le vertige des mots me racle la peau et assèche ma langue. Je n'ai plus de salive et mes os sont fatigués. Nous sommes tous victimes de notre folie enfouie dans les tranchées du désir qu'il ne faut surtout pas nommer. Méfions-nous de convoquer les ombres confuses de l'ange, celui qui porte deux visages et qui habite nos fantaisies. Visage du soleil immobile. Visage de la lune meurtrière. L'ange bascule de l'un à l'autre selon la vie que nous dansons sur un fil invisible.

Ô mes amis, je m'en vais sur ce fil. Si demain vous ne me voyez pas, sachez que l'ange aura basculé du côté du précipice et de la mort.

Tahar Ben Jelloun, *L'Enfant de sable*,
Éd. du Seuil, 1985.

1. Hadj : Hadj Ahmed, le père de famille qui a déjà eu sept filles. **2. Lalla Radhia** : la sage-femme qui sera mise dans le secret. **3. you-you** : les cris traditionnels qui accompagnent les grands événements.

Les déchirements de l'identité

Tahar Ben Jelloun exprime dans son œuvre la confrontation de deux cultures. Il décrit à la fois la fascination, l'enthousiasme que connaissent les immigrés découvrant le monde nouveau dans lequel ils s'installent, et leur déchirement, l'expérience douloureuse de l'exil.

Mais le romancier explore aussi les fractures que traverse le Maghreb contemporain. Il dénonce la perte des traditions, la situation de la femme soumise à la domination d'une société masculine, l'abandon de la mémoire d'un peuple. Le romancier allie ainsi l'évocation réaliste à l'émotion poétique. Son écriture perpétue la tradition orale des conteurs : le fantastique et la sensualité côtoient un univers chargé de symboles.

ERNAUX

Nom et prénom : **Ernaux, Annie**
Naissance : **le 1er septembre 1940, à Lillebonne, en Normandie**
Lieux : **Cergy-Pontoise, la Normandie**
Situation familiale : **mariée pendant dix-huit ans, puis divorcée ; deux fils**
Professions : **professeur de lettres, écrivain**

Annie Ernaux grandit en Normandie, dans la petite ville d'Yvetot, entre ses parents qui ont quitté la campagne, puis le monde de l'usine, pour ouvrir un petit commerce. Attirée par la société de consommation alors à ses tout débuts, la jeune fille entre souvent en conflit avec eux. Après avoir terminé ses études, elle commence une carrière de professeur de lettres à Annecy puis dans la région parisienne.

Parallèlement, elle écrit des romans, tous marqués par une profonde dimension autobiographie, revenant sur son enfance, sur le souvenir de ses parents, l'expérience douloureuse d'un avortement ou l'intensité d'une passion amoureuse. En 1983, *La Place*, qui la révèle au grand public, retrace ainsi le portrait de son père, tandis que sa mère est le personnage principal d'*Une femme*, en 1987. Son journal intime explore la même veine autobiographique, qui crée un rapport de confidence et d'intimité avec son lecteur.

Ses œuvres principales

- des romans et des récits autobiographiques, dont : *Les Armoires vides* (1973), *La Femme gelée* (1981), *La Place* (1983), *Une femme* (1987), *La Honte* (1997), *Se perdre* (2001), *L'Écriture comme un couteau* (2003)

1987

Une femme

Après avoir rendu hommage à son père dans *La Place* en 1983, Annie Ernaux consacre *Une femme* au souvenir de sa mère. Elle rapporte à la fois l'affection et l'admiration qu'elle éprouve pour elle, de même que les conflits qui, au moment de l'adolescence, les ont opposées.

Elle a cessé d'être mon modèle. Je suis devenue sensible à l'image féminine que je rencontrais dans *L'Écho de la mode* et dont se rapprochaient les mères de mes camarades petites-bourgeoises du pensionnat : minces, discrètes, sachant cuisiner et appelant leur fille « ma chérie ». Je trouvais ma mère voyante. Je détournais les yeux quand elle débouchait une bouteille[1] en la maintenant entre ses jambes. J'avais honte de sa manière brusque de parler et de se comporter, d'autant plus vivement que je sentais combien je lui ressemblais. Je lui faisais grief d'être ce que, en train d'émigrer dans un milieu différent, je cherchais à ne plus paraître. Et je découvrais qu'entre le désir de se cultiver et le fait de l'être, il y avait un gouffre. Ma mère avait besoin du dictionnaire pour dire qui était Van Gogh, des grands écrivains, elle ne connaissait que le nom. Elle ignorait le fonctionnement de mes études. Je l'avais trop admirée pour ne pas lui en vouloir, plus qu'à mon père, de ne pas pouvoir m'accompagner, de me laisser sans secours dans le monde de l'école et des amies avec salon-bibliothèque, n'ayant à m'offrir pour bagage que son inquiétude et sa suspicion[2], « avec qui étais-tu, est-ce que tu travailles au moins ».

Nous nous adressions l'une à l'autre sur un ton de chamaillerie en toutes circonstances. J'opposais le silence à ses tentatives pour maintenir l'ancienne complicité (« on peut tout dire à sa mère ») désormais impossible : si je lui parlais de désirs qui n'avaient pas trait aux études (voyages, sports, surboums[3]) ou discutais de politique (c'était la guerre d'Algérie), elle m'écoutait d'abord avec plaisir, heureuse que je la prenne pour confidente, et d'un seul coup, avec violence : « Cesse de te monter la tête avec tout ça, l'école en premier. »

Je me suis mise à mépriser les conventions sociales, les pratiques religieuses, l'argent. Je recopiais des poèmes de Rimbaud et de Prévert, je collais des photos de James Dean[4] sur la couverture de mes cahiers, j'écoutais *La mauvaise réputation* de Brassens, je m'ennuyais. Je vivais ma révolte adolescente sur le mode romantique comme si mes parents avaient été des bourgeois. Je m'identifiais aux artistes incompris. Pour ma mère, se révolter n'avait eu qu'une seule signification, refuser la pauvreté, et qu'une seule forme, travailler, gagner de l'argent et devenir aussi bien que les autres. D'où ce reproche amer, que je ne comprenais pas plus qu'elle ne comprenait mon attitude : « Si on t'avait fichue en usine à douze ans, tu ne serais pas comme ça. Tu ne connais pas ton bonheur. » Et encore, souvent, cette réflexion de colère à mon égard : « Ça va au pensionnat et ça ne vaut pas plus cher que d'autres. »

À certains moments, elle avait, dans sa fille en face d'elle, une ennemie de classe.

Je ne rêvais que de partir. Elle a accepté de me laisser aller au lycée de Rouen, plus tard à Londres. Prête à tous les sacrifices pour que j'aie une vie meilleure que la sienne, même le plus grand, que je me sépare d'elle. Loin de son regard, je suis descendue au fond de ce qu'elle m'avait interdit, puis je me suis gavée de nourriture, puis j'ai cessé de manger pendant des semaines, jusqu'à l'éblouissement, avant de savoir être libre. J'ai oublié nos conflits. Étudiante à la fac de lettres, j'avais d'elle une image épurée, sans cris ni violence. J'étais certaine de son amour et de cette injustice : elle servait des pommes de terre et du lait du matin au soir pour que je sois assise dans un amphi à écouter parler de Platon.

J'étais contente de la revoir, elle ne me manquait pas. Je revenais près d'elle surtout quand j'étais malheureuse à cause d'histoires sentimentales que je ne pouvais pas lui dire, même si, maintenant, elle me confiait en chuchotant les fréquentations ou la fausse couche d'une telle : il était comme convenu que j'avais l'âge d'entendre ces choses mais qu'elles ne me concerneraient jamais.

Annie Ernaux, *Une femme*, Éd. Gallimard, 1987.

▪ **1. débouchait une bouteille** : la mère d'Annie Ernaux tient alors un café-épicerie. ▪ **2. suspicion** : soupçon, doute. ▪ **3. surboums** : fêtes de jeunes qui se rassemblent pour danser. ▪ **4. James Dean** : jeune acteur américain qui incarnait la révolte dans les années cinquante.

L'exigence d'une écriture dépouillée

Annie Ernaux développe une écriture volontairement simple qui, en utilisant des phrases courtes et les mots du quotidien, communique au lecteur un sentiment de proximité avec la narratrice. Celui-ci se retrouve lui-même et semble se reconnaître dans les expériences et les confidences rapportées par la romancière.

D'origine sociale très modeste, Annie Ernaux traduit, à travers le récit de sa propre vie, les mutations de la société française, sur laquelle elle porte un regard personnel. De même, elle explore et interroge dans ses romans, et particulièrement dans *La Femme gelée*, la situation originale de la femme dans le monde d'aujourd'hui. Cette thématique autobiographique est éclairée par une écriture intime et dépouillée.

QUIGNARD

Nom et prénom : **Quignard, Pascal**
Naissance : **le 23 avril 1948, à Verneuil-sur-Avre, dans l'Eure**
Lieux : **Le Havre, Vincennes, Paris, la Chine, le Japon**
Situation familiale : **marié, puis divorcé ; un fils, Guillaume**
Professions : **professeur, lecteur aux éditions Gallimard, écrivain**
Amitiés : **les écrivains Pierre Klossowski et Louis-René des Forêts ; les artistes Louis Cordesse et Pierre Skira ; l'écrivain et productrice de télévision Laure Adler**

Petit-fils d'un grammairien célèbre, fils d'un proviseur et d'une principale de collège, Pascal Quignard grandit au milieu des livres. L'enfant traverse des périodes d'angoisse, marquées par le repli et le silence, mais aussi par la passion de la lecture. Après des études de philosophie, il enseigne à l'Université de Vincennes, puis devient lecteur aux éditions Gallimard. Il publie alors des essais de critique littéraire.

Passionné de musique baroque, il joue lui-même de la viole de gambe et écrit, en 1991, le roman *Tous les matins du monde*, qui raconte la vie d'un compositeur sous le règne de Louis XIV. Il rédige ensuite les dialogues du film, adapté du roman, par le réalisateur Alain Corneau. Pascal Quignard accède à la célébrité avec le prix Goncourt qui récompense *Les Ombres errantes*, en 2002. Depuis, il se partage entre sa maison de l'Yonne, « près de l'eau », et son travail à Paris.

Ses œuvres principales

- des romans, dont : *Le Lecteur* (1976), *Carus* (1979), *Le Salon du Wurtemberg* (1986), *Les Escaliers de Chambord* (1989), *Albucius* (1990), *Tous les matins du monde* (1991), *Vie secrète* (1997), *Terrasse à Rome* (2000), *Les Ombres errantes* (2002)
- des essais, dont : *L'Être du balbutiement* (1969), *Petits Traités* (1981, 1982, 1984), *La Raison* (1990), *La Leçon de musique* (1991), *Le Sexe et l'effroi* (1996)

1991

Tous les matins du monde

Louis XIV envoie un messager prier Monsieur de Sainte Colombe, joueur de viole, musicien sublime et solitaire, de venir jouer à la Cour. Celui-ci s'est retiré, dans une maison proche de Paris, pour se consacrer entièrement à la musique.

À force qu'on lui en eut rebattu les oreilles, le roi voulut entendre ce musicien et ses filles. Il dépêcha Monsieur Caignet – qui était le joueur de viole[1] attitré de Louis XIV et qui appartenait à sa chambre[2]. Ce fut Toinette qui se précipita pour ouvrir la porte cochère de la cour et qui mena Monsieur Caignet au jardin. Monsieur de Sainte Colombe, blême et furieux qu'on l'eût dérangé dans sa retraite, descendit les deux marches de sa cabane et salua.

Monsieur Caignet remit son chapeau et déclara :

« Monsieur, vous vivez dans la ruine et le silence. On vous envie cette sauvagerie. On vous envie ces forêts vertes qui vous surplombent. »

Monsieur de Sainte Colombe ne desserra pas les lèvres. Il le regardait fixement.

« Monsieur, reprit Monsieur Caignet, parce que vous êtes un maître dans l'art de la viole, j'ai reçu l'ordre de vous inviter à vous produire à la cour. Sa Majesté a marqué le désir de vous entendre et, dans le cas où elle serait satisfaite, elle vous accueillerait parmi les musiciens de la chambre. Dans cette circonstance j'aurais l'honneur de me trouver à vos côtés. »

Monsieur de Sainte Colombe répondit qu'il était un homme âgé et veuf; qu'il avait la charge de deux filles, ce qui l'obligeait à demeurer dans une façon de vivre plus privée qu'un autre homme; qu'il ressentait du dégoût pour le monde.

« Monsieur, dit-il, j'ai confié ma vie à des planches de bois grises qui sont dans un mûrier; aux sons des sept cordes d'une viole; à mes deux filles. Mes amis sont les souvenirs. Ma cour, ce sont les saules qui sont là, l'eau qui court, les chevesnes[3], les goujons et les fleurs du sureau. Vous direz à Sa Majesté que son palais n'a rien à faire d'un sauvage qui fut présenté au feu roi son père il y a trente-cinq ans de cela.

– Monsieur, répondit Monsieur Caignet, vous n'entendez pas ma requête. J'appartiens à la chambre du roi. Le souhait que marque Sa Majesté est un ordre. »

Le visage de Monsieur de Sainte Colombe s'empourpra. Ses yeux luisirent de colère. Il s'avança à le toucher.

« Je suis si sauvage, Monsieur, que je pense que je n'appartiens qu'à moi-même. Vous direz à sa Majesté qu'elle s'est montrée trop généreuse quand elle a posé son regard sur moi. »

Monsieur de Sainte Colombe poussait Monsieur Caignet vers la maison tout en parlant. Ils se saluèrent. Monsieur de Sainte Colombe regagna la vorde tandis que Toinette allait au poulailler, qui se trouvait à l'angle du mur clos et de la Bièvre.

Pendant ce temps-là, Monsieur Caignet revint avec son chapeau et son épée, s'approcha de la cabane, écarta avec sa botte un dindon et des petits poussins jaunes qui picoraient, se glissa sous le plancher de la cabane, s'assit dans l'herbe, dans l'ombre et les racines et écouta. Puis il repartit sans qu'on le vit et regagna le Louvre. Il parla au roi, rapporta les raisons que le musicien avait avancées et lui fit part de l'impression merveilleuse et difficile que lui avait faite la musique qu'il avait entendue à la dérobée.

Pascal Quignard, *Tous les matins du monde*, Éd. Gallimard, 1991.

▪ **1. viole** : ancien instrument de musique à cordes, muni d'un archet. ▪ **2. qui appartenait à sa chambre** : qui appartenait au service de l'appartement personnel du roi. ▪ **3. chevesnes** : poissons d'eau douce au ventre argenté.

Monsieur de Sainte Colombe, joué par Jean-Pierre Marielle, dans l'adaptation au cinéma, réalisée par Alain Corneau, en 1991.

Le romancier du silence et du repli

Méfiant à l'égard des modes littéraires, Pascal Quignard témoigne dans son œuvre d'un goût pour le passé : le monde gréco-romain, la culture chinoise, le classicisme du XVIIe siècle. Ses personnages sont à son image : silencieux, préférant au tapage du monde le repli sur soi. *Le Salon du Wurtemberg*, *Les Escaliers de Chambord* mettent en scène des héros solitaires hantés par les souvenirs de l'enfance.

Dans *Tous les matins du monde*, le joueur de viole, Monsieur de Sainte Colombe, refuse de se produire à la cour de Louis XIV ; le héros de *Terrasse à Rome* trouve refuge dans l'exercice passionné de la gravure. Ce goût du repli traduit à la fois l'exigence morale de l'artiste refusant les compromis et le profond pessimisme de l'écrivain devant la société contemporaine.

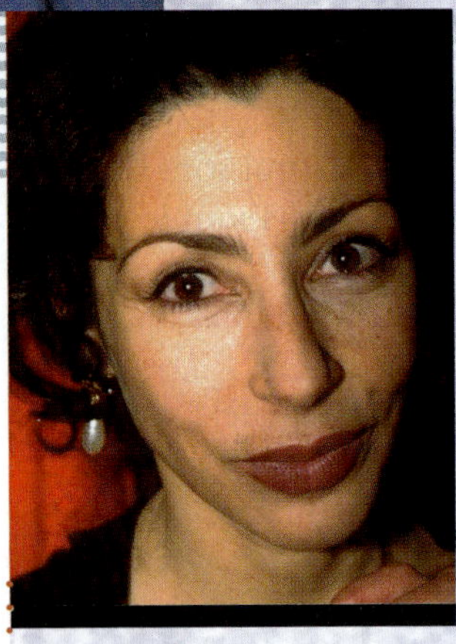

RÉZA Yasmina

Fille d'une mère hongroise et d'un père russe d'origine iranienne, Yasmina Réza est élevée dans un milieu passionné par les arts et les différentes formes de culture. Très vite, elle s'oriente vers des études théâtrales et, comédienne, interprète de nombreux spectacles. Mais elle se consacre également à l'écriture et sa première pièce, *Conversations après un enterrement*, reçoit le Molière du meilleur auteur en 1987. Elle écrit aussi un récit autobiographique, un roman et un scénario de film. Représentée en 1994 à la Comédie des Champs-Élysées, « *Art* » obtient de nouveau le Molière du meilleur auteur. La pièce rencontre un grand succès à Paris comme à New York. Aujourd'hui, le théâtre de Yasmina Réza, adapté dans plus de trente-cinq langues, est joué dans le monde entier.

Ses œuvres principales

- des pièces de théâtre, dont : *Conversations après un enterrement* (1987), *La Traversée de l'hiver* (1989), « *Art* » (1994), *L'Homme du hasard* (1995), *Trois Versions de la vie* (2001)
- des récits autobiographiques, dont : *Hammerklavier* (1999)
- des romans, dont : *Une désolation* (1999)

1994

« Art »

Créée en 1994 à Paris, « *Art* » représente l'affrontement de trois personnages, Marc, Serge et Yvan. Au début de la pièce, Serge achète le tableau d'un peintre contemporain : une toile blanche, qui va révéler les tensions entre les trois amis.

Le salon d'un appartement.
Un seul décor. Le plus dépouillé, le plus neutre possible.
Les scènes se déroulent successivement chez Serge, Yvan et Marc.
Rien ne change, sauf l'œuvre de peinture exposée.

Marc, seul.

MARC. – Mon ami Serge a acheté un tableau.
C'est une toile d'environ un mètre soixante sur un mètre vingt, peinte en blanc. Le fond est blanc et si on cligne des yeux, on peut apercevoir de fins liserés[1] blancs transversaux.
Mon ami Serge est un ami depuis longtemps. C'est un garçon qui a bien réussi, il est médecin dermatologue et il aime l'art.
Lundi, je suis allé voir le tableau que Serge avait acquis samedi mais qu'il convoitait depuis plusieurs mois.
Un tableau blanc, avec des liserés blancs.

Chez Serge.
Posée à même le sol, une toile blanche, avec
de fins liserés blancs transversaux.
Serge, réjoui, regarde son tableau.

Marc regarde le tableau.
Serge regarde Marc qui regarde le tableau.
Un long temps où tous les sentiments se traduisent sans mot.

MARC. – Cher ?
SERGE. – Deux cent mille.
MARC. – Deux cent mille ?....
SERGE. – Handtington me le reprend à vingt-deux.
MARC. – Qui est-ce ?
SERGE. – Handtington ?!
MARC. – Connais pas.
SERGE. – Handtington ! La galerie Handtington !
MARC. – La galerie Handtington te le reprend à vingt-deux ?...
SERGE. – Non, pas la galerie. Lui. Handtington lui-même. Pour lui.
MARC. – Et pourquoi ce n'est pas Handtington qui l'a acheté ?
SERGE. – Parce que tous ces gens ont intérêt à vendre à des particuliers. Il faut que le marché[1] circule.
MARC. – Ouais...
SERGE. – Alors ?
MARC. – ...
SERGE. – Tu n'es pas bien là. Regarde-le d'ici. Tu aperçois les lignes ?
MARC. – Comment s'appelle le...
SERGE. – Peintre. Antrios.
MARC. – Connu ?
SERGE. – Très. Très ! *(Un temps.)*
MARC. – Serge, tu n'as pas acheté ce tableau deux cent mille francs ?
SERGE. – Mais mon vieux, c'est le prix. C'est un ANTRIOS !
MARC. – Tu n'as pas acheté ce tableau deux cent mille francs !
SERGE. – J'étais sûr que tu passerais à côté.
MARC. – Tu as acheté cette merde deux cent mille francs ?!

*

SERGE, *comme seul.* – Mon ami Marc, qui est un garçon intelligent, garçon que j'estime depuis longtemps, belle situation, ingénieur dans l'aéronautique, fait partie de ces intellectuels, nouveaux, qui, non contents d'être ennemis de la modernité, en tirent une vanité incompréhensible.
Il y a depuis peu, chez l'adepte du bon vieux temps, une arrogance vraiment stupéfiante.

Yasmina Réza, « *Art* », Éd. Albin Michel, 1994.

---

1. liserés : raies, fines lignes. **2. le marché** : le commerce des œuvres d'art.

La nouvelle comédie de mœurs

La comédie de mœurs, dont Yasmina Réza reprend le principe, met en scène des caractères contemporains, des types humains et sociaux. Un événement inattendu lance l'intrigue au sein d'un milieu fermé, régi par des rapports codés et bien rodés.

Dans « *Art* », sa pièce la plus célèbre, l'achat d'un tableau, une toile blanche, déclenche des tensions entre les personnages. Dès lors, frustrations et jalousies apparaissent au grand jour. L'action progresse à travers l'enchaînement de conversations de plus en plus tendues.

Réza profite ainsi de discussions sur l'art pour faire la satire des mœurs et de la société, et mettre au jour les passions et les pulsions enfouies au cœur de l'homme.

HOUELLEBECQ

Nom et prénom : **Thomas, Michel**
Pseudonyme : **Houellebecq ; c'était le nom de sa grand-mère**
Naissance : **le 26 février 1958, à la Réunion**
Lieux : **la Réunion, Dicy, Paris, l'Irlande**
Situation familiale : **marié avec Marie-Pierre Gauthier ; un fils**
Professions : **secrétaire à l'Assemblée nationale, puis écrivain**
Amitiés : **Michel Bulteau, Maurice Nadeau et Raphaël Sorin, ses éditeurs ; le cinéaste Philippe Harel**

Michel Thomas naît le 26 février 1958, à la Réunion. Son père est guide de haute montagne, sa mère, médecin anesthésiste. À six ans, l'enfant rejoint la métropole, où il est confié à sa grand-mère. Ingénieur agronome en 1980, il se marie la même année. Confronté à l'épreuve du chômage, le couple traverse alors une période difficile. Michel Thomas connaît à la suite de son divorce une profonde dépression. Il publie des poèmes et, en 1991, une biographie de l'écrivain de science-fiction Howard P. Lovecraft. Il devient secrétaire administratif à l'Assemblée nationale. Mais la notoriété vient en 1994 avec *Extension du domaine de la lutte,* son premier roman. Michel Houellebecq collabore désormais à plusieurs revues, comme *Les Inrockuptibles*. En 1998, son deuxième roman, *Les Particules élémentaires,* fait scandale et lui apporte la célébrité. L'écrivain s'adonne à la photographie, chante ses textes sur scène et réalise un disque. C'est dans son domaine irlandais du comté de Cork qu'il écrit *Plateforme.* Le roman qui évoque les actions sanglantes de groupes terroristes, paraît à la rentrée 2001, quelques jours avant les attentats de New York.

Ses œuvres principales

- des essais, dont : *Contre le monde, contre la vie* (1991)
- des recueils de poèmes : *La Poursuite du bonheur* (1992), *Le Sens du combat* (1996), *Renaissance* (1999)
- des romans : *Extension du domaine de la lutte* (1994), *Les Particules élémentaires* (1998), *Plateforme* (2001)

1998

Les Particules élémentaires

Le roman de Michel Houellebecq raconte l'existence de deux demi-frères, Michel et Bruno, aux personnalités radicalement opposées. Michel, chercheur en biologie, mène une vie morose et sans relief. Ses expériences sur le clonage l'amènent à imaginer une « mutation métaphysique » qui permettrait à l'homme de se débarrasser de ses entraves. Bruno, de son côté, préoccupé par la recherche d'un équilibre sexuel, apparaît comme un être frustré et désespéré, constamment en quête d'un hypothétique bonheur.

Au fond, se demandait Michel en observant les mouvements du soleil sur les rideaux, à quoi servaient les hommes ? Il est possible qu'à des époques antérieures, où les ours étaient nombreux, la virilité ait pu jouer un rôle spécifique et irremplaçable ; mais depuis quelques siècles, les hommes ne servaient visiblement à peu près plus à rien. Ils trompaient parfois leur ennui en faisant des parties de tennis, ce qui était un moindre mal ; mais parfois aussi ils estimaient utile de *faire avancer l'histoire,* c'est-à-dire essentiellement de provoquer des révolutions et des guerres. Outre les souffrances absurdes qu'elles provoquaient, les révolutions et les guerres détruisaient le meilleur du passé, obligeant à chaque fois à faire table rase pour rebâtir. Non inscrite dans le cours régulier d'une ascension progressive, l'évolution humaine acquérait ainsi un tour chaotique, destructuré, irrégulier et violent. Tout cela les hommes (avec leur goût du risque et du jeu, leur vanité grotesque, leur irresponsabilité, leur violence foncière) en étaient directement et exclusivement responsables. Un monde composé de femmes serait à tous points de vue infiniment supérieur ; il évoluerait plus lentement, mais avec régularité, sans retours en arrière et sans remises en cause néfastes, vers un état de bonheur commun.

Au matin du 15 août il se releva, sortit en espérant qu'il n'y aurait personne dans les rues ; c'était pratiquement le cas. Il prit quelques notes qu'il devait retrouver une dizaine d'années plus tard, au moment où il rédigea sa publication la plus importante, *Prolégomènes*[1] *à la réplication parfaite*.

Dans le même temps, Bruno ramenait son fils à son ex-femme ; il se sentait épuisé et désespéré. Anne reviendrait d'une expédition Nouvelles Frontières, à l'île de Pâques ou au Bénin, il ne se souvenait plus au juste ; elle aurait probablement rencontré des amies, échangé des adresses – elles les reverrait deux ou trois fois avant de se lasser ; mais elle n'aurait pas rencontré d'hommes – Bruno avait l'impression qu'elle avait tout à fait renoncé, pour ce qui concerne les hommes. Elle le prendrait à part pendant deux minutes, elle voudrait savoir « comment ça s'était passé ». Il répondrait : « Bien », il adopterait un ton calme et sûr de lui, comme les femmes l'aiment ; mais c'est avec une nuance d'humour qu'il ajouterait : « Victor a quand même beaucoup regardé la télévision. » Il serait rapidement mal à l'aise, depuis qu'elle avait arrêté Anne ne supportait plus qu'on fume chez elle : son appartement était décoré avec goût. Au moment de partir il éprouverait des regrets, se demanderait une fois de plus comment faire pour que les choses soient différentes ; il embrasserait rapidement Victor, puis il partirait. Voilà : les vacances avec son fils seraient terminées.

En réalité, ces deux semaines avaient été un calvaire. Allongé sur son matelas, une bouteille de bourbon à portée de la main, Bruno écoutait les bruits de son fils dans la pièce à côté : la chasse d'eau qu'il tirait après être allé pisser, les grésillements de la télécommande. Exactement comme son demi-frère au même moment, et sans le savoir, il contemplait stupidement, et pendant des heures, les tubulures de son radiateur. Victor couchait dans le canapé-lit du salon ; il regardait la télévision quinze heures par jour. Le matin, lorsque Bruno se réveillait, la télévision était déjà branchée sur les dessins animés de M6. Victor mettait un casque pour écouter le son. Il n'était pas violent, ne cherchait pas à être désagréable ; mais lui et son père n'avaient absolument plus rien à se dire. Deux fois par jour, Bruno faisait chauffer un plat cuisiné : ils mangeaient, face à face, pratiquement sans prononcer une parole.

Comment les choses en étaient-elles arrivées là ? Victor avait treize ans depuis quelques mois. Il y a encore quelques années il faisait des dessins, qu'il montrait à son père. Il recopiait des personnages de Marvel Comics[2] – Fatalis, Fantastik, le Pharaon du futur – qu'il mettait en scène dans des situations inédites. Parfois ils faisaient une partie de Mille Bornes, ou allaient au musée du Louvre le dimanche matin. Pour l'anniversaire de Bruno, l'année de ses dix ans, Victor avait calligraphié sur une feuille de Canson, en grosses lettres multicolores : « PAPA JE T'AIME. » Maintenant c'était fini.

Michel Houellebecq, *Les Particules élémentaires*, Éd. Flammarion, 1998.

1. **prolégomènes** : introduction, notions préliminaires. 2. **Marvel Comics** : bandes dessinées américaines.

Une interrogation actuelle

Dans *Les Particules élémentaires*, Michel Houellebecq brasse l'ensemble des préoccupations de la civilisation occidentale, en mêlant les souvenirs autobiographiques, la réflexion philosophique et l'analyse sociologique.

Le destin des personnages apparaît comme le prétexte à dresser le bilan de la seconde moitié du XXe siècle. Le romancier interroge le malaise de notre société, à travers la recherche effrénée du plaisir sexuel, l'ennui, la quête de valeurs nouvelles et le désarroi devant les découvertes qui révolutionnent les sciences. Le ton grinçant du romancier provoque le scandale en mettant à nu les frustrations et l'absence d'idéal. Il dénonce les illusions de la société de consommation. Il provoque délibérément son lecteur par ses attaques directes contre la famille, le féminisme ou la libération des mœurs.

ECHENOZ

Nom et prénom : **Echenoz, Jean**
Naissance : **le 26 décembre 1947, à Orange, dans le Vaucluse**
Lieux : **Orange, Aix-en-Provence**
Situation familiale : **père d'un enfant**
Profession : **romancier**
Amitié : **Jérôme Lindon, son éditeur**

Jean Echenoz voit le jour dans la ville d'Orange en décembre 1947. Son père est directeur de l'hôpital psychiatrique d'Aix-en-Provence. À l'âge de sept ans, l'enfant découvre *Ubu roi* d'Alfred Jarry, qui lui laisse une profonde impression. Pendant son adolescence, Jean Echenoz se passionne pour le jazz – il adore la contrebasse – et pour les différentes formes de romans : le roman d'espionnage, le roman noir, le récit à intrigue... Après des études de sociologie et de génie civil, il s'installe à Paris en 1970. Mais il décide de se consacrer totalement à l'écriture.

Soutenu par le directeur des Éditions de Minuit, Jérôme Lindon, son premier roman, *Le Méridien de Greenwich*, paraît en 1979 et connaît immédiatement un immense succès. Quatre ans plus tard, le prix Médicis couronne *Cherokee*, qui se présente comme un roman policier « déhanché ». Désormais, éloigné de toute mondanité, Echenoz poursuit la construction d'une œuvre originale et décalée, régulièrement récompensée par les prix littéraires les plus prestigieux : le prix Décembre est attribué aux *Grandes Blondes* en 1995 ; le prix Goncourt de l'année 1999 revient à *Je m'en vais*. La mort de son éditeur et ami, Jérôme Lindon, en 2001, l'affecte profondément. Le romancier lui consacre alors un hommage sous forme d'essai, qui paraît quelques semaines plus tard.

Ses œuvres principales

- des romans, dont : *Le Méridien de Greenwich* (1979), *Cherokee* (1983), *L'Équipée malaise* (1986), *L'Occupation des sols* (1988), *Lac* (1989), *Nous trois* (1992), *Les Grandes Blondes* (1995), *Un an* (1997), *Je m'en vais* (1999), *Au piano* (2003)
- un essai : *Jérôme Lindon* (2001)

1999

Je m'en vais

Marchand d'art, Félix Ferrer quitte Paris à la recherche d'un trésor d'objets inuits abandonnés dans la cale d'un navire pris dans les glaces du Grand Nord. C'est le début d'une aventure qui le mène finalement dans plusieurs pays, à travers de nombreux rebondissements.

On s'en fut le jour même, les voilà qui s'éloignent. Ils sont équipés de carabines Savage 116 FFS Tout temps, de jumelles 15 × 45 IS à stabilisateur d'image, de couteaux et de fouets. Le couteau de Napaseekadlak a un manche en oosik, os qui tient lieu de membre sexuel au morse et dont les qualités de souplesse, de résistance et de porosité sont idéales pour une bonne prise en main. Moins traditionnel, celui d'Angoutretok est un White hunter II Puma à manche en Kraton.

À la sortie de Port Radium, on s'engagea d'abord dans un petit défilé. Des affaissements de glace neigeuse, de part et d'autre, s'éparpillaient sur les roches comme un reliquat de mousse aux flancs d'un bock vidé. On avançait plutôt vite, chacun sèchement secoué sur son traîneau par les accidents de terrain. Ferrer essaya d'échanger au début quelques propos avec ses guides, surtout Angoutretok qui possédait un peu d'anglais, Napaseekadlak ne s'exprimant que par sourires. Mais les paroles, une fois émises, sonnaient trop brièvement avant de se solidifier : comme elles restaient un instant gelées au milieu de l'air, il suffisait de tendre ensuite une main pour qu'y retombent, en vrac, des mots qui venaient doucement fondre entre vos doigts avant de s'éteindre en chuchotant.

Tout de suite les moustiques passèrent à l'attaque mais par bonheur ils étaient très faciles à tuer. Sous ces latitudes en effet, l'homme est pratiquement inconnu des animaux qui ne se méfient pas de lui : on les abat d'un revers de main, les moustiques, sans même qu'ils cherchent à fuir. Ce qui ne les empêchait pas de rendre l'existence intenable, attaquant par dizaines au mètre cube et piquant au travers des vêtements, spécialement aux épaules et aux genoux sur lesquels l'étoffe se tend. Eût-on voulu prendre une photo que leurs essaims, voltigeant devant l'objectif, eussent obscurci la vue mais on n'avait pas d'appareil, on n'était pas là pour ça. Ayant bouché les trous d'aération de son couvre-chef, on avançait en se battant les flancs. Une fois on aperçut un ours blanc, trop éloigné pour être hostile.

Ce fut aux chiens de poser toute sorte de problèmes. Par exemple un matin, comme Ferrer se trouvait éjecté de son traîneau sur une arête de neige rugueuse, le véhicule privé de maîtrise commença de bringuebaler en tous sens. Mais, au lieu de s'arrêter, les animaux se croyant libres détalèrent à toute allure et dans plusieurs directions à la fois. Le traîneau finit par verser et se coincer en travers de la piste, immobilisant au bout de leurs courroies les chiens qui se mirent aussitôt à s'engueuler bruyamment entre eux. Cependant Ferrer tâchait de revenir à lui sur le bas-côté de la piste en se massant la hanche. L'ayant remis sur pieds, Angoutretok entreprit d'apaiser les bêtes à coups de fouet mais ne parvint qu'à envenimer les choses : loin de se calmer, le premier chien fouetté réagit en mordant son voisin, qui en mordit un suivant, qui en mordit deux autres qui réagirent de même avant que tout cela dégénérât en vaste conflit, dans une confusion totale. À grand-peine on parvint à les maîtriser. Puis on repartit. L'été boréal progressait. La nuit ne tombait jamais.

Jean Echenoz, *Je m'en vais*, Éd. de Minuit, 1999.

Une écriture blanche

Je m'en vais, à l'image des autres romans de Jean Echenoz, participe au renouveau de la littérature romanesque.

D'emblée, le lecteur est dérouté par des personnages auxquels le romancier refuse toute épaisseur. Le regard ironique et désinvolte de l'écrivain, tout en s'appuyant sur des détails concrets et souvent cocasses, crée des êtres à la limite du fantastique. La sobriété de l'écriture, qu'on appelle parfois, pour cette raison, une « écriture blanche », manipule ici les formes du roman policier. On trouve bien, dans *Je m'en vais*, une disparition, un criminel, un trésor, mais l'intrigue n'est que le prétexte qui permet à l'écrivain de faire évoluer son lecteur dans des territoires étranges. Autour du héros de *Je m'en vais*, les paroles gelées du Grand Nord deviennent le symbole d'une langue qui se ressource dans une volonté de dépaysement.

NOTHOMB

Nom et prénom : **Nothomb, Amélie**
Naissance : **le 13 août 1967, à Kobe, au Japon**
Lieux : **le Japon, la Chine, les États-Unis, la Birmanie, le Laos, le Bangladesh, Bruxelles, Paris**
Situation familiale : **célibataire**
Profession : **romancière**

Née en 1967 à Kobe, Amélie Nothomb est le troisième enfant d'un ambassadeur belge. Le Japon constitue ainsi le décor des premières années d'une enfance à la fois perturbée et enchantée par les affectations successives du diplomate : Amélie suit ses parents en Chine, aux États-Unis, en Birmanie, au Laos, puis au Bangladesh. Revenue en Belgique en 1984, elle étudie la philologie romane. En 1988, elle retourne au Japon, où, traductrice et interprète, elle découvre le monde de l'entreprise japonaise.

En 1992, la jeune femme envoie le manuscrit de *Hygiène de l'assassin* aux éditions Albin Michel. C'est, dès sa publication, un succès. Le roman est adapté au théâtre et au cinéma. Désormais, Amélie Nothomb se consacre totalement à sa passion : l'écriture. Elle se définit elle-même comme une « graphomane » qui ne peut se passer d'inventer des histoires, souvent inspirées de sa propre expérience. Elle publie un livre chaque année et comble ainsi ses lecteurs, sensibles à son humour et à la facilité d'une écriture attachante. En 1999, *Stupeur et tremblements* est couronné par l'Académie française et adapté en 2003 pour le cinéma.

Ses œuvres principales

- des romans, dont : *Hygiène de l'assassin* (1992), *Le Sabotage amoureux* (1993), *Les Catilinaires* (1995), *Péplum* (1996), *Attentat* (1997), *Mercure* (1998), *Stupeur et tremblements* (1999), *Métaphysique des tubes* (2000), *Cosmétique de l'ennemi* (2001), *Robert des noms propres* (2002), *Antéchrista* (2003)

1999

Stupeur et tremblements

Au début des années quatre-vingt-dix, une jeune femme est embauchée dans l'immense building de la société Yumimoto, à Tokyo. Elle y découvre une organisation et des codes de conduite rigides, fondés sur le respect absolu de la hiérarchie. Elle multiplie les maladresses et finit préposée à la propreté des toilettes du 44e étage de l'immeuble. Dans l'extrait qui suit, l'héroïne, incapable de rendre son travail dans les délais, reste seule, la nuit, pour travailler après le départ de sa supérieure hiérarchique, mademoiselle Fubuki.

Vint la nuit du 30 au 31. Fubuki fut la dernière à partir. Je me demandais pourquoi elle ne m'avait pas congédiée : n'était-il pas trop clair que je ne parviendrais jamais à boucler même le centième de mon travail ?

Je me retrouvai seule. C'était ma troisième nuit blanche d'affilée, dans le bureau géant. Je tapotais sur la calculette et notais des résultats de plus en plus incongrus.

Il m'arriva alors une chose fabuleuse : mon esprit passa de l'autre côté.

Soudain, je ne fus plus amarrée. Je me levai. J'étais libre. Jamais je n'avais été aussi libre. Je marchai jusqu'à la baie vitrée. La ville illuminée était très loin au-dessous de moi. Je dominais le monde. J'étais Dieu. Je défenestrai mon corps pour en être quitte.

J'éteignis les néons. Les lointaines lumières de la cité suffisaient à y voir clair. J'allai à la cuisine chercher un Coca que je bus d'un trait.

De retour à la section comptabilité, je délaçai mes souliers et les envoyai promener. Je sautai sur un bureau, puis de bureau en bureau, en poussant des cris de joie.

J'étais si légère que les vêtements m'accablaient. Je les enlevai un à un et les dispersai autour de moi. Quand je fus nue, je fis le poirier – moi qui de ma vie n'en avais jamais été capable. Sur les mains, je parcourus les bureaux adjacents. Ensuite, après une culbute parfaite, je bondis et me retrouvai assise à la place de ma supérieure.

Fubuki, je suis Dieu. Même si tu ne crois pas en moi, je suis Dieu. Tu commandes, ce qui n'est pas grand-chose. Moi, je règne. La puissance ne m'intéresse pas. Régner, c'est tellement plus beau. Tu n'as pas idée de ma gloire. C'est bon, la gloire. C'est de la trompette jouée par les anges en mon honneur. Jamais je n'ai été aussi glorieuse que cette nuit. C'est grâce à toi. Si tu savais que tu travailles à ma gloire !

Ponce Pilate ne savait pas non plus qu'il œuvrait pour le triomphe du Christ. Il y a eu le Christ aux oliviers, moi je suis le Christ aux ordinateurs. Dans l'obscurité qui m'entoure se hérisse la forêt des ordinateurs de haute futaie.

Je regarde ton ordinateur, Fubuki. Il est grand et magnifique. Les ténèbres lui donnent l'apparence d'une statue de l'île de Pâques. Minuit est passé : c'est aujourd'hui vendredi, mon vendredi saint, jour de Vénus en français, jour de l'or en japonais, et je vois mal quelle cohérence je pourrais trouver entre cette souffrance judéo-chrétienne, cette volupté latine et cette adoration nippone du métal incorruptible.

Depuis que j'ai quitté le monde séculier pour entrer dans les ordres, le temps a perdu toute consistance et s'est mué en une calculette sur laquelle je pianote des nombres bourrés d'erreurs. Je crois que c'est Pâques. Du haut de ma tour de Babel, je regarde vers le parc d'Ueno[1] et je vois des arbres enneigés : des cerisiers en fleur – oui, ce doit être Pâques.

Autant Noël me déprime, autant Pâques me réjouit. Un Dieu qui devient un bébé, c'est consternant. Un pauvre type qui devient Dieu, c'est quand même autre chose. J'enlace l'ordinateur de Fubuki et le couvre de baisers. Moi aussi, je suis une pauvre crucifiée. Ce que j'aime, dans la crucifixion, c'est que c'est la fin. Je vais enfin cesser de souffrir. Ils m'ont martelé le corps de tant de nombres qu'il n'y a plus place pour la moindre décimale. Ils me trancheront la tête avec un sabre et je ne sentirai plus rien.

C'est une grande chose que de savoir quand on va mourir. On peut s'organiser et faire de son dernier jour une œuvre d'art. Au matin, mes bourreaux arriveront et je leur dirai : « J'ai failli ! Tuez-moi. Accomplissez mon ultime volonté : que ce soit Fubuki qui me donne la mort. Qu'elle me dévisse le crâne comme à un poivrier.

Amélie Nothomb, *Stupeur et tremblements*, Éd. Albin Michel, 1999.

1. parc d'Ueno : jardin public de Tokyo.

Le choc des cultures

Dans *Stupeur et tremblements*, le lecteur découvre la société japonaise à travers les vitres du quarante-quatrième étage d'une grande entreprise. C'est l'affrontement de deux univers culturels radicalement différents. Dans une organisation dominée par les hommes, la jeune occidentale se fait une ennemie de la belle Mori Fubuki, sa supérieure hiérarchique. Elle se retrouve alors totalement isolée et franchit peu à peu tous les degrés de l'humiliation, se pliant à tous les rites, à toutes les exigences, avec une jouissance masochiste.

L'héroïne Amélie-san cherche ainsi à intégrer à tout prix une société qu'elle admire mais dont elle se sent exclue : « Monsieur Haneda était le supérieur de monsieur Omochi, qui était le supérieur de monsieur Saito, qui était le supérieur de mademoiselle Mori, qui était ma supérieure. Et moi, je n'étais la supérieure de personne. » L'humour du personnage et les rares moments où elle peut exprimer sa fantaisie lui permettent de traverser une épreuve qui contribue finalement à la naissance de sa vocation d'écrivain.

Depuis 1950

Au lendemain de la Seconde Guerre mondiale, la séparation de l'Europe en deux blocs qui s'affrontent domine la vie politique du demi-siècle jusqu'à la chute du mur de Berlin, en 1989. Dès lors, une nouvelle dynamique se met en place, celle de la construction européenne, qui crée les conditions d'une littérature complètement renouvelée.

L'Allemagne

Les écrivains reviennent souvent sur l'histoire du nazisme, comme le fait Günther Grass dans *Le Tambour*, en 1959. Ils sont également confrontés au sentiment de solitude et à l'atmosphère menaçante créée par la division de l'Allemagne en deux pays que tout oppose. Le romancier et dramaturge autrichien Thomas Bernhardt publie ainsi son premier roman, *Gel*, en 1963 ; Peter Handke écrit, en 1970, *L'Angoisse du gardien de but au moment du penalty* ; Heinrich Böll, *L'Honneur perdu de Katharina Blum*, en 1974. Mais la littérature romanesque s'ouvre de nouveau au plaisir du récit et de l'imaginaire, avec le succès que connaît *Le Parfum*, de Patrick Süskind, en 1985.

Le Tambour de Günther Grass, adapté au cinéma par Volker Schlöndorff.

Heinrich Böll (1917-1985) a exprimé dans ses œuvres un profond humanisme.

L'Europe centrale et la Russie

C'est aux États-Unis que le romancier russe Vladimir Nabokov écrit, en 1958, *Lolita*, son chef-d'œuvre. Cependant, en Union soviétique, la répression se poursuit. Humiliés, menacés par la police, déportés ou contraints à l'exil, les écrivains multiplient des œuvres capitales, souvent publiées à l'étranger. C'est en Italie que le poète et romancier Boris Pasternak fait paraître sa grande fresque, *Le Docteur Jivago*, en 1957. C'est à Paris qu'Alexandre Soljenitsyne publie sa dénonciation du régime soviétique, *L'Archipel du Goulag*, en 1973.

Omar Sharif et Julie Christie dans l'adaptation du roman de Boris Pasternak (1890-1960).

Václav Havel en poster : un signe de sa popularité.

Fuyant le régime communiste, le Roumain Virgil Gheorghiu publie *La Vingt-Cinquième Heure* en France, où il s'est installé. En Tchécoslovaquie, le dramaturge Václav Havel passe cinq ans en prison pour ses prises de position contre le pouvoir, avant d'être élu président de la République en 1990. De même, son compatriote Milan Kundera multiplie les chefs-d'œuvre, parmi lesquels *La Plaisanterie* (1967) ou *L'Insoutenable Légèreté de l'être* (1984). Il est contraint de s'exiler en France en 1975. En Albanie, Ismaïl Kadaré connaît la consécration dès son premier roman, *Le Général de l'armée morte*, en 1963, et se fait le chantre de son pays, de ses mythes et de ses légendes.

L'Archipel du Goulag (1973)

Publié à Paris en 1973, l'œuvre d'Alexandre Soljenitsyne, magistrale par son ampleur, sa portée historique et sa densité humaine, a été écrite dans la clandestinité. Témoignage, essai historique, œuvre littéraire, *L'Archipel du Goulag* allie la confession autobiographique, l'expérience de la déportation vécue par Soljenitsyne lui-même, avec l'histoire des camps en Union soviétique, dans lesquels des millions d'hommes ont trouvé la mort. L'écrivain décrit l'horreur de l'univers carcéral, cette machine monstrueuse qui broie les vies humaines à travers l'humiliation, l'enfermement, la faim et la torture. Cette dénonciation du Goulag a joué un rôle considérable dans la prise de conscience de la réalité du régime soviétique.

L'Italie

Au traumatisme de la guerre, qu'exprime par exemple Curzio Malaparte dans *La Peau*, en 1949, succède une période d'intense création romanesque : Italo Calvino écrit *Le Vicomte pourfendu*, en 1952 ; Giuseppe Tomasi de Lampedusa revient sur l'histoire de la Sicile dans *Le Guépard*, qui sera somptueusement adapté au cinéma par Luchino Visconti. Commencée dès 1929, l'œuvre de Moravia, qui publie *Le Mépris* en 1954, *L'Ennui* en 1960, explore les difficultés du couple dans une société déshumanisée. La plupart des écrivains partagent ainsi l'engagement des intellectuels dans les débats de leur temps. Parmi eux, domine la figure de Pier Paolo Pasolini, dont le premier roman, *Les Ragazzi*, est poursuivi pour obscénité en 1955, et qui continue dès lors, dans la littérature et au cinéma, une œuvre qui suscite le scandale. En 1980, *Le Nom de la Rose*, d'Umberto Eco, rencontre un succès international. Enfin, Antonio Tabucchi s'impose à travers ses romans comme un écrivain contemporain important.

Le Mépris (1954)

Le roman d'Alberto Moravia est écrit à la première personne : Molteni, le héros, fait le récit de sa brève vie conjugale. Marié pauvre, il vit un amour partagé, simple et heureux. Journaliste, puis scénariste de films à succès, la fortune semble soudain lui sourire. Mais sa femme lui avoue un jour qu'elle ne l'aime plus, et même qu'elle le méprise. Elle refuse de s'expliquer sur l'origine de son « mépris ». Elle meurt dans un accident de voiture. Molteni a désormais pour seule préoccupation de comprendre pourquoi sa femme lui a fait un tel aveu.

La Grande-Bretagne

Dès 1954, William Golding s'interroge sur l'organisation des sociétés humaines avec *Sa Majesté des mouches*. D'autres écrivains portent un regard aigu et ironique sur les valeurs sociales de leur temps : *Le Gardien*, d'Harold Pinter, exprime une angoisse diffuse au sein du quotidien ; Anthony Burgess écrit *Orange mécanique* en 1962 ; l'année suivante, John Le Carré s'impose comme un maître du roman d'espionnage avec *L'Espion qui venait du froid* ; l'esprit satirique de David Lodge prend pour cible les institutions, depuis *Changement de décor* jusqu'à *Un tout petit monde*.

D'origine indienne, installé en Angleterre en 1961, Salman Rushdie y obtient de nombreux prix littéraires, avant de se voir condamné à mort par le pouvoir iranien pour ses *Versets sataniques* (1988). Aujourd'hui, les romanciers Jonathan Coe et Martin Amis poursuivent, à travers leurs œuvres, la chronique lucide et cruelle de la société anglaise.

L'adaptation d'*Orange mécanique* par Stanley Kudrick (1971).

L'Espagne

Après avoir, au moment de la guerre d'Espagne, conduit à la mort de nombreux écrivains, comme le poète Federico Garcia Lorca, le pouvoir franquiste pèse sur la société espagnole. Fuyant la censure, les écrivains combattent le régime et sont souvent contraints à l'exil. C'est à Buenos Aires que le romancier Camilo José Cela publie *La Ruche* (1951) avant d'obtenir le prix Nobel de littérature en 1989. C'est en France que Fernando Arrabal et Jorge Semprun construisent leurs œuvres, le premier en créant un théâtre de la révolte, le second en exprimant dans ses romans l'expérience d'un militant contre toutes les formes de dictature.

La peinture et la musique

Peinture

— Pierre Alechinsky, *Central Park*, 1965 (Belgique)
— Lucio Fontana, *Concetto spaziale*, 1967 (Italie)
— Francis Bacon, *Jet d'eau*, 1979 (Grande-Bretagne)
— Antoni Tapiès, *Rectangle*, 1979 (Espagne)
— Ugo Rondinone, *Roundelay*, installation audio-visuelle, 2003 (Suisse)

Musique

— Benjamin Britten, *War Requiem*, 1961 (Grande-Bretagne)
— Luciano Berio, *Laborintus*, 1963-1965 (Italie)
— Karlheirz Stockhausen, *Hymnen*, 1971 (Allemagne)
— Dimitri Chostakovitch, *Symphonie 15*, 1972 (Russie)

HISTOIRE *d'un genre*

La bande dessinée

La bande dessinée se présente comme une histoire racontée à travers une suite d'images dans lesquelles le texte est associé au dessin. Accompagnant la multiplication des journaux et des magazines au début du XXe siècle, la bande dessinée acquiert peu à peu son autonomie. Elle s'impose comme un mode d'expression original qui s'adresse à tous les publics et permet à de nombreux créateurs de faire éclater leur talent.

Au XIXe siècle : la naissance de la bande dessinée

Au Moyen Âge, de nombreuses suites d'images forment un récit, comme dans la *Tapisserie de Bayeux*. Dans certains tableaux religieux, un texte est parfois inséré, à travers des anges tenant une banderole, par exemple. De même, les graveurs, comme Hogarth, ou les premières images d'Épinal, créées en 1796, représentent des scènes amusantes ou édifiantes largement diffusées. Mais la première bande dessinée revient au Genevois Rodolphe Töpffer. Son *Histoire de Monsieur Jabot* (1833) raconte une histoire en associant dessin et texte, plaçant alors ce dernier sous l'image. Dès lors, les « histoires en estampes », les « histoires illustrées » se multiplient à travers les périodiques qui popularisent ce nouveau mode d'expression.

Aux États-Unis, les quotidiens s'ouvrent à ces illustrations humoristiques dont les héros sont vite populaires, comme Pim, Pam et Poum, créés en 1897, ou Little Nemo, qui apparaît en 1905.

Au début du XXe siècle : les magazines

En France, *L'Illustré*, *Le Petit Illustré* ou *La Semaine de Suzette* constituent les premiers magazines de bandes dessinées. Christophe publie *La Famille Fenouillard* en 1893. Imaginé par Louis Forton, auteur des *Pieds Nickelés*, *Bibi Fricotin* voit le jour en 1924 dans *Le Petit Illustré*. Alain de Saint-Ogan, reprenant un principe déjà établi dans la bande dessinée américaine, intègre pour la première fois en France récit et dialogues dans l'image, avec les aventures de *Zig et Puce*, en 1925.

Histoire du loup racontée par lui-même.

▲ L'univers familier, créé par Goscinny et Uderzo, oppose dans un combat sans fin l'astuce d'Astérix et d'Obélix, aidés de la potion magique, à la puissance des Romains.

Alors que les personnages de Popeye ou Mickey apparaissent aux États-Unis, le dessin se fait plus réaliste, à travers les héros Tarzan, Dick Tracy, Mandrake ou Betty Boop, auxquels succèdent, dans les premiers *comic books*, Superman et Batman.

En 1929, le Belge Georges Rémi fait paraître dans *Le Petit Vingtième*, sous le pseudonyme d'Hergé, la première des aventures de Tintin et Milou, dont la série est promise à un immense succès. Ce sont en effet les revues qui continuent alors de promouvoir la lecture des bandes dessinées. *Le Journal de Mickey* fait ainsi son apparition en France en 1934. En 1938, les éditions Dupuis créent l'hebdomadaire *Spirou*, auxquels collaborent les dessinateurs Jijé, Franquin, Morris, Peyo et les scénaristes Jean-Michel Charlier et René Goscinny. C'est ensuite le *Journal de Tintin* que lancent en 1946 les éditions du Lombard, où Edgar P. Jacobs raconte les aventures de Blake et Mortimer.

■ À la fin du xxe siècle : la maturité et la diversité

En 1959, la revue *Pilote* s'adresse davantage aux adolescents, avec de nouveaux héros comme Astérix et Obélix, Achille Talon, Blueberry ou Barbe-Rouge. Dessinateurs et scénaristes sont désormais pleinement maîtres de leur art. La bande dessinée moderne est née.

À côté des revues et des séries destinées aux enfants, sont édités les premiers albums de bandes dessinées pour adultes : *Barbarella*, de Jean-Claude Forest, paraît en 1964 et des quotidiens, comme *France Soir*, publient ces bandes dessinées au début des années 1970. Un nouvel état d'esprit imprègne alors le genre, hérité de la contre-culture américaine qui se développe après la crise sociale et culturelle de 1968. La « ligne claire » de l'école franco-belge est contestée par des auteurs satiriques ou soucieux d'adapter la mise en page et le dessin à de nouveaux univers, comme celui de la science-fiction. La création des magazines *Charlie Mensuel*, *L'Écho des savanes*, *Fluide glacial*, *Métal hurlant*, *Circus* puis *À suivre* permet de faire connaître les œuvres de Gotlib, Reiser, Bretécher, Druillet, Moebius, Fred et Tardi.

Dans les librairies, les albums occupent une place de plus en plus importante et atteignent souvent des tirages considérables, tandis que le cinéma s'empare de ses héros les plus célèbres.

■ La reconnaissance culturelle

À partir de 1980, la bande dessinée se retrouve partout. La publicité y fait référence. De nombreuses expositions mais aussi des essais, des thèses, des colloques lui sont consacrés. Le premier Festival de la bande dessinée d'Angoulême a lieu en 1973 et acquiert peu à peu une renommée mondiale. On crée à Bruxelles le Centre belge de la bande dessinée, à Paris le Centre national de la bande dessinée et de l'image. Celui qu'on appelle le « neuvième art » est désormais pleinement reconnu.

Alors que les séries des « mangas » japonais se répandent à travers le monde, de nouvelles tendances se développent en France, soit dans le sens de bouleversements graphiques toujours plus audacieux, soit, au contraire, dans un retour au récit, qu'il soit policier, humoristique ou fantastique. Avec plus de mille albums publiés par an, de *Largo Winch* à *Titeuf*, chaque lecteur trouve désormais le héros ou l'univers graphique qui lui convient.

DIX GRANDES ŒUVRES

- Rodolphe Töpffer, *Histoire de M. Jabot* (1833)
- Hergé, *Le Lotus bleu* (1936)
- André Franquin, *Il y a un sorcier à Champignac* (1951)
- Edgar Pierre Jacobs, *La Marque jaune* (1953)
- Morris et Goscinny, *Les Rivaux de Painful Gulch* (1962)
- Goscinny et Uderzo, *Astérix et Cléopâtre* (1964)
- Jean-Claude Forest, *Barbarella* (1964)
- Enki Bilal, *La Foire aux immortels* (1980)
- Jacques Tardi, *Brouillard au pont de Tolbiac* (1982)
- Jean Van Hamme et Philippe Francq, *Voir Venise…* (1998)

La science-fiction

Le terme « science-fiction » désigne un récit qui, s'appuyant sur des hypothèses scientifiques ou sociales, prend généralement pour cadre une époque future ou un lieu inaccessible que l'état des connaissances et des moyens techniques ne permet pas de visiter. Le récit de science-fiction s'apparente ainsi à un récit d'évasion, dans lequel l'imaginaire prend une part prépondérante. De l'utopie inventée par l'Anglais Thomas More aux romans de Jules Verne ou de H.G. Wells, un genre littéraire nouveau a émergé progressivement, pour devenir un domaine à part entière de la littérature.

Au IIe siècle : le premier récit de science-fiction

Dès l'Antiquité, les écrivains s'intéressent aux lieux évoqués par la mythologie ou à ceux qui, plus proches d'eux, leur sont cependant inaccessibles. C'est ainsi qu'au IIe siècle après Jésus-Christ, Lucien de Samosate imagine le récit d'un voyage sur la Lune inspiré du mythe d'Icare. Mais il faut attendre le XVIe siècle pour que naisse, dans l'*Utopie* de Thomas More, l'idée d'une île imaginaire dans laquelle s'installerait un État idéal.

Aux siècles suivants, on assiste à l'émergence progressive des récits de voyages imaginaires, spatiaux ou temporels, dans lesquels la science tient une part importante : Cyrano de Bergerac écrit *Les États en Empires de la Lune* (1657), Jonathan Swift *Les Voyages de Gulliver* (1726) et Restif de la Bretonne *L'An 2000 ou la Régénération* (1789).

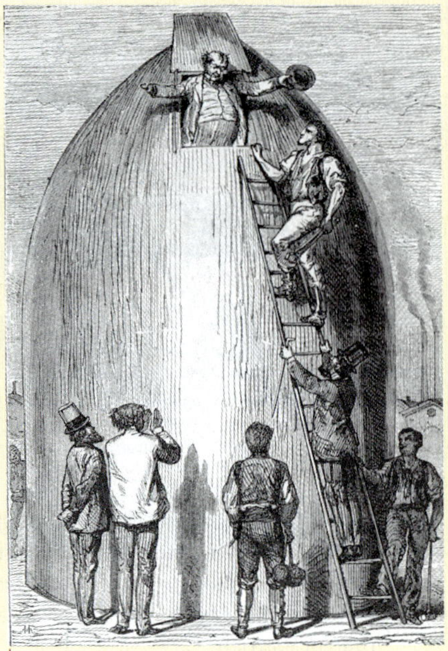

Illustration pour *De la Terre à la Lune*, roman de Jules Verne publié en 1865.

Au XIXe siècle : le récit d'anticipation scientifique

Un genre romanesque nouveau prend forme, qui se développe en fonction des sensibilités et des connaissances scientifiques de chaque époque. En plein romantisme, Mary Shelley écrit *Frankenstein* (1817), l'histoire d'un savant qui construit un être humain à l'aide de différents corps, donnant ainsi naissance à un mythe moderne qui possède en germe les caractéristiques de la science-fiction.

Il faut cependant attendre la seconde moitié du XIXe siècle et l'œuvre romanesque de Jules Verne pour que la science et la technique soient véritablement mises au service du récit d'anticipation. L'ingénieur est désormais le héros. *Voyage au centre de la Terre* (1864) est suivi de nombreux autres romans d'inspiration scientifique, parmi lesquels *De la Terre à la Lune*, *Autour de la Lune*, *Robur le Conquérant* ou *L'Île à hélice*. En donnant une vision réaliste de l'univers qu'il crée, en apportant des explications sur le fonctionnement des inventions qu'il imagine, Jules Verne plonge le lecteur dans un avenir vraisemblable, fondé sur la foi en la science et la certitude des progrès à venir.

On retrouve les mêmes procédés chez les écrivains anglais Robert-Louis Stevenson, qui publie en 1886 *L'Étrange cas du docteur Jekyll et de Mr Hyde*, et surtout chez Herbert George Wells, qui écrit coup sur coup trois romans fondateurs de la science-fiction moderne : *La Machine à explorer le temps* (1895), *L'Homme invisible* (1897) et *La Guerre des mondes* (1897). En s'appuyant sur les découvertes scientifiques les plus récentes, l'œuvre de Wells annonce à ses lecteurs le phonographe, la radio, le char d'assaut, le clonage, les voyages interplanétaires et la bombe atomique.

Au XXe siècle : l'affirmation d'un nouveau genre littéraire

Le terme « science-fiction » apparaît aux États-Unis en 1929, dans l'éditorial que l'écrivain Hugo Gernsback rédige pour le premier numéro d'une revue destinée à recueillir les récits d'anticipation de ses contemporains. Le succès est immédiat. Les revues se multiplient rapidement, offrant à leurs lecteurs une littérature populaire et bon marché, où se retrouvent bientôt les maîtres du genre : H.-P. Lovecraft, Robert Heinlein, Isaac Asimov, Clifford D. Simak, Theodore Sturgeon ou encore A.E. Van Vogt. Parallèlement, la science-fiction fait une apparition remarquée dans la bande dessinée, qui multiplie les héros d'un genre nouveau (Buck Rogers, Flash Gordon ou Superman), et au cinéma, avec l'adaptation par Orson Welles de *La Guerre des mondes*.

Mais la science-fiction reste un genre considéré comme mineur. Les récits ne sont publiés qu'en revues et restent méprisés par des écrivains, comme Aldous Huxley, qui refuse que l'on considère son roman *Le Meilleur des mondes* (1949), pourtant chef-d'œuvre du genre, comme de la science-fiction.

La science-fiction aujourd'hui

Au XXe siècle, les inventions imaginées par les auteurs de science-fiction sont progressivement devenues réalité, que ce soit à travers la conquête de l'espace ou l'utilisation d'armes de destruction massive. Les utopies originelles laissent ainsi place à des formes de contre-utopies, dont le meilleur exemple reste *1984* de George Orwell (1949). La science-fiction devient peu à peu un genre littéraire à part entière, quittant l'univers restreint des revues pour se faire une place dans les rayons des librairies, traversant l'Atlantique pour gagner l'Europe.

En France, la seconde moitié du XXe siècle voit se multiplier les auteurs de science-fiction, récompensés chaque année par le prix Jules Verne. Certains écrivains reconnus n'hésitent plus à aborder un genre qui attire de plus en plus de lecteurs. Pierre Boulle s'impose ainsi avec *La Planète des singes* (1963), René Barjavel avec *La Nuit des temps* (1968), Robert Merle avec *Malevil* (1972). Parallèlement, les maisons d'édition créent, à partir des années 1970, des collections spécialisées dans la « SF », y accueillant Pierre Pelot, Jean-Pierre Andrevon, Gérard Klein, Michel Jeury ou Philippe Curval.

Aujourd'hui, la science-fiction peut être considérée comme un genre littéraire à part entière. Le succès rencontré auprès du public par Pierre Bordage ou Bernard Werber témoigne des transformations d'un genre qui a su renouveler son répertoire thématique, anticiper sur les futurs chantiers de la recherche scientifique et intégrer les formes du roman moderne.

Affiche pour *Metropolis*, film réalisé en 1927 par Fritz Lang (1890-1976).

DIX GRANDES ŒUVRES

- Jules Verne, *Voyage au centre de la Terre* (1864)
- Villiers de L'Isle-Adam, *L'Ève future* (1886)
- Rosny aîné, *Les Xipéhuz* (1887)
- Pierre Boulle, *La Planète des singes* (1963)
- René Barjavel, *La Nuit des temps* (1968)
- Jean-Pierre Andrevon, *Les Hommes-machines contre Gandahar* (1969)
- Gérard Klein, *Les Seigneurs de la guerre* (1971)
- Serge Brussolo, *Le Semeur d'abîmes* (1983)
- Bernard Werber, *Les Fourmis* (1991)
- Pierre Bordage, *Abzalon* (1998)

DICTIONNAIRE DES ÉCRIVAINS

Les écrivains dont les biographies se trouvent dans le corps de l'ouvrage sont signalés par un petit carré rouge (■).

AJAR Émile (voir Gary Romain)

ANDREVON Jean-Pierre

(né en 1937)
Auteur prolifique de science-fiction, Jean-Pierre Andrevon fait ses débuts dans la revue *Fiction*, en 1968. Il crée un univers sombre, souvent apocalyptique, qui lui permet de développer une réflexion métaphysique et politique sur les abus de la société industrielle. Andrevon tente ainsi de faire passer auprès de ses lecteurs un message écologiste, qu'on retrouve dans l'adaptation qu'il fait de ses œuvres pour la jeunesse.
Romans de science-fiction : *Les Hommes-machine contre Gandahar* (1969), *Le Temps des grandes chasses* (1973), *Le Désert du monde* (1977), *La Trace des rêves* (1988); roman pour la jeunesse : *Les Rebelles de Gandahar* (2002).

ANGOT Christine

(née en 1959)
Née à Châteauroux, Christine Angot est élevée par sa mère et sa grand-mère, son père ayant quitté le foyer avant sa naissance. D'abord bercée par la lecture de la comtesse de Ségur, elle découvre Victor Hugo, puis le théâtre classique au lycée. Reconnue par son père, elle prend le nom d'Angot. Après des études de droit, elle entre dans une école européenne de Belgique. C'est à cette époque que, dans une chambre d'hôtel du Touquet, elle commence à écrire, certaine d'être publiée un jour, au point d'abandonner brutalement ses études. Mais les éditeurs refusent d'abord ses manuscrits, jusqu'à *Vu du ciel*, son premier roman, qui paraît en 1990. Dès lors, la carrière de l'écrivain est lancée, d'abord timidement, puis avec fracas, lors de la publication de *L'Inceste*, en 1999.
Romans : *Vu du ciel* (1990), *Not to be* (1991), *Léonore, toujours* (1994), *Les Autres* (1997), *Sujet Angot* (1998), *L'Inceste* (1999), *Quitter la ville* (2000), *Pourquoi le Brésil ?* (2002).

ARTAUD Antonin

(1896-1948)
Antonin Artaud vit à Marseille jusqu'à l'âge de vingt-huit ans avant de se rendre à Paris, avec l'intention de devenir comédien. D'abord lié avec les surréalistes, Artaud s'exclut du mouvement lorsque celui-ci se rapproche du parti communiste, en 1927. C'est vers l'écriture théâtrale qu'il se tourne alors, publiant ses conceptions de la dramaturgie à travers une série de textes, et mettant en scène une pièce, *Les Cenci*, en 1935. La pièce est un échec. Artaud part alors pour le Mexique, où il expérimente l'usage de drogues hallucinogènes. Sa santé mentale, déjà fragile, s'en trouve altérée. Rentré en France, il est interné peu après, durant presque dix ans, avant de mourir d'un cancer, en 1948. Entre-temps, Artaud a publié *Le Théâtre et son double*, ouvrage magistral qui pose les fondements de la dramaturgie moderne.
Recueils de poèmes : *L'Ombilic des limbes* (1925), *Le Pèse-Nerfs* (1925); essais : *L'Art et la mort* (1929), *Le Théâtre et son double* (1938), *Artaud le Mômo* (1947).

AUDIBERTI Jacques

(1899-1965)
Greffier au tribunal d'Antibes, Jacques Audiberti devient, après la Grande Guerre, journaliste au *Petit Parisien*, où il découvre « toute la poésie de la banlieue ». Il publie ses premiers poèmes en 1930 et un roman, *Abraxas*, en 1938. Mais c'est surtout sur les scènes des petits théâtres parisiens que Jacques Audiberti donne toute la mesure de son génie. Avec *Quoat-Quoat*, *Le mal court* ou *La Fête noire*, il crée un univers où le langage se libère de toutes ses entraves. Reprenant l'héritage de la littérature picaresque, son œuvre se présente comme une alchimie verbale qui tente de concilier les contraires : la mort et la vie, le sublime et le grotesque, la raison et la folie. Par son esprit contestataire et son goût de la subversion, Audiberti s'oppose à la tradition humaniste pour favoriser la dérision, la révolte et une vision pessimiste de l'homme. Ce nouveau théâtre repose ainsi sur la qualité particulière de son humour noir, dans une sorte de tragi-comique sulfureux.
Recueils de poèmes : *L'Empire de la Trappe* (1929), *Des tonnes de semence* (1941), *Les tombeaux ferment mal* (1963); roman : *Le Maître de Milan* (1950); pièces de théâtre : *Quoat-Quoat* (1945), *Le mal court* (1947), *L'Effet Glapion* (1959), *La Fourmi dans le corps* (1962).

AYMÉ Marcel

(1902-1967)
Élevé à la campagne par ses grands-parents, puis par un oncle meunier à la mort de ces derniers, Marcel Aymé interrompt ses études à dix-sept ans. Après son service militaire, il s'installe à Paris, sur la butte Montmartre, où il exerce divers métiers, avant d'écrire son premier roman, *Brûlebois*, publié en 1926. Très vite, Marcel Aymé devient un auteur populaire, notamment avec *La Jument verte*, en 1933. La guerre ne met pas un frein à ses activités : il travaille pour le cinéma, écrit des pièces de théâtre, multiplie nouvelles et romans. Recourant au fantastique et à la satire, Aymé se présente comme une conscience sans complaisance de son temps. Son œuvre dénonce le conformisme social, à tra-

vers un humour inimitable et l'observation aiguë des mœurs de son temps.
Romans : *Brûlebois* (1926), *La Table aux crevés* (1929), *La Jument verte* (1933), *Le Bœuf clandestin* (1939), *La Vouivre* (1943), *Uranus* (1948) ; contes et nouvelles : *Le Passe-Muraille* (1943), *Le Vin de Paris* (1948), *Contes du chat perché* (1934-1958) ; pièces de théâtre : *Vogue la galère* (1947), *La Tête des autres* (1952).

■ BALZAC Honoré de 320

BANVILLE Théodore de

(1823-1891)
Funambule de la rime, amoureux de la forme et des couleurs, Théodore de Banville s'inscrit dans le mouvement du Parnasse. Ses poèmes allient la fantaisie et la virtuosité, en revendiquant le primat de la description, du tableau, dans le texte poétique. S'il paraît parfois céder à une certaine gratuité dans l'écriture du poème, sa virtuosité est aussi au service d'un lyrisme véritable.
Recueils de poèmes : *Les Cariatides* (1842), *Odes funambulesques* (1857), *Les Exilés* (1867) ; essai : *Petit Traité de poésie française* (1872).

■ BARBEY D'AUREVILLY Jules 378

BARBUSSE Henri

(1873-1935)
C'est avec *L'Enfer*, roman sulfureux et tourmenté, qu'Henri Barbusse accède à la renommée, en 1908. À la déclaration de la Première Guerre mondiale, l'écrivain s'engage comme simple soldat (il est alors âgé de quarante et un ans). Cette expérience du front, retracée dans *Le Feu, journal d'une escouade*, lui permet d'obtenir le prix Goncourt en 1916. La description réaliste des combats, l'horreur dévoilée de la guerre font scandale, tout en résonnant comme un hommage au don de soi. Barbusse incarne dès lors un pacifisme dans lequel se retrouvent de nombreux anciens combattants. Dans les années vingt, il transpose son esprit de révolte sur le plan politique en défendant l'Internationale socialiste, et rejoint l'URSS, où il meurt en 1935.
Romans : *L'Enfer* (1908), *Le Feu* (1916) ; biographie : *Staline* (1935).

BARJAVEL René

(1911-1985)
Après avoir exercé de nombreux métiers, René Barjavel rencontre le succès dès son premier roman, *Ravage*, en 1943. L'apocalypse qui y est décrite met en place les thèmes de son œuvre, qui s'inscrit dans le genre encore confidentiel du roman d'anticipation. Contrairement à ses prédécesseurs, qui imaginent généralement avec optimisme le futur de l'homme, Barjavel met en évidence dans son œuvre le naufrage de la civilisation technicienne qui mène l'humanité à l'autodestruction. Seule la dimension du sacré demeure et permet, comme dans *La Nuit des temps*, d'envisager l'avenir avec un relatif espoir.
Romans : *Ravage* (1943), *Le Voyageur imprudent* (1944), *Le diable l'emporte* (1948), *La Nuit des temps* (1968), *Le Grand Secret* (1970).

BARRÈS Maurice

(1862-1923)
L'extraordinaire personnalité de Maurice Barrès en fait l'un des écrivains les plus admirés de son temps. Le spectacle de la débâcle de 1870, qui sonne le glas du second Empire, est à l'origine de la philosophie de celui qui fut homme politique tout autant qu'écrivain. Romancier du « culte du moi », député boulangiste, défenseur de la cause nationale, chef de file des anti-dreyfusards, journaliste collaborateur à *l'Action française*, académicien, mémorialiste, Barrès incarne pendant de longues années le nationalisme exacerbé de la « génération de la revanche », qui triomphe au moment du déclenchement de la Première Guerre mondiale.
Romans égotistes : *Sous l'œil des Barbares* (1888), *Le Jardin de Bérénice* (1891) ; romans nationalistes : *Les Déracinés* (1897), *L'Appel au soldat* (1900) ; roman mystique : *La Colline inspirée* (1913) ; mémoires : *Cahiers* (1924, posth.).

BARTHES Roland

(1915-1980)
Le père de Roland Barthes meurt alors que celui-ci est âgé de un an. Profondément attaché à sa mère, il grandit à Bayonne et poursuit ses études à Paris, où il passe une licence de philosophie à la veille de la Seconde Guerre mondiale. Journaliste, sociologue, titulaire de la chaire de sémiologie au Collège de France, défricheur de signes et de mythes, Barthes est l'un des fondateurs de la « nouvelle critique » et du structuralisme. Par ses travaux, alliant rigueur et imagination, savoir et saveur, il renouvelle profondément l'analyse textuelle et découvre au lecteur attentif les sens cachés du texte littéraire.
Essais : *Le Degré zéro de l'écriture* (1953), *Mythologics* (1957), *Essais critiques* (1964), *L'Empire des signes* (1970), *S/Z* (1970), *Le Plaisir du texte* (1973), *Roland Barthes par Roland Barthes* (1975), *Fragments d'un discours amoureux* (1977), *La Chambre claire* (1980).

BATAILLE Georges

(1897-1962)
Ancien séminariste, fasciné par l'expérience mystique, Georges Bataille perd la foi, médite Nietzsche, Hegel, Freud. Bibliothécaire à Carpentras, Orléans, Paris, il fréquente un temps les surréalistes, se bat contre le nazisme, anime la revue *Documents* en 1929, *Acéphale* en 1936, *Critique* en 1946. Ses récits, ses romans, ses essais participent de la même recherche passionnée : « Je pense, dit-il, comme une fille enlève sa robe. » Par l'érotisme qu'il présente comme « l'approbation de la vie jusque dans la mort », comme par la création artistique, il invite à une éthique de l'excès : « L'outrance de la vie et de la mort permet seule d'atteindre la vérité. »
Récits et romans : *Madame Edwarda* (1941) ; *L'Abbé C.* (1950), *Le Bleu du ciel* (1957), essais : *L'Expérience intérieure* (1943), *La Part maudite* (1949), *L'Érotisme* (1957), *La Littérature et le Mal* (1957), *Le Procès de Gille de Rais* (1959), *Les Larmes d'Éros* (1961).

■ BAUDELAIRE Charles 380

BAZIN Hervé
(pseudonyme de Hervé-Bazin Jean-Pierre)

(1911-1996)
Avec *Vipère au poing*, en 1948, Hervé Bazin écrit un roman autobiographique : la figure de Folcoche est en réalité celle de sa propre mère, avec

laquelle il a des démêlés violents durant son adolescence. Le succès de ce premier roman, traduit en plus de quarante langues, lui permet de mettre fin à sa carrière de critique littéraire pour se consacrer à l'écriture. Il est élu membre de l'académie Goncourt en 1958 et en devient le président en 1973.
Romans : *Vipère au poing* (1948), *La Tête contre les murs* (1949), *Lève-toi et marche* (1952), *Au nom du fils* (1960), *Madame Ex* (1975), *Le Démon de minuit* (1988).

BEAUMARCHAIS 276

BEAUVOIR Simone de 580

BECKETT Samuel 568

BEN JELLOUN Tahar 622

BENOIT Pierre

(1886-1962)
Né à Albi, Pierre Benoit s'installe à Paris en 1908, où il fait des études de lettres. Bibliothécaire au ministère de l'Instruction publique, il publie un recueil de poèmes en 1914. Mais c'est son premier roman, *Koenigsmark*, publié en 1918, qui le rend célèbre. Dès lors, il enchaîne les succès, retrouvant à chacun de ses récits la formule qui fait de lui un scénariste avant l'heure : plan rigoureux mêlant le suspense et le fantastique, progression de l'intrigue où l'amour se mêle à la fatalité des destins individuels, nombre de pages identique, constance dans le choix des noms de ses héroïnes, Aurore, Antinea, Antiope ou Angélica, qui commencent tous par la lettre A. Parmi les quarante romans ainsi publiés, nombreux sont ceux qui seront adaptés avec succès au cinéma, dont le plus célèbre demeure *L'Atlantide*. Cette constance romanesque, cette « dévotion de tous les instants » lui vaut d'être élu à l'Académie française en 1931.
Romans : *Koenigsmark* (1918), *L'Atlantide* (1919), *Le Lac salé* (1921), *La Chaussée des géants* (1922), *Soleil de minuit* (1930), *Les Compagnons d'Ulysse* (1937), *La Ville perdue* (1954), *Montsalvat* (1957).

BERNANOS Georges 470

BERNARDIN DE SAINT-PIERRE Jacques-Henri 284

BÉROUL 54

BERTRAND Louis, dit Aloysius

(1807-1841)
Poète romantique, admirateur de Hugo, Aloysius Bertrand invente le poème en prose. En faisant revivre un imaginaire médiéval, *Gaspard de la nuit* allie le rêve et le fantastique, la fantaisie et la solennité. Scènes de rue, sabbats de sorcières, évocations gothiques, portraits intrigants, ballades anciennes alternent au fil d'une écriture tissée de mots rares et d'images suggestives. Poète de la nuit, Bertrand inaugure ainsi l'entrée du poème en prose dans la littérature moderne.
Recueil de poèmes en prose : *Gaspard de la nuit* (1842, posth.).

BÉTI Mongo (pseudonyme de Biyidi Alexandre)

(né en 1932)
Alexandre Biyidi naît dans le sud du Cameroun, où il fréquente l'école catholique, avant de s'en faire renvoyer pour désobéissance. Il obtient tout de même son baccalauréat, à Yaoundé, en 1950. Des études en France et une agrégation de lettres en 1966 permettent à l'étudiant camerounais, qui a déjà publié plusieurs romans, de devenir professeur de lettres au lycée de Rouen. Dès lors, Mongo Béti consacre ses loisirs à une œuvre romanesque dans laquelle il décrit la société africaine, apportant un témoignage accablant sur les contradictions du colonialisme. Les thèmes de ses récits sont la contestation de l'ordre politique et l'impossible formation de personnages placés devant l'angoisse d'un avenir tragique.
Romans : *Ville cruelle* (1954), *Le Pauvre Christ de Bomba* (1956), *Le Roi miraculé, chroniques des Essazams* (1958), *Perpétue et l'habitude du malheur* (1974), *Les Deux Mères de Guillaume Ismael Dzewatama, futur camionneur* (1983) ; pamphlet : *Main basse sur le Cameroun* (1972).

BLOY Léon

(1846-1917)
Converti au catholicisme après sa rencontre avec Barbey d'Aurevilly, Léon Bloy fait de vains essais de vie monastique avant de faire son entrée dans la vie littéraire, à l'âge de trente-huit ans. Journaliste au *Gil Blas*, puis à *La Plume*, il se brouille avec Joris-Karl Huysmans, qui fait de lui un portrait caricatural dans *Là-Bas*, publie *Le Salut par les Juifs* en réponse à l'antisémitisme de Drumont, écrit un recueil de nouvelles, puis un roman, où il transpose son existence douloureuse (*La Femme pauvre*). C'est à cette époque qu'il commence la rédaction de son *Journal*. La violence et l'intransigeance, qui donnent toute leur saveur aux écrits de Bloy, expliquent aussi l'échec relatif d'un homme qui n'a jamais su se faire aimer de ses contemporains.
Essai : *Le Salut par les Juifs* (1892) ; nouvelle : *Histoires désobligeantes* (1894) ; romans : *Le Désespéré* (1886), *La Femme pauvre* (1897), *Le Pèlerin de l'absolu* (1914) ; journal littéraire : *Mon journal* (1904-1920).

BOBIN Christian

(né en 1951)
Écrivain sédentaire et contemplatif – il adore la nature et les humains –, Christian Bobin mène une « vie éteinte, apparemment inerte », occupant ses journées à lire et à écrire. Au Creusot où il habite depuis sa naissance, il étudie la philosophie avant d'exercer divers métiers à mi-temps, qui lui laissent le temps d'écrire. Il connaît le succès en 1992 avec *Le Très-Bas*, portrait magistral et personnel de saint François d'Assise. C'est à travers ses romans que Bobin voyage et fait des rencontres, dans un style qui s'attache à retranscrire la simplicité du monde, à mettre en évidence les événements, minuscules ou majeurs, qui donnent un sens à l'existence. C'est ainsi qu'avec *La plus que vive*, le romancier fait l'éloge de sa compagne disparue ; tandis que son journal, *Autoportrait au radiateur*, nous montre un homme enchaîné à la passion d'écrire.
Romans : *Souveraineté du vide* (1985), *Le Très-Bas* (1992), *L'Inespérée* (1994), *La Folle Allure* (1995), *La plus que vive* (1996), *Tout le monde est occupé*

(1999), *La Lumière du monde* (2001) ; journal intime : *Autoportrait au radiateur* (1997).

■ **BOILEAU Nicolas** 194

BON François

(né en 1953)

François Bon est né en Vendée, d'un père garagiste et d'une mère institutrice. Passionné de lecture, il grandit dans le garage paternel, travaillant l'été comme pompiste. Après des études d'ingénieur interrompues prématurément, il travaille plusieurs années dans l'industrie aérospatiale. Son premier roman, *Sortie d'usine*, est publié en 1982. Depuis, François Bon se consacre à la littérature, publiant plusieurs romans et menant parallèlement une recherche innovante dans les ateliers d'écriture, auprès de publics en situation sociale difficile. Il collabore également, depuis 1996, à différentes scènes théâtrales et a fondé, en 1997, un site littéraire sur Internet. Son monumental ouvrage, *Rolling Stones, une biographie*, est salué unanimement par la critique.

Romans : *Sortie d'usine* (1982), *L'Enterrement* (1992), *Impatience* (1998) ; pièces de théâtre : *Bruit* (2000), *Quatre avec le mort* (2002) ; biographie collective : *Rolling Stones, une biographie* (2001).

BONNEFOY Yves

(né en 1923)

Titulaire de la chaire de poétique comparée au Collège de France, poète, principal animateur de la revue *L'Éphémère* de 1966 à 1973, critique et traducteur de Shakespeare, Yves Bonnefoy allie dans son œuvre poétique la gravité et la ferveur. Poète capital, son approche est celle du triomphe des mots, choisis, dits pour leur son et leurs sens mystérieux et mystiques. Il s'intéresse aux rapports entre la poésie, la peinture et la musique. Le poète interroge ainsi la culture, faisant de la réflexion sur les arts un enjeu majeur, une obligation faite à l'écrivain pour comprendre la place de l'homme dans le monde.

Recueils de poèmes : *Du mouvement et de l'immobilité de Douve* (1953), *Hier régnant désert* (1958), *Pierre écrite* (1964), *Dans le leurre du seuil* (1975), *Haïku* (1978), *La Présence et l'Image* (1983), *Début et fin de la neige* (1991) ; études critiques : *L'Improbable* (1959), *Le Nuage rouge* (1977), *La Vérité de parole* (1988).

BORDAGE Pierre

(né en 1955)

C'est pendant ses études de lettres à l'université de Nantes que Pierre Bordage découvre la science-fiction : la lecture des *Chroniques martiennes*, de Ray Bradbury, est pour lui une révélation. Après une expérience de libraire, puis de journaliste sportif, il commence la rédaction de la série des *Rohel le conquérant*, avant de publier son premier roman, *Les Guerriers du silence*, en 1993. Dès lors, de nombreux prix littéraires viennent récompenser celui qui fait entendre une voix nouvelle dans le paysage de la science-fiction française.

Romans : *La Citadelle Hyponéros* (1996), *Wang* (1998), *Atlantis* (1998), *Les Derniers Hommes* (2000).

■ **BOSSUET Jacques Bénigne** 198

BOULLE Pierre

(1912-1994)

C'est en qualité d'ingénieur que Pierre Boulle entame sa carrière. Planteur de caoutchouc en Malaisie, il vit la Seconde Guerre mondiale en Indochine, aux côtés des Forces françaises libres. Il regagne la France en 1944, après une évasion du camp où il était emprisonné par les Japonais. Cette expérience de l'Asie se retrouve dans le roman le plus célèbre de Pierre Boulle, *Le Pont de la rivière Kwaï*, publié en 1958. Mais le talent du romancier s'exerce également dans le domaine de la science-fiction avec *La Planète des singes* qui, sous la forme du conte philosophique, développe une réflexion pessimiste sur l'avenir de l'homme.

Romans : *Le Sacrilège malais* (1951), *E = MC2* (1957), *Le Pont de la rivière Kwaï* (1958), *La Face* (1963), *La Planète des singes* (1963), *Le Photographe* (1967), *À nous deux Satan* (1992).

■ **BRASSENS Georges** 594

BREL Jacques

(1929-1978)

Né en Belgique, Jacques Brel restitue dans ses chansons la mélancolie de son « plat pays », en même temps qu'il ironise et dénonce l'égoïsme des « bourgeois ». D'une grande sensibilité, profondément humain, Brel est à la fois auteur, compositeur et interprète de ses chansons, qui expriment avec émotion le chagrin et la solitude des hommes. Chacun de ses tours de chant, à l'Olympia par exemple en 1961, 1964 et 1966, est un triomphe. Il est également comédien, acteur et réalisateur.

Chansons : *La Valse à mille temps* (1959), *Les Flamandes* (1959), *Ne me quitte pas* (1959), *Mathilde* (1963), *Amsterdam* (1964), *Les Désespérés* (1965), *Ces gens-là* (1965), *La Chanson des vieux amants* (1966) ; réalisation : *Franz* (1971) ; acteur : *L'aventure, c'est l'aventure* (1972), *L'Emmerdeur* (1973).

■ **BRETON André** 474

BRUSSOLO Serge

(né en 1951)

Auteur phare de la nouvelle science-fiction française, Serge Brussolo se présente comme un créateur d'univers délirants bâtis sur les postulats les plus fous. Admirateur de Robbe-Grillet et de Jarry, il développe un style imaginatif, débridé et parfois morbide. Sa réflexion sur le temps l'amène à traiter de l'emprise croissante des ordinateurs sur la vie quotidienne. Il reçoit le grand prix de la science-fiction en 1979 et le prix Apollo en 1984.

Romans : *Funnyway* (1979), *Vue en coupe d'une ville malade* (1980), *Les Semeurs d'abîmes* (1984).

BUFFON Georges Louis Leclerc, comte de

(1707-1788)

Physicien, chimiste, intendant du Jardin du roi, vulgarisateur de la recherche scientifique et de la découverte de la nature, Buffon allie à un style poétique la vivacité de l'analyse et la précision scientifique. Il participe à l'essor des sciences de la nature et de la biologie. Pour lui, l'étude de la reproduction animale conduit à poser les rapports de Dieu, de la nature et de l'homme. Si l'homme est le maître de la

nature, sa supériorité sur les animaux n'implique aucune relation avec un absolu qu'il ne saurait atteindre. L'œuvre de Buffon cherche à reconstituer l'histoire de la Terre, des animaux, de l'homme, des oiseaux, des minéraux.
Écrits scientifiques : *Histoire naturelle* (1749-1789) en trente-six volumes.

BUSSY-RABUTIN
(Roger de Rabutin, comte de Bussy, dit)
(1618-1693)
Grand seigneur, libertin, cousin de Madame de Sévigné et combattant héroïque, Bussy-Rabutin est embastillé à plusieurs reprises pour ses excès et son esprit satirique. Destinée à un petit cercle de lecteurs, sa malicieuse et scandaleuse *Histoire amoureuse des Gaules* s'attaque à la cour du jeune Louis XIV. Celui-ci ratifie toutefois son entrée à l'Académie française.
Écrits satiriques : *Carte du pays de Braquerie* (1654); pamphlet : *Histoire amoureuse des Gaules* (1665).

■ **BUTOR Michel** 578

CADOU René-Guy
(1920-1951)
Poète sensible, profondément humain, René-Guy Cadou associe la ferveur passionnée du sentiment amoureux avec l'expression de la foi, vécue au quotidien. L'amant et le croyant se confondent ainsi. Les poèmes à la femme aimée rejoignent le lyrisme mystique, et l'écrivain va à la rencontre des ténèbres où il connaît l'épreuve de la souffrance.
Recueils de poèmes : *Morte saison* (1942), *Les Visages de solitude* (1947), *Hélène ou le Règne végétal* (1952).

CAILLOIS Roger
(1913-1978)
Agrégé de grammaire, Roger Caillois adhère au mouvement surréaliste en 1932 avant de se brouiller avec André Breton trois ans plus tard. Il fonde en 1938 avec Georges Bataille et Michel Leiris le Collège de sociologie, publiant successivement deux essais : *Le Mythe et l'homme* (1938) et *L'Homme et le sacré* (1939). Il est en Amérique du Sud lorsque éclate la Seconde Guerre mondiale, période durant laquelle il traduit Jorge Luis Borgès et Pablo Neruda. Engagé dans le monde des lettres, homme d'édition, Roger Caillois fonde la collection « La Croix du Sud », participe à la création des *Lettres françaises* et de la revue *Diogène*, continuant à publier des essais sur la poésie, l'imaginaire et le fantastique. Élu à l'Académie française en 1971, ses travaux l'amènent à explorer les « carrefours » empruntés par la littérature, à tenter d'en déchiffrer les règles et les lois, tout autant que les symétries, les variantes et les rythmes qui participent à la magie de l'écriture.
Essais : *L'Homme et le sacré* (1939), *Les Impostures de la poésie* (1944), *Les Jeux et les hommes* (1958), *Pierres* (1966), *Approches de l'imaginaire* (1974), *Cohérences aventureuses* (1976) ; une autobiographie : *Le Fleuve Alphée* (1978).

■ **CAMUS Albert** 520

CARCO Francis
(pseudonyme
de Carcopino-Tusoli François)
(1886-1958)
Né en Nouvelle-Calédonie, Francis Carco passe sa jeunesse « de Montmartre au Quartier latin », selon le titre qu'il donne au recueil de souvenirs qu'il écrit en 1925. Le jeune poète y croise le tout-Paris littéraire de la Belle Époque : Bruant, Picasso, Degas, Apollinaire, Matisse. La bohème artistique s'y mêle aux mauvais garçons et aux filles, auxquels Carco donne vie dans son premier roman, *Jésus la Caille* (1914). Romantique des bas-fonds, Carco devient le peintre de la rue et trouve le mot juste pour dire les petites gens, les décors pittoresques, le réalisme poétique d'une rue de Paris. De son œuvre surgit ainsi une poésie insolite que beaucoup tenteront d'imiter.
Recueils de poèmes : *La Bohème de mon cœur* (1912), *Petite Suite sentimentale* (1923-1937) ; romans : *Jésus la Caille* (1914), *L'Homme traqué* (1922), *L'Ombre* (1933), *Brumes* (1935).

CAUVIN Patrick
(pseudonyme de Klotz Claude)
(né en 1912)
À Marseille où il grandit, Claude Klotz découvre le cinéma, où son père l'emmène voir les films américains de l'entre-deux-guerres. En 1954, il obtient une licence de philosophie à la Sorbonne, avant de devenir professeur de français dans la région parisienne. Après une série de romans policiers publiés sous son nom, il écrit un roman d'amour, *L'Amour aveugle*, en 1974, qu'il signe Patrick Cauvin. Ses romans suivants, *Monsieur Papa*, en 1976, et surtout *E = MC2, mon amour*, en 1977, connaissent un succès foudroyant, redoublé par les adaptations cinématographiques qui en sont faites. Depuis, le romancier continue à se partager entre Claude Klotz, aux univers souvent sombres et violents, et Patrick Cauvin, aux romans tendres et passionnés. Il est également scénariste pour le cinéma et créateur de fictions télévisées.
Romans sous le nom de Claude Klotz : *Et les cris de la fée* (1970), *Le Passe-Temps* (1980), *Entre chien et loup* (2002) ; romans sous le pseudonyme de Patrick Cauvin : *Nous allions vers les beaux jours* (1981), *Menteur* (1993), *Villa Vanille* (1995), *Pythagore, je t'adore* (1999), *Jardin fatal* (2003).

CAZOTTE Jacques
(1719-1792)
Avocat, employé dans l'administration de la Marine, Jacques Cazotte participe à la querelle des Bouffons, dans laquelle il se situe contre Rousseau, du côté des partisans de la musique française. Son œuvre se résume à un chef-d'œuvre, *Le Diable amoureux*, qui fait de lui l'auteur du premier grand récit fantastique français. Adepte passionné de spiritisme, Cazotte y développe un imaginaire de la peur mêlée à la magie. *Le Diable amoureux*, qui trouve son originalité dans un recours systématique au surnaturel, séduira les écrivains romantiques.
Roman : *Le Diable amoureux* (1772).

■ **CÉLINE Louis-Ferdinand** 502

■ **CENDRARS Blaise,** 460

■ **CÉSAIRE Aimé** 602

CHAMFORT Nicolas de
(pseudonyme
de Sébastien Roch Nicolas)
(1740-1794)
La lucidité philosophique de Chamfort, secrétaire de Condé, fait de lui un mora-

liste pessimiste à l'esprit particulièrement incisif. Il participe à la Révolution française dans l'ombre de Mirabeau, qu'il aide dans la rédaction de ses discours. Directeur de la Bibliothèque nationale, il est dénoncé en 1793 au Comité de sûreté générale et emprisonné. Il meurt cinq mois après une spectaculaire tentative de suicide, laissant à la postérité des caisses entières de « petits papiers », dont la plus grande partie disparaît : ce sont les *Maximes et pensées, caractères et anecdotes,* qui feront sa gloire posthume.
Œuvres : *Éloge de La Fontaine* (1774), des *Maximes et pensées, caractères, et anecdotes* (1795, posth.).

CHAMOISEAU PATRICK
(né en 1953)
Né à Fort-de-France, en Martinique, Patrick Chamoiseau écrit pour le théâtre, en 1981, *Manman Dlo contre la fée Carabosse*, où il mêle les personnages des contes antillais à ceux de Charles Perrault. L'écrivain accède à la notoriété en 1986, avec *Chronique des sept misères,* roman qui décrit l'univers pittoresque des marchés de Fort-de-France, dans une langue dont la nouveauté étonne. La « créolité » est née, confirmée par *Solibo magnifique*, en 1988, et surtout *Texaco*, qui obtient le prix Goncourt en 1992. Le roman raconte sur deux générations et à travers deux personnages, Esternome Laborieux puis sa fille Marie-Sophie, le long processus qui conduit le peuple martiniquais de l'esclavage à la vie dans le quartier populaire de Fort-de-France. En 1997, Patrick Chamoiseau publie un essai, *Écrire en pays dominé*, et un roman, *L'Esclave vieil homme et le molosse.* Son œuvre, au-delà de ses qualités littéraires, propose ainsi une analyse de la situation culturelle des Antilles, dont il est désormais l'un des plus brillants représentants.
Théâtre : *Manman Dlo contre la fée Carabosse* (1982) ; romans : *Chronique des sept misères* (1986), *Solibo magnifique* (1988), *Texaco* (1992), *L'Esclave vieil homme et son molosse* (1997) ; essai : *Écrire en pays dominé* (1997).

CHAPSAL MADELEINE
(née en 1925)
Après des études de droit à Paris, Madeleine Chapsal mène une carrière de journaliste en collaborant aux *Échos*, avant de participer à l'aventure du magazine *L'Express*, dont elle épouse le directeur, Jean-Jacques Servan-Schreiber. Elle y travaille pendant vingt-cinq ans, multipliant parallèlement les romans, qui mettent en évidence avec justesse et sensibilité la crise du couple et explorent la situation de la femme ou le sentiment de la solitude au sein de notre société. Romancière populaire, ses œuvres sont souvent adaptées pour la télévision ou le cinéma. Madeleine Chapsal, qui publie également des poèmes, des pièces de théâtre, des essais, des biographies, des romans policiers, est membre du jury Fémina depuis 1981.
Romans : *Grands Cris dans la nuit du couple* (1976), *La Jalousie* (1977), *Adieu l'amour* (1987), *Mères et filles* (1992), *Reviens Simone* (1996), *Meurtre en thalasso* (1998).

■ **CHAR RENÉ** 592

CHARDONNE JACQUES
(PSEUDONYME DE BOUTELLEAU JACQUES)
(1884-1968)
Romancier psychologue et analyste des mœurs, Jacques Chardonne développe souvent dans ses romans la crise du couple amoureux. Ses personnages, masculins ou féminins, connaissent ainsi l'épreuve de la désaffection, la dissolution de l'amour dans le mariage, et le récit met au jour la fragilité d'un être face à son destin.
Romans : *L'Épithalame* (1921), *Varais* (1929), *Claire* (1931), *Destinées sentimentales* (1934), *Vivre à Madère* (1953), *Demi-jour* (1964), *Propos comme ça* (1966).

■ **CHATEAUBRIAND FRANÇOIS-RENÉ DE** 300

CHÉDID ANDRÉE
(née en 1920)
Née en Égypte de parents libanais, Andrée Chédid s'installe à Paris à l'âge de vingt-six ans, à la fin de la Seconde Guerre mondiale. Elle commence par écrire des poèmes, rapidement publiés. Mais la jeune femme est aussi auteur de romans, de récits et de nouvelles. Elle se fait ainsi connaître du grand public en 1960, avec son troisième roman, *Le Sixième Jour*, adapté au cinéma par Youssef Chahine. Elle a depuis acquis une notoriété qui n'a cessé de se confirmer. Son œuvre évoque avec sensualité, dans une langue simple, l'Orient, sa musique et ses parfums ; mais aussi la guerre civile du Liban, qu'elle dénonce dans *Cérémonial de la violence* ou *La Maison sans racines.* Elle a également écrit quelques essais, des pièces de théâtre, des comptines et des contes pour enfants.
Recueils de poèmes : *Textes pour une figure* (1949), *Visage premier* (1972) ; romans : *Le Sommeil délivré* (1952), *Le Sixième Jour* (1960), *La Maison sans racines* (1985) ; romans historiques : *Néfertiti et le rêve d'Akhenaton* (1972), *Les Marches de sable* (1981).

CHÉNIER ANDRÉ
(1762-1794)
Écrivain politique, secrétaire d'ambassade à Londres, poète, André Chénier nourrit son œuvre de la mélancolie de ses rêves déçus. Ses *Élégies*, qui déploient à la fois la virtuosité classique et l'émotion personnelle, témoignent de son admiration pour la beauté antique et de son amour de la liberté. Son art poétique fait de lui l'un des précurseurs des poètes romantiques. Les *Iambes* (par référence au vers iambique, c'est-à-dire une succession d'alexandrins selon le modèle antique) sont l'occasion d'images saisissantes, qui alternent ironie froide et passion, sarcasme et mélancolie pathétique. Ses textes politiques sont enthousiastes pour la Révolution, mais s'attaquent aux Jacobins. L'idéalisme d'André Chénier et sa révolte contre l'injustice le conduisent sur l'échafaud, où il meurt le 7 Thermidor an II.
Recueils de poèmes : *Élégies* (1785-1789, éd. posthume 1815), *Bucoliques* (1785), *L'Invention* (1788), *Hymne à la justice* (1788), *Odes* (1793), *Iambes* (1794) ; épopées : *L'Hermès* (1786), *L'Amérique* (1787) ; écrit politique : *Avis au peuple français sur ses véritables ennemis* (1789).

■ **CHRAÏBI DRISS** 600

■ **CHRÉTIEN DE TROYES** 48

■ **CLAUDEL PAUL** 486

■ **COCTEAU** Jean 472

■ **COHEN** Albert 596

■ **COLETTE** Gabrielle 490

CONDÉ Maryse

(née en 1937)
Romancière antillaise, Maryse Condé est riche d'une longue expérience, humaine et politique, dans plusieurs pays d'Afrique. Engagée dans le combat culturel et politique de son pays, défendant la cause africaine, féministe et communiste, elle développe une réflexion originale sur la littérature orale aux Antilles, l'histoire du royaume peul et la quête de l'identité. *Ségou*, qui connaît un grand succès, se présente comme une vaste saga historique, qui se déroule sur quatre générations, du royaume Bambara au Mali. Maryse Condé a également écrit pour le théâtre.
Pièce de théâtre : *Dieu nous l'a donné* (1972) ; romans : *En attendant le bonheur* (1976), *Une saison à Rihata* (1981), *Ségou* (1984-1986), *La Vie scélérate* (1989), *La Traversée de la mangrove* (1989), *La Colonie du Nouveau Monde* (1993), *La Migration des cœurs* (1995), *Désirada* (1997) ; récit autobiographique : *Le Cœur à rire et à pleurer* (1999).

CONDILLAC
Étienne Bonnot de

(1714-1780)
À la fois abbé et philosophe, Condillac affirme que nos facultés – la mémoire, le langage et l'imagination – se forment sous l'effet des sensations et de l'expérience. Il explique de la même manière l'apparition des coutumes, des lois et de l'idée de Dieu. Par ailleurs, ce théoricien du sensualisme – philosophie d'après laquelle il n'existe pas d'idées innées – élabore une nouvelle théorie des signes et des mots, de manière à mettre un terme à la « mauvaise métaphysique ».
Essais : *Essai sur l'origine des connaissances humaines* (1746), *Traité des sensations* (1754).

■ **CONDORCET** 288

■ **CONSTANT** Benjamin 306

COPPÉE François

(1842-1908)
Très jeune, François Coppée publie ses poésies dans de petites revues, avant de rejoindre le Parnasse, où il rencontre Leconte de Lisle et Heredia, dont il devient le meilleur ami. Il acquiert la notoriété par le théâtre, avec *Le Passant*, en 1869. Mais il continue, à côté d'une carrière de dramaturge, de publier des poèmes qui font de lui le représentant du petit peuple et des faubourgs de Paris. Admirateur de Verlaine, qu'il soutient dans ses chroniques journalistiques, élu à l'Académie française en 1884, il s'aventure brièvement dans la politique, au cours de l'affaire Dreyfus, aux côtés de Barrès.
Recueils de poèmes : *Le Reliquaire* (1866), *Les Intimités* (1868), *Le Petit Épicier de Montrouge* (1872), *Paroles sincères* (1891).

CORBIÈRE Tristan

(1845-1875)
Après des études interrompues prématurément par la maladie, Tristan Corbière quitte sa Bretagne natale en 1871 pour suivre, à Paris, une femme dont il est tombé amoureux. À Montmartre, il fréquente la bohème et les gens de théâtre, tout en écrivant les poèmes des *Amours jaunes*, son unique recueil. Celui-ci est publié à compte d'auteur en 1873, quelques mois avant la mort de Corbière. Il y évoque celle qu'il a surnommée « Marcelle », celle qu'il « aime jaune », comme on sourit en souffrant. L'autodérision, qui, jouant sur la parodie et la rature, caractérise la poésie de Corbière, s'accompagne d'un travail destructeur sur le vers. Comme Rimbaud ou Verlaine à la même époque, Tristan Corbière renouvelle profondément la poésie de son temps, en lui imprimant sa marque personnelle.
Recueil de poèmes : *Les Amours jaunes* (1873).

■ **CORNEILLE** Pierre 136

COURTELINE Georges
(pseudonyme de Moinaux Georges)

(1858-1929)
Fils d'humoriste, Georges Courteline apprécie peu le service militaire et en fait la satire dans *Les Gaietés de l'escadron*. Il passe ensuite au théâtre, en 1893, en adaptant ses romans pour la scène : c'est le cas de *Boubouroche*, qui est sans doute sa meilleure pièce. Chroniqueur satirique, caricaturiste, maître de la comédie légère, Courteline fait dès lors les beaux jours du Boulevard, où il multiplie les pièces dans lesquelles il brocarde l'armée, l'administration et la justice. Ultime pied de nez à ses amis, Courteline meurt le jour de son soixante et onzième anniversaire.
Récits : *Les Gaietés de l'escadron* (1886), *Le Train de 8h47* (1888), *Boubouroche* (1893), *Messieurs les ronds-de-cuir* (1893) ; pièces de théâtre : *Un client sérieux* (1896), *Le commissaire est bon enfant* (1899), *Le gendarme est sans pitié* (1899), *La Paix chez soi* (1903).

■ **CRÉBILLON** Claude de 236

CROS Charles

(1842-1888)
Poète décadent, inventeur du premier phonographe, Charles Cros rencontre Verlaine et Rimbaud, avec lesquels il fonde le groupe des zutistes, résolument opposés au Parnasse. Il publie son premier recueil de poèmes, *Le Coffret de santal*, en 1873. Mais les désillusions s'accumulent : ignoré du grand public, évincé du troisième *Parnasse contemporain*, doublé par Edison dans la maîtrise du phonographe, il mène une vie de bohème et devient peu à peu l'amuseur en titre des clients du « Chat noir ». Diminué par l'alcool et la maladie, il meurt dans l'indifférence générale de ses contemporains.
Recueils de poèmes : *Le Coffret de santal* (1873), *La Vision du grand canal royal des Deux-Mers* (1888), *Le Collier de griffes* (1908, posth.).

■ **CYRANO DE BERGERAC**
Hector Savinien 144

DAENINCKX Didier

(né en 1949)
Auteur de romans policiers, Didier Daeninckx participe au renouvellement de l'écriture du roman noir en France, au début des années quatre-vingt. Ses récits s'appuient sur une évocation minutieuse de l'univers quotidien, dans des quartiers déshérités ou des villes de province. Faisant du roman un tra-

vail de mémoire, la plupart de ses héros sont souvent rattrapés par l'Histoire, qu'il s'agisse des deux guerres mondiales ou de la guerre d'Algérie.
Romans : *Meurtres pour mémoire* (1984), *Le Bourreau et son double* (1986), *Lumière noire* (1987), *Le Facteur fatal* (1990), *Nazis dans le métro* (1995), *Métropolice* (1997), *Éthique en toc* (2000).

DARD Frédéric 616

DARRIEUSSECQ Marie

(née en 1969)
C'est avec son premier roman, *Truismes*, publié en 1996, que Marie Darieussecq rencontre le succès. Cette histoire d'une étonnante métamorphose inscrit la jeune romancière parmi les plus talentueuses de sa génération. Avec tendresse et fantaisie, elle poursuit dès lors une œuvre originale. C'est ainsi qu'avec *Le Bébé*, en 2002, Darrieussecq fait entrer un personnage nouveau en littérature, en étant à l'écoute de ce que la naissance d'un nouvel être déclenche chez sa mère, et autour de lui, comme « montée de mots ».
Romans : *Truismes* (1996), *Naissance des fantômes* (1998), *Le Mal de mer* (1999), *Précisions sur les vagues* (1999), *Bref Séjour chez les vivants* (2001), *Le Bébé* (2002), *White* (2003).

DAUDET Alphonse

(1840-1897)
Né à Nîmes, « exilé » à Lyon à la suite des déboires financiers de son père, Alphonse Daudet découvre la pluie et la pauvreté avant de rejoindre Paris, où il mène une vie de bohème. Poète, journaliste, dramaturge, il recueille ses contes et nouvelles dans *Les Lettres de mon moulin* (1869), où il restitue avec bonheur l'atmosphère de sa Provence natale. Mais le succès ne vient qu'avec ses romans parisiens, d'inspiration naturaliste, qui constituent à ses yeux le meilleur de son œuvre : *Fromont jeune et Risler aîné*, *Jack*, *Numa Roumestan* ou *Sapho* se veulent le miroir fidèle de la société de la fin du XIXe siècle.
Romans : *Le Petit Chose* (1868), *Jack* (1876), *Sapho* (1884), *La Doulou* (1829, posth.) ; chroniques provençales : *Les Lettres de mon moulin* (1869), *Tartarin de Tarascon* (1872), *Contes du lundi* (1873).

DEFORGES Régine

(née en 1935)
Née dans le Poitou, Régine Deforges fréquente les institutions religieuses, d'où elle s'évade grâce à la lecture. Fascinée par l'univers du livre, elle est tour à tour libraire, relieuse, romancière et éditrice. Elle commence par multiplier les romans et les nouvelles qui se sont imposées comme des classiques de l'érotisme féminin, marqués par l'élégance de l'écriture et une grande sensualité. Assagie, elle écrit une vaste fresque romanesque, *La Bicyclette bleue*, qui prend pour cadre la Seconde Guerre mondiale et connaît un immense succès populaire.
Romans : *Blanche et Lucie* (1976), *La Révolte des nonnes* (1981), *Le Cahier volé* (1982), *La Bicyclette bleue* (1982), *La Dernière Colline* (1996) ; contes et nouvelles : *Lola et quelques autres* (1979), *Contes pervers* (1980).

DELERM Philippe

(né en 1950)
Après avoir publié de nombreux livres pour enfants, Philippe Delerm connaît le succès en 1997 avec *La Première Gorgée de bière et autres plaisirs minuscules*. Il ne s'agit pas d'un roman, mais d'un ensemble de textes brefs qui cherchent à restituer l'intensité d'un moment vécu : « Un couteau dans la poche », « Lire sur la plage », « La pétanque des néophytes »… Petits instants de bonheur, gestes de tous les jours, moments de détente et de liberté, dont toute la plénitude, toute la saveur sont précisément fixées par le texte.
Livres pour enfants : *Surtout ne rien faire* (1994), *C'est bien* (1991), *Sortilège au muséum* (1996), *La Malédiction des ruines* (1997), *L'Envol* (1999) ; textes en prose : *La Première Gorgée de bière et autres plaisirs minuscules* (1997), *Il avait plu tout le dimanche* (1998).

DESBORDES-VALMORE Marceline 326

DESCARTES René

(1596-1650)
Philosophe capital, Descartes entretient une correspondance avec les cercles savants de son époque. Il développe des théories épistémologiques en anatomie, acoustique, optique, astronomie, physique et mathématique. Sa philosophie rationaliste fonde la connaissance sur la pensée autonome et méthodique. Le doute cartésien fait surgir une certitude fondamentale : douter, c'est penser, et penser, c'est exister. La méthode cartésienne est celle de l'ordre des raisons, du cheminement intellectuel de la pensée pour atteindre le vrai. La générosité est pour lui une passion positive qui correspond à l'homme de la morale « héroïque ». Par ailleurs, Descartes ne cesse de défendre la grandeur et la beauté de la langue française.
Œuvres philosophiques : *Règles pour la direction de l'esprit* (1628), *Discours de la méthode* (1637), *Méditations métaphysiques* (1641), *Principes de la philosophie* (1644), *Traité des passions de l'âme* (1649), *Abrégé de musique* (1650).

DESNOS Robert

(1900-1945)
Enfant de Paris, Robert Desnos quitte l'école à seize ans et se rapproche des dadaïstes et des milieux d'avant-garde. Il joue un rôle essentiel dans le groupe surréaliste où il brille par ses improvisations inspirées, la force de son imagination, son sens de la subversion. Le récit poétique *La Liberté ou l'Amour !* sera même condamné en 1927 par les tribunaux pour « immoralité ». En 1930, sa rupture avec André Breton, la rencontre de sa future femme Youki Foujita, la publication du magnifique recueil *Corps et Biens* ouvrent une nouvelle période. Participant à de nombreuses émissions de radio, il se consacre à sa passion du cinéma, de la publicité et de la musique. Antifasciste militant, il pense très vite que la guerre sera inévitable. Pendant l'Occupation, il publie clandestinement des poèmes qui appellent à la Résistance. Arrêté en 1944, déporté en Allemagne puis en Tchécoslovaquie, il y meurt du typhus à quarante-cinq ans alors que les Alliés venaient de libérer le camp. On mesure de mieux en mieux aujourd'hui l'inventivité, l'authenticité, la générosité de « ce libertaire qui pleure et qui rit ».
Recueils de poèmes : *Corps et Biens* (1930), *Fortunes* (1942), *État de veille* (1943), *Trente chantefables pour les*

enfants sages (1944) ; récit poétique : *La Liberté ou l'Amour !* (1927) ; un long poème : *Le Veilleur du Pont-au-Chauge* (publié clandestinement en 1942) ; roman en partie autobiographique : *Le vin est tiré...* (1943).

DIB Mohammed

(1920-2003)
Né à Tlemcen, en Algérie, Mohammed Dib est journaliste à *Alger républicain*, le journal du parti communiste, lorsqu'il publie ses premiers romans, qui dénoncent la misère des villes et des campagnes algériennes de l'époque coloniale. Expulsé en 1959, l'écrivain publie des poèmes, avant d'écrire un roman sur la guerre d'Algérie, *Qui se souvient de la mer*, en 1962. Dib questionne dans son œuvre la confrontation de son pays natal avec les formes de la modernité, technologique ou culturelle, avant de prendre une dimension autobiographique dans les derniers romans publiés par l'écrivain.
Romans : *La Grande Maison* (1952), *L'Incendie* (1954), *Le Métier à tisser* (1957), *Qui se souvient de la mer* (1962), *Dieu en barbarie* (1970), *Habel* (1977), *Les Terrasses d'Orsol* (1985), *Neige de marbre* (1990), *Désert sans détour* (1992) ; recueils de poèmes : *Formulaires* (1970), *Feu, beau feu* (1979).

DIDEROT Denis 260

DJIAN Philippe

(né en 1949)
Philippe Djian grandit à Paris, dans un milieu modeste. La découverte de Céline est à l'origine de sa vocation d'écrivain : après des études de lettres et de journalisme, il commence à écrire des nouvelles, qu'il réunit dans un recueil intitulé *Cinquante contre un*. Mais c'est *37°2 le matin* qui le fait connaître, grâce à l'adaptation qui en est faite pour le cinéma. Dès lors, il ne cesse de voyager, écrit des chansons pour Stéphane Eicher, poursuit l'écriture de ses romans. Amoureux d'une langue souvent âpre et proche du langage parlé, il fait lire ses manuscrits à sa femme, refusant les corrections de son éditeur.
Romans : *Zone érogène* (1984), *37°2 le matin* (1985), *Sotos* (1993), *Vers chez les blancs* (2000), *Frictions* (2003).

DU BELLAY Joachim 90

DUMAS Alexandre (père) 358

DUMAS Alexandre (fils)

(1824-1895)
Fils naturel de l'auteur des *Trois Mousquetaires*, le jeune Alexandre Dumas mène durant trois ans une vie de fêtes et de débauche, avant de se retrouver, le jour de sa majorité, face à une dette pharamineuse : « Ne sachant rien faire, je fis de la littérature. » Dès lors, il écrit. Un recueil de poèmes, une pièce de théâtre, puis un roman. En 1849, il connaît un succès foudroyant avec *La Dame aux camélias*, où, convaincu que l'observation directe de la vie fournit une matière intarissable au romancier, il développe le thème de la courtisane passionnée. Dumas fils enchaîne ensuite les romans, à la grande satisfaction de son père et de ses créanciers, avant d'adapter *La Dame aux camélias* pour la scène. C'est un triomphe. Il est élu à l'Académie française en 1874.
Roman : *La Dame aux camélias* (1849) ; pièces de théâtre : *La Dame aux camélias* (1852), *Diane de Lys* (1853).

DURAS Marguerite 584

ECHENOZ Jean 632

ÉLUARD Paul 480

ERNAUX Annie 624

FÉNELON François de Salignac de La Mothe

(1651-1715)
Prêtre puis archevêque de Cambrai, précepteur du duc de Bourgogne, Fénelon écrit une fiction homérique au dessein pédagogique : *Les Aventures de Télémaque* forment à la fois un roman d'apprentissage, un récit d'aventures et d'amour. Ce roman poétique laisse une large place à la fantaisie ornementale et à la musicalité de l'écriture propres à l'esthétique baroque. Fénelon, considéré comme un précurseur des Lumières, veut à la fois instruire et plaire.
Œuvres théologiques : *Traité de l'existence de Dieu* (1712), *Explication des maximes des saints* (1697), *De l'éducation des filles* (1687) ; roman : *Les Aventures de Télémaque* (1699).

FERRÉ Léo

(1916-1993)
Léo Ferré naît et grandit à Monaco. En 1939, après des études musicales en Italie, des études de droit à Paris, il revient à Monte-Carlo où il fait ses débuts au cabaret. Il faut attendre 1952, année où il rencontre sa nouvelle compagne, Madeleine, pour que le poète chanteur soit véritablement reconnu, avec la création de *Paris canaille*. Un premier passage à l'Olympia deux ans plus tard, une interprétation des *Fleurs du mal* et en 1956, la parution de *Poète... vos papiers !* recueil de soixante-dix-sept poèmes, achèvent de construire sa notoriété. Mai 1968 marque le moment de la consécration. Les émissions de radio et de télévision accueillent celui qui, avec Georges Brassens et Jacques Brel, incarne la figure du troubadour révolté. Ferré chante, aussi à l'aise avec les musiciens de rock qu'accompagné d'un orchestre symphonique. En 1970, son 45 tours « C'est extra » est un triomphe. Après la naissance d'un fils et de deux filles, il se retire en partie en Toscane. Atteint d'un cancer, l'artiste meurt à soixante-dix-sept ans.
Textes et chansons : *La Vie d'artiste* (1950), *Paris canaille* (1952), *Poète... vos papiers !* (1956), *La Chanson du mal aimé* (1957), *La Mémoire et la Mer* (1970), *Benoît Misère* (1970), *La Solitude* (1971), *Avec le temps* (1972), *Et... Basta !* (1974), *Une saison en enfer* (1991).

FEYDEAU Georges

(1862-1921)
Virtuose du vaudeville, Georges Feydeau obtient, dès ses premières pièces, les encouragements et le soutien de Labiche. Avec *Monsieur Chasse* (1892), il accède à une célébrité qui ne se démentira plus. Auteur d'une pièce chaque année, il associe avec brio l'extravagance des situations, l'imprévu du langage et la cocasserie bouffonne, en tournant en dérision la société bourgeoise de son temps. Sans cesse à court d'argent, malgré des revenus considérables, il meurt au bord de la folie, à cinquante-neuf ans.

Pièces de théâtre : *Monsieur Chasse* (1892), *Un fil à la patte* (1894), *Le Dindon* (1896), *La Dame de chez Maxim* (1899), *La Puce à l'oreille* (1907), *Occupe-toi d'Amélie !* (1908), *Feu la mère de Madame* (1908), *Mais n'te promène donc pas toute nue* (1911).

■ **FLAUBERT GUSTAVE** 388

FONTENELLE BERNARD LE BOVIER DE

(1657-1757)

Secrétaire de l'Académie des sciences, Fontenelle est l'auteur de poésies galantes, de comédies, d'opéras, de tragédies et de nouvelles. Philosophe rationaliste, esprit malicieux, satirique, il réfute la croyance dans le merveilleux et montre ainsi que les religions ne sont que le produit d'une mystification délibérée. Fontenelle apparaît comme le trait d'union entre le cartésianisme et la philosophie des Lumières.

Essais : *Dialogues des morts* (1683), *Histoire des oracles* (1686), *Entretiens sur la pluralité des mondes* (1686), *Digression sur les Anciens et les Modernes* (1688), *De l'origine des fables* (1724).

FORT PAUL

(1872-1960)

En 1889, la rencontre de Mallarmé et Moréas pousse Paul Fort, alors âgé de dix-sept ans, à écrire un manifeste en faveur d'un théâtre symboliste. L'année suivante, il crée ainsi le théâtre d'Art. L'aventure dure trois années, après lesquelles Paul Fort publie ses premières *Ballades françaises.* Par la suite, il revient ponctuellement au théâtre pour y transposer les légendes historiques de ses ballades. Contrairement à de nombreux poètes symbolistes, Fort allie les suggestions du rêve à des images simples, presque réalistes. Il retrouve les sources médiévale et folklorique pour se faire le chantre lyrique des trésors de la terre de France, de ses paysages et de ses héros.

Recueil de poèmes : *Ballades françaises* (1896-1949, cinquante-quatre volumes).

FRANCE ANATOLE

(1844-1924)

Lecteur aux éditions Lemerre, qui publient le *Parnasse contemporain*, Anatole France refuse les vers de Paul Verlaine, Charles Cros et Stéphane Mallarmé, trop osés pour celui qui est également chroniqueur littéraire dans le journal conservateur *Le Temps*. France apparaît avant tout comme un érudit, auteur de recueils de nouvelles, de romans historiques et de contes philosophiques. Il est élu à l'Académie française en 1896, avant de s'engager dans le camp des Dreyfusards. À travers ses œuvres, dont la meilleure est probablement *La Rôtisserie de la reine Pédauque*, il fait un portrait des mœurs de son temps sur un mode ironique et sarcastique. Il dénonce aussi, à travers ses recueils de chroniques publiées dans *Le Temps*, les excès du fanatisme et le prosélytisme religieux.

Recueils de contes et nouvelles : *Jocaste* (1879), *Le Chat maigre* (1879), *L'Étui de nacre* (1892) ; romans : *Le Crime de Sylvestre Bonnard* (1881), *Thaïs* (1891), *La Rôtisserie de la reine Pédauque* (1893), *L'Orme du mail* (1897), *Le Mannequin d'osier* (1898), *L'Île des pingouins* (1908), *Les dieux ont soif* (1912).

FRANÇOIS DE SALES (SAINT)

(1567-1622)

Prêtre, évêque, saint et docteur de l'Église, François de Sales fonde l'ordre de la Visitation. Son œuvre enseigne une piété souriante et prêche l'honnêteté qui permet aux gens simples qui la pratiquent d'être sauvés, tout en vivant dans le monde. Sa dévotion réconcilie humanisme confiant et mysticisme authentique.

Œuvres : *Introduction à la vie dévote* (1608), *Traité de l'amour de Dieu* (1616).

FROMENTIN EUGÈNE

(1820-1876)

Après des études au collège de La Rochelle, où il est né, Eugène Fromentin s'installe à Paris en 1840. Passionné par la poésie et le dessin, le jeune romantique est bouleversé par la mort d'une jeune fille dont il est tombé amoureux. Il étudie la peinture. En 1846, il effectue un voyage en Algérie, d'où il revient émerveillé. Il expose dès lors ses toiles au Salon, où il obtient une récompense en 1847. Après deux nouveaux voyages en Orient, Eugène Fromentin publie en 1857 *Un été dans le Sahara*, puis, l'année suivante, *Une année dans le Sahel*. Artiste et romancier reconnu, il écrit alors son chef d'œuvre, *Dominique*, confession romancée de son amour de jeunesse.

Récits et romans : *Un été dans le Sahara* (1857), *Une année dans le Sahel* (1858), *Dominique* (1863), *Les Maîtres d'autrefois* (1876).

FURETIÈRE ANTOINE

(1619-1688)

Romancier, lexicographe, Antoine Furetière dénonce, dans *Le Roman bourgeois*, la platitude et la bêtise de « bonnes gens de médiocre condition ». La satire ironique utilise et se joue du réalisme. L'auteur intervient lui-même dans le texte pour se moquer de la fiction romanesque et faire de son roman, pour ainsi dire, un « antiroman ». Par ailleurs, membre de l'Académie française, savant érudit, Furetière propose son propre dictionnaire, dans lequel il étudie l'histoire de la langue et les figures de la rhétorique française.

Roman : *Le Roman bourgeois* (1666) ; dictionnaire : *Essai d'un dictionnaire universel* (1690, posth.).

GARY ROMAIN/AJAR ÉMILE (PSEUDONYMES DE KACEW ROMAIN)

(1914-1980)

Né en Russie, Romain Kacew est âgé de treize ans lorsqu'il s'installe en France avec sa mère. Instructeur dans l'armée de l'air, il rejoint le général de Gaulle en juin 1940 et combat durant toute la guerre aux côtés des Forces de la France libre. À la Libération, il mène de front une carrière d'écrivain et de diplomate. C'est ainsi qu'il obtient le prix Goncourt en 1956 pour *Les Racines du ciel.* En 1960, après sa rencontre avec l'actrice Jean Seberg, qu'il épouse, il décide de se consacrer entièrement à l'écriture. Mais ses succès auprès du public ne lui suffisent pas : Romain Gary, qui a publié un pamphlet contre le Nouveau Roman, aimerait être davantage reconnu par ses pairs. Il écrit alors, dans un style totalement différent du sien, un roman sous le pseudonyme d'Émile Ajar. L'entreprise, rocambolesque, est un succès : Ajar obtient le prix Goncourt en 1975 et publie plusieurs romans salués par les critiques. Un court texte, laissé par Gary/Ajar avant son suicide, révèle la supercherie en 1980.

Romans publiés sous le nom de Romain Gary : *Éducation européenne* (1945), *Les Racines du ciel* (1956), *La Promesse de l'aube* (1960), *Les Enchanteurs* (1973); romans publiés sous le pseudonyme d'Émile Ajar : *Gros-Câlin* (1974), *La Vie devant soi* (1975), *Pseudo* (1976), *L'Angoisse du roi Salomon* (1979).

GAUTIER Théophile

(1811-1872)
Théophile Gautier est d'abord un romantique militant avant de devenir un poète parnassien. Il prend part à la « bataille d'*Hernani* » et s'affirme ensuite partisan d'une esthétique de « l'art pour l'art », qu'il expose dans sa Préface à *Mademoiselle de Maupin*, en 1835. Son culte du travail, de l'objectivité et de l'impersonnalité repose sur l'idée d'une beauté idéale. C'est à cette époque qu'il rédige *Le Capitaine Fracasse*, publié bien plus tard. Esprit libre, enthousiaste, généreux, doté d'une imagination débordante, Gautier est l'ami de Gustave Flaubert et des Goncourt, et écrit, tout au long de sa vie, des récits fantastiques, parmi lesquels « Le pied de momie » et « La morte amoureuse ».
Recueil de poèmes : *Émaux et Camées* (1852); romans : *Le Capitaine Fracasse* (1863), *Le Roman de la momie* (1858).

■ **GENET Jean** 538

GENEVOIX Maurice

(1890-1980)
Pour Maurice Genevoix, ce qui importe avant tout dans le roman, c'est la restitution d'une atmosphère. La nature est pour lui une réserve de sens, d'images et de bonheur. L'expérience traumatisante de la guerre réactive en effet le mythe d'un paradis rustique qui a été perdu. L'univers tentaculaire urbain aliène l'homme; le retour à la sensibilité rurale, à la vie des campagnes et des montagnes devient ainsi une valeur humaine sûre et profonde. L'attachement au terroir s'accompagne d'une grande fraîcheur de sentiments, souvent cocasse, pleine de saveurs, servie par un style simple et chaleureux.
Romans : *Sous Verdun* (1916), *Raboliot* (1925), *La Dernière Harde* (1938), *Beau François* (1965), *Les Bestiaires* (1969-1971).

■ **GIDE André** 482

■ **GIONO Jean** 492

■ **GIRAUDOUX Jean** 510

■ **GLISSANT Édouard** 582

■ **GONCOURT Edmond et Jules de** 396

■ **GRACQ Julien** 554

GRAINVILLE Patrick

(né en 1947)
Les trois premiers romans de Patrick Grainville sont présentés par leur auteur comme une « autobiographie mythique ». Mais c'est le prix Goncourt, décerné pour *Les Flamboyants* en 1976, épopée africaine du roi Tokor, qui révèle l'écrivain au grand public. Son œuvre abondante contraste avec le minimalisme des écrivains de son époque et fait entendre une voix tumultueuse et originale, au point qu'on a pu le qualifier de « maître du baroque contemporain ».
Romans : *La Toison* (1972), *Les Flamboyants* (1976), *Le Paradis des orages* (1986), *Colère* (1992).

GREEN Julien

(1900-1998)
Converti au catholicisme à seize ans, tourmenté par la découverte de son homosexualité, écartelé entre les États-Unis et la France, Julien Green témoigne, dans son œuvre, de ses interrogations et de ses crises morales. Mêlant le tragique et l'autobiographie, chacun de ses romans est le récit d'un être dévié de la « normalité » et contraint à la découverte de soi. L'unité de l'œuvre repose sur cette angoisse mystique qui hante son auteur : Green dénonce ainsi la démence, la jalousie, la claustration et la sexualité comme causes des tourments humains.
Romans : *Mont-Cinère* (1926), *Léviathan* (1929), *L'Autre Sommeil* (1930), *Épaves* (1932), *Moïra* (1950), *Chaque homme dans sa nuit* (1960), *Terre lointaine* (1966), *Jeunes Années* (1984), *Les Étoiles du Sud* (1989); écrits personnels : *Journal* (1919-1998), *Autobiographie* (1963-1974); pièce de théâtre : *Sud* (1953).

■ **GRUMBERG Jean-Claude** 610

■ **GUILLAUME D'AQUITAINE** 44

■ **GUILLAUME DE LORRIS** 56

GUILLEVIC Eugène

(1907-1997)
Fonctionnaire du Trésor, Eugène Guillevic ne publie son premier recueil de poèmes qu'à l'âge de trente-cinq ans. Il y évoque sa Bretagne natale, figure essentielle de l'œuvre, lieu sauvage dans lequel l'homme n'a pas sa place. En 1943, il rejoint le parti communiste. Dès lors, sa poésie est mise au service de l'action politique. Poète de l'ellipse, écrivain du paysage, Guillevic fait entendre, dans ses poèmes, un sentiment de profonde désespérance, dans un face-à-face dialogué avec sa terre natale.
Recueils de poèmes : *Terraqué* (1942), *Exécutoire* (1947), *Carnac* (1961), *Sphère* (1963), *Ville* (1969), *Du domaine* (1977), *Étier* (1979), *Motifs* (1987), *Le Chant* (1990), *Possibles Futurs* (1996).

■ **GUITRY Sacha** 464

GUYOTAT Pierre

(né en 1940)
Toute l'œuvre de Pierre Guyotat porte la marque de la violence affrontée pendant la guerre d'Algérie. Refusant tout idéalisme, cette œuvre se déploie à partir de « quelques intuitions fondamentales, l'obsession de la matière et de l'histoire ». Guyotat, de façon de plus en plus radicale, veut faire entendre « toutes les langues réprimées, refoulées par la langue officielle française ». Évoquant la prostitution, la violence, la sexualité, refusant toute convention, l'œuvre fait scandale : *Eden, Eden, Eden* est même, de 1970 à 1982, censuré. Mais c'est surtout l'éclat d'une langue neuve, puissamment rythmée, paraissant parfois illisible, qui fait la force et la difficulté d'une création sans concessions.
Romans et textes : *Tombeau pour cinq cent mille soldats* (1967), *Eden, Eden, Eden* (1970), *Prostitution* (1975), *Le Livre*

(1984), *Progénitures* (2000); essais, articles, entretiens : *Littérature interdite* (1972), *Explications* (2000).

HELVÉTIUS Claude Adrien

(1715-1771)
Fermier-général et philosophe matérialiste, Helvétius voit dans la sensibilité physique une explication de l'ensemble des comportements humains. Il analyse ainsi, par exemple, le phénomène des passions humaines en comparant l'homme à une machine. Pour lui, la morale ne dépend que des circonstances et de l'état des mœurs. C'est, pour cette époque, faire preuve d'une audace à la fois religieuse, morale et politique.
Essais : *De l'esprit* (1758), *De L'homme* (1773, posth.).

HEREDIA Jose Maria de

(1842-1905)
Heredia grandit à Cuba, où son père est planteur de café, avant de s'installer à Paris. Il publie ses premiers poèmes en 1862, avant d'adhérer au Parnasse, faisant ainsi la connaissance de Sully Prudhomme, Catulle Mendès et Leconte de Lisle. Son seul recueil, *Les Trophées*, rassemble, en 1893, les cent dix-huit sonnets qu'il a, des années durant, publiés dans des revues. Il lui vaut d'entrer à l'Académie française deux ans plus tard.
Recueil de poèmes : *Les Trophées* (1893).

HOLBACH Paul Henri Thiry, baron d'

(1723-1789)
Matérialiste athée et rédacteur de plus de quatre cents articles pour l'*Encyclopédie*, Holbach est soucieux de la diffusion de la recherche scientifique. Il fait preuve d'ironie et de sarcasme face au christianisme et n'hésite pas à affirmer son scepticisme religieux. Féru de chimie, géologie et minéralogie, il soutient que l'univers est un mécanisme chimique, une matière dont le mouvement est réglé par la causalité. Pour ce philosophe passionné par la polémique, la nature n'est que pure matière et la morale n'a qu'une utilité sociale.
Pamphlets : *Le Christianisme dévoilé* (1756), *Le Bon Sens* (1772); traité philosophique : *Système de la nature* (1770).

■ **HOMÈRE** 16

■ **HORACE** 32

■ **HOUELLEBECQ Michel** 630

■ **HUGO Victor** 328

HUYSMANS Joris-Karl

(1848-1907)
Romancier naturaliste admirateur de Zola, auquel il dédie *Les Sœurs Vatard* (1879), Joris-Karl Huysmans se fait connaître en participant au recueil des *Soirées de Médan* (1880). Son style original et son pessimisme profond le démarquent assez vite du groupe des jeunes écrivains naturalistes. Si *À vau-l'eau* (1882) demeure l'un des chefs-d'œuvre du genre, la rupture est consommée dès *À rebours* (1884), qui met en scène un personnage décadent exprimant son profond dégoût pour la société bourgeoise et américanisée. Avec *Là-bas* (1891), l'univers de Huysmans bascule dans le satanisme, l'ésotérisme et le surnaturel. Sa rencontre avec le sulfureux abbé Mugnier l'amène à se convertir et à faire plusieurs séjours dans des abbayes. Il termine sa quête d'un lieu idéal chez les Bénédictines de la rue Monsieur, après avoir produit une œuvre abondante qui témoigne de la sincérité de son engagement mystique.
Romans : *En ménage* (1881), *À vau-l'eau* (1882), *À rebours* (1884), *Là-bas* (1891), *En route* (1895), *La Cathédrale* (1898).

■ **IONESCO Eugène** 562

■ **JACCOTTET Philippe** 604

JACOB Max

(1876-1944)
Né à Quimper, Max Jacob découvre très jeune la littérature symboliste. À Paris, où il poursuit ses études, il traverse une « vie de privations et de souffrances », fait la rencontre de Picasso et d'Apollinaire, publie ses premiers poèmes. Il organise ses livres en fonction de l'astrologie, dont il est un adepte fervent, avant d'être « visité par Dieu », le 22 septembre 1909, puis de se convertir. Dès lors, il mène une double existence, passant ses nuits à Montmartre, au « Lapin agile », et ses jours au Sacré-Cœur. Jacob n'a cependant pas fini de surprendre : il se lie avec André Breton et participe pour un temps à l'épopée surréaliste, avant de se brouiller avec celui qui lui reproche son catholicisme et son homosexualité. Dessinateur, peintre, poète, critique d'art et rédacteur d'horoscopes, il est arrêté par la Gestapo alors qu'il sort de la messe, l'étoile jaune au revers. Il meurt au camp de Drancy, où il est déporté en 1944.
Recueils de poèmes : *Le Cornet à dés* (1917), *La Défense de Tartuffe* (1919), *Le Laboratoire central* (1921), *Derniers Poèmes en vers et en prose* (1945, posth.); recueil de lettres fictives : *Le Cabinet noir* (1922).

JAMMES Francis

(1868-1938)
Salués par Mallarmé, les premiers poèmes de Francis Jammes, *Vers*, sont publiés en 1893. Familier d'André Gide et de Charles Guérin, le jeune poète affirme peu à peu un style original, bientôt mis au service d'un catholicisme ardent. Poète « prosaïque », Jammes développe une œuvre qui célèbre un univers proche et familier, des sentiments intimes et simples. Pour lui, inspiration religieuse et inspiration rustique sont inséparables. À travers la forme de l'élégie, il tente avec succès d'accorder plus de souplesse au vers et à la mélodie.
Œuvres en prose : *Clara d'Ellébeuse* (1899), *Le Roman du lièvre* (1903); œuvres en vers : *Le Deuil des primevères* (1900), *Clairières dans le ciel* (1906), *Les Géorgiques chrétiennes* (1911).

JAPRISOT Sébastien (pseudonyme de Rossi Jean-Baptiste)

(né en 1931)
Né à Marseille, dans une famille d'immigrés napolitains, abandonné par son père à l'âge de six ans, Jean-Baptiste Rossi passe son enfance au milieu des femmes. Son grand-père l'emmène souvent au cinéma, et donne ainsi à l'enfant le goût des intrigues captivantes. À Paris, il fait paraître *Les Mal Partis* lorsqu'il a dix-neuf ans. Un temps traducteur de romans anglais, Rossi devient chef de publicité, puis réalisateur de films. Il signe Sébastien

Japrisot ses premiers romans policiers, *Compartiment tueurs* et *Piège pour Cendrillon*. Désormais fêté par le public, son aventure d'écrivain est liée au cinéma : dans ses romans adaptés à l'écran, dans les scénarios de films qu'il écrit ou réalise lui-même, Japrisot montre un talent exceptionnel dans la construction d'intrigues policières captivantes qui tiennent le lecteur et le public en haleine.

Romans : *Les Mal Partis* (1950), *Compartiment tueurs* (1962), *Piège pour Cendrillon* (1962), *La Dame dans l'auto avec des lunettes et un fusil* (1966), *L'Été meurtrier* (1977), *Un long dimanche de fiançailles* (1991); pièce de théâtre : *La Lune apache* (2001).

JARRY ALFRED 432

JOUVE PIERRE-JEAN

(1887-1976)

Poète et romancier fasciné par la question du mal et par le mystère de la rédemption, Pierre-Jean Jouve découvre la poésie à l'âge de seize ans. Après avoir rejeté ses poèmes de jeunesse, il s'engage pendant la Seconde Guerre mondiale à travers des poèmes de résistance. Son œuvre poétique, marquée par la religion, explore les territoires mis à jour par la psychanalyse, la sexualité, l'inconscient, la faute, le symbolisme psychique, tout en rejetant l'écriture automatique et les associations verbales des surréalistes.

Romans poétiques : *Paulina 1880* (1925), *Le Monde désert* (1927), *La Scène capitale* (1935), *Aventure de Catherine Crachat* (1947); recueils de poèmes : *Le Paradis perdu* (1929), *Les Noces* (1931), *Sueur de sang* (1933), *Kyrie* (1938), *Mélodrame* (1957), *Moires* (1962), *Ténèbre* (1965).

JULIET CHARLES

(né en 1934)

Enfant adopté par une famille de paysans, Charles Juliet passe son enfance à Jujurieux, dans l'Ain. À douze ans, il entre pour huit années à l'École militaire préparatoire d'Aix-en-Provence. Il s'engage ensuite dans des études de médecine, qu'il abandonne pour se consacrer à l'écriture. Pendant quinze ans, l'écrivain travaille dans la solitude, publiant en Suisse son premier recueil de poèmes, *Fragments*. En 1978, le premier tome de son *Journal* est publié en France ; mais il faut attendre 1989 et *L'Année de l'éveil* pour que Charles Juliet accède à la notoriété. Depuis, l'écrivain vit à Lyon où il poursuit une œuvre romanesque et poétique profondément originale.

Recueils de poèmes : *Fragments, L'œil se scrute* (1976), *Fouilles* (1980), *Approches* (1990), *Affûts* (1990) ; récits et nouvelles : *L'Année de l'éveil* (1989), *L'Inattendu* (1992), *Un lourd destin* (2000), *L'Incessant* (2002), *L'Autre Faim* (2003) ; journal : *Journal I, II, III, IV et V* (1978-2003).

KATEB YACINE

(1929-1989)

Au cœur de l'œuvre du poète algérien, la figure de Nedjma (« l'étoile », en arabe) hante poèmes et romans. C'est en prison, où il fait un séjour après avoir participé, à Sétif, aux manifestations du 8 mai 1945, que Kateb Yacine découvre son rôle d'« écrivain public ». Militant au parti communiste, il publie ses premiers poèmes en 1946. Son premier roman, *Nedjma*, en 1956, propose une lecture idéologique de l'histoire de l'Algérie d'après-guerre. Mais surtout, le roman explore une écriture nouvelle, qui a rompu les liens avec le réalisme hérité de la littérature française. En remettant en cause dans son œuvre la colonisation, en critiquant le traditionalisme islamique, Yacine Kateb marque ainsi un tournant dans l'histoire du roman maghrébin, en se posant comme le fondateur d'une littérature nationale.

Recueils de poèmes : *Soliloques* (1946), *Poème à Nedjma* (1948) ; romans : *Nedjma* (1956), *Le Polygone étoilé* (1966); pièces de théâtre : *Le Cercle des représailles* (1959), *L'Homme aux sandales de caoutchouc* (1970).

KLEIN GÉRARD

(né en 1937)

Économiste de formation, nouvelliste, romancier, essayiste et critique, Gérard Klein est depuis toujours passionné par l'univers de la science-fiction. Développant dans ses romans une réflexion sur la dévastation écologique, il rend ses récits d'aventures réalistes grâce à une argumentation scientifique efficace. Son écriture est à la fois réaliste et poétique. L'univers est souvent comparé chez lui à un échiquier.

Essais : *Défense et illustration de la science-fiction* (1967), *Malaise dans la science-fiction américaine* (1975); romans : *Le Gambit des étoiles* (1958), *Les Seigneurs de la guerre* (1971).

KLOTZ CLAUDE
(VOIR CAUVIN PATRICK)

KOLTÈS BERNARD-MARIE 618

KOUROUMA AHMADOU

(né en 1927)

Né en Guinée, Ahmadou Kourouma est confié, selon la tradition malinké, à son oncle maternel, qui vit en Côte-d'Ivoire. Il suit des études à Bamako, puis, enrôlé de force dans l'armée coloniale, est envoyé en Indochine. Il achève ses études à Lyon, avant de retourner en Côte-d'Ivoire, où il intègre une compagnie d'assurances. Son travail le mène en Algérie, au Cameroun puis au Togo. Entre-temps, Ahmadou Kourouma a publié un roman dont le succès ne s'est jamais démenti : *Les Soleils des indépendances* retrace les bouleversements qui frappent la Côte-d'Ivoire durant la décolonisation, associant humour, ironie et amertume pour évoquer le scepticisme de l'écrivain face aux déconvenues politiques de l'Afrique. Publié vingt ans après le premier, un deuxième roman, auquel l'usage des proverbes et des expressions propres au français d'Afrique donne une tonalité exotique et savoureuse, revient avec ironie sur cette période. En 2000, *Allah n'est pas obligé* consacre ce grand romancier ivoirien en obtenant le prix Renaudot.

Romans : *Les Soleils des indépendances* (1968), *Monné, outrages et défis* (1990), *Allah n'est pas obligé* (2000); pièce de théâtre : *Tonguantigui* (1968).

KUNDERA MILAN

(né en 1929)

D'origine tchèque, Milan Kundera acquiert la nationalité française en 1981. Son histoire est celle d'une génération d'intellectuels auxquels les régimes d'Europe centrale refusent leur liberté d'expression. Né à Brno, amoureux de musique et d'art moderne, il se rend à Prague en 1948

pour effectuer des études universitaires. D'abord enthousiaste devant la démocratie populaire qui se met en place en Tchécoslovaquie, il perd peu à peu ses illusions. Professeur à l'institut cinématographique de Prague, il est mis à l'écart de la vie culturelle de son pays et trouve dans l'écriture une forme de liberté d'expression : *La Plaisanterie*, son premier roman puis *Risibles Amours*, recueil de nouvelles rédigées sur une période de dix années, inaugurent sa carrière d'écrivain. L'intervention russe de 1968 est cependant suivie d'une mise à l'index de ses livres, assortie d'une interdiction d'écrire. Dès lors, le romancier choisit l'exil. Installé en France en 1975, Kundera poursuit son œuvre, assurant lui-même la traduction de ses romans, dont chacun des titres met en évidence les enjeux.
Romans : *La Plaisanterie* (1967), *Le Livre du rire et de l'oubli* (1979), *L'Insoutenable Légèreté de l'être* (1984), *La Valse aux adieux* (1972), *L'Immortalité* (1990), *La Lenteur* (1994), *L'Ignorance* (2002); essais : *La vie est ailleurs* (1973), *L'Art du roman* (1986).

LABÉ Louise 102

LABICHE Eugène 376

LA BRUYÈRE Jean de 204

LACLOS Pierre-Ambroise Choderlos de 280

LAFAYETTE (née Marie-Madeleine Pioche de La Vergne, comtesse de) 202

LA FONTAINE Jean de 170

LAFORGUE Jules

(1860-1887)
Jules Laforgue naît en Uruguay, puis gagne la France, où il suit ses études. Il fréquente à Paris le cercle des Hydropathes, où il rencontre Charles Cros et Paul Bourget. Admirateur de Baudelaire, Verlaine et Mallarmé, il participe à l'aventure du mouvement symboliste. Esprit mélancolique, ironique et tendre, il commence à rédiger ses *Complaintes* en Allemagne, où il est lecteur auprès de la grand-mère du futur Guillaume II. Le recueil est publié en 1885. Cependant, atteint par la tuberculose, il n'a que le temps d'achever ses *Moralités légendaires* avant de mourir, à l'âge de vingt-sept ans.
Recueils de poèmes : *Les Complaintes* (1885), *L'Imitation de Notre-Dame la Lune* (1886), *Le Concile féerique* (1886), *Moralités légendaires* (1887), *Derniers Vers* (1887).

LAMARTINE Alphonse de 312

LAMENNAIS Félicité Robert de

(1782-1854)
Ayant grandi en pleine Terreur, Lamennais fait sa communion en 1822 et décide de se faire prêtre. Par son exaltation et son engagement, il bouleverse ses contemporains, sensibles au lyrisme de ce catholique libéral, apôtre de l'homme et de Dieu, qui annonce un avenir rayonnant tout en dénonçant la misère populaire et en stigmatisant l'injustice. Il prône la liberté de conscience, de presse et de culte, au point de se détacher peu à peu de l'Église, puis de rompre. Il cesse de dire la messe et, au moment de sa mort, refuse l'assistance d'un prêtre.
Journal : *L'Avenir* (1830); essais : *Essai sur l'indifférence en matière de religion* (1817-1823), *Paroles d'un croyant* (1834), *Les Affaires de Rome* (1836), *Le Livre du peuple* (1837), *De l'esclavage moderne* (1840).

LARBAUD Valery

(1881-1957)
La lecture de Paul Verlaine et de Francis Jammes est déterminante dans la vocation poétique de Valery Larbaud, jeune homme fortuné, grand voyageur depuis l'enfance. Dès 1901, il traduit le poète anglais Coleridge et s'installe provisoirement en Angleterre l'année suivante. Il se lie ensuite d'amitié avec André Gide et le groupe de la *Nouvelle Revue française*. Grand lecteur, écrivain cosmopolite, Larbaud s'invente un double, A.O. Barnabooth, prétendu poète sud-américain, fruit de son imagination, dont il publiera les « œuvres complètes » en 1913. Après sa rencontre, en 1920, avec James Joyce, il collabore à la traduction du chef-d'œuvre de l'écrivain irlandais, *Ulysse*. À travers ses poèmes, ses souvenirs de voyages, sa prose poétique, l'œuvre de Larbaud évoque merveilleusement les sentiments amoureux, les paysages du monde, le rythme des trains et des paquebots de luxe, les rencontres et les rêveries.
Roman : *Fermina Marquez* (1911); recueil de poèmes et journal intime imaginaire : *A.O. Barnabooth* (1913); recueils de nouvelles : *Enfantines* (1918), *Amants, heureux amants* (1923), *Aux couleurs de Rome* (1938); essai : *Ce vice impuni, la lecture* (1925).

LA ROCHEFOUCAULD François de 176

LAUTRÉAMONT 402

LEBLANC Maurice

(1864-1941)
Fils d'un armateur rouennais négociant en charbon, Maurice Leblanc rejoint la capitale pour y faire son droit, mais ne rêve que de littérature depuis qu'enfant il a croisé Gustave Flaubert. C'est sa collaboration à *Gil Blas* et au *Figaro* puis sa rencontre avec un autre Normand, Guy de Maupassant, qui le lancent dans la vie littéraire. Il faut cependant attendre 1905 pour que l'écrivain accède à la célébrité : le magazine *Je sais tout* lui commande une série de nouvelles « policières », bientôt publiées en recueil sous le titre d'*Arsène Lupin gentleman cambrioleur* (1907). Dès lors, les aventures du personnage devenu légendaire se multiplient, rencontrant à chaque fois le succès, adaptées pour le théâtre, l'opérette ou le cinéma, éclipsant l'œuvre d'un écrivain qui, dès les débuts de son héros populaire, constate : « Je suis le prisonnier d'Arsène Lupin. Il me suit partout. Il n'est pas mon ombre, je suis son ombre. »
Romans et recueils de nouvelles : *Arsène Lupin gentleman cambrioleur* (1907), *Arsène Lupin contre Sherlock Holmes* (1908), *L'Aiguille creuse* (1909), *Les Confidences d'Arsène Lupin* (1913), *Les Huit Coups de l'horloge* (1923), *La Comtesse de Cagliostro* (1924), *L'Agence Barnett et Cie* (1928), *La Cagliostro se venge* (1935).

LE CLÉZIO Jean-Marie Gustave 612

LECONTE DE LISLE Charles Marie 394

LEIRIS Michel

(1901-1990)

Ethnologue, poète, essayiste, romancier, Michel Leiris a renouvelé le genre autobiographique. *L'Âge d'homme*, publié en 1939, s'interroge ainsi sur l'acte d'écrire, comparant celui-ci à la tauromachie. La mort est une obsession chez cet écrivain marqué par la psychanalyse, qu'il expérimente sa vie durant. Mais c'est aussi la franchise qui caractérise l'autobiographe, livrant au lecteur ses fantasmes et ses secrets les plus intimes, les confrontant, à la manière de Freud, aux grands mythes antiques ou bibliques. Leiris poursuit cette quête inlassable de soi, liée à la mise en jeu des mots et du langage, avec *La Règle du jeu*, dont les différents volumes *Biffures*, *Fourbis*, *Fibrilles* ou *Frêle bruit* sont publiés sur une période de trente ans. L'écrivain se fait ainsi l'ethnographe de sa propre existence.

Recueils de poèmes : *Simulacre* (1925), *Haut-Mal* (1943), *Ondes* (1987), *À cor et à cri* (1988) ; récits autobiographiques : *L'Âge d'homme* (1939), *Aurora* (1946), *La Règle du jeu* (1948-1976), *Le Ruban au cou d'Olympia* (1981), *Journal 1922-1989* (1992) ; essais : *Race et civilisation* (1951), *À propos de Georges Bataille* (1988).

LEROUX Gaston

(1868-1927)

Avocat puis chroniqueur judiciaire au *Matin*, Gaston Leroux fait paraître son premier feuilleton en 1903, *Le Chercheur de trésors*. Devenu reporter, il parcourt l'Europe en quête de sujets d'articles tapageurs, incarnant par avance Joseph Rouletabille, le héros du *Mystère de la chambre jaune*, dont la publication commence en 1907. Premier grand reporter, dernier grand feuilletoniste, Leroux poursuit sans trêve sa double carrière, jusqu'à sa mort, en 1927.

Romans : *Le Mystère de la chambre jaune* (1907), *Le Parfum de la dame en noir* (1908), *Le Fantôme de l'opéra* (1910), *Chéri-Bibi* (1914).

LESAGE Alain René 220

LÉVY Bernard-Henri

(né en 1948)

Philosophe, Bernard-Henri Lévy se fait d'abord connaître à travers sa dénonciation des régimes totalitaires, dans lesquels il retrouve l'incarnation du mal : la parution, en 1977, de *La Barbarie à visage humain* crée ainsi le phénomène « BHL ». Cet essai soulève des débats passionnés en faisant le procès du fascisme et du marxisme. L'œuvre de Lévy le conduit à réfléchir aussi bien sur la Bible et le destin du peuple juif, que sur la figure et le rôle de l'intellectuel dans notre société. Intervenant souvent dans la réflexion et l'analyse de l'actualité, il poursuit également une œuvre romanesque, théâtrale et cinématographique.

Essais : *La Barbarie à visage humain* (1977), *L'Idéologie française* (1981), *Éloge des intellectuels* (1989), *Le Siècle de Sartre* (2000), *Qui a tué Daniel Pearl ?* (2003) ; roman : *Les Derniers Jours de Charles Baudelaire* (1988).

LOTI Pierre
(pseudonyme de Viaud Julien)

(1850-1923)

Né à Rochefort, Pierre Loti est officier de marine pendant quarante-deux ans. Son premier roman, *Aziyadé* (1879) est la réécriture de son journal de bord. Il trouve son pseudonyme à Tahiti et signe dès lors Pierre Loti les romans que lui inspirent ses innombrables voyages. Romancier de l'évasion, Loti crée un univers exotique étrange et séduisant, en transportant ses intrigues et ses lecteurs en Turquie, en Afrique et surtout en Extrême-Orient.

Romans : *Pêcheur d'Islande* (1886), *Fantôme d'Orient* (1892), *Matelot* (1893), *Ramuntcho* (1897), *Les Derniers Jours de Pékin* (1902), *Les Désenchantées* (1906), *Un pèlerin d'Angkor* (1912).

LUCRÈCE 26

MAETERLINCK Maurice

(1862-1949)

Né à Gand dans une famille fortunée, Maurice Maeterlinck abandonne rapidement le barreau pour se consacrer à la littérature. Après un premier recueil de poèmes, *Serres chaudes*, publié en 1889, il se lance dans le théâtre qu'il contribue à révolutionner avec *La Princesse Maleine* en 1889, *Les Aveugles* en 1890 puis *Pelléas et Mélisande* en 1892. Rejetant les péripéties et leurs effets, la rhétorique de la déclamation, tous les tambours de l'héroïsme, il joue sur les symboles, les climats, les échos dans une langue qui frôle le murmure pour mieux suggérer les mouvements les plus secrets de la vie intérieure. Se proposant de « faire voir ce qu'il y a d'étonnant dans le seul fait de vivre », il annonce les œuvres de Samuel Beckett et d'Eugène Ionesco. Dans le même temps, Maeterlinck publie de nombreux essais qui lui attirent un vaste public. Dans *La Sagesse et la Destinée*, il aborde la question du bonheur et de la morale, et dans *La Vie des Abeilles* en 1901 et *L'Intelligence des fleurs* en 1907, il étudie divers aspects du monde naturel. Bouleversé par les atrocités commises par les Allemands lorsqu'ils envahirent la Belgique, il s'engage dans une série de conférences publiées en 1916 sous le titre *Les Débris de la guerre*; sa pièce *Le Sel de la terre* est interdite par la censure française. Lauréat du prix Nobel en 1911, anobli en 1932, il a contribué de façon essentielle à l'éclat littéraire de la Belgique, la rêveuse Belgique. La modernité de son théâtre, un instant occultée, apparaît de plus en plus nettement aujourd'hui.

Recueils de poèmes : *Douze chansons* (1896), *Serres chaudes* (1899) ; théâtre : *Les Aveugles* (1890), *L'Intruse* (1890), *La Princesse Maleine* (1889), *Pelléas et Mélisande* (1893), *Monna Vanna* (1902), *L'Oiseau bleu* (1908), *Le Sel de la vie* (1917) ; essais : *Le Trésor des humbles* (1896), *La Sagesse et la Destinée* (1898), *La Vie des abeilles* (1901), *La Vie des fourmis* (1930), *La Vie des termites* (1926).

MAKINE Andreï

(né en 1957)

Né en Sibérie, au nord de la Mongolie, Andreï Makine suit des études de philosophie à Kalinine puis à Moscou, avant de devenir enseignant à Novgorod. Il s'exile en France en 1987 et vit dès lors dans une petite chambre, entre Belleville et Ménilmontant. Très vite, Makine décide de se consacrer à l'écriture. Il rédige ses manuscrits en français et publie un premier roman, *La Fille d'un héros de l'Union soviétique*, en 1992. C'est le début d'une grande

carrière littéraire, consacrée en 1995 par l'obtention des prix Goncourt et Médicis pour *Le Testament français*. À travers ses romans, Makine développe un style à la fois classique et poétique, à l'écart des modes et des scandales de son pays d'adoption.
Romans : *La Fille d'un héros de l'Union soviétique* (1992), *Confession d'un porte-drapeau déchu* (1992), *Au temps du fleuve Amour* (1994), *Le Testament français* (1995), *Le Crime d'Olga Arbélina* (1998), *Requiem pour l'Est* (2000), *La Musique d'une vie* (2001).

MALHERBE François de — 122

MALLARMÉ Stéphane — 426

MALOT Hector
(1830-1907)
Hector Malot est auteur de romans populaires, comme *Sans famille* (1878), qui connaît un succès considérable dès sa parution : les péripéties pathétiques et drôles d'un enfant en quête de son origine donnent à ce roman les caractères du mélodrame, de la comédie et du récit éducatif. Le lecteur découvre, au fil des événements, la diversité du paysage de la France et la multiplicité des catégories sociales mises en scène par le roman.
Romans : *Les Amants* (1859), *Sans famille* (1878), *En famille* (1893).

MALRAUX André — 514

MARIVAUX — 230

MARMONTEL Jean-François
(1723-1799)
Éditeur de la revue *Mercure de France*, historiographe du roi, secrétaire perpétuel de l'Académie française, Jean-François Marmontel milite auprès de Voltaire, qui l'a introduit dans la vie littéraire, pour le développement des Lumières. Il écrit des articles de critique littéraire et de morale pour l'*Encyclopédie*. D'abord médiocre tragédien, Marmontel s'impose comme romancier, associant dans ses romans le pittoresque et la sentimentalité pour dénoncer le dogmatisme et l'intolérance. Ses *Mémoires*, qui constituent son chef-d'œuvre, ne sont publiés qu'après sa mort.
Essai : *Éléments de littérature* (1787) ; romans : *Bélisaire* (1767) ; *Les Incas* (1777) ; mémoires : *Mémoires d'un père pour servir à l'instruction de ses enfants* (1807, posth.).

MAROT Clément — 82

MARTIN DU GARD Roger
(1881-1958)
Installé dans sa campagne du Cher, Roger Martin du Gard publie *Jean Barois* en 1913, tentative de roman dialogué qui attire sur lui la curiosité de Gide et de la *Nouvelle Revue française*. La guerre met cependant entre parenthèses les ambitions littéraires du jeune écrivain. Il faut attendre 1920 pour que le grand projet romanesque de Martin du Gard prenne forme : l'histoire de deux frères à la fois semblables et opposés, dont les destins seront confrontés à l'histoire de ce début de XXe siècle. Pendant vingt ans, le romancier mène à bien son projet, construisant patiemment la vaste fresque romanesque qui le rend célèbre et lui permet d'obtenir, en 1937, le prix Nobel de littérature : *Les Thibault*.
Romans : *Jean Barois* (1913), *Les Thibault* (1922-1940), *Les Souvenirs du lieutenant-colonel de Maumort* (1942) ; pièce de théâtre : *Vieille France* (1933) ; souvenirs : *Notes sur André Gide* (1951), *Journal* (1992, posth.).

MARGUERITE DE NAVARRE
(1492-1549)
Marguerite d'Angoulême, reine de Navarre par son second mariage en 1527, brille à la cour de son frère François Ier mais la vie politique et mondaine ne l'empêche pas d'être touchée par la méditation des textes de l'Écriture et l'appel de la plus haute spiritualité. Célèbre pour sa culture, sa finesse et sa piété, la « Minerve de France » protégea, autant qu'elle le put, les humanistes comme Marot ou Étienne Dolet. Son œuvre la plus lue reste *L'Heptaméron*, recueil de nouvelles qui évoquent des scènes de la cour, des faits divers et qui mêlent les épisodes scabreux ou violents aux débats qui occupent les seigneurs et les dames retenus par un orage dans un couvent des Pyrénées.
Textes en vers : *Dialogue en forme de vision nocturne* (1533), *Le Miroir de l'âme pécheresse* (1533), *Les Marguerites de la Marguerite des princesses* (1547) (ouvrage qui réunit des œuvres théâtrales comme *La Nativité, Les Trois Rois, Les Innocents* et *Le Désert*, et des poèmes : *Triomphe de l'agneau, Chansons spirituelles*) ; récit en prose : *L'Heptaméron* (1558, posth.).

MAUPASSANT Guy de — 422

MAURIAC François — 500

MAUROIS André
(pseudonyme littéraire devenu le nom légal de Herzog Émile)
(1885-1967)
Passionné par l'histoire et la société anglaises, André Maurois développe, à travers une écriture élégante et limpide, l'analyse des sentiments et des comportements. Romancier psychologue, plein d'humour, il résume son œuvre dans cette formule : « Un effort pour faire comprendre aux Français l'âme anglaise, aux Anglais l'âme française. » Il décrit ainsi des milieux sociaux caractérisés et crée des caractères qui restent dans la mémoire. Maurois a également écrit de nombreuses biographies, dans lesquelles il met en usage le principe de la « vie romancée ».
Romans : *Les Silences du colonel Bramble* (1918), *Les Discours du docteur O'Grady* (1922), *Climats* (1928), *Le Cercle de famille* (1932) ; biographies : *Ariel ou la Vie de Shelley* (1923), *La Vie de Disraëli* (1927), *Byron* (1930).

MAURRAS Charles
(1868-1952)
Journaliste, fondateur du quotidien *L'Action française* en 1908, essayiste, romancier, homme politique incarnant le courant nationaliste et monarchiste en France, Charles Maurras est avant tout un idéologue, polémiste redoutable. Adversaire convaincu du romantisme, anti-dreyfusard acharné, cet admirateur de Maurice Barrès développe tout au long de sa carrière des thèses nationalistes et profondément conservatrices. Il sera condamné à la détention à perpétuité pour son attachement au régime du maréchal Pétain. Gracié au printemps 1952, il

meurt quelques mois plus tard dans une clinique de Tours.
Essais : *Enquête sur la monarchie* (1900-1909), *L'Avenir de l'intelligence* (1900), *Mes idées politiques* (1937) ; roman : *L'Étang de Berre* (1915).

MERLE Robert

(né en 1908)
Né en Algérie, Robert Merle effectue ses études à Paris, obtenant successivement une licence de philosophie, une agrégation d'anglais et un doctorat de lettres. Il publie en 1949 son premier roman, *Un week-end à Zuydcoote*, qui obtient le prix Goncourt, dans lequel il dénonce le drame de la débâcle de 1940. Auteur prolifique, Merle ne dédaigne aucun genre romanesque. Avec *Malevil* (1972), il explore ainsi avec bonheur le domaine encore neuf de la science-fiction, avant d'aborder celui de la fresque historique, avec notamment *En nos vertes années*, qui connaît un succès considérable. La guerre, l'aventure et l'histoire sont les thèmes privilégiés de Merle, qui manie l'art du suspense comme celui de maintenir en haleine un lecteur désireux de partager avec lui sa connaissance des hommes et de l'histoire.
Romans : *Un week-end à Zuydcoote* (1949), *La mort est mon métier* (1953), *L'Île* (1962), *Un animal doué de raison* (1967), *Malevil* (1972), *Les Hommes protégés* (1974), *Fortune de France* (1977), *En nos vertes années* (1979), *La Pique du jour* (1985), *Les Roses de la vie* (1995).

■ **MÉRIMÉE Prosper** 362

■ **MICHAUX Henri** 484

MICHELET Jules

(1798-1874)
L'enfance parisienne de Jules Michelet, fils d'imprimeur ruiné par les lois sur la presse, est marquée par la pauvreté. Celle-ci ne l'empêche toutefois pas de faire de brillantes études : il est docteur ès lettres à l'âge de vingt et un an. C'est au cours de la révolution de 1830 qu'il imagine le plan de sa future *Histoire de France*, celui d'une lutte du peuple contre toute forme de despotisme. Promu aux Archives nationales en 1831, successeur de Guizot à la faculté des lettres en 1834, nommé au Collège de France en 1838, son influence ne cesse de grandir. Michelet considère la France comme un organisme vivant, dont l'historien doit se faire le biographe. C'est ce qu'il entreprend avec sa monumentale *Histoire de France*, dont les dix-sept volumes seront publiés de 1833 à 1869. Le second Empire, auquel il s'oppose, voit Michelet se retirer à Nantes, où il poursuit ses travaux, terminant en 1853 son *Histoire de la Révolution française*. De retour à Paris en 1855, il achève son *Histoire de France*, publiant parallèlement une série d'ouvrages au lyrisme intense, marqués par un séjour en Bretagne. L'inventeur de l'histoire moderne meurt en 1874, laissant de nombreux manuscrits inédits.
Essais : *Tableaux synchroniques de l'histoire moderne* (1824), *Histoire de France* (1833-1869), *Le Peuple* (1846), *Histoire de la Révolution française* (1847), *La Mer* (1861), *La Bible de l'humanité* (1864).

MICHON Pierre

(né en 1945)
Pierre Michon grandit dans la Creuse, où ses parents sont instituteurs. Après une licence de lettres, il fait du théâtre, avant de publier son premier livre, *Les Vies minuscules*, à presque quarante ans. Forme d'autobiographie kaléidoscopique composée de huit récits, cette œuvre inclassable interroge la vocation d'écrivain. Un second ouvrage, *Vie de Joseph Roulin*, publié en 1988, explore, à travers l'évocation du facteur familier de Van Gogh, une autre de ces « vies minuscules » qui fascinent Michon. Ses personnages, apparemment anodins (facteur, curé de campagne, garçon de ferme, camarade de lycée, voisin de lit d'hôpital...), vivent au sein d'un microcosme dont ils tentent inlassablement de s'échapper. Les essais de Michon sur les écrivains et les peintres qu'il aime (Faulkner, Flaubert, Hugo, Watteau, Goya...) comptent parmi les plus beaux textes qu'il ait écrits.
Romans : *Les Vies minuscules* (1984), *Vie de Joseph Roulin* (1988), *L'Empereur d'Occident* (1990), *Rimbaud le fils* (1991) ; essai : *Corps du roi* (2002).

MIRBEAU Octave

(1848-1917)
Octave Mirbeau commence sa carrière littéraire en publiant des contes et des nouvelles, avant de se faire remarquer par ses talents de pamphlétaire virulent. Personnage original et profondément indépendant, il rejette toutes les écoles, même si sa trilogie autobiographique – *Le Calvaire*, *L'Abbé Jules*, *Sébastien Roch* – le rapproche du mouvement naturaliste, en mettant en scène l'atmosphère étouffante des petites villes de province, l'expérience traumatisante du collège, l'enlisement de la passion sexuelle ou l'horreur de la guerre. Ses *Chroniques esthétiques* révèlent en Mirbeau un défenseur passionné de l'art : il éreinte les peintres académistes et s'engage aux côtés de Puvis de Chavannes, Corot ou Manet, proclame le génie d'un inconnu, Van Gogh, auquel il achète ses *Tournesols*. Parallèlement, Mirbeau poursuit une carrière féconde de romancier et de dramaturge.
Romans : *Le Jardin des supplices* (1899), *Le Journal d'une femme de chambre* (1900), *Les Vingt et Un Jours d'un neurasthénique* (1901), *Dingo* (1913) ; pièce de théâtre : *Les affaires sont les affaires* (1903).

■ **MODIANO Patrick** 608

■ **MOLIÈRE** 160

■ **MONTAIGNE Pierre de** 106

■ **MONTESQUIEU** 222

MONTHERLANT Henry Millon de

(1896-1972)
Issu d'une famille noble mais ruinée, Henry Millon de Montherlant grandit à Neuilly, chez ses grands-parents. Très vite, le jeune garçon veut devenir écrivain. Combattant valeureux durant la Première Guerre mondiale, il publie un premier roman à compte d'auteur, puis un deuxième, *Le Songe*, en 1922. Commence alors pour lui une vie de voyages mélancoliques et d'écriture, jusqu'à la publication, en 1934, des *Célibataires*. Il collabore au *Figaro*, dont on lui propose la direction, se fiance et rompt à plusieurs reprises, curieux de mieux connaître celles qu'il intitulera *Les Jeunes Filles* pour son roman le plus célèbre. Correspondant de guerre en 1940, il vit mal la débâcle, se réfugie dans le sud de la France, d'où il prône « l'acceptation ». Durant la

guerre, il se consacre au théâtre. *La Reine morte*, en 1942, connaît un immense succès. Les années d'après-guerre sont aussi celles de la consécration. Élu à l'Académie française en 1960, Montherlant multiplie les chefs-d'œuvre, dans le roman et sur la scène. De graves problèmes de santé le poussent cependant au suicide, en 1972.
Romans : *Les Célibataires* (1934), *Les Jeunes Filles* (1936), *Le Chaos et la Nuit* (1963), *Les Garçons* (1969); pièces de théâtre : *La Reine morte* (1942), *La Ville dont le prince est un enfant* (1951), *Port-Royal* (1954), *La Guerre civile* (1965).

MORAND PAUL

(1888-1976)
Élève de Jean Giraudoux, qui est son précepteur et dont il deviendra l'ami, Paul Morand entame une carrière de diplomate lorsqu'il est affecté à l'ambassade de Londres en 1914. Il fréquente les cercles mondains, rencontre Proust et Cocteau. En 1917, il publie une première nouvelle, *Clarisse*, puis un recueil, *Tendres Stocks*, quatre ans plus tard. Très vite, Morand devient un écrivain reconnu, abandonne la diplomatie et voyage, arpentant le monde en homme pressé et nourrissant son œuvre des paysages rencontrés. En juillet 1940, alors qu'il est en mission à Londres, il rejoint le gouvernement de Vichy, qu'il représente durant toute la guerre dans des ambassades successives. Révoqué à la Libération, il se retire à Vevey, où il poursuit son œuvre littéraire, publiant *Hécate et ses chiens* en 1954 ou ses *Nouvelles d'une vie* en 1965. Paul Morand est élu à l'Académie française en 1968.
Romans, nouvelles et récits : *Ouvert la nuit* (1921), *Fermé la nuit* (1923), *Lewis et Irène* (1924), *Milady* (1927), *L'Homme pressé* (1941), *Journal d'un attaché d'ambassade* (1947), *Hécate et ses chiens* (1954), *La Folle amoureuse* (1956), *Nouvelles d'une vie* (1965), *Venises* (1971) ; chroniques et essais : *L'Europe galante* (1925), *Bouddha vivant* (1927), *Champions du monde* (1930), *New York* (1930), *1900* (1931).

■ **MUSSET ALFRED DE** 350

■ **NERVAL GÉRARD DE** 344

NIMIER ROGER (NIMIER DE LA PERRIÈRE, DIT)

(1925-1962)
Après des études de philosophie, Roger Nimier publie un premier roman en 1949, *Les Épées*. Mais c'est surtout *Le Hussard bleu*, en 1950, qui le rend célèbre. Il devient le chef de file d'une génération d'écrivains, les « Hussards », qui s'oppose à Sartre en revendiquant le droit à l'imagination et au romanesque. Critique littéraire, rédacteur en chef d'un hebdomadaire, cinéaste, conseiller littéraire, Nimier est une figure marquante des années d'après-guerre. Il écrit le scénario et les dialogues d'*Ascenseur pour l'échafaud*, de Louis Malle, qui lance la « Nouvelle vague ». Mais un terrible accident de voiture, en 1962, vient interrompre prématurément la carrière du « Hussard ».
Romans : *Le Hussard bleu* (1950), *Les Enfants tristes* (1951), *Histoire d'un amour* (1953).

NODIER CHARLES

(1780-1844)
Esprit érudit et plein d'imagination, directeur de bibliothèque, académicien, Charles Nodier apparaît comme l'un des chefs de file du mouvement romantique. Il développe le goût des atmosphères médiévales et gothiques, une fascination pour les superstitions, les légendes et les mythes fondateurs des angoisses et des fantasmes de la culture occidentale. Dans ses romans et ses nouvelles, il associe le pittoresque et l'insolite, le surnaturel et le fantastique. De la même manière, sa poésie développe une écriture de l'angoisse et du cauchemar.
Romans : *Jean Sbogar* (1818), *Smarra ou les Démons de la nuit* (1821), *Trilby ou le Lutin d'Argail* (1822), *La Fée aux miettes* (1832); des *Souvenirs* (1834-1844).

■ **NOTHOMB AMÉLIE** 639

OBALDIA RENÉ DE

(né en 1918)
René de Obaldia commence par publier des poèmes surréalistes avant de venir au roman, en 1955, avec *Tamerlan des cœurs*. Son œuvre poétique et romanesque se caractérise par un humour étrange, multipliant les jeux sur la langue, utilisant les sonorités pour remplacer un mot par un autre, à travers des rapports ludiques de sons et de sens. Au théâtre, avec *Génousie*, Obaldia invente un langage, le génousien. Les paroles de son héroïne s'apparentent ainsi aux roucoulements du pigeon : « Gourouligiliou » devient une expression-clef, qui tourne en dérision les attitudes et les conventions du langage et de la dramaturgie. Ce jeu surréaliste sur les mots donne aux pièces de René de Obaldia une dimension satirique traversée de moments d'intense poésie.
Romans : *Fugue à Waterloo* (1956), *Le Centenaire* (1959); pièces de théâtre : *Génousie* (1960), *Le Général inconnu* (1964), *Du vent dans les branches de sassafras* (1965), *Le Cosmonaute agricole* (1965), *La Baby-Sitter* (1971), *Classe Terminale* (1973), *Grasse Matinée* (1981).

■ **ORLÉANS CHARLES D'** 62

ORMESSON JEAN (LEFÈVRE D')

(né en 1925)
Né à Paris, Jean d'Ormesson mène une carrière de haut fonctionnaire. Romancier, essayiste et journaliste, il est l'auteur de nombreux romans dans lesquels il exprime avec fantaisie et virtuosité, à travers des fictions enjouées, son attachement à la littérature, comme à la défense de certaines valeurs traditionnelles. Souvent présent dans les médias, il y incarne avec élégance la tradition d'un certain « esprit français », héritier du XVIIIe siècle.
Romans : *La Gloire de l'Empire* (1971), *Au plaisir de Dieu* (1974), *Le Vent du soir* (1985), *Le Bonheur à San Miniato (1987)*, *Histoire du juif errant* (1991), *Presque rien sur presque tout* (1996).

■ **OVIDE** 30

■ **PAGNOL MARCEL** 488

■ **PASCAL BLAISE** 156

■ **PÉGUY CHARLES** 454

PENNAC DANIEL

(né en 1944)
Daniel Pennac est l'auteur de romans policiers humoristiques, écrits dans

une langue aisée et attachante. Il consacre ainsi une tétralogie romanesque au Paris de Belleville menacé par les promoteurs immobiliers, en racontant avec un humour distancié les aventures de Benjamin Malaussène, héros désinvolte entouré de sa « tribu » familiale. Ses œuvres sont aussi l'occasion de réfléchir et de s'interroger sur les pouvoirs et la séduction du roman.
Romans : *Au bonheur des ogres* (1985), *La Fée Carabine* (1987), *La Petite Marchande de prose* (1989), *Comme un roman* (1992), *Monsieur Malaussène* (1995), *Messieurs les enfants* (1997), *Le Dictateur et le hamac* (2003).

PEREC Georges 606

PÉRET Benjamin

(1899-1959)
Essayiste, conteur, pamphlétaire trotskiste et poète, Benjamin Péret peut être considéré comme le plus surréaliste des écrivains surréalistes. Collaborateur à la revue *Littérature*, il dirige avec André Breton, à partir de 1924, *La Révolution surréaliste*. Sa poésie lyrique et automatique se prolonge en un humour provocateur en faveur de la liberté absolue du poète.
Recueils de poèmes : *Le Passager du transatlantique* (1921), *Immortelle Maladie* (1924), *152 proverbes mis au goût du jour* (1925), *Le Grand Jeu* (1928), *Dernier malheur, dernière chance* (1942) ; pamphlet : *Le Déshonneur des poètes* (1938) ; romans : *Feu central* (1947), *Air mexicain* (1952).

PERRAULT Charles 208

PONGE Francis 590

PRÉVERT Jacques 536

PRÉVOST Antoine-François 232

PROUST Marcel 448

QUEFFÉLEC Yann

(né en 1949)
Fils d'un romancier breton, Yann Queffélec passe le baccalauréat avant d'entamer une vie d'errance qui dure quatre années. La rencontre du jeune homme avec l'éditrice Françoise Verny, sur l'île de Ré, en 1979, est décisive. Elle l'incite à écrire et, dès son deuxième roman, en 1985, il obtient le prix Goncourt pour *Les Noces barbares*. La suite de sa carrière est plus difficile. Éreinté par la critique pour *La Femme sous l'horizon*, le romancier poursuit une œuvre personnelle, dédiée tout entière aux femmes qu'il a aimées : sa mère, son épouse, les héroïnes sauvages et belles de romans sensuels et généreux.
Romans : *Le Charme noir* (1983), *Les Noces barbares* (1985), *La Femme sous l'horizon* (1988), *Boris, après l'amour* (2002).

QUENEAU Raymond 506

QUIGNARD Pascal 626

RABELAIS François 82

RACINE Jean 182

RADIGUET Raymond

(1903-1923)
Journaliste et poète, participant pleinement à la vie du Montmartre artistique du début du siècle, Raymond Radiguet apparaît comme un génie fulgurant, comme un météore dans l'histoire de la littérature. Ses romans séduisent le lecteur par la puissance de la passion, alliée à un discernement psychologique raffiné. Écrivain « prodige », Radiguet montre une écriture étonnamment maîtrisée, qui sert une imagination rêveuse et vagabonde. Ses romans ont souvent été adaptés au cinéma ou à la télévision.
Recueil de poèmes : *Les Joues en feu* (1920) ; comédie : *Les Pélicans* (1921) ; romans : *Le Diable au corps* (1923), *Le Bal du comte d'Orgel* (1924, posth.).

RAMUZ Charles-Ferdinand

(1878-1947)
Citadin de naissance, Charles-Ferdinand Ramuz fit des études de lettres à Lausanne, vécut à Paris de 1902 à 1914 où il écrivit ses premiers romans, puis revint au pays de Vaud qu'il ne quitta plus. Dans *Aline* en 1905, *Les Circonstances de la vie* en 1907, il évoque avec une simplicité poignante la vie de personnages humbles et malheureux mais, à partir de 1914, ses romans se dégagent du modèle naturaliste et deviennent de véritables poèmes, variations d'un même sujet toujours repris, « une petite ville en proie au surnaturel » (Paul Claudel). L'originalité de son style, d'une saveur âpre et comme rocailleuse, suscite une injuste querelle où les plus grands, Rolland, Claudel, Gide, l'assurent de leur admiration. Dans ses essais comme dans ses romans, l'exaltation de la vie, l'acceptation de la nature se fondent sur une critique radicale de l'arrogance de notre civilisation technicienne. Son œuvre, un sommet du roman de langue française, a inspiré de nombreux cinéastes comme Claude Goretta, François Weyergans ou Francis Reusser.
Recueil de poèmes : *Le Petit Village* (1903), *Chanson* (1914) ; livrets d'opéra (pour Igor Stravinsky) : *Histoire du soldat* (1920), *Noces* (1923) ; romans : *Aline* (1905), *Jean-Luc persécuté* (1911), *La Guerre dans le haut pays* (1915), *La Grande Peur dans la montagne* (1926), *Joie dans le ciel* (1925), *La Beauté sur la terre* (1927), *Derborence* (1934), *Si le soleil ne revenait pas* (1937) ; essais : *Taille de l'homme* (1933), *Questions* (1935), *Besoin de grandeur* (1938) ; autobiographie : *Découverte du monde* (1939), *Journal 1896-1942* (1947).

RÉDA Jacques

(né en 1929)
Jacques Réda reçoit une formation classique au collège jésuite d'Évreux, avant de faire son droit à Paris, où il s'installe. Il exerce alors divers métiers, découvrant notamment l'univers de l'usine ou du chemin de fer. À partir de 1961, il publie des articles critiques et des poèmes dans *Les Cahiers du Sud* et *Les Cahiers du chemin*. Son premier recueil de poèmes, *Amen*, est publié en 1968. Il se distingue d'emblée par son lyrisme, en écart avec l'idéologie dominante de l'époque. Également chroniqueur à *Jazz magazine*, Réda publie une remarquable *Anthologie des musiciens de jazz* en 1981. Durant toutes ces années, il est lecteur pour les éditions Gallimard et devient rédacteur en chef de la Nouvelle Revue Française en 1987. Son œuvre poétique se présente comme la quête inlassable d'un flâneur portant attention aux choses simples de la vie : rues, scènes familières et quotidiennes, paysages

urbains, banlieues perçus sous le signe de la nostalgie. Poète promeneur, Réda mêle dans ses écrits le vers et la prose, et transmet au lecteur la curiosité infatigable de son regard.
Recueils de poèmes : *Amen* (1968), *Récitatif* (1970), *La Tourne* (1975), *Hors les murs* (1982), *L'Herbe des talus* (1984), *Recommandations aux promeneurs* (1988), *Nouveau Livre des reconnaissances* (1992).

RÉGNIER Henri de

(1864-1936)
Issu d'une famille aristocrate, Henri de Régnier grandit à Honfleur jusqu'en 1871, date à laquelle ses parents s'installent à Paris. Passionné par la poésie, il publie son premier recueil de vers, *Les Lendemains,* en 1886, avant de devenir un habitué des Mardis de Mallarmé. Henri de Régnier épouse la fille aînée de Jose Maria de Heredia en 1895, avant de publier deux ans plus tard ses *Jeux rustiques et divins,* dans lequel il exprime toute sa mélancolie. Henri de Régnier est tout entier tourné vers le passé : ce sont en effet les XVIIe et XVIIIe siècles qu'il fait revivre dans ses nombreuses nouvelles et ses « romans costumés », injustement oubliés, où le libertinage se mêle à la galanterie. Dans son œuvre, l'Ancien Régime apparaît comme un paradis perdu peuplé de nymphes ironiques, se baignant dans les fontaines en « habit de péché ».
Recueils de poèmes : *Les Jeux rustiques et divins* (1897), *Les Médailles d'argile* (1900), *La Cité des eaux* (1906) ; romans : *La Double Maîtresse* (1900), *Le Bon Plaisir* (1902), *Les Vacances d'un jeune homme sage* (1903), *Les Rencontres de M. de Bréot* (1904), *La Pécheresse* (1926), *L'Escapade* (1930) ; recueil de souvenirs : *L'Altana* (1929).

RENAN Ernest

(1823-1892)
Historien érudit et critique, Ernest Renan considère que la connaissance scientifique mène à la connaissance absolue. Rejetant toute forme de surnaturel, il s'efforce de fonder un « christianisme rationnel et critique ». Ses travaux d'historien associent la réflexion et le charme, la poésie, la science et la foi.
Essais : *Vie de Jésus* (1863), *L'Avenir de la science* (1848, publié en 1890).

■ RENARD Jules 430

RESTIF DE LA BRETONNE
(pseudonyme de Restif Nicolas)

(1734-1806)
Fils de paysans aisés, apprenti imprimeur puis homme de lettres, Restif de la Bretonne est l'auteur d'une œuvre singulière, de près de soixante mille pages. Il écrit une étonnante autobiographie sous le titre de *Monsieur Nicolas ou le Cœur humain dévoilé* (1794-1797) et décrit dans ses romans l'univers de la prostitution, de la violence et du crime. Il fait la peinture réaliste de la capitale dans *Les Nuits de Paris,* reprenant le schéma des *Mille et Une Nuits.* L'œuvre de Restif, née des angoisses de son auteur, superpose fiction et autobiographie, confond le réel et l'imaginaire en une série de tableaux hétéroclites, parfois lugubres, mais toujours intenses et pittoresques. Chaque *Nuit* apparaît ainsi comme un reportage saisissant qui permet au lecteur de suivre le narrateur noctambule à la découverte du XVIIIe siècle.
Romans : *Le Paysan perverti* (1775), *La Paysanne pervertie* (1784), *Les Nuits de Paris* (1788-1794), *Philosophie de M. Nicolas* (1796).

RETZ
(Paul de Gondi, cardinal de)

(1613-1679)
Rival de Mazarin, le cardinal de Retz participe aux désordres de la Fronde. Son œuvre, l'histoire de sa vie, n'est pas destinée à la publication mais à une mystérieuse destinataire. Réglant des comptes personnels, il établit les portraits des acteurs politiques importants de son époque, comme Anne d'Autriche, Richelieu ou encore Mazarin. Tout en reconstituant la jeunesse de l'illustre Frondeur, les *Mémoires* sont également un manuel de haute politique.
Essai : *Défense de l'ancienne Fronde* (1651) ; *Mémoires* (1671-1675, 1717, posth.).

REVERDY Pierre

(1889-1960)
La poésie de Pierre Reverdy naît de sa rencontre au Bateau-Lavoir, de 1910 à 1914, avec les peintres et les poètes les plus importants de son temps : Picasso, Braque, Jacob, Apollinaire... Comme ce dernier, il s'engage volontairement pour le front, mais, réformé, il devient imprimeur à Montmartre, où il s'édite lui-même. Il collabore ensuite à la revue *Sic,* avant de créer la revue *Nord-Sud* (1917-1918). Il poursuit son œuvre originale après guerre, jouant des blancs et de la disposition des vers sur la page, fidèle à « l'esprit nouveau » insufflé par Apollinaire.
Recueils de poèmes : *La Lucarne ovale* (1916), *Les Ardoises du toit* (1918), *Plupart du temps* (1945).

■ RÉZA Yasmina 628

■ RIMBAUD Arthur 404

RIVAROL Antoine
(dit le comte de)

(1753-1801)
Rivarol hérite d'un père aubergiste sa passion farouche pour la langue française. Il se rebaptise comte de Rivarol pour entamer une carrière littéraire à Paris, se faisant de nombreux ennemis par son esprit ironique et cinglant. À partir de 1789, ce disciple de Montesquieu met en jeu les multiples tonalités de ses discours – l'humour, le comique, la malice et l'ironie – pour combattre la Révolution. Ses mots à l'emporte-pièce font de lui un satiriste spirituel, qui fait un usage brillant de l'art de la polémique.
Essais : *Discours sur l'universalité de la langue française* (1784), *Journal politique et national* (1789-1790), *Actes des Apôtres* (1789) ; recueil posthume : *Maximes et pensées* (1808, posth.).

■ ROBBE-GRILLET Alain 572

■ ROLLAND Romain 518

■ ROMAINS Jules (pseudonyme de Louis Farigoule) 468

■ RONSARD Pierre de 96

ROSNY AÎNÉ
(pseudonyme de Boex Joseph Henri, dit J.H. Rosny puis)

(1856-1940)
Joseph Henri Boex naît et grandit à Bruxelles avant de venir s'installer à Londres, puis à Paris en 1855. Il se lie d'amitié avec Edmond de Goncourt et

écrit, en collaboration avec son frère (Rosny jeune) un roman de science-fiction, *Les Xypéhuz* (1887). On y trouve l'ensemble des caractéristiques qui feront de Rosny aîné (avec le symboliste Edmond Haraucourt) l'inventeur du « roman préhistorique » : naturalisme scientifique, exploration des époques les plus reculées de l'histoire de l'homme, adaptation dans le genre romanesque des théories darwiniennes sur l'évolution se retrouvent dans son œuvre la plus célèbre : *La Guerre du feu*. Rosny, surnommé « le Bilatéral » par ses amis écrivains, est membre de la première académie Goncourt, en 1903, avant d'en devenir président en 1926. Excellent mémorialiste, il en retrace la genèse dans *Torches et Lumignons* ou *L'Académie Goncourt*.
Romans préhistoriques : *Vamireh* (1892), *Le Félin géant* (1918), *La Guerre du feu* (1911), *Helgvor du fleuve bleu* (1930) ; romans de science-fiction : *La Mort de la Terre* (1912), *Les Navigateurs de l'infini* (1927).

■ ROSTAND Edmond 434

ROUAUD Jean

(né en 1952)
Jean Rouaud est né à Campbon, en Loire-Atlantique, en 1952. Après une enfance marquée par la mort brutale de son père, le lendemain de Noël 1963, il fait des études de lettres à l'université de Nantes. Il exerce ensuite une multitude de petits métiers, afin de pouvoir se consacrer à ses passions : la lecture, la musique et l'écriture. C'est ainsi qu'il se retrouve marchand de journaux dans un kiosque parisien lorsque son premier roman, *Les Champs d'honneur*, est publié aux Éditions de Minuit, en 1990. Remarqué par Hervé Bazin, alors président de l'académie Goncourt, le roman obtient le prestigieux prix littéraire la même année. Depuis, Rouaud poursuit son œuvre romanesque, explorant l'histoire de sa famille et restituant la mémoire commune d'un destin collectif, à travers une écriture souple et rythmée.
Romans : *Les Champs d'honneur* (1990), *Des hommes illustres* (1993), *Le Monde à peu près* (1996), *Sur la scène comme au ciel* (1999).

ROUBAUD Jacques

(né en 1932)
Mathématicien et poète, Jacques Roubaud conçoit la poésie comme un exercice de style rigoureux et logique. Admirateur de la poésie du Moyen Âge, écrivain engagé dans le renouveau de l'écriture poétique, il rejoint en 1966 le groupe de l'Oulipo, qui associe une réflexion sur les mathématiques, les contraintes formelles et l'héritage des haïkus, courts poèmes japonais. Roubaud expose ses théories dans *Description du projet*, en 1979. Celles-ci lui permettent de créer différents types de composition, utilisant par exemple le déroulement d'une partie de Go, jeu de stratégie chinois, pour structurer un de ses longs chants poétiques. Par ailleurs, il écrit, avec *Le Grand Incendie de Londres*, un roman éblouissant, premier volume d'une autobiographie intellectuelle sur laquelle l'écrivain ne cesse de travailler.
Recueils de poèmes : ∈ (1967), *Mono no aware* (1970), *Trente et un au cube* (1973), *Dors* (1981), *Quelque chose noir* (1986) ; roman : *Le Grand Incendie de Londres* (1989).

■ ROUSSEAU Jean-Jacques 268

ROY Claude (pseudonyme de Orland Claude)

(1915-1997)
Claude Roy grandit à Jarnac, où il fait la connaissance du jeune François Mitterrand. Étudiant en droit à Paris, il est séduit par l'activisme de l'Action française et effectue son service militaire lorsque éclate la Seconde Guerre mondiale. Résistant dès 1941, il adhère au parti communiste. Il fait alors la rencontre d'Aragon, d'Éluard, de Gide et de Giraudoux. À la Libération, journaliste à *Combat*, il écrit de nombreux essais, poursuit son œuvre poétique et publie ses premiers romans. Il est exclu du parti communiste en 1956, pour avoir critiqué l'intervention soviétique en Hongrie. Dès lors, il se consacre essentiellement à son œuvre littéraire. Lorsqu'il découvre, en 1982, qu'il est atteint d'un cancer, il fait la chronique minutieuse de sa maladie et de sa guérison dans un journal intime profondément original, *Permis de séjour*, qui mêle les réflexions sur la marche du monde, les confidences personnelles, l'émerveillement ressenti à l'écoute du chant d'un oiseau et les poèmes que l'homme vieillissant ne cesse d'écrire.
Recueils de poèmes : *L'Enfance de l'art* (1942), *Farandoles et Fariboles* (1957), *Le Noir de l'aube* (1990), *Les Pas du silence* (1993) ; romans : *La nuit est le manteau des pauvres* (1948), *Léone et les siens* (1963), *La Traversée du pont des Arts* (1979), *Le Voyage d'automne* (1987) ; essais : *Sur la Chine* (1979), *Balthus* (1996) ; journaux : *Permis de séjour* (1983), *Le Rivage des jours* (1992).

RUFFIN Jean-Christophe

(né en 1952)
Docteur en médecine, spécialiste de neurologie et de psychiatrie, Jean-Christophe Ruffin est l'un des pionniers du mouvement humanitaire « Sans frontières », pour lequel il a dirigé de nombreuses missions en Afrique de l'Est. Directeur de recherches à l'Institut des relations internationales et stratégiques, il connaît le succès avec ses romans historiques, qui restituent minutieusement et avec ampleur une période de l'histoire, à travers la conscience d'un personnage attachant. *Rouge Brésil* obtient le prix Goncourt en 2001.
Romans : *Les Causes perdues* (1999), *Rouge Brésil* (2001).

■ RUTEBEUF 60

■ SADE Donatien Alphonse 286

■ SAGAN Françoise 576

■ SAINT-AMANT Antoine de 132

■ SAINT AUGUSTIN 36

■ SAINT-EXUPÉRY Antoine de 524

SAINT-JOHN PERSE (pseudonyme de Alexis Saint-Leger Leger)

(1887-1975)
Né à la Guadeloupe, haut fonctionnaire de la IIIe République, secrétaire d'ambassade puis directeur politique au quai d'Orsay, Saint-John Perse est un poète profondément secret. Ses fonctions diplomatiques le conduisent

à parcourir le monde (Guadeloupe, Chine, Corée, Japon, États-Unis), sans jamais cesser d'écrire une œuvre exigeante et volontiers hermétique. Ses poèmes exaltent les richesses de la langue et du monde, à travers un ton solennel et liturgique, mais empreint de chaleur et d'exotisme. Saint-John Perse cherche ainsi à calquer les « souffles » de l'esprit qui doit affronter les forces élémentaires de l'univers. *Amers* (1957) est son chef-d'œuvre.

Recueils de poèmes : *Éloges* (1911), *Anabase* (1924), *Exil* (1944), *Vents* (1946), *Amers* (1957), Oiseaux (1963).

■ **SAINT-SIMON Louis** 238

SAINTE-BEUVE Charles Augustin

(1804-1869)

Sainte-Beuve, introduit tout jeune dans l'équipe du journal *Le Globe* puis dans le *Cénacle* de Hugo, participe au mouvement romantique avec *Vie, poésies et pensées de Joseph Delorme* et le roman *Volupté* inspiré par sa passion pour Madame Hugo. Mais ce sont ses ouvrages critiques qui font l'essentiel de son œuvre. Il remet Ronsard à l'honneur, fait revivre les hautes figures du mouvement janséniste, évoque Chateaubriand et son groupe littéraire. Sa méthode, intuitive, éloignée de tout esprit de système, cherchait à saisir « le point moral » qui permet de comprendre chaque écrivain. Mais, malgré sa finesse, celui que Balzac appelait Sainte Bévue n'a compris ni Balzac, ni Stendhal, ni Baudelaire.

Prose et poésie : *Vie, poésies et pensées de Joseph Delorme* (1829) ; roman : *Volupté* (1834) ; essais : *Tableau historique et critique de la poésie française et du théâtre français au* XVI*e siècle* (1828), *Port-Royal* (1840-1859), *Portraits de femmes* (1844), *Portraits littéraires* (1844), *Les Causeries du lundi* (1851-1862), *Chateaubriand et son groupe littéraire sous l'Empire* (1861), *Nouveaux Lundis* (1863-1870).

■ **SAND George** 364

■ **SARRAUTE Nathalie** 614

■ **SARTRE Jean-Paul** 526

SCARRON Paul

(1610-1660)

Paul Scarron est l'auteur de comédies, de nouvelles et du célèbre *Roman comique*. Dans ses œuvres parodiques animées par une bouffonnerie savante, Scarron fait reposer le comique sur le contraste entre la grandeur du sujet et la bassesse du style. Les héros antiques deviennent des rustres du XVIIe siècle, et la parodie bouffonne de l'*Énéide*, de Virgile, tourne en dérision les personnages héroïques de l'Antiquité latine. *Le Roman comique* raconte les mésaventures d'une troupe itinérante de comédiens, en jouant sur le registre héroï-comique, mêlant imagination burlesque et détails réalistes. C'est aussi une manière de se moquer du roman précieux d'aventures galantes.

Recueils de poèmes : *Recueil de quelques vers burlesques* (1643-1648) ; épopées burlesques : *Typhon* (1644), *Virgile travesti* (1648-1652), *Les Nouvelles tragi-comiques* ; roman : *Le Roman comique* (1651-1657).

SCÈVE Maurice

(vers 1500 - vers 1560)

Issu de la petite noblesse de robe, sans doute docteur en droit, Maurice Scève aurait retrouvé en 1533 en Avignon le tombeau de la Laure chantée par Pétrarque. Devenu célèbre dans le milieu lettré de Lyon par son blason « Le sourcil », il doit sa gloire à la publication, en 1544, de *Délie, objet de plus haute vertu*. Ce recueil de quatre cent quarante-neuf dizains accompagnés de quarante-neuf emblèmes chante l'amour platonique et vertueux pour Pernette du Guillet, mais Délie pourrait être aussi l'anagramme de « L'idée ». S'il organise en 1548 les fêtes qui saluent l'entrée de Henri II à Lyon, il mène une vie discrète, ne se liant à aucune école, aimant la retraite et la solitude. Il consacre ses dernières années à la composition des trois mille trois vers du *Microscome*. Cette épopée à la louange des progrès de l'homme paraît à titre posthume en 1562.

Recueils de poèmes : *Arion, églogue sur le trépas de Monseigneur le Dauphin* (1536), *Délie, objet de plus haute vertu* (1544), *Saulsaye, églogue de la vie solitaire* (1547), *Microcosme* (1562).

SCUDÉRY Madeleine de

(1607-1701)

Romancière précieuse, mademoiselle de Scudéry fait de son œuvre un miroir de la mondanité, à travers la virtuosité du style. L'écrivain développe le langage de l'amour sur le mode héroïque et romanesque. Sa poésie est à la fois ingénieuse et raffinée. Sous sa plume, le roman devient une réflexion psychologique sur l'amour. Ses œuvres font l'anatomie du cœur amoureux, avec un mélange baroque d'aventures héroïques et de peinture idéalisée des mœurs.

Roman : *Artamène ou le Grand Cyrus* (1649-1653) ; *Clélie, histoire romaine* (1654-1661) ; recueil de poèmes : *La Guirlande de Julie* (1634).

SEGALEN Victor

(1878-1919)

Poète d'origine bretonne, diplomate, médecin de la marine et grand voyageur, Victor Segalen découvre la nature de Tahiti en 1903, puis les horizons lointains de l'Asie au cours de missions archéologiques. Il décide, après avoir vu les tableaux de Gauguin, de décrire ce monde exotique en cherchant à restituer la profondeur et la beauté des êtres. Son œuvre y puise une force symbolique et rêveuse. Il s'installe à Pékin en 1910.

Recueils de poèmes en prose inspirés par ses voyages : *Les Immémoriaux* (1907), *Stèles* (1912), *Peintures* (1916) ; roman : *René Leys* (1922, posth.).

SÉGUR
(née Rostopchine Sophie, comtesse de)

(1799-1874)

Les romans de la comtesse de Ségur – sous l'apparence dorée du conformisme optimiste de romans d'éducation qu'elle écrit pour ses petits-enfants – révèlent une perception aiguë des changements sociaux et humains. La société qui est mise en scène dans ces « compositions nigaudes » (comme elle les appelait) est généreuse envers les plus humbles et les plus démunis ; en retour, les pauvres sont respectueux de leurs bienfaitrices. Les récits, chefs-d'œuvre du genre, sont ainsi l'occasion de raconter l'histoire de destins pathétiques accompagnés de discours moralisants, à travers lesquels se

manifeste, cependant, la vérité du désir.
Romans : *Les Petites Filles modèles* (1858), *Les Vacances* (1859), *Mémoires d'un âne* (1860), *Les Malheurs de Sophie* (1864), *Jean qui grogne et Jean qui rit* (1865), *Le Général Dourakine* (1866).

SÉNÈQUE 34

SENGHOR Léopold Sédar 534

SÉVIGNÉ (née Marie de Rabutin-Chantal, marquise de) 188

SIMENON Georges 496

SIMON Claude 588

SOLLERS Philippe (pseudonyme de Joyaux Philippe)

(né en 1936)
Romancier et essayiste, fondateur de la revue *Tel Quel*, qui devient *L'Infini* en 1983, Philippe Sollers joue un rôle considérable dans l'histoire de la critique contemporaine. Poursuivant l'expérience d'une écriture multiforme, il inscrit son œuvre dans l'héritage de Lautréamont, de Joyce et de tous les créateurs de langue, comme Rimbaud ou Céline. Ses essais, ses travaux critiques défendent avec force une littérature qui se libère des conventions et de toutes les formes d'appauvrissement de la pensée. Son œuvre reprend également, pour l'adapter à notre siècle, jusque dans sa dimension scandaleuse, la figure du libertin du XVIIIe siècle.
Romans : *Une curieuse solitude* (1959), *Le Parc* (1961, prix Médicis), *Paradis* (1981), *Femmes* (1983), *Portrait du joueur* (1984), *Le Cœur absolu* (1987), *Les Folies françaises* (1988), *Le Lys d'or* (1989), *Le Secret* (1992), *Le Cavalier du Louvre* (1997), *Amours* (1997), *Studio* (1997) ; essais critiques : *Logiques* (1968), *Sur le matérialisme dialectique* (1974), *Éloge de l'infini* (2001).

SOPHOCLE 22

SOREL Charles 130

SOUPAULT Philippe

(1897-1991)
Ami d'André Breton et de Louis Aragon, Philippe Soupault crée avec eux la revue *Littérature*, qui diffuse en France la pensée dada, en 1920. Cette même année, il expérimente l'écriture automatique dans *Les Champs magnétiques*, publiés un an plus tard. Surréaliste de la première heure, il est exclu du mouvement en 1927. Dès lors, il voyage inlassablement à travers le monde, continuant à publier des textes d'inspiration surréaliste, faisant entendre, en dehors du mouvement, une voix originale d'où se dégage un souffle onirique.
Écriture automatique : *Les Champs magnétiques* (avec André Breton, 1920) ; recueils de poèmes : *Westwego* (1922), *Poésies complètes* (1937), *Ode à Londres bombardée* (1942), *Chansons* (1949), *Crépuscules* (1973) ; romans : *Le Bon Apôtre* (1923), *Le Voyage d'Horace Pirouelle* (1925) ; souvenirs : *Mémoires de l'oubli, 1914-1980* (1981).

STAËL Germaine de 304

STENDHAL 314

STERNBERG Jacques

(né en 1923)
L'expérience de la Seconde Guerre mondiale a profondément marqué l'œuvre de Jacques Sternberg. On y retrouve ainsi un certain nihilisme, un humour noir et la hantise de la mort. Ses romans et ses nombreuses nouvelles, qui cherchent à dépasser les formes habituelles de la science-fiction ou du récit fantastique, se montrent, au fil des années, de plus en plus pessimistes. Sternberg a également écrit le scénario du film *Je l'aime, je t'aime*, d'Alain Resnais.
Romans : *La sortie est au fond de l'espace* (1956), *L'Employé* (1958), *Un jour ouvrable* (1961), *Toi, ma nuit* (1965), *La Banlieue* (1976), *Un cœur froid* (2000) ; recueils de nouvelles : *Entre deux modes incertains* (1957), *Univers Zéro* (1970), *Futurs sans avenirs* (1971), *188 Contes à régler* (1988).

SUE Eugène 356

SUPERVIELLE Jules

(1884-1960)
Élevé par un oncle en Uruguay, après le décès de ses parents, Jules Supervielle s'est longtemps partagé entre son pays d'adoption et la France. À l'écart des milieux littéraires, il découvre Rimbaud et Mallarmé sur le tard, dans les années vingt : il s'essaie alors au vers libre (*Débarcadères*) et écrit un roman, *L'Homme de la pampa* (1925), avant d'explorer les formes du conte et du récit autobiographique. La Seconde Guerre mondiale, qu'il vit malade en Uruguay, est pour lui une épreuve terrible, qu'il retrace dans des poèmes d'une violente intensité. Les années d'après-guerre sont aussi celles de la consécration.
Recueils de poèmes : *Débarcadères* (1922), *Gravitations* (1925), *Le Forçat innocent* (1930), *La Fable du monde* (1938), *Poèmes de la France malheureuse* (1942), *Oublieuse Mémoire* (1949), *Le Corps tragique* (1959) ; contes et récits : *Le Voleur d'enfants* (1926), *L'Enfant de la haute mer* (1931).

TARDIEU Jean

(1903-1995)
Fils d'un père peintre et d'une mère harpiste, Jean Tardieu fait des études de lettres à Paris. Sensible à ce qu'il appelle « l'étrangeté d'être », il publie ses premiers poèmes dès 1927 tout en travaillant aux Musées nationaux puis chez Hachette. Engagé dès 1940 dans la littérature clandestine de la Résistance, il entre en 1944 à la Radio française et devient directeur du club d'essai où il favorise les expériences les plus audacieuses. C'est lui qui met au point le programme de France Musique. Ce goût de l'innovation se retrouve dans les formes multiples que prend son œuvre : poésies où il cherche à faire entendre « un langage inconnu », théâtre où il explore en poète toutes les possibilités des conventions théâtrales. L'humour cache mal l'angoisse qui saisit le poète devant « la grâce déchirante de l'éphémère : une poignée de jours en flammes dans une énorme obscurité ».
Recueils de poèmes : *Accents* (1939), *Le Témoin invisible* (1943), *Jours pétrifiés* (1947), *Monsieur, Monsieur* (1951), *Une voix sans personne* (1954), *Formeries* (1976), *Le Miroir ébloui* (1993), *Da*

Capo (1995); pièces de théâtre : *Théâtre de chambre I* (1955), *Théâtre II, poèmes à jouer* (1960), *Théâtre III, Une soirée en Provence ou le Mot et le cri* (1975), *Théâtre IV, La Cité sans sommeil et autres pièces* (1984); essais : *De la peinture que l'on dit abstraite* (1960), *Villon* (1960), *Hans Hartung* (1962), *Hollande, Jean Bazaine* (1963); autobiographie : *On vient chercher Monsieur Jean* (1990).

TOURNIER Michel 598

TRENET Charles

(1913-2001)
Charles Trenet naît le 18 mai 1913 à Narbonne. Ses parents divorcent alors qu'il est âgé de sept ans : il devient pensionnaire à Perpignan. Le jeune homme rejoint ensuite Paris, où il fait, en 1931, la rencontre de Max Jacob et de Jean Cocteau. L'année suivante, il chante en duo avec Johnny Hess, un jeune Suisse de dix-sept ans. L'aventure dure trois ans. Au « Bœuf sur le Toit », il côtoie Gide, Picasso ou Paul Morand. En 1937, Maurice Chevalier interprète *Y'a d'la joie* et présente l'auteur au Casino de Paris. Les récitals, les films, les chansons assurent la renommée du « Fou chantant ». Démobilisé à partir de1940, de retour à Paris, il poursuit sa carrière. Inquiété à la Libération, il échappe à l'épuration. De nouveau les succès se multiplient, Trenet donne des concerts dans le monde entier. En 1975, il fait ses premiers « adieux » à l'Olympia. Son retour sur scène, en 1983, est un triomphe. La même année, il échoue à son élection à l'Académie française. L'artiste donne un ultime tour de chant à la salle Pleyel, en 1999. Il s'éteint le 19 février 2001.
Textes et chansons : *Y'a d'la joie* (1937), *La Route enchantée* (1938), *Je chante* (1938), *Boum !* (1939), *Que reste-t-il de nos amours ?* (1942), *Douce France* (1943), *La Mer* (1946), *Le Jardin extraordinaire* (1957), *Les poètes descendent dans la rue* (1999).

TRIOLET Elsa

(1896-1970)
Née à Moscou, Elsa Triolet, qui est la belle-sœur de l'écrivain russe Maïakovski, rencontre Louis Aragon à Paris en 1928. C'est un coup de foudre réciproque. Elsa devient dès lors la compagne et l'inspiratrice du poète surréaliste, et tous deux mèneront les mêmes combats politiques, de la défense du communisme à la résistance contre le nazisme. Ces préoccupations se retrouvent dans l'œuvre romanesque d'Elsa Triolet, qui interroge le devenir de l'homme et dénonce une société de consommation illusoire et aliénante.
Romans : *Le Cheval blanc* (1943), *Les Amants d'Avignon* (1943), *Le premier accroc coûte deux cents francs* (1944), *Roses à crédit* (1959), *Luna-Park* (1959), *L'Âme* (1963), *Le Grand Jamais* (1965).

TRISTAN L'HERMITE
(François l'Hermite, sieur de Soliers, dit)

(1601-1655)
Poète, académicien et dramaturge appartenant au courant de la préciosité, Tristan l'Hermite est l'un des premiers écrivains à développer une forme d'autobiographie, où se mêlent le récit d'une vie tumultueuse et la découverte du monde, faisant du lecteur le confident privilégié de ses aventures. Récit picaresque, le roman enchaîne les péripéties plaisantes et dramatiques, toujours pittoresques. Tristan écrit par ailleurs une tragédie, une comédie et une ode devenue très vite célèbre en l'honneur de la mer.
Roman : *Le Page disgracié* (1642); pièces de théâtre : *Marianne* (1637), *Le Parasite* (1656); recueils de poèmes : *La Mer* (1627), *Les Vers héroïques* (1648).

TROYAT Henri
(pseudonyme de Tarassov Lev)

(né en 1911)
Lev Tarassov naît et grandit à Moscou avant que sa famille, fuyant la Révolution russe, ne vienne s'installer en France, en 1920. Romancier fécond, Henri Troyat crée des personnages attachants dans un univers réaliste. Il obtient ainsi le prix Goncourt en 1938 pour *l'Araigne*. Admirateur des romanciers russes, il est aussi l'auteur de nombreuses biographies, qui font revivre des figures célèbres de l'Histoire ou de la littérature. Il touche un large public avec des romans cycliques de forme traditionnelle, dans lesquels il ressuscite la Russie d'autrefois ou peint avec justesse les mœurs de la société française contemporaine. Il est élu à l'Académie française en 1959.
Romans : *Les Semailles et les Moissons* (1953-1958), *La Lumière des justes* (1955-1962), *Les Eygletières* (1967), *Les Héritiers de l'avenir* (1970), *La Gouvernante française* (1989), *Aliocha* (1991); biographies : *Tolstoï* (1965), *Pierre le Grand* (1979), *Gorki* (1986), *Flaubert* (1988), *Maupassant* (1989), *Zola* (2000).

TUROLD 42

TZARA Tristan
(pseudonyme de Rosenstock Samuel)

(1896-1963)
Né en Roumanie, Tristan Tzara crée le mouvement dada pendant la Première Guerre mondiale, alors qu'il est exilé en Suisse. Mêlant provocations artistiques et actions spectaculaires, ce mouvement précurseur du surréalisme déroute par ses créations singulières et originales. Il permet à Tzara de rencontrer Breton et Eluard, avec lesquels il se brouille cependant rapidement, poursuivant une œuvre poétique dense, aux images foisonnantes et chaotiques.
Œuvres : *Manifeste dada* (1918), *Indicateur des chemins de cœur* (1928), *L'Arbre des voyageurs* (1930), *L'Homme approximatif* (1931), *Parler seul* (1950), *La Rose et le Chien* (1958).

URFÉ Honoré d' 124

VALÉRY Paul 466

VALLÈS Jules

(1832-1885)
Jules Vallès vit une enfance difficile, entre une mère violente et un père intransigeant. C'est le sujet de son premier roman, *L'Enfant*, qu'il publie en 1879. Chroniqueur au *Figaro* puis à l'hebdomadaire *La Rue*, le romancier s'attaque à la misère, exprime avec puissance sa passion de la vie et sa haine des nantis, qui profitent de leur poids social pour écraser les plus démunis. Son engagement socialiste se révèle pendant l'épisode sanglant de la Commune de Paris. Son œuvre la plus célèbre est ainsi formée de la trilogie autobiographique – *L'Enfant, Le Bachelier, L'Insurgé* – qui font le récit de son existence.

Romans : *Les Réfractaires* (1866), *La Rue* (1867), *L'Enfant* (1878), *Le Bachelier* (1881), *L'Insurgé* (1886); journal : *Le Cri du peuple* (1871).

VAUGELAS CLAUDE DE (NÉ FAVRE CLAUDE, SEIGNEUR DE)

(1585-1650)
Académicien, doctrinaire du purisme mondain, Vaugelas écrit ses *Remarques sur la langue française* dans le but de définir le bon usage de la langue. Pour lui, l'usage vivant décide seul de l'emploi correct d'un mot ou d'une tournure, à condition que cet usage soit le bon. La langue doit être claire, nette et élégante. Il élabore ainsi un code grammatical « pour bien parler et bien écrire », en traitant des questions de vocabulaire, de morphologie, de syntaxe et de style.
Essai : *Remarques sur la langue française* (1647).

VAUTRIN JEAN (PSEUDONYME DE HERMAN JEAN)

(né en 1933)
Après des études à l'IDHEC, Jean Herman commence une carrière comme assistant-réalisateur de Rossellini, Rivette ou Minnelli. En 1965, il adapte pour le cinéma un roman de Raymond Queneau, *Le Dimanche de la vie*, puis réalise *Adieu la vie* en 1967. C'est alors qu'il choisit de publier des romans sous le pseudonyme de Jean Vautrin. Admirateur de Queneau et de Céline, Vautrin introduit le décor des banlieues dans le « roman noir » – terme qu'il préfère à celui de « polar » – dont il veut faire un genre littéraire à part entière. *Billy ze Kick* dénonce ainsi le monde des « achélèmes », du chômage, de la violence, du racisme, de l'argent roi, dans un style à la fois dépouillé, coloré et poétique. Vautrin remporte le prix Goncourt en 1989 avec *Un grand pas vers le bon Dieu*.
Romans : *À bulletins rouges* (1973), *Billy ze Kick* (1974), *Bloody Mary* (1979), *Groom* (1980), *Canicule* (1982), *La Vie Ripolin* (1986), *Un grand pas vers le bon Dieu* (1989).

VAUVENARGUES (LUC DE CLAPIERS, MARQUIS DE)

(1715-1747)
Natif d'une famille de la petite noblesse d'Aix-en-Provence, le jeune marquis de Vauvenargues devient officier dans un régiment du roi, et se partage entre les campagnes d'Italie, de Bohême et d'Allemagne, et la vie de garnison. À partir de 1744, il connaît de graves ennuis de santé et abandonne les rêves de gloire. Vauvenargues entretient dès lors une correspondance avec Voltaire, qu'il rejoint à Paris. Il rencontre Marmontel et Mirabeau, fréquente les cercles littéraires, mais demeure un être solitaire, frappé par la pauvreté et la maladie. C'est en 1746 que paraît son *Introduction à la connaissance de l'esprit humain*, accompagnée de *Réflexions et maximes*, sans nom d'auteur, un an avant sa mort. Ce moraliste stoïcien laisse une œuvre mince mais dense, dans laquelle « la raison et le sentiment se conseillent et se suppléent tour à tour », faisant ainsi le lien entre le Grand Siècle et le mouvement des Lumières.
Essai : *Introduction à la connaissance de l'esprit humain, suivie de : Réflexions sur divers sujets ; Réflexions et Maximes* (1746).

VERCORS (PSEUDONYME DE JEAN BRULLER)

(1902-1991)
Dessinateur satirique, Jean Bruller entre dans la Résistance dès le début de l'Occupation. En 1941, il fonde dans la clandestinité les Éditions de Minuit avec Pierre de Lescure. C'est à cette époque qu'il prend le nom de Vercors pour écrire et distribuer, sous le manteau, un court roman, *Le Silence de la mer*. Le récit met en scène le silence obstiné qu'une jeune femme et son père opposent à la présence dans leur maison d'un officier allemand. Après la guerre, Vercors poursuit son œuvre romanesque, voyageant beaucoup, publiant également des essais et des ouvrages historiques jusqu'à sa mort, en 1991.
Récits : *Le Silence de la mer* (1942); *La Marche à l'étoile* (1943), *Les Armes de la nuit* (1946), *Les Animaux dénaturés* (1952), *Les Chevaux du temps* (1977); souvenirs : *La Bataille du silence* (1967).

VERHAEREN ÉMILE

(1855-1916)
Issu d'une famille catholique de la bourgeoisie aisée, Émile Verhaeren délaisse assez rapidement une carrière d'avocat pour se consacrer à la poésie. D'abord inspiré par son pays natal et ses peintres, dans *Les Flamandes* en 1883, *Les Moines* en 1886, il surmonte une grave crise morale dont témoignent plusieurs recueils, *Les Soirs*, *Les Débâcles*, *Les Flambeaux noirs*. À partir de 1891, son œuvre s'épanouit en deux directions : la poésie intime des *Heures claires* en 1896, *Les Heures d'après-midi* en 1905 et *Les Heures du soir* en 1911, chante la chaleur d'un foyer heureux tandis que dans *Les Campagnes hallucinées*, puis *Les Villes tentaculaires*, il trouve des accents épiques pour évoquer l'aventure de l'humanité lancée dans la révolution industrielle et l'urbanisation. Sa révolte indignée devant l'invasion brutale de la Belgique par les Allemands en 1914 s'exprime dans *La Belgique sanglante* et *Les Ailes rouges de la guerre*. Au cours d'une tournée de propagande, le poète, traduit et lu dans toute l'Europe, meurt accidentellement écrasé par un train à Rouen.
Recueils de poèmes : *Les Flamandes* (1883), *Les Moines* (1886), *Les Flambeaux noirs* (1891), *Les Villes tentaculaires* (1895), *Les Villages illusoires* (1895), *La Multiple Splendeur* (1906), *Les Blés mouvants* (1912); pièces de théâtre : *Le Cloître* (1900), *Philippe II* (1901), *Hélène de Sparte* (1912); essais : *Fernand Khnopff* (1887), *Rembrandt* (1904), *James Ensor* (1908), *Pierre-Paul Rubens* (1910).

VERLAINE PAUL 398

VERNE JULES 420

VIALATTE ALEXANDRE

(1901-1971)
Après des études de lettres en Auvergne, Alexandre Vialatte part pour l'Allemagne en 1922. Il y est interprète durant six années, pendant lesquelles il traduit Kafka, qu'il contribue à faire connaître en France. De retour en France, Vialatte publie un premier roman tout en se consacrant au journalisme. Il traverse la Seconde Guerre

mondiale comme beaucoup d'autres : mobilisé en 1939, fait prisonnier en 1940, il est libéré en 1941, ce qui lui inspire un roman autobiographique, *Le Fidèle Berger*, publié en 1942. Correspondant de presse en Allemagne à la Libération, Vialatte poursuit ensuite sa carrière de journaliste comme chroniqueur. Il écrira ainsi plus de mille articles, dans lesquels son humour acerbe et pince-sans-rire souligne les paradoxes de la société de consommation naissante.
Romans : *Battling le ténébreux* (1928), *Le Fidèle Berger* (1942), *Les Fruits du Congo* (1940); chroniques : *Dernières Nouvelles de l'homme* (1978, posth.).

■ VIAN Boris 540

■ VIAU Théophile de 128

■ VIGNY Alfred de 348

VILLIERS DE L'ISLE-ADAM (Auguste de)

(1838-1889)
Très proche de Baudelaire, de Barbey d'Aurevilly et de Mallarmé, l'œuvre de Villiers de L'Isle-Adam est celle d'un esprit paradoxal qui dénonce l'hypocrisie et la médiocrité de l'esprit bourgeois, à travers ses contes et ses histoires courtes. Entre symbolisme et décadence, mêlant la science et l'imagination, Villiers donne à son œuvre une dimension fantastique teintée d'ironie avec ses *Contes cruels*. Il meurt dans un complet dénuement, sans avoir atteint la gloire ni la fortune.
Romans : *L'Ève future* (1886), *Tribulat Bonhomet* (1887); nouvelles : *Contes cruels* (1883), *Histoires insolites* (1888), *Nouveaux Contes cruels* (1888).

■ VILLON François 68

■ VIRGILE 28

■ VOITURE Vincent 134

■ VOLTAIRE 240

WERBER Bernard

(né en 1961)
Bernard Werber découvre au lycée les grands auteurs américains de science-fiction, A.E. Van Vogt, Isaac Asimov ou H.P. Lovecraft. Il commence la rédaction des *Fourmis* en 1978, qu'il poursuit jusqu'en 1990, remaniant sans cesse son récit tout en menant des études de droit et de journalisme scientifique : publié en 1991, le roman connaît un immense succès. Les œuvres qui suivent rencontrent la même faveur auprès du public, fasciné par un imaginaire nouveau, fait d'observation scientifique et de réflexion personnelle sur l'homme et la société.
Romans : *Les Fourmis* (1991), *La Revanche des fourmis* (1992), *Les Thanatonautes* (1993), *Le Père de nos pères* (1998), *L'Empire des Anges* (2000), *L'Ultime Secret* (2001).

WINCKLER Martin (pseudonyme de Zaffran Marc)

(né en 1955)
Né à Alger, Marc Zaffran suit ses parents en Israël, puis en France, où son père est médecin. Enfant, puis adolescent, il est féru de feuilletons radiophoniques et de séries télévisées. Devenu médecin, il commence à publier ses premières nouvelles sous le pseudonyme de Martin Winckler, puis un roman, *La Vacation*, qui obtient un prix littéraire. Le succès vient avec *La Maladie de Sachs* en 1998, dont Michel Deville tire un film. Martin Winckler multiplie les essais sur l'exercice de la médecine et sur les séries télévisées anglaises et américaines, il publie des recueils d'articles, écrit des romans policiers, tient une chronique sur France Inter, poursuivant sa vocation d'essayiste et de romancier.
Romans : *La Vacation* (1989), *L'Affaire Grimaudi* (1995), *La Maladie de Sachs* (1998), *Le Mystère Marcœur* (2001), *Touche pas à mes deux seins* (2001), *Légendes* (2002), *Mort in vitro* (2002); essais : *Les Miroirs de la vie, histoire des séries américaines* (2002), *Nous sommes tous des patients* (2003).

■ YOURCENAR Marguerite 560

ZÉVACO Michel

(1860-1918)
Né en Corse, à Ajaccio, Michel Zévaco est d'abord professeur mais, révoqué, il s'engage dans l'armée en 1882. Les années qui suivent le voient tour à tour journaliste, homme politique, syndicaliste, et finalement romancier feuilletoniste. C'est en 1907 qu'il décide de regrouper en volumes les épisodes de la série des *Pardaillan*, qui connaît un succès phénoménal. Dès lors, l'écrivain s'impose comme le spécialiste des romans de cape et d'épée trépidants, dans lesquels l'héroïque Jean de Pardaillan est le porte-parole de son créateur.
Romans : *Fleur de Paris* (1904), *Le Capitan* (1906), *Les Pardaillan* (1907), *Le Fils de Pardaillan* (1913).

■ ZOLA Émile 410

Le Prix Nobel

Crée en 1895 par le savant suédois Alfred Bernhard Nobel (1833-1896) qui lègue par testament, signé à Paris, un capital pour créer une fondation. Les revenus sont distribués chaque année, à titre de récompense, aux personnes qui, au cours de l'année, ont rendu, à l'humanité, les plus grands services. Ces revenus sont divisés en cinq parties égales : dans les domaines de la physique, de la chimie, de la médecine, de l'action pacifiste et à l'auteur de l'ouvrage littéraire d'inspiration idéaliste le plus remarquable.
Le prix est décerné le dernier trimestre de chaque année par l'Académie Suédoise.

Les lauréats du prix Nobel de littérature depuis sa fondation

1901 Sully Prudhomme (1839-1907) France
1902 Theodor Mommsen (1817-1903) Allemagne
1903 Bjœrnstjerne Bjœrnstson (1832-1910) Norvège
1904 Frédéric Mistral (1830-1914) France et José Echegary (1832-1916) Espagne
1905 Henryk Sienkiewicz (1846-1916) Pologne
1906 Giosue Carducci (1835-1907) Italie
1907 Rudyard Kipling (1865-1936) Grande-Bretagne
1908 Rudolf Eucken (1846-1926) Allemagne
1909 Selma Lagerlöf (1858-1940) Suéde
1910 Paul von Heyse (1830-1914) Allemagne
1911 Maurice Maeterlinck (1862-1949) Belgique
1912 Gerhart Hauptmann (1862-1946) Allemagne
1913 Rabindranath Tagore (1861-1941) Inde
1914 Non décerné.
1915 Romain Rolland (1866-1944) France
1916 Carl Gustaf Verner von Heidenstam (1859-1940) Suéde
1917 Karl Gjellerup (1857-1919) Danemark et Henrik Pontoppidan (1857-1943) Danemark
1918 Non décerné.
1919 Carl Spitteler (1845-1924) Suisse
1920 Knut Hamsun (1859-1952) Norvège
1921 Anatole France (1844-1924) France
1922 Jacinto Benavente (1866-1954) Espagne
1923 William Butler Yeats (1865-1939) Irlande
1924 Wladyslaw Reymont (1868-1925) Pologne
1925 George Bernard Shaw (1856-1950) Irlande
1926 Grazia Deledda (1871-1936) Italie
1927 Henri Bergson (1859-1941) France
1928 Sindgrid Undset (1882-1949) Norvège
1929 Thomas Mann (1875-1955) Allemagne
1930 Sinclair Lewis (1885-1951) États-Unis
1931 Erik Axel Karlfeldt (1864-1931) Suéde
1932 John Galsworthy (1867-1933) Grande-Bretagne
1933 Ivan Bounine (1870-1953) apatride d'origine russe
1934 Luigi Pirandello (1867-1936) Italie
1935 Non décerné
1936 Eugene O'Neill (1888-1953) États-Unis
1937 Roger Martin du Gard (1881-1958) France
1938 Pearl Buck (1892-1973) États-Unis
1939 Frans Emil Sillanpää (1888-1964) Finlande
1940-1943 Non décerné.
1944 Johannes Vilhelm Jensen (1873-1950) Danemark
1945 Gabriela Mistral (1889-1957) Chili
1946 Hermann Hesse (1877-1962) Suisse
1947 André Gide (1869-1951) France
1948 Thomas Stearns Eliot (1888-1965) Grande-Bretagne
1949 William Faulkner (1897-1962) États-unis
1950 Bertrand Russell (1872-1970) Grande-Bretagne
1951 Pär Lagerkvist (1891-1974) Suéde
1952 François Mauriac (1885-1970) France
1953 Winston Churchill (1874-1965) Grande-Bretagne
1954 Ernest Hemingway (1898-1961) États-Unis
1955 Halldór Kiljan Laxness (1902-1998) Islande
1956 Juan Ramón Jiménez (1881-1985) Espagne
1957 Albert Camus (1913-1960) France
1958 Boris Pasternak (1890-1960) Russie (refuse, contraint par les autorités soviétiques)
1959 Salvatore Quasimodo (1901-1968) Italie
1960 St-John Perse (1887-1975) France
1961 Ivo Andric (1892-1975) Serbie
1962 John Steinbeck (1902-1968) États-Unis
1963 Giorgos Séféris (1900-1971) Grèce
1964 Jean-Paul Sartre (1905-1980) France
1965 Mikhaïl Cholokhov (1905-1984) Russie
1966 Samuel Joseph Agnon (1888-1970) Israël
Nelly Sachs (1891-1970) Suéde
1967 Miguel Angel Asturias (1899-1974) Guatémala
1968 Yasunari Kawabäla (1899-1973) Japon
1969 Samuel Beckett (1906-1989) Irlande
1970 Alexandre Soljenitsyne (1918) Russie
1971 Pablo Neruda (1904-1973) Chili
1972 Henrich Böll (1917-1985) Allemagne
1973 Patrick White (1912-1990) Australie

1974 Eyvind Johnson (1900-1976) Suéde et Harry Martinson (1904-1978) Suéde
1975 Eugenie Montale (1896-1981) Italie
1976 Saul Bellow (1915) États-Unis
1977 Vicente Aleixandre (1898-1984) Espagne
1978 Isaac Bashevis Singer (1904-1991) États-Unis
1979 Odysseus Elytis (1911-1996) Grèce
1980 Czeslaw Milosz (1911) États-Unis
1981 Elias Canetti (1905-1994) Grande-Bretagne
1982 Gabriel García Márquez (1928) Colombie
1983 William Goding (1911-1993) Grande-Bretagne
1984 Jaroslav Seifert (1901-1986) Rép. Tchéque
1985 Claude Simon (1913) France
1986 Wole Soyinka (1934) Nigéria
1987 Joseph Brodsky (1940-1996) États-Unis
1988 Naguib Mahfouz (1912) Égypte
1989 Camilo José Cela (1916) Espagne
1990 Octavio Paz (1914) Mexique
1991 Nadine Gordimer (1923) Afrique du Sud
1992 Derek Walcott (1930) Sainte-Lucie
1993 Toni Morrisson (1931) États-Unis
1994 Ôe Kenzaburo (1935) Japon
1995 Seamus Heaney (1939) Irlande
1996 Wyslawa Szymborska (1923) Pologne
1997 Dario Fo (1926) Italie
1998 José Saramago (1922) Portugal
1999 Günter Grass (1927) Allemagne
2000 Gao Xingjian France
2001 V. S. Naijaul (1932) Grande-Bretagne
2002 Imre Kertécz Hongrie
2003 John Mazwell Coetzee Afrique du Sud

Le Prix Goncourt

Créé en 1902 par Edmond de Goncourt. Le prix récompense un ouvrage en prose publié dans l'année. Son objectif : encourager les lettres, assurer la vie matérielle d'un écrivain et favoriser les relations entre les auteurs, selon l'article 1 des statuts.
Le prix est décerné en novembre, chaque année.

Le Prix Fémina

Créé en 1904 par les vingt-deux collaboratrices de la revue « Vie heureuse » qui prend plus tard le nom de « Fémina ». Le prix vise à encourager la littérature et rendre plus étroites les relations de confraternité entre les femmes de lettres.
Le prix est décerné le premier mercredi de novembre.

Le Prix Renaudot

Créé en 1925 par un groupe d'informateurs et de chroniqueurs littéraires souhaitant occuper l'attente parfois longue des résultats du prix Goncourt, avec l'intention d'en corriger le choix. Le prix vise à récompenser l'auteur, jeune ou peu connu, d'un roman français paru depuis un an, original et talentueux.
Le prix est décerné en novembre, le même jour que le Goncourt.

Le Prix Interallié

Créé en 1930 par trente journalistes qui attendaient en déjeunant au cercle Interallié les résultats du Prix Fémina. L'Interallié récompense de préférence le roman d'un journaliste.
Le prix est décerné en novembre, chaque année.

Le Prix des Libraires

Créé en 1955, par la Chambre syndicale des libraires. Le prix consacre un écrivain dont l'œuvre ne semble pas avoir reçu la consécration méritée. Le comité de lecture est composé de quinze membres. Cinq mille libraires participent au vote.
Le prix est décerné au printemps, chaque année.

Le Prix Médicis

Créé en 1958. Il récompense l'auteur d'un récit, d'un roman ou d'un recueil de nouvelles édité dans les douze mois précédant le prix et apportant un ton ou un style nouveau.
Le prix est décerné le premier mercredi de novembre, le même jour que le Fémina.

Couverture : G. Sand, J.L. Charmet/Archives Larbor; C. Baudelaire, H. Lewandowski/RMN; M. Proust, Coll. Archives Nathan/DR; M. Duras, Lipnitzki/Roger-Viollet; P. de Ronsard, Coll. Archives Larbor; Molière, H. Josse/Archives Larbor; Voltaire, Archives Larbor; Diderot, R.G. Ojeda/RMN.

p. 12/13 Maison de Marcus Lucretius Frontone, Pompéi. G Dagli Orti.; **p. 14** htg British Museum Londres. Archives Nathan; **p. 14** htm BNF. Coll. Archives Larbor; **p. 14** htd Musée de civilisation romaine, Rome. G. Dagli Orti.; **p. 14** mg Musée du Louvre, Paris. Hervé Lewandowski/RMN; **p. 14** basg Musée Archéologique National Naples. Rocco Pedicini © Archives Larbor; **p. 14** Chris Warren/Hoa Qui Distribution.; **p. 14** basd Musée de Delphes. E. Lessing/Magnum.; **p. 15** htd Musée du Louvre, Paris. Archives Larbor; **p. 15** bas G. Dagli Orti.; **p.16** Musée National archéologique, Naples. G. Dagli Orti.; **p. 16** basg et 20 basd British Museum, Londres. Archives Nathan; **p. 18** Musée du Louvre, Paris. E. Lessing/Magnum; **p. 19** Musée du Bardo, Tunis. G. Dagli Orti.; **p. 20** basg British Museum, Londres. E. Lessing/Magnum.; **p. 21** htg Museum of Fine Arts, Boston, E. Lessing/Magnum.; **p. 21** mg Musée du Louvre, Paris. G. Dagli Orti; **p. 21** md Musée national du Bardo, Tunis. G. Dagli Orti.; **p. 21** basd Musée national archéologique, Naples. G. Dagli Orti.; **p. 22** Musée national archéologique, Naples. G. Dagli Orti.; **p. 22** Musée archéologique, Le Pirée. G. Dagli Orti.; **p. 24** Musée du Louvre, Paris. E. Lessing/Magnum.; **p. 26** Rheinisches Landesmuseum, Trier, Germany. E. Lessing/Magnum.; **p. 28** Musée de la civilisation romaine, Rome. G. Dagli Orti.; **p. 29** Somerset County Museum, Taunton Castle. Bridgeman - Giraudon; **p. 30** 1990, Photo Scala, Florence – courtesy of the Ministero Beni e Att. Culturali.; **p. 31** Musée archéologique, Venise. G. Dagli Orti.; **p. 32** Archives Nathan.; **p. 33** Musée archéologique national, Naples. E. Lessing – Magnum; **p. 34** Musée du Louvre, Paris. E. Lessing/Magnum.; **p. 35** Musée national archéologique, Naples. E. Lessing/Magnum.; **p. 36** Bibliothèque municipale, Avranches, France. E. Lessing/Magnum; **p. 38/39** BNF. Coll. Archives Larbor/T.; **p. 40** htg BNF. Coll. Archives Larbor/T.; **p. 40** htm Musée du Louvre, Paris. H. Josse/Archives Larbor/T.; **p. 40** htd BNF. Coll. Archives Larbor/T.; **p. 40** basg BNF. Coll. Arch. Larbor/T.; **p. 40** mbd G. Dagli Orti/T.; **p. 40** basd BNF. Coll. Archives Larbor/T.; **p. 41** ht Bibliothèque du musée Condé, Chantilly. H. Josse/Archives Larbor/T.; **p. 41** bas Musée Condé, Chantilly. R.G. Ojeda/RMN/T.; **p. 42** BNF. Coll. Archives Larbor/T.; **p. 43** BNF. Coll. Archives Larbor; **p. 44** htg Guillaume IX d'Aquitaine, miniature, 13ᵉ s. BNF. Coll. Archives Larbor/T.; **p. 44** basg BNF. Coll. Archives Nathan; **p. 45** BNF. Coll. Archives Larbor; **p. 46** basg Miniature du Codex Manesse. Bibliothèque de l'Université, Heidelberg. The Art Archive/Bibl. de l'université, Heidelberg/Dagli Orti (A)/T.; **p. 46** htd Bibliothèque de l'Arsenal, Paris. Coll. Archives Nathan/T.; **p. 47** htg BNF. Coll. Archives Larbor/T.; **p. 47** htd BNF. Coll. Archives Larbor/T.; **p. 47** bas British Library, Londres. The Art Archive/British Library/T.; **p. 48** La quête du saint graal, miniature 14ᵉ. BNF. Coll. Archives Larbor/T.; **p. 50** g Musée Condé, Chantilly. Ph. E. Lessing/Magnum/T.; **p. 50** d BNF. Coll. Archives Larbor/T.; **p. 51** htd BNF. Coll. Archives Nathan/T.; **p. 51** basg Bibliothèque nationale, Turin. G. Dagli Orti/T.; **p. 52** htg La pêche d'Ysengrin, miniature, 14ᵉ siècle. BNF. Coll. Archives Larbor/T.; **p. 52** bas BNF. Ph. Coll. Archives Larbor; **p. 53** BNF. Ph. Coll. Archives Larbor; **p. 54** Miniature, 15ᵉ s. BNF. Coll. Archives Larbor/T.; **p. 55** Miniature, 13ᵉ s. BNF. Coll. Archives Nathan/T.; **p. 56** Jean de Meung écrivant. Miniature, 15ᵉ. BNF. Coll. Archives Larbor/T.; **p. 58** Jérome Bosch – L'Avarice, 16ᵉ s. Musée du Prado, Madrid. G. Dagli Orti/T.; **p. 59** Musée des Beaux-Arts, Gand. G. Dagli Orti/T.; **p. 60** Recueil de poésies morales, 13ᵉ s. Bibliothèque royale Albert Iᵉʳ, Bruxelles/T.; **p. 62** Tapisserie, 15ᵉ s. Musée des Arts décoratifs, Paris. Photos12.com-Hachedé/T.; **p. 63** British Museum, Londres. Archives Snark/Photos12.com - Oasis.; **p. 64** Pathelin et le drapier. Gravure sur bois, 15ᵉ s. BNF. Coll. Archives Larbor/T.; **p. 65** Ph. Coll. Archives Larbor; **p. 66** BNF. Coll. Archives Larbor/T.; **p. 68** BNF. Coll. Archives Larbor; **p. 69** Bibliothèque du musée Condé, Chantilly. Hubert Josse/Archives Larbor/T.; **p. 70** ht Musée Richard Wagner, Bayreuth. G. Dagli Orti.; **p. 70** basg British Museum, Londres. Ph. Fleming © Archives Larbor; **p. 70** Roger-Viollet; **p. 71** ht Bettmann/Corbis.; **p. 71** g Coll. Roger-Viollet.; **p. 71** d Galerie des Offices, Florence. E. Lessing/Magnum.; **p. 72** BNF. Coll. Archives Larbor; **p. 73** La Sorbonne, Paris. Ph. Luc Joubert © Archives Larbor; **p. 74/75** Musée des Beaux-Arts, Rennes. G. Dagli Orti/T.; **p. 76** mg Musée du Louvre, Paris. Hubert Josse/Archives Larbor/T.; **p. 76** md Musée Carnavalet, Paris. Coll. Archives Larbor/T.; **p. 76** basg BNF. Coll. Archives Larbor/T.; **p. 76** basd Collection particulière. Coll. Archives Larbor/T.; **p. 77** htg BNF. Coll. Archives Larbor/T.; **p. 77** htm Ecole des Beaux Arts, Paris. Bridgeman - Giraudon/T.; **p. 77** htd Galerie Sabauda, Turin. Bridgeman - Giraudon/T.; **p. 77** basg Bibliothèque Royale - Château de Windsor. Jean-Loup Charmet/Archives Larbor/T.; **p. 77** basm BNF. Coll. Archives Larbor/T.; **p. 77** basd BNF. Jeanbor/Arch. Larbor/T.; **p. 78** htg R.G. Ojeda/RMN/T.; **p. 78** htm Jacques Le Liêvre - Poème sur la Passion de N.S.J.C., vers 1530, miniature du Maître de Morgan, Ms. M. 147, f.2. © The Pierpont Morgan Library/Art Ressource, New York/T.; **p. 78** htd BNF. Coll. Roger-Viollet/T.; **p. 78** basg BNF. Coll. Archives Larbor/T.; **p. 78** basd BNF. Coll. Archives Larbor/T.; **p. 79** htd G. Dagli Orti/T.; **p. 79** bas Bridgeman - Giraudon/T.; **p. 80** Marot, G.B. Moroni, 16ᵉ s. Bibl. de la Société d'histoire du Protestantisme français, Paris. J.L. Charmet/Archives Larbor/T.; **p. 82** htg Rabelais, portrait anonyme, 17ᵉ s. Musée national des Châteaux de Versailles et de Trianon. H. Josse/Archives Larbor/T.; **p. 82** basg BNF. Coll. Archives Larbor/T.; **p. 82** basd BNF. Coll. Archives Larbor/T.; **p. 83** htg Musée national des châteaux de Versailles et de Trianon. Photos12.com-ARJ/T.; **p. 83** md BNF. L. de Selva/Archives Larbor/T.; **p. 83** basd Musée Sandelin, Saint-Omer. E. Lessing/Magnum/T.; **p. 84** BNF. Coll. Archives Larbor; **p. 89** BNF. Coll. Archives Nathan/T.; **p. 90** Du Bellay, dessin anonyme, 16ᵉ s. BNF. Coll. Archives Larbor/T.; **p. 94** htg BNF. Coll. Archives Larbor/T.; **p. 94** basg BNF. Coll. Archives Larbor/T.; **p. 94** basd Bibliothèque de l'Université, Bâle. Coll. Archives Larbor/T.; **p. 95** htg BNF. Coll. Archives Larbor/T.; **p. 95** htd BNF. Coll. Archives Larbor/T.; **p. 95** basg Détail de : Raphael - Tomaso Inghirami appelé Freda - Palais Pitti, Florence. E. Lessing/Magnum/T.; **p. 95** basd Chambre de la Signature, Vatican. G. Dagli Orti/T.; **p. 96** Ronsard, Ecole française, 16ᵉ s. Musée des Beaux-Arts, Blois. Coll. Archives Larbor/T.; **p. 98 et 99** BNF. Coll. Archives Nathan; **p. 101** Musée Carnavalet, Paris. Coll. Archives Larbor; **p. 102** Louise Labé. Gravure, 16ᵉ s. BNF. Coll. Archives Larbor/T.; **p. 104** htg Bibliothèque de l'Arsenal, Paris; L. de Selva/Archives Larbor/T.; **p. 104** d Musée du Louvre, Paris. Archives Nathan/T.; **p. 105** htg Galerie de l'Académie, Venise; Ph. Giacomelli, Venise/Archives Larbor/T.; **p. 105** md Musées Royaux des Beaux-Arts de Belgique, Bruxelles. Bridgeman - Giraudon/T.; **p. 105** basd Ghirlandaio - les professeurs de l'université florentine - détail de l'Annonce à Zacharie. Eglise Santa Maria Novella, Florence. E. Lessing/Magnum/T.; **p. 106** Montaigne. Ecole française, 17ᵉ s. Musée nat. Des châteaux de Versailles et de Trianon. Archives Nathan/T.; **p. 107** BNF. Coll. Archives Nathan; **p. 108** BNF. Ph. Coll. Archives Larbor; **p. 110** Agrippa d'Aubigné. Gravure, 16ᵉ s. BNF. Coll. Archives Nathan/T.; **p. 112** htg Coll. Carmélitaine, Clamart. G. Dagli Orti.; **p. 112** htd Coll. Part. Archives Charmet/Bridgeman - Giraudon.; **p. 112** basg Coll. Part. - Ken Welsh/Bridgeman - Giraudon.; **p. 112** basd BNF. Coll. Archives Larbor.; **p. 113** htg Musée Fabre, Montpellier. Ph. Claude O'Sughrue © Archives Larbor.; **p. 113** htd Dépt. Des Arts graphiques, Louvre, Paris. Bridgeman - Giraudon.; **p. 113** basg Villa Valmarana Ai Nani, Vicence. Bridgeman - Giraudon.; **p. 113** basd Musée Granet, Aix en Provence. G. Dagli Orti.; **p. 114** Bibl. Littéraire Jacques Doucet, Paris. Ph. © Archives Larbor © Adagp, Paris 2003; **p. 115** Galleria Borghese, Rome. Bridgeman - Giraudon; **p. 116/117** E. Lessing/AKG Paris/T.; **p. 118** htg Musée Carnavalet, Paris. Coll. Archives Larbor/T.; **p. 118** htd Musée national des châteaux de Versailles et de Trianon. Hubert Josse/Archives Larbor/T.; **p. 118** basg Musée d'Orbigny-Bernon, La Rochelle. E. Lessing/AKG Paris/T.; **p. 118** basd Musée national des châteaux de Versailles et de Trianon. G. Blot/RMN/T.; **p. 119** htg Musée du Louvre, Paris. Coll. Archives Larbor/T.; **p. 119** htm City Art Museum, Saint-Louis, Missouri. Coll. Archives Larbor/T.; **p. 119** htd Don Diego Messia Felipe de Guzman par G. de Crayer., vers 1627/28. Kunsthistorisches Museum, Vienne. E. Lessing/AKG Paris/T.; **p. 119** mhd Stedelijk Museum « De Lakenhal », Leyde. E. Lessing/AKG Paris/T.; **p. 119** mbg Musée du Louvre, Paris. Coll. Archives Larbor/T.; **p. 119** mbd Ph. Bayle/Archives Nathan/T.; **p. 119** basg Coll. Privée, New York. E. Lessing/AKG Paris/T.; **p. 119** basm Musée de Physique et d'Histoire naturelle, Florence. Coll. Archives Larbor/T.; **p. 119** basd BNF. Coll. Archives Larbor/T.; **p. 120** htg D.A.G., Louvre, Paris. Le Mage/RMN/T.; **p. 120** htd BNF. Archives Charmet/Bridgeman Giraudon/T.; **p. 120** basg Vanité au cadran solaire (détail) - Ecole française, 17ᵉ s. Musée du Louvre, Paris. G. Blot/RMN/T.; **p. 120** basm Musée national des Arts et Traditions populaires, Paris. Ph. J. Schormans/RMN/T.; **p. 120** basd D.A.G. Louvre, Paris. Ph. Le Mage/RMN/T.; **p. 121** htd Musée Carnavalet, Paris. Coll. Archives Larbor/T.; **p. 121** bas E. Lessing/AKG Paris/T.; **p. 122** Malherbe par R. Lefevre, 19ᵉ s. Bibl. Sainte-Geneviève, Paris. Photo12.com - ARJ/T.; **p. 123** Musée des Beaux-Arts et d'archéologie, Besançon. G. Dagli-Orti.; **p. 124** H. d'Urfé, gravure, 1590. BNF. Coll. Archives Larbor/T.; **p. 126** htd Musée des Beaux-Arts, Rennes. AKG Paris/T.; **p. 126** basg AKG Paris/T.; **p. 127** htg Musée Condé, Chantilly. R.G. Ojeda/RMN/T.; **p. 127** htd Musée des Beaux-Arts, Nantes. E. Lessing/AKG Paris/T.; **p. 127** basg Corbis Sygma/T.; **p. 127** basd Scala/T.; **p. 128** Th. De Viau, gravure, 17ᵉ s. BNF. Coll. Archives Larbor/T.; **p. 129** The Fine Arts Museums, Mildred Anna Williams Fund, San Francisco. © Archives Larbor; **p. 130** Ch. Sorel, gravure par M. Lasne, 17ᵉ s. BNF. Coll. Archives Larbor/T.; **p. 131** Musée du Prado, Madrid. G. Dagli Orti.; **p. 132** Abraham Bosse, rencontre dans un jardin, dessin 17ᵉ s. BNF. Coll. Archives Larbor/T.; **p. 133** Musée du Louvre, Paris. Hubert Josse © Archives Larbor; **p. 134** V. Voiture, Ecole française, 17ᵉ s. Musée de Tessé, Le Mans. L. de Selva/Archives Larbor/T.; **p. 136** P. Corneille, d'après Ch. Le Brun, 17ᵉ s. Musée national des châteaux de Versailles et de Trianon. H. Josse/Archives Larbor/T.; **p. 138** Philippe Coqueux/Specto; **p. 140** basg BNF. Bulloz/RMN/T.; **p. 140** basd Musée national des châteaux de Versailles et de Trianon. AKG Paris/T.; **p. 141** htg BNF. Coll. Archives Larbor/T.; **p. 141** htd BNF. Coll. Archives Nathan/T.; **p. 141** basd AKG Paris/T.; **p. 144** Cyrano de Bergerac, gravure, 17ᵉ s. BNF. Coll. Archives Larbor/T.; **p. 145** BNF. AKG Paris/T.; **p. 146** ht Real Academia de la Historia, Madrid. Bridgeman - Giraudon.; **p. 146** md Bibliothèque universitaire, Barcelone. Bridgeman - Giraudon.; **p. 146** basg BNF/Ph. Coll. Archives Larbor; **p. 146** basd Ph. Coll. Archives Larbor; **p. 147** htg Coll. Part. - Bridgeman-Giraudon.; **p. 147** htd British Library, Londres. Bridgeman-Giraudon.; **p. 147** htg BNF/Ph. Coll. Archives Larbor; **p. 149** Dessin Gilbert Macé – Archives Larousse; **p. 150/151** E. Lessing/AKG Paris/T.; **p. 152** htg Musée national des châteaux de Versailles et de Trianon. Franck Raux/RMN/T.; **p. 152** htd Musée national des châteaux de Versailles et de Trianon. J. Arnaudet/RMN/T.; **p. 152** basg Château de Vaux-le-Vicomte. E. Lessing/AKG Paris/T.; **p. 152** m BNF. Coll. Archives Larbor/T.; **p. 152** md Musée national des châteaux de Versailles et de Trianon. C. Jean/RMN/T.; **p. 152** basd Musée national des Granges de Port-Royal. Coll. Archives Larbor/T.; **p. 153** ht Musée Carnavalet, Paris. Jeanbor/Archives Larbor/T.; **p. 153** htg Musée national des châteaux de Versailles et de Trianon. G. Blot/RMN/T.; **p. 153** mm Musée Carnavalet, Paris. Coll. Archives Larbor/T.; **p. 153** D.A.G., Louvre, Paris. M. Bellot/RMN/T.; **p. 153** basg Coll. Particulière. Bridgeman/Giraudon/T.; **p. 153** basm Royal Academy of Arts, Londres. E. Lessing/AKG Paris/T.; **p. 153** basd The Worshipful Company of Clockmaker's Collection. Bridgeman/Giraudon/T.; **p. 154** htg Musée d'art et d'histoire, Langres. G. Dagli Orti/T.; **p. 154** htd Musée national des châteaux de Versailles et de Trianon. G. Blot/RMN/T.; **p. 154** mhg D.G.A., Louvre, Paris. H. Josse/Archives Larbor/T.; **p. 154** mhd Musée national des châteaux de Versailles et de Trianon. RMN/T.; p.154 basg Musée Condé, Chantilly. H. Josse/Archives Larbor/T.; **p. 154** bas Musée des Beaux-Arts, Dole. G. Dagli Orti/T.; **p. 154** mbd Coll. Ministère de la Défense, Service historique de l'Armée. JL Charmet/Archives Larbor/T.; **p. 155** htd Adam Woolfitt/CORBIS/T.; **p. 155** bas RMN/T.; **p. 156** B. Pascal par F. Quesnel, 17ᵉ s. Musée nat. Des châteaux de Versailles et de Trianon. Archives Nathan/T.; **p. 159** Musée du Louvre, Paris. R.G. Ojeda/RMN.; **p. 160** htg Molière par Mignard, 1671. Musée Condé, Chantilly. H. Josse/Archives Larbor/T.; **p. 160** basd Franca Trippa et Fritellino, deux personnages de la commedia dell'arte. Franca Trippa et Fritellino, deux personnages de la commedia dell'arte. Coll. Archives Larbor/T.; **p. 161** htg BNF. Bridgeman/Giraudon/T.; **p. 161** md BNF. Bridgeman/Giraudon/T.; **p. 161** basg Bibliothèque de l'Arsenal, Paris. Lauros/Giraudon/Bridgeman/T.; **p. 161** basd Scène de la commedia dell'arte, peinte par Cl. Gillot. Musée du Louvre, Paris. E. Lessing/AKG Paris/T.; **p. 164** Marc Enguerand/Agence Engueran/Bernand/T.; **p. 165** Marc Enguerand/Agence Enguerand-Bernand/T.; **p. 167** Coll. Roger-Viollet; **p. 170** J. de La Fontaine par F. de Troy. Bibl. publique et universitaire, Genève. J. Arland/Archives Larbor/T.; **p. 171** Photos12.com - ARJ; **p. 172** BNF. Coll. Archives Larbor; **p. 174** BNF. Jeanbor © Archives Larbor; **p. 175** BNF. Jeanbor © Archives Larbor; **p. 176** La Rochefoucauld, Ecole française, 17ᵉ s. Musée nat. Des châteaux de Versailles et de Trianon. H. Josse/Archives Larbor/T.; **p. 178** d The Métropolitan Museum of Art, New York. E. Lessing/AKG Paris/T.; **p. 178** basg AKG Paris/T.; **p. 179** ht Musée du Louvre, Paris. AKG Paris/T.; **p. 179** bas Musée national des châteaux de Versailles et de Trianon. Coll. Archives Nathan/T.; **p. 180** htg Musée du Louvre, Paris. Ph. Hubert Josse - © Archives Larbor; **p. 180** basg Marc Enguerand/Agence Enguerand - Bernand/T.; **p. 181** ht AKG Paris/T.; **p. 181** m Musée national des châteaux de Versailles et de Trianon. Ph. Hubert Josse © Archives Larbor; **p. 181** bas Musée du Louvre, Paris. Ph. Luc Joubert © Archives Larbor; **p. 182** J. Racine par F. de Troy, 17ᵉ s. Musée du Breuil de Saint-Germain, Langres. Coll. Archives larbor/T.; **p. 187** BNF. Coll. Roger-Viollet; **p. 189** Collection Comédie Française/Patrick Lorette.; **p. 190** Mme de Sévigné par Mignard, 17ᵉ s. Musée Carnavalet, Paris. Jeanbor/Archives Larbor/T.; **p. 192** Kunsthistorisches Museum, Vienne. E. Lessing/Magnum; **p. 193** Musée

Fesch, Ajaccio. G. Blot/RMN; **p. 194** N. Boileau d'après J.B. Santerre, 1684. Musée nat. Des châteaux de Versailles et de Trianon. RMN/T.; **p. 195** BNF. Coll. Roger-Viollet; **p. 196** g BNF. Bridgeman/Giraudon/T.; **p. 196** d Musée national des châteaux de Versailles et de Trianon. H. Josse/Archives Larbor/T.; **p. 197** htg Musée national des châteaux de Versailles et de Trianon. G. Blot/RMN/T.; **p. 197** htd Musée des Beaux-Arts, Lyon. G. Dagli Orti/T.; **p. 197** basg BNF. Bridgeman/Giraudon/T.; **p. 198** Bossuet par H. Rigaud, 1702. Musée du Louvre, Paris. H. Josse/Archives Larbor/T.; **p. 199** Musée national des châteaux de Versailles et de Trianon. Ph. D. Arnaudet/G. Blot/RMN/T.; **p. 200** Musée Condé, Chantilly. H. Josse/Archives Larbor/T.; **p. 201** Musée Condé, Chantilly. H. Josse/Archives Larbor/T.; **p. 202** Mme de La Fayette par A. Hoerse. Musée des Beaux-Arts, Tours. Coll. Archives Larbor/T.; **p. 204** La Bruyère par Largillière. Musée nat. des châteaux de Versailles et de Trianon. H. Josse/Archives Larbor/T.; **p. 206** BNF. Coll. Archives Larbor; **p. 208** Ch. Perrault par P. Lallemant. Musée nat. Des châteaux de Versailles et de Trianon. H. Josse/Archives Larbor/T.; **p. 209** Coll. Archives Nathan.; **p. 210** htg Hulton-Deutsch/Corbis.; **p. 210** htd Bettmann/Corbis; **p. 210** bas Coll. Part. - Bridgeman - Giraudon.; **p. 211** ht Bettmann/Corbis; **p. 211** mg Coll. Part. - Bridgeman - Giraudon; **p. 211** md Gemeentemuseum, La Haye. Coll. Archives Larbor.; **p. 211** bas Mauritshuis, La Haye. E. Lessing/Magnum.; **p. 212** BNF. Ph. L. de Selva © Archives Larbor; **p. 213** Maison de H.C. Andersen, Odense. G. Dagli Orti.; **p. 214/215** Musée du Louvre, Paris. R.G. Ojeda/RMN/T.; **p. 216** mg Musée des Beaux-Arts, Dijon. Coll. Archives Larbor/T.; **p. 216** md Musée du Louvre, Paris. Archives Larbor/T.; **p. 216** bas Musée des Augustins, Toulouse. H. Josse/Archives Larbor/T.; **p. 217** htg Wallace collection, Londres. Coll. Archives Larbor/T.; **p. 217** htd Nationalmuseum, Stockholm. Archives Larbor/T.; **p. 217** mht Musée du Louvre, Paris. H. Josse/Archives Larbor/T.; **p. 217** basg Trinity College, Cambridge. E. Lessing/Magnum/T.; **p. 217** mbas Coll. Archives Larbor/T.; **p. 217** basd Musée des Arts et Métiers - CNAM, Paris/T.; **p. 218** htg Musée national des châteaux de Versailles et de Trianon. H. Josse/Archives Larbor/T.; **p. 218** htm D.A.G., Louvre, Paris. M. Bellot/RMN/T.; **p. 218** htd BNF. Coll. Archives Larbor/T.; **p. 218** bas g BNF. Coll. Archives Larbor/T.; **p. 218** basd Bibl. des Arts décoratifs, Paris. G. Dagli Orti/T.; **p. 219** htg Musée national des châteaux de Versailles et de Trianon. Arnaudet - Schormans/RMN/T.; **p. 219** bas Bridgeman - Giraudon/T.; **p. 220** Lesage, gravure 19e. BNF. Coll. Archives Nathan/T.; **p. 222** Montesquieu, gravure 19e. Coll. Archives Nathan/T.; **p. 226** ht BNF. Coll. Archives Nathan/T.; **p. 226** basg BNF. Coll. Archives Larbor/T.; **p. 226** basd Musée Carnavalet, Paris. Jeanbor/Archives Larbor/T.; **p. 227** htd Musée national des châteaux de Versailles et de trianon. H. Josse/Archives Larbor/T.; **p. 227** htg Musée Carnavalet, Paris. Coll. Archives Larbor/T.; **p. 227** m BNF; coll. Archives Nathan/T.; **p. 227** bas Coll. Roger-Viollet/T.; **p. 228** htd Musée des Beaux-Arts, Rouen. Archives Larbor/T.; **p. 228** mg Coll. Roger-Viollet/T.; **p. 228** bas Voltaire Foundation, Oxford. Archives Nathan/T.; **p. 229** ht Musée Condé, Chantilly. H. Josse/Archives Larbor/T.; **p. 229** bas Musée Jacquemart-André, Paris. Archives Larbor/T.; **p. 230** Marivaux d'après Van Loo, 18e s. Musée national des Châteaux de Versailles et de Trianon. H. Josse/Archives Larbor/T.; **p. 234** L'Abbé Prévost, sanguine de G.F. Schmidt, 1745. Musée des Beaux-Arts, Tours. Coll. Archives Larbor/T.; **p. 235** Harlingue/Roger-Viollet; **p. 236** Crébillon par Gautier Dagoty, 18e s. Musée du Louvre, Paris.H. Josse/Archives Larbor/T.; **p. 237** Musée national des châteaux de Versailles et de Trianon. Ph. Hubert Josse © Archives Larbor; **p. 238** Saint-Simon d'après F. de Troy. Musée nat. Des châteaux de Versailles et de Trianon. H. Josse/Archives Larbor/T.; **p. 240** ht Voltaire par N. de Largillière, 1718. Musée national des châteaux de Versailles et de trianon. Archives Larbor/T.; **p. 241** ht BNF. Coll. Archives Nathan/T.; **p. 241** mg Divers portraits de Voltaire, aquarelle de Denon. Musée Carnavalet, Paris. G. Dagli Orti/T.; **p. 241** md BNF. Coll. Archives Larbor/T.; **p. 241** bas Institut et Musée Voltaire, Genève; Coll. Archives Larbor/T.; **p. 244** md Aquarelle de Carmontelle. D.A.G., Louvre, Paris. J.G. Berizzi/RMN/T.; **p. 244** bas Musée des Augustins, Toulouse; Coll. Archives Nathan/T.; **p. 245** bas BNF. Coll. Archives Larbor/T.; **p. 245** ht Musée Antoine Lecuyer, Saint-Quentin. Bridgeman-Giraudon/T.; **p. 250** htg Coll. Part. - Ken Welsh/Bridgeman-Giraudon.; **p. 250** htd Coll. Part. - Bridgeman-Giraudon; **p. 250** bas Victoria and Albert Museum, Londres. Bridgeman-Giraudon.; **p. 251** htg Coll. Part. - Archives Charmet/Bridgeman-Giraudon.; **p. 251** g Bettmann/Corbis.; **p. 251** basd Wolfgang Kaehler/Corbis.; **p. 252** © Plantu; **p. 253** Coll. Roger-Viollet.; **p. 254/255** Musée du Louvre, Paris. H. Josse/Archives Larbor/T.; **p. 256** htg Musée Carnavalet, Paris. Jeanbor/Archives Larbor/T.; **p. 256** htd Musée de la Préfecture de Police, Paris. Ph. Archives Larbor/T.; **p. 256** basg BNF. Coll. Archives Larbor/T.; **p. 256** basd Musée Carnavalet, Paris. Coll. Archives Larbor/T.; **p. 257** htg Musée Marmottan, Paris. H. Josse/Archives Larbor/T.; **p. 257** mhg Musée Berny, Amiens. Coll. Archives Larbor/T.; **p. 257** ht d Bibliothèque des Arts décoratifs, Paris. G. Dagli Orti/T.; **p. 257** mbg Bibliothèque des Arts décoratifs, Paris. Coll. Archives Larbor/T.; **p. 257** mbd Coll. Rothschild, Louvre, Paris. M. Bellot/RMN/T.; **p. 257** basg Bibliothèque des Arts décoratifs, Paris. G. Dagli Orti/T.; **p. 257** basd Coll. Part. Bridgeman/Giraudon/T.; **p. 258** htg Coll. Archives Nathan/T.; **p. 258** htm Musée Carnavalet, Paris. E. Lessing/Magnum/T.; **p. 258** htd BNF. Coll. Archives Larbor/T.; **p. 258** basg Coll. Part. Coll. Archives Larbor/T.; **p. 258** bas Bibliothèque nationale de France, Paris. Coll. Archives Larbor/T.; **p. 259** htd Ruggero Vanni/CORBIS/T.; **p. 259** bas E. Lessing/AKG Paris/T.; **p. 260** Diderot par Van Loo, 18e s. Musée du Louvre, Paris. R.G. Ojeda/RMN/T.; **p. 262** g Coll. Part.; Photos12.com - ARJ/T.; **p. 262** basg Bibliothèque nationale de France, Paris. M. Didier/Archives Larbor/T.; **p. 262** bas d Diderot par Van Loo. Musée d'Art et d'Histoire, Langres. Chardon/Archives Nathan/T.; **p. 263** htg Bibliothèque du Louvre, Paris. E. Lessing/Magnum/T.; **p. 263** htd Bibliothèque des Arts décoratifs, Paris. G. Dagli Orti/T.; **p. 263** basg Bibliothèque des Arts décoratifs, Paris. G. Dagli Orti/T.; **p. 263** basd Musée de l'Hôtel Sandelin, Saint-Omer. Bridgeman/Giraudon/T.; **p. 267** Ambassade d'Australie, Paris. Coll. Archives Larbor/T.; **p. 268** Rousseau par M. Quentin de La Tour, 18e s. Musée Antoine Lécuyer, Saint Quentin. J. Tarascon/Archives Larbor/T.; **p. 270** BNF. Coll. Archives Larbor; **p. 271** Bibl. publique et universitaire, Genève. Ph. François Martin © Archives Larbor; **p. 272** BNF. Coll. Archives Larbor; **p. 273** BNF. Coll. Archives Larbor; **p. 276** Beaumarchais par Nattier, 1760. Coll. Part. Guiley-Lagache/Archives Larbor/T.; **p. 278** J.P. Tesson/Specto.; **p. 280** Laclos par L.L. Boilly. Musée nat. Des châteaux de Versailles et de Trianon. H. Josse/Archives Larbor/T.; **p. 282** ht Musée du Louvre, Paris; Hubert Josse/Archives Larbor/T.; **p. 282** bas Palais Leoni Montanari, Italie. Archives Larbor/T.; **p. 283** htg BNF. Coll. Archives Larbor/T.; **p. 283** htd BNF. Coll. Archives Larbor/T.; **p. 283** basd Rue des Archives/DR/T.; **p. 284** Bernardin de Saint-Pierre, Ecole française, 18e s. Musée du Vieux Havre, Le Havre. Photos12.com - ARJ/T.; **p. 285** BNF. Coll. Archives Larbor; **p. 286** Archives Nathan; **p. 287** BNF. Coll. Archives Larbor; **p. 288** Condorcet par Greuze. Musée nat. Des châteaux de Versailles et de Trianon. H. Josse/Archives Larbor/T.; **p. 289** BNF. Coll. Archives Larbor/T.; **p. 290** ht et mg Casa Goldoni, Venise. G. Dagli Orti; **p. 290** htg Goethe National Museum, Weimar. Coll. Archives Larbor.; **p. 290** BNF/Ph. Coll. Archives Larbor; **p. 290** bas Casa Goldoni, Venise. G. Dagli Orti.; **p. 290** md Casa Goldoni, Venise. G. Dagli Orti.; **p. 291** ht Hulton Archive/Getty Images; **p. 291** bas Mary Evans Picture Library/Keystone.; **p. 292** Musée Jacquemart-André, Paris. Ph. Jeanbor © Archives Larbor; **p. 293** Musée d'Orsay, Paris. Archives Nathan; **p. 294/295** Musée Carnavalet, Paris. J.L. Charmet/Archives Larbor/T.; **p. 296** htg H. Josse/Archives Larbor/T.; **p. 296** htd Coll. Archives Larbor/T.; **p. 296** basg BNF. Jeanbor/Archives Larbor/T.; **p. 296** basd Musée Carnavalet, Paris. Archives Larbor/T.; **p. 297** htd BNF. Jeanbor/Archives Larbor/T.; **p. 297** mg Musée du Louvre, Paris. Coll. Archives Larbor/T.; **p. 297** mhd BNF. Coll. Archives Larbor/T.; **p. 297** mbg Coll. Archives Nathan/T.; **p. 297** mbd Musée Nicéphore Niépce, Chalon-sur-Saône. © Ville de Chalon-sur-Saône, France. Musée Nicéphore Niépce/T.; **p. 297** basd Collection Charles Dollfuss. Coll. Archives Larbor/T.; **p. 298** htg Musée des Beaux-Arts, Bordeaux. Ph. Alain Danvers/Archives Larbor/T.; **p. 298** htd BNF. Jeanbor/Archives Larbor/T.; **p. 298** basg Coll. Archives Larbor/T.; **p. 298** bas BNF. Jeanbor/Archives Larbor/T.; **p. 298** basd Bibliothèque des Arts décoratifs, Paris. Coll. Archives Larbor/T.; **p. 299** htd Musée national des châteaux de Versailles et de Trianon. Coll. Roger-Viollet/T.; **p. 299** bas Musée du Louvre, Paris. Hubert Josse/Archives Larbor/T.; **p. 300** Chateaubriand par Girodet-Trioson, 1811. Musée nat. Des châteaux de Versailles et de Trianon. Guiley-Lagache/Archives Larbor/T.; **p. 303** BNF. J.L. Charmet/Archives Larbor/T.; **p. 303** BNF. JL Charmet/Archives Larbor/T.; **p. 303** BNF. JL Charmet/Archives Larbor/T.; **p. 304** Mme de Staël, miniature, fin 18e s. BNF. Coll. Archives Larbor/T.; **p. 306** Benjamin Constant par H. de Roche, 19e s. Musée Carnavalet, Paris. Jeanbor/Archives Larbor/T.; **p. 308** ht Musée du Louvre, Paris. Coll. Archives Nathan/T.; **p. 308** bas Musée du Louvre, Paris. Ph. Hubert Josse © Archives Larbor; **p. 309** htg Musée des Châteaux de Malmaison et de Bois-Préau. Hubert Josse/Archives Larbor/T.; **p. 309** md BNF. Coll. Archives Larbor/T.; **p. 309** bas BNF. Coll. Archives Nathan/T.; **p. 310** ht Maison de Balzac, Paris. Jeanbor/Archives Larbor/T.; **p. 310** bas Musée du Louvre, Paris. Archives Nathan/T.; **p. 311** ht Musée des Beaux-Arts, Leipzig. E. Lessing/Magnum/T.; **p. 311** bas Wiener Schbertbund, Vienne. Ph. © Direktion der Museen der Stadt, Vienne/T.; **p. 312** Lamartine, Ecole française, 19e. Tal/Rue des Archives/T.; **p. 314** Stendhal par J.O. Södermark, 1840. Musée nat. Des châteaux de Versailles et de Trianon. H. Josse/Archives Larbor/T.; **p. 319** BNF. Coll. Archives Larbor; **p. 320** Balzac par M. Dastugue, 19e s. Musée nat. Des châteaux de Versailles et de Trianon. Archives Nathan/T.; **p. 322** BNF. Coll. Roger-Viollet; **p. 325** Coll. Roger - Viollet./T.; **p. 326** M. Desbordes Valmore par Drolling. Musée de la Chartreuse, Douai. Bridgeman/Giraudon; **p. 328** ht Coll. Archives Larbor/T.; **p. 329** ht BNF. Coll. Archives Nathan; **p. 329** basg BNF. Coll. Archives Larbor/T.; **p. 329** basd Coll. Archives Nathan/T.; **p. 330** Bibl. - Musée de la Comédie française, Paris. Luc Joubert © Archives Larbor; **p. 332** ht Maison de Victor Hugo, Paris. Jeanbor/Archives Larbor/T.; **p. 332** basg Musée des arts décoratifs, Paris. Coll. Archives Larbor/T.; **p. 333** ht La première d'Hernani, 25 février 1830, par Albert Besnard, 1903. Maison de Victor Hugo, Paris - Ph. Jeanbor/Archives Larbor © Adagp, Paris 2003/T.; **p. 333** basg Musée Carnavalet, Paris. Jeanbor/Archives Larbor/T.; **p. 333** basd BNF. Coll. Archives Larbor/T.; **p. 334** BNF. Coll. Archives Nathan; **p. 335** Coll. Roger- Viollet; **p. 336** Musée d'Orsay, Paris. Ph. Coll. Archives Larbor; **p. 344** Nerval par Nadar vers 1854/55. BNF. Coll. Archives Larbor/T.; **p. 346** Bibl.-Musée de la Comédie Française, Paris. Ph. Bridgeman - Giraudon/T.; **p. 348** Ecole française, 19e s. Musée Carnavalet, Paris. Jeanbor/Archives Larbor/T.; **p. 349** Musée du Louvre, Paris. Hubert Josse © Archives Larbor; **p. 350** Musset par Ch. Landelle, 1878. Musée nat. Des châteaux de Versailles et de Trianon. Hubert Josse © Archives Larbor/T.; **p. 352** Bridgeman - Giraudon © Mucha Trust - ADAGP Paris 2003; **p. 355** Musée national du château de Malamaison. Ph. Jeanbor © Archives Larbor; **p. 356** E. Sue par Lepaulle, 19e s. Musée Carnavalet, Paris. J.L. Charmet/Archives Larbor/T.; **p. 357** BNF. Coll. Archives Larbor; **p. 358** Dumas par C.A. Bellay, 1878. Musée nat. Des châteaux de Versailles et de Trianon. Archives Nathan/T.; **p. 360** BNF. Coll. Archives Larbor; **p. 361** BNF. Coll. Archives Larbor; **p. 362** Mérimée par Rochard, 19e s. Musée Carnavalet, Paris. Jeanbor/Archives Larbor/T.; **p. 363** Bibliothèque de l'Opéra, Paris. Ph. Coll. Archives Nathan - DR; **p. 364** George Sand par A. Charpentier, 1832. Musée Carnavalet, Paris. J.L. Charmet/Archives Larbor/T.; **p. 366** htd BNF/Ph. Coll. Archives Larbor; **p. 366** mg Russel-Cotes Art Gallery and Museum, Bournemouth. Bridgeman-Giraudon; **p. 366** md Coll. Part. - Christie's Images - Bridgeman-Giraudon.; **p. 366** bas Royal Albert Memorial Museum, Exeter (Devon) - Bridgeman-Giraudon; **p. 367** htg Maison de H.C. Andersen, Odense. G. Dagli Orti.; **p. 367** htd Bridgeman - Giraudon.; **p. 367** md Archivo Iconogrfico S.A./Corbis; **p. 368** Coll. Kharbine - Tapabor.; **p. 369** Pascal Sittler/REA; **p. 370/371** Archives Nathan/T.; **p. 372** mg BNF. Ph. Jeanbor/Archives Larbor/T.; **p. 372** basg AKG Paris/T.; **p. 372** basm BNF. Coll. Archives Larbor/T.; **p. 372** basd Musée Carnavalet, Paris. J.L. Charmet/Archives Larbor/T.; **p. 373** ht BNF. L. de Selva/Archives Larbor/T.; **p. 373** mg BNF. Coll. Archives Nathan/T.; **p. 373** md Musée Carnavalet, Paris. Michel Didier/Archives Larbor/T.; **p. 373** basg Bibliothèque des Arts décoratifs, Paris. J.L. Charmet/Archives Larbor/T.; **p. 373** basm Coll. Archives Larbor/T.; **p. 373** basd Photothèque Musée Arts décoratifs - Archives Larbor/T.; **p. 374** htg Maison de Victor Hugo, Paris. Coll. Archives Larbor/T.; **p. 374** mht Bibliothèque Littéraire Jacques Doucet, Paris. Coll. Archives Larbor/T.; **p. 374** htd BNF. Coll. Archives Larbor/T.; **p. 374** mhd Coll. Archives Larbor/T.; **p. 374** mbg Musée Carnavalet, Paris. Archives Larbor/T.; **p. 374** basg Collection particulière, Paris. Jeanbor/Archives Larbor/T.; **p. 374** basd BNF. Jeanbor/Archives Larbor/T.; **p. 375** htd Musée d'Orsay, Paris. G. Blot/RMN/T.; **p. 375** bas D.A.G. Louvre (fonds Orsay). J. Schormans/RMN/T.; **p. 376** Labiche par M. Desboutin, 19e s. Musée nat. Des châteaux de Versailles et de Trianon. Gérard Blot/RMN/T.; **p. 377** Mise en scène de Bruno Bayen. Ph. Coqueux/Specto; **p. 378** Barbey d'Aurevilly par E. Lévy, 1881. Musée nat. Des châteaux de Versailles et de Trianon. Archives Nathan/T.; **p. 379** Archives Nathan.; **p. 380** Baudelaire par Nadar. Musée d'Orsay, Paris. Hervé Lewandowski/RMN/T.; **p. 383** Delaware Art Museum, Wilmington. Visual Arts Library, London. Samuel and Mary R. Bancroft Memorial/Bridgeman-Giraudon/T.; **p. 386** basg AKG Paris/T.; **p. 386** basd Coll. Archives Larbor/T.; **p. 387** htg Coll. Roger-Viollet/T.; **p. 387** htd AKG Paris/T.; **p. 387** mg Musée Fabre, Montpellier. Ph. O'Sughrue © Archives Larbor/T.; **p. 387** basd BNF. Coll. Roger-Viollet/T.; **p. 388** Flaubert par E. Giraud, 1866. Musée nat. Des châteaux de Versailles et de Trianon. Archives Nathan/T.; **p. 394** Leconte de Lisle par Blanquer, 1885. Musée nat. Des châteaux de Versailles et de Trianon. Gérard Blot/RMN/T.; **p. 396** Litho de P. Gavarni. BNF. Coll. Archives Larbor/T.; **p. 398** Coll. Archives Larbor - DR/T.; **p. 402** Lautréamont par F. Vallotton, 1896. Bibl. de l'Arsenal, Paris. Jeanbor/Archives Larbor/T.; **p. 403** Archives

Nathan © ADAGP Paris 2003; **p. 404** Coll. Archives Larbor - DR/T.; **p. 407** Van Gogh - Paire de souliers, avril-juin 1887. Baltimore Museum of Art. Francis G. Mayer/Corbis; **p. 410** Zola photographié par Carjat. Coll. Archives Nathan/T.; **p. 416** Musée d'Orsay, Paris. Ph. H. Josse © Archives Larbor; **p. 417** htg Musée d'Orsay, Paris. H. Josse/Archives Larbor/T.; **p. 417** basg Collection particulière. Ph. J.L. Charmet © Archives Larbor/T.; **p. 417** htd AKG Paris/T.; **p. 418** htg Kimbell Art Museum, Fort Worth. Archives Larbor/T.; **p. 418** htd Hamburg Kunsthalle. Ralph Kleinhempel/Archives Larbor/T.; **p. 418** bas Photothèque des musées de la ville de Paris/T.; **p. 419** htd Coll. Christophe L. Ph. Raymond Voinquel/Ministère de la Culture/T.; **p. 419** basd Bibliothèque de l'Arsenal, Paris. Coll. Archives Larbor/T.; **p. 420** Archives Nathan; **p. 422** Coll. Archives Larbor/T.; **p. 426** Mallarmé par A. Renoir. Musée nat. Des châteaux de Versailles et de Trianon. P. Bernard/RMN/T.; **p. 428** htg Museum der bildenden Künste, Leipzig. Ph. Coll. Archives Larbor/T.; **p. 428** basd Museum of Modern Art, Lillie P. Bliss Collection, New York. Ph. Coll. Archives Larbor/T.; **p. 429** htg Musée Gustave Moreau, Paris. H. Josse/Archives Larbor/T.; **p. 429** basd Bibliothèque-musée de l'Opéra, Paris. Jeanbor/Archives Larbor/T.; **p. 430** Harlingue/Roger-Viollet; **p. 431** Archives Nathan; **p. 432** A. Jarry par Hermann-Paul. Musée Picasso, Paris. J. G Berizzi/RMN/DR/T.; **p. 433** Bibliothèque de l'Arsenal, Paris. Ph. Jeanbor © Archives Larbor; **p. 434** Coll. Archives Larbor; **p. 434** bas et **435** Archives Nathan; **p. 436** htd E. Lessing/Magnum. © The Munch Museum - The Munch Ellingsen Group - ADAGP Paris 2003; **p. 436** mg Coll. Part. - Bridgeman-Giraudon.; **p. 436** basg Coll. Part. - Bridgeman-Giraudon.; **p. 436** basd Rue des Archives.; **p. 437** htg BNF/Ph. Coll. Archives Larbor; **p. 437** htd Maison de Dostoïevski, Moscou. Harlingue/Roger-Viollet.; **p. 437** mg Bibliothèque-musée de l'Opéra, Paris/Ph. Jeanbor © Archives Larbor © Adagp, Paris 2003; **p. 437** basd Bibliothèque royale Albert Ier, Bruxelles/Ph. Coll. Archives Larbor © ADAGP Paris 2003; **p. 438** Musée Carnavalet, Paris. © Archives Nathan; **p. 439** A. Cochin, M. Demiautte et C. Ferri dans La puce à l'oreille. Ph. Ramon Senera/Agence Enguerand Bernand; **p. 440** © Editions Gallimard.; **p. 441** Maison de Balzac, Paris. Ph. Jeanbor © Archives Larbor; **p. 442/443** Musée de l'Ermitage, Saint-Petersbourg. © Succession Matisse 2003/T.; **p. 442** et **443** Lipnitzki/Roger-Viollet/T.; **p. 444** mg Getty Images/Hulton Archives/T.; **p. 444** md Musée des Deux Guerres Mondiales, BDIC (Université de Paris). Jeanbor/Archives Larbor/T.; **p. 444** basg Mathurin Méheut - Prisonnier français, 1918. Musée Mathurin Méheut, Lamballe. © ADAGP Paris, 2003/T.; **p. 444** basd Keystone/T.; **p. 445** htg Collection Dixmier. Jeanbor/Archives Larbor/DR/T.; **p. 445** htd BNF. Coll. Archives Larbor/DR/T.; **p. 445** mg Keystone/T.; **p. 445** md Coll. Archives Larbor/T.; **p. 445** basg NASA/AKG Paris/T.; **p. 445** basm AFP/T.; **p. 445** basd AFP/T.; **p. 446** htg Keystone; **p. 446** htd René Saint Paul/Rue des Archives/T.; **p. 446** mht David Seymour/Magnum/T.; **p. 446** basg BNF. Coll. Archives Larbor/DR/T.; **p. 446** mbas Collection particulière. Jeanbor/Archives Larbor/DR/T.; **p. 446** basd Kharbine/Tapabor/DR/T.; **p. 447** htd Ph. © FLC/ADAGP, Paris 2003/T.; **p. 447** bas Bridgeman - Giraudon © Succession Picasso 2003/T.; **p. 448** ht Coll. Archives Nathan/DR/T.; **p. 449** ht Coll. Particulière. Archives Larbor© ADAGP Paris 2003/T.; **p. 449** basg Coll. Archives Larbor/T.; **p. 449** d BNF. Coll. Archives Larbor/T.; **p. 453** BNF. Coll. Archives Larbor/T.; **p. 454** Centre Charles Peguy, Orléans - Archives Nathan.; **p. 456** Coll. Archives Larbor/DR; **p. 458** Archives Nathan © Editions Gallimard; **p. 458** Archives Nathan © Editions Gallimard; **p. 460** Coll. Roger-Viollet/T.; **p. 462** Coll. Roger-Viollet/T.; **p. 464** Collection Roger-Viollet; **p. 466** P. Valéry par lui-même. BNF. Michel Didier/Archives Larbor - DR/T.; **p. 468** Lipnitzki - Roger-Viollet; **p. 470** Harlingue - Roger-Viollet; **p. 472** Martinie/Roger-Viollet; **p. 473** Etienne Hubert/Rapho.; **p. 474** Coll. Archives Larbor/DR/T.; **p. 475** Musée d'Art et d'Histoire, Saint-Denis. Ph. Léonard de Selva © Archives Larbor © Adagp, Paris 2003; **p. 476** ht Coll. Archives Larbor © Man Ray Trust/ADAGP Paris 2003/T.; **p. 476** basg Collection particulière. © Photothèque R. Magritte - ADAGP, Paris 2003/T.; **p. 477** ht Menil Collection, Houston. Archives Larbor © Adagp, Paris 2003/T.; **p. 477** basg BNF. Coll. Archives Larbor © Adagp, Paris 2003/T.; **p. 477** basd Essai pour la couverture de l'album « Man Ray photographs, 1920 ». © Man Ray Trust/ADAGP/Telimage - 2003/T.; **p. 478** htg Bibl. Littéraire Jacques Doucet, Paris. Archives Larbor/DR/T.; **p. 478** htd Coll. Archives Larbor/DR/T.; **p. 478** basg Coll. Archives Larbor/DR/T.; **p. 478** basd Coll. Particulière. Ph. © Cameraphoto Arte/Bridgeman - Giraudon © Succession Marcel Duchamp/Adagp, Paris 2003/T.; **p. 479** g Centre Pompidou - MNAM-CCI, Paris. Ph. CNAC/MNAM Dist. RMN © ADAGP Paris 2003; **p. 479** d Collection Thyssen - Bornemisza, Madrid Archives Larbor © Salvador Dali, Fondation Gala - Salvador Dali/ADAGP, Paris 2003/T.; **p. 480** Martinie/Roger-Viollet/T.; **p. 481** Narodni Galerie, Prague. Bridgeman - Giraudon.; **p. 482** Bettmann/Corbis/T.; **p. 484** ht Tal/Rue des Archives/T.; **p. 484** bas Musée national d'Art moderne, CGP, Paris. Ph. CNAC/MNAM Dist. RMN © ADAGP Paris 2003; **p. 485** MNAM - Centre George Pompidou, Paris. Ph. Luc Joubert © Archives Larbor © Adagp, Paris 2003; **p. 486** Tal/Rue des Archives/T.; **p. 488** Lipnitzki/Roger-Viollet; **p. 489** Musée de l'Affiche, ParisPh. Jean-Loup Charmet © Archives Larbor - DR; **p. 490** Coll. Roger-Viollet/T.; **p. 491** Rue des Archives; **p. 492** AGIP/Rue des Archives/T.; **p. 496** Horst Tappe/Rue des Archives; **p. 498** J.M. Leroy/Corbis Sygma; **p. 500** Henri Manuel - Coll Archives Larbor/T.; **p. 502** ph. Dalmas/SIPA PRESS/T.; **p. 503** © Editions Gallimard; **p. 506** Martinie/Roger-Viollet/T.; **p. 507** © Editions Gallimard; **p. 510** Tal/Rue des Archives/T.; **p. 512** Bernand/Agence Enguerand-Bernand/T.; **p. 513** Bernand/Agence Enguerand-Bernand/T.; **p. 514** Philippe Halsman/Magnum/T.; **p. 515** Coll. Archives Larbor-DR; **p. 516** basg Fundacio Figueras, Barcelone. Ph. Centro d'Estudio d'Historia Contemporania/Archives Larbor © Successio Miro - ADAGP, Paris 2003/T.; **p. 516** basd AFP/T.; **p. 517** ht René Saint-Paul/Rue des Archives/T.; **p. 517** basg Archives Nathan © ADAGP Paris 2003/T.; **p. 517** basd Collection particulière. © Brassaï estate - RMN/M. Bellot/T.; **p. 518** Coll. Roger-Viollet; **p. 520** René Saint Paul/Rue des Archives/T.; **p. 521** BNF. Ph. Coll. Archives Larbor © adagp Paris 2003; **p. 524** Studio Harcourt/Ministère de la culture, Paris.; **p. 525** © Editions Gallimard; **p. 526** Martinie/Roger-Viollet/T.; **p. 527** Brigitte Enguerand/Agence Enguerand/Bernand; **p. 528** Jean Paul, Série « Splendeurs II », 1976 par Gérard FROMANGER. Coll. Part. Bridgeman - Giraudon/DR; **p. 530** Louis Monier/Rue des Archives/T.; **p. 532** Rue des Archives/T.; **p. 533** Bass Museum of Art/Corbis © ADAGP Paris 2003; **p. 534** AFP/T.; **p. 535** Michel Renaudeau/Hoa-Qui Distribution.; **p. 536** Ozkok/Sipa Press/T.; **p. 537** Willy Ronis/Rapho; **p. 538** AGIP/Rue des Archives; **p. 540** Lipnitzki/Roger-Viollet; **p. 542** ht Rue des Archives.; **p. 542** mg Rue des Archives.; **p. 542** m Mary Evans/Chris Coupland/Keystone.; **p. 542** bas Ph. Rigal - Coll. Archives Larbor; **p. 543** ht Coll. Part. Ph. M. Didier © Archives Larbor.; **p. 543** bas BNF/Ph. Coll. Archives Larbor; **p. 544** Musée de l'Affiche et de la Publicité, Paris; **p. 545** Keystone/Gamma; **p. 546** Coll. Kharbine - Tapabor.; **p. 547** Pierre Bessard/REA; **p. 548/549** The Museum of Modern Art. Don de Joachim Aberbach. Acc. N. 229.1988. Digital Image © 2003 The Museum of Modern Art, New York/Photo Scala © ADAGP Paris 2003/T.; **p. 550** mg Musée d'Histoire contemporaine, BDIC, Université de Paris. Jeanbor/Archives Larbor © Adagp, Paris 2003/T.; **p. 550** mht BNF. Coll. Archives Larbor/T.; **p. 550** md David Turnley/CORBIS/T.; **p. 550** basg CORBIS/Kipa/T.; **p. 550** basd © free-form/Union Européenne, 1997/T.; **p. 551** htg Musée de la Publicité/Archives Larbor/T.; **p. 551** htd AGIP/Rue des Archives; **p. 551** mht American Library, Paris. J. Dubout © Archives Larbor/T.; **p. 551** md © J.F. Batellier/T.; **p. 551** mbg NASA/Archives Larbor/T.; **p. 551** basg François Henry/REA/T.; **p. 551** mbas Forest/BSIP/T.; **p. 551** basd Jean-Claude Thuillier/REA/T.; **p. 552** htg Keystone/T.; **p. 552** htd René Saint-Paul/Rue des Archives/T.; **p. 552** basg Le Livre de Poche/T.; **p. 552** basm Sébastien Ortola/REA/T.; **p. 552** basd Xavier Rossi/Gamma/T.; **p. 553** htd Centre Pompidou - MNAM - CCI, Paris. Ph. CNAC/MNAM Dist. RMN © ADAGP Paris 2003/T.; **p. 553** bas Centre Pompidou - MNAM - CCI, Paris. Ph. CNAC/MNAM Dist. RMN © ADAGP, Paris 2003/T.; **p. 554** P. Pascal/Archives Larbor/T.; **p. 557** Collection Thyssen-Bornemisza, Madrid. Ph. Luc Joubert © Archives Larbor © Adagp, Paris 2003; **p. 558** basg AFP/T.; **p. 558** basd Dornac/Archives Larbor/T.; **p. 559** htg Lapi/Roger-Viollet/T.; **p. 559** basd Ulf Andersen/Gamma/T.; **p. 560** Harlingue/Roger-Viollet; **p. 562** Lipnitzki/Roger-Viollet/T.; **p. 563** Ph. Coqueux/SPECTO/T.; **p. 566** g Ph. Coqueux/SPECTO/T.; **p. 566** bas Ph. Coqueux/SPECTO/T.; **p. 567** J.P. Tesson/SPECTO/T.; **p. 568** ph. Lipnitzki/ROGER VIOLLET/T.; **p. 572** Lipnitzki/Roger-Viollet/T.; **p. 574** Mario Dondero/Editions de Minuit/T.; **p. 575** ht X - DR/T.; **p. 575** basd Jean Mascolo/Coll. Christophe L./DR/T.; **p. 576** Dalmas/Sipa Press; **p. 578** AFP/T.; **p. 579** Erich Hartmann/Magnum/T.; **p. 580** Lipnitzski/Roger-Viollet; **p. 581** FIA/Rue des Archives; **p. 582** Andersen/Sipa Press; **p. 584** Lipnitzki/Roger-Viollet/T.; **p. 587** Jane March et Tony Leung, © Barbier Renn Production/Corbis Sygma; **p. 588** Andersen/Sipa Press/T.; **p. 589** Musée des Beaux-Arts, Bordeaux. RMN © ADAGP, Paris 2003/T.; **p. 590** Lipnitzki/Roger-Viollet/T.; **p. 591** Lynda Richardson/Corbis; **p. 592** Martinie/Roger-Viollet/T.; **p. 594** AFP; **p. 596** AGIP/Rue des Archives; **p. 598** Louis Monier/Rue des Archive/T.; **p. 599** Photos12.com - Collection Cinéma/DR/T.; **p. 600** Horst Tappe/Rue des Achives; **p. 602** Martinie/Roger-Viollet/T.; **p. 603** © Contemporary African Art Collection Ltd/Corbis; **p. 604** Villard/Sipa Press; **p. 605** Brooklyn Museum of Art, New York. Bridgeman Giraudon.; **p. 606** AFP/UPI/T.; **p. 608** Ph. Gauthier/Sipa Press/T.; **p. 609** Harry Gruyaert/Magnum; **p. 610** Louis Monnier/Rue des Archives/T.; **p. 611** Brigitte Enguerand/Agence Enguerand/Bernand; **p. 612** L. Monier/Gamma/T.; **p. 613** © Patti Molica/Corbis; **p. 614** Ozkok/Sipa Press/T.; **p. 616** Robert Patrick/Sipa Press; **p. 618** Louis Monier/Rue des Archive/T.; **p. 619** Marion Grimault - Théatre des Amandiers, Nanterre, 1986. Marc Enguerand/Agence Bernand-Enguerand.; **p. 621** Marc Enguerand/Agence Enguerand/Bernand/T.; p.622 Andersen/Sipa Press/T.; p.624 Frédéric Souloy/Gamma/T.; **p. 626** Louis Monier/Rue des Archives/T.; **p. 627** Coll. Christophe L/DR; **p. 628** Eric Robert/Corbis Sygma/T.; **p. 630** Andersen/Sipa Press; **p. 632** F. Reglain/Gamma; **p. 633** © Editions de Minuit; **p. 634** EFE/Sipa Press; **p. 636** ht g PHOTOS12.COM - Coll. Cinéma/DR; **p. 636** mht Hulton Archive/Getty Images.; **p. 636** htd © 1985 Diogenes Verlag AG Zürich; **p. 636** m Bruno Barbey/Magnum.; **p. 636** basg PHOTOS12.COM-Coll. Cinéma/DR; **p. 637** htd Ferdinando Scianna/Magnum.; **p. 637** bas Rue des Archives/DR; **p. 638** Musée national des Arts et Traditions populaires, Paris. Ph. J. Schormans/RMN; **p. 639** Extrait du Bouclier Arverne, 1968, de R. Goscinny et A. Uderzo, éditions Albert René © Editions Albert René/Goscinny - Uderzo.; **p. 640** Coll. Roger-Viollet.; **p. 641** BNF/Ph. Coll. Archives Larbor/DR.

Imprimé en Italie par Rotolito Lombarda
n° d'éditeur 10090144 - Nord Compo
Dépôt légal Octobre 2003